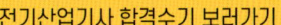

전기산업기사 합격수기 보러가기

이제 합격은 **당신** 차례입니다.
한솔과 함께라면 빠르게 합격할 수 있습니다!

한솔아카데미와 함께 합격의 주인공이 되어보세요!

비전공자
이*일

 # 어떤 분야든 2년만 열심히 공부하면 전문가가 될 수 있다

공기업 정년퇴직 후 아파트 시설관리업무를 시작하였습니다. 공부를 한 계기는 매주 전기안전점검 오시는 기사분이 전기산업기사 공부를 권유하여 무작정 공부를 시작하였는데 제가 문과라서 벡터 스칼라 또는 공학용 계산기 자체와 접근성이 매우 떨어졌습니다. 그렇게 포기를 하고 약 2년이 지나서 우연히 고교절친을 만났는데 전기산업기사 자격증을 가지고 있었습니다. 친구의 조언을 받아 한솔아카데미에 등록하여 진도를 따라가니 혼자 할 때는 진도가 안 나갔는데 내용은 잘 몰라도 진도는 나갔습니다. 아무 생각 없이 일회독을 하니 자신감이 붙기 시작하였고 두 번 세 번 반복하니 첫 시험에서 과락점수가 나온 과목도 조금씩 올라가기 시작하였습니다. 2024년 2회 차에 필기시험에 합격을 했습니다. 한솔아카데미 인강 시작 후 6개월 만에 이룬 쾌거였습니다. 1차 필기시험은 회로이론과 전기자기학이 힘들었습니다. 인강을 듣고 반복하여 외우고 난이도가 있는 공식은 벽과 화장실에 붙여두고 반복하여 외웠습니다. 2차 실기시험도 한솔아카데미 인터넷 강의로 공부했습니다. 10년치 문제를 8번 정도 반복하여 풀었습니다. 2차 실기는 반복해서 문제풀이에 집중하였고 특히 난이도가 있는 문제를 하루 1문제씩 외우는 방식으로 문제를 해결해 나갔습니다. 여러분의 건투를 빕니다.

직장인
오*국

 # 너무나 바쁜 투잡러의 전기산업기사 합격 후기!!!!

두 가지 일을 하는 49세 투잡러입니다. 대학 전공은 약간 관련 있는 이점이 있긴 하였지만, 20년 넘는 세월 동안 다 잊어버리고, 직업은 전기 비슷한 일을 하였지만 자격증과는 별 관련 없는 일을 하며 살았습니다. 더 나이가 들기 전에 자격증을 꼭 취득해야겠다는 다짐을 하고 한솔아카데미를 만나게 되었습니다. 하지만 두 가지 일을 하며 공부를 한다는 것은 쉽지 않았습니다. 저는 한솔아카데미의 필기와 실기 인강을 잘 활용했습니다. 몸이 피곤할 때는 졸더라도 인강을 재생시켜 반복해서 들었습니다. 그냥 한두 번 들은 것이 아니라 필기는 4회, 실기는 6회 정도 들었습니다. 직접 볼펜을 들고 공책에 풀어보지 못한 문제도 많았습니다. 하지만 교수님들의 강의를 듣고 또 들으니 시험장에서 어느 정도 생각이 났습니다. 인강을 들은 시간은 많았지만, 막상 문제를 직접 푸는 제대로 된 공부 시간은 절대적으로 부족한 상황에서 전기기사는 아쉽게 불합격이지만, 전기산업기사는 극적으로 합격을 하였습니다. 일단 저에게는 한솔아카데미 강의가 너무 잘 맞습니다. 또한 중요한 개념은 반복하여 설명을 해주시니 잊을래야 잊을 수도 없습니다. 지난 시험 후 계속 강의를 들으니 이제는 전기기사도 합격할 수 있을 것 같습니다. 인강을 들으면 들을수록 이전에 몰랐던 것도 하나씩 하나씩 알게 되고 직접 문제풀이한 문제는 쉽게 이해가 되었습니다. 이제는 11월의 기사 시험이 기다려집니다. 자신 있습니다.

2026년 대비 학습플랜

전기산업기사 5주완성
도서를 구매하신 분께 드리는 혜택

기초전기
초보 수험생을 위한 기초전기
본 이론을 들어가기 전 기초 다지기

기출문제 동영상 제공
최근 2021년~2025년까지
상세한 해설 제공

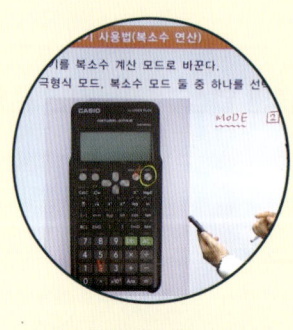

공학용 계산기 사용법
[계산기 f_x-570 ES PLUS]를
활용하여 복소수 계산 사용법
등을 영상 제공

1 기초전기   **2** 출제경향   **3** 기출문제 I   **4** 기출문제 II

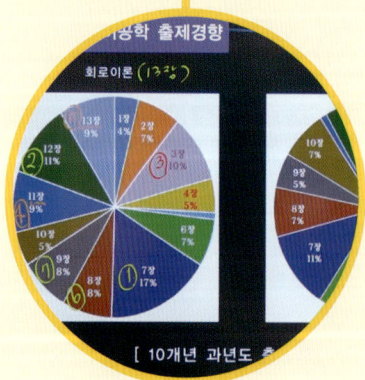
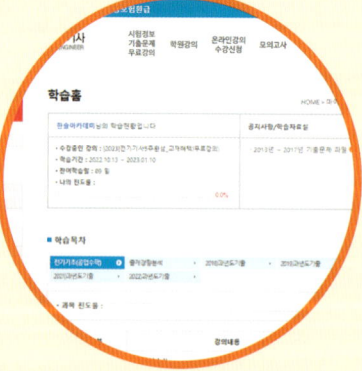

출제경향분석
출제경향, 출제빈도, 과목별 학습전략
및 공부계획표 방향 제시

기출문제 추가제공
2014년~2020년 기출문제
홈페이지에서 PDF 파일 제공

한솔아카데미에서 제공하는 8단계 학습플랜 길잡이

200% 학습법

핵심 포켓북 및 동영상
각 과목별 출제빈도에 따른
핵심정리 및 예제문제풀이

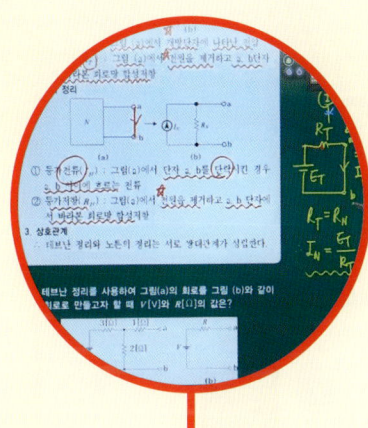

전국모의고사
시험 2주전 최종점검
전국모의고사 실시

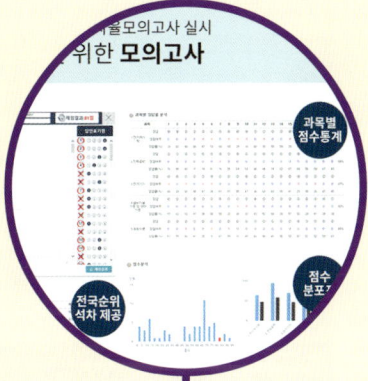

5 포켓북 **6** CBT모의고사 **7** 전국모의고사 **8** 질의응답

CBT모의고사
최근 기출문제를 홈페이지에서
실제시험처럼 자가진단 모의고사로 실시

학습 Q&A
전용 홈페이지를 통한
365일 학습관리 시스템

전용 홈페이지를 통한
2026/365일 학습질의응답 관리

http://www.inup.co.kr

홈페이지 주요메뉴

수강신청
- 필기+실기 패키지
- 필기과정
- 실기과정
- 교수진

무료제공 동영상강의 한솔TV
- 전기입문특강
- 필기대비 무료강의
- 실기대비 무료강의
- 한솔TV 특강

기출문제 · 학습자료
- 전기기사 필기
- 전기산업기사 필기
- 전기기사 실기
- 전기산업기사 실기
- 전기공사기사 필기
- 전기공사산업기사 필기

수험정보 · EVENT
- 이벤트
- 전기(산업)기사란?
- 수험정보
- 전기기사 수험자료
- 학습정보/특강
- 전기기사 합격가이드

학원강의
- 학원강의 개강안내
- 수강신청(내일배움카드)
- 교수진

교재안내
- 전기 필기
- 전기 실기

학습게시판 · 합격수기
- 학습 Q&A
- 공지사항
- 합격수기/커뮤니티

나의 강의실

한솔아카데미가 답이다!
전기산업기사 5주완성 **인터넷 강좌**

한솔과 함께라면 빠르게 합격 할 수 있습니다.

강의수강 중 학습관련 문의사항, 성심성의껏 답변드리겠습니다.

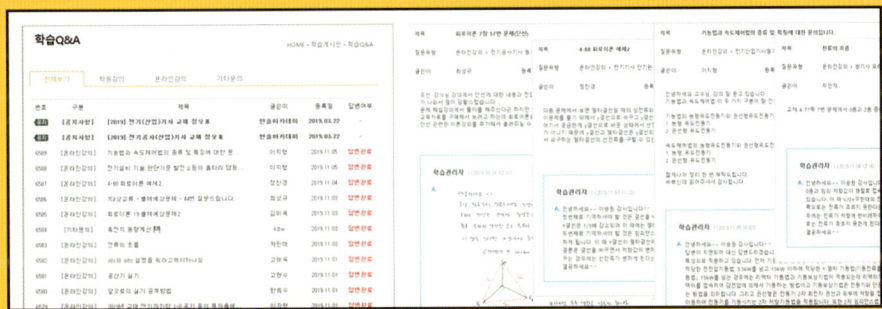

전기산업기사 5주완성 유료 동영상 강의

구 분	과 목	담당강사	강의시간	동영상	교 재
필 기	전기자기학	윤종식	약 31시간		
	전력공학	김민혁	약 17시간		
	전기기기	이승원	약 28시간		
	회로이론	이승원	약 33시간		
	전기설비기술기준	윤홍준	약 25시간		
	산업기사 과년도	과목별 교수님	약 44시간		

• 유료 동영상강의 수강방법 : www.inup.co.kr

교재 인증번호 등록을 통한 학습관리 시스템

❶ 기초전기 ❷ 출제경향 분석 ❸ 기출 동영상 제공 ❹ 기출 추가 제공
❺ 핵심 포켓북 ❻ CBT모의고사 ❼ 전국모의고사 ❽ 학습 Q&A

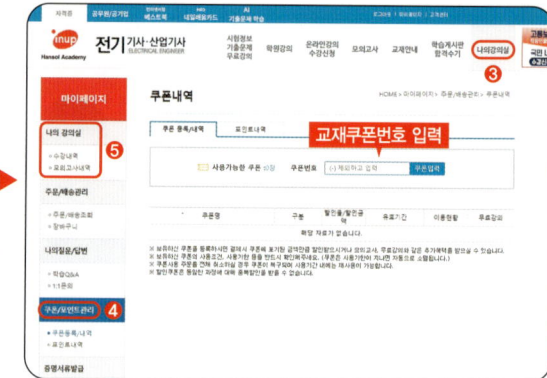

01 사이트 접속
인터넷 주소창에 https://www.inup.co.kr 을 입력하여 한솔아카데미 홈페이지에 접속합니다.

02 회원가입 로그인
홈페이지 우측 상단에 있는 **회원가입** 또는 아이디로 **로그인**을 한 후, **전기기사** 사이트로 접속을 합니다.

03 나의 강의실
나의강의실로 접속하여 왼쪽 메뉴에 있는 [쿠폰/포인트관리]-[쿠폰등록/내역]을 클릭합니다.

04 쿠폰 등록
도서에 기입된 **인증번호 12자리** 입력(-표시 제외)이 완료되면 [나의강의실]에서 학습가이드 관련 응시가 가능합니다.

■ 모바일 동영상 수강방법 안내

❶ QR코드 이미지를 모바일로 촬영합니다.
❷ 회원가입 및 로그인 후, 쿠폰 인증번호를 입력합니다.
❸ 인증번호 입력이 완료되면 [나의강의실]에서 강의 수강이 가능합니다.

※ 인증번호는 ①권 표지 뒷면에서 확인하시길 바랍니다.
※ QR코드를 찍을 수 있는 앱을 다운받으신 후 진행하시길 바랍니다.

2026 대비 전기산업기사 5주완성

5주 스터디 · SELF 학습플랜

스터디 5주 완성 플랜

과목	장	페이지	주차	일	부족	완료
1 전기자기학	1장~2장	P.2~P.29	1주	1일	☐	☐
	2장~3장	P.30~P.61		2일	☐	☐
	4장~5장	P.62~P.88		3일	☐	☐
	5장~6장	P.89~P.117		4일	☐	☐
	6장~7장	P.118~P.143		5일	☐	☐
	7장~8장	P.144~P.168		6일	☐	☐
	8장~9장	P.169~P.195		7일	☐	☐
2 전력공학	1장~2장	P.2~P.29	2주	8일	☐	☐
	2장~3장	P.30~P.55		9일	☐	☐
	4장~5장	P.56~P.85		10일	☐	☐
	6장~8장	P.86~P.116		11일	☐	☐
	9장	P.118~P.148		12일	☐	☐
	10장	P.150~P.177		13일	☐	☐
	11장~12장	P.178~P.202		14일	☐	☐
3 전기기기	1장	P.2~P.30	3주	15일	☐	☐
	1장~2장	P.31~P.63		16일	☐	☐
	2장~3장	P.64~P.88		17일	☐	☐
	3장	P.89~P.119		18일	☐	☐
	4장	P.120~P.144		19일	☐	☐
	4장~5장	P.145~P.165		20일	☐	☐
	6장	P.166~P.184		21일	☐	☐
4 회로이론	1장~3장	P.2~P.32	4주	22일	☐	☐
	3장~5장	P.33~P.60		23일	☐	☐
	5장~7장	P.61~P.86		24일	☐	☐
	7장~9장	P.87~P.118		25일	☐	☐
	9장~11장	P.119~P.140		26일	☐	☐
	11장~13장	P.141~P.177		27일	☐	☐
	14장~16장	P.178~P.216		28일	☐	☐
5 전기설비 기술기준	1장	P.2~P.49	5주	29일	☐	☐
	1장~2장	P.50~P.106		30일	☐	☐
	2장	P.107~P.129		31일	☐	☐
	3장	P.130~P.147		32일	☐	☐
	4장	P.148~P.199		33일	☐	☐
	4장	P.200~P.255		34일	☐	☐
	5장~6장	P.256~P.341		35일	☐	☐

SELF 5주 완성 플랜

과목	장	페이지	주차	일	부족	완료
1 전기자기학					☐	☐
					☐	☐
					☐	☐
					☐	☐
					☐	☐
					☐	☐
					☐	☐
2 전력공학					☐	☐
					☐	☐
					☐	☐
					☐	☐
					☐	☐
					☐	☐
					☐	☐
3 전기기기					☐	☐
					☐	☐
					☐	☐
					☐	☐
					☐	☐
					☐	☐
					☐	☐
4 회로이론					☐	☐
					☐	☐
					☐	☐
					☐	☐
					☐	☐
					☐	☐
					☐	☐
5 전기설비 기술기준					☐	☐
					☐	☐
					☐	☐
					☐	☐
					☐	☐
					☐	☐
					☐	☐

2026 대비 전기산업기사 5주완성

7주 스터디 · SELF 학습플랜

스터디 7주 완성 플랜

과목	장	페이지	주차	일	부족	완료
1 전기자기학	1장~2장	P.2~P.29	1주	1일	☐	☐
	2장~3장	P.30~P.61		2일	☐	☐
	4장~5장	P.62~P.88		3일	☐	☐
	5장~6장	P.89~P.117		4일	☐	☐
	6장~7장	P.118~P.143		5일	☐	☐
	7장~8장	P.144~P.168		6일	☐	☐
	8장~9장	P.169~P.195		7일	☐	☐
2 전력공학	1장~2장	P.2~P.29	2주	8일	☐	☐
	2장~3장	P.30~P.55		9일	☐	☐
	4장~5장	P.56~P.85		10일	☐	☐
	6장~8장	P.86~P.116		11일	☐	☐
	9장	P.118~P.148		12일	☐	☐
	10장	P.150~P.177		13일	☐	☐
	11장~12장	P.178~P.202		14일	☐	☐
3 전기기기	1장	P.2~P.30	3주	15일	☐	☐
	1장~2장	P.31~P.63		16일	☐	☐
	2장~3장	P.64~P.88		17일	☐	☐
	3장	P.89~P.119		18일	☐	☐
	4장	P.120~P.144		19일	☐	☐
	4장~5장	P.145~P.165		20일	☐	☐
	6장	P.166~P.184		21일	☐	☐
4 회로이론	1장~3장	P.2~P.32	4주	22일	☐	☐
	3장~5장	P.33~P.60		23일	☐	☐
	5장~7장	P.61~P.86		24일	☐	☐
	7장~9장	P.87~P.118		25일	☐	☐
	9장~11장	P.119~P.140		26일	☐	☐
	11장~13장	P.141~P.177		27일	☐	☐
	14장~16장	P.178~P.216		28일	☐	☐
5 전기설비기술기준	1장	P.2~P.49	5주	29일	☐	☐
	1장~2장	P.50~P.106		30일	☐	☐
	2장	P.107~P.129		31일	☐	☐
	3장	P.130~P.147		32일	☐	☐
	4장	P.148~P.199		33일	☐	☐
	4장	P.200~P.255		34일	☐	☐
	5장~6장	P.256~P.341		35일	☐	☐
기출문제	2021년도	1회,2회	6주	36일	☐	☐
	2021년도	3회/21년 복습		37일	☐	☐
	2022년도	1회,2회		38일	☐	☐
	2022년도	3회/22년 복습		39일	☐	☐
	2023년도	1회,2회		40일	☐	☐
	2023년도	3회/23년 복습		41일	☐	☐
	2024년도	1회,2회		42일	☐	☐
	2024년도	3회/24년 복습		43일	☐	☐
	2025년도	1회,2회		44일	☐	☐
	2025년도	3회/25년 복습		45일	☐	☐
핵심포켓북	전기자기학+전력공학+전기설비기술기준		7주	46일	☐	☐
				47일	☐	☐
	전기기기+회로이론			48일	☐	☐
				49일	☐	☐

SELF 7주 완성 플랜

과목	장	페이지	주차	일	부족	완료
1 전기자기학					☐	☐
					☐	☐
					☐	☐
					☐	☐
					☐	☐
					☐	☐
					☐	☐
2 전력공학					☐	☐
					☐	☐
					☐	☐
					☐	☐
					☐	☐
					☐	☐
					☐	☐
3 전기기기					☐	☐
					☐	☐
					☐	☐
					☐	☐
					☐	☐
					☐	☐
					☐	☐
4 회로이론					☐	☐
					☐	☐
					☐	☐
					☐	☐
					☐	☐
					☐	☐
					☐	☐
5 전기설비기술기준					☐	☐
					☐	☐
					☐	☐
					☐	☐
					☐	☐
					☐	☐
					☐	☐
기출문제					☐	☐
					☐	☐
					☐	☐
					☐	☐
					☐	☐
					☐	☐
					☐	☐
					☐	☐
					☐	☐
					☐	☐
핵심포켓북					☐	☐
					☐	☐
					☐	☐

2026 완벽대비

핵심포켓북
동영상강의 제공

각 과목별 핵심정리 및 과년도문제 분석

전기산업기사
5주 완성

INUP
2026 대비

전용 홈페이지 학습게시판을 통한
담당교수님의 1:1 질의응답 학습관리

29년간 기출문제 분석
1
적중문제

www.inup.co.kr

한솔아카데미

PREFACE

친애하는 전기산업기사 수험생 여러분...

저자는 30년 동안 강단에서 강의해온 경험과 knowhow를 바탕으로 수험생 여러분들의 전기산업기사 필기합격을 도와드리기 위해 본 교재를 집필하였다.

강단에서 강의하는 동안 수험생들이 저자에게 출제가 예상되는 내용과 문제를 알려달라는 질문을 수없이 받아왔으며 그때마다 모든 과목의 기출문제들을 분석해 왔고 그 해답을 찾은 지 오래되었다. 그리고 그 해답을 직접 강의를 듣는 수험생들에게는 알려드려 왔지만 그 외의 수많은 수험생들에게 알려드릴 수 없었던 것을 무척 안타깝게 생각해 왔었다. 하지만 이렇게 지면을 통하여 모든 수험생들께 그 해답을 알려드릴 수 있는 기회가 주어졌으니 어찌 기쁘지 아니하겠는가?

> **본 교재의 구성**
> 1. 단원 별 핵심정리
> 2. 핵심정리와 관련된 간단한 확인문제
> 3. 난이도별 예제문제와 유사문제
> 4. 단원 별 가장 중요한 출제예상문제
> 5. 과년도 기출문제 수록
>
> **본 교재의 특징**
> 1. 단원 별 핵심정리가 어려운 계산과정을 배제하고 중요한 결과 식 위주로 정리되었다.
> 2. 모든 문제마다 자세한 풀이가 되어 있어서 문제를 이해하는 데 큰 도움이 된다.
> 3. 출제예상문제는 비슷한 유형의 문제들을 반복적이고 집중적으로 수록하여 반복학습이 되도록 하였다.
> 4. 단원 별 난이도가 높은 문제들을 따로 예제문제와 유사문제로 제시하여 적절한 풀이전략에 따라 training되도록 하였다.
> 5. 최근 년도의 과년도 문제를 수록하여 변형된 문제 유형에 충분히 적응되도록 하였다.

그 해답은 본 교재에 수록된 각 과목별 핵심정리(포켓북), 일명 천기누설이다. 지금까지 40여 년 동안 출제되어온 전기산업기사 필기 기출문제들을 완벽하게 분석하여 출제예상되는 내용을 순위별로 나열하였으며 동영상강의을 통하여 수험생 여러분들의 이해를 돕고자 하였다. 전기산업기사 필기를 준비하는 동안 핵심정리(포켓북)은 절대로 손에서 놓으면 안 되며 이 내용을 중점적으로 학습하고 이해하면 반드시 전기산업기사 필기에 합격할 수 있다는 것을 저자는 확신한다.

끝으로 본 교재의 감수 및 검토를 해주신 전기과 교수님들과 편찬하는데 도움을 주신 한솔아카데미 한병천 대표님 및 편집부 임·직원, 그리고 관심과 격려를 아끼지 않으셨던 김경옥 님께 깊은 감사를 드립니다.

저 자

전기산업기사 시험정보

❶ 수험원서접수

- 접수기간 내 인터넷을 통한 원서접수(www.q-net.or.kr) 원서접수 기간 이전에 미리 회원가입 후 사진 등록 필수
- 원서접수시간은 원서접수 첫날 09:00부터 마지막 날 18:00까지

❷ 기사 시험과목

구 분	전기기사	전기공사기사	전기 철도 기사
필기	1. 전기자기학 2. 전력공학 3. 전기기기 4. 회로이론 및 제어공학 5. 전기설비기술기준 　(한국전기설비규정[KEC])	1. 전기응용 및 공사재료 2. 전력공학 3. 전기기기 4. 회로이론 및 제어공학 5. 전기설비기술기준 　(한국전기설비규정[KEC])	1. 전기자기학 2. 전기철도공학 3. 전력공학 4. 전기철도구조물공학
실기	전기설비설계 및 관리	전기설비견적 및 관리	전기철도 실무

❸ 기사 응시자격

- 산업기사 + 1년 이상 경력자
- 타분야 기사자격 취득자
- 전문대학 졸업 + 2년 이상 경력자
- 교육훈련기관(산업기사 수준) 이수자 또는 이수예정자 + 2년 이상 경력자
- 동일 직무분야 4년 이상 실무경력자
- 기능사 + 3년 이상 경력자
- 4년제 관련학과 대학 졸업 및 졸업예정자
- 교육훈련기관(기사 수준) 이수자 또는 이수예정자

❹ 산업기사 시험과목

구 분	전기산업기사	전기공사산업기사
필기	1. 전기자기학　　2. 전력공학 3. 전기기기　　　4. 회로이론 5. 전기설비기술기준(한국전기설비규정[KEC])	1. 전기응용　　　2. 전력공학 3. 전기기기　　　4. 회로이론 5. 전기설비기술기준(한국전기설비규정[KEC])
실기	전기설비설계 및 관리	전기설비 견적 및 시공

❺ 산업기사 응시자격

- 기능사 + 1년 이상 경력자
- 전문대 관련학과 졸업 또는 졸업예정자
- 동일 직무분야 2년 이상 실무경력자
- 타분야 산업기사 자격취득자
- 교육훈련기간(산업기사 수준) 이수자 또는 이수예정자

전기산업기사 출제기준 (2024.1.1~2026.12.31)

시험과목	주요항목	세 부 항 목	
전기자기학	1. 진공중의 정전계	1. 정전기 및 전자유도 3. 전기력선 5. 전위 7. 전기쌍극자	2. 전계 4. 전하 6. 가우스의 정리
	2. 진공중의 도체계	1. 도체계의 전하 및 전위분포 3. 도체계의 정전 에너지 5. 도체간에 작용하는 정전력	2. 전위계수, 용량계수 및 유도계수 4. 정전용량 6. 정전차폐
	3. 유전체	1. 분극도와 전계 3. 유전체내의 전계 5. 정전용량 7. 유전체 사이의 힘	2. 전속밀도 4. 경계조건 6. 전계의 에너지 8. 유전체의 특수현상
	4. 전계의 특수해법 및 전류	1. 전기영상법 3. 전류에 관련된 제현상	2. 정전계의 2차원 문제 4. 컨덕턴스 및 도전율
	5. 자계	1. 자석 및 자기유도 3. 자기쌍극자 5. 분포전류에 의한 자계	2. 자계 및 자위 4. 자계와 전류 사이의 힘
	6. 자성체와 자기회로	1. 자화의 세기 3. 투자율과 자화율 5. 감자력과 자기차폐 7. 강자성체의 자화 9. 영구자석	2. 자속밀도 및 자속 4. 경계면의 조건 6. 자계의 에너지 8. 자기회로
	7. 전자유도 및 인덕턴스	1. 전자유도 현상 3. 자계에너지와 전자유도 5. 전류에 작용하는 힘 7. 도체내의 전류분포 9. 인덕턴스	2. 자기 및 상호 유도작용 4. 도체의 운동에 의한 기전력 6. 전자유도에 의한 전계 8. 전류에 의한 자계에너지
	8. 전자계	1. 변위전류 3. 전자파 및 평면파 5. 전자계에서의 전압 7. 방전현상	2. 맥스웰의 방정식 4. 경계조건 6. 전자와 하전입자의 운동

시험과목	주요항목	세 부 항 목	
전력공학	1. 발·변전 일반	1. 수력발전	2. 화력발전
		3. 원자력 발전	4. 신재생에너지발전
		5. 변전방식 및 변전설비	6. 소내전원설비 및 보호계전방식
	2. 송·배전선로의 전기적 특성	1. 선로정수	2. 전력원선도
		3. 코로나 현상	4. 단거리 송전선로의 특성
		5. 중거리 송전선로의 특성	6. 장거리 송전선로의 특성
		7. 분포정전용량의 영향	8. 가공전선로 및 지중전선로
	3. 송·배전방식과 그 설비 및 운용	1. 송전방식	2. 배전방식
		3. 중성점접지방식	4. 전력계통의 구성 및 운용
		5. 고장계산과 대책	
	4. 계통보호 방식 및 설비	1. 이상전압과 그 방호	2. 전력계통의 운용과 보호
		3. 전력계통의 안정도	4. 차단보호방식
	5. 옥내배선	1. 저압 옥내배선	2. 고압 옥내배선
		3. 수전설비	4. 동력설비
	6. 배전반 및 제어기기의 종류와 특성	1. 배전반의 종류와 배전반 운용	2. 전력제어와 그 특성
		3. 보호계전기 및 보호계전방식	4. 조상설비
		5. 전압조정	6. 원격조작 및 원격제어
	7. 개폐기류의 종류와 특성	1. 개폐기	2. 차단기
		3. 퓨즈	4. 기타 개폐장치
전기기기	1. 직류기	1. 직류발전기의 구조 및 원리	2. 전기자 권선법
		3. 정류	4. 직류발전기의 종류, 특성 및 운전
		5. 직류발전기의 병렬운전	6. 직류전동기의 구조 및 원리
		7. 직류전동기의 종류와 특성	
		8. 직류전동기의 기동, 제동 및 속도제어	
		9. 직류기의 손실, 효율, 온도상승 및 정격	
		10. 직류기의 시험	
	2. 동기기	1. 동기발전기의 구조 및 원리	2. 전기자 권선법
		3. 동기발전기의 특성	4. 단락현상
		5. 여자장치와 전압조정	6. 동기발전기의 병렬운전
		7. 동기전동기 특성 및 용도	8. 동기조상기
		9. 동기기의 손실, 효율, 온도상승 및 정격	
		10. 특수 동기기	

시험과목	주요항목	세 부 항 목	
전기기기	3. 전력변환기	1. 정류용 반도체 소자 3. 제어정류기	2. 각 정류회로의 특성
	4. 변압기	1. 변압기의 구조 및 원리 3. 전압강하 및 전압변동률 5. 상수의 변환 7. 변압기의 종류 및 그 특성 9. 변압기의 시험 및 보수 11. 특수변압기	2. 변압기의 등가회로 4. 변압기의 3상 결선 6. 변압기의 병렬운전 8. 변압기의 손실, 효율, 온도상승 및 정격 10. 계기용변성기
	5. 유도전동기	1. 유도전동기의 구조 및 원리 3. 유도전동기의 기동 및 제동 5. 특수 농형유도전동기 7. 단상유도전동기 9. 원선도	2. 유도전동기의 등가회로 및 특성 4. 유도전동기제어(속도, 토크 및 출력) 6. 특수유도기 8. 유도전동기의 시험
	6. 교류정류자기	1. 교류정류자기의 종류, 구조 및 원리 2. 단상직권 정류자 전동기 4. 단상분권 전동기 6. 3상 분권 정류자 전동기	 3. 단상반발 전동기 5. 3상 직권 정류자 전동기 7. 정류자형 주파수 변환기
	7. 제어용기기 및 보호기기	1. 제어기기의 종류 3. 제어기기의 특성 및 시험 5. 보호기기의 구조 및 원리 7. 제어장치 및 보호 장치	2. 제어기기의 구조 및 원리 4. 보호기기의 종류 6. 보호기기의 특성 및 시험
회로이론	1. 전기회로의 기초	1. 전기회로의 기본 개념 3. 전원	2. 전압과 전류의 기준방향
	2. 직류회로	1. 전류 및 옴의 법칙 2. 도체의 고유저항 및 온도에 의한 저항 3. 저항의 접속 4. 키르히호프의 법칙 5. 전지의 접속 및 줄열과 전력 6. 배율기와 분류기 7. 회로망 해석	
	3. 교류 회로	1. 정현파 교류 3. 교류 전력	2. 교류 회로의 페이저 해석 4. 유도결합회로

시험과목	주요항목	세 부 항 목
회로이론	4. 비정현파교류	1. 비정현파의 푸리에 급수에 의한 전개 2. 푸리에 급수의 계수　　3. 비정현파의 대칭 4. 비정현파의 실효값　　5. 비정현파의 임피던스
	5. 다상교류	1. 대칭n상교류 및 평형3상회로 2. 성형전압과 환상전압의 관계 3. 평형부하의 경우 성형전류와 환상전류와의 관계 4. $2\pi/n$씩 위상차를 가진 대칭n상 기전력의 기호 표시법 5. 3상Y결선 부하인 경우 6. 3상△결선의 각부전압, 전류 7. 다상교류의 전력 8. 3상교류의 복소수에 의한 표시 9. △-Y의 결선 변환 10. 평형 3상회로의 전력
	6. 대칭좌표법	1. 대칭좌표법　　　　　　2. 불평형률 3. 3상교류기기의 기본식　4. 대칭분에 의한 전력표시
	7. 4단자 및 2단자	1. 4단자 파라미터　　　　2. 4단자 회로망의 각종 접속 3. 대표적인 4단자망의 정수　4. 반복파라미터 및 영상파라미터 5. 역회로 및 정저항회로　6. 리액턴스 2단자망
	8. 라플라스 변환	1. 라플라스 변환의 정리　2. 간단한 함수의 변환 3. 기본정리　　　　　　　4. 라플라스 변환표
	9. 과도현상	1. 전달함수의 정의　　　　2. 기본적 요소의 전달함수 3. R-L직렬의 직류회로　　4. R-C직렬의 직류회로 5. R-L병렬의 직류회로　　6. R-L-C직렬의 직류회로 7. R-L-C직렬의 교류회로　8. 시정수와 상승시간 9. 미분 적분회로

시험과목	주요항목	세 부 항 목
전기설비 기술기준 (한국전기 설비규정 [KEC])	1. 총칙	1. 기술기준 총칙 및 KEC 총칙에 관한 사항 2. 일반사항 3. 전선 4. 전로의 절연 5. 접지시스템 6. 피뢰시스템
	2. 저압전기설비	1. 통칙 2. 안전을 위한 보호 3. 전선로 4. 배선 및 조명설비 5. 특수설비
	3. 고압, 특고압 전기설비	1. 통칙 2. 안전을 위한 보호 3. 접지설비 4. 전선로 5. 기계, 기구 시설 및 옥내배선 6. 발전소, 변전소, 개폐소 등의 전기설비 7. 전력보안통신설비
	4. 전기철도설비	1. 통칙 2. 전기철도의 전기방식 3. 전기철도의 변전방식 4. 전기철도의 전차선로 5. 전기철도의 전기철도차량 설비 6. 전기철도의 설비를 위한 보호 7. 전기철도의 안전을 위한 보호
	5. 분산형 전원설비	1. 통칙 2. 전기저장장치 3. 태양광발전설비 4. 풍력발전설비 5. 연료전지설비

Contents

전기산업기사 5주완성 (제1권)

01 전기자기학

제1장 벡터의 해석 ·· 2
   출제예상문제 ·· 5

제2장 진공중의 정전계(Ⅰ) ······························· 8
       진공중의 정전계(Ⅱ) ······························ 14
   출제예상문제 ·· 22

제3장 진공중의 도체계 ································· 42
   출제예상문제 ·· 50

제4장 유전체 ··· 62
   출제예상문제 ·· 66

제5장 전계의 특수해법과 전류 ······················· 84
   출제예상문제 ·· 89

제6장 정자계(Ⅰ) ·· 102
       정자계(Ⅱ) ·· 106
   출제예상문제 ······································· 111

제7장 자성체와 자기회로 ····························· 136
   출제예상문제 ······································· 144

제8장 전자유도 및 인덕턴스(Ⅰ) ········· 160
　　　　전자유도 및 인덕턴스(Ⅱ) ········· 164
　　출제예상문제 ········· 169

제9장 전자장 ········· 182
　　출제예상문제 ········· 185

02 전력공학

제1장 송전선로 ········· 2
　　출제예상문제 ········· 11

제2장 선로정수 및 코로나 ········· 22
　　출제예상문제 ········· 30

제3장 송전선로의 특성값 계산 ········· 40
　　출제예상문제 ········· 46

제4장 안정도 ········· 56
　　출제예상문제 ········· 60

제5장 고장해석 ········· 70
　　출제예상문제 ········· 75

제6장 중성점 접지 방식 ········· 86
　　출제예상문제 ········· 90

Contents

제7장 이상전압 ········· 96
   출제예상문제 ········· 102

제8장 유도장해 ········· 112
   출제예상문제 ········· 114

제9장 배전선로 ········· 118
   출제예상문제 ········· 125

제10장 수력발전 ········· 150
   출제예상문제 ········· 163

제11장 화력발전 ········· 178
   출제예상문제 ········· 183

제12장 원자력발전 ········· 192
   출제예상문제 ········· 197

03 전기기기

제1장 직류기(Ⅰ) ········· 2
       직류기(Ⅱ) ········· 16
   출제예상문제 ········· 25

제2장 동기기 ········· 46
   출제예상문제 ········· 64

제3장 변압기 ········· 82
   출제예상문제 ········· 100

제4장 유도기 ·· 120
　　출제예상문제 ··· 139

제5장 교류정류자기 ··· 158
　　출제예상문제 ··· 161

제6장 정류기 ·· 166
　　출제예상문제 ··· 172

전기산업기사 5주완성 (제2권)

04 회로이론

제1장 직류회로 ·· 2
　　출제예상문제 ·· 8

제2장 정현파 교류 ·· 12
　　출제예상문제 ··· 19

제3장 기본교류회로 ··· 24
　　출제예상문제 ··· 33

제4장 교류전력 ·· 42
　　출제예상문제 ··· 47

제5장 상호유도회로 ··· 56
　　출제예상문제 ··· 61

Contents

제6장 일반선형회로망 ······ 66
   출제예상문제 ······ 72

제7장 다상교류 ······ 80
   출제예상문제 ······ 87

제8장 대칭좌표법 ······ 102
   출제예상문제 ······ 107

제9장 비정현파 ······ 114
   출제예상문제 ······ 119

제10장 2단자망 ······ 126
   출제예상문제 ······ 131

제11장 4단자망 ······ 134
   출제예상문제 ······ 141

제12장 분포정수회로 ······ 156
   출제예상문제 ······ 158

제13장 과도현상 ······ 162
   출제예상문제 ······ 170

제14장 라플라스 변환 ······ 178
   출제예상문제 ······ 185

제15장 전달함수 ······ 196
   출제예상문제 ······ 199

제16장 블록선도와 신호흐름선도 ······ 210
   출제예상문제 ······ 213

05 전기설비기술기준 (한국전기설비규정[KEC])

제1장 총칙 ········· 2
출제예상문제 ········· 39

제2장 저압 및 고압·특고압 전기설비 ········· 60
출제예상문제 ········· 107

제3장 발전소, 변전소, 개폐소 등의 전기설비 ········· 130
출제예상문제 ········· 137

제4장 전선로 ········· 148
출제예상문제 ········· 200

제5장 옥내배선 및 조명설비 ········· 256
출제예상문제 ········· 294

제6장 기타 전기철도설비 및 분산형 전원설비 ········· 316

Contents

전기산업기사 5주완성 (제3권)

01 과년도출제문제(2021~2025)

2021년 해설 및 정답	2
2022년 해설 및 정답	81
2023년 해설 및 정답	159
2024년 해설 및 정답	245
2025년 해설 및 정답	323

02 과년도출제문제(2014~2020) 다운로드 제공

홈페이지(www.inup.co.kr)에서 다운받으실 수 있습니다.

- 2014년 제1회 기출 실전테스트
- 2014년 제2회 기출 실전테스트
- 2014년 제3회 기출 실전테스트
- 2015년 제1회 기출 실전테스트
- 2015년 제2회 기출 실전테스트
- 2015년 제3회 기출 실전테스트
- 2016년 제1회 기출 실전테스트
- 2016년 제2회 기출 실전테스트
- 2016년 제3회 기출 실전테스트
- 2017년 제1회 기출 실전테스트
- 2017년 제2회 기출 실전테스트
- 2017년 제3회 기출 실전테스트
- 2018년 제1회 기출 실전테스트
- 2018년 제2회 기출 실전테스트
- 2018년 제3회 기출 실전테스트
- 2019년 제1회 기출 실전테스트
- 2019년 제2회 기출 실전테스트
- 2019년 제3회 기출 실전테스트
- 2020년 제1·2회 기출 실전테스트
- 2020년 제3회 기출 실전테스트
- 2020년 제4회 기출 실전테스트

03 CBT대비 8회 실전테스트

홈페이지(www.inup.co.kr)에서 필기시험 문제를 CBT 모의 TEST로 체험하실 수 있습니다.

- CBT 필기시험문제 제1회 (2025년 제1회 과년도)
- CBT 필기시험문제 제2회 (2025년 제3회 과년도)
- CBT 필기시험문제 제3회 (2024년 제1회 과년도)
- CBT 필기시험문제 제4회 (2024년 제3회 과년도)
- CBT 필기시험문제 제5회 (2023년 제1회 과년도)
- CBT 필기시험문제 제6회 (2023년 제3회 과년도)
- CBT 필기시험문제 제7회 (2022년 제1회 과년도)
- CBT 필기시험문제 제8회 (2022년 제3회 과년도)

전기산업기사
5주완성

01

Industrial Engineer Electricity

전기자기학

❶ 벡터의 해석
❷ 진공중의 정전계
❸ 진공중의 도체계
❹ 유전체
❺ 전계의 특수해법과 전류
❻ 정자계
❼ 자성체와 자기회로
❽ 전자유도 및 인덕턴스
❾ 전자장

01 벡터의 해석

1 벡터의 표현

| 공식 |
$$\dot{A} = |A| \cdot \dot{n}$$
벡터   크기   방향

※ 벡터란 크기와 방향을 모두 갖는 물리량으로서 벡터의 크기는 벡터의 절대치($|A|$)로 계산하며 벡터의 방향은 단위벡터 또는 방향벡터($\dot{n}$)로 표현한다.

1. 벡터($\dot{A}$)의 표현

$$\dot{A} = A_x i + A_y j + A_z k = |A| \cdot \dot{n}$$

여기서, A_x, A_y, A_z : 각 좌표의 크기, i, j, k : 각 좌표의 단위벡터
$|A|$: 벡터 $\dot{A}$의 크기, $\dot{n}$: 벡터 $\dot{A}$의 단위벡터

2. 벡터의 크기

$$|A| = \sqrt{A_x^2 + A_y^2 + A_z^2}$$

3. 단위벡터=방향벡터

$$\dot{n} = \frac{A_x}{|A|}i + \frac{A_y}{|A|}j + \frac{A_z}{|A|}k$$

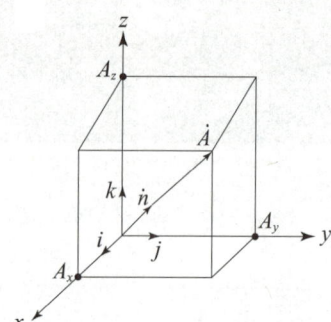

2 벡터의 연산

1. 벡터의 합과 차

$$\dot{A} \pm \dot{B} = (A_x i + A_y j + A_z k) \pm (B_x i + B_y j + B_z k) = (A_x \pm B_x)i + (A_y \pm B_y)j + (A_z \pm B_z)k$$

확인문제

01 원점에서 점 A(-2, 2, 1)로 향하는 단위벡터 a_0는?

① $-2i + 2j + k$ ② $\frac{1}{3}i + \frac{2}{3}j - \frac{2}{3}k$

③ $-\frac{2}{3}i + \frac{2}{3}j + \frac{1}{3}k$ ④ $-\frac{2}{5}i + \frac{2}{5}j + \frac{1}{5}k$

[해설] 단위벡터
$\dot{A} = -2i + 2j + k = |A| \cdot a_0$
$|A| = \sqrt{(-2)^2 + 2^2 + 1^2} = 3$
$\therefore a_0 = \frac{1}{|A|}(-2i + 2j + k)$
$= -\frac{2}{3}i + \frac{2}{3}j + \frac{1}{3}k$

답 : ③

02 어떤 물체에 $F_1 = -3i + 4j - 5k$와 $F_2 = 6i + 3j - 2k$의 힘이 작용하고 있다. 이 물체에 F_3을 가하였을 때, 세 힘이 평형이 되기 위한 F_3은?

① $F_3 = -3i - 7j + 7k$ ② $F_3 = 3i + 7j - 7k$
③ $F_3 = 3i - j - 7k$ ④ $F_3 = 3i - j + 3k$

[해설] 세 힘이 평형이 되기 위해서는 $F_1 + F_2 + F_3 = 0$이 되는 조건을 만족해야 한다.
$\therefore F_3 = -(F_1 + F_2)$
$= -(-3i + 4j - 5k + 6i + 3j - 2k)$
$= -3i - 7j + 7k$

답 : ①

2. 벡터의 곱

(1) 내적(scalar product)

$$\dot{A} \cdot \dot{B} = (A_x i + A_y j + A_z k) \cdot (B_x i + B_y j + B_z k) = A_x B_x + A_y B_y + A_z B_z$$

| 참고 |

① 벡터의 내적은 " · (도트)"를 찍어서 표현하는데 $\dot{A} \cdot \dot{B} = |A||B|\cos\theta$의 성질을 띠고 있으므로 $\begin{cases} i \cdot i = j \cdot j = k \cdot k = 1 \\ i \cdot j = i \cdot k = j \cdot k = 0 \end{cases}$이 됨을 알 수 있다.

② 벡터의 내적은 연산결과가 스칼라로 변환되는 연산으로서 정전계의 발산정리를 풀어갈 때 유용하게 쓰이며 두 벡터가 이루는 각을 구할 때 적용한다.

(2) 외적(vector product)

$$\dot{A} \times \dot{B} = (A_x i + A_y j + A_z k) \times (B_x i + B_y j + B_z k)$$

$$= \begin{vmatrix} i & j & k \\ A_x & A_y & A_z \\ B_x & B_y & B_z \end{vmatrix}$$

$$= (A_y B_z - A_z B_y)i + (A_z B_x - A_x B_z)j + (A_x B_y - A_y B_x)k$$

| 참고 |

① 벡터의 외적은 "×(크로스)"로 표현하는데 $\dot{A} \times \dot{B} = |A||B|\sin\theta$의 성질을 띠고 있으며 또한 회전의 의미를 담고 있으므로
$\begin{cases} i \times i = j \times j = k \times k = 0 \\ i \times j = k, \ j \times k = i, \ k \times i = j \\ j \times i = -k, \ k \times j = -i, \ i \times k = -j \end{cases}$ 가 됨을 알 수 있다.

② 벡터의 외적은 연산결과가 벡터로 표현되고 방향은 암페어의 오른나사법칙에 따라 정해지며 정자계의 스토크스 정리를 풀어갈 때 유용하게 쓰이며 평행사변형의 면적을 구할 때 적용한다.

확인문제

03 다음 중 옳지 않은 것은?

① $i \cdot i = j \cdot j = k \cdot k = 0$
② $i \cdot j = j \cdot k = k \cdot i = 0$
③ $A \cdot B = AB \cos\theta$
④ $i \times i = j \times j = k \times k = 0$

[해설] 벡터의 내적과 외적
(1) $i \cdot i = j \cdot j = k \cdot k = 1$
(2) $i \cdot j = j \cdot k = k \cdot i = 0$
(3) $\dot{A} \cdot \dot{B} = |A||B|\cos\theta$
(4) $i \times i = j \times j = k \times k = 0$
(5) $i \times j = k, \ j \times k = i, \ k \times i = j$

답 : ①

04 두 단위벡터간의 각을 θ라 할 때, 벡터 곱(vector product)과 관계없는 것은?

① $i \times j = -j \times i = k$
② $k \times i = -i \times k = j$
③ $i \times i = j \times j = k \times k = 0$
④ $i \times j = 0$

[해설] 벡터의 외적
$i \times i = j \times j = k \times k = 0$
$i \times j = k, \ j \times k = i, \ k \times i = j$
$j \times i = -k, \ k \times j = -i, \ i \times k = -j$

답 : ④

(3) 스칼라와 벡터의 곱

$$C\dot{A} = C(A_x i + A_y j + A_z k) = CA_x i + CA_y j + CA_z k$$

※ 스칼라와 벡터의 곱은 스칼라끼리 곱하여 벡터의 크기로 표현하며 방향은 변함없이 그대로 표현한다.

3 미분연산자

1. ∇ (나블라 또는 델)

$$\nabla = \frac{\partial}{\partial x} i + \frac{\partial}{\partial y} j + \frac{\partial}{\partial z} k$$

2. $\nabla \cdot \dot{E} = \text{div} \dot{E}$ (벡터의 발산)

$$\nabla \cdot \dot{E} = \left(\frac{\partial}{\partial x} i + \frac{\partial}{\partial y} j + \frac{\partial}{\partial z} k \right) \cdot (E_x i + E_y j + E_z k) = \frac{\partial E_x}{\partial x} + \frac{\partial E_y}{\partial y} + \frac{\partial E_z}{\partial z}$$

여기서, E : 전계의 세기[V/m]

3. $\nabla \times \dot{A} = \text{rot} \dot{A} = \text{curl} \dot{A}$ (벡터의 회전)

여기서, A : 자기벡터포텐셜[Wb/m]

4. $\nabla V = \text{grad} V$ (전위의 기울기)

$$\nabla V = \left(\frac{\partial}{\partial x} i + \frac{\partial}{\partial y} j + \frac{\partial}{\partial z} k \right) V = \frac{\partial V}{\partial x} i + \frac{\partial V}{\partial y} j + \frac{\partial V}{\partial z} k$$

여기서, V : 전위[V]

4 발산정리와 스토크스 정리

1. 발산정리

$$\int_s \dot{E} ds = \int_v \text{div} \dot{E} dv = \int_v \nabla \cdot \dot{E} dv$$

벡터 $\dot{E}$의 면적분은 벡터 $\dot{E}$의 발산에 대한 체적적분한 것과 같다.

2. 스토크스 정리

$$\oint_c \dot{A} dl = \int_s \text{rot} \dot{A} ds = \int_s \text{curl} \dot{A} ds = \int_s \nabla \times \dot{A} ds$$

벡터 $\dot{A}$의 선적분은 벡터 $\dot{A}$의 회전에 대한 면적분한 것과 같다.

01 출제예상문제

01 $P_{(xyz)}$점에 3개의 힘 $F_1 = -2i+5j-3k$, $F_2 = 7i+3j-k$, F_3이 작용하여 0이 되었다. $|F_3|$을 구하면?

① 5   ② 7
③ 8   ④ 10

해설 3개의 힘 F_1, F_2, F_3가 평형이 되기 위해서는 $F_1+F_2+F_3=0$이 되는 조건을 만족해야 한다.
$F_3 = -(F_1+F_2)$
$= -(-2i+5j-3k+7i+3j-k)$
$= -5i-8j+4k$이므로
∴ $|F_3| = \sqrt{(-5)^2+(-8)^2+4^2} \fallingdotseq 10$

02 벡터 A, B값이 $A = i+2j+3k$, $B = -i+2j+k$일 때, $A \cdot B$는 얼마인가?

① 2   ② 4
③ 6   ④ 8

해설 벡터의 내적
$i \cdot i = j \cdot j = k \cdot k = 1$, $i \cdot j = j \cdot k = k \cdot i = 0$
이므로
∴ $A \cdot B = (i+2j+3k) \cdot (-i+2j+k)$
$= -1+4+3$
$= 6$

03 $A = 2i-5j+3k$일 때, $k \times A$를 구한 것 중 옳은 것은?

① $-5i+2j$ ② $5i-2j$
③ $-5i-2j$ ④ $5i+2j$

해설 벡터의 외적
$i \times i = j \times j = k \times k = 0$, $i \times j = k$, $j \times k = i$,
$k \times i = j$이고
$j \times i = -k$, $k \times j = -i$, $i \times k = -j$이므로
∴ $k \times A = k \times (2i-5j+3k) = 2j+5i$
$= 5i+2j$

04 벡터 $A = 2i-6j-3k$ 와 $B = 4i+3j-k$에 수직한 단위벡터는?

① $\pm\left(\dfrac{3}{7}i-\dfrac{2}{7}j+\dfrac{6}{7}k\right)$ ② $\pm\left(\dfrac{3}{7}i+\dfrac{2}{7}j-\dfrac{6}{7}k\right)$
③ $\pm\left(\dfrac{3}{7}i-\dfrac{2}{7}j-\dfrac{6}{7}k\right)$ ④ $\pm\left(\dfrac{3}{7}i+\dfrac{2}{7}j+\dfrac{6}{7}k\right)$

해설 벡터의 외적
벡터 $\dot{A}$, $\dot{B}$에 수직을 이루는 벡터는 $\dot{A} \times \dot{B}$이며 이를 벡터의 외적이라 한다.
$\dot{A} \times \dot{B} = \begin{vmatrix} i & j & k \\ 2 & -6 & -3 \\ 4 & 3 & -1 \end{vmatrix}$
$= (6+9)i+(-12+2)j+(6+24)k$
$= 15i-10j+30k$이다.
$\dot{A} \times \dot{B}$의 단위 벡터 $\dot{n}$은
∴ $\dot{n} = \dfrac{15i-10j+30k}{\sqrt{15^2+(-10)^2+30^2}}$
$= \dfrac{1}{35}(15i-10j+30k)$
$= \pm\left(\dfrac{3}{7}i-\dfrac{2}{7}j+\dfrac{6}{7}k\right)$

05 $A = -i7-j$, $B = -i3-j4$의 두 벡터가 이루는 각은 몇 도인가?

① 30   ② 45
③ 60   ④ 90

해설 벡터의 내적
두 벡터가 이루는 각도를 구할 때는 벡터의 내적을 이용하면 간단히 얻을 수 있다.
두 벡터의 내적은 $A \cdot B = |A||B|\cos\theta$이며
$i \cdot i = j \cdot j = k \cdot k = 1$,
$i \cdot j = j \cdot k = k \cdot i = 0$이므로
$A \cdot B = (-7i-j) \cdot (-3i-4j) = 21+4 = 25$
$|A| = \sqrt{(-7)^2+(-1)^2} = \sqrt{50}$
$|B| = \sqrt{(-3)^2+(-4)^2} = 5$
∴ $\theta = \cos^{-1}\dfrac{A \cdot B}{|A||B|} = \cos^{-1}\dfrac{25}{\sqrt{50}\times 5} = 45°$

정답 01 ④ 02 ③ 03 ④ 04 ① 05 ②

06 위치함수로 주어지는 벡터량이 $E_{(xyz)} = iE_x + jE_y + kE_z$, 나블라($\nabla$)와의 내적 $\nabla \cdot E$와 같은 의미를 갖는 것은?

① $\dfrac{\partial E_x}{\partial x} + \dfrac{\partial E_y}{\partial y} + \dfrac{\partial E_z}{\partial z}$

② $\int \dfrac{\partial E_x}{\partial x} dx + \int \dfrac{\partial E_y}{\partial y} dy + \int \dfrac{\partial E_z}{\partial z} dz$

③ $i\dfrac{\partial E_x}{\partial x} + j\dfrac{\partial E_y}{\partial y} + k\dfrac{\partial E_z}{\partial z}$

④ $\dfrac{\partial E}{\partial x} + \dfrac{\partial E}{\partial y} + \dfrac{\partial E}{\partial z}$

[해설] 벡터의 발산

미분연산자 $\nabla = \dfrac{\partial}{\partial x}i + \dfrac{\partial}{\partial y}j + \dfrac{\partial}{\partial z}k$이며

$i \cdot i = j \cdot j = k \cdot k = 1$, $i \cdot j = j \cdot k = k \cdot i = 0$

이므로 $\nabla \cdot E = \text{div} E$는

$\therefore \nabla \cdot E = \left(\dfrac{\partial}{\partial x}i + \dfrac{\partial}{\partial y}j + \dfrac{\partial}{\partial z}k\right)$
$\cdot (E_x i + E_y j + E_z k)$
$= \dfrac{\partial E_x}{\partial x} + \dfrac{\partial E_y}{\partial y} + \dfrac{\partial E_z}{\partial z}$

07 전계 $E = i3x^2 + j2xy^2 + kx^2 yz$의 $\text{div} E$는 얼마인가?

① $-i6x + jxy + kx^2 y$
② $i6x + j6xy + kx^2 y$
③ $-6x - 6xy - x^2 y$
④ $6x + 4xy + x^2 y$

[해설] 전계의 발산 ($\text{div} E$)

$\text{div} E = \nabla \cdot E = \dfrac{\partial E_x}{\partial x} + \dfrac{\partial E_y}{\partial y} + \dfrac{\partial E_z}{\partial z}$이며

$E = E_x i + E_y j + E_z k = i3x^2 + j2xy^2 + kx^2 yz$이므로 $E_x = 3x^2$, $E_y = 2xy^2$, $E_z = x^2 yz$일 때

$\therefore \text{div} E = \dfrac{\partial}{\partial x}(3x^2) + \dfrac{\partial}{\partial y}(2xy^2) + \dfrac{\partial}{\partial z}(x^2 yz)$
$= 6x + 4xy + x^2 y$

08 V를 임의의 스칼라라 할 때, $\text{grad } V$의 직각좌표에 있어서의 표현은?

① $\dfrac{\partial V}{\partial x} + \dfrac{\partial V}{\partial y} + \dfrac{\partial V}{\partial z}$

② $i\dfrac{\partial V}{\partial x} + j\dfrac{\partial V}{\partial y} + k\dfrac{\partial V}{\partial z}$

③ $\dfrac{\partial^2 V}{\partial x^2} + \dfrac{\partial^2 V}{\partial y^2} + \dfrac{\partial^2 V}{\partial z^2}$

④ $i\dfrac{\partial^2 V}{\partial x^2} + j\dfrac{\partial^2 V}{\partial y^2} + k\dfrac{\partial^2 V}{\partial z^2}$

[해설] 전위의 기울기 ($\text{grad } V = \nabla V$)

미분연산자 $\nabla = \dfrac{\partial}{\partial x}i + \dfrac{\partial}{\partial y}j + \dfrac{\partial}{\partial z}k$이며 전위(V)는 스칼라이기 때문에

$\therefore \nabla V = \left(\dfrac{\partial}{\partial x}i + \dfrac{\partial}{\partial y}j + \dfrac{\partial}{\partial z}k\right)V$
$= i\dfrac{\partial V}{\partial x} + j\dfrac{\partial V}{\partial y} + k\dfrac{\partial V}{\partial z}$

09 $\int_s E ds = \int_{vol} \nabla \cdot E dv$는 다음 중 어느 것에 해당되는가?

① 발산의 정리   ② 가우스의 정리
③ 스토크스의 정리   ④ 암페어의 법칙

[해설] 벡터의 발산정리

$\int_s \dot{E} ds = \int_v \text{div} \dot{E} dv = \int_v \nabla \cdot \dot{E} dv$

10 스토크스(Stokes) 정리를 표시하는 식은?

① $\int_s A \cdot ds = \int_v \text{div} A \, dv$

② $\oint_c A \cdot dl = \int_v \text{div} A \, dv$

③ $\oint_s A \cdot ds = \int_s \text{rot} A \cdot n \, ds$

④ $\oint_c A \cdot dl = \int_s \text{rot} A \cdot n \, ds$

[해설] 벡터의 스토크스 정리

$\oint_c \dot{A} dl = \int_s \text{rot} \dot{A} ds = \int_s \text{curl} \dot{A} ds$
$= \int_s \nabla \times \dot{A} ds$

정답 06 ① 07 ④ 08 ② 09 ① 10 ④

memo

02 진공중의 정전계(Ⅰ)

1 쿨롱의 법칙

| 정의 |

거리 r[m]만큼 떨어진 두 개의 전하 Q_1[C], Q_2[C] 사이에 작용하는 힘 F[N]의 크기는 두 전하의 곱에 비례하며 거리의 제곱에 반비례한다. 또한 힘의 방향은 두 전하의 연결선상과 일치하며 같은 종류의 전하의 경우에는 반발력이 작용하고 서로 다른 종류의 전하 사이에는 흡인력이 작용한다.

| 공식 |

$$F = k\frac{Q_1 Q_2}{r^2} = \frac{Q_1 Q_2}{4\pi\epsilon_0 r^2} = 9\times 10^9 \times \frac{Q_1 Q_2}{r^2} \text{ [N]}$$

여기서, Q_1, Q_2 : 전하[C], r: 거리[m]

| 참고 |

① 공기(진공) 중의 유전율(ϵ_0)

$$\epsilon_0 = \frac{1}{\mu_0 C^2} = \frac{10^7}{4\pi C^2} = \frac{1}{120\pi C} = \frac{10^{-9}}{36\pi} = 8.855\times 10^{-12} \text{ [F/m]}$$

② 공기(진공) 중의 투자율(μ_0)

$$\mu_0 = 4\pi\times 10^{-7} = 12.56\times 10^{-7} \text{ [H/m]} = 12.56\times 10^{-7} \text{ [Wb}^2/\text{N}\cdot\text{m}^2\text{]}$$

③ 광속(C)

$$C = 3\times 10^8 = \frac{1}{\sqrt{\epsilon_0 \mu_0}} \text{ [m/sec]}$$

여기서, ϵ_0 : 진공중의 유전율[F/m], μ_0 : 진공 중의 투자율[H/m], C : 광속[m/sec]

확인문제

01 쿨롱의 법칙에 관한 설명으로 잘못 기술된 것은?

① 힘의 크기는 두 전하량의 곱에 비례한다.
② 작용하는 힘의 방향은 두 전하를 연결하는 직선과 일치한다.
③ 힘의 크기는 두 전하 사이의 거리에 반비례한다.
④ 작용하는 힘은 두 전하가 존재하는 매질에 따라 다르다.

[해설] 쿨롱의 법칙
거리 r[m]만큼 떨어진 두 개의 전하 Q_1[C], Q_2[C] 사이에 작용하는 힘 F[N]의 크기는 두 전하의 곱에 비례하며 거리의 제곱에 반비례한다. 또한 힘의 방향은 두 전하의 연결선상과 일치하며 부호가 같은 종류의 전하 사이에는 반발력이 작용하고 부호가 다른 종류의 전하 사이에는 흡인력이 작용한다.

답 : ③

02 M.K.S 합리화 단위계에서 진공 중의 유전율 값 [F/m]으로 틀린 것은? (단, C[m/s]는 진공 중 전자파 속도이다.)

① $\dfrac{1}{120\pi C}$ ② $\dfrac{10^7}{4\pi C^2}$

③ $\dfrac{1}{36\pi\times 10^9}$ ④ $\dfrac{10^7}{14\pi C}$

[해설] 진공중의 유전율(ϵ_0)

$$\epsilon_0 = \frac{1}{\mu_0 C^2} = \frac{10^7}{4\pi C^2} = \frac{1}{120\pi C} = \frac{10^{-9}}{36\pi}$$
$$= 8.855\times 10^{-12} \text{ [F/m]}$$

답 : ④

2 전계의 세기 또는 전장의 세기(E)

|정의|

전계의 세기란 자유공간상에 존재하는 임의의 정전하(靜電荷)에 의해 주변에 작용하는 힘의 크기는 거리 r[m] 떨어진 곳에 단위 전하 1[C]를 놓아 이 **단위전하에 작용하는 힘**의 크기로 정의한다. 이 때 단위 전하가 받는 힘이 최소로 작용하는 자유공간으로서 **전계에너지가 최소로 되는 전하분포**를 정전계라 부른다.

1. 점전하와 구도체에 의한 전계의 세기

종류	내부의 전계의 세기 E_in, 외부의 전계의 세기 E_out
점전하	$E = \dfrac{Q}{4\pi\epsilon_o r^2} = 9\times 10^9 \times \dfrac{Q}{r^2}$ [V/m] $= \dfrac{F}{Q}$ [N/C]
구도체	① 구도체 표면에만 전하가 대전된 경우 　$E_\mathrm{in} = 0$ [V/m], $E_\mathrm{out} = \dfrac{Q}{4\pi\epsilon_0 r^2}$ [V/m] ② 구도체 내부까지 전하가 균일하게 분포된 경우 　$E_\mathrm{in} = \dfrac{Qr}{4\pi\epsilon_0 a^3}$ [V/m], $E_\mathrm{out} = \dfrac{Q}{4\pi\epsilon_0 r^2}$ [V/m]
동심구도체	① A도체에만 $+Q$ [C]으로 대전된 경우 　$E_\mathrm{in} = E_\mathrm{out} = \dfrac{Q}{4\pi\epsilon_0 r^2}$ [V/m] ② A도체에 $+Q$ [C], B도체에 $-Q$ [C]으로 대전된 경우 　$E_\mathrm{in} = \dfrac{Q}{4\pi\epsilon_0 r^2}$ [V/m], $E_\mathrm{out} = 0$ [V/m] ③ B도체에만 $+Q$ [C]으로 대전된 경우 　$E_\mathrm{in} = 0$ [V/m], $E_\mathrm{out} = \dfrac{Q}{4\pi\epsilon_0 r^2}$ [V/m]

여기시, Q : 전하[C], r : 거리[m], F : 작용력[N],
a : 구도체 반지름[m] 또는 동심 내구도체 반지름[m], b : 동심 외구도체 내반지름[m],
c : 동심 외구도체 외반지름[m]

확인문제

03 전계 중에 단위 전하를 놓았을 때, 그것에 작용하는 힘을 그 점에 있어서의 무엇이라 하는가?

① 전계의 세기　② 전위
③ 전위차　④ 변위 전류

[해설] 전계의 세기(E)
전계의 세기란 자유공간상에 존재하는 임의의 정전하(靜電荷)에 의해 주변에 작용하는 힘의 크기는 거리 r[m] 떨어진 곳에 단위 전하 1[C]를 놓아 이 단위전하에 작용하는 힘의 크기로 정의한다.

답 : ①

04 정전계의 설명으로 가장 적합한 것은?

① 전계에너지가 최대로 되는 전하분포의 전계
② 전계에너지와 무관한 전하분포의 전계
③ 전계에너지가 최소로 되는 전하분포의 전계
④ 전계에너지가 일정하게 유지되는 전하분포의 전계

[해설] 정전계란 단위 전하가 받는 힘이 최소로 작용하는 자유공간으로서 전계에너지가 최소로 되는 전하분포의 전계이다.

답 : ③

2. 선전하와 원통도체(원주형도체)에 의한 전계의 세기

종류	내부의 전계의 세기 E_{in}, 외부의 전계의 세기 E_{out}
선전하	$E = \dfrac{\lambda}{2\pi\epsilon_0 r} = 18 \times 10^9 \times \dfrac{\lambda}{r}$ [V/m]
원통도체(원주형도체)	① 원통도체 표면에만 전하가 대전된 경우 $E_{in} = 0$ [V/m], $E_{out} = \dfrac{\lambda}{2\pi\epsilon_0 r}$ [V/m] ② 원통도체 내부까지 전하가 균일하게 분포된 경우 $E_{in} = \dfrac{\lambda r}{2\pi\epsilon_0 a^2}$ [V/m], $E_{out} = \dfrac{\lambda}{2\pi\epsilon_0 r}$ [V/m]
동심원통도체	① A도체에만 $+\lambda$ [C/m]로 대전된 경우 $E_{in} = E_{out} = \dfrac{\lambda}{2\pi\epsilon_0 r}$ [V/m] ② A도체에 $+\lambda$ [C/m], B도체에 $-\lambda$ [C/m]로 대전된 경우 $E_{in} = \dfrac{\lambda}{2\pi\epsilon_0 r}$ [V/m], $E_{out} = 0$ [V/m] ③ B도체에만 $+\lambda$ [C/m]로 대전된 경우 $E_{in} = 0$ [V/m], $E_{out} = \dfrac{\lambda}{2\pi\epsilon_0 r}$ [V/m]
원형코일(원형도선)	$E = \dfrac{ax\lambda}{2\epsilon_0(a^2+x^2)^{\frac{3}{2}}} = \dfrac{Qx}{4\pi\epsilon_0(a^2+x^2)^{\frac{3}{2}}}$ [V/m] 단, 원형코일 중심에서의 전계의 세기는 0이다.

여기서 λ : 선전하밀도[C/m], r : 거리[m],
a : 원통도체 반지름[m] 또는 동심 내원통도체 반지름[m] 또는 원형코일 반지름[m],
b : 동심 외원통도체 내반지름[m], c : 동심 외원통도체 외반지름[m],
x : 원형코일 중심축상 거리[m], Q : 전하[C]

확인문제

05 중공도체 중공부에 전하를 놓지 않으면 외부에서 준 전하는 외부 표면에만 분포한다. 이때 도체 내의 전계는 몇 [V/m]가 되는가?

① 0　　　　　② 4π
③ $\dfrac{1}{4\pi\epsilon_0}$　　　④ ∞

[해설] 구도체의 전계의 세기(E)
구도체 외부표면에만 전하가 분포하는 경우를 대전구도체라 부르며 이때 구도체 내부와 외부의 전계의 세기는 다음과 같다.
(1) 구도체 내부 : $E_{in} = 0$ [V/m]
(2) 구도체 외부 : $E_{out} = \dfrac{Q}{4\pi\epsilon_0 r^2}$ [V/m]

답 : ①

06 무한장 선로에 균일하게 전하가 분포된 경우, 선로로부터 r[m] 떨어진 점에서의 전계세기 E [V/m]는 얼마인가? (단, 선전하밀도는 ρ_L[C/m]이다.)

① $E = \dfrac{\rho_L}{2\pi\epsilon_0 r}$

② $E = \dfrac{\rho_L}{4\pi\epsilon_0 r}$

③ $E = \dfrac{\rho_L}{2\pi\epsilon_0 r^2}$

④ $E = \dfrac{\rho_L^2}{2\pi\epsilon_0 r}$

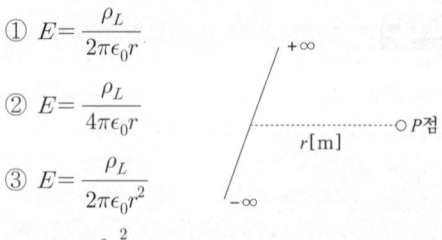

[해설] 선전하에 의한 전계의 세기(E)
$\therefore E = \dfrac{\rho_L}{2\pi\epsilon_0 r} = 18 \times 10^9 \times \dfrac{\rho_L}{r}$ [V/m]

답 : ①

3. 면전하에 의한 전계의 세기

종류	평행판 사이의 전계의 세기 E_{in}, 이 외의 전계의 세기 E_{out}
구도체	$E = \dfrac{\rho_s}{\epsilon_0}$ [V/m]
평면(평판)도체	$E = \dfrac{\rho_s}{2\epsilon_0}$ [V/m]
평행판도체	① 평행판에 각각 $+\rho_s$ [C/m²], $-\rho_s$ [C/m²]가 대전된 경우 $E_{in} = \dfrac{\rho_s}{\epsilon_0}$ [V/m], $E_{out} = 0$ [V/m] ② 평행판에 모두 $+\rho_s$ [C/m²]로 대전된 경우 $E_{in} = 0$ [V/m], $E_{out} = \dfrac{\rho_s}{2\epsilon_0}$ [V/m]

여기서, ρ_s : 면전하밀도[C/m²]

확인문제

07 거리 r에 반비례하는 전계의 세기를 주는 대전체는?

① 점전하 ② 구전하
③ 전기 쌍극자 ④ 선전하

[해설] 거리(r)와 전계의 세기(E)와의 관계

종류	전계의 세기	관계
점전하	$E = \dfrac{Q}{4\pi\epsilon_0 r^2}$	$E \propto \dfrac{1}{r^2}$
구전하	$E = \dfrac{Q}{4\pi\epsilon_0 r^2}$	$E \propto \dfrac{1}{r^2}$
전기쌍극자	$E = \dfrac{M\sqrt{1+3\cos^2\theta}}{4\pi\epsilon_0 r^3}$	$E \propto \dfrac{1}{r^3}$
선전하	$E = \dfrac{\lambda}{2\pi\epsilon_0 r}$	$E \propto \dfrac{1}{r}$

답 : ④

08 무한히 넓은 평면에 면밀도 δ[C/m²]의 전하가 있을 경우 전력선은 분포되어 있는 면에 수직으로 나와 평행하게 발산한다. 이 평면의 전계의 세기[V/m]는?

① $\delta/2\epsilon_0$ ② δ/ϵ_0
③ $\delta/2\pi\epsilon_0$ ④ $\delta/4\pi\epsilon_0$

[해설] 면전하에 의한 전계의 세기

(1) 구도체 : $E = \dfrac{\delta}{\epsilon_0}$

(2) 무한평면도체 : $E = \dfrac{\delta}{2\epsilon_0}$

(3) 평행판 도체 : 평행판에 모두 $+\delta$[C/m²]로 대전된 경우

$E_{in} = 0$ [V/m], $E_{out} = \dfrac{\delta}{2\epsilon_0}$ [V/m]

답 : ①

4. 전기쌍극자에 의한 전계의 세기

(1) 쌍극자 모멘트(M)

$$M = Q\delta \ [\text{C}\cdot\text{m}]$$

(2) 전계의 세기

$$\dot{E} = E_r \dot{a}_r + E_\theta \dot{a}_\theta = \frac{M\cos\theta}{2\pi\epsilon_0 r^3}\dot{a}_r + \frac{M\sin\theta}{4\pi\epsilon_0 r^3}\dot{a}_\theta \ [\text{V/m}]$$

$$E = \frac{M}{4\pi\epsilon_0 r^3}\sqrt{1+3\cos^2\theta} \ [\text{V/m}]$$

(3) 최대($E_{\max}$), 최소($E_{\min}$)

① 최대치($\theta = 0°$ 일 때)

$$E_{\max} = \frac{M}{2\pi\epsilon_0 r^3}\bigg|_{\theta=0°} \ [\text{V/m}]$$

② 최소치($\theta = 90°$ 일 때)

$$E_{\min} = \frac{M}{4\pi\epsilon_0 r^3}\bigg|_{\theta=90°} \ [\text{V/m}]$$

여기서, Q : 전하[C], δ : 쌍극자 사이의 거리[m], M : 쌍극자 모멘트[C·m]
r : 쌍극자 중심에서부터의 거리[m]

확인문제

09 진공 중에서 전하밀도 $\pm\sigma[\text{C/m}^2]$의 무한평면이 간격 $d[\text{m}]$로 떨어져 있다. $+\sigma$의 평면으로부터 $r[\text{m}]$ 떨어진 점 P의 전계의 세기[N/C]는?

① 0

② $\dfrac{\sigma}{\epsilon_0}$

③ $\dfrac{\sigma}{2\epsilon_0}$

④ $\dfrac{\sigma}{2\epsilon_0}\left(\dfrac{1}{r} - \dfrac{1}{r+d}\right)$

[해설] 평행판 도체에 의한 전계의 세기(E)
(1) 평행판에 각각 $+\sigma[\text{C/m}^2]$, $-\sigma[\text{C/m}^2]$가 대전된 경우

$$E_{\text{in}} = \frac{\sigma}{\epsilon_0} \ [\text{V/m}], \ E_{\text{out}} = 0 \ [\text{V/m}]$$

(2) 평행판에 모두 $+\sigma[\text{C/m}^2]$로 대전된 경우

$$E_{\text{in}} = 0 \ [\text{V/m}], \ E_{\text{out}} = \frac{\sigma}{2\epsilon_0} \ [\text{V/m}]$$

답 : ①

10 그림과 같이 반지름 $a[\text{m}]$인 원형 도선에 전하가 선밀도 $\lambda[\text{C/m}]$로 균일하게 분포되어 있다. 그 중심에 수직인 z축 상에 있는 점 P의 전계의 세기[V/m]는?

① $\dfrac{\lambda z a}{2\epsilon_0(a^2+z^2)^{3/2}}$

② $\dfrac{\lambda z a}{2\pi\epsilon_0(a^2+z^2)^{3/2}}$

③ $\dfrac{\lambda z a}{4\pi\epsilon_0(a^2+z^2)^{3/2}}$

④ $\dfrac{\lambda z a}{4\epsilon_0(a^2+z^2)^{3/2}}$

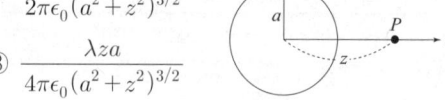

[해설] 원형코일(원형도선)에 의한 전계의 세기

$$E = \frac{az\lambda}{2\epsilon_0(a^2+z^2)^{\frac{3}{2}}} = \frac{Qz}{4\pi\epsilon_0(a^2+z^2)^{\frac{3}{2}}} \ [\text{V/m}]$$

답 : ①

3 정전계에서 전계의 세기를 구하는 방법

1. 쿨롱의 법칙을 이용하여 구하는 방법

$$F = \frac{Q_1 Q_2}{4\pi\epsilon_0 r^2} \text{ [N]} \text{ 식에서}$$

$$\therefore E = \frac{F}{Q} = \frac{Q}{4\pi\epsilon_0 r^2} \text{ [V/m]}$$

여기서, F : 작용력[N], Q_1, Q_2 : 전하[C], r : 거리[m], E : 전계의 세기[V/m]

2. 전위를 이용하여 구하는 방법

$$V = \frac{Q}{4\pi\epsilon_0 r} \text{ [V] 식에서}$$

$$\therefore E = \frac{V}{r} = \frac{Q}{4\pi\epsilon_0 r^2} \text{ [V/m]}$$

여기서, V : 전위[V], Q : 전하[C], r : 거리[m], E : 전계의 세기[V/m]

3. 가우스법칙을 이용하여 구하는 방법

$$\int_s E ds = \frac{Q}{\epsilon_0} \text{ 식에서 } S = 4\pi r^2 \text{ [m}^2\text{]이므로}$$

$$\therefore E = \frac{Q}{\epsilon_0 S} = \frac{Q}{4\pi\epsilon_0 r^2} \text{ [V/m]}$$

여기서, Q : 전하[C], S : 면적[m²], E : 전계의 세기[V/m]

02 진공중의 정전계(Ⅱ)

1 전기력선의 성질

① 전기력선은 정(+)전하에서 시작하여 부(-)전하에서 끝난다. - 전계의 불연속성
  단, 전하가 없는 곳에서는 전기력선의 발생 및 소멸이 없다. - 전하가 없으면 연속성이다.
② 전기력선은 서로 반발하여 교차할 수 없다.
③ 전기력선의 방향은 그 점의 전계의 방향과 같다.
④ 전기력선의 밀도는 전계의 세기와 같다.
⑤ 전기력선은 전위가 높은 점에서 낮은 점으로 향한다.
⑥ 전기력선은 도체 표면(=등전위면)에 수직으로 만난다.
⑦ 도체에 대전된 전하는 도체 표면에만 분포되며 전기력선은 대전도체 내부에는 존재하지 않는다.
⑧ 전기력선은 자신만으로 폐곡선을 이룰 수 없다. - 전계의 비회전성=전계의 발산 성질
⑨ 전기력선의 수는 $\dfrac{Q}{\epsilon_0}$개이다.

| 참고 |

가우스의 발산정리(전기력선과 전속선)

$$\int_s E ds = \int_v \text{div}\, E dv = N(\text{전기력선의 개수})$$

① $E = \dfrac{N}{S}$ [V/m] ($\dfrac{N}{S}$: 전기력선의 밀도)

② $N = ES = \dfrac{Q}{S\epsilon_0} S = \dfrac{Q}{\epsilon_0}$ [개]

③ $\dfrac{Q}{S} = \dfrac{Q}{4\pi r^2} = \epsilon_0 E = \rho_s = D$(전속밀도) ($\rho_s$: 면전하밀도)

④ $DS = Q = \Psi$(전속선의 개수)

확인문제

01 전기력선의 기본 성질에 관한 설명으로 옳지 않은 것은?

① 전기력선의 방향은 그 점의 전계의 방향과 일치한다.
② 전기력선은 전위가 높은 점에서 낮은 점으로 향한다.
③ 전기력선은 그 자신만으로 폐곡선이 된다.
④ 전계가 0이 아닌 곳에서 전기력선은 도체 표면에 수직으로 만난다.

해설 전기력선의 성질
전계의 발산은 비회전성의 성질을 띠며 전기력선은 자신만의 폐곡선을 그리지 않는다.

답 : ③

02 정전계 내에 있는 도체 표면에서 전계의 방향은 어떻게 되는가?

① 임의 방향
② 표면과 접선 방향
③ 표면과 45° 방향
④ 표면과 수직 방향

해설 전기력선의 성질
(1) 전기력선의 방향은 그 점의 전계의 방향과 같다.
(2) 전기력선은 도체 표면(=등전위면)에 수직으로 만난다.

답 : ④

2 전위(V)

| 정의 |

정전계 내에서 정전하(靜電荷) Q[C]으로부터 힘을 받은 무한 원점에 놓인 단위전하 1[C]을 정전하(靜電荷)로부터 r[m]만큼 떨어진 위치로 이동시키기 위해 필요한 에너지를 의미함.

1. 점전하와 구도체에 의한 전위

종류	전위
점전하	$V = \dfrac{Q}{4\pi\epsilon_0 r} = Er$ [V]
대전 구도체	① 대전 구도체 외부의 전위 $V = \dfrac{Q}{4\pi\epsilon_0 r}$ [V] ② 대전 구도체 내부의 전위(=표면전위) $V = \dfrac{Q}{4\pi\epsilon_0 a}$ [V] ※ 대전 구도체의 내부 전위는 표면전위와 같다.
동심구도체	① A도체에만 $+Q$[C]으로 대전된 경우 $V_A = \dfrac{Q}{4\pi\epsilon_0}\left(\dfrac{1}{a} - \dfrac{1}{b} + \dfrac{1}{c}\right)$ [V] ② A도체에 $+Q$[C], B도체에 $-Q$[C]이 대전된 경우 $V_{AB} = \dfrac{Q}{4\pi\epsilon_0}\left(\dfrac{1}{a} - \dfrac{1}{b}\right)$ [V] ③ B도체에만 $+Q$[C]으로 대전된 경우 $V_B = \dfrac{Q}{4\pi\epsilon_0 c}$ [V]

여기서, Q : 전하[C], r : 거리[m], E : 전계의 세기[V/m]
a : 구도체의 반지름[m] 또는 동심 내구도체 반지름[m]
b : 동심 외구도체 내반지름[m], c : 동심 외구도체 외반지름[m]

확인문제

03 어느 점전하에 의해 생기는 전위를 처음 전위의 1/2이 되게 하려면 전하로부터의 거리를 몇 배로 하면 되는가?

① $1/\sqrt{2}$ ② $1/2$
③ $\sqrt{2}$ ④ 2

[해설] 점전하에 의한 전위(V)

$V = \dfrac{Q}{4\pi\epsilon_0 r} = 9 \times 10^9 \dfrac{Q}{r}$ [V]식에 의해서 점전하에 의한 전위(V)는 거리(r)와 반비례 관계에 있으므로 전위를 $\dfrac{1}{2}$배로 하기 위해서는 거리를 2배로 늘려야 한다.

답 : ④

04 그림과 같이 동심구에서 도체 A에 Q[C]을 줄 때, 도체 A의 전위[V]는? (단, 도체 B의 전하는 0이다.)

① 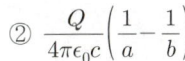$\dfrac{Q}{4\pi\epsilon_0 c}$

② 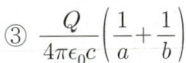$\dfrac{Q}{4\pi\epsilon_0 c}\left(\dfrac{1}{a} - \dfrac{1}{b}\right)$

③ 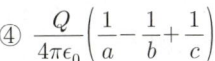$\dfrac{Q}{4\pi\epsilon_0 c}\left(\dfrac{1}{a} + \dfrac{1}{b}\right)$

④ 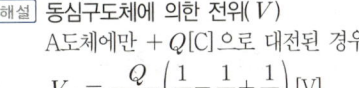$\dfrac{Q}{4\pi\epsilon_0}\left(\dfrac{1}{a} - \dfrac{1}{b} + \dfrac{1}{c}\right)$

[해설] 동심구도체에 의한 전위(V)
A도체에만 $+Q$[C]으로 대전된 경우
$V_A = \dfrac{Q}{4\pi\epsilon_0}\left(\dfrac{1}{a} - \dfrac{1}{b} + \dfrac{1}{c}\right)$ [V]

답 : ④

2. 선전하와 원통 도체(원주형 도체)에 의한 전위

종류	단위
직선도체	$V = \infty$ [V]
원통 도체(원주형 도체)	$V = \infty$ [V]
동심원통 도체	A도체에 $+\lambda$ [C/m], B도체에 $-\lambda$ [C/m]로 대전된 경우 $V_{AB} = \dfrac{\lambda}{2\pi\epsilon_0} \ln \dfrac{b}{a}$ [V]
평행한 원통 도체	한 쪽에 $+\lambda$ [C/m], 다른 한 쪽에 $-\lambda$ [C/m]로 대전된 경우 $V = \dfrac{\lambda}{\pi\epsilon_0} \ln \dfrac{d}{a}$ [V]

여기서, λ : 선전하밀도[C/m], a : 동심 내원통도체 반지름[m] 또는 평행도선의 반지름[m], b : 동심 외원통도체 내반지름[m], d : 평행한 두 원통도체의 중심간 거리[m]

3. 면전하에 의한 전위

종류	전위
평면(평판)	$V = \infty$ [V]
평행판 전극	한 쪽에 $+\rho_s$ [C/m²], 다른 한 쪽에 $-\rho_s$ [C/m²]로 대전된 경우 $V = \dfrac{\rho_s}{\epsilon_0} d$ [V]

여기서, ρ_s : 면전하밀도[C/m²]

4. 전기쌍극자에 의한 전위

$$V = \dfrac{M \cos \theta}{4\pi\epsilon_0 r^2} \text{ [V]}$$

여기서, M : 쌍극자모멘트[C·m], r : 쌍극자 중심에서부터의 거리[m]

확인문제

05 무한장 선전하와 무한평면 전하에서 r[m] 떨어진 점의 전위[V]는 각각 얼마인가? (단, ρ_L은 선전밀도, ρ_s는 평면 전하밀도이다.)

① 무한직선 : $\dfrac{\rho_L}{2\pi\epsilon_0}$, 무한평면 도체 : $\dfrac{\rho_s}{\epsilon}$

② 무한직선 : $\dfrac{\rho_L}{4\pi\epsilon_0}$, 무한평면 도체 : $\dfrac{\rho_L}{2\pi\epsilon_0}$

③ 무한직선 : $\dfrac{\rho_s}{\epsilon}$, 무한평면 도체 : ∞

④ 무한직선 : ∞, 무한평면 도체 : ∞

[해설] 무한직선도체와 무한평면도체에 의한 전위(V)
∴ 무한직선 : $V = \infty$, 무한평면 : $V = \infty$

답 : ④

06 무한 평행한 평판 전극 사이의 전위차 V[V]는? (단, 평행판 전하밀도 σ[C/m²], 판간 거리 d[m]라 한다.)

① $\dfrac{\sigma}{\epsilon_0}$ ② $\dfrac{\sigma}{\epsilon_0} d$

③ σd ④ $\dfrac{\epsilon_0 \sigma}{d}$

[해설] 무한평행판 전극 사이의 전위차(V)
한 쪽에 $+\sigma$ [C/m²], 다른 한 쪽에 $-\sigma$ [C/m²]로 대전된 경우 전극 사이의 전위차(V)는
∴ $V = \dfrac{\sigma}{\epsilon_0} d$ [V]

답 : ②

5. 전기 이중층에 의한 전위

(1) 이중층의 세기(M)

$$M = \rho_s \cdot \delta \, [\text{C/m}]$$

(2) 전위(V)

$$V = \frac{M}{4\pi\epsilon_0}\omega = \frac{M}{2\epsilon_0}(1-\cos\theta) \, [\text{V}]$$

(3) 전기 이중층 양 면의 전위차(ΔV)

$$\Delta V = \frac{M}{4\pi\epsilon_0}(\omega_1 - \omega_2) = \frac{M}{\epsilon_0} \, [\text{V}]$$

여기서, ρ_s : 면전하밀도[C/m²], δ : 이중층의 간격[m], M : 이중층의 세기[C/m], ω : 입체각[sr], $\omega = 2\pi(1-\cos\theta)$

3 푸아송 방정식과 라플라스 방정식

1. 푸아송 방정식

$$\nabla^2 V = -\frac{\rho_v}{\epsilon_0}$$

여기서, V : 전위[V], ρ_v : 체적전하밀도[C/m³]

2. 라플라스 방정식

$$\nabla^2 V = 0$$

여기서, V : 전위[V]

확인문제

07 푸아송의 방정식으로 옳은 것은?

① $\nabla E = \frac{\rho}{\epsilon_0}$ ② $E = -\nabla V$

③ $\nabla^2 V = -\frac{\rho}{\epsilon_0}$ ④ $\nabla^2 V = 0$

[해설] 푸아송 방정식과 라플라스 방정식
 (1) 푸아송 방정식
  $\nabla^2 V = -\frac{\rho}{\epsilon_0}$
 (2) 라플라스 방정식
  $\nabla^2 V = 0$

답 : ③

08 공간적 전하분포를 갖는 유전체 중의 전계 E에 있어서 전하밀도 ρ와 전하 분포 중의 한 점에 대한 전위 V와의 관계 중 전위를 생각하는 고찰점에 ρ의 전하 분포가 없다면 $\nabla^2 V = 0$이 된다는 것은?

① Laplace의 방정식
② Poisson의 방정식
③ Stokes의 정리
④ Thomson의 정리

[해설] 푸아송 방정식과 라플라스 방정식
 (1) 푸아송 방정식
  $\nabla^2 V = -\frac{\rho}{\epsilon_0}$
 (2) 라플라스 방정식
  $\nabla^2 V = 0$

답 : ①

예제 1 벡터적 해석이 필요한 쿨롱의 법칙 ★★★

점 A(0, 1)와 점 B(1, 0)[m] 되는 곳에 각각 10^{-8}[C]의 점전하가 있다. 이때 점 C(0, 0)[m]에 10^{-9}[C]의 점전하를 놓았을 때, C점의 전하에 작용하는 힘[N]은?

① 9×10^{-8}
② 12.7×10^{-8}
③ 18×10^{-8}
④ 25.4×10^{-8}

풀이전략

(1) 두 개의 전하 사이에 작용하는 힘을 모두 계산한다.

(2) 벡터적으로 해석하여 그 중 어느 한 개의 전하에 작용하는 힘을 계산한다.

※ 전하 사이에 작용하는 힘은 벡터이므로 무엇보다 방향에 신중해야 한다.

풀 이

A점과 C점 사이에 작용하는 힘 F_{AC}, B점과 C점 사이에 작용하는 힘 F_{BC}라 하면

$$F_{AC} = 9 \times 10^9 \times \frac{10^{-8} \times 10^{-9}}{1^2} = 9 \times 10^{-8} \,[\text{N}]$$

$$F_{BC} = 9 \times 10^9 \times \frac{10^{-8} \times 10^{-9}}{1^2} = 9 \times 10^{-8} \,[\text{N}]$$

이 두 힘은 서로 수직을 이루고 있으므로 피타고라스 정리를 이용하여 풀면

$$F_C = \sqrt{F_{AC}^2 + F_{BC}^2} = \sqrt{(9 \times 10^{-8})^2 + (9 \times 10^{-8})^2} = 12.7 \times 10^{-8} \,[\text{N}]$$

정답 ②

유사문제

01 그림과 같이 $Q_A = 4 \times 10^{-6}$[C], $Q_B = 2 \times 10^{-6}$[C], $Q_C = 5 \times 10^{-6}$[C]의 전하를 가진 작은 도체구 A, B, C가 진공 중에서 일직선상에 놓여질 때, B구에 작용하는 힘[N]은?

① 1.8×10^{-2}
② 1×10^{-2}
③ 0.8×10^{-2}
④ 2.8×10^{-2}

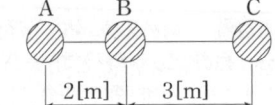

[해설] A와 B 사이에 작용하는 힘 F_{AB}, B와 C 사이에 작용하는 힘 F_{BC}라 하면 전하 사이의 작용력은 반발력이므로 B구에 작용하는 힘(F_B)은 두 힘(F_{AB}와 F_{BC})의 벡터차이다.

$$\therefore F_B = F_{AB} - F_{BC}$$
$$= 9 \times 10^9 \frac{Q_A Q_B}{r_{AB}^2} - 9 \times 10^9 \frac{Q_B Q_C}{r_{BC}^2}$$
$$= 9 \times 10^9 \left(\frac{4 \times 2 \times 10^{-12}}{2^2} - \frac{2 \times 5 \times 10^{-12}}{3^2} \right)$$
$$= 0.8 \times 10^{-2} \,[\text{N}]$$

답 : ③

02 한 변의 길이가 2[m] 되는 정삼각형의 3정점 A, B, C에 10^{-4}[C]의 점전하가 있다. 점 B에 작용하는 힘[N]은 다음 중 어느 것인가?

① 29
② 39
③ 45
④ 49

[해설] 정삼각형은 각 전하끼리의 거리가 모두 같으며 점전하 또한 크기가 같으므로 F_{AB}와 F_{BC}를 구하여 벡터해석으로 계산한다.

F_{AB}와 F_{BC} 사이의 각도가 60°이므로 B구에 작용하는 힘(F_B)은

$$F_B = \sqrt{F_{AB}^2 + F_{BC}^2 + 2 F_{AB} F_{BC} \cos \theta} \,[\text{V}]$$

식에서 $F_{AB} = F_{BC}$일 때 $F_B = \sqrt{3} F_{AB}$이므로

$$\therefore F_B = \sqrt{3} F_{AB} = \sqrt{3} \times 9 \times 10^9 \frac{Q^2}{r^2}$$
$$= \sqrt{3} \times 9 \times 10^9 \frac{(10^{-4})^2}{2^2}$$
$$= 39 \,[\text{N}]$$

답 : ②

예제 2 도체 내부에 전하가 균일한 경우의 도체 내부의 전계의 세기 ★☆☆

진공 중에서 Q[C]의 전하가 반지름 a[m]인 구에 내부까지 균일하게 분포되어 있는 경우, 구의 중심으로부터 $a/2$인 거리에 있는 점의 전계 세기[V/m]는?

① $\dfrac{Q}{16\pi\epsilon_0 a^2}$ ② $\dfrac{Q}{8\pi\epsilon_0 a^2}$

③ $\dfrac{Q}{4\pi\epsilon_0 a^2}$ ④ $\dfrac{Q}{\pi\epsilon_0 a^2}$

풀이전략
(1) 전하가 분포되어 있는 경우에 따른 전계의 세기를 먼저 생각해본다.
(2) 도체 내부까지 균일한 경우의 도체 내부 전계의 세기 공식에 단위전하가 놓인 거리를 대입하여 식을 정리한다.

풀이 구도체에 전하가 내부까지 균일한 경우 도체 내부의 전계의 세기는

$E = \dfrac{Qr}{4\pi\epsilon_0 a^3}$ [V]이므로 $r = \dfrac{a}{2}$인 경우

$\therefore E = \dfrac{Q \times \dfrac{a}{2}}{4\pi\epsilon_0 a^3} = \dfrac{Q}{8\pi\epsilon_0 a^2}$ [V/m]

정답 ②

유사문제

03 진공 중에서 Q[C]의 전하가 반지름 a[m]인 구에 내부까지 균일하게 분포되어 있는 경우 구의 중심으로부터 $\dfrac{2a}{3}$인 거리에 있는 점의 전계의 세기[V/m]는?

① $\dfrac{Q}{16\pi\epsilon_0 a^2}$ ② $\dfrac{Q}{4\pi\epsilon_0 a^2}$

③ $\dfrac{Q}{6\epsilon_0 a^2}$ ④ $\dfrac{Q}{10\epsilon_0 a^2}$

해설 $E = \dfrac{Qr}{4\pi\epsilon_0 a^3}$ [V]이므로 $r = \dfrac{2a}{3}$인 경우

$\therefore E = \dfrac{Q\left(\dfrac{2}{3}a\right)}{4\pi\epsilon_0 a^3} = \dfrac{2aQ}{3 \times 4\pi\epsilon_0 a^3} = \dfrac{Q}{6\pi\epsilon_0 a^2}$

답 : ③

04 진공 중에 선전하밀도(線電荷密度) ρ[C/m], 반지름이 a[m]인 아주 긴 직선 원통 진하가 있다. 원통 중심축으로부터 $a/2$[m]인 거리에 있는 점의 전계 세기[V/m]는?

① $\dfrac{\rho}{4\pi\epsilon_0 a}$ ② $\dfrac{\rho}{2\pi\epsilon_0 a}$

③ $\dfrac{\rho}{\pi\epsilon_0 a^2}$ ④ $\dfrac{\rho}{8\pi\epsilon_0 a}$

해설 $E = \dfrac{\rho r}{2\pi\epsilon_0 a^2}$ [V]이므로 $r = \dfrac{a}{2}$인 경우

$\therefore E = \dfrac{\rho\left(\dfrac{a}{2}\right)}{2\pi\epsilon_0 a^2} = \dfrac{\rho a}{4\pi\epsilon_0 a^2} = \dfrac{\rho}{4\pi\epsilon_0 a}$

답 : ①

예제 3 전위차 계산을 이용한 임의의 P점의 전위 ★☆☆

50[V/m]인 평등 전계 중의 80[V] 되는 A점에서 전계 방향으로 80[cm] 떨어진 B점의 전위는 몇 [V]인가?

① 20
② 40
③ 60
④ 80

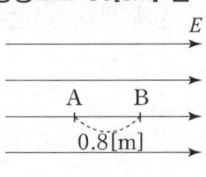

풀이전략
(1) 평등 전계 중의 전계 방향으로 r[m] 이동하는 경우 r[m] 양 단의 전위차를 먼저 계산한다.
(2) 전계의 방향은 전위가 높은 곳에서 낮은 곳으로 이동하므로 양 단의 전위 중 어느 하나가 주어지면 다른 하나의 전위를 계산할 수 있다.
※ 등전위면에서는 전위차가 0이다.

풀 이
A, B점의 전위차 V_{AB}는

$$V_{AB} = V_A - V_B = Er = 50 \times 0.8 = 40 \,[\text{V}]$$

$V_A = 80\,[\text{V}]$이므로

$$\therefore V_B = V_A - V_{AB} = 80 - 40 = 40\,[\text{V}]$$

정답 ②

유사문제

05 50[V/m]인 평등 전계 중의 80[V] 되는 점 A에서 전계 방향으로 70[cm] 떨어진 점 B의 전위[V]는?

① 15
② 30
③ 45
④ 80

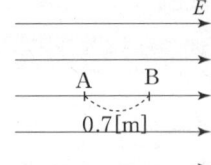

해설 A, B점의 전위차 V_{AB}는
$V_{AB} = V_A - V_B = Er = 50 \times 0.7 = 35\,[\text{V}]$
$V_A = 80\,[\text{V}]$이므로
$\therefore V_B = V_A - V_{AB} = 80 - 35 = 45\,[\text{V}]$

답 : ③

06 그림과 같은 전계가 어디서나 x의 (+)방향으로 $E=5$[V/m]인 평등 전계 중에서 원점의 전위 $V_0 = 10$[V]였다. $\Delta y = 0.1$[m]인 P점의 전위[V]는?

① 9.5
② 10.5
③ 0
④ 10

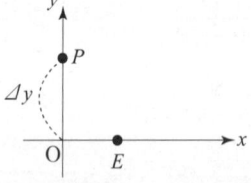

해설 전계가 x방향으로 향하고 있다면 x축과 수직을 이루고 있는 y축은 전계와 수직이므로 등전위면이라 할 수 있다. 따라서 y축으로 0.1[m] 이동한 P점의 전위도 원점과 등전위가 되어 10[V]가 된다.

답 : ④

예제 4 · 다각형 정점에 놓인 전하로부터 중심에서의 전위 ★★★

한 변의 길이가 a[m]인 정육각형 ABCDEF의 각 정점에 각각 Q[C]의 전하를 놓을 때, 정육각형의 중심 O점의 전위[V]는?

① $\dfrac{3Q}{2\pi\epsilon_0 a}$ ② $\dfrac{Q}{4\pi\epsilon_0 a}$

③ $\dfrac{3Q}{2\pi\epsilon_0 a^2}$ ④ $\dfrac{2Q}{\pi\epsilon_0 a}$

[풀이전략]
(1) 정점에서 다각형 중심까지의 거리를 우선적으로 계산한다.
(2) 각 정점에 놓인 전하에 의한 전위를 계산한다.
(3) 중심에서의 전위는 각 정점의 전하에 의한 전위의 총합으로 계산한다.
※ 전위는 스칼라이므로 각 전위의 대수의 합으로 계산한다.

[풀이]
정육각형의 각 정점에서 중심까지의 거리가 a[m]이므로 임의의 정점에 놓인 전하에 의한 전위 V_1은

$V_1 = \dfrac{Q}{4\pi\epsilon_0 a}$[V]이다. 정점이 모두 6개이므로 중심에서의 전위를 구하면

$\therefore V = 6V_1 = 6 \times \dfrac{Q}{4\pi\epsilon_0 a} = \dfrac{3Q}{2\pi\epsilon_0 a}$[V]

[정답] ①

유사문제

07 한 변의 길이가 a[m]인 정사각형 ABCD의 각 정점에 각각 Q[C]의 전하를 놓을 때 정사각형 중심 O점의 전위는 몇 [V]인가?

① $\dfrac{3Q}{4\pi\epsilon_0 a}$ ② $\dfrac{3Q}{\pi\epsilon_0 a}$

③ $\dfrac{\sqrt{2}Q}{\pi\epsilon_0 a}$ ④ $\dfrac{2Q}{\pi\epsilon_0 a}$

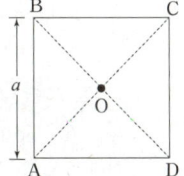

[해설] 정사각형의 각 정점에서 중심까지의 거리를 r이라 하면

$r = \dfrac{1}{2} \times \sqrt{2}a = \dfrac{a}{\sqrt{2}}$[m]이다.

임의의 정점에서 중심까지의 전위 V_1은

$V_1 = \dfrac{Q}{4\pi\epsilon_0 r} = \dfrac{Q}{4\pi\epsilon_0 \left(\dfrac{a}{\sqrt{2}}\right)} = \dfrac{\sqrt{2}Q}{4\pi\epsilon_0 a}$[V]

정점이 모두 4개이므로 중심의 전위(V)는

$\therefore V = 4V_1 = 4 \times \dfrac{\sqrt{2}Q}{4\pi\epsilon_0 a} = \dfrac{\sqrt{2}Q}{\pi\epsilon_0 a}$[V]

답 : ③

08 한 변의 길이 $\sqrt{2}$[m] 되는 정사각형의 4개 정점에 $+10^{-9}$[C]의 점전하가 있을 때, 이 사각형의 중심에서의 전위 [V]를 구하면? (단, $\dfrac{1}{4\pi\epsilon_0} = 9 \times 10^9$이다.)

① 0 ② 18
③ 36 ④ 25.2

[해설] 한 변의 길이가 a[m]인 정사각형의 각 정점에서 중심까지의 거리 r은 $r = \dfrac{a}{\sqrt{2}}$[m]이므로 임의의 정점에서 중심까지의 전위 V_1은

$V_1 = \dfrac{Q}{4\pi\epsilon_0 r} = \dfrac{Q}{4\pi\epsilon_0 \left(\dfrac{a}{\sqrt{2}}\right)} = \dfrac{\sqrt{2}Q}{4\pi\epsilon_0 a}$[V]이다.

정점이 모두 4개이므로 중심에서의 전위(V)는

$\therefore V = 4V_1 = \dfrac{\sqrt{2}Q}{\pi\epsilon_0 a}$

$= \dfrac{\sqrt{2} \times 10^{-9}}{\pi \times 8.855 \times 10^{-12} \times \sqrt{2}} = 36$[V]

답 : ③

02 출제예상문제

01 +10[μC]의 점전하로부터 100[mm] 떨어진 거리에 +100[μC]의 점전하가 놓인 경우, 이 전하에 작용하는 힘의 크기는 몇 [N]인가?

① 100　　② 200
③ 300　　④ 900

[해설] 쿨롱의 법칙
$Q_1 = +10\,[\mu C]$, $Q_2 = +100\,[\mu C]$,
$r = 100\,[mm]$이므로
$F = \dfrac{Q_1 Q_2}{4\pi\epsilon_0 r^2} = 9\times 10^9 \times \dfrac{Q_1 Q_2}{r^2}$ [N] 식에서
$\therefore F = 9\times 10^9 \times \dfrac{10\times 10^{-6} \times 100\times 10^{-6}}{(100\times 10^{-3})^2}$
$= 900\,[N]$

02 진공 중에서 크기가 같은 두 개의 작은 구에 같은 양의 전하를 대전시킨 후 50[cm] 거리에 두었더니 작은 구는 서로 9×10^{-3}[N]의 힘으로 반발했다. 각각의 전하량은 몇 [C]인가?

① 5×10^{-7}　　② 5×10^{-5}
③ 2×10^{-5}　　④ 2×10^{-7}

[해설] 쿨롱의 법칙
$F = 9\times 10^{-3}\,[N]$, $r = 50\,[cm] = 0.5\,[m]$,
$Q_1 = Q_2 = Q\,[C]$이므로
$F = \dfrac{Q_1 Q_2}{4\pi\epsilon_0 r^2} = \dfrac{Q^2}{4\pi\epsilon_0 r^2} = 9\times 10^9 \times \dfrac{Q^2}{r^2}$ [N] 식에서
$\therefore Q = \sqrt{\dfrac{Fr^2}{9\times 10^9}} = \sqrt{\dfrac{9\times 10^{-3} \times 0.5^2}{9\times 10^9}}$
$= 5\times 10^{-7}\,[C]$

03 크기가 2×10^{-6}[C]인 두 개의 같은 점전하가 진공 중에 떨어져 4×10^{-3}[N]의 힘이 작용할 때 이들 사이의 거리[m]는?

① 6　　② 5
③ 4　　④ 3

[해설] 쿨롱의 법칙
$F = 4\times 10^{-3}\,[N]$,
$Q_1 = Q_2 = Q = 2\times 10^{-6}\,[C]$이므로
$F = \dfrac{Q_1 Q_2}{4\pi\epsilon_0 r^2} = \dfrac{Q^2}{4\pi\epsilon_0 r^2} = 9\times 10^9 \times \dfrac{Q^2}{r^2}$ [N] 식에서
$\therefore r = \sqrt{9\times 10^9 \times \dfrac{Q^2}{F}}$
$= \sqrt{9\times 10^9 \times \dfrac{(2\times 10^{-6})^2}{4\times 10^{-3}}}$
$= 3\,[m]$

04 점전하 Q_1, Q_2 사이에 작용하는 쿨롱의 힘이 F일 때, 이 부근에 점전하 Q_3를 놓을 경우, Q_1과 Q_2 사이의 쿨롱의 힘을 F'라고 하면?

① $F > F'$
② $F < F'$
③ $F = F'$
④ Q_3의 크기에 따라 다르다.

[해설] 쿨롱의 법칙
쿨롱의 법칙이란 r[m] 떨어진 두 개의 전하 사이에 작용하는 힘으로 정의되므로 Q_1, Q_2 사이에 작용하는 힘 F와 Q_1, Q_2 부근에 전하 Q_3가 놓여있을 때 Q_1, Q_2 사이에 작용하는 힘 F'은 Q_1, Q_2 사이의 거리만 일정하면 서로 같게 된다.
$\therefore F = F'$

05 전계의 세기를 [V/m]로 표시하면 이와 동일한 것은 어느 것인가? (단, [C]는 쿨롱, [N]은 뉴턴, [m]은 미터이다.)

① $\dfrac{N}{C}$　　② $\dfrac{N^2}{C}$
③ $\dfrac{C}{N}$　　④ $\dfrac{C^2}{m}$

정답　01 ④　02 ①　03 ④　04 ③　05 ①

[해설] 전계의 세기(E)
전계의 세기(E)는 점전하(Q)로부터 r[m] 떨어진 위치에 단위 전하(1[C])를 놓았을 때 그 단위전하에 작용하는 힘으로 정의하며 $E = \dfrac{Q}{4\pi\epsilon_0 r^2} = \dfrac{F}{Q}$[N/C]으로 표현할 수 있다. 또한 단위 전하가 놓여있는 점의 전위 (V)는 $V = \dfrac{Q}{4\pi\epsilon_0 r} = Er$[V]이므로 $E = \dfrac{V}{r}$[V/m]로 표현이 가능하다.

★★
08 전계의 세기 1,500[V/m]의 전장에 5[μC]의 전하를 놓으면 얼마의 힘[N]이 작용하는가?

① 4.5×10^{-3} ② 5.5×10^{-3}
③ 6.5×10^{-3} ④ 7.5×10^{-3}

[해설] 전계의 세기(E)
$E = 1,500$[V/m], $Q = 5$[μC]이므로
∴ $F = QE = 5 \times 10^{-6} \times 1500$
$= 7.5 \times 10^{-3}$[N]

★★
06 전계 E[V/m] 내의 한 점에 q[C]의 점전하를 놓을 때, 이 전하에 작용하는 힘은 몇 [N]인가?

① $\dfrac{E}{q}$ ② $\dfrac{q}{4\pi\epsilon_0 E}$
③ qE ④ qE^2

[해설] 점전하에 의한 전계의 세기(E)
전계의 세기(E)는 점전하(q)로부터 r[m] 떨어진 위치에 단위 전하(1[C])를 놓았을 때 그 단위전하에 작용하는 힘으로 정의하며
$E = \dfrac{q}{4\pi\epsilon_0 r^2} = \dfrac{F}{q}$[N/C]으로 표현할 수 있다.
∴ $F = qE$[N]

★★
09 원점에 10^{-8}[C]의 전하가 있을 때 점(1, 2, 2)[m]에서 전계의 세기는 몇 [V/m]인가?

① 0.1 ② 1
③ 10 ④ 100

[해설] 점전하에 의한 전계의 세기(E)
$Q = 10^{-8}$[C]
$r = \sqrt{x^2 + y^2 + z^2} = \sqrt{1^2 + 2^2 + 2^2} = 3$[m]이므로
$E = 9 \times 10^9 \times \dfrac{Q}{r^2} = 9 \times 10^9 \times \dfrac{10^{-8}}{3^2} = 10$[V/m]

★★
07 전계의 세기가 E인 균일한 전계 내에 있는 전자가 받는 힘은? (단, 전자의 전하량은 그 크기가 e이다.)

① 크기는 $e^2 E$이고 전계와 같은 방향
② 크기는 $e^2 E$이고 전계와 반대 방향
③ 크기는 eE이고 전계와 같은 방향
④ 크기는 eE이고 전계와 반대 방향

[해설] 평등전계 내에서 전자가 받는 힘(F)
평등전계 내에서 전하량 Q[C]에 가해지는 힘 F[N]는 $F = QE$[N]이고 전자는 음전하로서 $Q = -e$[C]이다. 따라서 $F = QE = -eE$[N]이므로
∴ 전자에 가해지는 힘의 크기는 eE[N]이고 방향은 전계와 반대방향이다.

★★
10 $E = i + 2j + 3k$[V/cm]로 표시되는 전계가 있다. 0.01[μC]의 전하를 원점으로부터 $3i$[m]로 움직이는데 필요한 일은 몇 [J]인가?

① 3×10^{-8} ② 3×10^{-7}
③ 3×10^{-6} ④ 3×10^{-5}

[해설] 전계 내에서의 에너지=일(W)
전계의 세기 E, 전하 Q, 힘 F, 거리를 l이라 하면
$Q = 0.01$[μC], $l = 3i$[m] $= 3i \times 10^2$[cm]이므로
$W = F \cdot l = QE \cdot l$
$= 0.01 \times 10^{-6} \times (i + 2j + 3k) \cdot 3i \times 10^2$
$= 0.01 \times 10^{-6} \times 3 \times 10^2$
$= 3 \times 10^{-6}$[J]

[참고] 벡터의 내적 성질
$i \cdot i = j \cdot j = k \cdot k = 1$
$i \cdot j = j \cdot k = k \cdot i = 0$

11 +1[μC] 및 +2[μC]의 두 점전하가 진공 중에서 2[m] 떨어져 있을 때, 두 점전하 중점의 전계 세기[V/m]는?

① 9×10^3 ② 27×10^3
③ 10^3 ④ 3×10^3

[해설] 점전하에 의한 전계의 세기(E)
$Q_1 = +1[\mu C]$, $Q_2 = +2[\mu C]$, 두 점전하 사이의 거리 = 2[m]이므로 두 점전하 중점에서의 전계의 세기(E)란 두 점전하 사이의 중심에 단위 전하를 놓았다는 의미이며 Q_1, Q_2는 단위 전하에 반발력을 작용시키므로 Q_1으로부터의 전계의 세기를 E_1, Q_2로부터의 전계의 세기를 E_2, $r = 1[m]$일 때

$$E_1 = \frac{Q_1}{4\pi\epsilon_0 r^2} = 9 \times 10^9 \times \frac{Q_1}{r^2}$$
$$= 9 \times 10^9 \times \frac{1 \times 10^{-6}}{1^2} = 9 \times 10^3 \text{ [V/m]}$$

$$E_2 = \frac{Q_2}{4\pi\epsilon_0 r^2} = 9 \times 10^9 \times \frac{Q_2}{r^2}$$
$$= 9 \times 10^9 \times \frac{2 \times 10^{-6}}{1^2} = 18 \times 10^3 \text{ [V/m]}$$

$\therefore E = E_2 - E_1 = 18 \times 10^3 - 9 \times 10^3$
$= 9 \times 10^3$ [V/m]

12 $Q_1 = Q_2 = 6 \times 10^{-6}$ [C]인 두 개의 점전하가 서로 10[cm] 떨어져 있다. 전계의 강도가 0인 점은 어느 곳인가?

① Q_1과 Q_2의 중간지점
② Q_2에서 Q_1쪽으로 15[cm] 지점
③ Q_2에서 Q_1의 반대쪽으로 10[cm] 지점
④ Q_1에서 Q_2의 반대쪽으로 10[cm] 지점

[해설] 점전하에 의한 전계의 세기(E)
$Q_1 = Q_2$인 경우 각 점전하에 의한 전계의 세기를 E_1, E_2라 하고 Q_1으로부터 임의의 점까지의 거리를 r[cm]이라 하면 Q_2로부터 임의의 점까지의 거리는 $10 - r$[cm]가 된다.

$E_1 = \frac{Q_1}{4\pi\epsilon_0 r^2}$ [V/m], $E_2 = \frac{Q_2}{4\pi\epsilon_0 (10-r)^2}$ [V/m]

이므로 $E_1 = E_2$일 때 임의의 점에서 전계의 강도는 영(0)이 됨을 알 수 있다.

$\frac{Q_1}{4\pi\epsilon_0 r^2} = \frac{Q_2}{4\pi\epsilon_0 (10-r)^2}$ 에서

$Q_1 = Q_2$이므로 $r = 10 - r$[cm]이다.

$\therefore r = 5$ [cm]이며 Q_1, Q_2의 중간지점이 된다.

13 점전하 $+2Q$[C]이 $x = 0$, $y = 1$의 점에 놓여 있고, $-Q$[C]의 전하가 $x = 0$, $y = -1$의 점에 위치할 때 전계의 세기가 0이 되는 점은?

① $-Q$ 쪽으로 5.83 [$x = 0$, $y = -5.83$]
② $-2Q$ 쪽으로 5.83 [$x = 0$, $y = 5.83$]
③ $-Q$ 쪽으로 0.17 [$x = 0$, $y = -0.17$]
④ $-2Q$ 쪽으로 0.17 [$x = 0$, $y = 0.17$]

[해설] 점전하에 의한 전계의 세기(E)
점전하 $+2Q$[C], $-Q$[C]는 2[m] 떨어져 있고 전계의 세기가 영(0)이 되는 점은 -1[m]를 넘는 임의의 점임을 알 수 있다. $+2Q$[C]에 의한 전계의 세기를 E_1, $-Q$[C]에 의한 전계의 세기를 E_2라 하고 -1[m]에서 임의의 점까지의 거리를 r[m]라 하면

$E_1 = \frac{2Q}{4\pi\epsilon_0 (2+r)^2}$ [V/m], $E_2 = \frac{Q}{4\pi\epsilon_0 r^2}$ [V/m]이다.

전계의 세기가 영(0)이 되기 위한 조건은

$E_1 = E_2$일 때이므로 $\frac{2Q}{4\pi\epsilon_0 (2+r)^2} = \frac{Q}{4\pi\epsilon_0 r^2}$ 식에서

$2r^2 = (2+r)^2$이다.

$(\sqrt{2} - 1)r = 2$ [m]이므로 $r = \frac{2}{\sqrt{2}-1} = 4.83$ [m]

$\therefore -Q$ 쪽으로 5.83[m] 되는 점 [$x = 0$, $y = -5.83$]

정답 11 ① 12 ① 13 ①

14

그림과 같이 +3[μC]과 -4[μC]의 점전하가 공기 중에서 $\sqrt{2}$[m]의 거리에 놓여 있다. 두 전하로부터 각각 1[m] 떨어진 점 P에서의 전계 세기[V/m]는?

① 2.5×10^{-6}
② 3.5×10^{-4}
③ 3.5×10^{4}
④ 4.5×10^{4}

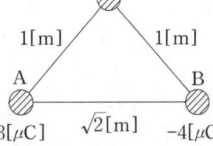

[해설] 점전하에 의한 전계의 세기(E)
$Q_A = 3\,[\mu C]$, $Q_B = -4\,[\mu C]$이며 두 점전하로부터 P점까지의 거리가 모두 1[m]이므로 Q_A로부터의 전계의 세기를 E_A, Q_B로부터의 전계의 세기를 E_B라 하면

$$E_A = \frac{Q_A}{4\pi\epsilon_0 r^2} = 9 \times 10^9 \times \frac{Q_A}{r^2}$$
$$= 9 \times 10^9 \times \frac{3 \times 10^{-6}}{1^2} = 27 \times 10^3\,[V/m]$$

$$E_B = \frac{Q_B}{4\pi\epsilon_0 r^2} = 9 \times 10^9 \times \frac{Q_B}{r^2}$$
$$= 9 \times 10^9 \times \frac{-4 \times 10^{-6}}{1^2} = -36 \times 10^3\,[V/m]$$

E_A, E_B는 수직을 이루고 있으므로 E_A, E_B를 벡터 합성한 전계의 세기 E는

$$\therefore E = \sqrt{E_A^2 + E_B^2}$$
$$= \sqrt{(27 \times 10^3)^2 + (36 \times 10^3)^2}$$
$$= 4.5 \times 10^4\,[V/m]$$

15

한 변의 길이가 a[m]인 정육각형 ABCDEF의 각 정점에 각각 Q[C]의 전하를 놓을 때, 정육각형의 중심 O에 있어서의 전계[V/m]는?

① 0
② $\dfrac{3Q}{2\pi\epsilon_0 a}$
③ $\dfrac{3Q}{2\pi\epsilon_0 a^2}$
④ $\dfrac{Q}{4\pi\epsilon_0 a^2}$

[해설] 점전하에 의한 전계의 세기(E)
전계의 세기는 벡터량으로서 오른쪽 그림에서와 같이 정육각형 각 정점에 같은 전하를 놓았을 때 중심에서의 전계의 세기 E_A, E_B, E_C, E_D, E_E, E_F는 다음과 같은 관계가 성립한다.

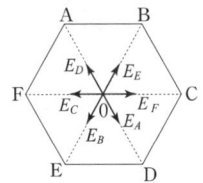

$E_A = -E_D$, $E_B = -E_E$, $E_C = -E_F$
따라서, 중심에서의 전계의 세기를 E라 하면
$\therefore E = E_A + E_B + E_C + E_D + E_E + E_F = 0\,[V/m]$

[참고] 정 n각형 각 정점에 같은 크기의 전하가 놓여있는 경우 도형 중심에서의 전계의 세기는 항상 0[V/m]이다.

16

반경이 r_1인 가상구 내부에 $+Q$의 전하가 균일하게 분포된 경우, 가상 구 내의 전계의 크기 설명 중 옳은 것은? (단, $\hat{r}$은 r 방향의 단위 벡터이다.)

① 반경이 $0 - r_1$인 구간에서 전계의 세기는 0이다.
② 반경이 $0 - r_1$인 구간에서 전계의 세기는 $\hat{r}\dfrac{Qr}{4\pi\epsilon_0 r_1^3}$ (단, $r \leq r_1$)로 거리의 크기에 따라 증가한다.
③ 반경이 $0 - r_1$인 구간에서 전계의 세기는 $\hat{r}\dfrac{Qr}{4\pi\epsilon_0 r_1^3}$ (단, $r \leq r_1$)로 거리의 크기에 따라 감소한다.
④ 반경이 $0 - r_1$인 구간에서 전계의 세기는 $\dfrac{Q}{4\pi\epsilon_0 r_1}$로 일정하다.

[해설] 구도체에 의한 전계의 세기(E)
반경이 a[m]인 구도체 내부에 전하가 균일하게 분포되어 있는 경우 구도체 내부($r < a$)의 전계의 세기 E는
$E = \dfrac{Qr}{4\pi\epsilon_0 a^3}\,[V/m]$이므로 $a = r_1$이면
$E = \dfrac{Qr}{4\pi\epsilon_0 r_1^3}\hat{r}\,[V/m]$이다.
따라서 전계의 세기(E)는 거리(r)에 비례하므로 거리(r)의 크기에 따라 증가한다.

정답 14 ④ 15 ① 16 ②

17 반지름 a[m]인 도체구에 전하 Q[C]를 주었을 때, 구 중심에서 r[m] 떨어진 구 밖($r>a$)의 한 점의 전속밀도 D [C/m²]는?

① $\dfrac{Q}{4\pi a^2}$ ② $\dfrac{Q}{4\pi r^2}$

③ $\dfrac{Q}{4\pi\epsilon a^2}$ ④ $\dfrac{Q}{4\pi\epsilon r^2}$

[해설] 가우스의 발산정리
$$\int_s \dot{E}ds = \int_v \text{div}\,\dot{E}\,dv = \int_v \nabla\cdot\dot{E}\,dv = \dfrac{Q}{\epsilon_0}$$
가상구도체의 표면적 $S=4\pi r^2$ [m²]이므로
$$E=\dfrac{Q}{\epsilon_0 S}=\dfrac{Q}{4\pi\epsilon_0 r^2}\,[\text{V/m}]$$
따라서 전속밀도 D는
$$\therefore D=\dfrac{Q}{S}=\epsilon_0 E=\dfrac{Q}{4\pi r^2}\,[\text{C/m}^2]$$

18 선전하밀도가 λ[C/m]로 균일한 무한직선도선의 전하로부터 거리가 r[m]인 점의 전계의 세기(E)는 몇 [V/m]인가?

① $E=\dfrac{1}{4\pi\epsilon_0}\dfrac{\lambda}{r^2}$ ② $E=\dfrac{1}{2\pi\epsilon_0}\dfrac{\lambda}{r^2}$

③ $E=\dfrac{1}{2\pi\epsilon_0}\dfrac{\lambda}{r}$ ④ $E=\dfrac{1}{4\pi\epsilon_0}\dfrac{\lambda}{r}$

[해설] 선전하에 의한 전계의 세기(E)
$$E=\dfrac{\lambda}{2\pi\epsilon_0 r}=18\times 10^9 \times \dfrac{\lambda}{r}\,[\text{V/m}]$$

19 그림과 같이 반지름 a[m]의 반원에 선전하가 주어졌을 때, 중심 O에서의 전계 세기 E는 몇 [V/m]인가? (단, 선전하밀도는 λ[C/m]이다.)

① $-i\dfrac{\lambda}{2\pi\epsilon_0 a}$

② $-j\dfrac{\lambda}{2\pi\epsilon_0 a}$

③ $-i\dfrac{\lambda}{4\pi\epsilon_0 a^2}$

④ $-j\dfrac{\lambda}{4\pi\epsilon_0 a^2}$

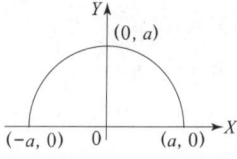

[해설] 선전하에 의한 전계의 세기(E)
반지름 a[m]인 반원에 선전하가 주어졌을 때 중심 O 점에서의 전계의 세기(E)는 E_x, $-E_x$, $-E_y$의 세 가지 벡터량으로 주어진다.
$E_x=i\dfrac{\lambda}{2\pi\epsilon_0 a}$ [V/m], $E_y=j\dfrac{\lambda}{2\pi\epsilon_0 a}$ [V/m]이므로
$$\therefore E=E_x-E_x-E_y=-E_y=-j\dfrac{\lambda}{2\pi\epsilon_0 a}\,[\text{V/m}]$$

20 진공 중 무한장 직선상 전하에서 2[m] 떨어진 곳의 전계가 9×10^6 [V/m]이다. 선전하밀도[C/m]는?

① 10^{-3} ② 2×10^{-3}

③ 4×10^{-3} ④ 6×10^{-3}

[해설] 선전하에 의한 전계의 세기(E)
$r=2$ [m], $E=9\times 10^6$ [V/m]이므로
$$E=\dfrac{\lambda}{2\pi\epsilon_0 r}=18\times 10^9 \times \dfrac{\lambda}{r}\,[\text{V/m}]$$ 식에서
$$\therefore \lambda=\dfrac{Er}{18\times 10^9}=\dfrac{9\times 10^6 \times 2}{18\times 10^9}=10^{-3}\,[\text{C/m}]$$

정답 17 ② 18 ③ 19 ② 20 ①

21 그림과 같이 진공 중에 서로 평행인 무한 길이 두 직선 전하 A, B가 있다. A, B간의 거리는 d[m], A, B의 선전하밀도를 각각 ρ_1[C/m], ρ_2[C/m]라고 할 때, A, B를 연결하는 직선상으로 A로부터 $d/3$[m]인 점의 전계 세기가 0이었다. 이때 점 B의 선전하밀도 ρ_2와 점 A의 선전하밀도 ρ_1과의 관계식으로서 옳은 것은?

① $\rho_2 = 4\rho_1$
② $\rho_2 = 2\rho_1$
③ $\rho_2 = \rho_1/4$
④ $\rho_2 = 9\rho_1$

해설 선전하에 의한 전계의 세기(E)
P점에 단위 전하를 놓았을 경우 A도선에 의한 전계의 세기를 E_A, B도선에 의한 전계의 세기를 E_B라 하면
$E_A = \dfrac{\rho_1}{2\pi\epsilon_0 r_A}$ [V/m], $E_B = \dfrac{\rho_2}{2\pi\epsilon_0 r_B}$ [V/m]이며 P점에서 전계의 세기가 0[V/m]이 되었다면 $E_A = E_B$가 된다.
$r_A = \dfrac{d}{3}$ [m], $r_B = \dfrac{2d}{3}$ [m]이므로
$\dfrac{\rho_1}{2\pi\epsilon_0\left(\dfrac{d}{3}\right)} = \dfrac{\rho_2}{2\pi\epsilon_0\left(\dfrac{2d}{3}\right)}$ 일 때 ρ_1, ρ_2 관계는 다음과 같다.
∴ $\rho_2 = 2\rho_1$

22 진공 중에 선전하밀도 $+\lambda$[C/m]의 무한장 직선 전하 A와 $-\lambda$[C/m]의 무한장 직선 전하 B가 d[m]의 거리에 평행으로 놓여있을 때, A에서 거리 $d/3$[m] 되는 점의 전계 크기는 몇 [V/m]인가?

① $\dfrac{3\lambda}{4\pi\epsilon_0 d}$
② $\dfrac{9\lambda}{4\pi\epsilon_0 d}$
③ $\dfrac{3\lambda}{8\pi\epsilon_0 d}$
④ $\dfrac{9\lambda}{8\pi\epsilon_0 d}$

해설 선전하에 의한 전계의 세기(E)
A점에서 거리 $d/3$ [m] 되는 점을 P점이라 하여 P점에 단위전하를 놓았을 때 A도선에 의한 전계의 세기를 E_A, B도선에 의한 전계의 세기를 E_B라 하면 E_A는 반발력으로 작용하고 E_B는 흡인력으로 작용하게 된다. 결국 E_A와 E_B는 같은 방향으로 향하게 됨을 알 수 있다.
$E_A = \dfrac{\lambda}{2\pi\epsilon_0 r_A}$ [V/m], $E_B = \dfrac{\lambda}{2\pi\epsilon_0 r_B}$ [V/m]이므로
$r_A = \dfrac{d}{3}$ [m], $r_B = \dfrac{2d}{3}$ [m]일 때
∴ $E = E_A + E_B = \dfrac{\lambda}{2\pi\epsilon_0\left(\dfrac{d}{3}\right)} + \dfrac{\lambda}{2\pi\epsilon_0\left(\dfrac{2d}{3}\right)}$
$= \dfrac{9\lambda}{4\pi\epsilon_0 d}$ [V/m]

23 축이 무한히 길며 반경이 a[m]인 원주 내에 전하가 축대칭이며 축방향으로 균일하게 분포되어 있을 경우 반경 $r(>a)$[m] 되는 중심 원통면상의 한 점 P의 전계 세기[V/m]는? (단, 원주의 단위 길이당 전하를 λ[C/m]라 한다.)

① $\dfrac{\lambda}{2\epsilon_0}$
② $\dfrac{\lambda}{2\pi\epsilon_0}$
③ $\dfrac{\lambda}{2\pi a}$
④ $\dfrac{\lambda}{2\pi\epsilon_0 r}$

해설 원통도체에 의한 전계의 세기(E)
(1) 원통도체 표면에만 전하가 대전된 경우
$E_{in} = 0$ [V/m], $E_{out} = \dfrac{\lambda}{2\pi\epsilon_0 r}$ [V/m]
(2) 원통도체 내부까지 전하가 균일하게 분포된 경우
원통도체의 반지름을 a [m]라 하면
$E_{in} = \dfrac{\lambda r}{2\pi\epsilon_0 a^2}$ [V/m], $E_{out} = \dfrac{\lambda}{2\pi\epsilon_0 r}$ [V/m]
원통도체 내부까지 균일한 전하분포로서 $r > a$ [m] 되는 경우는 원통도체 외부의 전계의 세기(E_{out})이므로
∴ $E_{out} = \dfrac{\lambda}{2\pi\epsilon_0 r}$ [V/m]

정답 21 ② 22 ② 23 ④

24 반지름 a인 원주 대전체에 전하가 균등하게 분포되어 있을 때, 원주 대전체의 내외 전계의 세기 및 축으로부터의 거리와 관계되는 그래프는?

① 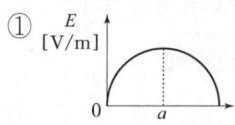 ②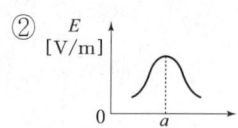

③ 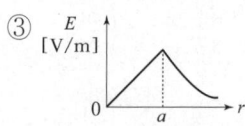 ④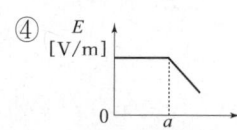

[해설] 원통도체(원주형 도체)에 의한 전계의 세기(E)
원통도체 내부까지 전하가 균일하게 분포된 경우 원통도체 반지름을 a[m]라 하면
$$E_{in} = \frac{\lambda r}{2\pi\epsilon_0 a^2} \text{ [V/m]}, \quad E_{out} = \frac{\lambda}{2\pi\epsilon_0 r} \text{ [V/m]}$$
이므로 $E_{in} \propto r$, $E_{out} \propto \frac{1}{r}$ 임을 알 수 있다.

∴ $0 \sim a$까지의 원주내부의 전계의 세기는 거리에 비례하여 증가하고 $r > a$인 원주 외부의 전계의 세기는 거리에 반비례하여 감소한다.

25 공기 중에 균일하게 대전된 반지름 a[m]인 선형 원환이 있을 때, 그 중심으로부터 중심축상 x[m] 거리에 있는 점의 전계의 세기는 몇 [V/m]인가? (단, 원환의 전체 전하는 Q[C]이라 한다.)

① $\dfrac{Qx}{2\pi\epsilon_0(a^2+x^2)^{3/2}}$ ② $\dfrac{Qx}{4\pi\epsilon_0(a^2+x^2)^{3/2}}$

③ $\dfrac{Qx}{2\pi\epsilon_0(a^2+x^2)}$ ④ $\dfrac{Qx}{4\pi\epsilon_0(a^2+x^2)}$

[해설] 원형코일(원형도선)에 의한 전계의 세기(E)
원형코일 반지름을 a[m]라 하며 중심축상 x[m] 떨어진 점에서의 전계의 세기(E)는
∴ $E = \dfrac{ax\lambda}{2\epsilon_0(a^2+x^2)^{\frac{3}{2}}} = \dfrac{Qx}{4\pi\epsilon_0(a^2+x^2)^{\frac{3}{2}}}$ [V/m]

26 진공 중에 있는 임의의 구도체 표면전하밀도가 σ일 때, 구도체 표면의 전계 세기[V/m]는?

① $\dfrac{\epsilon_0 \sigma^2}{2}$ ② $\dfrac{\sigma}{2\epsilon_0}$

③ $\dfrac{\sigma^2}{\epsilon_0}$ ④ $\dfrac{\sigma}{\epsilon_0}$

[해설] 면전하에 의한 전계의 세기(E)
(1) 구도체 표면전하밀도가 σ [C/m²]인 경우
$$E = \frac{\sigma}{\epsilon_0} \text{ [V/m]}$$
(2) 평면(평판)도체 표면전하밀도가 σ [C/m²]인 경우
$$E = \frac{\sigma}{2\epsilon_0} \text{ [V/m]}$$
(3) 평행판도체 표면전하밀도가 $\pm\sigma$ [C/m²]인 경우
  ㉠ 평행판 각각에 $+\sigma$ [C/m²], $-\sigma$ [C/m²]가 대전된 경우
  $$E_{in} = \frac{\sigma}{\epsilon_0} \text{ [V/m]}, \quad E_{out} = 0 \text{ [V/m]}$$
  ㉡ 평행판이 모두 $+\sigma$ [C/m²]로 대전된 경우
  $$E_{in} = 0 \text{ [V/m]}, \quad E_{out} = \frac{\sigma}{2\epsilon_0} \text{ [V/m]}$$

27 지구의 표면에 있어서 대지로 향하여 $E = 300$ [V/m]인 전계가 있다고 가정하면 지표면의 전하밀도는 몇 [C/m²]인가?

① 1.65×10^{-9} ② -1.65×10^{-9}
③ 2.65×10^{-9} ④ -2.65×10^{-9}

[해설] 면전하에 의한 전계의 세기(E)
지구 표면에 있어서 대지로 향하여 전계의 세기가 작용하는 경우에는 지구 표면의 전하밀도가 $-\rho_s$ [C/m²]임을 의미하며 이때 전계의 세기는
$E = -\dfrac{\rho_s}{\epsilon_0}$ [V/m]이므로 $E = 300$ [V/m]일 때
∴ $\rho_s = -\epsilon_0 E = -8.855 \times 10^{-12} \times 300$
  $= -2.65 \times 10^{-9}$ [V/m]

정답 24 ③ 25 ② 26 ④ 27 ④

28 자유 공간층에서 점 P(5, -2, 4)가 도체면상에 있으며 이 점에서 전계 $E = 6a_x - 2a_y + 3a_z$ [V/m]이다. 점 P에서의 면전하밀도 ρ_s [C/m²]는?

① $-2\epsilon_0$ ② $3\epsilon_0$
③ $6\epsilon_0$ ④ $7\epsilon_0$

[해설] 면전하에 의한 전계의 세기(E)
구도체 표면전하밀도가 ρ_s [C/m²]인 경우
$E = \dfrac{\rho_s}{\epsilon_0}$ [V/m]이므로 $E = 6a_x - 2a_y + 3a_z$ [V/m]일 때
$E = \sqrt{6^2 + (-2)^2 + 3^2} = 7$ [V/m]이다.
∴ $\rho_s = \epsilon_0 E = 7\epsilon_0$ [C/m²]

29 그림과 같이 두께 a[m]로 무한히 큰 대전체가 있다. 이 양측의 표면에 단위 면적당 $+\sigma$[C/m²]의 전하가 균일하게 대전되어 있을 때 이 대전체 좌측 공간의 점 P의 전계[V/m]는?

① $\dfrac{\sigma}{2\epsilon_0}$
② ∞
③ $\dfrac{\sigma}{\epsilon_0}$
④ 0

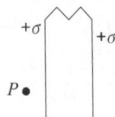

[해설] 면전하에 의한 전계의 세기(E)
평면(평판)도체 표면전하밀도가 σ [C/m²]인 경우
∴ $E = \dfrac{\sigma}{2\epsilon_0}$ [V/m]

30 $x = 0$ 및 $x = a$인 무한평면에 각각 면전하 $-\rho_s$ [C/m²], ρ_s [C/m²]가 있는 경우, $x > a$인 영역에서 전계 E는?

① $E = 0$ ② $E = \dfrac{\rho_s}{2\epsilon_0} a_x$
③ $E = \dfrac{\rho_s}{2\epsilon_0}$ ④ $E = \dfrac{\rho_s}{\epsilon_0} a_x$

[해설] 면전하에 의한 전계의 세기(E)
(1) 평행판 각각에 $\pm \rho_s$ [C/m²]로 대전된 경우
$E_{\text{in}} = \dfrac{\rho_s}{\epsilon_0}$ [V/m], $E_{\text{out}} = 0$ [V/m]
(2) 평행판에 모두 $+\rho_s$ [C/m²]로 대전된 경우
$E_{\text{in}} = 0$ [V/m], $E_{\text{out}} = \dfrac{\rho_s}{2\epsilon_0}$ [V/m]
$x = 0 \sim a$ [m]인 곳에 각각 $\pm \rho_s$ [C/m²]로 대전된 평행판이 있는 경우 $x > a$인 영역에서의 전계의 세기는 평행판 외부의 전계의 세기이며
∴ $E_{\text{out}} = 0$ [V/m]이다.

31 전하밀도 ρ_s [C/m²]인 무한 판상 전하 분포에 의한 임의점의 전장에 대하여 틀린 것은?

① 전장은 판에 수직 방향으로만 존재한다.
② 전장의 세기는 전하밀도 ρ_s에 비례한다.
③ 전장의 세기는 거리 r에 반비례한다.
④ 전장의 세기는 매질에 따라 변한다.

[해설] 면전하에 의한 전계의 세기(E)
(1) 평행판 각각에 $\pm \rho_s$ [C/m²]로 대전된 경우
$E_{\text{in}} = \dfrac{\rho_s}{\epsilon_0}$ [V/m²], $E_{\text{out}} = 0$ [V/m]
(2) 평행판에 모두 $+\rho$ [C/m²]로 대전된 경우
$E_{\text{in}} = 0$ [V/m], $E_{\text{out}} = \dfrac{\rho_s}{2\epsilon_0}$ [C/m²]
따라서 면전하에 의한 전장의 세기는 거리에 무관하다.

32 대향면적 $S = 100$ [cm²]의 평행판 콘덴서가 비유전율 2.1, 절연내력 1.2×10^5 [V/cm]인 기름 중에 있을 때 축적되는 최대전하는 약 몇 [C]인가?

① 2.23×10^{-6} ② 3.14×10^{-6}
③ 4.28×10^{-6} ④ 6.28×10^{-6}

[해설] 극판면적 S, 유전율 ϵ, 공기유전율 ϵ_0, 비유전율 ϵ_s, 전계의 세기(=절연내력) E, 면전하밀도 ρ_s, 전하량 Q라 하면 $E = \dfrac{\rho_s}{\epsilon} = \dfrac{Q}{\epsilon_0 \epsilon_s S}$ [V/m]이므로 $\epsilon_s = 2.1$,
$E = 1.2 \times 10^5$ [V/cm] $= 1.2 \times 10^5 \times 10^2$ [V/m],
$S = 100$ [cm²] $= 100 \times 10^{-4}$ [m²]일 때
∴ $Q = \epsilon_0 \epsilon_s S E = 8.855 \times 10^{-12} \times 2.1 \times 100$
$\times 10^{-4} \times 1.2 \times 10^5 \times 10^2$
$= 2.23 \times 10^{-6}$ [C]

33 전기쌍극자(electric dipole)의 중점으로부터 거리 r[m]떨어진 P점에서 전계의 세기는?

① r에 비례한다.
② r^2에 비례한다.
③ r^2에 반비례한다.
④ r^3에 반비례한다.

[해설] 전기쌍극자에 의한 전계의 세기(E)
(1) 쌍극자 모멘트(M)
$$M = Q \cdot \delta [\text{C} \cdot \text{m}]$$
(2) 전계의 세기(E)
$$\dot{E} = E_r \dot{a}_r + E_\theta \dot{a}_\theta$$
$$= \frac{M\cos\theta}{2\pi\epsilon_0 r^3}\dot{a}_r + \frac{M\sin\theta}{4\pi\epsilon_0 r^3}\dot{a}_\theta [\text{V/m}] \text{에서}$$
$$|\dot{E}| = \frac{M}{4\pi\epsilon_0 r^3}\sqrt{1+3\cos^2\theta} [\text{V/m}]\text{이므로}$$
∴ r^3에 반비례한다.

34 쌍극자 모멘트가 M[C·m]인 전기쌍극자에서 점 P의 전계는 $\theta = \frac{\pi}{2}$일 때, 어떻게 되는가?
(단, θ는 전기쌍극자의 중심에서 축 방향과 점 P를 잇는 선분의 사이각이다.)

① 최소
② 최대
③ 항상 0이다.
④ 항상 1이다.

[해설] 전기쌍극자에 의한 전계의 세기(E)
$$E = \frac{M}{4\pi\epsilon_0 r^3}\sqrt{1+3\cos^2\theta} [\text{V/m}]\text{이므로}$$
(1) 최대치($E_{\max}$) : $\theta = 0°$일 때
$$E_{\max} = \frac{M}{2\pi\epsilon_0 r^3}\bigg|_{\theta=0°} [\text{V/m}]$$
(2) 최소치($E_{\min}$) : $\theta = 90°$일 때
$$E_{\min} = \frac{M}{4\pi\epsilon_0 r^3}\bigg|_{\theta=90°} [\text{V/m}]$$
∴ $\theta = \frac{\pi}{2}$ [rad] = 90°일 때 전계의 세기는 최소가 된다.

35 전기력선의 성질에 대하여 틀린 것은?

① 전하가 없는 곳에서 전기력선은 발생, 소멸이 없다.
② 전기력선은 그 자신만으로 폐곡선이 되는 일은 없다.
③ 전기력선은 등전위면과 수직이다.
④ 전기력선은 도체 내부에 존재한다.

[해설] 전기력선의 성질
(1) 전기력선은 정(+)전하에서 시작하여 부(-)전하에서 끝난다. - 전계의 불연속성
단, 전하가 없는 곳에서는 전기력선의 발생 및 소멸이 없다. - 전하가 없으면 연속성이다.
(2) 전기력선은 서로 반발하여 교차할 수 없다.
(3) 전기력선의 방향은 그 점의 전계의 방향과 같다.
(4) 전기력선의 밀도는 전계의 세기와 같다.
(5) 전기력선은 전위가 높은 점에서 낮은 점으로 향한다.
(6) 전기력선은 도체 표면(=등전위면)에 수직으로 만난다.
(7) 도체에 대전된 전하는 도체 표면에만 분포되며 전기력선은 대전도체 내부에는 존재하지 않는다.
(8) 전기력선은 자신만으로 폐곡선을 이룰 수 없다.
• 전계의 비회전성=전계의 발산 성질
(9) 전기력선의 수는 $\frac{Q}{\epsilon_0}$ 개다.

36 전기력선의 설명 중 틀린 것은?

① 전기력선의 방향은 그 점의 전계의 방향과 일치하며 밀도는 그 점에서의 전계의 크기와 같다.
② 전기력선은 부전하에서 시작하여 정전하에서 그친다.
③ 단위 전하에서는 $\frac{1}{\epsilon_0}$ 개의 전기력선이 출입한다.
④ 전기력선은 전위가 높은 점에서 낮은 점으로 향한다.

[해설] 전기력선의 성질
전기력선은 정(+)전하에서 시작하여 부(-)전하에서 끝난다. - 전계의 불연속성
단, 전하가 없는 곳에서는 전기력선의 발생 및 소멸이 없다. - 전하가 없으면 연속성이다.

37 다음 정전계에 대한 설명 중 틀린 것은?

① 도체에 주어진 전하는 도체 표면에만 분포한다.
② 중공도체(中空導體)에 준 전하는 외부 표면에만 분포하고 내면에는 존재하지 않는다.
③ 단위전하에서 나오는 전기력선의 수는 $1/\epsilon_0$ 개이다.
④ 전기력선은 전하가 없는 곳에서 서로 교차한다.

[해설] 전기력선의 성질
전기력선은 서로 반발하여 교차할 수 없다.

38 진공 중에 놓인 $Q[C]$의 전하에서 발산되는 전기력선의 수는?

① Q
② ϵ_0
③ $\dfrac{Q}{\epsilon_0}$
④ $\dfrac{\epsilon_0}{Q}$

[해설] 가우스의 발산정리(전기력선과 전속선)
(1) 전기력선의 개수(N)
$$N = \int_s E\,ds = \int_v \text{div}\,E\,dv = \frac{Q}{\epsilon_0}$$
(2) 전속선의 개수(Ψ)
$$\Psi = \int_s D\,ds = Q\,(\text{매질과 관계없다.})$$

39 그림과 같이 등전위면이 존재하는 경우, 전계의 방향은?

① a 방향
② b 방향
③ c 방향
④ d 방향

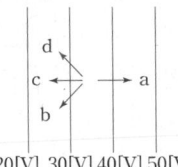

20[V] 30[V] 40[V] 50[V]

[해설] 전기력선의 성질
전기력선은 전위가 높은 점에서 낮은 점으로 향하며 항상 도체면에 수직을 이루고 있으므로 주어진 그림에서 만족하는 방향은 c이다.

40 패러데이관(Faraday tube)의 성질에 대한 설명으로 틀린 것은?

① 패러데이관 중에 있는 전속수는 그 관속에 진전하가 없으면 일정하며 연속적이다.
② 패러데이관의 양단에는 양 또는 음의 단위 진전하가 존재하고 있다.
③ 패러데이관의 밀도는 전속밀도와 같지 않다.
④ 단위전위차당 패러데이관의 보유에너지는 1/2[J]이다.

[해설] 패러데이관의 성질
(1) 패러데이관 내의 전속선수는 일정하며 전속선수가 패러데이관의 수이기도 하다.
(2) 진전하가 없는 점에서는 패러데이관은 연속적이다.
(3) 패러데이관의 밀도는 전속밀도와 같다.
(4) 패러데이관 양단에 정(+), 부(-)의 단위 진전하가 있다.
(5) 패러데이관의 단위 전위차당 보유에너지는 1/2[J]이다.

41 대전도체 내부의 전위는?

① 0전위이다.
② 표면 전위와 같다.
③ 대지 전위와 같다.
④ 무한대이다.

[해설] 대전구도체의 전위
(1) 대전구도체 외부의 전위 $V = \dfrac{Q}{4\pi\epsilon_0 r}$ [V]
(2) 대전구도체 내부의 전위(=표면전위) $V = \dfrac{Q}{4\pi\epsilon_0 a}$
∴ 대전도체의 내부전위는 표면전위와 항상 같다.

정답 37 ④ 38 ③ 39 ③ 40 ③ 41 ②

42 도체에 정(+)의 전하를 주었을 때, 다음 중 옳지 않은 것은?

① 도체 표면에서 수직으로 전기력선을 발산한다.
② 도체 내에 있는 공동면에도 전하가 분포한다.
③ 도체 외측 측면에만 전하가 분포한다.
④ 도체 표면의 곡률 반지름이 작은 곳에 전하가 많이 모인다.

[해설] 도체의 성질
(1) 대전도체 내부에는 전하가 존재하지 않는다. 또한 전하는 대전도체 외부 표면에만 분포된다.
(2) 도체 표면에서 수직으로 전기력선과 만난다. 또한 도체 표면에서 전계는 수직이다.
(3) 도체 내부와 표면의 전위는 항상 같다. 또한 도체 내부의 전계는 0이다.
(4) 도체 표면의 곡률이 클수록 곡률 반지름은 작아지므로 전하밀도가 높아져서 전하가 많이 모이려는 성질이 생긴다. 또한 곡률이 작을수록 곡률 반지름이 커지므로 전하밀도가 작다.

43 도체의 성질을 설명한 것 중에서 틀린 것은?

① 도체의 표면 및 내부의 전위는 등전위이다.
② 도체 내부의 전계는 0이다.
③ 전하는 도체 표면에만 존재한다.
④ 도체 표면의 전하밀도는 표면의 곡률이 큰 부분일수록 작다.

[해설] 도체의 성질
도체 표면의 곡률이 클수록 곡률 반지름은 작아지므로 전하밀도가 높아져서 전하가 많이 모이려는 성질이 생긴다.

44 대전도체의 성질 중 옳지 않은 것은?

① 도체 표면의 전하밀도를 $\sigma[C/m^2]$이라 하면 표면상의 전계는 $E=\dfrac{\sigma}{\epsilon_0}$ [V/m]이다.
② 도체 표면상의 전계는 면에 대해서 수평이다.
③ 도체 내부의 전계는 0이다.
④ 도체는 등전위이고, 그 표면은 등전위면이다.

[해설] 도체의 성질
도체 표면에서 수직으로 전기력선과 만난다. 또한 도체 표면에서 전계는 수직이다.

45 대전도체 표면의 전하밀도는 도체 표면의 모양에 따라 어떻게 되는가?

① 곡률이 크면 작아진다.
② 곡률이 크면 커진다.
③ 평면일 때 가장 크다.
④ 표면 모양에 무관하다.

[해설] 도체의 성질
도체 표면의 곡률이 클수록 곡률 반지름은 작아지므로 전하밀도가 높아져서 전하가 많이 모이려는 성질이 생긴다. 또한 곡률이 작을수록 곡률 반지름이 커지므로 전하밀도가 작다.

46 등전위면을 따라 전하 $Q[C]$을 운반하는데 필요한 일은?

① 전하의 크기에 따라 변한다.
② 전위의 크기에 따라 변한다.
③ 등전위면과 전기력선에 의하여 결정된다.
④ 항상 0이다.

[해설] 도체의 성질
도체 표면은 등전위면이며 등전위면을 따라 이동한 전하량(Q)이 하는 일은 항상 0이다.

정답 42 ② 43 ④ 44 ② 45 ② 46 ④

47 그림과 같이 진공 중에 전하량 Q[C]인 점전하 Q를 둘러싸는 경로 C_1과 둘러싸지 않은 폐곡선 C_2가 있다. 지금 $+1$[C]의 전하를 화살표 방향으로 경로 C_1을 따라 일주시킬 때 요하는 일을 W_1, 경로 C_2를 일주시키는데 요하는 일을 W_2라고 할 때 옳은 것은?

① $W_1 < W_2$
② $W_2 < W_1$
③ $W_1 \neq 0$, $W_2 = 0$
④ $W_1 = W_2 = 0$

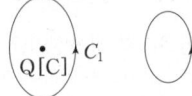

[해설] 전계의 비회전성(=보존적인 전계)
전계 내에서 폐회로를 따라 전하를 일주시킬 경우 전위의 변화가 없으므로 에너지는 항상 영(0)이 된다. 스토크스 정리를 이용하여 나열하면
$$\oint_c E \cdot dl = \int_s \mathrm{rot}\, E \cdot ds = 0$$이다.
따라서 $\mathrm{rot}\, E = \nabla \times E = 0$이므로 전계는 회전하지 않으며 이러한 보존적인 전계를 정전계라 한다.
∴ $W_1 = W_2 = 0$

48 전계 내에서 폐회로를 따라 전하를 일주시킬 때 하는 일은 몇 [J]인가?

① ∞
② 0
③ 부정
④ 산출 불가능

[해설] 전계의 비회전성(=보존적인 전계)
전계 내에서 폐회로를 따라 전하를 일주시킬 경우 전위의 변화가 없으므로 에너지는 항상 영(0)이 된다. 따라서 $\mathrm{rot}\, E = \nabla \times E = 0$이므로 전계는 회전하지 않으며 이러한 보존적인 전계를 정전계라 한다.

49 시간적으로 변화하지 않는 보존적(conservative)인 전하가 비회전성(非回轉性)이라는 의미를 나타낸 것은?

① $\nabla E = 0$
② $\nabla \cdot E = 0$
③ $\nabla \times E = 0$
④ $\nabla^2 \cdot E = 0$

[해설] 정전계에서 전계의 세기(E)
시간적으로 변화하지 않는 보존적인 정전계에서 전하는 회전하지 않고 발산한다.(=전계의 비회전성)
∴ $\mathrm{rot}\, E = \nabla \times E = 0$

50 다음 사항 중 옳지 않은 것은?

① 전계가 0이 아닌 곳에서는 전력선과 등전위면은 직교한다.
② 정전계는 정전에너지가 최소인 분포이다.
③ 정전대전 상태에서는 전하는 도체 표면에만 분포한다.
④ 정전계 중에서 전계의 선적분은 적분경로에 따라 다르다.

[해설] 정전계 이론
$$\oint_c E \cdot dl = \int_s \mathrm{rot}\, E \cdot ds = 0$$으로서 전계의 선적분은 영(0)이 되며 $\mathrm{rot}\, E = \nabla \times E = 0$임을 알 수 있다. 이로써 전계 E는 보존적이며 비회전성의 성질을 갖게 된다.

51 다음 중 전계 E가 보존적인 것과 관계되지 않는 것은?

① $\oint_c E\, dl = 0$
② $E = -\mathrm{grad}\, V$
③ $\mathrm{rot}\, E = 0$
④ $\mathrm{div}\, E = 0$

[해설] 정전계 이론
$$\oint_c E \cdot dl = \int_s \mathrm{rot}\, E \cdot ds = 0$$
$$\int_s E \cdot ds = \int_v \mathrm{div}\, E \cdot dv = \frac{Q}{\epsilon_o}$$
위 식에서 $\oint_c E \cdot dl = 0$이며
$\mathrm{rot}\, E = \nabla \times E = 0$이다.
$\mathrm{div}\, E = \frac{\rho_v}{\epsilon_o}$이며 $E = -\nabla V$이므로
$\nabla^2 V = -\frac{\rho_v}{\epsilon_o}$ 임을 알 수 있다.
∴ 이로써 전계의 선적분은 영(0)이며 전계 E는 보존적으로서 비회전성 성질을 갖게 된다.

정답 47 ④ 48 ② 49 ③ 50 ④ 51 ④

52 가우스(Gauss)의 정리를 이용하여 구하는 것은?
① 자계의 세기
② 전하간의 힘
③ 전계의 세기
④ 전위

[해설] 정전계에서 전계의 세기(E)
시간적으로 변화하지 않는 보존적인 정전계에서 전하는 회전하지 않고 발산한다.
(1) 전계의 발산 - 가우스 정리
$$\int_s \dot{E}\,ds = \int_v \mathrm{div}\,\dot{E}\,dv = \int_v \nabla \cdot \dot{E}\,dv = \frac{Q}{\epsilon_0}$$
$$\mathrm{div}\,E = \nabla \cdot E = \frac{\rho_v}{\epsilon_0}$$
(2) 전계의 비회전성
$$\mathrm{rot}\,E = \nabla \times E = 0$$

54 폐곡면을 통하는 전속과 폐곡면 내부의 전하와의 상관 관계를 나타내는 법칙은?
① 가우스(Gauss) 법칙
② 쿨롱(Coulomb) 법칙
③ 푸아송(Poisson) 법칙
④ 라플라스(Laplace) 법칙

[해설] 가우스의 발산정리(전기력선과 전속선)
(1) 전기력선의 개수(N)
$$\int_s \dot{E}\,ds = \int_v \mathrm{div}\,\dot{E}\,dv = \int_v \nabla \cdot \dot{E}\,dv = \frac{Q}{\epsilon_0} = N$$
(2) 전속선의 개수(Ψ)
㉠ 전속밀도 $D = \rho_s = \dfrac{Q}{S} = \epsilon_0 E [\mathrm{C/m^2}]$
㉡ 전속선 $\Psi = DS = Q$

53 정전계에 주어진 전하분포에 의하여 발생되는 전계의 세기를 구하려고 할 때 적당하지 않은 방법은?
① 쿨롱의 법칙을 이용하여 구한다.
② 전위를 이용하여 구한다.
③ 가우스법칙을 이용하여 구한다.
④ 비오 – 사바르의 법칙에 의하여 구한다.

[해설] 전계의 세기(E)
점전하로 가정하여 쿨롱의 법칙에 의한 작용력 F, 전위 V라 하면
$$F = \frac{Q_1 Q_2}{4\pi\epsilon_0 r^2} [\mathrm{N}], \quad V = \frac{Q}{4\pi\epsilon_0 r}[\mathrm{V}] 일 때$$
$$E = \frac{Q}{4\pi\epsilon_0 r^2} [\mathrm{V/m}] 이므로 \quad E = \frac{F}{Q} = \frac{V}{r}[\mathrm{V/m}]임을$$
알 수 있다. 또한 가우스법칙을 이용하면
$$\int_s E\,ds = \frac{Q}{\epsilon_0} 이므로 \ S = 4\pi r^2 [\mathrm{m^2}]일 때$$
$$E = \frac{Q}{\epsilon_0 S} = \frac{Q}{4\pi\epsilon_0 r^2}[\mathrm{V/m}]임을 알 수 있다.$$
∴ 전계의 세기는 쿨롱의 법칙을 이용하거나 전위 또는 가우스법칙을 이용하여 표현할 수 있다. 그러나 비오 – 사바르의 법칙은 자계의 세기(H)를 구하는 경우에 적용하는 법칙이다.

55 어느 점전하에 의하여 생기는 전위를 처음 전위의 $\dfrac{1}{2}$이 되게 하려면 전하로부터의 거리를 몇 배로 하면 되는가?
① $\dfrac{1}{\sqrt{2}}$
② $\dfrac{1}{2}$
③ $\sqrt{2}$
④ 2

[해설] 점전하에 의한 전위(V)
점전하로부터 $r[\mathrm{m}]$ 만큼 떨어진 임의의 점에 대한 전위 V는
$$V = \frac{Q}{4\pi\epsilon_0 r} = 9 \times 10^9 \frac{Q}{r}[\mathrm{V}] 이므로$$
$V \propto \dfrac{1}{r}$ 관계에 있다.
∴ 전위를 $\dfrac{1}{2}$ 배 하려면 거리를 2배 증가시키면 된다.

정답 52 ③ 53 ④ 54 ① 55 ④

56 30[V/m]의 전계 내에 50[V] 되는 점에서 1[C]의 전하를 전계방향으로 70[cm] 이동한 경우, 그 점의 전위는 몇 [V]인가?

① 21   ② 29
③ 35   ④ 65

해설 전위차 계산을 이용한 임의의 P점의 전위(V)
A, B점의 전위차 V_{AB}는
$V_{AB} = V_A - V_B = E \cdot r$ [V]이다.
$V_A = 50$ [V], $E = 30$ [V/m], $r = 70$ [cm]일 때
∴ $V_B = V_A - E \cdot r = 50 - 30 \times 0.7 = 29$ [V]

57 그림과 같이 A와 B에 각각 1×10^{-2} [μC]과 -3×10^{-2} [μC]의 전하가 있다. P점의 전위는 몇 [V]인가?

① 40.5
② -62.5
③ -80.5
④ 122.4

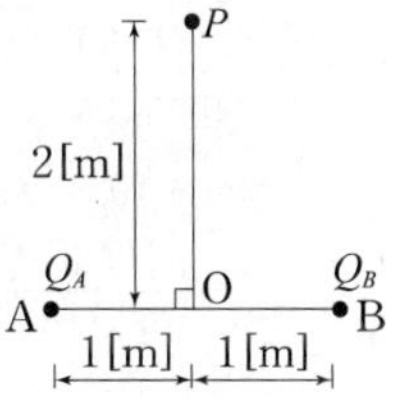

해설 점전하에 의한 전위(V)
A점에 의한 전위를 구하기 위한 전하와 거리
$Q_A = 1 \times 10^{-2}$ [μC]
$\overline{AP} = r_{AP} = \sqrt{1^2 + 2^2} = \sqrt{5}$ [m]
B점에 의한 전위를 구하기 위한 전하와 거리
$Q_B = -3 \times 10^{-2}$ [μC]
$\overline{BP} = r_{BP} = \sqrt{1^2 + 2^2} = \sqrt{5}$ [m]
P점의 전위 V_P는
∴ $V_P = \dfrac{Q_A}{4\pi\epsilon_0 r_{AP}} + \dfrac{Q_B}{4\pi\epsilon_0 r_{BP}}$
$= 9 \times 10^9 \times \left(\dfrac{Q_A}{r_{AP}} + \dfrac{Q_B}{r_{BP}}\right)$
$= 9 \times 10^9 \times \left(\dfrac{1 \times 10^{-2}}{\sqrt{5}} - \dfrac{3 \times 10^{-2}}{\sqrt{5}}\right) \times 10^{-6}$
$= -80.5$ [V]

58 점전하에 의한 전계 내의 한 점 P에서 전위의 기울기가 180[V/m], 전위가 900[V]일 때, 이 점 전하의 크기[μC]는?

① 0.1   ② 0.5
③ 0.8   ④ 1.0

해설 점전하에 의한 전계(E)와 전위(V)
전위의 기울기는 전계의 세기(E)이며 점전하에 의한 전계의 세기(E)와 전위(V)는
$E = \dfrac{Q}{4\pi\epsilon_0 r^2}$ [V/m], $V = \dfrac{Q}{4\pi\epsilon_0 r}$ [V]이므로
$V = E \cdot r$ [V]임을 알 수 있다.
$E = 180$ [V/m], $V = 900$ [V]일 때
$r = \dfrac{V}{E} = \dfrac{900}{180} = 5$ [m]
∴ $Q = E \cdot 4\pi\epsilon_0 r^2 = V \cdot 4\pi\epsilon_0 r = \dfrac{Vr}{9 \times 10^9}$
$= \dfrac{900 \times 5}{9 \times 10^9} = 0.5$ [μC]

59 원점에 전하 0.4[μC]이 있을 때, 두 점 (4, 0, 0)[m]와 (0, 3, 0)[m] 간의 전위차 V [V]는?

① 300   ② 150
③ 100   ④ 30

해설 점전하에 의한 전위차(V_{AB})
원점의 전하 $Q = 0.4$ [μC], 점 (4, 0, 0)을 A, 점 (0, 3, 0)을 B 라 하여 전위차(V_{AB})를 구하면
∴ $V_{AB} = \dfrac{Q}{4\pi\epsilon_0 r_B} - \dfrac{Q}{4\pi\epsilon_0 r_A}$
$= 9 \times 10^9 \times Q \times \left(\dfrac{1}{r_B} - \dfrac{1}{r_A}\right)$
$= 9 \times 10^9 \times 0.4 \times 10^{-6} \times \left(\dfrac{1}{3} - \dfrac{1}{4}\right)$
$= 300$ [V]

정답 56 ② 57 ③ 58 ② 59 ①

★
60 원점에 전하 0.01[μC]이 있을 때, 두 점 A(0, 2, 0)[m]와 B(0, 0, 3)[m] 간의 전위차 V_{AB}는 몇 [V]인가?

① 10 ② 15
③ 18 ④ 20

[해설] 점전하에 의한 전위차(V_{AB})
원점의 전하 $Q=0.01[\mu C]$, 점 (0, 2, 0)을 A, 점 (0, 0, 3)을 B라 하여 전위차(V_{AB})를 구하면

$$\therefore V_{AB} = \frac{Q}{4\pi\epsilon_0 r_A} - \frac{Q}{4\pi\epsilon_0 r_B}$$
$$= 9 \times 10^9 \times Q \left(\frac{1}{r_A} - \frac{1}{r_B} \right)$$
$$= 9 \times 10^9 \times 0.01 \times 10^{-6} \times \left(\frac{1}{2} - \frac{1}{3} \right)$$
$$= 15 [V]$$

★★★
61 반지름 a[m]인 구도체에 Q[C]의 전하가 주어졌을 때, 구심에서 $5a$[m] 되는 점의 전위 [V]는?

① $\frac{1}{24\pi\epsilon_0} \cdot \frac{Q}{a}$ ② $\frac{1}{24\pi\epsilon_0} \cdot \frac{Q}{a^2}$
③ $\frac{1}{20\pi\epsilon_0} \cdot \frac{Q}{a}$ ④ $\frac{1}{20\pi\epsilon_0} \cdot \frac{Q}{a^2}$

[해설] 구도체에 의한 전위(V)
(1) 구도체 외부 전위
$$V_{out} = \frac{Q}{4\pi\epsilon_0 r} [V]$$
(2) 구도체 내부 전위(표면전위)
$$V_{in} = \frac{Q}{4\pi\epsilon_0 a} [V]$$
$$\therefore V_{out} = \frac{Q}{4\pi\epsilon_0 r}\bigg|_{r=5a} = \frac{Q}{4\pi\epsilon_0 \times 5a} = \frac{Q}{20\pi\epsilon_0 a} [V]$$

★★
62 진공 중에 반지름 2[cm]인 도체구 A와 내외 반지름이 4[cm] 및 5[cm]인 도체구 B를 동심으로 놓고, 도체구 A에 $Q_A = 2 \times 10^{-10}$[C]의 전하를 대전시키고 도체구 B의 전하는 0으로 했을 때 도체구 A의 전위[V]는?

① 36 ② 45
③ 81 ④ 90

[해설] 동심구도체에 의한 전위(V)
(1) A도체에만 $+Q$[C]으로 대전된 경우 A도체 전위
$$V_A = \frac{Q}{4\pi\epsilon_0} \left(\frac{1}{a} - \frac{1}{b} + \frac{1}{c} \right) [V]$$
(2) A도체에 $+Q$[C], B도체에 $-Q$[C]이 대전된 경우 A, B도체 사이의 전위차
$$V_{AB} = \frac{Q}{4\pi\epsilon_0} \left(\frac{1}{a} - \frac{1}{b} \right) [V]$$
(3) B도체에만 $+Q$[C]으로 대전된 경우 B도체 전위
$$V_B = \frac{Q}{4\pi\epsilon_0 c} [V]$$
$a=2$[cm], $b=4$[cm], $c=5$[cm], $Q_A = 2 \times 10^{-10}$[C]이므로
$$\therefore V_A = \frac{Q}{4\pi\epsilon_0} \left(\frac{1}{a} - \frac{1}{b} + \frac{1}{c} \right)$$
$$= 9 \times 10^9 \times 2 \times 10^{-10}$$
$$\times \left(\frac{1}{2 \times 10^{-2}} - \frac{1}{4 \times 10^{-2}} + \frac{1}{5 \times 10^{-2}} \right)$$
$$= 81 [V]$$

★★
63 그림과 같은 동심 구도체에서 도체1의 전하가 $Q_1 = 4\pi\epsilon_0$[C], 도체2의 전하가 $Q_2 = 0$[C]일 때, 도체1의 전위는 몇 [V]인가?
(단, $a=10$[cm], $b=15$[cm], $c=20$[cm]라 한다.)

① $\frac{1}{12}$ [V]
② $\frac{13}{60}$ [V]
③ $\frac{25}{3}$ [V]
④ $\frac{65}{3}$ [V]

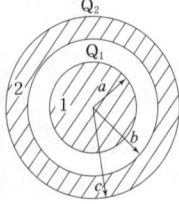

[해설] 동심구도체에 의한 전위(V)

도체 1에만 $+Q_1$[C]으로 대전한 경우 도체 1의 전위 V_1은 $V_1 = \frac{Q_1}{4\pi\epsilon_0}\left(\frac{1}{a} - \frac{1}{b} + \frac{1}{c}\right)$[V]이므로

$\therefore V_1 = \frac{Q_1}{4\pi\epsilon_0}\left(\frac{1}{a} - \frac{1}{b} + \frac{1}{c}\right)$

$= \frac{4\pi\epsilon_0}{4\pi\epsilon_0}\left(\frac{1}{10\times10^{-2}} - \frac{1}{15\times10^{-2}} + \frac{1}{20\times10^{-2}}\right)$

$= \frac{25}{3}$ [V]

★ 65 그림과 같이 반지름 a인 무한장 평행도체 A, B가 간격 d로 놓여 있고, 단위길이당 각각 $+\lambda$, $-\lambda$의 전하가 균일하게 분포되어 있다. A, B 도체 간의 전위차는 몇 [V]인가? (단, $d \gg a$이다.)

① $\frac{\lambda}{\pi\epsilon_0}\log\frac{d}{a}$

② $\frac{\lambda}{2\pi\epsilon_0}\log\frac{d}{a}$

③ $\frac{\lambda}{\pi\epsilon_0}\log\frac{a}{d}$

④ $\frac{\lambda}{2\pi\epsilon_0}\log\frac{a}{d}$

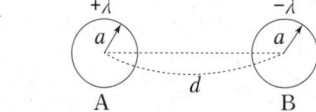

[해설] 평행한 원통도체에 의한 전위(V)

$\therefore V = \frac{\lambda}{\pi\epsilon_0}\ln\frac{d}{a}$ [V]

★ 64 길이 l[m]인 동축 원통도체의 내외 원통에 각각 $+\lambda$, $-\lambda$[C/m]의 전하가 분포되어 있다. 내외 원통 사이에 유전율 ϵ인 유전체가 채워져 있을 때, 전계의 세기는 몇 [V/m]인가? (단, V는 내외 원통간의 전위차, D는 전속밀도, a, b는 내외 원통의 반지름이며 원통 중심에서의 거리 r은 $a<r<b$인 경우이다.)

① $\frac{V}{r\cdot\ln\frac{b}{a}}$

② $\frac{V}{\epsilon\cdot\ln\frac{b}{a}}$

③ $\frac{D}{r\cdot\ln\frac{b}{a}}$

④ $\frac{D}{\epsilon\cdot\ln\frac{b}{a}}$

[해설] 동심원통도체에 의한 전계의 세기(E)와 전위(V)

동심원통도체의 내, 외부에 $+\lambda$, $-\lambda$[C/m]의 전하가 분포되어 있는 경우 내, 외 사이의 전계의 세기(E) 및 전위(V)는

$E = \frac{\lambda}{2\pi\epsilon r}$ [V/m], $V = \frac{\lambda}{2\pi\epsilon}\ln\frac{b}{a}$ [V]이다.

$\frac{\lambda}{2\pi\epsilon} = \frac{V}{\ln\frac{b}{a}}$ 이므로

$\therefore E = \frac{\lambda}{2\pi\epsilon r} = \frac{V}{r\cdot\ln\frac{b}{a}}$ [V/m]

★ 66 무한장의 직선도체에 선전하밀도 ρ[C/m]로 전하가 충전될 때 이 직선 도체에서 r[m]만큼 떨어진 점의 전위는?

① ρ

② $\rho\cdot r$

③ 0

④ ∞

[해설] 무한직선도체와 무한평면도체에 의한 전위(V)

$\therefore$ 무한직선도체 : $V = \infty$

무한평면도체 : $V = \infty$

★★ 67 두께 10[cm]의 공기층에 전압 10[V]를 가했을 때의 전위 경도는 몇 [V/m] 인가?

① 1

② 10

③ 100

④ 1,000

[해설] 전위경도=전계의 세기(E)

$r = 10$ [cm], $V = 10$ [V]일 때 전위경도는

$E = \frac{V}{r}$ [V/m]이므로

$\therefore E = \frac{V}{r} = \frac{10}{10\times10^{-2}} = 100$ [V/m]

[정답] 64 ① 65 ① 66 ④ 67 ③

68 반지름이 $a = 10$[cm]인 구의 표면 전하밀도를 $\sigma = 10^{-10}$[C/m²]이 되도록 하는 구의 전위 V[V]는 얼마인가?

① 21.3 ② 11.3
③ 2.13 ④ 1.13

[해설] 구도체에 의한 전위(V)
구의 표면적 $S = 4\pi a^2$ [m²]이므로
$\sigma = \dfrac{Q}{S} = \dfrac{Q}{4\pi a^2} = 10^{-10}$, $a = 10$ [cm]일 때
$Q = 4\pi a^2 \cdot \sigma$
$= 4\pi \times (10 \times 10^{-2})^2 \times 10^{-10}$
$= 1.257 \times 10^{-11}$ [C]
$\therefore V = \dfrac{Q}{4\pi\epsilon_0 a} = 9 \times 10^9 \times \dfrac{Q}{a}$
$= 9 \times 10^9 \times \dfrac{1.257 \times 10^{-11}}{10 \times 10^{-2}}$
$= 1.13$ [V]

69 지름이 2[m]인 구도체의 표면전계가 3[kV/mm]일 때, 이 구도체의 전위[kV]는?

① 3×10^2 ② 3×10^3
③ 6×10^2 ④ 6×10^3

[해설] 구도체에 의한 전위(V)
구도체 반지름 $a = \dfrac{2}{2} = 1$ [m],
전계의 세기 $E = 3$ [kV/mm]이므로 $E = \dfrac{V}{a}$ [V/m]
식에서
$\therefore V = E \cdot a = 3 \times \dfrac{10^3}{10^{-3}} \times 1 = 3 \times 10^6$ [V]
$= 3 \times 10^3$ [kV]

70 반지름 1[m]인 도체구에 최고로 줄 수 있는 전위[V]는 얼마인가? (단, 주위 공기의 절연내력은 3×10^6[V/m]이다.)

① 3×10^6 ② 4.5×10^5
③ 6×10^5 ④ 1.5×10^6

[해설] 구도체의 절연내력=전계의 세기(E)
반지름 a[m]인 구도체에 주위 공기의 절연내력이 E [V/m]인 경우 가할 수 있는 최대전위(V)는
$E = \dfrac{V}{a}$ [V/m] 식에서
$a = 1$ [m], $E = 3 \times 10^6$ [V/m]이므로
$\therefore V = E \cdot a = 3 \times 10^6 \times 1 = 3 \times 10^6$ [V]

71 공기 중에 고립하고 있는 지름 40[cm]인 구도체의 전위를 몇 [kV] 이상으로 하면 구 표면의 공기 절연이 파괴되는가? (단, 공기의 절연내력은 30[kV/cm]라 한다.)

① 300 이상 ② 450 이상
③ 600 이상 ④ 1,200 이상

[해설] 구도체의 절연내력=전계의 세기(E)
반지름 $a = \dfrac{40 \times 10^{-2}}{2} = 20 \times 10^{-2}$ [m],
$E = 30 \times \dfrac{10^3}{10^{-2}}$ [V/m]이므로 $E = \dfrac{V}{a}$ [V/m] 식에서
$\therefore V = E \cdot a = 30 \times \dfrac{10^3}{10^{-2}} \times 20 \times 10^{-2}$
$= 600 \times 10^3$ [V] $= 600$ [kV]

72 절연내력 3,000[kV/m]인 공기 중에 놓여진 지름 1[m]의 구도체에 줄 수 있는 최대 전하[C]는 얼마인가?

① 6.75×10^4 ② 6.75×10^{16}
③ 8.33×10^{-5} ④ 8.33×10^{-6}

[해설] 구도체의 절연내력=전계의 세기(E)
반지름 $a = \dfrac{1}{2} = 0.5$ [m], $E = 3000 \times 10^3$ [V/m]

$$E=\frac{Q}{4\pi\epsilon_0 a^2}=9\times 10^9 \times \frac{Q}{a^2} \text{ [V/m] 식에서}$$
$$\therefore Q=4\pi\epsilon_0 a^2 \cdot E = \frac{a^2 \cdot E}{9\times 10^9}$$
$$=\frac{0.5^2 \times 3{,}000\times 10^3}{9\times 10^9}=8.33\times 10^{-5}\text{[C]}$$

★★
73 공기 중에 놓여진 직경 2[m]의 구도체에 줄 수 있는 최대전하는 약 몇 [C]인가? (단, 공기의 절연 내력은 3,000[kV/m]이다.)

① 5.3×10^{-4} ② 3.33×10^{-4}
③ 2.65×10^{-4} ④ 1.67×10^{-4}

[해설] 구도체의 절연내력=전계의 세기(E)
반지름 $a=\frac{2}{2}=1$ [m], $E=3{,}000\times 10^3$ [V/m]이므로
$$E=\frac{Q}{4\pi\epsilon_0 a^2}=9\times 10^9 \times \frac{Q}{a^2} \text{ [V/m] 식에서}$$
$$\therefore Q=4\pi\epsilon_0 a^2\cdot E = \frac{a^2\cdot E}{9\times 10^9}=\frac{1^2\times 3{,}000\times 10^3}{9\times 10^9}$$
$$=3.33\times 10^{-4}\text{[C]}$$

★
74 절연내력 3[kV/mm]의 공기 중에 놓인 반지름 r[m]의 구도체에 줄 수 있는 최대전하가 1/3,000[C] 이었다. 이 구도체의 반지름[m]은?

① 0.5 ② 1
③ 2   ④ 3

[해설] 구도체의 절연내력=전계의 세기(E)
$E=3\times\frac{10^3}{10^{-3}}$ [V/m], $Q=\frac{1}{3{,}000}$ [C]이므로
$$E=\frac{Q}{4\pi\epsilon_0 a^2}=9\times 10^9\times\frac{Q}{a^2}\text{ [V/m] 식에서}$$
$$\therefore a=\sqrt{\frac{9\times 10^9\times Q}{E}}=\sqrt{\frac{9\times 10^9\times \frac{1}{3{,}000}}{3\times\frac{10^3}{10^{-3}}}}$$
$$=1\text{ [m]}$$

★★
75 간격이 2[mm], 단면적이 10[mm²]인 평행 전극에 500[V]의 직류 전압을 공급할 때, 전극 사이의 전계 세기[V/m]는?

① 2.5×10^5 ② 5×10^5
③ 2.5×10^7 ④ 5×10^7

[해설] 평행판 전극 사이의 전계의 세기(E)
간격 $d=2$ [mm], 단면적 $S=10$ [mm²],
전위 $V=500$ [V]일 때
$$\therefore E=\frac{V}{d}=\frac{500}{2\times 10^{-3}}=2.5\times 10^5\text{ [V/m]}$$

★★
76 간격 3[m]의 평행 무한 평면도체에 각각 ±4[C/m²]의 전하를 주었을 때, 두 도체간의 전위차는 약 몇 [V]인가?

① 1.5×10^{11} ② 1.5×10^{12}
③ 1.36×10^{11} ④ 1.36×10^{12}

[해설] 평행판 전극 사이의 전계(E)와 전위(V)
면전하 밀도 ρ_s, 간격 d, 전계의 세기 E, 전위 V라 하면
$$E=\frac{\rho_s}{\epsilon_o}\text{ [V/m]},\quad V=Ed\text{ [V]이므로}$$
$d=3$ [m], $\rho_s=4$ [C/m²]일 때
$$\therefore V=Ed=\frac{\rho_s}{\epsilon_o}d=\frac{4}{8.855\times 10^{-12}}\times 3$$
$$=1.36\times 10^{12}\text{ [V]}$$

★★
77 쌍극자 모멘트 $4\pi\epsilon_0$[C·m]의 전기쌍극자에 의한 공기 중 한 점 1[cm], 60°의 전위[V]는?

① 0.05 ② 0.5
③ 50   ④ 5,000

[해설] 전기쌍극자에 의한 전위(V)
쌍극자 모멘트 $M=4\pi\epsilon_0$ [C·m], 거리 $r=1$ [cm],
각도 $\theta=60°$일 때
$$V=\frac{M\cos\theta}{4\pi\epsilon_0 r^2}=9\times 10^9\times\frac{M\cos\theta}{r^2}\text{ [V]이므로}$$
$$\therefore V=\frac{4\pi\epsilon_0\times\cos 60°}{4\pi\epsilon_0\times(1\times 10^{-2})^2}=5{,}000\text{ [V]}$$

78 다음 그림은 전기쌍극자로부터 일정한 거리를 표시한 반지름 R[m]의 원이다. 원주상에서 가장 전위가 높은 점은?

① A
② B
③ C
④ D

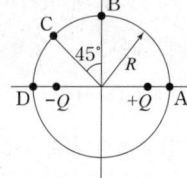

[해설] 전기쌍극자에 의한 전위(V)

$V = \dfrac{M\cos\theta}{4\pi\epsilon_0 r^2}$ [V] 식에서 $-1 \leq \cos\theta \leq 1$일 때

$\theta = 180°$에서 $\cos\theta = -1$이므로 전위가 최소가 되며
$\theta = 0°$에서 $\cos\theta = 1$이므로 전위가 최대가 된다.
∴ 전위가 가장 높은 점은 $\theta = 0°$인 점이므로 A점이다.

79 다음 식 중에서 틀린 것은?

① 가우스의 정리 : $\text{div } D = \rho$
② 푸아송의 방정식 : $\nabla^2 V = \dfrac{\rho}{\epsilon}$
③ 라플라스의 방정식 : $\nabla^2 V = 0$
④ 발산 정리 : $\oint_s A \cdot ds = \int_v \text{div } A\, dv$

[해설] 포아송 방정식과 라플라스 방정식
(1) 포아송 방정식
$\nabla^2 V = -\dfrac{\rho_v}{\epsilon_0}$
(2) 라플라스 방정식
$\nabla^2 V = 0$

80 다음 식들 중에 옳지 못한 것은?

① 라플라스(Laplace)의 방정식 $\nabla^2 V = 0$
② 발산(divergence) 정리
$\int_s E \cdot n\, dS = \int_v \text{div } E\, dv$
③ 푸아송(Poisson)의 방정식 $\nabla^2 V = \rho/\epsilon_0$
④ 가우스(Gauss)의 정리 $\text{div } D = \rho$

[해설] 포아송 방정식과 라플라스 방정식
(1) 포아송 방정식 $\nabla^2 V = -\dfrac{\rho_v}{\epsilon_0}$
(2) 라플라스 방정식 $\nabla^2 V = 0$

81 전위 V가 단지 x만의 함수이며 $x=0$에서 $V=0$이고 $x=d$일 때 $V=V_0$인 경계조건을 갖는다고 한다. 라플라스 방정식에 의한 V의 해는?

① $\nabla^2 V = \rho$
② $V_0 d$
③ $\dfrac{V_0}{d}x$
④ $\dfrac{Q}{4\pi\epsilon_0 d}$

[해설] 라플라스 방정식의 해
라플라스 방정식 $\nabla^2 V = 0$일 때 V가 x만의 함수라고 가정하면 $\dfrac{\partial^2 V}{\partial x^2} = 0$이므로

$\dfrac{\partial V}{\partial x} = A$이며 $V = Ax + B$가 성립한다.

$x=0$일 때 $V=0$이므로 $B=0$이며 $x=d$일 때 $V=V_0$이므로 $A = \dfrac{V_0}{d}$ 임을 알 수 있다.

∴ $V = Ax = \dfrac{V_0}{d}x$

정답 78 ① 79 ② 80 ③ 81 ③

82 다음의 전위함수에서 라플라스 방정식을 만족하지 않는 것은?

① $V = r\cos\theta + \phi$
② $V = x^2 - y^2 + z^2$
③ $V = \rho\cos\theta + z$
④ $V = \dfrac{V_0}{d}x$

[해설] 라플라스 방정식

$\nabla^2 V = 0$이 되는 조건이 성립할 때 라플라스 방정식을 만족할 수 있다.

$\nabla^2 V = \dfrac{\partial^2 V}{\partial x^2} + \dfrac{\partial^2 V}{\partial y^2} + \dfrac{\partial V^2}{\partial z^2} = 0$을 만족하는 전위함수는 ①, ③, ④이다.

$V = x^2 - y^2 + z^2$일 때

$\nabla^2 V = \dfrac{\partial^2}{\partial x^2}(x^2 - y^2 + z^2) + \dfrac{\partial^2}{\partial y^2}(x^2 - y^2 + z^2)$
$\qquad + \dfrac{\partial^2}{\partial z^2}(x^2 - y^2 + z^2)$
$= \dfrac{\partial}{\partial x}(2x) + \dfrac{\partial}{\partial y}(-2y) + \dfrac{\partial}{\partial z}(2z)$
$= 2 - 2 + 2 = 2$

∴ $V = x^2 - y^2 + z^2$인 경우 $\nabla^2 V \neq 0$이므로 라플라스 방정식을 만족하지 않는다.

83 진공 내에서 전위함수가 $V = x^2 + y^2$과 같이 주어질 때 점 $(2, 2, 0)[m]$에서 체적전하밀도 ρ는 몇 $[C/m^3]$인가? (단, ϵ_0는 자유공간의 유전율이다.)

① $-4\epsilon_0$
② $-2\epsilon_0$
③ $4\epsilon_0$
④ $2\epsilon_0$

[해설] 포아송 방정식

$\nabla^2 V = -\dfrac{\rho_v}{\epsilon_0}$일 때 $\nabla^2 V$는

$\nabla^2 V = \dfrac{\partial^2 V}{\partial x^2} + \dfrac{\partial^2 V}{\partial y^2}$
$= \dfrac{\partial^2}{\partial x^2}(x^2 + y^2) + \dfrac{\partial^2}{\partial y^2}(x^2 + y^2)$
$= \dfrac{\partial}{\partial x}(2x) + \dfrac{\partial}{\partial y}(2y)$
$= 2 + 2 = 4$이다.

∴ $\rho_v = -\epsilon_0 \nabla^2 V = -4\epsilon_0 [C/m^3]$

84 그림에서 O점의 전위를 라플라스의 근사법에 의하여 구하면?

① $V_1 + V_2 + V_3 + V_4$
② $\dfrac{1}{2}(V_1 + V_2 + V_3 + V_4)$
③ $4(V_1 + V_2 + V_3 + V_4)$
④ $\dfrac{1}{4}(V_1 + V_2 + V_3 + V_4)$

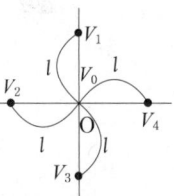

[해설] 라플라스 근사법(=반복법)에 의한 전위 계산

중심 O점으로부터 같은 거리에 있는 4개의 점의 전위가 V_1, V_2, V_3, V_4인 경우 중심 O점의 전위 V_O는

∴ $V_O = \dfrac{V_1 + V_2 + V_3 + V_4}{4} [V]$

85 P점에서 같은 거리에 있는 4개의 점의 전위를 측정하였더니 그림과 같이 나타났다고 하면 P점의 전위는 약 몇 [V] 정도 되는가?

① 12.3
② 14.5
③ 16.9
④ 18.2

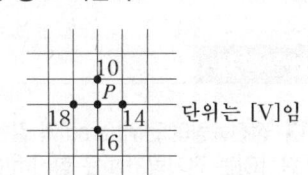

[해설] 라플라스 근사법(=반복법)에 의한 전위 계산

중심 P점으로부터 같은 거리에 있는 임의의 점의 전위가 V_1, V_2, V_3, V_4인 경우 중심 P점의 전위 V_P는

∴ $V_P = \dfrac{V_1 + V_2 + V_3 + V_4}{4}$
$= \dfrac{10 + 14 + 16 + 18}{4}$
$= 14.5 [V]$

[정답] 82 ② 83 ① 84 ④ 85 ②

03 진공중의 도체계

1 정전용량(C)=콘덴서

| 정의 |

정전용량(C)이란 유전체 내에서 일정한 전위(V)를 임의의 도체에 가했을 경우 전하(Q)가 저장될 수 있는 그릇의 크기로 해석하면 되며 단위는 [F(패럿)]이라 표현한다.

| 공식 |

$$C = \frac{Q}{V}[F] = [C/V]$$

여기서, C: 정전용량[F], Q: 전하[C], V: 전위[V]

※ 엘라스턴스(정전용량의 역수)= $\frac{1}{C} = \frac{V}{Q}$ [daraf]

1. 구도체에서의 정전용량(C)

종류	정전용량
구도체	$C = \dfrac{Q}{V} = 4\pi\epsilon_0 a$ [F]
반구도체	$C = \dfrac{Q}{V} = 2\pi\epsilon_0 a$ [F]
동심구도체	A도체에 $+Q$[C], B도체에 $-Q$[C]으로 대전된 경우 $C = \dfrac{Q}{V} = \dfrac{4\pi\epsilon_0}{\dfrac{1}{a}-\dfrac{1}{b}} = \dfrac{4\pi\epsilon_0 ab}{b-a}$ [F]

여기서, Q: 전하[C], V: 전위[V], a: 구도체 반지름[m] 또는 동심 내구도체 반지름[m],
b: 동심 외구도체 내반지름[m]

확인문제

01 정전용량의 단위[farad]과 같은 것은? (단, [V]는 전위, [C]는 전기량, [N]은 힘, [m]은 길이이다.)

① $\dfrac{N}{C}$ ② $\dfrac{V}{m}$
③ $\dfrac{V}{C}$ ④ $\dfrac{C}{V}$

[해설] 정전용량(C)
전기량 Q[C], 전위 V[V]일 때 $C = \dfrac{Q}{V}$[F]이므로
∴ [F]=[C/V]이다.

답 : ④

02 엘라스턴스(elastance)란?

① $\dfrac{1}{전위차 \times 전기량}$ ② 전위차 × 전기량
③ $\dfrac{전위차}{전기량}$ ④ $\dfrac{전기량}{전위차}$

[해설] 엘라스턴스
엘라스턴스란 정전용량의 역수로서
∴ 엘라스턴스= $\dfrac{1}{C} = \dfrac{V}{Q} = \dfrac{전위차}{전기량}$ [daraf]

답 : ③

2. 원통도체에서의 정전용량(C)

종류	정전용량
동심원통도체	A도체 $+\lambda$ [C/m], B도체 $-\lambda$ [C/m]로 대전된 경우 $$C = \frac{Q}{V} = \frac{2\pi\epsilon_0 l}{\ln\frac{b}{a}} \text{ [F]}$$ $$C' = \frac{C}{l} = \frac{2\pi\epsilon_0}{\ln\frac{b}{a}} \text{ [F/m]}$$
평행한 두 원통도체	한쪽에 $+\lambda$ [C/m], 다른 한쪽에 $-\lambda$ [C/m]로 대전된 경우 $$C = \frac{Q}{V} = \frac{\pi\epsilon_0 l}{\ln\frac{d}{a}} \text{ [F]}$$ $$C' = \frac{C}{l} = \frac{\pi\epsilon_0}{\ln\frac{d}{a}} \text{ [F/m]}$$

여기서, Q: 전하[C], V: 전위[V], a: 동심 내원통도체 내반지름[m] 또는 평행도선의 반지름[m], b: 동심 외원통도체 내반지름[m], l: 원통길이[m], d: 평행한 두 원통도체 중심간 거리[m]

3. 평행판 전극 사이의 정전용량

| 공식 |

$$C = \frac{\epsilon_0 S}{d} \text{ [F]}$$

여기서, S: 판면적[m²], d: 판간 거리[m]

확인문제

03 내구의 반지름 a, 외구의 반지름 b인 두 동심구 사이의 정전용량[F]은?

① $2\pi\epsilon_0 \frac{ab}{b-a}$
② $4\pi\epsilon_0 \left(\frac{1}{a} - \frac{1}{b}\right)$
③ $\frac{4\pi\epsilon_0}{\frac{1}{a} - \frac{1}{b}}$
④ $2\pi\epsilon_0 \left(\frac{1}{a} - \frac{1}{b}\right)$

[해설] 동심구도체의 정전용량(C)

$\therefore C = \frac{Q}{V} = \frac{4\pi\epsilon_0}{\frac{1}{a} - \frac{1}{b}} = \frac{4\pi\epsilon_0 ab}{b-a}$ [F]

답 : ③

04 반지름 a[m], 선간거리 d[m]인 평행 도선 간의 정전용량[F/m]은? (단, $d \gg a$이다.)

① $\frac{2\pi\epsilon_0}{\log\frac{d}{a}}$
② $\frac{1}{2\pi\epsilon_0 \log\frac{d}{a}}$
③ $\frac{1}{2\epsilon_0 \log\frac{d}{a}}$
④ $\frac{\pi\epsilon_0}{\log\frac{d}{a}}$

[해설] 평행한 원통도체 사이의 정전용량(C)
선전하밀도 λ[C/m]인 평행한 원통도체 사이의 전위차(V)는

$V = \frac{\lambda}{\pi\epsilon_0} \ln\frac{d}{a} = \frac{Q}{\pi\epsilon_0 l} \ln\frac{d}{a}$ [V]이므로

$\therefore C = \frac{Q}{V} = \frac{\pi\epsilon_0 l}{\ln\frac{d}{a}}$ [F] $= \frac{\pi\epsilon_o}{\ln\frac{d}{a}}$ [F/m]

답 : ④

2 콘덴서의 직·병렬 접속

1. 직렬접속

(1) 합성정전용량(C)

$$C = \frac{1}{\frac{1}{C_1} + \frac{1}{C_2}} = \frac{C_1 C_2}{C_1 + C_2} \, [\text{F}]$$

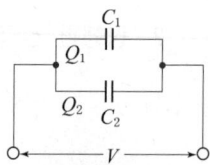

(2) 전하량(Q)

$$Q = Q_1 = Q_2 = C_1 V_1 = C_2 V_2 = CV = \frac{C_1 C_2}{C_1 + C_2} V \, [\text{C}]$$

(3) 분배 전압(V_1, V_2)

$$V_1 = \frac{Q}{C_1} = \frac{C_2}{C_1 + C_2} V \, [\text{V}], \quad V_2 = \frac{Q}{C_2} = \frac{C_1}{C_1 + C_2} V \, [\text{V}]$$

※ 여러 개의 도체를 매질 속에 넣어두면 그 도체들은 직렬접속된 상태로 해석한다.

2. 병렬접속

(1) 합성정전용량(C)

$$C = C_1 + C_2 \, [\text{F}]$$

(2) 전압(V)

$$V = \frac{Q_1}{C_1} = \frac{Q_2}{C_2} = \frac{Q}{C} = \frac{Q_1 + Q_2}{C_1 + C_2} \, [\text{V}]$$

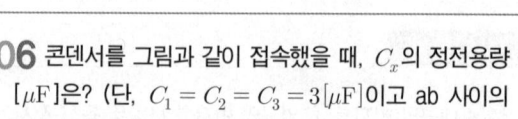

확인문제

05 30[F] 콘덴서 3개를 직렬로 연결하면 합성 정전용량 [F]은?

① 10   ② 30
③ 40   ④ 90

[해설] 콘덴서의 직렬접속
C_1, C_2, C_3가 직렬접속인 경우 합성정전용량(C_0)은

$$C_0 = \frac{1}{\frac{1}{C_1} + \frac{1}{C_2} + \frac{1}{C_3}} \, [\text{F}] \text{이므로}$$

$C_1 = C_2 = C_c = C$라 하면

$$\therefore C_0 = \frac{C}{3} = \frac{30}{3} = 10 \, [\text{F}]$$

답 : ①

06 콘덴서를 그림과 같이 접속했을 때, C_x의 정전용량 [μF]은? (단, $C_1 = C_2 = C_3 = 3 \, [\mu\text{F}]$이고 ab 사이의 합성 정전용량 $C_{ab} = 5 \, [\mu\text{F}]$이다.)

① $\frac{1}{2}$
② 1
③ 2
④ 4

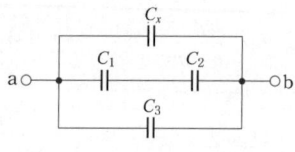

[해설] 콘덴서의 직·병렬접속
C_1, C_2가 직렬접속이므로 합성 C_{12}를 구하면

$$C_{12} = \frac{C_1 C_2}{C_1 + C_2} = \frac{3 \times 3}{3 + 3} = 1.5 \, [\mu\text{F}]\text{이 되며}$$

C_x, C_{12}, C_3가 병렬접속이므로 합성정전용량 C_{ab}는 $C_{ab} = C_x + C_{12} + C_3 \, [\mu\text{F}]$이 된다.

$$\therefore C_x = C_{ab} - C_{12} - C_3 = 5 - 1.5 - 3 = 0.5$$
$$= \frac{1}{2} \, [\mu\text{F}]$$

답 : ①

(3) 분배전하량(Q_1, Q_2)

$$Q_1 = C_1 V = \frac{C_1}{C_1 + C_2} Q [C], \quad Q_2 = C_2 V = \frac{C_2}{C_1 + C_2} Q [C]$$

※ 여러 개의 도체를 가는 도선으로 연결하면 그 도체들을 병렬접속된 상태로 해석한다.

3 정전에너지

1. 도체 내에 축적되는 정전에너지(W)

$$W = \frac{1}{2} QV = \frac{1}{2} CV^2 = \frac{Q^2}{2C} \text{ [J]}$$

2. 단위 체적당 정전에너지(=정전에너지밀도 : w)와 단위 면적당 정전력(f)

$$w = \frac{\rho_s^2}{2\epsilon_0} = \frac{D^2}{2\epsilon_0} = \frac{1}{2}\epsilon_0 E^2 = \frac{1}{2} ED = \frac{1}{2}\epsilon_0 \left(\frac{V}{d}\right)^2 \text{ [J/m}^3\text{]}, \quad f = w \text{ [N/m}^2\text{]}$$

3. 전체체적 내의 정전에너지(W)와 전체면적 내의 정전력(F)

$$W = w \times \text{체적} = \frac{Q^2}{2\epsilon_0 S^2} \times Sd = \frac{dQ^2}{2\epsilon_0 S} \text{ [J]}, \quad F = f \times \text{면적} = \frac{Q^2}{2\epsilon_0 S^2} \times S = \frac{Q^2}{2\epsilon_0 S} \text{ [N]}$$

여기서 W : 정전에너지[J], Q : 전하량[C], V : 전위[V], C : 정전용량[F],
w : 정전에너지 밀도[J/m³], ρ_s : 면전하 밀도[C/m²], ϵ_0 : 공기(진공)중의 유전율[F/m],
D : 전속밀도[C/m²], E : 전계의 세기 [V/m], f : 단위면적당 정전력[N/m²],
S : 면적[m²], d : 평행판 콘덴서 간격[m]

확인문제

07 정전용량이 C[F]인 콘덴서에 V[V]의 전압을 가하여 Q[C]의 전기량을 충전시켰을 때, 이에 축적되는 에너지[J]는?

① $\frac{CV}{2}$ ② $\frac{QV}{2}$

③ $\frac{C^2 V}{2}$ ④ $2QV$

[해설] 도체 내에 축적되는 에너지(W)

$$W = \frac{1}{2} QV = \frac{1}{2} CV^2 = \frac{Q^2}{2C} \text{ [J]}$$

답 : ②

08 면적 S[m²], 간격 d[m]인 평행판 콘덴서에 전하 Q[C]을 충전하였을 때, 정전용량 C[F]와 정전에너지 W[J]은?

① $C = \frac{\epsilon_0}{d^2}, \quad W = \frac{dQ^2}{2\epsilon_0 S}$

② $C = \frac{2\epsilon_0 S}{d}, \quad W = \frac{Q^2}{4\epsilon_0 S}$

③ $C = \frac{\epsilon_0 S}{d}, \quad W = \frac{dQ^2}{2\epsilon_0 S}$

④ $C = \frac{2\epsilon_0}{d^2}, \quad W = \frac{Q^2}{\epsilon_0 S}$

[해설] 평행판 콘덴서의 정전용량(C) 및 정전에너지(W)

$$C = \frac{\epsilon_0 S}{d} \text{ [F]}$$

$$W = \frac{Q^2}{2C} = \frac{dQ^2}{2\epsilon_0 S} \text{ [J]}$$

답 : ③

4 전위계수, 용량계수, 유도계수

1. 전위계수

$$V_1 = P_{11}Q_1 + P_{12}Q_2 + P_{13}Q_3 + \cdots + P_{1n}Q_n$$
$$V_2 = P_{21}Q_1 + P_{22}Q_2 + P_{23}Q_3 + \cdots + P_{2n}Q_n$$
$$\vdots$$
$$V_n = P_{n1}Q_1 + P_{n2}Q_2 + P_{n3}Q_3 + \cdots + P_{nn}Q_n$$

여기서, V: 전위[V], P: 전위계수[1/F], Q: 전하[C]

(1) 전위계수의 성질
 ① $P_{rr} \geq P_{rs} > 0$
 ② $P_{rs} = P_{sr}$
 ③ $P_{rr} = P_{rs}$인 경우 도체 s가 도체 r 속에 놓여 있다.

(2) 각각 $\pm Q$[C]으로 대전된 두 개의 도체 간의 전위차
$$V_1 = P_{11}Q_1 + P_{12}Q_2 = P_{11}Q - P_{12}Q$$
$$V_2 = P_{21}Q_1 + P_{22}Q_2 = P_{21}Q - P_{22}Q$$
$$V_1 - V_2 = (P_{11} - P_{12} - P_{21} + P_{22})Q$$
$$\therefore V_1 - V_2 = (P_{11} - 2P_{12} + P_{22})Q$$

확인문제

09 도체 Ⅰ, Ⅱ 및 Ⅲ이 있을 때 도체 Ⅱ가 도체 Ⅰ에 완전 포위되어 있음을 나타내는 것은?
 ① $p_{11} = p_{21}$
 ② $p_{11} = p_{31}$
 ③ $p_{11} = p_{33}$
 ④ $p_{12} = p_{22}$

[해설] 전위계수의 성질
 (1) $P_{rr} \geq P_{rs} > 0$
 (2) $P_{rs} = P_{sr}$
 (3) $P_{rr} = P_{rs}$인 경우 도체 s가 도체 r 속에 놓여있다. 문제에서는 도체 2가 도체 1에 포위되어 있는 경우이므로
 $\therefore P_{11} = P_{12}$ 또는 $P_{11} = P_{21}$

답 : ①

10 용량계수와 유도계수의 성질 중 옳지 않은 것은?
 ① $q_{rs} \geq 0$
 ② $q_{rr} > 0$
 ③ $q_{11} \geq -(q_{21} + q_{31} + \cdots + q_{n1})$
 ④ $q_{rs} = q_{sr}$

[해설] 용량계수와 유도계수의 성질
 (1) $q_{rr} > 0$, $q_{rs} \leq 0$
 (2) $q_{rs} = q_{sr}$
 (3) $q_{rr} = -q_{rs}$인 경우 도체 s가 도체 r을 포위하고 있다.

답 : ①

2. 용량계수와 유도계수

$$Q_1 = q_{11}V_1 + q_{12}V_2 + q_{13}V_3 + \cdots + q_{1n}V_n$$
$$Q_2 = q_{21}V_1 + q_{22}V_2 + q_{23}V_3 + \cdots + q_{2n}V_n$$
$$\vdots$$
$$Q_n = q_{n1}V_1 + q_{n2}V_2 + q_{n3}V_3 + \cdots + q_{nn}V_n$$

여기서, q_{11}, q_{22}, q_{33} : 용량계수, q_{12}, q_{13}, q_{21}, q_{31} : 유도계수, Q : 전하[C], V : 전위[V]

(1) 용량계수(q_{rr})와 유도계수(q_{rs})의 성질
① $q_{rr} > 0$, $q_{rs} \leq 0$
② $q_{rs} = q_{sr}$
③ $q_{rr} = -q_{rs}$ 인 경우 도체 s가 도체 r을 포위하고 있다.

예제 1　콘덴서의 내압 계산　★★★

내압과 용량이 각각 200[V] 5[μF], 300[V] 4[μF], 500[V] 3[μF]인 3개의 콘덴서를 직렬 연결하고 양단에 직류 전압을 가하여 서서히 상승시키면 최초로 파괴되는 콘덴서는 어느 것이며 이때 양단에 가해진 전압은 몇 [V]인가? (단, 3개 콘덴서의 재질이나 형태는 동일한 것으로 간주한다. C_1 =5[μF], C_2 =4[μF], C_3 =3[μF]이다.)

① C_2, 468
② C_3, 533
③ C_1, 783
④ C_2, 1,050

풀이전략

(1) 각 콘덴서의 최대 전하량을 계산한다.
(2) 각 콘덴서의 최대 전하량을 초과하여 충전할 수 없으며 최대 전하량을 초과하여 충전되는 콘덴서는 결국 파괴된다. = 콘덴서가 직렬접속된 경우 최대전하량이 제일 작은 콘덴서가 제일 먼저 파괴된다.
(3) 콘덴서가 파괴되지 않고 회로에 인가할 수 있는 최대 내압은 최대 전하량이 제일 작은 값을 선택하여 계산한다.

풀 이

각 콘덴서의 최대 전하량을 각각 Q_1, Q_2, Q_3라 하면

$Q_1 = C_1 V_1 = 5 \times 10^{-6} \times 200 = 1,000 \times 10^{-6}$ [C]

$Q_2 = C_2 V_2 = 4 \times 10^{-6} \times 300 = 1,200 \times 10^{-6}$ [C]

$Q_3 = C_3 V_3 = 3 \times 10^{-6} \times 500 = 1,500 \times 10^{-6}$ [C]

따라서 최대 전하량이 제일 작은 C_1 콘덴서가 최초로 파괴된다.

또한 최대 내압은 Q_1을 선택하여 계산하므로

$$C = \frac{1}{\frac{1}{C_1}+\frac{1}{C_2}+\frac{1}{C_3}} = \frac{1}{\frac{1}{5\times 10^{-6}}+\frac{1}{4\times 10^{-6}}+\frac{1}{3\times 10^{-6}}} = 1.28 \times 10^{-6} \text{ [F]}$$

$$\therefore V = \frac{Q_1}{C} = \frac{1,000 \times 10^{-6}}{1.28 \times 10^{-6}} = 783 \text{ [V]}$$

정답 ③

유사문제

01 그림에서 C_1 =40[μF], C_2 =20[μF], C_3 =12 [μF]이고 C_1의 내전압이 100[V], C_2, C_3의 내전압이 150[V]이면 ab 사이에 가할 수 있는 전압[V]은?

① 275
② 250
③ 225
④ 200

해설 콘덴서의 내압 계산
C_1 콘덴서의 최대 전하량 Q_1, C_{23} 합성 콘덴서의 최대전하량 Q_{23}이라 하면

$Q_1 = C_1 V_1 = 40 \times 10^{-6} \times 100 = 4,000$ [μC]
$Q_{23} = C_{23} V_{23} = (C_2 + C_3) V_{23}$
$\quad\quad = (20+12) \times 10^{-6} \times 150$
$\quad\quad = 4,800$ [μC]

이 회로의 최대전하량은 Q_1이며 이때 ab 양단에 가할 수 있는 최대전압(V_{ab})은

$$C_{ab} = \frac{1}{\frac{1}{C_1}+\frac{1}{C_{23}}} = \frac{1}{\frac{1}{40}+\frac{1}{32}} = 17.78 \text{ [}\mu\text{F]}$$

$$\therefore V_{ab} = \frac{Q_1}{C_{ab}} = \frac{4,000}{17.78} = 225 \text{ [V]}$$

답 : ③

예제 2   구도체를 가는 선으로 연결한 경우 공통전위   ★★☆

상당한 거리를 가진 두 개의 절연구가 있다. 그 반지름은 각각 2[m] 및 4[m]이다. 이 전위를 각각 2[V] 및 4[V]로 한 후 가는 도선으로 두 구를 연결하면 전위[V]는?

① 0.3
② 1.3
③ 2.3
④ 3.3

풀이전략
(1) 구도체의 정전용량을 유도하여 병렬접속으로 그린다.
(2) 각 구도체의 전하량을 계산하여 합성 전하량을 구한다.
(3) 병렬접속된 합성 정전용량을 이용하여 공통 전위를 계산한다.

풀 이
각 구도체의 반지름을 a, b라 하여 정전용량 C_1, C_2 식을 유도하면
$C_1 = 4\pi\epsilon_0 a$ [F], $C_2 = 4\pi\epsilon_0 b$ [F]이다.
각 구도체의 전하량을 Q_1, Q_2라 하여 합성 전하량을 구하면
$Q = Q_1 + Q_2 = C_1 V_1 + C_2 V_2 = 4\pi\epsilon_0 a V_1 + 4\pi\epsilon_0 b V_2$ [C]
공통전위를 V라 하면
$V = \dfrac{Q}{C} = \dfrac{Q_1 + Q_2}{C_1 + C_2} = \dfrac{4\pi\epsilon_0(a V_1 + b V_2)}{4\pi\epsilon_0(a + b)} = \dfrac{a V_1 + b V_2}{a + b}$ [V]이므로
$\therefore V = \dfrac{2 \times 2 + 4 \times 4}{2 + 4} = 3.3$ [V]

정답 ④

유사문제

02 반지름이 각각 2, 3, 4[m]인 3개의 절연 도체구 전위가 각각 5, 6, 7[V]가 되도록 충전한 후 이들을 도선으로 접속할 때의 공통 전위[V]는 대략 얼마인가?

① 6.22
② 6.88
③ 8.75
④ 9.33

[해설] 각 구도체의 반지름을 a, b, c라 하고 전위를 각각 V_1, V_2, V_3라 하면 공통전위(V)는
$\therefore V = \dfrac{a V_1 + b V_2 + c V_3}{a + b + c}$
$= \dfrac{2 \times 5 + 3 \times 6 + 4 \times 7}{2 + 3 + 4}$
$= 6.22$ [V]

답 : ①

03 반지름 $a_1 = 2$[cm], $a_2 = 3$[cm], $a_3 = 4$[cm]인 3개의 도체구가 각각 전위 $V_1 = 1,800$[V], $V_2 = 1,200$[V], $V_3 = 900$[V]로 대전되어 있다. 이 3개의 구를 가는 선으로 연결했을 때의 공통 전위는 몇 [V]인가?

① 1,100
② 1,200
③ 1,300
④ 1,500

[해설] 공통전위(V)는
$\therefore V = \dfrac{a_1 V_1 + a_2 V_2 + a_3 V_3}{a_1 + a_2 + a_3}$
$= \dfrac{2 \times 10^{-2} \times 1,800 + 3 \times 10^{-2} \times 1,200 + 4 \times 10^{-2} \times 900}{2 \times 10^{-2} + 3 \times 10^{-2} + 4 \times 10^{-2}}$
$= 1,200$ [V]

답 : ②

03 출제예상문제

01 5[μF]의 콘덴서에 100[V]의 직류 전압을 가하면 축적되는 전하[C]는?

① 5×10^{-3}　② 5×10^{-4}
③ 5×10^{-5}　④ 5×10^{-6}

[해설] 정전용량(=콘덴서 : C)
$C=5\,[\mu\text{F}]$, $V=100\,[\text{V}]$이므로 $C=\dfrac{Q}{V}\,[\text{F}]$ 식에서
$\therefore\ Q=CV=5\times 10^{-6}\times 100=5\times 10^{-4}\,[\text{C}]$

02 반지름 a[m]인 구의 정전용량[F]은?

① $4\pi\epsilon_0 a$　② $\epsilon_0 a$
③ a　④ $\dfrac{1}{4\pi}\epsilon_0 a$

[해설] 구도체의 정전용량(C)
구도체의 전위 $V=\dfrac{Q}{4\pi\epsilon_0 a}\,[\text{V}]$이므로
$\therefore\ C=\dfrac{Q}{V}=4\pi\epsilon_0 a\,[\text{F}]$

03 1[μF]의 정전용량을 가진 구의 반지름[km]은?

① 9×10^3　② 9
③ 9×10^{-3}　④ 9×10^{-6}

[해설] 구도체의 정전용량(C)
$C=1\,[\mu\text{F}]$인 경우 구도체의 정전용량 $C=4\pi\epsilon_0 a$ [F] 식에서 반지름 a를 계산하면
$\therefore\ a=\dfrac{C}{4\pi\epsilon_0}=9\times 10^9 C=9\times 10^9 \times 1\times 10^{-6}$
$=9\times 10^3\,[\text{m}]=9\,[\text{km}]$

04 반지름이 각각 a[m], b[m], c[m]인 독립 도체구가 있다. 이들 도체구를 가는 선으로 연결하면 합성 정전용량은 몇 [F]인가?

① $4\pi\epsilon_0(a+b+c)$　② $4\pi\epsilon_0\sqrt{a^2+b^2+c^2}$
③ $12\pi\epsilon_0\sqrt{a^3+b^3+c^3}$　④ $\dfrac{4}{3}\pi\epsilon_0\sqrt{a^2+b^2+c^2}$

[해설] 구도체의 정전용량(C)
각 독립 구도체의 정전용량을 C_1, C_2, C_3라 하면
$C_1=4\pi\epsilon_0 a\,[\text{F}]$, $C_2=4\pi\epsilon_0 b\,[\text{F}]$, $C_3=4\pi\epsilon_0 c\,[\text{F}]$
이며 이들을 가는 선으로 연결시 병렬접속이 되므로 합성정전용량(C)은
$\therefore\ C=C_1+C_2+C_3=4\pi\epsilon_0(a+b+c)\,[\text{F}]$

05 그림과 같이 콘덴서 $C_1=0.5[\mu\text{F}]$와 $C_2=0.01[\mu\text{F}]$를 접속하여 C_1에 1,000[V]의 $\dfrac{1}{100}$ 전압이 걸리도록 하기 위하여 C_x를 C_1에 병렬로 접속하였다. C_x의 용량은 몇 [μF]인가?

① 4.9
② 0.49
③ 1.49
④ 49

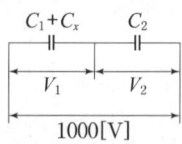

[해설] 정전용량의 분배전압

C_1, C_x는 병렬로 접속되어 있으므로 합성정전용량은 C_1+C_x이다. 직렬접속된 회로의 분배전압 V_1, V_2는
$V_1=\dfrac{C_2}{C_1+C_x+C_2}V\,[\text{V}]$,
$V_2=\dfrac{C_1+C_x}{C_1+C_x+C_2}V\,[\text{V}]$이다.

정답 01 ② 02 ① 03 ② 04 ① 05 ②

$$V_1 = \frac{1}{100}V = \frac{1}{100} \times 1{,}000 = 10\,[\text{V}]$$

$$\therefore C_x = \frac{C_2 V}{V_1} - C_1 - C_2$$

$$= \frac{0.01 \times 1{,}000}{10} - 0.5 - 0.01 = 0.49\,[\mu\text{F}]$$

★★
06 반지름 $a > b$[m]인 동심 도체구의 정전용량[F]은? (단, 내구 절연, 외구 접지일 때이다.)

① $4\pi\epsilon_0 a$
② $\dfrac{4\pi\epsilon_0 ab}{a-b}$
③ $\dfrac{1}{4\pi\epsilon_0} \times \dfrac{ab}{a-b}$
④ $\dfrac{1}{4\pi\epsilon_0} \times \dfrac{a-b}{ab}$

해설 동심구도체의 정전용량(C)
  동심구도체의 내구의 반지름이 b, 외구의 반지름이 a인 경우

$$\therefore C = \frac{Q}{V} = \frac{4\pi\epsilon_0}{\dfrac{1}{b} - \dfrac{1}{a}} = \frac{4\pi\epsilon_0 ab}{a-b}\,[\text{F}]$$

★★
07 내구의 반지름 $a = 10$[cm], 외구의 반지름 $b = 20$[cm]인 동심구 콘덴서의 용량을 구하면?

① 11[pF]
② 22[pF]
③ 33[pF]
④ 22[μF]

해설 동심구도체의 정전용량(C)

$$C = \frac{Q}{V} = \frac{4\pi\epsilon_0}{\dfrac{1}{a} - \dfrac{1}{b}} = \frac{4\pi\epsilon_0 ab}{b-a}$$

$$= \frac{1}{9 \times 10^9} \times \frac{ab}{b-a}\,[\text{F}]$$이므로

$$\therefore C = \frac{4\pi\epsilon_0 ab}{b-a}$$

$$= \frac{4\pi \times 8.855 \times 10^{-12} \times 10 \times 10^{-2} \times 20 \times 10^{-2}}{20 \times 10^{-2} - 10 \times 10^{-2}}$$

$$= 22 \times 10^{-12}\,[\text{F}]$$

$$= 22\,[\text{pF}]$$

★
08 동심 구형 콘덴서의 내외 반지름을 각각 3배로 증가시키면 정전용량은 몇 배로 증가하는가?

① $\sqrt{3}$
② 3
③ $2\sqrt{3}$
④ 9

해설 동심구도체의 정전용량(C)

$$C = \frac{Q}{V} = \frac{4\pi\epsilon_0}{\dfrac{1}{a} - \dfrac{1}{b}} = \frac{4\pi\epsilon_0 ab}{b-a}\,\text{F}$$이므로 a, b를 각각

3배씩 증가시키면

$$C' = \frac{4\pi\epsilon_0 a' b'}{b' - a'} = \frac{4\pi\epsilon_0 (3a)(3b)}{3b - 3a}$$

$$= \frac{9 \times 4\pi\epsilon_0 ab}{3(b-a)} = 3C\,[\text{F}]$$

∴ 정전용량은 3배 증가한다.

★★
09 내원통 반지름 10[cm], 외원통 반지름 20[cm]인 동축 원통도체의 정전용량[pF/m]은?

① 100
② 90
③ 80
④ 70

해설 동심원통도체의 정전용량(C)
  동심원통의 내원통 반지름을 a, 외원통 반지름을 b라 하면 $C = \dfrac{Q}{V} = \dfrac{2\pi\epsilon_0 l}{\ln\dfrac{b}{a}}\,[\text{F}] = \dfrac{2\pi\epsilon_0}{\ln\dfrac{b}{a}}\,[\text{F/m}]$이므로

$$\therefore C = \frac{2\pi\epsilon_0}{\ln\dfrac{b}{a}} = \frac{2\pi \times 8.855 \times 10^{-12}}{\ln\left(\dfrac{20 \times 10^{-2}}{10 \times 10^{-2}}\right)}$$

$$= 80 \times 10^{-12}\,[\text{F/m}] = 80\,[\text{pF/m}]$$

정답 06 ② 07 ② 08 ② 09 ③

10 그림과 같이 반지름 r[m], 중심 간격 x[m]인 평행 원통도체가 있다. $x \gg r$이라 할 때 원통도체의 단위 길이당 정전용량은 몇 [F/m]인가?

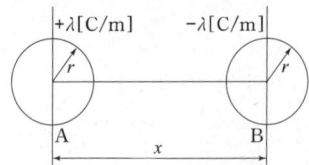

① $\dfrac{2\pi\epsilon_0}{\ln\dfrac{r}{x}}$ ② $\dfrac{2\pi\epsilon_0}{\ln\dfrac{x}{r}}$

③ $\dfrac{\pi\epsilon_0}{\ln\dfrac{r}{x}}$ ④ $\dfrac{\pi\epsilon_0}{\ln\dfrac{x}{r}}$

[해설] 평행한 두 원통도체의 정전용량(C)
원통도체 반지름을 r, 두 원통도체의 간격을 x라 할 때
$$\therefore C = \dfrac{Q}{V} = \dfrac{\pi\epsilon_0 l}{\ln\dfrac{x}{r}} [F] = \dfrac{\pi\epsilon_0}{\ln\dfrac{x}{r}} [F/m]$$

11 도선의 반지름이 a이고 두 도선 중심 간의 간격이 d인 평행 2선 선로의 정전용량에 대한 설명으로 옳은 것은?

① 정전용량 C는 $\ln\dfrac{d}{a}$에 직접 비례한다.
② 정전용량 C는 $\ln\dfrac{d}{a}$에 반비례한다.
③ 정전용량 C는 $\ln\dfrac{a}{d}$에 직접 비례한다.
④ 정전용량 C는 $\ln\dfrac{a}{d}$에 반비례한다.

[해설] 평행한 두 원통도체의 정전용량(C)
원통도체 반지름을 a, 두 원통도체의 간격을 d라 할 때
$$C = \dfrac{Q}{V} = \dfrac{\pi\epsilon_0 l}{\ln\dfrac{d}{a}}[F] = \dfrac{\pi\epsilon_0}{\ln\dfrac{d}{a}}[F/m] 이므로$$
$\therefore$ 정전용량 C는 $\ln\dfrac{d}{a}$에 반비례한다.

12 간격 d[m]인 무한히 넓은 평행판의 단위 면적당 정전용량[F/m²]은? (단, 매질은 공기라 한다.)

① $\dfrac{1}{4\pi\epsilon_0 d}$ ② $\dfrac{4\pi\epsilon_0}{d}$

③ $\dfrac{\epsilon_0}{d}$ ④ $\dfrac{\epsilon_0}{d^2}$

[해설] 평행판 사이의 정전용량(C)
면전하밀도 ρ_s[C/m²], 면적 S[m²], 간격 d[m]인 평행판 사이의 전위차(V)는
$$V = E \cdot d = \dfrac{\rho_s}{\epsilon_0} \cdot d = \dfrac{Q}{S\epsilon_0} \cdot d [V] 이므로$$
$$\therefore C = \dfrac{Q}{V} = \dfrac{\epsilon_0 S}{d}[F] = \dfrac{\epsilon_0}{d}[F/m^2]$$

13 콘덴서에서 극판의 면적을 3배로 증가시키면 정전용량은?

① $\dfrac{1}{3}$로 감소한다. ② $\dfrac{1}{9}$로 감소한다.
③ 3배로 증가한다. ④ 9배로 증가한다.

[해설] 평행판 전극 사이의 정전용량(C)
평행판 면적을 S, 간격을 d라 하면 $C = \dfrac{\epsilon_0 S}{d}[F]$이므로 정전용량 C와 면적 S는 비례관계가 성립한다.
$\therefore$ 극판의 면적을 3배로 증가시키면 정전용량도 3배로 증가한다.

14 평행판 콘덴서의 극간거리를 $\dfrac{1}{2}$로 줄이면 콘덴서 용량은 처음 값에 비해 어떻게 되는가?

① $\dfrac{1}{2}$이 된다. ② $\dfrac{1}{4}$이 된다.
③ 2배가 된다. ④ 4배가 된다.

[해설] 평행판 콘덴서의 정전용량(C)
극판면적 S, 극판간격 d, 유전율 ϵ이라 하면
$C = \dfrac{\epsilon S}{d}[F]$이므로 $C \propto \dfrac{1}{d}$임을 알 수 있다.
$\therefore$ 극간 거리를 $\dfrac{1}{2}$배 줄이면 정전용량은 2배 증가한다.

[정답] 10 ④ 11 ② 12 ③ 13 ③ 14 ③

★★
15 평행판 콘덴서의 두 극판 면적을 3배로 하고 간격을 1/2배로 하면 정전용량은 처음의 몇 배가 되는가?

① $\frac{3}{2}$　　　② $\frac{2}{3}$

③ $\frac{1}{6}$　　　④ 6

[해설] 평행판 전극 사이의 정전용량(C)
평행판 면적을 S, 간격을 d라 하면
$C = \frac{\epsilon_0 S}{d}$ [F]이므로 정전용량 C와 면적 S는 비례하며 간격 d와는 반비례한다.
$C' = \frac{\epsilon_0 S'}{d'} = \frac{\epsilon_0 (3S)}{\left(\frac{1}{2}d\right)} = 6 \cdot \frac{\epsilon_0 S}{d} = 6C$ [F]

∴ 정전용량은 처음의 6배가 된다.

★★
17 1변이 50[cm]인 정사각형 전극을 가진 평행판 콘덴서가 있다. 이 극판 간격을 5[mm]로 할 때 정전용량은 얼마인가? (단, $\epsilon_0 = 8.855 \times 10^{-12}$[F/m]이고 단말 효과를 무시한다.)

① 443[pF]　　　② 380[μF]

③ 410[μF]　　　④ 0.5[pF]

[해설] 평행판 전극 사이의 정전용량(C)
1변의 길이가 50[cm]인 정사각형의 면적을 S, 극판 간격을 d라 하면
$S = (50 \times 10^{-2})^2 = 0.25$ [m²],
$d = 5 \times 10^{-3}$ [m]이므로
∴ $C = \frac{\epsilon_0 S}{d} = \frac{8.855 \times 10^{-12} \times 0.25}{5 \times 10^{-3}}$
$= 443 \times 10^{-12}$ [F] $= 443$ [pF]

★★
16 콘덴서에 대한 설명 중 잘못된 것은?

① 두 도체 사이의 정전용량에 의해서 전하를 충전하도록 한 장치이다.
② 두 도체 사이의 절연을 유지하기 위해서는 적당한 절연내력을 갖는 절연체를 넣는다.
③ 정전용량을 크게 하고 가능한 한 많은 전하를 축적하기 위해서는 도체 사이의 간격을 크게 한다.
④ 전극판의 대향면적을 변화시키는 것에 의하여 용량이 변화될 수도 있다.

[해설] 콘덴서(=정전용량)
극판의 면적 S, 극판간격 d, 유전율 ϵ이라 하면 정전용량 C는
$C = \frac{\epsilon S}{d}$ [F]이다.

∴ 정전용량을 크게 하기 위해서 극판면적을 크게 하거나 극판간격을 작게 하여야 한다. 또한 유전체(=절연체)를 채우면 유전율이 커지기 때문에 정전용량을 증가시킬 수 있다.

★
18 진공 중 반지름이 a[m]인 원형 도체판 2매를 써서 극판 거리 d[m]인 콘덴서를 만들었다. 만약 이 콘덴서의 극판 거리를 2배로 하고 정전용량을 일정하게 하려면, 이 도체판의 반지름은 a의 몇 배로 하면 되는가?

① 2　　　② 0.2

③ $\sqrt{2}$　　　④ $\frac{1}{\sqrt{2}}$

[해설] 평행판 전극 사이의 정전용량(C)
반지름이 a[m]인 원형 도체판의 면적을 S라 하면
$S = \pi a^2$ [m²]이므로
$C = \frac{\epsilon_0 S}{d} = \frac{\epsilon_0 \pi a^2}{d}$ [F]에서 정전용량이 일정할 때 극판간격 d는 원형도체판의 반지름 a의 제곱에 비례하게 된다. $d \propto a^2$이면 $a \propto \sqrt{d}$이므로 d가 2배이면
∴ $a = \sqrt{2}$ 배이다.

19 정전용량이 10[μF]인 콘덴서의 양단에 100[V]의 일정 전압을 가하고 있다. 지금 이 콘덴서의 극판 간의 거리를 1/10로 변화시키면 콘덴서에 충전되는 전하량은 어떻게 변화되는가?

① $\frac{1}{10}$배로 감소
② $\frac{1}{100}$배로 감소
③ 10배로 증가
④ 100배로 증가

[해설] 평행판 전극 사이의 정전용량(C)
극판의 면적 S, 극판의 간격 d, 전위 V, 전하량 Q라 하면 $C = \frac{Q}{V} = \frac{\epsilon_0 S}{d}$ [F]이므로
$Q = CV = \frac{\epsilon_0 S}{d} V$[C]이 된다.
따라서 전하량(Q)은 극판의 간격(d)에 반비례하므로 $d = \frac{1}{10}$로 변하면 Q는 10배로 증가한다.

20 정전용량 C인 평행판 콘덴서를 전압 V로 충전하고 전원을 제거한 후 전극 간격을 $\frac{1}{2}$로 접근시키면 전압은?

① $\frac{1}{4}V$
② $\frac{1}{2}V$
③ V
④ $2V$

[해설] 평행판 전극 사이의 정전용량(C)
극판의 면적 S, 극판의 간격 d, 전위 V, 전하량 Q라 하면 $C = \frac{Q}{V} = \frac{\epsilon_0 S}{d}$ [F]이므로 콘덴서에 전압 V로 충전 후 전원을 제거하면 전하량 Q가 일정해지므로 전압(V)은 극판의 간격(d)에 비례하게 된다.
따라서 간격(d)을 $\frac{1}{2}$로 줄이면
∴ 전압도 $\frac{1}{2}$로 줄어들기 때문에 $\frac{1}{2}V$가 된다.

21 정전용량이 5[μF]인 평행판 콘덴서를 20[V]로 충전한 뒤에 극판 거리를 처음의 2배로 하였다. 이때, 이 콘덴서의 전압은 몇 [V]가 되겠는가?

① 5
② 10
③ 20
④ 40

[해설] 평행판 전극 사이의 정전용량(C)
극판의 면적 S, 극판의 간격 d, 전위 V, 전하량 Q라 하면 $C = \frac{Q}{V} = \frac{\epsilon_0 S}{d}$ [F]이므로 콘덴서에 전압 V로 충전 후 전원을 제거하면 전하량 Q가 일정해지므로 전압(V)은 극판의 간격(d)에 비례하게 된다.
따라서 극판 간격(d)을 2배로 하면
∴ 전압도 2배가 되어 $V = 20 \times 2 = 40$ [V]가 된다.

22 평행판 전극의 단위면적당 정전용량이 $C = 200$ [pF]일 때 두 극판 사이에 전위차 2,000[V]를 가하면 이 전극판 사이의 전계의 세기는 약 몇 [v/m]인가?

① 22.6×10^3
② 45.2×10^3
③ 2.26×10^3
④ 4.52×10^3

[해설] 평행판 사이의 전계의 세기(E)
단위 면적당 정전용량 $C = \frac{\epsilon_0}{d}$ [F/m²]이므로
$d = \frac{\epsilon_0}{C} = \frac{8.855 \times 10^{-12}}{200 \times 10^{-12}} = 0.044$ [m]
$V = 2,000$ [V]일 때
∴ $E = \frac{V}{d} = \frac{2,000}{0.044} = 45.2 \times 10^3$ [V/m]

정답 19 ③ 20 ② 21 ④ 22 ②

★★
23 전압 V로 충전된 용량 C의 콘덴서에 동일 용량 C의 콘덴서 n개를 병렬 연결한 후의 콘덴서 양단 간의 전압[V]은?

① V
② nV
③ $\dfrac{V}{n}$
④ $\dfrac{V}{n^2}$

[해설] 콘덴서의 병렬접속

전압 V로 충전된 정전용량 C는 전하량 Q가 일정하므로 $C = \dfrac{Q}{V}$ [F] 식에서 정전용량 C와 전압 V는 반비례하게 된다.

동일 콘덴서 C를 n개 병렬접속한 경우 합성정전용량 C_0는 $C_0 = nC$ [F]이므로 정전용량은 n배 증가하게 된다.

∴ 전압은 n배 감소되어 $\dfrac{V}{n}$가 된다.

★★
24 전압 V로 충전된 용량 C의 콘덴서에 용량 $2C$의 콘덴서를 병렬 연결한 후의 단자 전압[V]은?

① $3V$
② $2V$
③ $\dfrac{V}{2}$
④ $\dfrac{V}{3}$

[해설] 콘덴서의 병렬접속

전압 V로 충전된 정전용량 C는 전하량 Q가 일정하므로 $C = \dfrac{Q}{V}$ [F] 식에서 정전용량 C와 전압 V는 반비례하게 된다. 콘덴서 C에 $2C$가 병렬로 접속되면 합성정전용량 C_0는 $C_0 = C + 2C = 3C$ [F]이므로 정전용량은 3배 증가하게 된다.

∴ 전압은 3배 감소되어 $\dfrac{V}{3}$가 된다.

★★
25 1[μF]의 콘덴서를 80[V], 2[μF]의 콘덴서를 50[V]로 충전하고 이들을 병렬로 연결할 때의 전위차는 몇 [V]인가?

① 75
② 70
③ 65
④ 60

[해설] 콘덴서의 병렬접속

$C_1 = 1\,[\mu\text{F}]$, $V_1 = 80\,[\text{V}]$, $C_2 = 2\,[\mu\text{F}]$, $V_2 = 50\,[\text{V}]$인 경우 각 콘덴서에 충전된 전하량 Q_1, Q_2는 $Q = CV$[C] 식에 의해서,

$Q_1 = C_1 V_1 = 1 \times 80 = 80\,[\mu\text{C}]$
$Q_2 = C_2 V_2 = 2 \times 50 = 100\,[\mu\text{C}]$이다.

이들을 병렬로 접속한 경우 합성정전용량을 C, 합성전하량을 Q라 하면

$C = C_1 + C_2 = 1 + 2 = 3\,[\mu\text{F}]$
$Q = Q_1 + Q_2 = 80 + 100 = 180\,[\mu\text{C}]$이 된다.

∴ $V = \dfrac{Q}{C} = \dfrac{180 \times 10^{-6}}{3 \times 10^{-6}} = 60\,[\text{V}]$

★★
26 두 콘덴서 $C_1 = 5 \times 10^{-6}$[F]와 $C_2 = 7 \times 10^{-6}$[F]을 각각 100[V]와 200[V]로 충전한 후 극성이 같게 병렬 접속할 때 양단 전압은 몇 [V]로 되는가? (단, 이같은 과정에서 손실되는 전하는 무시한다.)

① 약 100
② 약 158
③ 약 200
④ 약 300

[해설] 콘덴서의 병렬접속

$C_1 = 5 \times 10^{-6}\,[\mu\text{F}]$, $V_1 = 100\,[\text{V}]$,
$C_2 = 7 \times 10^{-6}\,[\mu\text{F}]$, $V_2 = 200\,[\text{V}]$인 경우 각 콘덴서에 충전된 전하량 Q_1, Q_2는 $Q = CV$[C] 식에 의해서

$Q_1 = C_1 V_1 = 5 \times 10^{-6} \times 100 = 500 \times 10^{-6}\,[\text{C}]$
$Q_2 = C_2 V_2 = 7 \times 10^{-6} \times 200 = 1{,}400 \times 10^{-6}\,[\text{C}]$

이다. 이들을 병렬로 접속한 경우 합성정전용량을 C, 합성전하량을 Q라 하면

$C = C_1 + C_2 = 5 \times 10^{-6} + 7 \times 10^{-6}$
$\quad = 12 \times 10^{-6}\,[\text{F}]$
$Q = Q_1 + Q_2 = 500 \times 10^{-6} + 1{,}400 \times 10^{-6}$
$\quad = 1{,}900 \times 10^{-6}\,[\text{C}]$이 된다.

∴ $V = \dfrac{Q}{C} = \dfrac{1{,}900 \times 10^{-6}}{12 \times 10^{-6}} = 158\,[\text{V}]$

정답 23 ③ 24 ④ 25 ④ 26 ②

27 내압 1,000[V] 정전용량 3[μF], 내압 500[V], 정전용량 5[μF], 내압 250[V] 정전용량 6[μF]인 3개의 콘덴서를 직렬로 접속하고 양단에 가한 전압을 서서히 증가시키면 최초로 파괴되는 콘덴서는?

① 3[μF]
② 5[μF]
③ 6[μF]
④ 동시에 파괴된다.

[해설] 콘덴서의 내압 계산
각 콘덴서의 최대 전하량을 각각 Q_1, Q_2, Q_3라 하면
$Q_1 = C_1 V_1 = 3 \times 10^{-6} \times 1,000 = 3,000\,[\mu C]$
$Q_2 = C_2 V_2 = 5 \times 10^{-6} \times 500 = 2,500\,[\mu C]$
$Q_3 = C_3 V_3 = 6 \times 10^{-6} \times 250 = 1,500\,[\mu C]$
따라서 최대전하량이 제일 작은 C_3 콘덴서가 최초로 파괴된다.
∴ 6[μC]

28 2[μF], 3[μF], 4[μF]의 콘덴서를 직렬로 연결하고 양단에 가한 전압을 서서히 상승시킬 때, 다음 중 옳은 것은? (단, 유전체의 재질 및 두께는 같다.)

① 2[μF]의 콘덴서가 제일 먼저 파괴된다.
② 3[μF]의 콘덴서가 제일 먼저 파괴된다.
③ 4[μF]의 콘덴서가 제일 먼저 파괴된다.
④ 세 개의 콘덴서가 동시에 파괴된다.

[해설] 콘덴서의 내압 계산
콘덴서는 최대 전하량을 초과하여 충전할 수 없으며 최대 전하량을 초과하여 충전되는 콘덴서는 결국 파괴된다. 지금과 같은 경우에는 2[μF], 3[μF], 4[μF] 콘덴서가 직렬접속되어 있으며 전하량이 일정하게 공급되는 경우 $V = \dfrac{Q}{C}$ [V] 식에 의해서 제일 작은 콘덴서에 가장 큰 전압이 걸리기 때문에 회로 양단에서 전압을 서서히 증가시키면 2[μF] 콘덴서가 제일 먼저 파괴된다.

29 내압이 1[kV]이고 용량이 각각 0.01[μF], 0.02[μF], 0.04[μF]인 콘덴서를 직렬로 연결했을 때의 전체 내압[V]은?

① 3,000
② 1,750
③ 1,700
④ 1,500

[해설] 콘덴서의 내압 계산
$V = 1$ [kV], $C_1 = 0.01\,[\mu F]$, $C_2 = 0.02\,[\mu F]$, $C_3 = 0.04\,[\mu F]$인 경우 각 콘덴서의 최대 전하량을 Q_1, Q_2, Q_3라 하면
$Q_1 = C_1 V = 0.01 \times 1,000 = 10\,[\mu C]$
$Q_2 = C_2 V = 0.02 \times 1,000 = 20\,[\mu C]$
$Q_3 = C_3 V = 0.04 \times 1,000 = 40\,[\mu C]$이다.
따라서 최대 전하량이 제일 작은 C_1 콘덴서가 파괴되지 않는 상태일 때 회로에 최대내압이 걸리며 이때 최대 전하량은 Q_1이 선택되므로
$C = \dfrac{1}{\dfrac{1}{C_1} + \dfrac{1}{C_2} + \dfrac{1}{C_3}} = \dfrac{1}{\dfrac{1}{0.01} + \dfrac{1}{0.02} + \dfrac{1}{0.04}}$
$= 5.71 \times 10^{-3}\,[\mu F]$
∴ $V = \dfrac{Q_1}{C} = \dfrac{10}{5.71 \times 10^{-3}} = 1,750$ [V]

30 내압이 다같이 100[V]이고 용량이 각각 0.1[μF], 0.2[μF], 0.4[μF]인 3개의 콘덴서를 직렬로 연결하면 전체 내압은 몇 [V]가 되겠는가?

① 67
② 175
③ 250
④ 300

[해설] 콘덴서의 내압 계산
$V = 100$ [V], $C_1 = 0.1\,[\mu C]$, $C_2 = 0.2\,[\mu C]$, $C_3 = 0.4\,[\mu C]$인 경우 각 콘덴서의 최대전하량을 Q_1, Q_2, Q_3라 하면
$Q_1 = C_1 V = 0.1 \times 100 = 10\,[\mu C]$
$Q_2 = C_2 V = 0.2 \times 100 = 20\,[\mu C]$
$Q_3 = C_3 V = 0.4 \times 100 = 40\,[\mu C]$이다.
따라서 최대 전하량이 제일 작은 C_1 콘덴서가 파괴되지 않는 상태일 때 회로에 최대 내압이 걸리며 이때 최대 전하량은 Q_1이 선택되므로

정답 27 ③ 28 ① 29 ② 30 ②

$$C = \cfrac{1}{\cfrac{1}{C_1}+\cfrac{1}{C_2}+\cfrac{1}{C_3}} = \cfrac{1}{\cfrac{1}{0.1}+\cfrac{1}{0.2}+\cfrac{1}{0.4}}$$
$$= 0.057\,[\mu C]$$
$$\therefore\ V = \frac{Q_1}{C} = \frac{10}{0.057} = 175\,[V]$$

31 콘덴서의 전위차와 축적되는 에너지와의 관계를 그림으로 나타내면 다음의 어느 것인가?

① 쌍곡선 ② 타원
③ 포물선 ④ 직선

[해설] 정전에너지(W)

전하량 Q, 콘덴서 C, 전위차 V라 하면
$$W = \frac{1}{2}QV = \frac{1}{2}CV^2 = \frac{Q^2}{2C}\,[J]$$이므로
콘덴서(C)와 전위차(V)에 의한 에너지 표현은
$$W = \frac{1}{2}CV^2\,[J]$$임을 알 수 있다.

이때 전위차와 에너지 관계는 $W \propto V^2$이므로 에너지 곡선은 포물선이 된다.

32 정전에너지, 전하, 정전용량의 관계에서 어떤 도체에 가해주는 전하와 축적되는 정전에너지와의 관계 곡선은?

① 직선 ② 타원
③ 포물선 ④ 쌍곡선

[해설] 정전에너지(W)

전하량 Q, 정전용량 C, 전위차 V라 하면
$$W = \frac{1}{2}QV = \frac{1}{2}CV^2 = \frac{Q^2}{2C}\,[J]$$이므로
전하(Q)와 정전용량(C)에 의한 에너지 표현은
$$W = \frac{Q^2}{2C}\,[J]$$임을 알 수 있다.

이때 전하와 에너지 관계는 $W \propto Q^2$이므로 에너지 곡선은 포물선이 된다.

33 그림에서 도체 1, 2, ⋯, n의 전하 및 전위가 각각 $Q_1, Q_2, \cdots, Q_n$ 및 $V_1, V_2, \cdots, V_n$일 때 이 계의 정전에너지 W는 어떻게 되는가?

① $W = \dfrac{1}{2}\sum\limits_{i=1}^{n} Q_i^{\,2}\, V_i$
② $W = \dfrac{1}{2}\sum\limits_{i=1}^{n} Q_i\, V_i$
③ $W = \sum\limits_{i=1}^{n} Q_i\, V_i^{\,2}$
④ $W = \sum\limits_{i=1}^{n} Q_i\, V_i$

[해설] 정전에너지

$$W = \frac{1}{2}QV = \frac{Q^2}{2C} = \frac{1}{2}CV^2\,[J]$$이므로 여러 도체 내의 정전에너지는 중첩의 원리를 이용하여 다음과 같다.

$$\therefore\ W = \frac{1}{2}\sum_{i=1}^{n} Q_i\, V_i\,[J]$$

34 공기 콘덴서를 어떤 전압으로 충전한 다음 전극 간에 유전체를 넣어 정전용량을 2배로 하면 축적된 에너지는 몇 배가 되는가?

① 2배 ② $\dfrac{1}{2}$배
③ $\sqrt{2}$배 ④ 4배

[해설] 정전에너지(W)

콘덴서를 전압으로 충전한 경우 전하량(Q)은 일정하게 되어 정전에너지(W)는 $W = \dfrac{Q^2}{2C}\,[J]$ 식이 된다.

이때 정전에너지와 정전용량(C)은 반비례 관계가 성립하므로 정전용량을 2배로 하게 되면 정전에너지는 $\dfrac{1}{2}$배가 된다.

35 평행판 콘덴서에 100[V]의 전압이 걸려있다. 이 전압을 제거한 후 평행판 간격을 처음의 2배로 증가시키면?

① 용량은 $\frac{1}{2}$배로, 저장되는 에너지는 2배가 된다.
② 용량은 2배로, 저장되는 에너지는 $\frac{1}{2}$배가 된다.
③ 용량은 $\frac{1}{4}$배로, 저장되는 에너지는 4배가 된다.
④ 용량은 4배로, 저장되는 에너지는 $\frac{1}{4}$배가 된다.

[해설] 정전용량(C)과 정전에너지(W)
평행판 콘덴서의 면적 S, 간격 d라 하면 정전용량(C)과 정전에너지(W)는
$$C = \frac{\epsilon_0 S}{d} \text{[F]}, \quad W = \frac{Q^2}{2C} = \frac{Q^2 d}{2\epsilon_0 S} \text{[J]}$$이다.
$C \propto \frac{1}{d}$, $W \propto d$이므로
∴ 평행판 간격을 2배로 증가시키면 정전용량은 $\frac{1}{2}$배, 정전에너지는 2배가 된다.

36 3[μF]의 콘덴서에 9×10^{-4}[C]인 전하를 저축할 때의 정전에너지[J]는?

① 0.135　　② 1.35
③ 1.22×10^{-12}　　④ 1.35×10^{-7}

[해설] 정전에너지(W)
$C = 3$[μF], $Q = 9 \times 10^{-4}$[C]일 때
∴ $W = \frac{Q^2}{2C} = \frac{(9 \times 10^{-4})^2}{2 \times 3 \times 10^{-6}} = 0.135$ [J]

37 1[μF] 콘덴서를 30[kV]로 충전하여 200[Ω]의 저항에 연결하면 저항에서 소모되는 에너지는 몇 [J]인가?

① 450　　② 900
③ 1,350　　④ 1,800

[해설] 정전에너지(W_C)와 소비에너지(W_R)
콘덴서에 충전된 정전에너지(W_C)를 저항에 공급하게 되면 저항에서는 모두 열로 에너지를 소모하게 되므로 저항의 소비에너지(W_R)는 정전에너지와 같게 된다.
$C = 1$ [μF], $V = 3$ [kV]일 때
∴ $W = \frac{1}{2}CV^2 = \frac{1}{2} \times 1 \times 10^{-6} \times (30 \times 10^3)^2$
$= 450$ [J]

38 정전용량 1[μF], 2[μF]의 콘덴서에 각각 2×10^{-4}[C] 및 3×10^{-4}[C]의 전하를 주고 극성을 같게 하여 병렬로 접속할 때 콘덴서에 축적된 에너지[J]는 얼마인가?

① 약 0.025　　② 약 0.303
③ 약 0.042　　④ 약 0.525

[해설] 정전에너지(W)
$C_1 = 1$ [μF], $Q_1 = 2 \times 10^{-4}$ [C], $C_2 = 2$ [μF], $Q_2 = 3 \times 10^{-4}$ [C]인 경우 콘덴서가 병렬접속되었다면 합성정전용량 C와 합성전하량 Q는
$C = C_1 + C_2 = 1 + 2 = 3$ [μF]
$Q = Q_1 + Q_2 = 2 \times 10^{-4} + 3 \times 10^{-4}$
$= 5 \times 10^{-4}$ [C]이므로
∴ $W = \frac{Q^2}{2C} = \frac{(5 \times 10^{-4})^2}{2 \times 3 \times 10^{-6}} = 0.042$ [J]

39 도체계의 전위계수의 설명 중 옳지 않은 것은?

① $p_{rr} \geq p_{rs}$　　② $p_{rr} < 0$
③ $p_{rs} \geq 0$　　④ $p_{rs} = p_{sr}$

[해설] 전위계수의 성질
① $P_{rr} \geq P_{rs} > 0$
② $P_{rs} = P_{sr}$
③ $P_{rr} = P_{rs}$인 경우 도체 s가 도체 r 속에 놓여있다.

★★
40 전위계수에 있어서 $p_{11} = p_{21}$의 관계가 의미하는 것은?

① 도체 1과 2는 멀리 있다.
② 도체 2가 1속에 있다.
③ 도체 2가 도체 3속에 있다.
④ 도체 1과 2는 가까이 있다.

해설 전위계수의 성질
(1) $P_{rr} \geq P_{rs} > 0$
(2) $P_{rs} = P_{sr}$
(3) $P_{rr} = P_{rs}$인 경우 도체 s가 도체 r 속에 놓여있다.
문제에서는 $P_{11} = P_{21}$이므로 도체 2가 도체 1 속에 있다.

★★
41 Q와 $-Q$로 대전된 두 도체 n과 r 사이의 전위차를 전위계수로 표현하면?

① $(P_{nn} - 2P_{nr} + P_{rr})Q$
② $(P_{nn} + 2P_{nr} + P_{rr})Q$
③ $(P_{nn} + P_{nr} + P_{rr})Q$
④ $(P_{nn} - P_{nr} + P_{rr})Q$

해설 각각 $\pm Q$[C]으로 대전된 두 개의 도체 간의 전위차를 구해보면
$V_n = P_{nn}Q_n + P_{nr}Q_r = P_{nn}Q - P_{nr}Q$
$V_r = P_{rn}Q_n + P_{rr}Q_r = P_{rn}Q - P_{rr}Q$
$\therefore V_n - V_r = (P_{nn} - P_{nr} - P_{rn} + P_{rr})Q$
$\qquad = (P_{nn} - 2P_{nr} + P_{rr})Q$

★
42 1개의 도체를 $+Q$[C]과 $-Q$[C]으로 대전했을 때, 이 두 도체 간의 정전용량을 전위계수로 표시하면 어떻게 되는가?

① $\dfrac{p_{11}p_{22} - p_{12}^2}{p_{11} + 2p_{12} + p_{22}}$
② $\dfrac{p_{11}p_{22} + p_{12}^2}{p_{11} + 2p_{12} + p_{22}}$
③ $\dfrac{1}{p_{11} + 2p_{12} + p_{22}}$
④ $\dfrac{1}{p_{11} - 2p_{12} + p_{22}}$

해설 각각 $\pm Q$[C]으로 대전된 두 개의 도체 간의 전위차를 구해보면
$V_1 = P_{11}Q_1 + P_{12}Q_2 = P_{11}Q - P_{12}Q$
$V_2 = P_{21}Q_1 + P_{22}Q_2 = P_{21}Q - P_{22}Q$
$V_1 - V_2 = (P_{11} - P_{12} - P_{21} + P_{22})Q$
$\qquad = (P_{11} - 2P_{12} + P_{22})Q$[V]이므로
$V_1 - V_2 = \dfrac{Q}{C} = (P_{11} - 2P_{12} + P_{22})Q$[V] 식에서 정전용량을 전위계수로 표현하면
$\therefore C = \dfrac{1}{P_{11} - 2P_{12} + P_{22}}$

★
43 정전용량이 각각 C_1, C_2, 그 사이의 상호 유도계수가 M인 절연된 두 도체가 있다. 두 도체를 가는 선으로 연결할 경우 그 정전용량[F]은?

① $C_1 + C_2 - M$
② $C_1 + C_2 + M$
③ $C_1 + C_2 + 2M$
④ $2C_1 + 2C_2 + M$

해설 용량계수(q_{11}, q_{22})와 유도계수(q_{12}, q_{21})
$Q_1 = q_{11}V_1 + q_{12}V_2 = C_1V_1 + MV_2$
$Q_2 = q_{21}V_1 + q_{22}V_2 = C_2V_2 + MV_1$
두 도체를 가는 선으로 연결하면 두 도체는 병렬접속되어 전위가 같게 되므로
$Q_1 + Q_2 = CV = (C_1 + 2M + C_2)V$[C]이다.
$\therefore C = C_1 + C_2 + 2M$[F]

★★★
44 진공 중의 도체계에서 유도계수와 용량계수의 성질 중 옳지 않은 것은?

① 용량계수는 항상 0보다 크다.
② $q_{11} \geq -(q_{21} + q_{31} + q_{41} + \cdots + q_{n1})$
③ $q_{rs} = q_{sr}$이다.
④ 유도계수와 용량계수는 항상 0보다 크다.

해설 용량계수와 유도계수의 성질
q_{rr}, q_{ss}는 용량계수이고 q_{rs}, r_{sr}은 유도계수이므로
(1) $q_{rr} > 0$, $q_{ss} > 0$이고 $q_{rs} \leq 0$, $q_{sr} \leq 0$이다.
(2) $q_{rs} = q_{sr}$
(3) $q_{11} \geq -(q_{21} + q_{31} + q_{41} + \cdots + q_{n1})$
(4) $q_{rr} = -q_{rs}$인 경우 도체 s가 도체 r을 포위하고 있다.

45 그림과 같이 도체 1을 도체 2로 포위하여 도체 2를 일정 전위로 유지하고 도체 1과 도체 2의 외측에 도체 3이 있을 때 용량계수 및 유도계수의 성질 중 맞는 것은?

① $q_{21} = -q_{11}$
② $q_{31} = q_{11}$
③ $q_{13} = -q_{11}$
④ $q_{23} = q_{11}$

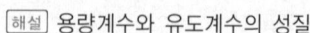

해설 용량계수와 유도계수의 성질
$q_{rr} = -q_{rs}$인 경우 도체 s가 도체 r을 포위하고 있다. 문제의 그림에서는 도체 2가 도체 1을 포위하고 있으므로
∴ $q_{11} = -q_{12}$ 또는 $q_{11} = -q_{21}$

46 도체계에서 임의의 도체를 일정 전위의 도체로 완전 포위하면 내외 공간의 전계를 완전 차단할 수 있다. 이것을 무엇이라 하는가?

① 전자차폐
② 정전차폐
③ 홀(Hall) 효과
④ 핀치(Pinch) 효과

해설 (1) 전자차폐 : 전자유도에 의한 방해작용을 방지할 목적으로 대상이 되는 장치 또는 시설을 투자율이 큰 자성재료를 이용해서 감싸게 되면 전자계의 영향으로부터 차단하게 되는 현상
(2) 정전차폐 : 임의의 도체를 일정 전위의 도체로 완전히 감싸면 내외 공간의 전계를 완전히 차단할 수 있게 되는 현상
(3) 홀 효과 : 전류가 흐르는 도체에 외부에서 자계를 가하면 도체 내부의 전하가 전류와 자계의 직각 방향으로 힘을 받아서 도체 양 측면에 전위차가 발생하는 현상
(4) 핀치효과 : 유동적인 도체에 대전류가 흐르면 이 전류에 의한 자계와 전류와의 사이에 작용하는 힘이 중심을 향해 발생하여 도체가 수축하고 저항이 증가되어 결국 전류가 흐르지 못하게 되는 현상

47 모든 전기 장치에 접지시키는 근본적인 이유는?

① 지구의 용량이 커서 전위가 거의 일정하기 때문이다.
② 편의상 지면을 영전위로 보기 때문이다.
③ 영상전하를 이용하기 때문이다.
④ 지구는 전류를 잘 통하기 때문이다.

해설 접지
모든 전기기계기구는 대지로부터 반드시 절연을 해야 하며 단 충전부는 대지와 전기적으로 연결하여 인체의 접촉에 의한 감전이나 화재에 대한 방지대책이 필요하다. 이때 전기장치의 충전부를 대지와 전기적으로 접속하는 것을 접지라 하며 이는 지구의 용량이 대단히 커서 전위가 거의 변함없이 일정하기 때문이다. 또한 대지면은 실용상 영전위(0[V])로 취급하며 보통 기준으로 삼는다.

48 대전된 도체구 A를 반지름이 2배가 되는 대전되어 있지 않은 도체구 B에 접속하면 도체구 A는 처음 갖고 있던 전계에너지의 얼마가 손실되겠는가?

① $\frac{3}{2}$
② $\frac{2}{3}$
③ $\frac{5}{2}$
④ $\frac{2}{5}$

해설 정전에너지
대전된 도체구 A의 정전용량 C_1, 대전되지 않은 도체구 B의 정전용량 C_2는
$C_1 = 4\pi\epsilon_0 a$ [F]
$C_2 = 4\pi\epsilon_0(2a) = 8\pi\epsilon_0 a = 2C_1$ [F]이다.
도체구 A, B를 접속하면 합성정전용량 C는
$C = C_1 + C_2 = 3C_1$ [F]이 되어 정전에너지의 변화를 구하면
$W = \frac{Q^2}{2C_1}$ [J], $W' = \frac{Q^2}{2C} = \frac{Q^2}{6C_1}$ [J]이다.
∴ 손실비 $= \frac{W-W'}{W} = \frac{\frac{Q^2}{2C_1} - \frac{Q^2}{6C_1}}{\frac{Q^2}{2C_1}} = \frac{\frac{2}{6}}{\frac{1}{2}} = \frac{2}{3}$

정답 45 ① 46 ② 47 ① 48 ②

49 그림과 같이 n개의 동일한 콘덴서 C를 직렬 접속하여 최하단의 한 개와 병렬로 정전용량 C_0의 정전전압계를 접속하였다. 이 정전전압계의 지시가 V일 때 측정전압 V_0는?

① nV
② $\dfrac{C_0}{C}(n-1)V$
③ $\left[n - \dfrac{C_0}{C}(n-1)\right]V$
④ $\left[n + \dfrac{C_0}{C}(n-1)\right]V$

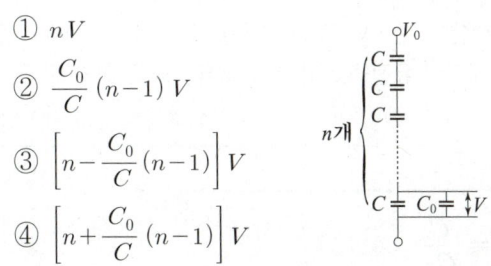

[해설] 정전용량의 분배전압

$n-1$개의 콘덴서 C는 직렬접속 되어있고 나머지 한 개의 C는 C_0와 병렬접속 되어있으므로 직렬접속된 합성정전용량을 C_1, 병렬접속된 합성정전용량을 C_2라 하면

$C_1 = \dfrac{C}{n-1}$[F], $C_2 = C + C_0$[F]이다.

C_1, C_2는 직렬접속 되어있고 각각의 분배전압을 V_1, V_2라 하면

$V_1 = \dfrac{C_2}{C_1 + C_2}V_0$[V], $V_2 = \dfrac{C_1}{C_1 + C_2}V_0$[V]이다.

본문에서 V는 V_2를 가리키므로

$V = \dfrac{C_1}{C_1 + C_2}V_0 = \dfrac{\dfrac{C}{n-1}}{\dfrac{C}{n-1} + C + C_0}V_0$ [V]

$V_0 = \dfrac{\dfrac{C}{n-1} + C + C_0}{\dfrac{C}{n-1}}V$

$= \left\{1 + n - 1 + \dfrac{C_0}{C}(n-1)\right\}V$ [V]

$\therefore V_0 = \left\{n + \dfrac{C_0}{C}(n-1)\right\}V$ [V]

50 실용상 영(0) 전위의 기준은?

① 자유 공간
② 무한 원점
③ 철제 부분
④ 대지

[해설] 접지

대지면은 실용상 영전위(0[V])로 취급하며 보통 기준으로 삼는다.

04 유전체

1 비유전율(ϵ_s)

| 정의 |

어떤 매질의 유전율은 매질이 진공이나 공기일 때를 기준으로 하여 달라질 수 있다. 이 경우 진공이나 공기일 때의 유전율(ϵ_0)에 대한 어떤 매질의 유전율(ϵ)의 비를 비유전율(ϵ_s)이라 정의한다.

| 공식 |

$$\epsilon_s = \frac{\epsilon}{\epsilon_0} = \frac{C}{C_0}$$

여기서, C : 어떤 매질 내의 정전용량[F], C_0 : 진공이나 공기중의 정전용량[F]
ϵ : 유전율[F/m], ϵ_s : 비유전율, ϵ_0 : 공기나 진공중의 유전율[F/m]

2 비유전율의 성질

① 진공이나 공기의 비유전율은 항상 1이다.
② 비유전율은 항상 1보다 크다.
③ 비유전율은 절연물의 종류에 따라 다르다.
④ 비유전율의 단위는 사용하지 않는다.

3 유전체 내의 정전계

1. 쿨롱의 법칙

$$F = k\frac{Q_1 Q_2}{\epsilon_s r^2} = 9 \times 10^9 \times \frac{Q_1 Q_2}{\epsilon_s r^2} = \frac{Q_1 Q_2}{4\pi\epsilon_0 \epsilon_s r^2} = \frac{Q_1 Q_2}{4\pi\epsilon r^2} \text{ [N]}$$

여기서, F : 작용력[N], Q : 전하[C], r : 두 전하 사이의 거리[m],
ϵ_s : 비유전율, ϵ : 유전율[F/m], ϵ_0 : 공기나 진공 중의 유전율[F/m]

확인문제

01 비유전율 ϵ_s에 대한 설명으로 옳은 것은?

① 진공의 비유전율은 0이고 공기의 비유전율은 1이다.
② ϵ_s는 항상 1보다 작은 값이다.
③ ϵ_s는 절연물의 종류에 따라 다르다.
④ ϵ_s의 단위는 [C/m]이다.

[해설] 비유전율의 성질
(1) 진공이나 공기의 비유전율은 항상 1이다.
(2) 비유전율은 항상 1보다 크다.
(3) 비유전율은 절연물의 종류에 따라 다르다.
(4) 비유전율의 단위는 사용하지 않는다.

답 : ③

02 비유전율 ϵ_s의 설명으로 틀린 것은?

① 진공의 비유전율은 0이다.
② 공기의 비유전율은 약 1정도이다.
③ ϵ_s는 항상 1보다 큰 값이다.
④ ϵ_s는 절연물의 종류에 따라 다르다.

[해설] 비유전율의 성질
(1) 진공이나 공기의 비유전율은 항상 1이다.
(2) 비유전율은 항상 1보다 크다.
(3) 비유전율은 절연물의 종류에 따라 다르다.
(4) 비유전율의 단위는 사용하지 않는다.

답 : ①

2. 점전하에 의한 전계의 세기(E)

$$E = \frac{Q}{4\pi\epsilon_0\epsilon_s r^2} = \frac{Q}{4\pi\epsilon r^2} \text{ [V/m]}$$

여기서, E : 전계의 세기[V/m], Q : 전하[C], r : 거리[m],
ϵ : 유전율[F/m], ϵ_s : 비유전율, ϵ_0 : 공기나 진공 중의 유전율[F/m]

3. 점전하에 의한 전위(V)

$$V = \frac{Q}{4\pi\epsilon_0\epsilon_s r} = \frac{Q}{4\pi\epsilon r} \text{ [V]}$$

여기서, V : 전위[V], Q : 전하[C], r : 거리[m], ϵ_s : 비유전율, ϵ : 유전율[F/m], ϵ_0 : 공기나 진공 중의 유전율[F/m]

4. 평행판 콘덴서의 정전용량(C)

$$C = \frac{\epsilon_0\epsilon_s S}{d} = \frac{\epsilon S}{d} \text{ [F]}$$

여기서, C : 정전용량[F], S : 면적[m²], d : 간격[m], ϵ : 유전율[F/m], ϵ_s : 비유전율, ϵ_0 : 공기나 진공 중의 유전율[F/m]

> **│ 참고 │**
> - $\epsilon = \epsilon_s\epsilon_0$[F/m]이다.
> - 진공이나 공기중의 F_0, E_0, V_0, C_0라 하면 매질 내에서의 F, E, V, C는
> $$F = \frac{F_0}{\epsilon_s} \text{ [N]}, \quad E = \frac{E_0}{\epsilon_s} \text{ [V/m]}, \quad V = \frac{V_0}{\epsilon_s} \text{ [V]}, \quad C = \epsilon_s C_0 \text{ [F]이다.}$$

여기서, F : 작용력[N], E : 전계의 세기[V/m], V : 전위[V], C : 정전용량[F]

4 전기력선 수(N)와 전속선 수(Ψ)

$$N = \frac{Q}{\epsilon_0\epsilon_s} = \frac{Q}{\epsilon} \text{ [개]}, \quad \Psi = Q \text{ [개]}$$

여기서, Q : 전하[C], ϵ : 유전율[F/m], ϵ_s : 비유전율, ϵ_0 : 공기나 진공 중의 유전율[F/m]

확인문제

03 공기 중 두 전하 사이에 작용하는 힘이 5[N]이었다. 두 전하 사이에 유전체를 넣었더니 힘이 2[N]으로 되었다면 유전체의 비유전율은 얼마인가?

① 15　　　　② 10
③ 5　　　　　④ 2.5

[해설] 유전체 내의 쿨롱의 법칙
공기중일 때 두 전하 사이의 작용력을 F_0, 유전체 내에서의 두 전하 사이의 작용력을 F라 하면
$$F_0 = \frac{Q_1 Q_2}{4\pi\epsilon_0 r^2} \text{ [N]}, \quad F = \frac{Q_1 Q_2}{4\pi\epsilon_0\epsilon_s r^2} \text{ [N]이므로}$$
$F_0 = 5$ [N], $F = 2$ [N]일 때 $F = \frac{F_0}{\epsilon_s}$ [N]에 의해서
$$\therefore \epsilon_s = \frac{F_0}{F} = \frac{5}{2} = 2.5$$

답 : ④

04 면적 S [m²], 극간 거리 d[m]인 평행판 콘덴서에 비유전율 ϵ_s의 유전체를 채운 경우의 정전용량[F]은?

① $\dfrac{\epsilon_s S}{4\pi\epsilon_0 d}$　　② $\dfrac{4\pi\epsilon_0\epsilon_s}{Sd}$

③ $\dfrac{\epsilon_s S}{\epsilon_s d}$　　　④ $\dfrac{\epsilon_0\epsilon_s S}{d}$

[해설] 유전체를 채운 평행판 콘덴서의 정전용량(C)
$$C = \frac{\epsilon S}{d} = \frac{\epsilon_0\epsilon_s S}{d} \text{ [F]}$$

답 : ④

5 분극의 세기(P)

1. 분극의 세기(P)

$$P = D - \epsilon_0 E = \epsilon E - \epsilon_0 E = \epsilon_0(\epsilon_s - 1)E = \chi E = \left(1 - \frac{1}{\epsilon_s}\right)D\,[\text{C/m}^2]$$

여기서, P : 분극의 세기[C/m²], D : 전속밀도[C/m²], E : 전계의 세기[V/m], χ : 분극률[F/m], ϵ : 유전율[F/m], ϵ_s : 비유전율, ϵ_0 : 공기나 진공 중의 유전율[F/m]

2. 분극률(χ)

$$\chi = \epsilon_0(\epsilon_s - 1)\,[\text{F/m}]$$

6 유전체 내에서의 경계 조건

유전율이 서로 다른 두 유전체가 접해 있을 때 전계 또는 전속밀도가 θ_1의 각으로 입사하면 경계면에서 θ_2의 각으로 굴절이 생기는데 이를 경계면의 법칙이라 한다.

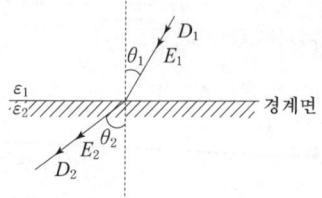

이 경우 유전율이 서로 다르기 때문에 두 유전체 내에서 발생하는 E_1과 E_2, D_1과 D_2는 서로 다르게 된다.
하지만 경계면을 기준으로 접선성분(수평성분)에서는 전계의 세기가 서로 같아지며 법선성분(수직성분)에서는 전속밀도가 서로 같게 된다.

1. 전계의 세기는 경계면의 접선성분에서 연속이다.

$$\therefore E_1 \sin\theta_1 = E_2 \sin\theta_2$$

여기서, E_1, E_2 : 전계의 세기[V/m], θ_1, θ_2 : 굴절각

확인문제

05 유전율 $\epsilon_0\epsilon_s$의 유전체 내에 전하 Q에서 나오는 전기력선 수는?

① Q개 ② $\dfrac{Q}{\epsilon_0\epsilon_s}$개

③ $\dfrac{Q}{\epsilon_0}$개 ④ $\dfrac{Q}{\epsilon_s}$개

[해설] 유전체 내의 전기력선의 수(N) 및 전속선수(Ψ)

$$N = \frac{Q}{\epsilon} = \frac{Q}{\epsilon_0\epsilon_s}$$
$$\Psi = Q$$

답 : ②

06 전계 E, 전속밀도 D, 유전율 ϵ 사이의 관계를 옳게 표시한 것은?

① $P = D + \epsilon_0 E$ ② $P = D - \epsilon_0 E$
③ $\epsilon_0 P = D + E$ ④ $\epsilon_0 P = D - E$

[해설] 분극의 세기(P)

$$P = D - \epsilon_0 E = \epsilon E - \epsilon_0 E = \epsilon_0(\epsilon_s - 1)E$$
$$= \chi E = \left(1 - \frac{1}{\epsilon_s}\right)D\,[\text{C/m}^2]$$

답 : ②

2. **전속밀도는 경계면의 법선성분에서 연속**이다.

∴ $D_1 \cos\theta_1 = D_2 \cos\theta_2$ 또는 $\epsilon_1 E_1 \cos\theta_1 = \epsilon_2 E_2 \cos\theta_2$

여기서, D_1, D_2 : 전속밀도[C/m²], E_1, E_2 : 전계의 세기[V/m], ϵ_1, ϵ_2 : 유전율[F/m], θ_1, θ_2 : 굴절각

3. **유전율이 큰 쪽의 굴절각이 크다.**

∴ $\dfrac{\epsilon_1}{\epsilon_2} = \dfrac{\tan\theta_1}{\tan\theta_2}$ 또는 $\epsilon_1 \tan\theta_2 = \epsilon_2 \tan\theta_1$

여기서, ϵ_1, ϵ_2 : 유전율[F/m], θ_1, θ_2 : 굴절각

4. **유전율과 전계의 세기, 전속밀도, 굴절각의 성질**

∴ $\epsilon_1 > \epsilon_2$ 이면 $E_1 < E_2$, $D_1 > D_2$, $\theta_1 > \theta_2$ 이다.

여기서, ϵ_1, ϵ_2 : 유전율[F/m], E_1, E_2 : 전계의 세기[V/m], D_1, D_2 : 전속밀도[C/m²], θ_1, θ_2 : 굴절각

5. **경계면에 작용하는 힘(=맥스웰의 변형력)**

(1) 전계가 경계면에 수직인 경우

$D_1 = D_2$ 이며 $\epsilon_1 > \epsilon_2$ 라 하면 $f = \dfrac{1}{2}(E_2 - E_1)D = \dfrac{1}{2}\left(\dfrac{1}{\epsilon_2} - \dfrac{1}{\epsilon_1}\right)D^2$ [N/m²]

(2) 전계가 경계면에 수평인 경우

$E_1 = E_2$ 이며 $\epsilon_1 > \epsilon_2$ 라 하면 $f = \dfrac{1}{2}(D_1 - D_2)E = \dfrac{1}{2}(\epsilon_1 - \epsilon_2)E^2$ [N/m²]

(3) $\epsilon_1 > \epsilon_2$ 인 경우

$f > 0$ 이 되어 유전율이 큰 쪽에서 유전율이 작은 쪽으로 경계면에 힘이 작용됨을 알 수 있다.

여기서, f : 작용력[N], D_1, D_2 : 전속밀도[C/m²], E_1, E_2 : 전계의 세기[V/m], ϵ_1, ϵ_2 : 유전율[F/m]

확인문제

07 이종(異種) 유전체 사이의 경계면에 전하 분포가 없을 때, 경계면 양쪽에 있어서 맞는 설명은?

① 전계의 법선성분 및 전속밀도의 접선성분은 서로 같다.
② 전계의 법성성분 및 전속밀도의 법선성분은 서로 같다.
③ 전계의 접선성분 및 전속밀도의 접선성분은 서로 같다.
④ 전계의 접선성분 및 전속밀도의 법선성분은 서로 같다.

해설 유전체 내에서의 경계조건
(1) 전계의 세기는 경계면의 접선성분에서 연속이다.
  $E_1 \sin\theta_1 = E_2 \sin\theta_2$
(2) 전속밀도는 경계면의 법선성분에서 연속이다.
  $D_1 \cos\theta_1 = D_2 \cos\theta_2$ 또는
  $\epsilon_1 E_1 \cos\theta_1 = \epsilon_2 E_2 \cos\theta_2$

답 : ④

08 두 종류의 유전율 ϵ_1, ϵ_2를 가진 유전체 경계면에 전하가 존재하지 않을 때, 경계 조건이 아닌 것은?

① $\epsilon_1 E_1 \cos\theta_1 = \epsilon_2 E_2 \cos\theta_2$
② $\epsilon_1 E_1 \sin\theta_1 = \epsilon_2 E_2 \sin\theta_2$
③ $E_1 \sin\theta_1 = E_2 \sin\theta_2$
④ $\dfrac{\tan\theta_1}{\tan\theta_2} = \dfrac{\epsilon_1}{\epsilon_2}$

해설 유전체 내에서의 경계조건
(1) 전계의 세기는 경계면의 접선성분에서 연속이다.
  $E_1 \sin\theta_1 = E_2 \sin\theta_2$
(2) 전속밀도는 경계면의 법선성분에서 연속이다.
  $D_1 \cos\theta_1 = D_2 \cos\theta_2$ 또는
  $\epsilon_1 E_1 \cos\theta_1 = \epsilon_2 E_2 \cos\theta_2$
(3) 굴절각
  $\dfrac{\epsilon_1}{\epsilon_2} = \dfrac{\tan\theta_1}{\tan\theta_2}$ 또는 $\epsilon_1 \tan\theta_2 = \epsilon_2 \tan\theta_1$

답 : ②

04 출제예상문제

01 다음 물질 중에서 비유전율이 가장 큰 것은?

① 운모　　② 유리
③ 증류수　　④ 고무

해설 유전체의 비유전율

유전체 종류	비유전율
산화티탄자기	100
증류수	80
운모	5.4
유리	3.8
고무	2.5
변압기기름	2.2

02 다음 유전체 중 비유전율이 가장 작은 것은?

① 고무　　② 유리
③ 운모　　④ 물

해설 유전체의 비유전율

유전체 종류	비유전율
산화티탄자기	100
증류수	80
운모	5.4
유리	3.8
고무	2.5
변압기기름	2.2

03 공기 중에서 어느 거리를 두고 있는 두 점전하 사이에 작용하는 힘이 1[N]이었다. 이 두 점전하를 액체 유전체 속에 넣었더니 0.2[N]으로 힘이 줄었다. 이 액체 유전체의 비유전율은 얼마인가?

① 0.1　　② 0.4
③ 2.5　　④ 5

해설 유전체 내의 쿨롱의 법칙
공기중일 때 두 전하 사이의 작용력을 F_0, 유전체 내에서의 두 전하 사이의 작용력을 F라 하면

$$F_0 = \frac{Q_1 Q_2}{4\pi\epsilon_0 r^2} [N],\ F = \frac{Q_1 Q_2}{4\pi\epsilon_0 \epsilon_s r^2} [N]이므로$$

$F_0 = 1 [N]$, $F = 0.2 [N]$일 때 $F = \frac{F_0}{\epsilon_s} [N]$에 의해서

$$\therefore\ \epsilon_s = \frac{F_0}{F} = \frac{1}{0.2} = 5$$

04 비유전율 9인 유전체 중에 1[cm]의 거리를 두고 1[μC]과 2[μC]의 두 점전하가 있을 때, 서로 작용하는 힘[N]은 얼마인가?

① 18　　② 180
③ 20　　④ 200

해설 유전체 내의 쿨롱의 법칙
$\epsilon_s = 9$, $r = 1 [cm]$, $Q_1 = 1 [\mu C]$, $Q_2 = 2 [\mu C]$일 때

$$F = \frac{Q_1 Q_2}{4\pi\epsilon_0 \epsilon_s r^2} = 9 \times 10^9 \times \frac{Q_1 Q_2}{\epsilon_s r^2}$$

$$= 9 \times 10^9 \times \frac{1 \times 10^{-6} \times 2 \times 10^{-6}}{9 \times (1 \times 10^{-2})^2} = 20 [N]$$

05 파라핀유 중에 5[cm]의 거리를 두고 5[μC]과 4[μC]의 점전하가 있다. 두 점전하 사이에 작용하는 힘은 몇 [N]인가? (단, 파라핀유의 비유전율은 2.2라고 한다.)

① 8.57　　② 32.7
③ 64.5　　④ 163.6

해설 유전체 내의 쿨롱의 법칙
$\epsilon_s = 2.2$, $r = 5 [cm]$, $Q_1 = 5 [\mu C]$, $Q_2 = 4 [\mu C]$

$$F = \frac{Q_1 Q_2}{4\pi\epsilon_0 \epsilon_s r^2} = 9 \times 10^9 \times \frac{Q_1 Q_2}{\epsilon_s r^2}$$

$$= 9 \times 10^9 \times \frac{5 \times 10^{-6} \times 4 \times 10^{-6}}{2.2 \times (5 \times 10^{-2})^2} = 32.7 [N]$$

정답 01 ③　02 ①　03 ④　04 ③　05 ②

제4장 _ 유전체

06 비유전율 $\epsilon_s=10$인 기름 속에 10^{-3}[C]의 전하가 각각 놓여있다. 두 전하 사이에 9[N]의 힘이 작용할 때, 두 전하는 몇 [m] 떨어져 있는가?

① 3　　② 3.5
③ 8　　④ 10

[해설] 유전체 내의 쿨롱의 법칙
$\epsilon_s=10$, $Q_1=Q_2=10^{-3}$[C], $F=9$[N]일 때
$F=\dfrac{Q_1 Q_2}{4\pi\epsilon_0\epsilon_s r^2}=9\times 10^9\times\dfrac{Q^2}{\epsilon_s r^2}$ [N] 식에서
$\therefore r=\sqrt{9\times 10^9\times\dfrac{Q^2}{\epsilon_s F}}=\sqrt{9\times 10^9\times\dfrac{(10^{-3})^2}{10\times 9}}$
$=10$ [m]

08 평행판 콘덴서에서 원형 전극의 지름이 60[cm], 극판 간격이 0.1[cm], 유전체의 비유전율이 16이다. 이 콘덴서의 정전용량[μF]은?

① 0.04　　② 0.03
③ 0.02　　④ 0.01

[해설] 유전체 내의 평행판 전극의 정전용량(C)
원형 전극의 반지름을 a, 면적을 S, 간격을 d라 하면
$a=\dfrac{60}{2}=30$ [cm]
$S=\pi a^2=\pi\times(30\times 10^{-2})^2=0.283$ [m²]
$d=0.1$ [cm], $\epsilon_s=16$일 때
$\therefore C=\dfrac{\epsilon_0\epsilon_s S}{d}$
$=\dfrac{8.855\times 10^{-12}\times 16\times 0.283}{0.1\times 10^{-2}}$
$=0.04\times 10^{-6}$ [F]
$=0.04$ [μF]

07 내도체의 반지름이 $\dfrac{1}{4\pi\epsilon}$[cm], 외도체의 반지름이 $\dfrac{1}{\pi\epsilon}$[cm]인 동심구 사이를 유전율이 ϵ[F/m]인 매질로 채웠을 때 도체 사이의 정전용량은?

① $\dfrac{1}{2}$ [F]　　② 10^{-2}
③ $\dfrac{3}{4}$ [F]　　④ $\dfrac{4}{3}\times 10^{-2}$ [F]

[해설] 동심구도체의 정전용량(C)
동심구도체의 내구의 반지름이 a, 외구의 반지름이 b인 경우
$C=\dfrac{Q}{V}=\dfrac{4\pi\epsilon}{\dfrac{1}{a}-\dfrac{1}{b}}=\dfrac{4\pi\epsilon ab}{b-a}$ [F]이므로
$a=\dfrac{1}{4\pi\epsilon}$ [cm], $b=\dfrac{1}{\pi\epsilon}$ [cm]일 때
$\therefore C=\dfrac{4\pi\epsilon}{\dfrac{1}{a}-\dfrac{1}{b}}$
$=\dfrac{4\pi\epsilon}{4\pi\epsilon\times 10^2-\pi\epsilon\times 10^2}$
$=\dfrac{4}{3}\times 10^{-2}$ [F]

09 면적 19.6[cm²], 두께 5[mm]의 판상 플라스틱 양면에 전극을 설치하고 정전용량을 측정하였더니 21.8[pF] 이었다. 이 재료의 비유전율은 약 얼마인가?

① 3.3　　② 4.3
③ 5.3　　④ 6.3

[해설] 평행판 콘덴서의 정전용량(C)
극판면적 S, 극판간격 d, 유전율 ϵ이라 하면
$C=\dfrac{\epsilon S}{d}=\dfrac{\epsilon_0\epsilon_s S}{d}$ [F]이므로
$S=19.6$ [cm²], $d=5$ [mm], $C=21.8$ [pF]일 때
$\therefore \epsilon_s=\dfrac{Cd}{\epsilon_0 S}=\dfrac{21.8\times 10^{-12}\times 5\times 10^{-3}}{8.855\times 10^{-12}\times 19.6\times 10^{-4}}$
$=6.3$

정답　06 ④　07 ④　08 ①　09 ④

20 극판의 면적이 10[cm²], 극판 간의 간격이 1[mm], 극판 간에 채워진 유전체의 비유전율이 2.5인 평행판 콘덴서에 100[V]의 전압을 가할 때, 극판의 전하[C]는?

① 1.2×10^{-9}
② 1.25×10^{-12}
③ 2.21×10^{-9}
④ 4.25×10^{-10}

[해설] 유전체 내의 정전용량(C) 및 전하량(Q)
$S = 10 \,[\text{cm}^2]$, $d = 1 \,[\text{mm}]$, $\epsilon_s = 2.5$, $V = 100 \,[\text{V}]$
일 때 $C = \dfrac{\epsilon_0 \epsilon_s S}{d}$ [F]이므로

$\therefore Q = CV = \dfrac{\epsilon_0 \epsilon_s S}{d} V$

$= \dfrac{8.855 \times 10^{-12} \times 2.5 \times 10 \times 10^{-4}}{1 \times 10^{-3}} \times 100$

$= 2.21 \times 10^{-9} \,[\text{C}]$

21 비유전율이 4인 유리를 넣어서 내압이 5[kV], 용량이 50[pF]인 평행판콘덴서를 제작하려면 평행판콘덴서의 전극 면적은 몇 [m²]로 하면 되는가? (단, 유리의 절연내력을 5[kV/mm]라 한다.)

① 1.41×10^{-3}
② 1.41×10^{-2}
③ 2.82×10^{-3}
④ 2.82×10^{-2}

[해설] 평행판 콘덴서(=정전용량)
비유전율 ϵ_s, 내압 V, 정전용량 C, 절연내력 E, 극판면적 S, 극판간격 d라 하면

$E = \dfrac{V}{l} = 5 \times \dfrac{1{,}000\,[\text{V}]}{10^{-3}\,[\text{m}]} = 5 \times 10^6 \,[\text{V/m}]$

$d = \dfrac{V}{E} = \dfrac{5 \times 10^3}{5 \times 10^6} = 10^{-3} \,[\text{m}]$

$C = \dfrac{\epsilon S}{d} = \dfrac{\epsilon_0 \epsilon_s S}{d}$ [F]이므로

$\therefore S = \dfrac{Cd}{\epsilon_0 \epsilon_s} = \dfrac{50 \times 10^{-12} \times 10^{-3}}{8.855 \times 10^{-12} \times 4}$

$= 1.41 \times 10^{-3} \,[\text{m}^2]$

22 평행판 콘덴서에 의한 비유전율 ϵ_s인 비유전체를 채웠을 때 엘라스턴스(elastance)가 아닌 것은?

① $\dfrac{d}{\epsilon_0 \epsilon_s S}$
② $\dfrac{1}{C}$
③ $\dfrac{8.855 \times 10^{-12} \times d}{\epsilon_s S}$
④ $\dfrac{V}{Q}$

[해설] 유전체 내의 엘라스턴스
엘라스턴스는 정전용량의 역수로 표현되므로

$C = \dfrac{Q}{V} = \dfrac{\epsilon_0 \epsilon_s S}{d}$ [F]일 때

$\therefore$ 엘라스턴스 $= \dfrac{1}{C} = \dfrac{V}{Q} = \dfrac{d}{\epsilon_0 \epsilon_s S}$ [daraF]

23 그림과 같이 면적 S[m²]인 평행판 콘덴서의 극판 간에 판과 평행으로 두께 d_1[m], d_2[m], 유전율 ϵ_1[F/m], ϵ_2[F/m]의 유전체를 삽입하면 정전용량[F]은?

① $\dfrac{S}{\dfrac{d_1}{\epsilon_1} + \dfrac{d_2}{\epsilon_2}}$

② $\dfrac{S}{\dfrac{\epsilon_1}{d_1} + \dfrac{\epsilon_2}{d_2}}$

③ $\dfrac{S}{d_1 \epsilon_1 + d_2 \epsilon_2}$

③ $\dfrac{S}{d_1 \epsilon_2 + d_2 \epsilon_2}$

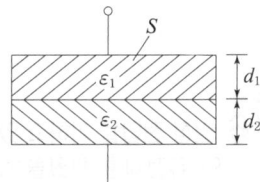

[해설] 유전체 내의 평행판 전극의 직렬연결
콘덴서 판 간에 유전체로 채운 경우 평행판 전극의 경계면과 단자가 수직을 이루고 있으므로 콘덴서는 직렬로 접속이 된다.
각 콘덴서의 정전용량을 C_1, C_2라 하고 합성정전용량을 C라 하면

$C_1 = \dfrac{\epsilon_1 S}{d_1}$ [F], $C_2 = \dfrac{\epsilon_2 S}{d_2}$ [F]

$\therefore C = \dfrac{1}{\dfrac{1}{C_1} + \dfrac{1}{C_2}} = \dfrac{1}{\dfrac{d_1}{\epsilon_1 S} + \dfrac{d_2}{\epsilon_2 S}}$

$= \dfrac{S}{\dfrac{d_1}{\epsilon_1} + \dfrac{d_2}{\epsilon_2}}$ [F]

정답 20 ③ 21 ① 22 ③ 23 ①

24
정전용량이 1[μF]인 공기콘덴서가 있다. 이 콘덴서 판간의 $\frac{1}{2}$인 두께를 갖고 비유전율 $\epsilon_r = 2$인 유전체를 그 콘덴서의 한 전극면에 접촉하여 넣었을 때 전체의 정전용량은 몇 [μF]이 되는가?

① 2[μF]
② $\frac{1}{2}$[μF]
③ $\frac{4}{3}$[μF]
④ $\frac{5}{3}$[μF]

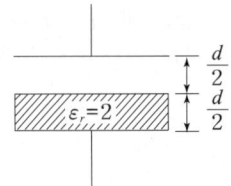

[해설] 유전체 내의 평행판 전극의 직렬연결
공기콘덴서의 정전용량을 C라 하면
$C = \frac{\epsilon_0 S}{d} = 1$ [μF]이다.

콘덴서 판 간에 $\frac{1}{2}$인 두께를 유전체로 채운 경우 평행판 전극의 경계면과 단자가 수직을 이루고 있으므로 콘덴서는 직렬로 접속이 된다. 각 콘덴서의 정전용량을 C_1, C_2라 하고 합성정전용량을 C'라 하면

$C_1 = \frac{\epsilon_0 S}{\frac{d}{2}} = \frac{2\epsilon_0 S}{d} = 2$ [μF]

$C_2 = \frac{\epsilon_0 \epsilon_s S}{\frac{d}{2}} = \frac{2\epsilon_0 \epsilon_s S}{d} = \frac{4\epsilon_0 S}{d} = 4$ [μF]

$\therefore C' = \frac{1}{\frac{1}{C_1} + \frac{1}{C_2}} = \frac{C_1 \times C_2}{C_1 + C_2}$

$= \frac{2 \times 4}{2 + 4} = \frac{4}{3}$ [μF]

25
그림과 같이 정전용량이 C_0[F]가 되는 평행판 공기콘덴서에 판면적의 $\frac{1}{2}$되는 공간에 비유전율이 ϵ_s인 유전체를 채웠을 때 정전용량은 몇 [F]인가?

① $\frac{1}{2}(1+\epsilon_s) C_0$
② $(1+\epsilon_s) C_0$
③ $\frac{2}{3}(1+\epsilon_s) C_0$
④ C_0

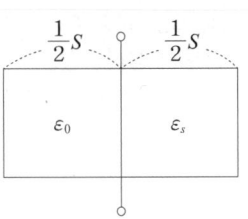

[해설] 유전체 내의 평행판 전극의 정전용량
공기콘덴서인 경우 $C_0 = \frac{\epsilon_0 S}{d}$ [F]일 때 $\frac{1}{2}$ 되는 공간에 유전체를 채울 경우 각각의 정전용량을 C_1, C_2라 하면

$C_1 = \frac{\epsilon_0 \left(\frac{1}{2}S\right)}{d} = \frac{\epsilon_0 S}{2d}$ [F]

$C_2 = \frac{\epsilon_0 \epsilon_s \left(\frac{1}{2}S\right)}{d} = \frac{\epsilon_0 \epsilon_s S}{2d}$ [F]이다.

평행판 전극의 경계면과 단자가 수평이므로 병렬접속이며 이때 합성정전용량을 C라 하면

$C = C_1 + C_2 = \frac{\epsilon_0 S}{2d} + \frac{\epsilon_0 \epsilon_s S}{2d} = \frac{\epsilon_0 S}{2d}(1+\epsilon_s)$ [F]

$\therefore C = \frac{1}{2}(1+\epsilon_s)\frac{\epsilon_0 S}{d} = \frac{1}{2}(1+\epsilon_s) C_0$ [F]

26
반지름이 1[cm]와 2[cm]인 동심원통의 길이가 50[cm]일 때 이것의 정전용량은 약 몇 [pF]인가? (단, 내원통에 $+\lambda$[C/m], 외원통에 $-\lambda$[C/m]인 전하를 준다고 한다.)

① 0.56[pF]
② 34[pF]
③ 40[pF]
④ 141[pF]

[해설] 동심원통도체의 정전용량(C)
동심원통의 내원통 반지름을 a, 외원통 반지름을 b라 하면 $a = 1$[cm], $b = 2$[cm], 길이 $l = 50$[cm]이므로

$C = \frac{Q}{V} = \frac{2\pi\epsilon_0 l}{\ln\frac{b}{a}}$ [F] $= \frac{2\pi\epsilon_0}{\ln\frac{b}{a}}$ [F/m]일 때

$\therefore C = \frac{2\pi\epsilon_0 l}{\ln\frac{b}{a}} = \frac{2\pi \times 8.855 \times 10^{-12} \times 50 \times 10^{-2}}{\ln\left(\frac{2 \times 10^{-2}}{1 \times 10^{-2}}\right)}$

$= 40 \times 10^{-12}$ [F] $= 40$ [pF]

정답 24 ③ 25 ① 26 ③

27 그림과 같은 정전용량이 C_0[F] 되는 평행판 공기 콘덴서 판면적의 $\frac{2}{3}$ 되는 공간에 비유전율 ϵ_s인 유전체를 채우면 공기콘덴서의 정전용량은 몇 [F]인가?

① $\frac{2\epsilon_s}{3} C_0$

② $\frac{3}{1+2\epsilon_s} C_0$

③ $\frac{1+\epsilon_s}{3} C_0$

④ $\frac{1+2\epsilon_s}{3} C_0$

[해설] 콘덴서의 병렬접속

공기콘덴서의 정전용량 C_0, 유전체를 채운 경우 병렬 접속된 각각의 정전용량 C_1, C_2라 하면

$C_0 = \frac{\epsilon_0 S}{d}$ [F], $C_1 = \frac{\epsilon_0 \left(\frac{1}{3} S\right)}{d}$ [F],

$C_2 = \frac{\epsilon_0 \epsilon_s \left(\frac{2}{3} S\right)}{d}$ [F]

C_1, C_2의 합성정전용량은 C_{12}라 하면

$\therefore C_{12} = C_1 + C_2 = \frac{\epsilon_0 S}{3d} + \frac{2\epsilon_0 \epsilon_s S}{3d}$

$= \frac{(1+2\epsilon_s)\epsilon_0 S}{3d}$

$= \frac{1+2\epsilon_s}{3} C_0$ [F]

28 그림과 같이 유전율이 ϵ_1, ϵ_2인 두 유전체의 경계면에 중심을 둔 반지름 a[m]인 도체구의 정전용량[F]은?

① $4\pi a(\epsilon_1 + \epsilon_2)$

② $2\pi a(\epsilon_1 + \epsilon_2)$

③ $\frac{\epsilon_1 + \epsilon_2}{2\pi a}$

④ $\frac{\epsilon_1 + \epsilon_2}{4\pi a}$

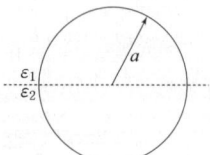

[해설] 유전체 내의 구도체 전극의 병렬연결

구도체 전극의 경계면과 수평방향으로 단자를 접속하면 콘덴서는 병렬로 접속된다.

구도체의 절반씩 유전율이 서로 다른 유전체로 채우면 반구도체의 정전용량은 각각

$C_1 = 2\pi\epsilon_1 a$ [F], $C_2 = 2\pi\epsilon_2 a$ [F]이 된다.

합성정전용량을 C라 하면

$\therefore C = C_1 + C_2 = 2\pi a(\epsilon_1 + \epsilon_2)$ [F]

29 내외 원통도체의 반경이 각각 a, b인 동축 원통 콘덴서의 단위 길이당 정전용량[F/m]은? (단, 원통 사이의 유전체의 비유전율은 ϵ_s이다.)

① $\frac{2\pi\epsilon_0 \epsilon_s}{\ln \frac{b}{a}}$

② $\frac{2\pi\epsilon_0}{\epsilon_s \ln \frac{b}{a}}$

③ $\frac{4\pi\epsilon_0 \epsilon_s}{\ln \frac{b}{a}}$

④ $\frac{4\pi\epsilon_0}{\epsilon_s} \ln \frac{b}{a}$

[해설] 유전체 내의 동심원통도체의 정전용량(C)

동심원통도체의 전위를 V라 하면

$V = \frac{\lambda}{2\pi\epsilon_0 \epsilon_s} \ln \frac{b}{a} = \frac{Q}{2\pi\epsilon_0 \epsilon_s l} \ln \frac{b}{a}$ [V]이므로

$\therefore C = \frac{Q}{V} = \frac{2\pi\epsilon_0 \epsilon_s l}{\ln \frac{b}{a}}$ [F] $= \frac{2\pi\epsilon_0 \epsilon_s}{\ln \frac{b}{a}}$ [F/m]

30 내원통의 반지름 a, 외원통의 반지름 b인 동축 원통 콘덴서의 내외 원통 사이에 공기를 넣었을 때 정전용량이 C_0이었다. 내외 반지름을 모두 3배로 하고 공기 대신 비유전율 9인 유전체를 넣었을 경우의 정전용량은?

① $\frac{C_0}{9}$

② $\frac{C_0}{3}$

③ C_0

④ $9C_0$

정답 27 ④ 28 ② 29 ① 30 ④

[해설] 유전체 내의 동심(=동축)원통도체의 정전용량(C)
공기중의 동심(=동축)원통도체의 정전용량 C_0, 유전체 내의 정전용량을 C라 하면
$C_0 = \dfrac{2\pi\epsilon_0}{\ln\dfrac{b}{a}}$ [F/m], $C = \dfrac{2\pi\epsilon_0\epsilon_s}{\ln\dfrac{b}{a}}$ [F/m]이므로
a를 3배, b를 3배, 비유전율 $\epsilon_s = 9$인 유전체에서 정전용량 C는
$\therefore C = \dfrac{2\pi\epsilon_0 \times 9}{\ln\left(\dfrac{3b}{3a}\right)} = \dfrac{9 \times 2\pi\epsilon_0}{\ln\dfrac{b}{a}} = 9\,C_0$ [F/m]

33
★★
유전율이 10인 유전체를 5[V/m]인 전계 내에 놓으면 유전체의 표면전하밀도는 몇 [C/m²]인가? (단, 유전체의 표면과 전계는 직각이다.)

① 0.5 [C/m²]   ② 1.0 [C/m²]
③ 50 [C/m²]   ④ 250 [C/m²]

[해설] 유전체 내의 표면전하밀도(ρ_s)
유전체 내에서 표면전하밀도(ρ_s)는 전속밀도(D)와 같으므로 $\epsilon = 10$, $E = 5$ [V/m]일 때
$\rho_s = D = \epsilon E = \epsilon_0 \epsilon_s E = 10 \times 5 = 50$ [C/m²]

31
★★★
비유전율이 4이고 전계의 세기가 20[kV/m]인 유전체 내의 전속밀도[μC/m²]는?

① 0.708   ② 0.168
③ 6.28   ④ 2.83

[해설] 유전체 내의 전속밀도(D)
$\epsilon_s = 4$, $E = 20$ [kV/m]일 때
$\therefore D = \epsilon E = \epsilon_0 \epsilon_s E$
$= 8.855 \times 10^{-12} \times 4 \times 20 \times 10^3$
$= 0.708 \times 10^{-6}$ [C/m²]
$= 0.708$ [μC/m²]

34
★
유전율 $\epsilon_0 \epsilon_s$의 유전체 내에 있는 전하 Q에서 나오는 전속선 총수는?

① $\dfrac{Q}{\epsilon_s}$ ② $\dfrac{Q}{\epsilon_0}$
③ $\dfrac{Q}{\epsilon_0\epsilon_s}$ ④ Q

[해설] 유전체 내의 전기력선 수(N)와 전속선 수(Ψ)
(1) 전기력선의 수 : $N = \dfrac{Q}{\epsilon} = \dfrac{Q}{\epsilon_0\epsilon_s}$
(2) 전속선의 수 : $\Psi = Q$

32
★★
합성수지의 절연체에 5×10^3 [V/m]의 전계를 가했을 때의 전속밀도[C/m²]를 구하면? (단, 이 절연체의 비유전율은 10으로 한다.)

① 40.257×10^{-8} ② 41.275×10^{-8}
③ 43.527×10^{-8} ④ 44.275×10^{-8}

[해설] 유전체 내의 전속밀도(D)
$E = 5 \times 10^3$ [V/m], $\epsilon_s = 10$일 때
$\therefore D = \epsilon E = \epsilon_0 \epsilon_s E$
$= 8.855 \times 10^{-12} \times 10 \times 5 \times 10^3$
$= 44.275 \times 10^{-8}$ [C/m²]

35
★★
어떤 대전체가 진공 중에서 전속이 Q[C]이었다. 이 대전체를 비유전율 10인 유전체 속으로 가져갈 경우에 전속은 몇 Q[C]이 되겠는가?

① Q ② $10Q$
③ $\dfrac{Q}{10}$ ④ $10\epsilon_0 Q$

[해설] 유전체 내의 전기력선 수(N)와 전속선 수(Ψ)
(1) 전기력선의 수 : $N = \dfrac{Q}{\epsilon} = \dfrac{Q}{\epsilon_0\epsilon_s}$
(2) 전속선의 수 : $\Psi = Q$

[정답] 31 ① 32 ④ 33 ③ 34 ④ 35 ①

36 폐곡면으로부터 나오는 유전속(dielectric flux)의 수가 N일 때 폐곡면 내의 전하량은 얼마인가?

① N
② $\dfrac{N}{\epsilon_0}$
③ $\epsilon_0 N$
④ $\dfrac{N}{2\epsilon_0}$

[해설] 유전체 내의 전기력선 수(N)와 전속선 수(Ψ)
문제에서 전속의 수를 N으로 표현하였으므로 $N=Q$가 되어 전하량과 같게 된다.

37 비유전율이 5인 유전체 중의 전하 Q [C]에서 발산하는 전기력선 및 전속선의 수는 공기 중인 경우의 각각 몇 배로 되는가?

① 전기력선 1/5배, 전속선 1/5배
② 전기력선 5배, 전속선 5배
③ 전기력선 1/5배, 전속선 1배
④ 전기력선 5배, 전속선 1배

[해설] 유전체 내의 전기력선 수(N)와 전속선 수(Ψ)
$N = \dfrac{Q}{\epsilon} = \dfrac{Q}{\epsilon_0 \epsilon_s}$, $\Psi = Q$이므로 $N \propto \dfrac{1}{\epsilon_s}$이고 Ψ는 비유전율에 무관하다.
$\epsilon_s = 5$이므로
∴ 전기력선은 $\dfrac{1}{5}$배 감소하며 전속선은 1배이다.

38 유전체 내의 전계 E와 분극의 세기 P의 관계식은?

① $P = \epsilon_0(\epsilon_s - 1)E$
② $P = \epsilon_s(\epsilon_0 - 1)E$
③ $P = \epsilon_0(\epsilon_s + 1)E$
④ $P = \epsilon_s(\epsilon_0 + 1)E$

[해설] 분극의 세기(P)
전속밀도 D, 전계의 세기 E, 유전율 ϵ, 비유전율 ϵ_s, 분극률 χ라 하면
$P = D - \epsilon_0 E = \epsilon E - \epsilon_0 E = \epsilon_0(\epsilon_s - 1)E = \chi E$
$= \left(1 - \dfrac{1}{\epsilon_s}\right)D$ [C/m²]

39 유전체에서 분극 세기의 단위는?

① [C]
② [C/m]
③ [C/m²]
④ [C/m³]

[해설] 분극의 세기(P)
전속밀도 D, 전계의 세기 E, 유전율 ϵ, 비유전율 ϵ_s, 분극률 χ라 하면
$P = D - \epsilon_0 E = \epsilon E - \epsilon_0 E = \epsilon_0(\epsilon_s - 1)E = \chi E$
$= \left(1 - \dfrac{1}{\epsilon_s}\right)D$ [C/m²]

40 비유전율 $\epsilon_s = 5$인 유전체 내의 한 점에서 전계의 세기가 $E = 10^4$ [V/m]일 때 이 점의 분극 세기 P [C/m²]는?

① $\dfrac{10^{-5}}{9\pi}$
② $\dfrac{10^{-9}}{9\pi}$
③ $\dfrac{10^{-5}}{18\pi}$
④ $\dfrac{10^{-9}}{18\pi}$

[해설] 분극의 세기(P)
$\epsilon_0 = \dfrac{10^{-9}}{36\pi}$ [F/m], $\epsilon_s = 5$, $E = 10^4$ [V/m]이므로
∴ $P = \epsilon_0(\epsilon_s - 1)E = \dfrac{10^{-9}}{36\pi} \times (5-1) \times 10^4$
$= \dfrac{10^{-5}}{9\pi}$ [C/m²]

41 비유전율 $\epsilon_s = 5$인 등방유전체인 한 점에서 전계의 세기 $E = 10^4$ [V/m]일 때 이 점에서의 분극률은?

① $\dfrac{10^{-5}}{9\pi}$ [F/m]
② $\dfrac{10^{-7}}{9\pi}$ [F/m]
③ $\dfrac{10^{-9}}{9\pi}$ [F/m]
④ $\dfrac{10^{12}}{9\pi}$ [F/m]

[해설] 분극의 세기(P)
전속밀도 D, 전계의 세기 E, 유전율 ϵ, 비유전율 ϵ_s, 분극률 χ라 하면
$P = D - \epsilon_0 E = \epsilon E - \epsilon_0 E$
$= \epsilon_0(\epsilon_s - 1)E = \chi E$
$= \left(1 - \dfrac{1}{\epsilon_s}\right)D$ [C/m²]

$\epsilon_0 = \dfrac{10^{-9}}{36\pi}$ [F/m], $\epsilon_s = 5$, $E = 10^4$ [V/m]이므로

$\therefore \chi = \epsilon_0(\epsilon_s - 1) = \dfrac{10^{-9}}{36\pi} \times (5-1)$

$= \dfrac{10^{-9}}{9\pi}$ [F/m]

★★★
42 비유전율이 5인 등방 유전체의 한 점에서의 전계 세기가 10[kV/m]이다. 이 점의 분극세기는 몇 [C/m²]인가?

① 1.41×10^{-7} ② 3.54×10^{-7}
③ 8.84×10^{-8} ④ 4×10^{-4}

해설 분극의 세기(P)
$\epsilon_s = 5$, $E = 10$ [kV/m]이므로
$\therefore P = \epsilon_0(\epsilon_s - 1)E$
$= 8.855 \times 10^{-12} \times (5-1) \times 10 \times 10^3$
$= 3.54 \times 10^{-7}$ [C/m²]

★★
43 베이클라이트 중의 전속밀도가 4.5×10^{-6}[C/m²]일 때의 분극 세기는 몇 [C/m²]인가? (단, 베이클라이트의 비유전율은 4로 계산한다.)

① 1.350×10^{-6} ② 2.345×10^{-6}
③ 3.375×10^{-6} ④ 4.365×10^{-6}

해설 분극의 세기(P)
$D = 4.5 \times 10^{-6}$ [C/m²], $\epsilon_s = 4$이므로
$\therefore P = \left(1 - \dfrac{1}{\epsilon_s}\right)D = \left(1 - \dfrac{1}{4}\right) \times 4.5 \times 10^{-6}$
$= 3.375 \times 10^{-6}$ [C/m²]

★★
44 평등 전계 내에 수직으로 비유전율 $\epsilon_s = 2$인 유전체 판을 놓았을 경우 판 내의 전속밀도가 $D = 4 \times 10^{-6}$ [C/m²]이었다. 유전체 내의 분극 세기 P [C/m²]는?

① 1×10^{-6} ② 2×10^{-6}
③ 4×10^{-6} ④ 8×10^{-6}

해설 분극의 세기(P)
$\epsilon_s = 2$, $D = 4 \times 10^{-6}$ [C/m²]이므로
$\therefore P = \left(1 - \dfrac{1}{\epsilon_s}\right)D = \left(1 - \dfrac{1}{2}\right) \times 4 \times 10^{-6}$
$= 2 \times 10^{-6}$ [C/m²]

★★
45 유전체의 분극률이 χ일 때 분극벡터 $P = \chi E$의 관계가 있다고 한다. 비유전율 4인 유전체의 분극률은 진공의 유전율 ϵ_0의 몇 배인가?

① 1 ② 3
③ 9 ④ 12

해설 분극의 세기(P)
전속밀도 D, 전계의 세기 E, 유전율 ϵ, 비유전율 ϵ_s, 분극률 χ라 하면
$P = D - \epsilon_0 E = \epsilon E - \epsilon_0 E = \epsilon_0(\epsilon_s - 1)E$
$= \chi E$ [c/m²]이다.
$\chi = \epsilon_0(\epsilon_s - 1)$이므로 $\epsilon_s = 4$일 때
$\therefore \chi = \epsilon_0(4-1) = 3\epsilon_0$

★★
46 평행판 공기콘덴서의 양 극판에 $+\rho$[C/m²], $-\rho$[C/m²]의 전하가 충전되어 있을 때, 이 두 전극 사이에 유전율 ϵ[F/m]인 유전체를 삽입한 경우의 전계의 세기는? (단, 유전체의 분극전하밀도를 $+\rho_P$[C/m²], $-\rho_P$[C/m²]라 한다.)

① $\dfrac{\rho_P}{\epsilon_0}$ [V/m] ② $\dfrac{\rho + \rho_P}{\epsilon_0}$ [V/m]
③ $\dfrac{\rho}{\epsilon_0} - \dfrac{\rho_P}{\epsilon}$ [V/m] ④ $\dfrac{\rho - \rho_P}{\epsilon_0}$ [V/m]

해설 분극의 세기(P)
전속밀도 D, 전계의 세기 E, 유전율 ϵ, 공기유전율 ϵ_0, 유전체 내의 전하밀도 ρ [C/m²], 분극전하밀도 ρ_P [C/m²]라 하여 $P = D - \epsilon_0 E$[C/m²] 식에서
전계의 세기를 유도하면
$E = \dfrac{D-P}{\epsilon_0}$ [V/m]이므로 $D = \rho$, $P = \rho_P$일 때
$\therefore E = \dfrac{\rho - \rho_P}{\epsilon_0}$ [V/m]

47 두 평행판 축전지에 채워진 폴리에틸렌의 비유전율이 ϵ_r, 평행판간 거리 $d=1.5$[mm]일 때, 만일 평행판 내의 전계의 세기가 10[kV/m]라면, 평행판간 폴리에틸렌 표면에 나타난 분극전하밀도는?

① $\dfrac{\epsilon_r - 1}{18\pi} \times 10^{-5}$ [C/m²]

② $\dfrac{\epsilon_r - 1}{36\pi} \times 10^{-6}$ [C/m²]

③ $\dfrac{\epsilon_r}{18\pi} \times 10^{-5}$ [C/m²]

④ $\dfrac{\epsilon_r - 1}{36\pi} \times 10^{-5}$ [C/m²]

[해설] 분극의 세기(P)

$\epsilon_0 = \dfrac{10^{-9}}{36\pi}$ [F/m], $E = 10$ [kV/m]일 때

$\therefore \rho_P = \epsilon_0(\epsilon_r - 1)E$

$= \dfrac{10^{-9}}{36\pi} \times (\epsilon_r - 1) \times 10 \times 10^3$

$= \dfrac{\epsilon_r - 1}{36\pi} \times 10^{-5}$ [C/m²]

48 그림과 같이 상이한 유전체 ϵ_1, ϵ_2의 경계면에서는 다음의 어느 것이 성립되는가?

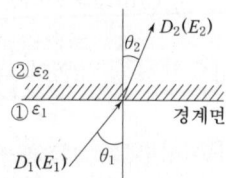

① 전속의 접선성분이 같고($D_1 \sin\theta_1 = D_2 \sin\theta_2$), 전계의 법선성분이 같다($E_1 \cos\theta_1 = E_2 \cos\theta_2$).

② 전속의 법선성분이 같고($D_1 \cos\theta_1 = D_2 \cos\theta_2$), 전계의 접선성분이 같다($E_1 \sin\theta_1 = E_2 \sin\theta_2$).

③ 전속의 법선성분이 같고($D_1 \cos\theta_1 = D_2 \cos\theta_2$), 전계의 법선성분이 같다($E_1 \cos\theta_1 = E_2 \cos\theta_2$).

④ 전속의 접선성분이 같고($D_1 \sin\theta_1 = D_2 \sin\theta_2$), 전계의 접선성분이 같다($E_1 \sin\theta_1 = E_2 \sin\theta_2$).

[해설] 유전체 내에서의 경계조건
(1) 전계의 세기는 경계면의 접선성분이 서로 같다.
$E_1 \sin\theta_1 = E_2 \sin\theta_2$
(2) 전속밀도는 경계면의 법선성분이 서로 같다.
$D_1 \cos\theta_1 = D_2 \cos\theta_2$ 또는
$\epsilon_1 E_1 \cos\theta_1 = \epsilon_2 E_2 \cos\theta_2$
(3) 굴절각 조건
$\dfrac{\epsilon_1}{\epsilon_2} = \dfrac{\tan\theta_1}{\tan\theta_2}$ 또는 $\epsilon_1 \tan\theta_2 = \epsilon_2 \tan\theta_1$

49 자유공간 중에서 점 $P(2, -4, 5)$가 도체면상에 있으며, 이 점에서 전계 $E = 3a_x - 6a_y + 2a_z$[V/m]이다. 도체면에 법선성분 E_n 및 접선성분 E_t의 크기는 몇 [V/m]인가?

① $E_n = 3$, $E_t = -6$ ② $E_n = 7$, $E_t = 0$
③ $E_n = 2$, $E_t = 3$ ④ $E_n = -6$, $E_t = 0$

[해설] 도체면에서의 전계의 세기(E)
전기력선은 전계의 세기를 가시화한 선으로서 전기력선이 도체 표면에서 수직으로 만나기 때문에 전계도 도체 표면과 수직을 이룬다. 이때 수직성분은 법선성분이라 하며 수평성분은 접선성분이라 한다.

$\therefore E_n = |E| = \sqrt{3^2 + (-6)^2 + 2^2} = 7$ [V/m],
$E_t = 0$ [V/m]

50 유전율이 각각 ϵ_1, ϵ_2인 두 유전체가 접해있다. 각 유전체 중의 전계 및 전속밀도가 각각 E_1, D_1 및 E_2, D_2이고 경계면에 대한 입사각 및 굴절각이 θ_1, θ_2일 때 경계 조건으로 옳은 것은?

① $\dfrac{E_2}{E_1} = \dfrac{\sin\theta_2}{\sin\theta_1}$ ② $\dfrac{\cos\theta_2}{\cos\theta_1} = \dfrac{D_2}{D_1}$

③ $\dfrac{\tan\theta_2}{\tan\theta_1} = \dfrac{\epsilon_2}{\epsilon_1}$ ④ $\tan\theta_2 - \tan\theta_1 = \epsilon_1 \epsilon_2$

[해설] 유전체 내에서의 경계조건
굴절각 조건

$\therefore \dfrac{\epsilon_2}{\epsilon_1} = \dfrac{\tan\theta_2}{\tan\theta_1}$ 또는 $\epsilon_1 \tan\theta_2 = \epsilon_2 \tan\theta_1$

정답 47 ④ 48 ② 49 ② 50 ③

51
전계가 유리 E_1[V/m]에서 공기 E_2[V/m] 중으로 입사할 때 입사각(θ_1)과 굴절각(θ_2) 및 전계 E_1, E_2 사이의 관계 중 옳은 것은?

① $\theta_1 > \theta_2$, $E_1 > E_2$ ② $\theta_1 < \theta_2$, $E_1 > E_2$
③ $\theta_1 > \theta_2$, $E_1 < E_2$ ④ $\theta_1 < \theta_2$, $E_1 < E_2$

[해설] 유전체 내에서의 경계조건
유전율(ϵ)과 전계의 세기(E), 전속밀도(D), 굴절각(θ)의 성질은 $\epsilon_1 > \epsilon_2$이면 $E_1 < E_2$, $D_1 > D_2$, $\theta_1 > \theta_2$이다. 유리의 유전율을 ϵ_1, 공기유전율을 ϵ_2라 하면 $\epsilon_1 > \epsilon_2$이므로
∴ $\theta_1 > \theta_2$, $E_1 < E_2$

52
유전율이 서로 다른 두 유전체가 서로 경계면을 이루면서 접해 있는 경우 전속 및 전기력선은 작은 유전율을 가진 유전체에서 큰 유전체로 입사할 때 굴절각은 입사각에 비하여 어떻게 되는가?

① 감소한다.   ② 불변한다.
③ 증가한다.   ④ 90° 증가한다.

[해설] 유전체 내에서의 경계조건
$\epsilon_1 > \epsilon_2$이면 $E_1 < E_2$, $D_1 > D_2$, $\theta_1 > \theta_2$이므로
∴ 유전율과 굴절각은 비례관계에서 유전율이 작은 쪽에서 큰 쪽으로 입사할 때 굴절각은 입사각에 비하여 증가한다.

53
유전율이 서로 다른 두 종류의 경계면에 전속과 전기력선이 수직으로 도달할 때 맞지 않는 것은?

① 전속과 전기력선은 굴절하지 않는다.
② 전속밀도는 불변이다.
③ 전계의 세기는 연속이다.
④ 전속선은 유전율이 큰 유전체 중으로 모이려는 성질이 있다.

[해설] 유전체 내에서의 경계조건
유전율이 서로 다른 두 종류의 경계면에 전속과 전기력선이 수직으로 도달하면
(1) 전속과 전기력선은 굴절하지 않는다.
(2) 수직은 법선방향이므로 전속밀도가 불변이다. (=연속이다=일정하다)
(3) 전계의 세기는 불연속이다. (=서로 다르다=변한다)
(4) 전속선은 유전율이 큰 쪽으로 모이려는 성질이 있으며 전기력선은 유전율이 작은 쪽으로 모이려는 성질이 있다.

54
두 유전체가 접했을 때 $\dfrac{\tan\theta_1}{\tan\theta_2} = \dfrac{\epsilon_1}{\epsilon_2}$의 관계식에서 $\theta_1 = 0$일 때 다음 중 표현이 잘못된 것은?

① 전기력선은 굴절하지 않는다.
② 전속밀도는 불변이다.
③ 전계는 불연속이다.
④ 전기력선은 유전율이 큰 쪽에 모여진다.

[해설] 유전체 내에서의 경계조건
전속선은 유전율이 큰 쪽으로 모이려는 성질이 있으며 전기력선은 유전율이 작은 쪽으로 모이려는 성질이 있다.

55
두 유전체의 경계면에서 정전계가 만족하는 것은?

① 전속은 유전율이 작은 유전체로 모인다.
② 두 경계면에서의 전위는 서로 같다.
③ 전속밀도는 접선성분이 같다.
④ 전계는 법선성분이 같다.

[해설] 유전체 내에서의 경계조건
경계면은 등전위면으로서 항상 전위가 같게 된다.

56
유전율 $\epsilon_1 > \epsilon_2$인 유전체 경계면에 전속이 수직일 때 경계면상의 작용력은?

① ϵ_2의 유전체 사이에서 ϵ_1의 유전체 방향
② ϵ_1의 유전체에서 ϵ_2의 유전체 방향
③ 전속밀도의 방향
④ 전속밀도의 반대 방향

[해설] 유전체 내에서의 경계조건
$\epsilon_1 > \epsilon_2$인 경우
$f > 0$이 되어 유전율이 큰 쪽에서 유전율이 작은 쪽으로 경계면에 힘이 작용함을 알 수 있다.

정답 51 ③ 52 ③ 53 ③ 54 ④ 55 ② 56 ②

57 평행판 사이에 유전율이 ϵ_1, ϵ_2 되는($\epsilon_2 < \epsilon_1$) 유전체를 경계면이 판에 평행하게 그림과 같이 채우고 그림의 극성으로 극판 사이에 전압을 걸었을 때, 두 유전체 사이에 작용하는 힘은?

① ①의 방향
② ②의 방향
③ ③의 방향
④ ④의 방향

[해설] 유전체 내에서의 경계조건
경계면에 작용하는 힘의 방향은 ④의 방향이다.

58 유전체 A, B의 접합면에 전하가 없을 때, 각 유전체 중 전계의 방향이 그림과 같고 $E_A = 100$[V/m]이면, E_B는 몇 [V/m]인가?

① $\dfrac{100}{3}$
② $\dfrac{100}{\sqrt{3}}$
③ 300
④ $100\sqrt{3}$

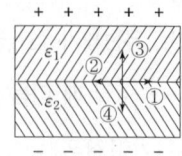

[해설] 유전체 내에서의 경계조건
$E_A = 100$ [V/m], $\theta_A = 30°$, $\theta_B = 60°$일 때 전계의 세기는 경계면의 접선성분이 서로 같으므로
$E_A \sin\theta_A = E_B \sin\theta_B$ 식에서
$\therefore E_B = \dfrac{E_A \sin\theta_A}{\sin\theta_B}$
$= \dfrac{100 \times \sin 30°}{\sin 60°} = \dfrac{100}{\sqrt{3}}$ [V/m]

59 공기 중의 전계 $E_1 = 10$[kV/cm]이 30°의 입사각으로 기름의 경계에 닿을 때, 굴절각 θ_2와 기름 중의 전계 E_2[V/m]는? (단, 기름의 비유전율은 3이라 한다.)

① 60°, $\dfrac{10^6}{\sqrt{3}}$
② 60°, $\dfrac{10^3}{\sqrt{3}}$
③ 45°, $\dfrac{10^6}{\sqrt{3}}$
④ 45°, $\dfrac{10^3}{\sqrt{3}}$

[해설] 유전체 내에서의 경계조건
$E_1 = 10$ [kV/cm], $\theta_1 = 30°$, $\epsilon_1 = \epsilon_0$,
$\epsilon_2 = \epsilon_0 \epsilon_s$, $\epsilon_s = 3$인 경우
$\dfrac{\tan\theta_1}{\tan\theta_2} = \dfrac{\epsilon_1}{\epsilon_2} = \dfrac{1}{\epsilon_s} = \dfrac{1}{3}$ 이므로
$\theta_2 = \tan^{-1}(3 \times \tan 30°) = 60°$
$E_1 \sin\theta_1 = E_2 \sin\theta_2$ 이므로
$E_2 = \dfrac{E_1 \sin\theta_1}{\sin\theta_2}$
$= \dfrac{10 \times \dfrac{10^3}{10^{-2}} \times \sin 30°}{\sin 60°}$
$= \dfrac{10^6}{\sqrt{3}}$ [V/m]
$\therefore \theta_2 = 60°$, $E_2 = \dfrac{10^6}{\sqrt{3}}$ [V/m]

60 유전율이 각각 $\epsilon_1 = 1$, $\epsilon_2 = \sqrt{3}$인 두 유전체가 그림과 같이 접해있는 경우, 경계면에서 전기력선의 입사각 $\theta_1 = 45°$였다. 굴절각 θ_2는 몇 도인가?

① 20°
② 30°
③ 45°
④ 60°

[해설] 유전체 내에서의 경계조건
$\epsilon_1 = 1$, $\epsilon_2 = \sqrt{3}$, $\theta_1 = 45°$이므로
$\dfrac{\tan\theta_1}{\tan\theta_2} = \dfrac{\epsilon_1}{\epsilon_2} = \dfrac{1}{\sqrt{3}}$ 식에서
$\therefore \theta_2 = \tan^{-1}(\sqrt{3} \times \tan 45°) = 60°$

정답 57 ④ 58 ② 59 ① 60 ④

61 그림과 같은 평행판 콘덴서의 극판 사이에 유전율이 각각 ϵ_1, ϵ_2인 두 유전체를 반반씩 채우고 극판 사이에 일정한 전압을 걸어준다. 이때 매질 (Ⅰ), (Ⅱ) 내의 전계세기 E_1, E_2 사이에 어떤 관계가 성립하는가?

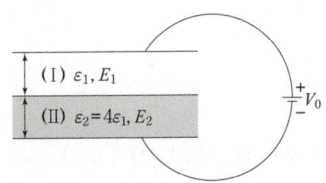

① $E_2 = 4E_1$
② $E_2 = 2E_1$
③ $E_2 = \dfrac{1}{4}E_1$
④ $E_2 = E_1$

[해설] 유전체 내에서의 경계조건
극판 사이에 전압을 걸어주면 전하의 이동은 경계면에 수직인 방향으로 진행하게 되어 $\theta_1 = 0$이 되며 $\theta_2 = 0$이 되어 전속밀도가 연속적이 된다.
$D_1 \cos\theta_1 = D_2 \cos\theta_2$ 또는
$\epsilon_1 E_1 \cos\theta_1 = \epsilon_2 E_2 \cos\theta_2$이므로
$\theta_1 = 0$, $\theta_2 = 0$이면 $\epsilon_1 E_1 = \epsilon_2 E_2$가 된다.
$\therefore E_2 = \dfrac{\epsilon_1}{\epsilon_2}E_1 = \dfrac{\epsilon_1}{4\epsilon_1}E_1 = \dfrac{1}{4}E_1$

62 전계 E [V/m]가 두 유전체의 경계면에 평행으로 작용하는 경우, 경계면의 단위 면적당 작용하는 힘[N/m²]은? (단, ϵ_1, ϵ_2는 두 유전체의 유전율이다.)

① $f = \dfrac{1}{2}(\epsilon_1 - \epsilon_2)E^2$
② $f = E^2(\epsilon_1 - \epsilon_2)$
③ $f = \dfrac{1}{2E^2}(\epsilon_1 - \epsilon_2)$
④ $f = \dfrac{1}{E^2}(\epsilon_1 - \epsilon_2)$

[해설] 유전체 내에서의 경계조건
경계면에 작용하는 힘(=맥스웰의 변형력)은 전계가 경계면에 수평인 경우($E_1 = E_2$이며 $\epsilon_1 > \epsilon_2$라 하면)
$f = \dfrac{1}{2}(D_1 - D_2)E = \dfrac{1}{2}(\epsilon_1 - \epsilon_2)E^2$ [N/m²]

63 유전율 ϵ_1, ϵ_2인 두 유전체 경계면에서 전계가 경계면에 수직일 때 경계면에 작용하는 힘은 몇 [N/m²]인가? (단, $\epsilon_1 > \epsilon_2$이다.)

① $\left(\dfrac{1}{\epsilon_1} + \dfrac{1}{\epsilon_2}\right)D$
② $2\left(\dfrac{1}{\epsilon_1^2} + \dfrac{1}{\epsilon_2^2}\right)D^2$
③ $\dfrac{1}{2}\left(\dfrac{1}{\epsilon_2} - \dfrac{1}{\epsilon_1}\right)D$
④ $\dfrac{1}{2}\left(\dfrac{1}{\epsilon_2} - \dfrac{1}{\epsilon_1}\right)D^2$

[해설] 유전체 내에서의 경계조건
경계면에 작용하는 힘(=맥스웰의 변형력)은 전계가 경계면에 수직인 경우($D_1 = D_2$이며 $\epsilon_1 > \epsilon_2$라 하면)
$f = \dfrac{1}{2}(E_2 - E_1)D = \dfrac{1}{2}\left(\dfrac{1}{\epsilon_2} - \dfrac{1}{\epsilon_1}\right)D^2$ [N/m²]

64 유전율이 다른 두 유전체의 경계면에 작용하는 힘은? (단, 유전체의 경계면과 전계 방향은 수직이다.)

① 유전율의 차이에 비례
② 유전율의 차이에 반비례
③ 경계면의 전계 세기의 제곱에 비례
④ 경계면의 전속밀도의 제곱에 비례

[해설] 유전체 내에서의 경계조건
경계면에 작용하는 힘(=맥스웰의 변형력)은 전계가 경계면에 수직인 경우($D_1 = D_2$이며 $\epsilon_1 > \epsilon_2$라 하면)
$f = \dfrac{1}{2}(E_2 - E_1)D = \dfrac{1}{2}\left(\dfrac{1}{\epsilon_2} - \dfrac{1}{\epsilon_1}\right)D^2$ [N/m²]
$\therefore$ 두 유전체의 경계면에 작용하는 힘은 전속밀도의 제곱에 비례한다.

65 얇은 도체판에 그림과 같이 전속밀도의 수직이 존재하는 경우 D와 ρ_s 간의 관계 중 맞는 것은? (단, ρ_s는 표면 전하밀도이고 $\hat{n}$는 표면에 수직인 단위 벡터이다.)

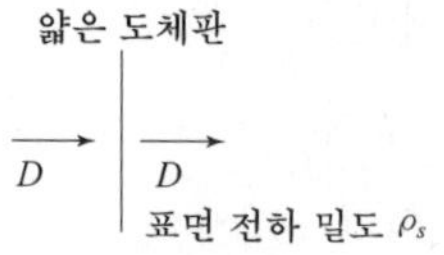

① 좌측은 $D=+\hat{n}\rho_s$, 우측은 $D=+\hat{n}\rho_s$
② 좌측은 $D=-\hat{n}\rho_s$, 우측은 $D=-\hat{n}\rho_s$
③ 좌측은 $D=-\hat{n}\rho_s$, 우측은 $D=+\hat{n}\rho_s$
④ 좌측은 $D=-\dfrac{\hat{n}\rho_s}{4\pi}$, 우측은 $D=+\dfrac{\hat{n}\rho_s}{4\pi}$

[해설] 얇은 도체판 표면에 전하가 분포되어있는 경우 표면에 작용하는 전속이나 전기력선의 방향을 보고 도체판 표면전하밀도의 성질을 알 수 있게 된다. 문제의 그림에서 도체판 왼쪽 부분에서 전속밀도가 도체판을 향해 진행하므로 왼쪽 표면전하밀도는 (−)로 분포되어있음을 알 수 있게 된다. 또한 도체판 오른쪽 부분에서 전속밀도가 도체판에서부터 시작하여 진행하므로 오른쪽 표면전하밀도는 (+)로 분포되어있음을 알 수 있다.

∴ 좌측은 $D=-\hat{n}\rho_s$, 우측은 $D=+\hat{n}\rho_s$

66 원형으로 된 평행판 콘덴서에서 평행판의 반지름이 3[cm], 간격이 1[mm]일 때 비유전율 $\epsilon_s=4$인 유전체를 채우고 전압 100[V]를 가하면 축적되는 에너지는 몇 [J]인가?

① 3×10^{-7}
② 5×10^{-7}
③ 8×10^{-7}
④ 9×10^{-7}

[해설] 유전체 내의 정전에너지(W)
원형 평행판의 반지름 $a=3$[cm], 간격 $d=1$[mm], $\epsilon_s=4$, $V=100$[V]인 경우 극판의 면적
$S=\pi a^2=\pi\times(3\times 10^{-2})^2=2.83\times 10^{-3}$[m²]
$C=\dfrac{\epsilon_0\epsilon_s S}{d}=\dfrac{8.855\times 10^{-12}\times 4\times 2.83\times 10^{-3}}{1\times 10^{-3}}$
$=10^{-10}$[F]
∴ $W=\dfrac{1}{2}CV^2=\dfrac{1}{2}\times 10^{-10}\times 100^2=5\times 10^{-7}$[J]

67 극판의 면적 $S=10$[cm²], 간격 $d=1$[mm]의 평행판 콘덴서에 비유전율 $\epsilon_s=3$인 유전체를 채웠을 때, 전압 100[V]를 인가하면 축적되는 에너지[J]는?

① 2.1×10^{-7}
② 0.3×10^{-7}
③ 1.3×10^{-7}
④ 0.6×10^{-7}

[해설] 유전체 내의 정전에너지(W)
$C=\dfrac{\epsilon_0\epsilon_s S}{d}=\dfrac{8.855\times 10^{-12}\times 3\times 10\times 10^{-4}}{1\times 10^{-3}}$
$=2.66\times 10^{-11}$[F]
∴ $W=\dfrac{1}{2}CV^2=\dfrac{1}{2}\times 2.66\times 10^{-11}\times 100^2$
$=1.3\times 10^{-7}$[J]

68 극판의 면적 $S=10$[cm²], 간격 $d=1$[mm]의 평행판 콘덴서에 비유전율 $\epsilon_s=3$인 유전체를 넣었을 때, 전계의 세기가 100[kV/mm]이었다. 이때 평행판 콘덴서에 저축되는 에너지[J]는?

① 10.3×10^{-2}
② 11.3×10^{-2}
③ 12.3×10^{-2}
④ 13.3×10^{-2}

[해설] 유전체 내의 정전에너지(W)
$C=\dfrac{\epsilon_0\epsilon_s S}{d}=\dfrac{8.855\times 10^{-12}\times 3\times 10\times 10^{-4}}{1\times 10^{-3}}$
$=2.66\times 10^{-11}$[F]
$E=100$[kV/mm]이므로
$V=E\cdot d=100\times\dfrac{10^3}{10^{-3}}\times 1\times 10^{-3}=10^5$[V]
∴ $W=\dfrac{1}{2}CV^2=\dfrac{1}{2}\times 2.66\times 10^{-11}\times(10^5)^2$
$=13.3\times 10^{-2}$[J]

정답 65 ③ 66 ② 67 ③ 68 ④

69 Q[C]는 전하를 가진 반지름 a[m]인 도체구를 유전율 ϵ_s인 기름 탱크에서 공기 중으로 꺼내는데 필요한 에너지[J]는?

① $\dfrac{Q}{8\pi\epsilon_0 a}\left(1-\dfrac{1}{\epsilon_s}\right)$ ② $\dfrac{Q}{4\pi\epsilon_0 a}\left(1-\dfrac{1}{\epsilon_s}\right)$

③ $\dfrac{Q^2}{\pi\epsilon_0 a}\left(1-\dfrac{1}{\epsilon_s}\right)$ ④ $\dfrac{Q^2}{8\pi\epsilon_0 a}\left(1-\dfrac{1}{\epsilon_s}\right)$

[해설] 유전체 내의 정전에너지(W)
구도체가 기름 탱크 속에 있을 때의 정전에너지를 W_1, 공기중으로 꺼냈을 때를 W_2라 하면

$W_1 = \dfrac{Q^2}{2C_1} = \dfrac{Q^2}{2\times 4\pi\epsilon_0\epsilon_s a} = \dfrac{Q^2}{8\pi\epsilon_0\epsilon_s a}$ [J]

$W_2 = \dfrac{Q^2}{2C_2} = \dfrac{Q^2}{2\times 4\pi\epsilon_0 a} = \dfrac{Q^2}{8\pi\epsilon_0 a}$ [J]

$W_1 < W_2$이므로 필요한 에너지는 $W_2 - W_1$ 만큼임을 알 수 있다.

$\therefore W_2 - W_1 = \dfrac{Q^2}{8\pi\epsilon_0 a}\left(1-\dfrac{1}{\epsilon_s}\right)$ [J]

70 전계 E[V/m], 전속밀도 D[C/m²], 유전율 ϵ[F/m]인 유전체 내에 저장되는 에너지 밀도[J/m³]는?

① ED ② $\dfrac{1}{2}ED$

③ $\dfrac{1}{2\epsilon}E^2$ ④ $\dfrac{1}{2}\epsilon D^2$

[해설] 유전체 내의 정전에너지 밀도(w)

$w = \dfrac{\rho_s^{\,2}}{2\epsilon} = \dfrac{D^2}{2\epsilon} = \dfrac{1}{2}\epsilon E^2 = \dfrac{1}{2}ED$ [J/m³]

71 유전율 ϵ, 전계의 세기 E일 때, 유전체의 단위 체적에 축적되는 에너지 밀도[J/m³]는?

① $\dfrac{E}{2\epsilon}$ ② $\dfrac{\epsilon E}{2}$

③ $\dfrac{\epsilon E^2}{2}$ ④ $\dfrac{\epsilon\sqrt{E}}{2}$

[해설] 유전체 내의 정전에너지 밀도(w)

$w = \dfrac{\rho_s^{\,2}}{2\epsilon} = \dfrac{D^2}{2\epsilon} = \dfrac{1}{2}\epsilon E^2 = \dfrac{1}{2}ED$ [J/m³]

72 유전체 내의 전속밀도가 D[C/m²]인 전계에 저축되는 단위 체적당 정전에너지가 w_e[J/m³]일 때, 유전체의 비유전율은?

① $\dfrac{D^2}{2\epsilon_0 w_e}$ ② $\dfrac{D^2}{\epsilon_0 w_e}$

③ $\dfrac{2\epsilon_0 D^2}{w_e}$ ④ $\dfrac{\epsilon_0 D^2}{w_e}$

[해설] 유전체 내의 정전에너지 밀도(w_e)

$w_e = \dfrac{\rho_s^{\,2}}{2\epsilon} = \dfrac{D^2}{2\epsilon} = \dfrac{1}{2}\epsilon E^2 = \dfrac{1}{2}ED$ [J/m³]에서

$w_e = \dfrac{D^2}{2\epsilon} = \dfrac{D^2}{2\epsilon_0\epsilon_s}$ [J/m³]이므로

$\therefore \epsilon_s = \dfrac{D^2}{2\epsilon_0 w_e}$

73 평행판 콘덴서에 어떤 유전체를 넣었을 때 전속밀도가 4.8×10^{-7}[C/m²]이고 단위체적당 에너지가 5.3×10^{-3}[J/m³]이었다. 이 유전체의 유전율은 몇 [F/m]인가?

① 1.15×10^{-11} [F/m] ② 2.17×10^{-11} [F/m]
③ 3.19×10^{-11} [F/m] ④ 4.21×10^{-11} [F/m]

[해설] 유전체 내의 정전에너지밀도(w)

$w = \dfrac{\rho_s^{\,2}}{2\epsilon} = \dfrac{D^2}{2\epsilon} = \dfrac{1}{2}\epsilon E^2 = \dfrac{1}{2}ED$ [J/m³]에서

$D = 4.8\times 10^{-7}$ [C/m²], $w = 5.3\times 10^{-3}$ [J/m³]이므로

$\therefore \epsilon = \dfrac{D^2}{2w} = \dfrac{(4.8\times 10^{-7})^2}{2\times 5.3\times 10^{-3}} = 2.17\times 10^{-11}$ [F/m]

74 유전체(유전율=9) 내의 전계의 세기가 100[V/m]일 때, 유전체 내에 저장되는 에너지 밀도[J/m³]는?

① 5.55×10^4 ② 4.5×10^4
③ 9×10^9 ④ 4.05×10^5

[해설] 유전체 내의 정전에너지 밀도(w)

$w = \dfrac{\rho_s^{\,2}}{2\epsilon} = \dfrac{D^2}{2\epsilon} = \dfrac{1}{2}\epsilon E^2 = \dfrac{1}{2}ED$ [J/m³]에서

$\epsilon = 9$, $E = 100$ [V/m]이므로

$\therefore w = \dfrac{1}{2}\epsilon E^2 = \dfrac{1}{2}\times 9\times 100^2 = 4.5\times 10^4$ [J/m³]

정답 69 ④ 70 ② 71 ③ 72 ① 73 ② 74 ②

75
반지름 a[m]인 구도체에 전하 Q[C]이 주어질 때 구도체 표면에 작용하는 정전응력은 약 몇 [N/m²]인가?

① $\dfrac{Q^2}{16\pi^2 \epsilon_0 a^6}$ ② $\dfrac{Q^2}{32\pi^2 \epsilon_0 a^6}$

③ $\dfrac{Q^2}{16\pi^2 \epsilon_0 a^4}$ ④ $\dfrac{Q^2}{32\pi^2 \epsilon_0 a^4}$

해설 자유공간($\epsilon = \epsilon_0$)에서의 정전력(f)
단위 면적당 정전력 f는 단위체적당 정전에너지 w와 같으며
$$f = \dfrac{\rho_s^2}{2\epsilon} = \dfrac{D^2}{2\epsilon} = \dfrac{1}{2}\epsilon E^2 = \dfrac{1}{2}ED\,[\text{N/m}^2]$$
$E = \dfrac{Q}{4\pi\epsilon_0 a^2}$ [V/m]이므로
$$\therefore f = \dfrac{1}{2}\epsilon_0 E^2 = \dfrac{1}{2}\epsilon_0\left(\dfrac{Q}{4\pi\epsilon_0 a^2}\right)^2$$
$$= \dfrac{Q^2}{32\pi^2\epsilon_0 a^4}\,[\text{N/m}^2]$$

77
무한히 넓은 평행판을 2[cm]의 간격으로 놓은 후 평행판간에 일정한 전계를 인가하였더니 도체 표면에 2[μC/m²]의 전하밀도가 생겼다. 이때 평행판 표면의 단위면적당 받는 정전응력은?

① 1.13×10^{-1} [N/m²]
② 2.26×10^{-1} [N/m²]
③ 1.13 [N/m²]
④ 2.26 [N/m²]

해설 자유공간에서의 정전력(f)
자유공간에서의 단위면적당 정전력(f)과 단위체적당 정전에너지(w)는 서로 같으며
$$f = \dfrac{\rho_s^2}{2\epsilon_0} = \dfrac{D^2}{2\epsilon_0} = \dfrac{1}{2}\epsilon_0 E^2 = \dfrac{1}{2}ED\,[\text{N/m}^2]\text{이다.}$$
$\rho_s = 2\,[\mu\text{C/m}^2]$일 때
$$\therefore f = \dfrac{\rho_s^2}{2\epsilon_0} = \dfrac{(2 \times 10^{-6})^2}{2 \times 8.855 \times 10^{-12}}$$
$$= 2.26 \times 10^{-1}\,[\text{N/m}^2]$$

76
평행판 공기콘덴서 극판간에 비유전율 6인 유리판을 일부만 삽입한 경우 내부로 끌리는 힘은 약 몇 [N/m²]인가? (단, 극판간의 전위경도는 30[kV/cm]이고 유리판의 두께는 판간 두께와 같다.)

① 199 ② 223
③ 247 ④ 269

해설 유전체 내의 경계면에 작용하는 힘
공기콘덴서의 유전율 $\epsilon_1 = \epsilon_0$,
유리의 유전율 $\epsilon_2 = \epsilon_0 \epsilon_s$라 하면
$f = \dfrac{1}{2}(\epsilon_2 - \epsilon_1)E^2$ [N/m²]이므로 $\epsilon_s = 6$
$E = 30$ [kV/cm] $= 30 \times \dfrac{1{,}000}{10^{-2}}$ [V/m]
$= 3 \times 10^6$ [V/m]일 때
$\therefore f = \dfrac{1}{2} \times (6-1) \times 8.855 \times 10^{-12} \times (3 \times 10^6)^2$
$= 199$ [N/m²]

78
간격 d[m], 면적 S[m²]의 평행판 커패시터 사이에 유전율 ϵ을 갖는 절연체를 넣고 전극 간에 V[V]의 전압을 가할 때, 두 전극판을 떼어내는데 필요한 힘의 크기는 몇 [N]인가?

① $\dfrac{1}{2\epsilon}\dfrac{V^2}{d^2 S}$ ② $\dfrac{1}{2\epsilon}\dfrac{dV^2}{S}$

③ $\dfrac{1}{2}\epsilon\dfrac{V}{d}S$ ④ $\dfrac{1}{2}\epsilon\dfrac{V^2}{d^2}S$

해설 유전체 내의 정전력(F)
단위 면적당 정전력 f는 단위체적당 정전에너지 w와 같으며 $f = \dfrac{\rho_s^2}{2\epsilon} = \dfrac{D^2}{2\epsilon} = \dfrac{1}{2}\epsilon E^2 = \dfrac{1}{2}ED\,[\text{N/m}^2]$이다.
$$\therefore F = f \times S = \dfrac{1}{2}\epsilon E^2 S = \dfrac{1}{2}\epsilon\left(\dfrac{V}{d}\right)^2 S\,[\text{N}]$$

정답 75 ④ 76 ① 77 ② 78 ④

79 면적 $A[m^2]$, 간격 $d[m]$인 평행판 콘덴서의 전극판에 비유전율 ϵ_r인 유전체를 가득히 채웠을 때 전극판 간에 $V[V]$를 가하면 전극판을 떼어내는데 필요한 힘은 몇 [N]인가?

① $\dfrac{\epsilon_0 \epsilon_r V^2 A}{2d^2}$ ② $\dfrac{\epsilon_0 \epsilon_r V^2 A}{d^2}$

③ $\dfrac{\epsilon_0 \epsilon_r V^2 A}{2\pi d^2}$ ④ $\dfrac{\epsilon_0 \epsilon_r V^2 A}{2d}$

[해설] 유전체 내의 정전력(F)
단위 면적당 정전력 f는 단위체적당 정전에너지 w와 같으며

$$f = \frac{\rho_s^2}{2\epsilon} = \frac{D^2}{2\epsilon} = \frac{1}{2}\epsilon E^2 = \frac{1}{2}ED[N/m^2] \text{이다.}$$

$$\therefore F = f \times A = \frac{1}{2}\epsilon E^2 A = \frac{1}{2}\epsilon \left(\frac{V}{d}\right)^2 A$$

$$= \frac{\epsilon V^2 A}{2d^2} = \frac{\epsilon_0 \epsilon_r V^2 A}{2d^2} [N]$$

---

80 면적이 $300[cm^2]$, 판 간격 $2[cm]$인 2장의 평행판 금속 간을 비유전율 5인 유전체로 채우고 두 극판 간에 $20[kV]$의 전압을 가할 경우 극판 간에 작용하는 정전 흡인력[N]은?

① 0.75 ② 0.66
③ 0.89 ④ 10

[해설] 유전체 내의 정전력(F)
$S = 300[cm^2]$, $d = 2[cm]$, $\epsilon_s = 5$, $V = 20[kV]$이므로

$$\therefore F = \frac{1}{2}\epsilon_0 \epsilon_s \left(\frac{V}{d}\right)^2 S$$

$$= \frac{1}{2} \times 8.855 \times 10^{-12} \times 5 \times \left(\frac{20 \times 10^3}{2 \times 10^{-2}}\right)^2$$

$$\times 300 \times 10^{-4}$$

$$= 0.66 [N]$$

---

81 전극판 면적 $100[cm^2]$, 간격 $0.2[cm]$인 평행판 콘덴서에 $\epsilon_s = 2.5$인 폴리에틸렌 수지를 가득 채웠을 때 전극판 사이에 $100[V]$를 가하면 극간 흡인력[N]은?

① 2.77×10^{-7} ② 5.64×10^{-7}
③ 2.77×10^{-4} ④ 5.53×10^{-4}

[해설] 유전체 내의 정전력(F)
$S = 100[cm^2]$, $d = 0.2[cm]$, $\epsilon_s = 2.5$, $V = 100[V]$이므로

$$\therefore F = \frac{1}{2}\epsilon_0 \epsilon_s \left(\frac{V}{d}\right)^2 S$$

$$= \frac{1}{2} \times 8.855 \times 10^{-12} \times 2.5 \times \left(\frac{100}{0.2 \times 10^{-2}}\right)^2$$

$$\times 100 \times 10^{-4}$$

$$= 2.77 \times 10^{-4} [N]$$

---

82 유전체 역률($\tan \delta$)과 무관한 것은?

① 주파수 ② 정전용량
③ 인가전압 ④ 누설저항

[해설] 유전체 역률(=손실 매질의 손실 탄젠트)
손실 매질의 복소유전율 ϵ_c, 도전율 σ, 각주파수 ω라 하면

$$\epsilon_c = \epsilon - j\frac{\sigma}{\omega} = \epsilon' - j\epsilon'' [f/m]$$

$\dfrac{\epsilon''}{\epsilon'}$는 어떤 매질에서의 전력손실의 척도이므로 손실 탄젠트(유전체 역률)라 부른다. 손실각을 δ라 하면 유전체 역률($\tan \delta$)은

$$\tan \delta = \frac{\epsilon''}{\epsilon'} = \frac{\sigma}{\omega \epsilon} = \frac{\sigma}{2\pi f \epsilon} = \frac{1}{2\pi f RC} \text{이다.}$$

$\therefore$ 유전체 역률은 도전율, 주파수, 유전율, 저항, 정전용량에 따라서 그 크기가 달라진다.

[참고] $RC = \dfrac{C}{G} = \rho\epsilon = \dfrac{\epsilon}{\sigma}$

여기서 G는 콘덕턴스, ρ는 고유저항이다.

05 전계의 특수해법과 전류

1 전기영상법

1. 접지무한평면과 점전하

(1) 영상전하(Q')와 위치
 ① 영상전하 : $Q' = -Q$ [C]
 ② 영상전하의 위치 : $(-d, 0)$ [m]

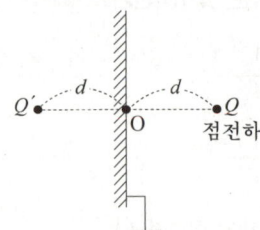

(2) 무한평면과 점전하간의 작용력

$$F = \frac{Q' \cdot Q}{4\pi\epsilon_0 (2d)^2} = -\frac{Q^2}{16\pi\epsilon_0 d^2} \text{ [N] 또는 } \frac{Q^2}{16\pi\epsilon_0 d^2} \text{ [N]}$$

※ 부호 (−)는 영상전하와의 작용력은 항상 흡인력임을 표현해주는 것이다.

(3) 전계의 세기
 ① 중심 O점에서 평면상 y만큼 떨어진 점의 전계의 세기

$$E' = -\frac{Q}{4\pi\epsilon_0 (y^2 + d^2)} \text{ [V/m]}$$

$$E = -2E' \cos\theta = -\frac{Q\cos\theta}{2\pi\epsilon_0 (y^2 + d^2)} \text{ [V/m]}$$

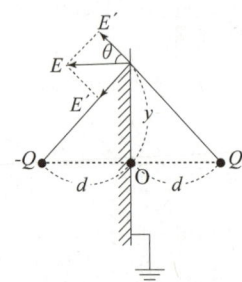

 ② 전계의 세기의 최대값
  전계의 세기가 최대로 되기 위해서는 단위 전하의 위치가 중심 O점에 놓여있어야 하므로 $y = 0$, $\cos\theta = 1$인 조건을 만족하여야 한다.

$$E_m = -\frac{Q}{2\pi\epsilon_0 d^2} \text{ [V/m]}$$

확인문제

01 점전하 Q [C]에 의한 무한평면 도체의 영상전하는?
 ① $-Q$ [C]보다 작다.
 ② Q [C]보다 크다.
 ③ $-Q$ [C]과 같다.
 ④ Q [C]과 같다.

[해설] 접지무한평면과 점전하
접지무한평면으로부터 d [m]만큼 떨어진 곳에 점전하 Q [C]이 있을 때 영상전하(Q')와 그 위치는 다음과 같다.
(1) 영상전하 $Q' = -Q$ [C]
(2) 영상전하의 위치 $= (-d, 0)$ [m]

답 : ③

02 무한평면 도체로부터 거리 a [m]인 곳에 점전하 Q [C]이 있을 때 이 무한평면 도체 표면에 유도되는 면밀도가 최대인 점의 전하밀도는 몇 [C/m²]인가?

① $-\dfrac{Q}{2\pi a^2}$ ② $-\dfrac{Q^2}{4\pi a}$

③ $-\dfrac{Q}{\pi a^2}$ ④ 0

[해설] 접지무한평면과 점전하
접지무한평면으로부터 a [m] 떨어진 점에 점전하 Q [C]이 있을 때 무한평면상에서 최대전계의 세기($E_{\max}$)는

$E_{\max} = -\dfrac{Q}{2\pi\epsilon_0 a^2}$ [V/m]이므로 최대전속밀도($D_{\max}$)나 최대면전하밀도($\rho_{s\max}$)는

∴ $D_{\max} = \rho_{s\max} = \epsilon_0 E_{\max} = -\dfrac{Q}{2\pi a^2}$ [C/m²]

답 : ①

(4) 최대 전속밀도 및 최대 면전하밀도

$$D_{max} = \rho_{s\,max} = \epsilon_0 E_m = -\frac{Q}{2\pi d^2} \text{ [C/m}^2\text{]}$$

여기서, F : 작용력[N], Q : 점전하[C], Q' : 영상전하[C], d : 평면에서 점전하까지의 거리[m],
E : 전계의 세기[V/m], y : 평면상 임의의 거리[m], E_m : 전계의 세기의 최대값[V/m]
D_{max} : 최대자속밀도[C/m²], $\rho_{s\,max}$: 최대면전하밀도[C/m²]

2. 접지된 무한평면과 선전하

(1) 영상전하(Q')와 영상전류(I')

① 영상전하 : $Q' = -Q$[C]

② 영상전류 : $I' = -I$[A]

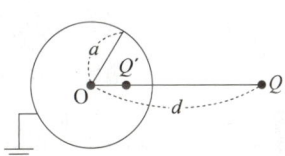

(2) 무한평면과 직선도체간의 작용력(F)

$$F = -\frac{\lambda^2}{4\pi\epsilon_0 h} \text{ [N/m]}$$

(3) 전계의 세기(E)

$$E = -\frac{\lambda}{4\pi\epsilon_0 h} \text{ [V/m]}$$

(4) 대지정전용량(C')

$$C' = \frac{2\pi\epsilon_0}{\ln\frac{2h}{a}} \text{ [F/m]}$$

여기서, F : 작용력[N], Q : 전하[C], h : 평면과 직선도체간 거리[m], E : 전계의 세기[V/m],
λ : 선전하밀도[C/m], C' : 대지정전용량[F], a : 직선도체의 반지름[m]

3. 접지구도체와 점전하

(1) 영상전하(Q')와 위치

① 영상전하 : $Q' = -\frac{a}{d}Q$[C]

② 영상전하의 위치 : $\left(+\frac{a^2}{d},\ 0,\ 0\right)$[m]

확인문제

03 전류 $+I$와 전하 $+Q$가 무한히 긴 직선상의 도체에 각각 주어졌고 이들 도체는 진공 속에서 각각 투자율과 유전율이 무한대인 물질로 된 무한평면과 평행하게 놓여있다. 이 경우, 영상법에 의한 영상전류와 영상전하는? (단, 전류는 직류이다.)

① $-I,\ -Q$ ② $-I,\ +Q$
③ $+I,\ -Q$ ④ $+I,\ +Q$

[해설] 접지무한평면과 선전하
접지무한평면으로부터 h[m] 떨어진 곳에 λ[C/m]인 선전하가 분포될 때 영상전하(Q')와 영상전류(I')는
(1) 영상전하 $Q' = -Q$[C]
(2) 영상전류 $I' = -I$[A]이다.

답 : ①

04 반지름 a인 접지 도체구의 중심에서 $d(>a)$ 되는 곳에 점전하 Q가 있다. 구도체에 유기되는 영상전하 및 그 위치(중심에서의 거리)는 각각 얼마인가?

① $+\frac{a}{d}Q,\ \frac{a^2}{d}$ ② $-\frac{a}{d}Q,\ \frac{a^2}{d}$
③ $+\frac{d}{a}Q,\ \frac{d^2}{a}$ ④ $-\frac{d}{a}Q,\ \frac{d^2}{a}$

[해설] 접지구도체와 점전하
접지구도체로부터 영상전하(Q')와 그 위치는
(1) 영상전하 $Q' = -\frac{a}{d}Q$[C]
(2) 영상전하의 위치 $= +\frac{a^2}{d}$ [m]

답 : ②

(2) 접지구도체와 점전하간의 작용력

$$F = \frac{Q \cdot Q'}{4\pi\epsilon_0 \left(\frac{d^2-a^2}{d}\right)^2} \text{ [N]}$$

여기서, a : 접지구도체의 반지름[m], d : 접지구도체 중심에서 점전하까지의 거리[m], F : 작용력[N], Q : 점전하[C], Q' : 영상전하[C]

2 온도저항

1. 저항온도계수

(1) 0[℃]에서의 저항온도계수(α_0)

$$\alpha_0 = \frac{1}{234.5} \fallingdotseq 0.00426$$

(2) t[℃]에서의 저항온도계수(α_t)

$$\alpha_t = \frac{1}{234.5+t}$$

(3) 합성저항온도계수(α)

$$\alpha = \frac{\alpha_1 R_1 + \alpha_2 R_2 + \alpha_3 R_3}{R_1 + R_2 + R_3}$$

여기서, α_1, α_2, α_3 : 각 도체의 저항온도계수, R_1, R_2, R_3 : 각 도체의 저항[Ω]

2. t[℃]일 때의 저항 R_t[Ω]이 T[℃]로 변화시 저항 R_T[Ω] 계산

$$R_T = \{1+\alpha_t(T-t)\}R_t = \frac{234.5+T}{234.5+t}R_t \text{ [Ω]}$$

여기서, α_t : t[℃]에서의 저항온도계수

확인문제

05 온도 0[℃]에서 저항이 R_1, R_2이고 저항의 온도계수가 각각 α_1, α_2인 두 개의 저항을 직렬로 접속했을 때, 그들의 합성 저항온도계수는?

① $\dfrac{R_1\alpha_2 + R_2\alpha_1}{R_1 + R_2}$ ② $\dfrac{R_1\alpha_1 - R_2\alpha_2}{R_1 + R_2}$

③ $\dfrac{R_1\alpha_1 + R_2\alpha_2}{R_1 + R_2}$ ④ $\dfrac{R_1\alpha_2 - R_2\alpha_1}{R_1 + R_2}$

[해설] 저항온도계수

(1) 0[℃]인 경우 $\alpha_0 = \dfrac{1}{234.5}$

(2) t[℃]인 경우 $\alpha_t = \dfrac{1}{234.5+t}$

(3) 합성저항온도계수 $\alpha = \dfrac{R_1\alpha_1 + R_2\alpha_2}{R_1 + R_2}$

답 : ③

06 온도 t[℃]에서 저항 R_t[Ω]인 동선은 30[℃]일 때 저항은 어떻게 변하는가?

① $\dfrac{30-t}{234.5}R_t$ ② $\dfrac{234.5+t}{264.5}R_t$

③ $\dfrac{30-t}{234.5+t}R_t$ ④ $\dfrac{264.5}{234.5+t}R_t$

[해설] 온도변화시 저항계산

t[℃]일 때의 저항 R_t[Ω]이 T[℃]로 변화시 저항 R_T[Ω]은

$R_T = \dfrac{234.5+T}{234.5+t}R_t$ [Ω]이므로

$T = 30$[℃]인 경우

$\therefore R_T = \dfrac{234.5+30}{234.5+t}R_t = \dfrac{264.5}{234.5+t}R_t$ [Ω]

답 : ④

3 도체의 저항

1. 도체의 저항과 정전용량의 관계

| 공식 |
$$RC = \rho\epsilon = \frac{\epsilon}{k} \quad \text{또는} \quad \frac{C}{G} = \rho\epsilon = \frac{\epsilon}{k}$$

여기서, R : 저항[Ω], C : 정전용량[F], ρ : 고유저항[Ω·m], k : 도전율[℧/m], ϵ : 유전율[F/m], G : 콘덕턴스[℧]

2. 도체의 옴의 법칙

| 공식 |
$$i = kE = \frac{E}{\rho} \ [A/m^2]$$

여기서, i : 전류밀도[A/m²], E : 전계의 세기[V/m], k : 도전율[℧/m], ρ : 고유저항[Ω·m]

3. 구도체의 저항

종류	저항
구도체	$R = \dfrac{\rho\epsilon}{C} = \dfrac{\rho}{4\pi a} = \dfrac{1}{4\pi ka} \ [\Omega]$
반구도체	$R = \dfrac{\rho\epsilon}{C} = \dfrac{\rho}{2\pi a} = \dfrac{1}{2\pi ka} \ [\Omega]$
동심구도체	$R = \dfrac{\rho\epsilon}{C} = \dfrac{\rho}{4\pi}\left(\dfrac{1}{a} - \dfrac{1}{b}\right) = \dfrac{1}{4\pi k}\left(\dfrac{1}{a} - \dfrac{1}{b}\right) \ [\Omega]$

여기서, R : 저항[Ω], C : 정전용량[F], ρ : 고유저항[Ω·m], k : 도전율[℧/m], ϵ : 유전율[F/m],
a : 구도체 반지름[m] 또는 동심 내구도체 반지름[m], b : 동심 외구도체 내반지름[m]

확인문제

07 전기저항 R과 정전용량 C, 고유저항 ρ 및 유전율 ϵ 사이의 관계는?

① $RC = \rho\epsilon$ ② $\dfrac{R}{C} = \dfrac{\epsilon}{\rho}$

③ $\dfrac{C}{R} = \rho\epsilon$ ④ $R = \epsilon C \rho$

[해설] 전기저항 R과 정전용량 C의 관계
어떤 도체의 면적을 S, 길이를 l이라 하면
$R = \rho\dfrac{l}{S}$ [Ω], $C = \dfrac{\epsilon S}{l}$ [F]이므로
$RC = \rho\dfrac{l}{S} \times \dfrac{\epsilon S}{l} = \rho\epsilon$
$\therefore RC = \rho\epsilon = \dfrac{\epsilon}{k}$ 또는 $\dfrac{C}{G} = \rho\epsilon = \dfrac{\epsilon}{k}$
여기서 k는 도전율, G는 콘덕턴스이다.

답 : ①

08 다음 중 옴의 법칙은 어느 것인가? (단, k는 도전율, ρ는 고유저항, E는 전계의 세기이다.)

① $i = kE$ ② $i = \dfrac{E}{k}$

③ $i = \rho E$ ④ $i = -kE$

[해설] 도체의 옴의 법칙
전류밀도 i [A/m²]라 하면
$\therefore i = kE = \dfrac{E}{\rho}$ [A/m²]

답 : ①

4. 동심원통도체의 저항

$$R = \frac{\rho\epsilon}{C} = \frac{\rho}{2\pi l}\ln\frac{b}{a} = \frac{1}{2\pi kl}\ln\frac{b}{a}\ [\Omega]$$

여기서, R : 저항[Ω], C : 정전용량[F], ρ : 고유저항[Ω·m], k : 도전율[℧/m], ϵ : 유전율[F/m], a : 동심 내원통도체 반지름[m], b : 동심 외원통도체 내반지름[m], l : 동심 원통도체 길이[m]

5. 평행한 두 도선 사이의 저항

$$R = \frac{\rho\epsilon}{C} = \frac{\rho}{\pi l}\ln\frac{d}{a} = \frac{1}{\pi kl}\ln\frac{d}{a}\ [\Omega]$$

여기서, R : 저항[Ω], C : 정전용량[F], ρ : 고유저항[Ω·m], k : 도전율[℧/m], ϵ : 유전율[F/m], a : 평행한 두 도선의 반지름[m], d : 평행한 도선간 거리[m], l : 평행도선의 길이[m]

4 전기효과

1. 제벡(Seebeck) 효과

두 종류의 도체로 접합된 폐회로에 온도차를 주면 접합점에서 기전력차가 생겨 전류가 흐르게 되는 현상. 열전온도계나 태양열발전 등이 이에 속한다.

2. 펠티에(Peltier) 효과

두 종류의 도체로 접합된 폐회로에 전류를 흘리면 접합점에서 열의 흡수 또는 발생이 일어나는 현상. 전자냉동의 원리

3. 톰슨(Thomson) 효과

같은 도선에 온도차가 있을 때 전류를 흘리면 열의 흡수 또는 발생이 일어나는 현상

4. 홀(Hall) 효과

전류가 흐르고 있는 도체에 자계를 가하면 도체 측면에 (+), (-) 전하가 분리되어 전위차가 발생하는 현상

05 출제예상문제

★★★

01 무한평면 도체로부터 거리 a[m]인 곳에 점전하 Q[C]이 있을 때, Q[C]과 무한평면 도체 간의 작용력[N]은? (단, 공간 매질의 유전율은 ϵ[F/m]이다.)

① $\dfrac{Q^2}{2\pi\epsilon_0 a^2}$ ② $\dfrac{-Q^2}{16\pi\epsilon_0 a^2}$

③ $\dfrac{Q^2}{4\pi\epsilon_0 a^2}$ ④ $\dfrac{Q^2}{16\pi\epsilon a^2}$

[해설] 접지무한평면과 점전하
점전하 Q[C]과 영상전하 $-Q$[C] 간의 거리가 $2a$[m] 떨어져 있으므로 작용하는 힘 F는

$\therefore F = \dfrac{Q_1 Q_2}{4\pi\epsilon r^2} = \dfrac{Q \cdot (-Q)}{4\pi\epsilon(2a)^2} = -\dfrac{Q^2}{16\pi\epsilon a^2}$ [N]

또는 $\dfrac{Q^2}{16\pi\epsilon a^2}$ [N]

여기서 매질의 유전율이 ϵ이며 (−) 부호는 흡인력을 나타내므로 주의하여 답을 체크하여야 한다.

★★

02 공기 중에서 무한평면 도체 표면 아래의 1[m] 떨어진 곳에 1[C]의 점전하가 있다. 전하가 받는 힘의 크기는 몇 [N]인가?

① 9×10^8 ② $\dfrac{9}{2} \times 10^9$

③ $\dfrac{9}{4} \times 10^9$ ④ $\dfrac{9}{10} \times 10^9$

[해설] 접지무한평면과 점전하
접지무한평면과 점전하 사이에 작용하는 힘 F는
$a = 1$ [m], $Q = 1$ [C]이므로

$\therefore F = \dfrac{Q^2}{16\pi\epsilon_0 a^2} = \dfrac{Q^2}{4\pi\epsilon_0(4a^2)}$

$= 9 \times 10^9 \times \dfrac{1^2}{4 \times 1^2} = \dfrac{9}{4} \times 10^9$ [N]

★★

03 무한평면 도체의 표면에서 2[m]인 곳에 점전하 4[C]이 있다. 전하가 받는 힘[N]은?

① 72×10^9 ② 3×10^9

③ 36×10^9 ④ 9×10^9

[해설] 접지무한평면과 점전하
접지무한평면과 점전하 사이에 작용하는 힘 F는
$a = 2$ [m], $Q = 4$ [C]이므로

$\therefore F = \dfrac{Q^2}{16\pi\epsilon_0 a^2} = \dfrac{Q^2}{4\pi\epsilon_0(4a^2)}$

$= 9 \times 10^9 \times \dfrac{4^2}{4 \times 2^2}$

$= 9 \times 10^9$ [N]

★★

04 그림과 같은 무한평면 도체로부터 d[m] 떨어진 점에 $+Q$[C]의 점전하가 있을 때 $d/2$[m]인 P 점에 있어서 전계의 세기는 몇 [V/m]인가?

① $\dfrac{Q}{3\pi\epsilon_0 d}$

② $\dfrac{8Q}{9\pi\epsilon_0 d^2}$

③ $\dfrac{10Q}{9\pi\epsilon_0 d^2}$

④ $\dfrac{Q}{\pi\epsilon_0 d^2}$

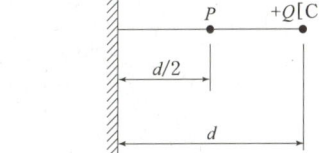

[해설] 접지무한평면과 점전하
접지무한평면으로부터 d[m] 떨어진 곳에 점전하 Q[C]이 있을 때 점전하로부터 $2d$[m] 떨어진 반대편 영역에 영상전하 $-Q$[C]이 존재한다. 따라서 P점에 단위전하 1[C]을 놓으면 전계의 세기 E는 다음과 같다.
점전하 Q[C]에 의한 전계의 세기를 E_1, 영상전하 $-Q$[C]에 의한 전계의 세기를 E_2라 하면

$E_1 = \dfrac{Q}{4\pi\epsilon_0 \left(\dfrac{d}{2}\right)^2} = \dfrac{Q}{\pi\epsilon_0 d^2}$ [V/m]

$E_2 = \dfrac{Q}{4\pi\epsilon_0 \left(\dfrac{3}{2}d\right)^2} = \dfrac{Q}{9\pi\epsilon_0 d^2}$ [V/m]

$\therefore E = E_1 + E_2 = \dfrac{Q}{\pi\epsilon_0 d^2} + \dfrac{Q}{9\pi\epsilon_0 d^2}$

$= \dfrac{10Q}{9\pi\epsilon_0 d^2}$ [V/m]

정답 01 ④ 02 ③ 03 ④ 04 ③

★★★
05 평면도체의 표면에서 진공 내 d[m]의 거리에 점전하 Q[C]이 있을 때, 이 전하를 무한원점까지 운반하는데 요하는 일 [J]은?

① $9 \times 10^9 \times \dfrac{Q^2}{d}$ [J]　　② $4.5 \times 10^9 \times \dfrac{Q^2}{d}$ [J]

③ $3 \times 10^9 \times \dfrac{Q^2}{d}$ [J]　　④ $2.25 \times 10^9 \times \dfrac{Q^2}{d}$ [J]

[해설] 접지무한 평면과 점전하

접지무한 평면으로부터 d[m] 떨어진 점전하 Q[C]와 영상전하 $-Q$[C]간의 거리가 $2d$[m] 떨어져 있으므로 작용하는 힘 F는

$$F = \frac{Q_1 Q_2}{4\pi\epsilon_0 r^2} = \frac{Q \cdot (-Q)}{4\pi\epsilon_0 (2d)^2} = -\frac{Q^2}{16\pi\epsilon_0 d^2} \text{ [N] 또는}$$

$$F = \frac{Q^2}{16\pi\epsilon_0 d^2} \text{ [N]}$$

$$W = \int_d^\infty F da = \int_d^\infty \frac{Q^2}{16\pi\epsilon_0 a^2} da = \frac{Q^2}{16\pi\epsilon_0 d} \text{ [J]}$$

또는 $W = F \cdot d = \dfrac{Q^2}{16\pi\epsilon_0 d^2} \cdot d = \dfrac{Q^2}{16\pi\epsilon_0 d}$ [J]

$$\therefore W = \frac{1}{4\pi\epsilon_0} \cdot \frac{Q^2}{4d} = \frac{9 \times 10^9}{4} \cdot \frac{Q^2}{d}$$

$$= 2.25 \times 10^9 \times \frac{Q^2}{d} \text{ [J]}$$

★★
06 무한대 평면도체와 h[m] 떨어져 평행한 무한장 직선도체에 ρ[C/m]의 전하분포가 주어졌을 때, 직선도체에 단위 길이당 받는 힘[N/m]은? (단, 공간의 유전율은 ϵ이다.)

① 0　　② $\dfrac{\rho^2}{\pi\epsilon h}$

③ $\dfrac{\rho^2}{2\pi\epsilon h}$　　④ $\dfrac{\rho^2}{4\pi\epsilon h}$

[해설] 접지무한평면과 선전하

직선도체로부터 영상전하까지의 거리는 h[m] 떨어져 있으므로 그 사이의 전계의 세기(E)는

$$E = -\frac{\rho}{2\pi\epsilon r} = -\frac{\rho}{2\pi\epsilon(2h)} = -\frac{\rho}{4\pi\epsilon h} \text{ [V/m]}$$

따라서 작용력 F는

$$\therefore F = QE = -\frac{\rho^2 l}{4\pi\epsilon h} \text{ [N]} = -\frac{\rho^2}{4\pi\epsilon h} \text{ [N/m]}$$

★★★
07 대지면에 높이 h[m]로 평행 가설된 매우 긴 선전하(선전하밀도[C/m])가 지면으로부터 받는 힘[N/m]은?

① h에 비례한다.　　② h에 반비례한다.

③ h^2에 비례한다.　　④ h^2에 반비례한다.

[해설] 접지무한평면과 선전하

직선도체로부터 영상전하까지의 거리는 $2h$[m] 떨어져 있으므로 그 사이의 전계의 세기(E)는

$$E = -\frac{\rho_L}{2\pi\epsilon_0 r} = -\frac{\rho_L}{2\pi\epsilon_0 (2h)} = -\frac{\rho_L}{4\pi\epsilon_0 h} \text{ [V/m]}$$

따라서 작용력 F는

$$\therefore F = QE = -\frac{\rho_L^2 l}{4\pi\epsilon_0 h} \text{ [N]} = -\frac{\rho_L^2}{4\pi\epsilon_0 h} \text{ [N/m]}$$

$$= -9 \times 10^9 \times \frac{\rho_L^2}{h} \text{ [N/m]}$$

∴ 작용력(지면으로부터 받는 힘)은 높이 h에 반비례한다.

★★
08 지면에 평행으로 높이 h[m]에 가설된 반지름 a[m]인 직선도체가 있다. 대지정전용량은 몇 [F/m]인가? (단, $h \gg a$이다.)

① $\dfrac{4\pi\epsilon_0}{\log \dfrac{2h}{a}}$　　② $\dfrac{2\pi\epsilon_0}{\log \dfrac{2h}{a}}$

③ $\dfrac{4\pi\epsilon_0}{\log \dfrac{a}{2h}}$　　④ $\dfrac{2\pi\epsilon_0}{\log \dfrac{a}{2h}}$

[해설] 접지무한평면과 선전하

대지정전용량(C')은

$$\therefore C' = \frac{2\pi\epsilon_0}{\ln \dfrac{2h}{a}} \text{ [F/m]}$$

정답 05 ④　06 ④　07 ②　08 ②

09
반지름 a[m]인 접지 도체구 중심으로부터 d[m]($>a$)인 곳에 점전하 Q[C]이 있으면 구도체에 유기되는 전하량[C]은?

① $-\dfrac{a}{d}Q$ ② $\dfrac{a}{d}Q$

③ $-\dfrac{d}{a}Q$ ④ $\dfrac{d}{a}Q$

해설 접지구도체와 점전하

접지구도체로부터 영상전하(Q')와 그 위치 및 작용력(F)은

(1) 영상전하 $Q' = -\dfrac{a}{d}Q$[C]

(2) 영상전하의 위치 $= +\dfrac{a^2}{d}$[m]

(3) 작용력

$$F = \dfrac{QQ'}{4\pi\epsilon_0\left(d - \dfrac{a^2}{d}\right)^2} = \dfrac{QQ'}{4\pi\epsilon_0\left(\dfrac{d^2 - a^2}{d}\right)^2}\,[\text{N}]$$

11
반지름 a인 접지 구형도체와 점전하가 유전율 ϵ인 공간에서 각각 원점과 $(d, 0, 0)$인 점에 있다. 구형도체를 제외한 공간의 전계를 구할 수 있도록 구형도체를 영상전하로 대치할 때에 영상 점전하의 위치는?

① $\left(-\dfrac{a^2}{d},\,0,\,0\right)$

② $\left(+\dfrac{a^2}{d},\,0,\,0\right)$

③ $\left(0,\,+\dfrac{a^2}{d},\,0\right)$

④ $\left(+\dfrac{a^2}{4d},\,0,\,0\right)$

해설 접지구도체와 점전하

점전하가 $(d, 0, 0)$인 점에 있으므로 영상전하도 $\left(+\dfrac{a^2}{d},\,0,\,0\right)$ 위치에 있다.

10
접지되어있는 반지름 0.2[m]인 도체구의 중심으로부터 거리가 0.4[m] 떨어진 점 P에 점전하 6×10^{-3}[C]이 있다. 영상전하는 몇 [C]인가?

① -2×10^{-3} ② 3×10^{-3}

③ -4×10^{-3} ④ -6×10^{-3}

해설 접지구도체와 점전하

접지구도체로부터 영상전하(Q')와 그 위치는 구도체 반지름 a[m], 점전하까지의 거리 d[m]라 할 때

$Q' = -\dfrac{a}{d}Q$[C], 위치 $= +\dfrac{a^2}{d}$[m]이므로

$a = 0.2$[m], $d = 0.4$[m], $Q = 6\times10^{-3}$[C]일 때

$\therefore Q' = -\dfrac{a}{d}Q = -\dfrac{0.2}{0.4}\times 6\times 10^{-3}$

$\qquad = -3\times 10^{-3}$[C]

12
반지름이 10[cm]인 접지구도체의 중심으로부터 1[m] 떨어진 거리에 한 개의 전자를 놓았다. 접지 구도체에 유도된 충전전하량은 몇 [C]인가?

① -1.6×10^{-20} ② -1.6×10^{-21}

③ 1.6×10^{-20} ④ 1.6×10^{-21}

해설 접지구도체와 점전하

전자 1개의 전하량 Q는 $Q = -1.602\times10^{-19}$[C]이며 $a = 10$[cm], $d = 1$[m]일 때 접지구도체로부터의 영상전하 Q'는

$\therefore Q' = -\dfrac{a}{d}Q$

$\qquad = -\dfrac{10\times10^{-2}}{1}\times(-1.602\times10^{-19})$

$\qquad \fallingdotseq 1.6\times10^{-20}$[C]

정답 09 ① 10 ② 11 ② 12 ③

13 그림과 같이 접지된 반지름 a[m]의 도체구 중심 O에서 d[m] 떨어진 점 A에 Q[C]의 점전하가 존재할 때, A′점에 Q'의 영상전하(image charge)를 생각하면 구도체와 점전하간에 작용하는 힘[N]은?

① $F = \dfrac{QQ'}{4\pi\epsilon_0 \left(\dfrac{d^2 - a^2}{d}\right)}$

② $F = \dfrac{QQ'}{4\pi\epsilon_0 \left(\dfrac{d}{d^2 - a^2}\right)}$

③ $F = \dfrac{QQ'}{4\pi\epsilon_0 \left(\dfrac{d^2 + a^2}{d}\right)^2}$

④ $F = \dfrac{QQ'}{4\pi\epsilon_0 \left(\dfrac{d^2 - a^2}{d}\right)^2}$

[해설] 접지구도체와 점전하 작용력 F는
$$F = \dfrac{QQ'}{4\pi\epsilon_0 \left(d - \dfrac{a^2}{d}\right)^2} = \dfrac{QQ'}{4\pi\epsilon_0 \left(\dfrac{d^2 - a^2}{d}\right)^2} \text{[N]}$$

14 접지구도체와 점전하간의 작용력은?

① 항상 반발력이다.
② 항상 흡인력이다.
③ 조건적 반발력이다.
④ 조건적 흡인력이다.

[해설] 접지구도체와 점전하
접지구도체와 점전하간의 작용력 F는
$$F = \dfrac{QQ'}{4\pi\epsilon_0 \left(d - \dfrac{a^2}{d}\right)^2} \text{[N]이므로}$$
$+Q$[C]과 $Q' = -\dfrac{a}{d} Q$[C] 사이에 작용하는 힘(F)은 (−) 부호를 갖는다.
여기서 (−) 부호는 항상 흡인력을 의미한다.

15 직교하는 도체 평면과 점전하 사이에는 몇 개의 영상전하가 존재하는가?

① 2
② 3
③ 4
④ 5

[해설] 영상전하
그림처럼 직교하는 도체 평면상 P점에 점전하가 있는 경우 영상전하는 a점, b점, P′ 점에 나타나게 되며 각 점의 영상전하는 다음과 같다.

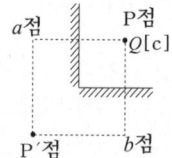

a점의 영상전하 = $-Q$[C]
b점의 영상전하 = $-Q$[C]
P′ 점의 영상전하 = Q[C]
∴ 영상전하의 수는 3개이다.

16 그림과 같이 무한 도체판에 반지름 a[m]인 반구가 돌출되어 있다. 점 P에 Q[C]의 전하가 놓여 있을 때, Q[C]의 전하에 의하여 생기는 영상전하의 수는?

① 0
② 1
③ 2
④ 3

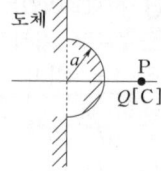

[해설] 영상전하
그림처럼 무한 도체판에 반지름 a[m]인 반구가 있을 때 원점에서 P점까지의 거리를 d[m]라 한다면 영상전하는 모두 A, B, C점 3곳에 나타나게 된다.

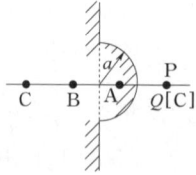

A점의 영상전하 = $-\dfrac{a}{d} Q$ [C]
B점의 영상전하 = $\dfrac{a}{d} Q$ [C]
C점의 영상전하 = $-Q$ [C]
∴ 영상전하의 수는 3개이다.

17 전기 영상법에 대하여 옳지 않은 것은?

① 도체 평면 S와 점전하 q가 대립되어 있을 때의 문제를 점전하 $+q$와 영상전하 $-q$가 대립되어 있는 문제로 풀 수 있다.
② $+q$, $-q$인 점전하가 대립되어 있을 때의 문제를 점전하 $+q$와 도체 평면 S가 대립되어 있을 때의 문제로 풀 수 있다.
③ 도체 평면에 대한 점전하와 그 영상전하는 항상 전하량이 같고 부호가 반대이다.
④ 도체 접지구에 관한 점전하와 그 영상전하는 항상 전하량이 같고 부호가 반대이다.

[해설] 영상전하
(1) 무한도체 평면으로부터 d[m] 떨어진 곳에 $+Q$[C]의 점전하가 있다면 $-d$[m] 되는 곳에 $-Q$[C]의 영상전하가 존재한다. 따라서 무한도체 평면으로부터의 영상전하는 크기는 같고 부호가 반대인 특성을 갖는다.
(2) 반지름이 a[m]인 접지구도체 중심에서 d[m] 떨어진 곳에 $+Q$[C]의 점전하가 있다면 $+\dfrac{a^2}{d}$[m] 되는 곳에 $-\dfrac{a}{d}Q$[C]의 영상전하가 존재한다. 따라서 접지구도체로부터의 영상전하는 크기도 다르며 부호도 반대인 특성을 갖는다.

18 20[℃]에서 저항온도계수 $a_{20}=0.004$인 저항선의 저항이 100[Ω]이다. 이 저항선의 온도가 80[℃]로 상승될 때 저항은 몇 [Ω]이 되겠는가?

① 24 ② 48
③ 72 ④ 124

[해설] t[℃]일 때의 저항 R_t[Ω]이 T[℃]로 변화시 저항 R_T[Ω]의 계산은
$$R_T=\{1+\alpha_t(T-t)\}R_t=\dfrac{234.5+T}{234.5+t}R_t[\Omega]$$
이므로
$T=80$[℃], $t=20$[℃], $\alpha_{20}=0.004$일 때
∴ $R_{80}=\{1+0.004(80-20)\}\times 100=124$[Ω]

19 저항 10[Ω]인 구리선과 30[Ω]인 망간선을 직렬 접속하면 합성 저항온도계수는 몇[%]인가? (단, 동선의 저항온도계수는 0.4[%], 망간선은 0이다.)

① 0.1 ② 0.2
③ 0.3 ④ 0.4

[해설] 합성저항온도계수(α)
동선의 저항과 온도계수를 R_1, α_1, 망간선의 저항과 온도계수를 R_2, α_2라 할 때
$R_1=10$[Ω], $\alpha_1=0.4$[%], $R_2=30$[Ω], $\alpha_2=0$이므로
∴ $\alpha=\dfrac{R_1\alpha_1+R_2\alpha_2}{R_1+R_2}=\dfrac{10\times 0.4+30\times 0}{10+30}$
$=0.1$[%]

20 정전용량 C[F]과 콘덕턴스 G[S]와의 관계로 옳은 것은? (단, k : 도전율[℧/m], ϵ : 유전율[F/m]이다.)

① $\dfrac{C}{G}=\dfrac{\epsilon}{k}$ ② $Ck=\dfrac{G}{\epsilon}$
③ $GC=\epsilon k$ ④ $\dfrac{C}{G}=\dfrac{k}{\epsilon}$

[해설] 전기저항(R)과 정전용량(C)의 관계
어떤 도체의 면적을 S, 길이를 l이라 하면
$R=\rho\dfrac{l}{S}$[Ω], $C=\dfrac{\epsilon S}{l}$[F]이므로
$RC=\rho\dfrac{l}{S}\times\dfrac{\epsilon S}{l}=\rho\epsilon$이다.
∴ $RC=\rho\epsilon=\dfrac{\epsilon}{k}$ 또는 $\dfrac{C}{G}=\rho\epsilon=\dfrac{\epsilon}{k}$
여기서 k는 도전율, G는 콘덕턴스이다.

정답 17 ④ 18 ④ 19 ① 20 ①

21 그림과 같이 면적 $S[m^2]$, 간격 $d[m]$인 극판 간에 유전율 ϵ, 저항률이 ρ인 매질을 채웠을 때, 극판 간의 정전용량과 저항의 관계는? (단, 전극판의 저항률은 매우 작은 것으로 한다.)

① $R = \dfrac{\epsilon \rho}{C}$

② $R = \dfrac{C}{\epsilon \rho}$

③ $R = \epsilon \rho C$

④ $R = \dfrac{1}{\epsilon \rho C}$

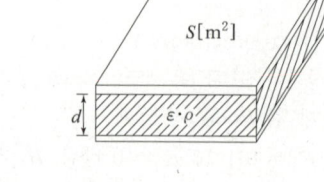

해설 전기저항(R)과 정전용량(C)의 관계
$RC = \rho \epsilon$이므로
$$\therefore R = \dfrac{\rho \epsilon}{C} [\Omega]$$

22 평행판 콘덴서에 유전율 9×10^{-8}[F/m], 고유저항 $\rho = 10^6 [\Omega \cdot m]$인 액체를 채웠을 때, 정전용량이 3[μF]이었다. 이 두 전극판 사이의 저항은 몇 [kΩ]인가?

① 37.6 ② 30
③ 18   ④ 15.4

해설 전기저항(R)과 정전용량(C)의 관계
$\epsilon = 9 \times 10^{-8}$ [F/m], $\rho = 10^6 [\Omega \cdot m]$,
$C = 3 [\mu F]$일 때
$$\therefore R = \dfrac{\rho \epsilon}{C} = \dfrac{10^6 \times 9 \times 10^{-8}}{3 \times 10^{-6}} = 30{,}000 [\Omega]$$
$= 30 [k\Omega]$

23 액체 유전체를 넣은 콘덴서의 용량이 20[μF]이다. 여기에 500[kV]의 전압을 가하면 누설전류[A]는? (단, 비유전율 $\epsilon_s = 2.2$, 고유저항 $\rho = 10^{11}[\Omega]$이다.)

① 4.2   ② 5.13
③ 54.5 ④ 61

해설 전기저항(R)과 정전용량(C)의 관계
누설전류 I는 $I = \dfrac{V}{R} = \dfrac{CV}{\rho \epsilon}$ [A]이므로
$C = 20 [\mu F]$, $V = 500 [kV]$, $\epsilon_s = 2.2$,
$\rho = 10^{11} [\Omega]$일 때
$$\therefore I = \dfrac{CV}{\rho \epsilon} = \dfrac{CV}{\rho \epsilon_0 \epsilon_s}$$
$$= \dfrac{20 \times 10^{-6} \times 500 \times 10^3}{10^{11} \times 8.855 \times 10^{-12} \times 2.2} = 5.13 [A]$$

24 유전율 ϵ[F/m], 고유저항 $\rho[\Omega \cdot m]$인 유전체로 채운 정전용량 C[F]의 콘덴서에 전압 V[V]를 가할 때, 유전체 중의 t초 동안에 발생하는 열량은 몇 [cal]인가?

① $4.2 \times \dfrac{CV^2 t}{\rho \epsilon}$ ② $4.2 \times \dfrac{CVt}{\rho \epsilon}$

③ $0.24 \times \dfrac{CV^2 t}{\rho \epsilon}$ ④ $0.24 \times \dfrac{CVt}{\rho \epsilon}$

해설 유전체 중의 에너지(W)와 열량(H)
$R = \dfrac{\rho \epsilon}{C} = \dfrac{\epsilon}{kC} [\Omega]$이므로
$W = \dfrac{V^2 t}{R} \cdot \dfrac{CV^2 t}{\rho \epsilon}$ [J]일 때
$$\therefore H = 0.24 W = 0.24 \dfrac{V^2 t}{R} = 0.24 \dfrac{CV^2 t}{\rho \epsilon} [cal]$$

25 옴의 법칙을 미분형으로 표시하면?

① $i = \dfrac{E}{\rho}$ ② $i = \rho E$

③ $i = \nabla E$ ④ $i = \text{div } E$

해설 도체의 옴의 법칙
전계의 세기 E, 도전율 k, 고유저항 ρ라 할 때 전류밀도 i는
$$\therefore i = kE = \dfrac{E}{\rho} [A/m^2]$$

정답 21 ① 22 ② 23 ② 24 ③ 25 ①

제5장 _ 전계의 특수해법과 전류

★★
26 대기 중의 두 전극 사이에 있는 어떤 점의 전계의 세기가 $E=6$[V/cm], 지면의 도전율이 $k=10^{-4}$[℧/cm]일 때 이 점의 전류밀도는 몇 [A/cm²]인가?

① 6×10^{-4}
② 6×10^{-6}
③ 6×10^{-5}
④ 6×10^{-2}

[해설] 도체의 옴의 법칙
$E=6$ [V/cm], $k=10^{-4}$ [℧/cm]일 때
$\therefore i = kE = 10^{-4} \times 6 = 6 \times 10^{-4}$ [A/cm²]

★★
27 대기 중의 두 전극 사이에 있는 어떤 점의 전계 세기가 $E=3.5$[V/cm], 지면의 도전율이 $k=10^{-4}$[℧/m]일 때 이 점의 전류밀도[A/m²]는?

① 1.5×10^{-2}
② 2.5×10^{-3}
③ 3.5×10^{-2}
④ 6.6×10^{-2}

[해설] 도체의 옴의 법칙
$E = 3.5$ [V/cm], $k = 10^{-4}$ [℧/m]일 때
$\therefore i = kE = 10^{-4} \times 3.5 \times \dfrac{1}{10^{-2}}$
$= 3.5 \times 10^{-2}$ [A/m²]

★★
28 지름 2[mm]의 동선에 π[A]의 전류가 균일하게 흐를 때의 전류밀도는 몇 [A/m²]인가?

① 10^3
② 10^4
③ 10^5
④ 10^6

[해설] 도체의 옴의 법칙
반지름 a[m]인 동선의 면적을 S[m²], 전류를 I[A]라 하면 전류밀도 i는
$S = \pi a^2 = \pi \times \left(\dfrac{2 \times 10^{-3}}{2}\right)^2 = 10^{-6} \pi$ [m²]
$I = \pi$ [A]이므로
$\therefore i = \dfrac{I}{S} = \dfrac{\pi}{10^{-6}\pi} = 10^6$ [A/m²]

★★
29 공간도체 중의 정상전류밀도를 i, 공간전하밀도를 ρ라고 할 때 키르히호프의 전류법칙을 나타내는 것은?

① $i = 0$
② div $i = 0$
③ $i = \dfrac{\partial \rho}{\partial t}$
④ div $i = \infty$

[해설] 도체 내의 키르히호프 법칙
도체 단면을 통하는 전류밀도는 임의의 단면을 흘러들어가는 경우와 흘러나오는 경우가 같아지며 그 이유는 도체 내를 흐르는 전류는 발산하지 않기 때문이다.
$\therefore$ div $i = 0$

★★
30 $\nabla \cdot i = 0$에 대한 설명이 아닌 것은?

① 도체 내에 흐르는 전류는 연속이다.
② 도체 내에 흐르는 전류는 일정하다.
③ 단위시간당 전하의 변화가 없다.
④ 도체 내에 전류가 흐르지 않는다.

[해설] 전류의 연속성
도체 내에서 키르히호프의 제1법칙은 $\sum I = 0$ [A]이므로
$\sum I = \displaystyle\int_s i \cdot n ds = \int_v \text{div} i dv = \int_v \nabla \cdot i dv$
$= 0$ [A]이다.
$\nabla \cdot i = \text{div} i = 0$이란 도체 내에서는 전류의 발산이 일어나지 않으며 도체 내의 임의의 점으로 흘러들어가는 전류와 흘러나오는 전류는 서로 같다는 전류의 연속성을 의미한다. 따라서 도체 내에 흐르는 전류는 일정하며 단위시간당 전하의 변화도 없음을 알 수 있다.

[정답] 26 ① 27 ③ 28 ④ 29 ② 30 ④

31 반지름 a, b인 두 구상 도체 전극이 도전율 k인 매질 속에 중심 간의 거리 l만큼 떨어져 놓여 있다. 두 전극 간의 저항[Ω]은? (단, $l \gg a$, b이다.)

① $4\pi k \left(\dfrac{1}{a} + \dfrac{1}{b}\right)$ ② $4\pi k \left(\dfrac{1}{a} - \dfrac{1}{b}\right)$
③ $\dfrac{1}{4\pi k} \left(\dfrac{1}{a} + \dfrac{1}{b}\right)$ ④ $\dfrac{1}{4\pi k} \left(\dfrac{1}{a} - \dfrac{1}{b}\right)$

해설 구도체 전극간의 저항(R)
반지름이 각각 a, b인 두 개의 구도체 전극의 정전용량을 C_1, C_2라 하면
$C_1 = 4\pi\epsilon a$ [F], $C_2 = 4\pi\epsilon b$ [F]이다.
$RC = \rho\epsilon = \dfrac{\epsilon}{k}$ 식에서 각 구도체의 저항을 유도하면
$R_1 = \dfrac{\epsilon}{C_1 k} = \dfrac{\epsilon}{4\pi\epsilon a k} = \dfrac{1}{4\pi k a}$ [Ω]
$R_2 = \dfrac{\epsilon}{C_2 k} = \dfrac{\epsilon}{4\pi\epsilon b k} = \dfrac{1}{4\pi k b}$ [Ω]이다.
이 구도체가 동일한 매질 속에 놓여있다면 직렬접속되어 있는 경우가 되므로 합성저항 R을 구하면
$\therefore R = R_1 + R_2 = \dfrac{1}{4\pi k a} + \dfrac{1}{4\pi k b}$
$= \dfrac{1}{4\pi k}\left(\dfrac{1}{a} + \dfrac{1}{b}\right)$ [Ω]

32 대지의 고유저항이 ρ[$\Omega \cdot$m]일 때 반지름 a[m]인 그림과 같은 반구 접지극의 접지저항은 몇 [Ω]인가?

① $\dfrac{\rho}{4\pi a}$
② $\dfrac{\rho}{2\pi a}$
③ $\dfrac{2\pi\rho}{a}$
④ $2\pi\rho a$

해설 반구도체 전극의 접지저항(R)
반지름이 a인 반구도체 전극의 정전용량 C는
$C = 2\pi\epsilon a$ [F]이다.
$\therefore R = \dfrac{\rho\epsilon}{C} = \dfrac{\rho\epsilon}{2\pi\epsilon a} = \dfrac{\rho}{2\pi a}$ [Ω]

33 그림과 같은 반지름 a인 반구도체 2개가 대지에 매설되어 있다. 이 경우, 두 반구도체 사이의 저항[Ω]은? (단, 대지의 고유저항을 ρ라 하고 도체의 고유저항은 0이며 $l \gg a$이다.)

① $\dfrac{\rho}{4\pi a}$
② $\dfrac{\rho}{2\pi a}$
③ $\dfrac{\rho}{\pi a}$
④ $\dfrac{\rho}{2\pi}$

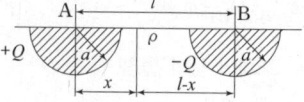

해설 구도체 전극간의 저항(R)
반지름이 각각 a인 두 개의 반구도체 전극의 정전용량을 C_1, C_2라 하면
$C_1 = 2\pi\epsilon a$ [F], $C_2 = 2\pi\epsilon a$ [F]이다.
$R_1 = \dfrac{\rho\epsilon}{C_1} = \dfrac{\rho\epsilon}{2\pi\epsilon a} = \dfrac{\rho}{2\pi a}$ [Ω]
$R_2 = \dfrac{\rho\epsilon}{C_2} = \dfrac{\rho\epsilon}{2\pi\epsilon a} = \dfrac{\rho}{2\pi a}$ [Ω]이다.
이 반구도체가 동일한 매질 속에 놓여있으면 직렬접속되어 있는 경우가 되므로 합성저항 R을 구하면
$\therefore R = R_1 + R_2 = \dfrac{\rho}{2\pi a} + \dfrac{\rho}{2\pi a} = \dfrac{\rho}{\pi a}$ [Ω]

34 내구의 반지름 a, 외구의 반지름 b인 동심구도체 간에 고유저항 ρ인 저항 물질이 채워져 있을 때에 내·외구 간의 합성 저항[Ω]은?

① $\dfrac{\rho}{2\pi}\left(\dfrac{1}{a} - \dfrac{1}{b}\right)$ ② $4\pi\rho\left(\dfrac{1}{a} - \dfrac{1}{b}\right)$
③ $\dfrac{\rho}{4\pi}\left(\dfrac{1}{a} - \dfrac{1}{b}\right)$ ④ $2\pi\rho\left(\dfrac{1}{a} - \dfrac{1}{b}\right)$

해설 동심구도체의 저항(R)
내구, 외구 반지름이 각각 a, b인 동심구도체의 정전용량을 C라 하면 $C = \dfrac{4\pi\epsilon}{\dfrac{1}{a} - \dfrac{1}{b}} = \dfrac{4\pi\epsilon ab}{b - a}$ [F]이다.

$\therefore R = \dfrac{\rho\epsilon}{C} = \dfrac{\rho\epsilon}{4\pi\epsilon}\left(\dfrac{1}{a} - \dfrac{1}{b}\right) = \dfrac{\rho}{4\pi}\left(\dfrac{1}{a} - \dfrac{1}{b}\right)$ [Ω]

35
반지름 a, $b(a<b)$인 동심 원통 전극 사이에 고유저항 ρ의 물질이 충만되어 있을 때 단위 길이당의 저항[Ω/m]은?

① $2\pi\rho \ln ba$
② $\dfrac{\rho}{2\pi \ln \dfrac{b}{a}}$
③ $\dfrac{\rho}{2\pi} \ln \dfrac{b}{a}$
④ $2a\rho$

[해설] 동심원통 전극 사이의 저항(R)
내반지름과 외반지름이 각각 a, b인 동심원통 전극의 정전용량을 C라 하면
$$C=\dfrac{2\pi\epsilon}{\ln \dfrac{b}{a}} \text{[F/m]이다.}$$
$$\therefore R=\dfrac{\rho\epsilon}{C}=\dfrac{\rho\epsilon}{2\pi\epsilon}\ln \dfrac{b}{a}$$
$$=\dfrac{\rho}{2\pi}\ln \dfrac{b}{a} \text{ [}\Omega\text{/m]}$$

36
반지름 a, b이고 길이 l, 도전율이 σ인 동축 케이블이 있다. 단위 길이당 절연 저항[Ω]은?

① $\dfrac{\sigma}{2l}\ln \dfrac{b}{a}$
② $\dfrac{\sigma l}{2\pi}\ln \dfrac{b}{a}$
③ $\dfrac{1}{2\pi\sigma l}\ln \dfrac{b}{a}$
④ $\dfrac{1}{2\pi\sigma}\ln \dfrac{a}{b}$

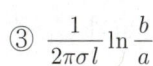
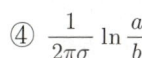

[해설] 동심원통도체(=동축 케이블)의 저항(R)
내반지름과 외반지름이 각각 a, b인 동심원통 도체의 정전용량을 C라 하면
$$C=\dfrac{2\pi\epsilon l}{\ln \dfrac{b}{a}} \text{[F]이다.}$$
$$\therefore R=\dfrac{\epsilon}{C\sigma}=\dfrac{\epsilon}{2\pi\epsilon l\sigma}\ln \dfrac{b}{a}$$
$$=\dfrac{1}{2\pi\sigma l}\ln \dfrac{b}{a} \text{ [}\Omega\text{]}$$

37
내반경 a[m], 외반경 b[m], 길이 l[m]인 동축 케이블의 내원통 도체와 외원통 도체간에 유전율 ϵ[F/m], 도전율 σ[s/m]인 손실유전체를 채웠을 때 양 원통간의 저항[Ω]을 나타내는 식은?

① $R=\dfrac{0.16\sigma}{\epsilon l}\ln \dfrac{b}{a}$ [Ω]
② $R=\dfrac{0.08}{\sigma l}\ln \dfrac{b}{a}$ [Ω]
③ $R=\dfrac{0.32}{\sigma l}\ln \dfrac{b}{a}$ [Ω]
④ $R=\dfrac{0.16}{\sigma l}\ln \dfrac{b}{a}$ [Ω]

[해설] 동심원통도체(=동축케이블)의 저항(R)
내, 외 반지름이 각각 a, b인 동심원통도체의 정전용량을 C라 하면
$$C=\dfrac{2\pi\epsilon l}{\ln \dfrac{b}{a}} \text{[F]이다.}$$
$$\therefore R=\dfrac{\epsilon}{C\sigma}=\dfrac{\epsilon}{2\pi\epsilon l\sigma}\ln \dfrac{b}{a}=\dfrac{1}{2\pi\sigma l}\ln \dfrac{b}{a}$$
$$=\dfrac{0.16}{\sigma l}\ln \dfrac{b}{a} \text{ [}\Omega\text{]}$$

38
내반경 a[m], 외반경 b[m]인 동축케이블에서 극간 매질의 도전율이 σ[S/m]일 때 단위 길이당 이 동축케이블의 컨덕턴스[S/m]는?

① $\dfrac{4\pi\sigma}{\ln \dfrac{b}{a}}$
② $\dfrac{2\pi\sigma}{\ln \dfrac{b}{a}}$
③ $\dfrac{\pi\sigma}{\ln \dfrac{b}{a}}$
④ $\dfrac{6\pi\sigma}{\ln \dfrac{b}{a}}$

[해설] 동심원통도체(=동축케이블)의 저항(R)과 콘덕턴스(G)
내·외반지름이 각각 a, b인 동심원통 도체의 정전용량을 C라 하면
$$C=\dfrac{2\pi\epsilon l}{\ln \dfrac{b}{a}} \text{[F]이다.}$$
$$R=\dfrac{\epsilon}{C\sigma}=\dfrac{\epsilon}{2\pi\epsilon l\sigma}\ln \dfrac{b}{a}=\dfrac{1}{2\pi\sigma l}\ln \dfrac{b}{a} \text{ [}\Omega\text{]이므로}$$
$$\therefore G=\dfrac{1}{R}=\dfrac{2\pi\sigma l}{\ln \dfrac{b}{a}} \text{[S]}=\dfrac{2\pi\sigma}{\ln \dfrac{b}{a}} \text{[S/m]}$$

정답 35 ③   36 ③   37 ④   38 ②

39 길이 l[m], 반지름 a[m]인 두 평행 원통 전극을 d[m] 거리에 놓고 그 사이를 저항률 ρ[Ω·m]인 매질을 채웠을 때의 저항[Ω]은? (단, $d \gg a$라 한다.)

① $\dfrac{\rho}{2\pi l} \ln \dfrac{b}{a}$　　② $\dfrac{\rho}{\pi l} \ln \dfrac{d}{a}$

③ $\pi l \ln \dfrac{d}{a}$　　④ $2\pi l \ln \dfrac{d}{a}$

[해설] 평행한 원통 전극간의 저항(R)
반지름이 a[m]이고 길이가 l[m]인 두 개의 평행한 원통전극이 d[m] 떨어져 있을 때 이 원통전극간의 정전용량(C)은

$C = \dfrac{\pi \epsilon l}{\ln \dfrac{d}{a}}$ [F]이다.

$\therefore R = \dfrac{\rho \epsilon}{C} = \dfrac{\rho \epsilon}{\pi \epsilon l} \ln \dfrac{d}{a} = \dfrac{\rho}{\pi l} \ln \dfrac{d}{a}$ [Ω]

40 다른 종류의 금속선으로 된 폐회로의 두 접합점의 온도를 달리하였을 때 전기가 발생하는 효과는?

① 톰슨 효과　　② 핀치 효과
③ 펠티에 효과　　④ 제벡 효과

[해설] 전기효과
(1) 톰슨(Thomson) 효과 : 같은 도선에 온도차가 있을 때 전류를 흘리면 열의 흡수 또는 발생이 일어나는 현상
(2) 핀치(Pinch) 효과 : 유동적인 도체에 대전류가 흐르면 이 전류에 의한 자계와 전류와의 사이에 작용하는 힘이 중심을 향해 발생하여 도전체가 수축하고 저항이 증가되어 결국 전류가 흐르지 못하게 되는 현상
(3) 펠티에(Peltier) 효과 : 두 종류의 도체로 접합된 폐회로에 전류를 흘리면 접합점에서 열의 흡수 또는 발생이 일어나는 현상. 전자냉동의 원리
(4) 제벡(Seebeck) 효과 : 두 종류의 도체로 접합된 폐회로에 온도차를 주면 접합점에서 기전력차가 생겨 전류가 흐르게 되는 현상. 열전온도계나 태양열발전 등이 이에 속한다.
(5) 홀(Hall) 효과 : 전류가 흐르고 있는 도체에 자계를 가하면 도체 측면에 (+), (-) 전하가 분리되어 전위차가 발생하는 현상

41 두 종류의 금속으로 된 회로에 전류를 통하면 각 접속점에서 열의 흡수 또는 발생이 일어나는 현상은?

① 톰슨 효과　　② 제벡 효과
③ 볼타 효과　　④ 펠티에 효과

[해설] 펠티에 효과
두 종류의 도체로 접합된 폐회로에 전류를 흘리면 접합점에서 열의 흡수 또는 발생이 일어나는 현상. 전자냉동의 원리

42 균질의 철사에 온도 구배가 있을 때 여기에 전류가 흐르면 열의 흡수 또는 발생을 수반하는데 이 현상은?

① 톰슨 효과　　② 핀치 효과
③ 펠티에 효과　　④ 제벡 효과

[해설] 톰슨효과
같은 도선에 온도차가 있을 때 전류를 흘리면 열의 흡수 또는 발생이 일어나는 현상

43 전류가 흐르고 있는 도체의 직각 방향으로 자계를 가하면 도체 측면에 정부의 전하가 생기는 것을 무슨 효과라 하는가?

① Thomson 효과　　② Peltier 효과
③ Seebeck 효과　　④ Hall 효과

[해설] 홀효과
전류가 흐르고 있는 도체에 자계를 가하면 도체 측면에 (+), (-) 전하가 분리되어 전위차가 발생하는 현상

44 다음 중 압전효과를 이용하지 않는 것은?

① 수정발진기
② Crystal pick-up
③ 초음파발생기
④ 자속계

정답 39 ② 40 ④ 41 ④ 42 ① 43 ④ 44 ④

[해설] 압전기 현상
   (1) 압전기 효과 : 결정체에 어떤 방향으로 압축 또는 응력을 가하여 기계적으로 변형시키면 내부에 전기분극이 일어나고 일정방향으로 분극전하가 나타난다.
   (2) 압전기 역효과 : 결정체에 특정한 방향으로 전압을 가하면 기계적인 변형이 생긴다.
   (3) 종효과 : 압전기 현상에서 분극과 응력이 동일 방향으로 발생한다.
   (4) 횡효과 : 압전기 현상에서 분극과 응력이 수직 방향으로 발생한다.
   ∴ 응용 예로서 크리스탈 pick-up, 수정발진기, 압전기형 진동계, 압력계, 초음파 발생기 등이 있으며 재료는 수정, 로셀염, 티탄산바륨 등이 대표적이다.

★★
45 어떤 종류의 결정(結晶)을 가열하면 한 면(面)에 정(正), 반대 면에 부(負)의 전기가 나타나 분극을 일으키며, 반대로 냉각하면 역(逆)분극이 생긴다. 이것을 무엇이라 하는가?

① 파이로(Pyro) 전기
② 볼타(Volta) 효과
③ 바크 하우젠(Bark Hausen) 법칙
④ 압전기(Piezo-Electric)의 역효과

[해설] 파이로(pyro) 전기
   pyro 전기는 결정체에 열을 가하여 냉각시키다가 가열할 때 결정체 내부에서 전기분극이 일어나는 현상을 의미한다.

★★
46 다음은 도체의 전기저항에 대한 설명이다. 틀린 것은?

① 고유저항은 백금보다 구리가 크다.
② 단면적에 반비례하고 길이에 비례한다.
③ 도체 반경의 제곱에 반비례한다.
④ 같은 길이, 단면적에서도 온도가 상승하면 저항이 증가한다.

[해설] 도체의 전기저항
   (1) 도체의 고유저항은 작은 값에서 큰 값 순서로 은→구리→알루미늄→니켈→백금으로서 은의 고유저항값이 가장 작으나 경제적인 이유로 도선 재료를 구리로 사용하고 있다.
   (2) 반지름을 a[m]라 할 때 도체의 단면적 $S=\pi a^2$[m²]이므로 도체의 길이를 l[m]이라 하면 도체의 저항 $R=\rho\dfrac{l}{S}=\rho\dfrac{l}{\pi a^2}$[Ω]이다.
   따라서 저항은 단면적에 반비례하고 길이에 비례하며 도체 반지름의 제곱에 반비례한다.
   (3) 저항은 온도에 따라 값이 변하며 온도가 상승하면 도체의 저항도 증가한다.

★★
47 금속 도체의 전기저항은 일반적으로 어떤 관계가 있는가?

① 온도의 상승에 따라 증가한다.
② 온도의 상승에 따라 감소한다.
③ 온도에 관계없이 일정하다.
④ 저항에서는 온도의 상승에 따라 증가하고 고온에서는 온도의 상승에 따라 감소한다.

[해설] 도체의 전기저항
   저항은 온도에 따라 값이 변하며 온도가 상승하면 도체의 저항도 증가한다.

★
48 MKS 단위계로 고유저항의 단위는?

① [Ω·m]　　② [Ω·mm²/m]
③ [μΩ·cm]　　④ [Ω·cm]

[해설] 고유저항의 단위
   저항 R[Ω], 단면적 S[m²], 길이 l[m]일 때
   $R=\rho\dfrac{l}{S}$[Ω]이므로
   ∴ $\rho=\dfrac{RS}{l}$[Ω·m²/m]$=\dfrac{RS}{l}$[Ω·m]
   ※ 1[Ω·m]=10^2[Ω·cm]=10^6[Ω·mm²/m]

49 도체의 고유저항과 관계없는 것은?

① 온도　　　　② 길이
③ 단면적　　　④ 단면적의 모양

해설 도체의 고유저항은 주위의 온도와 도체의 단면적, 그리고 도체의 길이에 관계있으며 도체의 모양과는 관계가 없다.

50 도체의 고유저항에 대한 설명 중 틀린 것은?

① 저항에 반비례　　② 길이에 반비례
③ 도전율에 반비례　④ 단면적에 비례

해설 도체의 고유저항(ρ)

도체의 전기저항 R, 도전율 k, 단면적 A, 길이 l이라 하면 $R = \rho\dfrac{l}{A} = \dfrac{l}{kA}$ [Ω]이므로

$\rho = \dfrac{RA}{l} = \dfrac{1}{k}$ [$\Omega \cdot$m]이다.

∴ 고유저항은 저항과 단면적에 비례하고 길이에 반비례하며 도전율의 역수이다.

51 전선에 흐르는 전류를 1.5배 증가시켜도 저항에 의한 전압강하가 변하지 않으려면 전선의 반지름을 약 몇 배로 하여야 되는가?

① 0.67　　② 0.82
③ 1.22　　④ 3

해설 전압강하

전선의 고유저항 ρ, 단면적 A, 길이 l, 반지름 r, 전류 I, 전압강하 e라 하면 $A = \pi r^2$ [m²], $R = \rho\dfrac{l}{A} = \rho\dfrac{l}{\pi r^2}$ [Ω], $e = IR = I\rho\dfrac{l}{\pi r^2}$ [V]이므로 전압강하가 일정할 때 전류와 반지름의 관계는 $I \propto r^2$ 또는 $r \propto \sqrt{I}$이다.

$I' = 1.5$배 증가한 경우

∴ $r' = \sqrt{I'} = \sqrt{1.5} = 1.22$배

정답 49 ④　50 ①　51 ③

memo

06 정자계(Ⅰ)

1 쿨롱의 법칙

| 공식 |

$$F = k\frac{m_1 m_2}{r^2} = \frac{m_1 m_2}{4\pi \mu_0 r^2} = 6.33 \times 10^4 \times \frac{m_1 m_2}{r^2} [\text{N}]$$

여기서, F : 작용력[N], m_1, m_2 : 자극의 세기[Wb],
μ_0 : 공기(진공) 중의 투자율로서 $\mu_0 = 4\pi \times 10^{-7}$[H/m], r : 두 자극간 거리[m]

2 자계의 세기(H)

1. 점자극에 의한 자계의 세기

$$H = \frac{m}{4\pi \mu_0 r^2} [\text{AT/m}]$$

여기서, H : 자계의 세기[AT/m], m : 자극의 세기[Wb], μ_0 : 진공중의 투자율[H/m], r : 거리[m]

2. 직선도체에 의한 자계의 세기

(1) 무한장 직선도체에 의한 자계의 세기

$$H = \frac{NI}{l} = \frac{NI}{2\pi r} [\text{AT/m}]$$

※ 암페어의 오른나사 법칙
무한장 직선도체에 흐르는 전류에 의한 자계의 세기 방향은 암페어의 오른나사 법칙에 의해서 결정되며 암페어의 주회적분으로 자계의 세기를 계산할 수 있다.

확인문제

01 유전율이 $\epsilon_0 = 8.855 \times 10^{-12}$[F/m]인 진공 내를 전자파가 전파할 때 진공에 대한 투자율은 얼마인가?

① 12.56×10^{-7} [Wb²/N·m²]
② 12.56×10^{-7} [emu]
③ 12.56×10^{-7} [Wb²/N]
④ 12.56×10^{-7} [m/H]

[해설] 진공중에서의 투자율
$\mu_0 = 4\pi \times 10^{-7}$ [H/m]
$= 12.56 \times 10^{-7}$ [Wb²/N·m²]

답 : ①

02 전류에 의한 자계의 방향을 결정하는 법칙은?

① 렌츠의 법칙
② 플레밍의 오른손법칙
③ 플레밍의 왼손법칙
④ 암페어의 오른나사법칙

[해설] 암페어의 오른나사법칙
무한장 직선도체에 흐르는 전류에 의한 자계의 세기 방향은 암페어의 오른나사법칙에 의해서 결정되며 암페어의 주회적분으로 자계의 세기를 구할 수 있다.

답 : ④

(2) 유한장 직선도체에 의한 자계의 세기

$$H = \frac{I}{4\pi r}(\cos\theta_1 + \cos\theta_2) = \frac{I}{4\pi r}(\sin\beta_1 + \sin\beta_2) \text{ [AT/m]}$$

(3) 원통 도체(원주형 도체)에 의한 자계의 세기

① 원통 도체 표면에만 전류가 흐르는 경우
내부 자계의 세기 H_in, 외부 자계의 세기 H_out은

$$H_\text{in} = 0 \text{ [AT/m]}, \quad H_\text{out} = \frac{I}{2\pi r} \text{ [AT/m]}$$

② 원통 도체 내부에 균일하게 전류가 흐르는 경우

$$H_\text{in} = \frac{Ir}{2\pi a^2} \text{ [AT/m]}, \quad H_\text{out} = \frac{I}{2\pi r} \text{ [AT/m]}$$

여기서 H : 자계의 세기[AT/m], I : 전류[A], N : 도체수, l : 자계의 길이[m]
r : 직선도체에서 떨어진 임의의 거리[m], a : 원통 도체의 반지름[m]

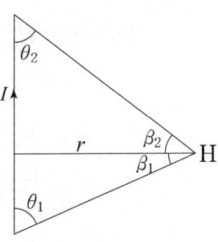

<유한장 직선도체>

3. 솔레노이드에 의한 자계의 세기

(1) 환상솔레노이드에 의한 자계의 세기
솔레노이드 내부 자계의 세기 H_in, 외부 자계의 세기 H_out은

$$H_\text{in} = \frac{NI}{l} = \frac{NI}{2\pi r} \text{ [AT/m]}, \quad H_\text{out} = 0 \text{ [AT/m]}$$

(2) 무한장 솔레노이드에 의한 자계의 세기

$$H_\text{in} = nI \text{ [AT/m]}, \quad H_\text{out} = 0 \text{ [AT/m]}$$

여기서, H : 자계의 세기[AT/m], N : 솔레노이드에 감긴 코일 권수, l : 솔레노이드의 길이[m]
r : 평균 반지름[m], I : 전류[A], n : 단위 길이에 해당하는 권수

확인문제

03 그림과 같이 l_1[m]에서 l_2[m]까지 전류 I[A]가 흐르고 있는 직선도체에서 수직 거리 a[m] 떨어진 점 P의 자계[AT/m]를 구하면?

① $\dfrac{I}{4\pi a}(\sin\theta_1 + \sin\theta_2)$

② $\dfrac{I}{4\pi a}(\cos\theta_1 + \cos\theta_2)$

③ $\dfrac{I}{2\pi a}(\sin\theta_1 + \sin\theta_2)$

④ $\dfrac{I}{2\pi a}(\cos\theta_1 + \cos\theta_2)$

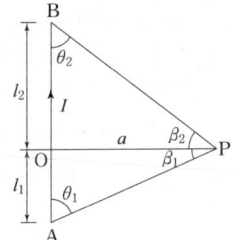

[해설] 유한장 직선도체에 의한 자계의 세기(H)

$$H = \frac{1}{4\pi a}(\cos\theta_1 + \cos\theta_2)$$
$$= \frac{1}{4\pi a}(\sin\beta_1 + \sin\beta_2) \text{ [AT/m]}$$

답 : ②

04 전전류 I[A]가 반지름 a[m]인 원주를 흐를 때 원주 내부 중심에서 r[m] 떨어진 원주 내부의 점의 자계 세기[AT/m]는?

① $\dfrac{rI}{2\pi a^2}$

② $\dfrac{I}{2\pi a^2}$

③ $\dfrac{rI}{\pi a^2}$

④ $\dfrac{I}{\pi a^2}$

[해설] 원통도체에 의한 자계의 세기
원통도체 내부에 균일하게 전류가 흐른 경우

$$H_\text{in} = \frac{Ir}{2\pi a^2} \text{ [AT/m]}, \quad H_\text{out} = \frac{I}{2\pi r} \text{ [AT/m]}$$

답 : ①

4. 자기쌍극자에 의한 자계의 세기

(1) 자기쌍극자 모멘트(M)

$M = ml$ [Wb·m]

(2) 자계의 세기

$$H = \frac{M}{4\pi\mu_0 r^3}\sqrt{1+3\cos^2\theta} \text{ [AT/m]}$$

여기서 m : 자극의 세기[Wb], l : 쌍극자의 길이[m], H : 자계의 세기[AT/m], M : 쌍극자 모멘트[Wb·m], μ_0 : 진공 중의 투자율[H/m], r : 쌍극자 중심에서부터의 거리[m]

5. 원형코일에 의한 자계의 세기

(1) 원형코일 중심축상 x[m] 떨어진 점의 자계의 세기

$$H = \frac{NI}{2a}\sin^3\theta = \frac{NIa^2}{2(a^2+x^2)^{\frac{3}{2}}} \text{ [AT/m]}$$

(2) 원형코일 중심의 자계의 세기

원형코일 중심 O점의 자계의 세기는 $\theta = 90°$, $x = 0$인 조건일 때를 만족하므로

$$H_0 = \frac{NI}{2a} \text{ [AT/m]}$$

여기서, H : 자계의 세기[AT/m], I : 전류[A], x : 원형코일 중심축상 임의의 거리[m], N : 원형코일 권수, a[m] : 원형코일의 반지름, H_0 : 원형코일 중심의 자계의 세기[AT/m]

확인문제

05 전류 I[A]가 흐르는 반지름 a[m]인 원형코일의 중심선상 x[m]인 점 P의 자계 세기[AT/m]는?

① $\dfrac{a^2 I}{2(a^2+x^2)}$

② $\dfrac{a^2 I}{2(a^2+x^2)^{1/2}}$

③ $\dfrac{a^2 I}{2(a^2+x^2)^2}$

④ $\dfrac{a^2 I}{2(a^2+x^2)^{3/2}}$

[해설] 원형코일에 의한 자계의 세기(H)

원형코일 중심축상 x[m] 떨어진 점의 자계의 세기(H)는

$$H = \frac{NI}{2a}\sin^3\theta = \frac{NIa^2}{2(a^2+x^2)^{\frac{3}{2}}} \text{ [AT/m]}$$

여기서 $N=1$이므로

$$\therefore H = \frac{a^2 I}{2(a^2+x^2)^{\frac{3}{2}}} \text{ [AT/m]}$$

답 : ④

06 반지름 a[m]인 원형코일에 전류 I[A]가 흘렀을 때 코일 중심 자계의 세기 [AT/m]는?

① $\dfrac{I}{2a}$ ② $\dfrac{I}{4a}$

③ $\dfrac{I}{2\pi a}$ ④ $\dfrac{I}{4\pi a}$

[해설] 원형코일에 의한 자계의 세기(H)

원형코일 중심의 자계의 세기(H)는 $\theta = 90°$, $x = 0$인 조건을 만족하므로

$H_0 = \dfrac{NI}{2a}$ [AT/m]이다.

여기서 $N=1$이라 하면

$\therefore H_0 = \dfrac{I}{2a}$ [AT/m]

답 : ①

3 자속밀도(B)

| 공식 |
$$B = \frac{\phi}{S} = \frac{m}{S} = \mu_0 \mu_s H \ [\text{Wb/m}^2]$$

여기서, B : 자속밀도[Wb/m²], ϕ : 자속[Wb], S : 면적[m²], m : 자극의 세기[Wb], μ_0 : 진공 중의 투자율[H/m], μ_s : 비투자율, H : 자계의 세기[AT/m]

4 자위(U)

1. 점자극에 의한 자위

$$U = \frac{m}{4\pi\mu_0 r} \ [\text{A}]$$

여기서, U : 자위[A], m : 자극의 세기[Wb], μ_0 : 진공 중의 투자율[H/m], r : 거리[m]

2. 원형코일에 의한 자위

$$U = \frac{I}{4\pi}\omega = \frac{I}{4\pi} \times 2\pi(1-\cos\theta) = \frac{I}{2}(1-\cos\theta) = \frac{I}{2}\left(1 - \frac{x}{\sqrt{a^2+x^2}}\right) \ [\text{A}]$$

여기서, U : 자위[A], I : 전류[A], a : 원형코일 반지름[m], x : 원형코일 중심축상 임의의 거리[m], ω : 입체각으로서 $\omega = 2\pi(1-\cos\theta)$[sr]

3. 자기쌍극자에 의한 자위

$$U = \frac{M\cos\theta}{4\pi\mu_0 r^2} \ [\text{A}]$$

여기서, U : 자위[A], M : 쌍극자모멘트[Wb·m], μ_0 : 진공 중의 투자율[H/m], r : 쌍극자 중심에서부터의 거리[m]

4. 자기이중층(판자석)에 의한 자위

(1) 판자석의 세기(M)

$$M = \sigma_s \cdot \delta \ [\text{Wb/m}]$$

(2) N극의 자위(U_+)와 S극의 자위(U_-)

$$U_+ = \frac{M}{4\pi\mu_0}\omega = \frac{M}{2\mu_0}(1-\cos\theta) \ [\text{A}]$$

$$U_- = -\frac{M}{4\pi\mu_0}\omega = -\frac{M}{2\mu_0}(1-\cos\theta) \ [\text{A}]$$

(3) 자위차(U_{+-})

$$U_\pm = U_+ - U_- = \frac{M}{2\mu_0}(1-\cos\theta) - \left\{-\frac{M}{2\mu_0}(1-\cos\theta)\right\} = \frac{M}{\mu_0} \ [\text{A}]$$

여기서 σ_s : 면자속밀도[Wb/m²], δ : 판자석의 두께[m], M : 판자석의 세기[Wb/m], U : 자위[A], μ_0 : 진공 중의 투자율[H/m], ω : 입체각[sr]

06 정자계(Ⅱ)

1 자기력선의 성질

① 자기력선은 N극에서 S극으로 향한다.
② 자기력선은 자신만으로 폐곡선을 이룬다. - 자계의 회전성과 연속성
③ 자기력선은 서로 반발하여 교차할 수 없다.
④ 자기력선의 방향은 그 점의 자계의 방향과 같다.
⑤ 자기력선의 밀도는 그 점의 자계의 세기와 같다.
⑥ 자기력선의 수는 $\dfrac{m}{\mu_0}$ 개이다.

2 막대자석의 회전력(=토크)과 에너지

1. 회전력(=토크 : T)

$$T = M \times H = MH\sin\theta = mlH\sin\theta \,[\text{N}\cdot\text{m}]$$

2. 에너지

$$W = MH(1-\cos\theta) = mlH(1-\cos\theta) \,[\text{J}]$$

여기서 T: 토크[N·m], H: 자계의 세기[AT/m], m: 자극의 세기[Wb], l: 막대자석의 길이[m], M: 자기 모멘트 → $M = ml$ [Wb·m], W: 에너지[J]

3 평행도선 사이의 작용력

$$F = \dfrac{\mu_0 I_1 I_2}{2\pi d} = \dfrac{2I_1 I_2}{d} \times 10^{-7} \,[\text{N/m}]$$

여기서, F: 작용력[N/m], I_1, I_2: 전류[A], μ_0: 진공 중의 투자율[H/m], d: 두 도선간 거리[m]
※ 두 도선의 전류방향이 서로 같으면 도선 사이의 자장의 방향은 서로 반대가 되므로 작용하는 힘은 흡인력이며 도선 사이의 자장의 세기는 감소하게 된다.

확인문제

01 공기 중에서 자극의 세기 m[Wb]인 점자극으로부터 나오는 총자력선수는 얼마인가?

① m
② $\mu_0 m$
③ $\dfrac{m}{\mu_0}$
④ $\dfrac{m^2}{\mu_0}$

[해설] 자기력선의 성질
(1) 자기력선은 N극에서 S극으로 향한다.
(2) 자기력선은 자신만으로 폐곡선을 이룬다.
  - 자계의 회전성과 연속성
(3) 자기력선은 서로 반발하여 교차할 수 없다.
(4) 자기력선의 방향은 그 점의 자계의 방향과 같다.
(5) 자기력선의 밀도는 그 점의 자계의 세기와 같다.
(6) 자기력선의 수는 $\dfrac{m}{\mu_0}$ 개다.

답 : ③

02 그림과 같이 균일한 자계의 세기 H[AT/m] 내에 자극의 세기가 $\pm m$[Wb], 길이 l[m]인 막대자석을 그 중심 주위에 회전할 수 있도록 놓는다. 이때 자석과 자계의 방향이 이룬 각을 θ라 하면 자석이 받는 회전력[N·m]은?

① $mHl\cos\theta$
② $mHl\sin\theta$
③ $2mHl\sin\theta$
④ $2mHl\tan\theta$

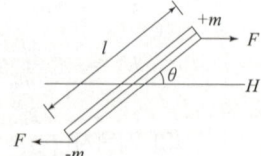

[해설] 막대자석의 회전력과 에너지
(1) 회전력
$$T = M \times H = MH\sin\theta = mHl\sin\theta \,[\text{N}\cdot\text{m}]$$
(2) 에너지
$$W = MH(1-\cos\theta) = MHl(1-\cos\theta) \,[\text{J}]$$

답 : ②

4 플레밍의 법칙

1. 플레밍의 오른손법칙(발전기의 원리)

$$e = \int (v \times B) \cdot dl = vdl \times B = vBl\sin\theta \text{ [V]}$$

여기서, e : 기전력[V], v : 속도[m/sec], B : 자속밀도[Wb/m²], l : 도선 길이[m]

2. 플레밍의 왼손법칙(전동기의 원리)

$$F = \int (I \times B) \cdot dl = Idl \times B = IBl\sin\theta \text{ [N]}$$

여기서, F : 작용력[N], I : 전류[A], B : 자속밀도[Wb/m²], l : 도선 길이[m]

5 로렌쯔의 힘

$$F = q(E + v \times B) \text{ [N]}$$

여기서, F : 작용력[N], q : 전하[C], E : 전계의 세기[V/m], v : 속도[m/sec], B : 자속밀도[Wb/m²]

6 전자의 원운동

1. 회전반경 : $r = \dfrac{mv}{Be}$ [m]

2. 각속도 : $\omega = \dfrac{Be}{m}$ [rad/sec]

3. 주기 : $T = \dfrac{2\pi m}{Be}$ [sec]

여기서, m : 전자의 질량[kg], v : 속도[m/sec], B : 자속밀도[Wb/m²], e : 전기량[C]

확인문제

03 그림과 같이 d[m] 떨어진 두 평행 도선에 I[A]의 전류가 흐를 때, 도선 단위 길이당 작용하는 힘 F[N/m]는?

① $\dfrac{\mu_0 I}{2\pi d}$ ② $\dfrac{\mu_0 I^2}{2\pi d^2}$

③ $\dfrac{\mu_0 I^2}{2\pi d}$ ④ $\dfrac{\mu_0 I^2}{2d}$

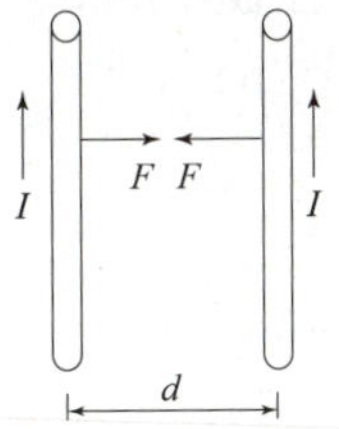

[해설] 평행도선 사이의 작용력

$$F = \dfrac{\mu_0 I_1 I_2}{2\pi d} = \dfrac{2 I_1 I_2}{d} \times 10^{-7} \text{ [N/m]}$$

두 도선의 전류방향이 서로 같으면 도선 사이의 자장의 방향은 서로 다르게 되므로 작용하는 힘은 흡인력이며 도선 사이의 자장의 세기는 감소하게 된다.
$I_1 = I_2 = I$일 때

$$\therefore F = \dfrac{\mu_0 I^2}{2\pi d} \text{ [N/m]}$$

답 : ③

04 자속밀도 B [Wb/m²]인 자계 내를 속도 v[m/s]로 운동하는 길이 dl[m]의 도선에 유기되는 기전력[V]은?

① $v \times B$ ② $(v \times B) \cdot dl$
③ $(v \cdot B)$ ④ $(v \cdot B) \times dl$

[해설] 플레밍의 오른손법칙
자속밀도가 B인 자계중에 속도 v로 운동하는 도선이 있는 경우 그 도선에 유기되는 기전력 e를 알 수 있는 원리로서
$\therefore e = vBl\sin\theta = (v \times B) \cdot dl$ [V]

답 : ②

예제 1 원형코일 일부에 흐르는 전류에 의한 중심 자계의 세기

그림과 같이 반지름 a[m]인 원의 임의의 두 점 A, B(각도 θ) 사이에 전류 I[A]가 흐른다. 원의 중심 O에서의 자계 세기[AT/m]는?

① $\dfrac{I\theta}{4\pi a^2}$

② $\dfrac{I\theta}{4\pi a}$

③ $\dfrac{I\theta}{2\pi a^2}$

④ $\dfrac{I\theta}{2\pi a}$

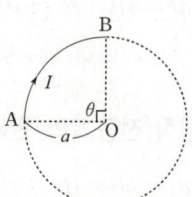

[풀이전략]
(1) 원형코일 중심의 자계의 세기 공식을 유도한다.
(2) 원형코일 중에서 전류가 흐르는 일부분이 원주 둘레의 몇 배인가를 계산한다.
(3) 원형코일 일부에 흐르는 전류에 의한 도선 중심 자계의 세기는 원형코일 중심 자계의 세기에 계산된 배수를 적용시킨다.
※ 주의. 전류방향을 잘 보고 자계의 방향을 결정할 것

[풀이]
원형코일 중심의 자계의 세기 H_0, $\widehat{AB}$에 의한 중심 자계의 세기 H_θ라 하면

$$H_0 = \dfrac{I}{2a} \text{ [AT/m]}$$

$\widehat{AB}$는 전체 원둘레의 $\dfrac{\theta}{2\pi}$에 해당하므로

$$H_\theta = H_0 \times \dfrac{\theta}{2\pi} = \dfrac{I}{2a} \times \dfrac{\theta}{2\pi} = \dfrac{I\theta}{4\pi a}$$

정답 ②

유사문제

01 반지름 a[m]인 반원형 전류 I[A]에 의한 중심에서의 자계 세기는 몇 [AT/m]인가?

① $\dfrac{I}{4a}$ ② $\dfrac{I}{a}$

③ $\dfrac{I}{2a}$ ④ $\dfrac{2I}{a}$

[해설] 원형코일 중심의 자계의 세기 H_0, 반원형코일 중심의 자계의 세기 H_θ라 하면

$$H_0 = \dfrac{I}{2a} \text{ [AT/m]}$$

$$\therefore H_\theta = H_0 \times \dfrac{1}{2} = \dfrac{I}{2a} \times \dfrac{1}{2} = \dfrac{I}{4a} \text{ [AT/m]}$$

답 : ①

02 그림과 같이 반지름 a[m]인 원의 일부(3/4원)에만 무한장 직선을 연결시키고 화살표 방향으로 전류 I[A]가 흐를 때, 부분원 중심 O점의 자계 세기를 구한 값[AT/m]은?

① 0

② $\dfrac{3I}{4a}$

③ $\dfrac{I}{4\pi a}$

④ $\dfrac{3I}{8a}$

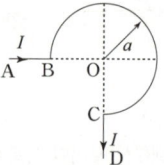

[해설] 원형코일 중심의 자계의 세기 H_0, $\dfrac{3}{4}$ 원형코일 중심의 자계의 세기 H_θ라 하면

$$H_0 = \dfrac{I}{2a} \text{ [AT/m]}$$

$$\therefore H_\theta = H_0 \times \dfrac{3}{4} = \dfrac{I}{2a} \times \dfrac{3}{4} = \dfrac{3I}{8a} \text{ [AT/m]}$$

답 : ④

예제 2   반지름 a[m]인 원이 내접하는 정n변형 회로의 중심 자계의 세기 ★★★

반지름 a[m]인 원에 내접하는 정n변형의 회로에 I[A]가 흐를 때, 그 중심에서의 자계의 세기[AT/m]는?

① $\dfrac{nI\sin\dfrac{\pi}{n}}{\pi a}$
② $\dfrac{nI\tan\dfrac{\pi}{n}}{\pi a}$
③ $\dfrac{nI\sin\dfrac{\pi}{n}}{2\pi a}$
④ $\dfrac{nI\tan\dfrac{\pi}{n}}{2\pi a}$

풀이전략
(1) 정n변형 회로에서 원 중심과 변에 수선을 그렸을 때 수선의 길이와 반지름 a[m] 변과 수선과의 사잇각을 구한다.
(2) 유한직선도체에 의한 자계의 세기 공식을 이용하여 한 변에 해당하는 자계의 세기를 유도한다.
(3) 중심 자계의 세기는 n배를 취하여 유도한다.

풀이
정n변형에서 도형 하나의 내부각은 $\dfrac{2\pi}{n}$이므로 반지름 a[m] 변과 수선과의 사잇각은 $\dfrac{\pi}{n}$가 되며 수선의 길이는 $a\cos\dfrac{\pi}{n}$[m]가 된다. 정n변형의 한 변의 길이를 l[m]라 하여 유한장 직선도체에 의한 자계의 세기(H_1)를 구하면

$$H_1 = \dfrac{I}{4\pi a\cos\dfrac{\pi}{n}}\left(\sin\dfrac{\pi}{n}+\sin\dfrac{\pi}{n}\right)\text{[AT/m]}$$

따라서 중심 자계의 세기(H_0)는

$$H_0 = nH_1 = \dfrac{nI\sin\dfrac{\pi}{n}}{2\pi a\cos\dfrac{\pi}{n}} = \dfrac{nI\tan\dfrac{\pi}{n}}{2\pi a}\text{[AT/m]}$$

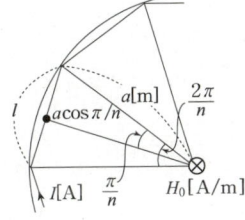

※ 문제의 조건이 정n변형의 한 변의 길이 l[m]로 주어지는 경우가 있다. 이 경우에는 반지름 a[m]를 l[m]를 치환하여 유도하면 된다.

$2a\sin\dfrac{\pi}{n}=l$이므로 $2a=\dfrac{l}{\sin\dfrac{\pi}{n}}$이 됨을 알 수 있다.

$$H_0 = \dfrac{nI\tan\dfrac{\pi}{n}}{2\pi a} = \dfrac{nI\tan\dfrac{\pi}{n}}{\pi\dfrac{l}{\sin\dfrac{\pi}{n}}} = \dfrac{nI}{\pi l}\sin\dfrac{\pi}{n}\tan\dfrac{\pi}{n}\text{[AT/m]}$$

정답 ④

유사문제

03 한 변의 길이가 l인 정삼각형 회로에 I[A]의 전류가 흐를 때 삼각형 중심에서의 자계의 세기[AT/m]는?

① $\dfrac{9I}{2l}$ ② $\dfrac{9I}{2\pi l}$

③ $\dfrac{2\sqrt{2}\,I}{2\pi l}$ ④ $\dfrac{3I}{2\pi l}$

[해설] 정n변형 회로의 중심 자계의 세기
반지름이 a[m] 정n변형 중심 자계의 세기와 한 변의 길이가 l[m]인 정n변형 중심 자계의 세기를 H_0라 하면

$$H_0 = \dfrac{nI\tan\dfrac{\pi}{n}}{2\pi a} = \dfrac{nI}{\pi l}\sin\dfrac{\pi}{n}\tan\dfrac{\pi}{n}\ [\text{AT/m}]$$

이므로 $n=3$일 때

$$\therefore H_0 = \dfrac{3I}{\pi l}\sin\dfrac{\pi}{3}\tan\dfrac{\pi}{3} = \dfrac{3I}{\pi l}\times\dfrac{\sqrt{3}}{2}\times\sqrt{3}$$

$$=\dfrac{9I}{2\pi l}\ [\text{AT/m}]$$

답 : ②

04 반지름 R인 원에 내접하는 정n각형의 회로에 전류 I가 흐를 때 원 중심점에서의 자속밀도는 얼마인가?

① $\dfrac{n\mu_0 I}{2\pi R}\tan\dfrac{\pi}{n}$ [Wb/m²]

② $\dfrac{\mu_0 I}{\pi R}\cos\dfrac{\pi}{n}$ [Wb/m²]

③ $\dfrac{I}{2\pi\mu_0 R}\tan\dfrac{2\pi}{n}$ [Wb/m²]

④ $\dfrac{2\pi R}{\tan\dfrac{\pi}{n}}$ [Wb/m²]

[해설] 정n변형 회로의 중심 자속밀도
반지름 R인 정n변형 중심 자계의 세기
한 변의 길이가 l인 정n변형 중심 자계의 세기를 H_0로 하면

$$H_0 = \dfrac{nI\tan\dfrac{\pi}{n}}{2\pi R} = \dfrac{nI}{\pi l}\sin\dfrac{\pi}{n}\tan\dfrac{\pi}{n}\ [\text{AT/m}]$$

이므로 자속밀도 $B=\mu_0 H$[Wb/m²] 식에 의해서

$$\therefore B = \dfrac{n\mu_0 I}{2\pi R}\tan\dfrac{\pi}{n}$$

$$= \dfrac{n\mu_0 I}{\pi l}\sin\dfrac{\pi}{n}\tan\dfrac{\pi}{n}\ [\text{Wb/m}^2]$$

답 : ①

06 출제예상문제

01 공기 중에서 가상 점자극 m_1[Wb]과 m_2[Wb]를 r[m] 떼어놓았을 때 두 자극 간의 작용력이 F[N]이었다면 이때의 거리 r[m]은?

① $\sqrt{\dfrac{m_1 m_2}{F}}$

② $\dfrac{6.33 \times 10^4 \times m_1 m_1}{F}$

③ $\sqrt{\dfrac{6.33 \times 10^4 \times m_1 m_2}{F}}$

④ $\sqrt{\dfrac{9 \times 10^4 \times m_1 m_2}{F}}$

[해설] 쿨롱의 법칙

$$F = k\dfrac{m_1 m_2}{r^2} = \dfrac{m_1 m_2}{4\pi\mu_0 r^2}$$
$$= 6.33 \times 10^4 \times \dfrac{m_1 m_2}{r^2} \text{ [N]이므로}$$
$$\therefore r = \sqrt{\dfrac{6.33 \times 10^4 m_1 m_2}{F}} \text{ [m]}$$

02 공기 중에서 2.5×10^{-4}[Wb]와 4×10^{-3}[Wb]의 두 자극 사이에 작용하는 힘이 6.33[N]이었다면 두 자극간의 거리[cm]는?

① 1   ② 5
③ 10   ④ 100

[해설] 쿨롱의 법칙

$$F = k\dfrac{m_1 m_2}{r^2} = \dfrac{m_1 m_2}{4\pi\mu_0 r^2}$$
$$= 6.33 \times 10^4 \times \dfrac{m_1 m_2}{r^2} \text{ [N]이므로}$$
$m_1 = 2.5 \times 10^4$[Wb], $m_2 = 4 \times 10^{-3}$[Wb], $F = 6.33$[N]일 때

$$\therefore r = \sqrt{\dfrac{6.33 \times 10^4 m_1 m_2}{F}}$$
$$= \sqrt{\dfrac{6.33 \times 10^4 \times 2.5 \times 10^{-4} \times 4 \times 10^{-3}}{6.33}}$$
$$= 0.1 \text{ [m]} = 10 \text{ [cm]}$$

03 자극의 크기 $m = 4$[Wb]인 점자극으로부터 $r = 4$[m] 떨어진 점의 자계 세기[AT/m]를 구하면?

① 7.9×10^3
② 6.3×10^4
③ 1.6×10^4
④ 1.3×10^3

[해설] 점자극에 의한 자계의 세기(H)
$m = 4$[Wb], $r = 4$[m]일 때

$$\therefore H = \dfrac{m}{4\pi\mu_0 r^2} = 6.33 \times 10^4 \times \dfrac{m}{r^2}$$
$$= 6.33 \times 10^4 \times \dfrac{4}{4^2} = 1.6 \times 10^4 \text{ [AT/m]}$$

04 1,000[AT/m]의 자계 중에 어떤 자극을 놓았을 때 3×10^2[N]의 힘을 받았다고 한다. 자극의 세기 [Wb]는?

① 0.1   ② 0.2
③ 0.3   ④ 0.4

[해설] 작용력(F)과 자계의 세기(H) 관계
자계 중에 자극을 놓았을 때 자극에 의한 작용력(F)과 자계의 세기(H)는

$$F = \dfrac{m^2}{4\pi\mu_0 r^2} = 6.33 \times 10^4 \times \dfrac{m^2}{r^2} \text{ [N]}$$
$$H = \dfrac{m}{4\pi\mu_0 r^2} = 6.33 \times 10^4 \times \dfrac{m}{r^2} = \dfrac{F}{m} \text{ [AT/m]}$$

이므로 $H = 1,000$[AT/m], $F = 3 \times 10^2$[N]일 때

$$\therefore m = \dfrac{F}{H} = \dfrac{3 \times 10^2}{1,000} = 0.3 \text{ [Wb]}$$

정답 01 ③ 02 ③ 03 ③ 04 ③

05 한 폐곡선에 대한 H(자계의 세기)의 선적분이 이 폐곡선으로 둘러싸이는 전류와 같음을 정의한 법칙은?

① 가우스의 법칙
② 쿨롱의 법칙
③ 비오 – 사바르의 법칙
④ 암페어의 주회적분법칙

[해설] 암페어의 주회적분법칙
"임의의 폐곡로를 따라 자계(H)를 선적분한 결과는 그 폐곡로로 둘러싸인 직류전류와 같다."를 암페어의 주회적분법칙이라 한다.

$$\oint_c H dl = I$$

06 직선전류에 의해서 그 주위에 생기는 환상의 자계 방향은?

① 전류의 방향
② 전류와 반대 방향
③ 오른나사의 진행방향
④ 오른나사의 회전방향

[해설] 직선도체에 의한 자계의 세기(H)
무한장 직선도체에 의한 자계의 세기(H)는 도체로부터 r[m] 떨어진 위치에 $H = \dfrac{NI}{l} = \dfrac{NI}{2\pi r}$ [AT/m] 만큼의 자계의 세기가 작용하며 자계의 방향은 암페어의 오른나사법칙에 의해 전류방향을 기준으로 했을 때 오른나사의 회전방향으로 정해진다.

07 앙페르의 주회적분법칙은 직접적으로 다음의 어느 관계를 표시하는가?

① 전하와 전계
② 전류와 인덕턴스
③ 전류와 자계
④ 전하와 전위

[해설] 앙페르(암페어)의 주회적분법칙
앙페르의 주회적분법칙을 이용하면 전류와 자계의 세기 관계를 직접 구할 수 있다.

08 전류 I[A]에 대한 점 P의 자계 H [A/m]의 방향이 옳게 표시된 것은? (단, ⊙ 및 ⊗는 자계의 방향 표시이다.)

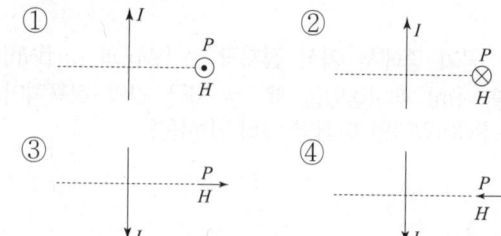

[해설] 암페어의 오른나사법칙
자계의 방향은 암페어의 오른나사법칙에 의해 전류방향을 기준으로 했을 때 오른나사의 회전방향으로 정해진다.

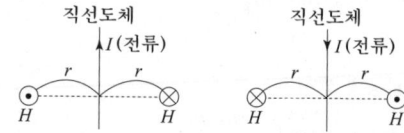

09 그림과 같은 전류 I[A]가 흐르고 있는 직선도체로부터 r[m] 떨어진 P점의 자계 세기 및 방향을 바르게 나타낸 것은? (단, ⊗은 지면을 들어가는 방향, ⊙은 지면을 나오는 방향이다.)

① $\dfrac{I}{2\pi r} \otimes$
② $\dfrac{I}{2\pi r} \odot$
③ $\dfrac{Idl}{4\pi r^2} \otimes$
④ $\dfrac{Idl}{4\pi r^2} \odot$

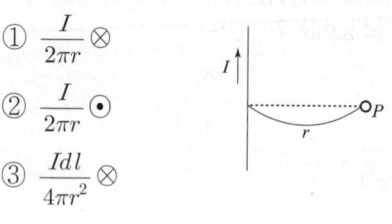

[해설] 직선도체에 의한 자계의 세기(H)

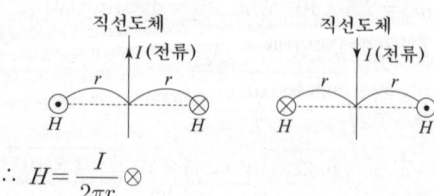

$\therefore H = \dfrac{I}{2\pi r} \otimes$

10 그림과 같은 x, y, z의 직각 좌표계에서 z축 상에 있는 무한 길이 직선도선에 $+z$ 방향으로 직류 전류가 흐를 때 $y>0$인 $+y$축 상의 임의의 점에서의 자계의 방향은?

① $-x$축 방향
② $-y$축 방향
③ $+x$축 방향
④ $+y$축 방향

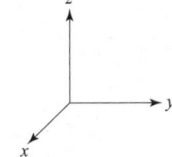

[해설] 직선도체에 의한 자계의 세기(H)

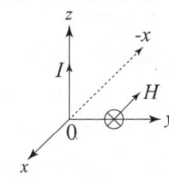

∴ $+y$축 상에서의 자계의 방향은 $-x$축 방향이 된다.

11 무한 직선전류에 의한 자계는 전류에서의 거리에 대하여 ( )의 형태로 감소한다. ( )에 알맞은 것은?

① 포물선
② 원
③ 타원
④ 쌍곡선

[해설] 직선도체에 의한 자계의 세기(H)

$H = \dfrac{NI}{l} = \dfrac{NI}{2\pi r}$ [AT/m] 식에서 $H \propto \dfrac{1}{r}$ 이므로 자계의 세기(H)는 거리(r)에 반비례하여 쌍곡선의 형태로 감소한다.

12 10[A]의 무한장 직선전류로부터 10[cm] 떨어진 곳의 자계 세기[AT/m]는?

① 1.59
② 15.0
③ 15.9
④ 159

[해설] 직선도체에 의한 자계의 세기(H)

$I=10$ [A], $r=10$ [cm], $N=1$ 일 때

∴ $H = \dfrac{NI}{l} = \dfrac{NI}{2\pi r} = \dfrac{1 \times 10}{2\pi \times 10 \times 10^{-2}}$
$= 15.9$ [AT/m]

13 π[A]가 흐르고 있는 무한장 직선도체로부터 수직으로 10[cm] 떨어진 점의 자계의 세기는 몇 [A/m]인가?

① 0.05
② 0.5
③ 5
④ 10

[해설] 직선도체에 의한 자계의 세기(H)

$I=\pi$ [A], $r=10$ [cm], $N=1$ 일 때

∴ $H = \dfrac{NI}{l} = \dfrac{NI}{2\pi r} = \dfrac{1 \times \pi}{2\pi \times 10 \times 10^{-2}} = 5$ [A/m]

14 무한 직선도체의 전류에 의한 자계가 직선도체로부터 1[m] 떨어진 점에서 1[AT/m]로 될 때 도체의 전류 크기는 몇 [A]인가?

① $\dfrac{\pi}{2}$
② π
③ $\dfrac{3\pi}{2}$
④ 2π

[해설] 직선도체에 의한 자계의 세기(H)

$r=1$ [m], $H=1$ [AT/m], $N=1$ 일 때 전류 I는

$H = \dfrac{NI}{l} = \dfrac{NI}{2\pi r}$ [AT/m] 식에 의해서

∴ $I = \dfrac{2\pi r H}{N} = \dfrac{2\pi \times 1 \times 1}{1} = 2\pi$ [A]

15 무한장 직선도체에 5[A]의 전류가 흐른다. 이때 생기는 자계의 세기가 0.1[AT/m]인 점은 도체로부터 몇 [m]나 떨어진 점인가?

① 6.54
② 6.84
③ 7.56
④ 7.96

[해설] 직선도체에 의한 자계의 세기(H)

$I=5$ [A], $H=0.1$ [AT/m], $N=1$ 일 때 거리 r은

$H = \dfrac{NI}{l} = \dfrac{NI}{2\pi r}$ [AT/m] 식에 의해서

∴ $r = \dfrac{NI}{2\pi H} = \dfrac{1 \times 5}{2\pi \times 0.1} = 7.96$ [m]

16 무한히 긴 직선도체에 전류 I[A]를 흘릴 때, 이 전류로부터 d[m] 되는 점의 자속밀도는 몇 [Wb/m²]인가?

① $\dfrac{\mu_o I}{4\pi d}$ ② $\dfrac{I}{2\pi\mu_0 d}$

③ $\dfrac{I}{2\pi d}$ ④ $\dfrac{\mu_0 I}{2\pi d}$

[해설] 직선도체에 의한 자계의 세기(H) 및 자속밀도(B)

$H = \dfrac{NI}{l} = \dfrac{NI}{2\pi d}$ [AT/m]이므로 $N=1$일 때 자속밀도 B는

∴ $B = \mu_0 H = \dfrac{\mu_0 I}{l} = \dfrac{\mu_0 I}{2\pi d}$ [Wb/m²]

17 전류 2π[A]가 흐르고 있는 무한 직선도체로부터 2[m]만큼 떨어진 자유공간 내 P점의 자속밀도의 세기[Wb/m²]는?

① $\dfrac{\mu_0}{8}$ ② $\dfrac{\mu_0}{4}$

③ $\dfrac{\mu_0}{2}$ ④ μ_0

[해설] 직선도체에 의한 자계의 세기(H) 및 자속밀도(B)

$H = \dfrac{NI}{l} = \dfrac{NI}{2\pi r}$ [AT/m]

$B = \mu_0 H = \dfrac{\mu_0 NI}{l} = \dfrac{\mu_0 NI}{2\pi r}$ [WB/m²]이므로

$N=1$, $I=2\pi$ [A], $r=2$ [m]일 때

∴ $B = \dfrac{\mu_0 NI}{2\pi r} = \dfrac{\mu_0 \times 2\pi}{2\pi \times 2} = \dfrac{\mu_0}{2}$ [Wb/m²]

18 그림과 같이 평행한 무한장 직선도선에 I, $4I$인 전류가 흐른다. 두 선 사이에 점 P의 자계 세기가 0이다. a/b는?

① $\dfrac{a}{b} = 4$

② $\dfrac{a}{b} = 2$

③ $\dfrac{a}{b} = \dfrac{1}{2}$

④ $\dfrac{a}{b} = \dfrac{1}{4}$

[해설] 직선도체에 의한 자계의 세기(H)

오른쪽 그림에서와 같이 I[A]가 흐르는 도선에서 a[m] 떨어진 P점의 자계의 세기(H_1)와 $4I$[A]가 흐르는 도선에서 b[m] 떨어진 P점의 자계의 세기(H_2)가 서로 반대방향으로 작용하므로 P점의 자계의 세기가 0이 되기 위해서는 $H_1 = H_2$ 조건을 만족하여야 한다.

$H_1 = \dfrac{I}{2\pi a}$ [AT/m], $H_2 = \dfrac{4I}{2\pi b}$ [AT/m]이므로

$\dfrac{I}{2\pi a} = \dfrac{4I}{2\pi b}$ 일 때

∴ $\dfrac{a}{b} = \dfrac{1}{4}$

19 반지름 a[m], 중심 간 거리 d[m]인 두 개의 무한장 왕복 선로에 서로 반대 방향으로 전류 I[A]가 흐를 때, 한 도체에서 x[m] 거리인 A점의 자계 세기는 몇 [AT/m]인가? (단, $d \gg a$, $x \gg a$라고 한다.)

① $\dfrac{I}{2\pi}\left(\dfrac{1}{x} + \dfrac{1}{d-x}\right)$

② $\dfrac{I}{2\pi}\left(\dfrac{1}{x} - \dfrac{1}{d-x}\right)$

③ $\dfrac{I}{4\pi}\left(\dfrac{1}{x} + \dfrac{1}{d-x}\right)$

④ $\dfrac{I}{4\pi}\left(\dfrac{1}{x} - \dfrac{1}{d-x}\right)$

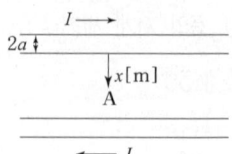

제6장 _ 정자계(Ⅰ, Ⅱ)

해설 직선도체에 의한 자계의 세기(H)

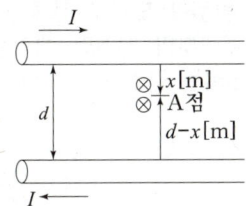

위 그림에서와 같이 x[m] 떨어진 A점의 자계의 세기(H_1)와 $d-x$[m] 떨어진 A점의 자계의 세기(H_2)가 같은 방향이므로 A점의 전체 자계의 세기(H)는
$H_1 = \dfrac{I}{2\pi x}$ [AT/m], $H_2 = \dfrac{I}{2\pi(d-x)}$ [AT/m]일 때

$\therefore H = H_1 + H_2 = \dfrac{I}{2\pi x} + \dfrac{I}{2\pi(d-x)}$

$= \dfrac{I}{2\pi}\left(\dfrac{1}{x} + \dfrac{1}{d-x}\right)$ [AT/m]

★★
20 그림과 같이 무한히 긴 두 개의 직선상 도선이 1[m] 간격으로 나란히 놓여 있을 때 도선①에 4[A], 도선②에 8[A]가 흐르고 있을 때 두 선간 중앙점 P에 있어서의 자계의 세기는 몇 [AT/m]인가? (단, 지면의 아래쪽에서 위쪽으로 향하는 방향을 정(+)으로 한다.)

① $\dfrac{4}{\pi}$
② $\dfrac{12}{\pi}$
③ $-\dfrac{4}{\pi}$
④ $-\dfrac{5}{\pi}$

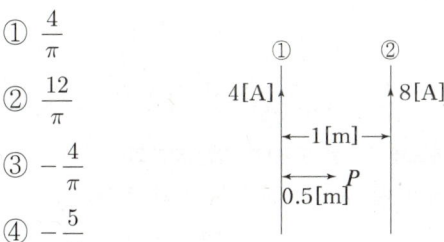

해설 직선도체에 의한 자계의 세기(H)

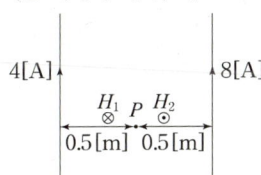

$I_1 = 4$ [A], $I_2 = 8$ [A], $r_1 = 0.5$ [m], $r_2 = 0.5$ [m]
라 하면 $H_1 = \dfrac{I_1}{2\pi r_1}\otimes$, $H_2 = \dfrac{I_2}{2\pi r_2}\odot$
두 자계의 세기는 반대방향이므로 중심 P점의 자계의 세기는 H_1, H_2의 차(−)에 해당하는 값이 된다.

$\therefore H = H_2 - H_1 = \dfrac{I_2}{2\pi r_2} - \dfrac{I_1}{2\pi r_1}$

$= \dfrac{8}{2\pi \times 0.5} - \dfrac{4}{2\pi \times 0.5}$

$= \dfrac{16}{2\pi} - \dfrac{8}{2\pi} = \dfrac{8}{2\pi} = \dfrac{4}{\pi}$ [AT/m]

★
21 그림과 같이 평행 왕복 도선에 $\pm I$[A]가 흐르고 있을 때 점 P($\theta = 90°$)의 자계 세기는 몇 [AT/m]인가?

① $\dfrac{I}{2\pi d}$
② $\dfrac{I}{2\pi r_1 r_2}$
③ $\dfrac{I\sqrt{r_1 + r_2}}{2\pi d}$
④ $\dfrac{Id}{2\pi r_1 r_2}$

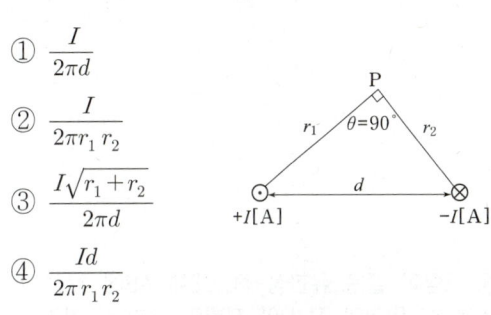

해설 직선도체에 의한 자계의 세기(H)

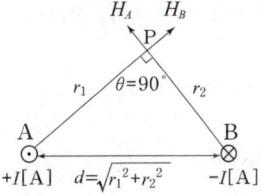

위 그림에서와 같이 $+I$ [A]가 흐르는 도선을 A라 하고, $-I$ [A]가 흐르는 도선을 B라 하면 각 도선에 흐르는 전류에 의해서 생기는 자계의 세기 H_A, H_B는 각각 $H_A = \dfrac{I}{2\pi r_1}$ [AT/m], $H_B = \dfrac{I}{2\pi r_2}$ [AT/m]이다.
그런데 P점에서 H_A와 H_B가 수직을 이루고 있으므로 전체 자계의 세기(H)는 피타고라스 정리를 이용하면

$\therefore H = \sqrt{H_A^2 + H_B^2} = \dfrac{I}{2\pi}\sqrt{\left(\dfrac{1}{r_1}\right)^2 + \left(\dfrac{1}{r_2}\right)^2}$

$= \dfrac{I}{2\pi}\sqrt{\dfrac{r_1^2 + r_2^2}{(r_1 r_2)^2}} = \dfrac{I}{2\pi r_1 r_2}\sqrt{r_1^2 + r_2^2}$

$= \dfrac{Id}{2\pi r_1 r_2}$ [AT/m]

★
22 그림과 같이 공기 내에 1[A]의 전류가 흐르는 무한 길이 직선도선이 있다. 도선과 수직인 평면 내에 있는 도선으로부터의 거리가 1[m]인 원주 C에 따라서 화살표 방향으로 1[Wb]의 자극을 일주시키는데 요하는 일[J]은?

① 1
② 2π
③ $\dfrac{1}{2\pi}$
④ 0

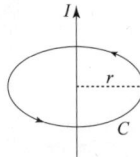

[해설] 직선도체에 의한 자계의 세기(H)와 에너지(W)
$W = F \cdot l = mH \cdot l = mHl\cos\theta$ [J] 식에서
$H = \dfrac{I}{2\pi r} = \dfrac{1}{2\pi \times 1} = \dfrac{1}{2\pi}$ [AT/m]
$l = 2\pi r = 2\pi \times 1 = 2\pi$ [m]
$m = 1$ [Wb], $\theta = 0°$이므로
∴ $W = mHl\cos\theta = 1 \times \dfrac{1}{2\pi} \times 2\pi \times \cos 0°$
　　$= 1$ [J]

★
23 그림과 같은 유한장 직선도체 AB에 전류 I가 흐를 때 임의의 점 P의 자계의 세기는? (단, a는 P와 AB 사이의 거리, θ_1, θ_2는 P에서 도체 AB에 내린 수직선과 AP, BP가 이루는 각이다.

① $\dfrac{I}{4\pi a}(\sin\theta_1 + \sin\theta_2)$
② $\dfrac{I}{4\pi a}(\cos\theta_1 - \cos\theta_2)$
③ $\dfrac{I}{4\pi a}(\sin\theta_1 - \sin\theta_2)$
④ $\dfrac{I}{4\pi a}(\cos\theta_1 + \cos\theta_2)$

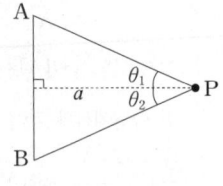

[해설] 유한장 직선도체에 의한 자계의 세기(H)

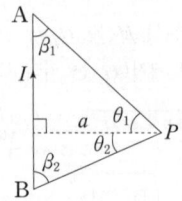

$H = \dfrac{I}{4\pi a}(\cos\beta_1 + \cos\beta_2)$
　$= \dfrac{I}{4\pi a}(\sin\theta_1 + \sin\theta_2)$ [AT/m]

★★
24 무한장 원주형 도체에 전류 I가 표면에만 흐른다면 원주내부의 자계의 세기는 몇 [AT/m]인가? (단, r[m]는 원주의 반지름이고, N은 권선수이다.)

① $\dfrac{I}{2\pi r}$
② $\dfrac{NI}{2\pi r}$
③ $\dfrac{I}{2r}$
④ 0

[해설] 원통도체(원주형도체)에 의한 자계의 세기(H)
(1) 원통도체 표면에만 전류가 흐르는 경우
　내부 자계의 세기 H_{in}, 외부의 자계의 세기 H_{out}는
　$H_{in} = 0$ [AT/m], $AT = \dfrac{NI}{2\pi r}$ [AT/m]
(2) 원통도체 내부에 균일하게 전류가 흐르는 경우
　$H_{in} = \dfrac{NIr}{2\pi a^2}$ [AT/m], $H_{our} = \dfrac{NI}{2\pi r}$ [AT/m]
여기서, a는 원통도체의 반지름이다.

★★
25 반지름 25[cm]인 원주형 도선에 π[A]의 전류가 흐를 때, 도선의 중심축에서 50[cm] 되는 점의 자계 세기[AT/m]는? (단, 도선의 길이 l은 매우 길다.)

① 1
② π
③ $\dfrac{1}{2}\pi$
④ $\dfrac{1}{4}\pi$

[해설] 원통도체(원주형 도체)에 의한 자계의 세기(H)
도체 반지름 $a = 25$ [cm]이고 도체 중심에서부터
$r = 50$ [cm] 되는 점의 자계의 세기는
$H_{out} = \dfrac{I}{2\pi r}$ [AT/m]이므로 $I = \pi$ [A]일 때
∴ $H_{out} = \dfrac{I}{2\pi r} = \dfrac{\pi}{2\pi \times 50 \times 10^{-2}} = 1$ [AT/m]

26. 반지름 a[m]인 무한장 원통형 도체에 전류가 균일하게 흐를 때 도체 내부의 자계 세기는?

① 축으로부터의 거리에 비례한다.
② 축으로부터의 거리에 반비례한다.
③ 축으로부터의 거리의 제곱에 비례한다.
④ 축으로부터의 거리의 제곱에 반비례한다.

[해설] 원통도체(원주형 도체)에 의한 자계의 세기(H)
원통도체 내부에 균일하게 전류가 흐르는 경우
$$H_{in} = \frac{Ir}{2\pi a^2} \text{[AT/m]}, \quad H_{out} = \frac{I}{2\pi r} \text{[AT/m]}$$
$\therefore H_{in} = \frac{Ir}{2\pi a^2} \propto r$ [AT/m]이므로 거리에 비례한다.

28. 전류 분포가 균일한 반지름 a[m]인 무한장 원주형 도선에 1[A]의 전류를 흘렸더니 도선 중심에서 $a/2$[m] 되는 점에서의 자계 세기가 $\frac{1}{2\pi}$[AT/m]였다. 이 도선의 반지름은 몇 [m]인가?

① 4
② 2
③ 1/2
④ 1/4

[해설] 원통도체(원주형 도체)에 의한 자계의 세기(H)
원통도체 내부에 균일하게 전류가 흐르는 경우
$$H_{in} = \frac{Ir}{2\pi a^2} \text{[AT/m]}, \quad H_{out} = \frac{I}{2\pi r} \text{[AT/m]}$$
$I = 1$[A], $r = \frac{a}{2}$[m], $H_{in} = \frac{1}{2\pi}$[AT/m]이므로
$H_{in} = \frac{Ir}{2\pi a^2}$ [AT/m] 식에 의해서
$$\frac{1}{2\pi} = \frac{1 \times \frac{a}{2}}{2\pi \times a^2} = \frac{1}{4\pi a}$$
$\therefore a = \frac{2\pi}{4\pi} = \frac{1}{2}$ [m]

27. 단면 반지름 a인 원통 도체에 직류 전류 I가 흐를 때 자계 H는 원통축으로부터의 거리 r에 따라 어떻게 변하는가?

①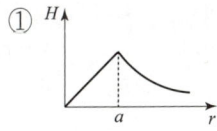
②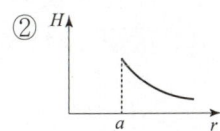
③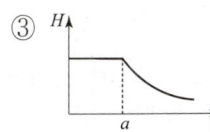
④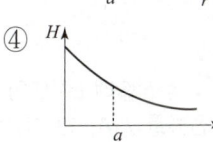

[해설] 원통도체(원주형 도체)에 의한 자계의 세기(H)
원통도체에 직류전류가 흐르는 경우에는 도체 내부를 균일하게 흐르게 되므로 $H_{in} = \frac{Ir}{2\pi a^2} \propto r$ [AT/m],
$H_{out} = \frac{I}{2\pi r} \propto \frac{1}{r}$ [AT/m]가 된다.
즉, 자계의 세기는 원통도체 내부에서 거리에 비례하여 증가하고 원통도체 외부에서 거리에 반비례하여 감소하게 된다.

29. 환상솔레노이드(solenoid) 내의 자계 세기[AT/m]는? (단, N은 코일의 감긴 수, a는 환상솔레노이드의 평균 반지름이다.)

① $\frac{2\pi a}{NI}$
② $\frac{NI}{2\pi a}$
③ $\frac{NI}{\pi a}$
④ $\frac{NI}{4\pi a}$

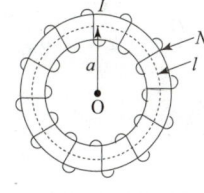

[해설] 환상솔레노이드에 의한 자계의 세기(H)
$$H_{in} = \frac{NI}{l} = \frac{NI}{2\pi a} \text{[AT/m]}, \quad H_{out} = 0 \text{[AT/m]}$$일 때
솔레노이드 내부의 자계의 세기는
$\therefore H_{in} = \frac{NI}{2\pi a}$ [AT/m]

30 그림과 같이 권수 N[회], 평균 반지름 r[m]인 환상솔레노이드에 전류 I[A]의 전류가 흐를 때, 중심 O점의 자계 세기는 몇 [AT/m]인가?

① 0
② NI
③ $\dfrac{NI}{2\pi r}$
④ $\dfrac{NI}{2\pi r^2}$

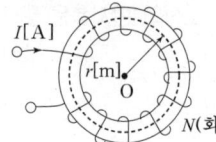

[해설] 환상솔레노이드에 의한 자계의 세기(H)
$H_{in} = \dfrac{NI}{l} = \dfrac{NI}{2\pi r}$ [AT/m], $H_{out} = 0$ [AT/m]일 때
중심 O점은 솔레노이드의 외부에 해당하므로
∴ $H_{out} = 0$ [AT/m]

31 공심 환상철심에서 코일의 권회수 500회, 단면적 6[cm²], 평균 반지름 15[cm], 코일에 흐르는 전류를 4[A]라 하면 철심 중심에서의 자계 세기는 약 몇 [AT/m]인가?

① 1,520   ② 1,720
③ 1,920   ④ 2,120

[해설] 환상솔레노이드에 의한 자계의 세기(H)
$N = 500$, $S = 6$ [cm²], $r = 15$ [cm], $I = 4$ [A]이므로
∴ $H_{in} = \dfrac{NI}{2\pi r} = \dfrac{500 \times 4}{2\pi \times 15 \times 10^{-2}} = 2{,}120$ [AT/m]

32 평균 반지름 50[cm]이고 권수 100회인 환상솔레노이드 내부의 자계가 200[AT/m]로 되도록 하기 위해서 코일에 흐르는 전류는 몇 [A]로 하여야 되는가?

① 6.28   ② 12.15
③ 15.8   ④ 18.6

[해설] 환상솔레노이드에 의한 자계의 세기(H)
$r = 50$ [cm], $N = 100$, $H_{in} = 200$ [AT/m]이므로
$I = \dfrac{2\pi r H_{in}}{N} = \dfrac{2\pi \times 50 \times 10^{-2} \times 200}{100} = 6.28$ [A]

33 평균반지름 10[cm]의 환상솔레노이드에 5[A]의 전류가 흐를 때 내부자계가 1,600[AT/m]이었다. 권수는 약 얼마인가?

① 180회   ② 190회
③ 200회   ④ 210회

[해설] 환상솔레노이드에 의한 자계의 세기(H)
$r = 10$ [cm], $I = 5$ [A], $H_{in} = 1{,}600$ [AT/m]일 때
∴ $N = \dfrac{2\pi r H_{in}}{I} = \dfrac{2\pi \times 10 \times 10^{-2} \times 1{,}600}{5}$
$= 200$ 회

34 길이 10[cm], 권선수가 500인 솔레노이드 코일에 10[A]의 전류를 흘려줄 때, 솔레노이드 내의 자계 세기[AT/m]는? (단, 솔레노이드 내부의 자계 세기는 균일하다고 생각한다.)

① 50   ② 500
③ 5,000   ④ 50,000

[해설] 환상솔레노이드에 의한 자계의 세기(H)
$l = 10$ [cm], $N = 500$, $I = 10$ [A]이므로
∴ $H_{in} = \dfrac{NI}{l} = \dfrac{500 \times 10}{10 \times 10^{-2}} = 50{,}000$ [AT/m]

35 환상솔레노이드의 단위 길이당 권수를 n[회/m], 전류를 I[A], 반지름을 a[m]라 할 때 솔레노이드 외부의 자계 세기는 몇 [AT/m]인가? (단, 주위 매질은 공기이다.)

① 0
② nI
③ $\dfrac{I}{4\pi\epsilon_0 a}$
④ $\dfrac{NI}{2a}$

[해설] 환상솔레노이드에 의한 자계의 세기(H)
솔레노이드 외부의 자계의 세기는
∴ $H_{out} = 0$ [AT/m]

36 반지름 a[m], 단위 길이당 권회수 n_0[회/m], 전류 I[A]인 무한장 솔레노이드의 내부 자계 세기[AT/m]는?

① $\dfrac{n_0 I}{2\pi a}$ ② $\dfrac{n_0 I}{2a}$

③ $n_0 I$ ④ $\dfrac{n_0 I}{2\pi}$

[해설] 무한장 솔레노이드에 의한 자계의 세기(H)
$H_{in} = n_0 I$ [AT/m], $H_{out} = 0$ [AT/m]일 때 무한장 솔레노이드의 내부의 자계의 세기는
∴ $H_{in} = n_0 I$ [AT/m]

37 무한장 솔레노이드에 전류가 흐를 때, 발생되는 자장에 관한 설명 중 옳은 것은?

① 내부 자장은 평등 자장이다.
② 외부와 내부 자장의 세기는 같다.
③ 외부 자장은 평등 자장이다.
④ 내부 자장의 세기는 0이다.

[해설] 무한장 솔레노이드에 의한 자계의 세기(H)
$H_{in} = nI$ [AT/m], $H_{out} = 0$ [AT/m]일 때 무한장 솔레노이드의 내부의 자계의 세기는 $H_{in} = nI$ [AT/m]이며 내부 자장은 균등하다.
= 평등자장이다.

38 평등자계를 얻는 방법으로 가장 알맞은 것은?

① 길이에 비하여 단면적이 충분히 큰 솔레노이드에 전류를 흘린다.
② 단면적에 비하여 길이가 충분히 긴 솔레노이드에 전류를 흘린다.
③ 단면적에 비하여 길이가 충분히 긴 원통형 도선에 전류를 흘린다.
④ 길이에 비하여 단면적이 충분히 큰 원통형 도선에 전류를 흘린다.

[해설] 무한장 솔레노이드에 의한 자계의 세기(H)
무한장 솔레노이드의 내부의 자계의 세기는 $H_{in} = nI$ [AT/m]이며 내부자장은 균등하다.
= 평등자장이다.
따라서 평등자장을 얻기 위해서는 단면적에 비하여 길이가 충분히 긴 무한장 솔레노이드에 전류를 흘리면 된다.

39 1[cm]마다 권수가 100인 무한장 솔레노이드에 20[mA]의 전류를 유통시킬 때, 솔레노이드 내부의 자계 세기[AT/m]는?

① 10 ② 20
③ 100 ④ 200

[해설] 무한장 솔레노이드에 의한 자계의 세기(H)
$H_{in} = nI$ [AT/m], $H_{out} = 0$ [AT/m]일 때 n은 무한장 솔레노이드에 감은 1[m]당 코일의 권수이므로
$n = \dfrac{100}{1 \times 10^{-2}} = 10,000$, $I = 20$ [mA]
∴ $H_{in} = nI = 10,000 \times 20 \times 10^{-3} = 200$ [AT/m]

40 반지름 a[m]인 단일 원형코일에 전류를 흘려줄 때, 원형코일 중심에서의 자계 세기 H[AT/m]와 반지름 a[m]와의 관계는?

① $H \propto \dfrac{1}{a}$ ② $H \propto \dfrac{1}{a^2}$

③ $H \propto a$ ④ $H \propto a^2$

[해설] 원형코일에 의한 자계의 세기(H)
(1) 원형코일 중심축상 x [m] 떨어진 점의 자계의 세기
$H = \dfrac{NI}{2a}\sin^3\theta = \dfrac{NIa^2}{2(a^2+x^2)^{\frac{3}{2}}}$ [AT/m]
(2) 원형코일 중심의 자계의 세기
$H_0 = \dfrac{NI}{2a}$ [AT/m]
단일원형코일은 $N=1$이므로 중심에서의 자계의 세기는
∴ $H_0 = \dfrac{I}{2a} \propto \dfrac{1}{a}$ [AT/m]

41 반지름 1[m]의 원형코일에 1[A]의 전류가 흐를 때, 중심점의 자계 세기는 몇 [AT/m]인가?

① $\dfrac{1}{4}$ ② $\dfrac{1}{2}$
③ 1 ④ 2

[해설] 원형코일에 의한 자계의 세기(H)
$a=1$ [m], $I=1$ [A], $N=1$이므로
∴ $H_0 = \dfrac{NI}{2a} = \dfrac{1 \times 1}{2 \times 1} = \dfrac{1}{2}$ [AT/m]

정답 36 ③ 37 ① 38 ② 39 ④ 40 ① 41 ②

42 반지름이 40[cm]인 원형코일에 전류 100[A]가 흐르고 있다. 이때, 중심점에 있어서 자계의 세기 [AT/m]는?

① 125 ② 75
③ 25   ④ 200

[해설] 원형코일에 의한 자계의 세기(H)
$a=40\,[\text{cm}]$, $I=100\,[\text{A}]$, $N=1$이므로
$$\therefore H_0=\frac{NI}{2a}=\frac{1\times 100}{2\times 40\times 10^{-2}}=125\,[\text{AT/m}]$$

43 지름 10[cm]인 원형코일에 1[A]의 전류를 흘릴 때, 코일 중심의 자계를 1,000[AT/m]로 하려면 코일을 몇 회 감으면 되는가?

① 200 ② 150
③ 100 ④ 50

[해설] 원형코일에 의한 자계의 세기(H)
반지름 $a=\frac{10}{2}=5\,[\text{cm}]$, $I=1\,[\text{A}]$,
$H=1000\,[\text{AT/m}]$이므로
$$\therefore N=\frac{2aH_0}{I}=\frac{2\times 5\times 10^{-2}\times 1,000}{1}=100\,회$$

44 그림과 같이 전류 I[A]가 흐르는 반지름 a[m]의 원형코일의 중심으로부터 x[m]인 점 P의 자계는 몇 [AT/m]인가? (단, θ는 각 APO라 한다.)

① $\frac{I}{2a}\sin^3\theta$
② $\frac{I}{2a}\cos^3\theta$
③ $\frac{I}{2a}\sin^2\theta$
④ $\frac{I}{2a}\cos^2\theta$

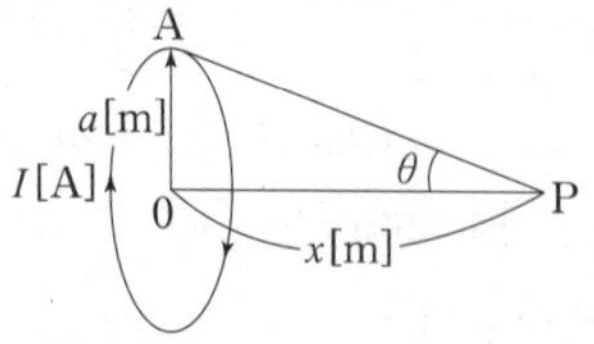

[해설] 원형코일에 의한 자계의 세기(H)
단일원형코일은 $N=1$이므로 중심에서의 자계의 세기는
$$\therefore H=\frac{I}{2a}\sin^3\theta\,[\text{AT/m}]$$

45 반지름 3[cm], 권수 2회인 원형코일에 1[A]의 전류가 흐를 때, 원형코일 중심에서 축상 4[cm]인 점 P의 자계 세기[AT/m]는?

① 3.6 ② 7.2
③ 1.8 ④ 36

[해설] 원형코일에 의한 자계의 세기(H)
원형코일 중심축상 x[m] 떨어진 점의 자계의 세기
$$H=\frac{NI}{2a}\sin^3\theta=\frac{NIa^2}{2(a^2+x^2)^{\frac{3}{2}}}\,[\text{AT/m}]$$이므로
$a=3\,[\text{cm}]$, $N=2$, $I=1\,[\text{A}]$, $x=4\,[\text{cm}]$일 때
$$\therefore H=\frac{NIa^2}{2(a^2+x^2)^{\frac{3}{2}}}$$
$$=\frac{2\times 1\times (3\times 10^{-2})^2}{2\{(3\times 10^{-2})^2+(4\times 10^{-2})^2\}^{\frac{3}{2}}}$$
$$=7.2\,[\text{AT/m}]$$

46 반지름 1[cm]인 원형코일에 전류 10[A]가 흐를 때, 코일의 중심에서 코일면에 수직으로 $\sqrt{3}$ [cm] 떨어진 점의 자계의 세기는 몇 [AT/m]인가?

① $\frac{1}{16}\times 10^3\,[\text{AT/m}]$
② $\frac{3}{16}\times 10^3\,[\text{AT/m}]$
③ $\frac{5}{16}\times 10^3\,[\text{AT/m}]$
④ $\frac{7}{16}\times 10^3\,[\text{AT/m}]$

[해설] 원형코일에 의한 자계의 세기(H)
$a=1\,[\text{cm}]$, $N=1$, $I=10\,[\text{A}]$, $x=\sqrt{3}\,[\text{cm}]$이므로
$$\therefore H=\frac{NIa^2}{2(a^2+x^2)^{\frac{3}{2}}}$$
$$=\frac{1\times 10\times (10^{-2})^2}{2\{(10^{-2})^2+(\sqrt{3}\times 10^{-2})^2\}^{\frac{3}{2}}}$$
$$=\frac{125}{2}=\frac{1}{16}\times 10^3\,[\text{AT/m}]$$

정답 42 ① 43 ③ 44 ① 45 ② 46 ①

47 $z=0$인 평면상에 중심이 원점에 있고 반경이 a[m]인 원형 도체에 그림과 같이 전류 I[A]가 흐를 때 $z=b$인 점에서 자계의 세기는? (단, a_z는 단위 벡터이다.)

① $\dfrac{a^2 I}{2(a^2+b^2)^3} a_z$ [AT/m]

② $\dfrac{a I}{2(a^2+b^2)^{\frac{3}{2}}} a_z$ [AT/m]

③ $\dfrac{a^2 I}{2(a^2+b^2)^{\frac{3}{2}}} a_z$ [AT/m]

④ $\dfrac{a^2 I}{2(a^2+b^2)^{2}} a_z$ [AT/m]

[해설] 원형코일에 의한 자계의 세기(H)
원형코일 중심축(z축)상 b[m] 떨어진 점의 자계의 세기
$H = \dfrac{NI}{2a}\sin^3\theta = \dfrac{NIa^2}{2(a^2+b^2)^{\frac{3}{2}}}$ [AT/m]일 때
$N=1$이며 자계는 z방향을 가리키므로
$\therefore H = \dfrac{a^2 I}{2(a^2+b^2)^{\frac{3}{2}}} a_z$ [AT/m]

48 반지름이 a이고 $\pm z$에 원형 선조 루프들이 놓여있다. 그림과 같은 방향으로 전류 I가 흐를 때, 원점의 자계 세기 H를 구하면? (단, a_z, a_ϕ는 단위 벡터)

① $H = \dfrac{Ia^2 a_z}{2(a^2+z^2)^{3/2}}$

② $H = \dfrac{Ia^2 a_\phi}{2(a^2+z^2)^{3/2}}$

③ $H = \dfrac{Ia^2 a_z}{(a^2+z^2)^{3/2}}$

④ $H = \dfrac{Ia^2 a_\phi}{(a^2+z^2)^{3/2}}$

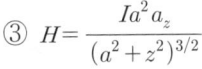
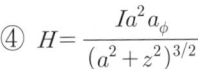

[해설] 원형코일에 의한 자계의 세기(H)
원형코일 중심축상 z[m] 떨어진 점의 자계의 세기
$H = \dfrac{NI}{2a}\sin^3\theta = \dfrac{NIa^2}{2(a^2+z^2)^{\frac{3}{2}}}$ [AT/m]일 때
$N=2$이며 자계는 z방향을 가리키므로
$\therefore H = \dfrac{NIa^2 a_z}{2(a^2+z^2)^{\frac{3}{2}}} = \dfrac{2 \times Ia^2 a_z}{2(a^2+z^2)^{\frac{3}{2}}}$
$= \dfrac{Ia^2 a_z}{(a^2+z^2)^{\frac{3}{2}}}$ [AT/m]

49 각각 반지름이 a[m]인 두 개의 원형코일이 그림과 같이 서로 $2a$[m] 떨어져 있고 전류 I[A]가 표시된 방향으로 흐를 때, 중심선상에 있는 P점의 자계 세기는 몇 [A/m]인가?

① $\dfrac{I}{2a}(\sin^3\phi_1 + \sin^3\phi_2)$

② $\dfrac{I}{2a}(\sin^2\phi_1 + \sin^2\phi_2)$

③ $\dfrac{I}{2a}(\cos^3\phi_1 + \cos^3\phi_2)$

④ $\dfrac{I}{2a}(\cos^2\phi_1 + \cos^2\phi_2)$

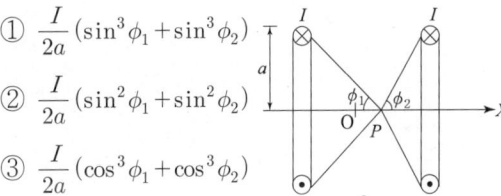

[해설] 원형코일에 의한 자계의 세기(H)
원형코일 중심축상 x[m] 떨어진 점의 자계의 세기
$H = \dfrac{NI}{2a}\sin^3\theta = \dfrac{NIa^2}{2(a^2+x^2)^{\frac{3}{2}}}$ [AT/m]일 때
반지름이 a[m]인 두 개의 원형코일에 흐르는 전류의 방향이 서로 같은 방향이므로 각 원형코일에 의한 자계의 세기 H_1, H_2를 구하여 합성하면 P점의 자계의 세기를 구할 수 있다.
$H_1 = \dfrac{I}{2a}\sin^3\phi_1$ [AT/m],
$H_2 = \dfrac{I}{2a}\sin^3\phi_2$ [AT/m]
$\therefore H = H_1 + H_2 = \dfrac{I}{2a}\sin^3\phi_1 + \dfrac{I}{2a}\sin^3\phi_2$
$= \dfrac{I}{2a}(\sin^3\phi_1 + \sin^3\phi_2)$ [AT/m]

정답 47 ③ 48 ③ 49 ①

50 반지름 a[m]인 반원형 전류 I[A]에 의한 중심에서의 자계의 세기는 몇 [AT/m]인가?

① $\dfrac{I}{4a}$ ② $\dfrac{I}{a}$

③ $\dfrac{I}{2a}$ ④ $\dfrac{2I}{a}$

[해설] 원형코일 중심의 자계의 세기를 H_0, 반원형 코일 중심의 자계의 세기를 H_θ라 하면 $H_0 = \dfrac{I}{2a}$ [AT/m]이며

$\therefore H_\theta = \dfrac{1}{2}H_0 = \dfrac{1}{2} \times \dfrac{I}{2a} = \dfrac{I}{4a}$ [AT/m]

51 그림과 같이 반지름 1[m]인 반원과 2줄의 반무한장 직선으로 된 도선에 전류 4[A]가 흐를 때, 반원의 중심 O에서의 자계 세기[AT/m]는?

① 0.5
② 1
③ 2
④ 4

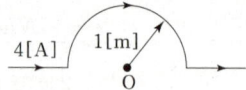

[해설] 원형코일 중심의 자계의 세기를 H_0, 반원형코일 중심의 자계의 세기를 H_θ라 하면

$H_0 = \dfrac{I}{2a}$ [AT/m]이며

$H_\theta = H_0 \times \dfrac{1}{2} = \dfrac{I}{2a} \times \dfrac{1}{2} = \dfrac{I}{4a}$ [AT/m]이다.

$a = 1$ [m], $I = 4$ [A]이므로

$\therefore H_\theta = \dfrac{I}{4a} = \dfrac{4}{4 \times 1} = 1$ [AT/m]

52 그림과 같이 반지름 a[m]인 원의 3/4 되는 점 B, C에 반무한장 직선 BA 및 CD가 연결되어 있다. 이 회로에 I[A]를 흘릴 때 원 중심 O의 자계의 세기[AT/m]는?

① $\dfrac{(\pi+1)}{2\pi a} \cdot I$

② $\dfrac{(3\pi-2)}{8\pi a} \cdot I$

③ $\dfrac{(3\pi+2)}{8\pi a} \cdot I$

④ $\dfrac{3}{8a} \cdot I$

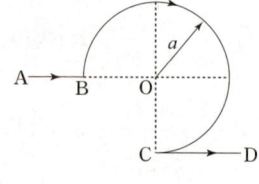

[해설] 원형코일 중심의 자계의 세기를 H_0, $\dfrac{3}{4}$ 원형코일 중심의 자계의 세기를 H_θ, C, D 반직선도체에 의한 중심 O점의 자계의 세기를 H_r이라 하면

$H_0 = \dfrac{I}{2a}$ [AT/m]이며

$H_\theta = H_0 \times \dfrac{3}{4} = \dfrac{I}{2a} \times \dfrac{3}{4} = \dfrac{3I}{8a}$ [AT/m]이고

$H_r = \dfrac{I}{2\pi r} \times \dfrac{1}{2} = \dfrac{I}{2\pi \times a} \times \dfrac{1}{2} = \dfrac{I}{4\pi a}$ [AT/m]이다. 또한 H_θ와 H_r은 자계의 방향이 서로 반대이므로 중심 O점의 자계의 세기(H)는 H_θ와 H_r의 차에 의해 정해진다.

$\therefore H = H_\theta - H_r = \dfrac{3I}{8a} - \dfrac{I}{4\pi a} = \dfrac{3\pi I}{8\pi a} - \dfrac{2I}{8\pi a}$

$= \dfrac{3\pi - 2}{8\pi a} \cdot I$ [AT/m]

53 1변의 길이가 l[m]인 정방형 도체 회로에 직류 I[A]를 흘릴 때 회로의 중심점 자계의 세기 [AT/m]는?

① $\dfrac{I}{2\pi l}$ ② $\dfrac{\sqrt{2}\,I}{2\pi l}$

③ $\dfrac{2I}{\pi l}$ ④ $\dfrac{2\sqrt{2}\,I}{\pi l}$

[해설] 정n변형 회로의 중심 자계의 세기(H)
반지름이 a[m] 정n변형 중심 자계의 세기와 한 변의 길이가 l[m]인 정n변형 중심 자계의 세기를 H_0라 하면

$$H_0 = \frac{nI\tan\frac{\pi}{n}}{2\pi a} = \frac{nI}{\pi l}\sin\frac{\pi}{n}\tan\frac{\pi}{n}\ [\text{AT/m}]$$이므로
한 변의 길이가 l [m]인 정방형은 정사각형으로 $n=4$
일 때이며

$$\therefore H_0 = \frac{4I}{\pi l}\sin\frac{\pi}{4}\tan\frac{\pi}{4} = \frac{4I}{\pi l}\times\frac{1}{\sqrt{2}}\times 1$$

$$= \frac{2\sqrt{2}\,I}{\pi l}\ [\text{AT/m}]$$

★★
54 그림과 같이 한 변의 길이가 l[m]인 정육각형 회로에 전류 I[A]가 흐르고 있을 때 중심의 자계의 세기[A/m]는?

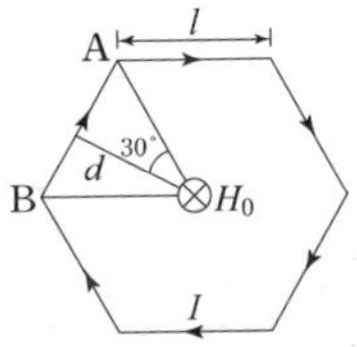

① $\dfrac{I}{2\sqrt{3}\,\pi l}$

② $\dfrac{2\sqrt{2}\,I}{\pi l}$

③ $\dfrac{\sqrt{3}\,I}{\pi l}$

④ $\dfrac{\sqrt{3}\,I}{2\pi l}$

[해설] 정n변형 회로의 중심 자계의 세기(H)
반지름이 a [m] 정n변형 중심 자계의 세기와 한 변의 길이가 l [m]인 정n변형 중심 자계의 세기를 H_0라 하면

$$H_0 = \frac{nI\tan\frac{\pi}{n}}{2\pi a} = \frac{nI}{\pi l}\sin\frac{\pi}{n}\tan\frac{\pi}{n}\ [\text{AT/m}]$$이므로
한 변의 길이가 l인 정육각형은 $n=6$일 때이며

$$\therefore H_0 = \frac{6I}{\pi l}\sin\frac{\pi}{6}\tan\frac{\pi}{6} = \frac{6I}{\pi l}\times\frac{1}{2}\times\frac{1}{\sqrt{3}}$$

$$= \frac{\sqrt{3}\,I}{\pi l}\ [\text{AT/m}]$$

★
55 반경 R인 원에 내접하는 정육각형의 회로에 전류 I[A]가 흐를 때 원 중심점에서의 자속밀도는 몇 [Wb/m²]인가?

① $\dfrac{\mu_0 I}{\pi R}\cos\dfrac{\pi}{6}$

② $\dfrac{3\mu_0 I}{\pi R}\tan\dfrac{\pi}{6}$

③ $\dfrac{I}{2\pi\mu_0 R}\tan\dfrac{\pi}{6}$

④ $2\pi R\tan\dfrac{\pi}{6}$

[해설] 정n변형 회로의 중심 자속밀도(B)
반지름이 a [m] 정n변형 중심 자계의 세기와 한 변의 길이가 l [m]인 정n변형 중심 자계의 세기를 H_0라 하면

$$H_0 = \frac{nI\tan\frac{\pi}{n}}{2\pi a} = \frac{nI}{\pi l}\sin\frac{\pi}{n}\tan\frac{\pi}{n}\ [\text{AT/m}]$$이므로
반경 R인 정육각형은 $n=6$일 때이며 자속밀도 B는

$$\therefore B = \mu_0 H_0 = \frac{6\times\mu_0 I\tan\frac{\pi}{6}}{2\pi R}$$

$$= \frac{3\mu_0 I}{\pi R}\tan\frac{\pi}{6}\ [\text{Wb/m}^2]$$

★★★
56 자기쌍극자에 의한 자계는 쌍극자 중심으로부터 거리의 몇 제곱에 반비례하는가?

① 1   ② 2
③ 3   ④ 4

[해설] 자기쌍극자에 의한 자계의 세기(H)
자기쌍극자 모멘트를 M이라 하면

$$H = \frac{M}{4\pi\mu r^3}\sqrt{1+3\cos^2\theta}\ [\text{AT/m}]$$이므로

$$\therefore H \propto \frac{1}{r^3}$$

★★
57 비투자율 μ_s, 자속밀도 B인 자계 중에 있는 m[Wb]의 자극이 받는 힘[N]은?

① $\dfrac{Bm}{\mu_0\mu_s}$ ② $\dfrac{Bm}{\mu_0}$

③ $\dfrac{\mu_0\mu_s}{Bm}$ ④ $\dfrac{Bm}{\mu_s}$

[해설] 작용력 F, 자계의 세기 H, 자속밀도 B의 관계

$$F = mH[\text{N}],\ B = \mu H = \mu_0\mu_s H = \frac{\phi}{S}\ [\text{Wb/m}^2]$$이므로

$$\therefore F = mH = m\times\frac{B}{\mu_0\mu_s} = \frac{Bm}{\mu_0\mu_s}\ [\text{N}]$$

58 반지름이 3[cm]인 원형 단면을 가지고 있는 환상연철심에 코일을 감고, 여기에 전류를 흘려서 철심 중의 자계의 세기가 400[AT/m]가 되도록 여자할 때 철심 중의 자속밀도는 약 몇 [Wb/m²]인가? (단, 철심의 비투자율은 400이라고 한다.)

① 0.2[Wb/m²]   ② 0.8[Wb/m²]
③ 1.6[Wb/m²]   ④ 2.0[Wb/m²]

[해설] 자기회로 내의 자속밀도(B)
투자율 μ, 자계의 세기 H, 자속 ϕ, 자기회로 단면적 S라 하면 $B = \mu H = \mu_0 \mu_s H = \dfrac{\phi}{S}$ [Wb/m²]이므로
$H = 400$ [AT/m], $\mu_s = 400$일 때
∴ $B = \mu_0 \mu_s H = 4\pi \times 10^{-7} \times 400 \times 400$
　　$= 0.2$ [Wb/m²]

59 자계의 세기 $H = 1,000$[AT/m]일 때, 자속밀도 $B = 0.1$[Wb/m²]인 재질의 투자율은 몇 [H/m]인가?

① 10^{-3} ② 10^{-4}
③ 10^3 ④ 10^4

[해설] 자기회로내의 자속밀도(B)
$H = 1,000$ [AT/m], $B = 0.1$ [Wb/m²]일 때
∴ $\mu = \dfrac{B}{H} = \dfrac{0.1}{1,000} = 10^{-4}$ [H/m]

60 단면적 S[m²]의 철심에 ϕ[Wb]의 자속을 통하게 하려면 H [AT/m]의 자계가 필요하다. 이 철심의 비투자율은 얼마인가?

① $\dfrac{\phi}{\mu_0 SH^2}$ ② $\dfrac{\phi}{SH}$
③ $\dfrac{\phi}{SH^2}$ ④ $\dfrac{\phi}{\mu_0 SH}$

[해설] 자기회로내의 자속밀도(B)
∴ $\mu_s = \dfrac{B}{\mu_0 H} = \dfrac{\phi}{\mu_0 SH}$

61 단면적 4[cm²]의 철심에 6×10^{-4}[Wb]의 자속을 통하게 하려면 2,800[AT/m]의 자계가 필요하다. 이 철심의 비투자율은?

① 43   ② 75
③ 12   ④ 426

[해설] 자기회로내의 자속밀도(B)
$S = 4$ [cm²], $\phi = 6 \times 10^{-4}$ [Wb], $H = 2,800$ [AT/m]일 때
∴ $\mu_s = \dfrac{\phi}{\mu_0 SH} = \dfrac{6 \times 10^{-4}}{4\pi \times 10^{-7} \times 4 \times 10^{-4} \times 2,800}$
　　$= 426$

62 그림과 같은 반지름 a[m]인 원형코일에 I[A]가 흐르고 있다. 이 도체 중심축상 x[m]인 점 P의 자위[A]는?

①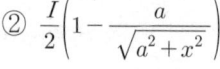
②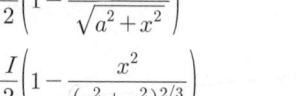
③ $\dfrac{I}{2}\left(1 - \dfrac{x^2}{(a^2+x^2)^{2/3}}\right)$
④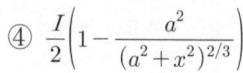

[해설] 원형코일에 의한 자위(U)
$U = \dfrac{I}{4\pi}\omega = \dfrac{I}{4\pi} \times 2\pi(1 - \cos\theta) = \dfrac{I}{2}(1 - \cos\theta)$
　$= \dfrac{I}{2}\left(1 - \dfrac{x}{\sqrt{a^2+x^2}}\right)$ [A]

63. 자기쌍극자에 의한 자위 U [A]에 해당되는 것은? (단, 자기쌍극자의 자기모멘트는 M [Wb·m], 쌍극자 중심으로부터의 거리는 r [m], 쌍극자 정방향과의 각도는 θ라 한다.)

① $6.33 \times 10^4 \dfrac{M\sin\theta}{r^3}$

② $6.33 \times 10^4 \dfrac{M\sin\theta}{r^2}$

③ $6.33 \times 10^4 \dfrac{M\cos\theta}{r^3}$

④ $6.33 \times 10^4 \dfrac{M\cos\theta}{r^2}$

해설 자기쌍극자에 의한 자위(U)

$$U = \frac{M\cos\theta}{4\pi\mu_0 r^2} = 6.33 \times 10^4 \times \frac{M\cos\theta}{r^2} \text{ [A]}$$

64. 자기쌍극자의 자위에 관한 설명 중 맞는 것은?

① 쌍극자의 자기모멘트에 반비례한다.
② 거리의 제곱에 반비례한다.
③ 자기쌍극자의 축과 이루는 각도 θ의 $\sin\theta$에 비례한다.
④ 자위의 단위는 [Wb/J]이다.

해설 자기쌍극자의 자위(U)
자기쌍극자모멘트를 M이라 하면

$$U = \frac{M\cos\theta}{4\pi\mu_o r^2} = 6.33 \times 10^4 \frac{M\cos\theta}{r^2} \text{ [A]이므로}$$

∴ 자기쌍극자의 자위는 자기모멘트에 비례하며, $\cos\theta$에 비례하고 거리의 제곱에 반비례한다.

65. 자석의 세기 0.2[Wb], 길이 10[cm]인 막대자석의 중심에서 60°의 각을 가지며 40[cm]만큼 떨어진 점 A의 자위는 몇 [A]인가?

① 1.97×10^3
② 3.96×10^3
③ 9.58×10^3
④ 7.92×10^3

해설 자기쌍극자에 의한 자위(U)
$m = 0.2$ [Wb], $\delta = 10$ [cm], $\theta = 60°$, $r = 40$ [cm] 일 때

$$U = \frac{M\cos\theta}{4\pi\mu_0 r^2} = 6.33 \times 10^4 \times \frac{M\cos\theta}{r^2} \text{ [A]이며}$$

$M = m\delta$ [Wb·m]이므로

$$\therefore U = 6.33 \times 10^4 \times \frac{m\delta\cos\theta}{r^2}$$

$$= 6.33 \times 10^4 \times \frac{0.2 \times 10 \times 10^{-2} \times \cos 60°}{(40 \times 10^{-2})^2}$$

$$= 3.96 \times 10^3 \text{ [A]}$$

66. 판자석의 세기가 P [Wb/m] 되는 판자석을 보는 입체각 ω인 점의 자위는 몇 [A]인가?

① $\dfrac{P}{4\pi\mu_0\omega}$
② $\dfrac{P\omega}{4\pi\mu_0}$
③ $\dfrac{P}{2\pi\mu_0\omega}$
④ $\dfrac{P\omega}{2\pi\mu_0}$

해설 자기이중층(판자석)에 의한 자위(U)
판자석의 세기 P라 하면 입체각 ω인 점에서의 자위 U는

$$U = \frac{P\omega}{4\pi\mu_0} = \frac{P}{2\mu_0}(1-\cos\theta) \text{ [A]}$$

정답 63 ④ 64 ② 65 ② 66 ②

67 그림과 같이 자기 모멘트 M [Wb·m]인 판자석과 N극과 S극측에 입체각 ω_1, ω_2인 P점과 Q점이 판에 무한히 접근해있을 때, 두 점 사이의 자위차[J/Wb]는? (단, 판자석의 표면 밀도를 $\pm\sigma$[Wb/m²]라 하고 두께를 δ[m]라 할 때 $M = \sigma \cdot \delta$[Wb/m]이다.)

① $\dfrac{M}{\mu_0}$

② $\dfrac{M}{4\pi\mu_0}$

③ $\dfrac{2M}{4\pi\mu_0}(\omega_1 - \omega_2)$

④ 0

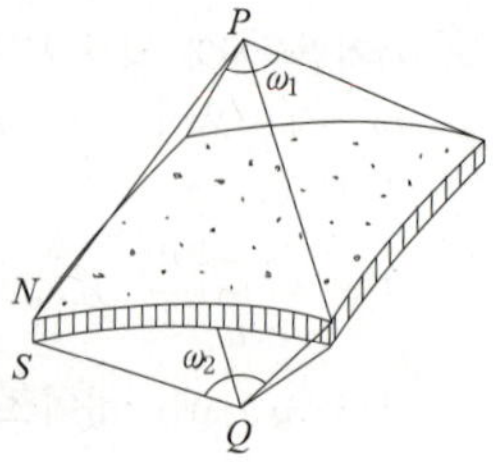

[해설] 자기이중층(판자석)에 의한 자위(U)

N극의 자위(U_+)와 S극의 자위(U_-)일 때 자위차(U_{+-})는

$\therefore U_{+-} = U_+ - U_-$
$= \dfrac{M}{2\mu_0}(1-\cos\theta) - \left\{-\dfrac{M}{2\mu_0}(1-\cos\theta)\right\}$
$= \dfrac{M}{\mu_0}$ [A]

68 판자석의 세기가 0.01[Wb/m], 반지름이 5[cm]인 원형자석판이 있다. 자석의 중심에서 축상 10[cm]인 점에서의 자위의 세기는 몇 [AT]인가?

① 100 ② 175
③ 370 ④ 420

[해설] 자기이중층(판자석)에 의한 자위(U)

$U = \dfrac{M}{4\pi\mu_0}\omega$
$= \dfrac{M}{4\pi\mu_0} \times 2\pi(1-\cos\theta)$
$= \dfrac{M}{2\mu_0}\left(1 - \dfrac{y}{\sqrt{a^2+y^2}}\right)$ [AT] 식에서

$M = 0.01$ [Wb/m], $a = 5$ [cm], $y = 10$ [cm]이므로

$\therefore U = \dfrac{M}{2\mu_0}\left(1 - \dfrac{y}{\sqrt{a^2+y^2}}\right)$
$= \dfrac{0.01}{2 \times 4\pi \times 10^{-7}}\left(1 - \dfrac{10}{\sqrt{5^2+10^2}}\right)$
$= 420$ [AT]

69 다음 자력선의 성질 중 맞지 않는 것은?

① 자력선은 N(+)극에서 출발하여 S(-)극에서 끝난다.
② 한 점의 자력선의 밀도는 그 점의 자계의 세기의 크기와 같다.
③ m [Wb]에서 나오는 자력선 수는 m 개이다.
④ 자력선에 그은 접선은 그 점에서의 자계의 방향을 나타낸다.

[해설] 자기력선의 성질
(1) 자기력선은 N극에서 S극으로 향한다.
(2) 자기력선은 자신만으로 폐곡선을 이룬다.
  · 자계의 회전성과 연속성
(3) 자기력선은 서로 반발하여 교차할 수 없다.
(4) 자기력선의 방향은 그 점의 자계의 방향과 같다.
(5) 자기력선의 밀도는 그 점의 자계의 세기와 같다.
(6) 자기력선의 수는 $\dfrac{m}{\mu_0}$ 개다.

70 진공 중에서 8π[Wb]의 자하(磁荷)로부터 발산되는 총자력선의 수는?

① 10^7 개 ② 2×10^7 개
③ $8\pi \times 10^7$ 개 ④ $\dfrac{10^7}{8\pi}$ 개

[해설] 자기력선의 성질
$m = 8\pi$ [Wb]일 때
$\therefore N = \dfrac{m}{\mu_0} = \dfrac{8\pi}{4\pi \times 10^{-7}} = 2 \times 10^7$ 개

71 두 개의 자력선이 동일한 방향으로 흐르면 자계의 강도는 한 개의 자력선에 비하여 어떻게 되는가?

① 더 약해진다.
② 주기적으로 약해졌다 또는 강해졌다 한다.
③ 더 강해진다.
④ 강해졌다가 약해진다.

[해설] 자기력선의 성질
자기력선의 방향은 그 점의 자계의 방향과 같고 자기력선의 밀도는 그 점의 자계의 세기와 같으므로 자기력선의 방향이 동일한 경우 자계의 강도(자계의 세기)는 서로 합이 되어 자기력이 한 개 있는 경우에 비해서 더 강해진다.

정답 67 ① 68 ④ 69 ③ 70 ② 71 ③

72
자기모멘트 M[Wb·m]인 막대자석이 평등자계 H[AT/m] 내에 자계의 방향과 θ의 각도로 놓여 있을 때 이것에 작용하는 회전력 T[N·m/rad]는?

① $MH\cos\theta$　　② $MH\sin\theta$
③ $MH\tan\theta$　　④ $MH\cot\theta$

[해설] 막대자석의 회전력(=토크: T)과 에너지(W)
(1) 회전력(T)
$T = M \times H = MH\sin\theta = mlH\sin\theta$ [N·m]
여기서, M은 자기모멘트이며 $M = ml$[Wb·m]이다.
(2) 에너지(W)
$W = MH(1-\cos\theta) = mlH(1-\cos\theta)$ [J]

73
평등자장 H인 곳에 자기모멘트 M을 자장과 수직방향으로 놓았을 때, 이 자석의 회전력[N·m]은?

① M/H　　② H/M
③ MH　　④ $1/MH$

[해설] 막대자석의 회전력(=토크: T)과 에너지(W)
자장과 자기모멘트가 수직으로 놓여있으므로 $\theta = 90°$를 대입하면
∴ $T = MH\sin 90° = MH$[N·m]

74
자극의 세기가 8×10^{-6}[Wb], 길이가 50[cm]인 막대자석을 150[AT/m]의 평등 자계 내에 자계와 30°의 각도로 놓았다면 자석이 받는 회전력[N·m]은?

① 1.2×10^{-2}　　② 3×10^{-4}
③ 5.2×10^{-6}　　④ 2×10^{-7}

[해설] 막대자석의 회전력(=토크: T)
$m = 8 \times 10^{-6}$[Wb], $l = 50$[cm], $H = 150$[AT/m], $\theta = 30°$일 때
∴ $T = mlH\sin\theta$
$= 8 \times 10^{-6} \times 50 \times 10^{-2} \times 150 \times \sin 30°$
$= 3 \times 10^{-4}$[N·m]

75
자극의 세기가 4×10^{-6}[Wb], 길이 10[cm]인 막대자석을 150[AT/m]의 평등자계 내에 자계와 60°의 각도로 놓았을 때 자석이 받는 회전력[N·m]은?

① $\sqrt{3} \times 10^{-4}$　　② $3\sqrt{3} \times 10^{-5}$
③ 3×10^{-4}　　④ 3×10

[해설] 막대자석의 회전력(=토크: T)
$m = 4 \times 10^{-6}$[Wb], $l = 10$[cm], $H = 150$[AT/m], $\theta = 60°$일 때
∴ $T = mlH\sin\theta$
$= 4 \times 10^{-6} \times 10 \times 10^{-2} \times 150 \times \sin 60°$
$= 3\sqrt{3} \times 10^{-5}$[N·m]

76
그림에서 직선도체 바로 아래 10[cm] 위치에 자침이 나란히 놓여있다고 하면 이때의 자침에 작용하는 회전력[N·m]은? (단, 도체의 전류는 10[A], 자침의 자극 세기는 10^{-6}[Wb]이고 자침의 길이는 10[cm]이다.)

① 15.9×10^{-3}
② 1.59×10^{-3}
③ 1.59×10^{-6}
④ 15.9×10^{-6}

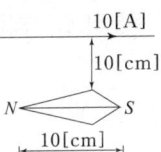

[해설] 막대자석의 회전력(T)
$r = 10$[cm], $I = 10$[A], $m = 10^{-6}$[Wb], $l = 10$[cm]일 때 직선도체로부터 r[m] 떨어진 곳의 자계의 세기 H는 $H = \dfrac{I}{2\pi r}$[AT/m]이며 자계는 자침에 수직으로 작용하므로 $\theta = 90°$이다.

∴ $T = mlH\sin\theta = ml \times \dfrac{I}{2\pi r}\sin\theta$
$= 10^{-6} \times 10 \times 10^{-2}$
$\times \dfrac{10}{2\pi \times 10 \times 10^{-2}} \times \sin 90°$
$= 1.59 \times 10^{-6}$[N·m]

정답 72 ② 73 ③ 74 ② 75 ② 76 ③

77 그림과 같이 자기모멘트 $M=10^{-6}$[Wb·m] 의 자침을 연직 축의 주위로 회전할 수 있도록 수평으로 놓고 이것을 지자기(地磁氣)의 수평 분력 H_0의 방향에서 $\theta=60°$ 의 위치로 회전시키는데 요하는 일[J]은? (단, $H_0=24$[A/m]이다.)

① 2.4×10^{-5}
② 1.2×10^{-5}
③ 6×10^{-5}
④ 4×10^{-5}

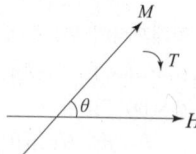

[해설] 막대자석의 에너지(W)
$M=10^{-6}$[Wb·m], $H_0=24$[A/m], $\theta=60°$일 때
∴ $W = MH(1-\cos\theta)$
$= 10^{-6} \times 24 \times (1-\cos 60°)$
$= 1.2 \times 10^{-5}$ [J]

78 자기모멘트 9.8×10^{-5}[Wb·m]의 막대자석을 지구자계의 수평성분 10.5[AT/m]의 곳에서 지자기 자오면으로부터 90° 회전시키는데 필요한 일은 몇 [J] 인가?

① 9.3×10^{-5} ② 9.3×10^{-3}
③ 1.03×10^{-5} ④ 1.03×10^{-3}

[해설] 막대자석의 회전력(=토크 : T)과 에너지(W)
$M=9.8 \times 10^{-5}$[Wb·m], $H=10.5$[AT/m], $\theta=90°$일 때
∴ $W = MH(1-\cos\theta)$
$= 9.8 \times 10^{-5} \times 10.5 \times (1-\cos 90°)$
$= 1.03 \times 10^{-3}$

79 그림과 같이 반지름 a[m]의 한 번 감긴 원형코일이 균일한 자속밀도 B[Wb/m²]인 자계에 놓여 있다. 지금 코일 면을 자계와 나란하게 전류 I[A]를 흘리면 원형코일이 자계로부터 받는 회전 모멘트는 몇 [N·m/rad]인가?

① $2\pi aBI$
② πaBI
③ $2\pi a^2 BI$
④ $\pi a^2 BI$

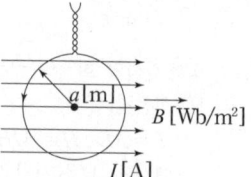

[해설] 폐루프 도선에 작용하는 회전력(T)
미소면적 S[m²]로 이루어진 폐루프 도선에 전류 I[A]가 흐를 때 균일한 자장 내에서 도선에 작용하는 회전력은 $T = NISB$[N·m/rad]이다.
여기서, N은 코일권수, B는 자속밀도이다.
반지름이 a[m]인 원형코일의 루프면적 S는
$S=\pi a^2$[m²]이고 $N=1$이므로
∴ $T = \pi a^2 BI$[N·m/rad]

80 그림과 같이 직각 코일이 $B=0.05\dfrac{a_x+a_y}{\sqrt{2}}$[T] 인 자계에 위치하고 있다. 코일에 5[A] 전류가 흐를 때 z축에서의 토크[N·m]는?

① $2.66 \times 10^{-4} a_x$ [N·m]
② $5.66 \times 10^{-4} a_x$ [N·m]
③ $2.66 \times 10^{-4} a_z$ [N·m]
④ $5.66 \times 10^{-4} a_z$ [N·m]

[해설] 폐루프 도선에 작용하는 회전력(T)
미소면적 S[m²]로 이루어진 폐루프 도선에 전류 I[A]가 흐를 때 균일한 자장 내에서 도선에 작용하는 회전력은 $\vec{T} = I\vec{S} \times \vec{B}$[N·m]이다.
$\vec{S} = 0.04 \times 0.08 a_x = 3.2 \times 10^{-3} a_x$ [m²]이므로
∴ $\vec{T} = I\vec{S} \times \vec{B}$
$= 5(3.2 \times 10^{-3} a_x) \times \left(0.05 \dfrac{a_x+a_y}{\sqrt{2}}\right)$
$= 5 \times 3.2 \times 10^{-3} \times \dfrac{0.05}{\sqrt{2}} a_z$
$= 5.66 \times 10^{-4} a_z$ [N·m]

[참고] 벡터의 외적
$a_x \times a_x = a_y \times a_y = a_z \times a_z = 0$
$a_x \times a_y = a_z,\ a_y \times a_z = a_x,\ a_z \times a_x = a_y$

정답 77 ② 78 ④ 79 ④ 80 ④

81 전류 I_1[A], I_2[A]가 각각 다른 방향으로 흐르는 평행 도선이 r[m] 간격으로 공기중에 놓여있을 때, 도선 간에 작용하는 힘[N/m]은?

① $\dfrac{2I_1I_2}{r} \times 10^{-7}$, 인력
② $\dfrac{2I_1I_2}{r} \times 10^{-7}$, 반발력
③ $\dfrac{2I_1I_2}{r^2} \times 10^{-3}$, 인력
④ $\dfrac{2I_1I_2}{r^2} \times 10^{-3}$, 반발력

해설 평행도선 사이의 작용력(F)

$$F = \dfrac{\mu_0 I_1 I_2}{2\pi r} = \dfrac{2I_1I_2}{r} \times 10^{-7} \text{ [N/m]}$$

두 도선의 전류방향이 서로 같으면 도선 사이의 자장의 방향은 서로 다르게 되므로 작용하는 힘은 흡인력이며 도선 사이의 자장의 세기는 감소하게 된다. 또한 두 도선의 전류방향이 서로 다르면 위의 성질이 반대로 바뀌게 된다.

∴ $F = \dfrac{2I_1I_2}{r} \times 10^{-7}$ [N/m]이며 반발력으로 작용한다.

82 평행한 두 도선 간의 전자력은? (단, 두 도선간의 거리는 r[m]라 한다.)

① r^2에 반비례 ② r^3에 비례
③ r에 반비례 ④ r에 비례

해설 평행도선 사이의 작용력(F)
$F = \dfrac{\mu_0 I_1 I_2}{2\pi r} = \dfrac{2I_1I_2}{r} \times 10^{-7}$ [N/m]이므로

∴ 두 도선 사이의 전자력(작용력)은 거리(r)에 반비례한다.

83 평행 왕복 두 선의 전류간의 전자력은? (단, 두 도선 간의 거리를 r[m]라 한다.)

① $\dfrac{1}{r}$에 비례, 반발력
② r에 비례, 반발력
③ $\dfrac{1}{r^2}$에 비례, 반발력
④ r^2에 비례, 반발력

해설 평행도선 사이의 작용력(F)

$$F = \dfrac{\mu_0 I_1 I_2}{2\pi r} = \dfrac{2I_1I_2}{r} \times 10^{-7} \text{ [N/m]}$$

평행왕복도선은 두 도선의 전류 방향이 반대이므로

∴ 두 도선간 전자력(작용력)은 $\dfrac{1}{r}$에 비례하며, 반발력으로 작용한다.

84 그림과 같이 직류전원에서 부하에 공급하는 전류는 50[A]이고 전원전압은 480[V]이다. 도선이 10[cm] 간격으로 평행하게 배선되어 있다면 1[m]당 두 도선 사이에 작용하는 힘은 몇 [N]이며, 어떻게 작용하는가?

① 5×10^{-3}, 흡인력
② 5×10^{-3}, 반발력
③ 5×10^{-2}, 흡인력
④ 5×10^{-2}, 반발력

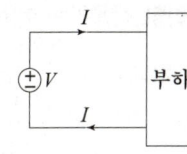

해설 평행도선 사이의 작용(F)
$I_1 = I_2 = 50$ [A], $r = 10$ [cm]일 때

$$F = \dfrac{2I^2}{r} \times 10^{-7} = \dfrac{2 \times 50^2}{10 \times 10^{-2}} \times 10^{-7}$$

$$= 5 \times 10^{-3} \text{ [N/m]}$$

두 도선의 전류방향이 반대이므로 반발력이 작용한다.

∴ 5×10^{-3} [N/m], 반발력이다.

85 ★★
공기 중에서 1[m] 간격을 가진 두 개의 평행도체 전류의 단위길이에 작용하는 힘은 몇 [N]인가? (단, 전류는 1[A]라고 한다.)

① 2×10^{-7} ② 4×10^{-7}
③ $2\pi \times 10^{-7}$ ④ $4\pi \times 10^{-7}$

[해설] 평행도선 사이의 작용력(F)
$I_1 = I_2 = 1$ [A], $d = 1$ [A]이므로
$$\therefore F = \frac{2 I_1 I_2}{d} \times 10^{-7} = 2 \times 10^{-7} \text{ [N/m]}$$

86 ★★
두 개의 무한장 직선도체가 공기 중에서 5[cm]의 거리를 두고 놓여있다. 한쪽 도체에 20[A], 다른 쪽 도체에 30[A]의 전류가 흐를 때, 도체의 단위 길이당에 작용하는 힘의 크기[N/m]는?

① 24   ② 48
③ 2.4×10^{-3} ④ 4.8×10^{-3}

[해설] 평행도선 사이의 작용력(F)
$d = 5$ [cm], $I_1 = 20$ [A], $I_2 = 30$ [A]이므로
$$\therefore F = \frac{2 I_1 I_2}{d} \times 10^{-7} = \frac{2 \times 20 \times 30}{5 \times 10^{-2}} \times 10^{-7}$$
$$= 2.4 \times 10^{-3} \text{ [N/m]}$$

87 ★★
간격이 1.5[m]인 무한히 긴 송전선로가 가설되었다. 여기에 6,600[V], 3[A]를 송전하면 단위 길이당 작용하는 힘[N/m]은?

① 2.64×10^{-3}, 흡인력
② 5.89×10^{-5}, 흡인력
③ 1.2×10^{-6}, 흡인력
④ 8×10^{-7}, 반발력

[해설] 평행도선 사이의 작용력(F)
$d = 1.5$ [m], 송전선로는 각 상의 전류 방향이 같고, 크기 또한 같아서 $I_1 = I_2 = 3$ [A]이므로
$$\therefore F = \frac{2 I^2}{d} \times 10^{-7} = \frac{2 \times 3^2}{1.5} \times 10^{-7}$$
$$= 1.2 \times 10^{-6} \text{ [N/m]이며 흡인력으로 작용한다.}$$

88 ★
간격 $d = 4$[cm]인 2개의 평행한 도선에 각각 전류 $I = 10$[kA]가 흐르고 있을 경우 도선의 단위 길이당 작용하는 힘[N/m]은?

① 500   ② 600
③ 700   ④ 800

[해설] 평행도선 사이의 작용력(F)
$d = 4$ [cm], $I_1 = I_2 = I = 10$ [kA]이므로
$$\therefore F = \frac{2 I^2}{d} \times 10^{-7} = \frac{2 \times (10 \times 10^3)^2}{4 \times 10^{-2}} \times 10^{-7}$$
$$= 500 \text{ [N/m]}$$

89 ★★
2[cm]의 간격을 가진 선간전압 6,600[V]인 두 개의 평행 도선에 2,000[A]의 전류가 흐를 때, 도선 1[m]마다 작용하는 힘은 몇 [N/m]인가?

① 20   ② 30
③ 40   ④ 50

[해설] 평행도선 사이의 작용력(F)
$d = 2$ [cm], $I_1 = I_2 = I = 2,000$ [A]이므로
$$\therefore F = \frac{2 I^2}{d} \times 10^{-7} = \frac{2 \times 2,000^2}{2 \times 10^{-2}} \times 10^{-7}$$
$$= 40 \text{ [N/m]}$$

90 ★
공기 중에서 10[cm] 떨어져 평행으로 놓여진 2개의 무한히 긴 도선에 왕복 전류가 흐를 때, 단위 길이당 0.04[N]의 힘이 작용한다면 이때 흐르는 전류는 몇 [A]인가?

① 14.42   ② 141.42
③ 4.47   ④ 44.72

[해설] 평행도선 사이의 작용력(F)
$d = 10$ [cm], $F = 0.04$ [N/m]이므로
$F = \frac{2 I^2}{d} \times 10^{-7}$ [N/m] 식에서
$$\therefore I = \sqrt{\frac{F \cdot d}{2 \times 10^{-7}}} = \sqrt{\frac{0.04 \times 10 \times 10^{-2}}{2 \times 10^{-7}}}$$
$$= 141.42 \text{ [A]}$$

정답 85 ① 86 ③ 87 ③ 88 ① 89 ③ 90 ②

91 두 개의 길고 직선인 도체가 평행으로 그림과 같이 위치하고 있다. 각 도체에는 10[A]의 전류가 같은 방향으로 흐르고 있으며, 이격거리는 0.2[m]일 때 오른쪽 도체의 단위길이당 힘은?
(단, a_x, a_z는 단위벡터이다.)

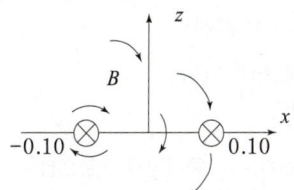

① $10^{-2}(-a_x)$ [N/m]　　② $10^{-4}(-a_x)$ [N/m]
③ $10^{-2}(-a_z)$ [N/m]　　④ $10^{-4}(-a_z)$ [N/m]

[해설] 평행도선 사이의 작용력과 플레밍의 왼손법칙
$I_1 = I_2 = 10$ [A], $r = 0.2$ [m]일 때
$$F = \frac{2I^2}{r} \times 10^{-7} = \frac{2 \times 10^2}{0.2} \times 10^{-7} = 10^{-4} \text{ [N/m]}$$
오른쪽 도체에 작용하는 힘은 플레밍의 왼손법칙을 적용하면 전류방향(중지)은 지면 속으로 향하는 방향이며 자계방향(검지)은 $-z$방향이므로 힘의 방향(엄지)은 $-x$방향을 가리키게 된다.
∴ $F = 10^{-4}(-a_x)$ [N/m]

92 0.2[Wb/m²]의 평등 자계 속에 자계와 직각 방향으로 놓인 길이 30[cm]의 도선을 자계와 30° 각의 방향으로 30[m/s]의 속도로 이동시킬 때 도체 양단에 유기되는 기전력은 몇 [V]인가?

① $0.9\sqrt{3}$　　② 0.9
③ 1.8　　④ 90

[해설] 유기기전력(e) : 플레밍의 오른손법칙
$e = \int (v \times B) \cdot dl = vdl \times B = vBl\sin\theta$ [V]일 때
$B = 0.2$ [Wb/m²], $l = 30$ [cm], $\theta = 30°$,
$v = 30$ [m/s]이므로
∴ $e = vBl\sin\theta$
　$= 30 \times 0.2 \times 30 \times 10^{-2} \times \sin 30° = 0.9$ [V]

93 자속밀도 5[Wb/m²]인 평등 자계 내에 있는 10[cm]의 도선이 자계와 수직 방향으로 5[m/s]의 속도로 운동할 때 발생하는 유기 기전력[V]은?

① 0.25　　② 2.5
③ 250　　④ 2,500

[해설] 유기기전력(e) : 플레밍의 오른손법칙
$B = 5$ [Wb/m²], $l = 10$ [cm],
수직이므로 $\theta = 90°$, $v = 5$ [m/s]
∴ $e = vBl\sin\theta = 5 \times 5 \times 10 \times 10^{-2} \times \sin 90°$
　$= 2.5$ [V]

94 서로 절연되어 있는 폭 2[m]의 철길 위를 열차가 시속 72[km]의 속도로 달리면서 차바퀴가 지구 자계의 수직 분력 $B = 0.20 \times 10^{-4}$[Wb/m²]를 끊으면 철길 사이에 발생하는 기전력[V]은?

① 8×10^{-4}　　② 2×10^{-4}
③ 0.4　　④ 0.2

[해설] 유기기전력(e) : 플레밍의 오른손법칙
$l = 2$ [m], $v = 72$ [km/h], 수직이므로 $\theta = 90°$,
$B = 0.2 \times 10^{-4}$ [Wb/m²]이므로
∴ $e = vBl\sin\theta$
　$= 72 \times \frac{10^3}{3,600} \times 0.2 \times 10^{-4} \times 2 \times \sin 90°$
　$= 8 \times 10^{-4}$ [V]

95 자계와 직각으로 놓인 6[cm]의 도체가 0.2[s] 동안에 1[m]를 균일하게 이동했을 때 0.3[V]의 기전력이 발생하였다. 이 자계의 자속밀도[Wb/m²]는?

① 1　　② 4
③ 0.4　　④ 400

[해설] 유기기전력(e) : 플레밍의 오른손법칙
$l = 6$ [cm], $v = \frac{1}{0.2}$ [m/s], 수직이므로 $\theta = 90°$,
$e = 0.3$ [V]이므로
∴ $B = \frac{e}{vl\sin\theta} = \frac{0.3}{(1/0.2) \times 6 \times 10^{-2} \times \sin 90°}$
　$= 1$ [Wb/m²]

96 자속밀도 1.5[Wb/m²] 되는 균등한 자계 내에 길이 20[cm]의 도선을 자계에 수직인 방향으로 운동시킬 때 도선에 90[V]의 기전력이 발생한다면 이 도선의 속도[m/s]는?

① 100 ② 200
③ 300 ④ 400

[해설] 유기기전력(e) : 플레밍의 오른손법칙
$B = 1.5\,[\text{Wb/m}^2]$, $l = 20\,[\text{cm}]$, 수직이므로 $\theta = 90°$, $e = 90\,[\text{V}]$이므로

$$\therefore v = \frac{e}{Bl\sin\theta} = \frac{90}{1.5 \times 20 \times 10^{-2} \times \sin 90°} = 300\,[\text{m/s}]$$

97 길이 l[m]인 도체 a, b가 속도 v[m/s]로 자계 속을 운동할 때 도체에서는 a에서 b 방향으로 유도기전력이 생기게 된다. 이 때 속도와 자속밀도가 평행이 된다면 기전력은 얼마인가?

① 0 ② 3.14
③ $vl\sin\theta$ ④ $vBl\sin\theta$

[해설] 유기기전력(e) : 플레밍의 오른손법칙
식에서 속도(v)와 자속밀도(B)가 평행이 된다면 $\theta = 0°$이므로
$$\therefore e = vBl\sin 0° = 0\,[\text{V}]$$

98 그림과 같이 자계의 방향이 z축 방향인 균일 자계(자속밀도 B이다.) 내에 이와 수직한 xy면 내에 놓인 구형 도선 코일 C를 y방향으로 v인 속도로 이동시킬 때 이 도선회로에 유도되는 기전력은?

① vB에 비례한다.
② v^2B^2에 비례한다.
③ v/B에 비례한다.
④ 0이다.

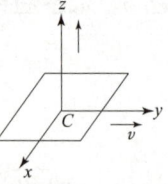

[해설] 유기기전력(e) : 플레밍의 오른손법칙
오른쪽 그림에서 구형도선을 $+y$축 방향으로 v속도로 이동할 때 $+z$방향으로 자속밀도가 향한다면 플레밍의 오른손법칙에 의해서 구형도선에는 $+x$ 방향으로 기전력이 발생한다.

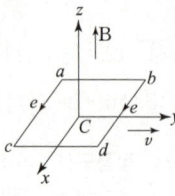

따라서 $V_{ab} = 0$, $V_{ac} = e\,[\text{V}]$, $V_{bc} = e\,[\text{V}]$, $V_{cd} = 0$ [V]이므로 V_{ac}와 V_{bc}는 유기기전력의 방향이 반대가 되어 구형도선회로에는 전체 유기기전력이 0[V]가 된다.

99 그림과 같은 길이 a, b의 구형도체가 x축 상을 v[m/s]로 움직이고 있을 때 도체에 유기되는 기전력[V]은? (단, $B = B_0$이고 xy평면에 직각이라 한다.)

① 0
② $B_0 bv$
③ $B_0 av$
④ $B_0 abv$

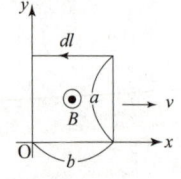

[해설] 유기기전력(e) : 플레밍의 오른손법칙

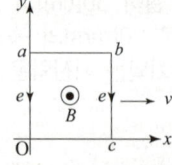

위 그림에서 구형도체를 $+x$축 방향으로 v속도로 이동할 때 자속밀도가 xy평면에 수직방향이라면 플레밍의 오른손법칙에 의하여 구형도체에는 $-y$방향으로 기전력이 발생한다. 따라서 $V_{ab} = 0\,[\text{V}]$, $V_{a0} = e\,[\text{V}]$, $V_{bc} = e\,[\text{V}]$, $V_{c0} = 0\,[\text{V}]$이므로 V_{a0}와 V_{bc}는 유기기전력의 방향이 반대가 되어 구형도체 회로에는 전체 유기기전력이 0[V]가 된다.

★
100 변의 길이가 각각 a[m], b[m]인 그림과 같은 직사각형 도체가 X축 방향으로 v[m/s]의 속도로 움직이고 있다. 이때 자속밀도는 $X-Y$ 평면에 수직이고 어느 곳에서든지 크기가 일정한 B[Wb/m²]이다. 이 도체의 저항을 R[Ω]이라고 할 때 흐르는 전류는 몇 [A]이겠는가?

① 0
② $\dfrac{Babv}{R}$
③ $\dfrac{Bv}{R}$
④ $\dfrac{2Bav}{R}$

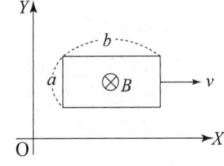

해설 유기기전력(e) : 플레밍의 오른손법칙

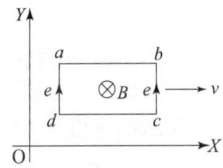

위 그림에서 구형(직사각형)도체를 $+X$축 방향으로 v속도로 이동할 때 자속밀도가 XY평면에 수직방향이라면 플레밍의 오른손법칙에 의하여 구형도체에는 $+Y$방향으로 기전력이 발생한다.
따라서 $V_{ab}=0$[V], $V_{ad}=e$[V], $V_{bc}=e$[V], $V_{cd}=0$[V]이므로 V_{ad}와 V_{bc}는 유기기전력의 방향이 반대가 되어 구형도체 회로에는 전체 유기기전력이 0[V]가 된다.
∴ 전류는 흐르지 않는다.

★★
101 그림과 같이 평등자장 및 두 평행도선이 놓여 있을 때 두 평행도선상을 한 도선봉이 V[m/s]의 일정한 속도로 이동한다면 부하 R[Ω]에서 줄열로 소비되는 전력[W]은 어떻게 표시되는가? (단, 도선봉과 두 평행도선은 완전도체로 저항이 없는 것으로 한다.)

① $\dfrac{Bd^2v^2}{R}$
② $\dfrac{B^2dv^2}{R}$
③ $\dfrac{B^2d^2v^2}{R}$
④ $\dfrac{B^2d^2v^2}{2R}$

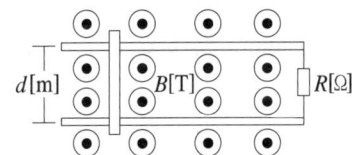

해설 플레밍의 오른손 법칙
$l=d$[m], $\theta=90°$이므로
$e=vBd$[V]일 때 저항에서 소비되는 전력 P는
∴ $P=\dfrac{e^2}{R}=\dfrac{B^2d^2v^2}{R}$ [W]

★★
102 자계 안에 놓여있는 전류 회로에 작용하는 힘 F에 대한 옳은 식은?

① $F=\displaystyle\oint_c(Idl)\times B$ [N]
② $F=\displaystyle\oint_c(I\cdot B)\times dl$ [N]
③ $F=\displaystyle\oint_c IB\cdot dl$ [N]
④ $F=\displaystyle\oint_c r^2B\cdot dl$ [N]

해설 자계 내에 흐르는 전류에 의한 작용력(F) : 플레밍의 왼손법칙
$F=\displaystyle\oint_c(Idl)\times B=IBl\sin\theta$ [N]

★★
103 자속밀도 B[Wb/m²] 내에서 전류 I[A]가 흐르는 도선이 받는 힘[N]을 바르게 표시한 것은?

① $F=Idl\times B$
② $F=\dfrac{IB}{dl}$
③ $F=Idl\cdot B$
④ $F=IB\cdot dl$

해설 플레밍의 왼손법칙
$F=Idl\times B=IBl\sin\theta$ [N]

정답 100 ① 101 ③ 102 ① 103 ①

104 평등 자장 내에 놓여있는 직선전류 도선이 받는 힘에 대한 설명 중 옳지 않은 것은?

① 힘은 전류에 비례한다.
② 힘은 자장의 세기에 비례한다.
③ 힘은 도선의 길이에 반비례한다.
④ 힘은 전류의 방향과 자장의 방향과의 사이 각의 정현에 관계된다.

해설 플레밍의 왼손법칙
$F = Idl \times B = IBl\sin\theta$ [N]이므로
∴ 힘(F)은 전류(I)에 비례하며 자속밀도(B) 또는 자장(H)에 비례하고 도선 길이(l)에 비례한다. 또한 $\sin\theta$(정현값)에 비례한다.

105 전류가 흐르는 도선을 자계 안에 놓으면 이 도선에 힘이 작용한다. 평등 자계의 진공 중에 놓여있는 직선전류 도선이 받는 힘에 대하여 옳은 것은?

① 전류의 세기에 반비례한다.
② 도선의 길이에 비례한다.
③ 자계의 세기에 반비례한다.
④ 전류와 자계의 방향이 짓는 각의 정현(sine)에 반비례한다.

해설 플레밍의 왼손법칙
$F = Idl \times B = IBl\sin\theta$ [N]이므로
∴ 힘(F)은 전류(I)에 비례하며 자속밀도(B) 또는 자장(H)에 비례하고 도선 길이(l)에 비례한다. 또한 $\sin\theta$(정현값)에 비례한다.

106 1[Wb/m²]의 자속밀도에 수직으로 놓인 10[cm]의 도선에 10[A]의 전류가 흐를 때, 도선이 받는 힘 [N]은?

① 10   ② 1
③ 0.1 ④ 0.5

해설 플레밍의 왼손법칙
$F = Idl \times B = IBl\sin\theta$ [N]일 때 $B = 1$ [Wb/m²], 수직이므로 $\theta = 90°$, $l = 10$ [cm], $I = 10$ [A]이므로
∴ $F = IBl\sin\theta = 10 \times 1 \times 10 \times 10^{-2} \times \sin 90°$
$= 1$ [N]

107 공기 중에서 12[Wb/m²]인 평등자계 내에 길이 80[cm]인 도선을 자계에 대하여 30°의 각을 이루는 위치에 두었을 때 24[N]의 힘을 받았다면 도선에 흐르는 전류는 몇 [A]인가?

① 2[A]   ② 3[A]
③ 4[A]   ④ 5[A]

해설 플레밍의 왼손법칙
$F = Idl \times B = IBl\sin\theta$ [N]일 때
$B = 12$ [Wb/m²], $l = 80$ [cm], $\theta = 30°$, $F = 24$ [N]이므로
∴ $I = \dfrac{F}{Bl\sin\theta} = \dfrac{24}{12 \times 80 \times 10^{-2} \times \sin 30°}$
$= 5$ [A]

108 자계 내에서 도선에 전류를 흘려보낼 때, 도선에 자계에 대해 60°의 각으로 놓았을 때 작용하는 힘은 30°의 각으로 놓았을 때 작용하는 힘의 몇 배인가?

① 1.2   ② 1.7
③ 2.4   ④ 3.6

해설 플레밍의 왼손법칙
$F = Idl \times B = IBl\sin\theta$ [N]이므로 작용력은 $\sin\theta$에 비례한다. 60°에서 작용력을 F_{60}, 30°에서 작용력을 F_{30}이라 하면
∴ $F_{60} = \dfrac{\sin 60°}{\sin 30°} F_{30} = 1.7 F_{30}$ [N]

109 플레밍의 왼손법칙에서 엄지의 방향은 무엇의 방향인가?

① 전류의 반대 방향
② 자력선의 방향
③ 전류의 방향
④ 힘의 방향

해설 플레밍의 왼손법칙
$F = Idl \times B = IBl\sin\theta$ [N]
여기서, 왼손 엄지는 작용력 F, 왼손 검지는 자속밀도 B, 왼손 중지는 전류 I의 방향을 가리킨다.

정답 104 ③ 105 ② 106 ② 107 ④ 108 ② 109 ④

110
자계 중에 이것과 직각으로 놓인 도체에 I[A]의 전류를 흘릴 때, F[N]의 힘이 작용하였다. 이 도체를 v[m/s]의 속도로 자계와 직각으로 운동시킬 때의 기전력 e[V]는 얼마인가?

① $\dfrac{Fv}{I^2}$ ② $\dfrac{Fv}{I}$
③ $\dfrac{Fv^2}{I}$ ④ $\dfrac{Fv}{2I}$

[해설] 플레밍의 법칙
플레밍의 오른손법칙에 의해 유기기전력 e를 구하며, 플레밍의 왼손법칙에 의해 작용력 F를 구해보면
$e = vdl \times B = vBl\sin\theta$ [V]
$F = Idl \times B = IBl\sin\theta$ [N]이므로
$\therefore e = vBl\sin\theta = v \times \dfrac{F}{I} = \dfrac{Fv}{I}$ [V]

111
자계 중에 한 코일이 있다. 이 코일에 전류 $I=2$[A]가 흐르면 $F=2$[N]의 힘이 작용한다. 또 이 코일을 $v=5$[m/s]로 운동시키면 e[V]의 기전력이 발생한다. 기전력[V]은?

① 3 ② 5
③ 7 ④ 9

[해설] 플레밍의 법칙
$I=2$[A], $F=2$[N], $v=5$[m/s]일 때
$\therefore e = \dfrac{Fv}{I} = \dfrac{2 \times 5}{2} = 5$ [V]

112
자속밀도 B[Wb/m²]의 자계 내에서 전하량의 크기가 e[C]인 전자가 v[m/s]의 속도로 이동할 때, 전자가 받는 힘 F[N]은

① $-ev \cdot B$ ② $ev \cdot B$
③ $ev \times B$ ④ $-eB \times v$

[해설] 로렌쯔의 힘(F)
$F = q(E + v \times B)$ [N] 식에서 전계 E가 주어지지 않는 경우이므로 $F = q(v \times B)$ [N]이다.
전하량의 크기를 $q = e$ [C]라 하면
$\therefore F = ev \times B$ [N]

113
진공 중에서 e[C]의 전하가 B[Wb/m²]의 자계 안에서 자계와 수직 방향으로 v[m/s]의 속도로 움직일 때 받는 힘[N]은?

① $\dfrac{evB}{\mu_0}$ ② $\mu_0 evB$
③ evB ④ $\dfrac{eB}{v}$

[해설] 로렌쯔의 힘(F)
전하량의 크기가 e [C], 수직방향이므로
$\theta = 90°$일 때
$F = q(v \times B) = vBe\sin\theta$ [N] 식에서
$\therefore F = vBe\sin\theta = evB\sin 90° = evB$ [N]

114
점전하 0.5[C]이 전계 $E = 3a_x + 5a_y + 8a_z$ [V/m] 중에서 속도 $4a_x + 2a_y + 3a_z$ [V/m]로 이동할 때 받는 힘은 몇 [N]인가?

① 4.95 ② 7.95
③ 9.95 ④ 13.47

[해설] 로렌쯔의 힘(F)
$F = Q(E + v \times B)$ [N] 식에서 자속밀도 B가 주어지지 않는 경우이므로 $F = QE$ [N]이다.
$Q = 0.5$ [C], $E = 3a_x + 5a_y + 8a_z$ [V/m]일 때
$\therefore F = QE = 0.5 \times \sqrt{3^2 + 5^2 + 8^2} = 4.95$ [N]

115
전하 q[C]이 공기 중의 자계 H[AT/m] 내에서 자계와 수직 방향으로 v[m/s]의 속도로 움직일 때 받는 힘은 몇 [N]인가?

① $\mu_0 qvH$ ② $\dfrac{qvH}{\mu_0}$
③ qvH ④ $\dfrac{qH}{\mu_0 v}$

[해설] 로렌쯔의 힘(F)
$F = (E + v \times B)q$ [N] 식에서
$E = 0$ [V/m], $B = \mu_0 H$ [Wb/m²] 이므로
$F = (v \times B)q = vBq\sin\theta = vBq\sin 90°$
$= vBq$ [N]
$\therefore F = \mu_0 qvH$ [N]

07 자성체와 자기회로

1 자성체

| 정의 |
자장(자계) 내에서 자기적 성질을 띠는 물체(물질). 원인은 전자의 자전현상(= 전자스핀) 때문이다.

1. 자성체의 종류 및 성질

(1) 자성체의 종류
역자성체, 상자성체, 강자성체, 반강자성체, 훼리자성체, 초상자성체 6가지를 들 수 있다.

(2) 자성체의 성질
비투자율 μ_s, 자화율 χ_m라 하면
① 역자성체 : $\mu_s < 1$, $\chi_m < 0$ (수소, 헬륨, 구리, 탄소, 안티몬, 비스무트, 은 등)
② 상자성체 : $\mu_s > 1$, $\chi_m > 0$ (칼륨, 텅스텐, 산소, 망간, 백금, 알루미늄 등)
③ 강자성체 : $\mu_s \gg 1$, $\chi_m \gg 0$ (철, 니켈, 코발트)

| 중요 |
강자성체의 성질은 비투자율과 자화율이 모두 매우 커야 하며 히스테리시스특성(자기이력특성=포화특성)과 자구를 가지는 자성체라야 한다.

확인문제

01 물질의 자화현상과 관계가 가장 깊은 것은?
① 전자의 이동 ② 전자의 자전
③ 분자의 공전 ④ 전자의 공전

[해설] 자성체란 물질의 자화현상에 의해서 자장(자계) 내에서 자기적 성질을 띠는 물체(물질)로서 원인은 물질 내의 전자의 자전현상(전자스핀) 때문이다.

답 : ②

02 자화율 χ와 비투자율 μ_s의 관계에서 상자성체로 판단할 수 있는 것은?
① $\chi > 0$, $\mu_s > 1$ ② $\chi < 0$, $\mu_s > 1$
③ $\chi > 0$, $\mu_s < 1$ ④ $\chi < 0$, $\mu_s < 1$

[해설] 자성체의 성질
비투자율 μ_s, 자화율 χ_m라 하면
(1) 역자성체 : $\mu_s < 1$, $\chi_m < 0$
(수소, 헬륨, 구리, 탄소, 안티몬, 비스무트, 은 등)
(2) 상자성체 : $\mu_s > 1$, $\chi_m > 0$
(칼륨, 텅스텐, 산소, 망간, 백금, 알루미늄 등)
(3) 강자성체 : $\mu_s \gg 1$, $\chi_m \gg 0$
(철, 니켈, 코발트)

답 : ①

2. 전자스핀 배열

(1) 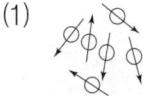 (2) (3) (4)

① 상자성체는 전자스핀배열이 불규칙적이다.
② 강자성체는 전자스핀배열이 크기와 방향 모두 같게 된다. 따라서 강자성체는 자성이 강한 영구자석이 된다.
③ 반강자성체는 전자스핀배열이 크기는 같으나 방향이 반대가 된다.
④ 훼리자성체는 전자스핀배열이 크기가 다르면서 방향이 반대가 된다.

3. 큐리온도

강자성체에 열을 가하면 자성이 서서히 감소하여 상자성체로 변하게 되는데 이때의 임계온도를 말한다. 자화된 철에 770[℃]의 온도를 가하면 철은 자화를 잃게 되는데 이때 770[℃]를 철의 큐리온도라 한다.

확인문제

03 아래 그림들은 전자 자기모멘트의 크기와 배열 상태를 그 차이에 따라서 배열한 것인데 강자성체에 속하는 것은?

① 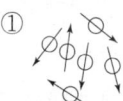   ②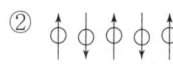

③   ④

[해설] 전자스핀 배열
(1)   (2)
(3)  (4)

㉠ 상자성체는 전자스핀배열이 불규칙적이다.
㉡ 강자성체는 전자스핀배열이 크기와 방향 모두 같게 된다. 따라서 강자성체는 자성이 강한 영구자석이 된다.
㉢ 반강자성체는 전자스핀배열이 크기는 같으나 방향이 반대가 된다.
㉣ 훼리자성체는 전자스핀배열이 크기가 다르면서 방향이 반대가 된다.

답 : ③

04 자성체의 스핀(spin) 배열상태를 표시한 것 중 상자성체의 스핀 배열상태를 표시한 것은? (단, ϕ 표시는 스핀 자기(磁氣)모멘트 크기의 방향을 표시한 것이다.)

① 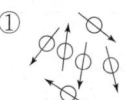   ②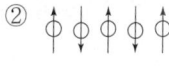

③   ④

[해설] 전자스핀 배열
(1)   (2)
(3)  (4)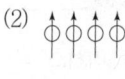

㉠ 상자성체는 전자스핀배열이 불규칙적이다.
㉡ 강자성체는 전자스핀배열이 크기와 방향 모두 같게 된다. 따라서 강자성체는 자성이 강한 영구자석이 된다.
㉢ 반강자성체는 전자스핀배열이 크기는 같으나 방향이 반대가 된다.
㉣ 훼리자성체는 전자스핀배열이 크기가 다르면서 방향이 반대가 된다.

답 : ①

4. 영구자석과 전자석

(1) 영구자석의 성질

잔류자기와 보자력, 히스테리시스 곡선의 면적이 모두 크다.

(2) 전자석의 성질

잔류자기는 커야 하며 보자력과 히스테리시스 곡선의 면적은 작다.

5. 히스테리시스 곡선(자기이력곡선=B-H곡선)

(1) 히스테리시스 곡선은 횡축(가로축)에 자계(H), 종축(세로축)에 자속밀도(B)를 취하여 그리는 자기회로 내의 자화곡선을 말한다.

(2) 히스테리시스 곡선이 자계축과 만나는 점을 자성체가 갖는 보자력이라 하며 자속밀도축과 만나는 점을 자성체가 갖는 잔류자기라 한다.

(3) 히스테리시스 손실(P_h)은 철손(P_i) 중의 하나로

$P_h = k_h f B_m^{1.6}$ [W/m³]

여기서, k_h : 히스테리시스 상수, f : 주파수[Hz], B_m : 최대자속밀도[Wb/m²]

(4) 히스테리시스 루프의 면적이 나타내는 값은 자성체 내의 단위체적당 나타나는 에너지(W_h)를 의미하며

$W_h = 4BH$ [J/m³]

여기서, B : 자속밀도[Wb/m²], H : 자계의 세기[AT/m]

2 자화의 세기(J)

| 정의 |

자화의 세기(J)란 자성체 내의 미소면적에 대한 자극의 세기(m) 또는 미소체적에 대한 자기모멘트(M)를 나타낸다.

확인문제

05 히스테리시스 곡선에서 횡축과 종축은 각각 무엇을 나타내는가?

① 자속밀도(횡축), 자계(종축)
② 기자력(횡축), 자속밀도(종축)
③ 자계(횡축), 자속밀도(종축)
④ 자속밀도(횡축), 기자력(종축)

해설 히스테리시스 곡선
(1) 히스테리시스 곡선은 횡축(가로축)에 자계(H), 종축(세로축)에 자속밀도(B)를 취하여 그리는 자기회로 내의 자화곡선을 말한다.
(2) 히스테리시스 곡선이 자계축과 만나는 점을 자성체가 갖는 보자력이라 하며 자속밀도축과 만나는 점을 자성체가 갖는 잔류자기라 한다.

답 : ③

06 자화의 세기로 정의할 수 있는 것은?

① 단위 체적당 자기 모멘트
② 단위 면적당 자위 밀도
③ 자화선 밀도
④ 자력선 밀도

해설 자화의 세기
자화의 세기(J)란 자성체 내의 미소면적에 대한 자극의 세기(m) 또는 미소체적에 대한 자기모멘트(M)를 나타낸다.

답 : ①

1. 자화의 세기(J)

(1) 미소면적을 $\Delta s\,[\text{m}^2]$, 미소체적을 $\Delta v\,[\text{m}^3]$라 하면

$$J = \frac{m}{\Delta s} = \frac{M}{\Delta v}\,[\text{Wb/m}^2]$$

여기서, m : 자극의 세기[Wb], M : 자기모멘트[Wb·m]

(2) 자속밀도 B, 자계의 세기 H, 투자율 μ, 자화율 χ_m 라 하면

$$J = B - \mu_0 H = \mu H - \mu_0 H = (\mu - \mu_0)H = \mu_0(\mu_s - 1)H = \chi_m H = \left(1 - \frac{1}{\mu_s}\right)B\,[\text{Wb/m}^2]$$

여기서, $\mu = \mu_0 \mu_s$, $\chi_m = \mu_0(\mu_s - 1)$

3 자성체내에서의 경계조건

(1) 자계의 세기는 경계면의 접선성분에서 연속이다.

$H_1 \sin\theta_1 = H_2 \sin\theta_2$

(2) 자속밀도는 경계면의 법선성분에서 연속이다.

$B_1 \cos\theta_1 = B_2 \cos\theta_2$ 또는 $\mu_1 H_1 \cos\theta_1 = \mu_2 H_2 \cos\theta_2$

(3) 투자율이 큰 쪽의 굴절각이 크다.

$\dfrac{\mu_1}{\mu_2} = \dfrac{\tan\theta_1}{\tan\theta_2}$ 또는 $\mu_1 \tan\theta_2 = \mu_2 \tan\theta_1$

여기서, H_1, H_2 : 자계의 세기[AT/m], B_1, B_2 : 자속밀도[Wb/m²], μ_1, μ_2 : 투자율[H/m], θ_1, θ_2 : 굴절각

확인문제

07 투자율이 각각 μ_1, μ_2인 두 자성체의 경계면에서 자계의 면에 대한 입사각, 굴절각을 θ_1, θ_2라 하면 그 관계식은 어느 것인가?

① $\dfrac{\sin\theta_1}{\sin\theta_2} = \dfrac{\mu_1}{\mu_2}$ ② $\dfrac{\cos\theta_1}{\cos\theta_2} = \dfrac{\mu_1}{\mu_2}$

③ $\dfrac{\tan\theta_1}{\tan\theta_2} = \dfrac{\mu_1}{\mu_2}$ ④ $\dfrac{\cot\theta_1}{\cot\theta_2} = \dfrac{\mu_1}{\mu_2}$

[해설] 자성체 내에서의 경계조건
(1) 자계의 세기는 경계면의 접선성분에서 연속이다.
$H_1 \sin\theta_1 = H_2 \sin\theta_2$
(2) 자속밀도는 경계면의 법선성분에서 연속이다.
$B_1 \cos\theta_1 = B_2 \cos\theta_2$ 또는
$\mu_1 H_1 \cos\theta_1 = \mu_2 H_2 \cos\theta_2$
(3) 투자율이 큰 쪽의 굴절각이 크다.
$\dfrac{\mu_1}{\mu_2} = \dfrac{\tan\theta_1}{\tan\theta_2}$ 또는 $\mu_1 \tan\theta_2 = \mu_2 \tan\theta_1$

답 : ③

08 전기회로에서 도전도[℧/m]에 대응하는 것은 자기회로에서 무엇인가?

① 자속   ② 기자력
③ 투자율   ④ 자기저항

[해설] 전기회로와 자기회로의 대응관계

전기회로	자기회로
전류	자속
기전력	기자력
도전율	투자율
전기저항	자기저항

답 : ③

4 자기회로

1. 전기회로와 자기회로의 대응관계

전기회로	자기회로
기전력 V [V]	기자력 F [AT]
전류 I [A]	자속 ϕ [Wb]
전기저항 R [Ω]	자기저항 R_m [AT/Wb]
도전율 k [S/m]	투자율 μ [H/m]
전류밀도 i [A/m²]	자속밀도 B [Wb/m²]
전계의 세기 E [V/m]	자계의 세기 H [AT/m]
콘덕턴스 G [S]	퍼미언스 P_m [Wb/AT]

2. 자기회로내의 옴의 법칙

(1) 자기저항(R_m)

자기회로의 투자율 μ [H/m], 단면적 S [m²], 길이 l [m]라 하면

$$R_m = \frac{l}{\mu S} = \frac{l}{\mu_0 \mu_s S} \;[\text{AT/Wb}]$$

(2) 기자력(F)

$$F = NI = R_m \phi = Hl \;[\text{AT}]$$

(3) 자속(ϕ)

$$\phi = \frac{F}{R_m} = \frac{NI}{R_m} = \frac{\mu SNI}{l} = \frac{\mu_0 \mu_s SNI}{l} \;[\text{Wb}]$$

여기서, N : 코일 권수, I : 전류[A], R_m : 자기저항[AT/Wb], ϕ : 자속[Wb], H : 자계의 세기[AT/m], l : 길이[m], F : 기자력[AT], μ : 투자율[H/m], S : 단면적[m²]

확인문제

09 자기회로의 단면적 S [m²], 길이 l [m], 비투자율 μ_s, 진공의 투자율 μ_0 [H/m]일 때의 자기저항[AT/Wb]은?

① $\dfrac{l}{\mu_0 \mu_s S}$ ② $\dfrac{\mu_0 \mu_s l}{S}$

③ $\dfrac{S}{\mu_0 \mu_s l}$ ④ $\dfrac{\mu_0 \mu_s S}{l}$

[해설] 자기저항(R_m)

$$R_m = \frac{l}{\mu S} = \frac{l}{\mu_0 \mu_s S} \;[\text{AT/Wb}]$$

답 : ①

10 두 개의 자극판이 놓여있다. 이때의 자극판 사이의 자속밀도 B [Wb/m²], 자계의 세기 H [AT/m], 투자율 μ인 자계의 에너지 밀도[J/m³]는?

① $\dfrac{1}{2}HB^2$ ② HB

③ $\dfrac{1}{2\mu}H^2$ ④ $\dfrac{1}{2\mu}B^2$

[해설] 단위 체적당 자기에너지(w)

$$w = \frac{B^2}{2\mu} = \frac{1}{2}\mu H^2 = \frac{1}{2}HB \;[\text{J/m}^3]$$

답 : ④

3. 자기에너지

(1) 자기회로내의 자기에너지(W)

$$W = \frac{1}{2}LI^2 = \frac{1}{2}N\phi I = \frac{(N\phi^2)}{2L} \ [J]$$

(2) 단위체적당 자기에너지(=자기에너지밀도 : w)와 단위면적당 전자력(f)

$$w = \frac{B^2}{2\mu} = \frac{1}{2}\mu H^2 = \frac{1}{2}HB \ [J/m^3]$$

$$f = w \ [N/m^2]$$

(3) 전체 체적 내의 자기에너지(W)와 전체 면적 내의 전자력(F)

$$W = w \times 체적 = \frac{B^2}{2\mu} \times 체적 \ [J]$$

$$F = f \times 면적 = \frac{B^2}{2\mu} \times 면적 \ [N]$$

여기서, L : 인덕턴스[H], I : 전류[A], ϕ : 자속[Wb], B : 자속밀도[Wb/m²], H : 자계의 세기[AT/m], μ : 투자율[H/m], w : 자기에너지밀도[J/m³], f : 단위면적당 전자력[N/m²] W : 자기에너지[J], F : 전자력[N]

예제 1 | 자기회로에 공극이 있을 때 자기저항의 비교 ★★★

코일로 감겨진 자기회로에서 철심의 투자율을 μ라 하고 회로의 길이를 l이라 할 때, 그 회로의 일부에 미소 공극 l_g를 만들면 회로의 자기저항은 처음의 몇 배가 되는가? (단, $l \gg l_g$이다.)

① $1 + \dfrac{\mu l}{\mu_0 l_g}$
② $1 + \dfrac{\mu_0 l_g}{\mu l}$
③ $1 + \dfrac{\mu_0 l}{\mu l_g}$
④ $1 + \dfrac{\mu l_g}{\mu_0 l}$

풀이전략
(1) 자기회로내의 자기저항(R_m)과 공극부의 자기저항(R_{m0})을 각각 유도한다.
(2) 자기회로와 공극부는 직렬접속이 되어 있는 경우로서 합성 자기저항(R_{mm0})을 합하여 계산한다.

풀 이
공극이 없을 때의 자기저항은 $R_m = \dfrac{l}{\mu S}$ [AT/Wb]이다.

공극이 있을 때 자기회로의 자기저항($R_m{'}$)과 공극부 자기저항(R_{m0})은

$R_m{'} = \dfrac{l - l_g}{\mu S} \fallingdotseq \dfrac{l}{\mu S}$ [AT/Wb]

$R_{m0} = \dfrac{l_g}{\mu_0 S}$ [AT/Wb]

공극이 있을 때 합성자기저항(R_{mm0})은 $R_{mm0} = R_m{'} + R_{m0} = \dfrac{l}{\mu S} + \dfrac{l_g}{\mu_0 S}$ [AT/Wb]

$\therefore \dfrac{R_{mm0}}{R_m} = \dfrac{\dfrac{l}{\mu S} + \dfrac{l_g}{\mu_0 S}}{\dfrac{l}{\mu S}} = 1 + \dfrac{\mu l_g}{\mu_0 l} = 1 + \dfrac{\mu_s l_g}{l}$

정답 ④

유사문제

01 비투자율 $\mu_s = 500$, 자로의 길이 l인 환상철심 자기회로에 $l_g = \dfrac{l}{500}$의 공극을 내면 자속은 공극이 없을 때의 대략 몇 배가 되는가? (단, 기자력은 같다.)

① 1
② $\dfrac{1}{2}$
③ 5
④ $\dfrac{1}{199}$

해설 $R_{mmo} = \left(1 + \dfrac{\mu_s l_g}{l}\right) R_m = \left(1 + 500 \times \dfrac{1}{500}\right) R_m$
$= 2 R_m$ [AT/Wb]

기자력 $F = R_m \phi$ [AT]이므로 기자력이 일정하면 자기저항(R_m)과 자속(ϕ)은 반비례하여 자속은 $\dfrac{1}{2}$배로 줄어든다.

답 : ②

02 투자율 $1,000\mu_0$[H/m]인 철심에 코일을 감고 일정한 전류 15[A]를 흘리고 있다. 지금 회로의 길이를 $l = 1$[m]라 할 때 자기저항이 R_1[AT/Wb]이다. 만일 이 회로에 미소공극 1[mm]를 만들어 자기저항이 R_2가 되었다면 미소 공극을 만듦으로써 자기저항은 처음의 몇 배가 되었는가?

① 변화 없음
② 2
③ $\dfrac{1}{2}$
④ 10

해설 $\mu = \mu_s \mu_0 = 1,000 \mu_0$ [H/m]이므로 $\mu_s = 1,000$이다.
$R_2 = \left(1 + \dfrac{\mu_s l_g}{l}\right) R_1$
$= \left(1 + \dfrac{1,000 \times 10^{-3}}{1}\right) R_1 = 2 R_1$ [AT/Wb]

$\therefore$ 2배

답 : ②

예제 2 자기회로의 단면에 작용하는 전자력 ★☆☆

그림과 같이 gap의 단면적 $S\,[\text{m}^2]$의 전자석에 자속밀도 $B\,[\text{Wb/m}^2]$의 자속이 발생될 때 철편을 흡입하는 힘은 몇 [N]인가?

① $\dfrac{B^2 S}{2\mu_0}$ ② $\dfrac{B^2 S}{\mu_0}$

③ $\dfrac{B^2 S^2}{\mu_0}$ ④ $\dfrac{2B^2 S^2}{\mu_0}$

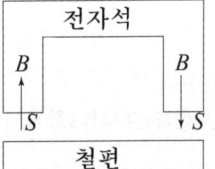

풀이전략
(1) 전자석 단면에 작용하는 전자력(F')식을 유도한다.
(2) 힘이 작용하는 면이 2군데이므로 전자력은 2배 증가한다.

풀 이
자기회로 단면에 작용하는 전자력(F')은

$$F' = \dfrac{B^2}{2\mu_0} \times 면적 = \dfrac{B^2 S}{2\mu_0}\,[\text{N}]$$

그림과 같은 회로는 힘이 작용하는 면이 2군데이므로

$$\therefore F = 2F' = \dfrac{B^2 S}{\mu_0}\,[\text{N}]$$

정답 ②

유사문제

03 그림과 같이 공극의 면적 $S=100\,[\text{cm}^2]$의 전자석에 자속밀도 $B=0.5\,[\text{Wb/m}^2]$의 자속이 생기고 있을 때, 철판을 흡인하는 힘은 약 몇 [N]인가?

① 1,000
② 2,000
③ 3,000
④ 4,000

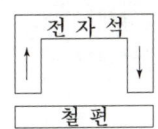

[해설] 자기회로의 단면에 작용하는 전자력
자기회로 단면에 작용하는 전자력 F'는

$$F' = \dfrac{B^2}{2\mu_0} \times 면적 = \dfrac{B^2 S}{2\mu_0}\,[\text{N}]$$

그림과 같은 회로는 힘이 작용하는 면이 2곳이므로
$F = 2F' = \dfrac{B^2 S}{\mu_0}\,[\text{N}]$이다.

$$\therefore F = \dfrac{B^2 S}{\mu_0} = \dfrac{0.5^2 \times 100 \times 10^{-4}}{4\pi \times 10^{-7}} = 2,000\,[\text{N}]$$

답 : ②

04 그림과 같이 갭의 면적 $S=100\,[\text{cm}^2]$인 전자석에 자속밀도 $B=5,000\,[\text{gauss}]$의 자속이 발생할 때, 철판을 흡인하는 힘은 약 몇 [N]인가?

① 1,000
② 1,500
③ 2,000
④ 2,500

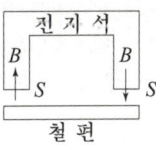

[해설] 자기회로의 단면에 작용하는 전자력
자기회로 단면에 작용하는 전자력 F'는

$$F' = \dfrac{B^2}{2\mu_0} \times 면적 = \dfrac{B^2 S}{2\mu_0}\,[\text{N}]$$

그림과 같은 회로는 힘이 작용하는 면이 2곳이므로
$F = 2F' = \dfrac{B^2 S}{\mu_0}\,[\text{N}]$이다.
$B = 5,000\,[\text{gauss}] = 0.5\,[\text{Wb/m}^2]$이므로

$$\therefore F = \dfrac{B^2 S}{\mu_0} = \dfrac{0.5^2 \times 100 \times 10^{-4}}{4\pi \times 10^{-7}} = 2,000\,[\text{N}]$$

답 : ③

07 출제예상문제

01 비투자율 μ_s는 역자성체(逆磁性體)에서 다음 어느 값을 갖는가?

① $\mu_s = 1$ ② $\mu_s < 1$
③ $\mu_s > 1$ ④ $\mu_s = 0$

[해설] 자성체의 성질
비투자율 μ_s, 자화율 χ_m 라 하면
(1) 역자성체 : $\mu_s < 1$, $\chi_m < 0$
 (수소, 헬륨, 구리, 탄소, 안티몬, 비스무트, 은 등)
(2) 상자성체 : $\mu_s > 1$, $\chi_m > 0$
 (칼륨, 텅스텐, 산소, 망간, 백금, 알루미늄 등)
(3) 강자성체 : $\mu_s \gg 1$, $\chi_m \gg 0$
 (철, 니켈, 코발트 등)

02 강자성체의 세 가지 특성이 아닌 것은?

① 와전류 특성
② 히스테리시스 특성
③ 고투자율 특성
④ 포화 특성

[해설] 자성체의 성질
강자성체의 성질은 비투자율과 자화율이 모두 매우 커야 하며 히스테리시스특성(자기이력특성=포화특성)과 자구를 가지는 자성체라야 한다.

03 일반적으로 자구(磁區)를 가지는 자성체는?

① 상자성체   ② 강자성체
③ 역자성체   ④ 비자성체

[해설] 자성체의 성질
강자성체의 성질은 비투자율과 자화율이 모두 매우 커야 하며 히스테리시스특성(자기이력특성=포화특성)과 자구를 가지는 자성체라야 한다.

04 다음 금속 물질 철, 백금, 니켈, 코발트 중에서 강자성체가 아닌 것은?

① 철   ② 니켈
③ 백금   ④ 코발트

[해설] 자성체의 성질
강자성체 : $\mu_s \gg 1$, $\chi_m \gg 0$
(철, 니켈, 코발트 등)

05 다음 중 투자율이 가장 큰 것은?

① 니켈   ② 코발트
③ 순철   ④ 규소강

[해설] 자성체의 성질
투자율이 매우 큰 강자성체로서 순철의 투자율이 가장 크다.

06 인접 영구 자기 쌍극자가 크기는 같으나 방향이 서로 반대 방향으로 배열된 자성체를 어떤 자성체라 하는가?

① 반자성체   ② 상자성체
③ 강자성체   ④ 반강자성체

[해설] 전자스핀 배열

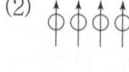

(1) 상자성체는 전자스핀배열이 불규칙적이다.
(2) 강자성체는 전자스핀배열이 크기와 방향 모두 같게 된다. 따라서 강자성체는 자성이 강한 영구자석이 된다.
(3) 반강자성체는 전자스핀배열이 크기는 같으나 방향이 반대가 된다.
(4) 훼리자성체는 전자스핀배열이 크기가 다르면서 방향이 반대가 된다.

정답 01 ② 02 ① 03 ② 04 ③ 05 ③ 06 ④

★
07 자화된 철의 온도를 높일 때 자화가 서서히 감소하다가 급격히 강자성이 상자성으로 변하면서 강자성을 잃어버리는 온도는?

① 켈빈(Kelvin) 온도
② 연화(Transition) 온도
③ 전이 온도
④ 퀴리(Curie) 온도

[해설] 퀴리온도
강자성체에 열을 가하면 자성이 서서히 감소하여 상자성체로 변하게 되는데 이때의 임계온도를 말한다. 자화된 철에 770[℃]의 온도를 가하면 철은 자화를 잃게 되는데 이때 770[℃]를 철의 퀴리온도라 한다.

★★★
08 영구 자석 재료로서 적당한 것은?

① 잔류 자속밀도가 크고 보자력이 작아야 한다.
② 자류 자속밀도와 보자력이 모두 작아야 한다.
③ 잔류 자속밀도와 보자력이 모두 커야 한다.
④ 잔류 자속밀도가 작고 보자력이 커야 한다.

[해설] 영구자석과 전자석
(1) 영구자석의 성질 : 잔류자기와 보자력, 히스테리시스 곡선의 면적이 모두 크다.
(2) 전자석의 성질 : 잔류자기는 커야 하며 보자력과 히스테리시스 곡선의 면적은 작다.

★★★
09 영구 자석에 관한 설명 중 옳지 않은 것은?

① 히스테리시스 현상을 가진 재료만이 영구 자석이 될 수 있다.
② 보자력이 클수록 자계가 강한 영구 자석이 된다.
③ 잔류 자속밀도가 높을수록 자계가 강한 영구 자석이 된다.
④ 자석 재료로 폐회로를 만들면 강한 영구 자석이 된다.

[해설] 영구자석과 전자석
자석 재료로 폐회로를 만들면 전자력을 상실하여 영구 자석이 될 수 없다.

★★★
10 전자석에 사용하는 연철(soft iron)은 다음 어느 성질을 가지는가?

① 잔류 자기, 보자력이 모두 크다.
② 보자력이 크고 히스테리시스 곡선의 면적이 작다.
③ 보자력과 히스테리시스 곡선의 면적이 모두 작다.
④ 보자력이 크고 잔류 자기가 작다.

[해설] 영구자석과 전자석
전자석의 성질 : 잔류자기는 커야 하며 보자력과 히스테리시스 곡선의 면적은 작다.

★
11 어느 강철의 자화 곡선을 응용하여 종축을 자속밀도 B 및 투자율 μ, 횡축을 자화력 H라면 다음 중 투자율 곡선을 가장 잘 나타내고 있는 것은?

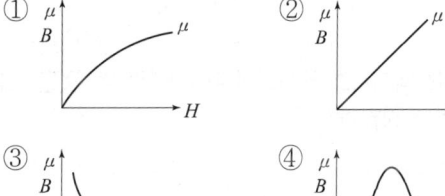
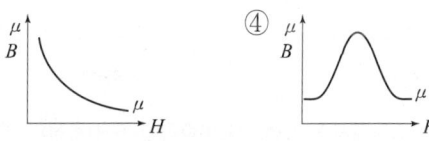

[해설] 자성체 내에서 자속밀도(B)와 자화력(H) 및 투자율(μ) 관계

$B = \mu H$[Wb/m²]에서 $\mu = \dfrac{B}{H}$[H/m]이므로 강자성체에서 자화력이 증가하면 자성체 내의 자속밀도는 어느 일정 지점까지 증가하므로 투자율에 비례해서 자속밀도가 증가한다. 하지만 자성체 내부에서 자기포화가 생기면 그 순간부터는 더 이상 자속밀도는 증가하지 않고 일정한 값을 유지하게 된다. 따라서 자속밀도가 일정한 상태를 유지한 순간부터 자화력은 투자율에 반비례한다.

∴ 자기포화점까지 투자율은 자속밀도에 비례하여 증가하지만 그 이후부터 투자율은 자화력에 반비례하여 감소하게 된다.

12 강자성체의 자화의 세기 J와 자화력 H 사이의 관계는?

①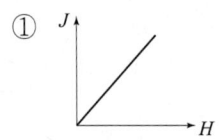
②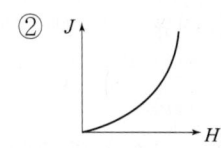
③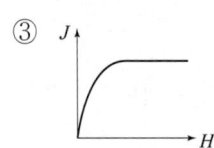
④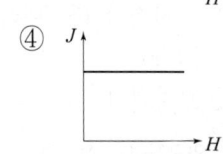

[해설] 자성체 내에서 자화의 세기(J)와 자화력(H)의 관계
강자성체에서 자화력이 증가하면 자성체 내의 자화의 세기는 어느 일정 지점까지 증가하지만 자성체 내부에서 자기 포화가 생기면 그 순간부터는 더 이상 자화의 세기는 증가하지 않고 일정한 값을 유지하게 된다. 이러한 특성을 히스테리시스 현상 또는 자기포화현상이라 한다.

13 히스테리시스 곡선에서 횡축과 만나는 것은 다음 중 어느 것인가?

① 투자율　　② 잔류 자기
③ 자력선　　④ 보자력

[해설] 히스테리시스 곡선(자기이력곡선=B-H곡선)
(1) 히스테리시스 곡선은 횡축(가로축)에 자계(H), 종축(세로축)에 자속밀도(B)를 취하여 그리는 자기회로 내의 자화곡선을 말한다.
(2) 히스테리시스 곡선이 자계축과 만나는 점을 자성체가 갖는 보자력이라 하며 자속밀도축과 만나는 점을 자성체가 갖는 잔류자기라 한다.
(3) 히스테리시스 손실(P_h)은 철손(P_i) 중의 하나로
$P_h = k_h f B_m^{1.6} \, [\text{W/m}^3]$
여기서, k_h : 히스테리시스 상수
f : 주파수
B_m : 최대자속밀도이다.
(4) 히스테리시스 루프의 면적이 나타내는 값은 자성체 내의 단위체적당 나타내는 에너지(W_h)를 의미하며 $W_h = 4BH [\text{J/m}^3]$

14 히스테리시스 곡선이 종축과 만나는 점의 좌표는?

① 잔류 자기　　② 보자력
③ 기자력　　④ 포화 자속

[해설] 히스테리시스 곡선(자기이력곡선=B-H곡선)
히스테리시스 곡선이 자계축(횡축)과 만나는 점을 자성체가 갖는 보자력이라 하며 자속밀도축(종축)과 만나는 점을 자성체가 갖는 잔류자기라 한다.

15 히스테리시스 곡선의 기울기는 다음의 어떤 값에 해당하는가?

① 투자율　　② 유전율
③ 자화율　　④ 감자율

[해설] 히스테리시스 곡선(자기이력곡선=B-H 곡선)
히스테리시스 곡선은 횡축(가로축)에 자계(H), 종축(세로축)에 자속밀도(B)를 취하여 그리는 자기회로 내의 자화곡선을 말한다. 따라서 히스테리시스 곡선의 기울기는 가로축에 대한 세로축의 비율로 $\dfrac{B}{H}$를 의미하므로
$B = \mu H [\text{Wb/m}^2]$ 식에서 $\dfrac{B}{H} = \mu$임을 알 수 있다.
∴ 히스테리시스 곡선의 기울기= $\dfrac{B}{H} = \mu$ =투자율

16 히스테리시스손은 최대 자속밀도의 몇 승에 비례하는가?

① 1　　② 1.6
③ 2　　④ 2.6

[해설] 히스테리시손(P_h)
히스테리시스 손실(P_h)은 철손(P_i) 중의 하나로
$P_h = k_h f B_m^{1.6} \, [\text{W/m}^3]$
여기서, k_h : 히스테리시스 상수
f : 주파수
B_m : 최대자속밀도이다.

17 강자성체에 있어서 히스테리시스 루프의 면적은?

① 강자성체의 단위 체적당에 필요한 에너지이다.
② 강자성체의 단위 면적당에 필요한 에너지이다.
③ 강자성체의 단위 길이당에 필요한 에너지이다.
④ 강자성체의 전체 체적에 필요한 에너지이다.

[해설] 자성체 내의 단위체적당 에너지(W_h)
히스테리시스 루프의 면적이 나타내는 값은 자성체 내의 단위체적당 나타나는 에너지(W_h)를 의미하며 $W_h = 4BH[\text{J/m}^3]$

18 변압기 철심으로 주철을 사용하지 않고 규소강판이 사용되는 주된 이유는?

① 와류손을 적게 하기 위하여
② 큐리온도를 높이기 위하여
③ 히스테리시스손을 적게 하기 위하여
④ 부하손(동손)을 적게 하기 위하여

[해설] 변압기철심으로 규소가 함유된 강판을 사용하면 철심의 히스테리시스손실이 감소하게 된다.

19 B-H 곡선을 자세히 관찰하면 매끈한 곡선이 아니라 B가 계단적으로 증가 또는 감소함을 알 수 있다. 이러한 현상을 무엇이라 하는가?

① 퀴리점(Curie point)
② 자기여자효과(magnetic after effect)
③ 자왜현상(magneto-striction effect)
④ 바크하우젠 효과(Barkhausen effect)

[해설] 자성체 내에서의 여러 가지 현상
① 퀴리점(=퀴리온도) : 강자성체에 열을 가하면 자성이 서서히 감소하여 상자성체로 변하게 되는데 이 때의 임계온도를 말한다. 자화된 철에 770[℃]의 온도를 가하면 철은 자화를 잃게 되는데 이 때 770[℃]를 철의 퀴리점 또는 퀴리온도라 한다.
② 자기여자효과 : 강자성체 및 페라이트에 자기장의 변화를 줄 때 이들 자성체의 자화변화가 시간적으로 늦은 현상을 말한다.
③ 자왜현상 : 자성체에 왜력이 가해지면 자화의 세기가 변하고, 반대로 자화의 세기를 변화시키면 자기적 왜형이 일어나는 현상을 말한다.
④ 바크하우젠 효과 : 자성체 내에서 자구의 자축이 서서히 회전하지 않고 어떤 순간에 급격히 자계의 방향으로 회전하여 자속밀도가 계단적으로 증가 또는 감소하는 현상을 말한다.

20 다음 설명 중 잘못된 것은?

① 초전도체는 임계온도 이하에서 완전 반자성을 나타낸다.
② 자화의 세기는 단위면적당의 자기모멘트이다.
③ 상자성체에서 자극 N극을 접근시키면 S극이 유도된다.
④ 니켈(Ni), 코발트(Co) 등은 강자성체에 속한다.

[해설] 자화의 세기(J)
자화의 세기란 자성체 내의 미소면적에 대한 자극의 세기 또는 미소체적에 대한 자기모멘트로 정의된다.
자극의 세기 m[Wb], 자기모멘트 M[Wb·m], 미소면적 ΔS[m²], 미소체적 Δv[m³]라 하면
$J = \dfrac{m}{\Delta S} = \dfrac{M}{\Delta v}$[Wb/m²]이다.

21 길이 l[m], 단면적의 반지름 a[m]인 원통이 길이 방향으로 균일하게 자화되어 자화의 세기가 J[Wb/m²]인 경우, 원통 양단에서의 전자극 세기 m[Wb]는?

① J
② $2\pi a J$
③ $\pi a^2 J$
④ $\dfrac{J}{\pi a^2}$

[해설] 자화의 세기(J)
반지름이 a[m]인 원통 단면적 $S = \pi a^2$[m²]이므로
∴ $m = \Delta S J = \pi a^2 J$[Wb]

정답 17 ① 18 ③ 19 ④ 20 ② 21 ③

22 길이 l[m], 단면적의 지름 d[m]인 원통이 길이 방향으로 균일하게 자화되어 자화의 세기가 J[Wb/m²]인 경우 원통 양단에 있어서 전자극의 세기 m[Wb]는?

① $\pi d^2 J$
② πdJ
③ $\dfrac{\pi d^2}{4}J$
④ $\dfrac{4J}{\pi d^2}$

[해설] 자화의 세기(J)
지름이 d[m]인 원통 단면적
$S = \pi\left(\dfrac{d}{2}\right)^2 = \dfrac{\pi d^2}{4}$ [m²]이므로
$\therefore m = \Delta S J = \dfrac{\pi d^2}{4} J$ [Wb]

23 길이 10[cm], 단면의 반지름 $a=1$[cm]인 원통형 자성체가 길이의 방향으로 균일하게 자화되어 있을 때, 자화의 세기가 $J=0.5$[Wb/m²]이라면 이 자성체의 자기모멘트[Wb·m]는?

① 1.57×10^{-4}
② 1.57×10^{-5}
③ 15.7×10^{-4}
④ 15.7×10^{-5}

[해설] 자화의 세기(J)
$l = 10$ [cm], $a = 1$ [cm], $J = 0.5$ [Wb/m²]일 때
$\therefore M = \Delta v J = \Delta S \cdot l J = \pi a^2 \cdot l J$
$\quad = \pi \times (10^{-2})^2 \times 10 \times 10^{-2} \times 0.5$
$\quad = 1.57 \times 10^{-5}$ [Wb·m]

24 강자성체의 자속밀도 B의 크기와 자화 세기 J의 크기 사이는?

① J는 B보다 약간 크다.
② J는 B보다 대단히 크다.
③ J는 B보다 약간 작다.
④ J는 B보다 대단히 작다.

[해설] 자화의 세기(J)
자속밀도 B, 자계의 세기 H, 투자율 μ, 자화율 χ_m라 하면
$J = B - \mu_0 H = \mu H - \mu_0 H = \mu_0(\mu_s - 1)H$
$\quad = \chi_m H = \left(1 - \dfrac{1}{\mu_s}\right)B$ [Wb/m²]이다.

여기서 $\mu_0 = 4\pi \times 10^{-7} = 12.57 \times 10^{-7}$ [H/m]이므로 J와 B를 서로 비교하면 J는 B보다 약간 작음을 알 수 있다.

25 다음의 관계식 중 성립할 수 없는 것은?
(단, μ는 투자율, χ는 자화율, μ_0는 진공의 투자율, J는 자화의 세기이다.)

① $\mu = \mu_0 + \chi$
② $B = \mu H$
③ $\mu_s = 1 + \dfrac{\chi}{\mu_0}$
④ $J = \mu H$

[해설] 자화의 세기(J)
자속밀도 B, 자계의 세기 H, 투자율 μ, 자화율 χ_m라 하면
$J = B - \mu_0 H = \mu H - \mu_0 H = \mu_0(\mu_s - 1)H$
$\quad = \chi_m H = \left(1 - \dfrac{1}{\mu_s}\right)B$ [Wb/m²]이다.
(1) $B = \mu H = \mu_0 \mu_s H$ [Wb/m²]
(2) $\chi_m = \mu - \mu_0 = \mu_0 \mu_s - \mu_0 = \mu_0(\mu_s - 1)$

26 반지름 3[cm]인 원형 단면을 가진 환상의 연철심(비투자율 400)에 코일을 감고 이것에 전류를 흘린 결과 철심 중의 자계가 400[AT/m]로 되었다. 자화의 세기[Wb/m²]는?

① 약 0.5
② 약 0.2
③ 약 2×10^{-4}
④ 약 5×10^{-4}

[해설] 자화의 세기(J)
$a = 3$ [cm], $\mu_s = 400$, $H = 400$ [AT/m]이므로
$\therefore J = \mu_0(\mu_s - 1)H$
$\quad = 4\pi \times 10^{-7} \times (400-1) \times 400$
$\quad = 0.2$ [Wb/m²]

27 비투자율 $\mu_s = 400$인 환상철심 내의 평균 자계의 세기가 $H = 300$ [AT/m]이다. 철심중의 자화의 세기 J [Wb/m²]는?

① 0.15   ② 1.5
③ 0.75   ④ 7.5

해설 자화의 세기(J)
$\mu_s = 400$, $H = 300$ [AT/m]이므로
$\therefore J = \mu_0(\mu_s - 1)H$
$= 4\pi \times 10^{-7} \times (400 - 1) \times 300$
$= 0.15$ [Wb/m²]

28 비투자율 50인 페라이트 내의 자속밀도가 0.04 [Wb/m²]일 때, 페라이트 내의 자화의 세기[Wb/m²]는 얼마인가?

① 0.039   ② 0.042
③ 0.057   ④ 0.065

해설 자화의 세기(J)
$\mu_s = 50$, $B = 0.04$ [Wb/m²]이므로
$\therefore J = \left(1 - \dfrac{1}{\mu_s}\right)B = \left(1 - \dfrac{1}{50}\right) \times 0.04$
$= 0.039$ [Wb/m²]

29 비투자율이 50인 자성체의 자속밀도가 0.05 [Wb/m²]일 때, 자성체의 자화의 세기[Wb/m²]는?

① 0.049   ② 0.05
③ 0.055   ④ 0.06

해설 자화의 세기(J)
$\mu_s = 50$, $B = 0.05$ [Wb/m²]이므로
$\therefore J = \left(1 - \dfrac{1}{\mu_s}\right)B = \left(1 - \dfrac{1}{50}\right) \times 0.05$
$= 0.049$ [Wb/m²]

30 자성체에서 자기 감자력은?

① 자화의 세기(J)에 비례한다.
② 감자율(N)에 반비례한다.
③ 자계(H)에 반비례한다.
④ 투자율(μ)에 비례한다.

해설 감자력(H')
감자율 N, 진공 중의 투자율 μ_0, 자화의 세기 J라 하면 $H' = \dfrac{N}{\mu_0}J$ [AT/m]이므로
$\therefore$ 감자력(H')은 감자율(N)과 자화의 세기(J)에 비례한다.

31 자성체 경계면에 전류가 없을 때의 경계 조건으로 틀린 것은?

① 자계 H의 접선 성분 $H_{1t} = H_{2t}$
② 자속밀도 B의 법선 성분 $B_{1n} = B_{2n}$
③ 전속밀도 D의 법선 성분 $D_{1n} = D_{2n} = \dfrac{\mu_2}{\mu_1}$
④ 경계면에서의 자력선의 굴절 $\dfrac{\tan\theta_1}{\tan\theta_2} = \dfrac{\mu_1}{\mu_2}$

해설 자성체 내에서의 경계조건
(1) 자계의 세기는 경계면의 접선성분에서 연속이다.
$H_1 \sin\theta_1 = H_2 \sin\theta_2$
(2) 자속밀도는 경계면의 법선성분에서 연속이다.
$B_1 \cos\theta_1 = B_2 \cos\theta_2$ 또는
$\mu_1 H_1 \cos\theta_1 = \mu_2 H_2 \cos\theta_2$
(3) 투자율이 큰 쪽의 굴절각이 크다.
$\dfrac{\mu_1}{\mu_2} = \dfrac{\tan\theta_1}{\tan\theta_2}$ 또는 $\mu_1 \tan\theta_2 = \mu_2 \tan\theta_1$

정답 27 ① 28 ① 29 ① 30 ① 31 ③

32 투자율이 다른 두 자성체가 평면으로 접하고 있는 경계면에서 전류밀도가 0일 때 성립하는 경계조건은?

① $\mu_2 \tan\theta_1 = \mu_1 \tan\theta_2$
② $H_1 \cos\theta_1 = H_2 \cos\theta_2$
③ $B_1 \sin\theta_1 = B_2 \cos\theta_2$
④ $\mu_1 \tan\theta_1 = \mu_2 \tan\theta_2$

[해설] 자성체 내에서의 경계조건
경계면에서 투자율과 굴절각은 비례한다.
$\dfrac{\mu_1}{\mu_2} = \dfrac{\tan\theta_1}{\tan\theta_2}$ 또는 $\mu_1 \tan\theta_2 = \mu_2 \tan\theta_1$

33 두 자성체의 경계면에서 경계조건을 설명한 것 중 옳은 것은?

① 자계의 법선성분은 서로 같다.
② 자계와 자속밀도의 대수합은 항상 0이다.
③ 자속밀도의 법선성분은 서로 같다.
④ 자계와 자속밀도의 대수합은 ∞이다.

[해설] 자성체 내에서의 경계조건
(1) 자계의 세기는 경계면의 접선성분에서 연속이다.
(2) 자속밀도는 경계면의 법선성분에서 연속이다.
(3) 투자율이 큰 쪽의 굴절각이 크다.

34 투자율이 다른 두 자성체의 경계면에서의 굴절각은?

① 투자율에 비례한다.
② 투자율에 반비례한다.
③ 비투자율에 비례한다.
④ 비투자율에 반비례한다.

[해설] 자성체 내에서의 경계조건
투자율이 큰 쪽의 굴절각이 크다.
$\dfrac{\mu_1}{\mu_2} = \dfrac{\tan\theta_1}{\tan\theta_2}$ 또는 $\mu_1 \tan\theta_2 = \mu_2 \tan\theta_1$
∴ 경계면에서 굴절각은 투자율에 비례한다.

35 자기회로와 전기회로의 대응 관계를 표시하였다. 잘못된 것은?

① 자속 – 전속
② 자계 – 전계
③ 기자력 – 기전력
④ 투자율 – 도전율

[해설] 전기회로와 자기회로의 대응관계

전기회로	자기회로
기전력 V [V]	기자력 F [AT]
전류 I [A]	자속 ϕ [Wb]
전기저항 R [Ω]	자기저항 R_m [AT/Wb]
도전율 K [S/m]	투자율 μ [H/m]
전류밀도 i [A/m²]	자속밀도 B [Wb/m²]
전계의 세기 E [V/m]	자계의 세기 H [AT/m]
콘덕턴스 G [S]	퍼미언스 P_m [Wb/AT]

∴ 자기회로에서 자속은 전기회로에서 전류와 같다.

36 자기회로와 전기회로의 대응관계가 잘못된 것은?

① 투자율 – 도전율
② 자속밀도 – 전속밀도
③ 퍼미언스 – 콘덕턴스
④ 기자력 – 기전력

[해설] 전기회로와 자기회로의 대응관계

전기회로	자기회로
전류밀도 i [A/m²]	자속밀도 B [Wb/m²]

∴ 자기회로의 자속밀도는 전기회로의 전류밀도로 표현된다.

37 자기저항의 역수를 무엇이라고 하는가?

① conductance
② permeance
③ elastance
④ impedance

[해설] 자기저항(R_m)과 퍼미언스(P_m)
자기회로의 투자율 μ [H/m], 단면적 S [m²], 길이 l [m]라 하면 $R_m = \dfrac{l}{\mu S} = \dfrac{l}{\mu_0 \mu_s S}$ [AT/Wb]이며 자기저항(R_m)의 역수를 퍼미언스(P_m)라 하여
$P_m = \dfrac{1}{R_m} = \dfrac{\mu S}{l} = \dfrac{\mu_0 \mu_s S}{l}$ [Wb/AT]

38 그림과 같은 유한길이의 솔레노이드에서 비투자율이 μ_s인 철심의 단면적이 S[m²]이고 길이가 l[m]인 것에 코일을 N회 감고 I[A]를 흘릴 때 자기저항 R_m[AT/Wb]은 어떻게 표현되는가?

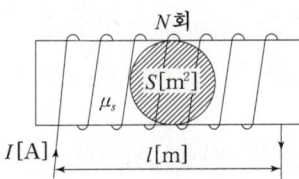

① $R_m = \dfrac{l}{\mu_0 \mu_s}$ ② $R_m = l\mu_0 \mu_s$

③ $R_m = \dfrac{l}{\mu_0 \mu_s S}$ ③ $R_m = lS\mu_0 \mu_s$

[해설] 자기저항(R_m)

$$\therefore R_m = \dfrac{l}{\mu S} = \dfrac{l}{\mu_0 \mu_s S} \text{ [AT/m]}$$

39 자기회로의 자기저항은?

① 자기회로의 단면적에 비례
② 투자율에 반비례
③ 단면적에 반비례하고 길이의 제곱에 비례
④ 자기회로의 길이에 반비례

[해설] 자기회로 내의 자기저항(R_m)

자기회로의 투자율을 μ, 단면적을 S, 길이를 l이라 하면 자기저항 R_m은

$$R_m = \dfrac{l}{\mu S} = \dfrac{l}{\mu_0 \mu_s S} \text{ [AT/Wb]이므로}$$

∴ 자기저항은 길이에 비례하며 투자율에 반비례하고 단면적에도 반비례한다.

40 자기회로에서 투자율, 단면적 및 길이를 각각 $\dfrac{1}{2}$로 하면 자기저항은 몇 배로 되는가?

① $\dfrac{1}{2}$ ② 2

③ 4 ④ 8

[해설] 자기회로 내의 자기저항(R_m)

$$R_m = \dfrac{l}{\mu S} = \dfrac{l}{\mu_0 \mu_s S} \text{ [AT/Wb]이므로}$$

μ, S, l을 모두 $\dfrac{1}{2}$배로 하면

$$\therefore R_m{'} = \dfrac{\frac{1}{2}l}{\frac{1}{2}\mu \times \frac{1}{2}S} = 2\dfrac{l}{\mu S} = 2R_m$$

41 어떤 막대 철심이 있다. 단면적이 0.4[m²]이고 길이가 0.8[m], 비투자율이 20이다. 이 철심의 자기저항은 몇 [AT/Wb]인가?

① 3.86×10^4 ② 7.96×10^4
③ 3.86×10^5 ④ 7.96×10^5

[해설] 자기회로 내의 자기저항(R_m)

$S = 0.4$ [m²], $l = 0.8$ [m], $\mu_s = 20$일 때

$$\therefore R_m = \dfrac{l}{\mu_0 \mu_s S} = \dfrac{0.8}{4\pi \times 10^{-7} \times 20 \times 0.4}$$
$$= 7.96 \times 10^4 \text{ [AT/Wb]}$$

42 길이 100[cm]의 자기회로를 구성할 때 비투자율이 50인 철심을 이용한다면 자기저항을 2.5×10^7[AT/Wb] 이하로 하기 위해서는 단면적을 몇 [m²] 이상으로 해야 하는가?

① 3.6×10^{-4} ② 6.4×10^{-4}
③ 7.9×10^{-4} ④ 9.2×10^{-4}

[해설] 자기회로 내의 자기저항(R_m)

$l = 100$ [cm], $\mu_s = 50$, $R_m = 2.5 \times 10^7$ [AT/Wb]일 때

$$\therefore S = \dfrac{l}{\mu_0 \mu_s R_m} = \dfrac{100 \times 10^{-2}}{4\pi \times 10^{-7} \times 50 \times 2.5 \times 10^7}$$
$$= 6.4 \times 10^{-4} \text{ [m²]}$$

정답 38 ③ 39 ② 40 ② 41 ② 42 ②

43 아래의 그림과 같은 자기회로에서 A부분에만 코일을 감아서 전류를 인가할 때의 자기저항과 B부분에만 코일을 감아서 전류를 인가할 때의 자기저항 [AT/Wb]을 각각 구하면 어떻게 되는가? (단, 자기저항 $R_1=1$, $R_2=0.5$, $R_3=0.5$ [AT/Wb]이다.)

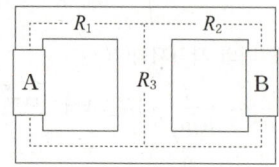

① $R_A=1.25$, $R_B=0.83$
② $R_A=1.25$, $R_B=1.25$
③ $R_A=0.83$, $R_B=0.83$
④ $R_A=0.83$, $R_B=1.25$

[해설] 자기저항의 직·병렬접속
자기회로의 A부분에만 코일을 감았을 경우 자기저항은 R_2, R_3가 병렬을 이루고 R_1과 직렬을 이루게 되며 자기회로의 B부분에만 코일을 감았을 경우 자기저항은 R_1과 R_3가 병렬을 이루고 R_2와 직렬을 이루게 된다. 따라서 각각의 경우의 자기저항의 합성을 R_A, R_B라 하면 $R_1=1$, $R_2=0.5$, $R_3=0.5$ [AT/Wb]일 때

$$R_A = R_1 + \frac{R_2 R_3}{R_2 + R_3} = 1 + \frac{0.5 \times 0.5}{0.5 + 0.5}$$
$$= 1.25 \text{ [AT/Wb]}$$

$$R_B = R_2 + \frac{R_1 R_3}{R_1 + R_3} = 0.5 + \frac{1 \times 0.5}{1 + 0.5}$$
$$= 0.83 \text{ [AT/Wb]}$$

[참고] R_1, R_2 저항이 직렬일 때 합성저항 $= R_1 + R_2$
R_1, R_2 저항이 병렬일 때 합성저항 $= \dfrac{R_1 R_2}{R_1 + R_2}$

44 다음 중 기자력(Magnetomotive Force)에 대한 설명으로 옳지 않은 것은?

① 전기회로의 기전력에 대응한다.
② 코일에 전류를 흘렸을 때 전류밀도와 코일의 권수의 곱의 크기와 같다.
③ 자기회로의 자기저항과 자속의 곱과 동일하다.
④ SI 단위는 암페어 [A]이다.

[해설] 자기회로 내의 옴의 법칙
자기회로의 코일권수를 N, 전류를 I, 자기저항을 R_m, 자속을 ϕ, 자계의 세기를 H, 길이를 l이라 하면 기자력 F는 $F = NI = R_m \phi = Hl$ [A]이므로
(1) 전기회로의 기전력에 대응한다.
(2) 코일에 흐르는 전류와 코일권수의 곱의 크기와 같다.
(3) 자기회로의 자기저항과 자속의 곱과 동일하다.
(4) 단위는 [A]이다.

45 400회 감은 코일에 2.5[A]의 전류가 흐른다면 기자력은 몇 [AT]이겠는가?

① 250
② 500
③ 1,000
④ 2,000

[해설] 자기회로 내의 옴의 법칙
$N=400$, $I=2.5$ [A]일 때
∴ $F = NI = 400 \times 2.5 = 1,000$ [AT]

46 길이 1[m], 단면적 15[cm²]인 무단솔레노이드에 0.01[Wb]의 자속을 통하는데 필요한 기자력은? (단, 철심의 비투자율은 1,0000이라 한다.)

① $\dfrac{10^{-8}}{6\pi}$ [AT]
② $\dfrac{10^7}{6\pi}$ [AT]
③ $\dfrac{10^6}{6\pi}$ [AT]
④ $\dfrac{10^5}{6\pi}$ [AT]

정답 43 ① 44 ② 45 ③ 46 ④

제7장 _ 자성체와 자기회로

[해설] 자기회로 내의 옴의 법칙
기자력 $F = NI = R_m \phi = Hl$ [AT]이고
자기저항 $R_m = \dfrac{l}{\mu_0 \mu_s S}$ [AT/Wb]이므로
$l = 1$ [m], $S = 15$ [cm^2], $\phi = 0.01$ [Wb],
$\mu_0 = 4\pi \times 10^{-7}$ [H/m], $\mu_s = 1,000$일 때

$\therefore F = R_m \phi = \dfrac{l\phi}{\mu_0 \mu_s S}$

$= \dfrac{1 \times 0.01}{4\pi \times 10^{-7} \times 1,000 \times 15 \times 10^{-4}}$

$= \dfrac{10^5}{6\pi}$ [AT]

★★
47 환상철심에 감은 코일에 5[A]의 전류를 흘리면 2,000[AT]의 기자력이 생기는 것으로 한다면 코일의 권수는 얼마로 하여야 하는가?

① 10^4　　　　② 5×10^2
③ 4×10^2　　④ 2.5×10^2

[해설] 자기회로 내의 옴의 법칙
$I = 5$ [A], $F = 2,000$ [AT]일 때
$\therefore N = \dfrac{F}{I} = \dfrac{2,000}{5} = 4 \times 10^2$

★★
48 평균 자로의 길이 80[cm]인 환상철심에 500회의 코일을 감고 여기에 4[A]의 전류를 흘렸을 때, 기자력[AT]와 자화력[AT/m](자계의 세기)은?

① 2,000[AT], 2,500[AT/m]
② 3,000[AT], 2,500[AT/m]
③ 2,000[AT], 3,500[AT/m]
④ 3,000[AT], 3,500[AT/m]

[해설] 자기회로 내의 옴의 법칙
$l = 80$ [cm], $N = 500$, $I = 4$ [A]일 때
$\therefore F = NI = 500 \times 4 = 2,000$ [AT]
$\therefore H = \dfrac{NI}{l} = \dfrac{500 \times 4}{80 \times 10^{-2}} = 2,500$ [AT/m]

★★★
49 단면적 S [m^2], 길이 l [m], 투자율 μ [H/m]의 자기회로에 N회의 코일을 감고 I [A]의 전류를 통할 때의 옴의 법칙은?

① $B = \dfrac{\mu SNI}{l}$　　② $\phi = \dfrac{\mu SI}{lN}$
③ $\phi = \dfrac{\mu SNI}{l}$　　④ $\phi = \dfrac{l}{\mu SNI}$

[해설] 자기회로 내의 옴의 법칙
$\therefore \phi = \dfrac{F}{R_m} = \dfrac{NI}{R_m} = \dfrac{\mu SNI}{l} = \dfrac{\mu_0 \mu_s SNI}{l}$ [Wb]

★★
50 철심이 든 환상솔레노이드에서 2,000[AT]의 기자력에 의해 철심 내에 4×10^{-5}[Wb]의 자속이 통할 때 이 철심의 자기저항은 몇 [AT/Wb]인가?

① 2×10^7　　② 3×10^7
③ 4×10^7　　④ 5×10^7

[해설] 자기회로 내의 옴의 법칙
$F = 2,000$ [AT], $\phi = 4 \times 10^{-5}$ [Wb]일 때
$\therefore R_m = \dfrac{F}{\phi} = \dfrac{2,000}{4 \times 10^{-5}} = 5 \times 10^7$ [AT/Wb]

★★
51 공심 환상솔레노이드의 단면적이 10[cm^2], 평균 길이가 20[cm], 코일의 권수가 500회, 코일에 흐르는 전류가 2[A]일 때, 솔레노이드의 내부 자속 [Wb]은 약 얼마인가?

① $4\pi \times 10^{-4}$　　② $4\pi \times 10^{-6}$
③ $2\pi \times 10^{-4}$　　④ $2\pi \times 10^{-6}$

[해설] 자기회로 내의 옴의 법칙
자기회로의 기자력을 F, 자기저항을 R_m, 코일권수를 N, 전류를 I, 투자율을 μ, 자기회로의 길이를 l이라 하면 자속 ϕ는
$\phi = \dfrac{F}{R_m} = \dfrac{NI}{R_m} = \dfrac{\mu SNI}{l} = \dfrac{\mu_0 \mu_s SNI}{l}$ [Wb]이므로
$S = 10$ [cm^2], $l = 20$ [cm], $N = 500$,
$I = 2$ [A], $\mu_s = 1$일 때
$\therefore \phi = \dfrac{\mu_0 \mu_s SNI}{l}$
$= \dfrac{4\pi \times 10^{-7} \times 1 \times 10 \times 10^{-4} \times 500 \times 2}{20 \times 10^{-2}}$
$= 2\pi \times 10^{-6}$ [Wb]

[정답] 47 ③　48 ①　49 ③　50 ④　51 ④

52 그림과 같이 비투자율 $\mu_s = 1,000$, 단면적 10[cm²], 길이 2[m]인 환상철심이 있을 때, 이 철심에 코일을 2,000회 감아 0.5[A]의 전류를 흘릴 때에 철심 내의 자속은 몇 [Wb]인가?

① 1.26×10^{-3}
② 1.26×10^{-4}
③ 6.28×10^{-3}
④ 6.28×10^{-4}

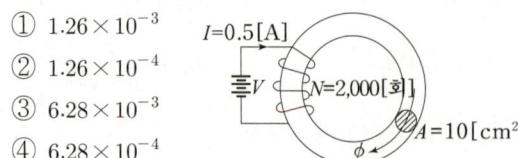

[해설] 자기회로 내의 옴의 법칙
$S = 10\,[\text{cm}^2]$, $l = 2\,[\text{m}]$, $N = 2,000$, $I = 0.5\,[\text{A}]$, $\mu_s = 1,000$일 때

$$\therefore \phi = \frac{\mu_0 \mu_s S N I}{l}$$

$$= \frac{4\pi \times 10^{-7} \times 1,000 \times 10 \times 10^{-4} \times 2,000 \times 0.5}{2}$$

$$= 6.28 \times 10^{-4}\,[\text{Wb}]$$

53 그림과 같이 비투자율 μ_s가 800, 원형 단면적 S가 10[cm²], 평균 자로의 길이 l이 30[cm]인 환상철심에 감긴 수 N이 600회인 코일을 감은 무단 솔레노이드가 있다. 코일에 1[A]의 전류를 유통시킬 때, 코일의 내부 자속[Wb]을 구하면?

① 1.51×10^{-1}
② 2.01×10^{-1}
③ 1.51×10^{-2}
④ 2.01×10^{-3}

[해설] 자기회로 내의 옴의 법칙
$S = 10\,[\text{cm}^2]$, $l = 30\,[\text{cm}]$, $N = 600$, $I = 1\,[\text{A}]$, $\mu_s = 800$일 때

$$\therefore \phi = \frac{\mu_0 \mu_s S N I}{l}$$

$$= \frac{4\pi \times 10^{-7} \times 800 \times 10 \times 10^{-4} \times 600 \times 1}{30 \times 10^{-2}}$$

$$= 2.01 \times 10^{-3}\,[\text{Wb}]$$

54 비투자율이 1,000인 철심이 든 환상솔레노이드의 권수는 600회, 평균 지름은 20[cm], 철심의 단면적은 10[cm²]이다. 이 솔레노이드에 2[A]의 전류를 흘릴 때, 철심 내의 자속은 몇 [Wb]가 되는가?

① 2.4×10^{-5}
② 2.4×10^{-3}
③ 1.2×10^{-5}
④ 1.2×10^{-3}

[해설] 자기회로 내의 옴의 법칙
$\mu_s = 1,000$, $N = 600$, 평균지름 $D = 20\,[\text{cm}]$, $S = 10\,[\text{cm}^2]$, $I = 2\,[\text{A}]$일 때 평균 자기회로의 길이
$l = \pi D = \pi \times 20 \times 10^{-2} = 0.2\pi\,[\text{m}]$

$$\therefore \phi = \frac{\mu_0 \mu_s S N I}{l}$$

$$= \frac{4\pi \times 10^{-7} \times 1,000 \times 10 \times 10^{-4} \times 600 \times 2}{0.2\pi}$$

$$= 2.4 \times 10^{-3}\,[\text{Wb}]$$

55 그림과 같은 지름 0.01[m]의 원형 단면을 가진 평균 반지름 0.1[m]의 환상솔레노이드의 권수는 500회, 이 코일에 흐르는 전류는 2[A]라고 할 때 전체 자속은 몇 [Wb]인가? (단, 환상철심의 비투자율은 1,000으로 하고 누설자속은 없는 것으로 한다.)

① 1.58×10^{-4}
② 5.0×10^{-3}
③ 2.74×10^{2}
④ 1

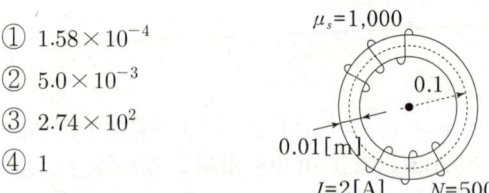

[해설] 자기회로 내의 옴의 법칙
원형단면의 지름 $d = 0.01\,[\text{m}]$, 평균반지름 $a = 0.1\,[\text{m}]$, $N = 500$, $I = 2\,[\text{A}]$, $\mu_s = 1,000$일 때
평균 자로의 길이 $l = 2\pi a = 2\pi \times 0.1 = 0.2\pi\,[\text{m}]$
원형단면의 면적
$S = \dfrac{\pi d^2}{4} = \dfrac{\pi \times 0.01^2}{4} = 2.5\pi \times 10^{-5}\,[\text{m}^2]$이므로

$$\therefore \phi = \frac{\mu_0 \mu_s S N I}{l}$$

$$= \frac{4\pi \times 10^{-7} \times 1,000 \times 2.5\pi \times 10^{-5} \times 500 \times 2}{0.2\pi}$$

$$= 1.58 \times 10^{-4}\,[\text{Wb}]$$

56
그림 (a)와 같은 비투자율 1,000, 평균 길이 l인 균일한 단면을 갖는 환상철심에 N회의 코일을 감아 I[A]의 전류를 흘렸을 때, 철심 내를 통하는 자속이 ϕ[Wb]이었다. 이 철심에 그림 (b)와 같이 간격 $l/1{,}000$인 공극을 만들었을 때, 동일 전류로 같은 자속을 얻자면 코일의 권수는 얼마로 하면 되는가?

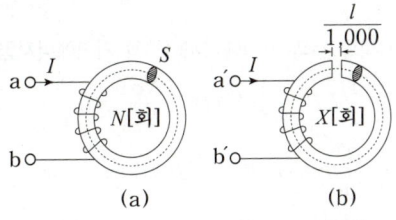

① N [회]
② $1.2N$ [회]
③ $1.5N$ [회]
④ $2N$ [회]

[해설] 자기회로에 공극이 있을 때 자기저항의 비교

$\phi = \dfrac{NI}{R_m}$ [Wb] 식에서 전류 I와 자속 ϕ가 일정할 경우 코일권수 N은 자기저항 R_m에 비례하므로 공극이 있을 때의 자기저항을 R_{mmo}, 공극이 없을 때의 자기저항을 R_m이라 하면

$\dfrac{R_{mmo}}{R_m} = 1 + \dfrac{\mu l_g}{\mu_0 l} = 1 + \dfrac{\mu_s l_g}{l}$ 식을 이용하여

$R_{mmo} = \left(1 + \dfrac{\mu_s l_g}{l}\right) R_m$ [AT/Wb]이라 할 때

$N' = \left(1 + \dfrac{\mu_s l_g}{l}\right) N$이 된다.

$\mu_s = 1{,}000,\ l_g = \dfrac{l}{1{,}000}$ 이므로

$\therefore N' = \left(1 + \dfrac{\mu_s l_g}{l}\right) N = \left(1 + \dfrac{1{,}000 \times \frac{l}{1{,}000}}{l}\right) N$
$= 2N$

57
길이 1[m]의 철심($\mu_s = 1{,}000$) 자기회로에 1[mm]의 공극이 생겼을 때, 전체의 자기저항은 약 몇 배로 증가하는가? (단, 각 부의 단면적은 일정하다.)

① 1.5
② 2
③ 2.5
④ 3

[해설] 자기회로에 공극이 있을 때의 합성자기저항을 R_{mmo}, 공극이 없을 때의 자기저항을 R_m이라 하면

$\dfrac{R_{mmo}}{R_m} = 1 + \dfrac{\mu l_g}{\mu_0 l} = 1 + \dfrac{\mu_s l_g}{l}$ 이므로

$l = 1$ [m], $\mu_s = 1{,}000$, $l_g = 1$ [mm]일 때

$\therefore R_{mmo} = \left(1 + \dfrac{\mu_s l_g}{l}\right) R_m$
$= \left(1 + \dfrac{1{,}000 \times 1 \times 10^{-3}}{1}\right) R_m$
$= 2 R_m$ [AT/Wb]

58
자기회로에 관한 설명으로 옳지 못한 것은? (단, C는 커패시턴스, L은 인덕턴스이다.)

① 기자력과 자속 사이에는 비직선성을 갖고 있다.
② 자기저항에서 손실이 있다.
③ 누설자속은 전기회로의 누설전류에 비하여 대체적으로 많다.
④ 전기회로에서의 C 및 L에 해당하는 것은 없다.

[해설] 자기회로에 대한 성질
 (1) $F = R_m \phi$ [AT] 식에서 F는 ϕ에 비례하지만 자기회로 내에서는 자기포화 성질이 나타나기 때문에 포화지점까지는 비례하여 증가하지만 포화지점 이후부터는 일정한 값을 유지하기 때문에 비직선성이다.
 (2) 자기저항은 자기회로의 길이에 비례하고 단면적에 반비례하며 투자율에 반비례하는 성질을 갖는다. 자기저항은 자기회로의 재료에 따라서 투자율이 정해지면 누설자속의 크기가 정해지는 일종의 상수로서 전기저항에서 나타나는 줄손실은 발생하지 않는다.
 (3) 자기회로의 누설자속은 전기회로의 누설전류에 비해서 크게 나타난다.
 (4) 자기회로에서는 전기회로에서 다루는 L와 C에 해당하는 상수는 없다.

59 자기회로에 대한 키르히호프의 법칙 중 옳은 것은?

① 수 개의 자기회로가 1점에서 만날 때는 각 회로의 기자력의 대수합은 0이다.
② 수 개의 자기회로가 1점에서 만날 때는 각 회로의 자속과 자기저항을 곱한 것의 대수합은 0이다.
③ 하나의 폐자기회로에 대하여 각 분로의 기자력과 자기저항을 곱한 것의 대수합은 폐자기회로에 작용하는 자속의 대수합과 같다.
④ 하나의 폐자기회로에 대하여 각 분로의 자속과 자기저항을 곱한 것의 대수합은 폐자기회로에 작용하는 기자력의 대수합과 같다.

[해설] 자기회로 내의 키르히호프법칙
자기회로 내의 옴의 법칙에서 $F=R_m\phi$ [AT] 식을 이용하여 "하나의 폐자기회로에 대하여 기자력 F의 대수의 합은 자기회로 내의 자속 ϕ와 자기저항 R_m의 곱의 대수의 합과 같다"는 이론을 전개할 수 있다. 이것을 자기회로의 키르히호프법칙이라 한다.

60 다음 중 자기회로에서 키르히호프의 법칙으로 알맞은 것은? (단, R : 자기저항, ϕ : 자속, N : 코일권수, I : 전류)

① $\sum_{i=1}^{n} \phi_i = \infty$
② $\sum_{i=1}^{n} N_i \phi_i = 0$
③ $\sum_{i=1}^{n} R_i \phi_i = \sum_{i=1}^{n} N_i I_i$
④ $\sum_{i=1}^{n} R_i \phi_i = \sum_{i=1}^{n} N_i L_i$

[해설] 자기회로 내의 키르히호프 법칙
자기회로 내의 옴의 법칙에서 $F=R_m\phi$ [AT] 식을 이용하여 "하나의 폐자기회로에 대하여 기자력 F의 대수의 합은 자기회로 내의 자속 ϕ와 자기저항 R_m의 곱의 대수의 합과 같다." 는 이론을 전개할 수 있다. 이것을 자기회로의 키르히호프 법칙이라 한다.
기자력 $F=NI$ [AT]이므로
$\therefore \sum_{i=1}^{\infty} N_i I_i = \sum_{i=1}^{\infty} R_{mi}\phi_i$

61 권선수가 N회인 코일에 전류 I[A]를 흘릴 경우, 코일에 ϕ[Wb]의 자속이 지나간다면 이 코일에 저장된 자계에너지는 어떻게 표현되는가?

① $\frac{1}{2}N\phi^2 I$ [J]
② $\frac{1}{2}N\phi I$ [J]
③ $\frac{1}{2}N^2\phi I$ [J]
④ $\frac{1}{2}N\phi I^2$ [J]

[해설] 자기회로 내의 자기에너지(W)와 자기에너지밀도(w)
$W = \frac{1}{2}LI^2 = \frac{1}{2}N\phi I = \frac{(N\phi)^2}{2L}$ [J]
$w = \frac{B^2}{2\mu} = \frac{1}{2}\mu H^2 = \frac{1}{2}HB$ [J/m³]

62 100[mH]의 자기인덕턴스를 가진 코일에 10[A]의 전류를 통할 때 축적되는 에너지[J]는?

① 1
② 5
③ 50
④ 1,000

[해설] 자기에너지(W)
자기회로의 인덕턴스를 L, 전류를 I, 코일권수를 N, 자속을 ϕ라 하면 자기회로 내의 자기에너지 W는
$W = \frac{1}{2}LI^2 = \frac{1}{2}N\phi I = \frac{(N\phi)^2}{2L}$ [J]이므로
$L = 100$ [mH], $I = 10$ [A]일 때
$\therefore W = \frac{1}{2}LI^2 = \frac{1}{2} \times 100 \times 10^{-3} \times 10^2 = 5$ [J]

63 $L=10$[H]의 회로에 전류 6[A]가 흐르고 있다. 이 회로의 자계 내에 축적되는 에너지는 몇 [W·h] 인가?

① 8.3×10^{-3}
② 4×10^{-2}
③ 5×10^{-2}
④ 8×10^{-2}

[해설] 자기에너지(W)
$L = 10$ [H], $I = 6$ [A]일 때
$\therefore W = \frac{1}{2}LI^2 = \frac{1}{2} \times 10 \times 6^2 = 180$ [J]
$= 180$ [W·sec] $= 180 \times \frac{1}{3,600}$ [W·h]
$= 5 \times 10^{-2}$ [W·h]

정답 59 ④ 60 ③ 61 ② 62 ② 63 ③

64 자기인덕턴스가 20[mH]인 코일에 전류를 흘려주었을 때 코일과의 쇄교 자속수가 0.2[Wb]였다. 이때 코일에 저축되는 자기에너지[J]는?

① 0.5 ② 1
③ 2   ④ 4

해설 자기에너지(W)

$L = 20$ [mH], $N\phi = 0.2$ [Wb]일 때

$$\therefore W = \frac{(N\phi)^2}{2L} = \frac{0.2^2}{2 \times 20 \times 10^{-3}} = 1 \text{ [J]}$$

65 어떤 자기회로에 3,000[AT]의 기자력을 줄 때 2×10^{-3}[Wb]의 자속이 통하였다. 이 자기회로의 자화에 필요한 에너지[J]는?

① 3×10 ② 3
③ 1.5×10 ④ 1.5

해설 자기에너지(W)

자기회로의 인덕턴스를 L, 전류를 I, 자속을 ϕ, 코일 권수를 N이라 하면 자기에너지 W와 기자력 F는

$W = \frac{1}{2}LI^2 = \frac{1}{2}N\phi I = \frac{(N\phi)^2}{2L}$ [J],

$F = NI$[AT]이다.

$F = 3,000$ [AT], $\phi = 2 \times 10^{-3}$ [Wb]이므로

$\therefore W = \frac{1}{2}F\phi = \frac{1}{2} \times 3,000 \times 2 \times 10^{-3} = 3$ [J]

66 자계의 세기 H[AT/m], 자속밀도 B[Wb/m²], 투자율 μ[H/m]인 곳의 자계 에너지 밀도[J/m³]는?

① BH ② $\frac{1}{2\mu}H^2$
③ $\frac{1}{2}\mu H$ ④ $\frac{1}{2}BH$

해설 자기에너지 밀도(w)

자속밀도를 B, 투자율을 μ, 자계의 세기를 H라 하면 단위체적당 자기에너지 w와 단위면적낭 전자력 f는

$w = \frac{B^2}{2\mu} = \frac{1}{2}\mu H^2 = \frac{1}{2}BH$[J/m³]

$f = w$ [N/m²]이다.

67 그림에서 공극의 단면이 받는 압력[N/m²]은? (단, 공극의 간격이 미소하며 공극 내의 자계는 균등 자계이다.)

① $\frac{B^2}{2\mu}$
② $\frac{B^2}{2\mu_0}$
③ $\frac{B^2}{2\mu A}$
④ $\frac{B^2}{2\mu_0 A}$

해설 단위면적당 전자력(f)

공극부의 $\mu_s = 1$이므로 $\mu = \mu_0 \mu_s = \mu_0$ [H/m]일 때

$$\therefore f = w = \frac{B^2}{2\mu_0} \text{ [N/m²]}$$

68 비투자율이 2,000인 철심의 자속밀도가 5[Wb/m²]일 때, 이 철심에 축적되는 에너지 밀도는 몇 [J/m³]인가?

① 2,540 ② 3,074
③ 3,954 ④ 4,973

해설 자기에너지 밀도(w)

$\mu_s = 2,000$, $B = 5$ [Wb/m²]일 때

$\therefore w = \frac{B^2}{2\mu} = \frac{B^2}{2\mu_0 \mu_s} = \frac{5^2}{2 \times 4\pi \times 10^{-7} \times 2,000}$
$\fallingdotseq 4,973$ [J/m³]

69 비투자율이 4,000인 철심을 자화하여 자속밀도가 0.1[Wb/m²]으로 되었을 때, 철심의 단위 체적에 저축된 에너지[J/m³]는?

① 1   ② 3
③ 2.5 ④ 5

해설 자기에너지 밀도(w)

$\mu_s = 4,000$, $B = 0.1$ [Wb/m²]일 때

$\therefore w = \frac{B^2}{2\mu} = \frac{B^2}{2\mu_0 \mu_s} = \frac{0.1^2}{2 \times 4\pi \times 10^{-7} \times 4,000}$
$= 1$ [J/m³]

정답 64 ② 65 ② 66 ④ 67 ② 68 ④ 69 ①

70 전자석의 흡인력은 자속밀도를 B라 할 때 어떻게 되는가?

① B에 비례
② $B^{3/2}$에 비례
③ $B^{1.6}$에 비례
④ B^2에 비례

해설 전자력(F)
자속밀도를 B, 투자율을 μ라 하면 체적 내의 자기에너지 W와 면적 내의 전자력 F는
$$W = w \times 체적 = \frac{B^2}{2\mu} \times 체적 [J]$$
$$F = f \times 면적 = \frac{B^2}{2\mu} \times 면적 [N] 이다.$$
∴ 전자석의 흡인력(=전자력)은 자속밀도의 제곱(B^2)에 비례한다.

71 그림과 같이 진공 중에 자극 면적이 2[cm²], 간격이 0.1[cm]인 자성체 내에서 포화 자속밀도가 2[Wb/m²]일 때, 두 자극면 사이에 작용하는 힘의 크기[N]는?

① 0.318
② 3.18
③ 31.8
④ 318

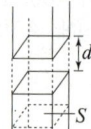

해설 전자력(F)
$S = 2[cm^2]$, $d = 0.1[cm]$, $B = 2[Wb/m^2]$일 때
$$\therefore F = \frac{B^2}{2\mu_0} \times S = \frac{2^2}{2 \times 4\pi \times 10^{-7}} \times 2 \times 10^{-4}$$
$$= 318 [N]$$

72 단면적 15[cm²]의 자석 근처에 같은 단면적을 가진 철편을 놓을 때 그 곳을 통하는 자속이 3×10⁻⁴[Wb]이면 철편에 작용하는 흡인력은 약 몇 [N]인가?

① 12.2
② 23.9
③ 36.6
④ 48.8

해설 전자력(F)
$S = 15[cm^2]$, $\phi = 3 \times 10^{-4}[Wb]$일 때
$$B = \frac{\phi}{S} = \frac{3 \times 10^{-4}}{15 \times 10^4} = 0.2 [Wb/m^2]$$
$$\therefore F = \frac{B^2}{2\mu_o} \times S = \frac{0.2^2}{2 \times 4\pi \times 10^{-7}} \times 15 \times 10^{-4}$$
$$= 23.9 [N]$$

73 단면적 $S = 100 \times 10^{-4}[m^2]$인 전자석에 자속밀도 $B = 2[Wb/m^2]$인 자속이 발생할 때, 철편을 흡인하는 힘[N]은?

① $\frac{\pi}{2} \times 10^5$
② $\frac{1}{2\pi} \times 10^5$
③ $\frac{1}{\pi} \times 10^5$
④ $\frac{2}{\pi} \times 10^5$

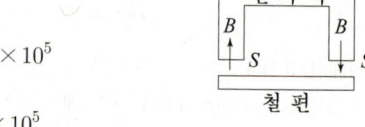

해설 전자력(F)
$S = 100 \times 10^{-4}[m^2]$, $B = 2[Wb/m^2]$이며 힘이 작용하는 곳이 2곳이므로
$$\therefore F = \frac{B^2}{2\mu_0} \times 2S = \frac{B^2}{\mu_0} \times S$$
$$= \frac{2^2}{4\pi \times 10^{-7}} \times 100 \times 10^{-4} = \frac{1}{\pi} \times 10^5 [N]$$

74 비투자율이 2,500인 철심의 자속밀도가 5[Wb/m²]이고 철심의 부피가 4×10⁻⁶[m]일 때, 이 철심에 저장된 자기에너지는 몇 [J]인가?

① $\frac{1}{\pi} \times 10^{-2}[J]$
② $\frac{3}{\pi} \times 10^{-2}[J]$
③ $\frac{4}{\pi} \times 10^{-2}[J]$
④ $\frac{5}{\pi} \times 10^{-2}[J]$

해설 자기에너지(W)
자속밀도를 B, 투자율을 μ, 자계의 세기를 H라 하면 체적 내의 자기에너지 W는
$$W = w \times 체적 = \frac{B^2}{2\mu} \times 체적[J]이다.$$
여기서 w는 체적 내의 자기에너지밀도[J/m³]이다.
$\mu_s = 2,500$, $B = 5[Wb/m^2]$,
체적 = $4 \times 10^{-6}[m^3]$일 때
$$\therefore W = \frac{B^2}{2\mu} \times 체적 = \frac{B^2}{2\mu_0\mu_s} \times 체적$$
$$= \frac{5^2}{2 \times 4\pi \times 10^{-7} \times 2,500} \times 4 \times 10^{-6}$$
$$= \frac{5}{\pi} \times 10^{-2}[J]$$

정답 70 ④ 71 ④ 72 ② 73 ③ 74 ④

75 내부장치 또는 공간을 물질로 포위시켜 외부자계의 영향을 차폐시키는 방식을 자기차폐라 한다. 다음 중 자기차폐에 가장 좋은 것은?

① 강자성체 중에서 비투자율이 큰 물질
② 강자성체 중에서 비투자율이 작은 물질
③ 비투자율이 1보다 작은 역자성체
④ 비투자율에 관계없이 물질의 두께에만 관계되므로 되도록이면 두꺼운 물질

[해설] 자기차폐(전자차폐)
전자유도에 의한 방해작용을 방지할 목적으로 대상이 되는 장치 또는 시설을 투자율이 큰 자성재료를 이용해서 감싸게 되면 자계의 영향으로부터 차단하게 되는 현상

76 자기인덕턴스 L[H]인 코일에 전류 I[A]를 흘렸을 때, 자계의 세기가 H[A/m]이다. 이 코일에 전류 $\frac{I}{2}$[A]를 흘리면 저장되는 자기에너지밀도[J/m³]는?

① $\frac{1}{2}LI^2$
② $\frac{1}{8}LI^2$
③ $\frac{1}{2}\mu_0 H^2$
④ $\frac{1}{8}\mu_0 H^2$

[해설] 자기에너지(W)와 자기에너지밀도(w)

$$W = \frac{1}{2}LI^2 = \frac{1}{2}N\phi I = \frac{(N\phi)^2}{2L}\,[\text{J}]$$

$$w = \frac{1}{2}\mu_0 H^2 = \frac{1}{2}HB = \frac{B^2}{2\mu_0}\,[\text{J/m}^3]$$

$H = \frac{I}{l}$[A/m]이므로 $H \propto I$ 일 때 전류를 $\frac{I}{2}$[A]로 흘리면 W', w'는 각각

$$W' = \frac{1}{2}L\left(\frac{I}{2}\right)^2 = \frac{1}{8}LI^2\,[\text{J}]$$

$$w' = \frac{1}{2}\mu_0\left(\frac{H}{2}\right)^2 = \frac{1}{8}\mu_0 H^2\,[\text{J/m}^3]$$

$$\therefore w' = \frac{1}{8}\mu_0 H^2\,[\text{J/m}^3]$$

77 자성체에 외부의 자계 H_0를 가하였을 때 자화의 세기 J와의 관계식은? (단, N은 감자율, μ는 투자율이다.)

① $J = \dfrac{H_0}{1+N(\mu_s-1)}$
② $J = \dfrac{H_0(\mu_s-1)}{1+N}$
③ $J = \dfrac{H_0\mu_0(\mu_s-1)}{1+N(\mu_s-1)}$
④ $J = \dfrac{H_0(\mu_s-1)}{1+N\mu_0(\mu_s-1)}$

[해설] 자화의 세기(J)
감자력 H', 자화율 χ_m, 자성체 내부 자계 H라 하면

$$H' = \frac{N}{\mu_0}J\,[\text{AT/m}]$$

$$H = H_0 - H' = H_0 - \frac{N}{\mu_0}J\,[\text{AT/m}]$$

$$J = \chi_m H = \mu_0(\mu_s-1)H\,[\text{Wb/m}^2]$$

$$\left\{\frac{1}{\mu_0(\mu_s-1)} + \frac{N}{\mu_0}\right\}J = H_0 \text{이므로}$$

$$J = \frac{\mu_0(\mu_s-1)}{1+N(\mu_s-1)}H_0 = \frac{\mu_0 \chi_m}{\mu_0 + \chi_m N}H_0\,[\text{Wb/m}^2]$$

78 평균길이 1[m], 권수 1,000회의 솔레노이드 코일에 비투자율 1,000의 철심을 넣고 자속밀도 1[Wb/m²]을 얻기 위해 코일에 흘려야 할 전류는 몇 [A]인가?

① $\dfrac{10}{4\pi}$
② $\dfrac{100}{8\pi}$
③ $\dfrac{6\pi}{100}$
④ $\dfrac{4\pi}{10}$

[해설] 자기회로 내의 옴의 법칙
자기회로의 코일권수를 N, 전류를 I, 자기저항을 R_m, 자속을 ϕ, 자계의 세기를 H, 자속밀도를 B, 투자율을 μ, 길이를 l이라 하면 기자력 F는

$$F = NI = R_m\phi = Hl = \frac{Bl}{\mu}\,[\text{A}]\text{이므로}$$

$l = 1$[m], $N = 1,000$, $\mu_s = 1,000$, $B = 1$[Wb/m²]일 때

$$\therefore I = \frac{Bl}{\mu N} = \frac{Bl}{\mu_0 \mu_s N}$$

$$= \frac{1 \times 1}{4\pi \times 10^{-7} \times 1,000 \times 1,000}$$

$$= \frac{10}{4\pi}\,[\text{A}]$$

정답 75 ① 76 ④ 77 ③ 78 ①

08 전자유도 및 인덕턴스(Ⅰ)

1 전자유도

| 정의 |

어느 회로를 쇄교하는 자속이 변화할 때 회로가 가지고 있는 자기적 에너지가 변화하지 않도록 회로에는 자기에너지의 변화를 방해하는 자속을 만들기 위해서 기전력이 유도된다. 이와 같이 회로의 쇄교 자속의 변화에 의하여 기전력이 유도되는 것을 전자유도라 말한다.

1. 전자유도법칙

(1) 패러데이법칙

회로에 발생하는 유기기전력은 자속쇄교수의 시간에 대한 감쇠율에 비례한다.

$$e = -N\frac{d\phi}{dt} \text{ [V]}$$

여기서, e : 유기기전력[V], N : 코일 수, ϕ : 자속 수[Wb], t : 시간[sec]

(2) 렌쯔의 법칙

유기기전력의 방향은 자속의 변화를 방해하는 방향으로 유도된다.

(3) 노이만의 공식

매질 내에 서로 근접해 있는 두 개의 코일이 있을 때 어느 한쪽 코일에 전류가 흐르면 자속이 쇄교하여 두 개의 코일은 결합하게 된다. 이때 한 코일에 흐르는 전류를 1[A]로 변화시킬 때 다른 코일에 유기되는 전압을 상호인덕턴스(M)라 한다.
dl_1[m]과 dl_2[m]가 이루는 각을 θ라 할 때 C_1, C_2 회로 사이의 상호인덕턴스 공식을 노이만 공식이라 한다.

확인문제

01 전자유도에 의하여 회로에 발생되는 기전력은 자속 쇄교수의 시간에 대한 감쇠 비율에 비례한다고 정의하는 법칙은?

① 쿨롱의 법칙　② 가우스 법칙
③ 노이만의 법칙　④ 패러데이의 법칙

[해설] 전자유도법칙
(1) 패러데이법칙
회로에 발생하는 유기기전력은 자속쇄교수의 시간에 대한 감쇠율에 비례한다.
$$e = -N\frac{d\phi}{dt} \text{ [V]}$$
(2) 렌쯔의 법칙
유기기전력의 방향은 자속의 변화를 방해하는 방향으로 유도된다.

답 : ④

02 전자유도에 의해서 회로에 발생하는 기전력에 관련되는 두 개의 법칙은?

① Gauss 법칙과 Ohm 법칙
② Flemming의 법칙과 Ohm 법칙
③ Faraday 법칙과 Lenz의 법칙
④ Ampere 법칙과 Biot-Savart 법칙

[해설] 전자유도법칙
(1) 패러데이법칙
회로에 발생하는 유기기전력은 자속쇄교수의 시간에 대한 감쇠율에 비례한다.
$$e = -N\frac{d\phi}{dt} \text{ [V]}$$
(2) 렌쯔의 법칙
유기기전력의 방향은 자속의 변화를 방해하는 방향으로 유도된다.

답 : ③

| 노이만 공식 |

$$M=\frac{\mu}{4\pi}\oint_{C_1}\oint_{C_2}\frac{dl_1\,dl_2\cos\theta}{r}=\frac{\mu}{4\pi}\oint_{C_1}\oint_{C_2}\frac{dl_1\,dl_2}{r}\,[\mathrm{H}]$$

여기서, M : 상호인덕턴스[H], μ : 투자율[H/m], r : 거리[m]

2. 유기기전력(e)

자속 ϕ를 $\phi=\phi_m\sin\omega t\,[\mathrm{Wb}]$라 하면

$$e=-N\frac{d\phi}{dt}=-N\frac{d}{dt}\phi_m\sin\omega t=-\omega N\phi_m\cos\omega t=\omega N\phi_m\sin(\omega t-90°)\,[\mathrm{V}]$$

(1) 최대기전력(E_m)

$$E_m=\omega N\phi_m=2\pi fN\phi_m\,[\mathrm{V}]$$

(2) 기전력의 위상

기전력의 위상은 자속에 비해 90° 만큼 늦다.

| 참고 |

$\phi=\phi_m\cos\omega t\,[\mathrm{Wb}]$로 주어지는 경우에는

$$e=-N\frac{d\phi}{dt}=-N\frac{d}{dt}\phi_m\cos\omega t=\omega N\phi_m\sin\omega t\,[\mathrm{V}]\text{이다.}$$

여기서, e : 유기기전력[V], N : 코일 수, ϕ : 자속[Wb], ϕ_m : 최대자속[Wb], t : 시간[sec], ω : 각주파수[rad/sec] → $\omega=2\pi f$, E_m : 최대기전력[V], f : 주파수[Hz]

확인문제

03 자속 ϕ[Wb]가 주파수 f[Hz]로 정현파 모양의 변화를 할 때, 즉 $\phi=\phi_m\sin 2\pi ft$[Wb]일 때, 이 자속과 쇄교하는 회로에 발생하는 기전력은 몇 [V]인가? (단, N은 코일의 권회수이다.)

① $-\pi fN\phi_m\cos 2\pi ft$
② $-2\pi fN\phi_m\cos 2\pi ft$
③ $-\pi fN\phi_m\sin 2\pi ft$
④ $-2\pi fN\phi_m\sin 2\pi ft$

[해설] 유기기전력

$$e=-N\frac{d\phi}{dt}=-N\frac{d}{dt}\phi_m\sin 2\pi ft$$
$$=-2\pi fN\phi_m\cos 2\pi ft\,[\mathrm{V}]$$

답 : ②

04 $\phi=\phi_m\sin\omega t$[Wb]인 정현파로 변화하는 자속이 권수 N인 코일과 쇄교할 때에 유기기전력의 위상은 자속에 비해 어떠한가?

① $\frac{\pi}{2}$ 만큼 빠르다.　② $\frac{\pi}{2}$ 만큼 늦다.
③ π 만큼 빠르다.　④ 동위상이다.

[해설] 유기기전력

$$e=-N\frac{d\phi}{dt}=-\omega N\phi_m\cos\omega t$$
$$=\omega N\phi_m\sin(\omega t-90°)\,[\mathrm{V}]$$

∴ 기전력의 위상은 자속에 비해 90° 만큼 늦다.

답 : ②

2 표피효과와 와전류

1. 표피효과(m)와 침투 깊이(δ)

(1) 표피효과(m)

도체에 교류전원이 인가된 경우 도체 내의 전류밀도의 분포는 균일하지 않고 중심부에서 작아지고 표면에서 증가하는 성질을 갖는다. 이것은 전선의 중심부를 흐르는 전류는 전류가 만드는 전자속과 쇄교하므로 전선 단면 내의 중심부일수록 자력선 쇄교수가 커져서 인덕턴스가 증가하게 된다. 그 결과 전선의 중심부로 갈수록 리액턴스가 증가되어 전류가 흐르기 어렵게 되어 전류는 도체 표면으로 갈수록 증가하는 현상이 생기는데 이를 표피효과라 한다.

$$m = 2\pi\sqrt{\frac{2f\mu}{\rho}} = 2\pi\sqrt{2f\mu k}$$

따라서 표피효과는 주파수, 투자율, 도전율, 전선의 굵기에 비례하며, 고유저항에 반비례한다.

(2) 침투 깊이(δ)

$$\delta = \sqrt{\frac{2}{\omega k\mu}} = \sqrt{\frac{1}{\pi f k\mu}} = \sqrt{\frac{\rho}{\pi f\mu}} \text{ [mm]}$$

침투 깊이는 표피효과와 반대의 성질을 띤다.

여기서 f : 주파수[Hz], μ : 투자율[H/m], ρ : 고유저항[Ω·m], k : 도전율[S/m]

2. 와전류(i_e)와 와전류손(P_e)

(1) 와전류

자기회로(철심)를 관통하는 자속이 시간적으로 변화할 때 이 변화를 방해하기 위해서 자기회로 내에 국부적으로 형성되는 폐회로에 전류가 유기되는데 이 전류를 와전류라 한다.

확인문제

05 도전율 σ, 투자율 μ인 도체에 교류 전류가 흐를 때의 표피효과는?

① 주파수가 높을수록 작다.
② 투자율이 클수록 작다.
③ 도전율이 클수록 크다.
④ 투자율, 도전율은 무관하다.

[해설] 표피효과(m)
$m = 2\pi\sqrt{\frac{2f\mu}{\rho}} = 2\pi\sqrt{2f\mu k}$ 일 때 표피효과는 주파수, 투자율, 도전율, 전선의 굵기에 비례하며 고유저항에 반비례하므로 주파수가 높을수록, 투자율이 클수록, 도전율이 클수록 커진다.

답 : ③

06 와전류손은?

① 도전율이 클수록 작다.
② 주파수에 비례한다.
③ 최대 자속밀도의 1.6승에 비례한다.
④ 주파수의 제곱에 비례한다.

[해설] 와전류손(ρ_e)
상수를 k_e, 철심 두께를 t, 주파수를 f, 최대자속밀도를 B라 하면
$P_e = k_e t^2 f^2 B_m^2$ [W/m³]
이므로 와전류손은 주파수 제곱에 비례한다.

답 : ④

(2) 와전류손

와전류가 자기회로 내에 발생하면 주울열이 생겨 손실이 발생하는데 이 손실을 와전류손이라 한다. 와전류손은 철심 두께에 따라 값이 많이 차이가 생기므로 성층하여 사용하면 와전류손을 현저히 줄일 수 있다.

$$P_e = k_e t^2 f^2 B_m^{\,2} \,[\text{W}]$$

여기서 P_e : 와전류손[W], k_e : 상수, t : 철심 두께[m], f : 주파수[Hz], B_m : 최대자속밀도[Wb/m²]

08 전자유도 및 인덕턴스(Ⅱ)

1 자기인덕턴스

도선에 1[A] 전류를 흘릴 때 1[Wb]의 자속이 쇄교되는 경우 1[H]의 자기인덕턴스라 정의하며 이는 1[sec] 동안 1[A]의 비율로 변화시킬 때 코일에 나타나는 유도기전력의 크기와 같다. 자기인덕턴스는 항상 정(+)값을 갖는다.

1. 자기인덕턴스(L)

$LI = N\phi$ [HA], $\phi = BS = \mu HS$ [Wb], $F = NI = R_m\phi = Hl$ [AT], $R_m = \dfrac{l}{\mu S}$ [AT/Wb] 식에서

$L = \dfrac{N\phi}{I} = \dfrac{NBS}{I} = \dfrac{N\mu HS}{I}$ [H] 또는 $L = \dfrac{N\phi}{I} = \dfrac{N^2}{R_m} = \dfrac{\mu SN^2}{l}$ [H]

여기서, L : 인덕턴스[H], I : 전류[A], N : 코일 수, ϕ : 자속[Wb], B : 자속밀도[Wb/m²], S : 면적[m²], μ : 투자율[H/m], H : 자계의 세기[AT/m], F : 기자력[AT], R_m : 자기저항[AT/Wb], l : 길이[m]

2. 자기유도기전력(e)

$e = -L\dfrac{di}{dt}$ [V]

| 참고 |
자기인덕턴스의 단위[H]는 $e = -L\dfrac{di}{dt}$ [V]식에 의해서 $[H] = \left[\dfrac{V}{A} \cdot \sec\right] = [\Omega \cdot \sec]$ 이기도 하다.

여기서, e : 유도기전력[V], L : 인덕턴스[H], i : 전류[A], t : 시간[sec]

3. 자기인덕턴스의 여러 가지 표현

(1) 원통도선(원주형 도선)의 자기인덕턴스

$L = \dfrac{\mu l}{8\pi}$ [H] 또는 $L = \dfrac{\mu}{8\pi}$ [H/m]
↳ 단위 길이에 대한 자기인덕턴스

여기서, μ : 투자율[H/m], l : 도선 길이[m]

확인문제

01 인덕턴스의 단위에서 1[H]는?
① 1[A]의 전류에 대한 자속이 1[Wb]인 경우이다.
② 1[A]의 전류에 대한 유전율이 1[F/m]이다.
③ 1[A]의 전류가 1초간에 변화하는 양이다.
④ 1[A]의 전류에 대한 자계가 1[AT/m]인 경우이다.

[해설] **자기인덕턴스**
도선에 1[A] 전류를 흘릴 때 1[Wb]의 자속이 쇄교되는 경우 1[H]의 자기인덕턴스라 정의하며 이는 1[sec] 동안 1[A]의 비율로 변화시킬 때 코일에 나타나는 유도기전력의 크기와 같다. 자기인덕턴스는 항상 정(+)값을 갖는다.

답 : ①

02 [ohm·sec]와 같은 단위는?
① [farad] ② [farad/m]
③ [henry] ④ [henry/m]

[해설] 유기기전력

자기인덕턴스의 단위[H]는 $e = -L\dfrac{di}{dt}$ [V]식에 의해서 $[H] = \left[\dfrac{V}{A} \cdot \sec\right] = [\Omega \cdot \sec]$ 이기도 하다.

답 : ③

> **| 참고 |**
>
> 원통도선에서 자기에너지(W)
>
> $$W = \frac{1}{2}LI^2 = \frac{\mu l I^2}{16\pi} [\text{J}] \text{ 또는 } W = \frac{\mu I^2}{16\pi} [\text{J/m}]$$
>
> └→ 단위 길이에 대한 자기에너지

여기서, L : 인덕턴스[H], I : 전류[A], μ : 투자율[H/m], l : 도선길이[m],

(2) 동심원통도체의 자기인덕턴스

$$L = \frac{\mu_0 l}{2\pi} \ln \frac{b}{a} [\text{H}] \text{ 또는 } L = \frac{\mu_0}{2\pi} \ln \frac{b}{a} [\text{H/m}]$$

(3) 평행도선의 자기인덕턴스

$$L = \frac{\mu_o l}{\pi} \ln \frac{d}{a} [\text{H}] \text{ 또는 } L = \frac{\mu_0}{\pi} \ln \frac{d}{a} [\text{H/m}]$$

평행도선 사이의 정전용량 $C = \dfrac{\pi\epsilon_0}{\ln\dfrac{d}{a}} [\text{F/m}]$이므로 $LC = \dfrac{\mu_0}{\pi}\ln\dfrac{d}{a} \times \dfrac{\pi\epsilon_0}{\ln\dfrac{d}{a}} = \mu_o \epsilon_0$이다.

따라서 매질 내에서 자기인덕턴스와 정전용량의 관계식은 $LC = \mu\epsilon$이 됨을 알 수 있다.

(4) 환상솔레노이드의 자기인덕턴스

$$L = \frac{N^2}{R_m} = \frac{\mu S N^2}{l} = \frac{\mu S N^2}{2\pi r} [\text{H}]$$

(5) 무한장 솔레노이드의 자기인덕턴스

$$L = \mu S n^2 = \mu \pi a^2 n^2 [\text{H/m}]$$

여기서, a : 동심 내원통도체 반지름[m] 또는 평행도선의 반지름[m], 그리고 솔레노이드 단면의 반지름[m],
b : 동심 외원통도체 내반지름[m], d : 평행도선간 거리[m],
l : 원통도체 길이[m] 또는 평행도선의 길이[m], 그리고 솔레노이드 평균자로길이[m],
R_m : 자기저항[AT/Wb], S : 단면적[m²], N : 코일권수, r : 환상 솔레노이드의 평균 반지름[m],
n : 무한장 솔레노이드의 단위 길이에 대한 코일권수,

확인문제

03 반지름 a[m]인 원통 도체가 있다. 이 원통 도체의 길이가 l[m]일 때 내부 인덕턴스[H]는 얼마인가? (단, 원통 도체의 투자율은 μ[H/m]이다.)

① $\dfrac{\mu}{4\pi}$ ② $\dfrac{\mu}{4\pi}l$

③ $\dfrac{\mu}{8\pi}$ ④ $\dfrac{\mu}{8\pi}l$

[해설] 원통도체의 자기인덕턴스

$$L = \frac{\mu l}{8\pi} [\text{H}] = \frac{\mu}{8\pi} [\text{H/m}]$$

답 : ④

04 내도체의 반지름이 a[m]이고, 외도체의 내반지름이 b[m], 외반지름이 c[m]인 동축케이블의 단위 길이당 자기인덕턴스는 몇 [H/m]인가?

① $\dfrac{\mu_0}{2\pi} \ln \dfrac{b}{a}$ ② $\dfrac{\mu_0}{\pi} \ln \dfrac{b}{a}$

③ $\dfrac{2\pi}{\mu_0} \ln \dfrac{b}{a}$ ④ $\dfrac{\pi}{\mu_0} \ln \dfrac{b}{a}$

[해설] 동심원통도체의 자기인덕턴스

$$L = \frac{\mu_0 l}{2\pi} \ln \frac{b}{a} [\text{H}] = \frac{\mu_0}{2\pi} \ln \frac{b}{a} [\text{H/m}]$$

답 : ①

2 상호인덕턴스

1. 상호인덕턴스(M)

$$M = \frac{N_1 N_2}{R_m} = \frac{\mu S N_1 N_2}{l} = \frac{L_1 N_2}{N_1} = \frac{L_2 N_1}{N_2} = k\sqrt{L_1 L_2} \text{ [H]}$$

여기서, N_1, N_2 : 코일권수, R_m : 자기저항[AT/Wb], μ : 투자율[H/m], S : 단면적[m²], L_1, L_2 : 자기인덕턴스[H], k : 결합계수

2. 결합계수(k)

$$k = \frac{M}{\sqrt{L_1 L_2}} = \frac{\sqrt{\phi_{12}\phi_{21}}}{\sqrt{\phi_1 \phi_2}}$$

여기서, M : 상호인덕턴스[H], L_1, L_2 : 자기인덕턴스[H], ϕ : 자속[Wb]

3. 상호유도기전력(e_2)

$$e_2 = \pm M \frac{di_1}{dt} \text{ [V]}$$

여기서, M : 상호인덕턴스[H], i : 전류[A], t : 시간[sec]

확인문제

05 그림과 같이 환상의 철심에 일정한 권선이 감겨진 권수 N회, 단면적 S[m²], 평균 자로의 길이 l[m]인 환상 솔레이드에 전류 I[A]를 흘렸을 때 이 환상솔레노이드의 자기인덕턴스를 옳게 표현한 식은?

① $\dfrac{\mu^2 SN}{l}$

② $\dfrac{\mu S^2 N}{l}$

③ $\dfrac{\mu SN}{l}$

④ $\dfrac{\mu SN^2}{l}$

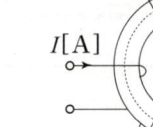

[해설] 환상솔레노이드의 자기인덕턴스

$L = \dfrac{N^2}{R_m} = \dfrac{\mu S N^2}{l} = \dfrac{\mu S N^2}{2\pi r}$ [H]

답 : ④

06 그림과 같이 단면적이 균일한 환상철심에 권수 N_1인 A코일과 권수 N_2인 B코일이 있을 때, A코일의 자기인덕턴스가 L_1[H]라면 두 코일의 상호인덕턴스 M[H]는? (단, 누설자속은 0이다.)

① $\dfrac{L_1 N_1}{N_2}$

② $\dfrac{N_2}{L_1 N_1}$

③ $\dfrac{N_1}{L_1 N_2}$

④ $\dfrac{L_1 N_2}{N_1}$

[해설] 상호인덕턴스

$M = \dfrac{N_1 N_2}{R_m} = \dfrac{\mu S N_1 N_2}{l} = \dfrac{L_1 N_2}{N_1} = \dfrac{L_2 N_1}{N_2}$
$= k\sqrt{L_1 L_2}$ [H]

답 : ④

예제 1 자기유도기전력 ★☆☆

자기인덕턴스 0.5[H]의 코일에 1/200[s] 동안에 전류가 25[A]로부터 20[A]로 줄었다. 이 코일에 유기된 기전력의 크기 및 방향은?

① 50[V], 전류와 같은 방향   ② 50[V], 전류와 반대 방향
③ 500[V], 전류와 같은 방향   ④ 500[V], 전류와 반대 방향

풀이전략

(1) 전류의 변화가 증가인지 감소인지 분명히 밝힌다. → (−)부호는 자체적으로 전류의 감소라는 의미를 내포하고 있기 때문이다.
(2) 기전력의 부호가 (+)이면 전류와 동일한 방향으로 기전력이 발생하며 (−)이면 전류방향과 반대로 발생함을 의미한다.

풀 이

$L = 0.5 \, [\text{H}], \; dt = \dfrac{1}{200} \, [\text{s}], \; -di = 5 \, [\text{A}]$

여기서, 전류의 변화는 25[A]에서 20[A]로 줄었으므로 $di = -5\,[\text{A}]$이며 이는 $-di = 5\,[\text{A}]$와 동일하다.

$e = -L\dfrac{di}{dt} = L\dfrac{-di}{dt} = 0.5 \times \dfrac{5}{\dfrac{1}{200}} = 500 \, [\text{V}]$

따라서 기전력의 부호가 +500[V]이므로 전류방향과 같다.

정답 ③

유사문제

01 자기인덕턴스가 50[mH]인 코일에 흐르는 전류가 0.01[초] 사이에 5[A]에서 3[A]로 감소하였다. 이 코일에 유기된 기전력은?

① 25[V], 본래 전류와 같은 방향
② 25[V], 본래 전류와 반대 방향
③ 10[V], 본래 전류와 같은 방향
④ 10[V], 본래 전류와 반대 방향

[해설] 자기유도기전력
$L = 50\,[\text{mH}], \; dt = 0.01\,[\text{초}], \; -di = 2\,[\text{A}]$
$e = -L\dfrac{di}{dt} = L\dfrac{-di}{dt} = 50 \times 10^{-3} \times \dfrac{2}{0.01}$
$= 10\,[\text{V}]$
∴ +10[V]이며 전류와 같은 방향이다.

답 : ③

02 자기인덕턴스 0.05[H]의 회로에 흐르는 전류가 매초 530[A]의 비율로 증가할 때, 자기유도기전력[V]을 구하면?

① −25.5   ② −26.5
③ 25.5   ④ 26.5

[해설] 자기유도기전력
$L = 0.05\,[\text{H}], \; dt = 1, \; di = 530\,[\text{A}]$
$e = -L\dfrac{di}{dt} = -0.05 \times \dfrac{530}{1} = -26.5\,[\text{V}]$

답 : ②

예제 2 자기회로 내에 저축되는 자기에너지 ★★☆

그림에서 $l=100$[cm], $S=10$[cm^2], $\mu_s=100$, $N=1,000$회인 회로에 전류 $I=10$[A]를 흘렸을 때 축적되는 에너지[J]는?

① $2\pi \times 10^{-1}$
② $2\pi \times 10^{-2}$
③ $2\pi \times 10^{-3}$
④ 2π

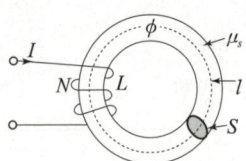

풀이전략
(1) 자기회로 내의 자기인덕턴스를 우선 유도한다.
(2) 자기에너지 공식에 주어진 조건들을 대입하여 계산한다.

풀 이
환상솔레노이드의 자기인덕턴스(L)는

$$L = \frac{\mu S N^2}{l} = \frac{\mu_0 \mu_s S N^2}{l} = \frac{4\pi \times 10^{-7} \times 100 \times 10 \times 10^{-4} \times 1000^2}{100 \times 10^{-2}} = \frac{\pi}{25} \text{ [H]}$$

자기에너지(W)는

$$W = \frac{1}{2} L I^2 = \frac{1}{2} \times \frac{\pi}{25} \times 10^2 = 2\pi \text{ [J]}$$

정답 ④

유사문제

03 그림에서 $S=5$[cm^2], $l=50$[cm], $\mu_s=1,000$, $N=100$이라 하고 1[A]의 전류를 흘렸을 때 자계에 저축되는 에너지[J]를 구하면?

① 3.14×10^{-3}
② 6.28×10^{-3}
③ 9.42×10^{-3}
④ 13.56×10^{-3}

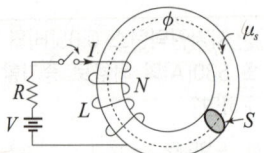

해설 자계 내에 저축되는 자기에너지

$$L = \frac{\mu S N^2}{l} = \frac{\mu_0 \mu_s S N^2}{l}$$

$$= \frac{4\pi \times 10^{-7} \times 1,000 \times 5 \times 10^{-4} \times 100^2}{50 \times 10^{-2}}$$

$$= \frac{\pi}{250} \text{ [H]}$$

$$\therefore W = \frac{1}{2} L I^2 = \frac{1}{2} \times \frac{\pi}{250} \times 1^2$$

$$= 6.28 \times 10^{-3} \text{ [J]}$$

답 : ②

04 그림에서 $S=5$[cm^2], $l=50$[cm], $\mu_s=1,000$, $N=100$, $R=10$[Ω], $V=100$[V]라 할 때 스위치 S를 닫아 전류를 흘릴 때 자계에 저축되는 에너지 [J]는?

① 0.314
② 0.628
③ 0.942
④ 1.256

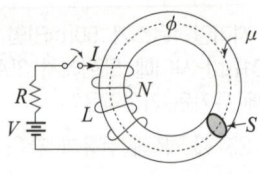

해설 자계 내에 저축되는 자기에너지

$$L = \frac{\mu S N^2}{l} = \frac{\mu_0 \mu_s S N^2}{l}$$

$$= \frac{4\pi \times 10^{-7} \times 1,000 \times 5 \times 10^{-4} \times 100^2}{50 \times 10^{-2}}$$

$$= \frac{\pi}{250} \text{ [H]}$$

$$I = \frac{V}{R} = \frac{100}{10} = 10 \text{ [A]}$$

$$\therefore W = \frac{1}{2} L I^2 = \frac{1}{2} \times \frac{\pi}{250} \times 10^2 = 0.628 \text{ [J]}$$

답 : ②

08 출제예상문제

01 다음에서 전자유도법칙과 관계가 먼 것은?

① 노이만의 법칙
② 렌츠의 법칙
③ 앙페르의 오른나사 법칙
④ 패러데이의 법칙

[해설] 전자유도법칙
(1) 패러데이법칙 : 회로에 발생하는 유기기전력은 자속쇄교수의 시간에 대한 감쇠율에 비례한다.
$$e = -N\frac{d\phi}{dt} \text{ [V]}$$
(2) 렌쯔의 법칙 : 유기기전력의 방향은 자속의 변화를 방해하는 방향으로 유도된다.
(3) 노이만의 공식 : 매질 내에 서로 근접해 있는 두 개의 코일이 있을 때 어느 한쪽 코일에 전류가 흐르면 자속이 쇄교하여 두 개의 코일은 결합하게 된다. 이때 한 코일에 흐르는 전류를 1[A]로 변화시킬 때 다른 코일에 유기되는 전압을 상호인덕턴스(M)라 한다. dl_1[m]과 dl_2[m]가 이루는 각을 θ라 할 때 C_1, C_2 회로 사이의 상호인덕턴스 공식을 노이만 공식이라 한다.

02 다음 중 폐회로에 유도되는 유도기전력에 관한 설명 중 가장 알맞은 것은?

① 렌쯔의 법칙은 유도기전력의 크기를 결정하는 법칙이다.
② 자계가 일정한 공간 내에서 폐회로가 운동하여도 유도기전력이 유도된다.
③ 유도기전력은 권선수의 제곱에 비례한다.
④ 전계가 일정한 공간 내에서 폐회로가 운동하여도 유도기전력이 유도된다.

[해설] 전자유도법칙에 의한 유도기전력
시간에 따라 변하는 자계는 자계 내에 있는 적절한 폐회로에 전류를 흐르게 하는 기전력을 일으킨다.
$$e = -N\frac{d\phi}{dt} \text{ [V]}$$

(1) 패러데이법칙 : 기전력의 크기를 결정하는 법칙이다.
(2) 렌쯔의 법칙 : 기전력의 방향을 결정하는 법칙이다.
(3) 유도기전력은 코일의 권선수에 비례한다.
(4) $\frac{d\phi}{dt} \neq 0$인 조건
  ㉠ 정지된 폐곡로를 쇄교하면서 시간에 따라 변화는 자속이 있을 때
  ㉡ 일정한 자속에서 상대적으로 운동하는 폐곡로

03 패러데이법칙에 대한 설명으로 가장 적합한 것은?

① 전자유도에 의해 회로에 발생되는 기전력은 자속쇄교수의 시간에 대한 증가율에 비례한다.
② 전자유도에 의해 회로에 발생되는 기전력은 자속의 변화를 방해하는 반대 방향으로 기전력이 유도된다.
③ 정전유도에 의해 회로에 발생하는 기자력은 자속의 변화 방향으로 유도된다.
④ 전자유도에 의해 회로에 발생하는 기전력은 자속쇄교수의 시간에 대한 감쇠율에 비례한다.

[해설] 패러데이법칙
회로에 발생하는 유기기전력은 자속쇄교수의 시간에 대한 감쇠율에 비례한다.
$$e = -N\frac{d\phi_m}{dt}\bigg|_{N=1} = -\frac{d\phi_m}{dt} = \int_s \frac{\partial B}{\partial t} \cdot ds \text{ [V]}$$

04 패러데이 법칙 중 옳지 않은 것은?

① $e = -\frac{d\phi_m}{dt}$
② $e = -N\frac{d\phi_m}{dt}$
③ $e = \int_s \frac{\partial B}{\partial t} \cdot ds$
④ $e = -\frac{1}{N} \cdot \frac{d\phi_m}{dt}$

[해설] 패러데이법칙
회로에 발생하는 유기기전력은 자속쇄교수의 시간에 대한 감쇠율에 비례한다.
$$e = -N\frac{d\phi_m}{dt}\bigg|_{N=1} = -\frac{d\phi_m}{dt} = \int_s \frac{\partial B}{\partial t} \cdot ds \text{ [V]}$$

정답 01 ③ 02 ② 03 ④ 04 ④

05 유도기전력의 크기는 폐회로에 쇄교하는 자속의 시간적 변화율에 비례하는 정량적인 법칙은?

① 노이만의 법칙
② 가우스의 법칙
③ 암페어의 주회적분법칙
④ 플레밍의 오른손 법칙

[해설] 노이만의 법칙
노이만의 법칙 : 패러데이의 실험 결과를 수식화(정량화)한 법칙으로 두 개의 코일이 결합되어 있는 경우 어느 한쪽 코일에 흐르는 전류에 의해서 발생한 자속이 다른 코일과 쇄교될 때 쇄교되는 자속의 시간적 변화에 의해 다른 코일에 기전력이 유기되는데 이 때 두 코일 사이에 나타나는 인덕턴스 성분을 상호인덕턴스라 하며 이 식을 유도하였다.

06 그림과 같은 수평한 연철봉 위에 절연된 동선을 감아 이것에 저항, 전류, 스위치를 접속하여 연철봉의 한 끝에는 알루미늄링을 축과 일치시켜 움직일 수 있도록 가느다란 실로 매달아 정지시켰을 때 다음 설명 중 옳은 것은?

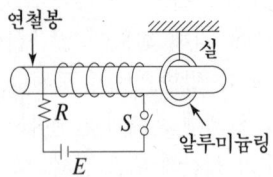

① 전류를 계속하여 흘리고 있을 때 알루미늄링은 왼쪽으로 움직인다.
② 스위치 S를 닫아 전류를 흘리고 있다가 스위치 S를 개방하는 순간 알루미늄링은 좌우로 진동한다.
③ 스위치 S를 닫는 순간 알루미늄링은 오른쪽으로 움직인다.
④ 전류를 흘리고 있다가 스위치 S를 개방하는 순간 알루미늄링은 오른쪽으로 움직인다.

[해설] 렌쯔의 전자유도법칙
알루미늄링에 쇄교되는 자속은 본래의 자속의 변화를 방해하는 방향으로 발생하므로 직류를 지속적으로 흘리면 자속의 변화가 없으므로 알루미늄링은 움직이지 않는다. 스위치를 닫는 순간 주자속의 방향이 왼쪽방향으로 향하므로 알루미늄링에는 주자속을 방해하는 방향인 오른쪽 방향의 자속을 발생하게 되어 알루미늄링은 오른쪽으로 움직이게 된다. 만약 스위치를 개방하게 되면 알루미늄링은 왼쪽으로 움직이게 된다.

07 2개의 회로 C_1, C_2가 있을 때 각 회로상에 취한 미소 부분을 dl_1, dl_2, 두 미소 부분 간의 거리를 r이라 하면 C_1, C_2 회로간의 상호인덕턴스[H]는 어떻게 표시되는가? (단, μ는 투자율이다.)

① $\dfrac{\mu}{4\pi}\oint_{C_2}\oint_{C_1}\dfrac{dl_1 \cdot dl_2}{r}$

② $\dfrac{\mu}{2\pi}\oint_{C_1}\oint_{C_2}\dfrac{dl_1 \times dl_2}{r}$

③ $\dfrac{\mu\epsilon}{4\pi}\oint_{C_2}\oint_{C_1}dl_1 \cdot dl_2$

④ $\oint_{C_2}\oint_{C_1}\log r\, dl_1 \cdot dl_2$

[해설] 노이만의 법칙
매질 내에 서로 근접해 있는 두 개의 코일이 있을 때 어느 한쪽 코일에 전류가 흐르면 자속이 쇄교하여 두 개의 코일은 결합하게 된다. 이때 한 코일에 흐르는 전류를 1[A]로 변화시킬 때 다른 코일에 유기되는 전압을 상호인덕턴스(M)라 한다. dl_1[m]과 dl_2[m]가 이루는 각을 θ라 할 때 C_1, C_2 회로 사이의 상호인덕턴스 공식을 노이만 공식이라 한다.

$$M = \dfrac{\mu}{4\pi}\oint_{C_1}\oint_{C_2}\dfrac{dl_1\, dl_2 \cos\theta}{r}$$
$$= \dfrac{\mu}{4\pi}\oint_{C_1}\oint_{C_2}\dfrac{dl_1\, dl_2}{r}\,[\text{H}]$$

08 자속 ϕ[Wb]가 $\phi = \phi_m \cos 2\pi f t$ [Wb]로 변화할 때 이 자속과 쇄교하는 권수 N[회]의 코일에 발생하는 기전력은 몇 [V]인가?

① $2\pi f N \phi_m \cos 2\pi f t$
② $-2\pi f N \phi_m \cos 2\pi f t$
③ $2\pi f N \phi_m \sin 2\pi f t$
④ $-2\pi f N \phi_m \sin 2\pi f t$

[해설] 유기기전력(e)
$$e = -N\dfrac{d\phi}{dt} = -N\dfrac{d}{dt}\phi_m \cos 2\pi f t$$
$$= 2\pi f N \phi_m \sin 2\pi f t\,[\text{V}]$$

정답 05 ① 06 ③ 07 ① 08 ③

제8장 _ 전자유도 및 인덕턴스(Ⅰ, Ⅱ)

09 N회의 권선에 최대값 1[V], 주파수 f[Hz]인 기전력을 유기시키기 위한 쇄교자속의 최대값[Wb]은?

① $\dfrac{f}{2\pi N}$ ② $\dfrac{2N}{\pi f}$

③ $\dfrac{1}{2\pi f N}$ ④ $\dfrac{N}{2\pi f}$

[해설] 유기기전력(e)
자속 ϕ를 $\phi = \phi_m \sin\omega t$ [Wb]라 하면
$e = -N\dfrac{d\phi}{dt} = -\omega N \phi_m \cos\omega t$
$\quad = \omega N \phi_m \sin(\omega t - 90°)$ [V]
이므로 전압의 최대값 E_m은
$E_m = \omega N \phi_m = 2\pi f N \phi_m$ [V]이다.
$\therefore \phi_m = \dfrac{E_m}{\omega N} = \dfrac{E_m}{2\pi f N} = \dfrac{1}{2\pi f N}$ [Wb]

10 자속밀도 B [Wb/m²]가 도체 중에서 f[Hz]로 변화할 때, 도체 중에 유기되는 기전력 e는 무엇에 비례하는가?

① $e \propto \dfrac{B}{f}$ ② $e \propto \dfrac{B^2}{f}$

③ $e \propto \dfrac{f}{B}$ ④ $e \propto B \cdot f$

[해설] 유기기전력(e)
자속 ϕ를 $\phi = \phi_m \sin\omega t$ [Wb]라 하면
$e = -N\dfrac{d\phi}{dt} = -\omega N \phi_m \cos\omega t$
$\quad = \omega N \phi_m \sin(\omega t - 90°)$
$\quad = 2\pi f N \phi_m \sin(\omega t - 90°)$ [V]이다.
$\phi_m = BS$ [Wb]이므로
$\therefore e \propto \phi_m \cdot f$ 또는 $e \propto B \cdot f$

11 코일을 관통하는 자속 ϕ가 주파수 f의 정현상으로 변화할 때, 코일에 유기되는 기전력의 최대값은?

① f^2에 비례한다.
② f에 비례한다.
③ f^2에 반비례한다.
④ f에 반비례한다.

[해설] 유기기전력(e)
전압의 최대값 E_m은
$E_m = \omega N \phi_m = 2\pi f N \phi_m$ [V]이다.
$\therefore$ 기전력의 최대값은 주파수(f)에 비례한다.

12 정현파 자속의 주파수를 4배로 높이면 유기기전력은?

① 4배로 감소한다.
② 4배로 증가한다.
③ 2배로 감소한다.
④ 2배로 증가한다.

[해설] 유기기전력(e)
$\therefore$ 유기기전력은 주파수에 비례하므로 주파수가 4배로 높아지면 유기기전력도 4배로 증가한다.

13 권수 n, 가로 a[m], 세로 b[m]인 구형 코일이 자속밀도 B[Wb/m²] 되는 평등 자계 내에서 각속도 ω[rad/s]로 회전할 때 발생하는 유기기전력의 최대값[V]은?

① $\omega n B$ ② $\omega a b B^2$
③ $\omega n a b B$ ④ $\omega n a b B^2$

[해설] 유기기전력(e)
자속 ϕ를 $\phi = \phi_m \sin\omega t$ [Wb]라 하면
$e = -n\dfrac{d\phi}{dt} = -\omega n \phi_m \cos\omega t$
$\quad = \omega n \phi_m \sin(\omega t - 90°)$
$\quad = 2\pi f n \phi_m \sin(\omega t - 90°)$ [V]이다.
$\phi_m = BS$ [Wb]이며 구형코일의 면적 $S = ab$ [m²]
이므로 유기기전력의 최대값 E_m은
$\therefore E_m = \omega n \phi_m = \omega n BS = \omega n a b B$ [V]

14 고주파를 취급할 경우 큰 단면적을 갖는 한 개의 도선을 사용하지 않고 전체로서는 같은 단면적이라도 가는 선을 모은 도체를 사용하는 주된 이유는?

① 히스테리시스손을 감소시키기 위하여
② 철손을 감소시키기 위하여
③ 과전류에 대한 영향을 감소시키기 위하여
④ 표피효과에 대한 영향을 감소시키기 위하여

해설 표피효과(m)

$m = 2\pi\sqrt{\dfrac{2f\mu}{\rho}} = 2\pi\sqrt{2f\mu k}$ 일 때 표피효과는 주파수, 투자율, 도전율, 전선의 굵기에 비례하며 고유저항에 반비례하므로 주파수가 높을수록, 투자율이 클수록, 도전율이 클수록, 전선의 단면적이 클수록 커진다. 따라서 고주파를 취급하는 경우 표피효과가 커지므로 단면적이 가는 선을 여러 가닥으로 사용하는 이유가 표피효과에 대한 영향을 감소시키기 위함이다.

15 도전율 σ, 투자율 μ인 도체에 교류 전류가 흐를 때 표피효과에 의한 침투 깊이 δ는 σ와 μ, 그리고 주파수 f에 어떤 관계가 있는가?

① 주파수 f와 무관하다.
② σ가 클수록 작다.
③ σ와 μ에 비례한다.
④ μ가 클수록 크다.

해설 표피효과에 의한 침투깊이(δ)

$$\delta = \sqrt{\dfrac{2}{\omega\sigma\mu}} = \sqrt{\dfrac{1}{\pi f\sigma\mu}}\ [\text{m}]$$

침투깊이는 주파수, 도전율, 투자율에 모두 반비례하므로
∴ σ가 클수록 작다.

16 도전율이 5.8×10^7[℧/m], 비투자율이 1인 구리에 60[Hz]의 주파수를 갖는 전류가 흐를 때, 표피두께는 몇 [mm]인가?

① 8.53 ② 9.78
③ 11.28 ④ 13.03

해설 표피효과에 의한 침투깊이(δ)

$\delta = \sqrt{\dfrac{2}{\omega\sigma\mu}} = \sqrt{\dfrac{1}{\pi f\sigma\mu}}\ [\text{m}]$

$\sigma = 5.8\times 10^7$[V/m], $\mu_s = 1$, $f = 60$[Hz]일 때

$\therefore \delta = \sqrt{\dfrac{1}{\pi f\sigma\mu}} = \sqrt{\dfrac{1}{\pi f\sigma\mu_o\mu_s}}$

$= \sqrt{\dfrac{1}{\pi\times 60\times 5.8\times 10^7\times 4\pi\times 10^{-7}\times 1}}$

$= 8.53\times 10^{-3}$[m] $= 8.53$[mm]

17 다음 중에서 주파수의 증가에 대하여 가장 급속히 증가하는 것은?

① 표피 두께의 역수
② 히스테리시스 손실
③ 교번 자속에 의한 기전력
④ 와전류 손실(eddy current loss)

해설 주파수 f에 따라서 변하는 정도를 공식으로 표현해보면
(1) 표피 두께의 역수=침투깊이의 역수

$\dfrac{1}{\delta} = \sqrt{\dfrac{\omega\sigma\mu}{2}} = \sqrt{\pi f\sigma\mu} \propto \sqrt{f}$

(2) 히스테리시스손실(P_h)

$P_h = k_h f B_m^{1.6}$[W] $\propto f$

(3) 유기기전력(e)

$e = \omega N\phi_m \sin(\omega t - 90°)$
$= 2\pi f N\phi_m \sin(\omega t - 90°)$ [V] $\propto f$

(4) 와전류 손실(P_e)

$P_e = k_e t^2 f^2 B_m^2$[W] $\propto f^2$

∴ 주파수(f)의 제곱에 비례하는 와전류손실이 가장 급속히 변한다.

18 인덕턴스의 단위[H]와 같은 단위는?

① [F] ② [V/m]
③ [A/m] ④ [Wb/A]

해설 자기인덕턴스(L)

도선에 1[A] 전류를 흘릴 때 1[Wb]의 자속이 쇄교되는 경우 1[H]의 자기인덕턴스라 정의하며 이는 1[sec] 동안 1[A]의 비율로 변화시킬 때 코일에 나타나는 유도기전력의 크기와 같다. 자기인덕턴스는 항상 정(+)값을 갖는다.

$\therefore L = \dfrac{N\phi}{I}$ [H] $=$ [Wb/A]

19 다음 중 자기인덕턴스의 성질을 옳게 표현한 것은?

① 항상 부(負)이다.
② 항상 정(正)이다.
③ 항상 0이다.
④ 유도되는 기전력에 정(正)도 되고 부(負)도 된다.

해설 자기인덕턴스(L)
　도선에 1[A] 전류를 흘릴 때 1[Wb]의 자속이 쇄교되는 경우 1[H]의 자기인덕턴스라 정의하며 이는 1[sec] 동안 1[A]의 비율로 변화시킬 때 코일에 나타나는 유도기전력의 크기와 같다. 자기인덕턴스는 항상 정(+)값을 갖는다.

20 다음 중 자기유도계수(Self inductance)를 구하는 방법이 아닌 것은?

① 자기에너지법
② 자속쇄교법
③ 벡터 포텐셜법(Vector Potential Method)
④ 스칼라 포텐셜법(Scalar Potential Method)

해설 자기유도계수(=자기인덕턴스) 계산법
　자기유도계수(L)를 표현하는 방법으로
　(1) 에너지 관점에서 해석하는 자기에너지법
$$L = \frac{2W}{I^2} = \int_v \frac{B \cdot H \, dv}{I^2} \, [\text{H}]$$
　(2) 총 쇄교자속과 전류비로 해석하는 자속쇄교법
$$L = \frac{N\phi}{I} \, [\text{H}]$$
　(3) 포텐셜에너지를 자계로 표현하는 벡터포텐셜법
$$L = \frac{1}{I} \int_s (\nabla \times A) ds = \frac{1}{I} \oint_c A \cdot dl \, [\text{H}]$$

21 권수 200회이고 자기인덕턴스 20[mH]의 코일에 2[A]의 전류를 흘리면 자속[Wb]은?

① 0.04　　② 0.01
③ 4×10^{-4}　　④ 2×10^{-4}

해설 자기인덕턴스(L)
　$LI = N\phi$ 식에서
　$N = 200$, $L = 20\,[\text{mH}]$, $I = 2\,[\text{A}]$일 때
$$\therefore \phi = \frac{LI}{N} = \frac{20 \times 10^{-3} \times 2}{200} = 2 \times 10^{-4}\,[\text{Wb}]$$

22 권수 500, 단면적 100[cm²]의 공심 코일 내 전류 1[A]를 흘릴 때, 자계가 1.28[AT/m](극당)이었다. 자기인덕턴스[H]는 얼마인가?

① 8.04×10^{-6}　　② 1.60×10^{-8}
③ 6.28×10^{-8}　　④ 0.64×10^{-8}

해설 자기인덕턴스(L)
　$N = 500$, $S = 100\,[\text{cm}^2]$, $I = 1\,[\text{A}]$,
　$H = 1.28\,[\text{AT/m}]$, $\mu_s = 1$일 때
$$\therefore L = \frac{N\mu HS}{I} = \frac{N\mu_0 \mu_s HS}{I}$$
$$= \frac{500 \times 4\pi \times 10^{-7} \times 1 \times 1.28 \times 100 \times 10^{-4}}{1}$$
$$= 8.04 \times 10^{-6}\,[\text{H}]$$

23 자기회로의 자기저항이 일정할 때 코일의 권수를 1/2로 줄이면 자기인덕턴스는 원래의 몇 배가 되는가?

① $\dfrac{1}{\sqrt{2}}$　　② $\dfrac{1}{2}$
③ $\dfrac{1}{4}$　　④ $\dfrac{1}{8}$

해설 자기인덕턴스(L)
　자기저항이 일정할 때 자기인덕턴스와 코일권수 관계는
　$L = \dfrac{N^2}{R_m}\,[\text{H}]$이므로 $L \propto N^2$이다.
$$\therefore L = \left(\frac{1}{2}\right)^2 = \frac{1}{4} \text{ 배}$$

24 코일의 권수를 2배로 하면 인덕턴스의 값은 몇 배가 되는가?

① $\frac{1}{2}$ 배 ② $\frac{1}{4}$ 배
③ 2배 ④ 4배

[해설] 자기인덕턴스(L)

$L = \frac{N^2}{R_m}$ [H]이므로 $L \propto N^2$이다.

∴ $L = (2)^2 = 4$배

25 N회 감긴 환상코일의 단면적이 S[m²]이고 평균길이가 l[m]이다. 이 코일의 권수를 반으로 줄이고 인덕턴스를 일정하게 하려고 할 때, 다음 중 옳은 것은?

① 단면적을 2배로 한다.
② 길이를 1/4배로 한다.
③ 전류의 세기를 4배로 한다.
④ 비투자율을 2배로 한다.

[해설] 자기인덕턴스(L)

$L = \frac{N\phi}{I} = \frac{N^2}{R_m} = \frac{\mu s N^2}{l}$ [H]이므로 코일의 권수를 반으로 줄이고 인덕턴스를 일정하게 하려면 다음과 같은 조건을 만족하여야 한다.

(1) 투자율을 4배 증가시킨다.
(2) 단면적을 4배 증가시킨다.
(3) 길이를 1/4배 감소시킨다.
(4) 자속을 2배 증가시킨다.
(5) 전류를 1/2배 감소시킨다.

26 어느 철심에 도선을 25회 감고 여기에 1[A]의 전류를 흘릴 때 0.01[Wb]의 자속이 발생하였다. 자기인덕턴스를 1[H]로 하려면 도선의 권수는 얼마로 해야 하는가?

① 25 ② 50
③ 75 ④ 100

[해설] 자기인덕턴스(L)

$LI = N\phi$ [Wb] 식에서 $N = 25$, $I = 1$ [A], $\phi = 0.01$ [Wb]이므로

$L = \frac{N\phi}{I} = \frac{25 \times 0.01}{1} = 0.25$ [H]이다.

$L = \frac{N^2}{R_m}$ [H] 식에서 $L \propto N^2$이므로

$L = 0.25$ [H], $N = 25$, $L' = 1$ [H]일 때

∴ $N' = \sqrt{\frac{L'}{L}} N = \sqrt{\frac{1}{0.25}} \times 25 = 50$

27 그림 (a)의 인덕턴스에 전류가 그림 [b]와 같이 흐를 때, 2초에서 6초 사이의 인덕턴스 전압 V_L은 몇 [V]인가? (단, $L = 1$[H]이다.)

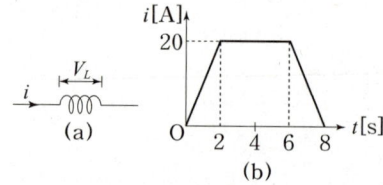

① 0 ② 5
③ 10 ④ -5

[해설] 자기유도기전력(e)

$e = -L\frac{di}{dt}$ [V]이므로 $L = 1$ [H], 2초에서 6초 사이의 $dt = 4$ [sec], 전류가 일정하므로 $di = 0$ [A]일 때

∴ $e = -L\frac{di}{dt} = -1 \times \frac{0}{4} = 0$ [V]

28 자기인덕턴스 0.05[H]의 회로에 흐르는 전류가 매초 500[A]의 비율로 증가할 때, 자기유도기전력의 크기는 몇 [V]인가?

① 2.5 ② 25
③ 100 ④ 1,000

[해설] 자기유도기전력(e)

$L = 0.05$ [H], $dt = 1$ [sec], $di = 500$ [A]일 때

∴ $e = -L\frac{di}{dt} = -0.05 \times \frac{500}{1} = -25$ [V] 또는 25[V]

29 어떤 코일에 흐르는 전류를 0.01[s] 동안에 일정 비율로 50[A]로부터 10[A]까지 감소시킬 때 20[V]의 기전력이 발생한다면 그 코일의 자기인덕턴스[mH]는?

① 5 ② 7
③ 9 ④ 12

[해설] 자기유도기전력(e)
$dt = 0.01$ [s], $di = -40$ [A], $e = 20$ [V]일 때
$$\therefore L = -e\frac{dt}{di} = -20 \times \frac{0.01}{-40} = 5 \times 10^{-3} \text{[H]}$$
$$= 5 \text{[mH]}$$

30 인덕턴스가 20[mH]인 코일에 흐르는 전류가 0.2[s] 동안에 6[A]가 변화했다면 코일에 유기되는 기전력은 몇 [V]인가?

① 0.6 ② 1
③ 3 ④ 30

[해설] 자기유도기전력(e)
$L = 20$ [mH], $dt = 0.2$ [s], $di = 5$ [A]일 때
$$\therefore e = -L\frac{di}{dt} = -20 \times 10^{-3} \times \frac{6}{0.2} = -0.6 \text{[V]}$$
또는 0.6 [V]

31 반지름 a인 원주 도체의 단위 길이당 내부 인덕턴스는 몇 [H/m]인가?

① $\frac{\mu}{4\pi}$ ② $4\pi\mu$
③ $\frac{\mu}{8\pi}$ ④ $8\pi\mu$

[해설] 원통도체(원주형 도선)의 자기인덕턴스(L)
$$L = \frac{\mu l}{8\pi} \text{[H]} = \frac{\mu}{8\pi} \text{[H/m]}$$

32 균일하게 원형단면을 흐르는 전류 I[A]에 의한, 반지름 a[m], 길이 l[m], 비투자율 μ_s인 원통도체의 내부 인덕턴스는 몇 [H]인가?

① $\frac{1}{2} \times 10^{-7} \mu_s l$ ② $10^{-7} \mu_s l$
③ $2 \times 10^{-7} \mu_s l$ ④ $\frac{1}{2a} \times 10^{-7} \mu_s l$

[해설] 원통도체(원주형도체)의 인덕턴스(L)
$$\therefore L = \frac{\mu l}{8\pi} = \frac{\mu_0 \mu_s l}{8\pi} = \frac{4\pi \times 10^{-7} \mu_s l}{8\pi}$$
$$= \frac{1}{2} \times 10^{-7} \mu_s l \text{[H]}$$

33 무한히 긴 원주 도체의 내부 인덕턴스의 크기는 어떻게 결정되는가?

① 도체의 인덕턴스는 0이다.
② 도체의 기하학적 모양에 따라 결정된다.
③ 주위와 자계의 세기에 따라 결정된다.
④ 도체의 재질에 따라 결정된다.

[해설] 원통도체(원주형 도선)의 자기인덕턴스(L)
인덕턴스의 크기는 도체의 길이와 투자율에 비례하므로 도체의 재질에 따라 결정된다.

34 반지름 a의 직선상 도체에 전류 I가 고르게 흐를 때, 도체 내의 전자 에너지와 관계없는 것은?

① 투자율 ② 도체의 단면적
③ 도체의 길이 ④ 전류의 크기

[해설] 원통도체의 자기인덕턴스(L)와 자기에너지(W)
$$W = \frac{1}{2}LI^2 = \frac{1}{2} \times \frac{\mu l}{8\pi} I^2 = \frac{\mu l I^2}{16\pi} \text{[J]}$$
$\therefore$ 자기에너지는 투자율과 길이에 비례하며 전류의 제곱에 비례한다.

35 동축케이블의 단위 길이당 자기인덕턴스는? (단, 동축선 자체의 내부 인덕턴스는 무시하는 것으로 한다.)

① 두 원통의 반지름의 비에 정비례한다.
② 동축선의 투자율에 비례한다.
③ 유전체의 투자율에 비례한다.
④ 전류의 세기에 비례한다.

[해설] 동심원통도체의 자기인덕턴스(L)

$L = \dfrac{\mu l}{2\pi} \ln \dfrac{b}{a}$ [H] $= \dfrac{\mu}{2\pi} \ln \dfrac{b}{a}$ [H/m]이므로

∴ 동축케이블의 자기인덕턴스는 유전체의 투자율에 비례한다.

36 내경의 반지름이 1[mm], 외경의 반지름이 3[mm]인 동축케이블의 단위길이당 인덕턴스는 약 몇 [μH/m]인가? (단, 이때 $\mu_r = 1$이며, 내부 인덕턴스는 무시한다.)

① 0.1 [μF/m] ② 0.2 [μF/m]
③ 0.3 [μF/m] ④ 0.4 [μF/m]

[해설] 동심원통도체의 자기인덕턴스(L)

동심원통의 내, 외 반지름을 각각 a, b라 하면 동심원통도체(=동축케이블)의 단위길이당 자기인덕턴스는

$L = \dfrac{\mu_0}{2\pi} \ln \dfrac{b}{a}$ [H/m]이므로

$a = 1$ [mm], $b = 3$ [mm]일 때

∴ $L = \dfrac{\mu_0}{2\pi} \ln \dfrac{b}{a} = \dfrac{4\pi \times 10^{-7}}{2\pi} \ln \left(\dfrac{3 \times 10^{-3}}{1 \times 10^{-3}}\right)$

$= 0.2 \times 10^{-6}$ [H/m] $= 0.2$ [μH/m]

37 반지름 a[m], 선간거리 d[m]인 평행 왕복 도선 간의 자기인덕턴스[H/m]는 다음 중 어떤 값에 비례하는가?

① $\dfrac{\pi \mu_0}{\ln \dfrac{d}{a}}$ ② $\dfrac{\pi \mu_0}{\ln \dfrac{a}{d}}$

③ $\dfrac{\mu_0}{2\pi} \ln \dfrac{a}{d}$ ④ $\dfrac{\mu_0}{\pi} \ln \dfrac{d}{a}$

[해설] 평행도선의 자기인덕턴스(L)

$L = \dfrac{\mu l}{\pi} \ln \dfrac{d}{a}$ [H] $= \dfrac{\mu_0}{\pi} \ln \dfrac{d}{a}$ [H/m]

38 그림과 같이 반지름 a[m]인 원형단면을 가지고 중심 간격이 d [m]인 평행왕복도선의 단위길이당 자기인덕턴스[H/m]는? (단, 도체는 공기 중에 있고 $d \gg a$로 한다.)

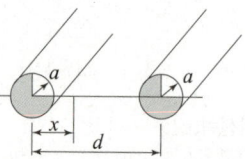

① $L = \dfrac{\mu_0}{\pi} \ln \dfrac{a}{d} + \dfrac{\mu}{4\pi}$ [H/m]

② $L = \dfrac{\mu_0}{\pi} \ln \dfrac{a}{d} + \dfrac{\mu}{2\pi}$ [H/m]

③ $L = \dfrac{\mu_0}{\pi} \ln \dfrac{d}{a} + \dfrac{\mu}{4\pi}$ [H/m]

④ $L = \dfrac{\mu_0}{\pi} \ln \dfrac{d}{a} + \dfrac{\mu}{2\pi}$ [H/m]

[해설] 평행왕복도선의 단위길이당 자기인덕턴스(L)

원형단면을 가지는 평행왕복도선은 내·외부에 각각 L_{in}, L_{out}의 자기유도계수(자기인덕턴스)를 가지며 그 값은 $L_{\text{in}} = \dfrac{\mu}{8\pi} \times 2 = \dfrac{\mu}{4\pi}$ [H/m]

$L_{\text{out}} = \dfrac{\mu_0}{\pi} \ln \dfrac{d}{a}$ [H/m]이다.

∴ $L = L_{\text{out}} + L_{\text{in}} = \dfrac{\mu_0}{\pi} \ln \dfrac{d}{a} + \dfrac{\mu}{4\pi}$ [H/m]

39 임의의 단면을 가진 2개의 원주상의 무한히 긴 평행 도체가 있다. 지금 도체의 도전율을 무한대라고 하면 C, L, ϵ 및 μ 사이의 관계는? (단, C는 두 도체 간의 단위 길이당 정전용량, L은 두 도체를 한 개의 왕복 회로로 한 경우의 단위 길이당 자기인덕턴스, ϵ은 두 도체 사이에 있는 매질의 유전율, μ는 두 도체 사이에 있는 매질의 투자율이다.)

① $C\epsilon = L\mu$ ② $\dfrac{C}{\epsilon} = \dfrac{L}{\mu}$

③ $\dfrac{1}{LC} = \epsilon \mu$ ④ $LC = \epsilon \mu$

[해설] 평행도선의 자기인덕턴스(L)와 정전용량(C)의 관계

$$L = \frac{\mu_0 l}{\pi} \ln \frac{d}{a} \text{ [H]} = \frac{\mu_0}{\pi} \ln \frac{d}{a} \text{ [H/m]}$$

$$C = \frac{\pi \epsilon_0 l}{\ln \frac{d}{a}} \text{ [F]} = \frac{\pi \epsilon_0}{\ln \frac{d}{a}} \text{ [F/m]} \text{이므로}$$

$$LC = \frac{\mu_0}{\pi} \ln \frac{d}{a} \times \frac{\pi \epsilon_0}{\ln \frac{d}{a}} = \mu_0 \epsilon_0$$

∴ 매질 내에서의 관계식은 $LC = \mu \epsilon$이다.

★★
40 솔레노이드의 자기인덕턴스는 권수 N과 어떤 관계를 갖는가?

① N에 비례
② $\sqrt{N}$에 비례
③ N^2에 비례
④ $\sqrt{N}$에 반비례

[해설] 환상솔레노이드의 자기인덕턴스(L)

$$L = \frac{N^2}{R_m} = \frac{\mu S N^2}{l} = \frac{\mu S N^2}{2\pi r} \text{ [H]} \text{이므로}$$

∴ 자기인덕턴스(L)는 코일권수(N)의 제곱에 비례한다.

★★★
41 단면적 S, 평균 반지름 r, 권회수 N인 토로이드(toroid) 코일에 누설자속이 없는 경우, 자기인덕턴스의 크기는?

① 권선수의 제곱에 비례하고 단면적에 반비례한다.
② 권선수 및 단면적에 비례한다.
③ 권선수의 제곱 및 단면적에 비례한다.
④ 권선수의 제곱 및 평균 반지름에 비례한다.

[해설] 환상솔레노이드의 자기인덕턴스(L)

$$L = \frac{N^2}{R_m} = \frac{\mu S N^2}{l} = \frac{\mu S N^2}{2\pi r} \text{ [H]} \text{이므로}$$

∴ 자기인덕턴스(L)는 코일권수(N)의 제곱 및 단면적(S)에 비례한다.

★★
42 어떤 환상솔레노이드의 단면적이 S이고, 자로의 길이가 l, 투자율이 μ라고 한다. 이 철심에 균등하게 코일을 N회 감고 전류를 흘렸을 때 자기인덕턴스에 대한 설명으로 옳은 것은?

① 투자율 μ에 반비례한다.
② 권선수 N^2에 비례한다.
③ 자로의 길이 l에 비례한다.
④ 단면적 S에 반비례한다.

[해설] 환상솔레노이드의 자기인덕턴스(L)

$$L = \frac{N^2}{R_m} = \frac{\mu S N^2}{2\pi r} \text{ [H]} \text{이므로}$$

∴ 자기인덕턴스(L)는 투자율(μ)에 비례하고 단면적(S)에 비례하며 코일권수(N)의 제곱에 비례한다. 또한 자로의 길이(l)나 평균반지름(r)에 반비례한다.

★★
43 권수가 N인 철심이 든 환상솔레노이드가 있다. 철심의 투자율을 일정하다고 하면, 이 솔레노이드의 자기인덕턴스 L[H]은? (단, 여기서 R_m은 철심의 자기저항이고 솔레노이드에 흐르는 전류를 I라 한다.)

① $L = \dfrac{R_m}{N^2}$
② $L = \dfrac{N^2}{R_m}$
③ $L = R_m N^2$
④ $L = \dfrac{N}{R_m}$

[해설] 환상솔레노이드의 자기인덕턴스(L)

$$L = \frac{N^2}{R_m} = \frac{\mu S N^2}{l} = \frac{\mu S N^2}{2\pi r} \text{ [H]}$$

★★
44 평균 반지름이 a[m], 단면적 S[m²]인 원환 철심(투자율 μ)에 권선수 N인 코일을 감았을 때, 자기인덕턴스[H]는?

① $\mu N^2 S a$
② $\dfrac{\mu N^2 S}{\pi a^2}$
③ $\dfrac{\mu N^2 S}{2\pi a}$
④ $2\pi a \mu N^2 S$

[해설] 환상솔레노이드의 자기인덕턴스(L)
자기회로의 길이 $l = 2\pi a$ [m]이므로

$$L = \frac{N^2}{R_m} = \frac{\mu S N^2}{l} = \frac{\mu S N^2}{2\pi a} \text{ [H]}$$

정답 40 ③ 41 ③ 42 ② 43 ② 44 ③

45 단면적 S [m²], 자로의 길이 l [m], 투자율 μ [H/m] 의 환상철심에 1 [m]당 N회 균등하게 코일을 감았을 때 자기인덕턴스 [H]는?

① $\mu N^2 l S$
② $\dfrac{\mu N^2 l}{S}$
③ $\mu N l S$
④ $\dfrac{\mu N^2 S}{l}$

[해설] 환상솔레노이드의 자기인덕턴스(L)
자기회로의 전체 코일권수 $N_0 = Nl$이므로
$L = \dfrac{N_0^2}{R_m} = \dfrac{\mu S(Nl)^2}{l} = \dfrac{\mu S N^2 l^2}{l}$
$= \mu S N^2 l$ [H]

47 길이 10 [cm], 반지름 1 [cm]인 원형단면을 갖는 공심솔레노이드의 자기인덕턴스를 1 [mH]로 하기 위해서는 솔레노이드의 권선수를 약 몇 회로 하여야 하는가? (단, $\mu_s = 1$이다.)

① 252
② 504
③ 756
④ 1,006

[해설] 환상솔레노이드의 자기인덕턴스(L)
$S = \pi r^2 = \pi \times (1 \times 10^{-2})^2 = 10^{-4}\pi$ [m²]
$l = 10$ [cm], $L = 1$ [mH], $\mu_s = 1$이므로
$\therefore N = \sqrt{\dfrac{Ll}{\mu_0 \mu_s S}} = \sqrt{\dfrac{1 \times 10^{-3} \times 10 \times 10^{-2}}{4\pi \times 10^{-7} \times 1 \times 10^{-4}\pi}}$
$= 504$

48 반지름이 a [m]이고 단위 길이에 대한 권수가 n인 무한장 솔레노이드의 단위 길이당 자기인덕턴스는 몇 [H/m]인가?

① $\mu \pi a^2 n^2$
② $\mu \pi a n$
③ $\dfrac{an}{2\mu\pi}$
④ $4\mu \pi a^2 n^2$

[해설] 무한장 솔레노이드의 자기인덕턴스(L)
$L = \mu S n^2 = \mu \pi a^2 n^2$ [H/m]

46 1,000회의 코일을 감은 환상철심 솔레노이드의 단면적이 3 [cm²], 평균 길이 4π [cm]이고 철심의 비투자율이 500일 때, 자기인덕턴스 [H]는?

① 1.5
② 15
③ $\dfrac{15}{4\pi} \times 10^6$
④ $\dfrac{15}{4\pi} \times 10^{-5}$

[해설] 환상솔레노이드의 자기인덕턴스(L)
$L = \dfrac{N^2}{R_m} = \dfrac{\mu S N^2}{l} = \dfrac{\mu_0 \mu_s S N^2}{l}$ [H]이므로
$N = 1,000$, $S = 3$ [cm²], $l = 4\pi$ [cm],
$\mu_s = 500$일 때
$\therefore L = \dfrac{\mu_0 \mu_s S N^2}{l}$
$= \dfrac{4\pi \times 10^{-7} \times 500 \times 3 \times 10^{-4} \times 1,000^2}{4\pi \times 10^{-2}}$
$= 1.5$ [H]

49 그림과 같은 1 [m]당 권선수 n, 반지름 a [m]인 무한장 솔레노이드의 자기인덕턴스 [H/m]는 n과 a 사이에 어떠한 관계가 있는가?

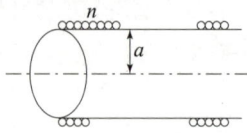

① a와는 상관없고 n^2에 비례한다.
② a와 n의 곱에 비례한다.
③ a^2과 n^2의 곱에 비례한다.
④ a^2에 반비례하고 n^2에 비례한다.

[해설] 무한장 솔레노이드의 자기인덕턴스(L)
$L = \mu S n^2 = \mu \pi a^2 n^2$ [H/m]이므로
∴ 자기인덕턴스는 a^2과 n^2의 곱에 비례한다.

정답 45 ① 46 ① 47 ② 48 ① 49 ③

제8장 _ 전자유도 및 인덕턴스(Ⅰ, Ⅱ)

★★★
50 단면적 S[m²], 단위 길이에 대한 권수가 n_0[회/m]인 무한히 긴 솔레노이드의 단위 길이당 자기인덕턴스[H/m]를 구하면?

① $\mu S n_0$
② $\mu S n_0^2$
③ $\mu S^2 n_0^2$
④ $\mu S^2 n_0$

[해설] 무한장 솔레노이드의 자기인덕턴스(L)
$$L = \mu S n_0^2 = \mu \pi a^2 n_0^2 \text{ [H/m]}$$

★★
51 비투자율 1,000, 단면적 10[cm²], 자로의 길이 100[cm], 권수 1,000회인 철심 환상솔레노이드에 10[A]의 전류가 흐를 때, 저축되는 자기에너지는 몇 [J]인가?

① 62.8
② 6.28
③ 31.4
④ 3.14

[해설] 환상솔레노이드의 자기인덕턴스(L)와 자기에너지(W)
$W = \frac{1}{2}LI^2$ [J]이므로 $\mu_s = 1,000$, $S = 10$ [cm²],
$l = 100$ [cm], $N = 1,000$, $I = 10$ [A]일 때
$$L = \frac{\mu_0 \mu_s S N^2}{l}$$
$$= \frac{4\pi \times 10^{-7} \times 1,000 \times 10 \times 10^{-4} \times 1,000^2}{100 \times 10^{-2}}$$
$$= \frac{2}{5}\pi \text{ [H]}$$
$$\therefore W = \frac{1}{2}LI^2 = \frac{1}{2} \times \frac{2}{5}\pi \times 10^2 = 62.8 \text{ [J]}$$

★★
52 환상철심에 권수 N_A인 A코일과 권수 N_B인 B코일이 있을 때, A코일의 자기인덕턴스가 L_A[H]라면 두 코일의 상호인덕턴스는 몇 [H]인가? (단, 1, 2차 코일의 누설자속은 없다고 한다.)

① $\frac{L_A N_A}{N_B}$
② $\frac{L_A N_B}{N_A}$
③ $\frac{N_A}{L_A N_B}$
④ $\frac{N_B}{L_A N_A}$

[해설] 상호인덕턴스(M)
$$M = \frac{N_A N_B}{R_m} = \frac{\mu S N_A N_B}{l} = \frac{L_A N_B}{N_A} = \frac{L_B N_A}{N_B}$$
$$= k\sqrt{L_A L_B} \text{ [H]}$$

★
53 환상철심에 권수 100회인 A코일과 권수 200회인 B코일이 있을 때, A의 자기인덕턴스가 4[H]라면 두 코일의 상호인덕턴스는 몇 [H]인가?

① 2
② 4
③ 6
④ 8

[해설] 상호인덕턴스(M)
$N_A = 100$, $N_B = 200$, $L_A = 4$ [H]일 때
$$\therefore M = \frac{L_A N_B}{N_A} = \frac{4 \times 200}{100} = 8 \text{ [H]}$$

★★
54 그림과 같이 단면적 S[m²], 평균 자로 길이 l[m], 투자율 μ[H/m]인 철심에 N_1, N_2 권선을 감은 무단(無端) 솔레노이드가 있다. 누설자속을 무시할 때, 권선의 상호인덕턴스[H]는?

① $\frac{\mu N_1 N_2 S}{l^2}$
② $\frac{\mu N_1 N_2 S}{l}$
③ $\frac{\mu N_1 N_2^2 S}{l}$
④ $\frac{\mu N_1 N_2 S^2}{l}$

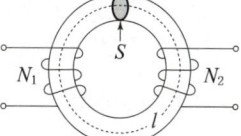

[해설] 상호인덕턴스(M)
$$M = \frac{N_1 N_2}{R_m} = \frac{\mu S N_1 N_2}{l} = \frac{L_1 N_2}{N_1} = \frac{L_2 N_1}{N_2}$$
$$= k\sqrt{L_1 L_2} \text{ [H]}$$

★★
55 길이 l, 단면 반경 $a(l \gg a)$, 권수 N_1인 단층 원통형 1차 솔레노이드의 중앙 부근에 권수 N_2인 2차 코일을 밀착되게 감았을 경우 상호인덕턴스[H]는?

① $\frac{\mu \pi a^2}{l} N_1 N_2$
② $\frac{\mu \pi a^2}{l} N_1^2 N_2^2$
③ $\frac{\mu l}{\pi a^2} N_1 N_2$
④ $\frac{\mu l}{\pi a^2} N_1^2 N_2^2$

[해설] 상호인덕턴스(M)
$S = \pi a^2$ [m²]일 때
$$\therefore M = \frac{\mu S N_1 N_2}{l} = \frac{\mu \pi a^2}{l} N_1 N_2 \text{ [H]}$$

정답 50 ② 51 ① 52 ② 53 ④ 54 ② 55 ①

56 그림과 같이 코일 1과 2가 있고 인덕턴스가 L_1, L_2라 할 때, 상호인덕턴스 M_{12}는 다음 어느 식이 되는가? (단, k는 결합계수이다.)

① $M_{12}^2 = kL_1L_2$
② $M_{12}^2 = k^2L_1L_2$
③ $M_{12}^2 = \dfrac{L_1L_2}{k}$
④ $M_{12}^2 = k\dfrac{L_1}{L_2}$

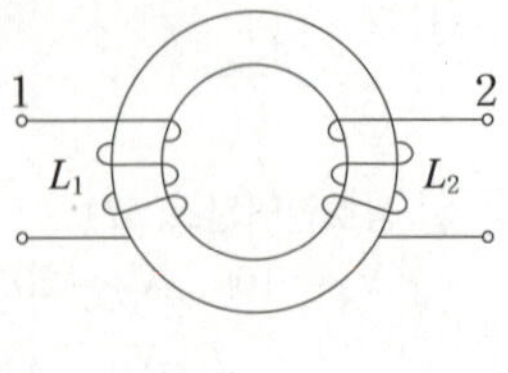

[해설] 상호인덕턴스(M)
$M_{12} = k\sqrt{L_1L_2}$ [H]이므로
∴ $M_{12}^2 = k^2L_1L_2$

57 자기인덕턴스가 L_1, L_2이고 상호인덕턴스가 M인 두 회로의 결합계수가 1일 때, 다음 중 성립되는 식은?

① $L_1 \cdot L_2 = M$
② $L_1 \cdot L_2 < M$
③ $L_1 \cdot L_2 > M$
④ $L_1 \cdot L_2 = M^2$

[해설] 상호인덕턴스(M)
$M = k\sqrt{L_1L_2}$ [H]이므로 $k=1$일 때
∴ $M^2 = L_1 \cdot L_2$

58 두 코일 간의 결합계수가 1이다. 자기인덕턴스가 L_2인 코일은 단락하고 L_1인 코일은 저항 R과 직렬로 연결하여 직류 전압 V를 인가해서 전류 I_1을 흘릴 때, 두 코일이 갖는 자기에너지는? (단, 두 코일이 갖는 자기에너지의 초기값은 0이다.)

① 0
② $\dfrac{1}{2}L_1I_1^2$
③ $L_1I_1^2$
④ $2L_1I_1^2$

[해설] 결합회로의 자기에너지(W)
두 코일 L_1, L_2가 결합되어 상호인덕턴스 M이 존재할 때 각 코일에 흐르는 전류를 I_1, I_2라 하면 자기에너지 W는 $W = \dfrac{1}{2}L_1I_1^2 + \dfrac{1}{2}L_2I_2^2 + MI_1I_2$ [J]이므로 $L_2 = 0$, $M = 0$일 때
∴ $W = \dfrac{1}{2}L_1I_1^2$ [J]

59 자기인덕턴스 L_1, L_2인 두 회로의 상호인덕턴스가 M일 때 각각 회로에 I_1, I_2의 전류가 흐르면 이 전류계에 저장되는 자계의 에너지[J]는?

① $\dfrac{1}{2}L_1I_1^2 + \dfrac{1}{2}L_2I_2^2 + \dfrac{1}{2}MI_1I_2$
② $\dfrac{1}{2}L_1I_1^2 + \dfrac{1}{2}L_2I_2^2 + MI_1I_2$
③ $L_1I_1^2 + L_2I_2^2 + MI_1I_2$
④ $L_1I_1^2 + L_2I_2^2 + 2MI_1I_2$

[해설] 결합회로의 자기에너지(W)
두 코일 L_1, L_2가 결합되어 상호인덕턴스 M이 존재할 때 각 코일에 흐르는 전류를 I_1, I_2라 하면 자기에너지 W는
$W = \dfrac{1}{2}L_1I_1^2 + \dfrac{1}{2}L_2I_2^2 + MI_1I_2$ [J]

60 자기인덕턴스 L_1, L_2와 상호인덕턴스 M과의 결합계수는 어떻게 표시되는가?

① $\dfrac{\sqrt{L_1L_2}}{M}$
② $\dfrac{M}{\sqrt{L_1L_2}}$
③ $\dfrac{M}{L_1L_2}$
④ $\dfrac{L_1L_2}{M}$

[해설] 결합계수(k)
$k = \dfrac{M}{\sqrt{L_1L_2}} = \dfrac{\sqrt{\phi_{12}\,\phi_{21}}}{\sqrt{\phi_1\phi_2}}$

정답 56 ② 57 ④ 58 ② 59 ② 60 ②

61 자기인덕턴스와 상호인덕턴스와의 관계에서 결합계수 k의 값은?

① $0 \le k \le \dfrac{1}{2}$
② $0 \le k \le 1$
③ $1 \le k \le 2$
④ $1 \le k \le 10$

해설 결합계수(k)

자기인덕턴스 L_1, L_2, 상호인덕턴스 M, 1차 코일에 쇄교되는 전자속 ϕ_1, 2차 코일에 쇄교되는 전자속 ϕ_2, 1차와 2차 코일에 결합되는 쇄교자속 ϕ_{12}, ϕ_{21}, 누설자속 ϕ_{11}, ϕ_{22}라 하면 $\phi_1 = \phi_{11} + \phi_{12}$ [Wb], $\phi_2 = \phi_{22} + \phi_{21}$ [Wb]일 때

$$k = \dfrac{M}{\sqrt{L_1 L_2}} = \sqrt{\dfrac{\phi_{12}\phi_{21}}{\phi_1 \phi_2}}$$ 이므로

∴ $0 \le k \le 1$

참고 $k=0$일 때 미결합이라 하며, $k=1$일 때 완전결합이라 한다.

62 두 코일이 있다. 한 코일의 전류가 매초 120[A]의 비율로 변화할 때, 다른 코일에는 15[V]의 기전력이 발생하였다면 두 코일의 상호인덕턴스[H]는?

① 0.125
② 0.255
③ 0.515
④ 0.615

해설 상호유도기전력(e_2)

$e_2 = \pm M \dfrac{di_1}{dt}$ [V]이므로

$dt = 1$ [sec], $di_1 = 120$ [A], $e_2 = 15$ [V]일 때

∴ $M = e_2 \dfrac{dt}{di_1} = 15 \times \dfrac{1}{120} = 0.125$ [H]

63 서로 결합하고 있는 두 코일 C_1과 C_2의 자기인덕턴스가 각각 L_{C_1}, L_{C_2}라고 한다. 이 둘을 직렬로 연결하여 합성인덕턴스값을 얻은 후 두 코일간 상호인덕턴스의 크기($|M|$)를 얻고자 한다. 직렬로 연결할 때, 두 코일간 자속이 서로 가해져서 보강되는 방향이 있고, 서로 상쇄되는 방향이 있다. 전자의 경우 얻은 합성인덕턴스의 값이 L_1, 후자의 경우 얻은 합성인덕턴스의 값이 L_2일 때, 다음 중 알맞은 식은?

① $L_1 < L_2$, $|M| = \dfrac{L_2 + L_1}{4}$
② $L_1 > L_2$, $|M| = \dfrac{L_1 + L_2}{4}$
③ $L_1 < L_2$, $|M| = \dfrac{L_2 - L_1}{4}$
④ $L_1 > L_2$, $|M| = \dfrac{L_1 - L_2}{4}$

해설 결합회로의 합성인덕턴스와 상호인덕턴스

두 코일을 결합하여 자속이 보강되는 결합을 가동결합(L_1)이라 하며 상쇄되는 결합을 차동결합(L_2)이라 한다.
$L_1 = L_{c1} + L_{c2} + 2M$,
$L_2 = L_{c1} + L_{c2} - 2M$이므로
$L_1 > L_2$이고 $L_1 - L_2 = 4M$에서
$M = \dfrac{L_1 - L_2}{4}$이다.

∴ $L_1 > L_2$, $M = \dfrac{L_1 - L_2}{4}$

64 와전류의 방향에 대한 설명으로 옳은 것은?

① 일정하지 않다.
② 자력선의 방향과 동일하다.
③ 자계와 평형이 되면 면을 관통한다.
④ 자속에 수직되는 면을 회전한다.

해설 와전류

자기회로(철심)를 관통하는 자속이 시간적으로 변화할 때 이 변화를 방해하기 위해서 자기회로 내에 국부적으로 형성되는 폐회로에 전류가 유기되는데 이 전류를 와전류라 한다. 와전류의 방향은 자기회로를 관통하는 자속과 수직이 되는 자기회로면을 암페어의 오른나사 방향으로 회전한다.

09 전자장

1 맥스웰 방정식

1. 패러데이-노이만의 전자유도법칙에서 유도된 전자방정식

$$\text{rot } E = \nabla \times E = -\frac{\partial B}{\partial t} = -\mu \frac{\partial H}{\partial t}$$

여기서, E: 전계의 세기[V/m], B: 자속밀도[Wb/m²], H: 자계의 세기[AT/m], μ: 투자율[H/m]

2. 암페어의 주회적분법칙에서 유도된 전자방정식

$$\text{rot } H = \nabla \times H = i + i_d = i + \frac{\partial D}{\partial t} = i + \epsilon \frac{\partial E}{\partial t}$$

여기서, H: 자계의 세기[AT/m], D: 전속밀도[C/m²], E: 전계의 세기[V/m], ϵ: 유전율[F/m]
i: 전도전류밀도, $i_d = \frac{\partial D}{\partial t} = \epsilon \frac{\partial E}{\partial t}$: 변위전류밀도

3. 가우스의 발산정리에 의해서 유도된 전자방정식

(1) $\text{div } D = \rho_v$

(2) $\text{div } B = 0$: 독립된 자극은 존재할 수 없다.

여기서 ρ_v: 체적전하밀도[C/m³], D: 전속밀도[C/m²], B: 자속밀도[Wb/m²]

2 변위전류밀도(i_d)와 변위전류(I_d)

1. 변위전류밀도(전속밀도의 시간적 변화)

$$i_d = \frac{\partial D}{\partial t} = \epsilon \frac{\partial E}{\partial t} = \omega \epsilon E_m \cos \omega t = \omega \epsilon \left(\frac{V_m}{d}\right) \cos \omega t \text{ [A/m}^2\text{]}$$

여기서, i_d: 변위전류밀도[A/m²], D: 전속밀도[C/m²], ω: 각속도[rad/sec], ϵ: 유전율[F/m], d: 간격[m]
E: 전계의 세기[V/m], V_m: 전위의 최대치[V]

확인문제

01 공간 도체 내에서 자속이 시간적으로 변할 때 성립되는 식은 다음 중 어느 것인가? (단, E는 전계, H는 자계, B는 자속이다.)

① $\text{rot } E = \frac{\partial H}{\partial t}$ ② $\text{rot } E = -\frac{\partial B}{\partial t}$

③ $\text{div } E = \frac{\partial B}{\partial t}$ ④ $\text{div } E = -\frac{\partial H}{\partial t}$

[해설] 맥스웰 방정식
패러데이-노이만의 전자유도법칙에서 유도된 전자방정식으로

$\therefore \text{rot } E = \nabla \times E = -\frac{\partial B}{\partial t} = -\mu \frac{\partial H}{\partial t}$

답 : ②

02 맥스웰 방정식 중에서 전류와 자계의 관계를 직접 나타내고 있는 것은? (단, D는 전속밀도, σ는 전하밀도, B는 자속밀도, E는 전계의 세기, i_C는 전류밀도, H는 자계의 세기이다.)

① $\text{div } D = \sigma$ ② $\text{div } B = 0$

③ $\nabla \times H = i_C + \frac{\partial D}{\partial t}$ ④ $\nabla \times E = -\frac{\partial B}{\partial t}$

[해설] 맥스웰 방정식
암페어의 주회적분법칙에서 유도된 전자방정식으로

$\therefore \text{rot } H = \nabla \times H = i_c + i_d = i_c + \frac{\partial D}{\partial t}$
$= i_c + \epsilon \frac{\partial E}{\partial t}$

답 : ③

2. 변위전류

$$I_d = i_d \times 면적 = \omega\left(\frac{\epsilon S}{d}\right) V_m \cos \omega t = \omega C V_m \cos \omega t \,[\text{A}]$$

| 참고 |

전계의 세기 $E = E_m \cos \omega t\,[\text{V/m}]$인 경우

변위전류밀도 $i_d = \dfrac{\partial D}{\partial t} = \epsilon \dfrac{\partial E}{\partial t} = -\omega \epsilon E_m \sin \omega t = -\omega\left(\dfrac{V_m}{d}\right)\sin \omega t\,[\text{A/m}^2]$

변위전류 $I_d = i_d \times 면적 = -\omega\left(\dfrac{\epsilon S}{d}\right)V_m \sin \omega t = -\omega C V_m \sin \omega t\,[\text{A}]$

여기서, I_d: 변위전류[A], i_d: 변위전류밀도[A/m^2], V_m: 전위의 최대값[V]
D: 전속밀도[C/m^2], C: 정전용량[F], ω: 각속도[rad/sec], ϵ: 유전율[F/m], d: 간격[m]

3 전자파

| 참고 |

자유공간에서 전계(E)와 자계(H)가 같은 위상으로 동시에 존재하게 되며 모두 진행방향에 대하여 수직으로 나타나게 되는데 이때 전계와 자계가 만드는 파를 전자파라 한다.

1. 진행방향

$\dot{E} \times \dot{H}$의 방향

여기서, E: 전계의 세기[V/m], H: 자계의 세기[AT/m]

2. 포인팅 벡터(P)

$$P = \dot{E} \times \dot{H} = EH = \eta H^2 = \frac{E^2}{\eta}\,[\text{W/m}^2]$$

여기서, E: 전계의 세기[V/m], H: 자계의 세기[AT/m], η: 고유임피던스[Ω]

확인문제

03 변위전류밀도를 나타내는 식은? (단, D는 전속밀도, B는 자속밀도, ϕ는 자속, $N\phi$는 자속 쇄교수이다.)

① $\dfrac{\partial(N\phi)}{\partial t}$ ② $\dfrac{\partial \phi}{\partial t}$

③ $\dfrac{\partial B}{\partial t}$ ④ $\dfrac{\partial D}{\partial t}$

[해설] 변위전류밀도(i_d)
전계의 세기를 E, 전속밀도를 D라 하면
$E = E_m \cos \omega t\,[\text{V/m}]$인 경우
$i_d = \dfrac{\partial D}{\partial t} = \epsilon \dfrac{\partial E}{\partial t} = -\omega \epsilon E_m \sin \omega t$
$= -\omega \epsilon \left(\dfrac{V_m}{d}\right)\sin \omega t\,[\text{A/m}^2]$

답: ④

04 유전체에서 변위전류를 발생하는 것은?

① 분극전하밀도의 시간적 변화
② 전속밀도의 시간적 변화
③ 자속밀도의 시간적 변화
④ 분극전하밀도의 공간적 변화

[해설] 변위전류란 유전체 내에 흐르는 전류로서 전속밀도의 시간적 변화에 의해서 정해진다.

답: ②

3. 고유임피던스(η)

$$\eta = \frac{E}{H} = \sqrt{\frac{\mu}{\epsilon}} = \sqrt{\frac{\mu_0}{\epsilon_0}} \cdot \sqrt{\frac{\mu_s}{\epsilon_s}} = 120\pi\sqrt{\frac{\mu_s}{\epsilon_s}} = 377\sqrt{\frac{\mu_s}{\epsilon_s}} \ [\Omega]$$

여기서, E : 전계의 세기[V/m], H : 자계의 세기[AT/m], μ : 투자율[H/m], ϵ : 유전율[F/m]

4. 속도(v)

$$v = \lambda \cdot f = \frac{\omega}{\beta} = \frac{1}{\sqrt{LC}} = \frac{1}{\sqrt{\epsilon\mu}} = \frac{1}{\sqrt{\epsilon_0\mu_0}} \cdot \frac{1}{\sqrt{\epsilon_s\mu_s}} = \frac{3\times10^8}{\sqrt{\epsilon_s\mu_s}} \ [\text{m/sec}]$$

여기서, λ : 파장[m], f : 주파수[Hz], ω : 각속도[rad/sec], β : 위상정수, L : 인덕턴스[H], C : 정전용량[F], ϵ : 유전율[F/m], μ : 투자율[H/m]

5. 전송선로의 특성임피던스(Z_0)와 전파정수(γ) – 무손실선로인 경우

(1) 특성임피던스(Z_0)

$$Z_0 = \sqrt{\frac{Z}{Y}} = \sqrt{\frac{R+j\omega L}{G+j\omega C}} = \sqrt{\frac{L}{C}} \ [\Omega]$$

(2) 전파정수(γ)

$$\gamma = \sqrt{ZY} = \sqrt{(R+j\omega L)(G+j\omega C)} = j\omega\sqrt{LC} = j\beta$$

여기서, Z : 직렬임피던스[Ω], Y : 병렬어드미턴스[S], R : 저항[Ω], L : 인덕턴스[H], G : 콘덕턴스[S], C : 정전용량[F], β : 위상정수

확인문제

05 전자파는?

① 전계만 존재한다.
② 자계만 존재한다.
③ 전계와 자계가 동시에 존재한다.
④ 전계와 자계가 동시에 존재하되 위상이 90° 다르다.

[해설] 자유공간에서 전계(E)와 자계(H)가 같은 위상으로 동시에 존재하게 되며 모두 진행방향에 대하여 수직으로 나타나게 되는데 이때 전계와 자계가 만드는 파를 전자파라 한다.

답 : ③

06 전계와 자계의 위상 관계는?

① 위상이 서로 같다.
② 전계가 자계보다 90° 빠르다.
③ 전계가 자계보다 90° 늦다.
④ 전계가 자계보다 45° 빠르다.

[해설] 자유공간에서 전계(E)와 자계(H)가 같은 위상으로 동시에 존재하게 되며 모두 진행방향에 대하여 수직으로 나타나게 되는데 이때 전계와 자계가 만드는 파를 전자파라 한다.

답 : ①

09 출제예상문제

★★★
01 다음 중 미분방정식 형태로 나타낸 맥스웰의 전자계 기초 방정식은?

① rot $E = -\frac{\partial B}{\partial t}$, rot $H = i + \frac{\partial D}{\partial t}$, div $D = 0$, div $B = 0$

② rot $E = -\frac{\partial B}{\partial t}$, rot $H = i + \frac{\partial B}{\partial t}$, div $D = \rho$, div $B = H$

③ rot $E = -\frac{\partial B}{\partial t}$, rot $H = i + \frac{\partial D}{\partial t}$, div $D = \rho$, div $B = 0$

④ rot $E = -\frac{\partial B}{\partial t}$, rot $H = i$, div $D = 0$, div $B = 0$

[해설] 맥스웰 방정식
(1) 패러데이-노이만의 전자유도법칙에서 유도된 전자방정식
$$\text{rot } E = \nabla \times E = -\frac{\partial B}{\partial t} = -\mu \frac{\partial H}{\partial t}$$
(2) 암페어의 주회적분법칙에서 유도된 전자방정식
$$\text{rot } H = \nabla \times H = i + i_d = i + \frac{\partial D}{\partial t} = i + \epsilon \frac{\partial E}{\partial t}$$
(3) 가우스의 발산정리에 의해서 유도된 전자방정식
div $D = \rho_v$
div $B = 0$

★★★
02 패러데이-노이만 전자유도법칙에 의하여 일반화된 맥스웰 전자방정식의 형은?

① $\nabla \times H = i_C + \frac{\partial D}{\partial t}$ ② $\nabla \cdot B = 0$

③ $\nabla \times E = -\frac{\partial B}{\partial t}$ ④ $\nabla \cdot D = \rho$

[해설] 패러데이-노이만의 전자유도법칙에서 유도된 전자방정식
$$\text{rot } E = \nabla \times E = -\frac{\partial B}{\partial t} = -\mu \frac{\partial H}{\partial t}$$

★★
03 자유공간에서 전계에 관하여 설명하는 것은?

① rot $E = -\frac{\partial H}{\partial t}$ ② rot $E = \frac{\partial B}{\partial t}$

③ rot $E = -\mu_0 \frac{\partial H}{\partial t}$ ④ rot $E = \mu_0 \frac{\partial H}{\partial t}$

[해설] 패러데이-노이만의 전자유도법칙에서 유도된 전자방정식
$$\text{rot } E = \nabla \times E = -\frac{\partial B}{\partial t} = -\mu \frac{\partial H}{\partial t}$$

★★
04 맥스웰의 전자계에 관한 제1기본 방정식은?

① rot $D = i + \frac{\partial H}{\partial t}$ ② rot $H = i + \frac{\partial D}{\partial t}$

③ rot $i = H + \frac{\partial D}{\partial t}$ ④ rot $\left(i + \frac{\partial D}{\partial t}\right) = H$

[해설] 맥스웰 방정식
맥스웰의 전자계에 관한 제1기본 방정식은 암페어의 주회적분법칙에서 유도된 전자방정식으로
$$\text{rot } H = \nabla \times H = i + i_d = i + \frac{\partial D}{\partial t} = i + \epsilon \frac{\partial E}{\partial t}$$

★★
05 자속밀도는 벡터이며 B로 표시한다. 다음 가운데서 항상 성립되는 관계는?

① grad $B = 0$ ② rot $B = 0$
③ div $B = 0$ ④ $B = 0$

[해설] 맥스웰 방정식
가우스의 발산정리에 의해서 유도된 전자방정식으로 두 가지가 있다.
div $D = \rho_v$, div $B = 0$
여기서 div $B = 0$은 독립된 자극은 존재하지 않으며 자기력선은 자신만으로 폐회로를 이루고 있으므로 연속적인 성질을 갖는다.

06 자속의 연속성을 나타낸 식은?

① $\text{div } B = \rho$　　② $\text{div } B = 0$
③ $B = \mu H$　　④ $\text{div } B = -\mu H$

[해설] 자속의 연속성
$\text{div } B = 0$은 독립된 자극은 존재하지 않으며 자기력선은 자신만으로 폐회로를 이루고 있으므로 연속적인 성질을 갖는다.

07 Maxwell의 전자파 방정식이 아닌 것은?

① $\text{rot } H = i + \dfrac{\partial D}{\partial t}$　　② $\text{rot } E = -\dfrac{\partial B}{\partial t}$
③ $\text{div } B = i$　　④ $\text{div } D = \rho$

[해설] 자속의 연속성
$\text{div } B = 0$

08 전자장에 관한 다음의 기본식 중 옳지 않은 것은?

① 가우스 정리의 미분형 $\text{div } D = \rho$
② 옴의 법칙의 미분형 $i = \sigma \cdot E$
③ 패러데이 법칙의 미분형 $\text{rot } E = -\dfrac{\partial B}{\partial t}$
④ 앙페르 주회 적분 법칙의 미분형
　$\text{rot } H = \dfrac{\partial D}{\partial t}$

[해설] 암페어의 주회적분법칙에서 유도된 전자방정식
$\text{rot } H = \nabla \times H = i + i_d = i + \dfrac{\partial D}{\partial t} = i + \epsilon \dfrac{\partial E}{\partial t}$

09 다음 방정식에서 전자계의 기초 방정식이 아닌 것은?

① $\text{div } B = i + \dfrac{\partial D}{\partial t}$　　② $\text{rot } H = i + \dfrac{\partial D}{\partial t}$
③ $\text{rot } E = -\dfrac{\partial B}{\partial t}$　　④ $\text{rot } E = -\mu \dfrac{\partial H}{\partial t}$

[해설] 자속의 연속성
$\text{div } B = 0$

10 다음 중 전자계에 대한 맥스웰의 기본 이론이 아닌 것은?

① 자계의 시간적 변화에 따라 전계의 회전이 생긴다.
② 전도전류와 변위전류는 자계를 발생시킨다.
③ 고립된 자극이 존재한다.
④ 전하에서 전속선이 발산된다.

[해설] 자속의 연속성
$\text{div } B = 0$은 독립된 자극은 존재하지 않으며 자기력선은 자신만으로 폐회로를 이루고 있으므로 연속적인 성질을 갖는다.

11 전자계에 대한 맥스웰의 기본 이론이 아닌 것은?

① 자계의 시간적 변화에 따라 전계의 회전이 생긴다.
② 전도전류는 자계를 발생시키나 변위전류는 자계를 발생시키지 않는다.
③ 자극은 N-S극이 항상 공존한다.
④ 전하에서는 전속선이 발산된다.

[해설] 맥스웰 방정식
전도전류(i)와 변위전류(i_d)는 자계를 발생시킨다.
$\text{rot } H = \nabla \times H = i + i_d = i + \dfrac{\partial D}{\partial t} = i + \epsilon \dfrac{\partial E}{\partial t}$

12 간격 d[m]인 두 개의 평행판 전극 사이에 유전율 ϵ[F/m]의 유전체가 있을 때 전극 사이에 전압 $v = V_m \sin \omega t$[V]를 가하면 변위전류는 몇 [A]가 되겠는가? (단, 여기서 극판의 면적은 S[m²]이고 콘덴서의 정전용량은 C[F]라 한다.)

① $\dfrac{V_m}{\omega C} \sin\left(\omega t + \dfrac{\pi}{2}\right)$
② $\omega C V_m \sin \omega t$
③ $\omega C V_m \sin\left(\omega t + \dfrac{\pi}{2}\right)$
④ $-\omega C V_m \cos \omega t$

정답 06 ②　07 ③　08 ④　09 ①　10 ③　11 ②　12 ③

[해설] 변위전류(I_d)

변위전류밀도

$i_d = \dfrac{\partial D}{\partial t} = \epsilon \dfrac{\partial E}{\partial t} = \dfrac{\epsilon}{d} \cdot \dfrac{\partial v}{\partial t}$

$= \dfrac{\epsilon}{d} \cdot \dfrac{\partial}{\partial t}(V_m \sin \omega t) = \dfrac{\omega \epsilon}{d} V_m \cos \omega t \, [\text{A/m}^2]$

∴ 변위전류

$I_d = i_d S = \dfrac{\omega \epsilon}{d} S V_m \cos \omega t$

$= \omega \dfrac{\epsilon S}{d} V_m \sin(\omega t + 90°)$

$= \omega C V_m \sin\left(\omega t + \dfrac{\pi}{2}\right) [\text{A}]$

★★★
13 전극간격 d[m], 면적 S[m²], 유전율 ϵ[F/m]이고 정전용량이 C[F]인 평행판 콘덴서에 $e = E_m \sin \omega t$ [V]인 전압을 가할 때의 변위전류는?

① $\omega C E_m \cos \omega t$　　② $\dfrac{1}{\omega C} E_m \cos \omega t$

③ $\omega C E_m \sin \omega t$　　④ $\dfrac{1}{\omega C} E_m \sin \omega t$

[해설] 변위전류(I_d)

변위전류밀도

$i_d = \dfrac{\partial D}{\partial t} = \epsilon \dfrac{\partial E}{\partial t} = \dfrac{\epsilon}{d} \cdot \dfrac{\partial e}{\partial t}$

$= \dfrac{\epsilon}{d} \cdot \dfrac{\partial}{\partial t}(E_m \sin \omega t) = \dfrac{\omega \epsilon}{d} E_m \cos \omega t \, [\text{A/m}^2]$

∴ 변위전류

$I_d = i_d S = \dfrac{\omega \epsilon}{d} S E_m \cos \omega t = \omega \dfrac{\epsilon S}{d} E_m \cos \omega t$

$= \omega C E_m \cos \omega t \, [\text{A}]$

★★
14 변위전류에 의하여 전자파가 발생되었을 때 전자파의 위상은?

① 변위전류보다 90° 빠르다.
② 변위전류보다 90° 늦다.
③ 변위전류보다 30° 빠르다.
④ 변위전류보다 30° 늦다.

[해설] 변위전류(I_d)
∴ 변위전류가 90° 빠른 위상이므로 전자파의 위상은 변위전류보다 90° 늦다.

★★★
15 맥스웰은 전극 간의 유전체를 통하여 흐르는 전류를 (㉠) 전류라 하고 이것도 (㉡)를 발생한다고 가정하였다. ( ) 안에 알맞은 것은?

① ㉠ 전도, ㉡ 자계
② ㉠ 변위, ㉡ 자계
③ ㉠ 전도, ㉡ 전계
④ ㉠ 변위, ㉡ 전계

[해설] 맥스웰 방정식
암페어의 주회적분법칙에서 유도된 전자방정식은
$\text{rot } H = \nabla \times H = i + i_d = i + \dfrac{\partial D}{\partial t} = i + \epsilon \dfrac{\partial E}{\partial t}$ 이며 여기서 i_d를 변위전류밀도라 하여 전속밀도의 시간적 변화량으로 정의한다. 이로써 유전체 내를 흐르는 전류를 변위전류라 하며 이 또한 주위에 자계를 발생시키는 것을 알 수 있다.

★★
16 변위전류와 가장 관계가 깊은 것은?

① 반도체　　② 유전체
③ 자성체　　④ 도체

[해설] 변위전류
유전체 내를 흐르는 전류를 변위전류라 한다.

★★
17 자유공간에서 변위전류는 무엇에 의해서 발생하는가?

① 전압에 의해서
② 자계에 의해서
③ 전속밀도에 의해서
④ 자속밀도에 의해서

[해설] 맥스웰 방정식
변위전류밀도란 전속밀도의 시간적 변화량으로 정의한다. 이로써 유전체 내를 흐르는 전류를 변위전류라 하며 이 또한 주위에 자계를 발생시키는 것을 알 수 있다.

정답　13 ①　14 ②　15 ②　16 ②　17 ③

18 간격 d[m]인 두 개의 평행판 전극 사이에 유전율 ϵ의 유전체가 있을 때 전극 사이에 전압 $v = V_m \sin \omega t$를 가하면 변위전류밀도[A/m²]는?

① $\dfrac{\epsilon}{d} V_m \cos \omega t$ ② $\dfrac{\epsilon}{d} \omega V_m \cos \omega t$

③ $\dfrac{\epsilon}{d} \omega V_m \sin \omega t$ ④ $-\dfrac{\epsilon}{d} V_m \cos \omega t$

[해설] 변위전류밀도(i_d)

$$i_d = \frac{\partial D}{\partial t} = \epsilon \frac{\partial E}{\partial t} = \frac{\epsilon}{d} \cdot \frac{\partial v}{\partial t}$$

$$= \frac{\epsilon}{d} \cdot \frac{\partial}{\partial t}(V_m \sin \omega t)$$

$$= \frac{\omega \epsilon}{d} V_m \cos \omega t \ [\text{A/m}^2]$$

19 간격 d[m]인 두 개의 평행판 전극 사이에 유전율 ϵ의 유전체가 있다. 전극 사이에 전압 $V_m \cos \omega t$ [V]를 가했을 때, 변위전류밀도[A/m²]는?

① $\dfrac{\epsilon}{d} V_m \cos \omega t$ ② $-\dfrac{\epsilon}{d} \omega V_m \sin \omega t$

③ $\dfrac{\epsilon}{d} \omega V_m \cos \omega t$ ④ $\dfrac{\epsilon}{d} V_m \sin \omega t$

[해설] 변위전류밀도(i_d)

$$i_d = \frac{\partial D}{\partial t} = \epsilon \frac{\partial E}{\partial t} = \frac{\epsilon}{d} \cdot \frac{\partial v}{\partial t}$$

$$= \frac{\epsilon}{d} \cdot \frac{\partial}{\partial t}(V_m \cos \omega t)$$

$$= -\frac{\omega \epsilon}{d} V_m \sin \omega t \ [\text{A/m}^2]$$

20 한 공간 내의 전계의 세기가 $E = E_0 \cos \omega t$ (ω는 각주파수)일 때, 이 공간 내의 변위전류밀도의 크기는?

① ωE_0에 비례한다. ② ωE_0^2에 비례한다.

③ $\omega^2 E_0$에 비례한다. ④ $\omega^2 E_0^2$에 비례한다.

[해설] 변위전류밀도(i_d)

$$i_d = \frac{\partial D}{\partial t} = \epsilon \frac{\partial E}{\partial t} = \epsilon \frac{\partial}{\partial t}(E_0 \cos \omega t)$$

$$= -\omega \epsilon E_0 \sin \omega t \ [\text{A/m}^2] \text{이므로}$$

∴ 변위전류밀도는 ωE_0에 비례한다.

21 변위전류 또는 변위전류밀도에 대한 설명 중 틀린 것은?

① 변위전류밀도는 전속밀도의 시간적 변화율이다.
② 자유공간에서 변위전류가 만드는 것은 자계이다.
③ 변위전류는 주파수와 관계가 있다.
④ 시간적으로 변화하지 않는 계에서도 변위전류는 흐른다.

[해설] 변위전류밀도(i_d)와 변위전류(I_d)
맥스웰의 전자계에 관한 제1기본 방정식은 암페어의 주회적분법칙에서 유도된 전자방정식으로
$\operatorname{rot} H = \nabla \times H = i + i_d = i + \dfrac{\partial D}{\partial t} = i + \epsilon \dfrac{\partial E}{\partial t}$ 이다.
이는 시간적으로 변화하는 전계가 자계를 발생시킬 수 있다는 원리로서 전속밀도의 시간적 변화가 변위전류밀도이며 변위전류밀도가 자계를 발생시킨다는 이론이다.
∴ 시간적으로 변화하지 않는 계에서는 변위전류는 흐를 수 없다.

22 공기 중에서 1[V/m]의 전계를 1[A/m²]의 변위전류로 흐르게 하려면 주파수는 몇 [MHz]가 되어야 하는가?

① 1,500[MHz]
② 1,800[MHz]
③ 15,000[MHz]
④ 18,000[MHz]

[해설] 변위전류밀도(i_d)

$$i_d = \frac{\partial D}{\partial t} = \epsilon_0 \frac{\partial E}{\partial t} = \epsilon_0 \frac{\partial}{\partial t} E_m \sin \omega t$$

$$= \omega \epsilon_0 E_m \cos \omega t \ [\text{A/m}^2]$$

변위전류밀도와 전계의 세기를 실효값으로 표현하면
$I_d = \omega \epsilon_0 E = 2\pi f \epsilon_0 E [\text{A/m}^2]$이다.
$I_d = 1 [\text{A/m}^2], \ E = 1 [\text{V/m}]$이므로

$$\therefore f = \frac{I_d}{2\pi \epsilon_0 E} = \frac{1}{2\pi \times 8.855 \times 10^{-12} \times 1}$$

$$= 18,000 \times 10^6 \ [\text{Hz}] = 18,000 \ [\text{MHz}]$$

23 전자파의 진행 방향은?

① 전계 E의 방향과 같다.
② 자계 H의 방향과 같다.
③ $E \times H$의 방향과 같다.
④ $H \times E$의 방향과 같다.

[해설] 전자파
자유공간에서 전계(E)와 자계(H)가 같은 위상으로 동시에 존재하게 되며 모두 진행방향에 수직으로 나타나게 되는데 이때 전계와 자계가 만드는 파를 전자파라 한다.
∴ 전자파의 진행방향은 $E \times H$ 방향이다.

24 z방향으로 진행하는 평면파(plane wave)로 맞지 않는 것은?

① z성분이 0이다.
② x의 미분계수(도함수)가 0이다.
③ y의 미분계수가 0이다.
④ z의 미분계수가 0이다.

[해설] 전자파
전자파가 z방향으로 진행하는 경우 x축과 y축 상에 전계와 자계가 같은 위상으로 진행하며 x와 y의 미분계수(도함수)는 0이 된다. 하지만 z축은 방향만 있을 뿐 크기가 없으므로 z의 미분계수는 표현할 수 없다.

25 수직편파는?

① 대지에 대해서 전계가 수직면에 있는 전자파
② 대지에 대해서 전계가 수평면에 있는 전자파
③ 대지에 대해서 자계가 수직면에 있는 전자파
④ 대지에 대해서 자계가 수평면에 있는 전자파

[해설] 전자파
(1) 수평전파 : 전계가 대지에 대해서 수평면에 있는 전자파
(2) 수직전파 : 전계가 대지에 대해서 수직면에 있는 전자파

26 포인팅 벡터(pointing vector)라 함은?

① $\nabla(E \times H)$　　② $E \times H$
③ $\nabla \times (E \cdot H)$　　④ $H \times E$

[해설] 포인팅벡터(P)
자유공간에서 전계(E)와 자계(H)의 전자파가 진행하면서 이루게 되는 평면파에 나타나는 단위시간 동안 단위 면적당 에너지를 포인팅 벡터(P)라 하며 자유공간의 고유임피던스를 η라 하면
∴ $P = \dot{E} \times \dot{H} = EH = \eta H^2 = \dfrac{E^2}{\eta}$ [W/m²]

27 전계 E[V/m], 자계 H[AT/m]의 전자파가 평면파를 이루고 자유 공간으로 전파될 때 단위 시간에 단위 면적당 에너지[W/m²]는?

① $\dfrac{1}{2}EH$　　② $\dfrac{1}{2}EH^2$
③ EH^2　　④ EH

[해설] 포인팅벡터(P)
자유공간에서 전계(E)와 자계(H)의 전자파가 진행하면서 이루게 되는 평면파에 나타나는 단위시간 동안 단위 면적당 에너지를 포인팅 벡터(P)라 하며 자유공간의 고유임피던스를 η라 하면
∴ $P = \dot{E} \times \dot{H} = EH = \eta H^2 = \dfrac{E^2}{\eta}$ [W/m²]

28 자유 공간의 고유임피던스 $\sqrt{\dfrac{\mu_0}{\epsilon_0}}$ [Ω]의 값은?

① $\dfrac{1}{120\pi}$　　② 120π
③ $\dfrac{1}{100\pi}$　　④ 100π

[해설] 고유임피던스(η)
$\mu_s = 1$, $\epsilon_s = 1$일 때
∴ $\eta = \dfrac{E}{H} = \sqrt{\dfrac{\mu}{\epsilon}} = \sqrt{\dfrac{\mu_0}{\epsilon_0}} = 120\pi = 377$ [Ω]

정답 23 ③　24 ④　25 ①　26 ②　27 ④　28 ②

29. 자유 공간의 고유임피던스 $[\Omega]$는? (단, ϵ_0는 유전율, μ_0는 투자율이다.)

① $\sqrt{\dfrac{\epsilon_0}{\mu_0}}$ ② $\sqrt{\dfrac{\mu_0}{\epsilon_0}}$

③ $\sqrt{\epsilon_0 \mu_0}$ ④ $\sqrt{\dfrac{1}{\epsilon_0 \mu_0}}$

[해설] 고유임피던스(η)
자유공간에서 전계(E)와 자계(H)의 전자파가 진행할 때 자유공간에 분포된 매질에 따라 전자파의 진행을 방해하는 저항성분이 존재하는데 이를 자유공간의 고유임피던스(η)라 하며 이는 송전선로의 특성을 해석하는데 중요한 요소로 사용된다.

$\eta = \dfrac{E}{H} = \sqrt{\dfrac{\mu}{\epsilon}} = \sqrt{\dfrac{\mu_0}{\epsilon_0}} \cdot \sqrt{\dfrac{\mu_s}{\epsilon_s}} = 120\pi\sqrt{\dfrac{\mu_s}{\epsilon_s}}$

$= 377\sqrt{\dfrac{\mu_s}{\epsilon_s}} \ [\Omega]$

$\mu_s = 1,\ \epsilon_s = 1$일 때

$\therefore\ \eta = \dfrac{E}{H} = \sqrt{\dfrac{\mu}{\epsilon}} = \sqrt{\dfrac{\mu_0}{\epsilon_0}} = 120\pi = 377\ [\Omega]$

30. 자유 공간에서의 고유임피던스(Ω)는?

① 377 ② 96
③ 300 ④ 156

[해설] 고유임피던스(η)
$\mu_s = 1,\ \epsilon_s = 1$일 때
$\therefore\ \eta = \dfrac{E}{H} = \sqrt{\dfrac{\mu}{\epsilon}} = \sqrt{\dfrac{\mu_0}{\epsilon_0}} = 120\pi = 377\ [\Omega]$

31. 전계와 자계와의 관계에서 고유임피던스는?

① $\dfrac{1}{\sqrt{\epsilon\mu}}$ ② $\sqrt{\dfrac{\epsilon}{\mu}}$

③ $\sqrt{\dfrac{\mu}{\epsilon}}$ ④ $\sqrt{\epsilon\mu}$

[해설] 고유임피던스(η)

$\eta = \dfrac{E}{H} = \sqrt{\dfrac{\mu}{\epsilon}} = \sqrt{\dfrac{\mu_0}{\epsilon_0}} \cdot \sqrt{\dfrac{\mu_s}{\epsilon_s}}$

$= 120\pi\sqrt{\dfrac{\mu_s}{\epsilon_s}} = 377\sqrt{\dfrac{\mu_s}{\epsilon_s}}\ [\Omega]$

32. 비투자율 $\mu_s = 1$, 비유전율 $\epsilon_s = 90$인 매질 내의 고유임피던스는 약 몇 $[\Omega]$인가?

① 32.5 ② 39.7
③ 42.3 ④ 45

[해설] 고유임피던스(η)
$\mu_s = 1,\ \epsilon_s = 90$일 때

$\therefore\ \eta = 377\sqrt{\dfrac{\mu_s}{\epsilon_s}} = 377 \times \sqrt{\dfrac{1}{90}} = 39.7\ [\Omega]$

33. 전계의 실효치가 377[V/m]인 평면전자파가 진공을 진행하고 있다. 이때 이 전자파에 수직되는 방향으로 설치된 단면적 10[m²]의 센서로 전자파의 전력을 측정하려고 한다. 센서가 1[W]의 전력을 측정했을 때 1[mA]의 전류를 외부로 흘려준다면 전자파의 전력을 측정했을 때 외부로 흘려주는 전류는 몇 [mA]인가?

① 3.77[mA] ② 37.7[mA]
③ 377[mA] ④ 3,770[mA]

[해설] 포인팅 벡터를 S, 고유임피던스를 η, 전계의 세기를 E, 센서의 전력을 P라 하면

$S = EH = \eta H^2 = \dfrac{E^2}{\eta}\ [\text{W/m}^2]$이며

$\eta = \dfrac{E}{H} = \sqrt{\dfrac{\mu}{\epsilon}} = \sqrt{\dfrac{\mu_o}{\epsilon_0}} = 377\ [\Omega]$이므로

$E = 377\ [\text{V/m}]$일 때

$S = \dfrac{E^2}{\eta} = \dfrac{377^2}{377} = 377\ [\text{W/m}^2]$이다.

$P = \dfrac{1}{10}\ [\text{W/m}^2] = 0.1\ [\text{W/m}^2]$으로 1[mA]의 전류를 흘려준다면 $\dfrac{S}{P} = \dfrac{377}{0.1} = 3,770$이므로

$\therefore\ I_s = 3,770\ I_P = 3,770 \times 1 = 3,770\ [\text{mA}]$

34 평면파 전자파의 전계 E와 자계 H 사이의 관계식은?

① $E = \sqrt{\dfrac{\epsilon}{\mu}} H$ ② $E = \sqrt{\mu\epsilon} H$

③ $E = \sqrt{\dfrac{\mu}{\epsilon}} H$ ④ $E = \sqrt{\dfrac{1}{\mu\epsilon}} H$

[해설] 고유임피던스(η)

$$\eta = \dfrac{E}{H} = \sqrt{\dfrac{\mu}{\epsilon}} = \sqrt{\dfrac{\mu_0}{\epsilon_0}} \cdot \sqrt{\dfrac{\mu_s}{\epsilon_s}} = 120\pi\sqrt{\dfrac{\mu_s}{\epsilon_s}}$$

$$= 377\sqrt{\dfrac{\mu_s}{\epsilon_s}} \, [\Omega]$$

$\therefore E = \eta H = \sqrt{\dfrac{\mu}{\epsilon}} H$ [V/m]

35 다음 중 전계와 자계와의 관계는?

① $\sqrt{\mu} H = \sqrt{\epsilon} E$ ② $\sqrt{\mu\epsilon} = EH$

③ $\sqrt{\epsilon} H = \sqrt{\mu} E$ ④ $\mu\epsilon = EH$

[해설] 고유임피던스(η)

$$\eta = \dfrac{E}{H} = \sqrt{\dfrac{\mu}{\epsilon}} = \sqrt{\dfrac{\mu_0}{\epsilon_0}} \cdot \sqrt{\dfrac{\mu_s}{\epsilon_s}} = 120\pi\sqrt{\dfrac{\mu_s}{\epsilon_s}}$$

$$= 377\sqrt{\dfrac{\mu_s}{\epsilon_s}} \, [\Omega]$$

$\therefore \sqrt{\mu} H = \sqrt{\epsilon} E$

36 공기 중에서 전계의 진행파 전력이 10[mV/m]일 때 자계의 진행파 전력은 몇 [AT/m]인가?

① 2.65×10^{-4} ② 26.5×10^{-3}

③ 26.5×10^{-5} ④ 26.5×10^{-6}

[해설] 고유임피던스(η)

$$\eta = \dfrac{E}{H} = \sqrt{\dfrac{\mu}{\epsilon}} = \sqrt{\dfrac{\mu_0}{\epsilon_0}} \cdot \sqrt{\dfrac{\mu_s}{\epsilon_s}}$$

$$= 120\pi\sqrt{\dfrac{\mu_s}{\epsilon_s}} = 377\sqrt{\dfrac{\mu_s}{\epsilon_s}} \, [\Omega]$$

$\mu_s = 1$, $\epsilon_s = 1$, $E = 10$ [mV/m]일 때

$\therefore H = \dfrac{E}{377} = \dfrac{10 \times 10^{-3}}{377} = 26.5 \times 10^{-6}$ [AT/m]

37 전계 $e = \sqrt{2} E_e \sin\omega\left(\dfrac{t-x}{c}\right)$ [V/m]인 평면 전자파가 있을 때 자계의 실효값[A/m]은? (단, 진공 중이라 한다.)

① $5.4 \times 10^{-3} E_e$ ② $4.0 \times 10^{-3} E_e$

③ $2.7 \times 10^{-3} E_e$ ④ $1.3 \times 10^{-3} E_e$

[해설] 고유임피던스(η)

$\mu_s = 1$, $\epsilon_s = 1$, 전계의 실효값 E_e 일 때

$\therefore H = \dfrac{E_e}{377} = 2.7 \times 10^{-3} E_e$ [AT/m]

38 평면 전자파의 전계의 세기가 $E = 5\sin\omega\left(t-\dfrac{x}{v}\right)$ [μV/m]인 공기 중에서의 자계 세기는 몇 [μA/m]인가?

① $-\dfrac{5\omega}{v}\cos\omega\left(t-\dfrac{x}{v}\right)$

② $5\omega\cos\omega\left(t-\dfrac{x}{v}\right)$

③ $4.8 \times 10^2 \sin\omega\left(t-\dfrac{x}{v}\right)$

④ $1.3 \times 10^{-2} \sin\omega\left(t-\dfrac{x}{v}\right)$

[해설] 고유임피던스(η)

$\mu_s = 1$, $\epsilon_s = 1$일 때

$\therefore H = \dfrac{E}{377} = \dfrac{5}{377}\sin\omega\left(t-\dfrac{x}{v}\right)$

$= 1.3 \times 10^{-2}\sin\omega\left(t-\dfrac{x}{v}\right)$ [μA/m]

정답 34 ③ 35 ① 36 ④ 37 ③ 38 ④

39 자유 공간에 있어서 포인팅 벡터를 S [W/m²] 라 할 때 전장 세기의 실효값 E_s [V/m]를 구하면?

① $\sqrt{\dfrac{\mu_0}{\epsilon_0}}\, S$ ② $S\sqrt{\dfrac{\epsilon_0}{\mu_0}}$
③ $\sqrt{S\sqrt{\dfrac{\mu_0}{\epsilon_0}}}$ ④ $\sqrt{S\sqrt{\dfrac{\epsilon_0}{\mu_0}}}$

[해설] 포인팅 벡터를 S, 고유임피던스를 η, 전계의 세기를 E_s라 하면

$$S = \dot{E} \times \dot{H} = EH = \eta H_s^2 = \dfrac{E_s^2}{\eta}\ [\text{W/m}^2]$$

$$\eta = \dfrac{E}{H} = \sqrt{\dfrac{\mu}{\epsilon}} = \sqrt{\dfrac{\mu_0}{\epsilon_0}} \cdot \sqrt{\dfrac{\mu_s}{\epsilon_s}} = 120\pi\sqrt{\dfrac{\mu_s}{\epsilon_s}}$$

$$= 377\sqrt{\dfrac{\mu_s}{\epsilon_s}}\ [\Omega]\text{이므로 } \mu_s=1,\ \epsilon_s=1\text{일 때}$$

$$\therefore E_s = \sqrt{S\eta} = \sqrt{S\sqrt{\dfrac{\mu_0}{\epsilon_0}}}\ [\text{W/m}^2]$$

40 지구는 태양으로부터 P [kW/m²]의 방사열을 받고 있다. 지구 표면에서의 전계의 세기는 몇 [V/m]인가?

① $377P$ ② $\dfrac{P}{377}$
③ $\sqrt{\dfrac{P}{377}}$ ④ $\sqrt{377P}$

[해설] 포인팅벡터를 P, 고유임피던스를 η, 전계의 세기를 E라 하면

$$P = E \times H = EH = \eta H^2 = \dfrac{E^2}{\eta}\ [\text{W/m}^2]$$

$$\eta = \dfrac{E}{H} = \sqrt{\dfrac{\mu}{\epsilon}} = \sqrt{\dfrac{\mu_0}{\epsilon_0}} \cdot \sqrt{\dfrac{\mu_s}{\epsilon_s}}$$

$$= 120\pi\sqrt{\dfrac{\mu_s}{\epsilon_s}} = 377\sqrt{\dfrac{\mu_s}{\epsilon_s}}\ [\Omega]\text{이므로}$$

$\mu_s=1,\ \epsilon_s=1$일 때 $\eta = 377\ [\Omega]$이다.

$$\therefore E = \sqrt{P \cdot \eta} = \sqrt{377P}\ [\text{V/m}]$$

41 진공 중의 점 A에서 출력 50[kW]의 전자파를 방사하여 이것이 구면파로서 전파할 때 점 A에서 100[km] 떨어진 점 B에 있어서 포인팅 벡터값은 약 몇 [W/m²]인가?

① 4×10^{-7} [W/m²] ② 4.5×10^{-7} [W/m²]
③ 5×10^{-7} [W/m²] ④ 5.5×10^{-7} [W/m²]

[해설] 포인팅벡터(S)
$P = 50$ [kW], $r = 100$ [km]일 때 자유공간의 반경이 r [m]인 구의 표면적을 A라 하면

$$S = \dfrac{P}{A} = \dfrac{P}{4\pi r^2} = \dfrac{50 \times 10^3}{4\pi \times (100 \times 10^3)^2}$$

$$= 4 \times 10^{-7}\ [\text{W/m}^2]$$

42 100[kW]의 전력을 전자파의 형태로 사방에 균일하게 방사하는 전원이 있다. 전원에서 10[km] 거리인 곳에서는 전계 세기[V/m]는?

① 2.73×10^{-2} ② 1.73×10^{-1}
③ 6.53×10^{-4} ④ 2×10^{-3}

[해설] 포인팅 벡터를 S, 고유임피던스를 η, 전계의 세기를 E라 하면

$$S = \dot{E} \times \dot{H} = EH = \eta H^2 = \dfrac{E^2}{\eta}\ [\text{W/m}^2]$$

$$\eta = \dfrac{E}{H} = \sqrt{\dfrac{\mu}{\epsilon}} = \sqrt{\dfrac{\mu_0}{\epsilon_0}} \cdot \sqrt{\dfrac{\mu_s}{\epsilon_s}} = 120\pi\sqrt{\dfrac{\mu_s}{\epsilon_s}}$$

$$= 377\sqrt{\dfrac{\mu_s}{\epsilon_s}}\ [\Omega]\text{이므로}$$

$P = 100$ [kW], $r = 10$ [km]일 때 자유공간의 반경이 r [m]인 구의 표면적을 A라 하면

$$S = \dfrac{P}{A} = \dfrac{P}{4\pi r^2} = \dfrac{100 \times 10^3}{4\pi \times (10 \times 10^3)^2}$$

$$= 7.96 \times 10^{-5}\ [\text{W/m}^2]\text{이다.}$$

$\mu_s=1,\ \epsilon_s=1$일 때

$$\therefore E = \sqrt{S\eta} = \sqrt{7.96 \times 10^{-5} \times 377}$$

$$= 1.73 \times 10^{-1}\ [\text{V/m}]$$

정답 39 ③ 40 ④ 41 ① 42 ②

43 100[kW]의 전력이 안테나에서 사방으로 균일하게 방사될 때 안테나에서 1[km] 거리에 있는 점의 전계 실효값은 몇 [V/m]인가?

① 1.73   ② 2.45
③ 3.68   ④ 6.21

해설 포인팅 벡터를 S, 고유임피던스를 η, 전계의 세기를 E라 하면
$P=100$ [kW], $r=1$ [km]일 때 자유공간의 반경이 r [m]인 구의 표면적을 A라 하면
$$S=\frac{P}{A}=\frac{P}{4\pi r^2}=\frac{100\times 10^3}{4\pi\times(1\times 10^3)^2}$$
$=7.96\times 10^{-3}$ [W/m²]이다.
$\mu_s=1$, $\epsilon_s=1$일 때
$\therefore E=\sqrt{S\eta}=\sqrt{7.96\times 10^{-3}\times 377}$
$=1.73$ [V/m]

44 자계의 실효값이 1[mA/m]인 평면 전자파가 공기 중에서 이에 수직되는 수직단면적 10[m²]를 통과하는 전력은 몇 [W]인가?

① 3.77×10^{-2} ② 3.77×10^{-3}
③ 3.77×10^{-4} ④ 3.77×10^{-6}

해설 포인팅 벡터 S, 고유임피던스 η, 자계 H, 전계 E, 단면적 A, 전력 P라 하면
$S=\dot{E}\times\dot{H}=EH=\eta H^2=\frac{E^2}{\eta}=\frac{P}{A}$ [W/m²]이므로
$\eta=\sqrt{\frac{\mu_o}{\epsilon_o}}=\sqrt{\frac{4\pi\times 10^{-7}}{8.855\times 10^{-12}}}=377$ [Ω]
$H=1$ [mA/m], $A=10$ [m²]일 때
$\therefore P=\eta H^2 A=377\times(10^{-3})^2\times 10$
$=3.77\times 10^{-3}$ [W]

45 유전율 ϵ, 투자율 μ의 공간을 전파하는 전자파의 전파속도 v[m/s]는?

① $v=\sqrt{\epsilon\mu}$ ② $v=\sqrt{\frac{\epsilon}{\mu}}$
③ $v=\sqrt{\frac{\mu}{\epsilon}}$ ④ $v=\frac{1}{\sqrt{\epsilon\mu}}$

해설 전파속도(v)
파장 λ, 주파수 f, 각속도 ω, 위상정수 β, 인덕턴스 L, 정전용량 C라 하면
$v=\lambda f=\frac{\omega}{\beta}=\frac{1}{\sqrt{LC}}=\frac{1}{\sqrt{\epsilon\mu}}$
$=\frac{1}{\sqrt{\epsilon_0\mu_0}}\cdot\frac{1}{\sqrt{\epsilon_s\mu_s}}=\frac{3\times 10^8}{\sqrt{\epsilon_s\mu_s}}$ [m/sec]

46 전자파의 전파속도[m/s]에 대한 설명 중 옳은 것은?

① 유전율에 비례한다.
② 유전율에 반비례한다.
③ 유전율과 투자율의 곱의 제곱근에 비례한다.
④ 유전율과 투자율의 곱의 제곱근에 반비례한다.

해설 전파속도(v)
전파속도는 유전율과 투자율의 곱의 제곱근에 반비례한다.

47 전자계에서 전파속도와 관계없는 것은?

① 도전율   ② 유전율
③ 비투자율   ④ 주파수

해설 전파속도(v)
전자계에서 전파속도는 도전율에 무관한 상수임을 알 수 있다.

정답 43 ① 44 ② 45 ④ 46 ④ 47 ①

48. $\dfrac{1}{\sqrt{\mu\epsilon}}$ 의 단위는?

① [m/s]
② [C/H]
③ [Ω]
④ [℧]

해설 전파속도(v)
파장 λ, 주파수 f, 각속도 ω, 위상정수 β, 인덕턴스 L, 정전용량 C 라 하면
$$v = \lambda f = \frac{\omega}{\beta} = \frac{1}{\sqrt{LC}} = \frac{1}{\sqrt{\epsilon\mu}}$$
$$= \frac{1}{\sqrt{\epsilon_0\mu_0}} \cdot \frac{1}{\sqrt{\epsilon_s\mu_s}} = \frac{3\times10^8}{\sqrt{\epsilon_s\mu_s}} \text{[m/sec]}$$

49. 진공 중에서 빛의 속도와 일치하는 전자파의 전파 속도를 얻기 위한 조건은?

① $\epsilon_s = \mu_s = 0$
② $\epsilon_s = 0, \mu_s = 1$
③ $\epsilon_s = \mu_s = 1$
④ ϵ_s 와 μ_s는 관계가 없다.

해설 전파속도(v)
파장 λ, 주파수 f, 각속도 ω, 위상정수 β, 인덕턴스 L, 정전용량 C 라 하면
$$v = \lambda f = \frac{\omega}{\beta} = \frac{1}{\sqrt{LC}}$$
$$= \frac{1}{\sqrt{\epsilon\mu}} = \frac{1}{\sqrt{\epsilon_0\mu_0}} \cdot \frac{1}{\sqrt{\epsilon_s\mu_s}}$$
$$= \frac{3\times10^8}{\sqrt{\epsilon_s\mu_s}} \text{[m/sec]}$$
빛의 속도는 3×10^8 [m/sec]이므로 전파속도를 빛의 속도와 일치시키려면
$$\therefore \epsilon_s = 1, \mu_s = 1$$

50. 유전율 ϵ, 투자율 μ인 매질 내에서 전자파의 속도[m/s]는?

① $\sqrt{\dfrac{\mu}{\epsilon}}$
② $\sqrt{\mu\epsilon}$
③ $\sqrt{\dfrac{\epsilon}{\mu}}$
④ $\dfrac{3\times10^8}{\sqrt{\epsilon_s \cdot \mu_s}}$

해설 전파속도(v)
파장 λ, 주파수 f, 각속도 ω, 위상정수 β, 인덕턴스 L, 정전용량 C 라 하면
$$v = \lambda f = \frac{\omega}{\beta} = \frac{1}{\sqrt{LC}} = \frac{1}{\sqrt{\epsilon\mu}}$$
$$= \frac{1}{\sqrt{\epsilon_0\mu_0}} \cdot \frac{1}{\sqrt{\epsilon_s\mu_s}} = \frac{3\times10^8}{\sqrt{\epsilon_s\mu_s}} \text{[m/sec]}$$

51. 비유전율 ϵ_s인 매질내의 전자파의 전파속도는?

① ϵ_s에 반비례한다.
② ϵ_s^2에 반비례한다.
③ ϵ_s에 비례한다.
④ $\sqrt{\epsilon_s}$에 반비례한다.

해설 전파속도(v)
파장 λ, 주파수 f, 각속도 ω, 위상정수 β, 인덕턴스 L, 정전용량 C 라 하면
$$v = \lambda f = \frac{\omega}{\beta} = \frac{1}{\sqrt{LC}} = \frac{1}{\sqrt{\epsilon\mu}}$$
$$= \frac{1}{\sqrt{\epsilon_0\mu_0}} \cdot \frac{1}{\sqrt{\epsilon_s\mu_s}} = \frac{3\times10^8}{\sqrt{\epsilon_s\mu_s}} \text{[m/s]이므로}$$
$$\therefore v \propto \frac{1}{\sqrt{\epsilon_s}}$$

52. 비유전율 $\epsilon_s = 2.75$의 기름 속에서 전자파 속도 [m/s]를 구한 값은? (단, 비투자율 $\mu_s = 1$이다.)

① 1.81×10^8
② 1.61×10^8
③ 1.31×10^8
④ 1.11×10^8

해설 전파속도(v)
$\epsilon_s = 2.75, \mu_s = 1$일 때
$$\therefore v = \frac{3\times10^8}{\sqrt{\epsilon_s\mu_s}} = \frac{3\times10^8}{\sqrt{2.75\times1}} = 1.81\times10^8 \text{[m/sec]}$$

정답 48 ① 49 ③ 50 ④ 51 ④ 52 ①

53 유전율 ϵ, 투자율 μ인 매질 중을 주파수 f[Hz]의 전자파가 전파되어 나갈 때의 파장[m]은?

① $f\sqrt{\epsilon\mu}$
② $\dfrac{1}{f\sqrt{\epsilon\mu}}$
③ $\dfrac{f}{\sqrt{\epsilon\mu}}$
④ $\dfrac{\sqrt{\epsilon\mu}}{f}$

해설 전파속도(v)

$$\therefore \lambda = \frac{v}{f} = \frac{2\pi}{\beta} = \frac{1}{f\sqrt{LC}} = \frac{1}{f\sqrt{\epsilon\mu}}\ [\mathrm{m}]$$

54 15[MHz]인 전자파의 파장은 몇 [m]인가?

① 8
② 15
③ 20
④ 25

해설 전파속도(v)
$f = 15$ [MHz], $\epsilon_s = 1$, $\mu_s = 1$일 때

$$\therefore \lambda = \frac{v}{f} = \frac{3\times 10^8}{15\times 10^6} = 20\ [\mathrm{m}]$$

55 어떤 TV 방송의 전자파의 주파수를 190[MHz]의 평면파로 보고 $\mu_s=1$, $\epsilon_s=64$인 물속에서의 전파속도[m/s]와 파장[m]을 구하면?

① $v = 0.375 \times 10^8$, $\lambda = 0.19$
② $v = 2.33 \times 10^8$, $\lambda = 0.21$
③ $v = 0.87 \times 10^8$, $\lambda = 0.17$
④ $v = 0.425 \times 10^8$, $\lambda = 1.2$

해설 전파속도(v)
$f = 190$ [MHz], $\mu_s = 1$, $\epsilon_s = 64$일 때

$$\therefore v = \frac{3\times 10^8}{\sqrt{\epsilon_s \mu_s}} = \frac{3\times 10^8}{\sqrt{64\times 1}} = 0.375\times 10^8\ [\mathrm{m/s}]$$

$$\therefore \lambda = \frac{v}{f} = \frac{0.375\times 10^8}{190\times 10^6} = 0.19\ [\mathrm{m}]$$

56 안테나에서 파장 40[cm]의 평면파가 자유 공간에 방사될 때 발신 주파수는?

① 650[kHz]
② 650[MHz]
③ 750[MHz]
④ 7.5[MHz]

해설 전파속도(v)
$\lambda = 40$ [cm], $\epsilon_s = 1$, $\mu_s = 1$일 때

$$\therefore f = \frac{v}{\lambda} = \frac{3\times 10^8}{40\times 10^{-2}}$$
$$= 750\times 10^6\ [\mathrm{Hz}] = 750\ [\mathrm{MHz}]$$

57 비유전율 $\epsilon_s=3$, 비투자율 $\mu_s=3$인 공간이 있다고 가정할 때 이 공간에서의 전자파 파장이 10[m]였을 때 주파수[MHz]는?

① 1
② 3
③ 6
④ 10

해설 전파속도(v)
$\epsilon_s = 3$, $\mu_s = 3$, $\lambda = 10$ [m]일 때

$$\therefore f = \frac{v}{\lambda} = \frac{3\times 10^8}{\lambda\sqrt{\epsilon_s\mu_s}} = \frac{3\times 10^8}{10\times\sqrt{3\times 3}}$$
$$= 10\times 10^6\ [\mathrm{Hz}] = 10\ [\mathrm{MHz}]$$

58 높은 주파수의 전자파가 전파될 때, 일기가 좋은 날보다 비오는 날 전자파의 감쇠가 심한 원인은?

① 도전율 관계임
② 유전율 관계임
③ 투자율 관계임
④ 분극률 관계임

해설 전자파에 주는 기후 계수의 영향
자유공간의 매질에서의 전력손실지표는 손실탄젠트로 정의하며 $\tan\delta_c$라 한다.

$\tan\delta_c = \dfrac{\sigma}{\omega\epsilon}$이며 $\sigma \gg \omega\epsilon$일 때 그 매질을 양도체라 하고 양도체에서 감쇠정수(α)와 위상정수(β)는 같아진다. $\alpha = \beta = \sqrt{\pi f\mu\sigma}$이므로 감쇠정수와 위상정수는 주파수, 투자율, 도전율에 비례한다.

∴ 비오는 날은 맑은 날씨에 비해서 주위의 도전율이 증가하여 감쇠정수가 매우 커지므로 전자파의 감쇠가 심해진다.

정답 53 ② 54 ③ 55 ① 56 ③ 57 ④ 58 ①

memo

전기산업기사 5주완성 02

Industrial Engineer Electricity

전력공학

1. 송전선로
2. 선로정수 및 코로나
3. 송전선로의 특성값 계산
4. 안정도
5. 고장해석
6. 중성점 접지 방식
7. 이상전압
8. 유도장해
9. 배전선로
10. 수력발전
11. 화력발전
12. 원자력발전

01 송전선로

1 전선

1. 전선의 구비조건

① 도전율이 커야 한다.
② 고유저항이 작아야 한다.
③ 허용전류(최대안전전류)가 커야 한다.
④ 전압강하가 작아야 한다.
⑤ 전력손실이 작아야 한다.
⑥ 기계적 강도가 커야 한다.
⑦ 내식성, 내열성을 가져야 한다.
⑧ 비중이 작아야 한다.
⑨ 시공이 원활해야 한다.
⑩ 가격이 저렴해야 한다.

2. 전선의 굵기 결정 3요소 〔실기출제〕

① 허용전류
② 전압강하
③ 기계적 강도
이 중에서 우선적으로 고려해야 할 사항은 허용전류이다.

확인문제

01 가공전선의 구비조건으로 옳지 않은 것은?

① 도전율이 클 것
② 기계적 강도가 클 것
③ 비중이 클 것
④ 신장률이 클 것

[해설] 전선의 구비조건
(1) 도전율이 커야 한다.
(2) 고유저항이 작아야 한다.
(3) 허용전류(최대안전전류)가 커야 한다.
(4) 전압강하가 작아야 한다.
(5) 전력손실이 작아야 한다.
(6) 기계적 강도가 커야 한다.
(7) 내식성, 내열성을 가져야 한다.
(8) 비중이 작아야 한다.
(9) 시공이 원활해야 한다.
(10) 가격이 저렴해야 한다.

답 : ③

02 옥내배선에 사용하는 전선의 굵기를 결정하는데 고려하지 않아도 되는 것은?

① 기계적 강도
② 전압강하
③ 허용전류
④ 절연저항

[해설] 전선의 굵기 결정 3요소
(1) 허용전류
(2) 전압강하
(3) 기계적 강도
이 중에서 우선적으로 고려해야 할 사항은 허용전류이다.

답 : ④

3. 전선의 가장 경제적인 굵기 결정식

켈빈의 법칙을 사용하면 임의의 선의 경제적 전류밀도를 전력대 전선비 및 금리, 감가상각비 등의 함수로 결정할 수 있다.

2 철탑설계

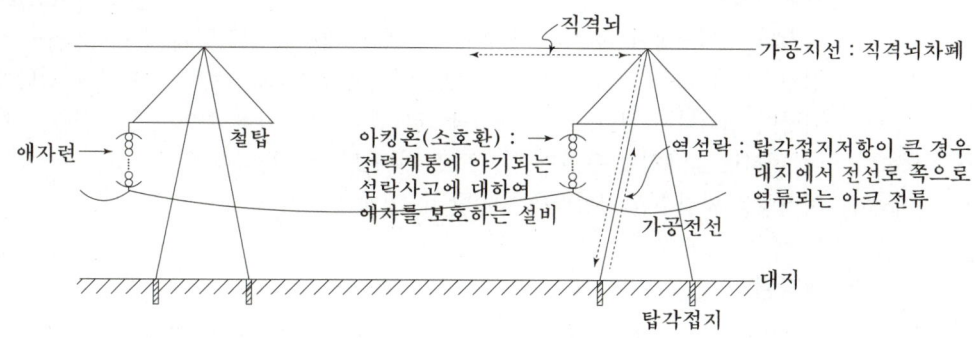

※ 역섬락을 방지하기 위하여 탑각접지저항을 줄일 필요가 있을 때 탑각에 방사형 매설지선을 포설한다.

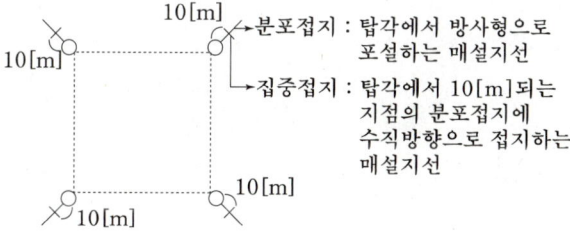

- 분포접지 : 탑각에서 방사형으로 포설하는 매설지선
- 집중접지 : 탑각에서 10[m]되는 지점의 분포접지에 수직방향으로 접지하는 매설지선

확인문제

03 켈빈(Kelvin)의 법칙이 적용되는 경우는?
① 전력 손실량을 축소시키고자 하는 경우
② 전압강하를 감소시키고자 하는 경우
③ 부하배분의 균형을 얻고자 하는 경우
④ 경제적인 전선의 굵기를 선정하고자 하는 경우

[해설] 전선의 가장 경제적인 굵기 결정식
켈빈의 법칙을 사용하면 임의의 선의 경제적 전류밀도를 전력대 전선비 및 금리, 감가상각비 등의 함수로 결정할 수 있다.

답 : ④

04 송전선로에서 역섬락을 방지하는 가장 유효한 방법은?
① 피뢰기를 설치한다.
② 가공지선을 설치한다.
③ 소호각을 설치한다.
④ 탑각접지저항을 작게 한다.

[해설] 상황과 대책
(1) 직격뇌 내습시 이상전압을 대지로 방전시키고 속류를 차단하기 위한 설비-피뢰기
(2) 직격뇌가 송전선에 직접 내습하지 않게 차폐하기 위한 설비-가공지선
(3) 전력계통에서 발생하는 섬락이 애자련에 영향을 주지 않도록 하기 위한 설비-소호각
(4) 송전선 철탑에서 일어나는 역섬락을 방지하기 위한 대책-탑각접지저항을 적게 한다.(매설지선)

답 : ④

1. 가공지선

가공지선은 송전선로 지지물 최상부에 1선 또는 2선으로 보통 단면적 22[mm²]~200[mm²]의 아연도강연선 또는 ACSR(강심알루미늄연선)을 대지에 연결함으로서 직격뇌로부터 철탑이나 전선을 보호하기 위해 설치하는 접지선을 말한다.

2. 매설지선

탑각의 접지저항이 충분히 적어야 직격뇌를 대지로 안전하게 방전시킬 수 있으나 탑각의 접지저항이 너무 크면 대지로 흐르던 직격뇌가 다시 선로로 역류하여 철탑재나 애자련에 섬락이 일어나게 된다. 이를 역섬락이라 한다. 역섬락이 일어나면 뇌전류가 애자련을 통하여 전선로로 유입될 우려가 있으므로 이때 탑각에 방사형 매설지선을 포설하여 탑각의 접지저항을 낮춰주면 역섬락을 방지할 수 있게 된다.

3. 애자련

154[kV] 송전선로의 경우 애자련에 애자 개수는 9~11개 정도가 사용되며 10개를 설치했을 경우 애자련의 전압분포도는 다음과 같이 정해진다.

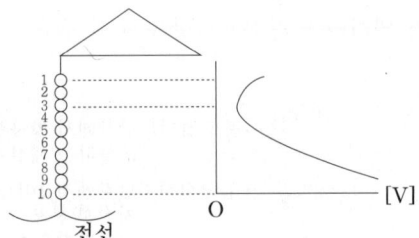

확인문제

05 가공지선을 설치하는 주된 목적은?
① 뇌해방지 ② 전선의 진동방지
③ 철탑의 강도보강 ④ 코로나의 발생방지

[해설] 가공지선
가공지선은 송전선로 지지물 최상부에 1선 또는 2선으로 보통 단면적 22[mm²]~200[mm²]의 아연도강연선 또는 ACSR(강심알루미늄연선)을 대지에 연결함으로서 직격뇌로부터 철탑이나 전선을 보호하기 위해 설치하는 접지선을 말한다.

답 : ①

06 접지봉을 사용하여 희망하는 접지저항값까지 줄일 수 없을 때 사용하는 선은?
① 차폐선 ② 가공지선
③ 크로스본드선 ④ 매설지선

[해설] 매설지선
탑각의 접지저항이 충분히 적어야 직격뇌를 대지로 안전하게 방전시킬 수 있으나 탑각의 접지저항이 너무 크면 대지로 흐르던 직격뇌가 다시 선로로 역류하여 철탑재나 애자련에 섬락이 일어나게 된다. 이를 역섬락이라 한다. 역섬락이 일어나면 뇌전류가 애자련을 통하여 전선로로 유입될 우려가 있으므로 이때 탑각에 방사형 매설지선을 포설하여 탑각의 접지저항을 낮춰주면 역섬락을 방지할 수 있게 된다.

답 : ④

(1) 전압부담이 최소인 애자
    철탑에서 3번째 또는 전선에서 8번째의 애자에 전압부담이 최소가 된다.

(2) 전압부담이 최대인 애자
    전선에 가장 가까운 애자에 전압부담이 최대가 된다.

4. 애자련의 연효율(η)

$$\eta = \frac{V_n}{nV_1} \times 100\,[\%]$$

여기서, η : 애자련의 연효율, V_1 : 애자 1개의 절연내력전압, V_n : 애자 1련의 절연내력전압, n : 애자 1련의 애자수

5. 아킹혼 또는 아킹링(=소호환 또는 소호각)

전선 주위에서 발생하는 코로나 방전이나 직격뇌나 역섬락으로부터 애자련에 이상전압이 가해져서 아크로 인한 애자의 자기부 또는 유리부와 전선에 손상을 주는 경우가 있다. 이 경우 애자련 상하부에 아크유도장비를 설치하여 아크의 진행 또는 발생을 애자련에 직접 향하지 않도록 하고 있다. 이 설비를 아킹혼이라 한다. 아킹혼은 애자련을 보호하거나 전선을 보호할 목적으로 사용된다.

|참고|

코로나 방전이란 전선로 주위에 전위 경도가 증가하여 공기의 절연이 저하되는 부분에서 국부적으로 공기의 절연파괴로 불꽃 방전이 일어나는 현상을 말한다.

확인문제

07 가공 송전선에 사용하는 애자련 중 전압 부담이 최소인 것은?

① 철탑에 가까운 곳
② 전선에 가까운 곳
③ 전선으로부터 $\frac{1}{3}$ 길이에 있을 것
④ 중앙에 있을 것

[해설] 애자련의 전압분포
(1) 전압부담이 최소인 애자
    철탑에서 3번째 또는 전선에서 8번째의 애자에 전압부담이 최소가 된다.
(2) 전압부담이 최대인 애자
    전선에 가장 가까운 애자에 전압부담이 최대가 된다.

답 : ①

08 아킹 혼의 설치 목적은?

① 코로나 손실의 방지
② 이상 전압의 소멸
③ 전선의 진동 방지
④ 섬락 사고에 대한 애자의 보호

[해설] 아킹혼 또는 아킹링(=소호환 또는 소호각)
전선 주위에서 발생하는 코로나 방전이나 직격뇌나 역섬락으로부터 애자련에 이상전압이 가해져서 아크로 인한 애자의 자기부 또는 유리부와 전선에 손상을 주는 경우가 있다. 이 경우 애자련 상하부에 아크유도장비를 설치하여 아크의 진행 또는 발생을 애자련에 직접 향하지 않도록 하고 있다. 이 설비를 아킹혼이라 한다. 아킹혼은 애자련을 보호하거나 전선을 보호할 목적으로 사용된다.

답 : ④

6. 전압별 애자 1련의 애자수

전압[kV]	22.9	66	154	345	765
애자수	2~3	4~6	9~11	19~23	39~43

7. 애자의 구비조건
① 절연내력이 클 것
② 기계적 강도가 클 것
③ 절연저항이 크고 누설전류가 적을 것
④ 정전용량이 적을 것
⑤ 장시간 사용하여도 전기적 열화 정도가 적을 것
⑥ 온도 급변에 잘 견디고 습기를 흡수하지 않을 것
⑦ 내열성, 내식성, 내화학성이 클 것
⑧ 가격이 저렴할 것

3 철탑의 하중설계

1. 수직하중
전선로에서 대지로 향하는 수직방향의 하중으로 전선 자체의 하중(전선자중)과 전선에 결빙이 생겨 빙설에 의한 하중(빙설하중)의 합으로 계산되는 하중을 말한다.

확인문제

09 345[kV] 초고압 송전선로에 사용되는 현수애자는 1련 현수인 경우 대략 몇 개 정도 사용되는가?
① 6~8
② 12~14
③ 18~20
④ 28~38

[해설] 전압별 애자 1련의 애자수

전압[kV]	22.9	66	154	345	765
애자수	2~3	4~6	9~11	19~23	39~43

답 : ③

10 애자의 구비조건으로 옳지 않은 것은?
① 절연내력이 클 것
② 내열성, 내식성이 클 것
③ 기계적 강도가 클 것
④ 절연저항이 작고 누설전류가 클 것

[해설] 애자의 구비조건
(1) 절연내력이 클 것
(2) 기계적 강도가 클 것
(3) 절연저항이 크고 누설전류가 적을 것
(4) 정전용량이 적을 것
(5) 장시간 사용하여도 전기적 열화 정도가 적을 것
(6) 온도 급변에 잘 견디고 습기를 흡수하지 않을 것
(7) 내열성, 내식성, 내화학성이 클 것
(8) 가격이 저렴할 것

답 : ④

2. 수평하중

(1) 수평종하중
전선로 방향으로 전선의 인장력에 의해서 생기는 하중

(2) 수평횡하중
전선로에 가해지는 풍압에 의해 전선로 방향의 90° 방향으로 가해지는 하중으로 철탑의 벤딩모멘트(bending moment)가 가장 크게 작용하는 하중을 말한다.
※ 수평횡하중은 풍압하중으로 철탑에 가해지는 가장 큰 하중이며 전선로의 지지물에 가해지는 상시하중으로서 가장 중요시되고 있다.

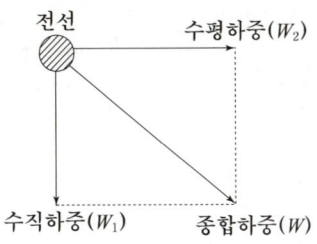

W_1 = 전선의 자중 + 빙설하중
$W_2 = \sqrt{수평종하중^2 + 수평횡하중^2}$
∴ $W = \sqrt{W_1^2 + W_2^2}$

확인문제

11 보통 송전선용 표준 철탑 설계의 경우 가장 큰 하중은?
① 풍압　　② 애자 전선 중량
③ 빙설　　④ 인장 강도

[해설] **수평횡하중**
수평횡하중은 전선로에 가해지는 풍압에 의해 전선로 방향의 90° 방향으로 가해지는 하중으로 철탑의 벤딩모멘트가 가장 크게 작용하는 하중을 말한다. 또한 수평횡하중은 풍압하중으로 철탑에 가해지는 가장 큰 하중이며 전선로의 지지물에 가해지는 상시하중으로서 가장 중요시되고 있다.

답 : ①

12 전선로의 지지물에 가해지는 하중에서 상시 하중으로 가장 중요한 것은?
① 수직 하중　　② 수직 횡하중
③ 수평 종하중　　④ 수평 횡하중

[해설] **수평횡하중**
수평횡하중은 풍압하중으로 철탑에 가해지는 가장 큰 하중이며 전선로의 지지물에 가해지는 상시하중으로서 가장 중요시되고 있다.

답 : ④

4 이도와 실장

1. 이도(dip : D)

이도란 전선로에 가해지는 장력에 의해서 전선이 단선되지 않도록 또는 지지물에 가해지는 장력에 의해서 지지물이 쓰러지는 일이 생기지 않도록 전선의 안전율을 2.5 이상 유지하여 전선이 아래로 처지게 하는 정도를 의미하며 지지물의 전선 지지점으로부터 아래로 처지는 길이로 계산된다.

| 공식 |

$$D = \frac{WS^2}{8T} \text{[m]}$$

여기서, D : 이도[m], W : 전선 1[m]당 중량[kg/m], S : 지지물의 경간[m],

T : 전선의 수평하중[kg]을 의미하며 $T = \frac{\text{인장하중}}{\text{안전율}}$ [kg] 으로 계산된다.

2. 실장(L)

이도로 인하여 전선의 실제 길이가 지지물의 경간보다 약간 더 길어지게 되는데 이때 실제 소요되는 전선의 길이를 의미한다.

| 공식 |

$$L = S + \frac{8D^2}{3S} \text{[m]}$$

여기서, L : 전선의 실제 길이(실장)[m], S : 지지물의 경간[m], D : 이도[m]

확인문제

13 경간 200[m]의 지지점이 수평인 가공전선로가 있다. 전선 1[m] 당의 하중은 2[kg], 풍압하중은 없는 것으로 하며 전선의 인장 하중 4000[kg], 안전율 2.2로 하면 이도[m]는?

① 4.7 ② 5
③ 5.5 ④ 6

[해설] 이도(D)
$S = 200$ [m], $W = 2$ [kg/m],
인장하중 = 4000 [kg], 안전율 = 2.2이므로
∴ $D = \frac{WS^2}{8T} = \frac{2 \times 200^2}{8 \times \frac{4000}{2.2}} = 5.5$ [m]

답 : ③

14 330[mm²]인 ACSR 선이 경간 300[m]에서 이도가 7.2[m]이었다고 하면, 전선의 실제 길이는 약 몇 [m]인가?

① 300.23 ② 300.46
③ 300.69 ④ 300.92

[해설] 실장(L)
$S = 300$ [m], $D = 7.2$ [m]이므로
∴ $L = S + \frac{8D^2}{3S} = 300 + \frac{8 \times 7.2^2}{3 \times 300}$
$= 300.46$ [m]

답 : ②

(1) 지지물의 고저차가 있는 경우

$\dfrac{8D^2}{3S}$ 은 경간의 약 $1[\%]$ 정도로 설계한다.

(2) 지지물의 고저차가 없는 경우

$\dfrac{8D^2}{3S}$ 은 경간의 약 $0.1[\%]$ 정도로 설계한다.

3. 전선의 지표상의 평균 높이(h')

| 공식 |

$$h' = h - \frac{2}{3}D \ [\text{m}]$$

여기서, h' : 전선의 지표상의 평균 높이[m], h : 전선의 지지점의 높이[m], D : 이도[m]

4. 온도 변화시 이도 계산

| 공식 |

$$D_2 = \sqrt{D_1^2 + \frac{3}{8}\alpha t S^2} \ [\text{m}]$$

여기서, D_2 : 온도 변화시 이도[m], D_1 : 온도 변화 전 이도[m], S : 경간[m], α : 온도계수, t : 온도변화(온도차)

확인문제

15 이도가 D 이고, 경간이 S 인 가공 선로에서 지지물의 고저차가 없을 때 $8D^2/3S$ 은 경간에 비하여 몇 [%]인가?

① 0.1   ② 0.5
③ 1.0   ④ 1.5

[해설] 실장(L)
(1) 지지물의 고저차가 있는 경우

$\dfrac{8D^2}{3S}$ 은 경간의 약 $1[\%]$ 정도로 설계한다.

(2) 지지물의 고저차가 없는 경우

$\dfrac{8D^2}{3S}$ 은 경간의 약 $0.1[\%]$ 정도로 설계한다.

답 : ①

16 전선의 지지점의 높이가 12[m], 이도가 2.7[m], 경간이 300[m] 일 때, 전선의 지표상으로부터의 평균 높이 [m]는?

① 11.1   ② 10.2
③ 10.6   ④ 9.3

[해설] 전선의 지표상의 평균높이(h')
$h = 12\,[\text{m}],\ D = 2.7\,[\text{m}],\ S = 300\,[\text{m}]$ 이므로
$\therefore\ h' = h - \dfrac{2}{3}D = 12 - \dfrac{2}{3} \times 2.7 = 10.2\,[\text{m}]$

답 : ②

5. 이도가 전선로에 미치는 영향

① 이도가 크면 다른 상의 전선에 접촉하거나 수목에 접촉할 우려가 있으므로 지지물을 높여야 되는 경제적 손실이 발생할 수 있다.
② 이도가 작으면 전선의 장력이 증가하여 단선사고를 초래할 수 있다.
③ 이도의 대소는 지지물의 높이를 결정한다.

5 지선

철주, 목주, 철근콘크리트주는 지선에 의하여 부족한 강도를 보강함으로써 전선로의 안전성을 증가시키는 목적을 갖고 있다.

1. 지선의 설치 목적

지지물의 강도 보강, 전선로의 안전성 증대 및 보안, 불평형하중에 대한 평형 유지

2. 지선의 장력(T_0)

$$T_0 = \frac{T'}{안전율} [kg]$$

여기서, T_0 : 지선의 장력[kg], T' : 지선의 인장하중[kg]

3. 지선의 가닥 수(n)

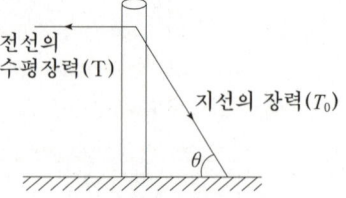

$$nT_0 \cos\theta = T [kg]$$
$$\therefore n = \frac{T}{T_0 \cos\theta}$$

여기서, n : 지선의 가닥 수, T_0 : 지선의 장력[kg], T : 전선의 수평장력[kg]

확인문제

17 이도(dip)가 전선로에 미치는 영향으로 올바르지 않은 사항은?

① 이도가 크면 지지물이 높아야 한다.
② 이도가 크면 다른 상의 전선이나 수목에 접촉할 우려가 있다.
③ 이도가 작으면 단선사고를 초래할 수 있다.
④ 이도의 대소는 지지물의 높이와는 무관하다.

[해설] 이도가 전선로에 미치는 영향
(1) 이도가 크면 다른 상의 전선에 접촉하거나 수목에 접촉할 우려가 있으므로 지지물을 높여야 되는 경제적 손실이 발생할 수 있다.
(2) 이도가 작으면 전선의 장력이 증가하여 단선사고를 초래할 수 있다.
(3) 이도의 대소는 지지물의 높이를 결정한다.

답 : ④

18 전선의 장력이 1,000[kg]일 때 지선에 걸리는 장력은 몇 [kg]인가?

① 2,000
② 2,500
③ 3,000
④ 3,500

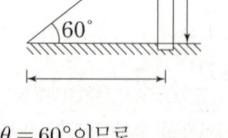

[해설] 지선의 장력(T_0)
$T = 1,000 [kg]$, $\theta = 60°$ 이므로
$T_0 \cos\theta = T [kg]$ 식에서
$$\therefore T_0 = \frac{T}{\cos\theta} = \frac{1,000}{\cos 60°} = 2,000 [kg]$$

답 : ①

01 출제예상문제

01 가공전선로에 사용되는 전선의 구비조건으로 틀린 것은?

① 도전율이 높아야 한다.
② 기계적 강도가 커야 한다.
③ 전압강하가 적어야 한다.
④ 허용전류가 적어야 한다.

[해설] 전선의 구비조건
(1) 도전율이 커야 한다.
(2) 고유저항이 작아야 한다.
(3) 허용전류(최대안전전류)가 커야 한다.
(4) 전압강하가 작아야 한다.
(5) 전력손실이 작아야 한다.
(6) 기계적 강도가 커야 한다.
(7) 내식성, 내열성을 가져야 한다.
(8) 비중이 작아야 한다.
(9) 시공이 원활해야 한다.
(10) 가격이 저렴해야 한다.

02 옥내배선의 지름을 결정하는 가장 중요한 요소는?

① 허용전류
② 표피효과
③ 부하율
④ 플리커의 크기

[해설] 전선의 굵기 결정 3요소
(1) 허용전류
(2) 전압강하
(3) 기계적 강도
이 중에서 우선적으로 고려해야 할 사항은 허용전류이다.

03 경제적인 송전선의 전선굵기의 결정과 관계가 있는 것은?

① 켈빈(Kelvin)의 법칙
② 스틸(Still)의 식
③ 용량 계수법
④ 고유 부하법

[해설] 전선의 가장 경제적인 굵기 결정식(켈빈의 법칙)
켈빈의 법칙을 사용하면 임의의 선의 경제적 전류밀도를 전력대 전선비 및 금리, 감가상각비 등의 함수로 결정할 수 있다.

04 송전선로에서 가공지선을 설치하는 목적이 아닌 것은?

① 뇌의 직격을 받을 경우 송전선 보호
② 유도에 의한 송전선의 고전위 방지
③ 통신선에 대한 차폐효과 증진
④ 철탑의 접지저항 경감

[해설] 가공지선의 설치목적
(1) 직격뇌로부터 송전선 보호
(2) 유도에 의한 송전선의 고전위 방지
(3) 통신선에 대한 차폐효과 증진
※ 철탑의 접지저항을 경감시키기 위해서는 매설지선을 설치해야 한다.

05 송전선로에서 매설지선을 설치하는 목적은?

① 직격뢰로부터 송전선을 차폐보호하기 위하여
② 철탑 기초의 강도를 보강하기 위하여
③ 현수애자 1연의 전압 분담을 균일화하기 위하여
④ 철탑으로부터 송전선로의 역섬락을 방지하기 위하여

[해설] 매설지선
탑각의 접지저항이 충분히 적어야 직격뢰를 대지로 안전하게 방전시킬 수 있으나 탑각의 접지저항이 너무 크면 대지로 흐르던 직격뢰가 다시 선로로 역류하여 철탑재나 애자련에 섬락이 일어나게 된다. 이를 역섬락이라 한다. 역섬락이 일어나면 뇌전류가 애자련을 통하여 전선로로 유입될 우려가 있으므로 이때 탑각에 방사형 매설지선을 포설하여 탑각의 접지저항을 낮춰주면 역섬락을 방지할 수 있게 된다.

06 철탑의 탑각접지저항이 커지면 어떤 문제점이 우려되는가?

① 속류 발생
② 역섬락 발생
③ 코로나의 증가
④ 가공지선의 차폐각 증가

[해설] 매설지선
탑각의 접지저항이 너무 크면 대지로 흐르던 직격뢰가 다시 선로로 역류하여 철탑재나 애자련에 섬락이 일어나게 된다. 이를 역섬락이라 한다.

07 송전선로에서 역섬락이 생기기 쉬운 때는?

① 선로손실이 클 때
② 코로나 현상이 발생할 때
③ 선로정수가 균일하지 않을 때
④ 철탑의 접지저항이 클 때

[해설] 매설지선
탑각의 접지저항이 너무 크면 대지로 흐르던 직격뢰가 다시 선로로 역류하여 철탑재나 애자련에 섬락이 일어나게 된다. 이를 역섬락이라 한다.

08 154[kV] 송전선로에 10개의 현수애자가 연결되어 있다. 가장 전압 부담이 작은 것은?

① 철탑에 가장 가까운 것
② 철탑에서 3번째
③ 전선에서 가장 가까운 것
④ 전선에서 3번째

[해설] 애자련의 전압부담
(1) 전압부담이 최소인 애자
    철탑에서 3번째 또는 전선에서 8번째의 애자에 전압부담이 최소가 된다.
(2) 전압부담이 최대인 애자
    전선에 가장 가까운 애자에 전압부담이 최대가 된다.

09 가공송전선에 사용하는 애자련 중 전압부담이 최대인 것은?

① 전선에 가장 가까운 것
② 중앙에 있는 것
③ 철탑에 가까운 것
④ 모두 같다.

[해설] 애자련의 전압부담
전선에 가장 가까운 애자에 전압부담이 최대가 된다.

10 현수애자의 연효율 η 는? (단, V_1은 현수애자 1개의 섬락전압, n은 1련의 사용 애자수이고 V_n은 애자련의 섬락전압이다.)

① $\eta = \dfrac{V_n}{nV_1} \times 100 \,[\%]$ ② $\eta = \dfrac{nV_1}{V_n} \times 100 \,[\%]$

③ $\eta = \dfrac{nV_n}{V_1} \times 100 \,[\%]$ ④ $\eta = \dfrac{V_1}{nV_n} \times 100 \,[\%]$

[해설] 애자련의 연효율(η)
$$\eta = \dfrac{V_n}{nV_1} \times 100 \,[\%]$$
여기서, V_1 : 애자 1개의 절연내력전압, V_n : 애자 1련의 절연내력전압, n : 애자 1련의 애자수

정답 05 ④ 06 ② 07 ④ 08 ② 09 ① 10 ①

11
250[mm] 현수애자 한 개의 건조섬락전압은 80[kV]이다. 이것을 10개 직렬로 접속한 애자련의 건조섬락전압은 650[kV]일 때 연능률은?

① 1.2308 ② 1.0125
③ 0.8125 ④ 0.1230

해설 애자련의 연효율(=연능률 : η)
$V_1 = 80\,[kV]$, $n = 10$, $V_n = 650\,[kV]$이므로
$$\therefore \eta = \frac{V_n}{nV_1} = \frac{650}{80 \times 10} = 0.8125$$

12
소호각(arcing horn)의 역할은?

① 애자가 파손되는 것을 방지하는 효과가 있다.
② 풍압을 조절한다.
③ 송전효율을 높인다.
④ 고주파수의 섬락전압을 높이는 효과가 있다.

해설 아킹혼 또는 아킹링(=소호환 또는 소호각)
전선 주위에서 발생하는 코로나 방전이나 직격뇌나 역섬락으로부터 애자련에 이상전압이 가해져서 아크로 인한 애자의 자기부 또는 유리부와 전선에 손상을 주는 경우가 있다. 이 경우 애자련 상하부에 아크유도장비를 설치하여 아크의 진행 또는 발생을 애자련에 직접 향하지 않도록 하고 있다. 이 설비를 아킹혼이라 한다. 아킹혼은 애자련을 보호하거나 전선을 보호할 목적으로 사용된다.

13
송전선에 낙뢰가 가해져서 애자에 섬락현상이 생기면 아크가 생겨 애자가 손상되는 경우가 있다. 이것을 방지하기 위해 사용하는 것은?

① 댐퍼   ② 아모로드
③ 가공지선 ④ 아킹혼

해설 아킹혼 또는 아킹링(=소호환 또는 소호각)
아킹혼은 애자련을 보호하거나 전선을 보호할 목적으로 사용된다.

14
애자가 갖추어야 할 구비조건으로 옳은 것은?

① 온도의 급변에 잘 견디고 습기도 잘 흡수해야 한다.
② 지지물에 전선을 지지할 수 있는 충분한 기계적 강도를 갖추어야 한다.
③ 비, 눈, 안개 등에 대해서도 충분한 절연저항을 가지며 누설전류가 많아야 한다.
④ 선로전압에는 충분한 절연내력을 가지며 이상전압에는 절연내력이 매우 적어야 한다.

해설 애자의 구비조건
(1) 절연내력이 클 것
(2) 기계적 강도가 클 것
(3) 절연저항이 크고 누설전류가 적을 것
(4) 정전용량이 적을 것
(5) 장시간 사용해도 전기적 열화 정도가 적을 것
(6) 온도 급변에 잘 견디고 습기를 흡수하지 않을 것
(7) 내열성, 내식성, 내화학성이 클 것
(8) 가격이 저렴할 것

15
송전선 현수애자련의 연면섬락과 가장 관계가 없는 것은?

① 철탑접지저항
② 현수애자련의 개수
③ 현수애자련의 오손
④ 가공지선

해설 애자련의 연면섬락
송전선로의 탑각접지저항값이 너무 크면 가공지선으로 내습된 뇌전류가 철탑을 따라 대지로 흐르지 못하고 역섬락을 일으키게 된다. 이때 철탑과 전선 사이의 절연물인 현수애자의 절연상태가 불량하게 되면 애자 표면에 엷은 빛을 띠며 섬락이 일어나게 되는데 이를 연면섬락이라 한다. 연면섬락의 원인으로는
(1) 철탑의 접지저항이 큰 경우
(2) 현수애자련의 애자수가 충분하지 않은 경우
(3) 현수애자의 오손
(4) 현수애자의 수명이 다한 경우
(5) 소호환의 성능 저하
∴ 가공지선은 직격뇌로부터 철탑이나 전선을 보호하기 위해 철탑의 최상부에 시설하는 접지선을 말한다.

16 현수애자에 대한 설명이 아닌 것은?

① 애자를 연결하는 방법에 따라 클레비스형과 볼 소켓형이 있다.
② 2~4층의 갓 모양의 자기편을 시멘트로 접착하고 그 자기를 주철재 base로 지지한다.
③ 애자의 연결개수를 가감함으로써 임의의 송전전압에 사용할 수 있다.
④ 큰 하중에 대하여는 2련 또는 3련으로 하여 사용할 수 있다.

[해설] 현수애자
(1) 애자를 연결하는 방법에 따라 클레비스(clevis)형과 볼소켓(ball socket)형이 있다.
(2) 수 개 또는 수십 개를 일련으로 하여 애자련으로 사용한다.
(3) 송전전압에 맞는 애자의 수를 가감하면서 사용한다.
(4) 큰 하중에 대하여는 2련 또는 3련으로 하여 사용한다.
(5) 절연체는 경질자기나 경질유리를 사용하며 가단주철제의 cap과 강제의 pin을 자기 또는 유리에 시멘트로 붙인 것이다.
∴ ②는 핀애자에 대한 해설이다.

17 전선의 자중과 빙설하중을 W_1, 풍압하중을 W_2라 할 때 그 합성하중은?

① $\sqrt{W_1^2 + W_2^2}$
② $W_1 + W_2$
③ $W_1 - W_2$
④ $W_2 - W_1$

[해설] 철탑의 하중설계

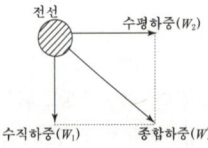

W_1 = 전선의 자중 + 빙설하중
$W_2 = \sqrt{수평종하중^2 + 수평횡하중^2}$
∴ $W = \sqrt{W_1^2 + W_2^2}$

18 풍압이 $P[\text{kg/m}^2]$이고 빙설이 많지 않은 지방에서 직경이 $d[\text{mm}]$인 전선 1[m]가 받은 풍압[kg/m]은 표면계수를 k라고 할 때 얼마가 되겠는가?

① $\dfrac{Pk(d+12)}{1,000}$ ② $\dfrac{Pk(d+6)}{1,000}$
③ $\dfrac{Pkd}{1,000}$ ④ $\dfrac{Pkd^2}{1,000}$

[해설] 빙설에 따른 풍압하중 계산식(W)
(1) 빙설이 많지 않은 지방인 경우
$$W = \dfrac{Pkd}{1,000} [\text{kg/m}]$$
(2) 빙설이 많은 지방인 경우
전선 주위에 부착되는 빙설의 두께가 6[mm]일 때 빙설이 많은 지방으로 본다.
$$W = \dfrac{Pk(d+12)}{1,000} [\text{kg/m}]$$

19 경간 200[m], 장력 1,000[kg], 하중 2[kg/m]인 가공전선의 딥은 몇 [m]인가?

① 10   ② 11
③ 12   ④ 13

[해설] 이도(D)
$S = 200 [\text{m}], T = 1,000 [\text{kg}], W = 2 [\text{kg/m}]$이므로
$$\therefore D = \dfrac{WS^2}{8T} = \dfrac{2 \times 200^2}{8 \times 1,000} = 10 [\text{m}]$$

20 1[m]의 하중 0.37[kg]의 전선을 지지점의 수평인 경간 80[m]에 가설하여 딥을 0.8[m]로 하려면, 장력은 몇 [kg]인가?

① 350   ② 360
③ 370   ④ 380

[해설] 이도(D)
$W = 0.37 [\text{kg/m}], S = 80 [\text{m}], D = 0.8 [\text{m}]$이므로
$D = \dfrac{WS^2}{8T} [\text{m}]$ 식에서
$$\therefore T = \dfrac{WS^2}{8D} = \dfrac{0.37 \times 80^2}{8 \times 0.8} = 370 [\text{kg}]$$

21. 고저차가 없는 가공전선로에서 이도 및 전선 중량을 일정하게 하고 경간을 2배로 했을 때 전선의 수평장력은 몇 배가 되는가?

① 2배
② 4배
③ 6배
④ 8배

해설 이도(D)

$D = \dfrac{WS^2}{8T}$ [m] 식에서 이도(D)와 전선중량(W)이 일정하다면 경간(S)과 수평장력(T)의 관계로 $T \propto S^2$임을 알 수 있다.

∴ $T = 2^2 = 4$배

22. 가공전선로에서 전선의 단위길이당 중량과 경간이 일정할 때 이도는 어떻게 되는가?

① 전선의 장력에 반비례한다.
② 전선의 장력에 비례한다.
③ 전선의 장력의 제곱에 반비례한다.
④ 전선의 장력의 제곱에 비례한다.

해설 이도(D)

$D = \dfrac{WS^2}{8T}$ [m] 식에서 단위길이당 중량(W)과 경간(S)이 일정할 때 이도(D)와 전선의 장력(T)의 관계는 $D \propto \dfrac{1}{T}$임을 알 수 있다.

∴ 전선의 장력에 반비례한다.

23. 직경 5[mm]의 경동선을 경간 100[m]에 가선할 때 이도[Dip]는 대략 얼마로 하면 좋은가? (단, 이 전선의 1[km] 당의 중량은 150[kg], 인장강도는 800[kg]이고, 안전율은 2.50이며 풍압, 온도의 변화 등은 생각하지 않는다.)

① 0.42
② 0.59
③ 0.64
④ 0.68

해설 이도(D)

$S = 100$ [m], $W = \dfrac{150}{1,000} = 0.15$ [kg/m]

$T = \dfrac{\text{인장하중}}{\text{안전율}} = \dfrac{800}{2.5} = 320$ [kg]

∴ $D = \dfrac{WS^2}{8T} = \dfrac{0.15 \times 100^2}{8 \times 320} = 0.59$ [m]

24. 가공 선로에서 이도를 D라 하면 전선의 길이는 경간 S보다 얼마나 긴가?

① $\dfrac{8D^2}{3S}$
② $\dfrac{5D}{8S}$
③ $\dfrac{3D^2}{8S}$
④ $\dfrac{3D}{8S^2}$

해설 실장(L)

$L = S + \dfrac{8D^2}{3S}$ [m]이므로 전선의 실제 길이(실장: L)가 경간(S)보다 $\dfrac{8D^2}{3S}$ [m]만큼 더 길다.

25. 그림과 같이 높이가 같은 전선주가 같은 거리에 가설되어 있다. 지금 지지물 B에서 전선이 지 지점에서 떨어졌다고 하면, 전선의 이도 D_2는 전선이 떨어지기 전 D_1의 몇 배가 되겠는가?

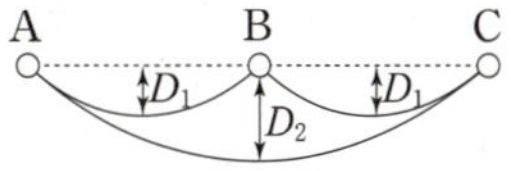

① $\sqrt{2}$
② 2
③ 3
④ $\sqrt{3}$

해설 실장(L)

경간 A에서 C까지의 전선의 실장은 지지물 B에서 전선이 떨어지기 전이나 떨어진 후일 때가 서로 같게 되므로 다음 식이 성립한다. 먼저 A에서 B 사이, B에서 C 사이의 경간을 S라 하면

$2\left(S + \dfrac{8D_1^2}{3S}\right) = 2S + \dfrac{8D_2^2}{3 \times 2S}$ [m]

$4D_1^2 = D_2^2$이므로

∴ $D_2 = 2D_1$ [m]

26 그림과 같이 지지점 A, B, C에는 고저차가 없으며 경간 AB와 BC 사이에 전선이 가설되어 그 이도가 12[cm]였다고 한다. 지금 지지점 B에서 전선이 떨어져 전선의 이도가 D_2로 되었다면 D_2는 몇[cm]가 되겠는가?

① 18
② 24
③ 30
④ 36

[해설] 실장(L)
$D_2 = 2D_1 = 2 \times 12 = 24$ [cm]

27 경간 200[m]인 가공전선로에서 사용되는 전선의 길이는 경간보다 몇 [m] 더 길게 하면 되는가? (단, 사용전선의 1[m]당 무게는 2[kg], 인장하중은 4,000[kg], 전선의 안전율은 2이고 풍압하중 등은 무시한다.)

① $\frac{1}{2}$ ② $\sqrt{2}$
③ $\frac{1}{3}$ ④ $\frac{2}{3}$

[해설] 실장(L)
$S = 200$ [m], $W = 2$ [kg/m]
$T = \dfrac{\text{인장하중}}{\text{안전율}} = \dfrac{4,000}{2} = 2,000$ [kg]
$D = \dfrac{WS^2}{8T} = \dfrac{2 \times 200^2}{8 \times 2,000} = 5$ [m]이므로
$L = S + \dfrac{8D^2}{3S}$ [m] 식에서
$\therefore \dfrac{8D^2}{3S} = \dfrac{8 \times 5^2}{3 \times 200} = \dfrac{1}{3}$ [m]

28 온도가 t[℃] 상승했을 때의 딥(dip)은 몇 [m]인가? (단, 온도변화 전의 딥을 D_1[m], 경간을 S[m], 전선의 온도계수를 α라 한다.)

① $\sqrt{D_1 + \dfrac{3}{8}\alpha \cdot t \cdot S}$
② $\sqrt{D_1^2 - \dfrac{3}{8}\alpha^2 \cdot t \cdot S}$
③ $\sqrt{D_1^2 + \dfrac{3}{8}\alpha \cdot t \cdot S^2}$
④ $\sqrt{D_1^2 + \dfrac{3}{8}\alpha \cdot t^2 \cdot S}$

[해설] 온도와 전선의 이도관계
온도 변화전의 전선의 실제 길이를 L_1, 온도 변화 후의 전선의 실제 길이를 L_2라 하면
$L_1 = S + \dfrac{8D_1^2}{3S}$ [m],
$L_2 = S + \dfrac{8D_2^2}{3S} = L_1(1+\alpha t)$ [m]
$L_2 = L_1(1+\alpha t) = L_1 + \alpha t L_1 \approx L_1 + \alpha t S$ [m]
$S + \dfrac{8D_2^2}{3S} = S + \dfrac{8D_1^2}{3S} + \alpha t S$ 이므로
$\therefore D_2 = \sqrt{D_1^2 + \dfrac{3}{8}\alpha t S^2}$ [m]

29 그림과 같이 지선을 가설하여 전주에 가해진 수평장력 800[kg]을 지지하고자 한다. 지선으로써 4[mm] 철선을 사용한다고 하면 몇 가닥 사용해야 하는가? (단, 4[mm] 철선 1가닥의 인장하중은 440[kg]으로 하고 안전율은 2.5이다.)

① 7
② 8
③ 9
④ 10

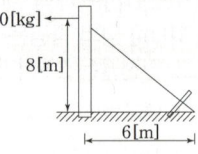

[해설] 지선의 장력(T_0) 및 지선의 가닥수(n)
$T = 800$ [kg],
$T_0 = \dfrac{\text{인장하중}}{\text{안전율}} = \dfrac{440}{2.5} = 176$ [kg] 이므로
$nT_0 \cos\theta = T$ [kg] 식에서
$\therefore n = \dfrac{T}{T_0 \cos\theta} = \dfrac{800}{176 \times \dfrac{6}{10}} = 7.58 \fallingdotseq 8$ 가닥

정답 26 ② 27 ③ 28 ③ 29 ②

30. 3상 수직 배치인 선로에서 오프세트(off-set)를 주는 이유는?

① 전선의 진동억제 ② 단락방지
③ 철탑 중량 감소 ④ 전선의 풍압 감소

해설 송전선로의 단락방지 및 진동억제
(1) 오프세트(off-set) : 송전선로에 빙설이 많은 지역은 송전선로에 부착된 빙설이 떨어지면서 전선의 빙설하중에 의한 장력에 의해 높이 튀어오르게 되어 상부전선과 단락이 일어날 수 있기 때문에 상, 하전선의 배치를 일직선 배치하지 않고 삼각배치하는 방법
(2) 스페이서 : 송전선로는 보통 복도체나 다도체를 사용하게 되므로 소도체간 충돌로 인한 단락사고나 꼬임현상이 생기기 쉽다. 이때 소도체 간격을 일정하게 유지할 수 있는 스페이서를 달아준다.
(3) 댐퍼 : 송전선로의 주위의 환경에 의해 미풍이나 공기의 소용돌이가 생기고 전선로 자체의 고유진동수와 공진작용이 생기면 전선은 상, 하로 심하게 진동하는 경우가 있다. 이때 전선의 지지점에 가까운 곳에 추를 달아서 진동을 억제하는 설비이다.
(4) 아마로드 : 송전선로의 지지점 부근의 전선을 보강하기 위해 전선을 감싸는 설비로서 전선의 진동을 억제하는 설비이다.

31. 송전선에 댐퍼를 다는 이유는?

① 전선의 진동방지
② 전자유도 감소
③ 코로나의 방지
④ 현수애자의 경사방지

해설 댐퍼
송전선로의 주위의 환경에 의해 미풍이나 공기의 소용돌이가 생기고 전선로 자체의 고유진동수와 공진작용이 생기면 전선은 상, 하로 심하게 진동하는 경우가 있다. 이때 전선의 지지점에 가까운 곳에 추를 달아서 진동을 억제하는 설비이다.

32. 가공전선로의 전선 진동을 방지하기 위한 방법으로 옳지 않은 것은?

① 토셔널 댐퍼(torsional damper)의 설치
② 스프링 피스톤 댐퍼와 같은 진동 제지권 설치
③ 경동선을 ACSR로 교환
④ 클램프나 전선접촉기 등을 가벼운 것으로 바꾸고, 클램프 부근에 적당히 전선을 첨가

해설 댐퍼
송전선로의 주위의 환경에 의해 미풍이나 공기의 소용돌이가 생기고 전선로 자체의 고유진동수와 공진작용이 생기면 전선은 상, 하로 심하게 진동하는 경우가 있다. 이때 전선의 지지점에 가까운 곳에 추를 달아서 진동을 억제하는 설비이다.
∴ ACSR은 전선이 가벼우므로 경동선에 비해 진동이 더욱 더 심해진다.

33. 전선로의 지지물 양쪽의 경간차가 큰 장소에 사용되며, 일명 E 철탑이라고도 하는 표준철탑의 일종은?

① 직선형 철탑 ② 내장형 철탑
③ 각도형 철탑 ④ 일류형 철탑

해설 송전선로의 지지물(철탑)의 종류
(1) 직선형 철탑 : 선로의 직선부분 또는 수평각도 3° 이내의 장소에 설치되는 철탑
(2) 각도형 철탑 : 수평각도가 3°를 넘는 장소에 설치되는 철탑
(3) 내장형 철탑 : 선로의 보강형으로 세워지는 것으로서 장경간에서 사용되며 직선형 철탑 10기마다 1기를 내장형 철탑을 세워준다.
(4) 인류형 철탑 : 전가섭선을 인류하는 곳에 사용하는 철탑

정답 30 ② 31 ① 32 ③ 33 ②

34 전선의 표피효과에 관한 기술 중 옳은 것은?

① 전선이 굵을수록, 주파수가 낮을수록 커진다.
② 전선이 굵을수록, 주파수가 높을수록 커진다.
③ 전선이 가늘수록, 주파수가 낮을수록 커진다.
④ 전선이 가늘수록, 주파수가 높을수록 커진다.

[해설] 표피효과(m)와 침투깊이(δ)
(1) 표피효과(m)
도체에 교류전원이 인가된 경우 도체 내의 전류밀도의 분포는 균일하지 않고 중심부에서 작아지고 표면에서 증가하는 성질을 갖는다. 이것은 전선의 중심부를 흐르는 전류는 전류가 만드는 전자속과 쇄교하므로 전선 단면내의 중심부일수록 자력선 쇄교수가 커져서 인덕턴스가 증가하게 된다. 그 결과 전선의 중심부로 갈수록 리액턴스가 증가하여 전류가 흐르기 어렵게 되어 전류는 도체 표면으로 갈수록 증가하는 현상이 생기고 이를 표피효과라 한다.

$$m = 2\pi\sqrt{\frac{2f\mu}{\rho}} = 2\pi\sqrt{2f\mu k}$$

따라서 표피효과는 주파수, 투자율, 도전율, 전선의 굵기에 비례하며 고유저항에 반비례한다.
여기서, f는 주파수, μ는 투자율, ρ는 고유저항, k는 도전율

(2) 침투깊이(δ)

$$\delta = \sqrt{\frac{2}{\omega k\mu}} = \sqrt{\frac{1}{\pi fk\mu}} = \sqrt{\frac{\rho}{\pi f\mu}}\ [\text{m}]$$

침투깊이는 표피효과와 반대인 성질을 띤다.

35 강심알루미늄연선의 알루미늄부와 강심부의 단면적을 각각 A_a, A_s[mm²], 탄성계수를 각각 E_a, E_s[kg/mm²]라고 하고 단면적 비를 $A_a/A_s = m$ 라 하면 강심알루미늄선의 탄성계수 E[kg/mm²]는?

① $E = \dfrac{mE_a + E_s}{m+1}$

② $E = \dfrac{(m+1)E_a + E_s}{m}$

③ $E = \dfrac{E_a + mE_s}{m+1}$

④ $E = \dfrac{E_s + (m+1)E_s}{m}$

[해설] 탄성계수(E)
탄성계수의 공식은 $E = \dfrac{E_a A_a + E_s A_s}{A_a + A_s}$ 이므로

$\dfrac{A_a}{A_s} = m$ 이라면

$$\therefore E = \dfrac{E_a\dfrac{A_a}{A_s} + E_s}{\dfrac{A_a}{A_s} + 1} = \dfrac{mE_a + E_s}{m+1}$$

36 다음 그림에서 송전선로의 건설비와 전압과의 관계를 옳게 나타낸 것은?

①  ②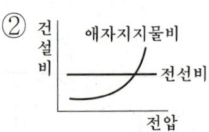

③ 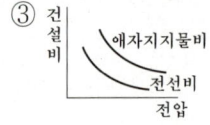 ④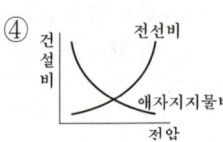

[해설] 송전선로의 건설비와 전압과의 관계
전압이 높으면 송전선로의 철탑과 전선 사이를 절연하기 위한 현수애자의 개수가 증가하며 또한 철탑의 높이를 높게 하여 충분한 전선의 지표상의 높이를 유지해주어야 한다. 따라서 애자 및 지지물의 비용은 많이 들게 된다. 하지만 송전특성에서 배우게 될 내용이지만 전선의 단면적(A)과의 관계는 다음 식에 의해서 정의할 수 있다.

3상 전력 $P = \sqrt{3}\ VI\cos\theta$ [W]

3상 전력손실

$$P_l = 3I^2R = 3\times\left(\dfrac{P}{\sqrt{3}\ V\cos\theta}\right)^2 \times \rho\dfrac{l}{A}$$

$$= \dfrac{P^2\rho\ l}{V^2\cos^2\theta\ A}\ [\text{W}]$$

이므로 $A \propto \dfrac{1}{V^2}$ 임을 알 수 있다.

여기서, A는 전선의 단면적, V는 송전전압이다.
∴ 전압이 증가하면 애자지지물 비용은 증가하며 전선 비용은 작아진다.

37 케이블의 전력손실과 관계 없는 것은?

① 도체의 저항손 ② 유전체손
③ 연피손 ④ 철손

해설 전력케이블의 손실
전력케이블은 도체를 유전체로 절연하고 케이블 가장자리를 연피로 피복하여 접지를 하게 되면 외부 유도작용을 차폐하는 기능을 갖게 된다. 이때 도체에 흐르는 전류에 의해서 도체에 저항손실이 생기며 유전체 내에서 유전체 손실이 발생한다. 또한 도체에 흐르는 전류로 전자유도작용이 생겨 연피에 전압이 나타나게 되고 와류가 흘러 연피손이 발생하게 된다.

38 주파수 f, 전압 E일 때 유전체 손실은 다음 어느 것에 비례하는가?

① $\dfrac{E}{f}$ ② fE
③ $\dfrac{f}{E^2}$ ④ fE^2

해설 유전체 손실(W_c)

$$W_c = \dfrac{E^2}{X_c}\tan\delta = \omega CE^2\tan\delta$$
$$= 2\pi f CE^2\tan\delta [\text{W}]\text{이므로}$$
$$\therefore W_c \propto fE^2$$

39 케이블의 연피손의 원인은?

① 표피작용
② 히스테리시스 현상
③ 전자유도 작용
④ 유전체손

해설 전력케이블의 손실
도체에 흐르는 전류로 전자유도작용이 생겨 연피에 전압이 나타나게 되고 와류가 흘러 연피손이 발생하게 된다.

40 선로를 개로한 후에도 잔류전하에 의한 안전상 위험성이 있어 방전을 요하는 것은?

① 개로한 전로가 전력케이블인 것
② 나선의 가공송전선로
③ 전동기에 연결된 전로
④ 전철회로

해설 무부하전류
선로가 닫힌 상태로 부하전류를 공급하면 지중전선으로 사용하는 전력케이블 내의 유전체에 전하가 충전되어 선로를 개방한 후에도 전력케이블 내의 유전체 잔류전하가 방전하게 되면 감전의 우려가 생기게 된다. 이 전류를 충전전류라 한다. 또한 부하에 사용되는 특고압 변압기나 고압 변압기는 철심에 코일을 감아두게 되는데 이때 철심에 흐르는 여자전류가 선로를 개방한 후에 회로에 잔류할 수 있다. 이 또한 감전의 우려가 있으며 여자전류라 한다. 따라서 전로에는 선로를 개방한 후에도 흐를 수 있는 무부하전류가 존재하는데 이는 충전전류와 여자전류를 뜻한다.

41 선택배류기는 다음 어느 공작물에 설치하는가?

① 급전선 ② 가공통신케이블
③ 가공전화선 ④ 지하전력케이블

해설 선택배류기
주로 전기철도에서 일어나는 전식작용은 대지로 흐르는 누설전류가 지하에 묻혀있는 금속관이나 금속물체에 흐르게 되면 그 금속체로부터 빠져나오는 부분에서 전기적 부식(전식)이 발생하게 되는데 이 전식작용을 방지하기 위해서 배류법을 선택하고 있다. 배류법에는 직접배류법, 선택배류법, 강제배류법이 있으며 이 중에서 선택배류법은 레일과 금속체를 가는 도선으로 연결하여 그 선에 선택배류기를 설치하면 금속체를 통하는 전류를 다시 귀선 쪽으로 되돌려주어 누설전류를 억제하고 전식을 방지하게 된다. 따라서 보기에서 선택배류기를 설치해야 하는 공작물이기 때문에 지하전력케이블이 적당하다.

42 전력선반송전환장치를 송전선에 연락하는 장치로서 사용되는 것은?

① 결합여파기 ② 전력용 콘덴서
③ 중계선류   ④ 결합콘덴서

해설 전력선 반송전환장치
전력선 반송전환장치란 전력선에 200~300[kHz]의 고주파 반송전류를 흘려 송전선에 신호를 전달해주는 장치로서 전력선과 직접 접속시킬 때 연결장치로 결합콘덴서를 사용한다.

43 전기설비의 절연열화정도를 판정하는 측정 방법이 아닌 것은?

① 메거법   ② $\tan\delta$ 법
③ 코로나 진동법 ④ 보이스 카메라

해설 전기설비의 절연열화측정법
(1) 메거법 : 절연저항을 직접 측정하는 방법
(2) $\tan\delta$법 : 유전체 내에서 발생하는 유전체 손실에 비례한 유전체 역률($\tan\delta$)을 측정하는 방법
(3) 코로나 진동법 : $\tan\delta$법의 일종으로 유전체 내에 공극의 유무를 측정한다.
∴ 보이스 카메라는 뇌전류 방전에 의한 충격파(서지) 전압을 측정하는 장비이다.

44 지중 케이블에 있어서 고장점을 찾는 방법이 아닌 것은?

① 머레이 루프(murray)시험기에 의한 방법
② 메거(megger)에 의한 측정방법
③ 수색 코일(search)에 의한 방법
④ 펄스에 의한 측정법

해설 지중케이블의 고장점을 찾는 방법
(1) 휘스톤 브리지를 이용한 머레이 루프법
(2) 수색코일에 의한 방법
(3) 펄스레이더에 의한 방법
∴ 메거는 절연저항을 측정하는 장비이다.

45 전선 지지점의 고저차가 없을 경우 경간 300[m]에서 이도 9[m]인 송전선로가 있다. 지금 이 이도를 11[m]로 증가시키고자 할 경우 경간에 더 늘여야할 전선의 길이는 약 몇 [cm]인가?

① 25   ② 30
③ 35   ④ 40

해설 실장(L)
경간 S, 증가 전 이도 D_1, 증가 후 이도 D_2, 증가 전 실장 L_1, 증가 후 실장 L_2라 하면
$L = S + \dfrac{8D^2}{3S}$ [m] 식에서
$S = 300$ [m], $D_1 = 9$ [m], $D_2 = 11$ [m]일 때
$L_1 = S + \dfrac{8D_1^2}{3S} = 300 + \dfrac{8 \times 9^2}{3 \times 300} = 300.72$ [m]
$L_2 = S + \dfrac{8D_2^2}{3S} = 300 + \dfrac{8 \times 11^2}{3 \times 300} = 301.07$ [m]
∴ $\Delta L = L_2 - L_1 = 301.07 - 300.72$
$= 0.35$ [m] $= 35$ [cm]

46 선로전압강하보상기(LDC)에 대하여 옳게 설명한 것은?

① 분로리액터로 전압상승을 억제하는 것
② 직렬콘덴서로 선로리액턴스를 보상하는 것
③ 승압기로 저하된 전압을 보상하는 것
④ 선로의 전압강하를 고려하여 모선전압을 조정하는 것

해설 선로전압강하보상기(LDC)
변압기에서 송출되는 전압은 변압기 2차측에 연결된 선로의 길이와 선종에 따라 결정되는 선로 임피던스에 의해 선로의 각 지점(전압송출점과 선로의 중간점, 선로의 말단)에서 그 크기가 달라진다. 이는 부하전류의 크기에 따라 선로 임피던스에 의한 전압강하가 다르게 나타나기 때문이다. 이러한 선로의 전압강하를 보상하기 위해 사용되는 것이 선로전압강하보상기이다.

정답 42 ④ 43 ④ 44 ② 45 ③ 46 ④

memo

02 선로정수 및 코로나

1 선로정수

송전선로는 저항(R), 인덕턴스(L), 정전용량(C), 누설 콘덕턴스(G)가 선로에 따라 균일하게 분포되어 있는 전기회로인데 송전선로를 이루는 이 4가지 정수를 선로정수라 한다. 선로정수는 전선의 종류, 굵기, 배치에 따라서 정해지며 전압, 전류, 역률, 기온 등에는 영향을 받지 않는 것을 기본으로 두고 있다.

1. 저항(R)

$$R = \rho \frac{l}{A} = \frac{l}{kA} \ [\Omega]$$

여기서, R : 저항[Ω] ρ : 도체의 고유저항[$\Omega \cdot mm^2/m$], A : 단면적[mm^2], l : 전선의 길이[m], k : 도전율[℧·m/mm^2]

2. 인덕턴스(L)

$$L = 0.05 + 0.4605 \log_{10} \frac{D_e}{r} \ [mH/km]$$

여기서, L : 인덕턴스[mH/km], r : 전선의 반지름[m], D_e : 등가선간거리[m]

확인문제

01 송전선로의 선로정수가 아닌 것은 다음 중 어느 것인가?

① 저항　　② 리액턴스
③ 정전용량　　④ 누설 콘덕턴스

해설 선로정수
송전선로는 저항(R), 인덕턴스(L), 정전용량(C), 누설콘덕턴스(G)가 선로에 따라 균일하게 분포되어 있는 전기회로인데 송전선로를 이루는 이 4가지 정수를 선로정수라 한다. 선로정수는 전선의 종류, 굵기, 배치에 따라서 정해지며 전압, 전류, 역률, 기온 등에는 영향을 받지 않는 것을 기본으로 두고 있다.

답 : ②

02 선간거리가 D이고, 반지름이 r인 선로의 인덕턴스 L[mH/km]은?

① $L = 0.4605 \log_{10} \frac{D}{r} + 0.5$

② $L = 0.4605 \log_{10} \frac{D}{r} + 0.05$

③ $L = 0.4605 \log_{10} \frac{r}{D} + 0.5$

④ $L = 0.4605 \log_{10} \frac{r}{D} + 0.05$

해설 선로정수
송전선로의 선로정수는 R, L, C, G이며 송전선의 선간거리를 D, 반지름을 r이라 할 때 선로의 인덕턴스(L) 및 정전용량(C)은

$$L = 0.05 + 0.4605 \log_{10} \frac{D}{r} \ [mH/km]$$

$$C = \frac{0.02413}{\log_{10} \frac{D}{r}} \ [\mu F/km]$$

답 : ②

3. 정전용량(C)

$$C = \frac{0.02413}{\log_{10}\frac{D_e}{r}} \ [\mu F/km]$$

여기서, C : 정전용량[$\mu F/km$], r : 전선의 반지름[m], D_e : 등가선간거리[m]

4. 누설 콘덕턴스(G)

선로의 누설 콘덕턴스는 주로 애자련의 누설저항에 기인하는데 날씨가 맑은 날인 경우 애자련의 누설저항은 대단히 크게 작용하며 누설 콘덕턴스는 매우 작은 값으로 나타난다. 따라서 송전선로의 특성값 계산에 있어서 특별한 경우를 제외하고는 무시하는 경우가 많다.

2 작용인덕턴스(L_e)와 작용정전용량(C_w) 및 대지정전용량(C_s)

1. 작용인덕턴스(L_e)

$$L_e = 0.05 + 0.4605 \log_{10}\frac{D_e}{r} \ [mH/km]$$

여기서, L_e : 작용인덕턴스[mH/km], r : 전선의 반지름[m], D_e : 등가선간거리[m]

2. 작용정전용량(C_w)

$$C_w = \frac{0.02413}{\log_{10}\frac{D_e}{r}} \ [\mu F/km]$$

여기서, C_w : 작용정전용량[$\mu F/km$], r : 전선의 반지름[m], D_e : 등가선간거리[m]

확인문제

03 선간거리 D이고 반지름이 r인 선로의 정전용량 C는?

① $\dfrac{0.2413}{\log_{10}\frac{r}{D}} \ [\mu F/km]$ ② $\dfrac{0.02413}{\log_{10}\frac{r}{D}} \ [\mu F/km]$

③ $\dfrac{0.2413}{\log_{10}\frac{D}{r}} \ [\mu F/km]$ ④ $\dfrac{0.02413}{\log_{10}\frac{D}{r}} \ [\mu F/km]$

해설 선로정수

송전선로의 선로정수는 R, L, C, G이며 송전선의 선간거리를 D, 반지름을 r이라 할 때 선로의 인덕턴스(L) 및 정전용량(C)은

$$L = 0.05 + 0.4605 \log_{10}\frac{D}{r} \ [mH/km]$$

$$C = \frac{0.02413}{\log_{10}\frac{D}{r}} \ [\mu F/km]$$

답 : ④

04 단상 1회선 송전선의 대지정전용량은 전선의 굵기가 동일하고 완전히 연가되어 있는 경우에는 얼마인가? (단, r[m] : 도체의 반지름, D[m] : 도체의 등가선간거리, h[m] : 도체의 평균지상높이이다.)

① $\dfrac{0.02413}{\log_{10}\frac{4h^2}{rD}}$ ② $\dfrac{0.02413}{\log_{10}\frac{4h^2}{rD^2}}$

③ $\dfrac{0.02413}{\log_{10}\frac{8h^3}{rD^2}}$ ④ $\dfrac{0.02413}{\log_{10}\frac{8h^3}{rD^3}}$

해설 대지정전용량(C_s)

(1) 단상인 경우 $C_s = \dfrac{0.02413}{\log_{10}\frac{4h^2}{rD}} \ [\mu F/km]$

(2) 3상인 경우 $C_s = \dfrac{0.02413}{\log_{10}\frac{8h^3}{rD^2}} \ [\mu F/km]$

답 : ①

3. 대지정전용량(C_s)

(1) 단상인 경우

$$C_s = \frac{0.02413}{\log_{10}\dfrac{4h^2}{rD}} \,[\mu\text{F/km}]$$

(2) 3상인 경우

$$C_s = \frac{0.02413}{\log_{10}\dfrac{8h^3}{rD^2}} \,[\mu\text{F/km}]$$

여기서, C_s : 대지정전용량[μF/km], D_e : 등가선간거리[m], r : 도체 반지름[m],
h : 전선의 지표상 높이[m], D : 도체간 선간거리[m]

3 등가선간거리(D_e)

선간거리는 도체간 이격거리를 의미하며 도체가 여러 개 사용되는 경우 선간거리를 근사식으로 계산하여 등가선간거리라 한다.

1. 2도체인 경우

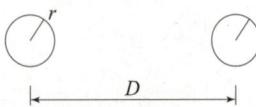

$$\therefore D_e = D\,[\text{m}]$$

2. 3도체인 경우

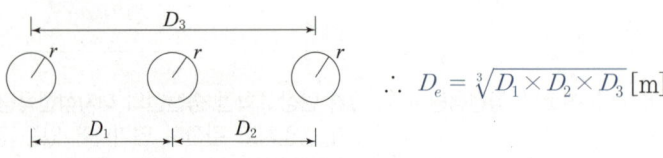

$$\therefore D_e = \sqrt[3]{D_1 \times D_2 \times D_3}\,[\text{m}]$$

여기서, D_e : 등가선간거리[m], D_1, D_2, D_3 : 도체간 거리[m]

확인문제

05 그림과 같은 전선 배치에서 등가선간거리[m]는?

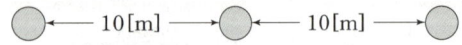

① 10　　　　　　② $\sqrt{10}$
③ $3\sqrt[3]{10}$　　　　　④ $10\sqrt[3]{2}$

[해설] 등가선간거리(D_e)
$D_1 = 10\,[\text{m}]$, $D_2 = 10\,[\text{m}]$, $D_3 = 20\,[\text{m}]$라 하면
$D_e = \sqrt[3]{D_1 \times D_2 \times D_3}\,[\text{m}]$이므로
$\therefore D_e = \sqrt[3]{10 \times 10 \times 20} = 10\sqrt[3]{2}\,[\text{m}]$

답 : ④

06 전선 a, b, c가 일직선으로 배치되어 있다. a와 b, b와 c 사이의 거리가 각각 5[m]일 때 이 선로의 등가선간거리는 몇 [m]인가?

① 5　　　　　　② 10
③ $5\sqrt[3]{2}$　　　　　④ $10\sqrt[3]{2}$

[해설] 등가선간거리(D_e)
$D_1 = 5\,[\text{m}]$, $D_2 = 5\,[\text{m}]$, $D_3 = 10\,[\text{m}]$라 하면
$D_e = \sqrt[3]{D_1 \times D_2 \times D_3}\,[\text{m}]$이므로
$\therefore D_e = \sqrt[3]{5 \times 5 \times 10} = 5\sqrt[3]{2}\,[\text{m}]$

답 : ③

3. 4도체인 경우

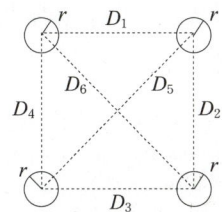

$$\therefore D_e = \sqrt[6]{D_1 \times D_2 \times D_3 \times D_4 \times D_5 \times D_6} \text{ [m]}$$

여기서, D_e : 등가선간거리[m], $D_1 \sim D_6$: 도체간 거리[m]

4 코로나 현상

공기는 절연물이긴 하지만 절연내력에 한계가 있으며 직류에서는 약 30[kV/cm], 교류에서는 21.1[kV/cm]의 전압에서 공기의 절연이 파괴된다. 이때 이 전압을 파열극한 전위경도라 하며 송전선로의 전선 주위의 공기의 절연이 국부적으로 파괴되어 낮은 소리나 엷은 빛의 아크 방전이 생기는데 이 현상을 코로나 현상 또는 코로나 방전이라 한다.

1. 코로나의 영향

① 코로나 손실로 인하여 송전효율이 저하되고 송전용량이 감소된다.
② 코로나 방전시 오존(O_3)이 발생하여 전선 부식을 초래한다.
③ 근접 통신선에 유도장해가 발생한다.
④ 소호 리액터의 소호능력이 저하한다.

확인문제

07 표준상태의 기온, 기압하에서 공기의 절연이 파괴되는 전위경도는 정현파 교류의 실효값[kV/cm]으로 얼마인가?

① 40　　② 30
③ 21　　④ 12

[해설] 코로나 현상
공기는 절연물이긴 하지만 절연내력에 한계가 있으며 직류에서는 약 30[kV/cm], 교류에서는 21.1[kV/cm]의 전압에서 공기의 절연이 파괴된다. 이때 이 전압을 파열극한 전위경도라 하며 송전선로의 전선 주위의 공기의 절연이 국부적으로 파괴되어 낮은 소리나 엷은 빛의 아크 방전이 생기는데 이 현상을 코로나 현상 또는 코로나 방전이라 한다.

답 : ③

08 송전선에 코로나가 발생하면 전선이 부식된다. 다음의 무엇에 의하여 부식되는가?

① 산소　　② 질소
③ 수소　　④ 오존

[해설] 코로나의 영향
(1) 코로나 손실로 인하여 송전효율이 저하되고 송전용량이 감소된다.
(2) 코로나 방전시 오존(O_3)이 발생하여 전선 부식을 초래한다.
(3) 근접 통신선에 유도장해가 발생한다.
(4) 소호 리액터의 소호능력이 저하한다.

답 : ④

2. 코로나 임계전압(E_0)

코로나 방전이 개시되는 전압으로 코로나 임계전압이 높아야 코로나 방전을 억제할 수 있다.

$$\therefore E_0 = 24.3\,m_0 m_1 \delta d \log_{10} \frac{D}{r} \text{ [kV]}$$

여기서, E_0 : 코로나 임계전압[kV], m_0 : 전선의 표면계수, m_1 : 날씨계수, δ : 상대공기밀도, d : 전선의 지름[cm], D : 선간거리[cm], r : 도체 반지름[cm]

3. 코로나 손실(Peek식 : P_c)

$$\therefore P_c = \frac{241}{\delta}(f+25)\sqrt{\frac{d}{2D}}(E-E_0)^2 \times 10^{-5} \text{ [kW/km/1선]}$$

여기서, P_c : 코로나 손실[kW/km/1선], δ : 상대공기밀도, f : 주파수[Hz], d : 전선의 지름[m], D : 선간거리[m], E : 대지전압[kV], E_0 : 코로나 임계전압[kV]

4. 코로나 방지대책

① 복도체 방식을 채용한다. - L감소, C증가
② 코로나 임계전압을 크게 한다. - 전선의 지름을 크게 한다.
③ 가선금구를 개량한다.

5 복도체

송전선로의 도체를 여러 개의 소도체로 분할하여 사용하는 것을 다도체라 하며 이때 도체를 두 개로 분할하는 경우를 복도체라 한다.

확인문제

09 다음 중 송전선로의 코로나 임계전압이 높아지는 경우가 아닌 것은?

① 상대공기밀도가 작다.
② 전선의 반경과 선간거리가 크다.
③ 날씨가 맑다.
④ 낡은 전선을 새 전선으로 교체했다.

[해설] 코로나 임계전압(E_0)

$E_0 = 24.3\,m_0 m_1 \delta d \log_{10}\frac{D}{r}$ [kV]이므로

(1) 새 전선으로 교체하면 전선의 표면계수(m_0)가 증가하고
(2) 맑은 날씨이면 날씨계수(m_1)가 증가하고
(3) 기압이 높고 온도가 낮으면 상대공기밀도(δ)가 증가하고
(4) 전선의 직경(d) 또는 반경이 증가하는 경우
(5) 선간거리(D)가 증가할수록 코로나 임계전압이 커진다. - 이 내용은 사실 관계없는 경우로 해석하는 때가 많다.

답 : ①

10 코로나 방지대책으로 적당하지 않은 것은?

① 전선의 바깥지름을 크게 한다.
② 선간거리를 증가시킨다.
③ 복도체를 사용한다.
④ 가선금구를 개량한다.

[해설] 코로나 방지대책
(1) 복도체 방식을 채용한다. - L감소, C증가
(2) 코로나 임계전압을 크게 한다. - 전선의 지름을 크게 한다.
(3) 가선금구를 개량한다.

답 : ②

1. 등가 반지름

(1) 다도체인 경우

$$\therefore \text{등가반지름} = \sqrt[n]{rd^{n-1}} \ [\text{m}]$$

(2) 복도체인 경우($n=2$인 경우)

$$\therefore \text{등가반지름} = \sqrt{rd} \ [\text{m}]$$

여기서, n : 분할된 소도체수, r : 소도체 반지름[m], d : 소도체 간격[m]

2. 작용인덕턴스(L_e)와 작용정전용량(C_w)

(1) 다도체인 경우

$$L_e = \frac{0.05}{n} + 0.4605 \log \frac{D_e}{\sqrt[n]{rd^{n-1}}} \ [\text{mH/km}]$$

$$C_w = \frac{0.02413}{\log_{10} \frac{D_e}{\sqrt[n]{rd^{n-1}}}} \ [\mu\text{F/km}]$$

(2) 복도체인 경우

$$L_e = 0.025 + 0.4605 \log_{10} \frac{D_e}{\sqrt{rd}} \ [\text{mH/km}]$$

$$C_w = \frac{0.02413}{\log_{10} \frac{D_e}{\sqrt{rd}}} \ [\mu\text{F/km}]$$

여기서, L_e : 작용인덕턴스[mH/km], C_w : 작용정전용량[μF/km], D_e : 등가선간거리[m], r : 소도체 반지름[m], d : 소도체 간격[m]

확인문제

11 복도체에 있어서 소도체의 반지름을 r[m], 소도체 사이의 간격을 s[m]라고 할 때 2개의 소도체를 사용한 복도체의 등가반지름은?

① $\sqrt{rs}$ ② $\sqrt{r^2s}$
③ $\sqrt{rs^2}$ ④ rs

[해설] 복도체의 등가반지름
다도체(소도체수가 n이라 하면)인 경우의 등가반지름이 $\sqrt[n]{rs^{n-1}}$ [m]일 때
복도체는 $n=2$이므로
$\therefore$ 등가반지름 $= \sqrt[2]{rs^{2-1}} = \sqrt{rs}$ [m]

답 : ①

12 전선의 반지름 r[m], 소도체간의 거리 l[m], 선간거리 D[m]인 복도체의 인덕턴스 L 은 $L = 0.4605P + 0.025$ [mH/km]이다. 이 식에서 P 에 해당되는 값은?

① $\log_{10} \frac{D}{\sqrt{rl}}$ ② $\log_e \frac{D}{\sqrt{rl}}$
③ $\log_{10} \frac{l}{\sqrt{rD}}$ ④ $\log_e \frac{l}{\sqrt{rD}}$

[해설] 복도체인 경우 작용인덕턴스(L_e)
다도체(소도체수가 n이라 하면)인 경우의 작용인덕턴스는

$$L_e = \frac{0.05}{n} + 0.4605 \log_{10} \frac{D_e}{\sqrt[n]{rl^{n-1}}} \ [\text{mH/km}] \ 일$$

때 복도체는 $n=2$이므로

$$\therefore L_e = \frac{0.05}{2} + 0.4605 \log_{10} \frac{D_e}{\sqrt[2]{rl^{2-1}}}$$

$$= 0.025 + 0.4605 \log_{10} \frac{D_e}{\sqrt{rl}} \ [\text{mH/km}]$$

답 : ①

3. 복도체의 특징

(1) 주된 사용 목적

코로나 방지

실기출제 (2) 장점

① 등가반지름이 증가되어 L이 감소하고 C가 증가한다. - 송전용량이 증가하고 안정도가 향상된다.
② 전선 표면의 전위경도가 감소하고 코로나 임계전압이 증가하여 코로나 손실이 감소한다. - 송전효율이 증가한다.
③ 통신선의 유도장해가 억제된다.
④ 전선의 표면적 증가로 전선의 허용전류(안전전류)가 증가한다.

실기출제 (3) 단점

① 정전용량이 증가하면 페란티 현상이 생길 우려가 있다. - 분로리액터를 설치하여 억제한다.
② 직경이 증가되어 진동현상이 생길 우려가 있다. - 댐퍼를 설치하여 억제한다.
③ 소도체간 정전흡인력이 발생하여 소도체간 충돌이나 꼬임현상이 생길 우려가 있다.
 - 스페이서를 설치하여 억제한다.

6 연가

1. 정의

3상 송전선의 전선 배치는 대부분 비대칭이고 선과 대지간의 간격이 고르지 못하여 선로정수의 불평형이 발생한다. 이 때문에 중성점에 잔류전압이 생기고 또한 잔류전압이 원인이 되어 소호리액터 접지 계통에서는 직렬 공진을 유발하여 전력손실이나 근접 통신선의 유도장해를 일으킨다. 이를 방지하기 위해 송전선로 전 긍장을 3배수로 등분해서 각 상의 위치를 교대로 바꿔주어 전선을 대칭시키고 선과 대지간의 평균 거리를 같게 해주는 작업을 연가라 한다.

확인문제

13 다음 중 복도체의 특성이 아닌 것은?

① 코로나 임계전압이 낮아진다.
② 송전전력이 증가한다.
③ 정전용량이 증가한다.
④ 안전전류가 증가한다.

[해설] 복도체의 장점
(1) 등가반지름이 증가되어 L이 감소하고 C가 증가한다. - 송전용량이 증가하고 안정도가 향상된다.
(2) 전선표면의 전위경도가 감소하고 코로나 임계전압이 증가하여 코로나 손실이 감소한다. - 송전효율이 증가한다.
(3) 통신선의 유도장해가 억제된다.
(4) 전선의 표면적 증가로 전선의 허용전류(안전전류)가 증가한다.

답 : ①

14 3상3선식 송전선을 연가할 경우 일반적으로 전체 선로길이의 몇 배수로 등분해서 연가하는가?

① 5   ② 4
③ 3   ④ 2

[해설] 연가의 정의
3상 송전선의 전선 배치는 대부분 비대칭이고 선과 대지간의 간격이 고르지 못하여 선로정수의 불평형이 발생한다. 이 때문에 중성점에 잔류전압이 생기고 또한 잔류전압이 원인이 되어 소호리액터 접지 계통에서는 직렬 공진을 유발하여 전력손실이나 근접 통신선의 유도장해를 일으킨다. 이를 방지하기 위해 송전선로 전 긍장을 3등분해서 각 상의 위치를 교대로 바꿔주어 전선을 대칭시키고 선과 대지간의 평균 거리를 같게 해주는 작업을 연가라 한다.

답 : ③

2. 목적
① 선로정수평형
② 소호리액터 접지시 직렬공진에 의한 이상전압 억제
③ 유도장해 억제

7 충전전류(I_c)

1. 작용정전용량(C_w)

(1) 단상 2선식인 경우
$$C_w = C_s + 2C_m$$

(2) 3상 3선식인 경우
$$C_w = C_s + 3C_m$$
여기서, C_w : 작용정전용량, C_s : 대지정전용량, C_m : 선간정전용량

2. 충전전류(I_c)

$$\therefore I_c = \omega C_w l E = \omega C_w l \frac{V}{\sqrt{3}} = 2\pi f C_w l \frac{V}{\sqrt{3}} \text{ [A]}$$

여기서, I_c : 충전전류[A], ω : 각주파수[rad/sec], C_w : 작용정전용량[F/km], l : 선로 길이[km]
E : 선과 대지간 전압[V], V : 선간전압[V], f : 주파수[Hz]

확인문제

15 연가해도 효과가 없는 것은?
① 통신선의 유도장해
② 직렬공진
③ 각 상의 임피던스의 불평형
④ 작용정전용량의 감소

[해설] 연가의 목적
(1) 선로정수평형
(2) 소호리액터 접지시 직렬공진에 의한 이상전압 억제
(3) 유도장해 억제

답 : ④

16 단상 2선식의 송전선에 있어서 대지정전용량을 C, 선간정전용량을 C'라 할 때 작용정전용량은?
① $C + C'$
② $2C' + C$
③ $C' + 2C$
④ $C + 3C'$

[해설] 작용정전용량(C_w)
(1) 단상 2선식인 경우
$C_w = C_s + 2C_m$
(2) 3상3선식인 경우
$C_w = C_s + 3C_m$
여기서, C_w : 작용정전용량, C_s : 대지정전용량,
C_m : 선간정전용량
$\therefore C_w = 2C' + C$

답 : ②

02 출제예상문제

01 송·배전선로에 대한 다음 설명 중 틀린 것은?

① 송·배전선로는 저항, 인덕턴스, 정전용량, 누설 콘덕턴스라는 4개의 정수로 이루어진 연속된 전기회로이다.
② 송·배전선로는 전압강하, 수전전력, 송전손실, 안정도 등을 계산하는데 선로정수가 필요하다.
③ 장거리 송전선로에 대해서 정밀한 계산을 할 경우에는 분포정수회로로 취급한다.
④ 송·배전선로의 선로정수는 원칙적으로 송전전압, 전류 또는 역률 등에 의해서 영향을 많이 받게 된다.

[해설] 선로정수
송전선로는 저항(R), 인덕턴스(L), 정전용량(C), 누설콘덕턴스(G)가 선로에 따라 균일하게 분포되어 있는 전기회로인데 송전선로를 이루는 이 4가지 정수를 선로정수라 한다. 선로정수는 전선의 종류, 굵기, 배치에 따라서 정해지며 전압, 전류, 역률, 기온 등에는 영향을 받지 않는 것을 기본으로 두고 있다.

02 선간거리가 D[m]이고 전선의 반지름이 r[m]인 선로의 인덕턴스 L은 몇 [mH/km]인가?

① $L = 0.5 + 0.4605 \log_{10} \dfrac{D}{r}$
② $L = 0.05 + 0.4605 \log_{10} \dfrac{D}{r}$
③ $L = 0.5 + 0.4605 \log_{10} \dfrac{r}{D}$
④ $L = 0.05 + 0.4605 \log_{10} \dfrac{r}{D}$

[해설] 선로정수
인덕턴스(L)
$L = 0.05 + 0.4605 \log_{10} \dfrac{D}{r}$ [mH/km]

03 지름이 d[m], 선간의 거리가 D[m]인 선로 한 가닥의 작용 inductance[mH/km]는? (단, 선로의 비투자율은 1이라 함.)

① $0.5 + 0.4605 \log_{10} \dfrac{D}{d}$
② $0.05 + 0.4605 \log_{10} \dfrac{D}{d}$
③ $0.5 + 0.4605 \log_{10} \dfrac{2D}{d}$
④ $0.05 + 0.4605 \log_{10} \dfrac{2D}{d}$

[해설] 작용인덕턴스(L_e)
전선의 반지름 r[m], 전선의 지름 d[m], 선간거리 D[m]라 하면
$\therefore L = 0.05 + 0.4605 \log_{10} \dfrac{D}{r}$
$\quad = 0.05 + 0.4605 \log_{10} \dfrac{2D}{d}$ [mH/km]

04 반지름 14[mm]의 ACSR로 구성된 완전 연가된 3상1회선 송전선로가 있다. 각 상간의 등가선간거리가 2,800[mm]라고 할 때, 이 선로의 1[km]당 작용인덕턴스는 몇 [mH/km]인가?

① 1.11
② 1.06
③ 0.83
④ 0.33

[해설] 작용인덕턴스(L_e)
$r = 14$ [mm], $D = 2,800$ [mm]이므로
$\therefore L_e = 0.05 + 0.4605 \log_{10} \dfrac{D}{r}$
$\quad = 0.05 + 0.4605 \log_{10} \dfrac{2,800}{14}$
$\quad = 1.11$ [mH/km]

정답 01 ④ 02 ② 03 ④ 04 ①

05 지름 5[mm]의 경동선을 간격 100[m]로 정삼각형 배치를 한 가공 전선의 1선 1[km] 당의 작용 인덕턴스[mH/km]는? (단, $\log_2 = 0.3010$이다.)

① 2.2 ② 1.25
③ 1.3 ④ 1.35

해설 작용인덕턴스(L_e)

$d = 5$ [mm], $D = 100$ [m]일 때

$L_e = 0.05 + 0.4605 \log_{10} \dfrac{D}{r}$

$= 0.05 + 0.4605 \log_{10} \dfrac{2D}{d}$ [mH/km]이므로

$\therefore L_e = 0.05 + 0.4605 \log_{10} \dfrac{2 \times 100}{5 \times 10^{-3}}$

$= 2.2$ [mH/km]

06 송전선의 정전용량은 선간거리를 D, 전선의 반지름을 r이라 할 때?

① $\log \dfrac{D}{r}$ 에 비례한다.

② $\log \dfrac{D}{r}$ 에 반비례한다.

③ $\log \dfrac{r}{D}$ 에 비례한다.

④ $\log \dfrac{r}{D}$ 에 반비례한다.

해설 정전용량(C)

$C = \dfrac{0.02413}{\log_{10} \dfrac{D}{r}}$ [μF/km]이므로

$C \propto \dfrac{1}{\log_{10} \dfrac{D}{r}}$ 임을 알 수 있다.

$\therefore$ 정전용량은 $\log_{10} \dfrac{D}{r}$에 반비례한다.

07 도체의 반경이 2[cm], 선간거리가 2[m]인 송전선로의 작용정전용량은 몇 [μF/km]인가?

① 0.00603 ② 0.01206
③ 0.02413 ④ 0.05826

해설 작용정전용량(C)

$r = 2$ [cm], $D = 2$ [m]이므로

$\therefore C_w = \dfrac{0.02413}{\log_{10} \dfrac{D}{r}} = \dfrac{0.02413}{\log_{10} \dfrac{2}{2 \times 10^{-2}}}$

$= 0.01206$ [μF/km]

08 3상 1회선 송전선의 대지정전용량은 전선의 굵기가 동일하고 완전히 연가되어 있는 경우에는 얼마인가? (단, r [m] : 도체의 반경, D [m] : 도체의 등가선간거리, h [m] : 도체의 평균지상높이)

① $\dfrac{0.02413}{\log_{10} \dfrac{4h^2}{rD}}$ ② $\dfrac{0.02413}{\log_{10} \dfrac{4h^2}{rD^2}}$

③ $\dfrac{0.02413}{\log_{10} \dfrac{8h^3}{rD^2}}$ ④ $\dfrac{0.02413}{\log_{10} \dfrac{8h^3}{rD^3}}$

해설 대지정전용량(C_s)

(1) 단상인 경우

$C_s = \dfrac{0.02413}{\log_{10} \dfrac{4h^2}{rD}}$ [μF/km]

(2) 3상인 경우

$C_s = \dfrac{0.02413}{\log_{10} \dfrac{8h^3}{rD^2}}$ [μF/km]

09 3상 3선식 가공전선로의 거리가 각각 D_1, D_2, D_3일 때, 등가선간거리는?

① $\sqrt[3]{D_1^2 + D_2^2 + D_3^2}$

② $\dfrac{D_1 D_2 + D_2 D_3 + D_3 D_1}{D_1 + D_2 + D_3}$

③ $\sqrt{D_1^2 + D_2^2 + D_3^2}$

④ $\sqrt[3]{D_1 \cdot D_2 \cdot D_3}$

해설 등가선간거리(D_e)

선간거리가 D_1, D_2, D_3, $\cdots$, D_n일 때

$D_e = \sqrt[n]{D_1 \cdot D_2 \cdot D_3 \cdots D_n}$ [m]이므로

$\therefore D_e = \sqrt[3]{D_1 \cdot D_2 \cdot D_3}$ [m]

10 3상 3선식에서 선간거리가 각각 50[cm], 60[cm], 70[cm]인 경우 기하평균 선간거리는 몇[cm]인가?

① 50.4
② 59.4
③ 62.8
④ 84.8

[해설] 등가선간거리=기하평균 선간거리(D_e)
$D_1 = 50\,[\text{cm}]$, $D_2 = 60\,[\text{cm}]$, $D_3 = 70\,[\text{cm}]$이라 하면
$\therefore D_e = \sqrt[3]{D_1 \cdot D_2 \cdot D_3} = \sqrt[3]{50 \times 60 \times 70}$
$= 59.4\,[\text{cm}]$

11 그림과 같은 선로의 등가선간거리는 몇[m]인가?

① 5
② $5\sqrt{2}$
③ $5\sqrt[3]{2}$
④ $10\sqrt[3]{2}$

[해설] 등가선간거리(D_e)
$D_1 = 5\,[\text{m}]$, $D_2 = 5\,[\text{m}]$, $D_3 = 10\,[\text{m}]$이므로
$\therefore D_e = \sqrt[3]{D_1 \cdot D_2 \cdot D_3} = \sqrt[3]{5 \times 5 \times 10}$
$= 5\sqrt[3]{2}\,[\text{m}]$

12 전선 4개의 도체가 정4각형으로 배치되어 있을 때 기하학적 평균거리는 얼마인가? (단, 각 도체간의 거리는 d라 한다.)

① d
② $4d$
③ $\sqrt[3]{2}\,d$
④ $\sqrt[6]{2}\,d$

[해설] 등가선간거리=기하학적 평균거리(D_e)
4개의 도체가 정사각형 배치인 경우 도체간 거리는
$D_1 = d$, $D_2 = d$, $D_3 = d$, $D_4 = d$, $D_5 = \sqrt{2}\,d$, $D_6 = \sqrt{2}\,d$이므로
$\therefore D_e = \sqrt[6]{D_1 \cdot D_2 \cdot D_3 \cdot D_4 \cdot D_5 \cdot D_6}$
$= \sqrt[6]{d \cdot d \cdot d \cdot d \cdot \sqrt{2}\,d \cdot \sqrt{2}\,d}$
$= \sqrt[6]{2}\,d\,[\text{m}]$

13 4각형으로 배치된 4도체 송전선이 있다. 소도체의 반지름 1[cm], 한 변의 길이 32[cm]일 때, 소도체간의 기하평균거리[cm]는?

① $32 \times 2^{1/3}$
② $32 \times 2^{1/4}$
③ $32 \times 2^{1/5}$
④ $32 \times 2^{1/6}$

[해설] 등가선간거리=기하평균거리(D_e)
4개의 도체가 정사각형 배치인 경우 도체간 거리는
$D_1 = d$, $D_2 = d$, $D_3 = d$, $D_4 = d$, $D_5 = \sqrt{2}\,d$, $D_6 = \sqrt{2}\,d$이므로
$D_e = \sqrt[6]{D_1 \cdot D_2 \cdot D_3 \cdot D_4 \cdot D_5 \cdot D_6}$
$= \sqrt[6]{d \cdot d \cdot d \cdot d \cdot \sqrt{2}\,d \cdot \sqrt{2}\,d}$
$= \sqrt[6]{2}\,d\,[\text{m}]$이다. 따라서 $d = 32\,[\text{cm}]$인 경우
$\therefore D_e = \sqrt[6]{2}\,d = 32\sqrt[6]{2} = 32 \times 2^{\frac{1}{6}}\,[\text{cm}]$

14 송전선로의 인덕턴스는 등가선간거리(그림 참조) D가 증가하면 어떻게 하는가?

① 증가한다.
② 감소한다.
③ 변하지 않는다.
④ D에 비례하여 증가한다.

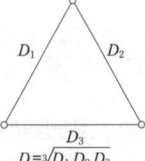

[해설] 작용인덕턴스(L_e)
$L_e = 0.05 + 0.4605 \log_{10} \dfrac{D}{r}$ [mH/km]이므로
∴ 등가선간거리(D)가 증가하면 작용인덕턴스(L_e)도 따라서 증가한다.

정답 10 ② 11 ③ 12 ④ 13 ④ 14 ①

15 3상 3선식 송전선로의 선간거리가 D_1, D_2, D_3 [m], 전선의 직경이 d[m]로 연가된 경우에 전선 1[km]의 인덕턴스는 몇 [mH]인가?

① $0.05 + 0.4605 \log_{10} \dfrac{\sqrt[3]{D_1 \cdot D_2 \cdot D_3}}{d}$

② $0.05 + 0.4605 \log_{10} \dfrac{2\sqrt[3]{D_1 \cdot D_2 \cdot D_3}}{d}$

③ $0.05 + 0.4605 \log_{10} \dfrac{d\sqrt[3]{D_1 \cdot D_2 \cdot D_3}}{2}$

④ $0.05 + 0.4605 \log_{10} \dfrac{d}{\sqrt[3]{D_1 \cdot D_2 \cdot D_3}}$

[해설] 작용인덕턴스(L_e)
선간거리가 D_1[m], D_2[m], D_3[m]인 경우 등가선간거리(D_e)는 $D_e = \sqrt[3]{D_1 \cdot D_2 \cdot D_3}$ [m]이므로 작용인덕턴스(L_e)는

$L_e = 0.05 + 0.4605 \log_{10} \dfrac{D_e}{r}$

$= 0.05 + 0.4605 \log_{10} \dfrac{2D_e}{d}$ [mH/km] 식에서

∴ $L_e = 0.05 + 0.4605$
$\times \log_{10} \dfrac{2\sqrt[3]{D_1 \cdot D_2 \cdot D_3}}{d}$ [mH/km]

16 반지름 r [m]인 전선 A, B, C가 그림과 같이 수평으로 D [m] 간격으로 배치되고 3선이 완전 연가된 경우 각 선의 인덕턴스는 몇[mH / km]인가?

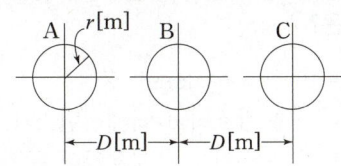

① $L = 0.4605 \log_{10} \dfrac{D}{r} + 0.05$

② $L = 0.4605 \log_{10} \dfrac{\sqrt{2}\,D}{r} + 0.05$

③ $L = 0.4605 \log_{10} \dfrac{\sqrt{3}\,D}{r} + 0.05$

④ $L = 0.4605 \log_{10} \dfrac{\sqrt[3]{2}\,D}{r} + 0.05$

[해설] 작용인덕턴스(L_e)
$D_1 = D$[m], $D_2 = D$[m], $D_3 = 2D$[m]이므로 등가선간거리(D_e)는

$D_e = \sqrt[3]{D_1 \cdot D_2 \cdot D_3} = \sqrt[3]{D \cdot D \cdot 2D}$
$= \sqrt[3]{2}\,D$[m]이다.

∴ $L_e = 0.05 + 0.4605 \log_{10} \dfrac{D_e}{r}$

$= 0.05 + 0.4605 \log_{10} \dfrac{\sqrt[3]{2}\,D}{r}$ [mH/km]

17 430[mm²]의 ACSR(반지름 $r = 14.6$[mm])이 그림과 같이 배치되어 완전 연가된 송전선로가 있다. 이 경우 인덕턴스 [mH/km]를 구하면 어느 것인가? (단, 지표상의 높이는 딥(dip)의 영향을 고려한 것이다.)

① 1.34
② 1.35
③ 1.37
④ 1.38

[해설] 작용인덕턴스(L_e)
$r = 14.6$ [mm], $D_1 = 7.5$ [m], $D_2 = 7.5$ [m], $D_3 = 2 \times 7.5$ [m]이므로 등가선간거리(D_e)는
$D_e = \sqrt[3]{D_1 \cdot D_2 \cdot D_3} = \sqrt[3]{7.5 \times 7.5 \times 2 \times 7.5}$
$= 7.5\sqrt[3]{2}$ [m]이다.

∴ $L_e = 0.05 + 0.4605 \log_{10} \dfrac{D_e}{r}$

$= 0.05 + 0.4605 \log_{10} \dfrac{7.5\,\sqrt[3]{2}}{14.6 \times 10^{-3}}$

$= 1.34$ [mH/km]

18 코로나 방지에 가장 효과적인 방법은?

① 전선의 바깥지름을 크게 한다.
② 선간거리를 증가시킨다.
③ 선로의 절연을 강화한다.
④ 선로의 높이를 가급적 낮춘다.

[해설] 코로나 방지대책
(1) 복도체 방식을 채용한다. - L감소, C증가
(2) 코로나 임계전압을 크게 한다. - 전선의 지름을 크게 한다.
(3) 가선금구를 개량한다.

19 3상 3선식 송전선로에서 코로나의 임계전압 E_0[kV]의 계산식은? (단, $d = 2r$ =전선의 지름[cm], D =전선(3선)의 평균선간거리[cm]이다.)

① $E_0 = 24.3\,d\log_{10}\dfrac{D}{r}$

② $E_0 = 24.3\,d\log_{10}\dfrac{r}{D}$

③ $E_0 = \dfrac{24.3}{d\log_{10}\dfrac{D}{r}}$

④ $E_0 = \dfrac{24.3}{d\log_{10}\dfrac{r}{D}}$

[해설] 코로나 임계전압(E_0)
코로나 임계전압이란 코로나 방전이 개시되는 전압으로 코로나 임계전압이 높아야 코로나 방전을 억제할 수 있다.

$\therefore E_0 = 24.3\,m_0 m_1 \delta d \log_{10}\dfrac{D}{r}$

$\quad\quad \fallingdotseq 24.3\,d\log_{10}\dfrac{D}{r}$ [kV]

20 전선로의 코로나손실을 나타내는 Peek 식에서 E_0에 해당하는 것은? (단, Peek 식은
$P = \dfrac{241}{\delta}(f+25)\sqrt{\dfrac{d}{2D}}(E - E_0)^2 \times 10^{-5}$ [kW/km/선])

① 코로나 임계전압
② 전선에 걸리는 대지전압
③ 송전단 전압
④ 기준충격절연강도전압

[해설] 코로나 손실(Peek식 : P)
$P = \dfrac{241}{\delta}(f+25)\sqrt{\dfrac{d}{2D}}(E - E_0)^2 \times 10^{-5}$
[kW/km/1선]
여기서, δ : 상대공기밀도, f : 주파수, d : 전선의 지름, D : 선간거리, E : 대지전압, E_0 : 코로나 임계전압

21 송전계통에 복도체가 사용되는 주된 목적은 다음 중 무엇인가?

① 전력손실의 경감 ② 역률개선
③ 선로정수의 평형 ④ 코로나 방지

[해설] 복도체의 특징
(1) 주된 사용 목적
   코로나 방지
(2) 장점
   ㉠ 등가반지름이 등가되어 L이 감소하고 C가 증가한다. – 송전용량이 증가하고 안정도가 향상된다.
   ㉡ 전선 표면의 전위경도가 감소하고 코로나 임계전압이 증가하여 코로나 손실이 감소한다. – 송전효율이 증가한다.
   ㉢ 통신선의 유도장해가 억제된다.
   ㉣ 전선의 표면적 증가로 전선의 허용전류(안전전류)가 증가한다.

22 송전선로에 복도체를 사용하는 주된 이유는?

① 철탑의 하중을 평행시키기 위해서이다.
② 선로의 진동을 없애기 위해서 이다.
③ 선로를 뇌격으로부터 보호하기 위해서이다.
④ 코로나를 방지하고 인덕턴스를 감소시키기 위해서이다.

[해설] 복도체의 특징
주된 사용 목적 : 코로나 방지

23 송전선에 복도체를 사용할 때의 장점으로 해당 없는 것은?

① 코로나손(corona loss) 경감
② 인덕턴스가 감소하고 커패시턴스가 증가
③ 안정도가 상승하고 충전용량이 증가
④ 정전반반력(靜電反返力)에 의한 전선 진동이 감소

[해설] 복도체의 특징
소도체간 정전흡인력이 발생하여 소도체간 충돌이나 꼬임현상이 생길 우려가 있다. – 스페이서를 설치하여 억제한다.

정답 19 ① 20 ① 21 ④ 22 ④ 23 ④

24 복도체를 사용하면 송전용량이 증가하는 가장 주된 이유는 다음 중 어느 것인가?

① 코로나가 발생하지 않는다.
② 선로의 작용인덕턴스는 감소하고 작용정전용량은 증가한다.
③ 전압강하가 적다.
④ 무효전력이 적어진다.

[해설] 복도체의 특징
등가반지름이 등가되어 L이 감소하고 C가 증가한다.
- 송전용량이 증가하고 안정도가 향상된다.

25 복도체 또는 다도체에 대한 설명으로 옳지 않은 것은?

① 복도체는 3상 송전선의 1상의 전선을 2본으로 분할한 것이다.
② 2본 이상으로 분할된 도체를 일반적으로 다도체라고 한다.
③ 복도체 또는 다도체를 사용하는 주 목적은 코로나 방지에 있다.
④ 복도체의 선로정수는 같은 단면적의 단도체 선로에 비교할 때 변함이 없다.

[해설] 복도체의 특징
등가반지름이 등가되어 L이 감소하고 C가 증가한다.
- 송전용량이 증가하고 안정도가 향상된다.

26 복도체에 대한 설명 중 옳지 않은 것은?

① 같은 단면적의 단도체에 비하여 인덕턴스는 감소하고 정전용량은 증가한다.
② 코로나 개시전압이 높고, 코로나 손실이 적다.
③ 단락시 등의 대전류가 흐를 때, 소도체간에 반발력이 생긴다.
④ 같은 전류용량에 대하여 단도체보다 단면적을 적게 할 수 있다.

[해설] 복도체의 특징
소도체간 정전흡인력이 발생하여 소도체간 충돌이나 꼬임현상이 생길 우려가 있다. - 스페이서를 설치하여 억제한다.

27 초고압 송전선로에 단도체 대신 복도체를 사용할 경우 옳지 않은 것은?

① 전선로의 작용인덕턴스를 감소시킨다.
② 선로의 작용정전용량을 증가시킨다.
③ 전선 표면의 전위경도를 저감시킨다.
④ 전선의 코로나 임계전압을 저감시킨다.

[해설] 복도체의 특징
전선 표면의 전위경도가 감소하고 코로나 임계전압이 증가하여 코로나 손실이 감소한다. - 송전효율이 증가한다.

28 복도체는 같은 단면적의 단도체의 비해서?

① 인덕턴스는 증가하고 정전용량은 감소한다.
② 인덕턴스는 감소하고 정전용량은 증가한다.
③ 인덕턴스와 정전용량 모두가 증가한다.
④ 인덕턴스와 정전용량 모두가 감소한다.

[해설] 복도체의 특징
등가반지름이 등가되어 L이 감소하고 C가 증가한다.
- 송전용량이 증가하고 안정도가 향상된다.

29 송전선로를 연가하는 목적은?

① 페란티효과 방지
② 직격뢰 방지
③ 선로정수의 평형
④ 유도뢰의 방지

[해설] 연가의 목적
(1) 선로정수평형
(2) 소호리액터 접지시 직렬공진에 의한 이상전압 억제
(3) 유도장해 억제

[정답] 24 ② 25 ④ 26 ③ 27 ④ 28 ② 29 ③

30 선로정수를 전체적으로 평형되게 하고, 근접통신선에 대한 유도장해를 줄일 수 있는 방법은?

① 딥(dip)을 준다.
② 연가를 한다.
③ 복도체를 사용한다.
④ 소호리액터접지를 한다.

[해설] 연가의 목적
  (1) 선로정수평형
  (2) 소호리액터 접지시 직렬공진에 의한 이상전압 억제
  (3) 유도장해 억제

31 3상 3선식 배전선로에서 대지정전용량 C[F/m], 선간정전용량을 C'[F/m], 작용정전용량을 C_n[F/m]라 할 때 C_n [F/m]는?

① $C+C'$
② $C+2C'$
③ $C+3C'$
④ $C'+3C$

[해설] 작용정전용량(C_n)
  (1) 단상 2선식인 경우
    $C_n = C_s + 2C_m$ [F/m]
  (2) 3상 3선식인 경우
    $C_n = C_s + 3C_m$ [F/m]
    여기서, C_s : 대지정전용량, C_m : 선간정전용량
    ∴ $C_n = C + 3C'$ [F/m]

32 3상 3선식 3각형 배치의 송전선로가 있다. 선로가 연가되어 각 선간의 정전용량은 0.009[μF/km], 각 선의 대지정전용량은 0.003[μF/km] 라고 하면 1선의 작용정전용량[μF/km]은?

① 0.03
② 0.018
③ 0.012
④ 0.006

[해설] 작용정전용량(C_w)
  $C_m = 0.009$ [μF/km], $C_s = 0.003$ [μF/km]이고 3상 3선식이므로
  ∴ $C_w = C_s + 3C_m = 0.003 + 3 \times 0.009$
      $= 0.03$ [μF/km]

33 송전선로의 정전용량 C=0.008[μF/km], 선로의 길이 L=100[km], 대지전압 E=37,000[V]이고 주파수 f=60일 때 충전전류[A]는?

① 8.7
② 11.1
③ 13.7
④ 14.7

[해설] 충전전류(I_c)
  $I_c = j\omega C L E = j\omega C L \dfrac{V}{\sqrt{3}}$ [A]
  여기서, E : 선과 대지간 전압, V : 선간전압
  $C = 0.008$ [μF/km], $L = 100$ [km],
  $E = 37,000$ [V], $f = 60$ [Hz]이므로
  ∴ $I_c = \omega C L E = 2\pi f C L E$
      $= 2 \times 3.14 \times 60 \times 0.008 \times 10^{-6}$
      $\times 100 \times 37,000$
      $= 11.1$ [A]

34 22[kV], 60[Hz] 1회선의 3상 송전의 무부하 충전전류를 구하면? (단, 송전선의 길이는 20[km] 이고, 1선 1[km] 당 정전용량은 0.5[μF]이다.)

① 약 12[A]
② 약 24[A]
③ 약 36[A]
④ 약 48[A]

[해설] 충전전류(I_c)
  $I_c = j\omega C_\omega l E = j\omega C_\omega l \dfrac{V}{\sqrt{3}}$ [A]
  여기서, E : 선과 대지간 전압, V : 선간전압
  $V = 22$ [kV], $f = 60$ [Hz], $l = 20$ [km],
  $C_\omega = 0.5$ [μF/km]이므로
  ∴ $I_c = \omega C_\omega l E = \omega C_\omega l \dfrac{V}{\sqrt{3}} = 2\pi f C_\omega l \dfrac{V}{\sqrt{3}}$
      $= 2 \times 3.14 \times 60 \times 0.5 \times 10^{-6}$
      $\times 20 \times \dfrac{22 \times 10^3}{\sqrt{3}}$
      $= 48$ [A]

정답 30 ② 31 ③ 32 ① 33 ② 34 ④

35 송배전 선로의 작용정전용량은 무엇을 계산하는 데 사용하는가?

① 비접지 계통의 1선 지락고장시 지락고장 전류 계산
② 정상운전시 선로의 충전전류 계산
③ 선간단락 고장시 고장전류 계산
④ 인접 통신선의 정전유도전압 계산

[해설] 충전전류(I_c)

$I_c = j\omega C_w l \, E = j\omega C_w l \dfrac{V}{\sqrt{3}}$ [A]에서 C_w는 선로의 작용정전용량으로서 송전선로의 정상운전시 충전전류 계산에 적용한다. 또한 비접지 계통에서 1선 지락고장시 지락전류를 계산할 때는 대지정전용량을 사용한다.

36 현수애자 4개를 1련으로 한 66[kV] 송전선로가 있다. 현수애자 1개의 절연저항은 1,500[MΩ] 이라면 표준경간을 200[m]로 할 때 1[km] 당의 누설 콘덕턴스[℧]는?

① 0.83×10^{-9} ② 0.83×10^{-6}
③ 0.83×10^{-3} ④ 0.83×10

[해설] 누설 콘덕턴스(G)

현수애자 4개를 1련으로 한 애자 1련의 누설저항 $R = 4 \times 1,500$ [MΩ]이고, 표준경간을 200[m]로 할 때 1[km]당 절연저항은 애자련 5련이 병렬접속된 것으로 볼 수 있다. 이때 합성 절연저항을 R_0라 하면

$R_0 = \dfrac{4 \times 1,500}{5} = 1,200$ [MΩ]이 된다.

누설 콘덕턴스(G)는 합성 절연저항(R_0)의 역수이므로

$\therefore G = \dfrac{1}{R_0} = \dfrac{1}{1,200 \times 10^6} = 0.83 \times 10^{-9}$ [℧]

37 가공선 계통은 지중선 계통에 비하여 인덕턴스와 정전용량은?

① 인덕턴스, 정전용량이 모두 크다.
② 인덕턴스, 정전용량이 모두 작다.
③ 인덕턴스는 크고 정전용량은 작다.
④ 인덕턴스는 작고 정전용량은 크다.

[해설] 가공전선로는 지중전선로에 비해서 선간거리(D)가 매우 크기 때문에 인덕턴스(L)와 정전용량(C)은 다음 식에 의해서 정의할 수 있게 된다.

$L = 0.05 + 0.4605 \log_{10} \dfrac{D}{r}$ [mH/km]

$C = \dfrac{0.02413}{\log_{10} \dfrac{D}{r}}$ [μF/km]

D가 증가하면 L은 증가하고 C는 감소하기 때문에
∴ 가공선 계통은 인덕턴스가 크고, 정전용량이 작다.

38 정전용량 C[F]의 콘덴서를 Δ결선해서 3상 전압 V[V]를 가했을 때의 충전용량과 같은 전원을 Y결선으로 했을 때의 충전용량(Δ결선 / Y결선)은?

① $\dfrac{1}{\sqrt{3}}$ ② $\dfrac{1}{3}$
③ $\sqrt{3}$ ④ 3

[해설] 충전용량(Q_c)

정전용량(C)을 Δ결선한 경우 충전용량을 Q_Δ, Y결선한 경우 충전용량을 Q_Y라 하면

$Q_\Delta = 3I_c V = 3 \times \omega C V \times V = 3\omega C V^2$ [VA]

$Q_Y = 3 I_c \dfrac{V}{\sqrt{3}} = 3 \times \omega C \dfrac{V}{\sqrt{3}} \times \dfrac{V}{\sqrt{3}}$

$= \omega C V^2$ [VA]이므로

$\therefore \dfrac{Q_\Delta}{Q_Y} = \dfrac{3\omega C V^2}{\omega C V^2} = 3$

정답 35 ② 36 ① 37 ③ 38 ④

39. 단락전류는 다음 중 어느 것을 말하는가?

① 앞선전류 ② 뒤진전류
③ 충전전류 ④ 누설전류

[해설] 충전전류와 단락전류
충전전류는 선로의 작용정전용량에 의해서 흐르는 전류이며 단락전류는 선로의 누설리액턴스에 의해서 흐르는 전류이므로 충전전류는 정전용량(C)의 특성에 의해서 90° 빠른 진상전류가 흐르게 되며 단락전류는 인덕턴스(L)의 특성에 의해서 90° 늦은 지상전류가 흐르게 된다.

40. 60[Hz], 154[kV], 길이 100[km]인 3상 송전선로에서 1선의 대지 정전용량 $C_s = 0.005[\mu F/km]$, 전선간의 상호정전용량 $C_m = 0.0014[\mu F/lm]$일 때 1선에 흐르는 충전전류는 약 몇 [A]인가?

① 17.8 ② 30.8
③ 34.4 ④ 53.4

[해설] 충전전류(I_c)

$$I_c = \omega C_\omega l E = \omega C_\omega l \frac{V}{\sqrt{3}} [A]$$

여기서 E : 선과 대지간 전압, V : 선간전압
$V = 154$ [kV], $f = 60$ [Hz], $l = 100$ [km],
$C_s = 0.005$ [μF/km],
$C_m = 0.0014$ [μF/km]이므로
작용정전용량
$C_\omega = C_s + 3C_m = 0.005 + 3 \times 0.0014$
$\qquad = 0.0092$ [μF/km]

$\therefore I_c = \omega C_\omega l \dfrac{V}{\sqrt{3}}$
$\qquad = 2\pi \times 60 \times 0.0092 \times 10^{-6} \times 100$
$\qquad \quad \times \dfrac{154 \times 10^3}{\sqrt{3}}$
$\qquad = 30.8$ [A]

41. 송전선로의 저항 R, 리액턴스 X라 하면 다음의 식이 성립하는가?

① $R > X$ ② $R < X$
③ $R = X$ ④ $R \leq X$

[해설] 송전선로는 R, L, C, G의 선로정수로 구성되어 있으며 주로 전선은 R과 L로 표현하게 된다. 이때 권선의 고유저항과 단면적 및 길이에 의해서 결정되는 저항(R)은 그 값이 송전선로에 큰 영향을 줄 만큼 크지 않기 때문에 무시하는 경우가 많다. 그러나 전선을 구성하고 있는 인덕턴스(L)에 의한 리액턴스(X_L)는 그 값이 상당히 크게 작용하여 송전선로의 특성값에 대단히 큰 영향을 미치고 있다.
$\therefore R < X$

정답 39 ② 40 ② 41 ②

memo

03 송전선로의 특성값 계산

1 단거리 송전선로(집중정수회로)

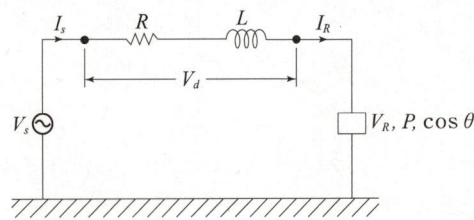

1. 전압강하(V_d) : 3상인 경우

$P = \sqrt{3}\, V_R I_R \cos\theta\,[\text{W}]$이므로

$$\therefore V_d = V_s - V_R = \sqrt{3}\, I_R(R\cos\theta + X\sin\theta) = \frac{P}{V_R}(R + X\tan\theta)\,[\text{V}]$$

여기서, V_d : 전압강하[V], P : 부하용량[W], V_s : 송전단전압[V], V_R : 수전단 전압[V], I_R : 수전단 전류[A]
R : 1선당 저항[Ω], X : 1선당 리액턴스[Ω], $\cos\theta$: 부하역률

if. 송전선로가 단상이라면 $V_d = I_R(R\cos\theta + X\sin\theta)\,[\text{V}]$이며 R과 X값을 1선당에 해당하는 값으로 주어질 경우라면 $V_d = 2I_R(R\cos\theta + X\sin\theta)\,[\text{V}]$이다.

2. 전압강하율(ϵ)

$$\therefore \epsilon = \frac{V_s - V_R}{V_R} \times 100 = \frac{\sqrt{3}\, I_R(R\cos\theta + X\sin\theta)}{V_R} \times 100 = \frac{P}{V_R^2}(R + X\tan\theta) \times 100\,[\%]$$

여기서, ϵ : 전압강하율[%], P : 부하용량[W], V_s : 송전단전압[V], V_R : 수전단 전압[V], I_R : 수전단 전류[A]
R : 1선당 저항[Ω], X : 1선당 리액턴스[Ω], $\cos\theta$: 부하역률

확인문제

01 지상부하를 가진 3상 3선식 배전선 또는 단거리 송전선에서 선간전압강하를 나타낸 식은? (단, I, R, θ는 각각 수전단 전류, 선로저항, 리액턴스 및 수전단 전류의 위상각이다.)

① $I(R\cos\theta + X\sin\theta)$
② $2I(R\cos\theta + X\sin\theta)$
③ $\sqrt{3}\, I(R\cos\theta + X\sin\theta)$
④ $3I(R\cos\theta + X\sin\theta)$

[해설] 전압강하(V_d)
$P = \sqrt{3}\, VI\cos\theta\,[\text{W}]$이므로
$\therefore V_d = V_s - V_r = \sqrt{3}\, I(R\cos\theta + X\sin\theta)$
$\quad = \frac{P}{V}(R + X\tan\theta)\,[\text{V}]$

답 : ③

02 저항이 9.5[Ω]이고 리액턴스가 13.5[Ω]인 22.9 [kV] 선로에서 수전단 전압이 21[kV], 역률이 0.8 [lag], 전압강하율이 10[%]라고 할 때 송전단 전압은 몇 [kV]인가?

① 22.1 ② 23.1
③ 24.1 ④ 25.1

[해설] 전압강하율(ϵ)
$\epsilon = 10\,[\%]$, $V_r = 21\,[\text{kV}]$이므로
$\epsilon = \dfrac{V_s - V_r}{V_r} \times 100\,[\%]$ 식에서 V_s를 유도하면

$\therefore V_s = \left(1 + \dfrac{\epsilon}{100}\right)V_r = \left(1 + \dfrac{10}{100}\right) \times 21$
$\quad = 23.1\,[\text{kV}]$

답 : ②

3. 전압변동률(δ)

$$\therefore \delta = \frac{V_{R0} - V_R}{V_R} \times 100 \, [\%]$$

여기서, δ : 전압변동률[%], V_{R0} : 무부하시 수전단전압[V], V_R : 부하시 수전단전압(정격전압)[V]

4. 전력손실(P_l)

$$\therefore P_l = 3I^2 R = 3\left(\frac{P}{\sqrt{3}\, V\cos\theta}\right)^2 R = \frac{P^2 R}{V^2 \cos^2\theta} = \frac{P^2 \rho l}{V^2 \cos^2\theta \, A} \, [W]$$

여기서, P_l : 전력손실[W], $R = \rho\frac{l}{A}$: 저항[Ω], I : 전류[A], P : 부하전력[W], V : 수전단전압[V], $\cos\theta$: 부하역률, ρ : 고유저항[$\Omega \cdot m$], l : 전선길이[m], A : 전선단면적[m²]

5. 전력손실률(k)

$$\therefore k = \frac{P_l}{P} \times 100 = \frac{P\rho l}{V^2 \cos^2\theta \, A} \times 100 \, [\%]$$

여기서, k : 전력손실률[%], P_l : 전력손실[W], P : 부하전력[W], V : 수전단전압[V], $\cos\theta$: 부하역률, ρ : 고유저항[$\Omega \cdot m$], l : 전선길이[m], A : 전선단면적[m²]

| 관계식 |

$$V_d \propto \frac{1}{V}, \quad \epsilon \propto \frac{1}{V^2}, \quad P_l \propto \frac{1}{V^2}, \quad P_l \propto \frac{1}{\cos^2\theta}, \quad A \propto \frac{1}{V^2}$$

전력손실률(k)이 일정할 경우 $P \propto V^2$

여기서, V_d : 전압강하[V], ϵ : 전압강하율[%], P_l : 전력손실[W], V : 전압[V], P : 공급전력[W], $\cos\theta$: 역률, A : 전선단면적[m²]

확인문제

03 부하전력 및 역률이 같을 때 전압을 n배 승압하면 전력손실은 어떻게 되는가?

① n배
② n^2배
③ $\frac{1}{n}$배
④ $\frac{1}{n^2}$배

해설 전력손실(P_l)

$$P_l = 3I^2 R = 3\left(\frac{P}{\sqrt{3}\, V\cos\theta}\right)^2 R = \frac{P^2 R}{V^2 \cos^2\theta}$$

$$= \frac{P^2 \rho l}{V^2 \cos^2\theta \, A} \, [W]$$

$\therefore P_l \propto \frac{1}{V^2}$ 이므로 $\frac{1}{n^2}$배

답 : ④

04 전압과 역률이 일정할 때 전력을 몇 [%] 증가시키면 전력손실이 2배가 되는가?

① 31
② 41
③ 51
④ 61

해설 전력손실(P_l)

$$P_l = 3I^2 R = 3\left(\frac{P}{\sqrt{3}\, V\cos\theta}\right)^2 R = \frac{P^2 R}{V^2 \cos^2\theta}$$

$$= \frac{P^2 \rho l}{V^2 \cos^2\theta \, A} \, [W] \text{이므로}$$

$P \propto \sqrt{P_l}$ 임을 알 수 있다.

P_ℓ이 2배일 때

$\therefore P' = \sqrt{2} = 1.41$이므로 41[%] 증가시켜야 한다.

답 : ②

2 중거리 송전선로(4단자 정수회로)

1. 4단자 정수(A, B, C, D)

$$\begin{bmatrix} V_S \\ I_S \end{bmatrix} = \begin{bmatrix} A & B \\ C & D \end{bmatrix} \begin{bmatrix} V_R \\ I_R \end{bmatrix}$$

$\therefore V_S = AV_R + BI_R$

$\therefore I_S = CV_R + DI_R$

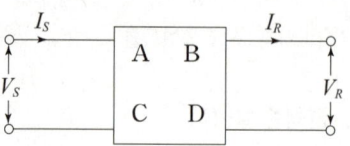

2. T형 선로

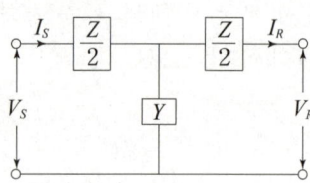

$$\begin{bmatrix} A & B \\ C & D \end{bmatrix} = \begin{bmatrix} 1 & \frac{Z}{2} \\ 0 & 1 \end{bmatrix} \begin{bmatrix} 1 & 0 \\ Y & 1 \end{bmatrix} \begin{bmatrix} 1 & \frac{Z}{2} \\ 0 & 1 \end{bmatrix} = \begin{bmatrix} 1+\frac{ZY}{2} & Z\left(1+\frac{ZY}{4}\right) \\ Y & 1+\frac{ZY}{2} \end{bmatrix}$$

$\therefore V_S = \left(1+\frac{ZY}{2}\right)V_R + Z\left(1+\frac{ZY}{4}\right)I_R$

$\therefore I_S = YV_R + \left(1+\frac{ZY}{2}\right)I_R$

확인문제

05 중거리 송전선로 T형 회로에서 송전단 전류 I_s는? (단, Z, Y는 선로의 직렬 임피던스와 병렬 어드미턴스이고 E_r은 수전단 전압, I_r은 수전단 전류이다.)

① $I_r\left(1+\frac{ZY}{2}\right) + E_rY$

② $E_r\left(1+\frac{ZY}{2}\right) + ZI_r\left(1+\frac{ZY}{4}\right)$

③ $E_r\left(1+\frac{ZY}{2}\right) + I_r$

④ $I_r\left(1+\frac{ZY}{2}\right) + E_rY\left(1+\frac{ZY}{4}\right)$

[해설] T형 선로의 4단자 정수

$$\begin{bmatrix} A & B \\ C & D \end{bmatrix} = \begin{bmatrix} 1+\frac{ZY}{2} & Z\left(1+\frac{ZY}{4}\right) \\ Y & 1+\frac{ZY}{2} \end{bmatrix}$$

$\therefore I_s = CE_r + DI_r = I_r\left(1+\frac{ZY}{2}\right) + YE_r$

답 : ①

06 일반회로정수가 A, B, C, D이고 송전단 전압이 E_s인 경우 무부하시의 충전전류(송전단전류)는?

① $\frac{C}{A}E_s$ ② $\frac{A}{C}E_s$

③ ACE_s ④ CE_s

[해설] 무부하시 송전단전류(I_{s0})
선로가 무부하인 경우 $I_R = 0$ [A]이므로
$E_s = AE_R$, $I_{s0} = CE_R$이 된다.

$\therefore I_{s0} = CE_R = C \cdot \frac{E_s}{A} = \frac{C}{A}E_s$ [A]

답 : ①

3. π형 선로

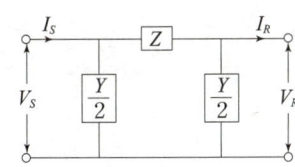

$$\begin{bmatrix} A & B \\ C & D \end{bmatrix} = \begin{bmatrix} 1 & 0 \\ \frac{Y}{2} & 1 \end{bmatrix} \begin{bmatrix} 1 & Z \\ 0 & 1 \end{bmatrix} \begin{bmatrix} 1 & 0 \\ \frac{Y}{2} & 1 \end{bmatrix} = \begin{bmatrix} 1+\frac{ZY}{2} & Z \\ Y\left(1+\frac{ZY}{4}\right) & 1+\frac{ZY}{2} \end{bmatrix}$$

$$\therefore V_S = \left(1+\frac{ZY}{2}\right)V_R + ZI_R$$

$$\therefore I_S = Y\left(1+\frac{ZY}{4}\right)V_R + \left(1+\frac{ZY}{2}\right)I_R$$

3 장거리 송전선로(분포정수회로)

$Z = R+j\omega L\,[\Omega]$, $Y = G+j\omega C\,[S]$인 경우

1. 특성임피던스(Z_0)

$$Z_0 = \sqrt{\frac{Z}{Y}} = \sqrt{\frac{R+j\omega L}{G+j\omega C}} = \sqrt{\frac{L}{C}}\,[\Omega]$$

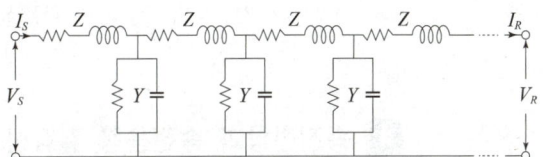

2. 전파정수(γ)

$$\gamma = \sqrt{ZY} = \sqrt{(R+j\omega L)(G+j\omega L)} = \alpha + j\beta$$

확인문제

07 π형 회로의 일반회로 정수에서 B의 값은?

① $1+\dfrac{\dot{Z}\dot{Y}}{2}$ ② $\dot{Y}\left(1+\dfrac{\dot{Z}\dot{Y}}{4}\right)$

③ $\dot{Y}$ ④ $\dot{Z}$

[해설] π형 선로의 4단자 정수

$$\begin{bmatrix} A & B \\ C & D \end{bmatrix} = \begin{bmatrix} 1+\frac{ZY}{2} & Z \\ Y\left(1+\frac{ZY}{4}\right) & 1+\frac{ZY}{2} \end{bmatrix}$$

$\therefore B = Z$

답 : ④

08 장거리 송전선에서 단위 길이당 임피던스 $Z = r+j\omega L\,[\Omega/\text{km}]$, 어드미턴스 $Y = g+j\omega C\,[\mho/\text{km}]$라 할 때 저항과 누설콘덕턴스를 무시하는 경우 특성임피던스의 값은?

① $\sqrt{\dfrac{L}{C}}$ ② $\sqrt{\dfrac{C}{L}}$

③ $\dfrac{L}{C}$ ④ $\dfrac{C}{L}$

[해설] 특성임피던스(Z_0)

$$Z_0 = \sqrt{\frac{Z}{Y}} = \sqrt{\frac{r+j\omega L}{g+j\omega C}} = \sqrt{\frac{L}{C}}\,[\Omega]$$

답 : ①

(1) 무손실선로인 경우

$R=0$, $G=0$이므로

$\gamma = j\omega\sqrt{LC} = j\beta$

$\therefore \alpha = 0$, $\beta = \omega\sqrt{LC}$

(2) 무왜형선로인 경우

$LG = RC$이므로

$\gamma = \sqrt{RG} + j\omega\sqrt{LC} = \alpha + j\beta$

$\therefore \alpha = \sqrt{RG}$, $\beta = \omega\sqrt{LC}$

여기서, Z_0 : 특성임피던스[Ω], γ : 전파정수, Z : 직렬임피던스[Ω], Y : 병렬어드미턴스[S], R : 저항[Ω], L : 인덕턴스[H], C : 정전용량[F], G : 누설콘덕턴스[S], ω : 각주파수[rad/sec], α : 감쇠정수, β : 위상정수

3. 전파속도 또는 위상속도(v)

$$v = \frac{\omega}{\beta} = \frac{1}{\sqrt{LC}} = \lambda f \text{ [m/sec]}$$

여기서, v : 전파속도[m/sec], λ : 파장[m], f : 주파수[Hz], ω : 각주파수[rad/sec], β : 위상정수, L : 인덕턴스[H], C : 정전용량[F]

4 송전전압과 송전용량 결정식

1. 경제적인 송전전압 결정식 = Still(스틸)식

$$\therefore V[\text{kV}] = 5.5\sqrt{0.6l[\text{km}] + \frac{P[\text{kW}]}{100}}$$

여기서, V : 송전전압[kV], l : 송전거리[km], P : 송전용량[kW]

확인문제

09 송전거리 50[km], 송전전력 5,000[kW]일 때의 송전전압은 대략 몇 [kV] 정도가 적당한가? (단, 스틸의 식에 의해 구하여라.)

① 29　　② 39
③ 49　　④ 59

[해설] 스틸식

경제적인 송전전압을 V[kV]라 하면
$l = 50$ [km], $P = 5,000$ [kW]이므로

$\therefore V = 5.5\sqrt{0.6l + \frac{P}{100}}$ [kV]

$= 5.5\sqrt{0.6 \times 50 + \frac{5,000}{100}}$

$= 49$ [kV]

답 : ③

10 송전선에 경제적인 전압으로 66[kV]가 주어지고 있을 때 송전거리가 50[km]라면 송전전력은 몇 [kW]일 때가 적당한가?

① 10,000[kW]　　② 11,000[kW]
③ 11,400[kW]　　④ 11,800[kW]

[해설] 스틸식

$V = 66$ [kV], $l = 50$ [km]이므로

$V = 5.5\sqrt{0.6l + \frac{P}{100}}$ [kV] 식에서 송전용량 P를 유도하면

$\therefore P = \left\{\left(\frac{V}{5.5}\right)^2 - 0.6l\right\} \times 100$

$= \left\{\left(\frac{66}{5.5}\right)^2 - 0.6 \times 50\right\} \times 100$

$= 11,400$ [kW]

답 : ③

2. 송전용량 결정식

(1) 고유부하법

$$\therefore P = \frac{V_R^2}{\sqrt{\dfrac{L}{C}}} \text{ [MW]}$$

여기서, P : 송전용량[MW], V_R : 수전단전압[kV], L : 인덕턴스[H], C : 정전용량[F]

(2) 용량계수법

$$\therefore P = k \frac{V_R^2}{l} \text{ [kW]}$$

여기서, P : 송전용량[kW], V_R : 수전단전압[kV], l : 송전거리[km], k : 용량계수

용량계수표

송전거리	용량계수
60[km] 이하	600
140[km] 미만	800
140[km] 이상	1,200

(3) 정태안정극한전력

$$\therefore P = \frac{E_S E_R}{X} \sin \delta \text{ [MW]}$$

여기서, P : 송전용량[MW], E_S : 송전단전압[kV], E_R : 수전단전압[kV], X : 선로의 리액턴스[Ω]
δ : 송·수전단 전압의 상차각(부하각)

확인문제

11 154[kV] 송전선로에서 송전거리가 154[km]라 할 때 송전용량계수법에 의한 송전용량은? (단, 송전용량계수는 1,200으로 한다.)

① 61,600[kW] ② 92,400[kW]
③ 123,200[kW] ④ 184,800[kW]

[해설] 송전용량 결정
용량계수법에 의한 송전용량은
$P = k \dfrac{V_R^2}{l}$ [kW]이므로
$V_R = 154$ [kV], $l = 154$ [km], $k = 1,200$일 때
$\therefore P = 1,200 \times \dfrac{154^2}{154} = 184,800$ [kW]

답 : ④

12 송전단전압 161[kV], 수전단전압 154[kV], 상차각 40°, 리액턴스 45[Ω]일 때 선로손실을 무시하면 전송전력은 약 몇 [MW]인가?

① 323 ② 443
③ 353 ④ 623

[해설] 송전용량 결정
정태안정극한전력에 의한 송전용량은
$P = \dfrac{E_S E_R}{X} \sin \delta$ [MW]이므로
$E_S = 161$ [kV], $E_R = 154$ [kV], $X = 45$ [Ω],
$\delta = 40°$일 때
$\therefore P = \dfrac{161 \times 154}{45} \times \sin 40° = 353$ [MW]

답 : ③

03 출제예상문제

★★
01 늦은 역률의 부하를 갖는 단거리 송전 선로의 전압 강하의 근사식은? (단, P는 3상 부하 전력 [kW], E는 선간 전압[kV], R은 선로 저항[Ω], X는 리액턴스[Ω], θ는 부하의 늦은 역률각이다.)

① $\dfrac{\sqrt{3}\,P}{E}(R+X\cdot\tan\theta)$

② $\dfrac{E}{\sqrt{3}\,E}(R+X\cdot\tan\theta)$

③ $\dfrac{P}{E}(R+X\cdot\tan\theta)$

④ $\dfrac{P}{\sqrt{3}\,E}(R\cdot\cos\theta+X\cdot\sin\theta)$

[해설] 전압강하(V_d)
$$V_d = E_s - E_r = \sqrt{3}\,I(R\cos\theta + X\sin\theta)$$
$$= \dfrac{P}{E}(R+X\tan\theta)\,[\text{V}]$$

★
02 그림과 같이 단상고압 배전선로가 있다. 수전점 F 점에서 I_1, I_2 및 I_3의 부하에 전력을 공급할 때 1선의 저항이 1[Ω], 리액턴스가 1[Ω]이라 하면, 이 선로의 전압강하는 몇 [V]인가?

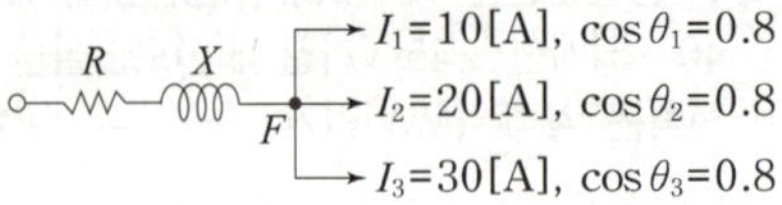

① 144
② 168
③ 192
④ 216

$I_1=10$[A], $\cos\theta_1=0.8$
$I_2=20$[A], $\cos\theta_2=0.8$
$I_3=30$[A], $\cos\theta_3=0.8$

[해설] 전압강하(V_d)
1선당의 저항(R)과 리액턴스(X)가 각각
$R=1[\Omega]$, $X=1[\Omega]$이고
$I = I_1+I_2+I_3 = 10+20+30 = 60$[A]
$\cos\theta = 0.8$,
$\sin\theta = \sqrt{1-\cos^2\theta} = \sqrt{1-0.8^2} = 0.6$이므로
단상 2선식에서 전압강하(V_d) 식을 전개하면
$V_d = 2I(R\cos\theta + X\sin\theta)$[V]이다.
∴ $V_d = 2\times 60 \times (1\times 0.8 + 1\times 0.6) = 168$[V]

★★
03 1선의 저항이 10[Ω], 리액턴스 15[Ω]인 3상 송전선이 있다. 수전단전압 60[kV], 부하역률 0.8[lag], 전류 100[A]라고 한다. 이때의 송전단전압 [V]은?

① 62,940
② 63,700
③ 64,000
④ 65,940

[해설] 전압강하(V_d)
$R = 10[\Omega]$, $X = 15[\Omega]$, $E_r = 60$[kV],
$\cos\theta = 0.8$, $\sin\theta = 0.6$, $I = 100$[A]이므로
$V_d = E_s - E_r = \sqrt{3}\,I(R\cos\theta + X\sin\theta)$
$= \dfrac{P}{E}(R+X\tan\theta)$ [V] 식에서
∴ $E_s = E_r + \sqrt{3}\,I(R\cos\theta + X\sin\theta)$
$= 60,000 + \sqrt{3} \times 100 \times (10\times 0.8 + 15\times 0.6)$
$= 62,940$ [V]

★★
04 배전선로의 전압강하율을 나타내는 식이 아닌 것은?

① $\dfrac{I}{E_R}(R\cos\theta + X\sin\theta) \times 100$ [%]

② $\dfrac{\sqrt{3}\,I}{V_R}(R\cos\theta + X\sin\theta) \times 100$ [%]

③ $\dfrac{E_S - E_R}{E_R} \times 100$ [%]

④ $\dfrac{E_S + E_R}{E_R} \times 100$ [%]

[해설] 전압강하율(ϵ)
$$\epsilon = \dfrac{E_S - E_R}{E_R} \times 100$$
$$= \dfrac{I}{E_R}(R\cos\theta + X\sin\theta) \times 100$$
$$= \dfrac{P}{E_R^2}(R + X\tan\theta) \times 100 \,[\%]$$
만약 3상인 경우에는
$\epsilon = \dfrac{\sqrt{3}\,I}{V_R}(R\cos\theta + X\sin\theta) \times 100\,[\%]$이다.

정답 01 ③ 02 ② 03 ① 04 ④

05
수전단전압 60,000[V], 전류 200[A], 선로의 저항 $R=7.5[\Omega]$, 리액턴스 $X=10.8[\Omega]$, 역률 0.8일 때 전압강하율은 몇 [%]인가?

① 6.38 ② 6.82
③ 7.21 ④ 7.87

해설 전압강하율(ϵ)

$$\epsilon = \frac{V_S - V_R}{V_R} \times 100$$
$$= \frac{\sqrt{3}\,I(R\cos\theta + X\sin\theta)}{V_R} \times 100$$
$$= \frac{P}{V_R^2}(R + X\tan\theta) \times 100\,[\%]\text{이므로}$$

$V_R = 60,000\,[V]$, $I = 200\,[A]$, $R = 7.5\,[\Omega]$, $X = 10.8\,[\Omega]$, $\cos\theta = 0.8$ 일 때

$$\therefore \epsilon = \frac{\sqrt{3} \times 200 \times (7.5 \times 0.8 + 10.8 \times 0.6)}{60,000} \times 100$$
$$= 7.21\,[\%]$$

06
부하역률이 $\cos\theta$, 부하전류 I인 선로의 저항을 r, 리액턴스를 X라 할 때 최대 전압 강하가 발생할 조건은?

① $\cos\theta = rX$ ② $\sin\theta = \dfrac{X}{r}$
③ $\tan\theta = \dfrac{X}{r}$ ④ $\cot\theta = \dfrac{X}{r}$

해설 전압강하(V_d)

$$V_d = \sqrt{3}\,I(r\cos\theta + X\sin\theta)\,[V]$$

식에서 최대전압강하가 발생하려면 변하는 위상각에 대하여 미분한 결과가 영(0)이어야 하므로

$$\frac{dV_d}{d\theta} = \frac{d}{d\theta}(\sqrt{3}\,Ir\cos\theta + \sqrt{3}\,IX\sin\theta)$$
$$= -\sqrt{3}\,Ir\sin\theta + \sqrt{3}\,IX\cos\theta = 0$$

$r\sin\theta = X\cos\theta$이므로

$$\therefore \frac{\sin\theta}{\cos\theta} = \tan\theta = \frac{X}{r}$$

07
송전선의 전압변동률은 다음 식으로 표시된다. 이 식에서 V_{R1}은 무엇인가?

$$(\text{전압변동률}) = \frac{V_{R1} - V_{R2}}{V_{R2}} \times 100\,[\%]$$

① 무부하시 송전단 전압
② 부하시 송전단 전압
③ 무부하시 수전단 전압
④ 부하시 수전단 전압

해설 전압변동률(δ)

$$\delta = \frac{V_{R0} - V_R}{V_R} \times 100\,[\%]$$ 일 때 V_{R0}는 무부하시 수전단전압이고, V_R은 전부하 수전단전압이다.

$\therefore V_{R1} = V_{R0}$이므로 무부하시 수전단전압이다.

08
송전단전압이 6,600[V], 수전단전압은 6,100[V]였다. 수전단의 부하를 끊은 경우 수전단전압이 6,300[V]라면 이 회로의 전압강하율과 전압변동률은 각각 몇 [%]인가?

① 3.28, 8.2   ② 8.2, 3.28
③ 4.14, 6.8   ④ 6.8, 4.14

해설 전압강하율(ϵ)과 전압변동률(δ)

$V_S = 6,600\,[V]$, $V_R = 6,100\,[V]$,
$V_{R0} = 6,300\,[V]$이므로

$$\therefore \epsilon = \frac{V_S - V_R}{V_R} \times 100 = \frac{6,600 - 6,100}{6,100} \times 100$$
$$= 8.2\,[\%]$$

$$\therefore \delta = \frac{V_{R0} - V_R}{V_R} \times 100 = \frac{6,300 - 6,100}{6,100} \times 100$$
$$= 3.28\,[\%]$$

정답 05 ③ 06 ③ 07 ③ 08 ②

09 종단에 V[V], P[kW], 역률 $\cos\theta$인 부하가 있는 3상 선로에서, 한선의 저항이 R[Ω]인 선로의 전력손실 [kW]은?

① $\dfrac{R \times 10^6}{V^2 \cos\theta} P^2$
② $\dfrac{3R \times 10^6}{V^2 \cos^2\theta P}$
③ $\dfrac{\sqrt{3} R \times 10^3}{V^2 \cos\theta} P^2$
④ $\dfrac{R \times 10^3}{V^2 \cos^2\theta} P^2$

[해설] 전력손실(P_l)

$P_l = 3I^2R = \dfrac{P^2R}{V^2\cos^2\theta} = \dfrac{P^2\rho l}{V^2\cos^2\theta A}$ [W]일 때

P[kW]인 경우

$\therefore P_l = \dfrac{P^2R}{V^2\cos^2\theta}$ [MW] $= \dfrac{P^2R}{V^2\cos^2\theta} \times 10^3$ [kW]

10 3상 3선식 송전선로에서 선전류가 144[A]이고, 1선당의 저항이 7.12[Ω]이라면 이 선로의 전력손실은 몇 [kW]인가?(단, 이 선로의 수전단전압은 60[KV], 역률은 0.8이라 한다.)

① 148
② 296
③ 443
④ 587

[해설] 전력손실(P_l)

$I = 144$ [A], $R = 7.12$ [Ω], $V_R = 60$ [kV], $\cos\theta = 0.8$ 일 때

$\therefore P_l = 3I^2R = 3 \times 144^2 \times 7.12$
$= 442,920$ [W] $= 443$ [kW]

11 선로의 전압을 6,600[V]에서 22,900[V]로 높이면 송전전력이 같을 때, 전력손실을 처음 몇 배로 줄일 수 있는가?

① 약 $\dfrac{1}{3}$ 배
② 약 $\dfrac{1}{4}$ 배
③ 약 $\dfrac{1}{10}$ 배
④ 약 $\dfrac{1}{12}$ 배

[해설] 전력손실(P_l)

$P_l = 3I^2R = \dfrac{P^2R}{V^2\cos^2\theta} = \dfrac{P^2\rho l}{V^2\cos^2\theta A}$ [W]이므로

$P_l \propto \dfrac{1}{V^2}$ 임을 알 수 있다.

$\therefore P_l' = \left(\dfrac{V}{V'}\right)^2 P_l = \left(\dfrac{6,600}{22,900}\right)^2 P_l$
$= 0.083 P_l \approx \dfrac{1}{12} P_l$

12 전압과 역률이 일정할 때 전력손실을 2배로 하면 전력은 몇 [%] 증가시킬 수 있는가?

① 약 41
② 약 50
③ 약 73
④ 약 82

[해설] 전력손실(P_l)

$P_l = 3I^2R = \dfrac{P^2R}{V^2\cos^2\theta} = \dfrac{P^2\rho l}{V^2\cos^2\theta A}$ [W]이므로

$P_l \propto P^2$임을 알 수 있다.

P_l이 2배일 때

$P' = \sqrt{\dfrac{P_l'}{P_l}} P = \sqrt{\dfrac{2}{1}} P = 1.41P = (1+0.41)P$

$\therefore 0.41$ 증가 $= 41$ [%] 증가

13 송전전력, 송전거리, 전선의 비중 및 전선 손실률이 일정하다고 하면 전선의 단면적 A는 다음 중 어느 것에 비례하는가? (단, V는 송전전압이다.)

① V
② V^2
③ $\dfrac{1}{V^2}$
④ $\dfrac{1}{\sqrt{V}}$

[해설] 전력손실률(k)

$k = \dfrac{P_l}{P} \times 100 = \dfrac{PR}{V^2\cos^2\theta} \times 100$
$= \dfrac{P\rho l}{V^2\cos^2\theta A} \times 100$ [%]이므로

$A \propto \dfrac{1}{V^2}$ 임을 알 수 있다.

$\therefore A$ (전선의 단면적)는 V^2에 반비례한다.

또는 A는 $\dfrac{1}{V^2}$에 비례한다.

정답 09 ④ 10 ③ 11 ④ 12 ① 13 ③

14. 일정거리를 동일 전선으로 송전하는 경우, 송전전력은 송전전압의 몇 승에 비례하는가? (단, 전력손실률은 일정함)

① $\frac{1}{2}$ ② 1
③ $\sqrt{2}$ ④ 2

해설 전력손실률(k)

$$k = \frac{P_l}{P} \times 100 = \frac{PR}{V^2 \cos^2 \theta} \times 100$$

$$= \frac{P \rho l}{V^2 \cos^2 \theta A} \times 100 \, [\%]\text{이므로}$$

$P \propto V^2$임을 알 수 있다.

∴ P(송전전력)는 V^2에 비례한다.

15. 배전전압을 $\sqrt{3}$ 배로 하였을 때 같은 전력손실률로 보낼 수 있는 전력은 몇 배가 되는가?

① $\frac{1}{4}$ ② $\sqrt{3}$
③ 4 ④ 3

해설 전력손실률(k)

$P \propto V^2$이므로 $P' = \left(\frac{V'}{V}\right)^2 P = \left(\frac{\sqrt{3}}{1}\right)^2 P = 3P$

∴ 3배

16. 송전선로의 전압을 2배로 승압할 경우 동일조건에서 공급전력을 동일하게 취하면 선로 손실은 승압전의 (㉠) 배로 되고 선로손실률을 동일하게 취하면 공급전력은 승압전의 (㉡) 배로 된다.

① ㉠ 1/4 ㉡ 4
② ㉠ 4 ㉡ 1/4
③ ㉠ 1/4 ㉡ 2
④ ㉠ 4 ㉡ 1/2

해설 전압에 따른 특성값의 변화들

$V_d \propto \frac{1}{V}$, $\epsilon \propto \frac{1}{V^2}$, $P_l = \frac{1}{V^2}$, $A \propto \frac{1}{V^2}$ 이고

전력손실률(k)이 일정한 경우 $P \propto V^2$이다.

선로손실 : $P_l' = \left(\frac{V}{V'}\right)^2 P_l = \left(\frac{1}{2}\right)^2 P_l = \frac{1}{4} P_l$

공급전력 : $P' = \left(\frac{V'}{V}\right)^2 P = \left(\frac{2}{1}\right)^2 P = 4P$

∴ 선로손실 = $\frac{1}{4}$ 배, 공급전력 = 4배

17. 100[V]에서 전력손실률을 0.1인 배전선로에서 전압을 200[V]로 승압하고, 그 전력손실률을 0.05로 하면 전력은 몇 배 증가시킬 수 있을까?

① 1/2 ② $\sqrt{2}$
③ 2 ④ 4

해설 전력손실률(k)

$$k = \frac{P_l}{P} \times 100 = \frac{PR}{V^2 \cos^2 \theta} \times 100$$

$$= \frac{P \rho l}{V^2 \cos^2 \theta A} \times 100 \, [\%]\text{이므로}$$

$P \propto k$, $P \propto V^2$임을 알 수 있다.

$P' = \frac{k'}{k} \left(\frac{V'}{V}\right)^2 P = \frac{0.05}{0.1} \times \left(\frac{200}{100}\right)^2 P = 2P$

∴ 2배

18. 송전단전압, 전류를 각각 E_S, I_S, 수전단의 전압, 전류를 각각 E_R, I_R 이라 하고 4단자 정수를 A, B, C, D 라 할 때 다음 중 옳은 식은?

① $\begin{cases} E_S = AE_R + BI_R \\ I_S = CE_R + DI_R \end{cases}$
② $\begin{cases} E_S = CE_R + DI_R \\ I_S = AE_R + BI_R \end{cases}$
③ $\begin{cases} E_S = BE_R + AI_R \\ I_S = DE_R + CI_R \end{cases}$
④ $\begin{cases} E_S = DE_R + CI_R \\ I_S = BE_R + AI_R \end{cases}$

해설 4단자 정수(A, B, C, D)

$\begin{bmatrix} E_S \\ I_S \end{bmatrix} = \begin{bmatrix} A & B \\ C & D \end{bmatrix} \begin{bmatrix} E_R \\ I_R \end{bmatrix}$ 식에서

∴ $\begin{cases} E_S = AE_R + BI_R \\ I_S = CE_R + DI_R \end{cases}$

19. T 회로에서 4단자 정수 A는?

① $\left(1 + \frac{ZY}{2}\right)$
② $\left(1 + \frac{ZY}{4}\right)$
③ Y
④ Z

해설 T형 선로의 4단자 정수(A, B, C, D)

$\begin{bmatrix} A & B \\ C & D \end{bmatrix} = \begin{bmatrix} 1 + \frac{ZY}{2} & Z\left(1 + \frac{ZY}{4}\right) \\ Y & 1 + \frac{ZY}{2} \end{bmatrix}$

∴ $A = 1 + \frac{ZY}{2}$

정답 14 ④ 15 ④ 16 ① 17 ③ 18 ① 19 ①

20 4단자 정수가 $\dot{A}, \dot{B}, \dot{C}, \dot{D}$인 송전선로의 등가 π회로를 그림과 같이 하면 $\dot{Z_1}$의 값은?

① $\dot{B}$
② $\dfrac{\dot{A}}{\dot{B}}$
③ $\dfrac{\dot{D}}{\dot{B}}$
④ $\dfrac{1}{\dot{B}}$

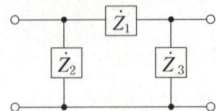

[해설] π형 선로의 4단자 정수(A, B, C, D)
$$\begin{bmatrix} A & B \\ C & D \end{bmatrix} = \begin{bmatrix} 1+\dfrac{Z_1}{Z_3} & Z_1 \\ \dfrac{1}{Z_2}+\dfrac{1}{Z_3}+\dfrac{Z_1}{Z_2 Z_3} & 1+\dfrac{Z_1}{Z_2} \end{bmatrix}$$
$\therefore Z_1 = B$

21 그림과 같은 회로의 일반정수로서 옳지 않은 것은?

① $\dot{A}=1$
② $\dot{B}=Z+1$
③ $\dot{C}=0$
④ $\dot{D}=1$

$\dot{E_s} \;—\; \dot{Z} \;—\; \dot{E_r}$

[해설] 단일형 회로의 4단자 정수(A, B, C, D)
$$\begin{bmatrix} A & B \\ C & D \end{bmatrix} = \begin{bmatrix} 1 & Z \\ 0 & 1 \end{bmatrix}$$
$\therefore A=1, B=Z, C=0, D=1$

22 회로상태가 그림과 같은 회로의 일반회로정수 $\dot{B}$는?

① 1
② $\dot{Z}$
③ 0
④ $\dfrac{1}{2}\dot{Z}$

[해설] 단일형 회로의 4단자 정수(A, B, C, D)
$$\begin{bmatrix} A & B \\ C & D \end{bmatrix} = \begin{bmatrix} 1 & Z \\ 0 & 1 \end{bmatrix}$$
$\therefore B = Z$

23 그림과 같은 회로에 있어서의 합성 4단자 정수에서 B_0의 값은?

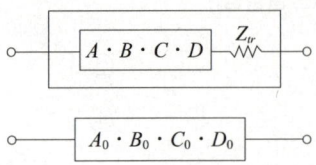

① $B_0 = B + Z_{tr}$
② $B_0 = A + BZ_{tr}$
③ $B_0 = B + AZ_{tr}$
④ $B_0 = C + DZ_{tr}$

[해설] 4단자 회로망의 종속접속
$$\begin{bmatrix} A_0 & B_0 \\ C_0 & D_0 \end{bmatrix} = \begin{bmatrix} A & B \\ C & D \end{bmatrix}\begin{bmatrix} 1 & Z_{tr} \\ 0 & 1 \end{bmatrix}$$
$$= \begin{bmatrix} A & AZ_{tr}+B \\ C & CZ_{tr}+D \end{bmatrix}$$
$\therefore B_0 = AZ_{tr} + B$

24 그림과 같이 정수 A_1, B_1, C_1, D_1을 가진 송전선로의 양단에 Z_{ts}, Z_{tr}의 임피던스를 가진 변압기가 직렬로 이어져 있을 때 방정식은 $E_s = AE_r + BI_r$, $I_s = CE_r + DI_r$이다. 이 때 C에 해당되는 것은?

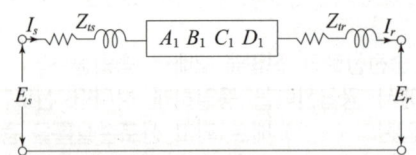

① $C_1 Z_{ts}$
② $C_1 Z_{ts} Z_{tr}$
③ C_1
④ $C_1 Z_{tr}$

[해설] 4단자 회로망의 종속접속
$$\begin{bmatrix} A & B \\ C & D \end{bmatrix}$$
$$= \begin{bmatrix} 1 & Z_{ts} \\ 0 & 1 \end{bmatrix}\begin{bmatrix} A_1 & B_1 \\ C_1 & D_1 \end{bmatrix}\begin{bmatrix} 1 & Z_{tr} \\ 0 & 1 \end{bmatrix}$$
$$= \begin{bmatrix} A_1+Z_{ts}C_1 & B_1+Z_{ts}D_1 \\ C_1 & D_1 \end{bmatrix}\begin{bmatrix} 1 & Z_{tr} \\ 0 & 1 \end{bmatrix}$$
$$= \begin{bmatrix} A_1+Z_{ts}C_1 & (A_1+Z_{ts}C_1)Z_{tr}+B_1+Z_{ts}D_1 \\ C_1 & C_1 Z_{tr}+D_1 \end{bmatrix}$$
$\therefore C = C_1$

25. 그림과 같이 정수가 같은 평행 2회선의 4단자 정수 중 C_0는?

① $\dfrac{C_1}{4}$

② $\dfrac{C_1}{2}$

③ $2C_1$

④ $4C_1$

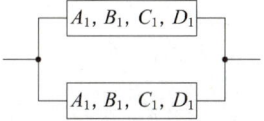

[해설] 평행 2회선의 4단자 정수

각 회선의 4단자 정수를 A_1, B_1, C_1, D_1과 A_2, B_2, C_2, D_2라 하면

$$\begin{bmatrix} A_0 & B_0 \\ C_0 & D_0 \end{bmatrix} = \begin{bmatrix} \dfrac{A_1B_2+B_1A_2}{B_1+B_2} & \dfrac{B_1B_2}{B_1+B_2} \\ C_1+C_2+\dfrac{(A_1-A_2)+(D_2-D_1)}{B_1+B_2} & \dfrac{B_1D_2+B_2D_1}{B_1+B_2} \end{bmatrix}$$

$A_1=A_2,\ B_1=B_2,\ C_1=C_2,\ D_1=D_2$라 하면

$$\begin{bmatrix} A_0 & B_0 \\ C_0 & D_0 \end{bmatrix} = \begin{bmatrix} A_1 & \dfrac{B_1}{2} \\ 2C_1 & D_1 \end{bmatrix}$$

$\therefore\ C_0 = 2C_1$

26. 일반회로 정수가 같은 평행 2회선에서 A, B, C, D는 각각 1회선의 경우의 몇 배로 되는가?

① 2, 2, 1/2, 1
② 1, 2, 1/2, 1
③ 1, 1/2, 2, 1
④ 1, 1/2, 2, 2

[해설] 평행 2회선의 4단자 정수

각 회선의 4단자 정수를 A_1, B_1, C_1, D_1과 A_2, B_2, C_2, D_2라 하면

$$\begin{bmatrix} A & B \\ C & D \end{bmatrix} = \begin{bmatrix} \dfrac{A_1B_2+B_1A_2}{B_1+B_2} & \dfrac{B_1B_2}{B_1+B_2} \\ C_1+C_2+\dfrac{(A_1-A_2)+(D_2-D_1)}{B_1+B_2} & \dfrac{B_1D_2+B_2D_1}{B_1+B_2} \end{bmatrix}$$

$A_1=A_2,\ B_1=B_2,\ C_1=C_2,\ D_1=D_2$라 하면

$$\begin{bmatrix} A_0 & B_0 \\ C_0 & D_0 \end{bmatrix} = \begin{bmatrix} A_1 & \dfrac{B_1}{2} \\ 2C_1 & D_1 \end{bmatrix}$$

$\therefore$ 1배, $\dfrac{1}{2}$배, 2배, 1배

27. 송전선로의 일반회로정수가 $A=1.0$, $B=j190$, $D=1.0$이라 하면 C의 값은 얼마인가?

① 0
② $-j0.00525$
③ $j0.00525$
④ $j190$

[해설] 4단자 정수의 성질

$AD - BC = 1$을 만족하므로

$\therefore\ C = \dfrac{AD-1}{B} = \dfrac{1.0 \times 1.0 - 1}{j190} = 0$

28. 장거리 송전선로의 특성은 무슨 회로로 다루어야 하는가?

① 특성임피던스
② 집중정수회로
③ 분포정수회로
④ 분산부하회로

[해설] 분포정수회로

장거리 송전선로에 선로정수로 표현하고 있는 R, L, C, G가 고르게 분포되어 있다 가정하여 전압, 전류에 대한 기본방정식을 세워 송전 계통의 특성을 해석하는데 필요한 회로를 분포정수회로라 한다.

29. 선로의 단위 길이의 분포 인덕턴스, 저항, 정전용량, 누설콘덕턴스를 각각 L, r, C 및 g로 할 때 특성임피던스는?

① $(r+j\omega L)(g+j\omega C)$
② $\sqrt{(r+j\omega L)(g+j\omega C)}$
③ $\sqrt{\dfrac{r+j\omega L}{g+j\omega C}}$
④ $\sqrt{\dfrac{g+j\omega C}{r+j\omega L}}$

[해설] 특성임피던스(Z_0)

$Z = r+j\omega L\ [\Omega]$, $Y = g+j\omega C\ [\mho]$일 때

$\therefore\ Z_0 = \sqrt{\dfrac{Z}{Y}} = \sqrt{\dfrac{r+j\omega L}{g+j\omega C}} = \sqrt{\dfrac{L}{C}}\ [\Omega]$

정답 25 ③ 26 ③ 27 ① 28 ③ 29 ③

30 선로의 특성임피던스에 대한 설명으로 옳은 것은?

① 선로의 길이가 길어질수록 값이 커진다.
② 선로의 길이가 길어질수록 값이 작아진다.
③ 선로 길이보다는 부하 전력에 따라 값이 변한다.
④ 선로의 길이에 관계없이 일정하다.

해설 특성임피던스(Z_0)
$Z = R + j\omega L [\Omega]$, $Y = G + j\omega C [\mho]$일 때
$\therefore Z_0 = \sqrt{\dfrac{Z}{Y}} = \sqrt{\dfrac{R+j\omega L}{G+j\omega C}} = \sqrt{\dfrac{L}{C}} [\Omega]$
: 선로의 길이에 관계없이 일정한 값이다.

31 가공송전선의 정전용량이 0.008[μF/km]이고, 인덕턴스가 1.1[mH/km]일 때 파동임피던스는 약 몇 [Ω]이 되겠는가? (단, 기타 정수는 무시한다.)

① 350 ② 370
③ 390 ④ 410

해설 특성임피던스(Z_0)
$C = 0.008 [\mu F/km]$, $L = 1.1 [mH/km]$이므로
$\therefore Z_0 = \sqrt{\dfrac{L}{C}} = \sqrt{\dfrac{1.1 \times 10^{-3}}{0.008 \times 10^{-6}}} = 370 [\Omega]$

32 선로의 길이가 250[km]인 3상 3선식 송전선로가 있다. 송전선에 대한 1선 1[km]의 리액턴스는 0.5[Ω], 용량 서셉턴스는 3×10^{-6}[$\mho$]이다. 이 선로의 특성임피던스는 몇 [Ω]인가?

① 366 ② 408
③ 424 ④ 462

해설 특성임피던스(Z_0)
$Z = R + j\omega L [\Omega]$, $Y = G + j\omega C [\mho]$일 때
$\omega L = X_L$(유도리액턴스), $\omega C = B_c$(용량서셉턴스)
$Z_0 = \sqrt{\dfrac{Z}{Y}} = \sqrt{\dfrac{R+j\omega L}{G+j\omega C}} = \sqrt{\dfrac{R+jX_L}{G+jB_c}}$
$= \sqrt{\dfrac{L}{C}} [\Omega]$이다.
$X_L = 0.5 [\Omega]$, $B_c = 3 \times 10^{-6} [\mho]$
$\therefore Z_0 = \sqrt{\dfrac{X_L}{B_c}} = \sqrt{\dfrac{0.5}{3 \times 10^{-6}}} = 408 [\Omega]$

33 송전선의 파동임피던스를 Z_0, 전자파의 전파 속도를 V라 할 때 송전선의 단위 길이에 대한 인덕턴스 L은?

① $L = \sqrt{VZ_0}$ ② $L = \dfrac{V}{Z_0}$
③ $L = \dfrac{Z_0}{V}$ ④ $L = \dfrac{Z_0^2}{V}$

해설 특성임피던스(파동임피던스 : Z_0)와 전파속도(V)
$Z_0 = \sqrt{\dfrac{L}{C}} [\Omega]$, $V = \dfrac{1}{\sqrt{LC}}$ [m/sec]이므로
$\therefore L = \dfrac{Z_0}{V} [H/m]$, $C = \dfrac{1}{Z_0 V} [F/m]$

34 파동임피던스가 500[Ω]인 가공송전선 1[km] 당의 인덕턴스 L과 정전용량 C는 얼마인가?

① $L = 1.67 [mH/km]$, $C = 0.0067 [\mu F/km]$
② $L = 2.12 [mH/km]$, $C = 0.167 [\mu F/km]$
③ $L = 1.67 [H/km]$, $C = 0.0067 [F/km]$
④ $L = 0.0067 [mH/km]$, $C = 1.67 [\mu F/km]$

해설 특성임피던스(파동임피던스 : Z_0)와 전파속도(v)
$Z_0 = \sqrt{\dfrac{L}{C}} [\Omega]$, $v = \dfrac{1}{\sqrt{LC}}$ [m/sec]이므로
$L = \dfrac{Z_0}{v} [H/m]$ $C = \dfrac{1}{Z_0 v} [F/m]$ 식에서
$Z_0 = 500 [\Omega]$, $v = 3 \times 10^8$ [m/sec]일 때
$\therefore L = \dfrac{Z_0}{v} = \dfrac{500}{3 \times 10^8}$
$= 1.67 \times 10^{-6} [H/m] = 1.67 [mH/km]$
$\therefore C = \dfrac{1}{Z_0 v} = \dfrac{1}{500 \times 3 \times 10^8}$
$= 0.0067 \times 10^{-9} [F/m] = 0.0067 [\mu F/km]$

정답 30 ④ 31 ② 32 ② 33 ③ 34 ①

35 송전선로에서 수전단을 단락한 경우 송전단에서 본 임피던스는 300[Ω]이고, 수전단을 개방한 경우에는 1,200[Ω]일 때, 이 선로의 특성임피던스[Ω]는?

① 600
② 750
③ 1000
④ 1200

해설 특성임피던스(Z_0)
송전선로의 특성임피던스는 송전선로의 수전단을 개방하고 송전단에서 바라본 임피던스(Z_{s0})와 수전단을 단락하고 송전단에서 바라본 임피던스(Z_{ss})를 이용하여 계산할 수도 있다.
이때 식은 $Z_0 = \sqrt{Z_{s0} Z_{ss}}$ [Ω]이다.
$Z_{ss} = 300$ [Ω], $Z_{s0} = 1,200$ [Ω]이므로
$Z_{s0} = \sqrt{Z_{s0} Z_{ss}} = \sqrt{1,200 \times 300} = 600$ [Ω]

36 다음 식은 무엇을 결정할 때 쓰이는 식인가? (단, l 는 송진거리[km], P 는 송전전력[kW]이다.)

$$= 5.5\sqrt{0.6l + \frac{P}{100}}$$

① 송전전압을 결정할 때
② 송전선의 굵기를 결정할 때
③ 역률 개선시 콘덴서의 용량을 결정할 때
④ 발전소의 발전 전압을 결정할 때

해설 스틸식
경제적인 송전전압을 결정하는데 이용하는 식으로서
∴ $V[kV] = 5.5\sqrt{0.6 l[km] + \frac{P[kW]}{100}}$

37 송전전압을 높일 경우에 생기는 문제점이 아닌 것은?

① 전선 주위의 전위경도가 커지기 때문에 코로나손, 코로나 잡음이 발생한다.
② 변압기, 차단기 등의 절연레벨이 높아지기 때문에 건설비가 많이 든다.
③ 표준상태에서 공기의 절연이 파괴되는 전위경도는 직류에서 50[kV/cm]로 높아진다.
④ 태풍, 뇌해, 염해 등에 대한 대책이 필요하다.

해설 송전전압이 높아지는 경우에 생기는 특징
(1) 표준상태에서 공기의 절연은 직류 30[kV/cm], 교류 21.1[kV/cm]일 때 파괴되므로 전선 주위에서 전위경도가 높아지면 코로나 방전을 유발하게 된다.
(2) 코로나는 통신선의 유도장해나 코로나 손실을 발생시킨다.
(3) 변압기나 전로 또는 차단기의 절연레벨이 높아지기 때문에 건설비가 많이 든다.
(4) 강풍이나 뇌해, 염해 등에 대한 대책이 필요하다.
(5) 전선의 굵기는 상대적으로 가늘어지고 송전계통의 전력손실이 줄어든다.
(6) 기계기구나 선로의 유지보수에 비용이 많이 든다.

38 송전전압을 높일 때 발생하는 경제적 문제 중 옳지 않은 것은?

① 송전전력과 전선의 단면적이 일정하면 선로의 전력손실이 감소한다.
② 절연 애자의 개수가 증가한다.
③ 변전소에 시설할 기기의 값이 고가가 된다.
④ 보수 유지에 필요한 비용이 적다.

해설 송전전압이 높아지는 경우에 생기는 특징
기계기구나 선로의 유지보수에 비용이 많이 든다.

정답 35 ① 36 ① 37 ③ 38 ④

39 우리나라의 전력계통에서 송전전압을 나타내는 것은?

① 표준전압
② 최고전압
③ 선간전압
④ 수전단전압

해설 선간전압과 공칭전압
(1) 선간전압 : 우리나라의 전력 계통에서 표현하는 송전전압은 선간전압으로 선로의 정격전압을 의미하며 계통의 공칭전압이라 부르기도 한다.
(2) 공칭전압 : 송전계통에서 전부하로 운전하는 경우 송전단에서 나타나는 전압으로 선간에 나타난 전압을 공칭전압이라 한다.

40 3상 송전선로의 공칭전압이란?

① 무부하 상태에서 그의 수전단의 선간전압
② 무부하 상태에서 그의 송전단의 상전압
③ 전부하 상태에서 그의 송전단의 선간전압
④ 전부하 상태에서 그의 수전단의 상전압

해설 공칭전압
송전계통에서 전부하로 운전하는 경우 송전단에서 나타나는 전압으로 선간에 나타난 전압을 공칭전압이라 한다.

41 송전선로의 송전용량을 결정할 때 송전용량계수법에 의한 수전전력을 나타낸 식은?

① $\dfrac{송전용량계수 \times (수전단선간전압)^2}{송전거리}$

② $\dfrac{송전용량계수 \times 수전단선간전압}{송전거리}$

③ $\dfrac{송전용량계수 \times (송전거리)^2}{수전단선간전압}$

④ $\dfrac{송전용량계수 \times (수전단전류)^2}{송전거리}$

해설 용량계수법
송전용량을 결정하기 위한 방법 중 하나로 송전거리에 따라 정해진 용량 계수를 이용하여 송전용량을 결정하는 방법이다.

$$\therefore P = k\dfrac{V_R^2}{l}$$

$$= \dfrac{송전용량계수 \times (수전단선간전압)^2}{송전거리} \text{ [kW]}$$

42 345[kV] 2회선 선로의 길이가 220[km]이다. 송전용량계수법에 의하면 송전용량은 약 몇 [MW]인가? (단, 345[kV]의 송전용량계수는 1,200이다.)

① 525
② 650
③ 1,050
④ 1,300

해설 용량계수법
$V = 345$ [kV], $l = 220$ [km], $k = 1,200$, 2회선이므로

$$\therefore P = k\dfrac{V_R^2}{l} \times 2 = 1,200 \times \dfrac{345^2}{220} \times 2$$
$$= 1,300,000 \text{ [kW]} = 1,300 \text{ [MW]}$$

정답 39 ③　40 ③　41 ①　42 ④

43 송전선로의 정상상태극한(최대) 송전전력은 선로 리액턴스와 대략 어떤 관계가 성립하는가?

① 송·수전단 사이의 선로 리액턴스에 비례한다.
② 송·수전단 사이의 선로 리액턴스에 반비례한다.
③ 송·수전단 사이의 선로 리액턴스의 제곱에 비례한다.
④ 송·수전단 사이의 선로 리액턴스의 제곱에 반비례한다.

[해설] **정태안정극한전력**
정태안정극한전력에 의한 송전용량은
$P = \dfrac{E_S E_R}{X} \sin\delta \text{[MW]}$ 이므로 $P \propto \dfrac{1}{X}$ 임을 알 수 있다.
∴ 송전전력은 리액턴스에 반비례한다.

44 송전단전압이 161[kV], 수전단전압 155[kV], 상차각 40°, 리액턴스 50[Ω]일 때 선로손실을 무시하면 전송전력[MW]은?(단, cos 40° = 0.766, cos 50° = 0.643이다.)

① 약 107   ② 약 321
③ 약 408   ④ 약 580

[해설] **정태안정극한전력**
정태안전극한전력에 의한 송전용량은
$P = \dfrac{E_S E_R}{X} \sin\delta \text{[MW]}$ 이므로
$E_S = 161$ [kV], $E_R = 155$ [kV], $\delta = 40°$, $X = 50$ [Ω]일 때
∴ $P = \dfrac{E_S E_R}{X} \sin\delta = \dfrac{161 \times 155}{50} \times \sin 40°$
$= 321$ [MW]

45 교류송전에서 송전거리가 멀어질수록 동일 전압에서의 송전가능전력이 적어진다. 그 이유는?

① 선로의 어드미턴스가 커지기 때문이다.
② 선로의 유도성 리액턴스가 커지기 때문이다.
③ 코로나 손실이 증가하기 때문이다.
④ 저항 손실이 커지기 때문이다.

[해설] **정태안정극한전력**
정태안정극한전력에 의한 송전용량은
$P = \dfrac{E_S E_R}{X} \sin\delta \text{[MW]}$ 이므로 교류송전에서 송전거리가 멀어지면 선로의 유도리액턴스(X)가 증가하게 되므로 송전용량은 감소하게 된다. 따라서 송전전력은 리액턴스에 반비례한다.

46 송전선로의 송전용량 결정에 관계가 먼 것은?

① 송수전단 전압의 상차각
② 조상기 용량
③ 송전 효율
④ 송전선의 충전전류

[해설] **송전용량 결정에 필요한 기준**
(1) 송·수전단 전압의 상차각 : 약 30° ~ 40° 정도
(2) 조상기 용량 : 수전용량의 약 75[%]~80[%] 정도
(3) 송전효율 : 90[%] 이상

정답 43 ② 44 ② 45 ② 46 ④

04 안정도

1 전력계통의 안정도

1. 정태안정도
정상적인 운전상태에서 서서히 부하를 조금씩 증가했을 경우 계통에 미치는 안정도를 말한다.

2. 과도안정도
부하가 갑자기 크게 변동한다든지 사고가 발생한 경우 계통에 커다란 충격을 주게 되는데 이때 계통에 미치는 안정도를 말한다.

3. 동태안정도
고속자동전압조정기(AVR)로 동기기의 여자전류를 제어할 경우의 정태안정도를 동태안정도라 한다.

2 안정도 개선책

1. 리액턴스를 줄인다.
① 복도체를 채용한다.
② 병행2회선 송전한다.
③ 직렬콘덴서를 설치한다.

확인문제

01 정태안정극한전력이란?
① 부하가 서서히 증가할 때의 극한전력
② 부하가 갑자기 변할 때의 극한전력
③ 부하가 갑자기 사고가 났을 때의 극한전력
④ 부하가 변하지 않을 때의 극한전력

[해설] 정태안정도
정상적인 운전상태에서 서서히 부하를 조금씩 증가했을 경우 계통에 미치는 안정도를 말하며 이때의 전력을 정태안정극한전력이라 한다.

답 : ①

02 과도안정극한전력이란?
① 부하가 서서히 감소할 때의 극한전력
② 부하가 서서히 증가할 때의 극한전력
③ 부하가 갑자기 사고가 났을 때의 극한전력
④ 부하가 변하지 않을 때의 극한전력

[해설] 과도안정도
부하가 갑자기 크게 변동한다거나 사고가 발생한 경우 계통에 커다란 충격을 주게 되는데 이때 계통에 미치는 안정도를 과도안정도라 하며 전력을 과도안정극한전력이라 한다.

답 : ③

2. 단락비를 증가시킨다.

① 동기임피던스(또는 동기리액턴스)를 감소시킨다.
② 전압변동률을 줄인다.
③ 전기자 반작용을 감소시킨다.
④ 발전기 치수를 증가시킨다. - 철손 증가, 효율 감소

3. 전압변동률을 작게 한다.

① 무부하 운전을 줄인다.
② 중간조상방식을 채용한다.
  → 송전선로 중간에 동기전동기를 무부하로 운전하여 계통의 무효전력과 전압 및 역률을 조정하는 방식
③ 속응여자방식을 채용한다. - 고속도 AVR 채용
④ 계통을 연계시킨다.

4. 송전 계통의 충격을 완화시킨다.

① 고속도 차단기(재폐로 차단기)를 설치한다.
② 소호리액터 접지방식을 채용한다. - 지락전류를 억제한다.
③ 중간개폐소 설치

5. 직렬 콘덴서를 설치한다. - 전압강하를 억제한다.

확인문제

03 송전선에서 재폐로방식을 사용하는 목적은?
① 역률개선
② 안정도 증진
③ 유도장해의 경감
④ 코로나 발생 방지

[해설] 안정도 개선책
송전계통의 충격을 완화시킨다.
(1) 고속도 차단기(재폐로 차단기)를 설치한다.
(2) 소호리액터 접지방식을 채용한다. - 지락전류를 억제한다.
(3) 중간개폐소 설치

답 : ②

04 중간조상방식(intermediate phase modifying system)이란?
① 송전선로의 중간에 동기조상기 연결
② 송전선로의 중간에 직렬 전력콘덴서 삽입
③ 송전선로의 중간에 병렬 전력콘덴서 연결
④ 송전선로의 중간에 개폐소 설치, 리액터와 전력콘덴서 병렬 연결

[해설] 중간조상방식
안정도 개선을 위하여 전압변동률을 작게 해야 하는데 이 방법 중 하나가 중간조상방식이다.
이는 송전선로 중간에 동기조상기(=동기전동기)를 무부하로 운전하여 계통의 무효전력과 전압 및 역률을 조정하는 방식을 말한다.

답 : ①

3 조상설비

조상설비는 무효전력을 조절하여 송·수전단 전압이 일정하게 유지되도록 하는 조정 역할과 역률개선에 의한 송전손실의 경감, 전력시스템의 안정도 향상을 목적으로 하는 설비이다.

1. 동기조상기

동기전동기를 계통 중간에 접속하여 무부하로 운전
① 과여자 운전 : 중부하시 부하량 증가로 계통에 지상전류가 흐르게 되어 역률이 떨어질 때 동기조상기를 과여자로 운전하면 계통에 진상전류를 공급하여 역률을 개선한다.
② 부족여자 운전 : 경부하시 부하량 감소로 계통에 진상전류가 흐르게 되어 역률이 과보상되는 경우 동기조상기를 부족여자로 운전하면 계통에 지상전류를 공급하여 역률을 개선한다.
③ 계통에 진상전류와 지상전류를 모두 공급할 수 있다.
④ 연속적 조정이 가능하다.
⑤ 시송전(=시충전)이 가능하다.

2. 병렬콘덴서

부하와 콘덴서를 병렬로 접속한다.
① 부하에 진상전류를 공급하여 부하의 역률을 개선한다.
② 진상전류만을 공급한다.
③ 계단적으로 연속조정이 불가능하다.
④ 시송전(=시충전)이 불가능하다.

확인문제

05 진상전류만이 아니라 지상전류도 잡아서 광범위로 연속적인 전압조정을 할 수 있는 것은?

① 전력용콘덴서　② 동기조상기
③ 분로리액터　　④ 직렬리액터

[해설] 동기조상기
동기전동기를 계통 중간에 접속하여 무부하로 운전
(1) 과여자 운전 : 중부하시 부하량 증가로 계통에 지상전류가 흐르게 되어 역률이 떨어질 때 동기조상기를 과여자로 운전하면 계통에 진상전류를 공급하여 역률을 개선한다.
(2) 부족여자 운전 : 경부하시 부하량 감소로 계통에 진상전류가 흐르게 되어 역률이 과보상되는 경우 동기조상기를 부족여자로 운전하면 계통에 지상전류를 공급하여 역률을 개선한다.
(3) 계통에 진상전류와 지상전류를 모두 공급할 수 있다.
(4) 연속적 조정이 가능하다.
(5) 시송전(=시충전)이 가능하다.

답 : ②

06 전압조정을 위한 조상설비로서 해당되지 않은 것은?

① 병렬콘덴서　② 전력용콘덴서
③ 소호리액터　④ 조상기

[해설] 조상설비
조상설비는 무효전력을 조절하여 송·수전단 전압이 일정하게 유지되도록 하는 조정 역할과 역률개선에 의한 송전손실의 경감, 전력시스템의 안정도 향상을 목적으로 하는 설비이다. 동기조상기, 병렬콘덴서(=전력용 콘덴서), 분로리액터가 이에 속한다.

답 : ③

3. 분로리액터

부하와 리액터를 병렬로 접속한다.
① 계통에 흐르는 전류를 지상전류로 공급하여 패란티 효과를 억제한다.
② 지상전류만을 공급한다.

실기출제 ※ 페란티 현상이란 선로의 정전용량(C)으로 인하여 진상전류가 흐르는 경우 수전단전압이 송전단전압보다 더 높아지는 현상 − 분로리액터(병렬리액터)로 억제한다.

실기출제 ## 4 직렬리액터

부하의 역률을 개선하기 위해 설치하는 전력용콘덴서에 제5고조파 전압이 나타나게 되면 콘덴서 내부고장의 원인이 되므로 제5고조파 성분을 제거하기 위해서 직렬리액터를 설치하는데 5고조파 공진을 이용하기 때문에 직렬리액터의 용량은 이론상 4[%], 실제적 용량 5~6[%]이다.

1. 직렬리액터 용량 이론적 산출

$$5\omega L = \frac{1}{5\omega C}$$

$$\omega L = \frac{1}{\omega C} \times \frac{1}{25} = 0.04 \times \frac{1}{\omega C}$$

$$Q_L = 0.04 Q_c \text{[kVA]}$$

∴ 이론상 4[%]

여기서, L : 인덕턴스[H], C : 정전용량[F], Q_L : 직렬리액터용량[kVA], Q_c : 전력용콘덴서 용량[kVA]

2. 직렬리액터의 실제 용량

$$Q_L = (0.05 \sim 0.06) Q_c \text{[kVA]}$$

∴ 실제 적용상 5~6[%]

여기서, Q_L : 직렬리액터용량[kVA], Q_c : 전력용콘덴서 용량[kVA]

확인문제

07 변전소에 분로리액터를 설치하는 목적은?
① 페란티효과 방지   ② 전압강하의 방지
③ 전력손실의 경감   ④ 계통안정도의 증진

[해설] 분로리액터
부하와 리액터를 병렬로 접속한다.
(1) 계통에 흐르는 전류를 지상전류로 공급하여 패란티 효과를 억제한다.
(2) 지상전류만을 공급한다.
※ 페란티 현상이란 선로의 정전용량(C)으로 인하여 진상전류가 흐르는 경우 수전단전압이 송전단전압보다 더 높아지는 현상 − 분포리액터(병렬리액터)로 억제한다.

답 : ①

08 수전단전압이 송전단전압보다 높아지는 현상을 무슨 효과라 하는가?
① 페란티효과   ② 표피효과
③ 근접효과   ④ 도플러효과

[해설] 페란티현상
페란티현상이란 선로의 정전용량(C)으로 인하여 진상전류가 흐르는 경우 수전단전압이 송전단전압보다 더 높아지는 현상으로 분로리액터를 설치하여 억제할 수 있다.

답 : ①

04 출제예상문제

01 송전선로의 안정도 향상 대책과 관계가 없는 것은?

① 속응여자방식 채용
② 재폐로방식의 채용
③ 역률의 신속한 조정
④ 리액턴스 조정

[해설] 안정도 개선책
(1) 리액턴스를 줄인다. : 직렬콘덴서 설치
(2) 단락비를 증가시킨다. : 전압변동률을 줄인다.
(3) 중간조상방식을 채용한다. : 동기조상기 설치
(4) 속응여자방식을 채용한다. : 고속도 AVR 채용
(5) 재폐로 차단방식을 채용한다. : 고속도차단기 사용
(6) 계통을 연계한다.
(7) 소호리액터 접지방식을 채용한다.
∴ 역률개선과 안정도 향상 대책은 무관하다.

02 송전계통의 안정도를 향상시키는 방법이 아닌 것은?

① 직렬리액턴스를 증가시킨다.
② 전압변동률을 적게 한다.
③ 고장시간, 고장전류를 적게 한다.
④ 동기 기간의 임피던스를 감소시킨다.

[해설] 안정도 개선책
리액턴스를 줄인다. : 직렬콘덴서 설치

03 계통의 안정도 향상면에서 좋지 않은 것은?

① 선로 및 기기의 리액턴스를 낮게 한다.
② 고속도 재폐로 차단기를 채용한다.
③ 중성점 직접접지방식을 채용한다.
④ 고속도 AVR을 채용한다.

[해설] 안정도 개선책
중성점 직접접지방식을 채용하게 되면 1선 지락사고 시 지락전류가 대단히 커지기 때문에 안정도 면에서 매우 나쁜 영향을 주게 된다.

04 송전계통의 안정도의 증진방법으로 틀린 것은?

① 직렬리액턴스를 작게 한다.
② 중간조상방식을 채용한다.
③ 계통을 연계한다.
④ 원동기의 조속기 동작을 느리게 한다.

[해설] 안정도 개선책
원동기의 조속기 동작을 빠르게 한다.

05 송전계통의 안정도를 증진시키는 방법은?

① 발전기나 변압기의 직렬리액턴스를 가능한 크게 한다.
② 계통의 연계는 하지 않도록 한다.
③ 조속기의 동작을 느리게 한다.
④ 중간조상방식을 채용한다.

[해설] 안정도 개선책
중간조상방식을 채용한다. : 동기조상기 설치

06 단락비가 큰 동기발전기에 대해서 옳지 않은 것은?

① 기계의 치수가 커진다.
② 동손, 마찰손, 철손이 많아진다.
③ 전압변동률이 커진다.
④ 안정도가 높아진다.

[해설] 단락비가 크다는 의미는
(1) 동기임피던스(또는 동기리액턴스)를 감소시킨다.
(2) 전압변동률을 줄인다.
(3) 전기자반작용을 감소시킨다.
(4) 발전기 치수를 증가시킨다. : 철손증가, 효율감소

[정답] 01 ③ 02 ① 03 ③ 04 ④ 05 ④ 06 ③

07 일반적으로 static condenser를 설치하는 목적으로 가장 적당한 것은?

① 전력계통의 주파수를 정격으로 유지하기 위하여
② 선로 사고시 고장전류를 감소시키기 위하여
③ 선로의 코로나 방지를 위하여
④ 전압강하의 개선책으로

해설 직렬콘덴서
선로의 유도리액턴스를 보상하기 위하여 직렬콘덴서를 설치하면 직렬공진에 의해서 선로의 전압강하가 감소되어 계통의 안정도를 개선할 수 있게 된다. 그러나 직렬콘덴서는 역률을 개선할 수 있는 기능은 없으며 부하의 역률이 나쁠수록 효과가 더욱 커진다. 역률을 개선하기 위해서는 콘덴서를 유도부하와 병렬로 설치하는 전력용콘덴서(병렬콘덴서)가 효과적이다.

08 직렬축전기의 설명 중 옳지 않은 것은?

① 선로의 유도리액턴스를 보상한다.
② 수전단의 전압변동을 경감한다.
③ 정태안정도를 증가한다.
④ 역률을 개선한다.

해설 직렬콘덴서
직렬콘덴서는 역률을 개선할 수 있는 기능은 없으며 부하의 역률이 나쁠수록 효과가 더욱 커진다. 역률을 개선하기 위해서는 콘덴서를 유도부하와 병렬로 설치하는 전력용콘덴서(병렬콘덴서)가 효과적이다.

09 송배전선로의 도중에 직렬로 삽입하여 선로의 유도성 리액턴스를 보상함으로써 선로정수 그 자체를 변화시켜서 선로의 전압강하를 감소시키는 직렬콘덴서 방식의 특성에 대한 설명으로 옳은 것은?

① 최대송전전력이 감소하고 정태안정도가 감소된다.
② 부하의 변동에 따른 수전단의 전압변동률은 증대된다.
③ 장거리 선로의 유도리액턴스를 보상하고 전압강하를 감소시킨다.
④ 송수 양단의 전달임피던스가 증가하고 안정 극한전력이 감소한다.

해설 직렬콘덴서
선로의 유도리액턴스를 보상하기 위하여 직렬콘덴서를 설치하면 직렬공진에 의해서 선로의 전압강하가 감소되어 계통의 안정도를 개선할 수 있게 된다.

10 조상설비라고 할 수 없는 것은?

① 분로리액터
② 동기조상기
③ 비동기조상기
④ 상순표시기

해설 조상설비
동기조상기, 병렬콘덴서(=전력용 콘덴서), 분로리액터

11 동기조상기의 설명으로 맞는 것은?

① 전부하로 운전되는 동기발전기의 위상으로 조정한다.
② 무부하로 운전되는 동기발전기로 역률을 개선한다.
③ 전부하로 운전되는 동기전동기의 위상으로 조정한다.
④ 무부하로 운전되는 동기전동기로 역률을 개선한다.

해설 동기조상기
동기전동기를 계통 중간에 접속하여 무부하로 운전
(1) 과여자 운전 : 중부하시 부하량 증가로 계통에 지상전류가 흐르게 되어 역률이 떨어질 때 동기조상기를 과여자로 운전하면 계통에 진상전류를 공급하여 역률을 개선한다.
(2) 부족여자 운전 : 경부하시 부하량 감소로 계통에 진상전류가 흐르게 되어 역률이 과보상되는 경우 동기조상기를 부족여자로 운전하면 계통에 지상전류를 공급하여 역률을 개선한다.
(3) 계통에 진상전류와 지상전류를 모두 공급할 수 있다.
(4) 연속적 조정이 가능하다.
(5) 시송전(=시충전)이 가능하다.

핵심 _ 전력공학

12 동기조상기가 정전 축전기보다 유리한 점은?

① 필요에 따라 용량을 수시 변경할 수 있다.
② 진상전류 이외에 지상전류를 얻을 수 있다.
③ 전력손실이 적다
④ 선로의 유도리액턴스를 보상하여 전압강하를 줄인다.

[해설] 동기조상기
계통에 진상전류와 지상전류를 모두 공급할 수 있다.

13 동기조상기에 대한 설명으로 옳은 것은?

① 정지기의 일종이다.
② 연속적인 전압조정이 불가능하다.
③ 계통의 안정도를 증진시키기가 어렵다.
④ 송전선의 시송전에 이용할 수 있다.

[해설] 동기조상기
시송전(=시충전)이 가능하다.

14 동기조상기(A)와 전력용콘덴서(B)를 비교한 것으로 옳은 것은?

① 조정 : A는 계단적, B는 연속적
② 전력손실 : A가 B보다 적음
③ 무효전력 : A는 진상, 지상양용, B는 진상용
④ 시송전 : A는 불가능, B는 가능

[해설] 동기조상기와 전력용콘덴서(=병렬콘덴서)
(1) 동기조상기 : 계통에 진상전류와 지상전류를 모두 공급할 수 있다.
(2) 병렬콘덴서 : 진상전류만을 공급한다.

15 수전단에 관련된 다음 사항 중 틀린 것은?

① 경부하시 수전단에 설치된 동기조상기는 부족여자로 운전
② 중부하시 수전단에 설치된 동기조상기는 부족여자로 운전
③ 중부하시 수전단에 전력 콘덴서를 투입
④ 시충전시 수전단 전압이 송전단보다 높게 된다.

[해설] 동기조상기
동기전동기를 계통 중간에 접속하여 무부하로 운전
(1) 과여자 운전 : 중부하시 부하량 증가로 계통에 지상전류가 흐르게 되어 역률이 떨어질 때 동기조상기를 과여자로 운전하면 계통에 진상전류를 공급하여 역률을 개선한다.
(2) 부족여자 운전 : 경부하시 부하량 감소로 계통에 진상전류가 흐르게 되어 역률이 과보상되는 경우 동기조상기를 부족여자로 운전하면 계통에 지상전류를 공급하여 역률을 개선한다.

16 전력용콘덴서를 동기조상기에 비교할 때 옳은 것은?

① 지상무효전력분을 공급할 수 있다.
② 송전선로를 시송전할 그 선로를 충전할 수 있다.
③ 전압조정을 계단적으로밖에 못한다.
④ 전력손실이 크다.

[해설] 전력용콘덴서(=병렬콘덴서)
부하와 콘덴서를 병렬로 접속한다.
(1) 부하에 진상전류를 공급하여 부하의 역률을 개선한다.
(2) 진상전류만을 공급한다.
(3) 계단적으로 연속조정이 불가능하다.
(4) 시송전(=시충전)이 불가능하다.

정답 12 ② 13 ④ 14 ③ 15 ② 16 ③

제4장 _ 안정도

17 전력 계통의 전압조정설비의 특징에 대한 설명 중 옳지 않은 것은?

① 병렬콘덴서는 진상능력만을 가지며 병렬 리액터는 진상능력이 없다.
② 동기조상기는 무효전력의 공급과 흡수가 모두 가능하여 진상 및 지상용량을 가진다.
③ 동기조상기는 조정의 단계가 불연속이나 직렬 콘덴서 및 병렬리액터는 그것이 연속적이다.
④ 병렬리액터는 장거리 초고압 송전선 또는 지중선 계통의 충전용량 보상용으로 주요 발, 변전소에 설치된다.

[해설] 동기조상기와 전력용콘덴서(=병렬콘덴서)
(1) 동기조상기 : 연속적 조정이 가능하다.
(2) 병렬콘덴서 : 계단적으로 연속조정이 불가능하다.

18 전력용콘덴서를 변전소에 설치할 때 직렬리액터를 설치하고자 한다. 직렬리액터의 용량을 결정하는 식은? (단, f 는 전원의 기본 주파수, C 는 역률 개선용 콘덴서의 용량, L 은 직렬리액터의 용량이다.)

① $2\pi f_0 L = \dfrac{1}{2\pi f_0 C}$

② $2\pi \cdot 3 f_0 L = \dfrac{1}{2\pi \cdot 3 f_0 C}$

③ $2\pi \cdot 5 f_0 L = \dfrac{1}{2\pi \cdot 5 f_0 C}$

④ $2\pi \cdot 7 f_0 L = \dfrac{1}{2\pi \cdot 7 f_0 C}$

[해설] 직렬리액터
부하의 역률을 개선하기 위해 설치하는 전력용콘덴서에 제5고조파 전압이 나타나게 되면 콘덴서 내부고장의 원인이 되므로 제5고조파 성분을 제거하기 위해서 직렬리액터를 설치하는데 5고조파 공진을 이용하기 때문에 직렬리액터의 용량은 이론상 4[%], 실제적 용량 5~6[%]이다.

$5\omega L = \dfrac{1}{5\omega C}$

$\therefore 2\pi \cdot 5 f_0 L = \dfrac{1}{2\pi \cdot 5 f_0 C}$

19 1상당의 용량 150[kVA]의 콘덴서에 제5고조파를 억제시키기 위하여 필요한 직렬리액터의 기본파에 대한 용량 [kVA]은?

① 3
② 4.5
③ 6
④ 7.5

[해설] 직렬리액터
직렬리액터의 용량은 이론상 4[%], 실제적 용량 5~6 [%] 이므로
$\therefore Q_L = Q_C \times (5\% \sim 6\%) = 150 \times (0.05 \sim 0.06)$
$= 7.5 \sim 9 \, [kVA]$

20 전력계통 주파수가 기준값보다 증가하는 경우 어떻게 하는 것이 타당한가?

① 발전출력[kW]을 증가시켜야 한다.
② 발전출력[kW]을 감소시켜야 한다.
③ 무효전력[kVar]을 증가시켜야 한다.
④ 무효전력[kVar]을 감소시켜야 한다.

[해설] 전력계통의 주파수 변동
발전기와 부하는 유기적으로 접속되어 있으므로 발전기는 부하에서 요구하는 전력(유효전력)을 생산하여 공급해주어야 한다. 때문에 부하의 전력이 급격히 변하게 되면 발전기는 이에 적응하지 못하여 속도가 급격히 변하게 되는데 이를 난조라 한다. 주로 부하의 급격한 저하가 속도상승을 가져오며 이때 주파수가 따라서 상승하게 되고 순간적인 전압상승이 나타나게 된다. 이 경우 발전기의 출력을 줄여주지 않으면 발전기 과여자가 초래되며 계통의 정전을 유발하게 된다.
∴ 계통의 주파수가 증가하면 발전기의 출력을 감소시켜야 하며 주파수가 감소하면 발전기의 출력을 증가시켜주어야 한다.

정답 17 ③ 18 ③ 19 ④ 20 ②

21 전 계통이 연계되어 운전되는 전력계통에서 발전전력이 일정하게 유지되는 경우 부하가 증가하면 계통 주파수는 어떻게 변하는가?

① 주파수도 증가한다.
② 주파수는 감소한다.
③ 전력의 흐름에 따라 주파수가 증가하는 곳도 있고 감소하는 곳도 있다.
④ 부하의 증감과 주파수는 서로 관련이 없다.

[해설] 전력계통의 주파수 변동
부하가 증가하면 계통의 주파수가 감소하기 때문에 발전기의 출력을 증가시켜주어야 한다.

22 수차발전기의 운전 주파수를 상승시키면?

① 기계적 불평형에 의하여 진동을 일으키는 힘은 회전속도의 2승에 반비례한다.
② 같은 출력에 대하여 온도 상승이 약간 커진다.
③ 전압변동률이 크게 된다.
④ 단락비가 커진다.

[해설] 전력계통의 주파수 변동
주로 부하의 급격한 저하가 속도상승을 가져오며 이때 주파수가 따라서 상승하게 되고 순간적인 전압상승이 나타나게 된다.

23 전력계통의 주파수변동은 주로 무엇의 변환에 기여하는가?

① 유효전력
② 무효전력
③ 계통전압
④ 계통 임피던스

[해설] 전력계통의 주파수 변동
유효전력의 급격한 변화가 전력계통의 주파수변동을 초래하며 전압변동이 심하게 나타나게 된다.

24 전력계통의 전압조정과 무관한 것은?

① 발전기의 조속기
② 발전기의 전압조정장치
③ 전력용콘덴서
④ 전력용 분로리액터

[해설] 전력계통의 전압조정
전력계통의 무효전력을 조정하여 전압을 조정하게 되는데 발전기의 전압조정장치, 동기조상기, 전력용콘덴서, 분로리액터 등을 사용하여 조정할 수 있다. 발전기의 조속기는 회전속도를 일정하게 유지하기 위해 조정하는 장치이다.

25 대전력계통에 연계되어 있는 작은 발전소의 발전기의 여자전류를 증가했을 때, 어떠한 현상이 일어나는가?

① 출력이 증가한다.
② 단자전압이 상승한다.
③ 무효전력이 감소한다.
④ 역률이 나빠진다.

[해설] 발전기의 병렬운전
두 대의 발전기가 서로 병렬운전되어있는 경우 한 쪽 발전기의 여자전류를 증가시키면 누설리액턴스가 증가하여 해당 발전기의 역률이 떨어지게 된다. 그러나 다른 발전기는 상대적으로 여자전류가 약화되어 누설리액턴스가 감소하게 되고 역률이 증가하게 된다.

26 수차발전기에 제동권선을 장비하는 주된 목적은?

① 정지시간 단축
② 발전기 안정도의 증진
③ 회전력의 증가
④ 과부하 내량의 증대

[해설] 발전기의 제동권선
부하의 급격한 저하가 속도상승을 가져오며 이때 주파수가 따라서 상승하게 되고 순간적인 전압상승이 나타나게 되는데 이 경우 발전기의 출력을 줄여서 속도를 안정시켜주어야 한다. 이 역할을 하는 장치를 제동권선이라 한다.

정답 21 ② 22 ③ 23 ① 24 ① 25 ④ 26 ②

27 자기여자방지를 위하여 충전용의 발전기 용량이 구비하여야 할 조건은?

① 발전기 용량 < 선로의 충전용량
② 발전기 용량 < 3×선로의 충전용량
③ 발전기 용량 > 선로의 충전용량
④ 발전기 용량 > 3×선로의 충전용량

해설 발전기의 자기여자작용
(1) 원인
정전용량에 의해 90° 앞선 진상전류로 부하의 단자전압이 발전기의 유기기전력보다 더 커지는 페란티 효과가 발생하게 되며 발전기는 오히려 전력을 수급받아 과여자된 상태로 운전을 하게 된다. 이 현상을 자기여자현상이라 한다.
(2) 방지대책
 (1) 동기조상기를 설치한다.
 (2) 분포리액터를 설치한다.
 (3) 발전기 여러 대를 병렬로 운전한다.
 (4) 변압기를 병렬로 설치한다.
 (5) 단락비가 큰 기계를 설치한다.
 (6) 발전기 용량 > 3×선로의 충전용량

28 다음 변전소의 역할 중 옳지 않은 것은?

① 유효진력과 무효전력을 제어한다.
② 전력을 발생 분배한다.
③ 전압을 승압 또는 강압한다.
④ 전력조류를 제어한다.

해설 변전소의 역할
(1) 전압의 변성과 조정
(2) 전력의 집중과 배분
(3) 전력조류의 제어
(4) 송배전선로 및 변전소의 보호
∴ 전력의 발생은 발전소의 역할이다.

29 조상설비가 있는 1차 변전소에서 주변압기로 주로 사용되는 변압기는?

① 승압용 변압기 ② 중권 변압기
③ 3권선 변압기 ④ 단상 변압기

해설 3권선변압기(Y-Y-Δ결선)
변압기의 1, 2차 결선이 Y-Y결선일 경우 철심의 비선형 특성으로 인하여 제3고조파 전압, 전류가 발생하고 이 고조파에 의해 근접 통신선에 전자유도장해를 일으키게 된다. 뿐만 아니라 2차측 Y결선 중성점을 접지할 경우 직렬공진에 의한 이상전압 및 제3고조파의 영상전압에 따른 중성점의 전위가 상승하게 된다. 이러한 현상을 줄이기 위해 3차 권선에 Δ결선을 삽입하여 제3고조파 전압, 전류를 Δ결선 내에 순환시켜 2차측 Y결선 선로에 제3고조파가 유입되지 않도록 하고 있다. 이 변압기를 3권선 변압기라 하며 Y-Y-Δ 결선으로 하여 3차 권선을 안정권선으로 채용하고 주로 1차 변전소 주변압기 결선으로 사용한다.

30 1차 변전소에서는 어떤 결선의 3권선 변압기가 가장 유리한가?

① Δ-Y-Y ② Y-Δ-Δ
③ Y-Y-Δ ④ Δ-Y-Δ

해설 3권선변압기(Y-Y-Δ결선)
3권선 변압기는 1, 2차 결선을 Y-Y로 하고 3차 권선을 Δ결선하여 제3고조파를 억제하기 위한 1차 변전소 주변압기의 결선이다.

31 변압기 결선에 있어서 1차에 제3고조파가 있을 때 2차 전압에 제3고조파가 나타나는 결선은?

① Δ - Δ ② Δ - Y
③ Y - Y ④ Y - Δ

해설 3권선변압기(Y-Y-Δ결선)
변압기의 1, 2차 결선이 Y-Y결선일 경우 철심의 비선형 특성으로 인하여 제3고조파 전압, 전류가 발생하고 이 고조파에 의해 근접 통신선에 전자유도장해를 일으키게 된다.

정답 27 ④ 28 ② 29 ③ 30 ③ 31 ③

32 최근 초고압 송전계통에 단권변압기가 사용되고 있는데, 그 특성이 아닌 것은?

① 중량이 가볍다.
② 전압변동률이 작다.
③ 효율이 높다.
④ 단락전류가 작다.

해설 단권변압기
단권변압기는 1차와 2차의 전기회로가 서로 절연되지 않고 권선의 일부를 공통회로로 사용하며 보통 승압기로 이용되는 변압기이다.
(1) 장점
 (1) 동량의 경감으로 중량이 가볍다.
 (2) 동손의 감소로 효율이 좋다.
 (3) 전압변동률이 작다.
 (4) 부하용량을 증대시킬 수 있다.
(2) 단점
 (1) 저압측에도 고압측과 같은 정도의 절연을 해야 한다.
 (2) 고압측에 이상전압이 나타나면 저압측에도 영향이 파급된다.
 (3) 누설리액턴스가 작기 때문에 단락전류가 매우 크다.

33 변전소 구내에서 보폭전압을 저감하기 위한 방법으로서 잘못된 것은?

① 접지선을 얕게 매설한다.
② Mesh식 접지방법을 채용하고 Mesh 간격을 좁게 한다.
③ 자갈 또는 콘크리트를 타설한다.
④ 철구, 가대 등의 보조접지를 한다.

해설 변전소 구내에서 보폭전압 저감대책
보폭전압이란 접지전극 부근의 지표면에 생기는 전위차로서 보통 인체에 보폭 사이의 전위차의 최대치로 표현한다. 변전소 구내에서 보폭전압의 저감대책으로는
(1) 접지선을 깊게 매설한다.
(2) Mesh식 접지방법을 채용하고 Mesh 간격을 좁게 한다.
(3) 특히 위험도가 큰 장소에서는 자갈 또는 콘크리트를 타설한다.
(4) 철구, 가대 등의 보조접지를 한다.

34 직류송전방식의 장점이 아닌 것은?

① 리액턴스의 강하가 생기지 않는다.
② 코로나손 및 전력손실이 적다.
③ 회전자계가 쉽게 얻어진다.
④ 유전체손 및 충전전류의 영향이 없다.

해설 직류송전방식의 장·단점
(1) 장점
 ㉠ 교류송전에 비해 기기나 전로의 절연이 용이하다. (교류의 $2\sqrt{2}$ 배, 교류최대치의 $\sqrt{2}$ 배)
 ㉡ 표피효과가 없고 코로나손 및 전력손실이 적어서 송전효율이 높다.
 ㉢ 선로의 리액턴스 성분이 나타나지 않아 유전체손 및 충전전류 영향이 없다.
 ㉣ 전압강하가 작고 전압변동률이 낮아 안정도가 좋다.
 ㉤ 역률이 항상 1이다.
 ㉥ 송전전력이 크다. (교류의 2배)
(2) 단점
 ㉠ 변압이 어려워 고압송전에 불리하다.
 ㉡ 회전자계를 얻기 어렵다.
 ㉢ 직류는 차단이 어려워 사고시 고장차단이 어렵다.

35 장거리 대전력 송전에 교류송전방식에 비해서 직류송전방식의 장점이 아닌 것은?

① 송전효율이 높다.
② 안정도의 문제가 없다.
③ 선로 절연이 더 수월하다.
④ 변압이 쉬워 고압 송전이 유리하다.

해설 직류송전방식의 단점
(1) 변압이 어려워 고압송전에 불리하다.
(2) 회전자계를 얻기 어렵다.
(3) 직류는 차단이 어려워 사고시 고장차단이 어렵다.

36 중성점 접지 직류 2선식과 교류 3상 3선식에서 사용 전선량이 같고 손실률과 절연 레벨을 같게 하면 송전전력은?

① 직류송전은 교류송전에 비하여 41[%] 증가한다.
② 직류송전은 교류송전에 비하여 100[%] 증가한다.
③ 교류송전은 직류송전에 비하여 41[%] 증가한다.
④ 교류송전은 직류송전에 비하여 100[%] 증가한다.

해설 직류송전방식의 장·단점
직류의 송전전력이 교류의 2배이므로 100[%] 증가한다.

37 직류송전방식에 비하여 교류송전방식의 가장 큰 이점은?

① 선로의 리액턴스에 의하여 전압강하가 없으므로 장거리송전에 유리하다.
② 지중송전의 경우, 충전전류와 유전체손을 고려하지 않아도 된다.
③ 변압이 쉬워 고압 송전이 유리하다.
④ 같은 절연에서 송전전력이 크게 된다.

해설 교류송전방식의 장·단점
(1) 장점
 ㉠ 변압이 쉬워 고압송전에 유리하다.
 ㉡ 회전자계를 쉽게 얻을 수 있다.
 ㉢ 고장차단이 용이하여 사고파급을 억제할 수 있다.
(2) 단점
 ㉠ 기기나 전로의 절연을 많이 해주어야 하므로 가격이 비싸다.
 ㉡ 표피효과가 생기고 코로나손, 유전체손 등이 나타나기 때문에 송전효율이 낮다.
 ㉢ 선로의 리액턴스 성분이 나타나기 때문에 전압강하 및 전압변동률이 크고 안정도가 나쁘다.
 ㉣ 역률이 나쁘다.

38 발전소 옥외 변전소의 모선방식 중 환상모선 방식은?

① 1모선 사고시 타모선으로 절체할 수 있는 2중 모선 방식이다.
② 1발전기마다 1모선으로 구분하여 모선 사고시 타발전기의 동시 탈락을 방지함
③ 다른 방식보다 차단기의 수가 적어도 된다.
④ 단모선 방식을 말한다.

해설 환상모선방식
옥외변전소에서 전력을 공급하는 모선을 환상식(루프식)으로 구성하여 타 변전소나 부하에 공급하면 모선 일부분에서 사고가 일어난다 하더라도 부하측에 전력을 타모선에서 공급함으로서 무정전 상태로 송전을 지속할 수 있는 2중모선방식이다.

39 자동경제급전(ELD : economic load distribution)의 목적은?

① 계통 주파수를 유지하는 것
② 경제성이 높은 수용가의 자동 선택
③ 수용가의 낭비 전력의 자동 선택
④ 발전 연료비(fuel cost)의 절약

해설 자동경제급전
주어진 전력설비를 수급균형의 유지와 운전예비력 확보, 송전선로의 안정도 유지 운용 및 연계선로의 조류제한 등을 고려하면서 전력수요에 맞추어 총발전연료비와 송전손실이 최소가 되도록 운전 중인 발전기에 출력을 배분하는 것을 말한다.

정답 36 ② 37 ③ 38 ① 39 ④

40 공칭전압은 그 선로를 대표하는 선간전압을 말하고, 최고전압은 정상운전시 선로에 발생하는 최고의 선간전압을 나타낸다. 다음 표에서 공칭전압에 대한 최고전압이 옳은 것은?

	공칭전압[kV]	최고전압[kV]
①	$\frac{3.3}{5.7}Y$	$\frac{3.5}{6.0}Y$
②	$\frac{6.6}{11.4}Y$	$\frac{6.9}{11.9}Y$
③	$\frac{13.2}{22.9}Y$	$\frac{13.5}{24.8}Y$
④	$\frac{22}{38}Y$	$\frac{25}{45}Y$

[해설] **표준전압**

송전계통의 전압을 표준화해서 정한 것이 표준전압이며 공칭전압과 최고전압이 이에 속한다. 공칭전압은 전선로를 대표하는 대표적인 선간전압을 말하고 최고전압은 전선로에 통상 발생하는 최고의 선간전압으로서 염해대책, 1선지락 고장시 내부이상전압, 코로나 장해, 정전유도 등을 고려할 때의 표준이 되는 전압이다. 일반적으로 최고전압은 공칭전압의 $\frac{1.15}{1.1}$ 배로 정하고 있다.

<우리나라의 표준전압>

공칭전압[kV]	최고전압[kV]
$\frac{3.3}{5.7}Y$	$\frac{3.4}{5.9}Y$
$\frac{6.6}{11.4}Y$	$\frac{6.9}{11.9}Y$
$\frac{13.2}{22.9}Y$	$\frac{13.7}{23.8}Y$
$\frac{22}{38}Y$	$\frac{23}{40}Y$
66	69
154	170
345	362
765	800

41 전력원선도의 가로축과 세로축은 각각 다음 중 어느 것을 나타내는가?

① 전압과 전류
② 전압과 전력
③ 전류와 전력
④ 유효전력과 무효전력

[해설] **전력원선도**

선로의 제량을 계산할 때 수식에 의한 방법과 도식에 의한 방법이 있다. 수식은 정확한 결과를 얻을 수 있게 하고 도식은 개략적인 필요한 내용을 간단히 구하는 경우에 적용한다. 선로의 송수전 양단의 전압 크기를 일정하게 하고 다만, 상차각만 변화시켜서 유효전력(P)을 송전할 수 있는지, 또 어떠한 무효전력(Q)이 흐르는지의 관계를 표시한 것이 전력원선도이다. 전력원선도는 가로축에 유효전력(P)을 두고 세로축에 무효전력(Q)을 두어서 송·수전단 전압간의 위상차의 변화에 대해서 전력의 변화를 원의 방정식으로 유도하여 그리게 된다.

(1) 전력원선도로 알 수 있는 사항
 ㉠ 송·수전단 전압간의 위상차
 ㉡ 송·수전할 수 있는 최대전력(=정태안정극한전력)
 ㉢ 송전손실 및 송전효율
 ㉣ 수전단의 역률
 ㉤ 조상용량

(2) 전력원선도 작성에 필요한 사항
 ㉠ 선로정수
 ㉡ 송·수전단 전압
 ㉢ 송·수전단 전압간 위상차

42 전력원선도에서 구할 수 없는 것은?

① 조상용량
② 송전손실
③ 정태안정극한전력
④ 과도안정극한전력

[해설] **전력원선도**

전력원선도로 알 수 있는 사항
(1) 송·수전단 전압간의 위상차
(2) 송·수전할 수 있는 최대전력(=정태안정극한전력)
(3) 송전손실 및 송전효율
(4) 수전단의 역률
(5) 조상용량

정답 40 ② 41 ④ 42 ④

43 전력원선도 작성에 필요없는 것은?

① 역률 ② 전압
③ 선로정수 ④ 상차각

[해설] 전력원선도
전력원선도 작성에 필요한 사항
(1) 선로정수
(2) 송·수전단 전압
(3) 송·수전단 전압간 위상차

44 송수 양단의 전압을 E_S, E_R라 하고 4단자 정수를 A, B, C, D라 할 때 전력원선도의 반지름은?

① $\dfrac{E_R E_S}{A}$ ② $\dfrac{E_S E_R}{B}$
③ $\dfrac{E_S E_R}{C}$ ④ $\dfrac{E_S E_R}{D}$

[해설] 전력원선도
전력원선도의 반지름(ρ)은 선로정수 B와 송·수전단 전압(E_S, E_R)의 곱으로 표현하며 부하의 증·감에 따라서 변화하는 무효전력을 보상해주는 조상기의 용량은 부하역률직선과 전력원선도의 직선상의 거리로 정하고 있다.
∴ 전력원선도의 반지름 $\rho = \dfrac{E_s E_R}{B}$

45 그림과 같은 송전선의 수전단 전력원선도에 있어서 역률 $\cos\theta$의 부하가 갑자기 감소하여 조상설비를 필요로 하게 되었을 때 필요한 조상기의 용량을 나타내는 부분은?

① $\overline{AB}$
② $\overline{BD}$
③ $\overline{EF}$
④ $\overline{FC}$

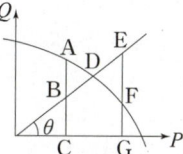

[해설] 전력원선도
부하의 증·감에 따라서 변화하는 무효전력을 보상해주는 조상기의 용량은 부하역률직선과 전력원선도의 직선상의 거리로 정하고 있다. 그림에서 부하가 감소하는 경우는 점 D에서 점 B로 부하가 이동하는 경우로서 부하역률직선에서 B점과 전력원선도상에서 A점을 직선으로 이은 선분의 길이가 보상해주어야 할 무효전력이며 이를 조상기용량이라 한다.
∴ 조상기 용량 $= \overline{AB}$

46 전력 조류계산을 하는 목적으로 거리가 먼 것은?

① 계통의 신뢰도 평가
② 계통의 확충계획 입안
③ 계통의 운용 계획수립
④ 계통의 사고예방제어

[해설] 전력조류 계산
전력조류계산이란 수많은 발전기에서 발전된 유효전력, 무효전력 등이 어떠한 상태로 전력계통 내를 흐르게 될 것인가, 또 이때 전력계통 내의 각 모선이나 선로에서의 전압과 전류는 어떤 분포를 하게 될 것인가를 조사하기 위한 계산을 의미한다.
(1) 전력계통 운전상태의 제반 상황
  ㉠ 각 모선의 전압분포
  ㉡ 각 모선의 전력
  ㉢ 각 선로의 전력 조류
  ㉣ 각 선로의 송전손실
  ㉤ 각 모선간의 상차각
(2) 조류계산의 목적
  ㉠ 계통의 사고예방제어
  ㉡ 계통의 운용계획입안
  ㉢ 계통의 확충계획입안

05 고장해석

1 단락비(k_s)

1. 단락전류(I_S)

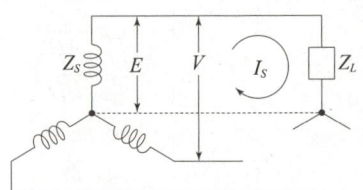

Z_S는 발전기 동기임피던스[Ω], E는 발전기 유기기전력(상전압)[V], V는 선간전압[V], Z_L은 부하임피던스[Ω]라 할 때

$$\therefore I_S = \frac{E}{Z_S} = \frac{V}{\sqrt{3}\,Z_S}\,[\text{A}] \quad \text{또는} \quad I_S = \frac{100}{\%Z}I_n = \frac{P_S}{\sqrt{3}\,V_S}\,[\text{A}]$$

여기서, I_S : 단락전류[A], I_n : 정격전류[A], P_S : 단락용량[VA], V_S : 정격전압[V]

2. %Z(%임피던스)

$$\%Z = \frac{Z_S I_n}{E} \times 100 = \frac{\sqrt{3}\,Z_S I_n}{V} \times 100\,[\%] \quad \text{또는} \quad \%Z = \frac{P[\text{kVA}] \times Z[\Omega]}{10\{V[\text{kV}]\}^2}\,[\%]$$

여기서, %Z : 퍼센트 임피던스[%], Z_S : 동기임피던스[Ω], I_n : 정격전류[A], E : 유기기전력[V], V : 선간전압(=정격전압)[V], P : 정격용량[kVA]

3. 단락용량(P_S)

$$P_S = \frac{V^2}{Z} = \frac{100}{\%Z}P_n\,[\text{kVA}] \quad \text{또는} \quad P_S = \sqrt{3} \times 정격전압 \times 정격차단전류\,[\text{kVA}]$$

여기서, P_S : 단락용량[kVA], V : 정격전압[V], Z : 임피던스[Ω], %Z : 퍼센트임피던스[%], P_n : 정격용량[kVA]

확인문제

01 3상 변압기의 임피던스 $Z[\Omega]$, 선간전압이 $V[\text{kV}]$, 변압기용량 $P[\text{kVA}]$일 때 이 변압기의 %임피던스는?

① $\dfrac{PZ}{10\,V^2}$　　② $\dfrac{10PZ}{V}$

③ $\dfrac{10\,VZ}{P}$　　④ $\dfrac{VZ}{P}$

[해설] %Z(%임피던스)

$$\%Z = \frac{Z_S I_n}{E} \times 100 = \frac{\sqrt{3}\,Z_S I_n}{V} \times 100\,[\%]$$

또는 $\%Z = \dfrac{P[\text{kVA}] \times Z[\Omega]}{10\{V[\text{kV}]\}^2}\,[\%]$

답 : ①

02 66[kV], 3상 1회선 송전선로의 1선이 리액턴스가 20[Ω], 전류가 350[A]일 때 %리액턴스는?

① 18.4　　② 19.7
③ 23.2　　④ 26.7

[해설] %X(%리액턴스)

$$\%X = \frac{X_S I_n}{E} \times 100 = \frac{\sqrt{3}\,X_S I_n}{V} \times 100\,[\%] \text{이므로}$$

$V = 66\,[\text{kV}]$, $X_S = 20\,[\Omega]$, $I_n = 350\,[\text{A}]$일 때

$$\therefore \%X = \frac{\sqrt{3}\,X_S I_n}{V} \times 100$$

$$= \frac{\sqrt{3} \times 20 \times 350}{66 \times 10^3} \times 100$$

$$= 18.4\,[\%]$$

답 : ①

4. 단락비(k_s)

$$k_s = \frac{100}{\%Z} = \frac{I_S}{I_n}$$

여기서, k_s : 단락비, $\%Z$: 퍼센트임피던스[%], I_S : 단락전류[A], I_n : 정격전류[A]

5. "단락비가 크다"는 의미

① 철기계로서 중량이 무겁고 가격이 비싸다.
② 철손이 커지고 효율이 떨어진다.
③ 계자기자력이 크기 때문에 전기자 반작용이 작다.
④ 동기임피던스가 작고 전압변동률이 작다.
⑤ 안정도가 좋다.
⑥ 공극이 크다.
⑦ 선로의 충전용량이 크다.

2 대칭좌표법

1. 대칭분 전압, 전류

(1) 영상분 전압(V_0), 영상분 전류(I_0)

$$V_0 = \frac{1}{3}(V_a + V_b + V_c) \,[\text{V}]$$

$$I_0 = \frac{1}{3}(I_a + I_b + I_c) \,[\text{A}]$$

(2) 정상분 전압(V_1), 정상분 전류(I_1)

$$V_1 = \frac{1}{3}(V_a + aV_b + a^2V_c) = \frac{1}{3}(V_a + \angle 120° V_b + \angle -120° V_c) \,[\text{V}]$$

$$I_1 = \frac{1}{3}(I_a + aI_b + a^2I_c) = \frac{1}{3}(I_a + \angle 120° I_b + \angle -120° I_c) \,[\text{A}]$$

확인문제

03 정격전류가 480[A], 단락전류가 600[A]일 때 단락비는 얼마인가?

① 1.0　　② 1.2
③ 1.25　　④ 1.5

[해설] 단락비(k_s)

$$k_s = \frac{100}{\%Z_S} = \frac{I_S}{I_n}$$ 이므로

$I_n = 480\,[\text{A}]$, $I_S = 600\,[\text{A}]$일 때

$$\therefore k_s = \frac{I_S}{I_n} = \frac{600}{480} = 1.25$$

답 : ③

04 "단락비가 크다"는 의미와 무관한 것은?

① 철손이 커지고 효율이 떨어진다.
② 동기임피던스가 작고 전압변동률이 작다.
③ 안정도가 좋다.
④ 전기자기자력이 크고 전기자반작용이 크다.

[해설] "단락비가 크다"는 의미
(1) 철기계로서 중량이 무겁고 가격이 비싸다.
(2) 철손이 커지고 효율이 떨어진다.
(3) 계자기자력이 크기 때문에 전기자반작용이 작다.
(4) 동기임피던스가 작고 전압변동률이 작다.
(5) 안정도가 좋다.
(6) 공극이 크다.
(7) 선로의 충전용량이 크다.

답 : ④

(3) 역상분 전압(V_2), 역상분 전류(I_2)

$$V_2 = \frac{1}{3}(V_a + a^2 V_b + a V_c) = \frac{1}{3}(V_a + \angle -120° V_b + \angle 120° V_c) \text{ [V]}$$

$$I_2 = \frac{1}{3}(I_a + a^2 I_b + a I_c) = \frac{1}{3}(I_a + \angle -120° I_b + \angle 120° I_c) \text{ [A]}$$

여기서, V_a, V_b, V_c : 3상 각 상전압[V], I_a, I_b, I_c : 3상 각 상전류[A]

2. 고장의 종류 및 고장 해석

(1) 1선 지락사고 및 지락전류(I_g)

a상이 지락되었다 가정하면 $I_b = I_c = 0$, $V_a = 0$이므로

$$I_0 = I_1 = I_2 = \frac{1}{3}I_a = \frac{1}{3}I_g = \frac{E_a}{Z_0 + Z_1 + Z_2} \text{ [A]}$$

∴ $I_0 = I_1 = I_2 \neq 0$

∴ $I_g = 3I_0 = \dfrac{3E_a}{Z_0 + Z_1 + Z_2}$ [A]

(2) 2선 지락사고 및 영상전압(V_0)

b상과 c상이 지락되었다 가정하면 $I_a = 0$, $V_b = V_c = 0$이므로

$$V_0 = V_1 = V_2 = \frac{Z_0 Z_2}{Z_1 Z_2 + Z_0 (Z_1 + Z_2)} E_a \text{ [V]}$$

∴ $V_0 = V_1 = V_2 \neq 0$

∴ $V_0 = \dfrac{Z_0 Z_2}{Z_1 Z_2 + Z_0 (Z_1 + Z_2)} E_a$ [V]

확인문제

05 3상 성형결선인 발전기가 있다. 송전선에서 a상이 지락이 된 경우 지락전류는 얼마인가? (단, Z_0 : 영상임피던스, Z_1 : 정상임피던스, Z_2 : 역상임피던스, E_a : 유기기전력이다.)

① $\dfrac{E_a}{Z_0 + Z_1 + Z_2}$ ② $\dfrac{3E_a}{Z_0 + Z_1 + Z_2}$

③ $\dfrac{2Z_0 E_a}{Z_0 + Z_1 + Z_2}$ ④ $\dfrac{2Z_2 E_a}{Z_1 + Z_2}$

[해설] 1선 지락사고 및 지락전류(I_g)

a상이 지락되었다 가정하면
$I_b = I_c = 0$, $V_a = 0$이므로

$$I_0 = I_1 = I_2 = \frac{1}{3}I_a = \frac{1}{3}I_g = \frac{E_a}{Z_0 + Z_1 + Z_2} \text{ [A]}$$

∴ $I_0 = I_1 = I_2 \neq 0$

∴ $I_g = 3I_0 = \dfrac{3E_a}{Z_0 + Z_1 + Z_2}$ [A]

답 : ②

06 송전선의 고장계산시 영상전압(V_0)과 정상전압(V_1), 그리고 역상전압(V_2)이 모두 같으면서 영(0)이 안 되는 경우의 사고종류는?

① 1선 지락사고 ② 2선 지락사고
③ 선간 단락사고 ④ 3상 단락사고

[해설] 2선 지락사고 및 영상전압(V_0)

b상과 c상이 지락되었다 가정하면 $I_a = 0$,
$V_b = V_c = 0$이므로

$$V_0 = V_1 = V_2 = \frac{Z_0 Z_2}{Z_1 Z_2 + Z_0(Z_1 + Z_2)} E_a \text{ [V]}$$

∴ $V_0 = V_1 = V_2 \neq 0$

∴ $V_0 = \dfrac{Z_0 Z_2}{Z_1 Z_2 + Z_0(Z_1 + Z_2)} E_a$ [V]

답 : ②

(3) 선간 단락사고 및 단락전류(I_S)

b상과 c상이 단락되었다 가정하면 $I_a = 0$, $I_b = -I_c = I_S$, $V_b = V_c$이므로

∴ $I_0 = 0 \,[\text{A}]$, $V_0 = 0 \,[\text{V}]$

∴ $I_S = I_b = -I_c = \dfrac{a^2 - a}{Z_1 + Z_2} E_a \,[\text{A}]$

(4) 3상 단락사고 및 단락전류(I_S)

$I_a + I_b + I_c = 0$, $V_a = V_b = V_c = 0$

∴ $I_S = I_a = \dfrac{E_a}{Z_1} \,[\text{A}]$

∴ $I_b = a^2 I_a \,[\text{A}]$, $I_c = a I_a \,[\text{A}]$

여기서, I_0 : 영상전류[A], E_a : a상 전압[V], Z_0 : 영상임피던스[Ω], Z_1 : 정상임피던스[Ω], Z_2 : 역상임피던스[Ω], I_a : a상 전류[A], I_b : b상 전류[A], I_c : c상 전류[A],

3. 등가회로로 바라본 대칭분 임피던스(Z_0, Z_1, Z_2)

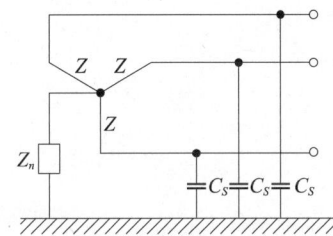

3상 회로를 1상 기준으로 하여 등가회로를 그리면 다음과 같다.

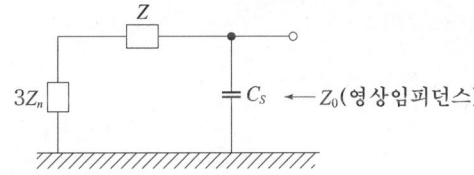

확인문제

07 3상 단락고장을 대칭 좌표법으로 해석할 경우 다음 중 필요한 것은?

① 정상 임피던스
② 역상 임피던스
③ 영상 임피던스
④ 정상, 역상, 영상 임피던스

[해설] 3상 단락사고 및 단락전류(I_S)
$I_a + I_b + I_c = 0$, $V_a = V_b = V_c = 0$

$I_S = I_a = \dfrac{E_a}{Z_1} \,[\text{A}]$

∴ 3상 단락고장시 단락전류는 정상임피던스(Z_1)로 표현된다.

답 : ①

08 송전선로의 고장 전류 계산에 있어서 영상 임피던스(zero sequence impedance)가 필요한 경우는?

① 3상 단락
② 선간 단락
③ 1선 접지
④ 3선 단선

[해설] 영상임피던스(Z_0)
송전선로의 사고의 종류가 다양한 만큼 그 특성 또한 각양각색으로 매우 다양하다. 그 중에서 지락사고와 단락사고는 사고종류를 크게 2가지로 나눌 때 표현하며 두 사고의 커다란 차이점은 대지와 전기적인 접촉이 있는 경우와 없는 경우이다. 결론적으로 대지와 전기적인 접촉이 있는 경우인 지락사고는 영상임피던스가 필요하며 그렇지 않은 단락사고는 영상임피던스가 필요치 않다.

답 : ③

(1) 영상임피던스(Z_0)

$$Z_0 = \cfrac{1}{j\omega C_S + \cfrac{1}{Z+3Z_n}} = \cfrac{Z+3Z_n}{1+j\omega C_S(Z+3Z_n)} \ [\Omega]$$

(2) 정상임피던스(Z_1)와 역상임피던스(Z_2)

$$Z_1 = Z_2 = Z \ [\Omega]$$

※ $Z_0 > Z_1 = Z_2$ 임을 알 수 있다.

여기서, C_S : 대지정전용량[F], Z : 선로 및 변압기 임피던스[Ω], Z_n : 중성점 임피던스[Ω]

05 출제예상문제

★
01 3상 회로에서 Y 선간전압을 E, 정격전류를 I_n, %임피던스를 Z_P라 할 때 3상 단락전류는?

① $\dfrac{E}{Z_P}$ ② $\dfrac{EI_n}{Z_P}$

③ $\dfrac{100I_n}{Z_P}$ ④ $\dfrac{100EI_n}{Z_P}$

[해설] 단락전류(I_S)
동기발전기의 동기임피던스 Z_S, 선간전압 E, 정격전류 I_n, %임피던스 Z_P, 단락용량 P_S, 정격전압 V_S라 하면 $I_S = \dfrac{E}{\sqrt{3}\,Z_S} = \dfrac{100}{Z_P}I_n = \dfrac{P_S}{\sqrt{3}\,V_S}$ [A]

∴ $I_S = \dfrac{100I_n}{Z_P}$ [A]

★★
02 선로의 3상 단락전류는 대개 다음과 같은 식으로 구한다. 여기서 I_N은 무엇인가?

$$I_S = \dfrac{100}{\sqrt{\%Z_T^2 + \%Z_L^2}} \cdot I_N$$

① 그 선로의 평균전류
② 그 선로의 최대전류
③ 전원변압기의 선로측 정격전류(단락측)
④ 전원변압기의 전원측 정격전류

[해설] 단락전류(I_S)
$I_S = \dfrac{100}{\%Z}I_N$ [A]일 때
$\%Z = \sqrt{\%Z_T^2 + \%Z_L^2}$ [%]라 하면
$I_S = \dfrac{100}{\sqrt{\%Z_T^2 + \%Z_L^2}}I_N$ [A]이다.
∴ 여기서 I_N은 전원변압기의 단락측 정격전류이다. 또한 고장지점에서 전원측에 나타나는 %임피던스를 적용하여 계산한다.

★★
03 정격전압 7.2[kV], 정격차단용량 250[MVA]인 3상용 차단기의 정격차단전류는 약 몇 [A]인가?

① 10,000 ② 20,000
③ 30,000 ④ 40,000

[해설] 정격차단전류(=단락전류)
$V_S = 7.2$ [kV], $P_S = 250$ [MVA]이므로
∴ $I_S = \dfrac{P_S}{\sqrt{3}\,V_S} = \dfrac{250 \times 10^6}{\sqrt{3} \times 7.2 \times 10^3} = 20,000$ [A]

★
04 그림과 같은 3상 송전계통의 송전전압은 22[kV]이다. 지금 1점 P에서 3상 단락했을 때의 발전기에 흐르는 단락전류는 약 몇 [A]인가?

① 725
② 1,150
③ 2,300
④ 3,725

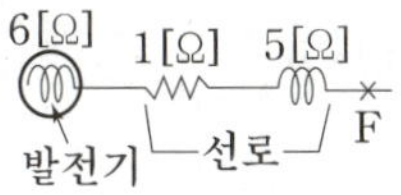

[해설] 단락전류(I_S)
단락된 F점을 기준으로 전원측 임피던스(Z)는
$Z = 1 + j5 + j6$ [Ω]이므로
$Z = 1 + j11$ [Ω], $V = 22$ [kV]일 때
∴ $I_S = \dfrac{V}{\sqrt{3}\,Z} = \dfrac{22 \times 10^3}{\sqrt{3} \times \sqrt{1^2 + 11^2}} = 1,150$ [A]

★★★
05 그림과 같은 3상 3선식 전선로의 단락점에 있어서의 3상 단락전류[A]는? (단, 22[kV]에 대한 %리액턴스는 4[%], 저항분은 무시한다.)

① 5,560
② 6,560
③ 7,560
④ 8,560

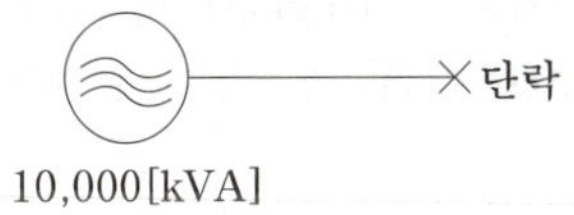

[해설] 단락전류(I_S)
$V = 22$ [kV], $\%x = 4$ [%], $P_n = 10,000$ [kVA]이므로
∴ $I_S = \dfrac{100}{\%x}I_n = \dfrac{100}{\%x} \cdot \dfrac{P_n}{\sqrt{3}\,V}$
$= \dfrac{100}{4} \times \dfrac{10,000}{\sqrt{3} \times 22} = 6,560$ [A]

[정답] 01 ③ 02 ③ 03 ② 04 ② 05 ②

06 한류 리액터를 사용하는 가장 큰 목적은?

① 충전전류의 제한
② 접지전류의 제한
③ 누설전류의 제한
④ 단락전류의 제한

[해설] 한류리액터
선로의 단락사고시 단락전류를 제한하여 차단기의 차단용량을 경감함과 동시에 직렬기기의 손상을 방지하기 위한 것으로서 차단기의 전원측에 직렬연결한다.

07 선간 전압 66[kV], 1회선 송전선로의 1선 리액턴스가 30[Ω], 정격전류가 220[A]일 때 %리액턴스는 얼마나 되는가?

① 10
② $10\sqrt{2}$
③ $10\sqrt{3}$
④ $\dfrac{10}{\sqrt{3}}$

[해설] %리액턴스(%x)

$$\%x = \dfrac{xI_n}{E} \times 100 = \dfrac{\sqrt{3}\,xI_n}{V} \times 100\,[\%] \text{ 또는}$$

$$\%x = \dfrac{P[\text{kVA}]\,x[\Omega]}{10\{V[\text{kV}]\}^2}\,[\%] \text{이므로}$$

$V = 66\,[\text{kV}]$, $x = 30\,[\Omega]$, $I_n = 220\,[\text{A}]$일 때

$$\therefore \%x = \dfrac{\sqrt{3}\,xI_n}{V} \times 100 = \dfrac{\sqrt{3} \times 30 \times 220}{66 \times 10^3} \times 100$$
$$= 17.32\,[\%] \fallingdotseq 10\sqrt{3}\,[\%]$$

08 3상 송전선로의 선간전압을 100[kV], 3상 기준용량을 10,000[kVA]로 할 때, 선로리액턴스(1선당) 100[Ω]을 %임피던스로 환산하면 얼마인가?

① 1
② 10
③ 0.33
④ 3.33

[해설] %임피던스(%Z)
$V = 100\,[\text{kV}]$, $P = 10,000\,[\text{kVA}]$,
$x = 100\,[\Omega]$이므로

$$\therefore \%Z = \dfrac{P[\text{kVA}]\,x[\Omega]}{10\{V[\text{kV}]\}^2} = \dfrac{10,000 \times 100}{10 \times 100^2} = 10\,[\%]$$

09 어느 발전소의 발전기는 그 정격이 13.2[kV], 93,000[kVA], 95[%]라고 명판에 씌어 있다. 이것은 몇 [Ω]인가?

① 1.2
② 1.8
③ 1,200
④ 1,780

[해설] %임피던스(%Z)
$V = 13.2\,[\text{kV}]$, $P = 93,000\,[\text{kVA}]$,
%$Z = 95\,[\%]$이므로

$$\%Z = \dfrac{P[\text{kVA}]\,Z[\Omega]}{10\{V[\text{kV}]\}^2}\,[\%] \text{ 식에서}$$

Z값을 유도해서 풀면

$$\therefore Z = \dfrac{\%Z \cdot 10\,V^2}{P} = \dfrac{95 \times 10 \times 13.2^2}{93,000} = 1.8\,[\Omega]$$

10 합성 %임피던스를 Z_p라 할 때, P[kVA](기준)의 위치에 설치할 차단기의 용량[MVA]은?

① $\dfrac{100}{Z_p}P$
② $\dfrac{100}{P}Z_p$
③ $\dfrac{0.1}{Z_p}P$
④ $10Z_p P$

[해설] 단락용량(P_s)

$$P_s = \dfrac{V^2}{Z} = \dfrac{100}{\%Z}P_n\,[\text{kVA}] \text{ 또는}$$

$P_s = \sqrt{3} \times$정격전압$\times$정격차단전류[kVA]이므로

%$Z = Z_p$, $P_n = P$[kVA]일 때 P_s[MVA]는

$$\therefore P_s = \dfrac{0.1}{Z_p}P_n\,[\text{MVA}]$$

11 다음과 같은 단상 전선로의 단락용량[kVA]는? (단, 단락점까지의 전선 한 줄의 임피던스가 $Z = 6 + j8$ (전원포함), 단락전의 단락점 전압 $V = 22.9$[kV]이고 부하전류는 무시한다.)

① 13,110
② 26,220
③ 39,330
④ 52,440

[해설] 단락용량(P_s)
단상 2선식 선로에서 전선 1가닥의 임피던스를 Z라 하면 단락용량 P_s는

$$P_s = \dfrac{V^2}{2Z}\,[\text{VA}] \text{이므로}$$

정답 06 ④ 07 ③ 08 ② 09 ② 10 ③ 11 ②

$Z = 6+j8\,[\Omega]$, $V = 22.9\,[kV]$일 때

$$\therefore P_s = \frac{V^2}{2Z} = \frac{(22.9 \times 10^3)^2}{2 \times \sqrt{6^2+8^2}}$$
$$= 26,220 \times 10^3\,[VA]$$
$$= 26,220\,[kVA]$$

12 단락용량 5,000[MVA]인 모선의 전압이 154[kV]라면 등가모선 임피던스는 몇 [Ω]인가?

① 2.54　　　　② 4.74
③ 6.34　　　　④ 8.24

[해설] 단락용량(P_s)

$$P_s = \frac{V^2}{Z} = \frac{100}{\%Z} P_n\,[kVA]\; 또는$$
$$P_s = \sqrt{3} \times 정격전압 \times 정격차단전류\,[kVA] 이므로$$
$P_s = 5,000\,[MVA]$, $V = 154\,[kV]$일 때
임피던스 Z는

$$\therefore Z = \frac{V^2}{P_s} = \frac{(154 \times 10^3)^2}{5,000 \times 10^6} = 4.74\,[\Omega]$$

13 어느 변전소 모선에서의 계통 전체의 합성 임피던스가 2.5[%](100[MVA]기준)일 때, 모선측에 설치하여야 할 차단기의 차단 소요용량은 몇 [MVA]인가?

① 1,000　　　　② 2,000
③ 3,000　　　　④ 4,000

[해설] 차단기의 차단용량(=단락용량)
$\%Z = 2.5\,[\%]$, $P_n = 100\,[MVA]$이므로

$$\therefore P_s = \frac{100}{\%Z} P_n = \frac{100}{2.5} \times 100 = 4,000\,[MVA]$$

14 합성임피던스 0.25[%]의 개소에 시설해야 할 차단기의 차단 용량으로 적당한 것은? (단, 합성임피던스는 10[MVA]를 기준으로 환산한 값이다.)

① 3,800　　　　② 4,200
③ 3,500　　　　④ 2,500

[해설] 차단기의 차단용량(=단락용량)
$\%Z = 0.25\,[\%]$, $P_n = 10\,[MVA]$이므로

$$P_s = \frac{100}{\%Z} P_n = \frac{100}{0.25} \times 10 = 4,000\,[MVA]$$

∴ 차단기 용량은 계산 결과의 상위값인 4,200[MVA]가 적당하다.

15 합성임피던스가 0.4[%](10,000[kVA] 기준)인 발전소에 시설할 차단기의 필요한 차단용량은 몇 [MVA]인가?

① 1,000　　　　② 1,500
③ 2,000　　　　④ 2,500

[해설] 차단기의 차단용량(=단락용량)
$\%Z = 0.4\,[\%]$, $P_n = 10,000\,[kVA]$이므로

$$\therefore P_s = \frac{0.1}{\%Z} P_n = \frac{0.1}{0.4} \times 10,000 = 2,500\,[MVA]$$

16 그림에 표시하는 무부하 송전선의 S점에 있어서 3상 단락이 일어났을 때의 단락전류[A]는?
(단, G_1 : 15[MVA], 11[kV], %Z=30[%]
G_2 : 15[MVA], 11[kV], %Z=30[%]
T : 30[MVA], 11[kV]/154[kV], %Z=8[%]
송전선 TS 사이 50[km], Z=0.5[Ω/km])

① 12.7
② 151.3
③ 273
④ 383.3

[해설] 단락전류(I_S)
전체 계통의 %Z를 기준용량 30[MVA]로 환산하여 정리하면

$$\%Z_{G1} = 30 \times \frac{30}{15} = 60\,[\%],$$
$$\%Z_{G2} = 30 \times \frac{30}{15} = 60\,[\%]$$
$$\%Z_T = 8\,[\%]$$
$$\%Z_L = \frac{PZ}{10V^2} = \frac{30 \times 10^3 \times 0.5 \times 50}{10 \times 154^2} = 3.16\,[\%]$$

이므로

$$\%Z = \%Z_L + \%Z_T + \frac{\%Z_{G1} \cdot \%Z_{G2}}{\%Z_{G1} + \%Z_{G2}}$$
$$= 3.16 + 8 + \frac{60 \times 60}{60+60} = 41.16\,[\%]$$

$$\therefore I_S = \frac{100}{\%Z} I_n = \frac{100}{41.16} \times \frac{30 \times 10^3}{\sqrt{3} \times 154} = 273\,[A]$$

17 그림과 같이 전압 11[kV], 용량 15[MVA]의 3상 교류발전기 2대와 용량 33[MVA]의 변압기 1대로 된 계통이 있다. 발전기 1대 및 변압기의 %리액턴스가 20[%], 10[%]일 때 차단기 2의 차단용량[MVA]은?

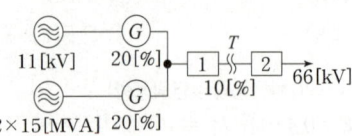

① 80 ② 95
③ 103 ④ 125

[해설] 차단기의 차단용량(=단락용량)
전체 계통의 %Z를 기준용량 15[MVA]로 환산하여 정리하면
발전기 $\%Z_{G1} = \%Z_{G2} = 20\,[\%]$
변압기 $\%Z_T = 10 \times \dfrac{15}{33} = 4.55\,[\%]$ 이므로
$$\%Z = \%Z_T + \dfrac{\%Z_{G1} \cdot \%Z_{G2}}{\%Z_{G1} + \%Z_{G2}}$$
$$= 4.55 + \dfrac{20 \times 20}{20 + 20} = 14.55\,[\%]$$
$$\therefore P_s = \dfrac{100}{\%Z} P_n = \dfrac{100}{14.55} \times 15 = 103\,[\text{MVA}]$$

18 변전소의 1차측 합성 선로 임피던스를 3[%](10,000[kVA] 기준)라 하고, 3,000[kVA] 변압기 2대를 병렬로 하여 그 임피던스를 5[%]라 하면 A지점의 단락 용량은 얼마인가?

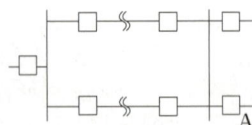

① 76,920[kVA]
② 88,260[kVA]
③ 90,910[kVA]
④ 125,000[kVA]

[해설] 단락용량(P_s)
전체 계통의 %Z를 기준용량 10,000[kVA]로 환산하여 정리하면
변전소 $\%Z_{ss} = 3\,[\%]$
변압기 $\%Z_{t1} = 5 \times \dfrac{10,000}{3000} = 16.67\,[\%]$
변압기 $\%Z_{t2} = 5 \times \dfrac{10,000}{3000} = 16.67\,[\%]$ 이므로
$$\%Z = \%Z_{ss} + \dfrac{\%Z_{t1} \cdot \%Z_{t2}}{\%Z_{t1} + \%Z_{t2}}$$
$$= 3 + \dfrac{16.67 \times 16.67}{16.67 + 16.67} = 11.33\,[\%]$$
$$\therefore P_s = \dfrac{100}{\%Z} P_n = \dfrac{100}{11.33} \times 10,000$$
$$= 88,260\,[\text{kVA}]$$

19 그림과 같은 3상 교류회로에서 유입차단기 3의 차단용량은 몇 [MVA]인가?
(단, 발전기 G_1 : 용량 15,000[kVA], $\%X = 10[\%]$, 발전기 G_2 : 용량 30,000[kVA], $\%X = 10[\%]$, 변압기 Tr : 용량 45,000[kVA], $\%X = 5[\%]$이고, 기타 제시되지 않은 수치는 무시한다.)

① 150
② 300
③ 450
④ 800

[해설] 차단기의 차단용량(=단락용량)
전체 계통의 %Z를 기준용량 45,000[kVA]로 환산하여 정리하면
G_1 발전기 $\%Z_{G1} = 10 \times \dfrac{45,000}{15,000} = 30\,[\%]$
G_2 발전기 $\%Z_{G2} = 10 \times \dfrac{45,000}{30,000} = 15\,[\%]$
변압기 $\%Z_T = 5\,[\%]$ 이므로
$$\%Z = \%Z_T + \dfrac{\%Z_{G1} \cdot \%Z_{G2}}{\%Z_{G1} + \%Z_{G2}} = 5 + \dfrac{30 \times 15}{30 + 15}$$
$$= 15\,[\%]$$
$$\therefore P_s = \dfrac{0.1}{\%Z} P_n = \dfrac{0.1}{15} \times 45,000 = 300\,[\text{MVA}]$$

20 그림에서 A점의 차단기 용량으로 가장 적당한 것은?

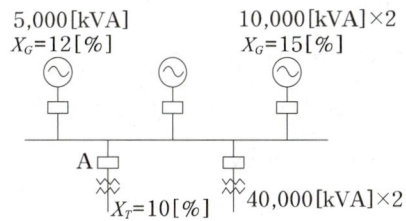

① 50[MVA] ② 100[MVA]
③ 150[MVA] ④ 200[MVA]

[해설] 차단기의 차단용량(=단락용량)
전체 계통의 %Z를 기준용량 10,000[kVA]로 환산하여 정리하면
5,000[kVA] 발전기
$\%Z_{G1} = 12 \times \dfrac{10,000}{5,000} = 24\,[\%]$
10,000[kVA] 발전기
$\%Z_{G2} = \%Z_{G3} = 15\,[\%]$ 이므로
$\%Z = \dfrac{1}{\dfrac{1}{24}+\dfrac{1}{15}+\dfrac{1}{15}} = 5.71\,[\%]$
$P_s = \dfrac{0.1}{\%Z}P_n = \dfrac{0.1}{5.71} \times 10,000 = 175\,[\text{MVA}]$
∴ 차단기 용량은 계산 결과의 상위값인 200[MVA]가 적당하다.

21 수전용 차단기의 정격차단용량을 결정하는 중요한 요소는?

① 수전점 단락전류 ② 수전변압기 용량
③ 부하설비 용량   ④ 최대 부하전류

[해설] 차단기의 차단용량(=단락용량)
차단용량은 그 차단기가 적용되는 계통의 3상 단락용량(P_s)의 한도를 표시하고
$P_s[\text{MVA}] = \sqrt{3} \times$정격전압[kV]$\times$정격차단전류[kA]
식으로 표현한다.
이때 정격전압은 계통의 최고전압을 표시하며 정격차단전류는 단락전류를 기준으로 한다. 또한 차단용량의 크기를 정하는 기준이기도 하다. 단락전류는 단락지점을 기준으로 한 경우 공급측 계통에 흐르게 되며 그 전류로 공급측 전원용량의 크기나 공급측 전원 단락용량을 결정하게 된다.

22 수전용 변전설비의 1차측에 설치하는 차단기의 용량은 다음 중 어느 것에 의하여 정하는가?

① 공급측 전원의 크기
② 수전계약용량
③ 수전전력과 부하용량
④ 부하설비용량

[해설] 차단기의 차단용량(=단락용량)
차단용량은 공급측 전원용량의 크기나 공급측 전원 단락용량으로 결정하게 된다.

23 3상용 차단기의 정격차단용량이라 함은?

① 정격전압 × 정격차단전류
② $\sqrt{3}$ × 정격전압 × 정격전류
③ 3 × 정격전압 × 정격차단전류
④ $\sqrt{3}$ × 정격전압 × 정격차단전류

[해설] 차단기의 차단용량(=단락용량)
차단용량은 그 차단기가 적용되는 계통의 3상 단락용량(P_s)의 한도를 표시하고
$P_s[\text{MVA}] = \sqrt{3} \times$정격전압[kV]$\times$정격차단전류[kA]
식으로 표현한다.

24 불평형 3상 전압을 V_a, V_b, V_c 라고 하고 $a = \epsilon^{j2\pi/3}$ 라고 할 때 영상 전압 V_0는?

① $V_a + V_b + V_c$
② $\dfrac{1}{3}(V_a + V_b + V_c)$
③ $\dfrac{1}{3}(V_a + aV_b + a^2V_c)$
④ $\dfrac{1}{3}(V_a + a^2V_b + aV_c)$

[해설] 대칭분 전압
(1) 영상전압 $V_0 = \dfrac{1}{3}(V_a + V_b + V_c)$
(2) 정상전압 $V_1 = \dfrac{1}{3}(V_a + aV_b + a^2V_c)$
(3) 역상전압 $V_2 = \dfrac{1}{3}(V_a + a^2V_b + aV_c)$

정답 20 ④ 21 ① 22 ① 23 ④ 24 ②

25 역상 전류가 각 상전류로 바르게 표시된 것은?

① $I_2 = I_a + I_b + I_c$
② $I_2 = \frac{1}{3}(I_a + aI_b + a^2 I_c)$
③ $I_2 = \frac{1}{3}(I_a + a^2 I_b + aI_c)$
④ $I_2 = aI_a + I_b + a^2 I_c$

[해설] 대칭분 전류
(1) 영상전류 $I_0 = \frac{1}{3}(I_a + I_b + I_c)$
(2) 정상전류 $I_1 = \frac{1}{3}(I_a + aI_b + a^2 I_c)$
(3) 역상전류 $I_2 = \frac{1}{3}(I_a + a^2 I_b + aI_c)$

26 그림과 같은 3상 발전기가 있다. a상이 지락한 경우 지락 전류는 얼마인가? (단, Z_0 : 영상 임피던스, Z_1 : 정상 임피던스, Z_2 : 역상 임피던스이다.)

① $\dfrac{E_a}{Z_0 + Z_1 + Z_2}$
② $\dfrac{3E_a}{Z_0 + Z_1 + Z_2}$
③ $\dfrac{2Z_0 E_a}{Z_0 + Z_1 + Z_2}$
④ $\dfrac{2Z_2 E_a}{Z_1 + Z_2}$

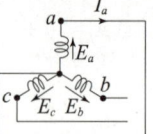

[해설] 1선 지락사고 및 지락전류(I_g)
a상이 지락한 경우 $I_a = I_g$, $I_b = I_c = 0$, $V_a = 0$이므로
$I_0 = I_1 = I_2 = \frac{1}{3} I_a = \frac{1}{3} I_g = \dfrac{E_a}{Z_0 + Z_1 + Z_2}$ [A]
$I_0 = I_1 = I_2 \neq 0$이며
∴ $I_g = I_a = 3I_0 = \dfrac{3E_a}{Z_0 + Z_1 + Z_2}$ [A]
1선 지락사고는 영상임피던스(Z_0), 정상임피던스(Z_1), 역상임피던스(Z_2)를 모두 이용하여 지락전류를 계산한다.

27 3상 동기 발전기 단자에서 고장전류 계산시 영상 전류 i_0와 정상 전류 i_1 및 역상 전류 i_2가 같은 경우는?

① 1선 지락   ② 2선 지락
③ 선간 단락   ④ 3상 단락

[해설] 1선 지락사고 및 지락전류(I_g)
a상이 지락한 경우 $I_a = I_g$, $I_b = I_c = 0$, $V_a = 0$이므로
$I_0 = I_1 = I_2 = \frac{1}{3} I_a = \frac{1}{3} I_g = \dfrac{E_a}{Z_0 + Z_1 + Z_2}$ [A]
$I_0 = I_1 = I_2 \neq 0$이며
∴ $I_g = I_a = 3I_0 = \dfrac{3E_a}{Z_0 + Z_1 + Z_2}$ [A]

28 1선 접지 고장을 대칭 좌표법으로 해석할 경우 필요한 것은?

① 정상임피던스도(diagram) 및 역상임피던스도
② 정상임피던스도
③ 정상임피던스도 및 역상임피던스도
④ 정상임피던스, 역상임피던스도 및 영상임피던스도

[해설] 1선 지락사고 및 지락전류(I_g)
$I_g = I_a = 3I_0 = \dfrac{3E_a}{Z_0 + Z_1 + Z_2}$ [A]
1선 지락사고는 영상임피던스(Z_0), 정상임피던스(Z_1), 역상임피던스(Z_2)를 모두 이용하여 지락전류를 계산한다.

29 송전선로에서 가장 많이 발생되는 사고는?

① 단선 사고   ② 단락 사고
③ 지지물 전도 사고   ④ 지락 사고

[해설] 송전선로의 사고 종류
송전선로에서 발생하는 선로사고는 1선 지락사고, 2선 지락사고, 선간 단락사고, 3선 단락사고 등이 있으며 이 외에도 1선 단선사고, 2선 단선사고 등이 있다. 이중에 송전선로에서 가장 빈번하게 발생하는 사고가 1선 지락사고이며 계통해석에 중요한 부분을 차지하고 있다.

정답 25 ③ 26 ② 27 ① 28 ④ 29 ④

30 송전선로의 고장 전류 계산에서 변압기의 결선 상태(△-△, △-Y, Y-△, Y-Y)와 중성점 접지 상태(접지 또는 비접지, 접지시에는 접지임피던스 값)를 알아야 할 경우는?

① 3상 1단락
② 선간 단락
③ 1선 접지
④ 3선 단선

해설 1선 지락사고
변압기 결선이 △결선인 경우 선로는 비접지 계통으로 해석하며 Y결선인 경우 선로는 중성점 접지식 계통으로 해석하게 된다. 1선 지락사고시 비접지계통의 지락전류는 대지정전용량에 의해서 흐르는 충전전류 성분으로 계산하며 접지식 계통의 지락전류는 대지정전용량과 중성점 접지임피던스에 의한 영상임피던스에 의해서 흐르는 영상전류 성분으로 계산된다. 따라서 △결선의 비접지선로에서는 영상분이 나타나지 않으며 접지식 선로인 경우에 영상분이 존재하게 된다.

31 다음 그림에서 * 친 부분에 흐르는 전류는?

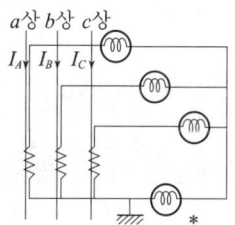

① b상 전류
② 정상 전류
③ 역상 전류
④ 영상 전류

해설 영상전류(I_0)
a, b, c상에 흐르는 각각의 변류기 2차전류를 I_a, I_b, I_c라 하면 *표시의 전류 I_*는 다음과 같다.
$I_* = I_a + I_b + I_c = 3I_0$ [A]
따라서 I_*는 지락전류이며 영상전류로 표현된다.

32 선간 단락고장을 대칭좌표법으로 해석할 경우 필요한 것은?

① 정상임피던스도 및 역상임피던스도
② 정상임피던스도 및 영상임피던스도
③ 역상임피던스도 및 영상임피던스도
④ 영상임피던스도

해설 선간 단락사고 및 단락전류(I_S)
b상과 c상이 단락되었다고 가정하면 $I_a = 0$,
$I_b = -I_c = I_S$, $V_b = V_c$이므로
$I_0 = 0$, $V_0 = 0$
$I_S = I_b = -I_c = \dfrac{a^2 - a}{Z_1 + Z_2} E_a$ [A]
∴ 선간 단락사고는 정상임피던스(Z_1), 역상임피던스(Z_2)로 단락전류를 계산한다.

33 3상 송전선로에서 선간 단락이 발생하였을 때 옳은 것은?

① 정상전류와 역상전류가 흐른다.
② 정상전류, 역상전류 및 영상전류가 흐른다.
③ 역상전류와 영상전류가 흐른다.
④ 정상전류와 영상전류가 흐른다.

해설 선간 단락사고 및 단락전류(I_S)
b상과 c상이 단락되었다고 가정하면 $I_a = 0$,
$I_b = -I_c = I_S$, $V_b = V_c$이므로
$I_0 = 0$, $V_0 = 0$
∴ 영상전류는 영(0)이 되고 정상전류와 역상전류가 흐른다.

34 무부하 3상 교류 발전기의 두 선이 단락되었을 때 다음 중 옳은 것은? (단, 단자 전압의 대칭분은 V_0, V_1, V_2이고 전류의 대칭분은 I_0, I_1, I_2이다.)

① $I_0 = 0$ ② $I_1 = I_2$
③ $V_0 = V_1$ ④ $V_0 = -V_1$

해설 선간 단락사고 및 단락전류(I_S)
b상과 c상이 단락되었다고 가정하면
$I_a = 0$, $I_b = -I_c = I_S$, $V_b = V_c$이므로
$I_0 = 0$, $V_0 = 0$

정답 30 ③ 31 ④ 32 ① 33 ① 34 ①

35 3상 단락사고가 발생한 경우, 다음 중 옳지 않은 것은?(단, V_0 : 영상전압, V_1 : 정상전압, V_2 : 역상전압, I_0 : 영상전류, I_1 : 정상전류, I_2 : 역상전류이다.)

① $V_2 = V_0 = 0$　　② $V_2 = I_2 = 0$
③ $I_2 = I_0 = 0$　　④ $I_1 = I_2 = 0$

[해설] 3상 단락사고 및 단락전류(I_S)
$I_a + I_b + I_c = 0,\ V_a = V_b = V_c = 0$
$I_S = I_a = \dfrac{E_a}{Z_1}$ [A]
∴ 3상 단락사고는 정상분만 존재한다.
따라서 $I_1 \ne 0,\ I_2 \ne 0$이다.

36 그림과 같은 회로의 영상 임피던스는?

① $\dfrac{Z_n}{1 + j\omega C Z_n}$　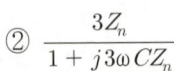

② $\dfrac{3Z_n}{1 + j3\omega C Z_n}$　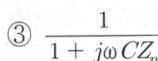

③ $\dfrac{1}{1 + j\omega C Z_n}$

④ $\dfrac{Z_n}{1 + j3\omega C Z_n}$

[해설] 등가회로로 바라본 대칭분 임피던스($Z_0,\ Z_1,\ Z_2$)
3상회로를 1상 기준으로 하여 등가임피던스를 구하면
영상임피던스 $Z_0 = \dfrac{1}{\dfrac{1}{3Z_n} + j\omega C} = \dfrac{3Z_n}{1 + j3\omega C Z_n}$ [Ω]
정상임피던스(Z_1)와 역상임피던스(Z_2)는
$Z_1 = Z_2 = 0$ [Ω]
∴ $Z_0 = \dfrac{3Z_n}{1 + j3\omega C Z_n}$ [Ω]

37 그림과 같은 회로의 영상, 정상, 역상 임피던스 $Z_0,\ Z_1,\ Z_2$는?

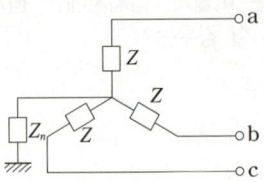

① $Z_0 = Z + 3Z_n,\ Z_1 = Z_2 = Z$
② $Z_0 = 3Z + Z_n,\ Z_1 = 3Z,\ Z_2 = Z$
③ $Z_0 = 3Z_n,\ Z_1 = Z,\ Z_2 = 3Z$
④ $Z_0 = Z + Z_n,\ Z_1 = Z_2 = Z + 3Z_n$

[해설] 등가회로로 바라본 대칭분 임피던스($Z_0,\ Z_1,\ Z_2$)
3상 회로를 1상 기준으로 하여 등가임피던스를 구하면
영상임피던스 $Z_0 = Z + 3Z_n$ [Ω]
정상임피던스(Z_1)와 역상임피던스(Z_2)는
$Z_1 = Z_2 = Z$ [Ω]
∴ $Z_0 = Z + 3Z_n,\ Z_1 = Z_2 = Z$

38 다음 설명 중 옳은 것은?

① 송전선로의 정상임피던스는 역상임피던스의 반이다.
② 송전선로의 정상임피던스는 역상임피던스의 배이다.
③ 송전선의 정상임피던스는 역상임피던스와 같다.
④ 송전선의 정상임피던스는 역상임피던스의 3배이다.

[해설] 송전선로의 대칭분 임피던스($Z_0,\ Z_1,\ Z_2$)
변압기 Y결선의 각 상에 임피던스를 Z, 중성점 접지 임피던스를 Z_n이라 할 때
영상임피던스 $Z_0 = Z + 3Z_n$ [Ω]
정상임피던스(Z_1)=역상임피던스(Z_2)=Z [Ω]이므로
∴ 송전선이나 변압기에서는 $Z_0 > Z_1 = Z_2$임을 알 수 있다.

정답　35 ④　36 ②　37 ①　38 ③

39 송전선로의 정상, 역상 및 영상임피던스를 각각 Z_1, Z_2 및 Z_0라 하면 다음 어떤 관계가 성립하는가?

① $Z_1 = Z_2 = Z_0$
② $Z_1 = Z_2 > Z_0$
③ $Z_1 > Z_2 = Z_0$
④ $Z_1 = Z_2 < Z_0$

해설 송전선로의 대칭분 임피던스(Z_0, Z_1, Z_2)
송전선이나 변압기에서는 $Z_0 > Z_1 = Z_2$임을 알 수 있다.

40 3상 송전선로에 변압기가 그림과 같이 Y-Δ로 결선되어 있고, 1차측에는 중성점이 접지되어 있다. 이 경우, 영상 전류가 흐르는 곳은?

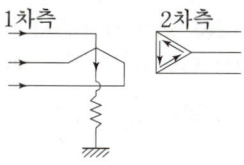

① 1차측 선로
② 1차측 선로 및 접지선
③ 1차측 선로, 접지선 및 Δ회로 내부
④ 1차측 선로, 접지선, Δ회로 내부 및 2차측 선로

해설 영상전류
먼저 영상전류가 흐르기 위해서는 계통에서 지락사고가 발생하는 경우로서 변압기나 발전기 결선이 Y결선으로 되어 있으며 중성점이 접지되어 있어야 선로에 영상전류가 흐르게 된다. 따라서 변압기 Y-Δ결선의 1차측 선로와 중성점 접지선에는 조건에 만족하기 때문에 영상전류가 흐르게 된다. 2차측 결선은 Δ결선으로서 선로에는 영상전류가 흐를 수 없으며 다만 Δ결선된 변압기 상전류에 영상전류가 순환하므로 영상전류가 변압기 2차측 Δ결선 내부순환전류에 포함되어 있다.

41 그림과 같은 3권선 변압기의 2차측에서 1선 지락 사고가 발생하였을 경우 영상전류가 흐르는 권선은?

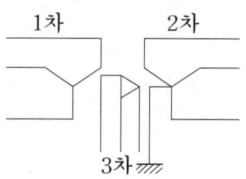

① 1차, 2차, 3차 권선
② 1차, 2차 권선
③ 2차, 3차 권선
④ 1차, 3차 권선

해설 영상전류
변압기 Y-Y-Δ결선의 2차측 선로와 중성점 접지선에는 조건에 만족하기 때문에 영상전류가 흐르게 된다. 3차 결선은 Δ결선으로서 선로에는 영상전류가 흐를 수 없으며 다만 Δ결선된 변압기 상전류에 영상전류가 순환하므로 영상전류가 변압기 3차측 Δ결선 내부순환전류에 포함되어 있다.
따라서 2차, 3차 권선에 모두 영상전류가 흐르게 된다.

42 송전 계통의 한 부분이 그림에서와 같이 Y-Y로 3상 변압기가 결선이 되고 1차측은 비접지로, 그리고 2차측은 접지로 되어 있을 경우, 영상 전류는?

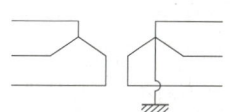

① 1차측 선로에만 흐를 수 있다
② 2차측 선로에만 흐를 수 있다
③ 1차 및 2차측 선로에서 다 흐를 수 있다
④ 1차 및 2차측 선로에서 다 흐를 수 없다

해설 영상전류
변압기 Y-Y결선의 1차측은 비접지되어 있으므로 1차측 선로에 영상전류가 흐르지 못한다. 변압기 2차측 결선은 Y결선되어있고 중성점이 접지되어 있으므로 영상전류가 흐를 수 있는 조건은 만족하였지만 이 경우 접지저항이 매우 커져 영상전류가 회로로 유입되지 못하고 2차측 선로에도 영상전류가 흐를 수 없게 된다. 따라서 Y-Y결선된 변압기인 경우 접지가 어느 한쪽에만 잡혀있다면 1차, 2차측 선로에 모두 영상전류가 흐르지 못하게 된다.

정답 39 ④ 40 ③ 41 ③ 42 ④

43 그림과 같은 3상선로의 각 상의 자기인덕턴스를 L[H], 상호인덕턴스를 M[H], 전원주파수를 f[Hz]라 할 때, 영상임피던스 Z_0[Ω]은? (단, 선로의 저항은 R[Ω]임)

① $Z_0 = R + j2\pi f(L-M)$
② $Z_0 = R + j2\pi f(L+M)$
③ $Z_0 = R + j2\pi f(L+2M)$
④ $Z_0 = R + j2\pi f(L-2M)$

해설 영상임피던스(Z_0)
3상 송전선의 1상을 기준으로 영상임피던스(Z_0)를 구해보면 직렬임피던스(Z)와 상호임피던스(Z_m)로 표현될 수 있다.
$Z = R + j\omega L$[Ω], $Z_m = j\omega M$[Ω]
∴ $Z_0 = Z + 2Z_m$
   $= R + j\omega L + j2\omega M$
   $= R + j\omega(L + 2M)$
   $= R + j2\pi f(L + 2M)$

44 다음 설명 중 옳지 않은 것은?

① 직류 송전에서는 무효 전력을 보낼 수 없다.
② 선로의 정상 및 역상 임피던스는 같다.
③ 계통을 연계하면 통신선에 대한 유도 장해가 감소된다.
④ 장간 애자는 2련 또는 3련으로 사용할 수 있다.

해설 계통연계
계통연계란 전력계통 상호간에 있어서 전력의 수수, 융통을 행하기 위하여 송전선로, 변압기 및 직·교변환설비 등의 전력설비에 의한 상호 연결되는 것을 의미하며 따라서 전체 계통의 배후 전력이 커지고 주변의 통신선에 유도장해 발생률이 증가하며 사고시 사고범위가 확대될 수 있다는 문제점이 있다. 그러나 안정도 측면에서는 장점을 갖고 있다.
계통연계의 특징은 다음과 같다.
(1) 배후전력이 커지고 사고범위가 넓다.
(2) 유도장해 발생률이 높다.
(3) 단락용량이 증가한다.
(4) 첨두부하가 저감되며 공급예비력이 절감된다.
(5) 안정도가 높고 공급신뢰도가 향상된다.

45 다음 표는 리액터의 종류와 그 목적을 나타낸 것이다. 다음 중 바르게 짝지어진 것은?

종류	목적
① 병렬 리액터	ⓐ 지락 아아크의 소멸
② 한류 리액터	ⓑ 송전 손실 경감
③ 직렬 리액터	ⓒ 차단기의 용량 경감
④ 소호 리액터	ⓓ 제 5 고조파 제거

① ①-ⓐ ② ②-ⓑ
③ ③-ⓓ ④ ④-ⓓ

해설 리액터의 종류와 목적
(1) 병렬리액터 : 분로리액터라고도 하며 송전선로의 페란티 현상을 억제한다.
(2) 한류리액터 : 선로의 단락사고시 단락전류 제한
(3) 직렬리액터 : 전력용콘덴서에 포함된 제5고조파를 제거한다.
(4) 소호리액터 : 지락전류에 의한 아크를 소멸하고 지락전류를 제한한다.

46 다음의 2중 모선 중 1.5차단기 방식(one and half breaker system)은 어느 것인가?

(단, ⧫ : 단로기, ■ : 차단기)

①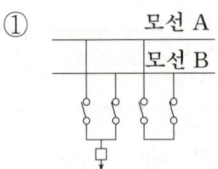
②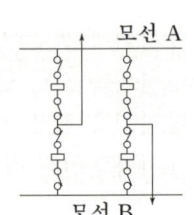
③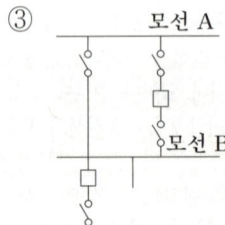
④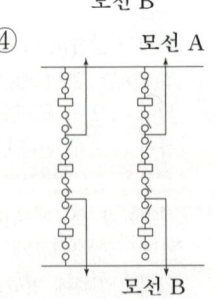

정답 43 ③ 44 ③ 45 ③ 46 ④

[해설] 1.5차단기 모선 방식

1.5차단기 모선 방식은 2중 모선을 주모선으로 하여 모선과 모선 사이에서 부하를 2곳 이상 인출할 수 있는 모선 방식이며 부하에서 생기는 단락 또는 지락사고를 확실히 제거하여 다른 부하에 전력공급에 영향을 주지 않는 무정전전원공급을 할 수 있는 모선방식이다. 또한 2중 모선을 사용하므로 임의의 모선을 점검하더라도 다른 모선을 전원으로 사용하기 때문에 무정전전원을 공급할 수 있게 된다.

★★
47 송전용량이 증가함에 따라 송전선의 단락 및 지락전류도 증가하여 계통에 여러 가지 장해요인이 되고 있는데 이들의 경감대책으로 적합하지 않은 것은?

① 계통의 전압을 높인다.
② 발전기와 변압기의 임피던스를 작게 한다.
③ 송전선 또는 모선간의 한류리액터를 삽입한다.
④ 고장 시 모선 분리 방식을 채용한다.

[해설] 송전용량(P)과 단락 및 지락전류의 관계

$P = \dfrac{E_s E_R}{X} \sin\delta$ [VA] 식에서 리액턴스(X)는

$X = x_g + x_t + x_l$ [Ω]이다.

여기서 E_s : 송전단 전압, E_R : 수전단 전압, δ : 송·수전단 전압의 위상차, x_g : 발전기 내부 리액턴스(또는 임피던스), x_t : 변압기 내부 리액턴스(또는 임피던스), x_l : 선로의 리액턴스(또는 임피던스)

송전용량이 증가함에 따라 리액턴스가 감소함을 알 수 있으며 리액턴스의 감소로 단락전류와 지락전류가 증가하여 계통에 여러 가지 장해를 발생하게 된다. 따라서 이들을 경감시키기 위해서는 리액턴스를 증가시키거나 단락전류 및 지락전류를 직접 제거 또는 소멸시켜야 하므로 다음과 같은 대책이 필요하게 된다.

(1) $I_s = \dfrac{100}{\%Z} I_n = \dfrac{100}{\%Z} \times \dfrac{P_n}{\sqrt{3}\,V_n}$ [A] → 계통의 전압(V_n)을 높이면 단락전류를 줄일 수 있다.

(2) $I_s = \dfrac{V_n}{\sqrt{3}\,X}$ [A] → 발전기와 변압기의 리액턴스(또는 임피던스)를 크게 하면 단락전류를 줄일 수 있다.

(3) 한류리액터를 설치하여 단락전류를 줄인다.
(4) 고장시 고장모선을 분리하여 고장전류를 제거한다.

47 ②

06 중성점 접지 방식

실기출제

1 중성점 접지의 목적

① 1선 지락이나 기타 원인으로 생기는 이상전압의 발생을 방지하고 건전상의 대지전위상승을 억제함으로써 전선로 및 기기의 절연을 경감시킬 수 있다.
② 보호계전기의 동작을 확실히 하여 신속히 차단한다.
③ 소호리액터 접지를 이용하여 지락전류를 빨리 소멸시켜 송전을 계속할 수 있도록 한다.

2 중성점 접지방식의 종류 및 특징

1. 비접지 방식

이 방식은 Δ결선 방식으로 단거리, 저전압 선로에만 적용하며 우리나라 계통에서는 3.3[kV]나 6.6[kV]에서 사용되었다. 1선 지락시 지락전류는 대지 충전전류로써 대지정전용량에 기인한다. 또한 1선 지락시 건전상의 전위상승이 $\sqrt{3}$배 상승하기 때문에 기기나 선로의 절연레벨이 매우 높다.

$$\therefore I_g = j3\omega C_S E = j\sqrt{3}\,\omega C_S V\,[\text{A}]$$

여기서, I_g : 1선지락전류[A], C_S : 대지정전용량[F], E : 대지전압[V], V : 선간전압(=정격전압)[V]

실기출제

2. 직접접지방식

보통 유효접지방식이라 하며 이 계통에서는 1선 지락사고시 건전상의 전압이 상규 대지전압의 1.3배 이상 되지 않기 때문에 선간전압의 75[%] 정도에 머물게 된다. 우리나라에서는 154[kV], 345[kV], 765[kV]에서 사용되고 있다.

확인문제

01 송전선로의 중성점을 접지하는 목적은?

① 동량의 절감 ② 송전용량의 증가
③ 전압강하의 감소 ④ 이상전압의 방지

[해설] 중성점 접지의 목적
(1) 1선 지락이나 기타 원인으로 생기는 이상전압의 발생을 방지하고 건전상의 대지전위상승을 억제함으로써 전선로 및 기기의 절연을 경감시킬 수 있다.
(2) 보호계전기의 동작을 확실히 하여 신속히 차단한다.
(3) 소호리액터 접지를 이용하여 지락전류를 빨리 소멸시켜 송전을 계속할 수 있도록 한다.

답 : ④

02 중성점 비접지 방식을 이용하는 것이 적당한 것은?

① 고전압, 장거리 ② 저전압, 장거리
③ 고전압, 단거리 ④ 저전압, 단거리

[해설] 비접지방식
이 방식은 Δ결선 방식으로 단거리, 저전압 선로에만 적용하며 우리나라 계통에서는 3.3[kV]나 6.6[kV]에서 사용되었다. 1선 지락시 지락전류는 대지 충전전류로써 대지정전용량에 기인한다. 또한 1선 지락시 건전상의 전위상승이 $\sqrt{3}$배 상승하기 때문에 기기나 선로의 절연레벨이 매우 높다.

답 : ④

(1) 장점
① 1선 지락고장시 건전상의 대지전압 상승이 거의 없고(=이상전압이 낮다.) 중성점의 전위도 거의 영전위를 유지하므로 기기의 절연레벨을 저감시켜 단절연할 수 있다.
② 아크지락이나 개폐서지에 의한 이상전압이 낮아 피뢰기의 책무 경감이나 피뢰기의 뇌전류 방전 효과를 증가시킬 수 있다.
③ 1선 지락고장시 지락전류가 매우 크기 때문에 지락계전기(보호계전기)의 동작을 용이하게 하여 고장의 선택차단이 신속하며 확실하다.

(2) 단점
① 1선 지락고장시 지락전류가 매우 크기 때문에 근접 통신선에 유도장해가 발생하며 계통의 안정도가 매우 나쁘다.
② 차단기의 동작이 빈번하며 대용량 차단기를 필요로 한다.

3. 저항접지방식
이 방식은 중성점에 고저항을 연결하여 1선 지락시 지락전류를 제한하는데 주안점을 두었으며 통신선의 유도장해 경감이나 과도안정도 증진에 효과가 있다. 그러나 저항값의 크기에 따라 비접지 방식이나 직접접지방식의 특성이 나타나는 경향이 있다.

4. 소호리액터 접지방식
이 방식은 중성점에 리액터를 접속하여 1선 지락고장시 L-C 병렬공진을 시켜 지락전류를 최소로 줄일 수 있는 것이 특징이다. 보통 66[kV] 송전계통에서 사용되며 직렬공진으로 인하여 이상전압이 발생할 우려가 있다.

확인문제

03 직접접지방식의 장점이 아닌 것은?
① 통신선의 유도장해 경감
② 기기절연의 수준저감
③ 단절연 변압기 사용가능
④ 보호계전기의 동작 확실

[해설] 직접접지방식의 장점
(1) 1선 지락고장시 건전상의 대지전압 상승이 거의 없고(=이상전압이 낮다.) 중성점의 전위도 거의 영전위를 유지하므로 기기의 절연레벨을 저감시켜 단절연할 수 있다.
(2) 아크지락이나 개폐서지에 의한 이상전압이 낮아 피뢰기의 책무 경감이나 피뢰기의 뇌전류 방전 효과를 증가시킬 수 있다.
(3) 1선 지락고장시 지락전류가 매우 크기 때문에 지락계전기(보호계전기)의 동작을 용이하게 하여 고장의 선택차단이 신속하며 확실하다.

답 : ①

04 소호리액터를 송전계통에 쓰면 리액터의 인덕턴스와 선로의 정전용량이 다음의 어느 상태가 되어 지락전류를 소멸시키는가?
① 병렬공진
② 직렬공진
③ 고임피던스
④ 저임피던스

[해설] 소호리액터 접지방식의 설명
이 방식은 중성점에 리액터를 접속하여 1선 지락고장시 L-C 병렬공진을 시켜 지락전류를 최소로 줄일 수 있는 것이 특징이다. 보통 66[kV] 송전계통에서 사용되며 직렬공진으로 인하여 이상전압이 발생할 우려가 있다.

답 : ①

(1) 장점
① 1선 지락고장시 지락전류가 최소가 되어 송전을 계속할 수 있다.
② 통신선에 유도장해가 작고, 과도안정도가 좋다.

(2) 단점
① 지락전류가 작기 때문에 보호계전기의 동작이 불확실하다.
② 직렬공진으로 이상전압이 발생할 우려가 있다.

(3) 소호리액터(X_L) 및 인덕턴스
1선 지락사고시 병렬공진되기 때문에 등가회로를 이용하면 $3X_L + x_t = X_C$이다.

$$\therefore X_L = \omega L = \frac{X_C}{3} - \frac{x_t}{3} = \frac{1}{3\omega C} - \frac{x_t}{3} \, [\Omega]$$

$$L = \frac{1}{3\omega^2 C} - \frac{x_t}{3\omega} \, [\text{H}]$$

(4) 소호리액터의 용량(Q_L)

$$Q_L = \frac{V}{\sqrt{3}} \times 3\omega C \times \frac{V}{\sqrt{3}} \times 10^{-3} = \omega C V^2 \times 10^{-3} \, [\text{kVA}]$$

여기서, X_L : 소호리액터[Ω], X_C : 용량리액턴스[Ω], x_t : 변압기 누설리액턴스[Ω],
L : 소호리액터의 인덕턴스[H], C : 대지정전용량[F], Q_L : 소호리액터 용량[kVA],
V : 선간전압(=정격전압)[V]

(5) 합조도
소호리액터를 설치했을 때 리액터가 완전공진이 되면 중성점에 이상전압이 나타날 우려가 있다. 따라서 리액터의 탭을 조절하여 완전공진에서 약간 벗어나도록 하고 있는데 이때 공진에서 벗어난 정도를 합조도라 한다.

확인문제

05 소호리액터의 인덕턴스의 값은 3상 1회선 송전선에서 1선의 대지정전용량을 C_0[F], 주파수를 f[Hz]라 한다면? (단, $\omega = 2\pi f$ 이다.)

① $3\omega C_0$
② $\dfrac{1}{3\omega^2 C_0}$
③ $3\omega^2 C_0$
④ $\dfrac{1}{3\omega C_0}$

[해설] 소호리액터의 인덕턴스(L)
1선 지락사고시 병렬공진되기 때문에 등가회로를 이용하면 $3X_L + x_t = X_C$이다.

$$X_L = \omega L = \frac{X_c}{3} - \frac{x_t}{3} = \frac{1}{3\omega C_0} - \frac{x_t}{3} \, [\Omega]$$

$$L = \frac{1}{3\omega^2 C_0} - \frac{x_t}{3\omega} \, [\text{H}]$$

$$\therefore L \fallingdotseq \frac{1}{3\omega^2 C_0} \, [\text{H}]$$

답 : ②

06 공칭전압 V[kV], 1상의 대지정전용량 C[μF], 주파수 f의 3상 3선식 1회선 송전선의 소호리액터 접지방식에서 소호리액터의 용량은 몇 [kVA]인가?

① $6\pi f C V^2 \times 10^{-3}$
② $3\pi f C V^2 \times 10^{-3}$
③ $2\pi f C V^2 \times 10^{-3}$
④ $4\pi f C V^2 \times 10^{-3}$

[해설] 소호리액터의 용량(Q_L)

$$Q_L = \frac{V}{\sqrt{3}} \times 3\omega C \times \frac{V}{\sqrt{3}} \times 10^{-3}$$

$$= \omega C V^2 \times 10^{-3} \, [\text{kVA}]$$

$$\therefore Q_L = 2\pi f C V^2 \times 10^{-3} \, [\text{kVA}]$$

답 : ③

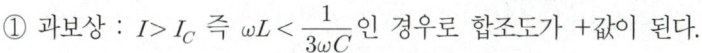

① 과보상 : $I > I_C$ 즉 $\omega L < \dfrac{1}{3\omega C}$ 인 경우로 합조도가 +값이 된다.

② 완전공진 : $I = I_C$ 즉 $\omega L = \dfrac{1}{3\omega C}$ 인 경우로 합조도가 0이 된다.

③ 부족보상 : $I < I_C$ 즉 $\omega L > \dfrac{1}{3\omega C}$ 인 경우로 합조도가 −값이 된다.

∴ 직렬공진으로 인한 이상전압을 억제하기 위해서는 +합조도가 되어야 하며 이를 위해 과보상해준다.

3 중성점의 잔류전압(E_n)

각 상의 대지정전용량의 불평형으로 인하여 중성점의 전위가 0이 되지 못하고 중성점에 전위가 나타나는데 이를 잔류전압(E_n)이라 한다. 3상의 각 상에 나타나는 대지정전용량을 C_a, C_b, C_c라 하면

$$E_n = \dfrac{\sqrt{C_a(C_a - C_b) + C_b(C_b - C_c) + C_c(C_c - C_a)}}{C_a + C_b + C_c} \times \dfrac{V}{\sqrt{3}} \; [V]$$

4 중성점 접지방식의 각 항목에 대한 비교표

항목 \ 종류 및 특징	비접지	직접접지	저항접지	소호리액터접지
지락사고시 건전상의 전위 상승	크다	최저	약간 크다	최대
절연레벨	최고	최저(단절연)	크다	크다
지락전류	적다	최대	적다	최소
보호계전기 동작	곤란	가장 확실	확실	불확실
유도장해	작다	최대	작다	최소
안정도	크다	최소	크다	최대

확인문제

07 66[kV] 송전선에서 연가 불충분으로 각 선의 대지정전용량이 $C_a = 1.1[\mu F]$, $C_b = 1[\mu F]$, $C_c = 0.9[\mu F]$가 되었다. 이 때 잔류전압[V]은?

① 1,500　　② 1,800
③ 2,200　　④ 2,500

[해설] 중성점의 잔류전압(E_n)
$V = 66[kV]$이므로

$E_n = \dfrac{\sqrt{C_a(C_a - C_b) + C_b(C_b - C_c) + C_c(C_c - C_a)}}{C_a + C_b + C_c} \times \dfrac{V}{\sqrt{3}}$

$= \dfrac{\sqrt{1.1(1.1 - 1) + 1(1 - 0.9) + 0.9(0.9 - 1.1)}}{1.1 + 1 + 0.9} \times \dfrac{66,000}{\sqrt{3}}$

$= 2,200 \; [V]$

답 : ③

08 다음 중 1선 지락시에 과도안정도가 가장 높은 접지방식은?

① 비접지　　② 직접접지
③ 저항접지　　④ 소호리액터접지

[해설] 중성점 접지방식의 비교표

항목	비접지	직접접지	저항접지	소호리액터접지
안정도	크다	최소	크다	최대

답 : ④

06 출제예상문제

01 송전선의 중성점을 접지하는 이유가 되지 못하는 것은?

① 코로나 방지
② 지락전류의 감소
③ 이상 전압의 방지
④ 지락 사고선의 선택 차단

[해설] 중성점 접지의 목적
(1) 1선 지락이나 기타 원인으로 생기는 이상전압의 발생을 방지하고 건전상의 대지전위상승을 억제함으로써 전선로 및 기기의 절연을 경감시킬 수 있다.
(2) 보호계전기의 동작을 확실히 하여 신속히 차단한다.
(3) 소호리액터 접지를 이용하여 지락전류를 빨리 소멸시켜 송전을 계속할 수 있도록 한다.

02 고전압 송전계통의 중성점 접지목적과 관계 없는 것은?

① 보호계전기의 신속 확실한 동작
② 전선로 및 기기의 절연비 경감
③ 고장전류 크기의 억제
④ 이상전압의 경감 및 발생 방지

[해설] 중성점 접지의 목적
소호리액터 접지를 이용하여 지락전류를 빨리 소멸시켜 송전을 계속할 수 있으나 단락전류 크기 억제에 대한 목적은 갖지 못한다.

03 Δ결선의 3상 3선식 배전선로가 있다. 1선이 지락하는 경우 건전상의 전위상승은 지락 전의 몇 배가 되는가?

① $\dfrac{\sqrt{3}}{2}$
② 1
③ $\sqrt{2}$
④ $\sqrt{3}$

[해설] 비접지방식
이 방식은 Δ결선 방식으로 단거리, 저전압 선로에만 적용하며 우리나라 계통에서는 3.3[kV]나 6.6[kV]에서 사용되었다. 1선 지락의 지락전류는 대지 충전전류로써 대지정전용량에 기인한다. 또한 1선 지락시 건전상의 전위상승이 $\sqrt{3}$배 상승하기 때문에 기기나 선로의 절연레벨이 매우 높다.
$I_g = j3\omega C_s E = j\sqrt{3}\,\omega C_s V\,[\mathrm{A}]$
여기서, C_s는 대지정전용량, E는 대지전압, V는 선간전압을 나타내며 지락전류는 진상전류로서 90° 위상이 앞선전류가 흐른다.

04 배전선로에 3상 3선식 비접지방식을 채용할 경우에 해당되지 않는 것은?

① 1선 지락고장시 고장전류가 작다.
② 1선 지락고장시 인접 통신선의 유도장해가 작다.
③ 고저압 혼촉 고장시 저압선의 전위상승이 작다.
④ 1선 지락고장시 건전상의 대지전위상승이 작다.

[해설] 비접지방식
1선 지락시 지락전류는 대지충전전류로서 대지정전용량에 기인한다. 또한 1선 지락시 건전상의 전위상승이 $\sqrt{3}$배 상승하기 때문에 기기나 선로의 절연레벨이 매우 높다.

05 선간전압 V[V], 1선의 대지정전용량 C[μF]의 비접지식 3상 1회선 송전선로에 1선 지락 사고가 발생하였을 때의 지락전류[A]는?

① $j\omega CV \times 10^{-6}$
② $j3\omega CV \times 10^{-6}$
③ $j\sqrt{3}\,\omega CV$
④ $j\omega C\dfrac{V}{\sqrt{3}} \times 10^{-6}$

[해설] 비접지방식

$I_g = j3\omega C_s E = j\sqrt{3}\omega C_s V [A]$

여기서, C_s는 대지정전용량, E는 대지전압, V는 선간전압을 나타내며 지락전류는 진상전류로서 90° 위상이 앞선전류가 흐른다.

06 6.6[kV], 60[Hz] 3상 3선식 비접지식에서 선로의 길이가 10[km]이고 1선의 대지정전용량이 0.005 [μF/km]일 때 1선 지락시의 고장전류 I_g[A]의 범위로 옳은 것은?

① $I_g < 1$
② $1 \leq I_g < 2$
③ $2 \leq I_g < 3$
④ $3 \leq I_g < 4$

[해설] 비접지방식의 1선 지락전류(I_g)

$I_g = j3\omega CE = j\sqrt{3}\omega CV[A]$ 이므로
$V = 6.6 [kV], f = 60 [Hz], l = 10 [km],$
$C = 0.005 [\mu F/km]$ 일 때
$I_g = j\sqrt{3} \times 2\pi fCVl$
$\quad = j\sqrt{3} \times 2\pi \times 60 \times 0.005 \times 10^{-6}$
$\quad\quad \times 6.6 \times 10^3 \times 10$
$\quad = 0.22 [A]$
$\therefore I_g < 1 [A]$

07 비접지식 송전선로에서 1선 지락고장이 생겼을 경우 지락점에 흐르는 전류는?

① 직선성을 가진 직류이다.
② 고장상의 전압보다 90도 늦은 전류이다.
③ 고장상의 전압보다 90도 빠른 전류이다.
④ 고장상의 전압과 동상의 전류이다.

[해설] 비접지방식

$I_g = j3\omega C_s E = j\sqrt{3}\omega C_s V[A]$

여기서, C_s는 대지정전용량, E는 대지전압, V는 선간전압을 나타내며 지락전류는 진상전류로서 90° 위상이 앞선전류가 흐른다.

08 중성점 접지방식에서 직접접지방식에 대한 설명으로 틀린 것은?

① 보호계전기의 동작이 확실하여 신뢰도 높다
② 변압기의 저감절연이 가능하다
③ 과도안정도가 대단히 높다
④ 단선 고장시의 이상전압이 최저이다

[해설] 직접접지방식

보통 유효접지방식이라 하며 이 계통에서는 1선 지락 사고시 건전상의 전압이 상규 대지전압의 1.3배 이상 되지 않기 때문에 선간전압의 75[%] 정도에 머물게 된다. 우리나라에서는 154[kV], 345[kV], 765[kV] 에서 사용되고 있다.

(1) 장점
　㉠ 1선 지락고장시 건전상의 대지전압 상승이 거의 없고(=이상전압이 낮다.) 중성점의 전위도 거의 영전위를 유지하므로 기기의 절연레벨을 저감시켜 단절연할 수 있다.
　㉡ 아크지락이나 개폐서지에 의한 이상전압이 낮아 피뢰기의 책무 경감이나 피뢰기의 뇌전류 방전 효과를 증가시킬 수 있다.
　㉢ 1선 지락고장시 지락전류가 매우 크기 때문에 지락계전기(보호계전기)의 동작을 용이하게 하여 고장의 선택차단이 신속하며 확실하다.

(2) 단점
　㉠ 1선 지락고장시 지락전류가 매우 크기 때문에 근접 통신선에 유도장해가 발생하며 계통의 안정도 가 매우 나쁘다.
　㉡ 차단기의 동작이 빈번하며 대용량 차단기를 필요로 한다.

09 다음 중 직접접지방식에서 변압기에 단절연을 할 수 있는 이유는?

① 고장전류가 크므로
② 중성점 전위가 높으므로
③ 이상전압이 낮으므로
④ 보호계전기의 동작이 확실하므로

[해설] 직접접지방식의 단절연

이 방식은 1선 지락고장시 건전상의 대지전압 상승이 거의 없고(=이상전압이 낮다.) 중성점의 전위도 거의 영전위를 유지하므로 기기의 절연레벨을 저감시켜 단절연할 수 있다.

[정답] 06 ① 07 ③ 08 ③ 09 ③

10 유효접지란 1선 접지시에 건전상의 전압이 상규 대지전압의 몇 배를 넘지 않도록 하는 중성점 접지를 말하는가?

① 0.8　　　　② 1.3
③ 3　　　　　④ 4

[해설] 직접접지방식의 단절연
보통유효접지방식이라 하며 이 계통에서는 1선 지락사고시 건전상의 전압이 상규 대지전압의 1.3배 이상 되지 않기 때문에 선간전압의 75[%] 정도에 머물게 된다.

11 소호리액터 접지방식에 대한 설명 중 옳지 못한 것은?

① 전자유도장해가 경감된다.
② 지락 중에도 계속 송전이 가능하다.
③ 지락전류가 적다.
④ 선택지락계전기의 동작이 용이하다.

[해설] 소호리액터 접지방식
이 방식은 중성점에 리액터를 접속하여 1선 지락고장시 L-C 병렬공진을 시켜 지락전류를 최소로 줄일 수 있는 것이 특징이다. 보통 66[kV] 송전계통에서 사용되며 직렬공진으로 인하여 이상전압이 발생할 우려가 있다.
(1) 장점
　㉠ 1선 지락고장시 지락전류가 최소가 되어 송전을 계속할 수 있다.
　㉡ 통신선에 유도장해가 작고, 과도안정도가 좋다.
(2) 단점
　㉠ 지락전류가 작기 때문에 보호계전기의 동작이 불확실하다.
　㉡ 직렬공진으로 이상전압이 발생할 우려가 있다.

12 소호리액터 접지 계통에서 리액터의 탭을 완전공진상태에서 약간 벗어나도록 조절하는 이유는?

① 접지계전기의 동작을 확실하게 하기 위하여
② 전력손실을 줄이기 위하여
③ 통신선에 대한 유도장해를 줄이기 위하여
④ 직렬공진에 의한 이상전압의 발생을 방지하기 위하여

[해설] 소호리액터 접지의 합조도
소호리액터를 설치했을 때 리액터가 완전공진이 되면 중성점에 이상전압이 나타날 우려가 있다. 따라서 리액터의 탭을 조절하여 완전공진에서 약간 벗어나도록 하고 있는데 이때 공진에서 벗어난 정도를 합조도라 한다.

(1) 과보상 : $I > I_C$ 즉 $\omega L < \dfrac{1}{3\omega C}$ 인 경우로 합조도가 +값이 된다.

(2) 완전공진 : $I = I_C$ 즉 $\omega L = \dfrac{1}{3\omega C}$ 인 경우로 합조도가 0이 된다.

(3) 부족보상 : $I < I_C$ 즉 $\omega L > \dfrac{1}{3\omega C}$ 인 경우로 합조도가 -값이 된다.

∴ 직렬공진으로 인한 이상전압을 억제하기 위해서는 +합조도가 되어야 하며 이를 위해 과보상 해준다.

13 1상의 대지정전용량 0.53[μF], 주파수 60[Hz]의 3상 송전선의 소호리액터의 공진 탭[Ω]은 얼마인가? (단, 소호리액터를 접속시키는 변압기의 1상당의 리액턴스는 9[Ω]이다.)

① 1,665　　　　② 1,668
③ 1,671　　　　④ 1,674

[해설] 소호리액터 접지의 소호리액터(X_L)
$C = 0.53 [\mu F]$, $f = 60 [Hz]$, $x_t = 9 [\Omega]$이므로
$X_L = \dfrac{X_c}{3} - \dfrac{x_t}{3} = \dfrac{1}{3\omega C} - \dfrac{x_t}{3} [\Omega]$ 식에서
∴ $X_L = \dfrac{1}{3 \times 2\pi f C} - \dfrac{x_t}{3}$
$= \dfrac{1}{3 \times 2\pi \times 60 \times 0.53 \times 10^{-6}} - \dfrac{9}{3}$
$= 1,665 [\Omega]$

14 154[kV], 60[Hz], 긍장 200[km]인 병행 2회선 송전선에 설치하는 소호리액터의 용량 [kVA]은? (단, 1선의 대지정전용량을 0.0043[μF/km]이라 한다.)

① 7,690　　　　② 15,370
③ 23,070　　　④ 30,760

[해설] 소호리액터 접지의 소호리액터 용량(Q_L)
$V = 154$ [kV], $f = 60$ [Hz], $l = 200$ [km], 2회선, $C = 0.0043$ [μF/km]일 때
$Q_L = \omega C V^2 (2l) \times 10^{-3}$
$= 2\pi f C V^2 (2l) \times 10^{-3}$ [kVA]이므로
$\therefore Q_L = 2\pi \times 60 \times 0.0043 \times 10^{-6} \times 154{,}000^2 \times 200 \times 2 \times 10^{-3}$
$= 15{,}370$ [kVA]

[해설] 중성점의 잔류전압(E_n)
각 상에 나타난 대지정전용량을 C_a, C_b, C_c라 하면
$E_n = \dfrac{\sqrt{C_a(C_a - C_b) + C_b(C_b - C_c) + C_c(C_c - C_a)}}{C_a + C_b + C_c} \times \dfrac{V}{\sqrt{3}}$ [V]이므로
$C_a = 0$, $C_b = C_c = C$일 때
$\therefore E_n = \dfrac{\sqrt{0 \times (0 - C) + C(C - C) + C(C - 0)}}{0 + C + C} \times \dfrac{V}{\sqrt{3}}$
$= \dfrac{V}{2\sqrt{3}}$ [V]

15 66[kV], 60[Hz] 3상 3선식 선로에서 중성점을 소호리액터 접지하여 완전공진 상태로 되었을 때 중성점에 흐르는 전류는 몇 [A]인가? (단, 소호리액터를 포함한 영상회로의 등가저항은 200[Ω], 잔류전압은 500[V]라고 한다.)

① 2.5 ② 4.5
③ 6.5 ④ 10

[해설] 잔류전압에 의한 중성점에 흐르는 전류(I_N)
각 상의 대지정전용량의 불평형으로 인하여 중성점의 전위가 영(0)이 되지 못하고 중성점에 전위가 나타나는데 이를 잔류전압(E_n)이라 한다. 이때 중성점을 접지한 접지선에 등가저항(R_n)이 존재할 때 이 저항에 흐르는 전류(I_N)는 다음과 같다.
$E_n = 500$ [V], $R_n = 200$ [Ω]이므로
$\therefore I_N = \dfrac{E_n}{R_n} = \dfrac{500}{200} = 2.5$ [A]

16 그림에서와 같이 b 및 c 상의 대지정전용량은 각각 C, a 상의 정전용량은 없고(0) 선간전압은 V라 할 때 중성점과 대지 사이의 잔류전압 E_n은? (단, 선로의 직렬임피던스는 무시한다.)

① $\dfrac{V}{2}$

② $\dfrac{V}{\sqrt{3}}$

③ $\dfrac{V}{2\sqrt{3}}$

④ $2V$

17 선로의 전기적인 상수를 바꿔 이상전압의 세력을 감소시키는 감쇠 장치로서, 선로와 대지 사이에 접속하여 이상전압의 세력을 일시적으로 저지하여 선로 전압의 급변을 방지하는 것은?

① 초우크코일 ② 소호코일
③ 보호콘덴서 ④ 소호리액터

[해설] 소호리액터
송전선 계통의 중성점과 대지와의 사이에 접속하는 리액터로서 송전선의 1선 지락사고시에 접지전류의 대부분을 차지하는 용량분을 제거하여 접지아크를 완전히 소멸시키고 정전 및 아크 접지시 발생하는 이상전압을 순간적으로 저지하는 코일을 말한다.

18 우리나라에서 소호리액터 접지방식이 사용되고 있는 계통은 어느 전압[kV] 계급인가?

① 22.9 ② 66
③ 154 ④ 345

[해설] 소호리액터 접지방식
이 방식은 중성점에 리액터를 접속하여 1선 지락고장시 L-C 병렬공진을 시켜 지락전류를 최소로 줄일 수 있는 것이 특징이다. 보통 66[kV] 송전계통에서 사용되며 직렬공진으로 인하여 이상전압이 발생할 우려가 있다.

19 송전선로에서 1선 접지고장시 건전상의 상전압이 거의 상승하지 않는 접지방식은?

① 비접지
② 저저항 접지
③ 고저항 접지
④ 직접 접지

해설 중성점 접지방식의 각 항목에 대한 비교표

종류 및 특징 항목	비접지	직접 접지	저항 접지	소호리액터 접지
지락사고시 건전상의 전위 상승	크다	최저	약간 크다	최대
절연레벨	최고	최저 (단절연)	크다	크다
지락전류	적다	최대	적다	최소
보호계전기 동작	곤란	가장 확실	확실	불확실
유도장해	작다	최대	작다	최소
안정도	크다	최소	크다	최대

20 송전계통의 접지에 대하여 기술하였다. 다음 중 옳은 것은?

① 소호리액터 접지방식은 선로의 정전 용량과 직렬공진을 이용한 것으로 지락전류가 타 방식에 비해 좀 큰 편이다.
② 고저항 접지방식은 이중 고장을 발생시킬 확률이 거의 없으며, 비접지식보다는 많은 편이다.
③ 직접접지방식을 채용하는 경우 이상전압이 낮기 때문에 변압기 선정시 단절연이 가능하다.
④ 비접지 방식을 택하는 경우 지락전류차단이 용이하고 장거리 송전을 할 경우 이중 고장의 발생을 예방하기 좋다.

해설 중성점 접지방식의 각 항목에 대한 비교표

종류 및 특징 항목	비접지	직접 접지	저항 접지	소호리액터 접지
절연레벨	최고	최저 (단절연)	크다	크다

21 ⓐ 직접접지 3상 3선 방식, ⓑ 저항접지 3상 3선 방식, ⓒ 리액터접지 3상 3선 방식, ⓓ 다중접지 3상 4선식 중, 1선 지락 전류가 큰 순서대로 배열된 것은?

① ⓓ - ⓐ - ⓑ - ⓒ
② ⓓ - ⓑ - ⓐ - ⓒ
③ ⓐ - ⓓ - ⓑ - ⓒ
④ ⓑ - ⓐ - ⓒ - ⓓ

해설 지락전류의 크기
1선 지락사고시 중성선에 다중접지를 시설한 경우에 접지저항이 가장 작아서 지락전류가 가장 크며 직접접지 또한 지락전류가 매우 크다. 그리고 저항접지, 소호리액터접지 순서로 지락전류가 작아지며 따라서 소호리액터접지일 때가 지락전류가 가장 작게 된다.

22 평형 3상 송전선에서 보통의 운전 상태인 경우 중성점 전위는 항상 얼마인가?

① 0
② 1
③ 송전전압과 같다.
④ ∞

해설 중성점접지(=잔류전압)
평형 3상 송전선은 완전 연가된 경우로서 대지정전용량이 모두 같게 나타나므로 $C_a = C_b = C_c = C$임을 알 수 있다. 이때 중성점에 나타나는 잔류전압(E_n)은

$$\therefore E_n = \frac{\sqrt{C_a(C_a - C_b) + C_b(C_b - C_c) + C_c(C_c - C_a)}}{C_a + C_b + C_c}$$
$$\times \frac{V}{\sqrt{3}}$$
$$= \frac{\sqrt{C(C-C) + C(C-C) + C(C-C)}}{C + C + C} \times \frac{V}{\sqrt{3}}$$
$$= 0 \, [V]$$

정답 19 ④ 20 ③ 21 ① 22 ①

23 선로, 기기 등의 저감절연 및 전력용 변압기의 단절연을 모두 행할 수 있는 중성점 접지 방식은?

① 직접접지방식
② 소호리액터 접지방식
③ 고저항 접지방식
④ 비접지 방식

[해설] 중성점 접지방식의 각 항목에 대한 비교표

종류 및 특징 항목	비접지	직접 접지	저항 접지	소호리액터 접지
절연레벨	최고	최저 (단절연)	크다	크다

24 다음 중 단선 고장시 이상전압이 가장 큰 접지방식은? (단, 비공진 탭이나 2회선을 사용하지 않은 경우임)

① 비접지식
② 직접접지식
③ 소호리액터 접지식
④ 고저항 접지식

[해설] 중성점 접지방식의 각 항목에 대한 비교표

종류 및 특징 항목	비접지	직접 접지	저항 접지	소호리액터 접지
절연레벨	최고	최저 (단절연)	크다	크다

25 소호리액터 접지의 합조도가 정(+)인 경우에는 어느 것과 관련이 있는가?

① 공진
② 과보상
③ 접지저항
④ 아크전압

[해설] 소호리액터 접지의 합조도
∴ 직렬공진으로 인한 이상전압을 억제하기 위해서는 +합조도가 되어야 하며 이를 위해 과보상해준다.

26 변압기 중성점의 비접지방식을 직접접지방식과 비교한 것 중 옳지 않은 것은?

① 전자유도장해가 경감된다.
② 지락전류가 작다.
③ 보호계전기의 동작이 확실하다.
④ 선로에 흐르는 영상전류는 없다.

[해설] 중성점 접지방식의 각 항목에 대한 비교표

종류 및 특징 항목	비접지	직접 접지	저항 접지	소호 리액터 접지
지락전류	적다	최대	적다	최소
보호계전기 동작	곤란	가장 확실	확실	불확실
유도장해	작다	최대	작다	최소

27 다음 중 중성점 비접지방식에서 가장 많이 사용되는 변압기의 결선방법은?

① V-V 결선
② Y-Y결선
③ Δ-Y
④ Δ-Δ결선

[해설] 비접지방식
이 방식은 Δ결선 방식으로 단거리, 저전압 선로에만 적용한다.

28 저항접지방식 중 고저항 접지방식에 사용하는 저항은?

① 30~50[Ω]
② 50~100[Ω]
③ 100~1,000[Ω]
④ 1,000[Ω] 이상

[해설] 저항접지방식
이 방식은 중성점에 고저항을 연결하여 1선 지락시 지락전류를 제한하는데 주안점을 두었으며 통신선의 유도장해 경감이나 과도안정도 증진에 효과가 있다. 그러나 저항값의 크기에 따라 비접지 방식이나 직접접지 방식의 특성이 나타나는 경향이 있다.
저항값에 따라 저저항 접지방식과 고저항 접지방식 2가지로 나누어지며
(1) 저저항 접지방식은 $R = 30[\Omega]$ 정도
(2) 고저항 접지방식은 $R = 100 \sim 1,000[\Omega]$ 정도이다.

정답 23 ① 24 ③ 25 ② 26 ③ 27 ④ 28 ③

07 이상전압

1 이상전압의 종류

1. 뇌서지에 의한 이상전압
① 직격뢰 – 뇌격이 직접 송전선로에 가해지는 경우를 말한다.
② 유도뢰 – 뇌운에 의한 서지나 뇌격이 대지로 향하는 경우 주위의 송전선에 유도되는 경우를 말한다.

2. 개폐서지에 의한 이상전압
선로 중간에 개폐기나 차단기가 동작할 때 무부하 충전전류를 개방하는 경우 이상전압이 최대로 나타나게 되며 상규 대지전압의 약 3.5배 정도로 나타난다.

3. 소호리액터의 직렬 공진
소호리액터 접지방식을 채용하는 경우 대지정전용량과 직렬공진이 되면 중성점에 큰 전류가 흘러 이상전압이 발생하게 된다.

2 이상전압에 대한 방호장치

1. 가공지선
① 직격뢰를 차폐하여 전선로를 보호하고 정전차폐 및 전자차폐 효과도 있다.
② 직격뢰가 가공지선에 가해지는 경우 탑각을 통해 대지로 안전하게 방전되어야 하나 탑각접지저항이 너무 크면 역섬락이 발생할 우려가 있다. 때문에 매설지선을 매설하여 탑각접지저항을 저감시켜 역섬락을 방지한다.

확인문제

01 송전선로에서 이상전압이 가장 크게 발생하기 쉬운 경우는?
① 무부하 송전선로를 폐로하는 경우
② 무부하 송전선로를 개로하는 경우
③ 부하 송전선로를 폐로하는 경우
④ 부하 송전선로를 개로하는 경우

[해설] 개폐서지에 의한 이상전압
선로 중간에 개폐기나 차단기가 동작할 때 무부하 충전전류를 개방하는 경우 이상전압이 최대로 나타나게 되며 상규대지전압의 약 3.5배 정도로 나타난다.

답 : ②

02 가공지선의 설치 목적이 아닌 것은?
① 정전차폐 효과
② 전압강하의 방지
③ 직격차폐 효과
④ 전자차폐 효과

[해설] 가공지선
(1) 직격뢰를 차폐하여 전선로를 보호하고 정전차폐 및 전자차폐 효과도 있다.
(2) 직격뢰가 가공지선에 가해지는 경우 탑각을 통해 대지로 안전하게 방전되어야 하나 탑각접지저항이 너무 크면 역섬락이 발생할 우려가 있다. 때문에 매설지선을 매설하여 탑각접지저항을 저감시켜 역섬락을 방지한다.

답 : ②

2. 피뢰기(LA)

(1) 구성요소

보통의 피뢰기는 충격파 뇌전류를 방전시키고 속류를 차단하는 기능을 갖는 특성요소와 직렬갭, 그리고 방전중에 피뢰기에 가해지는 충격을 완화시켜주기 위한 쉴드링으로 구성된다.

(2) 기능

뇌전류 방전에 견디며 이상전압을 대지로 방전시키고 속류를 충분히 차단할 수 있는 기능을 갖추어야 한다. 따라서 일반적으로 내습하는 이상전압의 파고값을 저감시켜서 기기를 보호하기 위하여 피뢰기를 설치하며 송전계통에서 절연협조의 기본으로 선택하고 있다.

(3) 설치장소

① 발전소 및 변전소의 인입구 및 인출구
② 고압 및 특고압으로 수전받는 수용장소 인입구
③ 가공전선로와 지중전선로가 접속되는 곳
④ 가공전선로에 접속되는 특고압 배전용 변압기의 고압측 및 특별 고압측

(4) 정격과 용량

피뢰기의 정격은 [A], 용량은 [V]로 표기한다.

확인문제

03 피뢰기의 구조는 다음 중 어느 것인가?

① 특성요소와 직렬갭
② 특성요소와 콘덴서
③ 소호리액터와 콘덴서
④ 특성요소와 소호리액터

[해설] 피뢰기의 구성요소
보통의 피뢰기는 충격파 뇌전류를 방전시키고 속류를 차단하는 기능을 갖는 특성요소와 직렬갭, 그리고 방전중에 피뢰기에 가해지는 충격을 완화시켜주기 위한 쉴드링으로 구성된다.

답 : ①

04 피뢰기의 직렬갭의 주된 사용목적은?

① 방전내량을 크게 하고 장시간 사용해도 열화를 적게 하기 위함
② 충격방전개시전압을 높게 하기 위함
③ 상시는 누설전류를 방지하고 충격파 방전 종료 후에는 속류를 즉시 차단하기 위함
④ 충격파가 침입할 때 대지에 흐르는 방전전류를 크게 하여 제한전압을 낮게 하기 위함

[해설] 피뢰기의 구성요소
보통의 피뢰기는 충격파 뇌전류를 방전시키고 속류를 차단하는 기능을 갖는 특성요소와 직렬갭, 그리고 방전중에 피뢰기에 가해지는 충격을 완화시켜주기 위한 쉴드링으로 구성된다.

답 : ③

(5) 피뢰기의 정격전압

공칭전압[kV]	정격전압[kV]	공칭방전전류[A]
3.3	7.5	2,500
6.6	7.5	
22.9	18(배전선로)	
	21(변전소)	
22	24	
66	75	5,000
154	144	10,000
345	288	

∴ 피뢰기의 정격전압(E_R) 계산

$E_R = k \times$ 공칭전압 (여기서, k : 피뢰기 계수)

직접접지계통 : $k = 0.8 \sim 1.0$

소호리액터접지계통 : $k = 1.4 \sim 1.6$

(6) 피뢰기의 피보호기 및 접지저항
  ① 피보호기 : 전력용 변압기
  ② 접지저항 : 고압 및 특고압의 전로에 시설하는 피뢰기 접지저항 값은 10[Ω] 이하로 하여야 한다.

(7) 용어 해설
  ① 제한전압
    ㉠ 충격파 전류가 흐르고 있을 때의 피뢰기 단자전압
    ㉡ 제한전압은 낮아야 한다.

확인문제

05 피뢰기의 접지저항은 몇 [Ω] 이하로 하여야 하는가?

① 5[Ω]
② 10[Ω]
③ 30[Ω]
④ 75[Ω]

[해설] 피뢰기의 피보호기 및 접지공사
  (1) 피보호기 : 전력용 변압기
  (2) 접지저항 : 고압 및 특고압의 전로에 시설하는 피뢰기 접지저항값은 10[Ω] 이하로 하여야 한다.

답 : ②

06 KSC에서 피뢰기의 공칭방전전류는 얼마로 되어 있는가?

① 250[A] 또는 500[A]
② 1,250[A] 또는 1,500[A]
③ 2,500[A] 또는 5,000[A]
④ 7,600[A] 또는 10,000[A]

[해설] 피뢰기의 공칭방전전류

공칭전압[kV]	정격전압[kV]	공칭방전전류[A]
3.3	7.5	2,500
6.6	7.5	
22.9	18(배전선로)	
	21(변전소)	
22	24	
66	75	5,000
154	144	10,000
345	288	

답 : ③

② 충격파 방전개시전압
　　㉠ 충격파 방전을 개시할 때 피뢰기 단자의 최대 전압
　　㉡ 충격파 방전개시전압은 낮아야 한다.
③ 상용주파 방전개시전압
　　㉠ 정상운전 중 상용주파수에서 방전이 개시되는 전압
　　㉡ 상용주파 방전개시전압은 높아야 한다.
④ 정격전압
　　속류가 차단되는 순간 피뢰기 단자전압
⑤ 공칭전압
　　상용주파 허용단자전압

3. 서지흡수기(SA)

발전기나 전동기 부근에 개폐서지나 이상전압으로부터 보호할 목적으로 설치하는 설비

4. 개폐저항기

개폐기나 차단기를 개폐하는 순간 단자에서 발생하는 서지를 억제하기 위해 설치하는 설비

3 차단기(CB)

1. 기능

고장전류는 차단하고 부하전류는 개폐한다.

확인문제

07 피뢰기의 공칭전압으로 삼고 있는 것은?
① 제한전압
② 상규 대지전압
③ 상용주파 허용단자전압
④ 충격파 방전개시전압

[해설] 피뢰기의 공칭전압
피뢰기의 공칭전압은 선로에 정격주파수로 전원이 공급되고 있는 경우 피뢰기의 허용단자전압으로 이를 상용주파 허용단자전압이라 한다.

답 : ③

08 서지흡수기를 설치하는 장소는?
① 변전소 인입구
② 변전소 인출구
③ 발전기 부근
④ 변압기 부근

[해설] 서지흡수기
발전기나 전동기 부근에 개폐서지나 이상전압으로부터 보호할 목적으로 설치하는 설비를 말한다.

답 : ③

2. 소호매질에 따른 차단기의 종류 및 성질

(1) 공기차단기(ABB)
 ① 소호매질 : 압축공기
 ② 성질 : 소음이 크기 때문에 방음설비를 필요로 한다.

(2) 가스차단기(GCB)
 ① 소호매질 : SF6(육불화황)
 ② 성질
  ㉠ 무색, 무취, 무해, 불연성이다.
  ㉡ 절연내력은 공기보다 2배 크다.
  ㉢ 소호능력은 공기보다 100배 크다.

(3) 유입차단기(OCB)
 ① 소호매질 : 절연유
 ② 성질
  ㉠ 화재의 우려가 있다.
  ㉡ 설치면적이 넓다.

(4) 자기차단기와 진공차단기의 특징
 ① 소호매질을 각각 전자력과 고진공을 이용하므로 화재의 우려가 없다.
 ② 소음이 적다.
 ③ 보수, 점검이 비교적 쉽다.
 ④ 회로의 고유주파수에 차단성능이 좌우되는 일이 없다.
 ⑤ 전류절단현상은 진공차단기에서 자주 발생한다.

확인문제

09 다음 차단기들의 소호 매질이 적합하지 않게 결합된 것은?

① 공기차단기 – 압축 공기
② 가스차단기 – SF6 가스
③ 자기차단기 – 진공
④ 유입차단기 – 절연유

해설 차단기의 소호매질
 (1) 공기차단기 – 압축공기
 (2) 가스차단기 – SF6
 (3) 유입차단기 – 절연유
 (4) 진공차단기 – 고진공
 (5) 자기차단기 – 전자력

답 : ③

10 축소형 변전설비(GIS)는 SF6 가스를 사용하고 있다. 이 가스의 특성으로 옳지 않은 것은?

① 절연성이 높다. ② 가연성이다.
③ 독성이 없다.   ④ 냄새가 없다.

해설 SF6 가스의 성질
 (1) 무색, 무취, 무해, 불연성이다.
 (2) 절연내력은 공기보다 2배 크다.
 (3) 소호능력은 공기보다 100배 크다.

답 : ②

3. 전압에 따른 차단기의 분류

고압	특고압	초고압
자기차단기 유입차단기 진공차단기	가스차단기 유입차단기 진공차단기 공기차단기	가스차단기 공기차단기

4. 차단기의 정격용량(P_S)

(1) 단락용량

$$P_S = \frac{100}{\%Z} P_n \, [\text{kVA}]$$

(2) 차단기의 정격용량

$$P_S = \sqrt{3} \times 정격전압 \times 정격차단전류 \, [\text{kVA}]$$

5. 차단기의 차단시간

트립코일 여자로부터 차단기 접점의 아크소호까지의 시간을 말하며 3~8사이클 정도이다.

확인문제

11 345[kV] 선로용 차단기로 가장 많이 사용되는 것은?
① 진공차단기　② 공기차단기
③ 자기차단기　④ 육불화유황차단기

[해설] 전압에 따른 차단기 분류

고압	특고압	초고압
자기차단기 유입차단기 진공차단기	가스차단기 유입차단기 진공차단기 공기차단기	가스차단기 공기차단기

∴ 200[kV] 이상은 초고압으로 분류하므로 345[kV] 선로는 가스차단기(GCV)나 공기차단기(ABB)를 사용하게 된다. 가스차단기를 SF_6 차단기 또는 육불화유황차단기라고도 한다.

답 : ④

12 차단기의 정격차단 시간은?
① 고장발생부터 소호까지의 시간
② 트립코일 여자부터 소호까지의 시간
③ 가동접촉자 시동부터 소호까지의 시간
④ 가동접촉자 개극부터 소호까지의 시간

[해설] 차단기의 차단시간
　차단기의 정격차단시간이란 트립코일여자로부터 차단기 접점의 아크소호까지의 시간을 말하며 3~8사이클 정도이다.

답 : ②

07 출제예상문제

★★
01 송배전선로의 이상전압의 내부적 원인이 아닌 것은?

① 선로의 개폐
② 아크 접지
③ 선로의 이상 상태
④ 유도뢰

[해설] 이상전압의 종류
(1) 외부적 원인에 의한 이상전압
   직격뢰, 유도뢰
(2) 내부적 원인에 의한 이상전압
   개폐이상전압, 소호리액터접지 직렬공진시 아크전압, 고조파유입에 의한 선로이상전압

★★
02 송전선로의 개폐조작시 발생하는 이상전압에 관한 상황에서 옳은 것은?

① 개폐 이상전압은 회로를 개방할 때보다 폐로할 때 더 크다
② 개폐 이상전압은 무부하시보다 전부하일 때 더 크다
③ 가장 높은 이상전압은 무부하 송전선의 충전전류를 차단할 때이다.
④ 개폐 이상전압은 상규대지전압의 6배, 시간은 2~3초이다

[해설] 개폐서지에 의한 이상전압
선로 중간에 개폐기나 차단기가 동작할 때 무부하 충전전류를 개방하는 경우 이상전압이 최대로 나타나게 되며 상규대지전압의 약 3.5배 정도로 나타난다.

★★
03 송전선로에 가공지선(架空地線)을 설치하는 목적은?

① 코로나 방지
② 뇌(雷)에 대한 차폐
③ 선로정수(定數)의 평형
④ 미관상(美觀上) 필요

[해설] 가공지선
(1) 직격뢰를 차폐하여 전선로를 보호하고 정전차폐 및 전자차폐 효과도 있다.
(2) 직격뢰가 가공지선에 가해지는 경우 탑각을 통해 대지로 안전하게 방전되어야 하나 탑각접지저항이 너무 크면 역섬락이 발생할 우려가 있다. 때문에 매설지선을 매설하여 탑각접지저항을 저감시켜 역섬락을 방지한다.

★★
04 직격뢰에 대한 방호설비로서 가장 적당한 것은?

① 가공지선   ② 서지흡수기
③ 복도체   ④ 정전방전기

[해설] 가공지선
직격뢰를 차폐하여 전선로를 보호한다.

★★
05 송전선로에서 가공지선을 설치하는 목적 중 옳지 않은 것은?

① 뇌(雷)의 직격을 받을 경우 송전선 보호
② 유도에 의한 송전선의 고전위 방지
③ 통신선에 대한 차폐효과를 증진시키기 위하여
④ 철탑의 접지저항을 경감시키기 위하여

[해설] 가공지선
직격뢰를 차폐하여 전선로를 보호한다.
∴ 철탑의 접지저항을 경감시키기 위한 설비는 매설지선이다.

정답 01 ④ 02 ③ 03 ② 04 ① 05 ④

06 뇌해방지와 관계가 없는 것은?

① 댐퍼 ② 소호각
③ 가공지선 ④ 매설지선

해설 뇌해방지

직격뢰가 송전선로에 바로 진입하지 못하도록 뇌격을 차폐시키는 설비를 가공지선이라 하며 철탑을 통하여 대지로 방전되는 섬락전압이 탑각접지저항이 너무 큰 경우 다시 전선로로 진행하는 역섬락을 방지하기 위해 탑각접지저항을 경감시키기 위한 매설지선, 그리고 섬락으로부터 애자련을 보호하기 위한 소호각은 모두가 뇌격으로부터 생기는 직·간접적인 재해를 방지하기 위한 설비이다. 그러나 댐퍼는 전로로 지지물 부근에 설치하는 진동완화설비이다.

07 철탑의 탑각접지저항이 커지면 우려되는 것으로 옳은 것은?

① 뇌의 직격
② 역섬락
③ 가공지선의 차폐각의 증가
④ 코로나의 증가

해설 매설지선

직격뢰가 가공지선에 가해지는 경우 탑각을 통해 대지로 안전하게 방전되어야 하나 탑각접지저항이 너무 크면 역섬락이 발생할 우려가 있다. 때문에 매설지선을 매설하여 탑각접지저항을 저감시켜 역섬락을 방지한다.

08 송전 철탑에서 역섬락을 방지하기 위한 대책은?

① 탑각접지저항의 저하
② 가공지선의 설치
③ 전력선의 연가
④ 아아킹의 설치

해설 매설지선

직격뢰가 가공지선에 가해지는 경우 탑각을 통해 대지로 안전하게 방전되어야 하나 탑각접지저항이 너무 크면 역섬락이 발생할 우려가 있다. 때문에 매설지선을 매설하여 탑각접지저항을 저감시켜 역섬락을 방지한다.

09 송전선로에서 매설지선을 사용하는 주된 목적은?

① 코로나 전압을 저감시키기 위하여
② 뇌해를 방지하기 위하여
③ 유도장해를 줄이기 위하여
④ 인축의 감전사고를 막기 위하여

해설 매설지선

직격뢰가 가공지선에 가해지는 경우 탑각을 통해 대지로 안전하게 방전되어야 하나 탑각접지저항이 너무 크면 역섬락이 발생할 우려가 있다. 때문에 매설지선을 매설하여 탑각접지저항을 저감시켜 역섬락을 방지한다.

10 철탑에서의 차폐각에 대한 설명 중 옳은 것은?

① 클수록 보호 효율이 크다.
② 클수록 건설비가 적다.
③ 기존의 대부분이 45°의 경우 보호 효율은 80[%] 정도이다.
④ 보통 90° 이상이다.

해설 가공지선의 차폐각

송전선을 뇌의 직격으로부터 보호하기 위해서 철탑의 최상부에 가공지선을 설치하고 있다. 이때 가공지선이 송전선을 보호할 수 있는 효율을 차폐각(=보호각)으로 정하고 있으며 차폐각은 작을수록 보호효율이 크게 된다. 하지만 너무 작게 하는 경우는 가공지선이 높게 가설되어야 하므로 철탑의 높이가 전체적으로 높아져야 하는 문제점을 야기하게 된다. 따라서 보통 차폐각을 35°~45° 정도로 하고 있으며 보호효율은 45°일 때 97[%], 10°일 때 100[%]로 정하고 있다. 보호효율을 높이는 방법으로 가공지선을 2조로 설치하면 차폐각을 줄일 수 있게 된다.

11 가공지선에 대한 다음 설명 중 옳은 것은?

① 차폐각은 보통 15~30° 정도로 하고 있다.
② 차폐각이 클수록 벼락에 대한 차폐효과가 크다.
③ 가공지선을 2선으로 하면 차폐각이 적어진다.
④ 가공지선으로는 연동선을 주로 사용한다.

해설 가공지선의 차폐각

보호효율을 높이는 방법으로 가공지선을 2가닥으로 설치하면 차폐각을 줄일 수 있게 된다.

12 철탑에서의 차폐각에 대한 설명 중 옳은 것은?

① 차폐각이 작을수록 건설비가 적게 든다.
② 10°의 경우 보호 효율은 거의 100[%] 정도이다.
③ 30°의 경우 보호 효율은 50[%] 정도이다.
④ 실제 송전선에서는 80° 정도로 하고 있다.

[해설] 가공지선의 차폐각
보통 차폐각을 35°~45° 정도로 하고 있으며 보호효율은 45°일 때 97[%], 10°일 때 100[%]로 정하고 있다.

13 피뢰기의 구조에서 전, 자기적인 충격으로부터 보호하는 구성요소는?

① 쉴드링
② 특성요소
③ 직렬갭
④ 소호리액터

[해설] 피뢰기의 구조
보통 피뢰기는 충격파 뇌전류를 방전시키고 속류를 차단하는 기능을 갖는 특성요소와 직렬갭, 그리고 방전 중에 피뢰기에 가해지는 충격을 완화시켜주기 위한 쉴드링으로 구성된다.

14 피뢰기를 가장 적절하게 설명한 것은?

① 동요전압의 파두, 파미의 파형의 준도를 저감하는 것
② 이상전압이 내습하였을 때 방전에 의한 기류를 차단하는 것
③ 뇌 동요 전압의 파고를 저감하는 것
④ 1선이 지락할 때 아아크를 소멸시키는 것

[해설] 피뢰기의 기능
뇌전류 방전에 견디며 이상전압을 대지로 방전시키고 속류를 충분히 차단할 수 있는 기능을 갖추어야 한다. 따라서 일반적으로 내습하는 이상전압의 파고값을 저감시켜서 기기를 보호하기 위하여 피뢰기를 설치하며 송전계통에서 절연협조의 기본으로 선택하고 있다.

15 이상전압의 파고치를 저감시켜 기기를 보호하기 위하여 설치하는 것은?

① 리액터
② 아아모 로드(Armour rod)
③ 피뢰기
④ 아킹 호온(Arcing horn)

[해설] 피뢰기의 기능
이상전압의 파고값을 저감시켜서 기기를 보호하기 위하여 피뢰기를 설치하며 송전계통에서 절연협조의 기본으로 선택하고 있다.

16 외뢰(外雷)에 대한 주보호장치로서 송전계통의 절연협조의 기본이 되는 것은?

① 선로
② 변압기
③ 피뢰기
④ 변압기 부싱

[해설] 피뢰기의 기능
이상전압의 파고값을 저감시켜서 기기를 보호하기 위하여 피뢰기를 설치하며 송전계통에서 절연협조의 기본으로 선택하고 있다.

17 피뢰기가 역할을 잘 하기 위하여 구비되어야 할 조건으로 옳지 않은 것은 어느 것인가?

① 시간 지연(time lag)이 적을 것
② 속류를 차단할 것
③ 제한 전압은 피뢰기의 정격 전압과 같게 할 것
④ 내구력이 클 것

[해설] 피뢰기의 역할
(1) 충격파 방전개시전압이 낮을 것 - 뇌전류를 신속히 방전하며 시간지연이 없어야 한다.
(2) 상용주파 방전개시전압이 높을 것 - 뇌전류를 방전 후 선로에 남아있는 상용주파에 해당되는 속류는 신속히 차단하여야 한다.
(3) 방전내량이 크며 제한전압은 낮아야 한다. - 내구력이 클 것
(4) 속류차단능력이 충분히 커야 한다.
∴ 충격파 전류가 흐르고 있을 때의 피뢰기 단자전압이 제한전압이며 속류가 차단되는 순간 피뢰기 단자전압을 정격전압이라 한다.

정답 12 ② 13 ① 14 ② 15 ③ 16 ③ 17 ③

18 피뢰기가 구비하여야 할 조건으로 옳지 않은 것은?

① 속류의 차단능력이 충분할 것
② 충격방전 개시전압이 높을 것
③ 상용주파방전 개시전압이 높을 것
④ 방전내량이 크면서 제한전압이 낮을 것

[해설] 피뢰기의 역할
충격파 방전개시전압이 낮을 것 – 뇌전류를 신속히 방전하며 시간지연이 없어야 한다.

19 다음 설명 중 옳지 않은 것은?

① 피뢰기는 제1종 접지공사를 한다.
② 유도뢰에 의한 진행파의 극성은 양극성이다.
③ 피뢰기의 직렬갭은 이상전압이 내습하면 뇌전류를 방전한다.
④ 피뢰기의 용량은 [VA]로 표시한다.

[해설] 피뢰기의 정격과 용량
피뢰기의 정격은 [A], 용량은 [V]로 표현한다.

20 전력계통의 절연협조 계획에서 채택되어야 하는 모선 피뢰기와 변압기의 관계는?

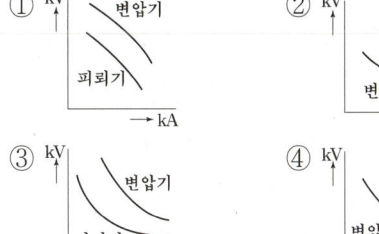

[해설] 절연협조
절연협조란 발·변전소의 기기나 송배전선 등 전력계통 전체의 절연 설계를 보호장치와 관련시켜서 합리화를 도모하고 안전성과 경제성을 유지하는 것이다. 따라서 먼저 고려해야 할 것은 뇌전압 이외의 이상전압에서는 결코 섬락 내지 절연파괴가 일어나지 않도록 하는 것이다. 여기서 절연협조의 기본이 되는 것이 뇌전류를 방전하여 선로나 기기에 파고값이 전달되거나 남아있지 않도록 하는 설비가 피뢰기이며 피뢰기의 제한전압보다 높은 충격파전압을 기준충격절연강도(BIL)로 정하여 변압기와 기기의 절연강도결정에 이용한다. 충격파의 표준형은 $1.0 \times 40[\mu S]$, $1.2 \times 50[\mu S]$ 등이 있으나 우리나라는 $1.2 \times 50[\mu S]$를 표준충격파로 사용하고 있다.

21 기기 충격전압 시험을 할 때 채용한 우리나라의 표준 충격 전압파의 파두장 및 파미장을 표시한 것은?

① $1.5 \times 40[\mu \sec]$ ② $2 \times 40[\mu \sec]$
③ $1.2 \times 50[\mu \sec]$ ④ $2.3 \times 50[\mu \sec]$

[해설] 절연협조
충격파의 표준형은 $1.0 \times 40[\mu S]$, $1.2 \times 50[\mu S]$ 등이 있으나 우리나라는 $1.2 \times 50[\mu S]$를 표준충격파로 사용하고 있다.

22 송변전 계통에 사용되는 피뢰기의 정격전압은 선로의 공칭전압의 보통 몇 배로 선정하는가?

① 직접접지계 : 0.8~1.0 배
   저항 또는 소호리액터 접지: 0.7~0.9배
② 직접접지계 : 1.0~1.3배
   저항 또는 소호리액터 접지: 1.4~1.6배
③ 직접접지계 : 0.8~1.0 배
   저항 또는 소호리액터 접지: 1.4~1.6배
④ 직접접지계 : 1.0~1.3 배
   저항 또는 소호리액터 접지: 0.7~0.9배

[해설] 피뢰기의 정격전압(E_R) 계산
$E_R = k \times$ 공칭전압
직접접지계통 : $k = 0.8 \sim 1.0$
소호리액터접지계통 : $k = 1.4 \sim 1.6$

정답 18 ② 19 ④ 20 ③ 21 ③ 22 ③

23 피뢰기의 제한전압이란? ★★★

① 특성요소에 흐르는 전압의 순시치
② 방전을 개시할 때의 단자전압의 순시치
③ 피뢰기 동작중 단자전압의 파고치
④ 피뢰기에 걸린 회로 전압

[해설] 피뢰기의 용어해설
(1) 제한전압 – 충격파전류가 흐르고 있을 때의 피뢰기의 단자전압
(2) 충격파 방전개시전압 – 충격파 방전을 개시할 때 피뢰기 단자의 최대전압
(3) 상용주파 방전개시전압 – 정상운전 중 상용주파수에서 방전이 개시되는 전압
(4) 정격전압 – 속류가 차단되는 순간 피뢰기 단자전압
(5) 공칭전압 – 상용주파 허용단자 전압

24 ★★
피뢰기가 방전을 개시할 때의 단자전압의 순시치를 방전개시전압이라 한다. 이때 방전중의 단자전압의 파고치를 어떤 전압이라고 하는가?

① 뇌전압
② 상용주파수 교류전압
③ 제한전압
④ 충격절연강도전압

[해설] 피뢰기의 용어해설
제한전압 – 충격파전류가 흐르고 있을 때의 피뢰기의 단자전압

25 피뢰기의 충격방전개시전압은 무엇으로 표시하는가? ★★

① 직류 전압의 크기
② 충격파의 평균값
③ 충격파의 최대값
④ 충격파의 실효값

[해설] 피뢰기의 용어해설
충격파 방전개시전압 – 충격파 방전을 개시할 때 피뢰기 단자의 최대전압

26 피뢰기의 정격전압이란? ★★

① 충격방전전류를 통하고 있을 때의 단자전압
② 충격파의 방전 개시 전압
③ 속류가 차단이 되는 최고의 교류전압
④ 상용주파수의 방전개시전압

[해설] 피뢰기의 용어해설
정격전압 – 속류가 차단되는 순간 피뢰기 단자전압

27 피뢰기에서 속류를 끊을 수 있는 최고의 교류전압은? ★★

① 정격전압   ② 제한전압
③ 차단전압   ④ 방전개시전압

[해설] 피뢰기의 용어해설
정격전압 – 속류가 차단되는 순간 피뢰기 단자전압

28 ★★
파동임피던스 $Z_1=500[\Omega]$, $Z_2=300[\Omega]$인 두 무손실 선로 사이에 그림과 같이 저항 R을 접속한다. 제1선로에서 구형파가 진행하여 왔을 때 무반사로 하기 위한 R의 값은 몇 $[\Omega]$인가?

① 100
② 200
③ 300
④ 500

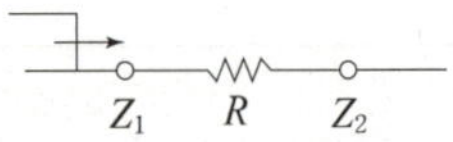

[해설] 진행파의 반사와 투과
파동임피던스 Z_1을 통해서 진행파가 들어왔을 때 저항 R과 파동임피던스 Z_2를 통해서 일부는 반사되고 나머지는 투과되어 나타나게 된다.
진입파전류를 i_i, 반사파전류를 i_r, 투과파전류를 i_t라 하면 $i_i+i_r=i_t$이므로 $e_i+e_r=e_t$이다.
$e_i=Z_1 i_i$, $e_r=-Z_1 i_r$, $e_t=(R+Z_2)i_t$일 때 무반사 조건은 $e_r=0$이므로 $i_i=i_t$가 되어 $Z_1=R+Z_2$임을 알 수 있다.
$Z_1=500[\Omega]$, $Z_2=300[\Omega]$이므로
∴ $R=Z_1-Z_2=500-300=200[\Omega]$

정답 23 ③ 24 ③ 25 ③ 26 ③ 27 ① 28 ②

29 다음 중 효과적으로 개폐서지 이상전압 발생을 억제할 목적으로 사용되는 것은?

① 저항기　　② 피뢰기
③ 콘덴서　　④ 리액터

해설 개폐저항기
개폐기나 차단기를 개폐하는 순간 단자에서 발생하는 서지를 억제하기 위해 설치하는 설비

30 이상전압에 대한 방호장치가 아닌 것은?

① 피뢰기　　② 가공지선
③ 서지 흡수기　　④ 병렬 콘덴서

해설 이상전압의 방호장치
(1) 가공지선
(2) 피뢰기
(3) 서지흡수기
(4) 개폐저항기 등이 있으며
∴ 병렬콘덴서는 부하의 역률을 개선하는데 필요한 설비이다.

31 가공선의 서지임피던스를 Z_a, 지중선의 서지임피던스를 Z_c라 할 때, 일반적으로 어떤 관계가 성립하는가?

① $Z_a = Z_c$　　② $Z_a > Z_c$
③ $Z_a < Z_c$　　④ $Z_a \leq Z_c$

해설 서지임피던스
(=특성임피던스=파동임피던스=고유임피던스)
가공선의 인덕턴스 및 정전용량을 L_a, C_a라 하고 지중선의 인덕턴스 및 정전용량을 L_c, C_c라 하면
$$L = 0.05 + 0.4605 \log_{10} \frac{D}{r} \text{[mH/km]}$$
$$C = \frac{0.02413}{\log 10 \frac{D}{r}} \text{[}\mu\text{F/km]}$$
식에서 가공선일 때 지중선보다 선간거리 D가 매우 크기 때문에
$L_a > L_c$, $C_a < C_c$임을 알 수 있다.
$Z_a = \sqrt{\frac{L_a}{C_a}}$ [Ω], $Z_c = \sqrt{\frac{L_c}{C_c}}$ [Ω]이므로
∴ $Z_a > Z_c$

32 고장 전류와 같은 대전류를 차단할 수 있는 것은?

① 단로기(DS)
② 선로개폐기(LS)
③ 유입개폐기(OS)
④ 차단기(CB)

해설 차단기(CB)와 단로기(DS)의 기능
(1) 차단기 – 고장전류를 차단하고 부하전류는 개폐한다.
(2) 단로기 – 무부하시에만 개·폐가능하며 무부하전류(충전전류와 여자전류)만을 개·폐할 수 있다.

33 재점호가 가장 일어나기 쉬운 차단 전류는?

① 동상전류　　② 지상전류
③ 진상전류　　④ 단락전류

해설 재점호
재점호현상은 교류회로를 차단하는 경우 접점 사이에 아크가 발생하며 접점간격이 증가하면서 순간적으로 전류가 0인 점에서 아크는 소멸하게 되는데 이때 접점 사이에 남아있던 이온들에 의해 절연이 회복되지 못하고 다시 아크를 발생시켜 접점이 off되지 못하는 현상을 말한다. 이는 접점 사이의 유전체 내에 흐르는 아크전류로서 전류의 위상이 전압보다 90° 빠른 진상전류 성분을 띠며 정전용량(C)에 의한 충전전류가 원인이 되고 있다.

34 송전선의 아크 지락 시 재점호의 발생률은 아크 전류와 전압의 위상차와 어떤 관계가 있는가?

① 90°에 가까울수록 크다.
② 0°에 가까울수록 크다.
③ 45°에 가까울수록 크다.
④ 관계 없다.

해설 재점호
접점 사이의 유전체 내에 흐르는 아크전류로서 전류의 위상이 전압보다 90° 빠른 진상전류 성분을 띠며 정전용량(C)에 의한 충전전류가 원인이 되고 있다.

정답 29 ① 30 ④ 31 ② 32 ④ 33 ③ 34 ①

35 차단하기는 쉬우나 재점호를 여러 번 발생하기 쉬운 차단은 어느 것인가?

① R-L 회로의 차단
② 단락전류의 차단
③ C 회로의 차단
④ L 회로의 차단

[해설] 재점호
접점 사이의 유전체 내에 흐르는 아크전류로서 전류의 위상이 전압보다 90° 빠른 진상전류 성분을 띠며 정전용량(C)에 의한 충전전류가 원인이 되고 있다.

36 차단기의 소호재료가 아닌 것은?

① 기름   ② 공기
③ 수소   ④ SF_6

[해설] 차단기의 소호매질
 (1) 공기차단기(ABB) - 압축공기
 (2) 가스차단기(GCB) - SF_6
 (3) 유입차단기(OCB) - 절연유
 (4) 진공차단기(VCB) - 고진공
 (5) 자기차단기(MBB) - 전자력

37 수(數) 10기압의 압축 공기를 소호실 내의 아크에 흡부(吸附)하여 아크 흔적을 급속히 치환하여 차단 정격 전압이 가장 높은 차단기는 다음 중 어느 것인가?

① MBB   ② ABB
③ VCB   ④ ACB

[해설] 차단기의 소호매질
공기차단기(ABB) - 압축공기

38 다음 차단기 중 투입과 차단을 다같이 압축공기의 힘으로 하는 것은?

① 유입차단기   ② 팽창차단기
③ 제로 차단기   ④ 임펄스 차단기

[해설] 차단기의 소호매질
공기차단기 외에 임펄스차단기도 압축공기로 투입과 차단을 모두 행한다.

39 최근 154[kV]급 변전소에 주로 설치되는 차단기는 어떤 것인가?

① 자기차단기(MBB)
② 유입차단기(OCB)
③ 기중차단기(ACB)
④ SF_6 가스차단기(GCB)

[해설] 전압에 다른 차단기의 분류

고압 (7,000V 이하)	특고압 (220kV 이하)	초고압 (220kV 초과)
자기차단기 유입차단기 진공차단기	가스차단기 유입차단기 진공차단기 공기차단기	가스차단기 공기차단기

∴ 현재 154[kV], 345[kV], 765[kV] 선로 및 변전소 내에 설치되는 차단기는 거의 대부분이 가스차단기(GCB)이다.

40 SF_6 가스차단기에 대한 설명으로 옳지 않은 것은?

① 공기에 비하여 소호능력이 약 100배 정도이다.
② 절연거리를 적게 할 수 있어 차단기 전체를 소형, 경량화할 수 있다.
③ SF_6 가스를 이용한 것으로서 독성이 있으므로 취급에 유의하여야 한다.
④ SF_6 가스 자체는 불활성 기체이다

[해설] 가스차단기의 성질
 (1) 무색, 무취, 무해, 불연성이다.
 (2) 절연내력은 공기보다 2배 크다.
 (3) 소호능력은 공기보다 100배 크다.

정답 35 ③ 36 ③ 37 ② 38 ④ 39 ④ 40 ③

41. SF₆ 가스차단기가 공기차단기와 다른 점은 무엇인가?

① 소음이 적다.
② 고속 조작에 유리하다.
③ 압축공기로 투입한다.
④ 지지애자를 사용한다.

[해설] 공기차단기는 소음이 매우 크기 때문에 별도의 방음설비를 필요로 하고 있다. 하지만 가스차단기는 소음이 적다.

42. 유입차단기의 특징이 아닌 것은?

① 방음설비가 필요하다.
② 부싱변류기를 사용할 수 있다.
③ 소호능력이 크다.
④ 높은 재기전압 상승에서도 차단성능에 영향이 없다.

[해설] 공기차단기는 소음이 매우 크기 때문에 별도의 방음설비를 필요로 하고 있다.

43. 진공차단기(vacuum circuit breaker)의 특징에 속하지 않은 것은?

① 소형 경량이고 조작 기구가 간편하다.
② 화재 위험이 전혀 없다.
③ 동작시 소음은 크지만 소호실의 보수가 거의 필요치 않다.
④ 차단 시간이 짧고 차단 성능이 회로 주파수의 영향을 받지 않는다.

[해설] 공기차단기는 소음이 매우 크기 때문에 별도의 방음설비를 필요로 하고 있다.

44. 자기차단기의 특징 중 옳지 않은 것은?

① 화재의 위험이 적다
② 보수, 점검이 비교적 쉽다
③ 전류 절단에 의한 와전류가 발생되지 않는다.
④ 회로의 고유주파수에 차단 성능이 좌우된다.

[해설] 자기차단기와 진공차단기의 특징
(1) 소호매질을 각각 전자력과 고진공을 이용하므로 화재의 우려가 없다.
(2) 소음이 적다.
(3) 보수, 점검이 비교적 쉽다.
(4) 회로의 고유주파수에 차단성능이 좌우되는 일이 없다.
(5) 전류절단현상은 진공차단기에서 자주 발생한다.

45. 전류절단현상이 비교적 잘 발생하는 차단기의 종류는?

① 진공차단기
② 유입차단기
③ 공기차단기
④ 자기차단기

[해설] 자기차단기와 진공차단기의 특징
전류절단현상은 진공차단기에서 자주 발생한다.

46. 차단기의 정격차단시간은?

① 고장발생부터 소호까지의 시간
② 트립코일 여자부터 소호까지의 시간
③ 가동접촉자 시동부터 소호까지의 시간
④ 가동접촉자 개극부터 소호까지의 시간

[해설] 차단기의 차단시간
트립코일 여자로부터 차단기 접점의 아크소호까지의 시간을 말하며 3~8사이클 정도이다.

핵심 _ 전력공학

47 차단기의 정격차단시간의 표준이 아닌 것은?

① 3[C/sec] ② 5[C/sec]
③ 8[C/sec] ④ 10[C/sec]

[해설] 차단기의 차단시간
트립코일 여자로부터 차단기 접점의 아크소호까지의 시간을 말하며 3~8사이클 정도이다.

48 절연통 속에 퓨즈를 넣은 석영 입자, 대리석 입자, 붕산 등의 소호제를 채우고 양 끝을 밀봉한 퓨즈는?

① 방출형 퓨즈   ② 인입형 퓨즈
③ 한류형 퓨즈   ④ 피스톤형 퓨즈

[해설] 한류형 전력퓨즈
한류형 전력퓨즈는 자기 또는 무기질 절연물의 원통 내에 석영입자, 대리석 입자 또는 이와 동등한 분말 물질을 봉입하고, 이중에 필요한 길이만큼의 퓨즈선을 관통시켜 통의 양단을 밀폐시킨 구조의 것으로 큰 단락전류를 차단하는 방식의 것이다.

49 전력퓨즈(Power fuse)는 고압, 특고압기기의 주로 어떤 전류의 차단을 목적으로 설치하는가?

① 충전전류   ② 부하전류
③ 단락전류   ④ 영상전류

[해설] 한류형 전력퓨즈
한류형 전력퓨즈는 단락전류를 차단한다.

50 전력퓨즈(fuse)에 대한 설명 중 옳지 않은 것은?

① 차단용량이 크다.
② 보수가 간단하다.
③ 정전용량이 크다.
④ 가격이 저렴하다.

[해설] 전력퓨즈의 장·단점
(1) 장점
  ㉠ 소형경량이며 가격이 저렴하다.
  ㉡ 차단용량이 크며 현저한 한류특성을 갖는다.
  ㉢ 릴레이나 변성기가 필요없고 고속도 차단한다.
  ㉣ 보수가 간단하다.
  ㉤ 한류형 퓨즈는 차단시 무음무방출형이다.
(2) 단점
  ㉠ 재투입할 수 없다.
  ㉡ 과도전류로 용단되기 쉽다.
  ㉢ 고임피던스 접지계통의 지락보호는 할 수 없다.
  ㉣ 비보호 영역이 있으며 사용중에 열화하여 동작하면 결상사고로 이어진다.
  ㉤ 한류형은 차단시 과전압이 발생한다.

51 변전소의 전력기기를 시험하기 위하여 회로를 분리하거나 계통의 접속을 바꾸거나 하는 경우에 사용되며 여기에는 소호장치가 없어 고장전류나 부하전류의 개폐에는 사용할 수 없는 것은?

① 차단기   ② 계전기
③ 단로기   ④ 전력용 퓨즈

[해설] 단로기(DS)
단로기는 고압선로에 사용하는 선로개폐기로서 소호장치가 없어 고장전류나 부하전류를 개폐하거나 차단할 수 없으며 오직 무부하시에만 무부하전류(충전전류와 여자전류)를 개폐할 수 있는 설비이다. 또한 기기 점검 및 수리를 위해 회로를 분리하거나 계통의 접속을 바꾸는 데 사용한다.

[정답] 47 ④ 48 ③ 49 ③ 50 ③ 51 ③

52 단로기에 대한 다음 설명 중 옳지 않은 것은?

① 소호장치가 있어서 아아크를 소멸시킨다.
② 회로를 분리하거나, 계통의 접속을 바꿀 때 사용한다.
③ 고장전류는 물론 부하전류의 개폐에도 사용할 수 없다.
④ 배전용의 단로기는 보통 디스커넥팅바아로 개폐한다.

[해설] 단로기(DS)
단로기는 고압선로에 사용하는 선로개폐기로서 소호장치가 없어 고장전류나 부하전류를 개폐하거나 차단할 수 없으며 오직 무부하시에만 무부하전류(충전전류와 여자전류)를 개폐할 수 있는 설비이다. 또한 기기 점검 및 수리를 위해 회로를 분리하거나 계통의 접속을 바꾸는 데 사용한다.

53 인터록(inter lock)의 설명으로 옳게 된 것은?

① 차단기가 열려 있어야만 단로기를 닫을 수 있다.
② 차단기가 닫혀 있어야만 단로기를 닫을 수 있다.
③ 차단기가 열려 있으면 단로기가 닫히고, 단로기가 열려 있으면 차단기가 닫힌다.
④ 차단기의 접점과 단로기의 접점이 기계적으로 연결되어 있다.

[해설] 인터록
차단기(CB)와 단로기(DS)는 전원을 투입할 때나 차단할 때 조작하는데 일정한 순서로 규칙을 정하였다. 이는 고장전류나 부하전류가 흐르고 있는 경우에는 단로기로 선로를 개폐하거나 차단이 불가능하기 때문이다. 따라서 어떤 경우에라도 무부하상태의 조건을 만족하게 되면 단로기는 조작이 가능하게 되며 그 이외에는 단로기를 조작할 수 없도록 시설하는 것을 인터록이라 한다.
∴ 차단기가 열려있어야만 단로기를 개폐할 수 있다.

54 그림과 같은 배전선이 있다. 부하에 급전 및 정전할 때 조작 방법 중 옳은 것은?

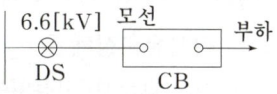

① 급전 및 정전할 때는 항상 DS, CB 순으로 한다.
② 급전 및 정전할 때는 항상 CB, DS 순으로 한다.
③ 급전시는 DS, CB 순이고, 정전시는 CB, DS 순이다.
④ 급전시는 CB, DS 순이고, 정전시는 DS, CB 순이다.

[해설] 인터록
단로기는 차단기가 열려있을 경우에만 개폐가 가능하기 때문에
∴ 급전시 DS→CB 순서, 정전시 CB→DS 순서

55 다음 중 고속도 재투입용 차단기의 표준 동작 책무 표기로 가장 옳은 것은? (단, t는 임의의 시간 간격으로 재투입 하는 시간을 말하며, O는 차단 동작, C는 투입 동작, CO는 투입 동작에 계속하여 차단 동작을 하는 것을 말함.)

① O-1분-CO
② CO-15초-CO
③ CO-1분-CO-t초-CO
④ O-t초-CO-1분-CO

[해설] 차단기의 동작책무
전력시스템 사고의 대부분은 일시적인 아크지락이므로 사고지점을 수리하지 않고 차단기의 재투입만으로도 충분히 송전을 계속할 수 있다. 이때 차단기에 부과된 1회 또는 2회 이상의 투입, 차단동작을 일정시간 간격을 두고 행하는 일련의 동작을 차단기의 동작책무라 한다.
차단기의 동작책무 : O-t_1-CO-t_2-CO
(1) 일반용 : O-3분-CO-3분-CO
(2) 고속도용 : O-(0.3초)-CO-(1분)-CO

08 유도장해

1 유도장해의 종류

1. 전자유도장해

지락사고시 지락전류와 영상전류에 의해서 자기장이 형성되고 전력선과 통신선 사이에 상호인덕턴스(M)에 의하여 통신선에 전압이 유기되는 현상

(1) 전자유도전압(E_m)

$$E_m = j\omega Ml(I_a + I_b + I_c) = j\omega Ml \times 3I_0$$

여기서, E_m : 전자유도전압[V], M : 상호인덕턴스[H/m], I_a, I_b, I_c : 3상 각 상전류[A], I_0 : 영상전류[A], l : 선로길이[m], $3I_0$: 기유도 전류[A]

(2) 상호인덕턴스 계산

전류의 귀로인 대지의 도전율이 균일한 경우에 상호인덕턴스는 칼슨 – 폴라체크식에 의해서 계산한다.

2. 정전유도장해

전력선과 통신선 사이의 선간정전용량(C_m)과 통신선과 대지 사이의 대지정전용량(C_S)에 의해서 통신선에 영상전압이 유기되는 현상

(1) 단상인 경우 정전유도전압(E_0)

$$E_0 = \frac{C_m}{C_m + C_S} E \, [\text{V}]$$

(2) 3상인 경우 정전유도전압(E_0)

$$E_0 = \frac{3C_m}{3C_m + C_S} E \, [\text{V}]$$

여기서, E_0 : 정전유도전압[V], C_m : 선간정전용량[F], C_S : 대지정전용량[F], E : 대지전압[V]

※ 전자유도전압은 주파수와 길이에 비례한 반면 정전유도전압(영상전압성분)은 주파수와 길이에 무관하다.

3. 고조파 유도장해

전력계통의 회전기, 변압기, 코로나 등에 의해 고조파가 발생하며 이때 100~1,000[Hz] 범위 내의 고조파는 통신선에 노이즈 현상을 일으키게 된다.

2 유도장해 경감대책

1. 전력선측의 대책
① 전력선과 통신선의 이격거리를 증대시켜 상호인덕턴스를 줄인다.
② 전력선과 통신선을 수직 교차시킨다.
③ 연가를 충분히 하여 중성점의 잔류전압을 줄인다.
④ 소호리액터 접지를 채용하여 지락전류를 줄인다.
⑤ 전력선을 케이블화한다.
⑥ 차폐선을 설치한다.(효과는 30~50[%] 정도)
⑦ 고속도차단기를 설치하여 고장전류를 신속히 제거한다.

2. 통신선측의 대책
① 통신선을 연피케이블화한다.
② 통신선 및 통신기기의 절연을 향상시키고 배류코일이나 중계코일을 사용한다.
③ 차폐선을 설치한다.
④ 통신선을 전력선과 수직교차시킨다.
⑤ 피뢰기를 설치한다.

08 출제예상문제

★★★
01 송전선로에 근접한 통신선에 유도장해가 발생하였다. 이런 경우, 전자유도의 원인은?

① 역상전압(V_2)   ② 정상전압(V_1)
③ 정상전류(I_1)   ④ 영상전류(I_0)

[해설] 전자유도장해
지락사고시 지락전류와 영상전류에 의해서 자기장이 형성되고 전력선과 통신선 사이에 상호인덕턴스(M)에 의하여 통신선에 전압이 유기되는 현상
(1) 전자유도전압(E_m)
$$E_m = j\omega Ml(I_a + I_b + I_c) = j\omega Ml \times 3I_0$$
여기서, $3I_0$를 기유도 전류라 한다.
(2) 상호인덕턴스 계산
전류의 귀로인 대지의 도전율이 균일한 경우에 상호인덕턴스는 칼슨-폴라체크식에 의해서 계산한다.

★★★
02 전력선에 영상전류가 흐를 때 통신선로에 발생되는 유도장해는?

① 고조파유도장해   ② 전력유도장해
③ 정전유도장해   ④ 전자유도장해

[해설] 전자유도장해
지락사고시 지락전류와 영상전류에 의해서 자기장이 형성되고 전력선과 통신선 사이에 상호인덕턴스(M)에 의하여 통신선에 전압이 유기되는 현상

★★
03 전력선과 통신선과의 상호인덕턴스에 의하여 발생되는 유도장해는?

① 정전유도장해   ② 전자유도장해
③ 고조파유도장해   ④ 전력유도장해

[해설] 전자유도장해
지락사고시 지락전류와 영상전류에 의해서 자기장이 형성되고 전력선과 통신선 사이에 상호인덕턴스(M)에 의하여 통신선에 전압이 유기되는 현상

★
04 통신유도장해 방지대책의 일환으로 전자유도전압을 계산함에 이용되는 인덕턴스 계산식은?

① Peek 식
② Peterson 식
③ Carson-Pollaczek 식
④ Still 식

[해설] 전자유도장해
상호인덕턴스 계산
전류의 귀로인 대지의 도전율이 균일한 경우에 상호인덕턴스는 칼슨-폴라체크식에 의해서 계산한다.

★★★
05 송전선로에 근접한 통신선에 유도장해가 발생하였다. 이런 경우, 정전유도의 원인은?

① 영상전압(V_0)   ② 정상전압(V_1)
③ 정상전류(I_1)   ④ 영상전류(I_0)

[해설] 정전유도장해
전력선과 통신선 사이의 선간정전용량(C_m)과 통신선과 대지 사이의 대지정전용량(C_s)에 의해서 통신선에 영상전압이 유기되는 현상
(1) 단상인 경우 정전유도전압(E_0)
$$E_0 = \frac{C_m}{C_m + C_s} E \text{[V]}$$
(2) 3상인 경우 정전유도전압(E_0)
$$E_0 = \frac{3C_m}{3C_m + C_s} E \text{[V]}$$
※ 전자유도전압은 주파수와 길이에 비례한 반면 정전유도전압(영상전압성분)은 주파수와 길이에 무관하다.

정답 01 ④ 02 ④ 03 ② 04 ③ 05 ①

06 전력선 a의 충전전압을 E, 통신선 b의 대지정전용량을 C_b, ab 사이의 상호정전용량을 C_{ab}라고 하면 통신선 b의 정전유도전압 E_s는?

① $\dfrac{C_{ab}+C_b}{C_b}E$ ② $\dfrac{C_{ab}+C_a}{C_{ab}}E$

③ $\dfrac{C_b}{C_{ab}+C_b}E$ ④ $\dfrac{C_{ab}}{C_{ab}+C_b}E$

[해설] 단상인 경우 정전유도전압($E_s = E_0$)
선간정전용량 $C_m = C_{ab}$,
대지정전용량 $C_s = C_b$이므로
$$\therefore E_0 = E_s = \dfrac{C_m}{C_m+C_s}E = \dfrac{C_{ab}}{C_{ab}+C_b}E \text{ [V]}$$

07 3상 송전선로의 각 상의 대지정전용량을 C_a, C_b 및 C_c라 할 때, 중성점 비접지식의 중성점과 대지 간의 전압은? (단, E는 a상 전원 전압이다.)

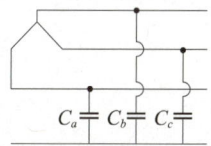

① $\dfrac{\sqrt{C_a(C_b-C_c)+C_b(C_b-C_a)+C_c(C_a-C_b)}}{C_a+C_b+C_c}E$

② $\dfrac{\sqrt{C_aC_b+C_bC_c+C_cC_a}}{C_a+C_b+C_c}E$

③ $\dfrac{\sqrt{C_a(C_a-C_b)+C_b(C_b-C_c)+C_c(C_c-C_a)}}{C_a+C_b+C_c}E$

④ $(C_a+C_b+C_c)E$

[해설] 정전유도전압(E_0)
각 상의 대지정전용량의 불평형으로 인하여 중성점의 전위가 0이 되지 못하고 중성점에 전위가 나타나는데 이를 정전유도전압(E_0)이라 한다. 3상의 각 상에 나타나는 대지정전용량을 C_a, C_b, C_c라 하면
$$E_0 = \dfrac{\sqrt{C_a(C_a-C_b)+C_b(C_b-C_c)+C_c(C_c-C_a)}}{C_a+C_b+C_c} \times \dfrac{V}{\sqrt{3}}$$
$$= \dfrac{\sqrt{C_a(C_a-C_b)+C_b(C_b-C_c)+C_c(C_c-C_a)}}{C_a+C_b+C_c} \times E$$

08 154[kV] 2회선 송전선이 있다. 1회선만이 운전 중일 때, 휴전 회선에 대한 정전유도전압은?(단, 송전중의 회선과 휴전중의 회선과의 상호정전용량은 $C_a = 0.002$[μF/km], $C_b = 0.0008$[μF/km], $C_c = 0.0006$[μF/km]이고 휴전선의 1선 대지정전용량은 $C_s = 0.0062$[μF/km]이다.)

① 약 12,100[V]
② 약 13,800[V]
③ 약 17,100[V]
④ 약 18,800[V]

[해설] 정전유도전압(E_0)
$$E_0 = \dfrac{\sqrt{C_a(C_a-C_b)+C_b(C_b-C_c)+C_c(C_c-C_a)}}{C_a+C_b+C_c+C_s} \times \dfrac{V}{\sqrt{3}}$$
$$= \dfrac{\sqrt{0.002(0.002-0.0008)+0.0008(0.0008-0.0006)}}{0.002+0.0008+0.0006+0.0062}$$
$$\overline{+0.0006(0.0006-0.002)}$$
$$\times \dfrac{154\times10^3}{\sqrt{3}}$$
$$= 12,100 \text{ [V]}$$

09 3상 송전선로와 통신선이 병행되어 있는 경우에 통신유도장해로서 통신선에 유도되는 정전유도전압은?

① 통신선의 길이에 비례한다.
② 통신선의 길이의 자승에 비례한다.
③ 통신선의 길이에 반비례한다.
④ 통신선의 길이에 관계 없다.

[해설] 정전유도장해
전자유도전압은 주파수와 길이에 비례한 반면 정전유도압(영상전압성분)은 주파수와 길이에 무관하다.

정답 06 ④ 07 ③ 08 ① 09 ④

10 유도장해를 방지하기 위한 전력선측의 대책으로 옳지 않은 것은?

① 소호리액터를 채용한다.
② 차폐선을 설치한다.
③ 중성점전압을 가능한 한 높게 한다.
④ 중성점접지에 고저항을 넣어서 지락전류를 줄인다.

해설 유도장해 경감대책
(1) 전력선측의 대책
  ㉠ 전력선과 통신선의 이격거리를 증대시켜 상호인덕턴스를 줄인다.
  ㉡ 전력선과 통신선을 수직 교차시킨다.
  ㉢ 연가를 충분히 하여 중성점의 잔류전압을 줄인다.
  ㉣ 소호리액터 접지를 채용하여 지락전류를 줄인다.
  ㉤ 전력선을 케이블화한다.
  ㉥ 차폐선을 설치한다.(효과는 30~50[%] 정도)
  ㉦ 고속도차단기를 설치하여 고장전류를 신속히 제거한다.
(2) 통신선측의 대책
  ㉠ 통신선을 연피케이블화한다.
  ㉡ 통신선 및 통신기기의 절연을 향상시키고 배류코일이나 중계코일을 사용한다.
  ㉢ 차폐선을 설치한다.
  ㉣ 통신선을 전력선과 수직교차시킨다.
  ㉤ 피뢰기를 설치한다.

11 송전선의 통신선에 대한 유도장해 방지대책이 아닌 것은?

① 전력선과 통신선과의 상호인덕턴스를 크게 한다.
② 전력선의 연가를 충분히 한다.
③ 고장 발생시의 지락전류를 억제하고 고장구간을 빨리 차단한다.
④ 차폐선을 설치한다.

해설 유도장해 경감대책(전력선 측의 대책)
전력선과 통신선의 이격거리를 증대시켜 상호인덕턴스를 줄인다.

12 송전선이 통신선에 미치는 유도장해를 억제 제거하는 방법이 아닌 것은?

① 송전선에 충분한 연가를 실시한다.
② 송전계통의 중성점 접지 개소를 택하여 중성점을 리액터 접지한다.
③ 송전선과 통신선의 상호 접근 거리를 크게 한다.
④ 송전선측에 특성이 양호한 피뢰기를 설치한다.

해설 유도장해 경감대책(전력선 측의 대책)
양호한 피뢰기 설치는 통신선 측의 대책에 해당한다.

13 유도장해의 방지대책이 아닌 것은?

① 가공지선 설치
② 차폐선의 시설
③ 전선의 연가
④ 직렬콘덴서 설치

해설 유도장해 경감대책
직렬콘덴서는 송전선로의 전압강하를 없애고 안정도를 개선할 때 필요한 설비이다.

14 유도장해의 방지책으로 차폐선을 사용하면 유도전압은 얼마 정도[%] 줄일 수 있는가?

① 10~20
② 30~50
③ 70~80
④ 80~90

해설 유도장해 경감대책(전력선 측의 대책)
차폐선을 설치한다.(효과는 30~50[%] 정도)

15 통신선에 대한 유도장해의 방지법으로 가장 적당하지 않은 것은?

① 전력선과 통신선의 교차 부분을 비스듬히 한다.
② 소호리액터 접지 방법을 채용한다.
③ 통신선에 배류코일을 채용한다.
④ 통신선에 절연변압기를 채용한다.

해설 유도장해 경감대책
통신선을 전력선과 수직교차시킨다.

정답 10 ③ 11 ① 12 ④ 13 ④ 14 ② 15 ①

memo

09 배전선로

1 수배전설비의 계산

1. 부하율

$$부하율 = \frac{평균전력}{최대전력} \times 100 [\%]$$

(1) 일부하율 $= \dfrac{\sum(전력 \times 사용시간)}{24 \times 최대전력} \times 100 [\%]$

(2) 연부하율 $= \dfrac{\sum(전력 \times 사용시간)}{24 \times 365 \times 최대전력} \times 100 [\%]$

2. 수용률

$$수용률 = \frac{최대수용전력}{설비부하용량} \times 100 [\%]$$

3. 부등률

$$부등률 = \frac{개개의\ 최대수용전력의\ 합}{합성최대수용전력}$$

※ 부등률은 1보다 크다.

확인문제

01 연간 전력량 E[kWh], 연간 최대전력 W[kW]인 연부하율은 몇 [%] 인가?

① $\dfrac{E}{W} \times 100$ ② $\dfrac{W}{E} \times 100$

③ $\dfrac{8,760\,W}{E} \times 100$ ④ $\dfrac{E}{8,760\,W} \times 100$

[해설] 연부하율
전력×연간사용시간=연간전력량 E[kWh]
연간총시간=24×365=8,760[h]
연간최대전력 W[kW]이므로
∴ 연부하율 $= \dfrac{\sum(전력 \times 사용시간)}{24 \times 365 \times 최대전력} \times 100 [\%]$
$= \dfrac{E}{8,760\,W} \times 100 [\%]$

답 : ④

02 어떤 수용가의 1년간의 소비전력량은 100만[kWh]이고 1년 중 최대전력은 130[kW]라면 수용가의 부하율은 약 몇 [%]인가?

① 74 ② 78
③ 82 ④ 88

[해설] 연부하율
$E = 1,000,000$ [kWh], $W = 130$ [kW]이므로
∴ 연부하율 $= \dfrac{E}{8,760\,W} \times 100$
$= \dfrac{1,000,000}{8,760 \times 130} \times 100$
$= 88 [\%]$

답 : ④

4. 역률 개선용 전력용콘덴서 용량(Q_c)

$$Q_c = P[\text{kW}](\tan\theta_1 - \tan\theta_2) = S[\text{kVA}]\cos\theta_1(\tan\theta_1 - \tan\theta_2)[\text{kVA}]$$

$$= P\left(\frac{\sin\theta_1}{\cos\theta_1} - \frac{\sin\theta_2}{\cos\theta_2}\right) = P\left(\frac{\sqrt{1-\cos^2\theta_1}}{\cos\theta_1} - \frac{\sqrt{1-\cos^2\theta_2}}{\cos\theta_2}\right)[\text{kVA}]$$

2 보호계전기

1. 기능상의 분류

(1) 과전류계전기(OCR)
일정값 이상의 전류가 흘렀을 때 동작하는 계전기로 주로 과부하 또는 단락보호용으로 쓰인다.

(2) 과전압계전기(OVR)
일정값 이상의 전압이 걸렸을 때 동작하는 계전기

(3) 부족전압계전기(UVR)
전압이 일정값 이하로 떨어졌을 때 동작하는 계전기로 계통에 정전사고나 단락사고 발생시 동작한다.

(4) 방향단락계전기(DS)
어느 일정 방향으로 일정값 이상의 단락전류가 흘렀을 때 동작하는 계전기

(5) 거리계전기(Z)
계전기가 설치된 위치로부터 고장점까지의 거리에 비례해서 한시에 동작하는 계전기로 임피던스계전기라고도 한다.

확인문제

03 어떤 공간의 소모전력이 100[kW]이며, 이 부하의 역률이 0.6일 때, 역률을 0.9로 개선하기 위하여 필요한 전력용콘덴서의 용량은 몇 [kVA]인가?

① 30 ② 60
③ 85 ④ 90

[해설] 전력용콘덴서(Q_c)
$P = 100[\text{kW}]$, $\cos\theta_1 = 0.6$, $\cos\theta_2 = 0.9$이므로

$$\therefore Q_c = P\left(\frac{\sqrt{1-\cos^2\theta_1}}{\cos\theta_1} - \frac{\sqrt{1-\cos^2\theta_2}}{\cos\theta_2}\right)$$

$$= 100\left(\frac{\sqrt{1-0.6^2}}{0.6} - \frac{\sqrt{1-0.9^2}}{0.9}\right)$$

$$= 85[\text{kVA}]$$

답 : ③

04 피상 전력 K[kVA], 역률 $\cos\theta$인 부하를 역률 100[%]로 하기 위한 병렬 콘덴서의 용량[kVA]은?

① $K\sqrt{1-\cos^2\theta}$ ② $K\tan\theta$
③ $K\cos\theta$ ④ $\dfrac{K\sqrt{1-\cos^2\theta}}{\cos\theta}$

[해설] 전력용콘덴서(=병렬콘덴서)
$S = K[\text{kVA}]$, $\cos\theta_1 = \cos\theta$, $\cos\theta_2 = 1$이므로

$$\therefore Q_c = S\cos\theta_1(\tan\theta_1 - \tan\theta_2)$$

$$= K\cos\theta_1\left(\frac{\sqrt{1-\cos^2\theta_1}}{\cos\theta_1} - \frac{\sqrt{1-\cos^2\theta_2}}{\cos\theta_2}\right)$$

$$= K\sqrt{1-\cos^2\theta}\ [\text{kVA}]$$

답 : ①

(6) 방향거리계전기(DZ)
거리계전기에 방향성을 가지게 한 것으로서 방향단락계전기의 대용으로 쓰인다.

(7) 지락과전류계전기(OCGR)
과전류계전기의 동작 전류를 특별히 작게 한 것으로 지락고장 보호용으로 쓰인다.

(8) 방향지락계전기(DGR)
지락과전류계전기에 방향성을 가지게 한 계전기

실기출제 (9) 선택지락계전기(SGR)
다회선 사용시 지락고장회선만을 선택하여 신속히 차단할 수 있도록 하는 계전기

2. 동작시간에 따른 분류

(1) 순한시계전기
정정된 최소동작전류 이상의 전류가 흐르면 즉시 동작하는 계전기

(2) 정한시계전기
정정된 값 이상의 전류가 흘렀을 때 동작 전류의 크기에는 관계없이 정해진 시간이 경과한 후에 동작하는 계전기

(3) 반한시계전기
정정된 값 이상의 전류가 흘렀을 때 동작하는 시간과 전류값이 서로 반비례하여 동작하는 계전기

(4) 정한시-반한시 계전기
어느 전류값까지는 반한시계전기의 성질을 띠지만 그 이상의 전류가 흐르는 경우 정한시계전기의 성질을 띠는 계전기

확인문제

05 선택접지계전기(Selective ground relay)의 용도는?
① 단일회선에서 접지전류의 대소(大小)의 선택
② 단일회선에서 접지전류의 방향의 선택
③ 단일회선에서 접지사고 지속시간의 선택
④ 다회선(多回線)에서 접지고장 회선의 선택

[해설] 선택지락계전기(=선택접지계전기)
다회선 사용시 지락고장회선만을 선택하여 신속히 차단할 수 있도록 하는 계전기

답 : ④

06 그림과 같은 특성을 갖는 계전기의 동작 시간 특성은?

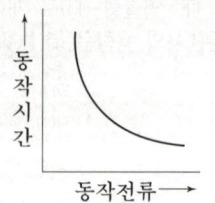

① 반한시 특성   ② 정한시 특성
③ 비례한시 특성 ④ 반한시 정한시 특성

[해설] 반한시계전기
그래프의 동작특성은 동작전류가 클수록 동작시간이 점점 짧아지고 있으므로 정정된 값 이상의 전류가 흘렀을 때 동작하는 시간과 전류값이 서로 반비례하여 동작하는 반한시계전기를 나타낸다.

답 : ①

3. 변성기와 계전기의 조합

(1) 단락사고 보호용
  계기용변류기(CT) + 과전류계전기(OCR)

(2) 이상전압 및 정전사고 보호용
  계기용변압기(PT) + 과전압계전기(OVR) 및 부족전압계전기(UVR)

(3) 지락사고 보호용
  ① 영상변류기(ZCT) + **지락계전기(GR)**
       └→ SGR 또는 DGR
  ② 접지형 계기용변압기(GPT) + 지락과전압계전기(OVGR)
  ※ CT는 2차측 정격전류가 5[A]이며 2차측 절연보호를 위하여 단락상태로 두어야 하고 PT는 2차측 정격전압이 110[V]이다.

4. 발전기, 변압기 보호 계전기

① 비율차동계전기(또는 차동계전기) : 양단의 전류차 또는 전압차에 의해 동작되는 계전기로서 모선 보호는 가능하나 송전선로 보호 기능은 없다.
② 부흐홀츠계전기
③ 압력계전기
④ 온도계전기
⑤ 가스계전기

확인문제

07 배전반에 연결되어 운전 중인 PT와 CT를 점검할 때에는?

① CT 는 단락
② CT 와 PT 모두 단락
③ CT 와 PT 모두 개방
④ PT 는 단락

[해설] PT와 CT점검
계기용변압기(PT)는 고압을 110[V]로 변성하는 기기를 말하며 계기용변류기(CT)는 대전류를 5[A] 이하로 변성하는 기기를 말한다. 이들 변성기를 점검할 때 주의사항은 반드시 CT 2차측은 단락상태로 두어야 한다는 사실이다. 왜냐하면 개방상태로 두었을 때 CT 2차 개방단자에 고압이 걸려 절연이 파괴되기 때문이다.

답 : ①

08 변압기의 보호에 사용되지 않는 것은?

① 거리계전기   ② 부흐홀츠 계전기
③ 비율차동계전기 ④ 온도계전기

[해설] 발전기, 변압기 보호계전기
(1) 비율차동계전기(또는 차동계전기) : 양단의 전류차 또는 전압차에 의해 동작되는 계전기로서 모선 보호는 가능하나 송전선로 보호 기능은 없다.
(2) 부흐홀츠계전기
(3) 압력계전기
(4) 온도계전기
(5) 가스계전기

답 : ①

3 보호계전방식

1. 환상선로의 단락보호

(1) 전원이 1군데인 경우
  방향단락계전방식을 사용한다.

(2) 전원이 두 군데 이상인 경우
  방향거리계전방식을 사용한다.

2. 전원이 양단에 있는 방사상 선로의 단락 보호

방향단락계전기(DS)와 과전류계전기(OCR)를 조합하여 사용한다.

3. 전력선반송 보호계전방식

방향비교방식, 위상비교방식, 고속도 거리계전기와 조합하는 방식, 반송파를 지령신호로 하는 방식이 사용된다.

4. 표시선 계전방식(=파일럿와이어 계전방식)

① 방향비교방식, 전압반향방식, 전류순환방식이 사용된다.
② 연피케이블을 사용하여 고장점 위치에 관계없이 양단을 동시에 고속도 차단할 수 있는 계전 방식

확인문제

09 환상선로의 단락보호에 사용하는 계전 방식은?

① 선택접지 계전방식
② 과전류계전방식
③ 방향단락 계전방식
④ 비율차동 계전방식

[해설] 환상선로의 단락보호
(1) 전원이 1군데인 경우
  방향단락계전방식을 사용한다.
(2) 전원이 두 군데 이상인 경우
  방향거리계전방식을 사용한다.

답 : ③

10 전력선반송 보호계전기방식의 종류가 아닌 것은?

① 방향비교방식
② 전압차동보호방식
③ 위상비교방식
④ 고속거리계전기와 조합하는 방식

[해설] 전력선반송 보호계전방식
방향비교방식, 위상비교방식, 고속도 거리계전기와 조합하는 방식, 반송파를 지령신호로 하는 방식이 사용된다.

답 : ②

4 배전방식의 전기적 특성 비교

구분	단상 2선식	단상 3선식	3상 3선식
공급전력	100[%]	133[%]	115[%]
선로전류	100[%]	50[%]	58[%]
전력손실	100[%]	25[%]	75[%]
전선량	100[%]	37.5[%]	75[%]

※ 단상 3선식은 중성선이 용단되면 전압불평형이 발생하므로 중성선에 퓨즈를 삽입하면 안 되며 부하 말단에 저압밸런스를 설치하여 전압밸런스를 유지한다.

5 배전방식의 종류 및 특징

1. 수지식(=가지식)
① 정전범위가 넓다.
② 농어촌지역에 사용하며 감전사고가 작다.
③ 전압변동이나 전압강하가 크다.
④ 전선비가 적게들고 부하증설이 용이하다.

2. 루프식(=환상식) [실기출제]
① 고장 개소의 분리 조작이 용이하다.
② 전력손실과 전압강하가 작다.
③ 전압변동이 작다.
④ 보호 방식이 복잡하며 설비비가 비싸다.
⑤ 수용밀도가 큰 지역의 고압 배전선에 많이 사용된다.

확인문제

11 부하단의 선간전압(단상 3선식의 경우에는 중성선과 다른 선 사이의 전압) 및 선로 전류가 같을 경우, 단상 2선식대 단상 3선식의 1선당의 공급전력의 비는?

① 100 : 115 ② 100 : 133
③ 100 : 75   ④ 100 : 87

[해설] 배전방식의 전기적 특성 비교

구분	단상 2선식	단상 3선식	3상 3선식
공급전력	100[%]	133[%]	115[%]
선로전류	100[%]	50[%]	58[%]
전력손실	100[%]	25[%]	75[%]
전선량	100[%]	37.5[%]	75[%]

답 : ②

12 루프 배전의 이점은?
① 전선비가 적게 든다.
② 농촌에 적당하다.
③ 증설이 용이하다.
④ 전압 변동이 적다.

[해설] 루프식 배전방식
(1) 고장 개소의 분리 조작이 용이하다.
(2) 전력손실과 전압강하가 작다.
(3) 전압변동이 작다.
(4) 보호 방식이 복잡하며 설비비가 비싸다.
(5) 수용밀도가 큰 지역의 고압 배전선에 많이 사용된다.

답 : ④

3. 망상식(=네트워크식)

① 무정전 공급이 가능해서 공급 신뢰도가 높다.
② 플리커 및 전압변동률이 작고 전력손실과 전압강하가 작다.
③ 기기의 이용률이 향상되고 부하증가에 대한 적응성이 좋다.
④ 변전소의 수를 줄일 수 있다.
⑤ 가격이 비싸고 대도시에 적합하다.
⑥ 인축의 감전사고가 빈번하게 발생한다.

4. 저압뱅킹방식

① 여러 대의 주상변압기 2차측(저압측)을 전기적으로 연결시켜 부하 증가에 대한 융통성을 크게 한다.
② 부하 밀집된 지역에 적당하다.
③ 전압동요가 적다.
④ 단점으로 저압선의 고장으로 인하여 건전한 변압기의 일부 또는 전부가 차단되는 케스케이딩 현상이 발생할 우려가 있다.

09 출제예상문제

01 부하율이란?

① $\dfrac{\text{피상전력}}{\text{부하설비용량}} \times 100\,[\%]$

② $\dfrac{\text{부하설비용량}}{\text{피상전력}} \times 100\,[\%]$

③ $\dfrac{\text{최대수용전력}}{\text{평균수용전력}} \times 100\,[\%]$

④ $\dfrac{\text{평균수용전력}}{\text{최대수용전력}} \times 100\,[\%]$

[해설] 부하율

$$\text{부하율} = \dfrac{\text{평균전력}}{\text{최대전력}} \times 100\,[\%]$$

① 일부하율 $= \dfrac{\sum(\text{전력} \times \text{사용시간})}{24 \times \text{최대전력}} \times 100\,[\%]$

② 연부하율 $= \dfrac{\sum(\text{전력} \times \text{사용시간})}{24 \times 365 \times \text{최대전력}} \times 100\,[\%]$

$= \dfrac{\text{연간총전력량}}{8,760 \times \text{최대전력}} \times 100\,[\%]$

03 수용률이란?

① 수용률 $= \dfrac{\text{평균전력}[kW]}{\text{최대수용전력}[kW]} \times 100$

② 수용률 $= \dfrac{\text{개개의 최대수용전력의 합}[kW]}{\text{합성최대수용전력}[kW]} \times 100$

③ 수용률 $= \dfrac{\text{최대수용전력}[kW]}{\text{설비부하용량}[kW]} \times 100$

④ 수용률 $= \dfrac{\text{설비전력}[kW]}{\text{합성최대수용전력}[kW]} \times 100$

[해설] 수용률

$$\text{수용률} = \dfrac{\text{최대수용전력}[kW]}{\text{설비부하용량}[kW]} \times 100$$

02 1일의 사용 전력량 60[kWh], 최대 전력 8[kW]의 공장의 부하율[%]은?

① 75.0 ② 43.2
③ 31.2 ④ 16.6

[해설] 일부하율

$\text{일부하율} = \dfrac{1\text{일사용전력량}}{24 \times \text{최대전력}} \times 100\,[\%]$

$= \dfrac{60}{24 \times 8} \times 100 = 31.2\,[\%]$

04 설비용량 40[kW], 1일 평균 사용전력량이 576[kWh]인 공장이 있다. 최대수용전력이 30[kW]인 경우 이 공장의 수용률[%] 및 부하율[%]은?

① 60, 75 ② 75, 80
③ 75, 60 ④ 80, 75

[해설] 수용률과 부하율

$\text{수용률} = \dfrac{\text{최대수용전력}}{\text{설비부하용량}} \times 100 = \dfrac{30}{40} \times 100 = 75\,[\%]$

$\text{부하율} = \dfrac{\text{평균전력}}{\text{최대전력}} \times 100 = \dfrac{576}{24 \times 30} \times 100 = 80\,[\%]$

정답 01 ④ 02 ③ 03 ③ 04 ②

05 수용률 80[%], 부하율 60[%]일 때 설비용량이 320[kW]인 최대수용전력[kW]은?

① 633 ② 400
③ 256 ④ 190

[해설] 수용률

$$수용률 = \frac{최대수용전력}{설비부하용량} \times 100[\%] \text{이므로}$$

∴ 최대수용전력 = 설비부하용량 × 수용률
= 320 × 0.8 = 256[kW]

06 총설비용량 80[kW], 수용률 75[%], 부하율 80[%]인 수용가의 평균전력은 몇 [kW]인가?

① 36 ② 42
③ 48 ④ 54

[해설] 수용률과 부하율

$$수용률 = \frac{최대수용전력}{설비부하용량} \times 100[\%],$$

$$부하율 = \frac{평균전력}{최대전력} \times 100[\%] \text{일 때}$$

최대수용전력 = 설비부하용량 × 수용률
평균전력 = 최대전력 × 부하율
= 설비부하용량 × 수용률 × 부하율
이므로
∴ 평균전력 = 80 × 0.75 × 0.8 = 48[kW]

07 수용설비 개개의 최대수용전력의 합[kW]을 합성최대수용전력[kW]으로 나눈 값을 무엇이라 하는가?

① 부하율 ② 수용률
③ 부등률 ④ 역률

[해설] 부등률

$$부등률 = \frac{개개의\ 최대수용전력의\ 합}{합성최대수용전력} \text{이므로}$$

∴ 개개의 최대수용전력의 합을 합성최대수용전력으로 나눈 값이다.

08 다음 중 그 값이 1 이상인 것은?

① 수용률 ② 전압 강하율
③ 부하율 ④ 부등률

[해설] 부하율, 수용률, 부등률

$$부하율 = \frac{평균전력}{최대전력} < 1$$

$$수용률 = \frac{최대수용전력}{수용설비용량} < 1$$

$$부등률 = \frac{개개의\ 최대수용전력의\ 합}{합성최대수용전력} > 1$$

09 전력소비기기가 동시에 사용되는 정도를 나타내는 것은?

① 부하율 ② 수용률
③ 부등률 ④ 보상률

[해설] 부등률
예컨대 수용가 상호간 또는 변압기 상호간에서 개개의 최대부하는 같은 시각에 나타나는 것이 아니라 약간의 시간차가 발생하는 것이 사실이다. 이때 최대전력의 발생시간 또는 발생시기를 적당히 분산시켜 주변압기에 걸리는 합성최대수용전력을 낮출 수 있는 지표가 부등률이다. 따라서 부등률을 알면 전력소비기기가 어느 정도 동시에 사용되고 있는지를 알 수 있게 된다.

10 수용가군 총합의 부하율은 각 수용가의 수용률 및 수용가 사이의 부등률이 변화할 때 다음 중 옳은 것은?

① 수용률에 비례하고 부등률에 반비례한다.
② 부등률에 비례하고 수용률에 반비례한다.
③ 부등률에 비례하고 수용률에 비례한다.
④ 부등률에 반비례하고 수용률에 반비례한다.

[해설] 부하율, 수용률, 부등률

$$부하율 \propto \frac{1}{최대전력},$$

$$수용률 \propto 최대수용전력$$

$$부등률 \propto \frac{1}{합성최대수용전력} \text{이므로}$$

∴ 부하율은 부등률에 비례하고 수용률에 반비례한다.

정답 05 ③ 06 ③ 07 ③ 08 ④ 09 ③ 10 ②

11 "수용률이 크다, 부등률이 크다, 부하율이 크다"는 것은 다음의 어떤 것에 가장 관계가 깊은가?

① 항상 같은 정도의 전력을 소비하고 있다
② 전력을 가장 많이 소비할 때에는 쓰지 않는 기구가 별로 없다
③ 전력을 가장 많이 소비하는 시간이 지역에 따라 다르다
④ 전력을 가장 많이 소비하는 시간이 지역에 따라 같다

[해설] "수용률이 크다. 부등률이 크다. 부하율이 크다"는 의미는 최대수용전력이 설비부하용량과 거의 같으며, 평균전력이 최대전력과 거의 같으며 개개의 최대수용전력의 합이 합성최대수용전력과 거의 같다는 의미로서 전력이 가장 많이 소비되는 동안에 전기기계기구가 거의 모두가 동작하고 있다는 것을 의미한다.

12 설비 A가 130[kW], B가 250[kW], 수용률이 각각 0.5 및 0.8일 때 합성최대전력이 235[kW]이면 부등률은?

① 1.11 ② 1.13
③ 1.21 ④ 1.23

[해설] 부등률
설비 A의 최대수용전력=130×0.5[kW]
설비 B의 최대수용전력=250×0.8[kW]이므로

∴ 부등률 = $\dfrac{\text{개개의 최대수용전력의 합}}{\text{합성최대수용전력}}$

$= \dfrac{130 \times 0.5 + 250 \times 0.8}{235} = 1.13$

13 주상변압기로서 수용가에 공급할 때 각 수용가의 최대의 합이 15[kW], 변압기 최대 부하가 7.5[kW]라고 할 때 부등률은?

① 1 ② 2
③ 3 ④ 4

[해설] 부등률
부등률 = $\dfrac{\text{개개의 최대수용전력의 합}}{\text{합성최대수용전력}} = \dfrac{15}{7.5} = 2$

※ 여기서, 합성최대수용전력은 변압기 용량과 같다.

14 설비용량 800[kW], 부등률 1.2, 수용률 60[%]일 때, 변전시설용량은 최저 몇 [kVA] 이상이어야 하는가? 단, 역률은 90[%] 이상 유지되어야 한다고 한다.

① 450 ② 500
③ 550 ④ 600

[해설] 변압기 용량
변압기 용량은 합성최대수용전력으로서 수용률과 역률과 부등률이 주어진 경우

변압기 용량 = $\dfrac{\text{설비용량} \times \text{수용률}}{\text{역률} \times \text{부등률}}$ [kVA]로 계산한다.

∴ 변압기 용량 = $\dfrac{800 \times 0.6}{0.9 \times 1.2} = 444 ≒ 450$ [kVA]

※ 단, 주어지지 않는 조건은 모두 1로 계산한다.

15 설비 용량 600[kW], 부등률 1.2, 수용률 60[%]일 때의 합성최대전력은?

① 833 ② 432
③ 300 ④ 240

[해설] 합성최대전력(=변압기 용량)

합성최대전력 = $\dfrac{\text{설비용량} \times \text{수용률}}{\text{역률} \times \text{부등률}} = \dfrac{600 \times 0.6}{1.2}$

$= 300$ [kW]

16 설비용량 1000[kW], 부등률 1.2, 수용률 60[%]일 때 변전시설 용량은 최저 몇 [KVA] 이상이어야 하는가?(단, 역률은 90[%] 이상 유지되어야 한다고 한다.)

① 450 ② 500
③ 550 ④ 600

[해설] 변압기 용량

변압기 용량 = $\dfrac{\text{설비용량} \times \text{수용률}}{\text{역률} \times \text{부등률}} = \dfrac{1,000 \times 0.6}{0.9 \times 1.2}$

$= 555 ≒ 600$ [kVA]

정답 11 ② 12 ② 13 ② 14 ① 15 ③ 16 ④

17 배전선의 손실 계수 H와 부하율 F와의 관계는?

① $1 \geq F \geq H \geq F^2 \geq 0$
② $1 \geq H \geq F \geq F^2 \geq 0$
③ $1 \geq F \geq F^2 \geq H \geq 0$
④ $1 \geq H \geq H^2 \geq F \geq 0$

[해설] 손실계수(H)와 부하율(F)

$$손실계수 = \frac{평균전력손실}{최대전력손실} \times 100[\%]$$

$$부하율 = \frac{평균전력}{최대전력} \times 100[\%]로서$$

손실계수는 부하곡선의 모양에 따라서 달라지는데 그 값은 부하율이 좋은 부하일 경우에는 부하율에 가까운 값이 되고($H \fallingdotseq F$), 부하율이 나쁜 부하일 경우에는 부하율의 제곱에 가까운 값으로 되는 경향이 있다. ($H \fallingdotseq F^2$)

∴ $1 \geq F \geq H \geq F^2 \geq 0$

18 배전선로의 부하율이 F일 때 손실 계수 H는?

① $H = F$
② $H = \frac{1}{F}$
③ $F^2 \leq H \leq F$
④ $H = F^3$

[해설] 손실계수(H)와 부하율(F)
$1 \geq F \geq H \geq F^2 \geq 0$이므로
∴ $F^2 \leq H \leq F$

19 최대전류가 흐를 때의 손실이 50[kW]이며 부하율이 55[%]인 전선로의 평균전력손실은 몇[kW]인가?(단, 배전선로의 손실계수 H는 0.38이다.)

① 7
② 11
③ 19
④ 31

[해설] 손실계수(H)

$$손실계수 = \frac{평균전력손실}{최대전력손실} \times 100[\%]$$

∴ 평균전력손실=최대전력손실×손실계수
    =50×0.38=19[kW]

20 P[kW], 역률 $\cos\theta_1$인 부하의 역률을 $\cos\theta_2$로 개선하기 위하여 필요한 전력용 콘덴서의 용량 [kVA]은?

① $P\left(\dfrac{\cos\theta_1}{\sqrt{1-\cos^2\theta_1}} - \dfrac{\cos\theta_1}{\sqrt{1-\cos^2\theta_2}}\right)$

② $P\left(\dfrac{\sqrt{1-\cos^2\theta_1}}{\cos\theta_1} - \dfrac{\sqrt{1-\cos^2\theta_2}}{\cos\theta_2}\right)$

③ $P(\cos\theta_1 - \cos\theta_2)$

④ $P(\sin\theta_1 - \sin\theta_2)$

[해설] 전력용콘덴서 용량(Q_c)

∴ $Q_c = P[\text{kW}](\tan\theta_1 - \tan\theta_2)$
$= P[\text{kW}]\left(\dfrac{\sin\theta_1}{\cos\theta_1} - \dfrac{\sin\theta_2}{\cos\theta_2}\right)$
$= P[\text{kW}] \times \left(\dfrac{\sqrt{1-\cos^2\theta_1}}{\cos\theta_1} - \dfrac{\sqrt{1-\cos^2\theta_2}}{\cos\theta_2}\right)[\text{kVA}]$

21 3,000[kW], 역률 80[%](늦음)의 부하에 전력을 공급하고 있는 변전소의 역률을 90[%]로 향상시키는데 필요한 전력용콘덴서의 용량은 약 몇 [kVA]인가?

① 600
② 700
③ 800
④ 900

[해설] 전력용콘덴서 용량(Q_c)
$P = 3,000$[kW], $\cos\theta_1 = 0.8$, $\cos\theta_2 = 0.9$이므로

∴ $Q_c = P\left(\dfrac{\sqrt{1-\cos^2\theta_1}}{\cos\theta_1} - \dfrac{\sqrt{1-\cos^2\theta_2}}{\cos\theta_2}\right)$
$= 3,000\left(\dfrac{\sqrt{1-0.8^2}}{0.8} - \dfrac{\sqrt{1-0.9^2}}{0.9}\right)$
$\fallingdotseq 800$ [kVA]

★★ 22
어느 변전설비의 역률을 60[%]에서 80[%]로 개선한 결과 2,800[kVar]의 콘덴서가 필요했다. 이 변전설비의 용량은 몇 [kW]인가?

① 4,800
② 5,000
③ 5,400
④ 5,800

해설 전력용콘덴서 용량(Q_c)

$\cos\theta_1 = 0.6$, $\cos\theta_2 = 0.8$,
$Q_c = 2,800$ [kVar] 이므로

$$\therefore P = \frac{Q_c}{\dfrac{\sqrt{1-\cos^2\theta_1}}{\cos\theta_1} - \dfrac{\sqrt{1-\cos^2\theta_2}}{\cos\theta_2}}$$

$$= \frac{2,800}{\dfrac{\sqrt{1-0.6^2}}{0.6} - \dfrac{\sqrt{1-0.8^2}}{0.8}} = 4,800 \text{ [kW]}$$

★★ 24
정격용량 300[kVA]의 변압기에서 늦은 역률 70[%]의 부하에 300[kVA]를 공급하고 있다. 지금 합성 역률을 90[%]로 개선하여 이 변압기의 전용량의 것에 공급하려고 한다. 이때 증가할 수 있는 부하[kW]는?

① 60
② 86
③ 116
④ 145

해설 역률 개선 후 증설가능 부하용량(ΔP)

$S = 300$ [kVA], $\cos\theta_1 = 0.7$, $\cos\theta_2 = 0.9$일 때 피상분이 일정한 상태(변압기 용량 한도 내)에서 역률 개선 후 증설가능한 부하용량 ΔP는

$\therefore \Delta P = S(\cos\theta_2 - \cos\theta_1) = 300(0.9-0.7)$
$= 60$ [kW]

★★★ 23
3상 배전선로의 말단에 역률 80[%](뒤짐), 160[kW]의 평형 3상 부하가 있다. 부하점에 부하와 병렬로 전력용콘덴서를 접속하여 선로손실을 최소로 하기 위해 필요한 콘덴서 용량[kVA]은? (단, 여기서 부하단 전압은 변하지 않는 것으로 한다.)

① 96
② 120
③ 128
④ 200

해설 전력용콘덴서 용량(Q_c)

$P = 160$ [kW], $\cos\theta_1 = 0.8$, $\cos\theta_2 = 1$

$$\therefore Q_c = P\left(\frac{\sqrt{1-\cos^2\theta_1}}{\cos\theta_1} - \frac{\sqrt{1-\cos^2\theta_2}}{\cos\theta_2}\right)$$

$$= P \cdot \frac{\sqrt{1-\cos^2\theta_1}}{\cos\theta_1} = 160 \times \frac{\sqrt{1-0.8^2}}{0.8}$$

$$= 120 \text{ [kVA]}$$

※ 선로손실이 최소인 경우에는 역률이 최대이므로 $\cos\theta_2 = 1$ 임을 알 수 있다.

★★★ 25
역률(늦음) 80[%], 10[kVA]의 부하를 가지는 주상 변압기의 2차측에 2[kVA]의 콘덴서를 접속하면 주상변압기에 걸리는 부하는 약 얼마인가?

① 8 [kVA]
② 8.5 [kVA]
③ 9 [kVA]
④ 9.5 [kVA]

해설 역률 개선 후 변압기에 걸리는 부하(S')

$\cos\theta_1 = 0.8$, $S = 10$ [kVA], $Q_c = 2$ [kVA]일 때 역률 개선전 변압기 부하의 유효분(P)과 무효분(Q)을 구하면

$P = S\cos\theta_1 = 10 \times 0.8 = 8$ [kW]

$Q = S\sin\theta_1 = S \cdot \dfrac{\sqrt{1-\cos^2\theta_1}}{\cos\theta_1}$

$= 10 \times \sqrt{1-0.8^2} = 6$ [kVar]이므로

$\therefore S' = \sqrt{P^2 + (Q-Q_c)^2} = \sqrt{8^2 + (6-2)^2}$
$= 9$ [kVA]

정답 22 ① 23 ② 24 ① 25 ③

26 지상역률 80[%], 10,000[kVA]의 부하를 가진 변전소에 6,000[kVA]의 콘덴서를 설치하여 역률을 개선하면 변압기에 걸리는 부하는 역률 개선 전의 몇 [%]로 되는가?

① 60 ② 75
③ 80 ④ 85

[해설] 역률개선 후 변압기에 걸리는 부하(S')
$\cos\theta_1 = 0.8$, $S = 10,000$ [kVA], $Q_c = 6,000$ [kVA] 일 때 역률 개선전 변압기 부하의 유효분(P)과 무효분(Q)을 구하면
$P = S\cos\theta_1 = 10,000 \times 0.8 = 8,000$ [kW]
$Q = S\sin\theta_1 = S \cdot \dfrac{\sqrt{1-\cos^2\theta_1}}{\cos\theta_1}$
$= 1,000 \times \dfrac{0.6}{0.8} = 6,000$ [kVar]
$S' = \sqrt{P^2 + (Q-Q_c)^2}$
$= \sqrt{8,000^2 + (6,000-6,000)^2} = 8,000$ [kVA]
$\therefore \dfrac{S'}{S} = \dfrac{8,000}{10,000} = 0.8 = 80$ [%]

27 역률 0.8인 부하 480[kW]를 공급하는 변전소에 전력용콘덴서 220[kVA]를 설치하면 역률은 몇 [%]로 개선할 수 있는가?

① 99 ② 96
③ 94 ④ 98

[해설] 개선 후 역률($\cos\theta_2$)
$\cos\theta_1 = 0.8$, $P = 480$ [kW], $Q_c = 220$ [kVA] 일 때
$Q_c = P(\tan\theta_1 - \tan\theta_2)$ [kVA] 식에서 $\tan\theta_2$를 구하면
$\tan\theta_2 = \tan\theta_1 - \dfrac{Q_c}{P} = \dfrac{\sin\theta_1}{\cos\theta_1} - \dfrac{Q_c}{P}$
$= \dfrac{\sqrt{1-\cos^2\theta_1}}{\cos\theta_1} - \dfrac{Q_c}{P}$ 이므로
$\tan\theta_2 = \dfrac{\sqrt{1-0.8^2}}{0.8} - \dfrac{220}{480} = 0.291$
$\theta_2 = \tan^{-1}(0.291) = 16.26°$
$\therefore \cos\theta_2 = \cos 16.26° = 0.96 = 96$ [%]

28 1대의 주상변압기에 역률(뒤짐) $\cos\theta_1$, 유효전력 P_1[kW]의 부하와 역률(뒤짐) $\cos\theta_2$, 유효전력 P_2[kW]의 부하가 병렬로 접속되어 있을 경우, 주상변압기 2차측에서 본 부하의 종합 역률은?

① $\dfrac{\cos\theta_1\cos\theta_2}{\cos\theta_1 + \cos\theta_2}$

② $\dfrac{P_1+P_2}{\dfrac{P_1}{\cos\theta_1}+\dfrac{P_2}{\cos\theta_2}}$

③ $\dfrac{P_1+P_2}{\dfrac{P_1}{\sin\theta_1}+\dfrac{P_2}{\sin\theta_2}}$

④ $\dfrac{P_1+P_2}{\sqrt{(P_1+P_2)^2+(P_1\tan\theta_1+P_2\tan\theta_2)^2}}$

[해설] 종합역률($\cos\theta$)
종합역률은 각 부하의 유효분(P)의 합과 무효분(Q)의 합을 벡터로 피상분(S)을 유도하여 표현하여야 하므로
$P = P_1 + P_2$ [kW]
$Q = Q_1 + Q_2 = P_1\tan\theta_1 + P_2\tan\theta_2$ [kVar]
$S = \sqrt{P^2+Q^2}$
$= \sqrt{(P_1+P_1)^2+(P_1\tan\theta_1+P_2\tan\theta_2)^2}$ 일 때
$\therefore \cos\theta = \dfrac{P}{S}$
$= \dfrac{P_1+P_2}{\sqrt{(P_1+P_2)^2+(P_1\tan\theta_1+P_2\tan\theta_2)^2}}$

29 불평형 부하에서 역률은?

① $\dfrac{유효전력}{각\ 상의\ 피상전력의\ 산술\ 합}$

② $\dfrac{유효전력}{각\ 상의\ 피상전력의\ 벡터\ 합}$

③ $\dfrac{무효전력}{각\ 상의\ 피상전력의\ 산술\ 합}$

④ $\dfrac{무효전력}{각\ 상의\ 피상전력의\ 벡터\ 합}$

[정답] 26 ③ 27 ② 28 ④ 29 ②

해설 종합역률($\cos\theta$)

종합역률은 각 부하의 유효분(P)의 합과 무효분(Q)의 합을 벡터로 피상분(S)을 유도하여 표현하여야 하므로

$$\therefore \cos\theta = \frac{P}{S}$$
$$= \frac{P_1+P_2}{\sqrt{(P_1+P_2)^2+(P_1\tan\theta_1+P_2\tan\theta_2)^2}}$$
$$= \frac{유효전력}{각\ 상의\ 피상전력의\ 벡터\ 합}$$

★★
30 부하 역률이 0.8인 선로의 저항손실은 부하 역률이 0.9인 선로의 저항손실에 비해서 약 몇 배 정도 되는가?

① 0.7   ② 1.0
③ 1.3   ④ 1.8

해설 역률($\cos\theta$)에 따른 전력손실(P_l)

$P_l = 3I^2R = \dfrac{P^2R}{V^2\cos^2\theta}$ [W]이므로 $P_l \propto \dfrac{1}{\cos^2\theta}$

임을 알 수 있다.

$\cos\theta = 0.8$일 때 P_l, $\cos\theta' = 0.9$일 때 P_l'이라 하면

$$\therefore P_l = \left(\frac{\cos\theta'}{\cos\theta}\right)^2 P_l' = \left(\frac{0.9}{0.8}\right)^2 P_l' = 1.3 P_l'$$

★★
31 동일한 전압에서 동일한 전력을 송전할 때 역률을 0.8에서 0.9로 개선하면 전력 손실[%]은 얼마나 감소하는가?

① 약 80   ② 약 30
③ 약 20   ④ 약 10

해설 역률($\cos\theta$)에 따른 전력손실(P_l)

$P_l = 3I^2R = \dfrac{P^2R}{V^2\cos^2\theta}$ [W]이므로

$P_l \propto \dfrac{1}{\cos^2\theta}$ 임을 알 수 있다.

$\cos\theta = 0.8$일 때 P_l, $\cos\theta' = 0.9$일 때 P_l'이라 하면

$P_l' = \left(\dfrac{\cos\theta}{\cos\theta'}\right)^2 P_l = \left(\dfrac{0.8}{0.9}\right)^2 P_l = 0.8 P_l$이므로

$\therefore 1 - 0.8 = 0.2 = 20$ [%] 감소한다.

★★
32 배전계통에서 직렬콘덴서를 설치하는 것은 여러 가지 목적이 있으나, 그 중에서 가장 주된 목적은?

① 전압강하보상
② 전력손실감소
③ 송전용량증가
④ 기기의 보호

해설 콘덴서의 설치 목적

(1) 직렬콘덴서
 ㉠ 전압강하보상
 ㉡ 안정도 개선
(2) 병렬콘덴서
 ㉠ 역률개선
 ㉡ 전력손실 경감
 ㉢ 전력요금 감소
 ㉣ 설비용량의 여유 증가
 ㉤ 전압강하 경감
※ 직렬콘덴서는 역률개선 효과는 없다.

★★★
33 배전선로의 역률개선에 따른 효과로 적합하지 않은 것은?

① 전원측 설비의 이용률 향상
② 전로절연에 요하는 비용 절감
③ 전압강하 감소
④ 선로의 전력손실 경감

해설 역률개선 효과

부하의 역률을 개선하기 위해서 병렬콘덴서를 설치하며 역률이 개선될 경우 다음과 같은 효과가 있다.
(1) 전력손실 경감
(2) 전력요금 감소
(3) 설비용량의 여유 증가
(4) 전압강하 경감

34 배전선의 역률이 저하되는 원인은?

① 전등의 과부하
② 유도 전동기의 경부하 운전
③ 선로의 충전 전류
④ 동기 조상기의 중부하 운전

[해설] 역률저하 원인
부하의 역률은 일반적으로 전등, 전열기 등에서는 거의 100[%]인데 유도전동기, 용접기 등에서는 상당히 나쁘며 또한 부하 상태에 따라서도 그 값이 일정하지 않다. 역률을 저하시키는 원인으로서는 유도전동기 부하의 영향을 첫째로 꼽고 있다. 유도전동기는 특히 경부하일 때 역률이 낮은데 일반적으로는 이러한 경부하 상태로 운전하는 시간이 긴 것이 보통이다. 또 소형전동기를 사용하는 가정용 전기기기와 방전등류의 보급도 역률을 저하시키는 원인이 되고 있다.

35 배전선로의 손실 경감과 관계 없는 것은?

① 승압
② 역률 개선
③ 대용량 변압기 채용
④ 동량의 증가

[해설] 전력손실 경감
$$P_\ell = 3I^2R = \frac{P^2R}{V^2\cos^2\theta} = \frac{P^2\rho\ell}{V^2\cos^2\theta A} \text{ [W]}$$
식에서
$P_\ell \propto \frac{1}{V^2}$, $P_\ell \propto \frac{1}{\cos^2\theta}$, $P_\ell \propto \frac{1}{A}$ 이므로

∴ 승압, 역률개선, 단면적 증가(동량 증가)는 전력손실을 경감시킨다. 이 밖에도 부하의 불평형 방지 및 루프배전방식, 저압배전방식, 네트워크방식 채용 등이 있다.

36 MOF(metering out fit)에 대한 설명으로 옳은 것은?

① 계기용 변성기의 별명이다.
② 계기용 변류기의 별명이다.
③ 한 탱크 내에 계기용 변성기, 변류기를 장치한 것이다.
④ 변전소 내의 계기류의 총칭이다.

[해설] MOF(계기용변압변류기)
MOF는 하나의 함 속에 PT(계기용변압기)와 CT(계기용변류기)를 장치하여 전력량계에 전원공급을 목적으로 한 것으로서, PT는 2차측 정격전압 110[V], CT는 2차측 정격전류 5[A]를 공급한다.

37 변성기의 정격부담을 표시하는 기호는?

① W
② S
③ dyne
④ VA

[해설] 변성기의 정격부담(P)
계기용변성기는 2차측에 계기나 계전기를 부하로 두고 있으며 이들 계기나 계전기는 매우 작은 전력을 소모하는 임피던스를 내부에 두고 있다. 이때 임피던스에 나타나는 전력을 변성기의 정격부담이라 한다. 또한 수식으로는
$$P = I^2Z = \frac{V^2}{Z} \text{ [VA]}$$로 표현한다.

38 변류기 개방시 2차측을 단락하는 이유는?

① 2차측 절연 보호
② 2차측 과전류 보호
③ 측정 오차 방지
④ 1차측 과전류 방지

[해설] PT와 CT 점검
계기용변압기(PT)는 고압을 110[V]로 변성하는 기기를 말하며 계기용변류기(CT)는 대전류를 5[A] 이하로 변성하는 기기를 말한다. 이들 변성기를 점검할 때 주의사항은 반드시 CT 2차측을 단락상태로 두어야 한다는 사실이다. 왜냐하면 개방상태로 두었을 때 CT 2차 개방단자에 고압이 걸려 절연이 파괴되기 때문이다.

39 다음 그림에서 계기 A가 지시하는 것은?

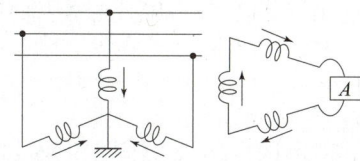

① 정상전압　② 역상전압
③ 영상전압　④ 정상전류

해설 **GPT(접지형 계기용변압기)**
　GPT(접지형 계기용변압기)는 주로 비접지방식인 3상 3선식 △방식 선로에 사용되며 지락사고시 선로에 나타난 영상전압을 검출하는 OVGR(지락과전압계전기)와 영상전압을 측정하는 V_0(영상전압계)를 위한 변성기이다. GPT는 1차측은 Y결선이며 중성점접지가 되어있고 2차측은 open △결선(개방 △결선)으로 하며 개방단자의 정격전압은 190[V]이다.

40 6.6[kV] 3상 3선식 배전 선로에서 완전 1선 지락 고장이 발생하였을 때 GPT 2차에 나타나는 전압의 크기는? (단, GPT는 변압기 3대로 구성되어 있으며, 변압기의 변압비는 $\frac{6,600}{\sqrt{3}} / \frac{110}{\sqrt{3}}$ [V]이다)

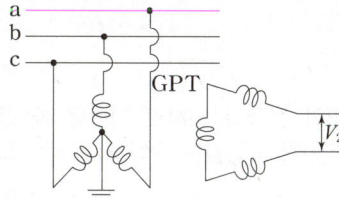

① $\frac{110}{\sqrt{3}}$ [V]　② 110 [V]
③ $\sqrt{3} \times 110$ [V]　④ 3×110 [V]

해설 **GPT(접지형 계기용변압기)**
　∴ $V_2 = \frac{110}{\sqrt{3}} \times 3 = \sqrt{3} \times 110 = 190$ [V]

41 그림과 같은 회로 중 영상 전압을 검출하는 방법은?

① 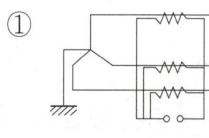　②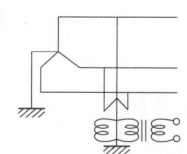
③ 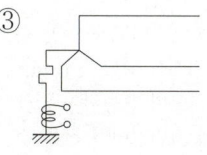　④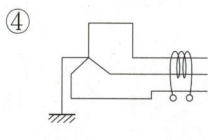

해설 **GPT(접지형 계기용변압기)**
　GPT는 1차측은 Y결선이며 중성점접지가 되어있고 2차측은 open △결선(개방 △결선)으로 하며 개방단자의 정격전압은 190[V]이다.

42 비접지 3상 3선식 배전선로에 방향지락계전기를 사용하여 선택지락보호를 하려고 한다. 필요한 것은?

① CT와 OCR
② CT와 PT
③ 접지변압기와 ZCT
④ 접지변압기와 OCR

해설 **지락보호계전기**
　선로의 지락사고시 나타나는 영상전압과 영상전류를 검출하기 위해서 OVGR(지락과전압계전기)과 DGR(방향지락계전기)나 SGR(선택지락계전기)이 필요하며 OVGR은 GPT(접지형계기용변압기=접지변압기) 2차측에, DGR이나 SGR은 ZCT(영상변류기) 2차측에 접속하여야 한다.

43 6.6[kV] 고압 배전 선로(비접지 선로)에서 지락보호를 위하여 특별히 필요하지 않은 것은?

① 과전류 계전기(OCR)
② 선택 접지 계전기(SGR)
③ 영상 변류기(ZCT)
④ 접지 변압기(GPT)

해설 **단락보호계전기**
　과전류계전기(OCR)는 단락보호용으로 사용되는 계전기이다.

44 보호계전기가 구비하여야 할 조건이 아닌 것은?

① 보호동작이 정확 확실하고 강도가 예민할 것
② 열적 기계적으로 견고할 것
③ 가격이 싸고, 또 계전기의 소비 전력이 클 것
④ 오래 사용하여도 특성의 변화가 없을 것

[해설] 보호계전기의 구비조건
(1) 오차가 적으며 보호동작이 정확하고 확실할 것
(2) 외부충격에도 잘 견디며 기계적 강도가 클 것
(3) 주위온도의 영향을 받지 않으며 오동작이 없을 것
(4) 가격이 저렴하고 계전기의 소비전력이 작을 것
(5) 오래 사용하여도 특성의 변화가 없을 것

45 과부하 또는 외부의 단락 사고시에 동작하는 계전기는?

① 차동계전기   ② 과전압계전기
③ 과전류계전기   ④ 부족전압계전기

[해설] 보호계전기의 성질
(1) 차동계전기 : 주로 발전기, 변압기, 모선보호계전기로서 양단의 전류차 또는 전압차에 의해 동작하는 계전기이며 전선로보호기능은 없다.
(2) 과전압계전기 : 일정값 이상의 전압이 걸렸을 때 동작하는 계전기
(3) 과전류계전기 : 일정값 이상의 전류가 흘렀을 때 동작하는 계전기로 주로 과부하 또는 단락보호용으로 쓰인다.
(4) 부족전압계전기 : 전압이 일정값 이하로 떨어졌을 때 동작하는 계전기로 계통에 정전사고나 단락사고 발생시 동작한다.

46 발전기, 변압기, 선로 등의 단락 보호용으로 사용되는 것으로 보호할 회로의 전류가 정정치보다 커질 때 동작하는 계전기는?

① O.C.R   ② O.V.R
③ S.G.R   ④ U.C.R

[해설] 보호계전기의 성질
(1) OCR(과전류계전기) : 일정값 이상의 전류가 흘렀을 때 동작하는 계전기로 주로 과부하 또는 단락보호용으로 쓰인다.
(2) OVR(과전압계전기) : 일정값 이상의 전압이 걸렸을 때 동작하는 계전기
(3) SGR(선택지락계전기) : 다회선 사용시 지락고장회선만을 선택하여 신속히 차단할 수 있도록 하는 계전기

47 과전류 계전기의 문자 기호, 도형 기호, 숫자 기호로 옳은 것은?

	문자	도형	숫자
①	OC	○	51G
②	OCG	○	59
③	OC	○	51
④	OV	○	51

[해설] 과전류계전기(OCR)
과전류계전기(OCR)는 일정값 이상의 전류가 흘렀을 때 동작하는 계전기로 주로 과부하 또는 단락보호용으로 쓰이며 계전기의 고유번호는 51로 호칭한다.

[참고] 51G(OCGR) : 지락과전류계전기,
59(OVR) : 과전압계전기

48 전압이 정정치 이하로 되었을 때 동작하는 것으로서 단락 고장검출 등에 사용되는 계전기는?

① 부족전압 계전기   ② 비율차동계전기
③ 재폐계전기   ④ 선택계전기

[해설] 보호계전기의 성질
(1) 부족전압계전기 : 전압이 일정값 이하로 떨어졌을 때 동작하는 계전기로 계통에 정전사고나 단락사고 발생시 동작한다.
(2) 비율차동계전기 : 변압기 1, 2차 전류차에 의해서 동작하는 계전기로서 변압기 내부고장을 검출한다.

정답 44 ③ 45 ③ 46 ① 47 ③ 48 ①

49 방향성을 가지지 않는 계전기는?

① 전력 계전기
② 비율 차동 계전기
③ mho 계전기
④ 지락 계전기

[해설] 지락계전기(=접지계전기 : GR)
지락계전기(GR)는 영상변류기(ZCT) 2차측에 설치되는 계전기로서 영상전류가 검출되면 ZCT로부터 받은 신호에 의해 즉시 동작하는 계전기이다. 방향성이나 고장회선 선택차단능력을 갖지 못하여 거의 사용하지 않으며 현재는 방향성이 있는 DGR(방향지락계전기)나 고장회선 선택차단능력이 있는 SGR(선택지락계전기)를 사용하고 있다.

50 동일 모선 2개 이상의 피더(feeder)를 가진 비접지 배전계통에서 지락사고에 대한 선택지락보호계전기는?

① OCR
② OVR
③ GR
④ SGR

[해설] 선택지락계전기(=선택접지계전기 : SGR)
다회선 사용시 지락고장회선만을 선택하여 신속히 차단할 수 있도록 하는 계전기이다.

51 송전선로의 보호방식으로 지락에 대한 보호는 영상전류를 이용하여 어떤 계전기를 동작시키는가?

① 차동계전기
② 전류계전기
③ 방향계전기
④ 접지계전기

[해설] 지락계전기(=접지계전기 : GR)
지락계전기(GR)는 영상변류기(ZCT) 2차측에 설치되는 계전기로서 영상전류가 검출되면 ZCT로부터 받은 신호에 의해 즉시 동작하는 계전기이다.

52 다음은 어떤 계전기의 동작 특성을 나타낸다. 계전기의 종류는?(단, 전압 및 전류를 입력량으로 하여, 전압과 전류의 비의 함수가 예정값 이하로 되었을 때 동작한다.)

① 변화폭 계전기
② 거리 계전기
③ 차동 계전기
④ 방향 계전기

[해설] 거리계전기
거리계전기는 전압 및 전류를 입력량으로 하여 전압과 전류의 비의 함수가 예정값 이하로 되었을 때 동작하며 또한 계전기가 설치된 위치로부터 고장점까지의 거리에 비례해서 한시에 동작하는 계전기로 임피던스계전기라고도 한다.

53 임피던스계전기라고도 하며, 선로의 단락보호 또 계통 탈조사고의 검출용으로 사용되는 계전기는?

① 변화폭 계전기
② 거리 계전기
③ 차동 계전기
④ 방향 계전기

[해설] 거리계전기(Z)
계전기가 설치된 위치로부터 고장점까지의 거리에 비례해서 한시에 동작하는 계전기로 임피던스계전기라고도 한다.

54 차동계전기는 무엇에 의하여 동작하는가?

① 정상전류와 영상전류의 차로 동작한다.
② 양쪽 전류의 차로 동작한다.
③ 전압과 전류의 배수의 차로 동작한다.
④ 정상전류와 역상전류의 차로 동작한다.

[해설] 비율차동계전기 또는 차동계전기
주로 발전기, 변압기, 모선 보호계전기로서 양단의 전류차 또는 전압차에 의해 동작하는 계전기이며 송전선로 보호기능은 없다.

55 변압기의 내부고장 보호에 사용되는 계전기는?

① 전압계전기
② 접지계전기
③ 거리계전기
④ 비율차동계전기

[해설] 비율차동계전기 또는 차동계전기
발전기나 변압기의 내부고장 검출에 사용한다.

56 보호 계전기 중 발전기, 변압기, 모선 등의 보호에 사용되는 것은?

① 비율차동계전기(RDFR)
② 과전류계전기(OCR)
③ 과전압계전기(OVR)
④ 유도형계전기

[해설] 비율차동계전기 또는 차동계전기
주로 발전기, 변압기, 모선 보호계전기로서 양단의 전류차 또는 전압차에 의해 동작하는 계전기이며 송전선로 보호기능은 없다.

57 변압기 보호에 사용되지 않는 계전기는?

① 비율차동계전기
② 차동전류계전기
③ 부흐홀쯔계전기
④ 임피던스계전기

[해설] 발전기, 변압기 보호계전기
(1) 차동계전기 또는 비율차동계전기(=전류차동계전기)
(2) 부흐홀츠 계전기
(3) 압력계전기
(4) 온도계전기
(5) 가스계전기

58 송전선로 보호를 위한 것이 아닌 것은?

① 과전류계전방식
② 방향계전기방식
③ 평행계전방식
④ 차동보호방식

[해설] 차동보호방식
주로 발전기, 변압기, 모선 보호계전기를 사용하는 계전방식으로 차동계전기를 사용하며 이는 양단의 전류차 또는 전압차에 의해 동작되는 계전기이다. 그러나 송전선로 보호기능은 없다.

59 모선보호형 계전기로 사용하면 가장 유리한 것은?

① 재폐로계전기
② 음향계전기
③ 역상계전기
④ 차동계전기

[해설] 차동계전기
차동계전기는 모선보호에 사용할 수 있다.

60 3ϕ 결선 변압기의 단상운전에 의한 소손방지 목적으로 설치하는 계전기는?

① 차동계전기
② 역상계전기
③ 과전류계전기
④ 단락계전기

[해설] 단상운전(결상운전)
3상 변압기 정상운전 중 한 상이 결상(단상)이 되면 3상 밸런스가 흐트러져 불평형을 유발하게 된다. 이 때문에 나머지 2상에 과전류가 흐르게 되어 건전한 변압기가 과여자되고 변압기 권선이 소손되는 사고가 발생할 수 있다. 이 경우에 결상계전기나 역상계전기를 설치하면 불평형으로 인한 과전류를 차단할 수 있고 또한 역상분이 나타날 때 회로를 차단할 수 있게 된다.

61 보기의 전기 공작물(1)과 보호 계전기(2)의 결합으로 적당한 것은?

보기

(1) 발전기의 상간 층간 단락 보호 : A
변압기의 내부 고장 : B
송전선의 단락 보호 : C
고압 전동기 : D

(2) 부흐홀츠 계전기 : BH
과전류 계전기 : O.C
차동 계전기 : DF
지락 회선 선택 계전기 : SG

① A - DF, B - BH, C - SG, D - O.C
② A - SG, B - BH, C - O.C, D - DF
③ A - DF, B - SG, C - O.C, D - BH
④ A - BH, B - O.C, C - DF, D - SG

[해설] 보호계전기의 성질
(1) 부흐홀츠 계전기 : 이 계전기는 변압기의 내부 고장 시 발생하는 가스의 부력과 절연유의 유속을 이용하여 변압기 내부고장을 검출하는 계전기로서 변압기와 컨서베이터 사이에 설치되어 널리 이용되고 있다.
(2) 과전류계전기 : 일정값 이상의 전류가 흘렀을 때 동작하는 계전기로 주로 과부하 또는 단락보호용으로 쓰인다.

정답 56 ① 57 ④ 58 ④ 59 ④ 60 ② 61 ①

(3) 차동계전기 : 주로 발전기, 변압기, 모선 보호계전기로서 양단의 전류차 또는 전압차에 의해 동작하는 계전기이며 발전기나 변압기의 상간 층간 단락사고로부터 보호하는 계전기이다.
(4) 지락회선선택계전기 : 다회선 사용시 지락고장회선만을 선택하여 신속히 차단할 수 있도록 하는 계전기이다.

62 UFR(under frequency relay)의 역할로서 적당하지 않은 것은?

① 발전기 보호
② 계통안전
③ 전력제한
④ 전력손실감소

[해설] 저주파수계전기
계통의 주파수가 저하하면 증기터빈발전기의 터빈이 진동으로 손상을 받게 되고, 계통에 운전중인 모든 회전기의 속도가 떨어지는 등 계통이 불안정하게 되며 심한 경우에는 계통이 붕괴될 수도 있다. 이에 대비하여 계통주파수 저하시에는 저주파수계전기가 동작하여 보호하도록 하고 있다. 이로써 계통이 안정을 찾게 되고 전력을 제한하게 된다.

63 동작 전류의 크기에 관계 없이 일정한 시간에 동작하는 한시 특성을 갖는 계전기는?

① 순한시 계전기
② 정한시 계전기
③ 반한시 계전기
④ 반한시성 정한시 계전기

[해설] 계전기의 한시특성
(1) 순한시계전기 : 정정된 최소동작전류 이상의 전류가 흐르면 즉시 동작하는 계전기
(2) 정한시계전기 : 정정된 값 이상의 전류가 흘렀을 때 동작 전류의 크기에는 관계없이 정해진 시간이 경과한 후에 동작하는 계전기
(3) 반한시계전기 : 정정된 값 이상의 전류가 흘렀을 때 동작하는 시간과 전류값이 서로 반비례하여 동작하는 계전기
(4) 정한시-반한시 계전기 : 어느 전류값까지는 반한시계전기의 성질을 띠지만 그 이상의 전류가 흐르는 경우 정한시계전기의 성질을 띠는 계전기

64 최소동작전류 이상의 전류가 흐르면 즉시 동작하는 계전기는?

① 반한시계전기
② 정한시계전기
③ 순한시계전기
④ Notting한시계전기

[해설] 계전기의 한시특성
순한시계전기 : 정정된 최소동작전류 이상의 전류가 흐르면 즉시 동작하는 계전기

65 보호계전기의 반한시 정한시성 특성은?

① 최소 동작전류 이상의 전류가 흐르면 즉시 동작하는 특성
② 동작전류가 커질수록 동작 시간이 짧게 되는 특성
③ 동작전류가 크기에 관계없이 일정한 시간에 동작하는 특성
④ 동작전류가 적은 동안에는 동작전류가 커질수록 동작 시간이 짧게 되고 어떤 전류 이상이면 동작전류의 크기에 관계없이 일정한 시간에서 동작하는 특성

[해설] 반한시 – 정한시계전기
어느 전류값까지는 반한시계전기의 성질을 띠지만 그 이상의 전류가 흐르는 경우 정한시계전기의 성질을 띠는 계전기

66 계전기의 반한시 특성이란?

① 동작전류가 클수록 동작시간이 길어진다.
② 동작 전류가 흐르는 순간에 동작한다.
③ 동작 전류에 관계없이 동작시간은 일정하다.
④ 동작 전류가 크면 동작시간은 짧아진다.

[해설] 계전기의 한시특성
반한시계전기 : 정정된 값 이상의 전류가 흘렀을 때 동작하는 시간과 전류값이 서로 반비례하여 동작하는 계전기

정답 62 ④ 63 ② 64 ③ 65 ④ 66 ④

67 모선 보호에 사용되는 방식은?

① 표시선계전방식
② 방향단락계전방식
③ 전력평형보호방식
④ 전압차동보호방식

해설 모선 보호계전방식
송전선로, 발전기, 변압기 등의 설비가 접속되는 공통 도체인 모선을 보호하기 위하여 적용하는 보호계전방식으로서 종류로는 전압차동방식, 전류(비율)차동방식, 위상비교방식, 방향비교방식, 차폐모선방식, Linear Coupler 방식 등이 있다.

68 전원이 두 군데 이상 있는 환상선로의 단락 보호에 사용되는 계전기는?

① 과전류계전기(OCR)
② 방향단락계전기(DS)와 과전류계전기(OCR)의 조합
③ 방향단락계전기(DS)
④ 방향거리계전기(DZ)

해설 환상선로의 단락보호
⑴ 전원이 1군데인 경우 : 방향단락계전방식을 사용한다.
⑵ 전원이 두 군데 이상인 경우 : 방향거리계전방식을 사용한다.

69 전원이 양단에 있는 방사상 송전선로의 단락보호에 사용되는 계전기는?

① 방향거리계전기(DZ) – 과전압계전기(OVR)의 조합
② 방향단락계전기(DS) – 과전류계전기(OCR)의 조합
③ 선택접지계전기(SGR) – 과전류계전기(OCR)의 조합
④ 부족전류계전기(UCR) – 과전압계전기(OVR)의 조합

해설 전원이 양단에 있는 방사상 선로의 단락보호
방향단락계전기(DS)와 과전류계전기(OCR)를 조합하여 사용한다.

70 표시선 계전 방식이 아닌 것은?

① 전압반향방식(opposed voltage system)
② 방향비교방식(directional comparison)
③ 전류순환방식(circulating current system)
④ 반송계전방식(carrier-pilot relaying)

해설 표시선계전방식(=파일러 와이어 계전방식)
송전선 양단에 CT를 설치하여 표시선계전기에 전류를 흘리면 보호구간 내에서 사고가 발생시 동작코일에 전류를 흐르도록 하여 동작하는 계전기로서 종류로는 방향비교방식, 전압반향방식, 전류순환방식이 사용된다.

71 파일럿 와이어(pilot wire) 계전방식에 대한 설명 중 옳지 않은 것은?

① 고장점 위치에 관계없이 양단을 동시 고속 차단할 수 있다.
② 송전선에 평행이 되도록 양단에 연락하게 한다.
③ 고장시 장해를 받지 않게 하기 위하여 연피케이블을 사용한다.
④ 시한차를 두어서 선택 보호하는 계전방식이다.

해설 파일럿와이어 계전방식(=표시선 계전방식)
연피케이블을 사용하여 고장점 위치에 관계없이 양단을 동시에 고속도차단할 수 있는 계전방식

72 옥내 배선을 단상 2선식에서 단상 3선식으로 변경하였을 때, 전선 1선당의 공급 전력은 몇 배로 되는가? (단, 선간전압(단상 3선식의 경우는 중성선과 타선간의 전압), 선로 전류(중성선의 전류 제외) 및 역률은 같을 경우이다.)

① 0.71배
② 1.33배
③ 1.41배
④ 1.73배

해설 배전방식의 전기적 특성 비교

구분	단상2선식	단상3선식	3상3선식
공급전력	100[%]	133[%]	115[%]
선로전류	100[%]	50[%]	58[%]
전력손실	100[%]	25[%]	75[%]
전선량	100[%]	37.5[%]	75[%]

73
어느 전등 부하의 배전방식을 단상 2선식에서 단상 3선식으로 바꾸었을 때, 선로에 흐르는 전류는 전자의 몇 배 되는가? (단, 중성선에는 전류가 흐르지 않는다고 한다.)

① 1/4 ② 1/3
③ 1/2 ④ 불변

해설 배전방식의 전기적 특성 비교

구분	단상2선식	단상3선식	3상3선식
선로전류	100[%]	50[%]	58[%]

∴ $50[\%] = \dfrac{1}{2}$ 배

74
단상 2선식(110[V]) 배전선로를 단상 3선식(110/220[V])으로 변경하는 경우, 부하의 크기 및 공급 전압을 불변하게 하고, 부하를 평형시키면 전선로의 전력 손실은 변경 전에 비해서 몇 [%]인가?

① 75[%] ② 50[%]
③ 33[%] ④ 25[%]

해설 배전방식의 전기적 특성 비교

구분	단상2선식	단상3선식	3상3선식
전력손실	100[%]	25[%]	75[%]

75
단상 2선식을 100[%]로 하여 3상 3선식의 부하전력, 전압을 같게 하였을 때, 선로전류의 비[%]는?

① 38 ② 48
③ 58 ④ 68

해설 배전방식의 전기적 특성 비교

구분	단상2선식	단상3선식	3상3선식
선로전류	100[%]	50[%]	58[%]

76
송전전력, 송전전압, 전선로의 전력손실이 일정하고 같은 재료의 전선을 사용한 경우 단상 2선식에서 전선 한 가닥마다의 전력을 100[%]라 하면, 단상 3선식에서는 133[%]이다. 3상 3선식에서는 몇 [%]인가?

① 57 ② 87
③ 100 ④ 115

해설 배전방식의 전기적 특성 비교

구분	단상2선식	단상3선식	3상3선식
공급전력	100[%]	133[%]	115[%]

77
전선량 및 송전전력이 같은 조건하에서 6.6[kV] 3상 3선식 배전선과 22.9[kV] 3상 4선식 배전선의 전력 손실비는 6.6[kV] 배전선을 100으로 하면 대략 얼마인가? (단, 3상 4선식 배전선의 중성선은 전압선의 굵기와 같으며, 중성선에는 전류가 흐르지 않는다고 가정한다)

① 4 ② 8
③ 11 ④ 21

해설 전력손실(P_l)

$P_l = 3I^2R = \dfrac{P^2 R}{V^2 \cos^2\theta}$ [W]이므로

$P_l \propto \dfrac{1}{V^2}$ 임을 알 수 있다.

$V = 6.6$ [kV]일 때 P_l, $V' = 22.9$ [kV]일 때 P_l'라 하면

$P_l' = \left(\dfrac{V}{V'}\right)^2 P_l = \left(\dfrac{6.6}{22.9}\right)^2 P_l = 0.08 P_l$

∴ 0.08 [pu] = 8 [%]

78
3상 4선식 배전 방식에서 1선당의 최대 전력은? (단, 상전압을 V, 선전류를 I 라 한다.)

① 0.5VI ② 0.57VI
③ 0.67VI ④ 0.75VI

해설 3상 4선식 1선당 전력

3상 4선식의 최대전력은 3VI[VA]이므로 1선당의 최대전력은 $\dfrac{3}{4}VI = 0.75VI$ [VA]이다.

79 단상 3선식 110/220[V]에 대한 설명으로 옳은 것은?

① 전압불평형이 우려되므로 밸런서를 설치한다.
② 중성선과 외선 사이에만 부하를 사용하여야 한다.
③ 중성선에는 반드시 퓨즈를 끼워야 한다.
④ 2종의 전압을 얻을 수 없고 전선량이 절약되는 이점이 있다.

해설 단상 3선식의 장·단점
(1) 장점
  ㉠ 전압강하, 전력손실이 감소한다.
  ㉡ 소요전선량이 적게 든다.
  ㉢ 효율이 높다.
  ㉣ 2종의 전압을 사용할 수 있다.
(2) 단점
  ㉠ 중성선이 단선되면 부하불평형에 의해 전압불평형이 발생한다.
  ㉡ 저압밸런스가 필요하다.
  ㉢ 중성선과 외측선 한선이 단락되면 다른 상에 전압상승이 생긴다.

80 저압밸런서를 필요로 하는 방식은?

① 3상 3선식
② 3상 4선식
③ 단상 2선식
④ 단상 3선식

해설 저압밸런스
단상 3선식은 중성선이 용단되면 전압불평형률이 발생하므로 중성선에 퓨즈를 삽입하면 안되며 부하 말단에 저압밸런스를 설치하여 전압밸런스를 유지한다.

81 단상 3선식에 대한 설명 중 옳지 않은 것은?

① 불평형 부하시 중성선 단선 사고가 나면 전압 상승이 일어난다.
② 불평형 부하시 중성선에 전류가 흐르므로 중성선에 퓨즈를 삽입한다.
③ 선간전압 및 선로 전류가 같을 때 1선당 공급 전력은 단상 2선식의 133[%]이다.
④ 전력 손실이 동일할 경우 전선 총중량은 단상 2선식의 37.5[%]이다.

해설 저압밸런스
단상 3선식은 중성선이 용단되면 전압불평형률이 발생하므로 중성선에 퓨즈를 삽입하면 안되며 부하 말단에 저압밸런스를 설치하여 전압밸런스를 유지한다.

82 다음 중 옳지 않은 것은?

① 저압뱅킹방식은 전압 동요를 경감할 수 있다.
② 밸런서는 단상 2선식에 필요하다.
③ 수용률이란 최대수용전력을 설비용량으로 나눈 값을 퍼센트로 나타낸다.
④ 배전 선로의 부하율이 F일 때 손실 계수는 F와 F^2의 중간값이다.

해설 저압밸런스
단상 3선식은 중성선이 용단되면 전압불평형률이 발생하므로 중성선에 퓨즈를 삽입하면 안 되며 부하 말단에 저압밸런스를 설치하여 전압밸런스를 유지한다.

83 단상 3선식에 사용되는 밸런서의 특성이 아닌 것은?

① 여자임피던스가 적다.
② 누설임피던스가 적다.
③ 권수비가 1 : 1이다.
④ 단권변압기이다.

해설 저압밸런스의 특징
(1) 여자임피던스가 크다.
(2) 누설임피던스는 작다.
(3) 권수비는 1:1이다.
(4) 단권변압기이다.

84. 교류 단상 3선식 배전 방식은 교류 2선식에 비해 어떠한가?

① 전압 강하가 작고, 효율이 높다.
② 전압 강하가 크고, 효율이 높다.
③ 전압 강하가 작고, 효율이 낮다.
④ 전압 강하가 크고, 효율이 낮다.

[해설] 단상 3선식의 전기적 특징
단상 3선식은 중성선을 삽입하여 2종의 전압을 얻을 수 있고 단상 2선식에 비해 2배의 전압을 높일 수 있다는 특징을 갖고 있다. 따라서 전압이 높아지면 전압 강하가 감소하고 전력손실이 감소되어 효율을 높게 할 수 있다는 특징이 있다.

85. 그림과 같은 단상 3선식에 있어서 중성선의 점 P에서 단선 사고가 생긴 후, V_2는 V_1의 몇 배로 되는가?

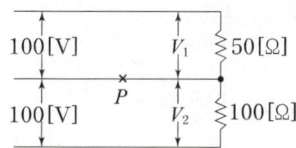

① 0.5배   ② 1.5배
③ 2배   ④ 3배

[해설] 단상 3선식에서 전압불평형
중성선이 단선된 경우 부하 A와 B는 직렬접속이 되어 전체전압이 200[V]가 된다. 따라서 전압분배법칙을 이용하여 A와 B 단자전압을 구하면 다음과 같다.
먼저 A, B 부하의 저항을 각각 R_1, R_2로 하여 $R_1 = 50[\Omega]$, $R_2 = 100[\Omega]$이라 하면

$V_1 = \dfrac{R_1}{R_1+R_2}V = \dfrac{50}{50+100} \times 200 = 66.67\,[V]$

$V_2 = \dfrac{R_2}{R_1+R_2}V = \dfrac{100}{50+100} \times 200 = 133.33\,[V]$

∴ V_2는 V_1의 2배이다.

86. 그림과 같은 단상 3선식 회로의 중성선 P 점에서 단선되었다면 백열등 A(100[W])와 B(400[W])에 걸리는 단자전압은 각각 몇 [V]인가?

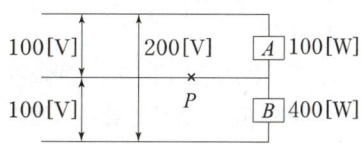

① $V_A = 160\,[V], V_B = 40\,[V]$
② $V_A = 120\,[V], V_B = 80\,[V]$
③ $V_A = 40\,[V], V_B = 160\,[V]$
④ $V_A = 80\,[V], V_B = 120\,[V]$

[해설] 단상 3선식에서 전압불평형
중성선이 단선된 경우 부하 A와 B는 직렬접속이 되어 전체전압이 200[V]가 걸리게 된다. 따라서 전압분배법칙을 이용하여 A와 B 단자전압을 구하면 다음과 같다.
먼저 A, B 부하의 저항을 각각 R_A, R_B라 하면

$P_A = \dfrac{V^2}{R_A}\,[W],\ P_B = \dfrac{V^2}{R_B}\,[W]$ 식에서

$R_A = \dfrac{V^2}{P_A} = \dfrac{100^2}{100} = 100\,[\Omega]$

$R_B = \dfrac{V^2}{P_B} = \dfrac{100^2}{400} = 25\,[\Omega]$

∴ $V_A = \dfrac{R_A}{R_A+R_B}V' = \dfrac{100}{100+25} \times 200$
$= 160\,[V]$

∴ $V_B = \dfrac{R_B}{R_A+R_B}V' = \dfrac{25}{100+25} \times 200 = 40\,[V]$

87. 저압 단상 3선식 배전 방식의 단점은?

① 절연이 곤란하다.
② 전압의 불평형이 생기기 쉽다.
③ 설비 이용률이 나쁘다.
④ 2종의 전압을 얻을 수 있다.

[해설] 저압밸런스
단상 3선식은 중성선이 용단되면 전압불평형률이 발생하므로 중성선에 퓨즈를 삽입하면 안되며 부하 말단에 저압밸런스를 설치하여 전압밸런스를 유지한다.

정답 84 ① 85 ③ 86 ① 87 ②

88 배전선을 구성하는 방식으로 방사상식에 대한 설명으로 옳은 것은?

① 부하의 분포에 따라 수지상으로 분기선을 내는 방식이다.
② 선로의 전류분포가 가장 좋고 전압강하가 적다.
③ 수용증가에 따른 선로연장이 어렵다.
④ 사고시 무정전 공급으로 도시배전선에 적합하다.

[해설] 방사상식=수지식=가지식
(1) 정전범위가 넓다.
(2) 농어촌지역에 사용하며 감전사고가 적다.
(3) 전압변동이나 전압강하가 크다.
(4) 전력사용의 융통성이 없다.

89 망상(Network) 배전방식에 대한 설명으로 옳은 것은?

① 부하증가에 대한 융통성이 적다.
② 전압변동이 대체로 크다.
③ 인축에 대한 감전사고가 적어서 농촌에 적합하다.
④ 무정전 공급이 가능하다.

[해설] 망상식(=네트워크식)
(1) 무정전 공급이 가능해서 공급 신뢰도가 높다.
(2) 플리커 및 전압변동율이 작고 전력손실과 전압강하가 작다.
(3) 기기의 이용율이 향상되고 부하증가에 대한 적응성이 좋다.
(4) 변전소의 수를 줄일 수 있다.
(5) 가격이 비싸고 대도시에 적합하다.
(6) 인축의 감전사고가 빈번하게 발생한다.

90 네트워크 배전방식의 장점이 아닌 것은?

① 정전이 적다.
② 전압변동이 적다.
③ 인축의 접촉사고가 적어진다.
④ 부하증가에 대한 적응성이 크다.

[해설] 망상식(=네트워크식)
인축의 감전사고가 빈번하게 발생한다.

91 배전방식에 있어서 저압방사상식에 비교하여 저압뱅킹방식이 유리한 점 중에서 틀린 것은?

① 전압 동요가 작다.
② 고장이 광범위하게 파급될 우려가 없다.
③ 단상 3선식에서는 변압기가 서로 전압 평형 작용을 한다.
④ 부하 증가에 대하여 융통성이 좋다.

[해설] 저압뱅킹방식
(1) 여러 대의 주상변압기 2차측(저압측)을 전기적으로 연결시켜 부하 증가에 대한 융통성을 크게 한다.
(2) 부하밀집된 지역에 적당하다.
(3) 전압동요가 적다.
(4) 단점으로 저압선의 고장으로 인하여 건전한 변압기의 일부 또는 전부가 차단되는 케스케이딩 현상이 발생할 우려가 있다.

92 저압뱅킹(banking) 배전방식이 적당한 지역은?

① 바람이 많은 어촌
② 대용량 화학 공장
③ 부하가 밀집된 시가지
④ 농어촌

[해설] 저압뱅킹방식
부하밀집된 지역에 적당하다.

93 저압뱅킹배전방식에서 캐스캐이딩(cascading) 현상이란?

① 전압 동요가 적은 현상
② 변압기의 부하 배분이 불균일한 현상
③ 저압선이나 변압기에 고장이 생기면 자동적으로 고장이 제거되는 현상
④ 저압선의 고장에 의하여 건전한 변압기의 일부 또는 전부가 차단되는 현상

[해설] 저압뱅킹방식
저압선의 고장으로 인하여 건전한 변압기의 일부 또는 전부가 차단되는 케스케이딩 현상이 발생할 우려가 있다.

94 저압뱅킹(banking)방식에 대한 설명으로 옳은 것은?

① 깜빡임(light flicker) 현상이 심하게 나타난다.
② 저압간선의 전압강하는 줄여지나 전력손실은 줄일 수 없다.
③ 케스케이딩(cascading) 현상의 염려가 있다.
④ 부하의 증가에 대한 융통성이 없다.

[해설] 저압뱅킹방식
단점으로 저압선의 고장으로 인하여 건전한 변압기의 일부 또는 전부가 차단되는 케스케이딩 현상이 발생할 우려가 있다.

95 배전선의 말단에 단일부하가 있는 경우와, 배전선에 따라 균등한 부하가 분포되어 있는 경우에 배전선 내의 전력 손실을 비교하면 전자는 후자의 몇 배인가? (단, 송전단에서의 전류는 양자 동일하다.)

① 3 ② 2
③ $\frac{1}{3}$ ④ $\frac{2}{3}$

[해설] 전압강하와 전력손실 비교

구분 종류	말단에 집중부하	균등분포(균등분산)된 부하
전압강하	100[%]	50[%] = $\frac{1}{2}$배
전력손실	100[%]	33.3[%] = $\frac{1}{3}$배

96 배전선에 부하분포가 그림과 같이 균등하게 분포되어 있을 때 배전선 말단까지의 전압강하는 전 부하가 집중적으로 배전선 말단에 연결되어 있을 때의 몇 [%]가 되는가?

① 100
② 50
③ 33
④ 20

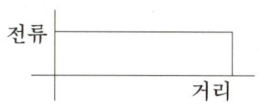

[해설] 전압강하와 전력손실 비교

구분 종류	말단에 집중부하	균등분포(균등분산)된 부하
전압강하	100[%]	50[%] = $\frac{1}{2}$배
전력손실	100[%]	33.3[%] = $\frac{1}{3}$배

97 분산부하 배전선로에서 선로의 전력 손실은?

① 전압 강하에 비례
② 전압 강하에 반비례
③ 전압 강하의 제곱에 비례
④ 전압 강하의 제곱에 반비례

[해설] 전압강하(V_d)와 전력손실(P_l)의 수식 비교
$V_d = \sqrt{3}\,I(R\cos\theta + X\sin\theta)$ [V]이므로
$V_d \propto I$ 이고
$P_l = 3I^2 R = \frac{V^2 R}{R^2 + X^2}$ [W]이므로 $P_l \propto I^2$ 이다.
∴ $P_l \propto I^2 \propto V_d^2$

98 부하에 따라 전압 변동이 심한 급전선을 가진 배전변전소의 전압조정 장치는?

① 단권변압기 ② 전력용콘덴서
③ 주변압기 탭 ④ 유도전압조정기

[해설] 배전선의 전압조정
(1) 유도전압조정기에 의한 방법 : 배전용 변전소 내에 설치하여 배전선 전체의 전압을 조정한다. 자동식이 많이 쓰인다.
(2) 직렬콘덴서에 의한 방법 : 선로도중에 부하와 직렬로 진상의 콘덴서를 설치하여 전압강하를 보상하는 것이다.
(3) 승압기에 의한 방법 : 배전선의 도중에 승압기를 설치하여 1차 전압을 조정한다.
(4) 주상변압기의 탭 절환에 의한 방법 : 변전소의 전압을 일정하게 유지하여도 배전선 말단에 이르러서는 전압강하가 생긴다. 이런 경우 주상변압기의 탭을 절환하여 2차 전압을 조정한다.
∴ 부하에 따라 전압변동이 심한 급전선을 가진 배전변전소의 전압조정은 유도전압조정기를 이용한다.

정답 94 ③ 95 ① 96 ② 97 ③ 98 ④

99 배전선의 전압을 조정하는 방법으로 적당하지 않은 것은?

① 유도전압조정기
② 승압기
③ 주상변압기 탭전환
④ 동기 조상기

해설 배전선의 전압조정
(1) 유도전압조정기에 의한 방법
(2) 직렬콘덴서에 의한 방법
(3) 승압기에 의한 방법
(4) 주상변압기의 탭 절환에 의한 방법

100 배전선의 전압을 조정하는 방법은?

① 영상변류기 설치
② 병렬콘덴서 사용
③ 중성점 접지
④ 주상변압기 탭전환

해설 배전선의 전압조정
(1) 유도전압조정기에 의한 방법
(2) 직렬콘덴서에 의한 방법
(3) 승압기에 의한 방법
(4) 주상변압기의 탭 절환에 의한 방법

101 주상변압기의 고장보호를 위하여 그 1차측에 설치하는 기기는?

① O.S 또는 A.S
② C.O.S
③ L.S
④ Catch Holder

해설 주상변압기의 보호장치
주상에 변압기를 설치하여 저압선을 수용장소에 공급하는 배전용 주상변압기의 1차측은 고압 또는 특별고압이며 2차측은 저압이다. 이때 1차측 보호장치는 주로 cos(컷아웃 스위치)를 설치하며 2차측은 비접지측 전선에 catch holder를 설치한다.

102 배전용변압기의 과전류에 대한 보호장치로써 고압측에 설치하는 데 적합하지 않은 것은?

① 고압 컷아웃 스위치
② 애자형 개폐기
③ 차단기
④ 캐치 홀더

해설 주상변압기의 보호장치
캐치홀더는 배전용 변압기의 저압측에 설치하는 보호장치이다.

103 주상변압기에 설치하는 캐치 홀더는 다음 어느 부분에 직렬로 삽입하는가?

① 1차측 양선
② 1차측 1선
③ 2차측 비접지측선
④ 2차측 접지된 선

해설 주상변압기의 보호장치
주상변압기의 1차측 보호장치는 주로 cos(컷아웃 스위치)를 설치하며 2차측은 비접지측 전선에 catch holder를 설치한다.

104 배전용변전소의 주변압기는?

① 단권변압기
② 삼권변압기
③ 체강변압기
④ 체승변압기

해설 배전용변전소
배전용변전소는 송전계통의 말단에 있는 변전소로서 송전전압을 배전전압으로 낮춰서 수용가에 전력을 공급해주는 변전소를 의미한다. 이때 전압을 낮추는 목적으로 사용하는 변압기를 강압용변압기 또는 체강용변압기라 한다.

105 배전선의 전력손실경감 대책이 아닌 것은?

① 피더 수를 늘린다.
② 역률을 개선한다.
③ 배전 전압을 높인다.
④ 네트워크 방식을 채택한다.

해설 배전선의 전력손실경감대책
(1) 전류밀도의 감소와 평형 : 배전선의 피더 수를 늘인다.
(2) 전력용콘덴서 설치 : 역률개선
(3) 배전전압의 승압
(4) 배전방식을 네트워크 방식으로 채용한다.
(5) 변전소 증설에 의한 급전선의 단축화

106 배전선로의 고장 또는 보수 점검시 정전구간을 축소하기 위하여 사용되는 기기는?

① 단로기
② 컷아웃 스위치
③ 계자저항기
④ 유입개폐기

해설 유입개폐기
유입개폐기는 통상의 부하전류를 개폐할 수 있는 개폐기로서 배전선로의 고장 또는 보수 점검시 정전구간을 축소시키기 위해 사용되는 구분개폐기이다. 반면 단로기는 부하전류를 개폐할 수 있는 기능이 없으며 무부하시에만 전로를 개폐할 수 있도록 한 개폐기이다.

107 공통 중성선 다중접지 3상 4선식 배전선로에서 고압측(1차측)중성선과 저압측(2차측) 중성선을 전기적으로 연결하는 목적은?

① 저압측의 단락 사고를 검출하기 위함
② 저압측의 접지 사고를 검출하기 위함
③ 주상 변압기의 중성선측 부싱(bushing)을 생략하기 위함
④ 고저압 혼촉시 수용가에 침입하는 상승 전압을 억제하기 위함

해설 제2종 접지공사
저압측 중성선은 제2종 접지공사가 되어있어 저압측 전위상승을 억제하도록 하고 있다. 다중접지 3상4선식 배전선로에서 고압측 중성선과 저압측 중성선을 전기적으로 연결하고 있는데 이것 또한 고·저압 혼촉시 저압측의 전위상승을 억제하기 위해서이다.

108 우리나라의 대표적인 배전 방식으로 다중 접지 방식은 22.9[kV] 계통으로 되어 있고, 이 배전선에 사고가 생기면 그 배전선 전체가 정전이 되지 않도록 선로 도중이나 분기선에 아래의 보호 장치를 설치하여 상호 협조를 기함으로써 사고 구간을 국한하여 제거시킬 수 있다. 설치 순서로 옳은 것은?

① 변전소 차단기 - 섹쇼너라이저 - 리클로저 - 라인 퓨즈
② 변전소 차단기 - 리클로저 - 섹쇼너라이저 - 라인 퓨즈
③ 변전소 차단기 - 섹쇼너라이저 - 라인 퓨즈 - 리클로저
④ 변전소 차단기 - 리클로저 - 라인 퓨즈 - 섹쇼너라이저

해설 보호협조
피보호물에 사고가 발생했을 때 피보호물의 주보호장치가 동작하여 고장이 제거되고 피보호물의 후비보호장치는 동작하지 않도록 하여 보호장치간에 시간협조를 시키는 것을 보호협조라 한다.
부하말단에 라인퓨즈(COS)를 설치하고 선로 중간에 리클로저와 섹쇼너라이저를 조합한 재폐로차단기와 선로개폐기를 설치하며 변전소에 차단기를 두어서 보호협조가 되도록 한다.
∴ 변전소차단기 - 리클로저 - 섹쇼너라이저 - 라인퓨즈

109 Recloser(R), Sectionalizer(S), Fuse(F)의 보호협조에서 보호협조가 불가능한 배열은?

① R - R - F
② R - S
③ R - F
④ S - F - R

해설 보호협조
변전소차단기 - 리클로저 - 섹쇼너라이저 - 라인퓨즈

110 22.9[kV-Y] 배전선로 보호협조기기가 아닌 것은?

① 컷아웃 스위치
② 인터럽터 스위치
③ 리클로저
④ 섹쇼너라이저

[해설] 보호협조
인터럽터 스위치는 수용가 인입구 개폐기이다.

111 우리나라에서 현재 가장 많이 사용되는 송전방식은?

① 단상 2선식
② 단상 3선식
③ 3상 3선식
④ 3상 4선식

[해설] 송전방식과 배전방식
각종 전기방식에서 선간전압(V), 선전류(I), 역률(cos θ)을 일정하다고 할 때 전선 한 가닥 당의 송전전력(P)이 가장 큰 전기방식은 3상 3선식이므로 송전방식에서는 3상 3선식을 가장 많이 채용하고 있다. 또한 배전방식에서는 중성점 다중접지 계통을 사용하기 위해서 3상 4선식을 가장 많이 채용하고 있다.

112 우리나라에서 사용하는 공칭전압 (22,000/38,000)에서 (22,000/38,000)의 의미는?

① (접지전압/비접지전압)
② (비접지전압/접지전압)
③ (선간전압/상전압)
④ (상전압/선간전압)

[해설] 공칭전압
22,000[V]와 38,000[V]는 3상 Y결선에서 호칭하는 공칭전압으로 380,00 = $\sqrt{3} \times 22,000$[V]가 성립되어 서로 선간전압과 상전압 관계임을 쉽게 이해할 수 있다. 선간전압이 상전압에 비해서 $\sqrt{3}$배 크기 때문에 22,000/38,000의 의미는 상전압/선간전압이다.

113 500[kVA]의 단상 변압기 상용 3대(결선 Δ-Δ), 예비 1대를 갖는 변전소가 있다. 지금 부하의 증가에 응하기 위하여 예비 변압기까지 동원해서 사용한다면 얼마만한 최대 부하에까지 응할 수 있겠는가?

① 약 2,000[kVA]
② 약 1,730[kVA]
③ 약 1500[kVA]
④ 약 830[kVA]

[해설] V결선
V결선은 변압기 2대를 이용하여 3상 운전하기 위한 변압기 결선으로서 4대를 이용할 경우 V결선 2 Bank를 운전할 수 있게 된다.
변압기 1대의 용량을 P_T라 하면 V결선 1 Bank 용량 P_V는
$P_V = \sqrt{3}\,P_T$[kVA]이므로 V결선 2 Bank 용량 $P_V{'}$는 $P_V{'} = 2\sqrt{3}\,P_T$[kVA]이다.
$P_T = 500$[kVA], 변압기 4대를 이용하므로 2 Bank 용량은
∴ $P_V{'} = 2\sqrt{3}\,P_T = 2\sqrt{3} \times 500 = 1{,}730$[kVA]

114 그림과 같이 V결선 배전용 변압기의 저압측 단에서 양 외측 선간 단락시의 단락 전류는 몇 [A]인가? (단, 각 변압기의 내부 임피던스는 0.08[Ω]이고, 선간 전압은 200[V]이다.)

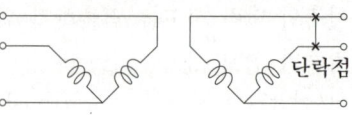

① 1,250   ② 1,600
③ 2,500   ④ 3,200

[해설] 단락전류(I_s)
배전용변압기를 V결선하여 변압기 상호간에 단락이 생기면 변압기 내부임피던스가 직렬접속이 되어 단락전류는 다음과 같아진다.
$V = 200$[V], $Z = 0.08$[Ω]이므로
∴ $I_s = \dfrac{V}{2Z} = \dfrac{200}{2 \times 0.08} = 1{,}250$[A]

115 옥내배선의 보호방법이 아닌 것은?

① 과전류보호   ② 지락보호
③ 전압강하보호 ④ 절연접지보호

해설 옥내배선의 보호방법
(1) 과전류보호 : 퓨즈와 배선용차단기 사용
(2) 지락보호 : 누전차단기 사용
(3) 감전보호 : 외함접지, 누전차단기 사용, 저전압법, 2중절연기기 사용

116 100[V]의 수용가가 220[V]로 승압했을 때 특별히 교체하지 않아도 되는 것은?

① 백열 전등의 전구   ② 옥내 배선의 전선
③ 콘센트와 플러그   ④ 형광등의 안정기

해설 승압
수용가의 전압을 승압한 경우 정격전압이 100[V]인 기계기구는 모두 220[V] 기계기구로 교체하여야 한다. 하지만 전선은 저압용 전선을 사용하기 때문에 1[kV] 이하인 경우에는 전선의 허용전류를 초과하지 않는 범위에서는 사용가능하다. 전압을 승압하게 되면 상대적으로 전류가 감소하기 때문에 전선은 안전하게 사용할 수 있다.

117 배전전압을 3,000[V]에서 6,000[V]로 높이는 이점이 아닌 것은?

① 배전손실이 같다고 하면 수송전력을 증가시킬 수 있다.
② 수송전력이 같다면 전력손실을 줄일 수 있다.
③ 전압강하를 줄일 수 있다.
④ 주파수를 감소시킨다.

해설 승압의 장·단점
(1) 장점
 ㉠ 송전전력이 증가한다.
 ㉡ 전력손실이 감소한다.
 ㉢ 전압강하가 감소한다.
 ㉣ 전선의 단면적이 감소한다.
(2) 승압의 단점
 ㉠ 절연비용이 많이 든다.
 ㉡ 설비, 유지, 보수비용이 많이 든다.
 ㉢ 위험부담이 증가한다.

118 그림과 같은 단상 2선식 배선에서 인입구 A점의 전압이 100[V]라면 C점의 전압 [V]은? (단, 저항값은 1선의 값으로 AB간 0.05[Ω], BC간 0.1[Ω]이다.)

① 90
② 94
③ 96
④ 97

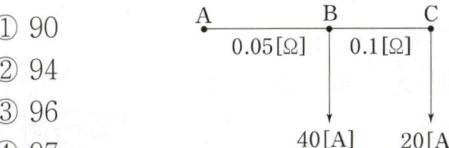

해설 전압강하
A점 전위 V_A, B점 전위 V_B, C점 전위 V_C, AB간 선전류 I_{AB}, BC간 선전류 I_{BC}라 하면
$V_B = V_A - 2 \times 0.05 I_{AB}$
$= 100 - 2 \times 0.05 \times (40+20)$
$= 94 \, [\text{V}]$
$\therefore V_C = V_B - 2 \times 0.1 I_{BC}$
$= 94 - 2 \times 0.1 \times 20 = 90 \, [\text{V}]$

119 그림과 같은 회로에서 A, B, C, D 의 어느 곳에 전원을 접속하면 간선 A-D 간의 전력 손실이 최소가 되는가? (단, AB, BC, CD 간의 저항은 같다)

① A
② B
③ C
④ D

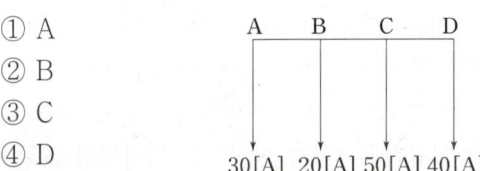

해설 전력손실
전원을 A에 두는 경우 전력손실 P_{l1}은
$P_{l1} = (20+50+40)^2 R + (50+40)^2 R + 40^2 R$
$= 21,800R \, [\text{W}]$
전원을 B에 두는 경우 전력손실 P_{l2}는
$P_{l2} = 30^2 R + (50+40)^2 R + 40^2 R = 10,600R \, [\text{W}]$
전원을 C에 두는 경우 전력손실 P_{l3}는
$P_{l3} = (30+20)^2 R + 30^2 R + 40^2 R = 5,000R \, [\text{W}]$
전원을 D에 두는 경우 전력손실 P_{l4}는
$P_{l4} = (30+20+50)^2 R + (30+20)^2 R + 30^2 R$
$= 13,400R \, [\text{W}]$이므로
∴ 전력손실이 최소인 점은 C점이다.

정답 115 ③ 116 ② 117 ④ 118 ① 119 ③

120 전력설비의 과열개소 발견에 사용되는 장치와 관계 없는 것은?

① 적외선 카메라
② Thermovision
③ Hot spot detector
④ Heat proof cable

[해설] 적외선 카메라, Thermovision(적외선 열상장비), Hot spot detector는 모두가 전력계통이나 전력설비의 열화 정도를 촬영하거나 측정하는 장비로서 과열개소를 발견하기 위해서 사용되고 있다. Heat proof cable은 내열용 케이블로서 조정온도가 높은 장소에서 사용하는 전선은 열화가 심하기 때문에 허용온도가 높은 절연체 및 보호피복으로 제작된 내열용 케이블을 사용하고 있다.

121 특별고압 수전수용가와 수전설비를 다음과 같이 시설하였다. 적당하지 않은 것은?

① 22.9[kV-Y]로 용량 2,000[kVA]인 경우 인입개폐기로 차단기를 시설하였다
② 22.9[kV-Y] 용의 피뢰기에는 단로기(dis-connector) 붙임형을 사용하였다.
③ 인입선을 지중선으로 시설하는 경우 22.9 kV-Y] 계통에서는 CV 케이블을 사용하였다.
④ 다중접지계통에서 단상변압기 3대를 사용하고자 하는 경우 절연변압기(2-bushing)를 사용하고 1차측 중성점은 접지하지 않고 부동시켜 사용하였다.

[해설] 수전설비
(1) 22.9[kV-Y], 1,000[kVA]를 초과하는 경우는 정식수전설비를 갖추어야 하며 인입개폐기로 차단기를 사용하여야 한다.
(2) 22.9[kV-Y]용 피뢰기는 disconnector 붙임형 또는 isolator 붙임형을 사용하여야 한다.
(3) 인입선을 지중선으로 시설하는 경우 22.9[kV-Y] 계통에서는 CN-CV-W 케이블, 22[kV-Δ] 계통에서는 CV케이블을 사용하여야 한다.
(4) 변압기 3대를 이용하여 Y-Δ결선을 채용하고 2-bushing 절연변압기를 사용하는 경우 변압기 1차측 중성점 접지는 부동시켜야 한다.

122 GIS(Gas Insulated Switch Gear)를 채용할 때, 다음 중 틀린 것은?

① 대기 절연을 이용한 것에 비하면 현저하게 소형화 할 수 있다.
② 신뢰성이 향상되고, 안전성이 높다.
③ 소음이 적고 환경 조화를 기할 수 있다.
④ 시설공사 방법은 복잡하나, 장비비가 저렴하다.

[해설] 가스절연개폐설비(GIS)
SF_6가스절연 변전소는 종래의 대기절연방식을 대신해서 SF_6가스를 사용한 밀폐방식의 가스절연개폐설비(GIS)를 주체로 한 축소형 변전소로서 그 부지 면적이나 소요공간을 크게 축소화한 것이다.
(1) GIS의 장점
㉠ 대기절연을 이용한 것에 비해 현저하게 소형화할 수 있다.
㉡ 충전부가 완전히 밀폐되기 때문에 안정성이 높다.
㉢ 대기중의 오염물의 영향을 받지 않기 때문에 신뢰도가 높고 보수도 용이하다.
㉣ 소음이 적고 환경조화를 기할 수 있다.
㉤ 공사기간을 단축할 수 있다.
(2) GIS의 단점
㉠ 내부를 직접 눈으로 볼 수 없다.
㉡ 가스압력, 수분 등을 엄중하게 감시할 필요가 있다.
㉢ 한랭지, 산악지방에서는 액화방지대책이 필요하다.
㉣ 비교적 고가이다.

123 다음 중 모선의 종류가 아닌 것은?

① 단모선 ② 2중 모선
③ 3중 모선 ④ 환상 모선

[해설] 모선
모선이란 주변압기, 조상설비, 송전선, 배전선 및 기타 부속설비가 접속되는 공통 도체로서 이것의 재료로는 경동연선, 경알루미늄연선 및 알루미늄 파이프가 사용되고 있다. 모선방식에는 단일모선방식, 2중모선방식, 1.5 차단기 모선방식, 환상모선방식 등이 있으며 발전소 계통상의 위치, 용량 등을 고려하여 적절한 방식을 채용한다.

정답 120 ④ 121 ③ 122 ④ 123 ③

memo

10 수력발전

1 수력발전의 원리

수력발전은 1차 에너지로서 하천이나 저수 등에서 물의 위치에너지를 수차를 이용해서 기계적 에너지로 변환하여 다시 이것을 발전기로 전기에너지로 변환하는 발전방식을 말한다.

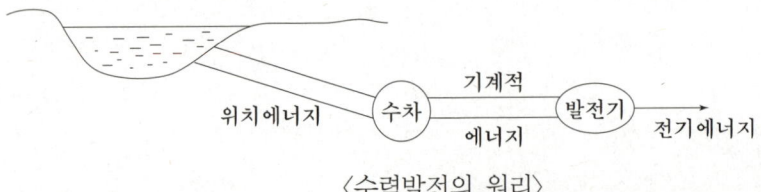

〈수력발전의 원리〉

사용유량을 $Q\,[\mathrm{m^3/s}]$, 유효낙차를 $H\,[\mathrm{m}]$라 할 때 수차의 이론 출력과 발전소 출력을 구해보면 다음과 같다.

1. 수차의 이론출력(P_0)

$$P_0 = 9.8\,QH\,[\mathrm{kW}]$$

2. 발전소 출력

① 수차 출력(P_t) : $P_t = 9.8\,QH\eta_t\,[\mathrm{kW}]$ (단, η_t는 수차 효율)
② 발전기 출력(P_g) : $P_g = 9.8\,QH\eta_t\eta_g\,[\mathrm{kW}]$ (단, η_g는 발전기 효율)

2 수력발전소의 종류

1. 낙차를 얻는 방법으로 분류(=급수방법)

(1) 수로식 발전소

하천의 경사에 의한 낙차를 그대로 이용하는 방식으로 하천의 상·중류부에서 경사가 급하고 굴곡된 곳을 짧은 수로로 유로를 바꾸어서 높은 낙차를 얻는 발전소를 말한다. 이것은 취수댐 → 취수구 → 침사지 → 수로 → 상수조 → 수압관 → 발전소 → 방수로 → 방수구 순으로 연결되어 있다.

(2) 댐식 발전소

하천을 가로질러 높은 댐을 쌓아 댐 상류측의 수위를 올려서 하류측과의 사이에 낙차를 얻고 이것을 이용하여 발전하는 발전소를 말한다.

(3) 댐·수로식 발전소

댐식과 수로식을 병행한 것으로서 댐으로 얻어진 낙차와 하류부의 경사를 함께 이용하는 발전소를 말한다.

(4) 유역변경식 발전소
하천에 인접해서 다른 하천이 있고 이 하천 사이에 큰 낙차를 얻을 수 있을 때 두 하천을 수로로 연결하여 그 낙차를 이용하는 발전소를 말한다.

2. 하천유량의 사용방법으로 분류(=운용방법)

(1) 유입식 발전소
저수지나 조정지가 없는 수로식 발전소와 같이 발전소 소정의 최대 사용유량의 범위 내에서 하천의 자연유량을 아무런 조절을 하지 않고 그대로 발전하는 발전소. 이 방식은 건설비가 염가인데 반해 자연유량도 계절에 따라 수시로 변동되기 때문에 부하변화에 응해서 원활히 전력을 공급하기 어려운 결점이 있다.

(2) 저수지식 발전소
계절적인 하천의 유량 변화를 조정할 수 있는 대용량의 저수지를 가진 발전소로서 하천유량을 장기간 유효하게 이용하는 발전소

(3) 양수식 발전소(첨두부하용 발전소)
조정지식 또는 저수지식 발전소의 일종으로서 전력수요가 적은 심야 등의 경부하시에 잉여전력을 이용하여 펌프로 하부 저수지의 물을 상부 저수지에 양수해서 저장해두었다가 첨두부하시에 이용하는 발전소

(4) 조정지식 발전소
수로의 도중 또는 급수구 앞에 조정지를 설치해서 하천으로부터의 취수량과 발전에 필요한 수량과의 차를 이 조정지에 저수하거나 또는 방출함으로써 수시간 또는 수일간에 걸친 부하변동에 대응할 수 있는 발전소. 이것은 하천의 취수량보다도 발전소 최대수량을 상당히 크게 설계할 수 있다는 장점이 있다.

(5) 조력 발전소
조수 간만의 차에 의한 해수위의 변화에 따른 낙차를 이용하는 발전소

3. 연간부하율(F)

$$F = \frac{\text{연간 발생 전력량}}{\text{최대출력} \times \text{연간 시간수}} \times 100[\%] = \frac{A[\text{kWh}]}{8{,}760 \times P[\text{kW}]} \times 100[\%]$$

3 수력발전의 개요

1. 정수력

정지하고 있는 수면으로부터 깊이가 H[m]이고 단면적이 A[m²]인 수주에서 물의 단위체적당 중량을 w[kg/m³]라고 하면 수주의 전중량은 $W=wAH$ [kg]이 된다.

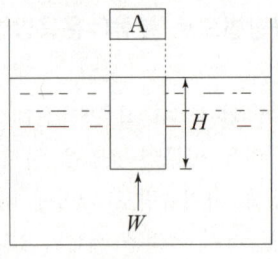

<정수압>

$$P = \frac{W}{A} = \frac{wAH}{A} = wH[\text{kg/m}^2] = 1{,}000H[\text{kg/m}^2] = \frac{H}{10}[\text{kg/cm}^2]$$

여기서, P : 수압[kg/m²], W : 전중량[kg], A : 단면적[m²], w : 체적당 중량[kg/m³], H : 수면에서의 깊이[m]

2. 연속의 정리

관로나 수로 등에 흐르는 물의 양 Q[m³/s]는 유수의 단면적 A[m²]와 평균유속 v[m/s]와의 곱으로 나타낸다.

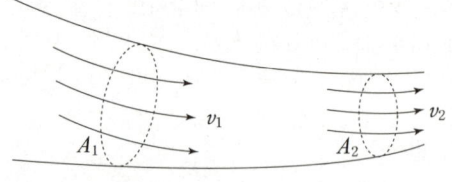

<연속의 정리>

$$Q = Av = A_1 v_1 = A_2 v_2 \, [\text{m}^3/\text{s}]$$

여기서, Q : 유량[m³/s], A : 단면적[m²], v : 유속[m/s]

3. 베르누이 정리

정지되어 있는 물은 그 내부에서 그것에 작용하는 외력과 압력에 의해서 평형이 유지되지만 운동하는 물에서는 이 외에도 가속도가 작용하여 결국 이 세 가지의 요소의 힘으로 평형을 유지하게 된다.

$$wQh_1 + QP_1 + \frac{wQv_1^2}{2g} = wQh_2 + QP_2 + \frac{wQv_2^2}{2g} \, [\text{kg} \cdot \text{m/s}] \text{에서}$$

① $H = h + \dfrac{P}{w} + \dfrac{v^2}{2g}$ [m]

② 손실수두(h_i)가 존재할 경우

$$H = h + \frac{P}{w} + \frac{v^2}{2g} + h_i \, [\text{m}]$$

여기서, w : 중량[kg/m³], Q : 유량[m³/s], h : 수두[m], P : 압력[kg/m²], v : 속도[m/s], g : 중력가속도(=9.8)[m/s²]

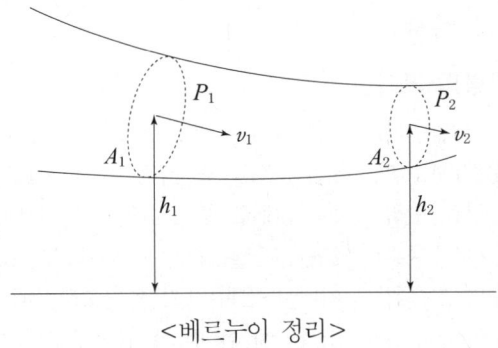

<베르누이 정리>

4. 수두

단위무게[kg]당 물이 갖는 에너지를 의미한다.
① 위치수두(H) = h [m]
② 압력수두(H) = $\dfrac{P}{w}$ [m] = $\dfrac{P}{1,000}$ [m]
③ 속도수두(H) = $\dfrac{v^2}{2g}$ [m]

여기서, h : 수두[m], P : 압력[kg/m²], v : 속도[m/s], g : 중력가속도(=9.8)[m/s²]

5. 토리첼리의 정리

물의 이론분출속도를 얻기 위한 식으로 $H = \dfrac{v^2}{2g}$ [m] 식에서 구할 수 있다.

$v = \sqrt{2gH}$ [m/s]

여기서, H : 수두[m], v : 속도[m/s], g : 중력가속도(=9.8)[m/s²]

6. 양수 발전기의 출력

$P = \dfrac{9.8QH}{\eta_p \eta_m}$ [kW]

여기서, Q : 펌프의 양수량[m³/s], H : 양정[m], η_p : 펌프 효율, η_m : 전동기 효율

7. 조정지의 필요 저수 용량

$V = (Q_2 - Q_1) T \times 3,600$ [m³]

여기서, Q_1 : 1일 평균 사용유량[m³], Q_2 : 첨두부하시 사용유량[m³], T : 첨두부하 연속시간[h]

4 유량과 낙차

1. 하천 유량의 크기

① 갈수량(갈수위) : 1년 365일 중 355일은 이것보다 내려가지 않는 유량 또는 수위
② 저수량(저수위) : 1년 365일 중 275일은 이것보다 내려가지 않는 유량 또는 수위
③ 평수량(평수위) : 1년 365일 중 185일은 이것보다 내려가지 않는 유량 또는 수위
④ 풍수량(풍수위) : 1년 365일 중 중 95일은 이것보다 내려가지 않는 유량 또는 수위
⑤ 고수량(고수위) : 매년 1~2회 생기는 출수의 유량 또는 수위
⑥ 홍수량(홍수위) : 3~4년에 한 번 생기는 출수의 유량 또는 수위
⑦ 최대홍수량 : 지금까지 있었던 과거의 최대의 유량

2. 유량 도표

(1) 유량도

횡축에 1년 365일을 역일순으로 잡고, 종축에 매일매일의 하천유량을 기입해서 연결한 것으로 수력 발전 계획의 기본이 되는 중요한 곡선이다.

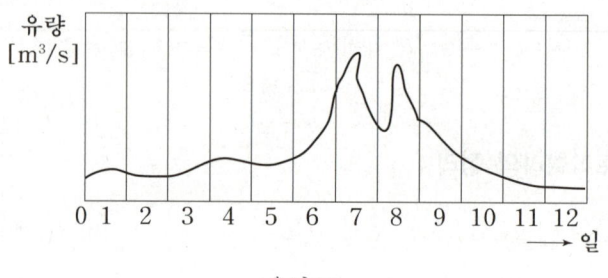

<유량도>

(2) 유황곡선

유량도를 이용하여 횡축에 1년의 일수를 잡고, 종축에 유량을 취하여 매일의 유량 중 큰 것부터 작은 순으로 1년분을 배열하여 그린 곡선이다. 이 곡선으로부터 풍수량, 평수량, 갈수량 등을 쉽게 알 수 있게 된다. 유황곡선은 발전계획을 수립할 경우 유용하게 사용할 수 있는 자료로서 수년간의 기록으로부터 평균 유황곡선을 만들어 발전소 사용 유량, 기계 대수 등을 결정하는데 사용하고 있다.

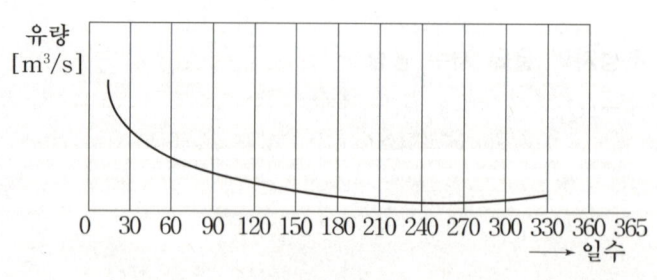

<유황곡선>

(3) 적산유량곡선

유량도를 기초로 하여 횡축에 1년 365일 역일순으로 잡고, 종축에 유량의 총계를 취하여 만든 곡선으로 저수지 등의 용량 결정에 사용된다. 유량누가곡선이라고도 한다.

(4) 수위유량곡선

횡축에 유량을 잡고 종축에 수위를 취하여 유량과 수위관계를 나타낸 곡선이다.

3. 연평균 유량

(1) 유출계수(K)

$$K = \frac{하천\ 유량}{강우량}(보통\ 0.4\sim0.8)$$

(2) 연평균 유량(Q)

$$Q = \frac{b\,[\text{mm}] \times A\,[\text{km}^2] \times K \times 10^3}{365 \times 24 \times 60 \times 60}\,[\text{m}^3/\text{s}]$$

여기서, b : 연 강우량[mm], A : 유역 면적[km²], K : 유출 계수

4. 유량 측정법

(1) 하천의 유량 측정법

① 언측법 : 측정이 쉽고 정확한 결과를 얻을 수 있으나 주로 소하천 또는 수로용으로 제한된다.

② 유속계법 : 주로 하천유량의 대용량 측정에 사용된다.

   유속 $v = aN + b\,[\text{m/s}]$

   여기서, a, b : 계수, N : 회전수

③ 부표법 : 어느 두 점의 직선 부분을 측정 지점으로 하여 부표를 띄우고 두 점간의 거리 $l\,[\text{m}]$과 통과시간 $t\,[\text{sec}]$로부터 유속을 측정하는 방법으로 평균유속 v는 표면유속의 80[%] 징도로 한다.

<부표법>

$$v = 0.8\frac{l}{t}\,[\text{m/s}]$$

④ 수위관측법 : 측정지점에서의 수위 유량도를 미리 구해놓고 양수표로 수위를 측정하여 유량을 구하는 방법이다.

(2) 발전소의 사용유량 측정법
① 피토관법

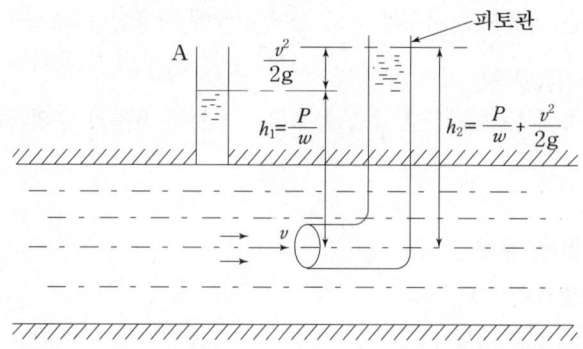

A관으로 압력을 측정하고 B와 A의 수위로부터 $\frac{v^2}{2g}$을 구하여 유속 v를 구하는 방법이다.

$h = h_2 - h_1 = c\frac{v^2}{2g}$ 식에서 유속 v는 다음과 같다.

$\therefore v = \sqrt{\frac{1}{c}2gh}$ [m/s]

여기서, c : 피토관 구조에 따른 계수로서 1에 가깝다.

② 수압시간법(=깁슨법)
  수압관의 물은 안내 날개를 통해서 수차에 들어가는데 이때 안내 날개를 천천히 폐쇄하여 유속을 저하시키면 수압관 내의 수압이 상승할 경우 수압의 변화와 시간으로부터 유량을 구하는 방법이다.

③ 염수 속도법
  수압관이나 수로 등의 유수에 일정한 농도의 염수를 주입해서 염수 부막을 만들고 전극에 전압을 가한다. 이때 염수가 통과함에 따라 전류가 증가하므로 임의의 2점 간을 통과하는 소요시간을 측정하여 유속을 구하는 방법이다.

④ 이 외에 벨마우스법, 염수 농도법, 초음파법 등이 있다.

5. 낙차

(1) 총낙차
  수로의 취수구 수면과 방수구 수면의 위치 수두차

(2) 정낙차
  발전기의 수차 전부가 정지하였을 때 상수조 수면과 방수위 수면의 위치 수두차 또는 펠턴 수차에서는 수조수면과 러너의 피치서클과의 위치수두차

(3) 유효낙차
  총낙차에서 손실낙차를 뺀 낙차

(4) 겉보기 낙차

    수차가 정상운전 중에 있을 때 상수로 수면과 방수위 수면의 위치 수두차

(5) 손실낙차

    유수가 취수구로부터 방수로에 이르는 동안 생기는 낙차의 손실을 의미하며 보통 총낙차의 5~10[%] 정도이다.

5 발전소 출력의 분류

① 상시첨두출력 : 1년 중 355일 이상 매일 일정 시간만 발생할 수 있는 출력
② 특수출력 : 풍수시 시간적 조정을 하지 않고 발생할 수 있는 출력 중 상시출력을 넘는 출력
③ 보급출력 : 갈수기간을 통하여 항상 발생할 수 있는 출력 중 상시출력을 넘는 출력
④ 상시출력 : 1년 중 355일 이상 발생할 수 있는 출력
⑤ 예비출력 : 유사시 부족한 전력을 보충하는 목적으로 시설된 설비에 의해 발생하는 출력
⑥ 최대출력 : 발전소의 최대출력

6 취수설비

1. 발전용 댐

(1) 사용목적에 의한 분류

① 취수댐 : 수로식 발전소에서 취수를 목적으로 한 댐. 비교적 댐의 높이는 낮다.
② 저수댐 : 댐으로 수위를 높여서 낙차를 얻고 수량 조절이 가능한 대규모의 높은 댐, 조정지와 저수지로 나뉜다.

(2) 사용재료에 의한 분류

① 콘크리트 댐 : 안정도가 높기 때문에 가장 많이 사용되고 있다.
② 흙댐
③ 암석댐(=록필 댐)

(3) 역학적 구조에 의한 분류

① 중력댐 : 흙댐, 암석댐
② 아치댐 : 기초와 양안의 암반이 양호한 협곡에 적합하다.
③ 중공댐(=부벽댐) : 콘크리트의 수화열의 방산이 용이하고 중력댐에 비해 콘크리트 소요량을 60~70[%] 정도 절약할 수 있다. 너무 높은 댐에는 적합하지 않다.

2. 가동댐 및 제수문

(1) 가동댐

고정댐의 상부에 설치하여 갈수시에는 상류측의 수위를 높여서 취수를 용이하게 하고 홍수시에는 수위의 상승을 방지하는 기능과 상류측에 퇴적한 토사를 제거하도록 하는 기능을 갖는다.

(2) 제수문

취수량을 조절하기 위해 설치하며 수문의 종류는 다음과 같다.
① 롤링 게이트 : 구조가 견고하여 취수댐 등에 많이 사용된다.
② 스토니 게이트 : 큰 수압을 받는 조정지의 취수구 등 대형 수문에 사용된다.
③ 슬루스 게이트
④ 롤러 게이트
⑤ 테인터 게이트

3. 부속설비
① 여수로   ② 토사로   ③ 어도   ④ 유목로

4. 취수구
하천의 물을 발전소로 유도하기 위한 수로의 유입구로서 하천에 설치된다. 취수구 설비는 최대사용유량의 취수 안정성과 취수량을 조절할 수 있어야 하며 이 설비는 3가지로 크게 나눌 수 있다.
① 제수   ② 도수   ③ 유지설비

7 도수설비

1. 수로
발전소에서 사용할 물을 취수하는 취수구로부터 상수로 또는 조압수로까지의 설비, 수로의 종류는 터널, 개거, 암거, 역 사이펀, 수로교 또는 수로관 등이 있다.

2. 수로의 유속과 구배
① 유속 : 보통 1.5~2.5[m/s] 정도이다.
② 구배 : 일반적으로는 $\frac{1}{1,000} \sim \frac{1}{1,500}$ 정도이지만 소용량 수로인 경우 $\frac{1}{600}$ 정도, 대용량 수로인 경우는 $\frac{1}{2,000} \sim \frac{1}{3,000}$ 정도로 한다.

3. 침사지
취수구로부터 취수된 물 속의 토사를 침전시키기 위한 설비로서 침사지 내의 유속은 0.25[m/s] 이하가 되도록 한다.

4. 방수로
수차로부터 방출된 물을 하천에 도수하기 위한 수로이다.

5. 상수조 및 조압수조

(1) 상수조
　수로의 말단에 설치하는 수조로 수압관을 연결접속한다.

(2) 조압수조
　부하 변동에 따른 수격작용의 완화와 수압관의 보호를 목적으로 설치한 수로이다.
　① 단동조압수조 : 수로의 유속변화에 대한 움직임이 둔하다. 그러나 수격작용의 흡수가 확실하고 수면의 승강이 완만하여 발전소 운전이 안정된다.
　② 차동조압수조 : 서징이 누가하지 않고 라이자의 단면적이 작기 때문에 수위의 승강이 빨라 서징이 빨리 진정된다.
　③ 수실조압수조 : 저수지의 이용수심이 크고 지형에 따라 수실의 모양을 적당히 맞추어서 시공할 수 있다.
　④ 제수공조압수조 : 수로용량을 작게 한 것으로 구조가 간단하며 경제적이다.

6. 수압관로

상수조에서 발전소의 수차 입구에 이르는 도수관을 수압관이라 하며 이 수압관을 지지하는 동작물의 총칭을 수압관로라 한다.

유량 $Q = Av = \dfrac{\pi D^2 v}{4}$ [m³/s] 식에서 수압관의 지름과 유속은 다음과 같다.

① 수압관의 지름 $D = \sqrt{\dfrac{4Q}{\pi v}}$ [m]

② 수압관의 유속 $v = \dfrac{4Q}{\pi D^2}$ [m/s]

　　여기서, Q : 유량[m³/sec], A : 단면적[m²], v : 속도[m/sec], D : 수압관 지름[m],
　　수압관 내의 유속은 보통 2~4[m/s] 정도

8 수차

1. 수차의 종류 및 특성과 구성

(1) 펠턴 수차
　① 비속도가 낮아 고낙차 지점에 적합하다.
　② 러너 주위의 물은 압력이 가해지지 않으므로 누수방지의 문제는 없다.
　③ 출력 변화에 따른 효율 저하가 적어서 부하 변동에 유리하다.
　④ 노즐 수를 늘렸을 경우에는 고효율 운전을 할 수 있다.
　⑤ 백워터 브레이크와 디플렉터가 반드시 필요하다.

(2) 프란시스 수차
   ① 적용할 수 있는 낙차 범위가 가장 넓다.
   ② 구조가 간단하고 가격이 싸다.
   ③ 고낙차 영역에서는 펠턴 수차에 비해 고속·소형으로 되어 경제적이다.
   ④ 구성은 물을 유도하는 케이싱, 유수의 방향을 정하기 위한 안내 날개, 회전해서 동력을 발생하는 러너 및 흡출관으로 되어 있다.

(3) 프로펠러 수차
   ① 비속도가 높아 저낙차 지점에 적합하다.
   ② 날개를 분해할 수 있어서 제작, 수송, 조립 등이 편리하다.
   ③ 고정 날개형은 구조가 간단해서 가격도 싸다.

(4) 카플란 수차
   ① 비속도가 높아 저낙차 지점에 적합하다.
   ② 날개를 분해할 수 있어서 제작, 수송, 조립 등이 편리하다.
   ③ 낙차·부하의 변동에 대하여 효율 저하가 적다는 장점을 지니고 있다.
   ④ 흡출관이 반드시 필요하다.

(5) 사류수차
   ① 프란시스 수차의 저낙차 범위에 사용하면 효율이 높다.
   ② 효율 특성이 평탄해서 낙차·부하의 변동에 유리하다.

2. 캐비테이션

유수 중에 기포가 주위의 물과 함께 흐르게 되어 압력이 높은 곳에 도달하게 되면 기포가 터지면서 매우 높은 압력을 만들어내어 부근의 물체에 큰 충격을 주게 된다. 이 충격이 수차의 각 부분 중에서 특히 러너나 버킷을 침식시키게 되는 현상을 말한다.

(1) 캐비테이션의 장해
   ① 수차의 효율, 출력, 낙차가 저하된다.
   ② 유수에 접한 러너나 버킷 등에 침식이 일어난다.
   ③ 수차에 진동을 일으켜서 소음이 발생한다.
   ④ 흡출관 입구에서의 수압의 변동이 현저해진다.

(2) 캐비테이션의 방지대책
   ① 수차의 비속도를 너무 크게 잡지 않을 것
   ② 흡출관의 높이(흡출 수두)를 너무 높게 취하지 않을 것
   ③ 침식에 강한 재료(예. 스테인리스강)로 러너를 제작하든지 부분적으로 보강할 것
   ④ 러너 표면을 미끄럽게 가공 정도를 높일 것
   ⑤ 과도한 부분 부하, 과부하 운전을 가능한 한 피할 것
   ⑥ 토마계수를 크게 할 것
   ⑦ 수차의 회전 속도를 적게 할 것

3. 수차의 낙차 범위와 에너지 변환 관계

물의 작용에 의한 분류	수차의 종류	적용 낙차 범위[m]	에너지 변환
충동형	펠턴 수차	200~1,800	위치 에너지 → 운동에너지
반동형	프란시스 수차	50~530	위치 에너지 → 압력에너지
	프로펠러 수차 : 고정 날개형	3~90	
	가동 날개형		
	원통형	3~20	
	사류 수차	40~200	
	펌프 수차 : 프란시스형	30~600	
	사류형	20~180	
	프로펠러형	20 이하	

4. 수차의 특유 속도(=비속도)와 무구속 속도

(1) 특유 속도(N_s)

$$N_s = \frac{NP^{\frac{1}{2}}}{H^{\frac{5}{4}}} \text{[rpm]}, \quad N = N_s P^{-\frac{1}{2}} H^{\frac{5}{4}} \text{[rpm]}$$

여기서, N_s : 특유 속도, N : 수차의 정격속도, H : 유효낙차, P : 수차의 정격출력

종류		특유속도의 한계치	
펠턴 수차		$12 \leq N_s \leq 23$	
프란시스 수차	저속도형	65~150	$N_s \leq \frac{20,000}{H+20} + 30$
	중속도형	150~250	
	고속도형	250~350	
사류 수차		150~250	$N_s \leq \frac{20,000}{H+20} + 40$
카플란 수차 프로펠러 수차		350~800	$N_s \leq \frac{20,000}{H+20} + 50$

(2) 무구속 속도

지정된 유효낙차에서 발전기의 부하를 차단하였을 때의 수차 회전수의 상승한도를 의미하며 수차의 종류에 따른 무구속 속도는 다음과 같다.

수차의 종류	정격 회전수에 대한 [%]
펠턴 수차	150~200
프란시스 수차	160~220
사류 수차	180~230
프로펠러 수차	200~250
카플란 수차	200~240

9 흡출관과 조속기

1. 흡출관
러너 출구로부터 방수면까지의 사이를 관으로 연결하고 물을 충만시켜서 흘려줌으로써 낙차를 유효하게 이용하는 것을 말한다.

2. 조속기
출력의 증감에 관계없이 수차의 회전수를 일정하게 유지시키기 위해서 출력의 변화에 따라 수차의 유량을 자동적으로 조절할 수 있게 하는 것
① 스피더 : 수차의 회전속도의 변화를 검출하는 부분
② 배압밸브 : 서보 모터에 공급하는 압유를 적당한 방향으로 전환하는 밸브
③ 서보 모터 : 배압밸브로부터 제어된 압유로 동작하여 수구개도를 바꾸어주는 것
④ 복원기구 : 난조를 방지하기 위한 기구

3. 속도조정률(ϵ)

$$\epsilon = \frac{N_2 - N_1}{N_0} \times 100 \, [\%]$$

여기서, ϵ : 속도조정률[%], N_0 : 정격출력시의 회전수[rpm], N_1 : 전부하시의 회전수[rpm], N_2 : 무부하시의 회전수[rpm]

4. 속도변동률(δ)

$$\delta = \frac{N_m - N_n}{N_n} \times 100 \, [\%]$$

여기서, δ : 속도변동률[%], N_m : 최대회전속도[rpm], N_n : 정격회전속도[rpm]

5. 최대회전속도(N_m)와 무부하시 회전수(N_2)

① $N_m = N_n \left(1 + \frac{\delta}{100}\right) = \frac{120f}{P}\left(1 + \frac{\delta}{100}\right)$ [rpm]

② $N_2 = N_0 \left(1 + \frac{\epsilon}{100}\right) = \frac{120f}{P}\left(1 + \frac{\epsilon}{100}\right)$ [rpm]

여기서, N_m : 최대회전속도[rpm], N_2 : 무부하시 회전수[rpm], N_n : 정격회전속도[rpm], N_0 : 정격출력시의 회전수[rpm], P : 극수, f : 주파수[Hz], δ : 속도변동률[%], ϵ : 속도조정률[%]

10 출제예상문제

01 유효낙차 H[m], 유량 Q[m³/s]로 얻을 수 있는 이론수력[kW]은?

① HQ
② $13.33HQ$
③ $9.8HQ$
④ $98QH$

[해설] 수차의 이론출력 $P_o = 9.8QH$ [kW]
발전소 출력
(1) 수차출력 $P_t = 9.8QH\eta_t$ [kW]
(2) 발전기 출력 $P_g = 9.8QH\eta_t\eta_g$ [kW]

02 유효낙차 50[m], 이론최대출력 4,900[kW]일 때 유량 Q [m³/s]는?

① 10
② 15
③ 20
④ 25

[해설] $P_0 = 9.8QH$[kW] 식에서
$H = 50$ [m], $P_0 = 4,900$ [kW]일 때
$Q = \dfrac{P_0}{9.8H}$ [m³/s]이므로
$\therefore Q = \dfrac{4,900}{9.8 \times 50} = 10$ [m³/s]

03 유효낙차 100[m], 최대사용수량 20[m³/s], 설비이용률 70[%]의 수력발전소의 연간발전전력량 [kWh]은 대략 얼마인가?

① 20×10^6
② 50×10^6
③ 120×10^6
④ 200×10^6

[해설] 연간부하율(F)
$H = 100$ [m], $Q = 20$ [m³/s], $F = 70$ [%]일 때
$F = \dfrac{\text{연간 발생 전력량}(A)}{\text{최대출력}(P) \times \text{연간 시간수}(T)} \times 100$[%]이므로
$\therefore A = \dfrac{FPT}{100} = \dfrac{70 \times 9.8 \times 100 \times 20 \times 8760}{100}$
$= 120 \times 10^6$ [kWh]

[참고] ① $T = 365 \times 24 = 8,760$ [H]
② $P = 9.8QH = 9.8 \times 20 \times 100 = 19,600$ [kW]

04 수력발전소를 건설할 때 낙차를 취하는 방법으로 적합하지 않은 것은?

① 댐식
② 수로식
③ 역조정지식
④ 유역변경식

[해설] 수력발전소의 종류
(1) 낙차를 얻는 방법 : 수로식, 댐식, 댐·수로식, 유역변경식
(2) 유량을 얻는 방법 : 유입식, 저수지식, 양수식, 조정지식, 조력식

05 댐 이외에 하천 하류의 구배를 이용할 수 있도록 수로를 설치하여 낙차를 얻는 발전방식은?

① 유역변경식
② 댐식
③ 수로식
④ 댐 수로식

[해설] 수로식 발전소
하천의 경사에 의한 낙차를 그대로 이용하는 방식으로 하천의 상·중류부에서 경사가 급하고 굴곡된 곳을 짧은 수로로 유로를 바꾸어서 높은 낙차를 얻는 발전소를 말한다.

06 전력계통의 경부하시 또는 다른 발전소의 발전전력에 여유가 있을 때 이 잉여전력을 이용해서 전동기로 펌프를 돌려 물을 상부의 저수지에 저장하였다가 필요에 따라 이 물을 이용해서 발전하는 발전소는?

① 조력발전소
② 양수식 발전소
③ 유역변경식 발전소
④ 수로식 발전소

[해설] 양수식 발전소
조정지식 또는 저수지식 발전소의 일종으로서 전력수요가 적은 심야 등의 경부하시에 잉여전력을 이용하여 펌프로 하부 저수지의 물을 상부 저수지에 양수해서 저장해두었다가 첨두부하시에 이 전력을 이용하는 발전소를 말한다.

07 첨두부하용으로 사용에 적합한 발전방식은?

① 조력발전소 ② 양수식 발전소
③ 자연유입식 발전소 ④ 조정지식 발전소

해설 양수식 발전소
조정지식 또는 저수지식 발전소의 일종으로서 전력수요가 적은 심야 등의 경부하시에 잉여전력을 이용하여 펌프로 하부 저수지의 물을 상부 저수지에 양수해서 저장해두었다가 첨두부하시에 이 전력을 이용하는 발전소를 말한다.

08 양수발전의 목적은?

① 연간발전량[kWh]의 증가
② 연간평균발전출력[kW]의 증가
③ 연간발전비용[원]의 감소
④ 연간수력발전량[kWh]의 증가

해설 양수발전은 잉여전력의 효과적인 운용방법 중의 하나로서 발전비용의 절감을 목적으로 사용한다.

09 조력발전소에 대한 다음 설명 중 옳은 것은?

① 간만의 차가 적은 해안에 설치한다.
② 완만한 해안선을 이루고 있는 지점에 설치한다.
③ 만조로 되는 동안 바닷물을 받아들여 발전한다.
④ 지형적 조건에 따라 수로식과 양수식이 있다.

해설 조력발전소
조수간만의 차에 의한 해수위의 변화에 따른 낙차를 이용하는 발전소를 말한다.

10 발전소에 있어서 어느 기간 내의 평균발전전력을 발전소의 인가최대전력으로 나눈 값을 무엇이라 하는가?

① 발전율 ② 부하율
③ 설비이용률 ④ 용량률

해설 부하율 = $\dfrac{평균발전전력}{최대전력} \times 100[\%]$

11 일정한 전력량을 공급할 때 부하율이 저하하면?

① 첨두부하용 설비가 증가하고 신규 화력의 효율이 상승한다.
② 첨두부하용 설비가 증가하고 신규 화력의 효율이 저하한다.
③ 설비 이용률이 상승한다.
④ 설비 이용률이 저하하고 전력 원가가 저하한다.

해설 부하율이 저하하면 첨두부하용 설비가 증가하여 최대전력이 상승하고 효율이 저하하여 평균 전력을 감소시키게 된다.

12 연간최대전력이 P[kW], 소비전력량이 A[kWh]일 때 연부하율[%]은? (단, 1년은 365일이다.)

① $\dfrac{A}{365 \times P} \times 100$
② $\dfrac{8,760 \times P}{A} \times 100$
③ $\dfrac{A}{8,760 \times P} \times 100$
④ $\dfrac{365 \times P}{A} \times 100$

해설 연간부하율 $F = \dfrac{A[\text{kWh}]}{8,760 \times P[\text{kW}]} \times 100\,[\%]$

13 화력발전이 포함하는 비중이 수력발전에 비하여 상당히 큰 전력계통에서의 수력발전의 운전방법은?

① 기저부하운전 ② 첨두부하운전
③ 일정출력운전 ④ 예비출력운전

해설 가장 경제적인 운용방법은 화력발전을 기저부하운전으로 하고 수력발전을 첨두부하운전으로 하여야 한다.

14 압력의 세기를 측정하는 데는 무엇을 사용하는가?

① 유속계 ② 벤투리 미터
③ 부자측정 ④ 피에조 미터

[해설] ①, ②, ③은 유량을 측정하는 방법이며 ④는 압력의 세기를 측정하는 방법이다.

15 정수 중 수심 100[m]인 곳의 압력의 세기 [kg/cm²]는?

① 1 ② 10
③ 100 ④ 100000

[해설] 압력의 세기(P)
수두 $H = 100$ [m]일 때
$$P = \frac{W}{A} = \frac{wAH}{A} = wH [\text{kg/m}^2]$$
$$= 1000H [\text{kg/m}^2] = \frac{H}{10} [\text{kg/cm}^2] \text{이므로}$$
$$\therefore P = \frac{H}{10} = \frac{100}{10} = 10 [\text{kg/cm}^2]$$

16 1[kg/cm²]의 수압의 압력수두[m]는?

① 1 ② 10
③ 100 ④ 1,000

[해설] $P = \dfrac{H}{10}$ [kg/cm²] 식에서 $H = 10P$[m]이므로
$$\therefore H = 10 \times 1 = 10 [\text{m}]$$

17 v[m/s]인 등속 정류의 물의 속도수두[m]는? (단, g는 중력가속도[m/s²]이다.)

① $\dfrac{v}{2g}$ ② $\dfrac{v^2}{2g}$
③ $2gv$ ④ $2vg^2$

[해설] 수두
(1) 위치수두(H) = h [m]
(2) 압력수두(H) = $\dfrac{P}{w} = \dfrac{P}{1,000}$ [m]
(3) 속도수두(H) = $\dfrac{v^2}{2g}$ [m]

18 속도 10[m/s]로 흐르는 물의 속도수두[m]는?

① 3 ② 5
③ 7 ④ 10

[해설] $H = \dfrac{v^2}{2g} = \dfrac{10^2}{2 \times 9.8} = 5$ [m]

19 유효낙차 H[m]인 펠톤 수차의 노즐로부터 분출하는 물의 속도[m/sec]는? (단, g는 중력가속도라 한다.)

① $\sqrt{gH}$ ② $\sqrt{2gH}$
③ $\dfrac{H}{2g}$ ④ $\sqrt{\dfrac{H}{2g}}$

[해설] $H = \dfrac{v^2}{2g}$ [m] 식에서 $v^2 = 2gH$이므로
$$\therefore v = \sqrt{2gH} \text{ [m/s]}$$

20 그림에서와 같이 폭 B[m]인 수조를 막고 있는 구형수문에 작용하는 전압력[kg]은? (단, B의 단위 체적당의 무게를 W[kg/m³]라 한다.)

① $\dfrac{1}{2}HWB$
② $\dfrac{1}{2}H^2WB$
③ H^2WB
④ HWB

[해설] $P = \displaystyle\int_0^H WHB\,dH = \dfrac{1}{2}WBH^2$ [kg]

21 수로 단면적이 A[m²]이고, 평균유속이 v[m/s]일 때 유량 Q[m³/s]는?

① Av ② A^2v
③ Av^2 ④ $\dfrac{v}{A}$

[해설] 연속의 정리
$$Q = Av = A_1 v_1 = A_2 v_2 \text{ [m}^3\text{/s]}$$

[정답] 14 ④ 15 ② 16 ② 17 ② 18 ② 19 ② 20 ② 21 ①

22 수압관 내의 평균유속을 v[m/s], 사용유량을 Q[m³/s]라 하면 관의 지름 d[m]는?

① $2\sqrt{\dfrac{v}{\pi Q}}$ ② $2\sqrt{\dfrac{\pi Q}{v}}$

③ $2\sqrt{\dfrac{Q}{\pi v}}$ ④ $2\sqrt{\dfrac{\pi v}{Q}}$

[해설] $Q = \dfrac{\pi}{4}d^2 v$ [m³/s] 식에서 $d^2 = \dfrac{4Q}{\pi v}$ 이므로

$\therefore d = 2\sqrt{\dfrac{Q}{\pi v}}$ [m]

23 압력터널의 단면적이 80[m²]인 곳에서 유속이 2[m/sec]이었다. 단면적이 40[m²]인 곳에서의 유속[m/sec]은?

① 1 ② 2
③ 3 ④ 4

[해설] $Q = A_1 v_1 = A_2 v_2$ [m³/s] 식에서

$v_2 = \dfrac{A_1 v_1}{A_2}$ [m/s]이므로

$\therefore v_2 = \dfrac{2 \times 80}{40} = 4$ [m/s]

24 깊이 20.4[m]인 수조의 밑 측면으로부터 분사하는 물의 분사 속도[m/sec]는? (단, 마찰저항은 무시한다.)

① 10 ② 20
③ 30 ④ 40

[해설] $v = \sqrt{2gH} = \sqrt{2 \times 9.8 \times 20.4} = 20$ [m/s]

25 베르누이의 정리를 설명한 것 중 옳지 않은 것은?

① 위치수두, 압력수두, 속도수두의 총합은 어느 점에서나 같다.
② 세 가지 수두의 총합은 전체 수두이다.
③ 전체 수두의 총합은 수력발전소의 총낙차에 해당한다.
④ 세 가지 수두의 각각의 값은 변화하지 않는다.

[해설] 베르누이의 정리
운동하고 있는 물에서는 위치와 압력 그리고 속도의 3가지 요소의 힘으로 평형을 유지하게 된다. 수로의 어느 점에서나 위치수두, 압력수두, 속도수두의 총합은 같으며 이 모든 수두의 총합이 전체 수두로서 총낙차를 의미한다. 세 힘의 평형은 다음 식과 같다.

$wQh_1 + QP_1 + \dfrac{wQv_1^2}{2g} = wQh_2 + QP_2 + \dfrac{wQv_2^2}{2g}$

26 양수량 Q[m³/s], 총양정 H[m], 펌프효율 η인 경우 양수 펌프용 전동기의 출력[kW]은? (단, k는 비례상수라 한다.)

① $k\dfrac{Q^2 H}{\eta}$ ② $k\dfrac{Q^2 H^2}{\eta}$

③ $k\dfrac{QH}{\eta}$ ④ $\dfrac{kQH^2}{\eta}$

[해설] 양수펌프출력 $P = \dfrac{9.8QH}{\eta}$ [kW] 식에서 $k = 9.8$이라 하면

$\therefore P = k\dfrac{QH}{\eta}$ [kW]

27 양수량 40[m³/min], 총양정 13[m]의 양수펌프용 전동기의 소요출력[kW]은?

① 100 ② 300
③ 50   ④ 10

[해설] $P = \dfrac{9.8QH}{\eta} = \dfrac{9.8 \times \dfrac{40}{60} \times 13}{0.8} = 100$ [kW]

[참고] (1) Q[m³/min] $= \dfrac{Q}{60}$ [m³/s]
(2) 양수펌프의 효율(η)은 70[%]~80[%] 정도로 가정한다.

정답 22 ③ 23 ④ 24 ② 25 ④ 26 ③ 27 ①

28
출력 20[kW]의 전동기로서 총양정 10[m], 펌프효율 0.75일 때 양수량[m³/min]은?

① 9.18 ② 9.85
③ 10.31 ④ 11.0

[해설] $P = \dfrac{9.8QH}{\eta}$ [kW] 식에서 $Q = \dfrac{P\eta}{9.8H}$ [m³/s]이므로

∴ $Q = \dfrac{20 \times 0.75}{9.8 \times 10} \times 60 = 9.18$ [m³/min]

29
수력발전소에서 갈수량이란?

① 1년(365일간) 중 355일간은 이보다 낮아지지 않는 유량
② 1년(365일간) 중 275일간은 이보다 낮아지지 않는 유량
③ 1년(365일간) 중 185일간은 이보다 낮아지지 않는 유량
④ 1년(365일간) 중 95일간은 이보다 낮아지지 않는 유량

[해설] 하천유량의 크기
 (1) 갈수량(갈수위) : 1년 365일 중 355일은 이것보다 내려가지 않는 유량 또는 수위
 (2) 저수량(저수위) : 1년 365일 중 275일은 이것보다 내려가지 않는 유량 또는 수위
 (3) 평수량(평수위) : 1년 365일 중 185일은 이것보다 내려가지 않는 유량 또는 수위
 (4) 풍수량(풍수위) : 1년 365일 중 중 95일은 이것보다 내려가지 않는 유량 또는 수위

30
평수량이란?

① 1년 365일 중 355일은 이 값 이하로 내려가지 않는 유량
② 1년 365일 중 95일은 이 값 이하로 내려가지 않는 유량
③ 1년 365일 중 185일은 이 값 이하로 내려가지 않는 유량
④ 1년 365일 중 275일은 이 값 이하로 내려가지 않는 유량

[해설] 하천유량의 크기
 평수량(평수위) : 1년 365일 중 185일은 이것보다 내려가지 않는 유량 또는 수위

31
유황곡선의 횡축과 종축은?

① 일수 – 유량 ② 유량 – 일수
③ 수위 – 유량 ④ 유출 계수 – 역일

[해설] 유황곡선이란 유량도를 이용하여 횡축에 일수를 잡고 종축에 유량을 취하여 매일의 유량 중 큰 것부터 작은 순으로 1년분을 배열하여 그린 곡선이다. 이 곡선으로부터 풍수량, 평수량, 갈수량, 총 유출량, 하천의 유량 변동상태 등을 알 수 있게 된다.

32
다음 그림 중 유황곡선 모양을 표시하는 것은? (단, 유량은 [m³/s], 수량은 [cm³]이다.)

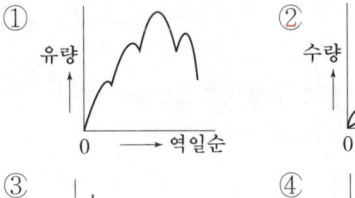
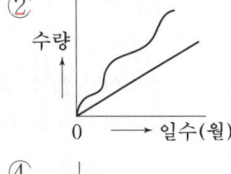
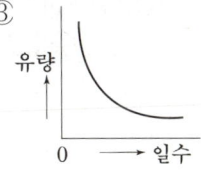
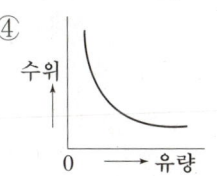

[해설] 유황곡선이란 유량도를 이용하여 횡축에 일수를 잡고 종축에 유량을 취하여 매일의 유량 중 큰 것부터 작은 순으로 1년분을 배열하여 그린 곡선이다.

33 그림과 같은 유황곡선을 가진 수력지점에서 최대사용수량 OC로 1년간 계속 발전하는데 필요한 저수지의 용량은?

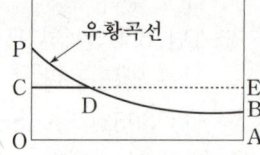

① 면적 OCPBA
② 면적 OCDEBA
③ 면적 DEB
④ 면적 PCD

[해설] 부족수량 면적이 DEB이므로 이 정도만큼은 저수해두어야 한다.

34 수력발전소에서 사용되는 유황곡선이란 횡축에는 1년(365일)을, 종축에는 무엇을 표시한 것인가?

① 유량이 큰 것부터 순차적으로 이들 점을 연결한 것
② 유량이 작은 것으로부터 순차적으로 이들 점을 연결한 것
③ 유량의 평균값을 표시한 선을 그은 것
④ 매일의 유량의 표시하여 이들 점을 연결한 것

[해설] 유황곡선이란 유량도를 이용하여 횡축에 일수를 잡고 종축에 유량을 취하여 매일의 유량 중 큰 것부터 작은 순으로 1년분을 배열하여 그린 곡선이다.

35 유황곡선의 횡축, 종축으로 둘러싸인 부분의 면적은 무엇을 나타내는가?

① 연간 유출량   ② 연간 강우량
③ 연간 발전량   ④ 월평균 유출량

[해설] 연간 유량의 이용률
유황곡선의 횡축과 종축으로 둘러싸인 부분의 면적은 연간 하천의 유량을 나타내는 값이며 최대사용유량 이하의 유황곡선의 면적은 연간 하천유량의 유효량을 나타내는 값이다. 따라서 연간 유량의 이용률은 다음과 같다.

연간 유량의 이용률 = $\dfrac{\text{연간 하천유량의 유효량}}{\text{연간 하천의 총유량}}$

36 그림과 같은 유황곡선을 가진 수력지점에서 최대사용수량을 OA로 잡을 때 하천에너지의 이용률은?

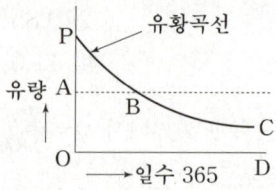

① $\dfrac{\text{면적 APB}}{\text{면적 OPBCD}}$ ② $\dfrac{\text{면적 APB}}{\text{면적 OABCD}}$

③ $\dfrac{\text{면적 OPBCD}}{\text{면적 OABCD}}$ ④ $\dfrac{\text{면적 OABCD}}{\text{면적 OPBCD}}$

[해설] 연간 유량의 이용률

연간 유량의 이용률 = $\dfrac{\text{연간 하천유량의 유효량}}{\text{연간 하천의 총유량}}$

= $\dfrac{\text{면적 OABCD}}{\text{면적 OPBCD}}$

37 유황곡선으로부터 알 수 없는 것은?

① 총유출량
② 하천의 유량변동상태
③ 평수량
④ 월별 하천유량

[해설] 이 곡선으로부터 풍수량, 평수량, 갈수량, 총 유출량, 하천의 유량변동상태 등을 알 수 있게 된다.

38 수력발전소의 댐(dam)의 설계 및 저수지 용량 등을 결정하는데 사용되는 가장 적합한 것은?

① 유량도   ② 유황곡선
③ 수위 – 유량곡선   ④ 적산유량곡선

[해설] 적산유량곡선은 유량도를 기초로 하여 횡축에 역일순으로 하고 종축에 적산유량의 총계를 취하여 만든 곡선으로 댐 설계 및 저수지 용량 결정에 사용된다.

정답 33 ③ 34 ① 35 ① 36 ④ 37 ④ 38 ④

39 유출계수란?

① $\dfrac{\text{전유출량}}{\text{전강수량}}$ ② $\dfrac{\text{전유출량}}{\text{유역면적}}$

③ $\dfrac{\text{증발량}}{\text{전유출량}}$ ④ $\dfrac{\text{전강우량}}{\text{전유출량}}$

[해설] 유출계수$(K) = \dfrac{\text{하천유량}}{\text{강우량}} = \dfrac{\text{전유출량}}{\text{전강수량}}$ (보통 0.4~0.8)

40 강수량을 나타내는 단위는?

① [mm]   ② [mm²]
③ [l]   ④ [m²]

[해설] 강수량
하천유수의 근원이 되는 것은 그 하천의 유역에 내리는 비와 눈이다. 이들 양은 강수량 또는 우량이라고 불리는데 일반적으로 이것을 나타내는 단위로는 수심을 기준하여 [mm]가 사용되고 있다.

41 유역면적 5,000[km²]인 발전지점이 있다. 유역 내의 연강우량 1,200[mm], 유출계수 70[%]라고 하면 그 지점을 통과하는 연평균유량은 몇 [m³/s]인가?

① 113.2   ② 121.2
③ 128.2   ④ 133.2

[해설] 연평균유량

$$Q = \dfrac{\text{유량}(b) \times \text{유역면적}(A) \times \text{유출계수}(k) \times 10^3}{365 \times 24 \times 60 \times 60}$$

[m³/s]이므로

$$\therefore Q = \dfrac{1,200 \times 5,000 \times 0.7 \times 10^3}{365 \times 24 \times 60 \times 60} = 133.2 \text{ [m}^3\text{/s]}$$

42 유역면적 550[km²]인 하천이 있다. 1년간 강수량이 1,500[mm]로 증발, 침투 등의 손실을 30[%]라고 할 때, 갈수량을 평균유량의 1/50이라고 가정하면 이 하천의 갈수량은 몇 [m³/s]가 되겠는가?

① 3.66   ② 6.66
③ 15.69   ④ 18.32

[해설] 연평균유량

$$Q = \dfrac{\text{유량}(b) \times \text{유역면적}(A) \times \text{유출계수}(k) \times 10^3}{365 \times 24 \times 60 \times 60}$$

[m³/s]이므로

$$\therefore Q = \dfrac{1,500 \times 550 \times (1-0.3) \times \dfrac{1}{5} \times 10^3}{365 \times 24 \times 60 \times 60}$$

$$= 3.66 \text{ [m}^3\text{/s]}$$

43 소하천(小河川) 등의 적은 유량을 측정하는 방법으로 가장 적합한 것은?

① 언측법   ② 유속계법
③ 부자법   ④ 염수속도법

[해설] 언측법 : 측정이 쉽고 정확한 결과를 얻을 수 있으나 주로 소하천이나 수로용으로 제한되는 하천의 유량측정법이다.

44 최근 건설되는 대용량 수력발전소의 수차효율을 측정하는 경우 가장 적당한 수량 측정방법은?

① 언측법   ② 유속계법
③ 부자법   ④ 깁슨법

[해설] 주로 대용량의 하천유량을 측정하는 방법으로 유속계법이 있다.

핵심 _ 전력공학

45 관로의 유속측정에 사용하는 피토관에서 두 관의 수면의 차는?

① 유속에 비례한다.
② 유속의 $\frac{3}{2}$ 승에 비례한다.
③ 유속의 제곱에 비례한다.
④ 유속의 평방근에 비례한다.

해설 $h = h_1 - h_2 = c\dfrac{v^2}{2g}$ [m] 식에서 수면의 차는 유속의 제곱에 비례함을 알 수 있다.

46 1년 중 355일 이상 매일 일정시간만 발생할 수 있는 출력은?

① 보급출력   ② 예비출력
③ 상시첨두출력   ④ 특수출력

해설 발전소 출력의 분류
(1) 상시첨두출력 : 1년 중 355일 이상 매일 일정 시간만 발생할 수 있는 출력
(2) 특수출력 : 풍수시 시간적 조정을 하지 않고 발생할 수 있는 출력 중 상시출력을 넘는 출력
(3) 보급출력 : 갈수기간을 통하여 항상 발생할 수 있는 출력 중 상시출력을 넘는 출력
(4) 상시출력 : 1년 중 355일 이상 발생할 수 있는 출력
(5) 예비출력 : 유사시 부족한 전력을 보충하는 목적으로 시설된 설비에 의해 발생하는 출력
(6) 최대출력 : 발전소의 최대출력

47 갈수기간을 통하여 항상 발생할 수 있는 출력 중 상시출력을 넘는 출력은?

① 보급출력   ② 예비출력
③ 특수출력   ④ 상시첨두출력

해설 발전소 출력의 분류
보급출력 : 갈수기간을 통하여 항상 발생할 수 있는 출력 중 상시출력을 넘는 출력

48 갈수기 평균가능출력과 상시출력의 차로 표시되는 출력은?

① 상시출력   ② 첨두출력
③ 보급출력   ④ 예비출력

해설 발전소 출력의 분류
보급출력은 갈수기 평균가능출력과 상시출력의 차로 표시되는 출력이다.

49 기초와 양안(兩岸)의 암반이 양호한 협곡에 적합한 댐은?

① 중력댐   ② 중공댐
③ 록필댐   ④ 아치댐

해설 역학적 구조에 의한 분류로 중력댐, 아치댐, 중공댐(=부벽댐)이 있다.
(1) 중력댐 : 흙댐, 암석댐
(2) 아치댐 : 기초와 양안의 암반이 양호한 협곡에 적합한 댐
(3) 중공댐 : 콘크리트의 수화열의 방산이 용이하고 중력댐에 비해 콘크리트 소요량을 줄일 수 있다.
록필댐(=암석댐)은 사용재료에 의한 분류로서 이외에 콘크리트댐과 흙댐 등이 있다.

50 취수구에 제수문을 설치하는 목적은?

① 모래를 걸러낸다.
② 낙차를 높인다.
③ 홍수위를 낮춘다.
④ 유량을 조절한다.

해설 제수문은 취수량을 조절하기 위해 설치한다.

51 다음 중 취수구에 설치하지 않는 것은?

① 제진 스크린   ② 제수문
③ 배사토   ④ 여수토

해설 취수구의 3가지 설비는 제수, 도수, 유지설비가 있으며 취수구에는 제진격자(=제진스크린), 제수문 및 수차가 요구하는 이외의 잉여수를 유출하여 수위를 조정, 상류의 영향을 조정하는 댐의 보안설비인 여수토 등이 있다.

정답 45 ③ 46 ③ 47 ① 48 ③ 49 ④ 50 ④ 51 ③

52 침사지 내에서의 유속[cm/s]은 일반적으로 다음 중 어느 것이 적당한가?

① 25~15 ② 50~70
③ 1~2   ④ 10~20

해설 침사지 내의 유속은 0.25[m/s] 이하가 되도록 해야 하므로 본문의 정답은 25[cm/s]가 된다.

53 조압수조의 목적은?

① 압력터널의 보호   ② 수압철관의 보호
③ 수차의 보호   ④ 여수의 처리

해설 부하변동에 따른 수격 작용의 완화와 수압관의 보호를 목적으로 한다.

54 수력발전소의 서지 탱크(surge tank) 설치목적으로 옳지 않은 것은?

① 흡출관의 보호를 취한다.
② 부하의 변동시 생기는 수격압을 경감시킨다.
③ 수격압이 압력수로에 미치는 것을 방지한다.
④ 유량조절을 한다.

해설 부하변동에 따른 수격 작용의 완화와 수압관의 보호를 목적으로 한다.

55 수력발전소에서 조압수조의 설치목적은?

① 토사의 제거   ② 수격작용의 완화
③ 부유물의 제거   ④ 부하의 조절

해설 부하변동에 따른 수격 작용의 완화와 수압관의 보호를 목적으로 한다.

56 다음에서 차동조압수조의 특징이 아닌 것은?

① 서징의 주기가 빠르다.
② 서징이 누가하지 않는다.
③ 서징이 비교적 천천히 진정된다.
④ 단면적이 감소한다.

해설 차동조압수조는 서징이 누가하지 않고 수위의 승강이 빨라 서징이 빨리 진정된다.

57 조압수조 중 서징의 주기가 가장 빠른 것은?

① 제수공 조압수조   ② 수실조압수조
③ 차동조압수조   ④ 단동조압수조

해설 차동조압수조는 서징이 누가하지 않고 수위의 승강이 빨라 서징이 빨리 진정된다.

58 저수지의 이용수심이 클 때 사용되는 조압수조는?

① 소공조압수조   ② 차동조압수조
③ 단동조압수조   ④ 수실조압수조

해설 수실조압수조는 저수지의 이용수심이 크고 지형에 따라 수실의 모양을 적당히 맞추어서 시공할 수 있다.

59 다음에서 수격작용과 관계없는 것은?

① 조압수조
② 수압철관의 수압상승
③ 수압철관의 공기변
④ 수차부하의 차단

해설 수격작용
갑자기 부하가 차단되면 수차에 들어가던 물의 유입이 차단되므로 조압수조 내의 수위가 저수지 수위보다도 더 높아지므로 물이 역류하게 된다. 그 후에 다시 저수지 쪽의 수위가 높아지므로 물은 조압수조로 흐르게 되어 수위가 진동하게 된다. 이처럼 급격한 부하 증감에 따라 조압수조 내의 수위가 시간과 더불어 상하로 오르내리면서 진동하는 작용을 수격작용이라 한다.

정답 52 ① 53 ② 54 ① 55 ② 56 ③ 57 ③ 58 ④ 59 ③

60 고낙차, 소수량 발전에 쓰이는 수차의 입구밸브로서 적당한 것은?

① 슬루스 밸브 ② 존슨 밸브
③ 로터리 밸브 ④ 버터플라이 밸브

[해설] (1) 슬루스 밸브 : 고낙차, 소수량인 경우 사용
(2) 존슨 밸브 : 구조가 복잡하고 가격이 비싸다. 고낙차, 대유량인 경우 사용
(3) 로터리 밸브 : 어떤 낙차에도 사용할 수 있으나 일반적으로 수력발전소에서는 잘 이용되지 않는다.
(4) 버터플라이 밸브 : 중낙차 발전소에 이용되며 구조가 간단하고 조작이 용이하며 가격이 저렴하다.

61 펠턴 수차에서 정낙차는?

① 수조 수면과 방수로 수면과의 차
② 수조 수면과 노즐(nozzle) 구와의 차
③ 수조 수면과 방수로 시점의 수면과의 차
④ 수조 수면과 러너 피치 서클의 최저점과의 차

[해설] 낙차
(1) 총낙차 : 수로의 취수구 수면과 방수구 수면의 위치 수두차
(2) 정낙차 : 발전기의 수차 전부가 정지하였을 때 상수조 수면과 방수위 수면의 위치 수두차 또는 펠턴수차에서는 수조수면과 러너의 피치서클과의 위치수두차
(3) 유효낙차 : 총낙차에서 손실낙차를 뺀 낙차
(4) 겉보기 낙차 : 수차가 정상운전 중에 있을 때 상수로 수면과 방수위 수면의 위치 수두차
(5) 손실낙차 : 유수가 취수구로부터 방수로에 이르는 동안 생기는 낙차의 손실을 의미하며 보통 총낙차의 5~10[%] 정도이다.

62 다음 수차 중 디플렉터를 가지고 있는 수차는?

① 펠턴 수차 ② 프란시스 수차
③ 프로펠러 수차 ④ 카플란 수차

[해설] 펠턴 수차에는 백워터 브레이크와 디플렉터가 필요하다.

63 유효낙차 400[m]의 펠턴 수차의 노즐에서 분사되는 물의 속도는 대략 얼마인가?

① 20 ② 30
③ 90 ④ 60

[해설] $v = \sqrt{2gh} = \sqrt{2 \times 9.8 \times 400} ≒ 90\,[\text{m/s}]$

64 유효낙차 500[m]인 충동수차의 노즐(nozzle)에서 분출되는 유수의 이론적인 분출속도는 약 몇 [m/sec]인가?

① 50 ② 70
③ 80 ④ 100

[해설] $v = \sqrt{2gh} = \sqrt{2 \times 9.8 \times 500} ≒ 100\,[\text{m/s}]$

65 수차의 특유속도(specific speed) 공식은?
(단, 유효낙차를 H, 출력을 P, 회전수를 N, 특유속도를 N_s라 한다.)

① $N_s = N \dfrac{P^{\frac{1}{2}}}{H^{\frac{5}{4}}}$ ② $N_s = \dfrac{H^{\frac{5}{4}}}{NP}$

③ $N_s = \dfrac{NP^{\frac{1}{4}}}{H^{\frac{5}{4}}}$ ④ $N_s = \dfrac{NP^2}{H^{\frac{5}{4}}}$

[해설] 수차의 특유속도(=비속도)

$N_s = \dfrac{NP^{\frac{1}{2}}}{H^{\frac{5}{4}}} = NP^{\frac{1}{2}}H^{-\frac{5}{4}}$ [rpm]

정답 60 ① 61 ④ 62 ① 63 ③ 64 ④ 65 ①

제10장 _ 수력발전

66 유효낙차 81[m], 출력 10,000[kW], 주파수 60[Hz]의 수차발전기의 회전수는 매분 몇 회전이 적당한가? (단, 수차의 특유속도는 180[rpm]이다.)

① 450   ② 400
③ 360   ④ 300

[해설] 특유속도 $N_s = \dfrac{NP^{\frac{1}{2}}}{H^{\frac{5}{4}}}$ [rpm]이므로

발전기 회전수 N은

$\therefore N = N_s P^{-\frac{1}{2}} H^{\frac{5}{4}} = 180 \times \dfrac{1}{\sqrt{10,000}} \times 81^{\frac{5}{4}}$

$= 437.4 ≒ 450$ [rpm]

67 최대출력 25,600[kW], 유효낙차 100[m], 회전수 300[rpm]의 수축 프란시스 수차의 특유속도[rpm]는 얼마인가?

① 138   ② 142
③ 148   ④ 152

[해설] $N_s = \dfrac{NP^{\frac{1}{2}}}{H^{\frac{5}{4}}} = \dfrac{300 \times \sqrt{25,600}}{100^{\frac{5}{4}}} = 152$ [rpm]

68 낙차 290[m], 회전수 500[rpm]인 수차를 225[m]의 낙차에서 사용할 때의 회전수[rpm]는 얼마로 하면 적당한가?

① 400   ② 440
③ 480   ④ 520

[해설] $\dfrac{N_2}{N_1} = \left(\dfrac{H_2}{H_1}\right)^{\frac{1}{2}}$ 식에서 $N_2 = N_1 \sqrt{\dfrac{H_2}{H_1}}$ 이므로

$\therefore N_2 = N_1 \sqrt{\dfrac{H_2}{H_1}} = 500 \times \sqrt{\dfrac{225}{290}} = 440$ [rpm]

69 특유속도가 큰 수차일수록 옳은 것은?

① 낮은 부하에서의 효율의 저하가 심하다.
② 낮은 낙차에서는 사용할 수 없다.
③ 회전자의 주변 속도가 작아진다.
④ 회전수가 커진다.

[해설] 특유속도가 클 경우는 수차의 러너와 유수와의 상대속도가 크게 나타난다는 것을 의미하므로 경부하시의 효율이 크게 떨어지게 된다.

70 수력발전소에서 특유속도가 가장 높은 수차는?

① Pelton 수차
② Propeller 수차
③ Francis 수차
④ 모든 수차의 특유속도는 동일하다.

[해설] ① 12~23, ② 350~800, ③ 250~350

71 특유속도가 가장 작은 수차는?

① 펠턴 수차   ② 프란시스 수차
③ 프로펠러 수차   ④ 카플란 수차

[해설] ① 12~23, ② 250~350, ③ 350~800, ④ 350~800

72 수차의 유효낙차와 안내 날개, 그리고 노즐의 열린 정도를 일정하게 하여놓은 상태에서 조속기가 동작하지 않게 하고, 전부하 정격속도로 운전 중에 무부하로 하였을 경우에 도달하는 최고속도를 무엇이라 하는가?

① 특유속도(specific speed)
② 동기속도(synchronous speed)
③ 무구속 속도(runaway speed)
④ 임펄스 속도(impulse speed)

[해설] 무구속 속도란 지정된 유효낙차에서 발전기의 부하를 차단하였을 때의 수차 회전수의 상승한도를 의미한다.

정답 66 ① 67 ④ 68 ② 69 ① 70 ② 71 ① 72 ③

73 모든 출력에서 효율이 가장 좋은 것은?
① 프로펠러 수차 ② 프란시스 수차
③ 카플란 수차 ④ 펠턴 수차

[해설] 펠턴 수차는 출력변화에 따른 효율저하가 적어서 부하변동에 유리하며 노즐 수를 늘렸을 경우에는 고효율 운전을 할 수 있다.

74 수차의 무구속시 속도의 상승률이 최대인 것은?
① 카플란 수차
② 프란시스형 가역펌프수차
③ 펠턴 수차
④ 프란시스 수차

[해설] ① 200~240[%] ② 180~230[%]
③ 150~200[%] ④ 160~220[%]

75 카플란 수차에서 없으면 안될 것은?
① 백워터 브레이크 ② 디플렉터
③ 흡출관 ④ 수압조정기

[해설] 흡출관이란 러너 출구로부터 방수면까지의 사이를 관으로 연결하고 여기에 물을 충만시켜서 흘려줌으로써 낙차를 유효하게 이용하는 것을 의미하며 저낙차에 이용하는 카플란 수차에 필요하다.

76 흡출관이 필요하지 않은 수차는?
① 펠턴 수차 ② 프란시스 수차
③ 카플란 수차 ④ 사류 수차

[해설] 펠턴 수차는 고낙차에 이용되는 수차로서 백워터 브레이크와 디플렉터가 필요한 수차이다.

77 흡출관을 쓰는 목적은?
① 속도 변동률을 작게 한다.
② 낙차를 늘린다.
③ 물의 유선을 일정하게 한다.
④ 압력을 줄인다.

[해설] 흡출관이란 러너 출구로부터 방수면까지의 사이를 관으로 연결하고 여기에 물을 충만시켜서 흘려줌으로써 낙차를 유효하게 이용하는 것을 의미하며 저낙차에 이용하는 카플란 수차에 필요하다.

78 유효낙차 150[m] 정도의 양수발전소의 펌프수차로 쓰이는 수차의 형식은?
① 펠턴 수차 ② 프란시스 수차
③ 프로펠러 수차 ④ 카플란 수차

[해설] ① 350[m] 이상의 고낙차
② 30~400[m] 중낙차
③, ④ : 45[m] 이하의 저낙차

79 수차의 캐비테이션의 방지대책이 아닌 것은?
① 토마 계수를 낮게 잡는다.
② 경부하 및 과부하 운전을 피한다.
③ 저압부의 발생을 방지한다.
④ 수차의 회전속도를 적게 한다.

[해설] 캐비테이션의 방지대책
(1) 수차의 비속도를 너무 크게 잡지 않을 것
(2) 흡출관의 높이를 너무 높게 취하지 않을 것
(3) 침식에 강한 재료로 러너를 제작하든지 부분적으로 보강할 것
(4) 러너 표면을 미끄럽게 가공 정도를 높일 것
(5) 과도한 부분 부하, 과부하 운전을 가능한 한 피할 것
(6) 토마계수를 크게 할 것
(7) 수차의 회전수를 적게 할 것

정답 73 ④ 74 ① 75 ③ 76 ① 77 ② 78 ② 79 ①

80 캐비테이션(cavitation) 현상에 의한 결과로 적당하지 않은 것은?

① 수차 레버 부분의 진동
② 수차 러너의 부식
③ 흡출관의 진동
④ 수차 효율의 증가

해설 캐비테이션의 장해
(1) 수차의 효율, 출력, 낙차가 저하된다.
(2) 유수에 접한 러너나 버킷 등에 침식이 일어난다.
(3) 수차에 진동을 일으켜서 소음을 발생시킨다.
(4) 흡출관 입구에서의 수압의 변동이 현저해진다.

81 수력발전소에서 서보 전동기(servomotor)의 작용으로 옳게 설명한 것은?

① 축받이 기름을 보내는 특수전동펌프
② 수압관 하부의 압력조정장치
③ 전기식 조속기용 특수 전동기
④ 안내 날개를 조절하는 장치

해설 서보 전동기는 배압 밸브로부터 제어된 압유로 안내날개를 조절하여 수구 개도를 바꾸어주는 것이다.

82 회전속도의 변화에 따라서 자동적으로 유량을 가감하는 장치를 무엇이라 하는가?

① 공기 예열기 ② 과열기
③ 여자기   ④ 조속기

해설 조속기는 출력의 증감에 관계없이 수차의 회전수를 일정하게 유지시키기 위해서 출력의 변화에 따라 수차의 유량을 자동적으로 조절할 수 있게 하는 것을 말한다.

83 다음 중 수차 조속기의 주요 부분을 나타내는 것이 아닌 것은?

① 평속기   ② 복원장치
③ 자동수위조정기 ④ 서보모터

해설 조속기의 구성
스피더(평속기), 배압 밸브, 서보모터, 복원기구

84 부하변동이 있을 경우 수차(또는 증기터빈) 입구의 밸브를 조작하는 기계식 조속기의 각 부의 동작 순서는?

① 평속기 → 복원기구 → 배압 밸브 → 서보 전동기
② 배압 밸브 → 평속기 → 서보 전동기 → 복원기구
③ 평속기 → 배압 밸브 → 서보 전동기 → 복원기구
④ 평속기 → 배압 밸브 → 복원기구 → 서보 전동기

해설 조속기의 구성 : 스피더(평속기), 배압 밸브, 서보모터, 복원기구

85 수차의 조속기 시험을 할 때 폐쇄시간이 길게 되도록 조속기의 기구를 조정하여 부하를 차단하면 수차는?

① 회전속도의 상승률이 늘고 수축작용이 감소한다.
② 회전속도의 상승률이 늘고 수축작용도 커진다.
③ 회전속도의 상승률이 줄고 수축작용은 감소한다.
④ 회전속도의 상승률이 줄고 수축작용은 커진다.

해설 폐쇄시간이 길면 부하를 차단한 후에도 여분의 에너지가 수차로 유입되어 회전수를 상승시키고 수축작용을 감소시킨다.

정답 80 ④ 81 ④ 82 ④ 83 ③ 84 ③ 85 ①

86 수차발전기의 난조를 일으키는 원인은?

① 발전기 관성 모멘트가 크다.
② 발전기의 자극에 제동권선이 있다.
③ 수차의 속도변동률이 적다.
④ 수차의 조속기가 예민하다.

해설 난조
난조란 부하의 급격한 변화로 인하여 주파수가 급변하고 속도가 변동하게 되는 현상으로 관성모멘트가 작거나 조속기가 너무 예민한 경우에 발생한다. 이러한 난조를 억제하기 위해서 제동권선을 설치한다.

87 수력발전소의 수차에 있어서 N_e는 어떤 부하시의 회전속도, N_o는 조속기를 조절하지 않고 무부하로 했을 때의 회전속도, N은 규정회전속도라고 할 때 수차의 속도조정률[%]은?

① $\dfrac{N-N_e}{N} \times 100$
② $\dfrac{N_o-N}{N} \times 100$
③ $\dfrac{N_o-N_e}{N} \times 100$
④ $\dfrac{N-N_e}{N_o} \times 100$

해설 수차의 속도조정률
수차발전기의 무부하 속도 N_o, 전부하 속도 N_e, 규정속도 N이라 하면 속도조정률(δ)은
$\therefore \delta = \dfrac{N_o-N_e}{N} \times 100\,[\%]$
$N_e = N$인 경우에는 $\delta = \dfrac{N_o-N}{N} \times 100\,[\%]$으로 한다.

88 수차의 속도변동률을 적게 하려 할 때 옳지 않은 것은?

① 조속기의 부동시간을 짧게 한다.
② 조속기의 폐쇄시간을 짧게 한다.
③ 회전부의 중량을 적게 한다.
④ 회전 반지름을 크게 한다.

해설 수차의 속도변동률을 적게 하는 방법
(1) 조속기의 부동시간 및 폐쇄시간을 짧게 한다.
(2) 회전부의 중량을 크게 하여 관성모멘트를 크게 한다.
(3) 회전반경을 크게 한다.

89 60[Hz], 30극의 수차발전기가 전부하운전 중 갑자기 무부하로 되었다. 이 수차발전기의 전부하 차단시의 속도변동률을 20[%]라 할 때 전부하 차단 후 순간적으로 도달하는 최대속도[rpm]를 구하면?

① 188   ② 240
③ 288   ④ 340

해설 $\delta = \dfrac{N_m - N_n}{N_n} \times 100\,[\%]$ 식에서
$N_m = N_n(1+\delta) = \dfrac{120f}{P}(1+\delta)$ [rpm]이므로
$\therefore N_m = \dfrac{120 \times 60}{30}(1+0.2) = 288$ [rpm]

90 수력발전소에서 조속기의 작동을 민감하게 하면, 수압상승률 α와 속도상승률 β는 어떻게 변화하는가?

① α는 감소하고, β는 증가한다.
② α는 증가하고, β는 감소한다.
③ α, β 모두 증가한다.
④ α, β 모두 감소한다.

해설 조속기
조속기란 수력발전소에서 부하의 급격한 변화량에 따라 증감하는 속도를 제어하기 위한 발전설비이다. 이 때 조속기를 민감하게 하면 속도가 빠르게 안정되어 속도상승률은 감소하지만 수격작용에 의해서 수압철관 내의 수압이 상승하게 된다.
∴ 조속기가 민감하면 α는 상승하고 β는 감소한다.

정답 86 ④ 87 ③ 88 ③ 89 ③ 90 ②

91 그림과 같이 "수류가 고체에 둘러싸여 있고 A로부터 유입되는 수량과 B로부터 유출되는 수량이 같다."고 하는 이론은?

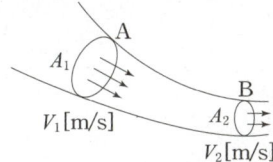

① 베르누이 정리 ② 연속의 원리
③ 토리첼리의 정리 ④ 수두이론

해설 수력학
(1) 연속의 정리
관로나 수로 등에 흐르는 물의 양 $Q[\text{m}^3/\text{s}]$은 유수의 단면적 $A[\text{m}^2]$와 평균유속 $v[\text{m/s}]$와 곱으로 나타내며 관로나 수로 어느 지점에서나 유량은 같다.
$Q = Av = A_1v_1 = A_2v_2 [\text{m}^3/\text{s}]$

(2) 베르누이의 정리
운동하고 있는 물에서는 위치와 압력 그리고 속도의 3가지 요소의 힘으로 평형을 유지하게 된다.
$wQh_1 + QP_1 + \dfrac{wQv_1^2}{2g}$
$= wQh_2 + QP_2 + \dfrac{wQv_2^2}{2g}$

92 유효낙차가 40[%] 저하되면 수차의 효율이 20[%] 저하된다고 할 경우 이때의 출력은 원래의 약 몇 [%]인가? (단, 안내 날개의 열림은 불변인 것으로 한다)

① 37.2[%] ② 48.0[%]
③ 52.7[%] ④ 63.7[%]

해설 수차의 출력(P)
유량 Q, 유효낙차 H, 효율 η, 유속 v, 중력가속도 g라 하면 $v = k\sqrt{2gH}$ [m/sec]일 때 안내날개의 열림이 일정하면 $Q \propto v \propto \sqrt{H}$임을 알 수 있다.
$P = 9.8QH\eta$ [W]이므로 $P \propto H^{\frac{3}{2}}\eta$에서
$H' = 1 - 0.4 = 0.6$
$\eta' = 1 - 0.2 = 0.8$
$\therefore P' = (H')^{\frac{3}{2}} \cdot \eta' = 0.6^{\frac{3}{2}} \times 0.8 = 0.372$ [p.u]
$= 37.2$ [%]

93 유효저수량 200,000[m³], 평균유효낙차 100[m], 발전기출력 7,500[kW]이다. 1대를 운전할 경우 약 몇 시간 정도 발전할 수 있는가? (단, 발전기 및 수차의 합성효율은 85[%]이다.)

① 4 ② 5
③ 6 ④ 7

해설 $Q = \dfrac{200,000}{T}$ [m³/h] $= \dfrac{200,000}{3,600T}$ [m³/s]이므로
$P_g = 9.8QH\eta_t\eta_g$
$= \dfrac{9.8 \times 200,000 \times H\eta_t\eta_g}{3,600T}$ [kW] 식에서
$P_g = 7,500$ [kW], $H = 100$ [m], $\eta_t\eta_g = 0.85$일 때
$\therefore T = \dfrac{9.8 \times 200,000 \times H\eta_t\eta_g}{3,600P_g}$
$= \dfrac{9.8 \times 200,000 \times 100 \times 0.85}{3,600 \times 7,500} = 6$시간

94 수력발전소에서 서보 모터(servo-motor)의 작용으로 옳게 설명한 것은?

① 축받이 기름을 보내는 특수 전동펌프이다.
② 안내날개를 조절하는 장치이다.
③ 전기식 조속기용 특수 전동기이다.
④ 수압관 하부의 압력조정 장치이다.

해설 조속기
출력의 증감에 관계없이 수차의 회전수를 일정하게 유지시키기 위해서 출력의 변화에 따라 수차의 유량을 자동적으로 조절하는 장치를 말하며 구성은 스피터, 배압밸브, 서보모터, 복원기구 4가지로 이루어져 있다. 이 중 서보모터는 배압밸브로부터 제어된 압유로 동작하여 수구개도를 바꾸어주는 설비로서 안내날개를 조절하는 장치이다.

정답 91 ② 92 ① 93 ③ 94 ②

11 화력발전

1 열량 및 압력의 단위

1. 열량의 단위

(1) 1[kcal]

순수한 물 1[kg]을 온도 1[℃] 올리는데 필요한 열량

$$\therefore 1[kcal] = \frac{1}{860}[kWh] = 427[kg \cdot m]$$

$$1[kWh] = 860[kcal]$$

(2) 1[BTU]

영국 열단위[British Thermal Unit]의 기호로 1[lb]의 물을 온도 1[℉] 올리는데 필요한 열량

$$\therefore 1[BTU] = 0.252[kcal], \ 1[kcal] = 3.968[BTU]$$

2. 압력의 단위

단위 면적당의 압력을 말하며 $[kg/m^2]$ 또는 $[kg/cm^2]$를 사용한다.

절대압력$[kg/cm^2 \cdot abs]$ = 게이지 압력$[kg/cm^2 \cdot g]$ + 1.033$[kg/cm^2]$

진공도[mmHg] = 760[mmHg] − 절대압력[mmHg]

3. 열용량과 비열

① 열용량 = (비열) × (질량)
② 비열 : 어떤 물체의 단위질량의 온도를 1[℃] 올리는데 필요한 열량

2 증기의 성질

1. 과열증기

압력을 일정하게 하고 물이 증발하기 시작할 때의 온도를 포화온도로 하고 포화온도보다 높은 온도의 증기를 과열증기라 하며, 과열증기의 온도와 포화온도와의 차를 과열도라 한다.

2. 액체열

액체의 온도를 올리는데 소비된 열량

$Q = Cm\theta$ [kcal]

여기서, Q : 열량, C : 비열, m : 질량

3. 증발열

액체를 증발시키는데 필요한 열량으로 100[℃]의 증발열은 약 539[kcal/kg]이다.

4. 엔탈피

단위무게의 물 또는 증기가 보유하는 열량
① 포화증기의 엔탈피=액체열+증발열
② 과열증기의 엔탈피=액체열+증발열+(평균비열×과열도)

3 기력발전소의 열사이클

① 열사이클 효율 $\eta_c = \dfrac{\text{터빈에서 소비된 열량}}{\text{보일러에서 흡수된 열량}} = \dfrac{i_1 - i_2}{i_1 - i_3}$

여기서, i_1 : 터빈 입구에서 증기가 갖는 엔탈피, i_2 : 터빈 출구에서 증기가 갖는 엔탈피,
i_3 : 보일러 입구에서 물이 갖는 엔탈피

② 발전소의 종합 열효율 $\eta_p = \eta_b \eta_c \eta_t \eta_g$

여기서, η_b : 보일러 효율, η_c : 열사이클 효율, η_t : 증기터빈 효율, η_g : 발전기 효율

③ 열사이클의 종류
- 재생사이클 : 터빈에서 증기를 일부 추기하여 급수가열에 이용하는 열사이클
- 재열사이클 : 터빈에서 팽창한 증기를 보일러에서 재가열하여 터빈에 되돌려주는 열사이클
- 재생·재열사이클 : 재생사이클과 재열사이클을 복합시킨 열효율이 가장 높은 열사이클

4 연소장치 및 통풍

연료의 연소장치에는 스토우커 연소장치와 미분탄 연소장치 및 중유연소장치 등이 있다.

1. 스토우커 연소

덩어리로 된 유연탄 등을 연소시킬 때 쓰는 방식으로 연소율은 자연통풍에서 100~150[kg/m²h], 강제통풍에서 150~250[kg/m²h]이다.

2. 미분탄 연소

현재 대용량 기력발전소에 사용된다.

(1) 미분탄 연소장치의 장점
① 보일러 효율이 높다.
② 사용 석탄의 범위가 넓다.
③ 부하의 변동에 대한 적응성이 크다.
④ 점화, 소화 및 연소의 조절이 쉬우며 또 뱅킹 손실이 적다.
⑤ 중유 등과 혼합시키기가 쉬우며 또 재의 처리가 쉽다.

(2) 미분탄 연소장치의 단점
① 장치가 복잡하여 건설비, 동력비 및 수리비가 많이 든다.
② 집진장치가 필요하다.
③ 큰 연소실 및 수냉벽의 시설이 필요하다.

(3) 뱅킹

보일러 운전을 단시간 정지할 때 불씨를 유지시키기 위하여 소량의 연료를 연소시키는 것을 말하며 스토우커 연소방식에서는 연소하는 석탄을 밑으로 떨어뜨리지 않고 불판 위에 불씨를 파묻어두는 것을 뱅킹이라 한다.

3. 중유연소
중유의 발열량은 10,000[kcal/kg]으로 높고 단위무게의 증발 능력도 석탄에 비하여 1.5배 정도 크다.

4. 집진장치
전기식, 수세식 등이 있으며 대용량에서는 전기식인 코트렐 집진기가 많이 사용된다.

5 증기발생설비

1. 보일러의 종류
① 수평수관보일러 : 뱁콕 보일러
② 수직수관보일러 : 스털링 보일러, 가르베 보일러, 타쿠마 보일러, 야로우 보일러
③ 고압보일러 : 자연순환보일러, 강제순환보일러, 관류형

2. 보일러 장치
① 화로 : 연료를 연소하여 고온의 연소가스를 발생하는 부분
② 보일러 : 수관과 드럼으로 구성되며 화로의 상부에 설치하여 증기를 발생시키는 것이다.
③ 과열기 : 보일러에서 발생한 포화증기를 과열기로 가열하여 과열증기로 만든 다음 증기 터빈에 보낸다.
④ 절탄기 : 보일러 급수를 가열하는 설비이다.
⑤ 재열기 : 터빈에서 빼낸 증기를 다시 과열시켜 터빈의 저압부에 보내는 설비이다.
⑥ 공기예열기 : 기력발전소의 연도의 맨 끝에 설치되는 것으로서 연도가스의 여열을 이용하여 화로에 공급하는 공기를 가열하여 화로의 온도를 높이기 위한 설비이다.
⑦ 보일러의 부속설비 : 안전밸브, 수면계, 수위경보기, 자동급수조정기, 이산화탄소 기록계, 기록온도계, 증기저장기 등

3. 보일러의 용량
단위는 [t/h], 또는 [kg/h]이다.

$$G_0 = \frac{i - i_0}{539.3} G [\text{kg/h}]$$

여기서, G_0 : 상당 증발량, G : 실제 증발량[kg/h], i : 증기의 엔탈피[kcal/kg],
i_0 : 급수의 엔탈피[kcal/kg]

※ 539.3 : 100[℃]의 물을 1[atm]에서 100[℃]의 포화증기로 하는데 드는 열량

① 증발계수 : 상당 증발량과 실제 증발량과의 비

$$증발계수 = \frac{G_0}{G} = \frac{i-i_0}{539.3}$$

② 보일러 효율

$$\eta_b = \frac{발생된\ 증기에\ 준\ 전열량}{연료의\ 전\ 발열량} = \frac{(i_s - i_e)w}{HW} \times 100\ [\%]$$

여기서, H : 연료의 발열량[kcal/kg], W : 보일러의 연료 사용량[kg/h], w : 증기 발생량[kg/h], i_s : 과열기 출구에서의 증기 엔탈피[kcal/kg], i_e : 절탄기 입구에서의 급수 엔탈피[kcal/kg]

6 급수설비

1. 불순물에 의한 장해

① 스케일 : 급수에 함유된 염류가 침전하여, 보일러의 내벽에 스케일을 형성하므로 용적이 줄어들고 가열면의 열전도를 방해, 관벽의 과열을 초래한다.

② 관벽의 부식 : 급수 중에 용해되어 있는 산소, 이산화탄소, 각종의 염화물로 인하여 드럼, 증기관, 과열기 및 터빈까지 부식작용을 일으키므로 수소이온농도를 작게 하기 위하여 급수의 pH값을 10.5~11.6이 되게 유지한다.

③ 캐리 오버 : 거품일기 및 수분 치솟기 현상이 일어날 때 증기와 더불어 염류가 운반되어 과열기관에 고착하고, 터빈에까지 장해를 주는 것을 캐리 오버라 한다.

2. 급수처리방법

① 물리적 처리법 : 침전, 여과
② 화학적 처리법 : 석회소다법, 지얼라이트법, 이온교환수지법
③ 탈기기 : 급수 중에 녹아있는 산소 및 이산화탄소를 제거

7 증기터빈과 복수기

1. 증기터빈의 분류

(1) 증기의 작용에 따른 분류
① 충동 터빈
② 반동 터빈

(2) 증기를 쓰는 방법에 따른 분류
① 복수터빈 : 복수기로서 터빈의 배기를 복수시키는 것을 말하며 발전용 터빈의 대부분은 이 형식에 속한다.
② 배압터빈 : 터빈에서 발전하고 나온 배기를 공장의 작업용 증기 등에 이용하는 것인데 터빈배압이 높다.
③ 추기터빈 : 중간단에서 증기의 일부를 추출하게 된 터빈

2. 터빈 효율(η_t)

$$\eta_t = \frac{860P}{W(i_1-i_2)} \times 100\,[\%]$$

여기서, η_t : 터빈효율[%], P : 터빈의 1시간당 발생 전력량[kWh], W : 사용 증기량[kg/h], (i_1-i_2) : 총단열 강하, i_1 : 초압에 대한 증기의 엔탈피[kcal/kg], i_2 : 복수기 입구에서의 증기의 엔탈피[kcal/kg]

3. 터빈 열효율(η_{th})

$$\eta_{th} = \frac{860P}{W(i_1-i_3)} \times 100\,[\%]$$

여기서, η_{th} : 터빈 열효율[%], i_1 : 초압에 대한 증기의 엔탈피[kcal/kg], i_3 : 급수 엔탈피[kcal/kg], P : 전력량[kWh], W : 사용증기량[kg/h]

4. 발전소의 열효율(η)

발생 전력량을 열량으로 환산한 값과 소비된 연료의 전발열량과의 비로 나타낸다.

$$\eta = \frac{860W}{MH} \times 100\,[\%]$$

여기서, η : 발전소의 열효율[%], W : 어떤 기간에 발생한 총 전력량[kWh], M : 같은 기간에 소비된 연료량[kg], H : 발열량[kcal/kg]

5. 복수기

(1) 복수기의 설비 목적

증기터빈에 복수기를 설비하여 이곳에 폐기를 넣어 냉각응결시킴으로써 열강하가 증가하여 터빈의 열효율을 향상시킴과 동시에 보일러 공급수로서 이용한다.

(2) 복수기의 부속설비

① 복수펌프 : 원심펌프가 주로 사용된다.
② 공기펌프 : 왕복펌프와 이젝터의 두 종류가 있다.
③ 순환수펌프 : 효율이 좋은 프로펠러 펌프가 쓰인다.

11 출제예상문제

★★★
01 증기의 엔탈피란?

① 증기 1[kg]의 잠열
② 증기 1[kg]의 보유열량
③ 증기 1[kg]의 기화열량
④ 증기 1[kg]의 증발열을 그 온도로 나눈 것

[해설] 엔탈피란 단위무게의 물 또는 증기가 보유하고 있는 보유열량을 말하며, 증기 1[kg]의 증발열을 온도로 나눈 계수는 엔트로피이다.

★
02 포화증기의 엔탈피는?

① 액체열+증기의 건조도×증발열
② 액체열+증발열+평균비열×과열도
③ 액체열+비열×과열도
④ 액체열+증발열

[해설] ① 포화증기의 엔탈피=액체열+증발열
② 과열증기의 엔탈피=액체열+증발열+(평균비열×과열도)

★
03 엔트로피의 단위는?

① [kcal]   ② [kcal·kg]
③ [kcal/kg·°K]   ④ [kcal·kg/°K]

[해설] 엔트로피는 열량 Q[kcal/kg]을 절대온도 T[°K]로 나눈 값이므로 단위는 [kcal/kg·°K]가 된다.

★
04 수증기의 임계압력[kg/cm²]은?

① 100   ② 169
③ 205   ④ 225.6

[해설] 증기의 임계압력은 225.65[kg/cm²]이며 임계온도는 374.15[°C]이다.

★★★
05 과잉공기가 많아질 때 적당하지 않은 것은?

① 노내의 온도가 저하한다.
② 배기가스가 증가한다.
③ 연료손실이 커진다.
④ 불완전연소로 매연이 발생한다.

[해설] 과잉공기란 완전연소를 시키기 위한 이론공기보다 더 많은 공기량을 말한다.

★
06 과열도란 무엇인가?

① 포화수가 과열수에서 상승한 온도
② 과열증기의 온도
③ 과열증기의 온도와 그 압력에 상당한 포화증기의 온도와의 비율
④ 과열증기의 온도와 그 압력에 상당한 포화증기의 온도와의 차

[해설] 과열증기
압력을 일정하게 하고 물이 증발하기 시작할 때의 온도를 포화온도로 하고 포화온도보다 높은 온도의 증기를 과열증기라 하며, 과열증기의 온도와 포화온도와의 차를 과열도라 한다.

★
07 증기의 성질을 알기 위하여 비리 좌표 위에 나타내는 증기선도의 상호관계가 아닌 것은?

① $P-v$ 선도   ② $P-S$ 선도
③ $T-S$ 선도   ④ $i-S$ 선도

[해설] 증기선도
(1) $P-v$ 선도 : 압력 P[kg/cm²]를 세로축으로, 가로축을 비용적 v[m³/kg]를 취해서 나타내는 증기선도
(2) $T-S$ 선도 : 절대온도 T를 세로축으로 하고 엔트로피 S를 가로축으로 취해서 나타내는 증기선도
(3) $i-S$ 선도 : 엔탈피 i를 세로축으로 하고 엔트로피 S를 가로축으로 하는 선도로서 창안자의 이름을 따서 몰리에 선도라고 부르기도 한다.

정답 01 ② 02 ④ 03 ③ 04 ④ 05 ④ 06 ④ 07 ②

08 종축에 절대온도 T, 횡축에 엔트로피 S를 취할 때 $T-S$ 선도에 있어서 단열변화를 나타내는 것은?

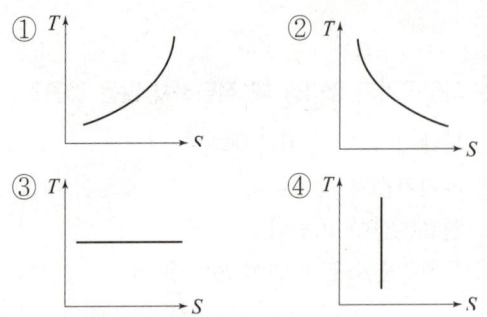

[해설] ② $P-v$ 선도의 단열변화
③ $T-S$ 선도의 등온변화
④ $T-S$ 선도의 단열변화

09 과열증기가 증기터빈에서 팽창하여 포화압력에 가까운 상태까지 된 증기를 뽑아내어 다시 과열하는 장치는?

① 재열기 ② 절탄기
③ 공기예열기 ④ 과열기

[해설] ① 재열기 : 터빈의 고압부에서 빼낸 증기를 다시 과열시켜 터빈의 저압부로 보내는 설비
② 절탄기 : 연도가스의 여열을 이용하여 보일러 급수를 가열하는 설비
③ 공기예열기 : 연도가스의 여열을 이용하여 화로에 공급하는 공기를 가열하여 화로의 온도를 높이기 위한 설비
④ 과열기 : 보일러에서 발생한 포화증기를 보일러의 연도 또는 노벽에 설치한 과열기로 가열하여 과열 증기로 만든 다음 증기터빈에 보낸다.

10 배출되는 연도가스의 열을 회수하여 보일러의 물을 가열하는 설비는?

① 과열기 ② 재열기
③ 절탄기 ④ 공기예열기

[해설] 절탄기 : 연도가스의 여열을 이용하여 보일러 급수를 가열하는 설비

11 화력발전소에서 탈기기 설치 목적은?

① 연료 중의 공기를 제거
② 급수 중의 산소를 제거
③ 보일러 가스 중 산소를 제거
④ 증기중의 산소를 제거

[해설] 탈기기는 터빈의 발생증기를 분사하여 급수를 직접 가열해서 급수 중에 용해해서 존재하는 산소를 물리적으로 분리 제거하여 보일러 배관의 부식을 미연에 방지하는 장치이다.

12 공기예열기의 설명 중 틀린 사항은?

① 절탄기 바로 앞의 설비이다.
② 배기가스의 예열을 재이용한다.
③ 연소에 필요한 공기를 가열한다.
④ 열효율 향상을 목적으로 한 설비이다.

[해설] 기력발전소의 열가스로 가열되는 장치의 순서 과열기 → 절탄기 → 공기예열기 순서이므로 공기예열기는 절탄기 바로 뒤의 설비이다.

13 석탄이 완전연소할 때 연소가스의 주된 성분에 해당되지 않는 것은?

① 이산화탄소 ② 과열증기
③ 질소 ④ 일산화탄소

[해설] 연료가 완전연소할 때 이산화탄소, 과열증기, 질소 및 과잉공기로부터 나오는 산소이며 불완전연소할 때 일산화탄소 및 수소를 포함한다.

14 화력발전소에서 재열기의 설치목적은?

① 공기의 재열 ② 급수의 재열
③ 증기의 재열 ④ 배출가스의 재열

[해설] 재열기
터빈의 고압부에서 빼낸 증기를 다시 과열시켜 터빈의 저압부로 보내는 설비이다.

15 다음의 열사이클 중에서 가장 이상적인 열사이클은?

① 카르노 사이클　② 랭킹 사이클
③ 재생 사이클　　④ 재열 사이클

해설 열사이클
(1) 카르노 사이클 : 열역학적 사이클 가운데에서 가장 이상적인 가역 사이클로서 2개의 등온변화와 2개의 단열변화로 이루어지고 있으며 모든 사이클 중에서 최고의 열효율을 나타내는 사이클이다.
(2) 랭킹 사이클 : 카르노 사이클을 증기 원동기에 적합하게끔 개량한 것으로서 증기를 작업 유체로 사용하는 기력발전소의 가장 기본적인 사이클로 되어 있다. 이것은 증기를 동작물질로 사용해서 카르노 사이클의 등온과정을 등압과정으로 바꾼 것이다.
(3) 재생사이클 : 증기터빈에서 팽창 도중에 있는 증기를 일부 추기하여 그것이 갖는 열을 급수가열에 이용하여 열효율을 증가시키는 열사이클
(4) 재열사이클 : 증기터빈에서 팽창한 증기를 보일러에 되돌려보내서 재열기로 적당한 온도까지 재가열시킨 다음 다시 터빈에 보내어 팽창시키도록 하여 열효율을 증가시키는 열사이클
(5) 재생·재열사이클 : 재생사이클과 재열사이클을 복합시킨 열효율이 가장 높은 열사이클

16 터빈 내의 순환 중에서 증기의 일부를 뽑아 급수를 가열시켜 열효율을 좋게 한 사이클은?

① 랭킨 사이클　② 재생 사이클
③ 재열 사이클　④ 2유체 사이클

해설 열사이클
재생사이클 : 증기터빈에서 팽창 도중에 있는 증기를 일부 추기하여 그것이 갖는 열을 급수가열에 이용하여 열효율을 증가시키는 열사이클

17 가장 열효율이 좋은 사이클은?

① 랭킨 사이클　② 우드 사이클
③ 카르노 사이클　④ 재생·재열 사이클

해설 열사이클
재생·재열사이클 : 재생사이클과 재열사이클을 복합시킨 열효율이 가장 높은 열사이클

18 발전소의 열 사이클 효율을 향상시키기 위한 방법 중 적당하지 않은 것은?

① 과열증기사용　　② 재생 사이클 채용
③ 진공도를 낮춘다.　④ 재열 사이클 채용

해설 열사이클의 효율향상 방법
(1) 고온·고압증기의 채용
(2) 과열기 설치
(3) 진공도를 높인다.
(4) 절탄기, 공기예열기 설치
(5) 재생·재열사이클의 채용

19 화력발전소에 있어서 증기 및 급수가 흐르는 순서는?

① 절탄기 → 보일러 → 과열기 → 터빈 → 복수기
② 보일러 → 절탄기 → 과열기 → 터빈 → 복수기
③ 보일러 → 과열기 → 절탄기 → 터빈 → 복수기
④ 절탄기 → 과열기 → 보일러 → 터빈 → 복수기

해설 기력발전소의 증기 및 급수의 흐름
급수는 보일러에 보내지기 전에 절탄기에서 가열되며 가열된 물이 보일러에 공급되어 포화증기로 변화된다. 이 포화증기는 다시 과열기에서 과열되어 고온·고압의 과열증기로 바뀌어 터빈에 공급되고 다시 복수기를 거쳐 물로 변화된다. 이 물은 다시 급수펌프를 거쳐 급수가열기에서 가열되며 가열된 급수는 절탄기로 보내진다. 이 과정을 지속적으로 반복한다.

정답　15 ①　16 ②　17 ④　18 ③　19 ①

20 기력발전소에서 사용되는 고체연료 중 가장 많이 사용되는 것은?

① 석탄　　② 목재
③ 코크스　④ 중유

[해설] ① 고체 연료 : 석탄
② 액체 연료 : 중유, 원유, 나프타
③ 가스체 연료 : 액화 천연가스(LNG), 프로판 가스(LPG)

21 기력발전소에서 드럼을 필요로 하지 않는 보일러는?

① 스토우커식 보일러
② 자연순환식 보일러
③ 강제순환식 보일러
④ 관류식 보일러

[해설] 관류식 보일러의 장·단점
(1) 장점
 ㉠ 드럼이 없으며 또 수관이 가늘어서 중량이 가볍다.
 ㉡ 보일러 보유 수량이 적기 때문에 시동·정지 시간이 짧아서 급속한 시동에 적합하다.
 ㉢ 열용량이 작으므로 부하변동에 대해 신속한 대응이 가능하다.
(2) 단점
 ㉠ 급수 중의 불순물이 터빈에 들어가기 쉬우므로 급수처리를 충분히 해주어야 한다.
 ㉡ 과열부와 증발부의 구분이 명확하지 않고 보일러 내에 포화수가 적기 때문에 제어방식이 복잡해져서 자동제어장치를 필요로 한다.

22 기력발전소에서 코트렛 집진기를 설치하는 장소는?

① 보일러 내부
② 절탄기에서 공기예열기 사이
③ 공기예열기에서 연통출구 사이
④ 보일러 출구에서 절탄기 사이

[해설] 굴뚝(연통 출구)으로 방출되는 배기가스로부터 그을음, 분진 등을 회수하기 위한 분리포집장치를 집진기라 하며 현재 가장 많이 사용되고 있는 것은 전기식 집진방식을 이용한 코트렛 집진기로서 공기예열기와 연통출구 사이에 설치된다.

23 기력발전소에 가장 많이 사용되는 복수기는 어느 것인가?

① 표면 복수기　② 혼합 복수기
③ 방사 복수기　④ 수압 복수기

[해설] 복수기는 진공상태를 만들어 증기터빈에서 일을 한 증기를 그 배기단에서 냉각·응축시킴과 동시에 복수로서 회수하는 장치를 말한다. 복수기에는 표면복수기, 증발복수기, 분사복수기 및 에젝터 복수기의 4가지가 있는데 이 중에서 표면복수기를 가장 많이 사용하고 있다.

24 다음 중 기력발전소의 연도의 가장 끝에 설치한 장치는?

① 공기예열기　② 절탄기
③ 터빈　　　　④ 재열기

[해설] 공기예열기
기력발전소의 연도의 맨 끝에 설치되는 것으로서 연도가스의 여열을 이용하여 화로에 공급하는 공기를 가열하여 화로의 온도를 높이기 위한 설비이다.

25 가스터빈의 4과정은?

① 압축 → 가열 → 팽창 → 방열
② 압축 → 방열 → 팽창 → 가열
③ 방열 → 가열 → 팽창 → 압축
④ 방열 → 팽창 → 가열 → 압축

[해설] 가스 터빈의 4과정 : 압축 → 가열 → 팽창 → 방열

정답　20 ①　21 ④　22 ③　23 ①　24 ①　25 ①

26 가스터빈 발전의 장점은? ★★

① 효율이 가장 높은 발전방식이다.
② 기동시간이 짧아 첨두부하용으로 사용한다.
③ 연료로서 가스는 모두 사용할 수 있다.
④ 장기간 운전해서 고장이 적으나 냉각수는 많이 소요된다.

[해설] 가스터빈의 장·단점
(1) 장점
 ㉠ 운전조작이 간단하다.
 ㉡ 구조가 간단해서 운전에 대한 신뢰도가 높다.
 ㉢ 기동, 정지가 용이하다.
 ㉣ 물처리가 필요 없으며 또한 냉각수의 소요량도 적다.
 ㉤ 설치장소를 비교적 자유롭게 선정할 수 있다.
 ㉥ 건설기간이 짧고 이설도 쉽게 할 수 있다.
 ㉦ 기동시간이 짧아 첨두부하용으로 사용된다.
(2) 단점
 ㉠ 가스온도가 높기 때문에 값 비싼 내열재료를 사용해야 한다.
 ㉡ 열효율은 내연력 발전소나 대용량의 기력발전소보다 떨어진다.
 ㉢ 사이클 공기량이 많기 때문에 이것을 압축하는데 많은 에너지가 필요하다.
 ㉣ 가스터빈의 종류에 따라서는 성능이 외기온도와 대기압의 영향을 받는다.

27 다음 중 가스터빈 발전방식의 특징은? ★★★

① 심야의 잉여전력으로 조정지에 물을 퍼올려 첨두부하시에 사용한다.
② 출력조정이 불가능하므로 수요의 기저부분을 분담한다.
③ 고온, 고압 때문에 정격출력으로 연속운전하면 높은 효율이 된다.
④ 건설비가 싸고 급격한 출력변화에 응할 수 있다.

[해설] 가스터빈의 장·단점
 장점
 ㉠ 운전조작이 간단하다.
 ㉡ 구조가 간단해서 운전에 대한 신뢰도가 높다.
 ㉢ 기동, 정지가 용이하다.
 ㉣ 물처리가 필요 없으며 또한 냉각수의 소요량도 적다.
 ㉤ 설치장소를 비교적 자유롭게 선정할 수 있다.
 ㉥ 건설기간이 짧고 이설도 쉽게 할 수 있다.
 ㉦ 기동시간이 짧아 첨두부하용으로 사용된다.

28 증기가 새거나 외부에서의 증기의 침입을 방지하는데 사용되는 증기터빈 부속설비는? ★

① 블레이드 ② 노즐
③ 베어링   ④ 패킹

[해설] 노즐은 증기를 분출하는 것이며 패킹은 증기의 누설을 방지한다.

29 증기터빈에 비상조속기를 설치하는 이유는? ★

① 부하급변에 대응 ② 속도상승방지
③ 증기압력 상승   ④ 증기온도 상승

[해설] 비상조속기는 부하변동에 따른 속도의 급상승을 방지하기 위해 설치

30 부하변동이 있을 경우 수차(또는 증기터빈) 입구의 밸브를 조작하는 기계식 조속기의 각 부의 동작순서는? ★

① 평속기 → 복원기구 → 배압밸브 → 서보 전동기
② 배압밸브 → 평속기 → 서보 전동기 → 복원기구
③ 평속기 → 배압밸브 → 서보 전동기 → 복원기구
④ 평속기 → 배압밸브 → 복원기구 → 서보 전동기

[해설] 조속기의 구성은 스피더(평속기), 배압밸브, 서보모터, 복원기구로 되어있으며 동작순서로 배열순서대로 동작한다.

핵심 _ 전력공학

31 디젤기관의 4과정이 옳게 표시된 것은?

① 흡입 → 배기 → 폭발 → 압축
② 흡입 → 압축 → 폭발 → 배기
③ 배기 → 폭발 → 흡입 → 압축
④ 배기 → 흡입 → 압축 → 폭발

[해설] 디젤기관의 동작특성
디젤기관에는 피스톤에 2왕복(2회전)하는 동안에 1회의 폭발(연소)을 하는 4사이클 기관과 피스톤이 1왕복(1회전)하는 동안에 1회의 폭발을 하는 2사이클 기관이 있다. 동작과정은 다음과 같다.
흡입행정 – 압축행정 – 폭발행정 – 배기행정

32 디젤 기관을 사용하는 발전소는?

① 기력발전소　　② 원자력발전소
③ 내연력발전소　④ 양수식 발전소

[해설] 내연기관을 사용해서 발전기를 구동시켜 발전하는 방식을 내연력발전이라고 한다. 내연기관에는 사용하는 연료의 종류에 따라서 가스기관, 가솔린기관, 석유기관, 디젤기관 등이 있다.

33 강제순환식이 채용되는 보일러는?

① 증기의 온도가 낮은 것
② 증기의 온도가 높은 것
③ 증기의 압력이 낮은 것
④ 증기의 압력이 높은 것

[해설] 고압 보일러에서는 포화수와 포화증기와의 밀도차가 줄어들어서 필요한 순환력을 얻을 수 없게 된다. 이때 순환력을 얻기 위해 관수순환 펌프를 설치하여 강제적으로 물을 순환시키는 방식을 강제순환식 보일러라 한다. 따라서 이 방식은 증기의 압력이 높을 때 사용한다.

34 보일러 급수의 [PH]값으로 적당한 값은?

① 10.5~11.6　　② 15.5~16.6
③ 20.5~21.6　　④ 7

[해설] 보일러 급수의 수소 이온의 농도[PH]는 알칼리성을 갖도록 8~10 정도를 유지하고 있다.

35 보일러 전체를 제어하는 자동제어방식은?

① ABC　　② ACC
③ STC　　④ FWC

[해설] • ABC : 보일러의 자동제어장치
• ACC : 자동연소제어

36 황분을 포함하지 않아 공해대책면에 유리하며 대형 냉동선으로 대량수송이 가능한 기체연료는?

① 고로가스　　② 석유정제가스
③ LPG　　　 ④ LNG

[해설] LNG와 LPG
(1) LNG : 액화천연가스(Liquified Natural Gas)의 약자로서 천연가스 중 메탄(CH_4)을 주성분으로 하고 소량의 에탄(C_2H_2) 등을 포함하는 가연성 가스를 초저온 -162[℃]에서 냉각하여 액화한 것이다. 유황분이나 질소분을 거의 포함하지 않기 때문에 양질의 연료로 사용되고 있다.
(2) LPG(Liquified Petroleum Gas)의 약자로서 프로판(C_3H_8)과 부탄(C_4H_{10})을 주성분으로 하며 유황분이나 질소분을 소량 포함하고 있는 양질의 연료이다.

37 보일러의 통풍력을 표시하는 방법은?

① 풍압계　　② 수압계
③ 수주의 높이　④ 열전 온도계

[해설] 통풍력은 로의 입구와 연도의 종단과의 사이의 압력차에 의해서 발생하게 되는 것인데 이것은 보통 수주의 높이[mmHg]로 표시하고 있다. 통풍력은 굴뚝의 높이와 굴뚝 내외의 온도차에 비례한다.

정답 31 ② 32 ③ 33 ④ 34 ① 35 ① 36 ④ 37 ③

38 석탄전용 기력발전소의 연돌에서 나오는 탄산가스의 함유량은 몇 [%]가 적당한가?

① 0~5 ② 5~10
③ 10~15 ④ 15~20

[해설] 석탄의 완전 연소시 주된 성분은 CO_2이며 과잉공기가 증가할수록 이산화탄소율은 적어진다. 보통 13.5~15.5[%]의 범위가 적당하다.

39 연소율이란?

① 매시 연소되는 연료의 양
② 화상 1[m^2]당 매시 연소되는 연료의 양
③ 화상 1[m^2]당 일일 연소되는 연료의 양
④ 일일 연소되는 연료의 양

[해설] 연소율과 클링커
화상 1[m^2]당 매시 연소되는 연료의 양[$kg/m^2 \cdot h$]을 연소율이라 하고 석탄연소에 있어 높은 온도에서 융해하고, 낮은 온도에서 덩어리로 된 재를 클링커라고 하는데 이러한 성질을 점결성이라 한다.

40 미분탄 연소방식이 스토우커 연소방식에 비하여 장점이 아닌 것은?

① 연소 조절이 쉬우며 뱅킹 손실이 적다.
② 배기가스 중에서 재를 많이 제거할 수 있다.
③ 보일러 효율이 높다.
④ 부하변동에 대하여 신속히 응할 수 있다.

[해설] 미분탄 연소방식의 장·단점
(1) 장점
 ㉠ 미분탄이기 때문에 연료와 공기의 접촉면적이 커서 연소성이 좋다. 따라서 적은 양의 과잉공기로도 완전 연소를 할 수 있고 회에 함유된 미연소물도 적다.
 ㉡ 점화 및 소화가 신속하고 간단해서 급격한 부하변동에도 신속하게 응할 수 있다.
 ㉢ 각종 석탄을 완전히 혼합할 수 있으므로 회분 40[%] 정도의 저질탄이나 휘발분 5[%] 정도의 무연탄도 쉽게 연소시킬 수 있다.
 ㉣ 고온의 연소공기를 사용할 수 있기 때문에 연소효율이 좋고 복사, 흡수열량도 크다.
 ㉤ 가스 또는 액체연료와의 혼소도 가능하다.
 ㉥ 자동연소제어를 용이하게 적용할 수 있다.

(2) 단점
 ㉠ 미분탄기, 배탄기 등의 소비전력이 크다. (보통 석탄 1톤당 15[kWh] 정도가 소요된다.)
 ㉡ 회전부분이 많으므로 마모나 고장의 가능성이 크다. 따라서 설비비 및 보수유지비가 많이 소요된다.
 ㉢ 큰 연소실을 필요로 하며 또한 노벽에 냉각을 위한 특별한 장치가 필요하다.
 ㉣ 굴뚝으로부터 나가는 배기에 미진이 포함되므로 이를 제거하기 위한 집진장치가 필요하다. (전기집진장치를 사용할 경우 90[%] 정도 집진이 가능하다.)
 ㉤ 소음이나 진동을 발생하는 경향이 있다.

41 미분탄 연소방식에서 다음 중 옳지 않은 것은?

① 사용 석탄의 선택범위가 넓다.
② 부하의 변동에 대하여 신속히 응할 수 있다.
③ 뱅킹 손실이 적다.
④ 큰 연소실이 필요 없으며 수냉벽을 시설할 필요가 없다.

[해설] 미분탄 연소방식의 특징
큰 연소실을 필요로 하며 또한 노벽에 냉각을 위한 특별한 장치가 필요하다.

42 대용량의 미분탄 연소 기력발전소에서 많이 사용되는 통풍방식은?

① 압입통풍 ② 유도통풍
③ 평형통풍 ④ 자연통풍

[해설] 평형통풍방식
평형통풍은 압입송풍기를 공기 취입구에 두고 유인(유도)송풍기를 연도의 끝에 설치한 것으로서 압입송풍기로 공기를 가압하고 유인송풍기로 연소가스를 유인해서 빨아내는 방식이다. 최근 발전소에서 많이 사용되고 있으며 특히 미분탄 연소 보일러의 경우는 특별한 경우를 제외하고는 평형통풍방식을 쓰고 있다.

정답 38 ③ 39 ② 40 ② 41 ④ 42 ③

43 터빈 발전기에 있어서 수소냉각방식을 공기냉각방식과 비교한 것 중 수소냉각방식의 특징이 아닌 것은?

① 동일 기계에서 출력을 증가할 수 있다.
② 풍손이 작다.
③ 권선의 수명이 길어진다.
④ 코로나 발생이 심하다.

해설 수소냉각방식의 특징
① 정격출력이 증가하고 동일 정격출력에서 기계의 치수가 작아진다.
② 열전도율이 크고 비중이 공기의 $\frac{1}{10}$ 정도이다.
③ 풍손이 작다.
④ 코로나가 거의 발생하지 않기 때문에 절연물의 수명이 길어진다.
⑤ 산소를 포함하지 않기 때문에 화재의 우려가 없다.

44 발생한 총 전력량을 W[kWh], 연료 소비량을 m[kg], 석탄의 발열량을 H[kcal/kg]라고 할 때 화력발전소의 열효율(η)을 나타내는 식은?

① $\eta = \dfrac{860\,W}{mH}$ ② $\eta = \dfrac{HW}{860\,m}$

③ $\eta = \dfrac{mH}{860\,W}$ ④ $\eta = \dfrac{m\,W}{860\,H}$

해설 발전소의 열효율(η)
$$\eta = \frac{\text{발생전력량[kWh]} \times 860}{\text{연료소비량[kg]} \times \text{연료발열량[kcal/kg]}} = \frac{860\,W}{mH}$$

45 발열량 5,500[kcal/kg]의 석탄 10[ton]을 연소하여 24,000[kWh]의 전력을 발생하는 화력발전소의 열효율[%]은 약 얼마인가?

① 27.5   ② 32.5
③ 35.5   ④ 37.5

해설 $\eta = \dfrac{860\,W}{mH} = \dfrac{860 \times 24,000}{10 \times 10^3 \times 5,500} \times 100 = 37.5\,[\%]$

46 화력발전소에서 가장 큰 손실은?

① 연돌배출가스손실
② 복수기 냉각 후에 빼앗기는 손실
③ 소내용 동력
④ 터빈 및 발전기 손실

해설 손실
손실의 주된 것은 보일러에서는 배열가스가 굴뚝으로부터 방산하는 열량과 배열 가스내의 수증기가 가지고 나가는 열량이 가장 크며 터빈에서는 복수기의 냉각수가 가지고 가는 열량이 매우 커서 화력발전소의 최대 손실이 되고 있다. 터빈과 복수기의 손실이 40~45[%] 정도가 된다는 것은 이 때문이다.

47 반동 터빈의 반동도는?

① 10[%]   ② 45[%]
③ 50[%]   ④ 85[%]

해설 반동터빈의 반동도
반동터빈은 고정날개를 설치해서 증기의 팽창으로 고속도의 분류를 만들지만 회전날개 속에서도 팽창하도록 해서 증기의 충동력뿐만 아니라 회전날개를 거쳐서 나가는 증기의 반동력까지도 이용하는 것이다. 일반적으로 반동도는 50[%]를 많이 사용하며 이는 고정날개의 도중에서 전단열 열낙차의 $\frac{1}{2}$을, 나머지 $\frac{1}{2}$은 회전날개 속에서 팽창시킨다는 뜻이다.

정답 43 ④ 44 ① 45 ④ 46 ② 47 ③

memo

12 원자력발전

1 원자로의 종류

원자로는 핵분열성 물질인 $_{92}U^{233}$, $_{92}U^{235}$, $_{94}Pu^{239}$, $_{94}Pu^{241}$ 등을 어떤 일정한 양 이상을 모아서 지속적으로 핵분열 반응을 일으키게 하는 부분으로서 이때 방출하는 열에너지를 이용하여 발전하는 것이 원자력 발전소이다. 원자로는 화력발전의 경우의 보일러에 해당된다.

1. 분열에 사용된 중성자의 에너지에 따른 분류

(1) 고속 중성자로

고속중성자에 의한 지속반응을 일으키는 원자로이다. 핵분열 반응을 일으키는 중성자의 대부분이 0.1[MeV] 이상의 에너지를 갖고 있다. 이 종류의 원자로는 운전제어가 곤란하여 노(爐)가 폭주할 경우의 위험도가 크고, 고농축도의 핵연료를 필요로 하므로 연료비가 대단히 높은 결점이 있다. 그러나 비분열성의 $_{92}U^{238}$이나 $_{90}Th^{232}$는 중성자를 흡수하면 핵분열성의 $_{94}Pu^{239}$ 및 $_{92}U^{233}$로 되므로 핵연료가 증식하는 이점이 있다. 그리고 증식비가 1보다 큰 원자로이다.

(2) 열중성자로

핵분열에 의해서 생긴 평균 2[MeV]의 에너지의 중성자를 0.025[eV] 정도의 열중성자까지 저하시켜 이에 의해 핵반응을 지속시키는 원자로이다. 열중성자는 핵분열성 물질에 매우 잘 흡수되어 연쇄반응을 지속시키는데 필요한 핵분열성 물질의 양이 적어도 되는 이점이 있다. 현재 사용하고 있는 원자로는 이 종류의 것이 많다.

(3) 중속 중성자로

1[keV] 이하의 중성자에 의해서 핵반응을 행하는 방식의 노이다. 중속 중성자로는 열중성자로와 비교해서 감속재의 양이 적고 연료의 양이 많다. 그 이외에 고속 중성자로보다 제어가 용이하고 열중성자로보다 용적이 작아지는 특징이 있다.

2. 연료와 감속재의 종류에 따른 분류

① 천연 우라늄 – 중수로
② 천연 우라늄 – 흑연로
③ 농축 우라늄 – 흑연로
④ 농축 우라늄 – 경수로
⑤ 농축 우라늄 – 중수로

3. 구조에 따른 분류

(1) 가스냉각형 원자로(gas cooled reactor : G.C.R)

가스냉각형 원자로는 천연 우라늄을 쓰고 감속재로는 흑연을, 냉각재로는 안정한 탄산가스를 사용하는 원자로로서 영국의 콜드홀 발전소가 유명하다. 이 원자로는 안전성은 높지만 다른 형의 원자로에 비교해서 대형이라는 결점이 있다. 이 원자로는 연료나 감속재 등의 이름에서 천연 우라늄 흑연감속 가스냉각로라 불려진다.

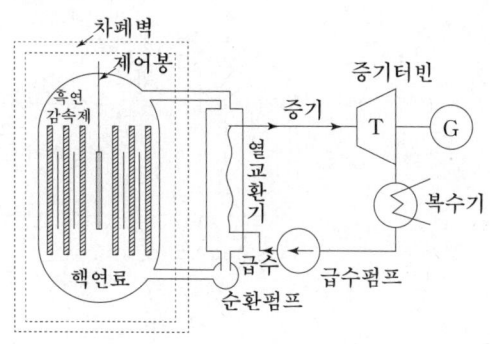

<가스냉각원자로>

(2) 가압수형 원자로(加壓水形原子爐 : pressurized water reactor P.W.R)

동력용 원자로로 최초에 개발된 것으로 연료로는 농축우라늄(수 [%]의 $_{92}U^{235}$를 함유한다.)을 사용하고 감속재 및 냉각재로는 물을 사용하는 원자로이다. 이 원자로는 노(爐) 내에서 냉각수의 비등을 막기 위해 노 전체를 압력 용기에 수용해서 고압을 유지하면 물의 포화 온도를 높게 하여 열효율을 향상시킬 수 있다. 이 원자로는 물을 사용하므로 감속능력이 크다. 또, 열전도 특성이 좋으므로 노를 소형으로 할 수가 있다.

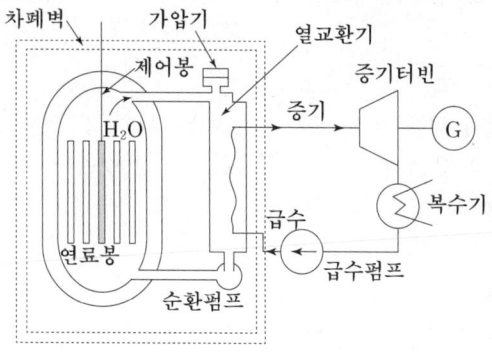

<가압수형 원자로>

(3) 비등수형 원자로(沸騰水形原子爐 : boiling water reactor B.W.R)

가압수형과 같이 농축 우라늄을 연료로 하고 감속재와 냉각수로는 물을 사용하고 있다. 즉, 가압수형 원자로의 냉각수를 비등시키는 것으로, 원자로 용기의 압력이 가압수형에 비교해서 낮으므로 경제적으로 유리하다. 또, 노심의 증기는 열교환기를 지나지 않고 직접 터빈에 공급되므로 열효율이 높다. 이 원자로는 자연 순환형, 강제순환형 및 2중 사이클형 등이 있다. 그림은 2중 사이클형의 원리도이다. 비등수형 원자로는 상용 원자력 발전소용으로서 가장 기대되는 방식이다.

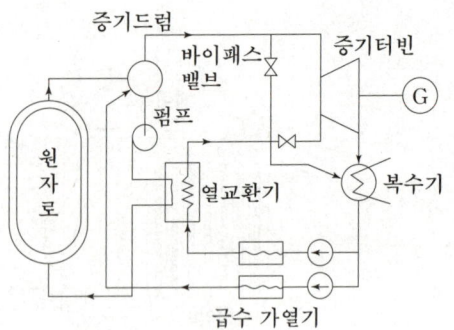

<2중 사이클형 BWR 계통도>

2 원자로의 구성

원자로는 핵연료인 우라늄, 플루토늄 등을 연료로 하여 핵분열의 연쇄반응을 안정하게 제어하면서 발생하는 열에너지를 냉각재에 의해 유효하게 밖으로 빼내는 장치이다.

1. 핵연료

핵연료에는 $_{92}U^{233}$, $_{92}U^{235}$, $_{94}Pu^{239}$, $_{94}Pu^{241}$ 등이 있다. 현재 $_{92}U^{235}$가 일반적이며 산화 우라늄의 형태로 쓰이고 있다. 천연 우라늄은 $_{92}U^{235}$의 함유율이 0.714[%] 정도여서 $_{92}U^{235}$의 함유율을 크게 한 농축 우라늄으로 인공적으로 가공한다. 중수(重水) 감속로나 가스 냉각로에서는 천연 우라늄을 연료로 사용하며 중성자 흡수가 큰 경수를 감속재로 한 가압수로 및 비등수로에서는 농축 우라늄을 사용한다.

2. 감속재

핵분열에 의해 생긴 고속 중성자(2[MeV], 약 2×10^7[m/s])의 에너지를 열중성자(0.025[eV], 약 2,200[m/s])로 감속하기 위한 것이다. 일반적으로 널리 사용되는 감속재에는 경수(輕水 : H_2O), 중수(重水 : D_2O) 및 흑연(C) 등이 있다.

3. 구조재

주요 구조재로는 철강이 사용된다. 탄소강은 압력용기로 쓰이며 스텐강은 노심부 용기, 연료 피복, 열교환기, 기타의 도관류에 쓰인다. 이밖에 니켈 합금, 알루미늄 합금도 특수한 장소에 쓰인다.

4. 반사재

노(爐) 밖으로 누설하는 중성자를 적게 하여 핵연료의 소요량을 감소시키기 위하여 사용되는 것으로 물, 흑연, 중수 등이 있다.

5. 냉각재(coolant)

핵분열시에 방출하는 에너지를 노 밖으로 운반하기 위한 것으로, 열중성자로에서는 탄산가스, 물, 중수 등이 냉각재로 사용된다.

6. 제어봉(control rod)

원자로 내에서 핵분열의 연쇄반응을 제어하고 증배율을 변화시키기 위해서는 제어봉을 노심에 삽입하고 이것을 넣었다 뺐다 할 수 있도록 한다. 제어봉은 붕소(B), 카드뮴(Cd), 하프늄(Hf) 등과 같이 중성자 흡수 단면적이 큰 재료로 만들어진다.

7. 차폐재(shield material)

γ선이나 중성자가 노 외부로 유출되어 인체에 위험을 주는 것을 방지하고 방열효과를 주기 위한 것으로 전자에는 철, 콘크리트, 납 등이 사용되고 후자에는 스테인리스, 카드뮴 등이 사용된다.

3 원자로 발전소의 형식

현재의 원자력발전소는 대부분 열중성자로이며 $_{92}U^{235}$, $_{94}U^{239}$ 등의 핵분열성 물질에 열중성자를 충돌시켜 핵분열 반응을 행하도록 하고 이때 방출되는 에너지에 의해 증기를 발생시켜 이것으로 증기터빈을 구동하여 전력을 얻는 형식이다. 일반적으로 사용되고 있는 형식인 가압수형과 비등수형의 발전소에 대해서는 앞부분에서 설명했기 때문에 여기서는 고속 증식로의 구성만 설명하기로 한다.

그림의 고속 증식로는 감속재가 없고 $_{92}U^{235}$ 혹은 $_{94}Pu^{239}$ 등의 핵분열 물질의 분열은 주로 고속 중성자에 의해 일어난다.

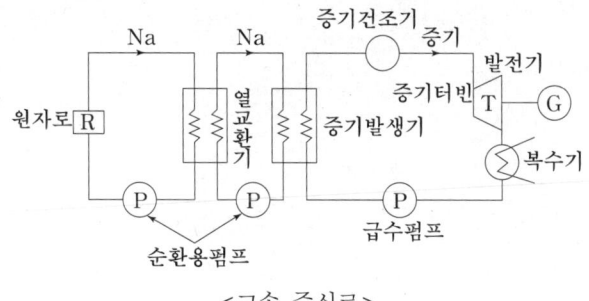

<고속 증식로>

4 핵연료

1. 금속 우라늄의 특징

비중 18.7, 융점(融點) 1,500[℃]로서, 외관은 흑갈색의 산화 피막으로 은백색으로 보이며 연동보다 훨씬 강하고 가공성이 불량하다. 화학 반응성은 Na, Ca보다 약하고 Mg보다 크다.

2. 우라늄의 농축

천연 우라늄 중에는 핵분열에 기여하는 $_{92}U^{235}$가 0.714[%] 정도밖에 함유되어있지 않다. 이 $_{92}U^{235}$의 함유량을 증가시키는 작업을 농축이라 한다. 일반적으로 P.W.R, B.W.R 등의 열중성자로에서는 수[%] 정도의 저농축 우라늄이 사용되기도 한다.

3. 연료의 형성

연료는 원자로의 형식에 의해 고체연료, 액체연료, 전기연료로 대별하는데 현재 가압수형 P.W.R, 비등수형 B.W.R 등에는 일반적으로 고체연료인 세라믹계의 UO_2 등이 사용된다.

12 출제예상문제

01 증식비가 1보다 큰 원자로는?

① 경수로
② 중수로
③ 흑연로
④ 고속 중성자로

[해설] 고속 중성자로는 생성연료와 소비연료의 비가 1.1~1.4 정도의 증식비를 가지는 원자로이다.

02 냉각재로서 액체 나트륨을 사용하는 원자로는?

① B.W.R
② P.W.R
③ 고속 증식형 원자로
④ 고압가스 냉각형 원자로

[해설] 고속 증식로에는 감속재가 없고 핵분열 물질의 분열은 주로 고속 중성자에 의해 일어난다. 냉각재로는 증기와 같은 기체로 사용할 수 있으나 나트륨과 같은 유리한 성질을 가진 것이 널리 사용되고 있다.

03 비균질형 중성자로의 핵분열의 분포는 어느 곳이 가장 큰가?

① 연료봉의 최중심부
② 연료봉 어디서나 균일하다.
③ 연료봉 가장자리
④ 감속재에 따라 분포가 다르다.

[해설] 비균질로의 중성자속 분포는 연료에 의한 중성자 흡수가 크므로 연료 중심부는 감소한다.

04 중성자의 에너지가 1[eV] 이하에서 핵반응을 지속하는 원자로는?

① 고속 중성자로
② 중속 중성자로
③ 열 중성자로
④ 중수 중성자로

[해설] 열중성자로는 평균 2[MeV]의 에너지의 중성자를 0.025[eV] 정도의 열중성자까지 저하시켜 핵반응을 지속시키는 원자로이다.

05 다음은 원자로의 형이다. 열효율이 가장 큰 것은?

① 고압가스 냉각로(H.T.G.R)
② 비등수형 경수로(B.W.R)
③ 가압수형 중수로(P.H.W.R)
④ 가압수형 경수로(P.W.R)

[해설] 열효율이 큰 순으로 들면 ① 39[%], ② 34[%], ③ 33[%], ④ 28[%]이다.

06 원자로 중의 균질로란 어떤 것인가?

① 연료재와 제어재가 균일하게 구성된 원자로
② 연료와 감속재가 균일하게 혼합되어 있는 원자로
③ 연료와 감속재가 반반씩 구성된 원자로
④ 연료와 냉각재가 균일하게 구성된 원자로

[해설] 원자로의 종류를 구성에 따라서 분류하면 연료와 감속재가 균일하게 혼합되어 노심을 구성하는 균질로와 감속재의 사이에 연료봉을 격자상으로 배열시킨 비균질로가 있다.

[정답] 01 ④ 02 ③ 03 ③ 04 ③ 05 ① 06 ②

07 비등수형 원자로의 특색 중 옳지 않은 것은?

① 방사능 때문에 증기는 완전히 기수 분리를 해야 한다.
② 열교환기가 필요하다.
③ 기포에 의한 자기 제어성이 있다.
④ 순환펌프로서는 급수펌프뿐이므로 펌프동력이 작다.

[해설] 비등수형 원자로의 특징
  (1) 원자로 내부의 증기를 직접 이용하기 때문에 열교환기가 필요없으며 또 가압수형과 같이 가압장치도 필요없다.
  (2) 방사능 때문에 증기는 완전히 기수 분리를 해야 하며 또 급수는 양질의 것이 필요하다.
  (3) 기포에 의한 자기 제어성이 있으나 출력 특성은 가압수형보다 불안정하고 그 중 사이클 등의 장치가 필요하다.
  (4) 순환펌프로는 급수펌프만 있으면 되므로 동력이 적게 든다.

08 다음 경수로의 특징 중 옳지 않은 것은?

① 경수는 입수가 용이하고 취급기술경험이 풍부하다.
② 경수는 중성자의 흡수 단면적이 작으므로 연료로 농축 우라늄을 사용할 수가 없다.
③ 경수는 감속 능력이 크고, 열전달성이 좋은 까닭에 노를 소형으로 할 수 있다.
④ 부(-)의 온도계수를 가지고, 또 고유의 자기 제어성이 있다.

[해설] 경수형 원자로는 연료로서 농축 우라늄을 사용하고 감속재 및 냉각재에 경수를 쓰므로, 원자로의 출력 밀도를 크게 잡을 수 있고 취급이 용이하며 부(-)의 온도계수를 가지고 있다.

09 가스냉각형 원자로(G.C.R)에서 사용하는 연료는?

① 천연 우라늄   ② U_2O
③ 농축 우라늄   ④ 플루토늄

[해설] 가스냉각형 원자로는 천연 우라늄을 연료로 한다.

10 일반적인 핵연료의 특성이 아닌 것은?

① 높은 융점을 가질 것
② 방사선에 안정할 것
③ 낮은 열 전도율을 가질 것
④ 내부식성이 클 것

[해설] ①, ②, ④ 외에 열 전도율이 높을 것과 강도가 높을 것 등의 성질을 가져야 한다.

11 가스냉각형(G.C.R) 원자로에 사용되는 냉각재는?

① 수소가스   ② 질소
③ 헬륨   ④ 탄산가스

[해설] 탄산가스로 노를 냉각시키면서 가스가 흡수한 노의 발생열로 열교환기를 통해 증기를 만든다.

12 원자로의 냉각재가 갖추어야 할 조건이 아닌 것은?

① 열량이 클 것
② 중성자의 흡수 단면적이 클 것
③ 녹는점이 낮고 끓는점이 높을 것
④ 냉각재의 접촉하는 재료를 부식하지 않을 것

[해설] 냉각재가 갖추어야 할 조건
  (1) 중성자 흡수가 적을 것
  (2) 녹는점이 낮고 끓는점이 높을 것
  (3) 열전도성이 우수하고 비열이 높을 것
  (4) 밀도 및 점도가 낮아 펌프동력이 작을 것

13 원자로의 반응도 제어 목적에 사용되는 제어봉(Ag-In-Cd)에서 중성자 흡수를 위한 원소는?

① Cd   ② In
③ Ag   ④ 3개 원소

[해설] 제어봉은 Ag-In-Cd, 은합금이며 이 중 흡수 단면적이 큰 Cd이 중성자를 흡수한다. Ag 혼자서는 흡수성이 아주 약한 반면 합금성은 우수하다.

14 원자로의 중성자수를 적당히 유지하고 노의 출력을 제어하기 위한 제어재로서 적합하지 않은 것은?

① 하프늄 ② 카드뮴
③ 붕소 ④ 플루토늄

[해설] 원자로 내에서 핵분열시 연쇄반응을 제어하고 증배율을 변화시키기 위해 제어봉을 노심에 삽입하는 제어재로는 Hf, Cd, B, 은합금 등이 있다.

15 원자로의 제어재가 구비하여야 할 조건 중 맞지 않는 것은?

① 중성자의 흡수 단면이 작을 것
② 높은 중성자속(束) 중에서도 장시간 그 효과를 간직할 것
③ 열과 방사선에 대하여 안정할 것
④ 작동의 신속을 원하여 질량이 크지 않아야 하고 내식성이 크고 기계적 가공이 용이할 것

[해설] 제어재가 갖추어야 할 조건
(1) 중성자 흡수 단면적이 클 것
(2) 열과 방사선에 대하여 안정할 것
(3) 높은 중성자속 중에서 장시간 그 효과를 간직할 것
(4) 원자의 질량이 작을 것
(5) 내식성이 크고 기계적 가공이 용이할 것

16 원자로의 제어재로 붕소(B)를 사용하는 이유는?

① 감속재의 자유 증감
② 연료의 자유 증감
③ 중성자 흡수재의 증감
④ 반사재의 위치 조정

[해설] B는 원자로 내의 중성자수를 적당히 유지하여 노의 출력을 제어하는 제어재로 사용되며 이의 열중성자 흡수 단면적은 4010[barn]이다.

17 원자로에서 H_2O(경수)를 사용하는 목적과 다른 것은?

① 중성자 흡수재로 사용
② 붕소의 촉매로 사용
③ 반사재로 사용
④ 감속재로 사용

[해설] 경수로에서는 감속재와 냉각재로 경수를 사용하고 흡수재로는 Ag-In-Cd의 합금 등이 사용된다.

18 동일한 조건에서 중수(D_2O)를 감속재로 사용하면 흑연을 사용한 경우보다 원자로 크기는 어떻게 되는가?

① 작아진다.
② 커진다.
③ 일정하다.
④ 작아지다 커진다.

[해설] 중수는 높은 감속률을 갖는 우수한 감속재이다. 또 중수를 감속재로 하면 천연 우라늄을 사용할 수 있다. 중수는 융점 3.82[℃], 비점 101.42[℃]이다.

19 일반 원자로에 있어 감속재의 온도계수의 값은?

① 양(+) ② ±(양, 음)
③ 음(−) ④ $\sqrt{(-)}$

[해설] 원자로의 온도 변화가 반응도에 미치는 영향을 온도계수라 하며 온도 1[℃] 변화에 대한 반응도의 변화를 나타낸다. 일반 원자로의 온도계수는 부(−) 특성이다.

정답 14 ④ 15 ① 16 ③ 17 ① 18 ① 19 ③

20 감속재에 관한 설명으로 틀린 것은?

① 중성자 흡수 면적이 클 것
② 원자량이 작은 원소여야 할 것
③ 감속능, 감속비가 클 것
④ 감속재로는 경수, 중수, 흑연 등이 사용된다.

[해설] 감속재로서 갖추어야 할 조건
(1) 원자량이 작은 원소일 것
(2) 감속능 및 감속비가 클 것
(3) 중성자 흡수 단면적이 좁을 것
(4) 충돌 후에 갖는 에너지의 평균차가 클 것
(5) 감속재로 경수, 중수, 흑연 등을 사용한다.

21 원자로에서 고속 중성자를 열중성자로 만들기 위하여 사용되는 재료는?

① 제어재　　② 감속재
③ 냉각재　　④ 반사재

[해설] 감속재는 핵분열에 의해 생긴 고속 중성자(2[MeV], 약 2×10^7[m/s])의 에너지를 열중성자(0.025[eV], 약 2200[m/s])로 감속시킨다.

22 다음 중 감속비가 커서 감속재로 가장 좋은 것은?

① D_2O　　② Be
③ He　　④ H_2O

[해설] 감속비는 감속재의 좋고 나쁨을 판단하는 척도가 된다. 또 감속재의 양부를 판단하는 기준으로 감속능이 있는데 감속된 열중성자를 강하게 흡수하는 물질은 좋지 않다. D_2O(중수)의 감속비는 2100, Be의 감속비는 140, He의 감속비는 83, 흑연의 감속비는 170, 경수(H_2O)는 72 정도이다.

23 다음 중 반사재가 아닌 것은?

① 물　　② 흑연
③ 중수　　④ 콘크리트

[해설] 노 내에서 새어나오는 중성자를 반사해서 손실을 작게 하는 것이 반사재인데, 반사재로는 물, 흑연, 중수, 베릴륨 등이 쓰인다.

24 다음 중 피복재가 아닌 것은?

① Zr 합금　　② 스테인리스강
③ 백금　　④ Mg 합금

[해설] 피복재는 Zr 합금, 스테인리스강, Mg 합금 등이 사용되며 스테인리스강, Zr 합금은 구조재에도 속한다.

25 다음 중 구조재가 아닌 것은?

① 니켈 합금　　② 알루미늄 합금
③ 스테인리스강　　④ 중수

[해설] 중수는 감속재, 반사재 및 냉각재 등에 사용된다.

26 다음 중 차폐재가 아닌 것은?

① 콘크리트　　② 흑연
③ 납　　④ 스테인리스

[해설] 차폐재에는 스테인리스, 카드뮴, 납, 콘크리트 및 철 등이 있다.

27 γ선을 차폐하기 위하여 사용하는 차폐재 중 가장 좋은 것은?

① 밀도가 낮은 물질
② 비열이 큰 물질
③ 흡수 단면적이 큰 물질
④ 밀도가 높은 물질

[해설] 원자번호가 크고 밀도가 큰 재료는 차폐 및 고속 중성자의 비탄성 산란에 유효하다.

28 핵연료를 재처리했을 때 다음 중 회수할 수 있는 것은?

① $_{92}U^{238}$　　② $_{94}Pu^{239}$
③ Th^{238}　　④ Ra^{239}

[해설] 사용이 끝난 연료 중에는 $_{92}U^{235}$가 잔재하고 부산물로 $_{94}Pu^{239}$와 $_{92}U^{233}$이 있는데, 이것들을 회수하는 것이 재처리 과정이다.

29 다음 중 UO_2 연료의 특성이 아닌 것은?

① 고온에서 강도가 우수하다.
② 고온에서 열팽창이 작다.
③ 고온에서 내식성 및 내열성이 우수하다.
④ 고온에서 방사선에 대한 안정성이 뒤진다.

[해설] 방사선에 대한 안정성이 우수하다.

30 UF_4는 주로 어떤 용도에 쓰이는가?

① 금속 우라늄의 제조원료로 사용
② 핵반응 촉매로 사용
③ 감속재로 사용
④ 차폐재로 사용

[해설] UF_4는 금속 우라늄이 제조원료외 농축용 제조원료로 사용한다.

31 농축 우라늄 연료로 이용되는 것은?

① UO_2 분말　　② D_2O
③ H_2O　　④ Mg

[해설] UO_2 분말은 세라믹 연료로 사용되며 농축 우라늄 연료로도 이용된다.

32 농축 우라늄을 제조하는 방법이 아닌 것은?

① 물질확산법　　② 열확산법
③ 기체확산법　　④ 이온법

[해설] 농축 우라늄 제조법에는 물질확산법, 열확산법, 기체확산법, 자기적 방법, 원심분리법 등이 있는데 근래에는 주로 기체확산법이 쓰이고 있다.

33 원자로 내의 핵연료 온도가 증가하면 공명흡수는 증가하고 공명이탈확률은 감소하는 현상이 생기는데 이것을 무엇이라 하는가?

① 보이드 현상　　② 흡수현상
③ 도플러 효과　　④ 핵연료 붕괴

[해설] 도플러 효과란 열중성자의 공명을 피하는 확률은 감소하고 반응도가 저하하는 현상인데, 역으로 온도가 상승하면 원자핵의 운동에너지가 증가하게 되며 이로 인해서 중성자와 표적 핵 사이의 상대운동 에너지의 값은 광범위해지고 공명흡수를 일으키는 비율은 커지게 된다.

34 다음에서 연료 친물질을 설명한 것은?

① 원자로 내에서 중성자를 흡수하여 새로운 핵분열성 물질로 변하는 원소
② 원자로 내에서 중성자를 흡수하여 새로운 핵분열성 물질로 변하지 않는 원소
③ $_{92}U^{235}$의 성질과 가까운 원소
④ $_{92}U^{235}$의 성질과 정반대의 원소

[해설] 연료 친물질이란 원자로 내에서 중성자를 흡수하여 새로운 핵분열성 물질로 변하는 원소를 말하며 $_{90}Th^{232}$, $_{92}U^{238}$, $_{94}Pu^{240}$ 등이 있다.

[정답] 28 ② 29 ④ 30 ① 31 ① 32 ④ 33 ③ 34 ①

35 다음 중 원자로의 반응도를 감소시키는 요인과 관계없는 것은?

① 도플러(Doppler) 효과
② 보이드(Void) 현상
③ Xe에 의한 독작용
④ 연소율

해설 원자로를 기동하려면 기동 즉시 과잉반응도를 갖도록 한다. 그 이유는 기동시에는 도플러, 보이드, Xe와 Sm에 의한 독작용 및 연소로 등에 의해서 반응도가 감소하기 때문이다.

36 다음 중 보이드(Void) 계수를 설명한 것은?

① Xe와 Sm의 독작용의 정도
② 냉각재의 온도가 1도 상승하는데 따른 반응도 상승 계수
③ 원자로 내의 증기량이 1[%] 상승하는데 따른 반응도 변화
④ 핵연료의 온도가 1도 변화하는데 따른 반응도 변화

해설 원자로가 장시간 운전되면 핵생성물질들이 차차 감소하여 노심의 반응도를 저하시키는데 그 요인의 하나가 보이드 계수이다. 보이드 계수란 핵연료의 온도가 1도 변화하는데 따른 반응도 변화를 의미한다.

37 다음 중 독작용이 가장 큰 물질은?

① $_{62}Sm^{149}$
② $_{92}U^{235}$
③ $_{92}U^{238}$
④ $_{54}Xe^{135}$

해설 핵분열시 중성자를 많이 흡수하는 물질일수록 독작용이 큰데 $_{54}Xe^{135}$의 열중성자 흡수 단면적은 3.5×10^6 [barn]으로, $_{62}Sm^{149}$의 5.3×10^4 [barn], $_{92}U^{235}$의 650 [barn]보다 훨씬 크다.

38 핵분열에 의해 고속 중성자가 생겨서 감속되어 열중성자로 되고 이것이 연료나 기타 물질에 흡수될 때까지, 즉 1세대에 요하는 시간을 무엇이라 하는가?

① 중성자의 수명감속시간과 확산시간의 합
② 확산시간
③ 반감기
④ 제어시간

해설 중성자의 수명이란 핵분열시 생긴 중성자가 열중성자까지 감속하는데 요하는 시간과 열중성자가 핵연료에 흡수되어 핵분열을 일으키기까지의 시간, 즉 감속시간과 확산시간의 합이다. 그러나 전자는 후자에 비해 매우 작으므로 중성자의 수명은 확산시간에 좌우된다.

39 방사선 방호의 기본원칙에 들지 않는 것은?

① 거리
② 차폐
③ 장비
④ 시간

해설 방사선 보호의 세 가지 기본원칙은 거리, 차폐, 시간이다.

40 원자력 발전소의 터빈 최종단의 날개 길이는 일반 화력발전소의 그것에 비해 어떠한가?

① 같다.
② 짧다.
③ 길다.
④ 관계없다.

해설 원자력발전소는 사용 증기의 압력 및 온도가 화력발전에 비해 낮기 때문에 같은 용량의 화력발전소에 비하여 터빈 종단의 날개 길이가 길어지고 증기관의 지름이 커진다.

전기산업기사 5주완성 03

Industrial Engineer Electricity

전기기기

1. 직류기
2. 동기기
3. 변압기
4. 유도기
5. 교류정류자기
6. 정류기

01 직류기 (I)

1 직류 발전기의 3대 구성요소

1. 계자
계자 철심에 계자 권선을 감아서 계자 전류를 흘리면 계자극면에서 주자속이 발생한다. 따라서 주자속을 만드는 부분이다.

2. 전기자
전기자 철심에 전기자 권선을 감고 원동기로 회전을 시키면 기전력이 발생하여 전기자 전류가 흐르게 된다. 따라서 기전력을 발생시키는 부분이다.

(1) 규소강판 사용

전기자 철심은 규소가 1~1.5[%] 함유된 강판을 사용하며 히스테리시스손실(P_h)을 줄인다.
$P_h = k_h f B_m^{1.6}$ [W]

(2) 강판을 성층하여 사용

전기자 철심을 두께 0.35~0.5[mm]로 얇게 하여 성층하면 와류손(P_e)을 줄일 수 있다.
$P_e = k_e t^2 f^2 B_m^2$ [W]

(3) 철손(P_i)

$P_i = P_h + P_e$ [W]이므로 전기자 철심에 규소를 함유하여 성층하면 히스테리시스손과 와류손을 모두 줄일 수 있기 때문에 철손이 감소된다.

여기서, k_h : 히스테리시스손실계수, f : 주파수[Hz], B_m : 최대자속밀도[Wb/m²], k_e : 와류손실계수
t : 철심 두께[m]

확인문제

01 보통 전기 기계에서는 규소 강판을 성층하여 사용하는 경우가 많다. 성층하는 이유는 다음 중 어느 것을 줄이기 위한 것인가?

① 히스테리시스손　② 와전류손
③ 동손　　　　　　④ 기계손

[해설] 전기자 철심을 두께 0.35~0.5[mm]로 얇게 하여 성층하면 와류손(P_e)을 줄일 수 있다.
$P_e = k_e t^2 f^2 B_m^2$ [W]
여기서, k_e : 와류손실계수, t : 철심 두께
f : 주파수, B_m : 최대자속밀도이다.

답 : ②

02 전기자 철심을 성층할 때 철심의 두께는 약 몇 [mm]로 하는가?

① 0.1~0.25　② 0.35~0.5
③ 1~3　　　 ④ 3.5~4

[해설] 전기자 철심을 두께 0.35~0.5[mm]로 얇게 하여 성층하면 와류손(P_e)을 줄일 수 있다.
$P_e = k_e t^2 f^2 B_m^2$ [W]
여기서, k_e : 와류손실계수, t : 철심 두께
f : 주파수, B_m : 최대자속밀도이다.

답 : ②

3. 정류자

직류 발전기의 전기자 권선 내에 유기된 교류기전력을 정류작용에 의해 직류로 바꾸어주는 역할을 한다.

(1) 정류자 편수(k_s)

$$k_s = \frac{U}{2} N_s$$

(2) 정류자 편간 위상차(θ_s)

$$\theta_s = \frac{2\pi}{k_s}$$

(3) 정류자 편간 평균전압(e_s)

$$e_s = \frac{pE}{k_s} \text{ [V]}$$

여기서, N_s : 슬롯(홈) 수, U : 슬롯 내부의 코일변수, p : 극수, E : 유기기전력[V], k_s : 정류자편수

4. 브러시

정류자와 접촉되어 전기자에서 발생한 기전력을 외부회로에 공급하기 위한 접촉부 또는 연결부이다.
(1) 브러시 압력 : 0.1~0.25[kg/cm²]
(2) 탄소 브러시 : 접촉저항이 크기 때문에 양호한 정류에 용이하며 저전류, 저속기 용도로 쓰인다.
(3) 흑연질 브러시 : 접촉저항이 작기 때문에 대전류, 고속기 용도로 쓰인다.

확인문제

03 전기자 철심을 규소 강판으로 성층하는 가장 적절한 이유는?

① 가격이 싸다.
② 철손을 작게 할 수 있다.
③ 가공하기 쉽다.
④ 기계손을 작게 할 수 있다.

[해설] 전기자 철심에 규소를 함유하여 성층하면 히스테리시스손과 와류손을 모두 줄일 수 있기 때문에 철손이 감소한다.
※ 철손=히스테리시스손+와류손

답 : ②

04 브러시 홀더(brush holder)는 브러시를 정류자면의 적당한 위치에서 스프링에 의하여 항상 일정한 압력으로 정류자면에 접속하여야 한다. 가장 적당한 압력[kg/cm²]은?

① 1~2　　　　② 0.5~1
③ 0.15~0.25　④ 0.01~0.15

[해설] 브러시
정류자와 접촉되어 전기자에서 발생한 기전력을 외부회로에 공급하기 위한 접촉부 또는 연결부이다.
(1) 브러시 압력 : 0.1~0.25[kg/cm²]
(2) 탄소 브러시 : 접촉저항이 크기 때문에 양호한 정류에 용이하며 저전류, 저속기 용도로 쓰인다.
(3) 흑연질 브러시 : 접촉저항이 작기 때문에 대전류, 고속기 용도로 쓰인다.

답 : ③

2 전기자 권선법과 전기자 반작용

1. 전기자 권선법

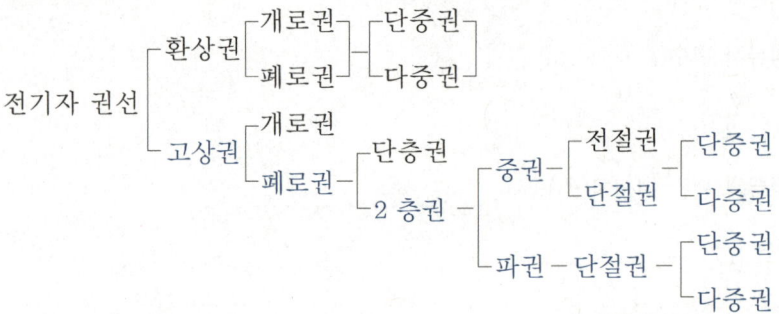

(1) 여러 개의 권선법 중에서 전기자 권선법은 고상권, 폐로권, 2층권을 사용하고 있다.
(2) 중권과 파권의 비교

비교항목	중권	파권
전기자병렬회로수(a)	$a = p$ (극수)	$a = 2$
브러시 수(b)	$b = p$ (극수)	$b = 2$
용도	저전압, 대전류용	고전압, 소전류용
균압접속	필요하다.	불필요하다.
다중도(m)	$a = pm$	$a = 2m$

확인문제

05 직류기의 전기자에 사용되는 권선법은?

① 2층권   ② 개로권
③ 환상권   ④ 단층권

해설 여러 개의 권선법 중에서 전기자 권선법은 고상권, 폐로권, 2층권을 사용하고 있다.

답 : ①

06 직류 분권 발전기의 전기자 권선을 단중 중권으로 감으면?

① 병렬 회로수는 항상 2이다.
② 높은 전압, 작은 전류에 적당하다.
③ 균압선이 필요 없다.
④ 브러시수는 극수와 같아야 한다.

해설 전기자권선법의 중권의 특성
(1) 전기자 병렬회로수(a) : $a = p$ (극수)
(2) 브러시 수(b) : $b = p$ (극수)
(3) 용도 : 저전압, 대전류용
(4) 균압선이 필요하다.

답 : ④

2. 전기자 반작용

전기자 권선에 흐르는 전기자 전류가 계자극에서 발생한 주자속에 영향을 주어 주자속의 분포와 크기가 달라지게 되는데 이러한 현상을 전기자 반작용이라 한다.

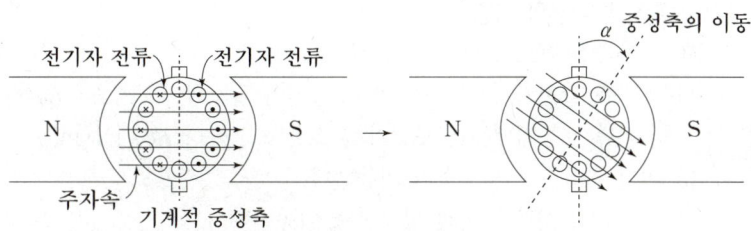

〈전기자 반작용〉

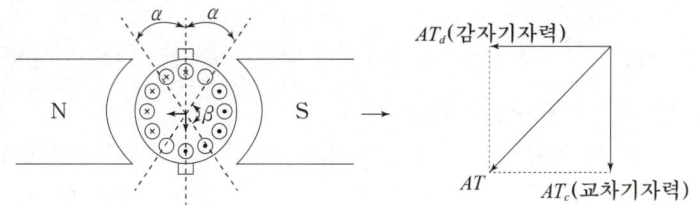

(1) 전기자 기자력

① 감자 기자력(AT_d)

$$AT_d = \frac{ZI_a}{2ap} \cdot \frac{2\alpha}{\pi} = \frac{ZI_a}{ap} \cdot \frac{\alpha}{\pi} = K_d \cdot \frac{2\alpha}{\pi}$$

여기서, Z : 전기자 도체수, I_a : 전기자전류[A], a : 병렬회로수, p : 극수, α : 중성축 이동각

확인문제

07 직류기에서 전기자 반작용 중 감자 기자력 AT_d 는 어떻게 표시되는가? (단, α : 브러시의 이동각, Z : 전기자 도체수, I_a : 전기자 전류, a : 전기자 병렬회로수이다.)

① $AT_d = \dfrac{180}{\alpha} \cdot \dfrac{Z}{p} \cdot \dfrac{I_a}{a}$ [AT/pole pair]

② $AT_d = \dfrac{180}{90-\alpha} \cdot \dfrac{Z}{p} \cdot \dfrac{I_a}{a}$ [AT/pole pair]

③ $AT_d = \dfrac{\alpha}{180} \cdot \dfrac{Z}{p} \cdot \dfrac{I_a}{a}$ [AT/pole pair]

④ $AT_d = \dfrac{90-\alpha}{180} \cdot \dfrac{Z}{p} \cdot \dfrac{I_a}{a}$ [AT/pole pair]

[해설] 전기자반작용에 의한 전기자 기자력
(1) 감자기자력(AT_d)
$$AT_d = \frac{ZI_a}{2ap} \cdot \frac{2\alpha}{\pi} = \frac{ZI_a}{ap} \cdot \frac{\alpha}{\pi} = k_d \cdot \frac{2\alpha}{\pi}$$
(2) 교차기자력(AT_c)
$$AT_c = \frac{ZI_a}{2ap} \cdot \frac{\beta}{\pi} = \frac{ZI_a}{2ap} \cdot \frac{\pi - 2\alpha}{\pi} = k_c \cdot \frac{\beta}{\pi}$$

답 : ③

08 직류 발전기에서 기하학적 중성축과 α각만큼 브러시의 위치가 이동하였을 때, 감자기자력[AT/극]의 값은? (단, $K = \dfrac{I_a A}{2pa}$)

① $K \cdot \dfrac{\alpha}{180}$ ② $K \cdot \dfrac{2\alpha}{180}$

③ $K \cdot \dfrac{3\alpha}{180}$ ④ $\dfrac{180}{90-\alpha} \cdot Z \cdot \dfrac{I_a}{A}$

[해설] 전기자반작용에 의한 전기자 기자력
(1) 감자기자력(AT_d)
$$AT_d = \frac{ZI_a}{2ap} \cdot \frac{2\alpha}{\pi} = \frac{ZI_a}{ap} \cdot \frac{\alpha}{\pi} = k_d \cdot \frac{2\alpha}{\pi}$$
(2) 교차기자력(AT_c)
$$AT_c = \frac{ZI_a}{2ap} \cdot \frac{\beta}{\pi} = \frac{ZI_a}{2ap} \cdot \frac{\pi - 2\alpha}{\pi} = k_c \cdot \frac{\beta}{\pi}$$

답 : ②

② 교차 기자력(AT_c)

$$AT_c = \frac{ZI_a}{2ap} \cdot \frac{\beta}{\pi} = \frac{ZI_a}{2ap} \cdot \frac{\pi - 2\alpha}{\pi} = K_c \cdot \frac{\beta}{\pi}$$

(2) 전기자 반작용의 영향
  ① 주자속을 감소시킨다.(감자 작용)
    ㉠ 직류 발전기에서는 기전력과 출력이 감소한다. → $E = K\phi N$[V]
    ㉡ 직류 전동기에서는 토크가 감소한다. → $\tau = K\phi I_a$[N·m]
  ② 편자 작용으로 중성축이 이동한다.
    ㉠ 직류 발전기는 회전 방향으로 이동한다.
    ㉡ 직류 전동기는 회전 반대방향으로 이동한다.
  ③ 정류불량
    중성축의 이동으로 브러시 부근에 있는 도체에서 불꽃이 발생하며 정류불량의 원인이 된다.

(3) 전기자 반작용의 방지 대책
  ① 계자극 표면에 보상 권선을 설치하여 전기자 전류와 반대방향으로 전류를 흘리면 교차 기자력이 줄어들어 전기자 반작용을 억제한다. <주대책임>
  ② 보극을 설치하여 평균 리액턴스 전압을 없애고 정류작용을 양호하게 한다.
  ③ 브러시를 새로운 중성축으로 이동시킨다.
    ㉠ 직류 발전기는 회전 방향으로 이동시킨다.
    ㉡ 직류 전동기는 회전 반대방향으로 이동시킨다.
    여기서, Z : 전기자 도체수, I_a : 전기자전류[A], a : 병렬회로수, $\beta = \pi - 2\alpha$, p : 극수, α : 중성축 이동각, E : 유기기전력[V], ϕ : 자속[Wb], N : 회전수[rpm], τ : 토크[N·m],

---

확인문제

09 직류기의 전기자 반작용 영향이 아닌 것은?
① 전기적 중성축이 이동한다.
② 주자속이 증가한다.
③ 정류자편 사이의 전압이 불균일하게 된다.
④ 정류 작용에 악영향을 준다.

[해설] 전기자 반작용의 영향
(1) 주자속이 감소한다.
(2) 중성축이 이동한다.
(3) 정류가 불량해진다.

답 : ②

10 직류기의 전기자 반작용에 관한 사항으로 틀린 것은?
① 보상 권선은 계자극면의 자속 분포를 수정할 수 있다.
② 전기자 반작용을 보상하는 효과는 보상 권선보다 보극이 유리하다.
③ 고속기나 부하 변화가 큰 직류기에는 보상 권선이 적당하다.
④ 보극은 바로 밑의 전기자 권선에 의한 기자력을 상쇄한다.

[해설] 전기자 반작용의 방지대책
(1) 계자극 표면에 보상 권선을 설치하여 전기자 전류와 반대방향으로 전류를 흘리면 교차기자력이 줄어들어 전기자 반작용을 억제한다. <주대책임>
(2) 보극을 설치하여 평균 리액턴스 전압을 없애고 정류작용을 양호하게 한다.
(3) 브러시를 새로운 중성축으로 이동시킨다.

답 : ②

3 정류

1. 정류작용

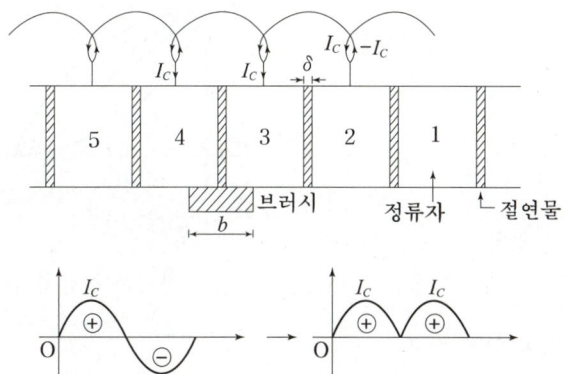

2. 회전자속도(v_C)와 정류주기(T_C)

$$v_C = \frac{b-\delta}{T_C} \text{ [m/s]}, \quad T_C = \frac{b-\delta}{v_C} \text{ [sec]}$$

여기서, b : 정류자 길이[m], δ : 정류자 사이의 간격[m]

3. 평균리액턴스전압(e_r)

정류 코일의 자기인덕턴스(L)와 정류주기(T_C) 동안의 전류 변화율($2I_C$)에 의해서 생기는 평균리액턴스전압은 정류코일과 브러시의 폐회로 내에 단락전류를 흘려서 아크를 발생시킨다. 따라서 평균리액턴스전압의 과다는 정류불량의 원인이 된다.

$$e_r = L\frac{di}{dt} = L\frac{2I_C}{T_C} \text{ [V]}$$

확인문제

11 직류기에서 정류 코일의 자기인덕턴스를 L이라 할 때, 정류 코일의 전류가 정류 기간 T_c 사이에 I_c에서 $-I_c$로 변한다면 정류 코일의 리액턴스 전압(평균값)[V]은?

① $L\dfrac{2I_c}{T_c}$ ② $L\dfrac{I_c}{T_c}$

③ $L\dfrac{2T_c}{I_c}$ ④ $L\dfrac{T_c}{I_c}$

[해설] 정류 코일의 자기인덕턴스(L)와 정류주기(T_C) 동안의 전류 변화율($2I_C$)에 의해서 생기는 평균 리액턴스 전압은 정류코일과 브러시의 폐회로 내에 단락전류를 흘려서 아크를 발생시킨다. 따라서 평균 리액턴스 전압의 과다는 정류불량의 원인이 된다.

$$e_r = L\frac{di}{dt} = L\frac{2I_C}{T_C} \text{ [V]}$$

답 : ①

12 직류 발전기에서 회전 속도가 빨라지면 정류가 힘든 이유는?

① 정류 주기가 길어진다.
② 리액턴스 전압이 커진다.
③ 브러시 접촉 저항이 커진다.
④ 정류 자속이 감소한다.

[해설] 회전자속도(v_c)와 정류주기(T_c)
평균리액턴스전압(e_r)이 커지게 되면 정류불량의 원인이 되어 정류가 나빠진다.

$$e_r = L\frac{2I_c}{T_c} \text{ [V]}, \quad v_c = \frac{b-\delta}{T_c} \text{ [m/s]}$$

에서 회전속도가 빨라지면 정류주기가 점점 작아져서 결국 평균리액턴스 전압이 증가하게 되어 정류가 어려워진다.

답 : ②

4. 정류곡선

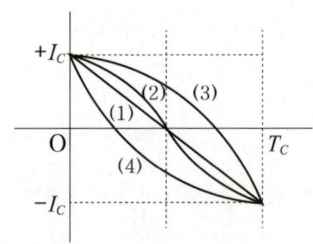

(1) 직선 정류
  가장 이상적인 정류곡선으로 불꽃없는 양호한 정류곡선이다.

(2) 정현파 정류
  보극을 적당히 설치하면 전압 정류로 유도되어 평균리액턴스전압을 감소시키고 불꽃 없는 양호한 정류를 얻을 수 있다.

(3) 부족 정류
  정류주기의 말기에서 전류 변화가 급격해지고 평균리액턴스전압이 증가하여 정류가 불량하게 된다. 이 경우 불꽃이 브러시의 후반부에서 발생하게 된다.

(4) 과정류
  보극을 지나치게 설치하여 정류 주기의 초기에서 전류 변화가 급격해지고 불꽃이 브러시의 전반부에서 발생하게 되어 정류가 불량하게 된다.

(5) 양호한 정류를 얻는 조건
  ① 평균리액턴스전압을 줄인다.
    ㉠ 보극을 설치한다. (전압 정류)
    ㉡ 전기자 권선을 단절권으로 한다. (인덕턴스 감소)
    ㉢ 정류 주기를 길게 한다. (회전자 속도 감소)

확인문제

13 다음은 직류 발전기의 정류 곡선이다. 이 중에서 정류 말기에 정류의 상태가 좋지 않은 것은?

① 1
② 2
③ 3
④ 4

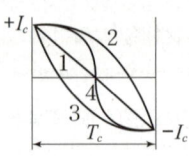

[해설] 정류곡선
부족정류곡선은 정류주기의 말기에서 전류 변화가 급격해지고 평균리액턴스전압이 증가하여 정류가 불량하게 된다. 이 경우 불꽃이 브러시의 후반부에서 발생하게 되는데 위 그림에서 부족정류곡선은 2번이다.

답 : ②

14 양호한 정류를 얻는 조건이 아닌 것은? (단, 직류기에서)

① 정류 주기를 크게 할 것
② 정류 코일의 인덕턴스를 작게 할 것
③ 리액턴스전압을 크게 할 것
④ 브러시 접촉 저항을 크게 할 것

[해설] 양호한 정류를 얻는 조건
(1) 평균리액턴스전압을 줄인다.
  - 보극 설치, 인덕턴스 감소, 정류주기 증가
(2) 브러시 접촉저항을 크게 한다.
(3) 보극과 보상권선을 설치한다.

답 : ③

② 브러시 접촉면 전압 강하를 크게 한다.
   탄소 브러시를 사용한다. (저항 정류)
③ 보극과 보상권선을 설치한다.
④ 양호한 브러시를 채용하고 전기자 공극의 길이를 균등하게 한다.

4 유기기전력

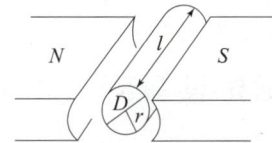

여기서, l : 전기자의 축 길이[m], D : 전기자 지름[m], r : 전기자 반지름[m]

1. 전기자 주변속도(v)

$$v = \frac{x}{t} = \frac{r\theta}{t} = r\omega = 2\pi rn = 2\pi r \frac{N}{60} = \pi D \frac{N}{60} \text{ [m/s]}$$

여기서, x : 전기자의 이동거리[m], t : 이동시간[sec], r : 전기자반지름[m], D : 전기자지름[m], ω : 각속도[rad/sec], n : 전기자 초당 회전수[rps], N : 전기자 분당 회전수[rpm]

2. 자속밀도(B)

$$B = \frac{p\phi}{S} = \frac{p\phi}{\pi Dl} \text{ [Wb/m}^2\text{]}$$

여기서, p : 극수, ϕ : 자속[Wb], S : 전기자 표면적[m²], D : 전기자지름[m], l : 전기자 축 길이[m]

확인문제

15 전기자 지름 0.2[m]의 직류 발전기가 1.5[kW]의 출력에서 1,800[rpm]으로 회전하고 있을 때, 전기자 주변 속도[m/s]는?

① 18.84 ② 21.96
③ 32.74 ④ 42.85

[해설] 전기자 주변속도(v)
$D = 0.2$ [m], $P = 1.5$ [kW], $N = 1,800$ [rpm]이므로
$\therefore v = \pi D \frac{N}{60} = \pi \times 0.2 \times \frac{1,800}{60}$
$= 18.84$ [m/s]

답 : ①

16 전기자의 지름 D [m], 길이 l [m]가 되는 전기자에 권선을 감은 직류 발전기가 있다. 자극의 수 p, 각각의 자속수가 ϕ [Wb]일 때, 전기자 표면의 자속밀도[Wb/m²]는?

① $\frac{\pi Dp}{60}$ ② $\frac{p\phi}{\pi Dl}$
③ $\frac{\pi Dl}{p\phi}$ ④ $\frac{\pi Dl}{p}$

[해설] 자속밀도(B)
$$B = \frac{p\phi}{S} = \frac{p\phi}{\pi Dl} \text{ [Wb/m}^2\text{]}$$

답 : ②

3. 유기기전력(E)

도체 1개에 유기되는 기전력 E'은

$$E' = vBl = \pi D \frac{N}{60} \times \frac{p\phi}{\pi Dl} \times l = \frac{p\phi N}{60} \text{ [V]}$$

$$\therefore E = E' \times \frac{Z}{a} = \frac{pZ\phi N}{60a} = K\phi N \text{ [V]}$$

여기서, v : 주변속도[m/sec], B : 자속밀도[Wb/m²], D : 전기자지름[m], N : 회전수[rpm], p : 극수, ϕ : 자속[Wb], l : 전기자 축 길이[m], Z : 전기자 총 도체수, a : 병렬 회로수

5 직류 발전기의 종류 및 특징

직류 발전기
- 타여자 발전기 : 외부회로에서 여자를 확립시켜 주는 발전기
- 자여자 발전기 : 자기여자로 여자를 확립할 수 있는 발전기
  - 분권기 : 계자 권선이 전기자 권선과 병렬로 접속
  - 직권기 : 계자 권선이 전기자 권선과 직렬로 접속
  - 복권기 : 계자 권선이 전기자 권선과 직·병렬로 접속

1. 타여자 발전기

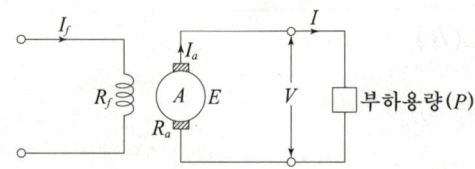

확인문제

17 극수 8, 중권, 전기자의 도체수 960, 매극 자속 0.04[Wb], 회전수 400[rpm] 되는 직류 발전기의 유기기전력은 몇 [V]인가?

① 625 ② 425
③ 627 ④ 256

[해설] 유기기전력(E)
직류발전기의 권선법이 중권이므로 전기자병렬회로수 (a)는 극수(p)와 같다.
$p = 8$, $Z = 960$, $\phi = 0.04$[Wb], $N = 400$[rpm],
$a = p = 8$이므로
$\therefore E = \frac{pZ\phi N}{60a} = \frac{8 \times 960 \times 0.04 \times 400}{60 \times 8}$
$= 256$[V]

답 : ④

18 직류 발전기의 극수가 10이고 전기자 도체수가 500이며 단중 파권일 때, 매극의 자속수가 0.01[Wb]이면 600[rpm]일 때의 기전력[V]은?

① 150 ② 200
③ 250 ④ 300

[해설] 유기기전력(E)
직류발전기의 권선법이 파권이므로 전기자병렬회로수 (a)는 항상 2이다.
$p = 10$, $Z = 500$, $\phi = 0.01$[Wb], $N = 600$[rpm],
$a = 2$이므로
$\therefore E = \frac{pZ\phi N}{60a} = \frac{10 \times 500 \times 0.01 \times 600}{60 \times 2}$
$= 250$[V]

답 : ③

(1) 부하 상태

$P = VI$ [W]

$I_a = I$ [A]

$E = V + R_a I_a + (e_b + e_a)$ [V]

(2) 무부하 상태

$P = 0$ [W], $I_a = I = 0$ [A], $E = V_0$ [V]

(3) 무부하 포화상태

무부하 포화특성은 계자전류(I_f)와 유기기전력(E)의 관계 곡선으로 $E = K\phi N$[V]에서 I_f를 증가시키면 자속(ϕ)이 증가하여 E도 증가한다. 그러나 포화점에 도달하게 되면 E는 더 이상 증가하지 않고 일정해진다.

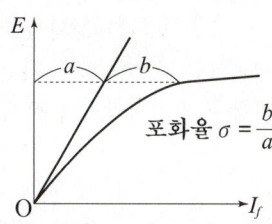

포화율 $\sigma = \dfrac{b}{a}$

여기서, E : 유기기전력[V], R_a : 전기자 저항[Ω], I_a : 전기자 전류[A], R_f : 계자 저항[Ω], I_f : 계자 전류[A], V : 부하 단자전압[V], I : 부하 전류[A], P : 부하 용량 또는 정격출력[W], e_b : 브러시 전압강하[V], e_a : 전기자반작용 전압강하[V], V_0 : 무부하 단자전압[V]

확인문제

19 단자전압 220[V], 부하전류 50[A]인 타여자발전기의 유도기전력[V]은? (단, 전기자저항 0.2[Ω], 계자전류 및 전기자반작용은 무시한다.)

① 210 ② 225
③ 230 ④ 250

[해설] 타여자발전기의 유도기전력
$V = 220$ [V], $I = 50$ [A], $R_a = 0.2$ [Ω],
$I_a = I = 50$ [A]이므로
∴ $E = V + R_a I_a$
$= 220 + 0.2 \times 50$
$= 230$ [V]

답 : ③

20 정격이 5[kW], 100[V], 50[A], 1,800[rpm]인 타여자 직류 발전기가 있다. 무부하시의 단자 전압[V]은 얼마인가? (단, 계자 전압은 50[V], 계자 전류 5[A], 전기자 저항은 0.2[Ω]이고 브러시의 전압 강하는 2[V]이다.)

① 100 ② 112
③ 115 ④ 120

[해설] 타여자발전기의 무부하시 단자전압(V_0)
$P = 5$ [kW], $V = 100$ [V], $I = 50$ [A],
$N = 1,800$ [rpm], $V_f = 50$ [V], $I_f = 5$ [A],
$R_a = 0.2$ [Ω], $e_b = 2$ [V],
$I_a = I = 50$ [A]일 때 무부하상태에서 단자전압과 유도기전력의 크기가 같으므로
∴ $V_0 = E = V + R_a I_a + e_b = 100 + 0.2 \times 50 + 2$
$= 112$ [V]

답 : ②

2. 분권 발전기

(1) 부하 상태

$P = VI$ [W], $V = R_f I_f$ [V],

$I_a = I + I_f = \dfrac{P}{V} + \dfrac{V}{R_f}$ [A], $E = V + R_a I_a + (e_b + e_a)$

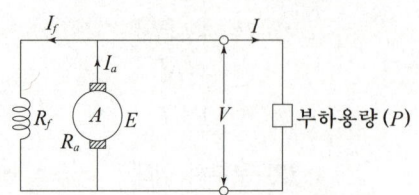

(2) 무부하 상태

$P = 0$ [W], $I = 0$ [A], $I_f = I_a$ [A]이므로 계자회로에 과전류가 유입되어 계자 코일이 소손될 우려가 있다. 따라서 분권 발전기는 무부하 운전을 금지하고 있다.

(3) 무부하 포화상태

분권 발전기는 잔류자기가 확립되어 있으므로 0이 아닌 E_f 점에서 상승하며 포화점에 이르기까지 상승한다. 이 경우 무부하 포화곡선과 접하는 직선이 임계저항곡선인데 계자저항이 임계저항보다 큰 경우에는 전압확립이 어렵게 되어 발전이 불가능해질 수 있다. 따라서 분권 발전기의 계자저항은 임계저항보다 작게 유지해주어야 한다.

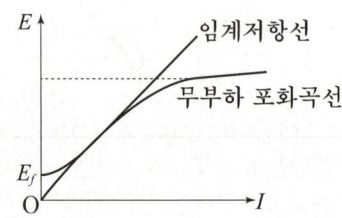

(4) 분권 발전기의 외부 특성

분권 발전기는 전기자전류 I_a가 $I_a = I + I_f$ [A]이므로 부하가 증가하면 부하전류(I)가 상승하여 계자 전류(I_f)가 줄어들게 되며 자속이 감소하여 유기기전력(E)이 갑자기 떨어지면서 단자 전압(V)이 급강하하게 된다. 이것을 "분권 발전기의 외부 특성이 수하특성이다"라고 한다.

여기서, P : 부하용량 또는 정격출력[W], V : 단자전압[V], I : 부하전류[A], R_f : 분권계자저항[Ω], I_f : 분권계자전류[A], I_a : 전기자전류[A], E : 유기기전력[V], e_b : 브러시 전압강하[V], e_a : 전기자반작용 전압강하[V]

확인문제

21 정격 전압 100[V], 정격 전류 50[A]인 분권 발전기의 유기기전력은 몇 [V]인가? (단, 전기자 저항 0.2[Ω], 계자 전류 및 전기자 반작용은 무시한다.)

① 110 ② 120
③ 125 ④ 127.5

해설 분권발전기의 유기기전력

$V = 100$ [V], $I = 50$ [A], $R_a = 0.2$ [Ω],
$I_a \fallingdotseq I = 50$ [A]이므로
∴ $E = V + R_a I_a = 100 + 0.2 \times 50 = 110$ [V]

답 : ①

22 전기자 저항이 0.3[Ω]이며, 단자 전압이 210[V], 부하 전류가 95[A], 계자 전류가 5[A]인 직류 분권 발전기의 유기기전력[V]은?

① 180 ② 230
③ 240 ④ 250

해설 분권발전기의 유기기전력

$R_a = 0.3$ [Ω], $V = 210$ [V], $I = 95$ [A],
$I_f = 5$ [A]이므로
$I_a = I + I_f = 95 + 5 = 100$ [A]
∴ $E = V + R_a I_a = 210 + 0.3 \times 100 = 240$ [V]

답 : ③

3. 직권 발전기

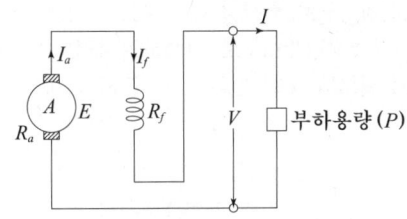

(1) 부하 상태
$P = VI$ [W], $I_a = I_f = I$ [A]
$E = V + R_a I_a + R_f I_f = V + (R_a + R_f) I_a$ [V]

(2) 무부하 상태
부하용량 $P = 0$ [W], $I_a = I_f = I = 0$ [A], 자속 $\phi = 0$ [Wb]이므로 직권 발전기를 무부하 상태로 운전하면 $E = 0$ [V]이 되어 발전이 불가능해진다.
여기서, P : 부하용량 또는 정격출력[W], V : 단자전압[V], I : 부하전류[A], I_a : 전기자전류[A], I_f : 직권계자전류[A], E : 유기기전력[V], R_a : 전기자저항[Ω], R_f : 직권계자저항[Ω]

4. 직류자여자 발전기의 전압확립조건
① 잔류자기가 존재할 것
② 계자저항이 임계저항보다 작을 것
③ 잔류자기에 의한 자속과 계자 전류에 의한 자속 방향이 일치할 것
   계자 전류에 의한 자속으로 잔류자기가 소멸될 경우 발전 불가능하기 때문에 직류 발전기를 역회전 운전하면 안 된다.

확인문제

23 무부하에서 자기 여자로 전압을 확립하지 못하는 직류 발전기는?

① 타여자 발전기
② 직권 발전기
③ 분권 발전기
④ 차동 복권 발전기

[해설] 직류 직권발전기의 무부하 운전
직류 직권발전기는 계자권선이 전기자와 직렬로 연결되어있어 무부하상태에서는 $I = I_a = I_f = 0$ [A]이 되어 자속 $\phi = 0$ [Wb]이므로 결국 유기기전력 $E = 0$ [V]가 된다. 따라서 발전이 불가능해진다.

답 : ②

24 직류 분권 발전기의 무부하 특성 시험을 할 때, 계자 저항기의 저항을 증감하여 무부하 전압을 증감시키면 어느 값에 도달하면 전압을 안정하게 유지할 수 없다. 그 이유는?

① 전압계 및 전류계의 고장
② 잔류 자기의 부족
③ 임계 저항값으로 되었기 때문에
④ 계자 저항기의 고장

[해설] 직류 분권발전기의 무부하 포화곡선
분권발전기는 잔류자기가 확립되어 있으므로 무부하 포화곡선과 접하는 직선은 임계저항곡선이 되어 계자저항을 임계저항보다 작게 유지해주어야 한다. 만약 계자저항을 임계저항보다 크게 한 경우 전압을 확립할 수 없어 발전불능상태가 되기 때문이다.

답 : ③

예제 1   타여자발전기의 유기기전력과 전류 관계   ★★☆

어떤 타여자 발전기가 800[rpm]으로 회전할 때, 120[V] 기전력을 유도하는데 4[A]의 여자 전류를 필요로 한다고 한다. 이 발전기를 640[rpm]으로 회전하여 140[V]의 유도기전력을 얻으려면 몇 [A]의 여자 전류가 필요한가? (단, 자기 회로의 포화 현상은 무시한다.)

① 6.7   ② 6.4
③ 5.98   ④ 5.8

풀이전략
(1) 직류발전기의 유기기전력 공식을 전개한다.
(2) 유기기전력과 자속과 속도관계 및 전류관계를 이해한다.
(3) 문제의 요구사항을 파악하여 해결한다.

풀 이
직류발전기의 유기기전력을 E 라 하면 $E = \dfrac{PZ\phi N}{60a} = k\phi N$ [V]

$N = 800$ [rpm], $E = 120$ [V], $I_0 = I_f = 4$ [A], $N' = 640$ [rpm], $E' = 140$ [V]일 때

여기서 $\phi \propto I_f \propto I_0$ 이므로 $k = \dfrac{E}{\phi N} = \dfrac{120}{4 \times 800} = \dfrac{3}{80}$

$E' = k\phi' N'$ [V]를 이용하여 $I_f' = \phi' = \dfrac{E'}{kN'} = \dfrac{140}{\dfrac{3}{80} \times 640} = 5.8$ [A]

정답 ④

유사문제

01 25[kW], 125[V], 1,200[rpm]의 타여자 발전기가 있다. 전기자 저항(브러시 포함)은 0.04[Ω]이다. 정격 상태에서 운전하고 있을 때 속도를 200[rpm]으로 늦추었을 경우, 부하 전류[A]는 어떻게 변화하는가? (단, 전기자 반작용은 무시하고 전기자 회로 및 부하 저항은 변하지 않는다고 한다.)

① 33.3   ② 200
③ 1,200   ④ 3,125

해설 부하전류 $I = \dfrac{P}{V} = \dfrac{25 \times 10^3}{125} = 200$ [A]
$E = k\phi N$ [V]식에서 속도가 1200[rpm]이 200[rpm]으로 늦추어지면 $E \propto N$이므로 유기기전력도 $\dfrac{1}{6}$ 배 감소한다. 또한 단자전압과 부하전류도 함께 감소하게 된다.
∴ $I' = \dfrac{1}{6} I = \dfrac{1}{6} \times 200 = 33.3$ [A]

답 : ①

02 타여자 발전기가 있다. 여자 전류 2[A]로 매분 600회전할 때, 120[V]의 기전력을 유기한다. 여자 전류 2[A]는 그대로 두고 매분 500회전할 때의 유기기전력[V]은 얼마인가?

① 100   ② 110
③ 120   ④ 140

해설 회전속도 600[rpm]에서 500[rpm]으로 감소하면 $E = k\phi N$ [V] 식에 의해서 기전력도 $E \propto N$ 이므로 감소한다.
$N = 600$ [rpm], $E = 120$ [V], $N' = 500$ [rpm]일 때
∴ $E' = \dfrac{N'}{N} E = \dfrac{500}{600} \times 120 = 100$ [V]

답 : ①

예제 2   발전기를 전동기로 사용할 때의 속도변화   ★★☆

전기자 저항이 0.04[Ω]인 직류 분권 발전기가 있다. 회전수가 1,000[rpm]이고, 단자 전압이 200[V]일 때, 전기자 전류가 100[A]라 한다. 이것을 전동기로 사용하여 단자 전압 및 전기자 전류가 같을 때, 회전수[rpm]는 얼마인가? (단, 전기자 반작용은 무시한다.)

① 980
② 1,041
③ 961
④ 1,000

풀이전략
(1) 발전기의 유기기전력과 전동기의 역기전력을 각각 계산한다.
(2) $E = k\phi N$ [V]식에 의해서 $E \propto N$ 이므로 비례식에 대입하여 풀 수 있다.

풀 이
발전기의 유기기전력을 E, 전동기의 역기전력을 E'라 하면

$E = V + R_a I_a = 200 + 0.04 \times 100 = 204$ [V]

$E' = V - R_a I_a = 200 - 0.04 \times 100 = 196$ [V]

$N = 1,000$ [rpm]일 때

$\therefore N' = \dfrac{E'}{E} N = \dfrac{196}{204} \times 1,000 = 961$ [rpm]

정답 ③

유사문제

03 전기자 저항이 0.02[Ω]인 직류 분권 발전기가 있다. 회전수가 1,000[rpm]이고 단자 전압이 220[V]일 때, 전기자 전류가 100[A]를 나타내었다. 지금 이것을 전동기로 사용하여 그 단자 전압과 전기자 전류가 위의 값과 같을 때의 회전수[rpm]는? (단, 전기자 반작용은 무시한다.)

① 956
② 982
③ 1,018
④ 1,047

[해설] 발전기의 유기기전력 E, 전동기의 역기전력 E'라 하면

$E = V + R_a I_a = 220 + 0.02 \times 100 = 222$ [V]

$E' = V - R_a I_a = 220 - 0.02 \times 100 = 218$ [V]

$N = 1,000$ [rpm]일 때

$\therefore N' = \dfrac{E'}{E} N = \dfrac{218}{222} \times 1,000 = 982$ [rpm]

답 : ②

04 1,000[rpm]으로 회전할 때 단자 전압이 220[V], 전기자 전류가 80[A]인 직류 분권 발전기의 단자 전압과 전기자 전류를 같게 하고 전동기로 운전할 때의 회전수는 몇 [rpm]인가? (단, 전기자 저항은 0.05[Ω]이다.)

① 964
② 956
③ 952
④ 947

[해설] 발전기의 유기기전력 E, 전동기의 역기전력 E'라 하면

$E = V + R_a I_a = 220 + 0.05 \times 80 = 224$ [V]

$E' = V - R_a I_a = 220 - 0.05 \times 80 = 216$ [V]

$N = 1,000$ [rpm]일 때

$\therefore N' = \dfrac{E'}{E} N = \dfrac{216}{224} \times 1,000 = 964$ [rpm]

답 : ①

01 직류기 (Ⅱ)

1 전압변동률(ϵ)과 직류 발전기의 병렬운전 조건

1. 전압변동률(ϵ)

$$\epsilon = \frac{V_0 - V}{V} \times 100 = \frac{E - V}{V} \times 100 \, [\%]$$

여기서, V_0 : 무부하 단자전압[V], V : 부하 단자전압 또는 정격전압[V], E : 유기기전력[V]

※ 과복권 발전기나 직권 발전기는 $V_0 < V$ 이므로 전압 변동률이 (−)값이 된다.
① $\epsilon > 0$ 인 발전기 : 타여자, 분권, 부족 복권
② $\epsilon = 0$ 인 발전기 : 평복권
③ $\epsilon < 0$ 인 발전기 : 과복권, 직권

2. 직류 발전기의 병렬운전 조건

① 극성이 일치할 것
② 단자전압이 일치할 것
③ 외부특성이 수하특성일 것
④ 용량과는 무관하며 부하 분담을 R_f로 조정할 것
⑤ 직권 발전기와 과복권 발전기에서는 균압모선을 설치하여 전압을 평형시킬 것

2 직류 전동기의 출력(P)과 토크(τ)

1. 직류 전동기의 출력(P)

$$P = EI_a = \tau\omega = \frac{2\pi N}{60}\tau \, [\text{W}]$$

여기서, E : 역기전력[V], I_a : 전기자 전류[A], τ : 토크[N·m], ω : 각속도[rad/sec], N : 회전수[rpm]

확인문제

25 무부하에서 119[V] 되는 분권 발전기의 전압 변동률이 6[%]이다. 정격 전부하 전압[V]은?

① 11.22
② 112.3
③ 12.5
④ 125

[해설] 전압변동률(ϵ)
$\epsilon = \frac{V_0 - V}{V} \times 100 \, [\%]$ 이므로
$V_0 = 119 \, [\text{V}]$, $\epsilon = 6 \, [\%]$ 일 때
$6 = \frac{119 - V}{V} \times 100 \, [\%]$ 를 풀면
$\therefore V = 112.3 \, [\text{V}]$

답 : ②

26 직류 발전기의 병렬 운전 조건 중 잘못된 것은?

① 단자 전압이 같을 것
② 외부 특성이 같을 것
③ 극성을 같게 할 것
④ 유도기전력이 같을 것

[해설] 직류발전기의 병렬운전 조건
(1) 극성이 일치할 것
(2) 단자전압이 일치할 것
(3) 외부특성이 수하특성일 것
(4) 용량과는 무관하며 부하 분담을 R_f로 조정할 것
(5) 직권 발전기와 과복권 발전기에서는 균압모선을 설치하여 전압을 평형시킬 것

답 : ④

2. 직류 전동기의 토크(τ)

(1) 출력(P)과 회전수(N)에 관한 토크

$$\tau = \frac{P}{\omega} = \frac{60P}{2\pi N} = 9.55\frac{P}{N}[\text{N}\cdot\text{m}] = 0.975\frac{P}{N}[\text{kg}\cdot\text{m}]$$

(2) 자속(ϕ)과 전기자 전류(I_a)에 관한 토크

$$\tau = \frac{EI_a}{\omega} = \frac{pZ\phi I_a}{2\pi a} = k\phi I_a [\text{N}\cdot\text{m}]$$

여기서, τ: 토크[N·m] 또는 [kg·m], P: 출력[W], ω: 각속도[rad/sec], N: 회전수[rpm], E: 역기전력[V]
I_a: 전기자전류[A], p: 극수, Z: 전기자도체수, ϕ: 자속[Wb], a: 병렬회로수

3 직류 전동기의 속도 특성

1. 속도 공식

$$E = V - R_a I_a = k\phi N [\text{V}] \text{이므로 } N = \frac{V - R_a I_a}{k\phi} = k'\frac{V - R_a I_a}{\phi} [\text{rps}]$$

2. 분권전동기의 속도 특성(단자전압이 일정한 경우)

(1) 부하 증가시

$I = I_a + I_f[\text{A}]$, $V = R_f I_f[\text{V}]$이므로 부하 증가시 I가 증가하면 I_a가 증가하여 속도 공식에서 N은 감소하게 된다.

∴ $N \propto \frac{1}{I}$ (감소율이 작다 = 속도변동률이 작다.)

(2) 부족여자 특성

계자 회로가 단선이 되면 계자전류 $I_f = 0$이 되어 자속 $\phi = 0$이 되고 결국 속도공식에서 회전수 $N = \infty$가 되어 **위험 속도**에 도달하게 한다. 따라서, 분권전동기는 분권계자회로에 퓨즈를 설치하면 안 된다. 또한 **부족 여자**(또는 무여자)로 운전하면 안 된다.

여기서, E: 역기전력[V], V: 단자전압[V], R_a: 전기자저항[Ω], I_a: 전기자전류[A], ϕ: 자속[Wb],
N: 회전수[rps], I: 부하전류[A], I_f: 분권계자전류[A], R_f: 분권계자저항[Ω]

확인문제

27 출력 4[kW], 1,400[rpm]인 전동기의 토크[kg·m]는?

① 26.5　　② 2.6
③ 2.79　　④ 27.9

[해설] 직류전동기의 토크(τ)

$\tau = 9.55\frac{P}{N}[\text{N}\cdot\text{m}] = 0.975\frac{P}{N}[\text{kg}\cdot\text{m}]$이므로

$P = 4[\text{kW}]$, $N = 1,400[\text{rpm}]$일 때

∴ $\tau = 0.975 \times \frac{4 \times 10^3}{1,400} = 2.79[\text{kg}\cdot\text{m}]$

답 : ③

28 직류 전동기의 공급 전압을 V[V], 자속을 ϕ[Wb], 전기자 전류를 I_a[A], 전기자 저항을 R_a[Ω], 속도를 N[rps]라 할 때, 속도식은? (단, k는 상수이다.)

① $N = k\dfrac{V + R_a I_a}{\phi}$　　② $N = k\dfrac{V - R_a I_a}{\phi}$

③ $N = k\dfrac{\phi}{V + R_a I_a}$　　④ $N = k\dfrac{\phi}{V - R_a I_a}$

[해설] 직류전동기의 속도특성

$E = V - R_a I_a = k\phi N[\text{V}]$이므로

$N = \dfrac{V - R_a I_a}{k\phi} = k'\dfrac{V - R_a I_a}{\phi}$

답 : ②

3. 직권전동기의 속도 특성(단자전압이 일정한 경우)

(1) 부하 증가시

$I = I_a = I_f$ [A]이므로 부하 증가시 I와 I_a, 그리고 I_f가 모두 증가하여 속도 공식에서 N은 급격히 감소하게 된다. 따라서 직권전동기는 부하 변동에 대하여 속도 변화가 심하다. (가변속도 전동기)

여기서, I : 부하전류[A], I_a : 전기자전류[A], I_f : 직권계자전류[A], N : 회전수[rpm]

(2) 무부하 특성

무부하에서 $I = I_a = I_f = 0$이 되므로 자속 $\phi = 0$이 되고 회전수 $N = \infty$가 되어 위험 속도에 도달하게 된다. 따라서 직권전동기는 무부하 운전을 하면 안 된다. (벨트 운전 금지)

4. 직류 전동기의 속도특성곡선

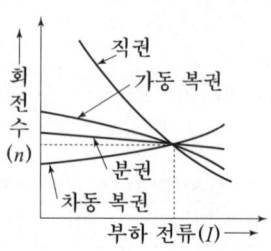

① 속도 변동률이 가장 작은 직류 전동기 : 타여자전동기(정속도 전동기)
② 속도 변동률이 가장 큰 직류 전동기 : 직권전동기(변속도 전동기)
※ 직류 분권전동기와 직류차동복권 전동기도 속도 변동이 거의 없는 정속도 전동기에 속한다. 이 중에서 직류차동복권 전동기의 속도 변동이 직류분권 전동기의 속도 변동에 비해 약간 더 작다. 속도변동이 큰 것부터 작은 것 순서로 나열하면 다음과 같다.
※ ㉠권전동기 - ㉮동복권전동기 - ㉯권전동기 - ㉰동복권전동기 - ㉱여자전동기

확인문제

29 직권 전동기에서 위험 속도가 되는 경우는?

① 저전압, 과여자
② 정격 전압, 무부하
③ 정격 전압, 과부하
④ 전기자에 저저항 접속

[해설] **직권전동기의 속도특성**
직권전동기는 $I = I_a = I_f$ [A]이므로 부하시 전류변화가 심하여 속도변화도 심해지며 무부하시에는 $I = I_a = I_f$ [A]가 되어 $\phi = 0$이 되면 속도 $N = \infty$가 되므로 위험속도에 도달하게 된다. 따라서 직권전동기는 무부하운전을 하면 안 된다.

답 : ②

30 직류 전동기에서 정속도(constant speed) 전동기라고 볼 수 있는 전동기는?

① 직류 직권 전동기
② 직류 내분권식 전동기
③ 직류 복권 전동기
④ 직류 타여자 전동기

[해설] **직류전동기의 속도특성**
속도변동률이 가장 작은 직류전동기는 타여자전동기(정속도전동기)이며 속도변동률이 가장 큰 전동기는 직권전동기(변속도전동기)이다.

답 : ④

4 직류 전동기의 토크 특성

$\tau = k\phi I_a [N \cdot m]$ 식에서 τ와 I 관계를 τ와 N 관계로 토크 특성을 알아본다.

1. 분권전동기의 토크 특성(단자 전압이 일정한 경우)

$\tau = k\phi I_a \propto I$, $N \propto \dfrac{1}{I}$ 이므로

$\therefore \tau \propto \dfrac{1}{N}$ (속도변화율이 작으므로 토크 변화율도 작다.)

2. 직권전동기의 토크 특성(단자전압이 일정한 경우)

$\tau = k\phi I_a \fallingdotseq k I_a^2 \propto I^2$, $N \propto \dfrac{1}{I}$ 이므로

$\therefore \tau \propto \dfrac{1}{N^2}$ (속도변화율이 크기 때문에 토크 변화율도 크다.)

여기서, τ : 토크[N·m], ϕ : 자속[Wb], I_a : 전기자전류[A], I : 부하전류[A], N : 회전수[rpm]

3. 직류 전동기의 토크 특성 곡선

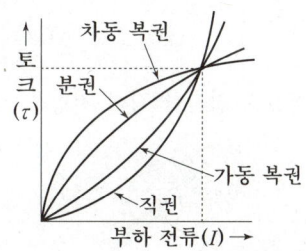

확인문제

31 직류 분권전동기에서 단자 전압이 일정할 때, 부하 토크가 $\dfrac{1}{2}$ 이 되면 전류는 몇 배가 되는가?

① 2배　　② $\dfrac{1}{2}$배

③ 4배　　④ $\dfrac{1}{4}$배

[해설] 분권전동기의 토크특성

$\tau = k\phi I_a \propto I_a$ 이므로 토크가 $\dfrac{1}{2}$ 배가 되면 전류도 $\dfrac{1}{2}$ 배가 된다.

답 : ②

32 직류 직권 전동기에서 토크 τ와 회전수 N과의 관계는?

① $\tau \propto N$　　② $\tau \propto N^2$
③ $\tau \propto \dfrac{1}{N}$　　④ $\tau \propto \dfrac{1}{N^2}$

[해설] 직권전동기의 토크특성

$\tau = k\phi I_a \fallingdotseq k I_a^2 \propto I^2$

$N \propto \dfrac{1}{I}$ 이므로

$\therefore \tau \propto \dfrac{1}{N^2}$

답 : ④

5 직류 전동기의 속도 제어

$N = k' \dfrac{V - R_a I_a}{\phi}$ [rps] 식에서 직류 전동기의 속도는 단자전압(V)과 전기자저항(R_a) 및 자속(ϕ)에 의해서 조정할 수 있다.

여기서, N : 회전수[rps], V : 단자전압[V], R_a : 전기자 저항[Ω], I_a : 전기자 전류[A], ϕ : 자속[Wb]

1. 전압 제어(정토크 제어)
단자전압(V)을 가감함으로서 속도를 제어하는 방식으로 속도의 조정 범위가 광범위하여 가장 많이 적용하고 있다.
① 워드 레오너드 방식 : 타여자 발전기를 이용하는 방식으로 조정 범위가 광범위하다.
② 일그너 방식 : 플라이 휠 효과를 이용하여 부하 변동이 심한 경우에 적당하다.
③ 정지 레오너드 방식 : 반도체 사이리스터(SCR)를 이용하는 방식
④ 쵸퍼 제어 방식 : 직류 쵸퍼를 이용하는 방식

2. 계자 제어(정출력 제어)
계자 회로의 계자 전류(I_f)를 조정하여 자속(ϕ)을 가감하여 속도를 제어하는 방식

3. 저항 제어
전기자 권선과 직렬로 접속한 직렬 저항을 가감하여 속도를 제어하는 방식

확인문제

33 다음 중에서 직류 전동기의 속도 제어법이 아닌 것은?
① 계자 제어법   ② 전압 제어법
③ 저항 제어법   ④ 2차 여자법

[해설] 직류전동기의 속도제어
(1) 전압제어(정토크제어)
단자전압을 가감함으로서 속도를 제어하는 방식으로 속도의 조정범위가 광범위하여 가장 많이 적용하고 있다.
(2) 계자제어(정출력제어)
계자회로의 계자전류를 조정하여 자속을 가감하여 속도를 제어하는 방식
(3) 저항제어
전기자권선과 직렬로 접속한 직렬저항을 가감하여 속도를 제어하는 방식

답 : ④

34 워드 레오너드 방식의 목적은?
① 정류 개선   ② 계자 자속 조정
③ 직류기의 속도 제어 ④ 병렬 운전

[해설] 직류전동기의 속도제어
직류전동기의 속도제어방식 중 전압제어는 단자전압을 가감함으로서 속도를 제어하는 방식으로 속도의 조정 범위가 광범위하여 가장 많이 적용하고 있다. 종류로는 다음과 같다.
(1) 워드 레오너드 방식 : 타여자 발전기를 이용하는 방식으로 조정 범위가 광범위하다.
(2) 일그너 방식 : 플라이 휠 효과를 이용하여 부하 변동이 심한 경우에 적당하다.
(3) 정지 레오너드 방식 : 반도체 사이리스터(SCR)를 이용하는 방식
(4) 쵸퍼 제어 방식 : 직류 쵸퍼를 이용하는 방식

답 : ③

6 직류 전동기의 제동

1. 역전제동(플러깅)
전기자회로의 극성을 반대로 하여 역회전토크를 발생시켜 전동기를 급제동하는 방식

2. 발전제동
직류 전동기의 공회전 운전을 이용하여 직류 발전기로 사용하며 전기자에서 발생하는 역기전력을 외부저항에서 열에너지를 소비하여 제동하는 방식

3. 회생제동
발전제동과 비슷하나 전기자에서 발생하는 역기전력을 전원전압보다 크게 하여 전원에 반환시켜 제동하는 방식

7 직류기의 손실 및 효율

1. 손실
(1) 고정손(무부하손 : P_0)=철손(P_i)+기계손(P_m)
  ① 철손(P_i)
   $P_i = P_h + P_e$ 이며 $P_h = k_h f B_m^{1.6}$, $P_e = k_e t^2 f^2 B_m^{2}$ 이다.
  ② 기계손(P_m)
   마찰손과 풍손이 이에 속한다.
(2) 가변손(부하손 : P_L)=동손(P_c)+표유부하손(P_s)
   여기서, P_h : 히스테리시스손[W], P_e : 와류손[W], f : 주파수[Hz], B_m : 최대자속밀도[Wb/m²], t : 철심두께[m]

확인문제

35 직류기의 다음 손실 중에서 기계손에 속하는 것은 어느 것인가?

① 풍손　　② 와전류손
③ 브러시의 전기손　　④ 표유 부하손

해설 직류기의 손실
(1) 고정손(무부하손 : P_0)=철손+기계손
  여기서, 기계손은 마찰손과 풍손이 있다.
(2) 가변손(부하손 : P_L)=동손+표유부하손

답 : ①

36 직류기의 손실 중에서 부하의 변화에 따라서 현저하게 변하는 손실은 다음 중 어느 것인가?

① 표유 부하손　　② 철손
③ 풍손　　④ 기계손

해설 직류기의 손실
직류기의 손실 중 부하의 변화에 따라서 현저하게 변하는 손실은 가변손(부하손)이며 동손과 표유부하손이 이에 속한다.

답 : ①

2. 효율(η)

(1) 실측효율

$$\eta = \frac{출력}{입력} \times 100 [\%]$$

(2) 규약효율

① 발전기인 경우 $\eta = \dfrac{출력}{출력+손실} \times 100 [\%]$

② 전동기인 경우 $\eta = \dfrac{입력-손실}{입력} \times 100 [\%]$

(3) 최대 효율 조건과 최대 효율

① 최대 효율 조건

$\underline{P_O = P_L}$ 또는 $\underline{P_O = \left(\dfrac{1}{m}\right)^2 P_L}$
└→ 전부하인 경우   └→ $\dfrac{1}{m}$ 부하인 경우

② 최대 효율(η_m)

$$\eta_m = \frac{출력}{출력 + 2P_O} \times 100 [\%]$$

여기서, P_O : 고정손, P_L : 부하손

확인문제

37 직류 전동기의 규약 효율은 어떤 식으로 표시된 식에 의하여 구해진 값인가?

① $\eta = \dfrac{출력}{입력} \times 100 [\%]$

② $\eta = \dfrac{출력}{출력+손실} \times 100 [\%]$

③ $\eta = \dfrac{입력-손실}{입력} \times 100 [\%]$

④ $\eta = \dfrac{입력}{출력+손실} \times 100 [\%]$

[해설] 직류기의 규약효율

(1) 발전기인 경우 $\eta = \dfrac{출력}{출력+손실} \times 100 [\%]$

(2) 전동기인 경우 $\eta = \dfrac{입력-손실}{입력} \times 100 [\%]$

답 : ③

38 직류기의 효율이 최대가 되는 경우는 다음 중 어느 것인가?

① 와전류손=히스테리시스손
② 기계손=전기자 동손
③ 전부하 동손=철손
④ 고정손=부하손

[해설] 최대효율조건과 최대효율

(1) 최대효율조건

$\underline{P_O = P_L}$ 또는 $\underline{P_O = \left(\dfrac{1}{m}\right)^2 P_L}$
└→ 전부하인 경우   └→ $\dfrac{1}{m}$ 부하인 경우

(2) 최대효율

$\eta_m = \dfrac{출력}{출력+2P_O} \times 100 [\%]$

∴ $P_O = P_L$ → 고정손=부하손

답 : ④

예제 3 | 직류분권발전기의 전압변동률 ★★☆

200[kW], 200[V]인 직류 분권 발전기가 있다. 전기자 권선의 저항이 0.025[Ω]일 때, 전압 변동률은 몇 [%]인가?

① 6.0
② 12.5
③ 20.5
④ 25.0

풀이전략
(1) 무부하단자전압(V_0)을 계산한다. 단, 분권발전기의 무부하단자전압은 유기기전력(E)의 크기와 일치하므로 유기기전력 공식에 의해서 계산한다.
(2) 전압변동률 공식에 의해 해결한다.
(3) 전압변동률에 의한 무부하 단자전압은 유도할 수 있어야 하겠다.

풀 이
출력 $P = 200\,[\text{kW}]$, $V = 200\,[\text{V}]$, $R_a = 0.025\,[\Omega]$일 때

전기자전류(I_a), 부하전류(I), 계자전류(I_f) 관계에서 계자회로 조건은 없으므로

$I_a = I + I_f ≒ I\,[\text{A}]$이다.

분권발전기에서 $I = \dfrac{P}{V}\,[\text{A}]$, $I_f = \dfrac{V}{R_f}\,[\text{A}]$이므로 $I_a = I = \dfrac{P}{V} = \dfrac{200 \times 10^3}{200} = 1{,}000\,[\text{A}]$

$V_0 = E = V + R_a I_a = 200 + 0.025 \times 1{,}000 = 225\,[\text{V}]$

∴ 전압변동률 $= \dfrac{V_0 - V}{V} = \dfrac{225 - 200}{200} \times 100 = 12.5\,[\%]$

정답 ②

유사문제

05 정격 전압 200[V], 정격 출력 10[kW]인 직류 분권 발전기의 전기자 및 분권 계자의 각 저항은 각각 0.1[Ω], 및 100[Ω]이다. 전압 변동률은 몇 [%]인가?

① 2
② 2.6
③ 3
④ 3.6

해설 $V = 200\,[\text{V}]$, $P = 10\,[\text{kW}]$, $R_a = 0.1\,[\Omega]$, $R_f = 100\,[\Omega]$이므로

$I_a = I + I_f = \dfrac{P}{V} + \dfrac{V}{R_f} = \dfrac{10 \times 10^3}{200} + \dfrac{200}{100}$
$= 52\,[\text{A}]$
$V_0 = E = V + R_a I_a = 200 + 0.1 \times 52$
$= 205.2\,[\text{V}]$

∴ 전압변동률 $= \dfrac{V_0 - V}{V} \times 100$
$= \dfrac{205.2 - 200}{200} \times 100 = 2.6\,[\%]$

답 : ②

06 직류 분권 발전기의 정격 전압 200[V], 정격 출력 10[kW], 이때의 계자 전류는 2[A], 전압 변동률은 4[%]라 한다. 발전기의 무부하 전압[V]은?

① 208
② 210
③ 220
④ 228

해설 $V = 200\,[\text{V}]$, $P = 10\,[\text{kW}]$, $I_f = 2\,[\text{A}]$, 전압변동률(ϵ) = 4[%]이므로

$\epsilon = \dfrac{V_0 - V}{V} \times 100\,[\%]$ 식에서

무부하단자전압(V_0)을 정리해서 풀면

∴ $V_0 = \left(\dfrac{\epsilon}{100} + 1\right) V = \left(\dfrac{4}{100} + 1\right) \times 200$
$= 208\,[\text{V}]$

답 : ①

예제 4 직류전동기의 토크와 역기전력

직류 분권 전동기가 있다. 단자 전압 215[V], 전기자 전류 100[A], 1,500[rpm]으로 운전되고 있을 때, 발생 토크[N·m]는? (단, 전기자 저항 $r_a = 0.1[\Omega]$이다.)

① 120.6
② 130.6
③ 191.1
④ 291.1

풀이전략
(1) 직류전동기의 역기전력(E)을 먼저 계산한다.
(2) 직류전동기의 토크(τ) 공식 중에서 역기전력으로 표현되는 식에 대입하여 계산한다.

풀이
$V = 215 [V]$, $I_a = 100 [A]$, $N = 1,500 [rpm]$, $R_a = 0.1 [\Omega]$이므로 전동기 출력 P, 각속도 ω라 할 때 역기전력과 토크는

$E = V - R_a I_a = 215 - 0.1 \times 100 = 205 [V]$

$\tau = \dfrac{P}{\omega} = \dfrac{60P}{2\pi N} = 9.55 \dfrac{P}{N} = 9.55 \dfrac{EI_a}{N} [\text{N·m}] = 0.975 \dfrac{P}{N} [\text{kg·m}]$

여기서, $P = EI_a [W]$이다.

$\therefore \tau = 9.55 \dfrac{EI_a}{N} = 9.55 \times \dfrac{205 \times 100}{1,500} = 130.6 [\text{N·m}]$

정답 ②

유사문제

07 단자 전압 100[V], 전기자 전류 10[A], 전기자 회로의 저항 1[Ω], 정격 속도 1,800[rpm]으로 전부하에서 운전하고 있는 직류 분권전동기의 토크[N·m]는 약 얼마인가?

① 2.8
② 3.0
③ 4.0
④ 4.8

해설 $V = 100 [V]$, $I_a = 10 [A]$, $R_a = 1 [\Omega]$,
$N = 1,800 [rpm]$이므로
$E = V - R_a I_a = 100 - 1 \times 10 = 90 [V]$
$\therefore \tau = 9.55 \dfrac{P}{N} = 9.55 \dfrac{EI_a}{N} = 9.55 \times \dfrac{90 \times 10}{1,800}$
$= 4.8 [\text{N·m}]$

답 : ④

08 정격 5[kW], 100[V]의 타여자 직류 전동기가 어떤 부하를 가지고 회전하고 있다. 전기자 전류 20[A], 회전수 1,500[rpm], 전기자 저항이 0.2[Ω]이다. 발생 토크[kg·m]는 얼마인가?

① 1.00
② 1.15
③ 1.25
④ 1.35

해설 출력 $P = 5 [kW]$, $V = 100 [V]$, $I_a = 20 [A]$,
$N = 1,500 [rpm]$, $R_a = 0.2 [\Omega]$이므로
$E = V - R_a I_a = 100 - 0.2 \times 20 = 96 [V]$
$\therefore \tau = 9.55 \dfrac{EI_a}{N} [\text{N·m}] = 0.975 \dfrac{EI_a}{N} [\text{kg·m}]$
$= 0.975 \times \dfrac{96 \times 20}{1,500} = 1.25 [\text{kg·m}]$

주의 전부하 출력 5[kW]를 적용하면 안됨!

답 : ③

01 출제예상문제

01 전기기계에 있어서 히스테리시스손을 감소시키기 위하여 어떻게 하는 것이 좋은가?

① 성층 철심 사용 ② 규소 강판 사용
③ 보극 설치 ④ 보상 권선 설치

해설 전기자철심은 규소가 1~1.5[%] 함유된 강판을 사용하여 히스테리시스손실(P_h)을 줄인다.
$P_h = k_h f B_m^{1.6}$ [W]
여기서, k_h : 히스테리시스손실계수, f : 주파수,
B_m : 최대자속밀도이다.

02 전기기계에 있어서 와전류손(eddy current loss)을 감소하기 위해서는?

① 보상 권선 설치
② 교류 전원을 사용
③ 규소 강판 성층 철심을 사용
④ 냉각 압연을 한다.

해설 전기자철심을 두께 0.35~0.5[mm]로 얇게 하여 성층하면 와류손(P_e)을 줄일 수 있다.
$P_e = k_e t^2 f^2 B_m^2$ [W]
여기서, k_e : 와류손실계수, t : 철심 두께
f : 주파수, B_m : 최대자속밀도이다.

03 자극수 4, 슬롯수 24, 슬롯 내부 코일변수 4인 단중 중권 직류기의 정류자편수는?

① 38 ② 48
③ 60 ④ 80

해설 정류자편수(K_s)
슬롯 수 N_s, 슬롯 내의 코일변수 U라 하면
$N_s = 24$, $U = 4$이므로
∴ $K_s = \dfrac{U}{2} N_s = \dfrac{4}{2} \times 24 = 48$

04 정현파형의 회전자계 중에 정류자가 있는 회전자를 놓으면 각 정류자편 사이에 연결되어 있는 회전자 권선에는 크기가 같고 위상이 다른 전압이 유기된다. 정류자편수를 K라 하면 정류자편 사이의 위상차는?

① $\dfrac{\pi}{K}$ ② $\dfrac{2\pi}{K}$
③ $\dfrac{K}{\pi}$ ④ $\dfrac{K}{2\pi}$

해설 정류자편간 위상차(θ_s)
정류자편수를 K_s라 하면
∴ $\theta_s = \dfrac{2\pi}{K_s}$

05 6극 직류발전기의 정류자편수가 132, 유기기전력이 220[V], 직렬 도체수가 132개이고 중권이다. 정류자편간 전압[V]은?

① 10 ② 20
③ 30 ④ 40

해설 정류자편간 평균전압(e_s)
극수 p, 유기기전력 E, 정류자편수 K_s라 하면
$p = 6$, $K_s = 132$, $E = 220$ [V]이므로
∴ $e_s = \dfrac{pE}{K_s} = \dfrac{6 \times 220}{132} = 10$ [V]

06 직류기에 탄소브러시를 사용하는 주된 이유는?

① 고유저항이 작다. ② 접촉저항이 작다.
③ 접촉저항이 크다. ④ 고유저항이 크다.

해설 브러시
정류자와 접촉되어 전기자에서 발생한 기전력을 외부회로에 공급하기 위한 접촉부 또는 연결부이다.
(1) 브러시 압력 : 0.1~0.25[kg/cm²]
(2) 탄소브러시 : 접촉저항이 크기 때문에 양호한 정류에 용이하며 저전류, 저속기 용도로 쓰인다.
(3) 흑연질브러시 : 접촉저항이 작기 때문에 대전류, 고속기 용도로 쓰인다.

정답 01 ② 02 ③ 03 ② 04 ② 05 ① 06 ③

07 다음 권선법 중에서 직류기에 주로 사용되는 것은?

① 폐로권, 환상권, 2층권
② 폐로권, 고상권, 2층권
③ 개로권, 환상권, 단층권
④ 개로권, 고상권, 2층권

[해설] 전기자 권선법
여러 가지의 권선법 중에서 전기자 권선법은 고상권, 폐로권, 2층권을 사용하고 있다.

08 직류기의 전기자 권선을 중권(中卷)으로 하였을 때, 해당되지 않는 것은?

① 전기자 권선의 병렬 회로수는 극수와 같다.
② 브러시수는 2개이다.
③ 전압이 낮고, 비교적 전류가 큰 기기에 적합하다.
④ 균압선 접속을 할 필요가 있다.

[해설] 중권과 파권의 비교

비교항목	중권	파권
전기자병렬회로수(a)	$a=p$ (극수)	$a=2$
브러시 수(b)	$b=p$	$b=2$
용도	저전압, 대전류용	고전압, 소전류용
균압접속	필요하다.	불필요하다.
다중도(m)	$a=pm$	$a=2m$

09 단중 중권의 극수 p 인 직류기에서 전기자 병렬 회로수 a는 어떻게 되는가?

① $a=2$ ② $a=p$
③ $a=2p$ ④ $a=3p$

[해설] 중권과 파권의 비교

비교항목	중권	파권
전기자 병렬회로수(a)	$a=p$ (극수)	$a=2$

10 직류기의 다중 중권 권선법에 전기자 병렬 회로수 a와 극수 p는 어떤 관계인가? (단, 다중도는 m이다.)

① $a=2$ ② $a=2m$
③ $a=p$ ④ $a=mp$

[해설] 중권과 파권의 비교

비교항목	중권	파권
전기자 병렬회로수(a)	$a=p$ (극수)	$a=2$
다중도(m)	$a=pm$	$a=2m$

11 직류기의 권선을 단중 파권으로 감으면?

① 내부 병렬 회로수가 극수만큼 생긴다.
② 내부 병렬 회로수는 극수에 관계없이 언제나 2이다.
③ 저압 대전류용 권선이다.
④ 균압환을 연결해야 한다.

[해설] 중권과 파권의 비교

비교항목	중권	파권
전기자 병렬회로수(a)	$a=p$ (극수)	$a=2$

12 전기자 도체의 굵기, 권수, 극수가 모두 동일할 때, 단중 파권은 단중 중권에 비해 전류와 전압의 관계는?

① 소전류 저전압
② 대전류 저전압
③ 소전류 고전압
④ 대전류 고전압

[해설] 중권과 파권의 비교

비교항목	중권	파권
용도	저전압, 대전류용	고전압, 소전류용

정답 07 ② 08 ② 09 ② 10 ④ 11 ② 12 ③

13 직류기 파권 권선의 이점은?

① 효율이 좋다.
② 전압이 높아진다.
③ 전압이 작아진다.
④ 출력이 증가한다.

[해설] 중권과 파권의 비교

비교항목	중권	파권
용도	저전압, 대전류용	고전압, 소전류용

14 직류기의 권선법에 관한 설명으로 틀린 것은?

① 단중 파권으로 하면 단중 중권의 $p/2$배인 유기 전압이 발생한다.
② 중권으로 하면 균압환이 필요없다.
③ 단중 중권의 병렬 회로수는 극수와 같다.
④ 중권이나 파권의 권선법에는 모두 진권(進捲) 및 여권(戾捲)을 할 수 있다.

[해설] 중권과 파권의 비교

비교항목	중권	파권
균압접속	필요하다.	불필요하다.

15 4극 전기자 권선이 단중 중권인 직류발전기의 전기자 전류가 20[A]이면 각 전기자 권선의 병렬 회로에 흐르는 전류[A]는?

① 10   ② 8
③ 5   ④ 2

[해설] 전기자권선이 중권이면 병렬회로수(a)는 극수(p)와 같게 되며 전기자전류(I_a)는 병렬회로수만큼 분배되어 병렬회로에 흐르게 된다.

$$\therefore \frac{I_a}{a} = \frac{I_a}{p} = \frac{20}{4} = 5 [A]$$

16 직류기에서 전기자 반작용이란 전기자 권선에 흐르는 전류로 인하여 생긴 자속이 무엇에 영향을 주는 현상인가?

① 모든 부분에 영향을 주는 현상
② 계자극에 영향을 주는 현상
③ 감자 작용만을 하는 현상
④ 편자 작용만을 하는 현상

[해설] 전기자 반작용
전기자권선에 흐르는 전기자전류가 계자극에서 발생한 주자속에 영향을 주어 주자속의 분포와 크기가 달라지게 되는데 이러한 현상을 전기자 반작용이라 한다.

17 직류발전기에서 기하학적 중성축과 α[rad]만큼 브러시의 위치가 이동되었을 때, 극당 감자기자력은 몇 [AT]인가? (단, 극수 p, 전기자 전류 I_a, 전기자 도체수 Z, 병렬회로수 a이다.)

① $\dfrac{I_a Z}{2pa} \cdot \dfrac{\alpha}{180}$ ② $\dfrac{2pa}{I_a Z} \cdot \dfrac{\alpha}{180}$

③ $\dfrac{I_a Z}{2pa} \cdot \dfrac{2\alpha}{180}$ ④ $\dfrac{2pa}{I_a Z} \cdot \dfrac{2\alpha}{180}$

[해설] 전기자 반작용에 의한 전기자 기자력
(1) 감자기자력(AT_d)

$$AT_d = \frac{ZI_a}{2pa} \cdot \frac{2\alpha}{\pi} = \frac{ZI_a}{ap} \cdot \frac{\alpha}{\pi} = K_d \cdot \frac{2\alpha}{\pi}$$

(2) 교차기자력(AT_c)

$$AT_c = \frac{ZI_a}{2pa} \cdot \frac{\beta}{\pi} = \frac{ZI_a}{2pa} \cdot \frac{\pi - 2\alpha}{\pi} = K_c \cdot \frac{\beta}{\pi}$$

18 직류기에서 전기자 반작용에 의한 극의 짝수당 감자기자력[AT/pole pair]은 어떻게 표시되는가? (단, α는 브러시 이동각, Z는 전기자 도체수, I_a는 전기자 전류, A는 전기자 병렬회로수이다.)

① $\dfrac{\alpha}{180} \cdot Z \cdot \dfrac{I_a}{A}$ ② $\dfrac{90-\alpha}{180} \cdot Z \cdot \dfrac{I_a}{A}$

③ $\dfrac{180}{\alpha} \cdot Z \cdot \dfrac{I_a}{A}$ ④ $\dfrac{180}{90-\alpha} \cdot Z \cdot \dfrac{I_a}{A}$

[해설] 전기자 반작용에 의한 전기자 기자력
감자기자력(AT_d)

$$AT_d = \frac{ZI_a}{2pa} \cdot \frac{2\alpha}{\pi} = \frac{ZI_a}{ap} \cdot \frac{\alpha}{\pi} = K_d \cdot \frac{2\alpha}{\pi}$$

정답 13 ② 14 ② 15 ③ 16 ② 17 ③ 18 ①

★

19 직류기의 전기자 기자력 중에서 감자기자력 및 교차기자력이 있다. 여기서, 자극단에 작용하는 교차기자력[AT/극]을 표시한 것 중에서 맞는 것은? (단, 여기서 Z는 전 도체수, a는 병렬회로수, p는 극수, α는 브러시의 이동각[rad], β는 $\pi - 2\alpha$, I_a는 전기자 전류[A]이다.)

① $\dfrac{ZI_a}{2pa} \cdot \dfrac{2\alpha}{\pi}$ ② $\dfrac{ZI_a}{2pa} \cdot \dfrac{\beta}{\pi}$

③ $\dfrac{ZI_a}{2pa} \cdot \dfrac{\alpha}{\pi}$ ④ $\dfrac{ZI_a}{2pa}$

해설 전기자 반작용에 의한 전기자 기자력
교차기자력(AT_c)
$$AT_c = \dfrac{ZI_a}{2pa} \cdot \dfrac{\beta}{\pi} = \dfrac{ZI_a}{2pa} \cdot \dfrac{\pi - 2\alpha}{\pi} = K_c \cdot \dfrac{\beta}{\pi}$$

★★★

20 전기자 반작용이 직류 발전기에 영향을 주는 것을 설명한 것이다. 틀린 설명은?

① 전기자 중성축을 이동시킨다.
② 자속을 감소시켜 부하시 전압 강하의 원인이 된다.
③ 정류자편간 전압이 불균일하게 되어 섬락의 원인이 된다.
④ 전류의 파형은 찌그러지나 출력에는 변화가 없다.

해설 전기자 반작용의 영향
(1) 주자속이 감소한다.
  ㉠ 발전기에서 기전력 감소 및 출력 감소
  ㉡ 전동기에서 토크 감소
(2) 편자작용으로 중성축의 이동
  ㉠ 발전기는 회전방향
  ㉡ 전동기는 회전반대방향
(3) 정류불량으로 불꽃 섬락 발생

★★★

21 직류 발전기의 전기자 반작용을 설명함에 있어서 그 영향을 없애는 데 가장 유효한 것은?

① 균압환 ② 탄소 브러시
③ 보상 권선 ④ 보극

해설 전기자 반작용의 방지 대책
(1) 보상권선을 설치하여 전기자 전류와 반대방향으로 흘리면 교차기자력이 줄어들어 전기자 반작용을 억제한다. (주대책임)
(2) 보극을 설치하여 평균리액턴스전압을 없애고 정류 작용을 양호하게 한다.
(3) 브러시를 새로운 중성축으로 이동시킨다.
  ㉠ 발전기는 회전방향
  ㉡ 전동기는 회전반대방향

★★

22 직류기에서 전기자 반작용을 방지하기 위한 보상 권선의 전류 방향은?

① 계자 전류 방향과 같다.
② 계자 전류 방향과 반대이다.
③ 전기자 전류 방향과 같다.
④ 전기자 전류 방향과 반대이다.

해설 보상권선
보상권선을 설치하여 전기자 전류와 반대방향으로 흘리면 교차기자력이 줄어들어 전기자 반작용을 억제한다. (주대책임)

★★★

23 직류기의 전기자 반작용 중 교차자화작용을 근본적으로 없애는 실제적인 방법은?

① 보극 설치 ② 보상권선 설치
③ 브러시의 이동 ④ 계자 전류 조정

해설 보상권선
보상권선을 설치하여 전기자 전류와 반대방향으로 흘리면 교차기자력이 줄어들어 전기자 반작용을 억제한다. (주대책임)

24 직류발전기의 전기자 반작용을 줄이고 정류를 잘 되게 하기 위해서는?

① 리액턴스 전압을 크게 할 것
② 보극과 보상권선을 설치할 것
③ 브러시를 이동시키고 주기를 크게 할 것
④ 보상권선을 설치하여 리액턴스 전압을 크게 할 것

해설 전기자 반작용의 방지 대책
(1) 보상권선을 설치하여 전기자 전류와 반대방향으로 흘리면 교차기자력이 줄어들어 전기자 반작용을 억제한다.(주대책임)
(2) 보극을 설치하여 평균리액턴스전압을 없애고 정류작용을 양호하게 한다.

25 전기자 반작용이 보상되지 않은 것은?

① 계자 기자력 증대
② 보극권선 설치
③ 전기자 전류 감소
④ 보상권선 설치

해설 전기자 반작용의 원인은 전기자 전류에 의해서 생기는 자속분포가 계자극에 영향을 주게 되어 자속밀도가 일정하지 않게 되고 중성축이 이동하게 되는 현상으로 보상권선을 설치하여 억제할 수 있다. 또한 보극을 설치하면 전기자 반작용에 의해서 생기는 정류불량을 개선할 수 있으며 전기자전류를 감소시켜 전기자기자력을 줄이는 것도 또 하나의 방법이 될 수 있다. 하지만 계자기자력을 증대시키면 유기기전력이 증가되어 전기자전류도 증가함으로써 전기자 반작용의 보상에는 별로 도움이 되지 않는다.

26 직류기에서 전기자 반작용을 방지하는 방법 중 적합하지 않은 것은?

① 보상권선 설치
② 보극 설치
③ 보상권선과 보극 설치
④ 부하에 따라 브러시 이동

해설 이 문제는 얼핏 보면 답이 없는 것처럼 보이기 쉽다. 하지만 보기 중에서 전기자 반작용과 직접적인 관련이 없는 것을 골라보면 답을 찾을 수 있다. 전기자 반작용의 억제 대책으로 보상권선은 주대책이며 중성축의 이동으로 전기자 반작용을 상쇄시킬 수 있다. 그러나 보극은 사실상 전기자 반작용의 억제 대책이기보다는 전기자 반작용에 의해서 정류불량이 생기게 되는데 이 때 정류를 개선하는데 필요한 대책이라 할 수 있다. 따라서 본문에서 전기자 반작용방지법 중 관련성이 가장 없는 것은 보극설치라 할 수 있다.

27 보극이 없는 직류발전기의 경우, 부하의 증가에 따른 브러시의 위치는?

① 그대로 둔다.
② 회전 방향과 반대로 이동
③ 회전 방향으로 이동
④ 극의 중간에 놓는다.

해설 직류발전기와 직류전동기에 보극이 없는 경우 전기자 반작용에 의한 중성축의 이동을 보상할 수 없게 된다. 특히 직류발전기에서는 중성축이 이동하면 정류가 불량하게 되어 권선에서 불꽃 섬락이 발생하게 된다. 이 경우 브러시를 이동시켜 새로운 중성축과 일치하도록 하면 전기자 반작용을 줄일 수 있게 된다. 따라서 직류발전기는 중성축이 발전기 회전방향으로 이동하므로 브러시도 같은 회전방향으로 이동시키며 직류전동기는 중성축이 전동기의 회전반대방향으로 이동하므로 브러시도 회전반대방향으로 이동시켜야 한다.

28 보극이 없는 직류전동기는 부하의 증가에 따라 브러시의 위치를 어떻게 하는 것이 좋은가?

① 그대로 둔다.
② 회전 방향과 반대로 이동한다.
③ 회전 방향으로 이동한다.
④ 극호(極弧)의 중간 위치에 둔다.

해설 직류발전기는 중성축이 발전기 회전방향으로 이동하므로 브러시도 같은 회전방향으로 이동시키며 직류전동기는 중성축이 전동기의 회전반대방향으로 이동하므로 브러시도 회전반대방향으로 이동시켜야 한다.

정답 24 ② 25 ① 26 ② 27 ③ 28 ②

29. 그림과 같은 정류곡선에서 양호한 정류를 얻을 수 있는 곡선은?

① a, b
② c, d
③ a, f
④ b, e

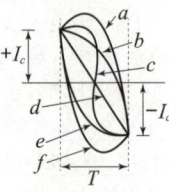

해설 정류곡선
(1) 직선정류(d 곡선) : 가장 이상적인 정류곡선으로 불꽃없는 양호한 정류곡선이다.
(2) 정현파 정류(c 곡선) : 보극을 적당히 설치하면 전압정류로 유도되어 정현파 정류가 되며 평균리액턴스전압을 감소시키고 불꽃없는 양호한 정류를 얻을 수 있다.
(3) 부족정류(a, b 곡선) : 정류주기의 말기에서 전류변화가 급격해지고 평균리액턴스전압이 증가하며 정류가 불량해진다. 이 경우 불꽃이 브러시의 후반부에서 발생한다.
(4) 과정류(e, f 곡선) : 정류주기의 초기에서 전류변화가 급격해지고 불꽃이 브러시의 전반부에서 발생한다.

30. 직류기에서 정류불량의 원인이 아닌 것은?

① 브러시의 불량
② 리액턴스 전압의 과대
③ 회전 속도의 감소
④ 전기자 공극 길이의 불균일

해설 직류기의 정류불량의 원인
(1) 리액턴스 전압의 과대(정류주기가 짧아지고 회전속도 증가)
(2) 부적당한 보극의 선택
(3) 브러시의 불량(브러시의 위치 및 재료가 부적당)
(4) 전기자, 계자(주극) 및 보극의 공극의 길이 불균일

31. 직류 발전기에서 양호한 정류를 하기 위한 방법이 아닌 것은?

① 보상권선을 마련한다.
② 보극을 마련한다.
③ 브러시의 접촉저항을 적게 한다.
④ 정류를 받는 코일의 자기인덕턴스(self inductance)를 적게 한다.

해설 직류기의 양호한 정류를 얻는 방법
(1) 평균리액턴스 전압을 줄인다.
  ㉠ 보극을 설치한다.(전압정류 : 정현파 정류)
  ㉡ 단절권을 채용한다.(인덕턴스 감소)
  ㉢ 정류주기를 길게 한다.(회전속도 감소)
(2) 브러시 접촉저항을 크게 하여 접촉면 전압강하를 크게 한다.(탄소 브러시 채용)
(3) 보극과 보상권선을 설치한다.
(4) 양호한 브러시를 채용하고 전기자 공극의 길이를 균등하게 한다.

32. 직류기에서 정류(整流)를 양호하게 하는 조건이 아닌 것은?

① 정류주기를 길게 한다.
② 전절권으로 한다.
③ 회전속도를 적게 한다.
④ 리액턴스 전압을 감소시킨다.

해설 직류기의 양호한 정류를 얻는 방법
평균리액턴스전압을 줄인다.
(1) 보극을 설치한다.(전압정류 : 정현파 정류)
(2) 단절권을 채용한다.(인덕턴스 감소)
(3) 정류주기를 길게 한다.(회전속도 감소)

33. 불꽃 없는 정류를 하기 위해 평균리액턴스 전압(A)과 브러시 접촉면 전압강하(B) 사이에 필요한 조건은?

① A > B
② A < B
③ A = B
④ A, B에 관계없다.

해설 직류기의 양호한 정류를 얻는 방법
브러시 접촉저항을 크게 하여 접촉면 전압강하를 크게 한다.(탄소 브러시 채용)

정답 29 ② 30 ③ 31 ③ 32 ② 33 ②

34 직류기에 있어서 불꽃 없는 정류를 얻는데 가장 유효한 방법은?

① 탄소브러시와 보상권선
② 보극과 탄소브러시
③ 자기 포화와 브러시의 이동
④ 보극과 보상권선

해설 불꽃없는 양호한 정류를 얻기 위해서 탄소브러시를 채용하거나 보극을 설치하거나 보상권선 및 브러시의 이동 등이 모두 옳은 방법이 될 수 있다. <u>하지만 이중에서 가장 적합한 방법을 선택해야 할 경우에는 탄소브러시 채용과 보극을 선택해야 한다.</u> 보상권선과 브러시의 이동 등은 양호한 정류를 얻는 직접적인 방법에 해당하지 않고 전기자 반작용을 억제하는 것이 주목적에 해당하기 때문이다.

35 직류기 정류작용에서 전압정류의 역할을 하는 것은?

① 탄소브러시　　② 보상권선
③ 전기자 반작용　④ 보극

해설 직류기의 양호한 정류를 얻는 방법
평균리액턴스전압을 줄인다.
(1) 보극을 설치한다.(전압정류 : 정현파 정류)
(2) 단절권을 채용한다.(인덕턴스 감소)
(3) 정류주기를 길게 한다.(회전속도 감소)

36 직류발전기의 극수 p, 전기자 도체수 Z, 매극의 유효자속 ϕ[Wb], m중 파권인 경우에 회전수 N[rpm]이면 유기기전력은 몇 [V]인가?

① $\dfrac{p\phi NZ}{m}$　　② $\dfrac{p\phi NZ}{2m}$

③ $\dfrac{p\phi NZ}{60m}$　　④ $\dfrac{p\phi NZ}{120m}$

해설 유기기전력(E)

$E = \dfrac{pZ\phi N}{60a} = k\phi N$[V]이므로 m중 파권인 경우
병렬회로수 $a = 2m$이므로
$\therefore E = \dfrac{pZ\phi N}{60 \times 2m} = \dfrac{pZ\phi N}{120m}$ [V]

37 매극 유효자속 0.035[Wb], 전기자 총 도체수 152인 4극 중권 발전기를 매분 1,200회의 속도로 회전할 때에 기전력[V]을 구하면?

① 약 106　　② 약 86
③ 약 66　　④ 약 53

해설 유기기전력(E)
$\phi = 0.035$ [Wb], $Z = 152$, $p = 4$극, 중권($a = p$),
$N = 1,200$ [rpm]이므로
$\therefore E = \dfrac{pZ\phi N}{60a} = \dfrac{4 \times 152 \times 0.035 \times 1,200}{60 \times 4}$
$\fallingdotseq 106$ [V]

38 전기자 도체의 총 수 400, 10극 단중 파권으로 매극의 자속수가 0.02[Wb]인 직류발전기가 1,200[rpm]의 속도로 회전할 때, 그 유도기전력[V]은?

① 800　　② 750
③ 720　　④ 700

해설 유기기전력(E)
$Z = 400$, $p = 10$극, 파권($a = 2$), $\phi = 0.02$ [Wb],
$N = 1,200$ [rpm]이므로
$\therefore E = \dfrac{pZ\phi N}{60a} = \dfrac{10 \times 400 \times 0.02 \times 1,200}{60 \times 2}$
$= 800$ [V]

39 1극당 자속 0.01[Wb], 도체수 400, 회전수 600[rpm]인 6극 직류기의 유도기전력[V]은? (단, 직렬권이다.)

① 160　　② 140
③ 120　　④ 100

해설 유기기전력(E)
$\phi = 0.01$ [Wb], $Z = 400$, $N = 600$ [rpm], $p = 6$극,
직렬권(=파권 : $a = 2$)이므로
$\therefore E = \dfrac{pZ\phi N}{60a} = \dfrac{6 \times 400 \times 0.01 \times 600}{60 \times 2}$
$= 120$ [V]

정답　34 ②　35 ④　36 ④　37 ①　38 ①　39 ③

핵심 _ 전기기기

★★
40 직류 분권발전기의 극수 8, 전기자 총 도체수 600으로 매분 800회전할 때, 유기기전력이 110[V]라 한다. 전기자 권선은 중권일 때, 매극의 자속수 [Wb]는?

① 0.03104 ② 0.02375
③ 0.01014 ④ 0.01375

해설 유기기전력(E) 공식을 이용한 자속수(ϕ) 계산
$p = 8$극, $Z = 600$, $N = 800$[rpm], $E = 110$[V],
중권($a = p$)이므로 $E = \dfrac{pZ\phi N}{60a}$[V]식에서
$\therefore \phi = \dfrac{60aE}{pZN} = \dfrac{60 \times 8 \times 110}{8 \times 600 \times 800} = 0.01375$[Wb]

★★★
41 계자철심에 잔류자기가 없어도 발전되는 직류기는?

① 직권기 ② 타여자기
③ 분권기 ④ 복권기

해설 직류발전기의 종류
(1) 타여자발전기
   외부회로에서 여자를 확립시켜주기 때문에 잔류자기가 없어도 발전되는 발전기
(2) 자여자발전기
   잔류자기가 존재해야 하며 자기여자로 여자를 확립할 수 있는 발전기(분권, 직권, 복권발전기가 이에 속한다.)

★★
42 포화하고 있지 않은 직류발전기의 회전수가 $\dfrac{1}{2}$로 감소되었을 때, 기전력을 전과 같은 값으로 하지면 여자를 속도 변화 전에 비해 얼마로 해야 하는가?

① $\dfrac{1}{2}$배 ② 1배
③ 2배 ④ 4배

해설 유기기전력
$E = k\phi N$[V]이므로 기전력이 일정한 경우 ϕ(자속 : 여자)와 N(회전수)은 반비례 관계가 성립된다.
$\therefore \phi \propto \dfrac{1}{N}$이면 ϕ는 2배 증가한다.

★
43 25[kW], 125[V], 1,200[rpm]인 직류 타여자 발전기가 있다. 전기자 저항(브러시 저항 포함)은 0.4[Ω]이다. 이 발전기를 정격 상태에서 운전하고 있을 때, 속도를 200[rpm]으로 저하시켰다면 발전기의 유기기전력은 어떻게 변화하겠는가? (단, 정상 상태에서 유기기전력을 E라 한다.)

① $\dfrac{1}{2}E$ ② $\dfrac{1}{4}E$
③ $\dfrac{1}{6}E$ ④ $\dfrac{1}{8}E$

해설 타여자발전기의 부하특성
타여자발전기의 정격운전상태에서 속도를 저하시키면
$E = k\phi N$[V]식에 의해 $E \propto N$이므로 유기기전력도 따라서 저하한다.
$N = 1,200$[rpm]에서 $N' = 200$[rpm]으로 변화시 유기기전력의 크기는 비례식을 이용하여 풀면
$\therefore E' = \dfrac{N'}{N}E = \dfrac{200}{1,200}E = \dfrac{1}{6}E$[V]

★★
44 타여자발전기가 있다. 부하전류 10[A]일 때 단자전압 100[V]이었다. 전기자 저항 0.2[Ω], 전기자 반작용에 의한 전압강하가 2[V], 브러시의 접촉에 의한 전압강하가 1[V]였다고 하면 이 발전기의 유기기전력[V]은?

① 102 ② 103
③ 104 ④ 105

해설 타여자발전기의 부하특성
타여자발전기의 부하전류(I)와 전기자전류(I_a)는 서로 같다.
$I = I_a = 10$[A], $V = 100$[V], $R_a = 0.2$[Ω],
$e_a = 2$[V], $e_b = 1$[V]이므로
$\therefore E = V + R_a I_a + e_a + e_b$
$= 100 + 0.2 \times 10 + 2 + 1 = 105$[V]

정답 40 ④ 41 ② 42 ③ 43 ③ 44 ④

45 정격이 5[kW], 100[V], 1,500[rpm]인 타여자 직류발전기가 있다. 계자 전압 50[V], 계자 전류 5[A], 전기자 저항 0.2[Ω]이고 브러시에서의 전압강하는 2[V]이다. 무부하시와 정격 부하시의 전압차는 몇 [V]인가?

① 12　　② 10
③ 8　　　④ 6

해설 타여자발전기의 부하특성 및 무부하특성
출력 $P = 5\,[\text{kW}]$, $V = 100\,[\text{V}]$, $N = 1500\,[\text{rpm}]$,
$V_f = 50\,[\text{V}]$, $I_f = 5\,[\text{A}]$, $R_a = 0.2\,[\Omega]$, $e_b = 2\,[\text{V}]$
에서 부하전류(I)는 $I = \dfrac{P}{V} = \dfrac{5 \times 10^3}{100} = 50\,[\text{A}]$
타여자발전기의 무부하단자전압(V_0)은 유기기전력(E)과 같으며 부하전류(I)와 전기자전류(I_a)가 같으므로
$V_0 = E = V + R_a I_a + e_b$
　　$= 100 + 0.2 \times 50 + 2 = 112\,[\text{V}]$
따라서 무부하단자전압(V_0)과 정격부하시 단자전압(V)의 차는
$\therefore\ V_0 - V = 112 - 100 = 12\,[\text{V}]$

47 단자전압 220[V], 부하전류 48[A], 계자전류 2[A], 전기자 저항 0.2[Ω]인 분권 발전기의 유도기전력[V]은? (단, 전기자 반작용은 무시한다.)

① 240　　② 230
③ 220　　④ 210

해설 분권발전기의 부하특성
$V = 220\,[\text{V}]$, $I = 48\,[\text{A}]$, $I_f = 2\,[\text{A}]$, $R_a = 0.2\,[\Omega]$
이므로 전기자전류(I_a)는
$I_a = I + I_f = 48 + 2 = 50\,[\text{A}]$이다.
$\therefore\ E = V + R_a I_a = 220 + 0.2 \times 50 = 230\,[\text{V}]$

46 단자전압 220[V], 부하전류 50[A]인 분권발전기의 유기기전력[V]은? (단, 전기자 저항 0.2[Ω], 계자 전류 및 전기자 반작용은 무시한다.)

① 210　　② 225
③ 230　　④ 250

해설 분권발전기의 부하특성
$V = 220\,[\text{V}]$, $I = 50\,[\text{A}]$, $R_a = 0.2\,[\Omega]$, $I_f = 0\,[\text{A}]$
이므로 분권발전기의 전기자전류 $I_a = I + I_f = I\,[\text{A}]$이다.
$\therefore\ E = V + R_a I_a = 220 + 0.2 \times 50 = 230\,[\text{V}]$

참고 분권발전기의 단자전압(V)과 계자저항(R_f), 계자전류(I_f)와의 관계는 $V = R_f I_f\,[\text{V}]$이다.

48 어떤 직류발전기의 유기기전력이 206[V]이다. 이것에 1.25[Ω]의 부하 저항을 연결했을 때의 단자 전압은 195[V]였다. 전기자 저항은 몇 [Ω]인가?

① 0.0321　　② 0.0424
③ 0.0705　　④ 0.0894

해설 직류발전기의 부하특성
$E = 206\,[\text{V}]$, $R_L = 1.25\,[\Omega]$, $V = 195\,[\text{V}]$이므로
부하전류(I)는 $I = \dfrac{V}{R_L} = \dfrac{195}{1.25} = 156\,[\text{A}]$이다.
부하전류(I)와 전기자전류(I_a)를 같게 놓고
$E = V + R_a I_a\,[\text{V}]$ 식에서 전기자저항(R_a)을 정리하여 풀면
$\therefore\ R_a = \dfrac{E - V}{I_a} = \dfrac{206 - 195}{156} = 0.0705\,[\Omega]$

정답　45 ①　46 ③　47 ②　48 ③

49 유기기전력 210[V], 단자전압 200[V], 5[kW]인 분권발전기의 계자 저항이 500[Ω]이면 전기자 저항 [Ω]은?

① 0.2　　② 0.4
③ 0.6　　④ 0.8

해설 분권발전기의 부하 특성
$E = 210\,[V]$, $V = 200\,[V]$, 출력 $P = 5\,[kW]$,
$R_f = 500\,[\Omega]$이므로
분권발전기의 부하특성에서 부하전류(I),
전기자전류(I_a), 계자전류(I_f) 관계식은
$I_f = \dfrac{V}{R_f}\,[A]$, $I = \dfrac{P}{V}\,[A]$, $I_a = I + I_f\,[A]$이다.

$I_a = I + I_f = \dfrac{P}{V} + \dfrac{V}{R_f}$

$\quad = \dfrac{5 \times 10^3}{200} + \dfrac{200}{500} = 25.4\,[A]$

$E = V + R_a I_a\,[V]$식에서 전기자저항(R_a)을 정리하여 풀면

$\therefore R_a = \dfrac{E - V}{I_a} = \dfrac{210 - 200}{25.4} = 0.4\,[\Omega]$

50 550[V], 2,090[A], 8극, 735[rpm]이고 전기자 권선이 단중 중권인 직류발전기의 전기자 도체수 총 수가 464이다. 정격 전류가 흐를 때 단자전압을 550[V]로 유지하는 데에 필요한 매극 유효자속은 몇 [Wb]인가? (단, 전기자 회로의 저항은 0.0053 [Ω], 브러시의 전압강하는 2[V]이고 전기자 반작용은 무시한다.)

① 약 0.980　　② 약 0.0985
③ 약 0.0990　　④ 약 0.0995

해설 직류발전기의 유기기전력(E)과 자속수(ϕ)
$V = 550\,[V]$, $I = 2,090\,[A]$, $p = 8$극,
$N = 735\,[rpm]$, 중권($a = p$), $Z = 464$,
$R_a = 0.0053\,[\Omega]$, $e_b = 2\,[V]$이므로
$E = V + R_a I_a + e_b = \dfrac{pZ\phi N}{60a}\,[V]$식에서 자속($\phi$)을 정리하여 풀면

$\therefore \phi = \dfrac{60a(V + R_a I_a + e_b)}{pZN}$

$\quad = \dfrac{60 \times 8 \times (550 + 0.0053 \times 2090 + 2)}{8 \times 464 \times 735}$

$\quad = 0.0990\,[Wb]$

51 1,000[kW], 500[V]인 단중 중권의 직류발전기가 있다. 회전수 306[rpm]이고, 홈수(Slot의 수) 192, 각 홈 속의 도체수는 6이며, 자극수가 12일 때, 전부하에서의 자속수[Wb]는? (단, 전기자 저항은 0.005[Ω]이고 브러시에서의 전압강하는 정부(正負) 브러시 한 조에 2[V]로 한다.)

① 약 0.087　　② 약 0.1085
③ 약 0.2367　　④ 약 0.4028

해설 직류발전기의 유기기전력(E)과 자속수(ϕ)
출력 $P_0 = 1,000\,[kW]$, $V = 500\,[V]$,
$N = 306\,[rpm]$, 슬롯수 = 192, 슬롯내부 도체수 = 6,
자극수 $p = 12$극, $R_a = 0.005\,[\Omega]$,
중권($a = p$), $e_b = 2\,[V]$이므로

$I = \dfrac{P_0}{V} = \dfrac{1,000 \times 10^3}{500} = 2,000\,[A]$

총 도체수 Z = 슬롯수 × 슬롯내부 도체수
$\quad = 192 \times 6 = 1,152$

$E = V + R_a I_a + e_b = \dfrac{pZ\phi N}{60a}\,[V]$

식에서 자속(ϕ)을 정리하여 풀면

$\therefore \phi = \dfrac{60a(V + R_a I_a + e_b)}{pZN}$

$\quad = \dfrac{60 \times 12 \times (500 + 0.005 \times 2,000 + 2)}{12 \times 1,152 \times 306}$

$\quad = 0.087\,[Wb]$

52 계자 권선이 전기자에 병렬로만 연결된 직류기는?

① 분권기　　② 직권기
③ 복권기　　④ 타여자기

해설 직류발전기의 종류 및 구조
(1) 타여자발전기 : 계자권선과 전기자권선이 서로 독립되어 있는 발전기
(2) 자여자발전기 : 계자권선과 전기자권선이 서로 연결되어 있는 발전기
　㉠ 분권기 : 계자권선이 전기자권선과 병렬로만 접속
　㉡ 직권기 : 계자권선이 전기자권선과 직렬로만 접속
　㉢ 복권기 : 계자권선이 전기자권선과 직·병렬로 접속

정답 49 ②　50 ③　51 ①　52 ①

53 직류 분권발전기에 대하여 설명한 것 중 옳은 것은?

① 단자전압이 강하하면 계자 전류가 증가한다.
② 타여자발전기의 경우보다 외부특성곡선이 상향으로 된다.
③ 분권 권선의 접속 방법에 관계없이 자기여자로 전압을 올릴 수가 있다.
④ 부하에 의한 전압의 변동이 타여자 발전기에 비하여 크다.

[해설] 분권발전기의 특징
(1) $V = R_f I_f$ [V] 식에서 $V \propto I_f$이므로 단자전압이 강하하면 계자전류도 감소한다.
(2) 분권발전기의 외부특성곡선은 타여자발전기에 비해서 아래에 위치한다. 이는 발전기의 외부 출력의 변화에 따른 단자전압의 변화가 타여자발전기에 비해서 크다는 의미를 내포하고 있다.
(3) 분권발전기는 잔류자기가 존재해야 하며 자기여자로 전압을 확립해야 한다. 그러기 위해서는 발전기의 전류방향이 반대로 바뀌거나 권선을 반대로 감으면 안 된다. 이는 잔류자기가 소멸되어 발전이 불가능해지기 때문이다.
(4) 발전기 중에서 전압변동이 거의 없는 정전압 발전기로 호칭되는 발전기가 타여자발전기로서 계자회로의 전원이 외부에서 독립되어 있기 때문에 여자를 일정하게 하여 전압을 일정하게 유지할 수 있다. 분권발전기도 전압변동이 크진 않지만 타여자발전기에 비하면 약간 크다.

54 직류발전기의 단자전압을 조정하려면 다음 어느 것을 조정하는가?

① 전기자 저항   ② 기동 저항
③ 방전 저항   ④ 계자 저항

[해설] 직류발전기의 단자전압을 조정하는 방법은 계자전류를 조정하여 유기기전력에 의해 흐르는 전기자 전류가 전압강하를 발생시켜 결국 단자전압이 변하게 된다. 계자전류는 계자저항의 크기에 따라 변하므로 단자전압은 계자저항에 의해 조정되는 것임을 알 수 있다.

55 직류 분권발전기를 서서히 단락상태로 하면 다음 중 어떠한 상태로 되는가?

① 과전류로 소손된다.
② 과전압이 된다.
③ 소전류가 흐른다.
④ 운전이 정지된다.

[해설] 분권발전기가 서서히 단락상태가 되면 순간적인 단락전류는 증가하지만 반면 계자회로의 계자전류는 영(0)에 가까워져서 유기기전력이 급격히 떨어지므로 단락전류 또한 급격히 떨어져서 소전류가 흐르게 된다.

56 직류 분권발전기를 역회전하면?

① 발전되지 않는다.
② 정회전일 때와 마찬가지이다.
③ 과대 전압이 유기된다.
④ 섬락이 일어난다.

[해설] 분권발전기는 잔류자기가 존재하여 자기여자를 확립해야 발전이 가능하다. 그러나 발전기를 역회전하게 되면 전기자전류 및 계자전류의 방향이 모두 반대로 흐르게 되어 계자회로의 잔류자기가 소멸하게 된다. 따라서 분권발전기는 발전불능상태에 도달하게 된다.

57 분권발전기의 회전 방향을 반대로 하면?

① 전압이 유기된다.
② 발전기가 소손된다.
③ 잔류자기가 소멸된다.
④ 높은 전압이 발생한다.

[해설] 분권발전기를 역회전하게 되면 전기자전류 및 계자전류의 방향이 모두 반대로 흐르게 되어 계자회로의 잔류자기가 소멸하게 된다.

58 가동 복권발전기의 내부 결선을 바꾸어 분권 발전기로 하려면?

① 내분권 복권형으로 해야 한다.
② 외분권 복권형으로 해야 한다.
③ 복권 계자를 단락시킨다.
④ 직권 계자를 단락시킨다.

[해설] 가동복권발전기는 계자권선이 병렬접속된 분권과 직렬 접속된 직권을 모두 가지고 있는 발전기로서 분권계자 권선을 개방시키면 가동복권발전기가 직권발전기로 운전되며 직권계자권선을 단락시키면 가동복권발전기가 분권발전기로 운전하게 된다.

59 무부하 전압 250[V], 정격 전압 210[V]인 발전기의 전압변동률[%]은?

① 16 ② 17
③ 19 ④ 22

[해설] 전압변동률(ϵ)
$V_0 = 250$ [V], $V = 210$ [V]이므로
$$\therefore \epsilon = \frac{V_0 - V}{V} \times 100 = \frac{250 - 210}{210} \times 100 = 19 [\%]$$

60 무부하 때에 120[V]인 분권발전기가 6[%]의 전압변동률을 가지고 있다고 한다. 전부하 단자 전압은 몇 [V]인가?

① 105.1 ② 113.2
③ 125.6 ④ 145.268

[해설] 전압변동률(ϵ)
$V_0 = 120$ [V], $\epsilon = 6$ [%]일 때 전부하 단자전압(=정격전압) V 는
$\epsilon = \frac{V_0 - V}{V} \times 100$ [%] 식에서 계산할 수 있다.
$$\therefore V = \frac{V_o}{\frac{\epsilon}{100} + 1} = \frac{120}{\frac{6}{100} + 1} = 113.2 [V]$$

61 직류기에서 전압변동률이 (+)값으로 표시되는 발전기는?

① 과복권발전기 ② 직권발전기
③ 평복권발전기 ④ 분권발전기

[해설] 직류기의 전압변동률(ϵ)
(1) $\epsilon > 0$인 발전기 : 타여자발전기, 분권발전기, 차동복권발전기(부족복권발전기)
(2) $\epsilon < 0$인 발전기 : 직권발전기, 가동복권발전기(과복권발전기)
(3) $\epsilon = 0$인 발전기 : 평복권발전기(복권발전기)

62 2대의 직류발전기를 병렬운전할 때, 필요한 조건 중 틀린 것은?

① 전압의 크기가 같을 것
② 극성이 일치할 것
③ 주파수가 같을 것
④ 외부특성이 수하특성일 것

[해설] 직류발전기의 병렬운전조건
(1) 극성이 일치할 것
(2) 단자전압이 일치할 것
(3) 외부특성이 수하특성일 것
(4) 용량과는 무관하며 부하부담을 계자저항(R_f)으로 조정할 것
(5) 직권발전기와 과복권발전기에서는 균압선을 설치하여 전압을 평형시킬 것(안정한 운전을 위하여)

63 직류 분권발전기를 병렬운전을 하기 위한 발전기 용량 P 와 정격 전압 V 는?

① P 는 임의, V 는 같아야 한다.
② P 와 V 가 임의
③ P 는 같고 V 는 임의
④ P 와 V 가 모두 같아야 한다.

[해설] 직류발전기의 병렬운전조건
(1) 극성이 일치할 것
(2) 단자전압이 일치할 것
(3) 외부특성이 수하특성일 것
(4) 용량과는 무관하며 부하부담을 계자저항(R_f)으로 조정할 것
(5) 직권발전기와 과복권발전기에서는 균압선을 설치하여 전압을 평형시킬 것(안정한 운전을 위하여)

64 직류 복권발전기를 병렬운전할 때, 꼭 필요한 것은?

① 브러시의 이동 ② 균압선
③ 직권 권선 단락 ④ 집전환

[해설] 직류발전기의 병렬운전조건
직권발전기와 과복권발전기에서는 균압선을 설치하여 전압을 평형시킬 것(안정한 운전을 위하여)

65 직류발전기를 병렬운전할 때, 균압선이 필요한 직류기는?

① 분권발전기, 직권발전기
② 분권발전기, 복권발전기
③ 직권발전기, 복권발전기
④ 분권발전기, 단극발전기

[해설] 직류발전기의 병렬운전조건
직권발전기와 과복권발전기에서는 균압선을 설치하여 전압을 평형시킬 것(안정한 운전을 위하여)

66 직류발전기의 병렬운전에서 균압모선을 설치하는 목적은 무엇인가?

① 고주파 발생 방지
② 전압의 이상 상승 방지
③ 손실 경감
④ 안정 운전

[해설] 균압선 접속
직류발전기를 병렬운전하려면 단자전압이 같아야 하는데 직권계자권선을 가지고 있는 직권발전기나 과복권발전기는 직권계자권선에서의 전압강하 불균일로 단자전압이 서로 다른 경우가 발생한다. 이 때문에 직권계자권선 말단을 굵은 도선으로 연결해놓으면 단자전압을 균일하게 유지할 수 있다. 이 도선을 균압선이라 하며 직류발전기 병렬운전을 안정하게 하기 위함이 그 목적이다. 경우에 따라서는 균압선을 균압모선이라 호칭하는 경우도 있다.

67 P[kW], N[rpm]인 전동기의 토크[kg·m]는?

① $0.01625 \dfrac{P}{N}$ ② $716 \dfrac{P}{N}$
③ $956 \dfrac{P}{N}$ ④ $975 \dfrac{P}{N}$

[해설] 직류전동기의 토크(τ)
(1) 출력 P[W], 회전수 N[rpm], 각속도 ω[rad/sec]라 할 때
$$\tau = \frac{P}{\omega} = \frac{60P}{2\pi N} = 9.55 \frac{P}{N}[\text{N·m}] = 0.975 \frac{P}{N}[\text{kg·m}]$$
(2) 역기전력 E, 전기자전류 I_a, 극수 p, 총 도체수 Z, 병렬회로수 a라 할 때
$$\tau = \frac{EI_a}{\omega} = \frac{pZ\phi I_a}{2\pi a} = k\phi I_a [\text{N·m}]$$
∴ 출력 P[kW]인 경우에는 $\tau = 975 \dfrac{P}{N}$[kg·m]

68 출력 3[kW], 1,500[rpm]인 전동기의 토크[kg·m]는?

① 1 ② 2
③ 3 ④ 15

[해설] 직류전동기의 토크(τ)
출력 P[kW], 회전수 N[rpm]이라 하면
$P = 3$[kW], $N = 1,500$[rpm]이므로
∴ $\tau = 975 \dfrac{P}{N} = 975 \times \dfrac{3}{1,500} = 2$[kg·m]

69 200[kW], 6극, 단중 중권으로 감은 직류분권 전동기가 있다. 200[rpm]으로 회전하면 정격 부하에서 220[V]의 단자전압을 얻을 수 있다. 이때의 공급 토크[kg·m]는 얼마인가?

① 약 9.744 ② 약 975
③ 약 159 ④ 약 15.9

[해설] 직류전동기의 토크(τ)
출력 $P_0 = 200$[kW], $p = 6$극, 중권($a = p$), $N = 200$[rpm], $V = 220$[V]이므로
∴ $\tau = 975 \dfrac{P_0}{N} = 975 \times \dfrac{200}{200} = 975$[kg·m]

정답 64 ② 65 ③ 66 ④ 67 ④ 68 ② 69 ②

70 출력 10[hp], 600[rpm]인 전동기의 토크[torque]는 약 몇 [kg·m]인가?

① 11.8 ② 118
③ 12.1 ④ 121

해설 직류전동기의 토크(τ)
출력 $P = 10\,[HP] = 10 \times 746\,[W]$,
$N = 600\,[rpm]$이므로
$\therefore \tau = 0.975 \dfrac{P}{N} = 0.975 \times \dfrac{10 \times 746}{600}$
$= 12.1\,[kg \cdot m]$

---

71 1[kg·m]의 회전력으로 매분 1,000회전하는 직류 전동기의 출력[kW]은 다음의 어느 것에 가장 가까운가?

① 0.1 ② 1
③ 2   ④ 5

해설 직류전동기의 토크(τ)
$\tau = 1\,[kg \cdot m]$, $N = 1,000\,[rpm]$이므로
$\tau = 975 \dfrac{P}{N}\,[kg \cdot m]$ 식에서 출력 $P[kW]$를 정리하여 풀면
$\therefore P = \dfrac{\tau \cdot N}{975} = \dfrac{1 \times 1,000}{975} = 1\,[kW]$

---

72 역기전력 200[V], 회전수 1,200[rpm], 토크 1.6 [kg·m]인 직류전동기의 전기자 전류[A]는?

① 6.0 ② 7.0
③ 8.6 ④ 9.9

해설 직류전동기의 토크(τ)
$E = 100\,[V]$, $N = 1,200\,[rpm]$, $\tau = 1.6\,[kg \cdot m]$이므로
$\tau = 0.975 \dfrac{P}{N} = 0.975 \dfrac{EI_a}{N}\,[kg \cdot m]$ 식에서 전기자전류 I_a를 정리하여 풀면
$\therefore I_a = \dfrac{\tau \cdot N}{0.975 E} = \dfrac{1.6 \times 1,200}{0.975 \times 200} = 9.9\,[A]$

---

73 4극, 중권 직류전동기의 전기자 전 도체수 160, 1극당 자속수 0.01[Wb], 부하 전류 100[A]라면 발생 토크[N·m]는 얼마인가?

① 36.2 ② 34.8
③ 25.5 ④ 23.4

해설 직류전동기의 토크(τ)
극수 $p = 4$, 중권($a = p$), $Z = 160$,
$\phi = 0.01\,[Wb]$, $I = 100\,[A]$이므로(여기서, a는 병렬회로수이며 전기자전류 I_a와 부하전류 I를 같게 놓으면)
$\therefore \tau = \dfrac{pZ\phi I_a}{2\pi a} = \dfrac{4 \times 160 \times 0.01 \times 100}{2\pi \times 4}$
$= 25.5\,[N \cdot m]$

---

74 총 도체수 100, 단중 파권으로 자극수는 4, 자속수 3.14[Wb], 부하를 가하여 전기자에 5[A]가 흐르고 있는 직류분권전동기의 토크[N·m]는?

① 400 ② 450
③ 500 ④ 550

해설 직류전동기의 토크(τ)
$Z = 100$, 파권($a = 2$), 극수 $p = 4$, $\phi = 3.14\,[Wb]$,
$I_a = 5\,[A]$이므로 (여기서 a는 병렬회로수이다.)
$\therefore \tau = \dfrac{pZ\phi I_a}{2\pi a} = \dfrac{4 \times 100 \times 3.14 \times 5}{2\pi \times 2} = 500\,[N \cdot m]$

---

75 전기자 도체수 360, 1극당 자속수 0.06[Wb]인 6극 중권 직류전동기가 있다. 전기자 전류 50[A]일 때, 발생 토크[kg·m]는?

① 17.5 ② 18.2
③ 18.6 ④ 19.2

해설 직류전동기의 토크(τ)
$Z = 360$, $\phi = 0.06\,[Wb]$, 극수 $p = 6$,
중권($a = p$), $I_a = 50\,[A]$이므로
$\therefore \tau = \dfrac{pZ\phi I_a}{2\pi a}\,[N \cdot m] = \dfrac{1}{9.8} \cdot \dfrac{pZ\phi I_a}{2\pi a}\,[kg \cdot m]$
$= \dfrac{1}{9.8} \times \dfrac{6 \times 360 \times 0.06 \times 50}{2\pi \times 6} = 17.5\,[kg \cdot m]$

정답 70 ③ 71 ② 72 ④ 73 ③ 74 ③ 75 ①

제1장 _ 직류기

76 4극 직류분권전동기의 전기자에 단중 파권 권선으로 된 420개의 도체가 있다. 1극당 0.025[Wb]의 자속을 가지고 1,400[rpm]으로 회전시킬 때 몇 [V]의 역기전력이 생기는가? 또, 전기자 저항을 0.2[Ω]이라 하면 전기자 전류가 50[A]일 때 단자전압은 몇 [V]인가?

① 490, 500　　② 490, 480
③ 245, 500　　④ 245, 480

해설 직류전동기의 역기전력(E)과 단자전압(V)
극수 $p=4$, 파권($a=2$), $Z=420$,
$\phi=0.025$[Wb], $N=1,400$[rpm], $R_a=0.2$[Ω],
$I_a=50$[A]이므로
$E=\dfrac{pZ\phi N}{60a}$[V], $E=V-R_a I_a$[V] 식에 대입하여 풀면
∴ $E=\dfrac{pZ\phi N}{60a}=\dfrac{4\times 420\times 0.025\times 1,400}{60\times 2}$
　$=490$[V]
∴ $V=E+R_a I_a=490+0.2\times 50=500$[V]

77 직류분권전동기가 있다. 단자전압 215[V], 전기자 전류 50[A], 1,500[rpm]으로 운전되고 있을 때, 발생 토크[N·m]는? (단, 전기자 저항은 0.1[Ω]이다.)

① 6.6　　② 68.4
③ 6.8　　④ 66.9

해설 직류전동기의 토크(τ)
$V=215$[V], $I_a=50$[A], $N=1,500$[rpm],
$R_a=0.1$[Ω]이므로
$E=V-R_a I_a=215-0.1\times 50=210$[V]
∴ $\tau=9.55\dfrac{P}{N}=9.55\dfrac{EI_a}{N}$
　$=9.55\times\dfrac{210\times 50}{1,500}=66.9$[N·m]

78 직류 분권전동기가 있다. 단자전압이 215[V], 전기자 전류 50[A], 전기자의 전 저항이 0.1[Ω]이다. 회전속도 1,500[rpm]일 때, 발생 토크[kg·m]를 구하면?

① 6.82　　② 6.68
③ 68.2　　④ 66.8

해설 직류전동기의 토크(τ)
$V=215$[V], $I_a=50$[A], $R_a=0.1$[Ω],
$N=1,500$[rpm]이므로
$\tau=9.55\dfrac{EI_a}{N}$[N·m]$=0.975\dfrac{EI_a}{N}$[kg·m]
식에 대입하여 풀면
$E=V-R_a I_a=215-0.1\times 50=210$[V]
∴ $\tau=0.975\times\dfrac{210\times 50}{1,500}=6.82$[kg·m]

79 50[kW], 610[V], 1,200[rpm]인 직류분권전동기가 있다. 70[%] 부하일 때 부하 전류 100[A], 회전 속도 1,220[rpm]이다. 전기자 발생 토크[kg·m]는? (단, 전기자 저항은 0.1[Ω]이고, 계자 전류는 전기자 전류에 비해 현저히 작다.)

① 47.95　　② 48.75
③ 50.05　　④ 52.15

해설 직류전동기의 토크(τ)
전부하일 때 출력 $P=50$[kW], $V=610$[V],
$N=1200$[rpm], $R_a=0.1$[Ω], 70[%] 부하일 때
$I'=100$[A], $N'=1,220$[rpm]이므로 역기전력
$E'=V-R_a I_a'=610-0.1\times 100=600$[V]
$\tau=9.55\dfrac{E'I_a'}{N'}$[N·m]$=0.975\dfrac{E'I_a'}{N'}$[kg·m]
식에 대입하여 풀면
∴ $\tau=0.975\times\dfrac{600\times 100}{1,220}=47.95$[kg·m]

정답 76 ①　77 ④　78 ①　79 ①

★★
80 직류전동기의 회전수는 자속이 감소하면 어떻게 되는가?

① 불변이다. ② 정지한다.
③ 저하한다. ④ 상승한다.

[해설] 직류전동기의 속도 특성
$N=k\dfrac{V-R_a I_a}{\phi}$ [rps] 식에서 $N\propto\dfrac{1}{\phi}$ 이므로 자속(ϕ)이 감소하면 회전수(N)는 상승한다.

★★
81 직류전동기의 회전수를 $\dfrac{1}{2}$로 하려면 계자 자속을 몇 배로 해야 하는가?

① $\dfrac{1}{4}$ ② $\dfrac{1}{2}$
③ 2 ④ 4

[해설] 직류 전동의 속도 특성
$N=k\dfrac{V-R_a I_a}{\phi}$ [rps] 식에서 $N\propto\dfrac{1}{\phi}$ 이므로 회전수(N)를 $\dfrac{1}{2}$로 하려면 자속(ϕ)을 2배 증가시키면 된다.

★
82 직류전동기의 회전속도를 나타내는 것 중 틀린 것은?

① 공급전압이 감소하면 회전속도도 감소한다.
② 자속이 감소하면 회전속도는 증가한다.
③ 전기자 저항이 증가하면 회전속도는 감소한다.
④ 계자 전류가 증가하면 회전속도는 증가한다.

[해설] 직류전동기의 속도특성
$N=k\dfrac{V-R_a I_a}{\phi}$ [rps] 식에서 회전수(N)은
(1) 공급전압(V)이 증가하면 증가하고, 감소하면 감소한다.
(2) 전기자저항(R_a)이 증가하면 감소하고, 감소하면 증가한다.
(3) 전기자전류(I_a)가 증가하면 감소하고, 감소하면 증가한다.
(4) 자속(ϕ)이 증가하면 감소하고 감소하면, 증가한다.
∴ 계자전류가 증가하면 자속이 증가하고 회전속도는 감소한다.

★★
83 직류분권전동기의 계자전류를 감소시키면 회전수는 어떻게 변하는가?

① 변화 없음 ② 감소
③ 증가 ④ 관계 없음

[해설] 직류전동기의 속도특성
$N=k\dfrac{V-R_a I_a}{\phi}$ [rps] 식에서 회전수(N)은
∴ 계자전류를 감소시키면 자속이 감소되어 회전수는 증가한다.

★★
84 직류 분권전동기에서 운전 중 계자권선의 저항이 증가하면 회전속도의 값은?

① 감소한다. ② 증가한다.
③ 일정하다. ④ 관계없다.

[해설] 직류전동기의 속도특성
$N=k\dfrac{V-R_a I_a}{\phi}$ [rps] 식에서 회전수(N)은
∴ 계자권선의 저항이 증가하면 계자전류가 감소하게 되고 자속이 감소하여 회전속도는 증가한다.

★★★
85 직류 분권전동기를 무부하로 운전 중 계자회로에 단선이 생겼다. 다음 중 옳은 것은?

① 즉시 정지한다.
② 과속도가 되어 위험하다.
③ 역전한다.
④ 무부하이므로 서서히 정지한다.

[해설] 직류전동기의 속도특성
$N=k\dfrac{V-R_a I_a}{\phi}$ [rps] 식에서 계자회로가 단선되면 계자전류(I_f)가 0[A]가 되어 자속(ϕ)이 0[Wb]가 되므로 $N\propto\dfrac{1}{\phi}$ 관계에 의해 회전속도(N)가 ∞가 된다. 따라서 전동기의 속도가 과속도가 되어 위험하다.

정답 80 ④ 81 ③ 82 ④ 83 ③ 84 ② 85 ②

86 다음 중 옳은 것은?

① 전차용 전동기는 차동복권전동기이다.
② 분권전동기의 운전 중 계자 회로만이 단선되면 위험 속도가 된다.
③ 직권전동기에서는 부하가 줄면 속도가 감소한다.
④ 분권전동기는 부하에 따라 속도가 많이 변한다.

[해설] 직류전동기의 특성
(1) 직권전동기는 부하에 따라 속도변동이 심하여 가변속도전동기라고 하며 토크가 크면 속도가 작기 때문에 전차용 전동기나 권상기, 기중기, 크레인 등의 용도로 쓰인다.
또한 계자회로가 직렬접속이 되어 있어서 무부하시 $I = I_a = I_f = 0\,[A]$이기 때문에 $\phi = 0\,[Wb]$가 되어 $N \propto \dfrac{1}{\phi}$ 관계에 의해 회전속도가 위험속도가 된다.
따라서 직권전동기는 무부하운전을 해서는 안 된다. (벨트운전 금지 : 운전 중 벨트가 벗겨지면 위험속도에 도달한다.)
(2) 분권전동기는 부하에 따라 속도변동이 작으며 계자 회로가 단선되면 계자전류가 0[A]가 되어 자속이 0[Wb]가 되므로 $N \propto \dfrac{1}{\phi}$ 관계에 의해 회전속도가 위험속도가 된다.
따라서 분권전동기의 계자회로에 퓨즈를 삽입하면 안 된다.

87 직류전동기의 설명 중 바르게 설명한 것은?

① 전동차용 전동기는 차동복권전동기이다.
② 직권전동기가 운전 중 무부하가 되면 위험 속도가 된다.
③ 부하변동에 대하여 속도변동이 가장 큰 직류전동기는 분권전동기이다.
④ 직류 직권전동기는 속도 조정이 어렵다.

[해설] 직류전동기의 특성
직류직권전동기는 무부하시 위험속도에 도달하게 되므로 벨트가 벗겨지면 무부하 상태가 되어 위험속도에 도달한다.

88 직류 직권전동기에서 벨트(belt)를 걸고 운전하면 안 되는 이유는?

① 손실이 많아진다.
② 직결하지 않으면 속도 제어가 곤란하다.
③ 벨트가 벗겨지면 위험 속도에 도달한다.
④ 벨트가 마모하여 보수가 곤란하다.

[해설] 직류직권전동기의 특성
직류직권전동기는 무부하시 위험속도에 도달하게 되므로 벨트가 벗겨지면 무부하 상태가 되어 위험속도에 도달한다.

89 부하변화에 대하여 속도변동이 가장 작은 전동기는?

① 차동복권   ② 가동복권
③ 분권   ④ 직권

[해설] 직류전동기의 속도변동
부하의 변화에 따라 직류전동기의 속도가 변하게 되는데 그 변화율이 전동기 종류에 따라서 서로 다르게 나타난다. 가장 심한 것부터 가장 작은 순서로 나열하면 다음과 같다.
※ ㉾권전동기 – ㉮동복권전동기 – ㉫권전동기 – ㉱동복권전동기 – ㉲여자전동기

90 부하의 변화에 대하여 속도 변동이 가장 큰 직류변동기는?

① 분권전동기
② 차동복권전동기
③ 가동복권전동기
④ 직권전동기

[해설] 직류전동기의 속도변동
속도변동이 가장 심한 것부터 가장 작은 순서로 나열하면 다음과 같다.
※ ㉾권전동기 – ㉮동복권전동기 – ㉫권전동기 – ㉱동복권전동기 – ㉲여자전동기

[정답] 86 ② 87 ② 88 ③ 89 ① 90 ④

91
그림과 같은 여러 직류 전동기의 속도 특성 곡선을 나타낸 것이다. ①부터 ④까지 차례로 맞는 것은?

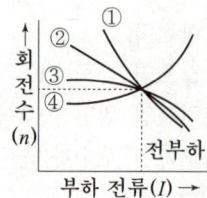

① 차동복권, 분권, 가동복권, 직권
② 분권, 직권, 가동복권, 차동복권
③ 가동복권, 차동복권, 직권, 복권
④ 직권, 가동복권, 분권, 차동복권

[해설] 직류전동기의 속도특성곡선
속도변동이 가장 심한 것부터 가장 작은 순서로 나열하면 다음과 같다.

> ※ 직권전동기 – 가동복권전동기 – 분권전동기 – 차동복권전동기 – 타여자전동기

직류전동기의 속도특성곡선 중 변화율이 가장 심한 ①번 곡선이 직권전동기이며 ①-②-③-④ 차례대로 위에 나열된 전동기 순서와 같다.

92
그림은 각종직류전동기(직권, 분권, 가동복권, 차동복권)의 속도 특성을 표시한 것이다. 이 중 가동복권전동기의 속도 특성 곡선은?

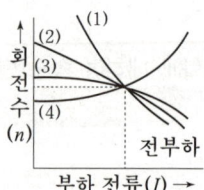

① (1)　　② (2)
③ (3)　　④ (4)

[해설] 직류전동기의 속도특성곡선
(1) 직권전동기
(2) 가동복권전동기
(3) 분권전동기
(4) 차동복권전동기

93
직류분권전동기의 기동시에는 계자저항기의 저항값은 어떻게 하는가?

① 영(0)으로 한다.
② 최대로 한다.
③ 중위(中位)로 한다.
④ 끊어 놔둔다.

[해설] 직류분권전동기의 기동특성
전동기의 일반적인 특성으로 기동시 기동토크는 크게 해주며 기동속도는 저속도를 유지하다가 기동완료 후 속도를 상승시켜서 정상운전이 되도록 해야 한다. 직류분권전동기도 마찬가지로 토크(τ) – 속도(N)특성은
$\tau = k\phi I_a$ [N·m], $N = k\dfrac{V - R_a I_a}{\phi}$ [rps]이므로
기동시 토크(τ)는 크게 하고 속도(N)는 작게 해야 하므로 자속(ϕ)을 크게 해줘야 한다. 따라서 계자저항을 줄여서 영(0)에 가깝게 해주면 계자전류가 최대가 되어 기동시 자속(ϕ)을 최대로 할 수 있기 때문에 기동특성을 만족할 수 있게 된다.

94
직류분권전동기의 기동시 계자전류는?

① 큰 것이 좋다.
② 정격 출력 때와 같은 것이 좋다.
③ 작은 것이 좋다.
④ 0에 가까운 것이 좋다.

[해설] 직류분권전동기의 기동특성
계자저항을 줄여서 영(0)에 가깝게 해주면 계자전류가 최대가 되어 기동시 자속(ϕ)을 최대로 할 수 있기 때문에 기동특성을 만족할 수 있게 된다.

95
직류분권전동기의 전압이 일정할 때 부하 토크가 2배이면 부하 전류는 약 몇 배가 되는가?

① $\dfrac{1}{4}$　　② $\dfrac{1}{2}$
③ 2　　④ 1

[해설] 분권전동기의 토크 특성(단자전압이 일정한 경우)
$\tau = k\phi I_a$ [N·m]이므로 $\tau \propto I_a$이며 전기자전류(I_a)와 부하전류(I)는 비례관계이므로 $\tau \propto I_a \propto I$임을 알 수 있다.
∴ 토크가 2배이면 부하전류도 2배이다.

정답　91 ④　92 ②　93 ①　94 ①　95 ③

96 ★★ 기동 횟수가 빈번하고 토크 변동이 심한 부하에 적당한 직류기는?

① 분권기 ② 직권기
③ 가동 복권기 ④ 차동 복권기

해설 직권전동기의 토크-속도 특성
직권전동기는 부하에 따라 속도변동이 심하여 가변속도전동기라 하며 또한 토크 변동도 심하여 기동횟수가 빈번하고 토크 변동이 심한 부하에 적당하다. 전차용 전동기, 권상기, 기중기, 크레인 등에 쓰인다.

97 ★ 다음 설명 중 잘못된 것은?

① 전동차용 전동기는 저속에서 토크가 큰 직권 전동기를 쓴다.
② 승용 엘리베이터는 워드레오너드 방식이 사용된다.
③ 기중기용으로 사용되는 전동기는 직류 분권 전동기이다.
④ 압연기는 정속도 가감 속도 가역 운전이 필요하다.

해설 직권전동기의 토크-속도 특성
기중기용으로 사용되는 전동기는 직류 직권전동기이다.

98 ★★ 직류 직권전동기의 발생 토크는 전기자 전류를 변화시킬 때, 어떻게 변하는가? (단, 자기 포화는 무시한다.)

① 전류에 비례한다.
② 전류의 제곱에 비례한다.
③ 전류에 반비례한다.
④ 전류의 제곱에 반비례한다.

해설 직권전동기의 토크 특성(단자전압이 일정한 경우)
직권전동기는 전기자와 계자회로가 직렬접속되어 있어 $I = I_a = I_f \propto \phi$이므로 $\tau = k\phi I_a \propto I_a^2$임을 알 수 있다.
∴ 직권전동기의 토크(τ)는 전기자전류(I_a)의 제곱에 비례한다.

99 ★★★ 직류 직권전동기가 전차용에 사용되는 이유는?

① 속도가 클 때 토크가 크다.
② 토크가 클 때 속도가 작다.
③ 기동 토크가 크고 속도는 불변이다.
④ 토크는 일정하고 속도는 전류에 비례한다.

해설 직권전동기의 특성
직권전동기는 부하에 따라 속도변동이 심하여 가변속도전동기라고 하며 토크가 크면 속도가 작기 때문에 전차용 전동기나 권상기, 기중기, 크레인 등의 용도로 쓰인다.

100 ★★★ 직류전동기의 속도제어 방법 중 광범위한 속도제어가 가능하며 운전 효율이 좋은 방법은?

① 계자제어 ② 직렬 저항제어
③ 병렬 저항제어 ④ 전압제어

해설 직류전동기의 속도제어
(1) 전압제어(정토크제어) : 단자전압(V)을 가감함으로서 속도를 제어하는 방식으로 속도의 조정범위가 광범위하여 가장 많이 적용하고 있다.
(2) 계자제어(정출력제어) : 계자회로의 계자전류를 조정하여 자속을 가감하면 속도제어가 가능해진다.
(3) 저항제어 : 전기자권선과 직렬로 접속한 직렬저항을 가감하여 속도를 제어하는 방식

101 ★★★ 워드레오너드 속도제어는?

① 전압제어 ② 직병렬 제어
③ 저항제어 ④ 계자제어

해설 직류전동기의 속도제어
직류전동기의 속도제어방식 중 전압제어는 단자전압을 가감함으로서 속도를 제어하는 방식으로 속도의 조정 범위가 광범위하여 가장 많이 적용하고 있다. 종류로는 다음과 같다.
(1) 워드레오너드 방식 : 타여자 발전기를 이용하는 방식으로 조정 범위가 광범위하다.
(2) 일그너 방식 : 플라이 휠 효과를 이용하여 부하 변동이 심한 경우에 적당하다.
(3) 정지레오너드 방식 : 반도체 사이리스터(SCR)를 이용하는 방식
(4) 쵸퍼제어 방식 : 직류 쵸퍼를 이용하는 방식

정답 96 ② 97 ③ 98 ② 99 ② 100 ④ 101 ①

102 직류 분권전동기에서 부하의 변동이 심할 때, 광범위하게 또한 안정되게 속도를 제어하는 가장 적당한 방식은?

① 계자제어방식
② 직렬 저항제어 방식
③ 워드레오너드 방식
④ 일그너 방식

[해설] 직류전동기의 속도제어
일그너 방식 : 전압제어의 일종으로 플라이 휠 효과를 이용하여 부하 변동이 심한 경우에 적당하다.

103 워드레오너드 방식과 일그너 방식의 차이점은?

① 플라이 휠을 이용하는 점이다.
② 전동발전기를 이용하는 점이다.
③ 직류 전원을 이용하는 점이다.
④ 권선형 유도발전기를 이용하는 점이다.

[해설] 직류전동기의 속도제어
(1) 워드 레오너드 방식 : 타여자 발전기를 이용하는 방식으로 조정 범위가 광범위하다.
(2) 일그너 방식 : 플라이 휠 효과를 이용하여 부하 변동이 심한 경우에 적당하다.

104 직류전동기의 속도제어법에서 정출력 제어에 속하는 것은?

① 전압제어법
② 계자제어법
③ 워드레오너드 제어법
④ 전기자 저항제어법

[해설] 직류전동기의 속도제어
계자제어(정출력제어) : 계자회로의 계자전류를 조정하여 자속을 가감하면 속도제어가 가능해진다.

105 효율 80[%], 출력 10[kW]인 직류발전기의 전손실[kW]은?

① 1.25
② 1.5
③ 2.0
④ 2.5

[해설] 직류기의 효율(η)

실측효율 = $\dfrac{출력}{입력} \times 100 [\%]$,

발전기의 규약효율 = $\dfrac{출력}{출력 + 손실} \times 100 [\%]$ 이므로

입력 = $\dfrac{출력}{실측효율} \times 100 = \dfrac{10}{80} \times 100 = 12.5 [kW]$

∴ 전손실 = 입력 − 출력 = 12.5 − 10 = 2.5 [kW]

106 일정 전압으로 운전하고 있는 직류발전기의 손실이 $\alpha + \beta I^2$으로 표시될 때, 효율이 최대가 되는 전류는? (단, α, β는 상수이다.)

① $\dfrac{\alpha}{\beta}$
② $\dfrac{\beta}{\alpha}$
③ $\sqrt{\dfrac{\alpha}{\beta}}$
④ $\sqrt{\dfrac{\beta}{\alpha}}$

[해설] 직류기의 최대효율조건
손실 = $\alpha + \beta I^2$인 경우 상수 α는 무부하손실이며 상수 β는 부하손실을 의미한다.
I^2 부하인 경우 전손실 = $\alpha + \beta I^2$에서 최대효율이 되기 위한 조건은 무부하손실과 부하손실이 서로 같은 조건을 만족해야 한다.
따라서 $\alpha = \beta I^2$이므로
∴ $I = \sqrt{\dfrac{\alpha}{\beta}}$

정답 102 ④ 103 ① 104 ② 105 ④ 106 ③

107 효율 80[%], 출력 10[kW]인 직류발전기의 고정손실이 1,300[W]라 한다. 이때 발전기의 가변손실은 몇 [W]인가?

① 1,000 ② 1,200
③ 1,500 ④ 2,500

해설 직류발전기의 효율(η)

$$\eta = \frac{출력}{출력+손실} \times 100$$

$$= \frac{출력}{출력+고정손+가변손} \times 100 [\%]$$

손실 = 고정손 + 가변손 = $\frac{출력}{\eta}$ - 출력[W]이므로

∴ 가변손 = $\frac{출력}{\eta}$ - 출력 - 고정손

$$= \frac{10 \times 10^3}{0.8} - 10 \times 10^3 - 1,300$$

$$= 1,200 [W]$$

108 직류기의 온도시험에는 실부하법과 반환부하법이 있다. 이 중에서 반환부하법에 해당되지 않는 것은?

① 홉킨스법
② 프로니 브레이크법
③ 블론델법
④ 카프법

해설 직류기의 온도시험
직류기에 전부하를 걸어서 온도를 측정하고 온도상승에 따라 적합여부를 판단하는 시험으로 실부하법과 반환부하법이 있다.
(1) 실부하법 : 발전기의 경우 저저항 또는 전구를 부하로 하고 전동기의 경우 발전기, 전기동력계, 기계적 브레이크를 부하로 하는 방법으로 소용량의 경우에 사용된다.
(2) 반환부하법 : 동일 정격의 기계 2대 중 한 대는 발전기, 다른 한 대는 전동기로 사용하여 기계적으로 연결하면 상호 전력을 주고받게 되는데 이때 발생되는 손실분만을 측정하는 경제적이며 가장 많이 사용되고 있는 온도 측정법이다. 카프법, 홉킨슨법, 블론델법이 이에 속한다.

109 대형 직류전동기의 토크를 측정하는데 가장 적당한 방법은?

① 와전류 제동기
② 프로니 브레이크법
③ 전기동력계
④ 반환부하법

해설 직류기의 토크 측정법
직류전동기의 토크를 측정하는 방법으로 대형인 경우는 전기동력계를 사용하며, 소형인 경우는 와전류제동기와 프로니 브레이크법을 이용하여 측정한다. 여기서 반환부하법은 온도시험에 속한다.

110 직류발전기의 외부특성곡선에서 나타내는 관계로 옳은 것은?

① 계자전류와 단자전압
② 계자전류와 부하전류
③ 부하전류와 유기기전력
④ 부하전류와 단자전압

해설 직류발전기의 특성곡선
(1) 무부하 포화곡선 : 횡축에 계자전류, 종축에 유기기전력을 취해서 그리는 특성곡선
(2) 부하 포화곡선 : 횡축에 계자전류, 종축에 단자전압을 취해서 그리는 특성곡선
(3) 외부특성곡선 : 횡축에 부하전류, 종축에 단자전압을 취해서 그리는 특성곡선
(4) 계자조정곡선 : 횡축에 부하전류, 종축에 계자전류를 취해서 그리는 특성곡선

정답 107 ② 108 ② 109 ③ 110 ④

02 동기기

1 동기발전기의 구조(3상 회전계자형 Y결선)

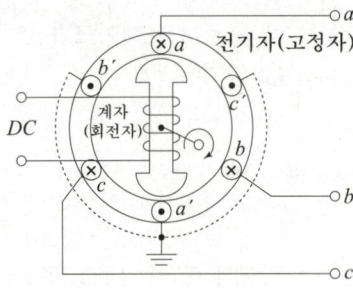

<동기발전기의 구조>

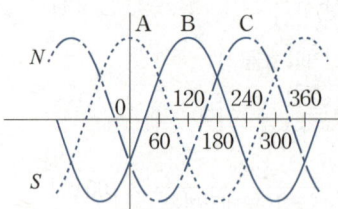

<3상 유기기전력의 파형>

1. 구조

(1) 고정자 – 전기자
(2) 회전자 – 계자(돌극형, 비돌극형=원통형)
(3) 돌극형과 비돌극형 계자의 비교

돌극형	비돌극형
・극수가 많다.	・극수가 적다.
・공극이 불균일하다.	・공극이 균일하다.
・저속기(수차 발전기)	・고속기(터빈 발전기)
・철기계	・동기계

확인문제

01 돌극형발전기의 특징으로 해당되지 않는 것은?

① 극수가 많다.
② 공극이 불균일하다.
③ 저속기이다.
④ 동기계이다.

[해설] 동기발전기의 구조

돌극형	비돌극형
・극수가 많다.	・극수가 적다.
・공극이 불균일하다.	・공극이 균일하다.
・저속기(수차 발전기)	・고속기(터빈 발전기)
・철기계	・동기계

답 : ④

02 비돌극형 발전기의 특징에 해당되지 않는 것은?

① 극수가 적다.
② 공극이 균일하다.
③ 고속기이다.
④ 철기계이다.

[해설] 동기발전기의 구조

돌극형	비돌극형
・극수가 많다.	・극수가 적다.
・공극이 불균일하다.	・공극이 균일하다.
・저속기(수차 발전기)	・고속기(터빈 발전기)
・철기계	・동기계

답 : ④

2. 회전계자형을 채용하는 이유

① 계자는 전기자보다 철의 분포가 많기 때문에 기계적으로 튼튼하다.
② 계자는 전기자보다 결선이 쉽고 구조가 간단하다.
③ 고압이 걸리는 전기자보다 저압인 계자가 조작하는 데 더 안전하다.
④ 고압이 걸리는 전기자를 절연하는 경우에는 고정자로 두어야 용이해진다.

3. Y결선을 채용하는 이유

① 상전압이 선간전압보다 $\frac{1}{\sqrt{3}}$ 만큼 작으므로 권선에서의 코로나, 열화 등이 감소된다.
② 제3고조파에 의한 순환전류가 흐르지 않는다.
③ 중성점을 접지할 수 있으며 이상전압에 대한 대책이 용이하다.

2 동기발전기의 전기자 권선법

동기발전기의 전기자 권선법 중 전절권, 단절권, 집중권, 분포권에 있어서 기전력의 파형을 개선하기 위해서는 현재 단절권과 분포권을 주로 사용한다.

1. 단절권의 특징

① 동량을 절감할 수 있어 발전기 크기가 축소된다.
② 가격이 저렴하다.
③ 고조파가 제거되어 기전력의 파형이 개선된다.
④ 전절권에 비해 기전력의 크기가 저하한다.

확인문제

03 동기발전기에 회전 계자형을 사용하는 경우가 많다. 그 이유로 적합하지 않은 것은?

① 전기자보다 계자극을 회전자로 하는 것이 기계적으로 튼튼하다.
② 기전력의 파형을 개선한다.
③ 전기자 권선은 고전압으로 결선이 복잡하다.
④ 계자 회로는 직류 저압으로 소요 전력이 작다.

[해설] 동기기를 회전계자형으로 채용하는 이유
(1) 계자는 전기자보다 철의 분포가 많기 때문에 기계적으로 튼튼하다.
(2) 계자는 전기자보다 결선이 쉽고 구조가 간단하다.
(3) 고압이 걸리는 전기자보다 저압인 계자가 조작하는 데 더 안전하다.
(4) 고압이 걸리는 전기자를 절연하는 경우는 고정자로 두어야 용이해진다.

답 : ②

04 3상 동기발전기의 전기자 권선을 Y결선으로 하는 이유로서 적당하지 않은 것은?

① 고조파 순환전류가 흐르지 않는다.
② 이상전압 방지의 대책이 용이하다.
③ 전기자 반작용이 감소한다.
④ 코일의 코로나, 열화 등이 감소한다.

[해설] 동기기를 Y결선으로 채용하는 이유
(1) 상전압이 선간전압보다 $\frac{1}{\sqrt{3}}$ 만큼 작으므로 권선에서의 코로나, 열화 등이 감소된다.
(2) 제3고조파에 의한 순환전류가 흐르지 않는다.
(3) 중성점을 접지할 수 있으며 이상전압에 대한 대책이 용이하다.

답 : ③

2. 분포권의 특징
① 매극 매상당 슬롯 수가 증가하여 코일에서의 열발산을 고르게 분산시킬 수 있다.
② 누설 리액턴스가 작다.
③ 고조파가 제거되어 기전력의 파형이 개선된다.
④ 집중권에 비해 기전력의 크기가 저하한다.

3. 고조파를 제거하는 방법
① 단절권과 분포권을 채용한다.
② 매극 매상의 슬롯수(q)를 크게 한다.
③ Y결선(성형결선)을 채용한다.
④ 공극의 길이를 크게 한다.
⑤ 자극의 모양을 적당히 설계한다.
⑥ 전기자 철심을 스큐슬롯(사구)으로 한다.
⑦ 전기자 반작용을 작게 한다.

3 동기발전기의 전기자 반작용

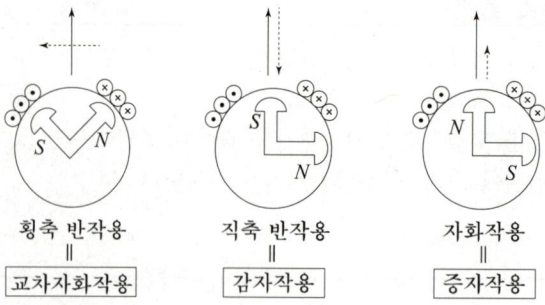

확인문제

05 동기발전기의 권선을 분포권으로 하면?
① 기전력의 고조파가 감소하여 파형이 좋아진다.
② 난조를 방지한다.
③ 권선의 리액턴스가 커진다.
④ 집중권에 비하여 합성 유도기전력이 높아진다.

[해설] 분포권의 장점
(1) 매극 매상당 슬롯 수가 증가하여 코일에서의 열발산을 고르게 분산시킬 수 있다.
(2) 누설 리액턴스가 작다.
(3) 고조파가 제거되어 기전력의 파형이 개선된다.
(4) 집중권에 비해 기전력의 크기가 저하한다.

답 : ①

06 동기발전기에서 고조파 기전력을 소거하는 방법이 아닌 것은?
① 전기자 권선을 분포권으로 한다.
② 자극의 모양을 적당히 설계한다.
③ 전기자 권선을 Δ형 결선으로 한다.
④ 전기자 권선을 단절권으로 한다.

[해설] 고조파를 제거하는 방법
(1) 단절권과 분포권을 채용한다.
(2) 매극 매상의 슬롯수(q)를 크게 한다.
(3) Y결선(성형결선)을 채용한다.
(4) 공극의 길이를 크게 한다.
(5) 자극의 모양을 적당히 설계한다.
(6) 전기자 철심을 스큐슬롯(사구)으로 한다.
(7) 전기자 반작용을 작게 한다.

답 : ③

1. **교차자화작용(=횡축반작용)**
   ① 기전력과 같은 위상의 전류가 흐른다. <동상전류 : R부하 특성>
   ② 감자효과로 기전력이 감소한다.

2. **감자작용(=직축반작용)**
   ① 기전력보다 90° 늦은 전류가 흐른다. <지상전류 : L부하 특성>
   ② 감자작용으로 기전력이 감소한다.

3. **증자작용(=자화작용)**
   ① 기전력보다 90° 앞선 전류가 흐른다. <진상전류 : C부하 특성>
   ② 증자작용으로 기전력이 증가한다.

4 "단락비가 크다"는 의미

① 돌극형 철기계이다. – 수차 발전기
② 극수가 많고 공극이 크다.
③ 계자기자력이 크고 전기자 반작용이 작다.
④ 동기임피던스가 작고 전압변동률이 작다.
⑤ 안정도가 좋다.
⑥ 선로의 충전용량이 크다.
⑦ 철손이 커지고 효율이 떨어진다.
⑧ 중량이 무겁고 가격이 비싸다.

확인문제

07 동기 발전기에서 앞선 전류가 흐를 때, 다음 중 어느 것이 옳은가?

① 감자 작용을 받는다.
② 증자 작용을 받는다.
③ 속도가 상승한다.
④ 효율이 좋아진다.

[해설] 동기발전기의 전기자 반작용
(1) 교차자화작용(=횡축반작용)
    기전력과 같은 위상의 전류가 흐른다.
(2) 감자작용(=직축반작용)
    기전력보다 90° 늦은 전류가 흐른다.
(3) 증자작용(=자화작용)
    기전력보다 90° 앞선 전류가 흐른다.

답 : ②

08 3상 동기발전기에 무부하 전압보다 90° 뒤진 전기자 전류가 흐를 때, 전기자 반작용은?

① 교차자화작용을 한다.
② 증자작용을 한다.
③ 감자작용을 한다.
④ 자기여자작용을 한다.

[해설] 동기발전기의 전기자 반작용
(1) 교차자화작용(=횡축반작용)
    기전력과 같은 위상의 전류가 흐른다.
(2) 감자작용(=직축반작용)
    기전력보다 90° 늦은 전류가 흐른다.
(3) 증자작용(=자화작용)
    기전력보다 90° 앞선 전류가 흐른다.

답 : ③

5 동기발전기의 병렬운전조건

1. 기전력의 크기가 같을 것($E_A = E_B$)

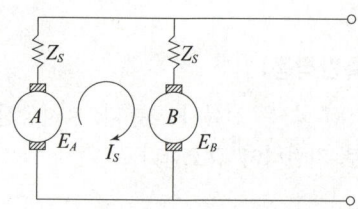

(1) 만약 기전력의 크기가 같지 않다면 무효순환전류(I_S)가 흐르게 된다.

$$I_S = \frac{E_A - E_B}{Z_S + Z_S} = \frac{E_A - E_B}{2Z_S} \text{ [A]}$$

여기서, Z_S : 동기임피던스, E_A, E_B : 각 발전기의 유기기전력

(2) 원인과 방지대책
   ① 원인 : 각 발전기의 여자전류가 다르기 때문이다.
   ② 방지대책 : 각 발전기의 계자회로의 계자저항을 적당히 조정하여 여자전류를 같게 해준다.

2. 기전력의 위상이 같을 것

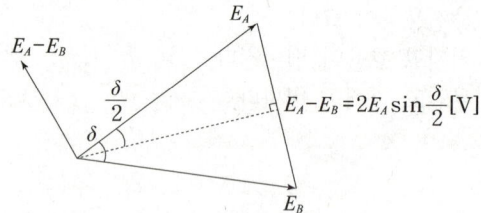

확인문제

09 동기발전기의 병렬운전에서 같지 않아도 되는 것은?

① 위상 ② 기전력의 크기
③ 주파수 ④ 용량

[해설] 동기발전기의 병렬운전조건
(1) 기전력의 크기가 같을 것
(2) 기전력의 위상이 같을 것
(3) 기전력의 주파수가 일치할 것
(4) 기전력의 파형이 일치할 것
(5) 상회전이 일치할 것(3상에 해당)

답 : ④

10 병렬운전을 하고 있는 두 대의 3상 동기발전기 사이에 무효순환전류가 흐르는 경우는?

① 여자전류의 변화
② 원동기의 출력 변화
③ 부하의 증가
④ 부하의 감소

[해설] 동기발전기의 병렬운전조건
동기발전기의 병렬운전조건 중 하나인 기전력의 크기가 같지 않다면 무효순환전류가 흐르게 된다. 원인과 방지대책은 다음과 같다.
(1) 원인 : 각 발전기의 여자전류가 다르기 때문이다.
(2) 대책 : 각 발전기의 계자회로의 저항을 적당히 조정하여 여자전류를 같게 해준다.

답 : ①

(1) 만약 위상이 같지 않으면 유효순환전류(=동기화 전류: I_S)가 흐르게 된다.

$$I_S = \frac{E_A - E_B}{2Z_S} = \frac{2E_A \sin\frac{\delta}{2}}{2Z_S} = \frac{E_A}{Z_S} \sin\frac{\delta}{2} \text{ [A]}$$

여기서, Z_S : 동기임피던스, E_A, E_B : 각 발전기의 유기기전력, δ : 두 발전기의 기전력의 위상차

(2) 원인과 방지대책
   ① 원인 : 원동기의 출력이 다른 경우
   ② 방지대책 : 원동기의 출력을 조절하여 각 발전기 원동기의 출력이 같도록 한다.

3. 기전력의 주파수가 일치할 것

(1) 만약 주파수가 같지 않으면 동기화 전류가 흐르고 난조가 발생한다.

(2) 원인과 방지대책
   ① 원인 : 발전기의 조속기가 예민한 경우, 계자 회로에 고조파가 유입된 경우, 부하의 급변, 관성 모멘트가 작은 경우
   ② 방지대책 : 위의 원인에 의해 난조가 발생하며 이를 방지하는데는 제동권선이 가장 적당하다.

4. 기전력의 파형이 일치할 것
   ① 만약 파형이 같지 않으면 고조파 순환전류(=무효순환전류)가 흐르게 된다.
   ② 고조파 순환전류는 권선의 저항손을 증가시키고 과열시켜 이상 온도 상승의 원인이 된다.

5. 상회전이 일치할 것

확인문제

11 동기 발전기의 병렬운전에서 특히 같게 할 필요가 없는 것은?

① 기전력 ② 주파수
③ 임피던스 ④ 전압 위상

[해설] 동기발전기의 병렬운전조건
 (1) 기전력의 크기가 같을 것
 (2) 기전력의 위상이 같을 것
 (3) 기전력의 주파수가 일치할 것
 (4) 기전력의 파형이 일치할 것
 (5) 상회전이 일치할 것

답 : ③

12 2대의 동기발전기가 병렬운전하고 있을 때, 동기화 전류(同期化電流)가 흐르는 경우는?

① 기전력의 크기에 차가 있을 때
② 기전력의 위상에 차가 있을 때
③ 기전력의 파형에 차가 있을 때
④ 부하 분담의 차가 있을 때

[해설] 동기발전기의 병렬운전조건
동기발전기의 병렬운전조건 중 하나인 기전력의 위상이 다르게 되면 유효순환전류(=동기화전류)가 흐르게 된다. 원인과 대책은 다음과 같다.
 (1) 원인 : 원동기의 출력이 다른 경우
 (2) 대책 : 원동기의 출력을 조절하여 각 발전기의 출력이 같도록 한다.

답 : ②

6 자기여자현상, 난조, 안정도

1. 자기여자현상

(1) 원인

정전용량에 의해 90° 앞선 진상전류로 부하의 단자전압이 발전기의 유기기전력보다 더 커지는 페란티 효과가 발생하게 되며 발전기는 오히려 전력을 수급받아 과여자된 상태로 운전을 하게 된다. 이 현상을 자기여자현상이라 한다.

(2) 방지대책
① 동기조상기를 설치한다.
② 분로리액터를 설치한다.
③ 발전기 여러 대를 병렬로 운전한다.
④ 변압기를 병렬로 설치한다.
⑤ 단락비가 큰 기계를 설치한다.

2. 난조

(1) 원인
① 부하의 급격한 변화
② 관성 모멘트가 작은 경우
③ 조속기 성능이 너무 예민한 경우
④ 계자회로에 고조파가 유입된 경우

(2) 방지대책
① 제동권선을 설치한다.
② 플라이 휠을 설치한다. – 관성 모멘트가 커진다.
③ 조속기 성능을 개선한다.
④ 고조파를 제거한다.

확인문제

13 발전기의 자기여자현상을 방지하는 방법이 아닌 것은?

① 단락비가 작은 발전기로 충전한다.
② 충전 전압을 낮게 하여 충전한다.
③ 발전기를 2대 이상 병렬운전한다.
④ 발전기와 직렬 또는 병렬로 리액턴스를 넣는다.

[해설] 동기발전기의 자기여자현상 방지대책
(1) 동기조상기를 설치한다.
(2) 분로리액터를 설치한다.
(3) 발전기 여러 대를 병렬로 운전한다.
(4) 변압기를 병렬로 설치한다.
(5) 단락비가 큰 기계를 설치한다.

답 : ①

14 동기전동기의 난조 방지에 가장 유효한 방법은?

① 자극수를 적게 한다.
② 회전자의 관성을 크게 한다.
③ 자극면에 제동 권선을 설치한다.
④ 동기 리액턴스를 작게 하고 동기화력을 크게 한다.

[해설] 동기전동기의 난조방지대책
(1) 제동권선을 설치한다.
(2) 플라이 휠을 설치한다. – 관성 모멘트가 커진다.
(3) 조속기 성능을 개선한다.
(4) 고조파를 제거한다.

답 : ③

※ 제동권선의 효과
① 난조 방지
② 불평형 부하시 전류와 전압의 파형 개선
③ 송전선의 불평형 부하시 이상전압 방지
④ 동기전동기의 기동토크 발생

3. 안정도 개선책
① 단락비를 크게 한다.
② 관성 모멘트를 크게 한다.
③ 조속기 성능을 개선한다.
④ 속응여자방식을 채용한다.
⑤ 동기 리액턴스를 작게 한다.

7 동기발전기의 10대 공식

1. 동기속도(N_S)

$$N_S = \frac{120f}{p} \text{ [rpm]}$$

여기서, f : 주파수, p : 극수

2. 단절권 계수(k_p)

$$k_p = \sin\frac{n\beta\pi}{2} \text{ (n은 고조파이다.)}$$

여기서, β : 권선 간격과 자극 간격의 비로서, $\beta = \dfrac{\text{코일 간격}}{\text{극 간격}} = \dfrac{\text{코일변의 슬롯 간격}}{\text{슬롯수} \div \text{극수}}$

확인문제

15 동기 전동기에 설치한 제동 권선의 역할에 해당되지 않는 것은?

① 난조 방지
② 불평형 부하시의 전류와 전압파형 개선
③ 송전선의 불평형 부하시 이상전압 방지
④ 단상 혹은 3상의 불평형 부하시 역상분에 의한 역회전의 전기자 반작용을 흡수하지 못함

[해설] 동기기의 제동권선의 효과
 (1) 난조 방지
 (2) 불평형 부하시 전류와 전압의 파형 개선
 (3) 송전선의 불평형 부하시 이상전압 방지
 (4) 동기전동기의 기동토크 발생

답 : ④

16 동기기의 안정도 향상에 유효하지 못한 것은?

① 관성 모멘트를 크게 할 것
② 단락비를 크게 할 것
③ 속응여자방식으로 할 것
④ 동기임피던스를 크게 할 것

[해설] 동기기의 안정도 개선책
 (1) 단락비를 크게 한다.
 (2) 관성 모멘트를 크게 한다.
 (3) 조속기 성능을 개선한다.
 (4) 속응여자방식을 채용한다.
 (5) 동기리액턴스를 작게 한다.

답 : ④

3. 분포권 계수(k_d)

$$k_d = \frac{\sin\frac{n\pi}{2m}}{q\sin\frac{n\pi}{2mq}} \quad (n\text{은 고조파이다.})$$

여기서, q : 매극 매상당 슬롯 수, m : 상수

4. 유기기전력(E)

$$E = 4.44 f\phi N k_w \text{ [V]}$$

(1) $k_w = k_p \cdot k_d$

(2) 3상 선간전압(=정격전압, 단자전압 : V)

$$V = \sqrt{3}\,E = \sqrt{3} \times 4.44 f\phi N k_w \text{ [V]}$$

여기서, f : 주파수, ϕ : 자속 수, N : 코일 권수, k_w : 권선계수이다.

5. 동기발전기의 출력(P)

(1) 동기임피던스(Z_s)

$$Z_S = r_a + jx_s \fallingdotseq jx_s \text{ [}\Omega\text{]}$$

여기서, r_a : 전기자 저항[Ω],
x_s : 동기리액턴스[Ω]이며 r_a는 x_s에 비해 매우 작은 값이므로 무시해도 관계없다.

확인문제

17 상수 m, 매극 매상당 슬롯 수 q인 동기발전기에서 n차 고조파분에 대한 분포 계수는?

① $\dfrac{\sin\frac{\pi}{2m}}{q\sin\frac{n\pi}{2mq}}$ ② $\dfrac{q\sin\frac{n\pi}{mq}}{\sin\frac{n\pi}{m}}$

③ $\dfrac{\sin\frac{n\pi}{m}}{q\sin\frac{n\pi}{mq}}$ ④ $\dfrac{\sin\frac{n\pi}{2m}}{q\sin\frac{n\pi}{2mq}}$

[해설] 동기발전기의 분포권계수(k_d)

$$k_d = \frac{\sin\frac{n\pi}{2m}}{q\sin\frac{n\pi}{2mq}} \quad (n\text{은 고조파이다.})$$

여기서, q : 매극 매상당 슬롯 수, m : 상수이다.

답 : ④

18 6극, 성형 결선의 3상 교류발전기가 있다. 1극의 자속 수 0.16[Wb], 회전수 1,000[rpm], 1상의 권회수 $w = 186$, 권선 계수 $k_w = 0.96$이라 하면 단자 전압[V]은 얼마인가?

① 6,342 ② 10,985
③ 11,443 ④ 13,200

[해설] 동기발전기의 유기기전력(E)과 단자전압(V)

동기속도 $N_S = \dfrac{120f}{p}$ [rpm]

$E = 4.44 f\phi w k_w$ [V]

$V = \sqrt{3} \times 4.44 f\phi w k_w$ [V]

여기서, p : 극수, f : 주파수, ϕ : 자속수,
w : 코일권수, k_w : 권선계수이다.

$f = \dfrac{N_S p}{120} = \dfrac{1{,}000 \times 6}{120} = 50$ [Hz]

$\therefore V = \sqrt{3} \times 4.44 f\phi w k_w$
$= \sqrt{3} \times 4.44 \times 50 \times 0.16 \times 186 \times 0.96$
$= 10{,}985$ [V]

답 : ②

(2) 동기리액턴스(x_s)

$$x_s = x_a + x_l\,[\Omega]$$

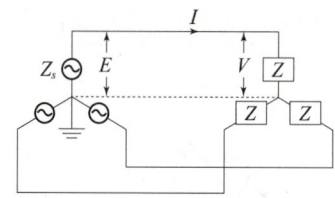 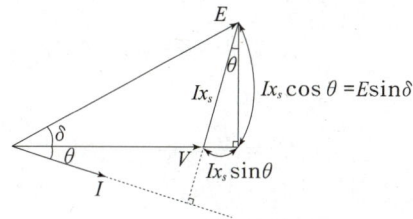

(3) 동기발전기의 1상의 출력(P)

$$P = VI\cos\theta = V \times \frac{E\sin\delta}{x_s} = \frac{VE}{x_s}\sin\delta\,[W] - \text{비돌극형(원통형)인 경우}$$

또는 $P = \dfrac{VE}{x_s}\sin\delta + \dfrac{V^2(x_d - x_q)}{2x_d x_q}\sin 2\delta\,[W]$ - 돌극형인 경우

↳ 자기저항출력

여기서, x_s : 동기리액턴스, x_a : 전기자 반작용 리액턴스, x_l : 누설리액턴스,
V : 부하측 상전압, E : 발전기측 유기기전력, δ : 부하각, x_d : 직축리액턴스, x_q : 횡축리액턴스

(4) 최대출력의 위상

① 비돌극형 동기발전기의 최대출력은 90° 에서 발생한다.
② 돌극형 동기발전기의 최대출력은 60° 부근에서 발생한다.

6. 단락비(k_s)

(1) 단락전류(I_s)

$$I_s = \frac{E}{Z_s} \fallingdotseq \frac{E}{x_s}\,[A] \quad \text{또는} \quad I_s = \frac{V}{\sqrt{3}\,Z_s} = \frac{V}{\sqrt{3}\,x_s}\,[A]$$

확인문제

19 비돌극형 동기발전기의 단자전압(1상)을 V, 유도기전력(1상)을 E, 동기리액턴스를 x_s, 부하각을 δ라고 하면 1상의 출력[W]은 대략 얼마인가?

① $\dfrac{E^2 V}{x_s}\sin\delta$ ② $\dfrac{EV^2}{x_s}\sin\delta$

③ $\dfrac{EV}{x_s}\sin\delta$ ④ $\dfrac{EV}{x_s}\cos\delta$

[해설] 동기발전기의 1상의 출력(P)

∴ $P = VI\cos\theta = V \times \dfrac{E\sin\delta}{x_s} = \dfrac{EV}{x_s}\sin\delta\,[W]$

답 : ③

20 돌극형 동기발전기에서 자기저항출력(reluctance power)은 어떻게 표시되는가? (단, 직축 리액턴스 x_d, 횡축 리액턴스 x_q, 부하각 δ이고 인가 전압은 V이다.)

① $\dfrac{V^2(x_d - x_q)}{2x_d x_q}\sin 2\delta$ ② $\dfrac{V^2(x_d - x_q)}{3x_d x_q}\sin 2\delta$

③ $\dfrac{V^2(x_d - x_q)}{2x_d x_q}\cos 2\delta$ ④ $\dfrac{V^2(x_d - x_q)}{x_d x_q}\cos 2\delta$

[해설] 동기발전기의 출력
(1) 비돌극형인 경우

$$P = \frac{EV}{x_s}\sin\delta\,[W]$$

(2) 돌극형인 경우

$$P = \frac{EV}{x_s}\sin\delta + \frac{V^2(x_d - x_q)}{2x_d x_q}\sin 2\delta\,[W]$$

답 : ①

① 돌발단락전류=순간단락전류(I_s')

$$I_s' = \frac{E}{x_l} \text{[A]}$$

∴ 돌발단락전류를 제한하는 성분은 누설 리액턴스뿐이다.

② 지속단락전류(I_s'')

$$I_s'' = \frac{E}{x_s} = \frac{E}{x_a + x_l} \text{[A]}$$

(2) 단락비(k_s)

I_f' - 무부하시 정격전압을 유지하는데 필요한 계자 전류
I_f'' - 3상 단락시 정격전류와 같은 단락전류를 흘리는데 필요한 계자 전류

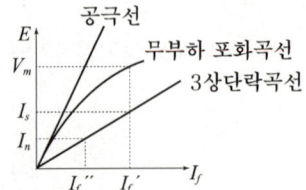

① 단락비

$$k_s = \frac{I_f'}{I_f''} = \frac{I_s}{I_n} = \frac{100}{\%Z} = \frac{1}{\%Z\text{[p.u]}}$$

② 단락비 산출에 필요한 시험

무부하 포화시험, 3상 단락시험

③ 3상 단락곡선이 직선인 이유

단락전류는 지상전류로서 감자작용인 전기자반작용에 의해서 자속이 감소하고 불포화상태에서 단자전압이 감소한다. 단락된 상태에서 여자가 증가하면 단자전압도 비례하여 증가하게 되므로 단락곡선은 직선이 된다.

여기서, E : 유기기전력(상전압), V : 단자전압(선간전압), Z_s : 동기임피던스,
x_s : 동기리액턴스, x_l : 누설리액턴스, x_a : 전기자 반작용 리액턴스, I_s : 단락전류, I_n : 정격전류,
%Z : 퍼센트임피던스, %Z[pu] : 퍼센트 임피던스 pu값

확인문제

21 3상 교류 동기발전기를 정격속도로 운전하고 무부하 정격전압을 유지하는 계자전류를 i_1, 3상 단락에 의하여 정격전류 I를 흘리는데 필요한 계자전류를 i_2라 할 때 단락비는?

① $\frac{I}{i_1}$ ② $\frac{i_2}{i_1}$

③ $\frac{I}{i_2}$ ④ $\frac{i_1}{i_2}$

해설 단락비(k_s)

무부하시 정격전압을 유지하는데 필요한 계자전류 i_1, 3상 단락시 정격전류와 같은 단락전류를 흘리는데 필요한 계자전류 i_2, 단락전류 I_s, 정격전류 I_n, %임피던스 %Z라 하면

∴ $k_s = \frac{i_1}{i_2} = \frac{I_s}{I_n} = \frac{100}{\%Z} = \frac{1}{\%Z\text{[p.u]}}$

답 : ④

22 동기기의 3상 단락곡선이 직선이 되는 이유는?

① 누설 리액턴스가 크므로
② 자기포화가 있으므로
③ 무부하 상태이므로
④ 전기자 반작용으로

해설 단락곡선

단락전류는 지상전류로서 감자작용인 전기자반작용에 의해서 자속이 감소하고 불포화상태에서 단자전압이 감소한다. 단락된 상태에서 여자가 증가하면 단자전압도 비례하여 증가하게 되므로 단락곡선은 직선이 된다.

답 : ④

7. 퍼센트 임피던스(%Z)

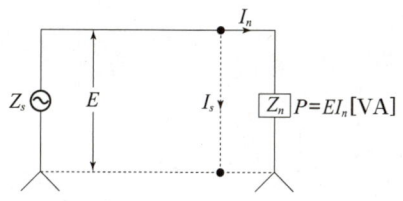

(1) 정격전류(I_n)

$$I_n = \frac{E}{Z_n} = \frac{V}{\sqrt{3}\,Z_n} = \frac{P}{E} \text{ [A]}$$

<if> 정격용량이 3상 용량인 경우에는 $I_n = \dfrac{P}{\sqrt{3}\,V}$ [A]이다.

(2) 퍼센트 임피던스(%Z)

① $\%Z = \dfrac{Z_s I_n}{E} \times 100 = \underbrace{\dfrac{P[\text{kVA}]\,Z[\Omega]}{10\{E[\text{kV}]\}^2}}_{\text{단상인 경우}} = \underbrace{\dfrac{P[\text{kVA}]\,Z_s[\Omega]}{10\{V[\text{kV}]\}^2}}_{\text{3상인 경우}}$ [%]

② $\%Z = \dfrac{I_n}{I_s} \times 100 = \dfrac{P_n}{P_s} \times 100 = \dfrac{100}{k_s}$ [%]

여기서, E : 유기기전력(상전압), V : 단자전압(선간전압), P, P_n : 정격용량(단상), Z_n : 부하 임피던스, Z_s : 동기 임피던스, P_s : 단락용량, k_s : 단락비

8. 단위법(p.u법)

정격전압(V)와 정격출력(P)은 1로 정하여 전압변동률(ϵ)이나 발전기의 최대출력(P_m) 등을 손쉽게 구할 수 있다.

확인문제

23 3상 69,000[kVA], 13,800[V], 2극, 3,600[rpm] 인 터빈 발전기의 정격 전류[A]는?

① 5,421　　② 3,260
③ 2,887　　④ 1,967

[해설] 발전기의 정격전류(I_n)
발전기 정격용량 P[VA], 정격전압 V[V]인 경우

$\therefore I_n = \dfrac{P}{\sqrt{3}\,V} = \dfrac{69{,}000 \times 10^3}{\sqrt{3} \times 13{,}800} = 2{,}887$ [A]

답 : ③

24 단락비 1.2인 발전기의 퍼센트 동기임피던스[%] 는 약 얼마인가?

① 100　　② 83
③ 60　　④ 45

[해설] 퍼센트 임피던스(%Z)

$\%Z = \dfrac{I_n}{I_s} \times 100 = \dfrac{P_n}{P_s} \times 100 = \dfrac{100}{k_s}$ [%]

여기서, 정격전류 I_n, 단락전류 I_s, 정격용량 P_n, 단락용량 P_s, 단락비 k_s 이다.

$\therefore \%Z = \dfrac{100}{k_s} = \dfrac{100}{1.2} = 83$ [%]

답 : ②

(1) 전압변동률(ϵ)

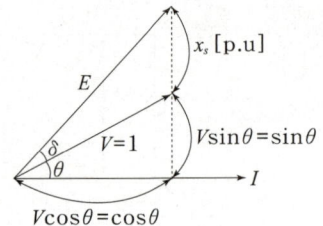

① $E = \sqrt{\cos^2\theta + (\sin\theta + x_s[\text{p.u}])^2}$ [V]

② $\epsilon = \dfrac{E-V}{V} \times 100 = (E-1) \times 100 = \{\sqrt{\cos^2\theta + (\sin\theta + x_s[\text{p.u}])^2} - 1\} \times 100$ [%]

(2) 정격출력(P) 및 최대출력(P_m)

① $P = \dfrac{EV}{x_s[\text{p.u}]} \sin\delta \, P_n = \dfrac{E}{x_s[\text{p.u}]} \sin\delta \, P_n$ [VA]

② $P_m = \dfrac{E}{x_s[\text{p.u}]} P_n$ [VA]

여기서, E : 유기기전력, V : 정격전압, $\cos\theta$: 역률, $x_s[\text{p.u}]$: 동기리액턴스[p.u], P_n : 정격용량, δ : 부하각

9. 무효순환전류 및 동기화전류

(1) 무효순환전류(I_s)

$I_s = \dfrac{E_A - E_B}{2Z_s}$ [A]

(2) 동기화전류(I_s)

$I_s = \dfrac{E_A}{Z_s} \sin\dfrac{\delta}{2}$ [A]

여기서, Z_s : 동기임피던스, E_A, E_B : 각 발전기의 유기기전력, δ : 부하각

확인문제

25 3,000[V], 1,500[kVA], 동기 임피던스 3[Ω]인 동일 정격의 두 동기발전기를 병렬운전하던 중 한쪽 계자 전류가 증가해서 각 상 유도기전력 사이에 300[V]의 전압차가 발생했다면 두 발전기 사이에 흐르는 무효 횡류는 몇 [A]인가?

① 20 ② 30
③ 40 ④ 50

해설 동기발전기의 무효순환전류(무효횡류)

$I_s = \dfrac{E_A - E_B}{2Z_s}$ [A]

여기서, $E_A - E_B$는 병렬운전하는 두 대의 발전기 전위차이다.

∴ $I_s = \dfrac{E_A - E_B}{2Z_s} = \dfrac{300}{2 \times 3} = 50$ [A]

답 : ④

26 무부하로 병렬운전하는 동일 정격의 두 3상 동기 발전기에 대응하는 두 기전력 사이에 30°의 위상차가 있을 때, 한쪽 발전기에서 다른 발전기에 공급되는 (1상의) 유효전력은 몇 [kW]인가? (단, 각 발전기의 (1상의) 기전력은 1,000[V], 동기 리액턴스는 4[Ω]이고, 전기자 저항은 무시한다.)

① 62.5   ② 125.5
③ 200   ④ 152.5

해설 동기발전기의 수수전력(P_s)

$E_A = 1,000$ [V], $Z_s = 4$ [Ω], $\delta = 30°$이므로

∴ $P_s = \dfrac{E_A^2}{2Z_s}\sin\delta = \dfrac{1,000^2}{2 \times 4} \times \sin 30° \times 10^{-3}$
$= 62.5$ [kW]

답 : ①

10. 수수전력과 동기화력

(1) 수수전력(P_s)

$$P_s = \frac{E_A{}^2}{2Z_s} \sin\delta \, [\text{W}]$$

(2) 동기화력(P_s)

$$P_s = \frac{E_A{}^2}{2Z_s} \cos\delta \, [\text{W}]$$

여기서, Z_s : 동기임피던스, E_A : 발전기 유기기전력, δ : 부하각

8 동기전동기의 전기자 반작용

① 교차자화작용 : 동상전류(R부하 특성)
② 감자작용 : 진상전류(C부하 특성)
③ 증자작용 : 지상전류(L부하 특성)

9 동기전동기의 위상특성곡선(V곡선)

공급전압(V)과 부하(P)가 일정할 때 계자전류(I_f)의 변화에 대한 전기자 전류(I_a)의 변화를 나타낸 곡선을 말한다. 또한 큰 부하일수록 그래프는 위에 위치하므로 부하 1 > 부하 2 > 부하 3 이다.

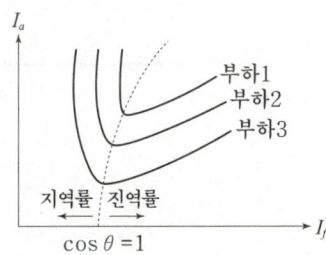

확인문제

27 동기전동기의 진상 전류는 어떤 작용을 하는가?

① 증자작용
② 감자작용
③ 교차자화작용
④ 아무 작용 없음

[해설] 동기전동기의 전기자 반작용
(1) 교차자화작용 : 동상전류(R부하 특성)
(2) 감자작용 : 진상전류(C부하 특성)
(3) 증자작용 : 지상전류(L부하 특성)

답 : ②

28 동기조상기를 부족여자로 사용하면?

① 리액터로 작용
② 저항손의 보상
③ 일반 부하의 뒤진 전류의 보상
④ 콘덴서로 작용

[해설] 동기전동기의 위상특성
(1) 계자전류 증가시(중부하시)
계자전류가 증가하면 동기전동기가 과여자 상태로 운전되는 경우로서 역률이 진역률이 되어 콘덴서 작용으로 진상전류가 흐르게 된다. 또한 전기자전류는 증가한다.
(2) 계자전류 감소시(경부하시)
계자전류가 감소되면 동기전동기가 부족여자 상태로 운전되는 경우로서 역률이 지역률이 되어 리액터 작용으로 지상전류가 흐르게 된다. 또한 전기자 전류는 증가한다.

답 : ①

1. 계자전류 증가시(중부하시)
계자전류가 증가하면 동기전동기가 과여자 상태로 운전되는 경우로서 역률이 진역률이 되어 콘덴서 작용으로 진상전류가 흐르게 된다. 또한 전기자전류는 증가한다.

2. 계자전류 감소시(경부하시)
계자전류가 감소되면 동기전동기가 부족여자 상태로 운전되는 경우로서 역률이 지역률이 되어 리액터 작용으로 지상전류가 흐르게 된다. 또한 전기자전류는 증가한다.

3. 계자전류의 변화
계자전류의 증·감에 따라 전기자 전류뿐만 아니라 부하역률 및 부하각이 함께 변화한다.

10 동기전동기의 장·단점

장점	단점
① 속도가 일정하다.	① 기동토크가 작다.
② 역률 조정이 가능하다.	② 속도 조정이 곤란하다.
③ 효율이 좋다.	③ 직류 여자기가 필요하다.
④ 공극이 크고 튼튼하다.	④ 난조 발생이 빈번하다.

확인문제

29 역률이 가장 좋은 전동기는?

① 농형 유도전동기
② 반발기동 전동기
③ 동기전동기
④ 교류 정류자전동기

[해설] 동기전동기의 장·단점

장점	단점
(1) 속도가 일정하다.	(1) 기동토크가 작다.
(2) 역률 조정이 가능하다.	(2) 속도 조정이 곤란하다.
(3) 효율이 좋다.	(3) 직류 여자기가 필요하다.
(4) 공극이 크고 튼튼하다.	(4) 난조 발생이 빈번하다.

답 : ③

30 동기 전동기는 유도 전동기에 비하여 어떤 장점이 있는가?

① 기동 특성이 양호하다.
② 전부하 효율이 양호하다.
③ 속도를 자유롭게 제어할 수 있다.
④ 구조가 간단하다.

[해설] 동기전동기의 장·단점

장점	단점
(1) 속도가 일정하다.	(1) 기동토크가 작다.
(2) 역률 조정이 가능하다.	(2) 속도 조정이 곤란하다.
(3) 효율이 좋다.	(3) 직류 여자기가 필요하다.
(4) 공극이 크고 튼튼하다.	(4) 난조 발생이 빈번하다.

답 : ②

예제 1   단락비(k_s), %동기임피던스(%Z_s) 관계   ★★☆

정격용량 12,000[kVA], 정격전압 6,600[V]인 3상 교류발전기가 있다. 무부하 곡선에서의 정격전압에 대한 계자전류는 280[A], 3상 단락 곡선에서의 계자 전류 280[A]에 대한 단락전류는 920[A]이다. 이 발전기의 단락비와 동기임피던스[Ω]는 얼마인가?

① 단락비=1.14, 임피던스=7.17   ② 단락비=0.876, 임피던스=7.17
③ 단락비=1.14, 임피던스=4.14   ④ 단락비=0.876, 임피던스=4.14

풀이전략

(1) 문제 조건에 단락전류가 주어진 경우 단락비 계산은 정격전류를 구하여 $K_s = \dfrac{I_s}{I_n}$ 식에 대입하여 푼다. 여기서, I_n은 정격전류이다.

(2) %Z_s나 %Z[p.u], Z_s[Ω] 계산은 $K_s = \dfrac{100}{\%Z_s} = \dfrac{1}{\%Z_s[\text{p.u}]}$, %$Z_s = \dfrac{100}{K_s} = \dfrac{PZ_s}{10V^2}$[%] 식에서 유도하여 푼다. 여기서, P[kVA]는 정격용량, V[kV]는 정격전압이다.

풀 이

$P = 12000$[kVA], $V = 6.6$[kV], $I_s = 920$[A]이므로 $I_n = \dfrac{P}{\sqrt{3}\,V}$[A], %$Z_s = \dfrac{100}{K_s} = \dfrac{PZ_s}{10V^2}$[Ω]식

을 이용하여 $I_n = \dfrac{P}{\sqrt{3}\,V} = \dfrac{12{,}000 \times 10^3}{\sqrt{3} \times 6{,}600} = 1{,}049.7$[A]

∴ $K_s = \dfrac{I_s}{I_n} = \dfrac{920}{1{,}049.7} = 0.876$

∴ $Z_s = \dfrac{1{,}000\,V^2}{PK_s} = \dfrac{1{,}000 \times 6.6^2}{12{,}000 \times 0.876} = 4.14$[Ω]

 ④

유사문제

01 정격전압 6,000[V], 용량 5,000[kVA]인 3상 동기발전기에 있어서 여자전류 200[A]에 상당하는 무부하 단자전압 6,000[V]이고, 단락전류는 600[A]이다. 이 발전기의 단락비 및 동기리액턴스(per unit : [p.u])는?

① 단락비 1.25, 동기 리액턴스 0.80
② 단락비 1.25, 동기 리액턴스 5.77
③ 단락비 0.80, 동기 리액턴스 1.25
④ 단락비 0.17, 동기 리액턴스 5.77

[해설] $V = 6$[kV], $P = 5{,}000$[kVA], $I_s = 600$[A]이므로

$I_n = \dfrac{P}{\sqrt{3}\,V} = \dfrac{5{,}000 \times 10^3}{\sqrt{3} \times 6{,}000} = 481$[A]

∴ $k_s = \dfrac{I_s}{I_n} = \dfrac{600}{481} = 1.25$

∴ %$Z_s[\text{p.u}] = \dfrac{1}{k_s} = \dfrac{1}{1.25} = 0.80$

답 : ①

02 4,500[kVA], 정격전압 3,000[V]인 3상 교류발전기의 % 동기임피던스가 80[%]일 때 이 발전기의 동기임피던스 Z_s[Ω]과 단락비 K_s는?

① 1.6, 1.25   ② 1.65, 1.2
③ 1.7, 1.2   ④ 1.55, 1.25

[해설] $P = 4{,}500$[kVA], $V = 3$[kV], %$Z_s = 80$[%]이므로

∴ $Z_s = \dfrac{\%Z_s \cdot 10V^2}{P} = \dfrac{80 \times 10 \times 3^2}{4{,}500} = 1.6$[Ω]

∴ $K_s = \dfrac{100}{\%Z_s} = \dfrac{100}{80} = 1.25$

답 : ①

예제 2 p.u법을 이용한 전압변동률(ϵ) ★★★

정격이 10,000[kVA], 500[A], 역률 0.9인 3상 동기 발전기의 단락비가 1.30이라면 그 전압변동률은 몇 [%]인가? (단, 정격전압까지의 무부하 포화곡선의 직선으로 표시하고 전기자 저항은 무시한다.)

① 약 50 ② 약 65
③ 약 68 ④ 약 62

풀이전략

(1) 정격전압(V)을 1로 놓는다.

(2) $K_s = \dfrac{100}{\%Z_s} = \dfrac{1}{\%x_s[\text{p.u}]}$, $\%x_s = \dfrac{Px_s}{10V^2}[\%]$ 식에서 $x_s[\Omega]$을 계산한다.

(3) 역률($\cos\theta$)을 이용하여 $\sin\theta = \sqrt{1-\cos^2\theta}$ 값을 계산한다.

(4) $E = \sqrt{\cos^2\theta + (\sin\theta + \%x_s[\text{p.u}])^2}$ [V]

$\epsilon = (E-1) \times 100[\%]$ 식에 대입하여 계산한다.

풀 이

$P = 1,000$ [kVA], $I_n = 500$ [A], $\cos\theta = 0.9$, $K_s = 1.3$이므로

$\%x_s[\text{p.u}] = \dfrac{1}{K_s} = \dfrac{1}{1.3} = 0.77$ [p.u]

$\sin\theta = \sqrt{1-\cos^2\theta} = \sqrt{1-0.9^2} = 0.436$

$E = \sqrt{0.9^2 + (0.436+0.77)^2} = 1.5$ [V]

$\therefore \epsilon = (E-1) \times 100 = (1.5-1) \times 100 = 50$ [%]

정답 ①

유사문제

03 정격출력 10,000[kVA], 정격전압 6,600[V], 정격역률 0.8인 3상 동기발전기가 있다. 동기리액턴스 0.8[p.u]인 경우의 전압변동률[%]은?

① 13 ② 20
③ 25 ④ 61

[해설] $P = 10,000$ [kVA], $V = 6,600$ [V], $\cos\theta = 0.8$, $x_s[\text{p.u}] = 0.8[\text{p.u}]$이므로

$\sin\theta = \sqrt{1-\cos^2\theta} = \sqrt{1-0.8^2} = 0.6$

$E = \sqrt{\cos^2\theta + (\sin\theta + \%x_s[\text{p.u}])^2}$
$= \sqrt{0.8^2 + (0.6+0.8)^2} = 1.61$ [V]

$\therefore \epsilon = (E-1) \times 100 = (1.61-1) \times 100$
$= 61$ [%]

답 : ④

신유형

04 3상 동기발전기의 정격출력 10,000[kVA], 정격전압 6,600[V], 정격역률 $\cos\theta = 0.8$이다. 단락비가 1.25일 때 전압변동률은 몇 [%]인가?

① 61 ② 51
③ 41 ④ 31

[해설] $P = 10,000$ [kVA], $V = 6,600$ [V], $\cos\theta = 0.8$, $K_s = 1.25$이므로

$\%x_s[\text{p.u}] = \dfrac{1}{K_s} = \dfrac{1}{1.25} = 0.8$ [p.u]

$\sin\theta = \sqrt{1-\cos^2\theta} = \sqrt{1-0.8^2} = 0.6$

$E = \sqrt{\cos^2\theta + (\sin\theta + \%x_s[\text{p.u}])^2}$
$= \sqrt{0.8^2 + (0.6+0.8)^2} = 1.61$ [V]

$\therefore \epsilon = (E-1) \times 100 = (1.61-1) \times 100$
$= 61$ [%]

답 : ①

예제 3   p.u법을 이용한 발전기 최대출력(P_m)   ★★☆

3상 비철극 동기발전기가 있다. 정격출력 10,000[kVA], 정격전압 6,600[V], 정격역률 $\cos\phi = 0.8$이다. 여자를 정격 상태로 유지할 때, 이 발전기의 최대출력[kW]은? (단, 1상의 동기리액턴스는 0.9(단위법)이며 저항은 무시한다.)

① 약 6,296   ② 약 10,918
③ 약 18,889   ④ 약 82,280

풀이전략

(1) 정격전압(V)과 정격용량(P)을 모두 1로 놓는다.

(2) $\sin\theta = \sqrt{1-\cos^2\theta}$ 값을 계산한다.

(3) $E = \sqrt{\cos^2\theta + (\sin\theta + \%x_s[\text{p.u}])^2}$ [V] 값을 계산한다.

(4) $P_m = \dfrac{E}{\%x_s[\text{p.u}]} P$ [kVA] 식에 대입하여 결과값을 얻는다.

풀 이

$P = 10,000$ [kVA], $V = 6,600$ [V], $\cos\theta = 0.8$, $\%x_s = 0.9$이므로 $\sin\theta = \sqrt{1-0.8^2} = 0.6$

$E = \sqrt{\cos^2\theta + (\sin\theta + \%x_s[\text{p.u}])^2} = \sqrt{0.8^2 + (0.6+0.9)^2} = 1.7$ [V]

$\therefore P_m = \dfrac{E}{\%x_s[\text{p.u}]} P = \dfrac{1.7}{0.9} \times 10,000 = 18,889$ [kVA]

정답 ③

유사문제

05 3상 동기발전기의 정격출력이 10,000[kVA], 정격전압은 6,600[V], 정격역률은 0.80이다. 1상의 동기리액턴스를 1.0[p.u]라고 할 때, 정태안정극한전력[kW]을 구하면?

① 약 18,000   ② 약 14,240
③ 약 17,800   ④ 약 22,250

[해설] $P = 10,000$ [kVA], $V = 6,600$ [V], $\cos\theta = 0.8$, $\%x_s[\text{p.u}] = 1$ [p.u]이므로

$\sin\theta = \sqrt{1-\cos^2\theta} = \sqrt{1-0.8^2} = 0.6$

$E = \sqrt{\cos^2\theta + (\sin\theta + \%x_s[\text{p.u}])^2}$
$= \sqrt{0.8^2 + (0.6+1)^2} = 1.788$ [V]

$\therefore P_m = \dfrac{E}{\%x_s[\text{p.u}]} P = \dfrac{1.788}{1} \times 10,000$
$\fallingdotseq 17,800$ [kVA]

답 : ③

신유형

06 정격출력 10,000[kVA], 정격전류 500[A], 정격역률 0.9인 동기발전기가 있다. 단락비가 1.2일 때 이 발전기의 최대출력은 몇 [kVA]인가?

① 18,674   ② 17,674
③ 16,674   ④ 15,674

[해설] $P = 10,000$ [kVA], $I_n = 500$ [V], $\cos\theta = 0.9$, $K_s = 1.2$이므로

$\%x_s[\text{p.u}] = \dfrac{1}{K_s} = \dfrac{1}{1.2} = 0.83$ [p.u]

$\sin\theta = \sqrt{1-\cos^2\theta} = \sqrt{1-0.9^2} = 0.436$

$E = \sqrt{\cos^2\theta + (\sin\theta + \%x_s[\text{p.u}])^2}$
$= \sqrt{0.9^2 + (0.436+0.83)^2} = 1.55$ [V]

$\therefore P_m = \dfrac{E}{\%x_s[\text{p.u}]} P = \dfrac{1.55}{0.83} \times 10,000$
$= 18,674$ [kVA]

답 : ①

02 출제예상문제

01 보통 회전계자형으로 하는 전기 기계는?

① 직류발전기 ② 회전변류기
③ 동기발전기 ④ 유도발전기

[해설] 동기발전기의 구조
(1) 고정자 – 전기자
(2) 회전자 – 계자(돌극형, 비돌극형)

02 동기발전기에 회전계자형을 사용하는 경우가 많다. 그 이유에 적합하지 않은 것은?

① 전기자가 고정자이므로 고압 대전류용에 좋고 절연하기 쉽다.
② 계자가 회전자이지만 저압 소용량의 직류이므로 구조가 간단하다.
③ 전기자보다 계자극을 회전자로 하는 것이 기계적으로 튼튼하다.
④ 기전력의 파형을 개선한다.

[해설] 회전계자형을 채용하는 이유
(1) 계자는 전기자보다 철의 분포가 크기 때문에 기계적으로 튼튼하다.
(2) 계자는 전기자보다 결선이 쉽고 구조가 간단하다.
(3) 고압이 걸리는 전기자보다 저압인 계자가 조작하는 데 더 안전하다.
(4) 고압이 걸리는 전기자를 절연하는 데는 고정자로 두어야 용이해진다.

03 3상 동기발전기의 전기자 권선을 Y결선으로 하는 이유 중 Δ결선과 비교할 때 장점이 아닌 것은?

① 출력을 더욱 증대할 수 있다.
② 권선의 코로나 현상이 작다.
③ 고조파 순환전류가 흐르지 않는다.
④ 권선의 보호 및 이상전압의 방지 대책이 용이하다.

[해설] Y결선을 채용하는 이유
(1) 상전압이 선간전압보다 $\frac{1}{\sqrt{3}}$ 배 작으므로 권선에서의 코로나, 열화 등이 감소된다.
(2) 제3고조파에 의한 순환전류가 흐르지 않는다.
(3) 중성점을 접지할 수 있으며 이상전압에 대한 대책이 용이하다.

04 교류발전기에서 권선을 절약할 뿐 아니라 특정 고조파분이 없는 권선은?

① 전절권 ② 집중권
③ 단절권 ④ 분포권

[해설] 단절권의 특징
(1) 동량을 절감할 수 있어 발전기 크기가 축소된다.
(2) 가격이 저렴하다.
(3) 고조파가 제거되어 기전력의 파형이 개선된다.
(4) 전절권에 비해 기전력의 크기가 저하한다.

05 동기기에서 집중권에 비해 분포권의 이점에 속하지 않는 것은?

① 파형이 좋아진다.
② 권선의 누설 리액턴스가 감소한다.
③ 권선의 발생열을 고루 발산시킨다.
④ 기전력을 높인다.

[해설] 분포권의 특징
(1) 매극 매상당 슬롯 수가 증가하여 코일에서의 열발산을 고르게 분산시킬 수 있다.
(2) 누설 리액턴스가 작다.
(3) 고조파가 제거되어 기전력의 파형이 개선된다.
(4) 집중권에 비해 기전력의 크기가 저하한다.

정답 01 ③ 02 ④ 03 ① 04 ③ 05 ④

06 동기발전기에서 기전력의 파형을 좋게 하고 누설 리액턴스를 감소시키기 위하여 채택한 권선법은?

① 집중권
② 분포권
③ 단절권
④ 전절권

[해설] 분포권의 특징
(1) 매극 매상당 슬롯 수가 증가하여 코일에서의 열발산을 고르게 분산시킬 수 있다.
(2) 누설 리액턴스가 작다.
(3) 고조파가 제거되어 기전력의 파형이 개선된다.
(4) 집중권에 비해 기전력의 크기가 저하한다.

07 동기기의 전기자 권선법 중 단절권, 분포권으로 하는 이유 중 가장 중요한 목적은?

① 높은 전압을 얻기 위해서
② 일정한 주파수를 얻기 위해서
③ 좋은 파형을 얻기 위해서
④ 효율을 좋게 하기 위해서

[해설] 단절권과 분포권의 특징
(1) 단절권의 특징
  ㉠ 동량을 절감할 수 있어 발전기 크기가 축소된다.
  ㉡ 가격이 저렴하다.
  ㉢ 고조파가 제거되어 기전력의 파형이 개선된다.
  ㉣ 전절권에 비해 기전력의 크기가 저하한다.
(2) 분포권의 특징
  ㉠ 매극 매상당 슬롯 수가 증가하여 코일에서의 열발산을 고르게 분산시킬 수 있다.
  ㉡ 누설 리액턴스가 작다.
  ㉢ 고조파가 제거되어 기전력의 파형이 개선된다.
  ㉣ 집중권에 비해 기전력의 크기가 저하한다.

08 동기기의 전기자 권선법이 아닌 것은?

① 분포권
② 전절권
③ 2층권
④ 중권

[해설] 동기기의 전기자권선법
동기발전기의 전기자는 기전력의 좋은 파형을 얻기 위해 단절권과 분포권을 채용하고 있으며 또한 2층권 및 중권, 파권을 이용하고 있다. 반대로 전절권과 집중권은 고조파가 포함된 기전력이 발생하여 파형이 매우 나쁘므로 현재 채용하지 않고 있다.

09 교류 발전기의 고조파 발생을 방지하는데 적합하지 않은 것은?

① 전기자 권선의 결선을 성형으로 한다.
② 전기자 권선을 단절권으로 감는다.
③ 전기자 반작용을 크게 한다.
④ 전기자 슬롯을 스큐 슬롯으로 한다.

[해설] 고조파를 제거하는 방법
(1) 단절권과 분포권을 채용한다.
(2) 매극 매상의 슬롯수(q)를 크게 한다.
(3) Y결선(성형결선)을 채용한다.
(4) 공극의 길이를 크게 한다.
(5) 자극의 모양을 적당히 설계한다.
(6) 전기자 철심을 스큐슬롯(사구)으로 한다.
(7) 전기자 반작용을 작게 한다.

10 동기발전기의 기전력의 파형을 정현파로 하기 위해 채용되는 방법이 아닌 것은?

① 매극 매상의 슬롯 수를 크게 한다.
② 단절권 및 분포권으로 한다.
③ 전기자 철심을 사(斜)슬롯으로 한다.
④ 공극의 길이를 작게 한다.

[해설] 고조파를 제거하는 방법
공극의 길이를 크게 한다.

11 동기발전기에서 유기기전력과 전기자전류가 동상인 경우의 전기자 반작용은?

① 교차자화작용
② 증자작용
③ 감자작용
④ 직축반작용

[해설] 동기발전기 전기자반작용
(1) 교차자화작용(=횡축반작용)
  ㉠ 기전력과 같은 위상의 전류가 흐른다.
    <동상전류 : R부하 특성>
  ㉡ 감자효과로 기전력이 감소한다.
(2) 감자작용(=직축반작용)
  ㉠ 기전력보다 90° 늦은 전류가 흐른다.
    <지상전류 : L부하 특성>
  ㉡ 감자작용으로 기전력이 감소한다.
(3) 증자작용(=자화작용)
  ㉠ 기전력보다 90° 앞선 전류가 흐른다.
    <진상전류 : C부하 특성>
  ㉡ 증자작용으로 기전력이 증가한다.

12 3상 동기발전기의 전기자 반작용은 부하의 성질에 따라 다르다. 다음 성질 중 잘못 설명한 것은?

① $\cos\theta = 1$일 때, 즉 전압, 전류가 동상일 때는 실제적으로 감자작용을 한다.
② $\cos\theta = 0$일 때, 즉 전류가 전압보다 $90°$ 뒤질 때는 감자작용을 한다.
③ $\cos\theta = 0$일 때, 즉 전류가 전압보다 $90°$ 앞설 때는 증자작용을 한다.
④ $\cos\theta = \phi$일 때, 즉 전류가 전압보다 ϕ만큼 뒤질 때 증자작용을 한다.

[해설] 동기발전기 전기자반작용
• 감자작용(=직축반작용)
 (1) 기전력보다 $90°$ 늦은 전류가 흐른다.
  <지상전류 : L부하 특성>
 (2) 감자작용으로 기전력이 감소한다.

13 동기발전기의 부하에 콘덴서를 달아서 앞서는 전류가 흐르고 있다. 다음 중 옳은 것은?

① 단자전압강하   ② 단자전압상승
③ 편자작용   ④ 속도상승

[해설] 동기발전기 전기자반작용
• 증자작용(=자화작용)
 (1) 기전력보다 $90°$ 앞선 전류가 흐른다.
  <진상전류 : C부하 특성>
 (2) 증자작용으로 기전력이 증가한다.

14 3상 교류발전기의 기전력에 대하여 $90°$ 늦은 전류가 흐를 때의 반작용 기자력은?

① 자극축보다 $90°$ 늦은 감자작용
② 자극축과 일치하는 증자작용
③ 자극축과 일치하는 감자작용
④ 자극축보다 $90°$ 빠른 증자작용

[해설] 동기발전기 전기자반작용
동기발전기의 전기자반작용 중에서 직축반작용은 자극축과 일치하는 경우로서 $90°$ 늦은 전류가 흐를 때는 감자작용이고 $90°$ 앞선 전류가 흐를 때는 증자작용이 된다. 또한 증자작용은 자화작용이라고도 한다.

15 3상 동기발전기에 3상 전류(평형)가 흐를 때 전기자 반작용은 이 전류가 기전력에 대하여 A일 때 감자작용이 되고 B일 때 자화작용이 된다. A, B의 적당한 것은?

① A : $90°$ 뒤질 때, B : $90°$ 앞설 때
② A : $90°$ 앞설 때, B : $90°$ 뒤질 때
③ A : $90°$ 뒤질 때, B : 동상일 때
④ A : 동상일 때, B : $90°$ 앞설 때

[해설] 동기발전기 전기자반작용
 (1) 감자작용(=직축반작용)
  ㉠ 기전력보다 $90°$ 늦은 전류가 흐른다.
   <지상전류 : L부하 특성>
  ㉡ 감자작용으로 기전력이 감소한다.
 (2) 증자작용(=자화작용)
  ㉠ 기전력보다 $90°$ 앞선 전류가 흐른다.
   <진상전류 : C부하 특성>
  ㉡ 증자작용으로 기전력이 증가한다.

16 단락비가 큰 동기기는?

① 안정도가 높다.
② 전압변동률이 크다.
③ 기계가 소형이다.
④ 전기자 반작용이 크다.

[해설] "단락비가 크다"는 의미
 (1) 돌극형 철기계이다. – 수차 발전기
 (2) 극수가 많고 공극이 크다.
 (3) 계자 기자력이 크고 전기자 반작용이 작다.
 (4) 동기 임피던스가 작고 전압 변동률이 작다.
 (5) 안정도가 좋다.
 (6) 선로의 충전용량이 크다.
 (7) 철손이 커지고 효율이 떨어진다.
 (8) 중량이 무겁고 가격이 비싸다.

17 단락비가 큰 동기발전기를 설명한 것 중 옳지 않은 것은?

① 전압변동률이 작다.
② 선로 충전용량이 크다.
③ 철을 적게 써서 동기계라 한다.
④ 부피가 크고 값이 비싸다.

[해설] "단락비가 크다"는 의미
돌극형 철기계이다. – 수차 발전기

정답 12 ④ 13 ② 14 ③ 15 ① 16 ① 17 ③

18 동기기의 구성 재료가 구리(Cu)가 비교적 적고 철(Fe)이 비교적 많은 기계는?

① 단락비가 작다.
② 단락비가 크다.
③ 단락비와 무관하다.
④ 전압 변동률이 크다.

해설 "단락비가 크다" 는 의미
돌극형 철기계이다. – 수차 발전기

19 단락비가 큰 동기발전기에 관한 다음 기술 중 옳지 않은 것은?

① 효율이 좋다.
② 전압변동률이 작다.
③ 자기여자작용이 적다.
④ 안정도가 증대한다.

해설 "단락비가 크다" 는 의미
철손이 커지고 효율이 떨어진다.

20 동기발전기의 단락비는 기계의 특성을 단적으로 잘 나타내는 수치로서, 동일 정격에 대하여 단락비가 큰 기계의 특성 중에서 옳지 않은 것은?

① 동기 임피던스가 작아져 전압변동률이 좋으며 송전선 충전용량이 크다.
② 기계의 형태, 중량이 커지며, 철손, 기계 철손이 증가하고 가격도 비싸다.
③ 과부하 내량이 크고, 안정도가 좋다.
④ 극수가 적고 고속기가 된다.

해설 "단락비가 크다" 는 의미
극수가 많고 저속기가 된다.

21 전압변동률이 작은 동기발전기는?

① 동기 리액턴스가 크다.
② 전기자 반작용이 크다.
③ 단락비가 크다.
④ 값이 싸진다.

해설 전압변동률이 작은 동기발전기는 동기임피던스가 작고 계자기자력이 크기 때문에 전기자 반작용도 작아진다. 또한 돌극형 철기계로서 단락비가 크기 때문에 안정도가 좋으나 철손이 커지므로 효율이 떨어지고 가격이 비싸다.

22 3상 동기발전기를 병렬운전시키는 경우, 고려하지 않아도 되는 조건은?

① 발생 전압이 같을 것
② 전압 파형이 같을 것
③ 회전수가 같을 것
④ 상회전이 같을 것

해설 동기발전기의 병렬운전조건
(1) 기전력의 크기가 같을 것 : 각 발전기의 여자전류가 다르면 기전력의 크기가 달라져서 무효순환전류가 흐르게 되며 이를 방지하기 위해서는 각 발전기의 계자저항을 적당히 조정하여 여자전류를 같게 해준다.
(2) 기전력의 위상이 같을 것 : 각 발전기의 원동기 출력이 다르면 기전력의 위상이 달라져서 유효순환전류(=동기화전류)가 흐르게 되며 이를 방지하기 위해서는 각 발전기의 원동기 출력을 조정하여 같게 해준다.
(3) 기전력의 주파수가 같을 것
(4) 기전력의 파형이 같을 것
(5) 상회전이 일치할 것(3상에 해당)

23 2대의 동기발전기를 병렬운전할 때, 무효횡류(무효순환전류)가 흐르는 경우는?

① 부하 분담의 차가 있을 때
② 기전력의 파형에 차가 있을 때
③ 기전력의 위상차가 있을 때
④ 기전력 크기에 차가 있을 때

해설 동기발전기의 병렬운전조건
기전력의 크기가 같을 것 : 각 발전기의 여자전류가 다르면 기전력의 크기가 달라져서 무효순환전류가 흐르게 되며 이를 방지하기 위해서는 각 발전기의 계자저항을 적당히 조정하여 여자전류를 같게 해준다.

정답 18 ② 19 ① 20 ④ 21 ③ 22 ③ 23 ④

24 동기발전기의 병렬운전 중 위상차가 생기면?

① 무효횡류가 흐른다.
② 유효횡류가 흐른다.
③ 무효전력이 생긴다.
④ 출력이 요동하고 권선이 과열된다.

[해설] 동기발전기의 병렬운전조건
기전력의 위상이 같을 것 : 각 발전기의 원동기 출력이 다르면 기전력의 위상이 달라져서 유효순환전류(=동기화전류)가 흐르게 되며 이를 방지하기 위해서는 각 발전기의 원동기 출력을 조정하여 같게 해준다.

25 병렬운전을 하고 있는 3상 동기발전기에 동기화전류가 흐르는 경우는 어느 때인가?

① 부하가 증가할 때
② 여자전류를 변화시킬 때
③ 부하가 감소할 때
④ 원동기의 출력이 변화할 때

[해설] 동기발전기의 병렬운전조건
기전력의 위상이 같을 것 : 각 발전기의 원동기 출력이 다르면 기전력의 위상이 달라져서 유효순환전류(=동기화전류)가 흐르게 되며 이를 방지하기 위해서는 각 발전기의 원동기 출력을 조정하여 같게 해준다.

26 병렬운전 중의 동기발전기의 여자전류를 증가시키면 그 발전기는?

① 전압이 높아진다.
② 출력이 커진다.
③ 역률이 좋아진다.
④ 역률이 나빠진다.

[해설] 동기발전기 두 대가 병렬운전 중 한 대의 여자전류가 증가하게 되면 여자전류가 증가한 발전기에는 위상이 늦은 지상전류(무효순환전류)가 증가되어 역률이 떨어지게 되며 상대적으로 다른 쪽 발전기에는 위상이 앞선 전류(무효순환전류)가 흐르게 되어 역률이 좋아지는 현상이 생긴다.

27 병렬운전 중의 A, B 두 발전기 중에서 A 발전기의 여자를 B 발전기보다 강하게 하면 A 발전기는?

① 90° 진상 전류가 흐른다.
② 90° 지상 전류가 흐른다.
③ 동기화 전류가 흐른다.
④ 부하 전류가 흐른다.

[해설] A 발전기의 여자를 강하게 하면 A 발전기의 역률은 떨어지기 때문에 90° 뒤진 지상전류가 흐르게 된다.

28 정전압 계통에 접속된 동기발전기의 여자를 약하게 하면?

① 출력이 감소한다.
② 전압이 강하한다.
③ 앞선 무효전류가 증가한다.
④ 뒤진 무효전류가 증가한다.

[해설] 동기발전기의 여자를 약하게 하면 그 발전기의 역률이 좋아지기 때문에 90° 앞선 진상전류(무효전류)가 흐르게 된다.

29 동기발전기의 병렬운전중 계자를 변환시키면 어떻게 되는가?

① 무효순환전류가 흐른다.
② 주파수 위상이 변한다.
③ 유효순환전류가 흐른다.
④ 속도 조정률이 변한다.

[해설] 동기발전기 두 대가 병렬운전 중 한 대의 여자전류가 증가하게 되면 여자전류가 증가한 발전기에는 위상이 늦은 지상전류(무효순환전류)가 증가되어 역률이 떨어지게 되며 상대적으로 다른 쪽 발전기에는 위상이 앞선 전류(무효순환전류)가 흐르게 되어 역률이 좋아지는 현상이 생긴다.

정답 24 ② 25 ④ 26 ④ 27 ② 28 ③ 29 ①

30. 동기발전기의 자기여자작용은 부하전류의 위상이 어떤 경우에 일어나는가?

① 역률이 1인 때 ② 느린 역률인 때
③ 빠른 역률인 때 ④ 역률과 무관하다.

해설 동기발전기의 자기여자현상의 원인
정전용량에 의해 90° 앞선 진상전류로 부하의 단자전압이 발전기의 유기기전력보다 더 커지는 페란티 효과가 발생하게 되며 발전기는 오히려 전력을 수급받아 과여자된 상태로 운전을 하게 된다. 이 현상을 자기여자현상이라 한다. 따라서 90° 앞선 진상전류는 부하역률이 빠른 경우이다.

31. 동기발전기의 자기여자현상의 방지법이 되지 않는 것은?

① 수전단에 리액턴스를 병렬로 접속한다.
② 수전단에 변압기를 병렬로 접속한다.
③ 발전기 여러 대를 모선에 병렬로 접속한다.
④ 발전기의 단락비를 작게 한다.

해설 동기발전기의 자기여자현상의 방지대책
(1) 동기조상기를 설치한다.
(2) 분로리액터를 설치한다.
(3) 발전기 여러 대를 병렬로 운전한다.
(4) 변압기를 병렬로 설치한다.
(5) 단락비가 큰 기계를 설치한다.

32. 다음 그림은 동기기의 무부하 충전시 나타나는 자기여자작용을 설명한 그림이다. 이때 충전 특성 곡선을 나타낸 것은?

① 0A
② 0'B
③ 0''C
④ 0''D

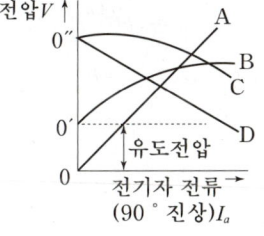

해설 충전특성곡선
동기발전기의 자기여자현상은 정전용량에 의한 90° 앞선 진상전류로부터 생기는 현상으로 전기자전류가 90° 앞선 진상전류가 흐르게 되면 무부하 충전전압은 0[V]에서 정격 전압까지 상승하는 곡선이 그려진다. 따라서 0A곡선이 동기발전기의 자기여자현상으로 생기는 충전특성곡선이다.

33. 동기기의 제동권선(damper winding)의 효용이 아닌 것은?

① 난조 방지
② 불평형 부하시의 전류, 전압 파형개선
③ 과부하 내량의 증대
④ 송전선의 불평형 단락시에 이상전압의 방지

해설 동기기의 제동권선의 효과
(1) 난조 방지
(2) 불평형 부하시 전류와 전압의 파형개선
(3) 송전선의 불평형 부하시 이상전압 방지
(4) 동기전동기의 기동토크 발생

34. 동기전동기의 제동 권선 효과는?

① 정지 시간의 단축
② 토크의 증가
③ 기동 토크의 발생
④ 과부하 내량의 증가

해설 동기기의 제동권선의 효과
동기전동기의 기동토크 발생

35. 동기발전기의 안정도를 증진시키기 위하여 설계상 고려할 점으로 틀린 것은?

① 자동전압조정기의 속응도를 크게 한다.
② 정상 과도 리액턴스 및 단락비를 작게 한다.
③ 회전자의 관성력을 크게 한다.
④ 영상 및 역상 임피던스를 크게 한다.

해설 동기기의 안정도 개선책
(1) 단락비를 크게 한다.
(2) 관성 모멘트(=플라이 휠 효과)를 크게 한다.
(3) 조속기 성능을 개선한다.
(4) 속응여자방식을 채용한다.
(5) 동기 리액턴스를 작게 한다.

36 동기기의 과도안정도를 증가시키는 방법이 아닌 것은?

① 동기리액턴스를 크게 할 것
② 속응여자방식을 채용할 것
③ 동기탈조계전기를 사용할 것
④ 발전기의 조속기 동작을 신속하게 할 것

[해설] 동기기의 안정도 개선책
동기 리액턴스를 작게 한다.

37 동기발전기에서 동기속도와 극수와의 관계를 표시한 것은 어느 것인가? (단, N_s : 동기 속도, p : 극수)

①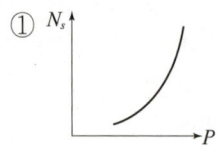
②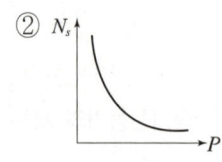
③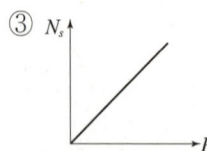
④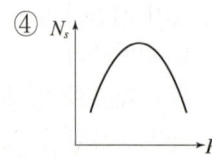

[해설] 동기속도(N_s)
주파수 f, 극수 p라 하면
$N_s = \dfrac{120f}{p}$ [rpm] 식에서 $N_s \propto \dfrac{1}{p}$ 이므로 동기속도(N_s)와 극수(p)는 반비례한다.
따라서 반비례 곡선은 ②이다.

38 극수 6, 회전수 1,000[rpm]인 교류발전기와 병렬운전하는 극수 8인 교류발전기의 회전수[rpm]를 구하면?

① 500
② 750
③ 1,000
④ 1,500

[해설] 동기속도(N_s)
극수 $p = 6$, 회전수 $N_s = 1{,}000$ [rpm], 극수 $p' = 8$일 때 회전수 N_s'는 $N_s \propto \dfrac{1}{p}$ 이므로
$N_s' = \dfrac{p}{p'} N_s$ [rpm]이다.
$\therefore N_s' = \dfrac{p}{p'} N_s = \dfrac{6}{8} \times 1{,}000 = 750$ [rpm]

39 3상 20,000[kVA]인 동기발전기가 있다. 이 발전기는 60[Hz]일 때 200[rpm], 50[Hz]일 때 167[rpm]으로 회전한다. 이 동기발전기의 극수는?

① 18극
② 36극
③ 54극
④ 72극

[해설] 동기속도(N_s)
$f = 60$ [Hz], $N_s = 200$ [rpm], $f' = 50$ [Hz], $N_s' = 167$ [rpm]이므로
$N_s = \dfrac{120f}{p}$ [rpm], $N_s' = \dfrac{120f'}{p}$ [rpm]을 만족하는 극수 p는
$p = \dfrac{120f}{N_s} = \dfrac{120 \times 60}{200} = 36$ 극
$p = \dfrac{120f'}{N_s'} = \dfrac{120 \times 50}{167} = 35.9$ 극
∴ 극수는 짝수이며 정수이므로 36극이 적당하다.

40 60[Hz], 4극, 회전자 지름 2[m]인 동기기에 있어서 자극면의 주변 속도[m/s]는?

① 158.4
② 167.3
③ 188.4
④ 199.2

[해설] 동기발전기의 주변속도(v)
$f = 60$ [Hz], 극수 $p = 4$, 회전자 지름 $D = 2$ [m]
$v = \pi D \dfrac{N_s}{60} = \pi D \dfrac{120f}{60p}$ [m/sec]식에 대입하여 풀면
$\therefore v = \pi D \dfrac{120f}{60p} = \pi \times 2 \times \dfrac{120 \times 60}{60 \times 4}$
$= 188.4$ [m/s]

41
★★

60[Hz], 12극인 동기전동기 회전자의 주변 속도 [m/s]는? (단, 회전 계자의 극간격은 1[m]이다.)

① 120   ② 102
③ 98   ④ 72

해설 동기발전기의 주변속도(v)

$f=60$[Hz], 극수 $p=12$, 극간격이 1[m]이므로 회전자 둘레(πD)는 12[m]이다.

$v = \pi D \dfrac{N_s}{60} = \pi D \dfrac{120f}{60p}$ [m/sec]식에 대입하여 풀면

$\therefore v = \pi D \dfrac{120f}{60p} = 12 \times \dfrac{120 \times 60}{60 \times 12} = 120$ [m/s]

42
★

4극 60[Hz]인 3상 동기발전기가 있다. 회전자의 주변속도를 240[m/s]로 하려면 회전자의 지름[m]을 얼마로 선정하면 되는가?

① 0.03   ② 1.91
③ 2.5   ④ 3.2

해설 동기발전기의 주변속도(v)

$f=60$[Hz], 극수 $p=4$, $v=240$[m/s] 이므로 회전자 지름(D)은

$v = \pi D \dfrac{N_s}{60} = \pi D \dfrac{120f}{60p}$ [m/sec]식을 전개하여 구할 수 있다.

$\therefore D = \dfrac{60p\, v}{120\pi f} = \dfrac{60 \times 4 \times 240}{120\pi \times 60} = 2.5$ [m]

43
★

코일피치와 극간격의 비를 β라 하면 동기기의 기본파 기전력에 대한 단절권 계수는 다음의 어느 것인가?

① $\sin \beta \pi$ ② $\sin \dfrac{\beta \pi}{2}$
③ $\cos \beta \pi$ ④ $\cos \dfrac{\beta \pi}{2}$

해설 단절권 계수(k_p)

$k_p = \sin \dfrac{n\beta\pi}{2}$ (n은 고조파이다.)

여기서, β는 권선간격과 자극간격의 비로서,

$\beta = \dfrac{\text{코일간격}}{\text{극간격}} = \dfrac{\text{코일변의 슬롯 간격}}{\text{슬롯수} \div \text{극수}}$ 이다.

기본파는 $n=1$이므로

$\therefore k_p = \sin \dfrac{\beta\pi}{2}$

44
★★★

3상 동기발전기에서 권선피치와 자극피치의 비를 $\dfrac{13}{15}$인 단절권으로 했을 때의 단절권 계수는 얼마인가?

① $\sin \dfrac{13}{15}\pi$ ② $\sin \dfrac{15}{26}\pi$
③ $\sin \dfrac{13}{30}\pi$ ④ $\sin \dfrac{15}{13}\pi$

해설 단절권 계수(k_p)

$\beta = \dfrac{13}{15}$ 이므로

$\therefore k_p = \sin \dfrac{\beta\pi}{2} = \sin \dfrac{\frac{13}{15}\pi}{2} = \sin \dfrac{13}{30}\pi$

45
★★★

3상, 6극, 슬롯 수 54인 동기발전기가 있다. 어떤 전기자 코일의 두 변이 제1슬롯과 제8슬롯에 들어있다면 단절권 계수는 얼마인가?

① 0.9397   ② 0.9567
③ 0.9337   ④ 0.9117

해설 단절권 계수(k_p)

$\beta = \dfrac{\text{코일간격}}{\text{극간격}} = \dfrac{\text{코일변의 슬롯 간격}}{\text{슬롯수} \div \text{극수}} = \dfrac{8-1}{54 \div 6} = \dfrac{7}{9}$

$\therefore k_p = \sin \dfrac{\beta\pi}{2} = \sin \dfrac{\frac{7}{9}\pi}{2} = \sin \dfrac{7\pi}{18} = 0.9397$

46
★

6극, 슬롯 수 54인 동기가 있다. 전기자 코일은 제1슬롯과 제9슬롯에 연결된다고 한다. 기본파에 대한 단절권 계수를 구하면?

① 약 0.342   ② 약 0.981
③ 약 0.985   ④ 약 1.0

해설 단절권 계수(k_p)

$\beta = \dfrac{\text{코일간격}}{\text{극간격}} = \dfrac{\text{코일변의 슬롯 간격}}{\text{슬롯수} \div \text{극수}}$

$= \dfrac{9-1}{54 \div 6} = \dfrac{8}{9}$

$\therefore k_p = \sin \dfrac{\beta\pi}{2} = \sin \dfrac{\frac{8}{9}\pi}{2} = \sin \dfrac{8\pi}{18} = 0.985$

정답 41 ① 42 ③ 43 ② 44 ③ 45 ① 46 ③

핵심 _ 전기기기

★★★

47 3상 동기발전기의 매극 매상 슬롯 수를 3이라 할 때, 분포권 계수를 구하면?

① $6\sin\dfrac{\pi}{18}$
② $3\sin\dfrac{\pi}{9}$
③ $\dfrac{1}{6\sin\dfrac{\pi}{18}}$
④ $\dfrac{1}{3\sin\dfrac{\pi}{18}}$

[해설] 분포권 계수(k_d)
상수 $m=3$, 매극 매상 당 슬롯 수 $q=3$이므로

$k_d = \dfrac{\sin\dfrac{\pi}{2m}}{q\sin\dfrac{\pi}{2mq}}$ 식에 대입하여 풀면

$\therefore k_d = \dfrac{\sin\dfrac{\pi}{2\times3}}{3\sin\dfrac{\pi}{2\times3\times3}} = \dfrac{\dfrac{1}{2}}{3\sin\dfrac{\pi}{18}}$
$= \dfrac{1}{6\sin\dfrac{\pi}{18}}$

★★

48 매극 매상의 슬롯수 4인 3상 동기발전기가 있다. 분포 계수 k_d를 구한 값은? (단, $\sin5° = 0.087$, $\sin7.5° = 0.1305$, $\sin15° = 0.2588$, $\sin22.5° = 0.3827$)

① 0.928
② 0.938
③ 0.948
④ 0.958

[해설] 분포권 계수(k_d)
상수 $m=3$, 매극 매상 당 슬롯 수 $q=4$이므로

$k_d = \dfrac{\sin\dfrac{\pi}{2m}}{q\sin\dfrac{\pi}{2mq}}$ 식에 대입하여 풀면

$\therefore k_d = \dfrac{\sin\dfrac{\pi}{2\times3}}{4\sin\dfrac{\pi}{2\times3\times4}} = \dfrac{\dfrac{1}{2}}{4\sin\dfrac{\pi}{24}} = \dfrac{1}{8\sin\dfrac{\pi}{18}}$
$= 0.958$

★★

49 3상 4극의 24개의 슬롯을 갖는 권선의 분포 계수는?

① 0.966
② 0.801
③ 0.866
④ 0.912

[해설] 분포권 계수(k_d)
$q = \dfrac{\text{슬롯 수}}{\text{매극}\times\text{매상}} = \dfrac{24}{4\times3} = 2$, $m=3$이므로

$\therefore k_d = \dfrac{\sin\dfrac{\pi}{2\times3}}{2\sin\dfrac{\pi}{2\times3\times2}} = \dfrac{\dfrac{1}{2}}{2\sin\dfrac{\pi}{12}} = 0.966$

★★

50 3상 동기발전기의 각 상의 유기기전력 중에서 제5고조파를 제거하려면 코일간격/극간격을 어떻게 하면 되는가?

① 0.8
② 0.5
③ 0.7
④ 0.6

[해설] 단절권 계수(k_p)
동기발전기의 권선을 단절권으로 감았을 때 제5고조파가 제거되었다면 5고조파 단절권계수(k_p)는 0이 되어야 한다.

$k_p = \sin\dfrac{5\beta\pi}{2} = 0$이기 위해서는

$\dfrac{5\beta\pi}{2} = n\pi$ (n은 정수)를 만족해야 하므로

$\beta = \dfrac{2n}{5} < 1$이어야 한다.

$n=1$일 때 $\beta = \dfrac{2}{5} = 0.4$

$n=2$일 때 $\beta = \dfrac{4}{5} = 0.8$

$\therefore \beta = \dfrac{\text{코일 간격}}{\text{극 간격}} = 0.8$일 때 가장 알맞은 권선법으로 제5고조파가 제거된다.

정답 47 ③ 48 ④ 49 ① 50 ①

51
동기발전기에서 극수 4, 1극의 자속수 0.062[Wb], 1분간의 회전속도를 1,800, 코일의 권수를 100이라 하고, 이때 코일의 유기기전력의 실효값[V]은? (단, 권선 계수는 1.0이다 한다.)

① 526　　② 1,488
③ 1,652　　④ 2,336

해설 유기기전력(E)

극수 $p=4$, $\phi=0.062$[Wb], $N_s=1,800$[rpm], $N=100$, $k_w=1$이므로 $N_s=\dfrac{120f}{p}$[rpm] 식에서

∴ 주파수 f는 $f=\dfrac{N_s p}{120}=\dfrac{1,800\times 4}{120}=60$[Hz]

$E=4.44f\phi Nk_w$[V] 식에 대입하여 풀면

∴ $E=4.44f\phi Nk_w$
$=4.44\times 60\times 0.062\times 100\times 1=1,652$[V]

52
6극, 60[Hz], Y결선, 3상 동기발전기의 극당 자속 0.16[Wb], 회전수 1,200[rpm], 1상의 감긴 수 186, 권선 계수 0.96이면 단자 전압[V]은?

① 13,183　　② 12,254
③ 26,366　　④ 27,456

해설 극수 $p=6$, $f=60$[Hz], $\phi=0.16$[Wb], $N_s=1,200$[rpm], $N=186$, $k_w=0.96$

단자전압(V)은 상전압(E)보다 $\sqrt{3}$배 크기 때문에

∴ $V=\sqrt{3}E=\sqrt{3}\times 4.44f\phi Nk_w$
$=\sqrt{3}\times 4.44\times 60\times 0.16\times 186\times 0.96$
$=13,183$[V]

53
2극, 60[Hz], 3,600[rpm], Y결선 3상 터빈발전기의 극당 자속 0.12[Wb], 1상 감긴 수 186, 권선 계수 0.96이면 단자 전압[V]은 약 얼마인가?

① 6,857　　② 7,892
③ 8,862　　④ 9,886

해설 극수 $p=2$, $f=60$[Hz], $\phi=0.12$[Wb], $N_s=3,600$[rpm], $N=186$, $k_w=0.96$

단자전압(V)은 상전압(E)보다 $\sqrt{3}$배 크기 때문에

∴ $V=\sqrt{3}E=\sqrt{3}\times 4.44f\phi Nk_w$
$=\sqrt{3}\times 4.44\times 60\times 0.12\times 186\times 0.96$
$=9,886$[V]

54
12극, 600[rpm]인 3상 동기발전기가 있다. 전 슬롯 수 180, 2층권 각 코일의 권수 4, 전기자 권선은 성형으로 단자 전압 6,600[V]인 경우, 1극의 자속[Wb]은 얼마인가? (단, 권선 계수는 0.9라 한다.)

① 0.0375　　② 0.3751
③ 0.0662　　④ 0.6621

해설 유기기전력(E)

극수 $p=12$, $N_s=600$[rpm], 슬롯 수=180, 각 코일의 권수=4, $V=6,600$[V], $k_w=0.9$이므로

$N_s=\dfrac{120f}{p}$[rpm]식에서 주파수 f는

$f=\dfrac{N_s p}{120}=\dfrac{600\times 12}{120}=60$[Hz]

한상의 코일 권수 $N=\dfrac{\text{슬롯 수}\times\text{슬롯 내부 코일 권수}}{\text{상수}}$

$=\dfrac{180\times 4}{3}=240$

$V=\sqrt{3}E=\sqrt{3}\times 4.44f\phi Nk_w$[V] 식에 의해서

∴ $\phi=\dfrac{V}{\sqrt{3}\times 4.44fNk_w}$
$=\dfrac{6,600}{\sqrt{3}\times 4.44\times 60\times 240\times 0.9}$
$=0.0662$[Wb]

55
3상 교류발전기에서 권선 계수 k_w, 주파수 f, 1극당의 자속수 ϕ[Wb], 직렬로 접속된 1상의 코일 권수 w를 Δ결선으로 하였을 때의 선간 전압[V]은?

① $\sqrt{3}\,k_w f w\phi$　　② $4.44k_w f w\phi$
③ $\sqrt{3}\times 4.44k_w f w\phi$　　④ $\dfrac{4.44k_w f w\phi}{\sqrt{3}}$

해설 유기기전력(E)

3상 동기발전기의 유기기전력(E)은 $E=4.44f\phi Nk_w$[V]이다. 이때 발전기 출력단에서 나타나는 단자전압(=선간전압 : V)은 발전기 내부결선에 따라 달라질 수 있다.

예를 들어 Y결선(성형결선)인 경우에는 $V=\sqrt{3}E$[V]이지만 Δ결선(환상결선)인 경우에는 $V=E$[V]이므로 문제의 의미를 잘 파악하여 정답을 골라야 한다.

∴ $V=E=4.44f\phi wk_w$[V]

56 3상 동기발전기의 단자 전압이 6,600[V], 자극수 20, 슬롯수 180, 2층권이고 코일의 권수가 4라면 발전기의 1극당 자속수[Wb]는? (단, 권선 계수는 0.80이고 회전수는 360[rpm]이며 전기자 권선은 성형이다.)

① 약 0.006 ② 약 0.0645
③ 약 0.007 ④ 약 0.0745

[해설] 유기기전력(E)

$V = 6,600$ [V], 극수 $p = 20$, 슬롯 수 = 180,
각 코일의 권수 = 4, $k_w = 0.8$, $N_s = 360$ [rpm]이므로

$N_s = \dfrac{120f}{p}$ [rpm]식에서 주파수 f는

$f = \dfrac{N_s p}{120} = \dfrac{360 \times 20}{120} = 60$ [Hz]

한상의 코일 권수 $N = \dfrac{슬롯 수 \times 슬롯 내부 코일 권수}{상수}$

$= \dfrac{180 \times 4}{3} = 240$

$V = \sqrt{3} E = \sqrt{3} \times 4.44 f \phi N k_w$ [V] 식에 의해서

$\therefore \phi = \dfrac{V}{\sqrt{3} \times 4.44 f N k_w}$

$= \dfrac{6,600}{\sqrt{3} \times 4.44 \times 60 \times 240 \times 0.8}$

$= 0.0745$ [Wb]

57 동기기에서 동기임피던스 값과 실용상 같은 것은? (단, 전기자 저항은 무시한다.)

① 전기자 누설리액턴스
② 동기리액턴스
③ 유도리액턴스
④ 등가리액턴스

[해설] 동기임피던스(Z_s[Ω])

동기발전기의 전기자권선의 내부 임피던스 성분을 의미하며 전기자저항(r_a)과 동기리액턴스(x_s)로 구성되어 있는 동기임피던스 Z_s[Ω]은 다음과 같다.

$\therefore Z_s = r_a + jx_s \fallingdotseq jx_s$ [V]

58 여자전류 및 단자전압이 일정한 비철극형 동기발전기의 출력과 부하각 δ와의 관계를 나타낸 것은? (단, 전기자 저항은 무시한다.)

① δ에 비례   ② δ에 반비례
③ $\cos \delta$에 비례   ④ $\sin \delta$에 비례

[해설] 동기발전기의 출력(P)

(1) 비돌극형인 경우

$P = \dfrac{VE}{x_s} \sin\delta$ [W]이므로 $P \propto \sin\delta$이다.

(2) 돌극형인 경우

$P = \dfrac{VE}{x_s} \sin\delta + \dfrac{V^2(x_d - x_q)}{2x_d x_q} \sin 2\delta$ [W]

$\therefore$ 비돌극형 동기발전기의 출력과 부하각은 $P \propto \sin\delta$이다.

59 동기리액턴스 $x_s = 10$ [Ω], 전기자 권선 저항 $r_a = 0.1$ [Ω], 유도기전력 $E = 6,400$ [V], 단자 전압 $V = 4,000$ [V], 부하각 $\delta = 30°$이다. 3상 동기발전기의 출력[kW]은? (단, 주어진 값들은 1상값이다.)

① 1,280 ② 3,840
③ 5,560 ④ 6,650

[해설] 동기발전기의 출력(P)

동기발전기의 1상의 $x_s = 10$ [Ω], $r_a = 0.1$ [Ω],
$E = 6,400$ [V], $V = 4,000$ [V], $\delta = 30°$이므로 3상 동기발전기의 출력 P는

$\therefore P = 3 \dfrac{VE}{x_s} \sin\delta$

$= 3 \times \dfrac{4,000 \times 6,400}{10} \sin 30° \times 10^{-3}$

$= 3,840$ [kW]

60 원통형 회전자를 가진 동기발전기는 부하각 δ가 몇 도일 때, 최대출력을 낼 수 있는가?

① 0°   ② 30°
③ 60° ④ 90°

[해설] 동기발전기의 최대출력의 위상

(1) 비돌극형(원통형) 동기발전기의 최대출력은 90°에서 발생한다.
(2) 돌극형 동기발전기의 최대출력은 60° 부근에서 발생한다.

정답 56 ④ 57 ② 58 ④ 59 ② 60 ④

61 3상 동기발전기가 있다. 이 발전기의 여자전류 5[A]에 대한 1상의 유기기전력이 600[V]이고 그 3상 단락전류는 30[A]이다. 이 발전기의 동기임피던스[Ω]는 얼마인가?

① 2 ② 3
③ 20 ④ 30

[해설] 동기발전기의 단락전류(I_s)
동기임피던스 Z_s, 동기리액턴스 x_s, 유기기전력(상전압) E, 단자전압(선간전압) V라 하면
$I_s = \dfrac{E}{Z_s} ≒ \dfrac{E}{x_s}$ [A], 또는 $I_s = \dfrac{V}{\sqrt{3}\,Z_s} ≒ \dfrac{V}{\sqrt{3}\,x_s}$ [A]
이므로 $E = 600$ [V], $I_s = 30$ [A]일 때
∴ $Z_s = \dfrac{E}{I_s} = \dfrac{600}{30} = 20$ [Ω]

62 3상 동기발전기의 여자전류 10[A]에 대한 단자전압이 $1{,}000\sqrt{3}$ [V], 3상 단락전류는 50[A]이다. 이때의 동기임피던스[Ω]는?

① 20 ② 15
③ 10 ④ 5

[해설] 동기발전기의 단락전류(I_s)
동기임피던스 Z_s, 동기리액턴스 x_s, 유기기전력(상전압) E, 단자전압(선간전압) V라 하면
$I_s = \dfrac{E}{Z_s} ≒ \dfrac{E}{x_s}$ [A], 또는 $I_s = \dfrac{V}{\sqrt{3}\,Z_s} ≒ \dfrac{V}{\sqrt{3}\,x_s}$ [A]
이므로 $V = 1{,}000\sqrt{3}$ [V], $I_s = 50$ [A]일 때
∴ $Z_s = \dfrac{V}{\sqrt{3}\,I_s} = \dfrac{1{,}000\sqrt{3}}{\sqrt{3}\times 50} = 20$ [Ω]

63 그림과 같은 동기발전기의 동기리액턴스는 3[Ω]이고 무부하시의 선간전압이 220[V]이다. 그림과 같이 3상 단락되었을 때, 단락전류[A]는?

① 24
② 42.3
③ 73.3
④ 127

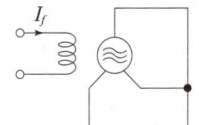
동기 발전기의 3상 단락

[해설] 동기발전기의 단락전류(I_s)
동기임피던스 Z_s, 동기리액턴스 x_s, 유기기전력(상전압) E, 단자전압(선간전압) V라 하면
$I_s = \dfrac{E}{Z_s} ≒ \dfrac{E}{x_s}$ [A], 또는
$I_s = \dfrac{V}{\sqrt{3}\,Z_s} ≒ \dfrac{V}{\sqrt{3}\,x_s}$ [A]이므로
∴ $I_s = \dfrac{V}{\sqrt{3}\,x_s} = \dfrac{220}{\sqrt{3}\times 3} = 42.3$ [A]

64 1상의 유기전압 E[V], 1상의 누설리액턴스 X[Ω], 1상의 동기리액턴스 X_s[Ω]인 동기발전기의 지속단락전류[A]는?

① $\dfrac{E}{X}$ ② $\dfrac{E}{X_s}$
③ $\dfrac{E}{X+X_s}$ ④ $\dfrac{E}{X-X_s}$

[해설] 돌발단락전류($I_s{'}$)와 지속단락전류($I_s{''}$)
동기리액턴스 x_s, 전기자 반작용 리액턴스 x_a, 누설리액턴스 x라 할 때
(1) 돌발단락전류 $I_s{'} = \dfrac{E}{x}$ [A]
돌발단락전류(순간단락전류)를 제한하는 성분은 누설리액턴스뿐이다.
(2) 지속단락전류 $I_s{''} = \dfrac{E}{x_s} = \dfrac{E}{x_a+x}$ [A]

65 동기발전기가 운전 중 갑자기 3상 단락을 일으켰을 때, 그 순간단락전류를 제한하는 것은?

① 전기자 누설리액턴스와 계자 누설리액턴스
② 전기자 반작용
③ 동기리액턴스
④ 단락비

[해설] 돌발단락전류(순간단락전류)를 제한하는 성분은 누설리액턴스뿐이다.

66 발전기의 단자 부근에서 단락이 일어났다고 하면 단락 전류는?

① 계속 증가한다.
② 처음은 큰 전류이나 점차로 감소한다.
③ 일정한 큰 전류가 흐른다.
④ 발전기가 즉시 정지한다.

[해설] 동기발전기의 단자 부근에서 단락이 일어났다고 하면 단락된 순간 단락전류를 제한하는 성분은 누설리액턴스뿐이므로 매우 큰 단락전류가 흐르지만 점차 전기자 반작용에 의한 리액턴스 성분이 증가되어 지속적인 단락전류가 흐르게 되며 단락전류는 점점 감소한다.

67 동기발전기의 단락비를 계산하는데 필요한 시험의 종류는?

① 동기화시험, 3상 단락시험
② 부하 포화시험, 동기화시험
③ 무부하 포화시험, 3상 단락시험
④ 전기자 반작용시험, 3상 단락시험

[해설] 단락비(K_s)
무부하시 정격전압을 유지하는데 필요한 계자전류를 $I_f{'}$, 3상 단락시 정격전류와 같은 단락전류를 흘리는데 필요한 계자전류를 $I_f{''}$ 라 하면 단락비(k_s)는
$K_s = \dfrac{I_f{'}}{I_f{''}} = \dfrac{I_s}{I_n} = \dfrac{100}{\%Z_s} = \dfrac{1}{\%Z_s[\text{p.u}]}$ 이다.
따라서 단락비를 산출하기 위해서는 무부하 포화시험과 3상 단락시험이 필요하다.

68 동기발전기의 단락시험, 무부하시험, 무부하회전시험의 결과로부터 구할 수 없는 것은 어느 것인가?

① 철손   ② 단락비
③ 동기리액턴스   ④ 전기자 반작용

[해설] 단락시험과 무부하시험으로 구할 수 있는 항목
(1) 단락시험으로 구할 수 있는 항목 : 동기임피던스 또는 동기리액턴스, 동손(임피던스 와트), 임피던스 전압(변압기)
(2) 무부하시험으로 구할 수 있는 항목 : 무부하전류 또는 여자전류, 여자어드미턴스, 철손, 기계손
(3) 단락시험과 무부하시험 동시시행으로 구할 수 있는 항목 : 단락비

69 동기기에 있어서 동기임피던스와 단락비와의 관계는?

① 동기임피던스[Ω] = $\dfrac{1}{(\text{단락비})^2}$
② 단락비 = $\dfrac{\text{동기임피던스}[\Omega]}{\text{동기 각속도}}$
③ 단락비 = $\dfrac{1}{\text{동기임피던스}[\text{p.u}]}$
④ 동기임피던스[p.u] = 단락비

[해설] 단락비(K_s)
단락전류 I_s, 정격전류 I_n, 퍼센트 임피던스 $\%Z_s[\%]$, 퍼센트 임피던스 p.u $\%Z_s[\text{p.u}]$일 때
$\therefore K_s = \dfrac{I_s}{I_n} = \dfrac{100}{\%Z_s} = \dfrac{1}{\%Z_s[\text{p.u}]}$

70 어떤 수차용 교류발전기의 단락비가 1.20이다. 이 발전기의 퍼센트 동기임피던스는?

① 0.12   ② 0.25
③ 0.52   ④ 0.83

[해설] 단락비(K_s)
퍼센트 임피던스 $\%Z_s[\%]$, 퍼센트 임피던스 p.u $\%Z_s[\text{p.u}]$일 때
$K_s = \dfrac{100}{\%Z_s} = \dfrac{1}{\%Z_s[\text{p.u}]}$ 이므로
$\therefore \%Z_s[\text{p.u}] = \dfrac{1}{K_s} = \dfrac{1}{1.2} = 0.83$

71 6,000[V], 10,000[kVA]인 3상 동기발전기의 1상 동기임피던스가 5[Ω]이고, 퍼센트 임피던스 값은 1.39이다. 이때 단락비는?

① 0.52   ② 0.65
③ 0.72   ④ 0.95

[해설] 단락비(K_s)
$K_s = \dfrac{100}{\%Z_s} = \dfrac{1}{\%Z_s[\text{p.u}]}$ 일 때 $\%Z_s[\text{p.u}] = 1.39$ 이므로
$\therefore K_s = \dfrac{1}{\%Z_s[\text{p.u}]} = \dfrac{1}{1.39} = 0.72$

정답 66 ② 67 ③ 68 ④ 69 ③ 70 ④ 71 ③

72
★★★ 정격전압 6,000[V], 정격출력 5,000[kVA]인 3상 교류발전기의 여자전류가 200[A]일 때 무부하 단자전압이 6,000[V]이고 또 그 여자전류에 있어서의 3상 단락전류가 600[A]라고 한다. 이 발전기의 % 동기임피던스[%]는?

① 80 ② 84
③ 88 ④ 92

[해설] 단락비(K_s)와 %동기임피던스(%Z_s)
문제 조건에 단락전류(I_s)가 주어진 경우 단락비(K_s) 계산은 정격전류(I_n)와의 비로 계산해야 하므로
$V = 6,000$ [V], 정격 출력 $P = 5,000$ [kVA],
$I_s = 600$ [A]일 때
$I_n = \dfrac{P}{\sqrt{3}\,V} = \dfrac{5,000 \times 10^3}{\sqrt{3} \times 6,000} = 481$ [A]
$K_s = \dfrac{I_s}{I_n} = \dfrac{100}{\%Z_s} = \dfrac{1}{\%Z_s \text{[p.u]}}$ 식에 의해서 %Z_s는
∴ %$Z_s = \dfrac{I_n}{I_s} \times 100 = \dfrac{481}{600} \times 100 = 80$ [%]

73
★★★ 정격전압 6,000[V], 정격전류 480[A]인 3상 교류발전기에서 여자전류 200[A]에 상당하는 무부하 단자전압은 6,000[V]이고 단락전류는 600[A]이다. 이 발전기의 단락비는?

① 1.0 ② 1.25
③ 1.5 ④ 1.75

[해설] 단락비(K_s)
문제 조건에 단락전류(I_s)가 주어진 경우 단락비(K_s) 계산은 정격전류(I_n)와의 비로 계산해야 하므로
$V = 6,000$ [V], $I_n = 480$ [A], $I_s = 600$ [A]일 때
∴ $K_s = \dfrac{I_s}{I_n} = \dfrac{600}{480} = 1.25$

74
★★ 무부하 포화곡선과 공극선을 써서 산출할 수 있는 것은?

① 동기임피던스 ② 단락비
③ 전기자 반작용 ④ 포화율

[해설] 포화율(σ)

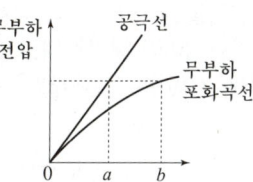

동기발전기의 공극부에서는 포화가 일어나지 않기 때문에 직선적으로 나타나며 이 선을 공극선이라 한다. 무부하 상태에서 여자를 증가시키면 철심 내에서는 자속이 포화되어 무부하 포화곡선을 그리게 된다. 이때 포화율(σ)은
∴ $\sigma = \dfrac{\overline{ab}}{\overline{oa}}$

75
★★ 그림은 3상 동기발전기의 무부하 포화곡선이다. 이 발전기의 포화율은 얼마인가?

① 0.5 ② 0.67
③ 0.8 ④ 1.5

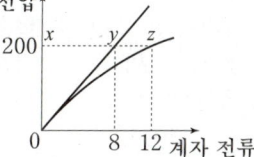

[해설] 포화율(σ)
$\sigma = \dfrac{\overline{yz}}{\overline{xy}} = \dfrac{12-8}{8} = 0.5$

76
★ 3상 3,300[V], 100[kVA]인 동기발전기의 정격전류[A]는?

① 17.5 ② 25
③ 30.3 ④ 33.3

[해설] 동기발전기의 정격전류(I_n)
$V = 3,300$ [V], 용량 $P = 100$ [kVA]일 때
∴ $I_n = \dfrac{P}{\sqrt{3}\,V} = \dfrac{100 \times 10^3}{\sqrt{3} \times 3,300} = 17.5$ [A]

[정답] 72 ① 73 ② 74 ④ 75 ① 76 ①

77 정격전압을 E[V], 정격전류를 I[A], 동기임피던스를 Z_s[Ω]이라 할 때, 퍼센트 동기임피던스 $Z_s{'}$는? (이때, E[V]는 선간전압이다.)

① $\dfrac{I \cdot Z_s}{\sqrt{3}\,E} \times 100$ ② $\dfrac{I \cdot Z_s}{3E} \times 100$

③ $\dfrac{\sqrt{3} \cdot I \cdot Z_s}{E} \times 100$ ④ $\dfrac{I \cdot Z_s}{E} \times 100$

[해설] 퍼센트 동기임피던스($Z_s{'}$)
정격전압(선간전압)을 E라 할 때
∴ $Z_s{'} = \dfrac{Z_s I}{\dfrac{E}{\sqrt{3}}} \times 100 = \dfrac{\sqrt{3}\,Z_s I}{E} \times 100$ [%]

78 8,000[kVA], 6,000[V]인 3상 교류발전기의 %동기임피던스가 80[%]이다. 이 발전기의 동기임피던스는 몇 [Ω]인가?

① 3.6   ② 3.2
③ 3.0   ④ 2.4

[해설] 단락비(K_s), %동기임피던스(%Z_s) 관계
정격용량 P[kVA], 정격전압 V[kV], 동기임피던스 Z_s[Ω]일 때
$K_s = \dfrac{100}{\%Z_s} = \dfrac{1}{\%Z_s[\text{p.u}]}$
$\%Z_s = \dfrac{100}{K_s} = \dfrac{P[\text{kVA}]Z_s[\Omega]}{10\{V[\text{kV}]\}^2}$ [%]
$P = 8,000$ [kVA], $V = 6$ [kV], $\%Z_s = 80$ [%]이므로
∴ $Z_s = \dfrac{\%Z_s \cdot 10V^2}{P} = \dfrac{80 \times 10 \times 6^2}{8,000} = 3.6$ [Ω]

79 정격출력 10,000[kVA], 정격전압 6,600[V], 동기임피던스가 매상 3.6[Ω]인 3상 동기발전기의 단락비는?

① 1.3   ② 1.25
③ 1.21   ④ 1.15

[해설] 단락비(K_s), %동기임피던스(%Z_s) 관계
$P = 10,000$ [kVA], $V = 6.6$ [kV], $Z_s = 3.6$ [Ω]이므로
∴ $K_s = \dfrac{1,000 V^2}{PZ_s} = \dfrac{1,000 \times 6.6^2}{10,000 \times 3.6} = 1.21$

80 정격용량 10,000[kVA], 정격전압 6,000[V], 극수 24, 주파수 60[Hz], 단락비 1.2 되는 3상 동기발전기 1상의 동기 임피던스[Ω]는?

① 3.0   ② 3.6
③ 4.0   ④ 5.2

[해설] 단락비(K_s), %동기임피던스(%Z_s) 관계
$P = 10,000$ [kVA], $V = 6$ [kV], 극수 $p = 24$,
$f = 60$ [Hz], $K_s = 1.2$이므로
∴ $Z_s = \dfrac{1,000 V^2}{K_s P} = \dfrac{1,000 \times 6^2}{1.2 \times 10,000} = 3.0$ [Ω]

81 1[MVA], 3,300[V], 동기임피던스 5[Ω]인 2대의 3상 교류발전기를 병렬운전 중 한 발전기의 계자를 강화해서 두 유도기전력(상전압) 사이에 200[V]의 전압차가 생기게 했을 때 두 발전기 사이에 흐르는 무효 횡류는 몇 [A]인가?

① 40   ② 30
③ 20   ④ 10

[해설] 무효순환전류(무효횡류)
병렬운전하는 두 발전기의 전위차를 $E_A - E_B$[V], 동기임피던스를 Z_s[Ω]이라 하면 무효순환전류(I_s)는
$Z_s = 5$ [Ω], $E_A - E_B = 200$ [V]일 때
∴ $I_s = \dfrac{E_A - E_B}{2Z_s} = \dfrac{200}{2 \times 5} = 20$ [A]

82 8,000[kVA], 6,000[V], 동기임피던스 6[Ω]인 2대의 교류발전기를 병렬운전중, A기의 유기기전력의 위상이 20° 앞서는 경우의 동기화 전류[A]를 구하면? (단, $\cos 5° = 0.996$, $\sin 10° = 0.174$이다.)

① 49.5   ② 49.8
③ 50.2   ④ 100.4

[해설] 동기화전류(유효순환전류)
병렬운전하는 두 발전기의 유기기전력을 E_A[V], 동기임피던스를 Z_s[Ω], 위상차를 δ라 할 때 동기화전류(I_s)는 $V = 6,000$ [V], $Z_s = 6$ [Ω], $\delta = 20°$일 때
∴ $I_s = \dfrac{E_A}{Z_s} \sin \dfrac{\delta}{2} = \dfrac{V}{\sqrt{3}\,Z_s} \sin \dfrac{\delta}{2}$
$= \dfrac{6,000}{\sqrt{3} \times 6} \times \sin 10° = 100.4$ [A]

제2장 _ 동기기

83 기전력(1상)이 E_0이고 동기임피던스(1상)가 Z_s인 2대의 3상 동기발전기를 무부하로 병렬운전시킬 때 대응하는 기전력 사이에 δ_s의 위상차가 있으면 한쪽 발전기에서 다른 쪽 발전기에 공급되는 전력[W]은?

① $\dfrac{E_0}{Z_s}\sin\delta_s$ ② $\dfrac{E_0}{Z_s}\cos\delta_s$

③ $\dfrac{E_0^{\,2}}{2Z_s}\sin\delta_s$ ④ $\dfrac{E_0^{\,2}}{2Z_s}\cos\delta_s$

[해설] 수수전력(P_s)
병렬운전하는 동기발전기의 기전력의 차이가 생기면 동기화전류가 흐르면서 발전기 상호간 전력을 주고받게 되는데 이 전력을 수수전력이라 한다.
$$\therefore P_s = \dfrac{E_A^{\,2}}{2Z_s}\sin\delta = \dfrac{E_0^{\,2}}{2Z_s}\sin\delta\,[\text{W}]$$

84 2대의 3상 동기발전기가 무부하로 운전하고 있을 때, 대응하는 기전력 사이의 상차각이 30°이면 한쪽 발전기에서 다른 쪽 발전기로 공급하는 1상당 전력은 몇 [kW]인가? (단, 각 발전기 1상의 기전력은 2,000[V], 동기리액턴스는 5[Ω]이고 전기자 저항은 무시한다.)

① 400 ② 300
③ 200 ④ 100

[해설] 수수전력(P_s)
$\delta = 30°$, $E_A = 2,000\,[\text{V}]$, $x_s = 5\,[\Omega]$이므로
$$\therefore P_s = \dfrac{E_A^{\,2}}{2x_s}\sin\delta = \dfrac{2{,}000^2}{2\times 5}\times\sin 30°\times 10^{-3}$$
$$= 200\,[\text{kW}]$$

85 2대의 3상 동기발전기가 무부하로 병렬운전하고 있을 때, 대응하는 기전력 사이에 60°의 상차가 있다면 한쪽 발전기에서 다른 쪽 발전기에 공급되는 전력은 약 몇 [kVA]인가? (단, 각 발전기의 기전력(선간)은 3,000[V], 동기리액턴스는 5[Ω], 전기자 저항은 무시한다.)

① 189 ② 221
③ 259 ④ 314

[해설] 수수전력(P_s)
$\delta = 60°$, $V = 3{,}000\,[\text{V}]$, $x_s = 5\,[\Omega]$이므로
$$\therefore P_s = \dfrac{E_A^{\,2}}{2x_s}\sin\delta = \dfrac{\left(\dfrac{V}{\sqrt{3}}\right)^2}{2x_s}\sin\delta$$
$$= \dfrac{\left(\dfrac{3{,}000}{\sqrt{3}}\right)^2}{2\times 5}\times\sin 60°\times 10^{-3}$$
$$= 259\,[\text{kVA}]$$

86 동기전동기에서 위상에 관계없이 감자작용을 할 때는 어떤 경우인가?

① 진전류가 흐를 때
② 지전류가 흐를 때
③ 동상전류가 흐를 때
④ 전류가 흐를 때

[해설] 동기전동기의 전기자 반작용
 (1) 교차자화작용 : 동상전류(R부하 특성)
 (2) 감자작용 : 진상전류(C부하 특성)
 (3) 증자작용 : 지상전류(L부하 특성)

87 동기전동기의 전기자 반작용에 있어서 다음 중 맞는 것은?

① 전압보다 90° 앞선 전류는 주자극을 감자한다.
② 전압보다 90° 느린 전류는 주자극을 감자한다.
③ 전압과 동상인 전류는 주자극을 감자한다.
④ 전압보다 90° 느린 전류는 주자극을 교차자화한다.

[해설] 동기전동기의 전기자 반작용
 (1) 교차자화작용 : 동상전류(R부하 특성)
 (2) 감자작용 : 진상전류(C부하 특성)
 (3) 증자작용 : 지상전류(L부하 특성)

[정답] 83 ③ 84 ③ 85 ③ 86 ① 87 ①

88 동기전동기의 V곡선을 옳게 표시한 것은?

①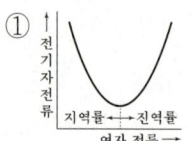
②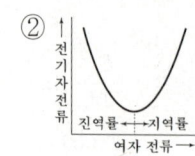
③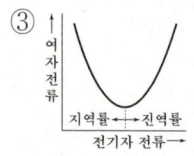
④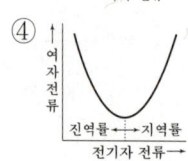

[해설] 동기전동기의 위상특성곡선(V곡선)
공급전압(V)과 부하(P)가 일정할 때 계자전류(I_f)의 변화에 대한 전기자전류(I_a)와 역률의 변화를 나타낸 곡선을 의미한다. 그래프의 횡축(가로축)이 계자전류와 역률이고 종축(세로축)을 전기자전류로 표현한다.

89 전압이 일정한 모선에 접속되어 역률 1로 운전하고 있는 동기전동기의 여자전류를 증가시키면 이 전동기의 역률 및 전기자전류는?

① 역률은 앞서고 전기자전류는 증가한다.
② 역률은 앞서고 전기자전류는 감소한다.
③ 역률은 뒤지고 전기자전류는 증가한다.
④ 역률은 뒤지고 전기자전류는 감소한다.

[해설] 동기전동기의 위상특성곡선(V곡선)
(1) 계자전류 증가시(중부하시)
계자전류가 증가하면 동기전동기가 과여자 상태로 운전되는 경우로서 역률이 진역률이 되어 콘덴서 작용으로 진상전류가 흐르게 된다. 또한 전기자전류는 증가한다.
(2) 계자전류 감소시(경부하시)
계자전류가 감소되면 동기전동기가 부족여자 상태로 운전되는 경우로서 역률이 지역률이 되어 리액터 작용으로 지상전류가 흐르게 된다. 또한 전기자전류는 증가한다.

90 동기전동기의 공급전압, 주파수 및 부하가 일정할 때, 여자전류를 변화시키면 어떤 현상이 생기는가?

① 속도가 변한다.
② 회전력이 변한다.
③ 역률만 변한다.
④ 전기자 전류와 역률이 변한다.

[해설] 동기전동기의 위상특성곡선(V곡선)
(1) 계자전류 증가시(중부하시)
역률이 진역률이 되어 진상전류가 흐르게 되고 또한 전기자전류는 증가한다.
(2) 계자전류 감소시(경부하시)
역률이 지역률이 되어 지상전류가 흐르게 되고 또한 전기자전류는 증가한다.

91 동기전동기의 위상특성이란? (여기서 P를 출력, I_f를 계자전류, I를 전기자전류, $\cos\theta$를 역률이라 한다.)

① $I_f - I$ 곡선, $\cos\theta$는 일정
② $P - I$ 곡선, I_f는 일정
③ $P - I_f$ 곡선, I는 일정
④ $I_f - I$ 곡선, P는 일정

[해설] 동기전동기의 위상특성곡선(V곡선)
공급전압(V)과 부하(P)가 일정할 때 계자전류(I_f)의 변화에 대한 전기자전류(I)와 역률의 변화를 나타낸 곡선을 의미한다.

92 동기전동기의 V곡선(위상특성곡선)에서 부하가 가장 큰 경우는?

① a
② b
③ c
④ d

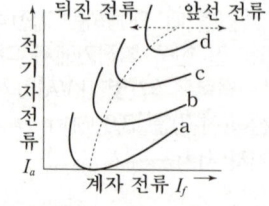

[해설] 동기전동기의 위상특성곡선(V곡선)
그래프가 위에 있을수록 부하가 큰 경우에 해당한다.

93 발전기의 부하가 불평형이 되어 발전기의 회전자가 과열 소손되는 것을 방지하기 위하여 설치하는 계전기는?

① 과전압 계전기
② 역상 과전류 계전기
③ 계자 상실 계전기
④ 비율 차동 계전기

해설 보호계전기
(1) 과전압계전기 : 과전압으로 인한 절연파괴 또는 철손 증가 등에 대한 보호를 목적으로 하는 계전기
(2) 역상과전류 계전기 : 결상 또는 부하 불평형, 상회전 방향의 반전 등이 원인이 되어 역상분 전류가 흐르게 되는데 이 성분이 과전류로 유입될 때 등에 대한 보호를 목적으로 하는 계전기
(3) 계자상실 계전기 : 동기발전기의 계자가 상실되면 동기속도를 벗어나 유도발전기로 운전되며 전기자 전류는 정격의 2~4배까지 증가하여 전기자과열 및 계통전압의 강하가 생기는 데에 대한 보호를 목적으로 하는 계전기
(4) 비율차동 계전기 : 발전기 및 변압기의 1, 2차 상불평형이 생길 경우 내부 고장으로 인식하여 발전기 및 변압기 내부 권선의 과열 소손되는 것을 방지하는 계전기

94 발전기 내부 고장 보호에 쓰인 계전기는?

① 부흐홀츠 계전기
② 역상 계전기
③ 과전압 계전기
④ 접지 계전기

해설 보호계전기
부흐홀츠 계전기 : 이 계전기는 발전기, 변압기의 내부 고장시 발생하는 가스와 절연유를 검출하여 보호를 목적으로 하는 계전기로서 주로 변압기의 고장검출용으로 사용되며 변압기와 콘서베이트(열화방지설비) 사이에 설치된다.

03 변압기

1 유기기전력

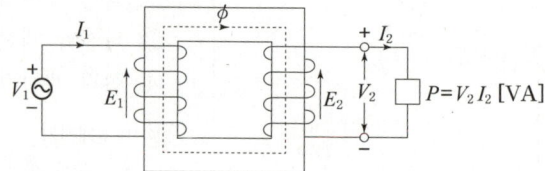

$$\phi = \phi_m \sin\omega t \,[\text{Wb}]$$
$$e_1 = -N_1 \frac{d\phi}{dt} = \omega N_1 \phi_m \sin(\omega t - 90°)\,[\text{V}]$$
$$E_{m1} = \omega N_1 \phi_m = 2\pi f N_1 \phi_m = 2\pi f N_1 B_m S\,[\text{V}]$$

1. 1차측 유기기전력의 실효값(E_1)

$$E_1 = \frac{E_m}{\sqrt{2}} = \frac{2\pi}{\sqrt{2}} f\phi_m N_1 = 4.44 f\phi_m N_1 = 4.44 f B_m S N_1\,[\text{V}]$$

2. 2차측 유기기전력의 실효값(E_2)

$$E_2 = 4.44 f\phi_m N_2 = 4.44 f B_m S N_2$$

확인문제

01 권수비 $a = 6,600/220$, 60[Hz] 변압기의 철심 단면적 0.02[m²], 최대자속밀도 1.2[Wb/m²]일 때, 1차 유기기전력[V]은 약 얼마인가?

① 1,407 ② 3,521
③ 42,198 ④ 49,814

[해설] 유기기전력(E)
$a = \dfrac{N_1}{N_2} = \dfrac{E_1}{E_2} = \dfrac{6,600}{220}$, $S = 0.02\,[\text{m}^2]$
$B_m = 1.2\,[\text{Wb/m}^2]$이므로
$E_1 = \dfrac{E_m}{\sqrt{2}} = \dfrac{2\pi}{\sqrt{2}} f\phi_m N_1 = 4.44 f\phi_m N_1$
$\quad = 4.44 f B_m S N_1\,[\text{V}]$ 식에 대입하여 풀면
∴ $E_1 = 4.44 f B_m S N_1$
$\quad = 4.44 \times 60 \times 1.2 \times 0.02 \times 6,600$
$\quad = 42,198\,[\text{V}]$

답 : ③

02 단면적 10[cm²]인 철심에 200[회]의 권선을 하여 이 권선에 60[Hz], 60[V]인 교류 전압을 인가하였을 때 철심의 자속밀도[Wb/m²]는?

① 1.126×10^{-3} ② 1.126
③ 2.252×10^{-3} ④ 2.252

[해설] 유기기전력(E)
$S = 10\,[\text{cm}^2]$, $N = 200$, $f = 60\,[\text{Hz}]$,
$E = 60\,[\text{V}]$이므로
$E = 4.44 f B_m S N\,[\text{V}]$ 식에서
∴ $B_m = \dfrac{E}{4.44 f S N}$
$\quad = \dfrac{60}{4.44 \times 60 \times 10 \times 10^{-4} \times 200}$
$\quad = 1.126\,[\text{Wb/m}^2]$

답 : ②

2 변압기의 권수비 및 전압비(a)

$$a = \frac{N_1}{N_2} = \frac{E_1}{E_2} = \frac{I_2}{I_1} = \sqrt{\frac{Z_1}{Z_2}} = \sqrt{\frac{r_1}{r_2}} = \sqrt{\frac{x_1}{x_2}} = \sqrt{\frac{L_1}{L_2}}$$

1. 전압 및 전류 환산

$$E_1 = aE_2 \,[\text{V}], \quad E_2 = \frac{E_1}{a}\,[\text{V}], \quad I_1 = \frac{I_2}{a}\,[\text{A}], \quad I_2 = aI_1\,[\text{A}]$$

2. 임피던스 및 저항과 리액턴스 환산

$$Z_1 = a^2 Z_2\,[\Omega], \quad Z_2 = \frac{Z_1}{a^2}\,[\Omega]$$

$$r_1 = a^2 r_2\,[\Omega], \quad r_2 = \frac{r_1}{a^2}\,[\Omega]$$

$$x_1 = a^2 x_2\,[\Omega], \quad x_2 = \frac{x_1}{a^2}\,[\Omega]$$

※ 변압기 누설 리액턴스는 변압기 권수비의 제곱에 비례한다.

3 변압기의 등가회로

1. 무부하시

변압기의 2차가 무부하 상태인 경우 2차측 부하전류가 0[A]이므로 변압기 1차측에도 0은 아니지만 매우 작은 무부하 전류가 흐르게 되는데 이때 무부하 전류를 여자전류라 한다.

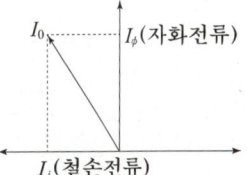

확인문제

03 그림과 같은 정합 변압기(matching transformer)가 있다. R_2에 주어지는 전력이 최대가 되는 권선비 a는?

① 약 2
② 약 1.16
③ 약 2.16
④ 약 3.16

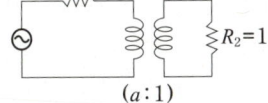

[해설] 변압기의 권수비(a)

$$a = \frac{N_1}{N_2} = \frac{E_1}{E_2} = \frac{I_2}{I_1} = \sqrt{\frac{Z_1}{Z_2}} = \sqrt{\frac{R_1}{R_2}} \text{ 이므로}$$

$$\therefore a = \sqrt{\frac{R_1}{R_2}} = \sqrt{\frac{1 \times 10^3}{100}} = 3.16$$

답 : ④

04 권선비 20의 10[kVA] 변압기가 있다. 1차 저항이 3[Ω]이라면 2차로 환산한 저항[Ω]은?

① 0.0058
② 0.0075
③ 0.749
④ 0.38

[해설] 변압기 1, 2차 저항 환산

$$r_1 = a^2 r_2\,[\Omega], \quad r_2 = \frac{r_1}{a^2}\,[\Omega] \text{이므로}$$

$a = 20$, $r_1 = 3\,[\Omega]$일 때

$$\therefore r_2 = \frac{r_1}{a^2} = \frac{3}{20^2} = 0.0075\,[\Omega]$$

답 : ②

(1) I_0 (무부하 전류=여자전류)

$$I_0 = I_i - jI_\phi = \sqrt{I_i^2 + I_\phi^2} = \sqrt{\left(\frac{P_i}{V_1}\right)^2 + I_\phi^2} = \sqrt{(gV_1)^2 + I_\phi^2} \text{ [A]}$$

(2) I_ϕ (자화전류)

누설 리액턴스에 흐르면서 자속을 만드는 전류이다.

$$I_\phi = \sqrt{I_0^2 - I_i^2} = \sqrt{I_o^2 - \left(\frac{P_i}{V_1}\right)^2} = \sqrt{I_o^2 - (gV_1)^2} \text{ [A]}$$

(3) I_i (철손전류)

철손저항에 흐르면서 철손을 발생시키는 전류이다.

$$I_i = \frac{P_i}{V_1} = gV_1 \text{ [A]}$$

여기서, I_i : 철손전류, I_ϕ : 자화전류, V_1 : 1차 공급전압, P_i : 철손, g : 여자 콘덕턴스, I_0 : 여자전류,

2. 부하시 주파수에 따른 변화

$E = 4.44f\phi_m N = 4.44fB_m SN$ [V]가 일정하다면 fB_m이 일정하므로

(1) 히스테리시스손(P_h)

$$P_h = k_h f B_m^{1.6} = k_h \frac{f^2 B_m^2}{f} \propto \frac{1}{f}$$

(2) 와류손(P_e)

$P_e = k_e t^2 f^2 B_m^2 \propto$ 주파수에 무관하다.

확인문제

05 전압 3,000[V], 무부하 전류 0.1[A], 철손 150[W]인 변압기의 자화전류[A]는 대략 얼마인가?

① 0.061　　② 0.073
③ 0.087　　④ 0.097

해설 여자전류(I_0), 자화전류(I_ϕ), 철손전류(I_i)
$V_1 = 3000$ [V], $I_0 = 0.1$ [A], $P_i = 150$ [W]이므로
$I_\phi = \sqrt{I_0^2 - I_i^2} = \sqrt{I_0^2 - \left(\frac{P_i}{V_1}\right)^2}$ [A]식에서
$\therefore I_\phi = \sqrt{I_0^2 - \left(\frac{P_i}{V_1}\right)^2} = \sqrt{0.1^2 - \left(\frac{150}{3,000}\right)^2}$
$= 0.087$ [A]

답 : ③

06 3,300[V], 60[Hz]용 변압기의 와전류손이 360[W]이다. 이 변압기를 2,750[V], 50[Hz]에서 사용할 때 와전류손[W]은?

① 100　　② 150
③ 200　　④ 250

해설 와류손(P_e)
$P_e = k_e t^2 f^2 B_m^2$ [W], $E = 4.44fB_m S$[V]이므로
$B_m \propto \frac{E}{f}$ 임을 알 수 있다.
$P_e \propto f^2 \left(\frac{E}{f}\right)^2 = E^2$이므로
$E = 3,300$ [V], $E' = 2,750$ [V], $P_e = 360$ [W]일 때
$\therefore P_e' = \left(\frac{E'}{E}\right)^2 P_e = \left(\frac{2,750}{3,300}\right)^2 \times 360 = 250$ [W]

답 : ④

(3) 주파수에 따른 변화

$$f \propto \frac{1}{B_m} \propto \frac{1}{P_h} \propto \frac{1}{P_i} \propto \frac{1}{I_0} \propto Z_t \propto x_t$$

여기서, B_m : 자속밀도 최대치, P_h : 히스테리시스손, P_i : 철손, I_0 : 여자 전류,
Z_t : 누설 임피던스, x_t : 누설 리액턴스이다.

4 변압기의 전압변동률(ϵ)

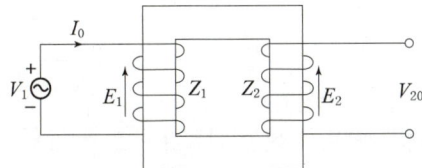

$Z_1 = r_1 + jx_1[\Omega]$, $Z_2 = r_2 + jx_2[\Omega]$이고 무부하 단자전압(V_{20})은 $V_{20} = E_2$ [V] 관계가 성립하므로 $\epsilon = \dfrac{V_{20} - V_2}{V_2} \times 100$ [%] 이다.

(1) 무부하 단자전압(V_{20})

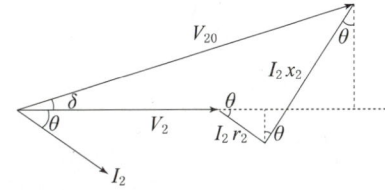

$$\dot{V}_{20} = \dot{V}_2 + \dot{I}_2 r_2 + j\dot{I}_2 x_2 = (V_2 + I_2 r_2 \cos\theta + I_2 x_2 \sin\theta) + \underline{j(I_2 x_2 \cos\theta - I_2 r_2 \sin\theta)}$$

└→ 매우 작기 때문에 0으로 둔다.

$$\therefore V_{20} = V_2 + I_2(r_2 \cos\theta + x_2 \sin\theta) \text{ [V]}$$

확인문제

07 60[Hz] 변압기를 같은 전압, 같은 용량에서 60[Hz] 보다 낮은 주파수로 사용할 때의 현상은?

① 철손 증가, %임피던스 전압 증가
② 철손 증가, %임피던스 전압 감소
③ 철손 감소, %임피던스 전압 증가
④ 철손 감소, %임피던스 전압 증가

[해설] 부하시 주파수에 따른 변화

$$f \propto \frac{1}{B_m} \propto \frac{1}{P_h} \propto \frac{1}{P_i} \propto \frac{1}{I_0} \propto Z_t \propto x_t$$이므로

∴ 주파수가 낮아지면 자속밀도(B_m), 히스테리시스손(P_h), 철손(P_i), 여자전류(I_0)는 증가하고 누설임피던스, 퍼센트 임피던스, 누설리액턴스, 퍼센트 리액턴스는 감소한다.

답 : ②

08 어떤 단상 변압기의 2차 무부하 전압이 240[V]이고 정격 부하시의 2차 단자 전압이 230[V]이다. 전압변동률[%]은?

① 2.35
② 3.35
③ 4.35
④ 5.35

[해설] 변압기의 전압변동률(ϵ)
$V_{20} = 240$ [V], $V_2 = 230$ [V]이므로

$$\therefore \epsilon = \frac{V_{20} - V_2}{V_2} \times 100 = \frac{240 - 230}{230} \times 100$$
$$= 4.35 \text{ [\%]}$$

답 : ③

(2) 전압변동률(ϵ)

$$\epsilon = \frac{V_{20}-V_2}{V_2}\times 100 = \frac{I_2 r_2 \cos\theta + I_2 x_2 \sin\theta}{V_2}\times 100$$

$$= \underbrace{\frac{I_2 r_2}{V_2}\times 100 \cos\theta}_{\%\text{저항강하}=p} + \underbrace{\frac{I_2 x_2}{V_2}\times 100 \sin\theta}_{\%\text{리액턴스 강하}=q}$$

$$\therefore \epsilon = p\cos\theta + q\sin\theta \,[\%]$$

① 유도부하(L부하)로서 지상 전류가 흐르는 경우
$\epsilon = p\cos\theta + q\sin\theta \,[\%]$

② 용량부하(C부하)로서 진상 전류가 흐르는 경우
$\epsilon = p\cos\theta - q\sin\theta \,[\%]$

(3) 최대전압 변동률($\epsilon_{\max}$)

① $\cos\theta = 1$인 경우
$\epsilon_{\max} = p\,[\%]$

② $\cos\theta \neq 1$인 경우

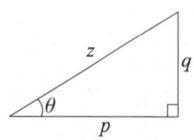

$$\epsilon_{\max} = p\cos\theta + q\sin\theta = z\left(\frac{p}{z}\cos\theta + \frac{q}{z}\sin\theta\right) = z(\cos^2\theta + \sin^2\theta) = z = \sqrt{p^2+q^2}\,[\%]$$

역률 $\cos\theta = \dfrac{p}{z} = \dfrac{p}{\sqrt{p^2+q^2}}$

여기서, p : %저항강하, q : %리액턴스강하, z : %임피던스강하, $\cos\theta$: 역률

확인문제

09 변압기 내부의 저항과 누설 리액턴스의 %강하는 3[%], 4[%]이다. 부하의 역률이 지상 60[%]일 때, 이 변압기의 전압변동률[%]은?

① 4.8 ② 4
③ 5   ④ 1.4

[해설] 변압기의 전압변동률(ϵ)
$p = 3\,[\%]$, $q = 4\,[\%]$, $\cos\theta = 0.6$이므로
$\therefore \epsilon = p\cos\theta + q\sin\theta$
$= 3\times 0.6 + 4\times 0.8$
$= 5\,[\%]$

답 : ③

10 역률 100[%]일 때의 전압변동률 ϵ은 어떻게 표시되는가?

① %저항 강하
② %리액턴스 강하
③ %서셉턴스 강하
④ %임피던스 강하

[해설] 변압기의 전압변동률(ϵ)
$\epsilon = p\cos\theta + q\sin\theta\,[\%]$에서 역률 100[%] 일 때 $\cos\theta = 1$이므로 $\sin\theta = 0$이 된다.
$\therefore \epsilon = p\times 1 + q\times 0 = p$

답 : ①

5 임피던스 전압(V_s), 임피던스 와트(P_s)

1. 임피던스 전압(V_s)

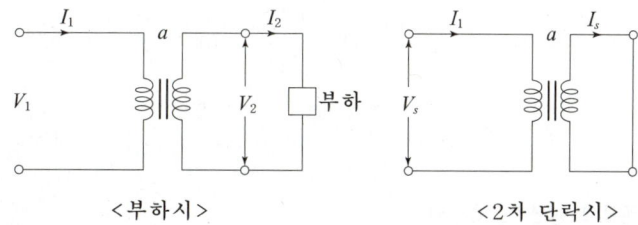

<부하시>   <2차 단락시>

임피던스 전압이란 변압기 2차측을 단락한 상태에서 변압기 1차측에 정격 전류가 흐를 수 있도록 인가한 변압기 1차측 전압으로 $V_s = I_1 Z_{12}$ [V]이다. 또한 정격전류에 의한 변압기 내부 전압강하로 표현할 수 있다.

여기서, I_1 : 정격 전류, Z_{12} : 2차를 1차로 환산한 변압기 누설 임피던스

2. 임피던스 와트(P_s)

임피던스 전압을 인가한 상태에서 발생하는 변압기 내부 동손(권선의 저항손)을 의미하며 $P_s = I_1^2 r_{12}$ [W]이다.

여기서, I_1 : 정격 전류, r_{12} : 2차를 1차로 환산한 저항

확인문제

11 변압기의 임피던스 전압이란?

① 단락 전류에 의한 변압기 내부 전압강하
② 정격 전류시 2차측 단자 전압
③ 무부하 전류에 의한 2차측 단자 전압
④ 정격 전류에 의한 변압기 내부 전압강하

[해설] 임피던스 전압(V_s)
임피던스 전압이란 변압기 2차측을 단락한 상태에서 변압기 1차측에 정격 전류가 흐를 수 있도록 인가한 변압기 1차측 전압으로 $V_s = I_1 Z_{12}$ [V]이다. 또한 정격 전류에 의한 변압기 내부 전압강하로 표현할 수 있다.
여기서, I_1 : 정격 전류, Z_{12} : 2차를 1차로 환산한 변압기 누설 임피던스

답 : ④

12 5[kVA], 3,000/200[V]인 변압기의 단락 시험에서 임피던스 전압=120[V], 동손=150[W]라 하면 %저항 강하는 몇 [%]인가?

① 2   ② 3
③ 4   ④ 5

[해설] %저항 강하(p)

$$p = \frac{I_2 r_2}{V_2} \times 100 = \frac{I_1 r_{12}}{V_1} \times 100 = \frac{I_1^2 r_{12}}{V_1 I_1} \times 100$$

$$= \frac{P_s}{P_n} \times 100 [\%]$$

여기서, P_s는 임피던스와트(동손), P_n은 정격용량이다.

$P_n = 5$ [kVA], $a = \frac{3,000}{200}$, $V_s = 120$ [V], $P_s = 150$ [W]이므로

$\therefore p = \frac{P_s}{P_n} \times 100 = \frac{150}{5 \times 10^3} \times 100 = 3$ [%]

답 : ②

6 p, q, z

1. %저항 강하(p)

$$p = \frac{I_2 r_2}{V_2} \times 100 = \frac{I_1 r_{12}}{V_1} \times 100 = \frac{I_1^2 r_{12}}{V_1 I_1} \times 100 = \frac{P_s}{P_n} \times 100 \, [\%]$$

여기서, I_2 : 2차 전류, V_2 : 2차 전압, r_2 : 2차 저항, I_1 : 1차 전류, V_1 : 1차 전압,
r_{12} : 2차를 1차로 환산한 등가저항, P_s : 임피던스 와트(동손), P_n : 정격 용량

2. %리액턴스 강하(q)

$$q = \frac{I_2 x_2}{V_2} \times 100 = \frac{I_1 x_{12}}{V_1} \times 100 \, [\%]$$

여기서, I_2 : 2차 전류, V_2 : 2차 전압, x_2 : 2차 리액턴스, I_1 : 1차 전류, V_1 : 1차 전압,
x_{12} : 2차를 1차로 환산한 등가리액턴스

3. %임피던스 강하(z)

$$z = \frac{I_2 Z_2}{V_2} \times 100 = \frac{I_1 Z_{12}}{V_1} \times 100 = \frac{V_s}{V_1} \times 100 \, [\%]$$

여기서, I_2 : 2차 전류, V_2 2차 전압, Z_2 : 2차 임피던스, I_1 : 1차 전류, V_1 : 1차 전압,
Z_{12} : 2차를 1차로 환산한 등가임피던스, V_s : 임피던스 전압

확인문제

13 10[kVA], 2,000/100[V] 변압기에서 1차에 환산한 등가 임피던스는 6.2+j7[Ω]이다. 이 변압기의 %리액턴스 강하는?

① 3.5   ② 1.75
③ 0.35   ④ 0.175

[해설] %리액턴스 강하(q)

$$q = \frac{I_2 x_2}{V_2} \times 100 = \frac{I_1 x_{12}}{V_1} \times 100 \, [\%]$$

여기서, x_{12}는 1차에 환산한 등가리액턴스이다.
$Z_{12} = r_{12} + j x_{12} = 6.2 + j7 \, [\Omega]$
$P_n = 10 \, [\text{kVA}]$, $a = \dfrac{V_1}{V_2} = \dfrac{2{,}000}{100}$ 이므로

$I_1 = \dfrac{P_n}{V_1} = \dfrac{10 \times 10^3}{2{,}000} = 5 \, [\text{A}]$

$\therefore \ q = \dfrac{I_1 x_{12}}{V_1} \times 100 = \dfrac{5 \times 7}{2{,}000} \times 100 = 1.75 \, [\%]$

답 : ②

14 200[kVA]의 단상 변압기가 있다. 철손이 1.6[kW]이고 전부하 동손이 2.4[kW]이다. 이 변압기의 역률이 0.8일 때 전부하시의 효율[%]은?

① 96.6   ② 97.6
③ 98.6   ④ 99.6

[해설] 전부하효율(η)

$\eta = \dfrac{P}{P + P_i + P_c} \times 100$

$= \dfrac{V_2 I_2 \cos\theta}{V_2 I_2 \cos\theta + P_i + P_c} \times 100 \, [\%]$

$P = P_n \cos\theta \, [\text{kW}]$이며, $P_n = 200 \, [\text{kVA}]$,
$P_i = 1.6 \, [\text{kW}]$, $P_c = 2.4 \, [\text{kW}]$, $\cos\theta = 0.8$이므로

$\therefore \ \eta = \dfrac{P}{P + P_i + P_c} \times 100$

$= \dfrac{200 \times 0.8}{200 \times 0.8 + 1.6 + 2.4} \times 100$

$= 97.6 \, [\%]$

답 : ②

7 변압기 효율

1. 전부하 효율(η)

$$\eta = \frac{P}{P+P_i+P_c} \times 100 = \frac{V_2 I_2 \cos\theta}{V_2 I_2 \cos\theta + P_i + P_c} \times 100 = \frac{P_n \cos\theta}{P_n \cos\theta + P_i + P_c} \times 100\,[\%]$$

2. $\frac{1}{m}$ 부하인 경우 효율 ($\eta_{\frac{1}{m}}$)

$$\eta_{\frac{1}{m}} = \frac{\frac{1}{m}P}{\frac{1}{m}P + P_i + \left(\frac{1}{m}\right)^2 P_c} \times 100 = \frac{\frac{1}{m}V_2 I_2 \cos\theta}{\frac{1}{m}V_2 I_2 \cos\theta + P_i + \left(\frac{1}{m}\right)^2 P_c} \times 100\,[\%]$$

여기서, P : 출력[W], P_i : 철손[W], P_c : 동손[W], P_n : 정격용량[VA], V_2 : 2차 전압[V], I_2 : 2차 전류[A], $\cos\theta$: 역률

3. 최대효율 조건

(1) 전부하시 : $P_i = P_c$

(2) $\frac{1}{m}$ 부하시 : $P_i = \left(\frac{1}{m}\right)^2 P_c$

여기서, P_i : 철손, P_c : 동손

8 변압기 결선

1. Y-Y결선

① 1차, 2차 전압 및 1차, 2차 전류간에 위상차가 없다.
② 상전압이 선간전압의 $\frac{1}{\sqrt{3}}$ 배이므로 절연에 용이하며 고전압 송전에 용이하다.
③ 중성점을 접지할 수 있으므로 이상전압으로부터 변압기를 보호할 수 있다.
④ 제3고조파 순환 통로가 없으므로 선로에 제3고조파가 유입되어 인접 통신선에 유도장해를 일으킨다.

확인문제

15 변압기의 효율이 가장 좋을 때의 조건은?

① 철손=동손
② 철손=1/2 동손
③ 1/2 철손=동손
④ 철손=2/3 동손

[해설] 최대효율조건
변압기가 전부하로 운전하든지 $\left(\frac{1}{m}\right)$ 부하로 운전하든지 상관없이 변압기의 효율을 최대로 하기 위한 조건은 철손부=동손부이다.
∴ 철손=동손

답 : ①

16 어떤 주상 변압기가 4/5 부하일 때, 최대 효율이 된다고 한다. 전부하에 있어서의 철손과 동손의 비 P_c/P_i는?

① 약 1.25
② 약 1.56
③ 약 1.64
④ 약 0.64

[해설] 최대효율조건
$\frac{1}{m}$ 부하시 최대효율이 되기 위한 조건은
$P_i = \left(\frac{1}{m}\right)^2 P_c$ 이므로 $P_i = \left(\frac{4}{5}\right)^2 P_c = \frac{16}{25} P_c$ 이다.
∴ $\frac{P_c}{P_i} = \frac{25}{16} = 1.56$

답 : ②

핵심 _ 전기기기

[실기출제] **2. Δ-Δ결선**
① 1차, 2차 전압 및 1차, 2차 전류간에 위상차가 없다.
② 상전류는 선전류의 $\frac{1}{\sqrt{3}}$ 배이므로 대전류 송전에 유리하다.
③ 제3고조파가 Δ결선 내부를 순환하므로 선로에 제3고조파가 나타나지 않기 때문에 기전력의 파형이 정현파가 된다.
④ 인접 통신선에 유도장해가 없다.
⑤ 변압기 1대 고장시 V결선으로 송전을 계속할 수 있다.
⑥ 비접지 방식이므로 이상전압 및 지락사고에 대한 보호가 어렵다.

[실기출제] **3. Δ-Y, Y-Δ결선**
① Δ-Y결선은 승압용, Y-Δ결선은 강압용에 적합하다.
② Y-Y, Δ-Δ결선의 특징을 모두 갖추고 있다.
③ 1차, 2차 전압 및 1차, 2차 전류간에 위상차가 30° 생긴다.

[실기출제] **4. V-V결선**
(1) V결선의 출력(P_v)
  ① 변압기 2대로 1Bank 운전시 : $P_v = \sqrt{3} \times$ 변압기 1대 용량
  ② 변압기 4대로 2Bank 운전시 : $P_v = 2\sqrt{3} \times$ 변압기 1대 용량

(2) 출력비 $= \dfrac{\text{V결선의 출력}}{\text{Δ결선의 출력}} = \dfrac{\sqrt{3}\,TR}{3\,TR} = \dfrac{1}{\sqrt{3}} = 0.577$

(3) 이용률 $= \dfrac{\sqrt{3}\,TR}{2\,TR} = \dfrac{\sqrt{3}}{2} = 0.866$

확인문제

17 변압기의 1차측을 Y결선, 2차측을 Δ결선으로 한 경우 1차, 2차간의 전압 위상 변위는?

① 0° ② 30°
③ 45° ④ 60°

[해설] Δ-Y, Y-Δ결선의 특징
(1) Δ-Y결선은 승압용, Y-Δ결선은 강압용에 적합하다.
(2) Y-Y, Δ-Δ결선의 특징을 모두 갖추고 있다.
(3) 1차, 2차 전압 및 1차, 2차 전류간에 위상차가 30° 생긴다.

답 : ②

18 A, B 2대인 단상 변압기의 병렬운전 조건이 안 되는 것은?

① 극성이 같을 것
② 절연 저항이 같을 것
③ 권수비가 같을 것
④ 백분율 저항 강하 및 리액턴스 강하가 같을 것

[해설] 변압기 병렬운전조건
(1) 극성이 일치할 것
(2) 권수비 및 1차, 2차 정격전압이 같을 것
(3) 각 변압기의 저항과 리액턴스비가 일치할 것
(4) %저항 강하 및 %리액턴스 강하가 일치할 것. 또는 %임피던스 강하가 일치할 것
(5) 각 변위가 일치할 것(3상 결선일 때)
(6) 상회전 방향이 일치할 것(3상 결선일 때)

답 : ②

9 변압기 병렬운전

1. 병렬운전조건
① 극성이 일치할 것
② 권수비 및 1차, 2차 정격전압이 같을 것
③ 각 변압기의 저항과 리액턴스비가 일치할 것
④ %저항 강하 및 %리액턴스 강하가 일치할 것. 또는 %임피던스 강하가 일치할 것
⑤ 각 변위가 일치할 것(3상 결선일 때)
⑥ 상회전 방향이 일치할 것(3상 결선일 때)

2. 병렬운전시 부하 분담
변압기 2대가 병렬운전하는 경우 부하 분담은 용량에 비례하고 %임피던스 강하에 반비례해야 하며 변압기 용량을 초과하지 않아야 한다.

3. 병렬운전이 가능한 결선과 불가능한 결선

가능	불가능
Δ-Δ와 Δ-Δ	Δ-Δ와 Δ-Y
Δ-Δ와 Y-Y	Δ-Δ와 Y-Δ
Y-Y와 Y-Y	Y-Y와 Δ-Y
Y-Δ 와 Y-Δ	Y-Y와 Y-Δ

확인문제

19 단상 변압기를 병렬운전하는 경우, 부하 전류의 분담은 어떻게 되는가?

① 용량에 비례하고 누설 임피던스에 비례한다.
② 용량에 비례하고 누설 임피던스에 역비례한다.
③ 용량에 역비례하고 누설 임피던스에 비례한다.
④ 용량에 역비례하고 누설 임피던스에 역비례한다.

[해설] 병렬운전시 부하 분담
변압기 2대가 병렬운전하는 경우 부하분담은 용량에 비례하고 %임피던스 강하에 반비례해야 하며 변압기 용량을 초과하지 않아야 한다.

답 : ②

20 3상 변압기 2대를 병렬운전하고자 할 때, 병렬운전이 불가능한 각변위는 다음 중 어느 것인가?

① Δ-Y와 Y-Δ ② Δ-Y와 Y-Y
③ Δ-Y와 Δ-Y ④ Δ-Δ와 Y-Y

[해설] 병렬운전이 가능한 결선 및 불가능한 계산

가능	불가능
Δ-Δ와 Δ-Δ	Δ-Δ와 Δ-Y
Δ-Δ와 Y-Y	Δ-Δ와 Y-Δ
Y-Y와 Y-Y	Y-Y와 Δ-Y
Y-Δ 와 Y-Δ	Y-Y와 Y-Δ

답 : ②

10 상수변환

1. 3상 전원을 2상 전원으로 변환

(1) 스코트결선(T결선)

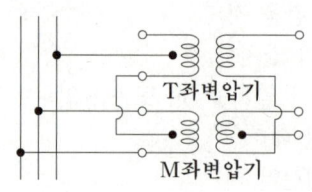

<1차 벡터 : 3상>　　<2차 벡터 : 2상>

① T좌 변압기의 탭 위치 : $\dfrac{\sqrt{3}}{2}$ 지점

② M좌 변압기의 탭 위치 : $\dfrac{1}{2}$ 지점

(2) 메이어 결선

(3) 우드브리지 결선

2. 3상 전원을 6상 전원으로 변환

① 포크 결선 : 6상측 부하를 수은 정류기 사용
② 환상 결선
③ 대각 결선
④ 2차 2중 Y결선 및 Δ결선

확인문제

21 3상 전원에서 2상 전압을 얻고자 할 때, 다음 결선 중 틀린 것은?

① Fork 결선
② Scott 결선
③ Wood bridge 결선
④ Meyer 결선

[해설] 상수변환
같은 권수인 2대의 단상변압기 3상 전압을 2상 전압으로 변압하기 위한 결선법
(1) 스코트 결선(T결선)
(2) 메이어 결선
(3) 우드브리지 결선

답 : ①

22 3상 전원을 이용하여 6상 전원을 얻을 수 없는 변압기의 결선 방법은?

① Scott 결선　② Fork 결선
③ 환상 결선　　④ 2중 3각 결선

[해설] 상수변환
3상 전원을 이용하여 6상 전원을 얻을 수 있는 상수변환은
(1) 포크 결선
(2) 환상 결선
(3) 대각 결선
(4) 2차 2중 Y결선 및 Δ결선

답 : ①

11 단권변압기(=오토 트랜스)

1차 코일(=저압측 권선)과 2차 코일(=고압측 권선) 일부분이 공통으로 되어 있으며 보통 승압기로 이용하고 있는 변압기이다.

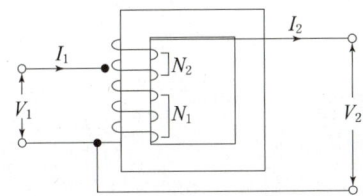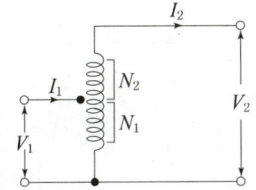

여기서, 1차 권선은 분로 권선, 2차 권선은 직렬 권선이다.

권수비 $a = \dfrac{V_1}{V_2} = \dfrac{N_1}{N_1 + N_2}$

단권변압기 용량 = 자기용량 = $(V_2 - V_1)I_2$
부하용량 = 2차 출력 = $V_2 I_2$

$$\therefore \dfrac{\text{자기용량}}{\text{부하용량}} = \dfrac{(V_2 - V_1)I_2}{V_2 I_2} = \dfrac{V_2 - V_1}{V_2} = \dfrac{V_h - V_L}{V_h}$$

여기서, V_1, V_L : 저압측 전압, V_2, V_h : 고압측 전압

1. 단상 또는 3상 Y결선 단권변압기 용량

$$\text{자기용량} = \dfrac{V_h - V_L}{V_h} \times \text{부하용량}$$

확인문제

23 3,000[V]의 단상 배전선 전압을 3,300[V]로 승압하는 단권변압기의 자기용량[kVA]은? (단, 여기서 부하용량은 100[kVA]이다.)

① 약 2.1   ② 약 5.3
③ 약 7.4   ④ 약 9.1

[해설] 단권변압기의 자기용량
$\dfrac{\text{자기용량}}{\text{부하용량}} = \dfrac{V_h - V_L}{V_h}$ 이며
$V_L = 3,000 \text{[V]}$, $V_h = 3,300 \text{[V]}$,
부하용량 = 100 [kVA]이므로
$\therefore \text{자기용량} = \dfrac{V_h - V_L}{V_h} \times \text{부하용량}$
$= \dfrac{3,300 - 3,000}{3,300} \times 100 = 9.1 \text{[kVA]}$

답 : ④

24 V결선의 단권변압기를 사용하여 선로 전압 V_1에서 V_2로 변압하여 전력 P[kVA]를 송전하는 경우, 단권변압기의 자기용량 P_s[kVA]는 얼마인가? (단, 강압 송전한다. 그리고 임피던스 및 여자전류는 무시한다.)

① $\left(1 - \dfrac{V_2}{V_1}\right)P$ ② $\dfrac{2}{\sqrt{3}}\left(1 - \dfrac{V_2}{V_1}\right)P$
③ $\dfrac{\sqrt{3}}{2}\left(1 - \dfrac{V_2}{V_1}\right)P$ ④ $\dfrac{1}{2}\left(1 - \dfrac{V_2}{V_1}\right)P$

[해설] V결선된 단권변압기의 자기용량
강압송전이란 V_1에서 V_2로 낮춰서 송전하는 것을 의미하며
$\text{자기용량} = \dfrac{2}{\sqrt{3}} \cdot \dfrac{V_h - V_L}{V_h} \times \text{부하용량}$ 이므로
$\therefore P_s = \dfrac{2}{\sqrt{3}}\left(\dfrac{V_1 - V_2}{V_1}\right)P$
$= \dfrac{2}{\sqrt{3}}\left(1 - \dfrac{V_2}{V_1}\right)P\text{[kVA]}$

답 : ②

2. 3상 V결선 단권변압기 용량

$$자기용량 = \frac{2}{\sqrt{3}} \cdot \frac{V_h - V_L}{V_h} \times 부하용량$$

3. 3상 △결선 단권변압기 용량

$$자기용량 = \frac{V_h^2 - V_L^2}{\sqrt{3}\, V_h V_L} \times 부하용량$$

12 자기누설변압기(=정전류 변압기)

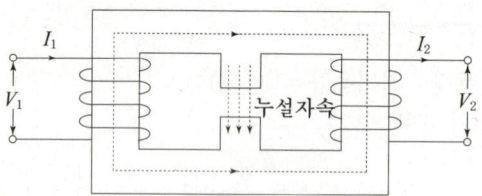

부하전류(I_2)가 증가하면 철심 내부의 누설 자속이 증가하여 누설 리액턴스에 의한 전압 강하가 임계점에서 급격히 증가하게 되는데 이 때문에 부하단자전압(V_2)은 수하특성을 갖게 되며 부하전류의 증가가 멈추게 된다. - 일정한 정전류 유지(수하특성)

(1) 용도
　용접용 변압기, 네온관용 변압기

(2) 특징
　전압변동률이 크고 역률과 효율이 나쁘다.

확인문제

25 누설변압기에 필요한 특성은 무엇인가?
① 정전압 특성　② 고저항 특성
③ 고임피던스 특성　④ 수하 특성

[해설] 자기누설변압기(=정전류 변압기)
부하전류(I_2)가 증가하면 철심 내부의 누설 자속이 증가하여 누설 리액턴스에 의한 전압 강하가 임계점에서 급격히 증가하게 되는데 이 때문에 부하단자전압(V_2)은 수하특성을 갖게 되며 부하전류의 증가가 멈추게 된다. - 일정한 정전류 유지(수하특성)

답 : ④

26 변압기의 내부고장 보호에 쓰인 계전기는?
① OCR　② 역상계전기
③ 접지계전기　④ 부흐홀츠계전기

[해설] 변압기 내부고장에 대한 보호계전기
(1) 비율차동계전기(차동계전기)
(2) 부흐홀츠계전기
(3) 가스검출계전기
(4) 압력계전기

답 : ④

13 변압기 내부고장에 대한 보호계전기

1. 비율차동계전기(차동계전기)
변압기 상간 단락에 의해 1, 2차간 전류 위상각 변위가 발생하면 동작하는 계전기

2. 부흐홀츠계전기
수은 접점을 사용하여 아크방전 사고를 검출한다.

3. 가스검출계전기

4. 압력계전기

예제 1   탭전압 계산법   ★★★

단상 변압기의 2차측(105[V] 단자)에 1[Ω]의 저항을 접속하고 1차측에 1[A]의 전류가 흘렀을 때, 1차 단자 전압이 900[V]이었다. 1차측 탭 전압[V]과 2차 전류[A]는 얼마인가? (단, 변압기는 이상 변압기, V_T는 1차 탭 전압, I_2는 2차 전류이다.)

① $V_T = 3{,}150,\ I_2 = 30$ ② $V_T = 900,\ I_2 = 30$
③ $V_T = 900,\ I_2 = 1$ ④ $V_T = 3{,}150,\ I_2 = 1$

풀이전략
(1) 변압기 1, 2차 저항비로 권수비를 유도한다.
(2) 권수비를 이용하여 탭전압비를 계산한다.
(3) 권수비를 이용하여 2차 전류도 계산한다.

풀 이
$V_{2T} = 105\,[\mathrm{V}],\ R_2 = 1\,[\Omega],\ I_1 = 1\,[\mathrm{A}],\ V_1 = 900\,[\mathrm{V}]$ 이므로

$$R_1 = \frac{V_1}{I_1} = \frac{900}{1} = 900\,[\Omega]$$

권수비 $a = \sqrt{\dfrac{R_1}{R_2}} = \dfrac{V_{1T}}{V_{2T}} = \dfrac{I_2}{I_1} = \sqrt{\dfrac{900}{1}} = 30$

∴ $V_{1T} = a V_{2T} = 30 \times 105 = 3{,}150\,[\mathrm{V}]$

∴ $I_2 = a I_1 = 30 \times 1 = 30\,[\mathrm{A}]$

정답 ①

유사문제

01 단상 주상 변압기의 2차 100[V] 단자에 1[Ω]의 저항을 접속하고 1차측에 전압을 900[V] 가했을 때, 1차 전류가 1[A]이었다. 이때, 1차측의 탭 전압은 몇 [V]의 단자에 접속하는가? (단, 변압기의 내부 임피던스 및 손실은 무시한다.)

① 2,850   ② 3,000
③ 3,150   ④ 3,300

해설 $V_{2T} = 100\,[\mathrm{V}],\ R_2 = 1\,[\Omega],\ V_1 = 900\,[\mathrm{V}],\ I_1 = 1\,[\mathrm{A}]$ 이므로

$$R_1 = \frac{V_1}{I_1} = \frac{900}{1} = 900\,[\Omega]$$

권수비 $a = \sqrt{\dfrac{R_1}{R_2}} = \dfrac{V_{1T}}{V_{2T}} = \sqrt{\dfrac{900}{1}} = 30$

∴ $V_{1T} = a V_{2T} = 30 \times 100 = 3{,}000\,[\mathrm{V}]$

답 : ②

신유형

02 단상변압기의 2차측 110[V] 단자에 0.4[Ω]의 저항을 접속하고 1차측 단자에 720[V]를 가했을 때 1차 전류가 2[A]이었다. 이때 1차측 탭의 전압은 몇 [V]이겠는가? (단, 변압기의 임피던스와 손실은 무시한다.)

① 3,450   ② 3,300
③ 3,150   ④ 3,000

해설 $V_{2T} = 110\,[\mathrm{V}],\ R_2 = 0.4\,[\Omega],\ V_1 = 720\,[\mathrm{V}],\ I_1 = 2\,[\mathrm{A}]$ 이므로

$$R_1 = \frac{V_1}{I_1} = \frac{720}{2} = 360\,[\Omega]$$

권수비 $a = \sqrt{\dfrac{R_1}{R_2}} = \dfrac{V_{1T}}{V_{2T}} = \sqrt{\dfrac{360}{0.4}} = 30$

∴ $V_{1T} = a V_{2T} = 30 \times 110 = 3{,}300\,[\mathrm{V}]$

답 : ②

예제 2   변압기의 전압변동률(ϵ) – I   ★★☆

어느 변압기의 변압비가 무부하시에는 14.5 : 1이고 정격 부하의 어느 역률에서는 15 : 1이다. 이 변압기의 동일 역률에서의 전압 변동률[%]을 구하면?

① 3.5
② 3.7
③ 4.0
④ 4.3

풀이전략

(1) 무부하시의 변압기 변압비와 정격부하시의 변압기 변압비를 이용하여 1차측 전압을 기준으로 2차측 전압을 구한다.
(2) 전압변동률 공식에 대입하여 계산한다.

풀 이

무부하시 변압기 변압비는 $V_{10} : V_{20} = 14.5 : 1 = 1 : \dfrac{1}{14.5}$ 이고

정격부하시 변압기 변압비는 $V_1 : V_2 = 15 : 1 = 1 : \dfrac{1}{15}$ 이므로

$V_{20} = \dfrac{1}{14.5}$ [V], $V_2 = \dfrac{1}{15}$ [V]로 정할 수 있다.

$\therefore \epsilon = \dfrac{V_{20} - V_2}{V_2} \times 100 = \dfrac{\dfrac{1}{14.5} - \dfrac{1}{15}}{\dfrac{1}{15}} \times 100 = 3.5 \, [\%]$

정답 ①

유사문제

03 어느 변압기의 변압비는 무부하에서 14.4 : 1, 정격부하에서 15 : 1이다. 이 변압기의 전압 변동률[%]은?

① 4.67
② 5.17
③ 3.17
④ 4.17

해설 무부하시 변압기 변압비는
$V_{10} : V_{20} = 14.4 : 1 = 1 : \dfrac{1}{14.4}$ 이고
정격부하시 변압기 변압비는
$V_1 : V_2 = 15 : 1 = 1 : \dfrac{1}{15}$ 이므로
$V_{20} = \dfrac{1}{14.4}$ [V], $V_2 = \dfrac{1}{15}$ [V]로 정할 수 있다.

$\therefore \epsilon = \dfrac{V_{20} - V_2}{V_2} \times 100 = \dfrac{\dfrac{1}{14.4} - \dfrac{1}{15}}{\dfrac{1}{15}} \times 100$

$= 4.17 \, [\%]$

답 : ④

신유형

04 전압비가 무부하에서 15 : 1, 정격부하에서 15.5 : 1인 변압기의 전압변동률[%]은?

① 2.2
② 2.6
③ 3.3
④ 3.5

해설 무부하시 전압비는 $V_{10} : V_{20} = 15 : 1 = 1 : \dfrac{1}{15}$ 이고

정격부하시 전압비는 $V_1 : V_2 = 15.5 : 1 = 1 : \dfrac{1}{15.5}$

이므로

$V_{20} = \dfrac{1}{15}$ [V], $V_2 = \dfrac{1}{15.5}$ [V]로 정할 수 있다.

$\therefore \epsilon = \dfrac{V_{20} - V_2}{V_2} \times 100 = \dfrac{\dfrac{1}{15} - \dfrac{1}{15.5}}{\dfrac{1}{15.5}} \times 100$

$= 3.3 \, [\%]$

답 : ③

예제 3   변압기의 전압변동률(ϵ) – Ⅱ   ★★★

어떤 변압기에 있어서 그 전압 변동률은 부하 역률 100[%]에 있어서 2[%], 부하 역률 80[%]에서 3[%]라고 한다. 이 변압기의 최대 전압 변동률[%] 및 그때의 부하 역률[%]은?

① 2.33, 85
② 3.07, 65,
③ 3.61, 5
④ 3.61, 85

풀이전략
(1) 역률 100[%]일 때 전압변동률은 %저항강하와 일치한다.
(2) 최대전압변동률($\epsilon_{\max}$)을 먼저 계산한다.
(3) 최대전압변동일 때의 역률($\cos\theta$)을 계산한다.

풀 이
역률($\cos\theta_1$)이 100[%]일 때 전압변동률 ϵ_1은 2[%]이므로 $\epsilon_1 = p\cos\theta_1 + q\sin\theta_1 = p\times 1 + q\times 0 = p$에서 $p=2$[%]이다.

역률($\cos\theta_2$)이 80[%]일 때 전압변동률 ϵ_2은 3[%]이므로 $\epsilon_2 = p\cos\theta_2 + q\sin\theta_2$식에 대입하면 $3 = 2\times 0.8 + q\times 0.6$이다.

여기서 $q=2.33$[%]임을 구할 수 있다.

$$\therefore \epsilon_{\max} = \sqrt{p^2+q^2} = \sqrt{2^2+2.33^2} = 3.07\,[\%]$$

$$\therefore \cos\theta = \frac{p}{\sqrt{p^2+q^2}} \times 100 = \frac{2}{\sqrt{2^2+2.33^2}} \times 100 = 65\,[\%]$$

정답 ②

유사문제

05 단상 변압기에 있어서 부하 역률 80[%]의 지역률에서 전압 변동률 4[%], 부하 역률 100[%]에서 전압 변동률 3[%]라고 한다. 이 변압기의 퍼센트 리액턴스 강하는 몇 [%]인가?

① 2.7
② 3.0
③ 3.3
④ 3.6

해설 $\cos\theta_1 = 100$[%]일 때 $\epsilon_1 = 3$[%]
$\cos\theta_2 = 80$[%]일 때 $\epsilon_2 = 4$[%]라 하면
$\epsilon_1 = p\cos\theta_1 + q\sin\theta_1 = p\times 1 + q\times 0 = p$이므로
$p = \epsilon_1 = 3$[%]이다.
$\epsilon_2 = p\cos\theta_2 + q\sin\theta_2$식에 대입하면
$4 = 3\times 0.8 + q\times 0.6$에서
$$\therefore q = \frac{4-3\times 0.8}{0.6} = 2.7\,[\%]$$

답 : ①

06 어떤 변압기의 부하역률이 60[%]일 때, 전압변동률이 최대라고 한다. 지금 이 변압기의 부하역률이 100[%]일 때 전압변동률을 측정했더니 3[%]였다. 이 변압기의 부하 역률 80[%]에서의 전압변동은 몇 [%]인가?

① 4.8
② 5.0
③ 6.2
④ 6.4

해설 $\cos\theta_1 = 60$[%]일 때 최대전압변동률이다.
$\cos\theta_2 = 100$[%]일 때 $\epsilon_2 = 3$[%]라 하면
$\epsilon_2 = p\cos\theta_2 + q\sin\theta_2 = p\times 1 + q\times 0 = p$이므로
$p = \epsilon_2 = 3$[%]이다.
$\cos\theta_1 = \dfrac{p}{\sqrt{p^2+q^2}}$ 식에 대입하면
$0.6 = \dfrac{0.03}{\sqrt{0.03^2+q^2}}$ 에서 $q=0.04$임을 알 수 있다.
따라서 역률 80[%]일 때 전압변동률은
$$\therefore \epsilon = p\cos\theta + q\sin\theta = 3\times 0.8 + 4\times 0.6$$
$$= 4.8\,[\%]$$

답 : ①

예제 4   변압기 병렬운전시 부하분담   ★★★

3,150/210[V]인 변압기의 용량이 각각 250 [kVA], 200[kVA]이고 %임피던스가 강하가 각각 2.5[%]와 3[%]일 때, 그 병렬 합성 용량[kVA]은?

① 389   ② 417
③ 435   ④ 450

풀이전략

(1) 각 변압기 용량을 P_A, P_B라 하고 %임피던스 강하를 %Z_b, %Z_a라 하면 부하 분담은 용량에 비례하며 %임피던스에 반비례하므로 P_A, P_B 중 큰 용량을 기준으로 잡는다. (또는 %임피던스가 작은 값이 기준이 된다.)

(2) P_B 변압기가 부담해야 할 용량을 P_b라 하여 계산한다.

$$P_b = \frac{\%Z_a}{\%Z_b} P_B$$

(3) 합성용량은 $P_a + P_b$이다.

풀이

$P_A = 250\,[\text{kVA}]$, $P_B = 200\,[\text{kVA}]$, %$Z_a = 2.5\,[\%]$, %$Z_b = 3\,[\%]$이므로

$P_a = P_A = 250\,[\text{kVA}]$

$P_b = \dfrac{\%Z_a}{\%Z_b} P_B = \dfrac{2.5}{3} \times 200 = 167\,[\text{kVA}]$

∴ $P_a + P_b = 250 + 167 = 417\,[\text{kVA}]$

정답 ②

유사문제

07 3,000/200[V]인 변압기 A, B의 용량이 각각 200[kVA]와 150[kVA]이고 %임피던스 강하는 각각 2.7[%]와 3[%]일 때, 그 병렬 합성 용량[kVA]은 얼마인가?

① 310   ② 315
③ 325   ④ 335

[해설] $P_A = 200\,[\text{kVA}]$, $P_B = 150\,[\text{kVA}]$, %$Z_a = 2.7\,[\%]$, %$Z_b = 3\,[\%]$이므로
$P_a = P_A = 200\,[\text{kVA}]$
$P_b = \dfrac{\%Z_a}{\%Z_b} P_B = \dfrac{2.7}{3} \times 150 = 135\,[\text{kVA}]$
∴ $P_a + P_b = 200 + 135 = 335\,[\text{kVA}]$

답 : ④

08 2대의 정격이 같은 1,000[kVA]인 단상변압기의 임피던스 전압이 8[%]와 9[%]이다. 이것을 병렬로 하면 몇 [kVA]와 부하를 걸 수 있는가?

① 1,880   ② 1,870
③ 1,860   ④ 1,850

[해설] $P_A = P_B = 1,000\,[\text{kVA}]$, %$Z_a = 8\,[\%]$, %$Z_b = 9\,[\%]$이므로
$P_a = P_A = 1,000\,[\text{kVA}]$
$P_b = \dfrac{\%Z_a}{\%Z_b} P_B = \dfrac{8}{9} \times 1,000 = 888$
∴ $P_a + P_b = 1,000 + 888 ≒ 1,880\,[\text{kVA}]$

답 : ①

03 출제예상문제

01 1차 전압 6,900[V], 1차 권선 3,000회, 권수비 20의 변압기가 60[Hz]에 사용할 때, 철심의 최대 자속[Wb]은?

① 0.86×10^{-4}
② 8.63×10^{-3}
③ 8.63×10^{-4}
④ 86.3×10^{-3}

[해설] 유기기전력(E)
$E_1 = 6,900$ [V], $N_1 = 3,000$, $a = 20$,
$f = 60$ [Hz]이므로
$E_1 = 4.44 f \phi_m N_1 = 4.44 f B_m S N_1$ [V] 식에서
$\therefore \phi_m = \dfrac{E_1}{4.44 f N_1} = \dfrac{6,900}{4.44 \times 60 \times 3,000}$
$= 8.63 \times 10^{-3}$ [Wb]

02 단상 50[kVA], 1차 3,300[V], 2차 210[V], 60[Hz], 1차 권회수 550, 철심의 유효 단면적 150[cm²]인 변압기 철심의 자속 밀도[Wb/m²]는?

① 약 2.0
② 약 1.5
③ 약 1.2
④ 약 1.0

[해설] 유기기전력(E)
용량 $P = 50$ [kVA], $E_1 = 3,300$ [V], $E_2 = 210$ [V],
$f = 60$ [Hz], $N_1 = 550$, $S = 150$ [cm²]이므로
$E_1 = 4.44 f \phi_m N_1 = 4.44 f B_m S N_1$ [V] 식에서
$\therefore B_m = \dfrac{E_1}{4.44 f S N_1}$
$= \dfrac{3,300}{4.44 \times 60 \times 150 \times 10^{-4} \times 550}$
$= 1.5$ [Wb/m²]

03 1차 전압 6,600[V], 권수비 30인 단상 변압기로부터 전등 부하에 20[A]를 공급할 때의 입력 [kW]은? (단, 변압기의 손실은 무시한다.)

① 4.4
② 5.5
③ 6.6
④ 7.7

[해설] 변압기 입력(P_1)
변압기 입, 출력 전압 E_1, E_2와 전류 I_1, I_2라 할 때 변압기 손실을 무시한다면 변압기 용량은 입력(P_1)과 출력(P_2)이 서로 같다. – 가역의 정리
$P_1 = P_2 = E_1 I_1 = E_2 I_2$ [VA]이다.
$E_1 = 6,600$ [V], $a = 30$, $I_2 = 20$ [A]이므로
$a = \dfrac{E_1}{E_2} = \dfrac{I_2}{I_1}$ 을 이용하여 풀면
$\therefore P_1 = E_1 I_1 = E_1 \cdot \dfrac{I_2}{a} = 6,600 \times \dfrac{20}{30} \times 10^{-3}$
$= 4.4$ [kW]

04 그림과 같은 변압기 회로에서 부하 R_2에 공급되는 전력이 최대가 되는 변압기의 권수비 a는?

① 5
② $\sqrt{5}$
③ 10
④ $\sqrt{10}$

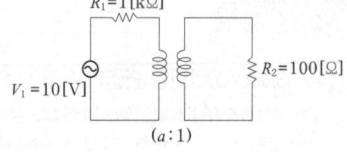

[해설] 변압기 권수비(a)
$a = \dfrac{N_1}{N_2} = \dfrac{E_1}{E_2} = \dfrac{I_2}{I_1} = \sqrt{\dfrac{Z_1}{Z_2}}$
$= \sqrt{\dfrac{r_1}{r_2}} = \sqrt{\dfrac{x_1}{x_2}} = \sqrt{\dfrac{L_1}{L_2}}$ 이므로
$R_1 = 1$ [kΩ], $R_2 = 100$ [Ω] 일 때
$\therefore a = \sqrt{\dfrac{R_1}{R_2}} = \sqrt{\dfrac{1 \times 10^3}{100}} = \sqrt{10}$

정답 01 ② 02 ② 03 ① 04 ④

05 변압기의 2차측 부하 임피던스 Z가 20[Ω]일 때 1차측에서 보아 18[kΩ]이 되었다면, 이 변압기의 권수비는 얼마인가? (단, 변압기의 임피던스는 무시한다.)

① 3　　　② 30
③ $\frac{1}{3}$　　　④ $\frac{1}{30}$

[해설] 변압기 권수비(a)
$Z_1 = 18\,[\text{k}\Omega]$, $Z_2 = 20\,[\Omega]$일 때
$$\therefore a = \sqrt{\frac{Z_1}{Z_2}} = \sqrt{\frac{18 \times 10^3}{20}} = 30$$

06 그림과 같은 변압기에서 1차 전류[A]는 얼마인가?

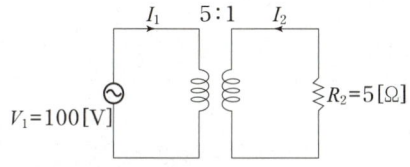

① 0.8　　　② 8
③ 10　　　④ 20

[해설] 변압기 권수비(a)
$V_1 = 100\,[\text{V}]$, $R_2 = 5\,[\Omega]$, $a = 5$일 때 변압기 1차 전류 I_1은
$$\therefore I_1 = \frac{V_1}{R_1} = \frac{V_1}{a^2 R_2} = \frac{100}{5^2 \times 5} = 0.8\,[\text{A}]$$

07 1차측 권수가 1,500인 변압기의 2차측에 접속한 16[Ω]의 저항은 1차측으로 환산했을 때, 8[kΩ]으로 되었다고 한다. 2차측 권수를 구하면?

① 75　　　② 70
③ 67　　　④ 64

[해설] 변압기 권수비(a)
$N_1 = 1,500$, $r_2 = 16\,[\Omega]$, $r_1 = 8\,[\text{k}\Omega]$일 때
$$\therefore N_2 = \sqrt{\frac{r_2}{r_1}} \cdot N_1 = \sqrt{\frac{16}{8 \times 10^3}} \times 1,500 = 67$$

08 1차 전압 3,300[V], 2차 전압 100[V]의 변압기에서 1차측에 3,500[V]의 전압을 가했을 때의 2차측 전압[V]은? (단, 권선의 임피던스는 무시한다.)

① 106.1　　　② 2,970
③ 2,640　　　④ 3,500

[해설] 변압기 권수비(a)
$E_1 = 3,300\,[\text{V}]$, $E_2 = 100\,[\text{V}]$, $E_1' = 3,500\,[\text{V}]$일 때
$$a = \frac{E_1}{E_2} = \frac{3,300}{100} = 33$$
$$\therefore E_2' = \frac{E_1'}{a} = \frac{3,500}{33} = 106.1\,[\text{V}]$$

09 3,000/200[V] 변압기의 1차 임피던스가 225[Ω]이면 2차 환산은 몇 [Ω]인가?

① 1.0　　　② 1.5
③ 2.1　　　④ 2.8

[해설] 임피던스(Z) 및 저항(r)과 리액턴스(x) 환산
$$Z_1 = a^2 Z_2\,[\Omega],\ Z_2 = \frac{Z_1}{a^2}\,[\Omega]$$
$$r_1 = a^2 r_2\,[\Omega],\ r_2 = \frac{r_1}{a^2}\,[\Omega]$$
$$x_1 = a^2 x_2\,[\Omega]\ \ x_2 = \frac{x_1}{a^2}\,[\Omega]$$이므로
$a = \frac{3,000}{200} = 15$, $Z_1 = 225\,[\Omega]$일 때
$$\therefore Z_2 = \frac{Z_1}{a^2} = \frac{225}{15^2} = 1\,[\Omega]$$

10 변압비 3,000/100[V]인 단상 변압기 2대의 고압측을 그림과 같이 직렬로 3,300[V] 전원에 연결하고, 저압측에 각각 5[Ω], 7[Ω]의 저항을 접속하였을 때 고압측의 단자 전압 E_1은 대략 몇 [V]인가?

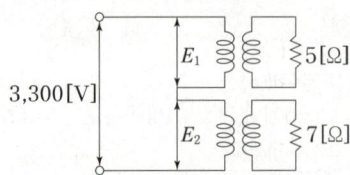

① 471　　② 660
③ 1,375　④ 1,925

[해설] 임피던스(Z) 및 저항(r)과 리액턴스(x) 환산
$Z_1 = a^2 Z_2 [\Omega]$, $r_1 = a^2 r_2 [\Omega]$, $x_1 = a^2 x_2 [\Omega]$이므로
$a = \dfrac{3,000}{100} = 30$일 때 $r_{21} = 5[\Omega]$, $r_{22} = 7[\Omega]$이라 하면
$r_{11} = a^2 r_{21} = 30^2 \times 5 = 4,500 [\Omega]$
$r_{12} = a^2 r_{22} = 30^2 \times 7 = 6,300 [\Omega]$이다.
변압기 고압측 분배전압은 저항의 직렬접속의 분배법칙 공식을 적용한다.
$\therefore E_1 = \dfrac{r_{11}}{r_{11}+r_{12}} E = \dfrac{4,500}{4,500+6,300} \times 3,300$
　　$= 1,375 [V]$
$\therefore E_2 = \dfrac{r_{12}}{r_{11}+r_{12}} E = \dfrac{6,300}{4,500+6,300} \times 3,300$
　　$= 1,925 [V]$

11 변압기의 누설리액턴스는 권수 N이라 할 때, 다음 중 맞는 것은?

① N에 관계없다.　② N에 비례한다.
③ N^2에 비례한다.　④ N에 반비례한다.

[해설] 변압기 권수비(a)
$a = \dfrac{N_1}{N_2} = \dfrac{E_1}{E_2} = \dfrac{I_2}{I_1} = \sqrt{\dfrac{Z_1}{Z_2}}$
　$= \sqrt{\dfrac{r_1}{r_2}} = \sqrt{\dfrac{x_1}{x_2}} = \sqrt{\dfrac{L_1}{L_2}}$ 식에서
$\left(\dfrac{N_1}{N_2}\right)^2 = \dfrac{x_1}{x_2}$ 이므로 변압기 누설리액턴스는 권수비 제곱에 비례한다.

12 부하에 관계없이 변압기에서 흐르는 전류로서 자속만을 만드는 것은?

① 1차 전류
② 철손전류
③ 여자전류
④ 자화전류

[해설] 여자전류(I_0), 자화전류(I_ϕ), 철손전류(I_i)
(1) 여자전류(무부하전류) : 변압기 2차측을 개방하였을 때 2차측에 흐르는 전류로서 자화전류와 철손전류를 포함하고 있다.
(2) 자화전류 : 누설리액턴스에 흐르면서 자속을 만드는 전류이다.
(3) 철손전류 : 철손저항에 흐르면서 철손을 발생시키는 전류이다.

13 변압기의 2차측을 개방하였을 경우, 1차측에 흐르는 전류는 무엇에 의하여 결정되는가?

① 여자어드미턴스
② 누설리액턴스
③ 저항
④ 임피던스

[해설] 여자전류(무부하전류)
철손전류 $I_i = \dfrac{P_i}{V_1} = g_0 V_1 [A]$이고
자화전류 $I_\phi = b_0 V_1 [A]$이므로
여자전류 $I_0 = I_i - jI_\phi = g_0 V_1 - jb_0 V_1$
　　　　$= (g_0 - jb_0)V_1 = y_0 V_1 [A]$이다.
여기서, P_i는 철손, g_0는 누설콘덕턴스, b_0는 누설서셉턴스, y_0는 여자어드미턴스이다. 따라서 여자전류는 여자어드미턴스에 의해서 결정된다.

14
★★ 50[kVA], 3,300/110[V]인 변압기가 있다. 무부하일 때 1차 전류 0.5[A], 입력 600[W]이다. 이때, 철손 전류[A]는 약 얼마인가?

① 0.10　　② 0.18
③ 0.25　　④ 0.38

해설 여자전류(무부하전류)

용량 50[kVA], 권수비 $a = \dfrac{V_1}{V_2} = \dfrac{3,300}{110}$ 일 때

무부하상태에서 1차측 전류 0.5[A]는 여자전류(I_0)이고 입력 600[W]는 철손(P_i)이므로 철손전류(I_i)는

$\therefore I_i = \dfrac{P_i}{V_1} = g_0 V_1 = \dfrac{600}{3,300} = 0.18 \,[\text{A}]$

15
★★ 1차 전압이 2,200[V], 무부하 전류가 0.088[A], 철손이 110[W]인 단상 변압기의 자화 전류[A]는?

① 0.05　　② 0.038
③ 0.072　　④ 0.088

해설 여자전류(무부하전류)

$V_1 = 2,200\,[\text{V}],\ I_0 = 0.088\,[\text{A}],\ P_i = 110\,[\text{W}]$이므로 자화전류($I_\phi$)는

$I_0 = \sqrt{I_i^2 + I_\phi^2} = \sqrt{\left(\dfrac{P_i}{V_1}\right)^2 + I_\phi^2}\,[\text{A}]$ 식에서

$\therefore I_\phi = \sqrt{I_0^2 - \left(\dfrac{P_i}{V_1}\right)^2} = \sqrt{0.088^2 - \left(\dfrac{110}{2,200}\right)^2}$

$\quad = 0.072\,[\text{A}]$

16
★ 2[kVA], 3,000/100[V]인 단상 변압기의 철손이 200[W]이면 1차에 환산한 여자 컨덕턴스[℧]는?

① 66.6×10^{-3}　　② 22.2×10^{-6}
③ 2×10^{-2}　　④ 2×10^{-6}

해설 철손전류(I_i)

용량 2[kVA], 권수비 $a = \dfrac{V_1}{V_2} = \dfrac{3,000}{100}$,
$P_i = 200\,[\text{W}]$이므로

여자콘덕턴스(g_0)는 $I_i = \dfrac{P_i}{V_1} = g_0 V_1\,[\text{A}]$ 식에서

$\therefore g_0 = \dfrac{P_i}{V_1^2} = \dfrac{200}{3,000^2} = 22.2 \times 10^{-6}\,[℧]$

17
★★ 변압기에서 생기는 철손 중 와전류손(eddy current loss)은 철심의 규소 강판 두께와 어떤 관계가 있는가?

① 두께에 비례
② 두께의 2승에 비례
③ 두께의 1/2승에 비례
④ 두께의 3승에 비례

해설 철손(무부하손)
(1) 히스테리시스손 $P_h = k_h f B_m^{1.6}\,[\text{W}]$
(2) 와류손 $P_e = k_e t^2 f^2 B_m^2\,[\text{W}]$
∴ 와류손(P_e)은 철심두께(t)의 제곱에 비례한다.

18
★ 변압기 철심의 와전류손은 다음 중 어느 것에 비례하는가? (단, f는 주파수, B_m은 최대자속밀도, t를 철판의 두께로 한다.)

① $f B_m t$　　② $f B_m^2 t$
③ $f^2 B_m^2 t^2$　　④ $f B_m^{1.6} t$

해설 철손(무부하손)
(1) 히스테리시스손 $P_h = k_h f B_m^{1.6}\,[\text{W}]$
(2) 와류손 $P_e = k_e t^2 f^2 B_m^2\,[\text{W}]$
∴ 와류손(P_e)은 $f^2 B_m^2 t^2$에 비례한다.

19
★★★ 3,300[V], 60[Hz]용 변압기의 와전류손이 720[W]이다. 변압기의 2,750[V], 50[Hz]의 주파수에서 사용할 때 와전류손[W]은 얼마인가?

① 250　　② 350
③ 425　　④ 500

해설 와류손(P_e)

$P_e = k_e t^2 f^2 B_m^2\,[\text{W}],\ E = 4.44 f B_m S N\,[\text{V}]$

이므로 $B_m \propto \dfrac{E}{f}$ 임을 알 수 있다.

$P_e \propto f^2 \left(\dfrac{E}{f}\right)^2 = E^2$ 이므로

$E = 3,300\,[\text{V}],\ E' = 2,750\,[\text{V}],\ P_e = 720\,[\text{W}]$ 일 때

$\therefore P_e' = \left(\dfrac{E'}{E}\right)^2 P_e = \left(\dfrac{2,750}{3,300}\right)^2 \times 720 = 500\,[\text{W}]$

정답 14 ②　15 ③　16 ②　17 ②　18 ③　19 ④

20 일정 전압 및 일정 파형에서 주파수가 상승하면 변압기 철손은 어떻게 변하는가?

① 증가한다.
② 불변이다.
③ 감소한다.
④ 어떤 기간 동안 증가한다.

[해설] 부하시 주파수에 따른 변화
일정전압 및 일정파형에서 주파수에 따른 여러 가지 특징은 다음과 같다.
$f \propto \dfrac{1}{B_m} \propto \dfrac{1}{P_h} \propto \dfrac{1}{P_i} \propto \dfrac{1}{I_0} \propto Z_t \propto x_t$ 이므로
∴ 주파수가 상승하면 자속밀도(B_m), 히스테리시스손(P_h), 철손(P_i), 여자전류(I_0)는 감소하고, 누설임피던스, 퍼센트임피던스, 누설리액턴스, 퍼센트리액턴스는 증가한다.

21 변압기의 부하 전류 및 전압이 일정하고 주파수만 낮아지면?

① 철손이 증가
② 철손이 감소
③ 동손이 증가
④ 동손이 감소

[해설] 부하시 주파수에 따른 변화
∴ 주파수가 낮아지면 자속밀도(B_m), 히스테리시스손(P_h), 철손(P_i), 여자전류(I_0)는 증가하고 누설임피던스, 퍼센트임피던스, 누설리액턴스, 퍼센트리액턴스는 감소한다.

22 같은 정격 전압에서 변압기의 주파수만 높이면 가장 많이 증가하는 것은?

① 여자 전류
② 온도 상승
③ 철손
④ %임피던스

[해설] 부하시 주파수에 따른 변화
∴ 주파수가 상승하면 자속밀도(B_m), 히스테리시스손(P_h), 철손(P_i), 여자전류(I_0)는 감소하고, 누설임피던스, 퍼센트임피던스, 누설리액턴스, 퍼센트리액턴스는 증가한다.

23 인가 전압이 일정할 때, 변압기의 와전류손은?

① 주파수에 무관
② 주파수에 비례
③ 주파수에 역비례
④ 주파수의 제곱에 비례

[해설] 부하시 주파수에 따른 변화
$E = 4.44 f \phi_m N = 4.44 f B_m S N$ [V]이므로 전압이 일정하면 fB_m이 일정하게 된다.
와류손 $P_e = k_e t^2 f^2 B_m^2$ [W]에서 $(fB_m)^2$이 일정하게 되면 와류손은 주파수와 무관하게 된다.

24 단상변압기가 있다. 전부하에서 2차 전압은 115 [V]이고, 전압 변동률은 2[%]이다. 1차 단자 전압 [V]은? (단, 1차, 2차 권선비는 20 : 10이다.)

① 2,356
② 2,346
③ 2,336
④ 2,326

[해설] 변압기 전압변동률(ϵ)
$V_2 = 115$ [V], $\epsilon = 2$ [%], $a = 20$이므로
$\epsilon = \dfrac{V_{20} - V_2}{V_2} \times 100$ [%] 식에서
2차측 무부하 단자전압 V_{20}은
$V_{20} = \left(1 + \dfrac{\epsilon}{100}\right) V_2 = \left(1 + \dfrac{2}{100}\right) \times 115$
$= 117.3$ [V]이다.
$a = \dfrac{V_{10}}{V_{20}} = 20$을 만족하므로
∴ $V_{10} = a V_{20} = 20 \times 117.3 = 2,346$ [V]

25 어느 변압기의 백분율 저항 강하가 2[%], 백분율 리액턴스 강하가 3[%]일 때 역률(지역률) 80[%]인 경우의 전압 변동률[%]은?

① -0.2
② 3.4
③ 0.2
④ -3.4

[해설] 변압기 전압변동률(ϵ)
$p = 2$ [%], $q = 3$ [%], $\cos\theta = 0.8$ (지역률)이므로
∴ $\epsilon = p\cos\theta + q\sin\theta = 2 \times 0.8 + 3 \times 0.6 = 3.4$ [%]

정답 20 ③ 21 ① 22 ④ 23 ① 24 ② 25 ②

26 ★★★
어떤 변압기의 단락 시험에서 %저항 강하 1.5[%]와 %리액턴스 강하 3[%]를 얻었다. 부하 역률이 80[%] 앞선 경우의 전압 변동률[%]은?

① -0.6　　② 0.6
③ -3.0　　④ 3.0

[해설] 변압기 전압변동률(ϵ)
$p = 1.5\,[\%]$, $q = 3\,[\%]$, $\cos\theta = 0.8$ (앞선 역률)이므로
$\therefore \epsilon = p\cos\theta - q\sin\theta = 1.5 \times 0.8 - 3 \times 0.6$
$= -0.6$

28 ★★
3,300/210[V], 10[kVA]의 단상 변압기가 있다. %저항 강하=3[%], %리액턴스 강하=4[%]이다. 이 변압기가 무부하인 경우의 2차 단자 전압[V]은? (단, 변압기가 지역률 80[%]일 때, 정격 출력을 낸다.)

① 168　　② 216
③ 220　　④ 228

[해설] 변압기 전압변동률(ϵ)
권수비 $a = \dfrac{V_1}{V_2} = \dfrac{3,300}{210}$, 용량 $P = 10\,[\text{kVA}]$,
%저항 강하 $p = 3\,[\%]$, %리액턴스 강하 $q = 4\,[\%]$,
$\cos\theta = 0.8$ (지역률)이므로
$\epsilon = \dfrac{V_{20} - V_2}{V_2} \times 100 = p\cos\theta + q\sin\theta\,[\%]$ 식에
대입하여 풀면 $\epsilon = 3 \times 0.8 + 4 \times 0.6 = 4.8\,[\%]$이다.
$\therefore V_{20} = \left(1 + \dfrac{\epsilon}{100}\right)V_2 = \left(1 + \dfrac{4.8}{100}\right) \times 210$
$= 220\,[\text{V}]$

27 ★
5[kVA], 2,000/200[V]의 단상 변압기가 있다. 2차에 환산한 등가 저항과 등가 리액턴스는 각각 0.14[Ω], 0.16[Ω]이다. 이 변압기에 역률 0.8(뒤짐)의 정격 부하를 걸었을 때의 전압 변동률[%]은?

① 0.026　　② 0.26
③ 2.60　　④ 26.00

[해설] 변압기 전압변동률(ϵ)
용량 $P = 5\,[\text{kVA}]$, 권수비 $a = \dfrac{V_1}{V_2} = \dfrac{2,000}{200}$,
$r_2 = 0.14\,[\Omega]$, $x_2 = 0.16\,[\Omega]$, $\cos\theta = 0.8$ (뒤짐)
이므로
$\epsilon = \dfrac{V_{20} - V_2}{V_2} \times 100$
$= \dfrac{I_2(r_2\cos\theta + x_2\sin\theta)}{V_2} \times 100\,[\%]$ 식에 대입하면
$I_2 = \dfrac{P}{V_2} = \dfrac{5 \times 10^3}{200} = 25\,[\text{A}]$
$\therefore \epsilon = \dfrac{25(0.14 \times 0.8 + 0.16 \times 0.6)}{200} \times 100$
$= 2.6\,[\%]$

29 ★
정격 주파수 50[Hz]로 정격 부하, 뒤진 역률 0.8일 때의 전압 변동률이 10[%]인 변압기가 있다. 이것을 60[Hz]의 전원에 접속하고 전압, 전류를 정격값으로 유지하고 뒤진 역률 0.8의 부하에 사용할 때의 전압 변동률[%]을 구하면? (단, 여기서 정격 상태에서의 리액턴스 강하는 저항 강하의 10배라 한다.)

① 약 10.5　　② 약 11.2
③ 약 11.8　　④ 약 12.3

[해설] 변압기 전압변동률(ϵ)
$f = 50\,[\text{Hz}]$, $\cos\theta = 0.8$ (뒤진 역률), $q = 10p$일 때
$\epsilon = 10\,[\%]$이므로 $\epsilon = p\cos\theta + q\sin\theta\,[\%]$ 식에서
$10 = p \times 0.8 + 10p \times 0.6 = 6.8p$임을 알 수 있다.
$p = \dfrac{10}{6.8} = 1.47\,[\%]$, $q = 10p = 14.7\,[\%]$
$f' = 60\,[\text{Hz}]$일 때는
$q' = \dfrac{f'}{f}q = \dfrac{60}{50} \times 14.7 = 17.64\,[\%]$이므로
$\therefore \epsilon' = p\cos\theta + q'\sin\theta$
$= 1.47 \times 0.8 + 17.64 \times 0.6 = 11.8\,[\%]$

[정답] 26 ①　27 ③　28 ③　29 ③

30 %저항 강하 1.8, %리액턴스 강하가 2.0인 변압기의 전압 변동률의 최대값과 이때의 역률은 각각 약 몇 [%]인가?

① 7.24[%], 27[%]
② 2.7[%], 1.8[%]
③ 2.7[%], 67[%]
④ 1.8[%], 3.8[%]

[해설] 변압기의 최대전압변동률(ϵ_{max})과 역률($\cos\theta$)
$p = 1.8\,[\%]$, $q = 2\,[\%]$이므로

$\epsilon_{max} = \sqrt{p^2 + q^2}$, $\cos\theta = \dfrac{p}{\sqrt{p^2+q^2}}$

식에 대입하여 계산하면

$\therefore \epsilon_{max} = \sqrt{1.8^2 + 2^2} = 2.7\,[\%]$

$\therefore \cos\theta = \dfrac{p}{\sqrt{p^2+q^2}} \times 100 = \dfrac{1.8}{\sqrt{1.8^2+2^2}} \times 100$
$\quad\quad = 67\,[\%]$

31 변압기의 정격 전류에 대한 백분율 저항 강하 1.5[%], 백분율 리액턴스 강하가 4[%]이다. 이 변압기에 정격 전류를 통하여 전압 변동률이 최대로 되는 부하 역률은 얼마인가?

① 0.154
② 0.283
③ 0.351
④ 0.683

[해설] 변압기의 최대전압변동률(ϵ_{max})일 때 역률($\cos\theta$)
$p = 1.5\,[\%]$, $q = 4\,[\%]$이므로

$\epsilon_{max} = \sqrt{p^2 + q^2}\,[\%]$, $\cos\theta = \dfrac{p}{\sqrt{p^2+q^2}}$

식에 대입하여 계산하면

$\therefore \cos\theta = \dfrac{p}{\sqrt{p^2+q^2}} = \dfrac{1.5}{\sqrt{1.5^2+4^2}} = 0.351$

32 어떤 변압기의 백분율 리액턴스 강하가 저항 강하의 $\sqrt{3}$배라 한다. 부하에 정격 전류를 흘릴 때 전압 변동률이 영(0)이 될 앞선 역률의 크기를 구하면?

① 0.866
② 0.732
③ 0.96
④ 0.346

[해설] 변압기의 전압변동률(ϵ)
$q = \sqrt{3}\,p$, $\epsilon = 0$이 되기 위한 앞선 역률의 크기는
$\epsilon = p\cos\theta - q\sin\theta\,[\%]$ 식에 의해서
$0 = p\cos\theta - \sqrt{3}\,p\sin\theta$이므로

$\dfrac{\sin\theta}{\cos\theta} = \tan\theta = \dfrac{1}{\sqrt{3}}$

$\theta = \tan^{-1}\left(\dfrac{1}{\sqrt{3}}\right) = 30°$ 이다.

$\therefore \cos\theta = \cos 30° = 0.866$

33 2,200/210[V], 5[kVA] 단상 변압기의 퍼센트 저항 강하 2.4[%], 리액턴스 강하 1.8[%]이었다. 임피던스 와트[W]는?

① 320
② 240
③ 120
④ 90

[해설] 임피던스 와트(P_s)
임피던스 와트(P_s)란 임피던스 전압을 인가한 상태에서 발생하는 변압기 내부 동손(저항손)을 의미하며 $P_s = I_1^2\,r_{12}\,[W]$이다. 또한 임피던스 와트는 %저항 강하(p)를 계산하는데 필요한 값으로서 정격용량 (P_n)과의 비로서 정의된다.

$p = \dfrac{I_2\,r_2}{V_2}\times 100 = \dfrac{I_1\,r_{12}}{V_1}\times 100 = \dfrac{I_1^2\,r_{12}}{V_1\,I_1}\times 100$

$\quad = \dfrac{P_s}{P_n}\times 100\,[\%]$이므로

권수비 $a = \dfrac{V_1}{V_2} = \dfrac{2,200}{210}$, 용량 $P_n = 5\,[kVA]$,
$p = 2.4\,[\%]$, $q = 1.8\,[\%]$일 때

$\therefore P_s = \dfrac{p\,P_n}{100} = \dfrac{2.4\times 5\times 10^3}{100} = 120\,[W]$

정답 30 ③ 31 ③ 32 ① 33 ③

★★★
34 2,000/100[V], 10[kVA] 변압기의 1차 환산 등가 임피던스가 $6.2+j7[\Omega]$이라면 %임피던스 강하는 약 몇 [%]인가?

① 2.35 ② 2.5
③ 7.25 ④ 7.5

[해설] %임피던스 강하(z)

권수비 $a = \dfrac{V_1}{V_2} = \dfrac{2,000}{100}$, 용량 $P_n = 10\,[\text{kVA}]$,

$Z_{12} = 6.2+j7\,[\Omega]$이므로

$z = \dfrac{I_2 Z_2}{V_2} \times 100 = \dfrac{I_1 Z_{12}}{V_1} \times 100 = \dfrac{V_s}{V_1} \times 100\,[\%]$

식을 이용하면

$I_1 = \dfrac{P_n}{V_1} = \dfrac{10 \times 10^3}{20,000} = 5\,[\text{A}]$

$\therefore z = \dfrac{I_1 Z_{12}}{V_1} \times 100 = \dfrac{5 \times (6.2+j7)}{2,000} \times 100$

$= 2.35 \angle 48°\,[\%]$

★★★
35 3,300/200[V], 50[kVA]인 단상 변압기의 퍼센트(%) 저항, 퍼센트(%) 리액턴스를 각각 2.4[%], 1.6[%]라 하면 이때의 임피던스 전압은 몇 [V]인가?

① 95 ② 100
③ 105 ④ 110

[해설] 임피던스 전압(V_s)

$z = \dfrac{I_2 Z_2}{V_2} \times 100 = \dfrac{I_1 Z_{12}}{V_1} \times 100 = \dfrac{V_s}{V_1} \times 100\,[\%]$

이므로 권수비 $a = \dfrac{V_1}{V_2} = \dfrac{3,300}{200}$, 용량 $P_n = 50\,[\text{kVA}]$,

$p = 2.4\,[\%]$, $q = 1.6\,[\%]$일 때

$\therefore V_s = \dfrac{zV_1}{100} = \dfrac{\sqrt{p^2+q^2} \cdot V_1}{100}$

$= \dfrac{\sqrt{2.4^2+1.6^2} \times 3,300}{100} = 95\,[\text{V}]$

★★★
36 임피던스 전압강하 4[%]의 변압기가 운전 중 단락되었을 때, 단락전류는 정격전류의 몇 배가 흐르는가?

① 15 ② 20
③ 25 ④ 30

[해설] 단락전류(I_s)

단락비 K_s, 단락전류 I_s, 정격전류 I_n,
%임피던스 $\%Z$ 관계는 $K_s = \dfrac{100}{\%Z} = \dfrac{I_s}{I_n}$ 이므로
$\%Z = 4\,[\%]$일 때

$\therefore I_s = \dfrac{100}{\%Z} I_n = \dfrac{100}{4} I_n = 25 I_n$

★★
37 75[kVA], 6,000/200[V]인 단상 변압기의 %임피던스 강하가 4[%]이다. 1차 단락 전류[A]는?

① 512.5 ② 412.5
③ 312.5 ④ 212.5

[해설] 단락전류(I_s)

용량 $P_n = 75\,[\text{kVA}]$, 권수비 $a = \dfrac{V_1}{V_2} = \dfrac{6,000}{200}$,

$\%Z = 4\,[\%]$일 때

$I_{n1} = \dfrac{P_n}{V_1} = \dfrac{75 \times 10^3}{6,000} = 12.5\,[\text{A}]$

$\therefore I_{s1} = \dfrac{100}{\%Z} I_{n1} = \dfrac{100}{4} \times 12.5 = 312.5\,[\text{A}]$

★★
38 100[kVA], 6,000/200[V], 60[Hz]의 3상 변압기가 있다. 저압측에서 단락(3상 단락)이 생길 경우, 단락 전류[A]는? (단, %임피던스 강하는 3[%]이다.)

① 5,123 ② 9,623
③ 11,203 ④ 14,111

[해설] 단락전류(I_s)

용량 $P_n = 100\,[\text{kVA}]$, 권수비 $a = \dfrac{V_1}{V_2} = \dfrac{6,000}{200}$,

$\%Z = 3\,[\%]$일 때 저압측은 변압기 2차측이며
3상 변압기이므로 정격전류 I_{n2}는

$I_{n2} = \dfrac{P_n}{\sqrt{3}\,V_2} = \dfrac{100 \times 10^3}{\sqrt{3} \times 200} = 288.7\,[\text{A}]$

$\therefore I_{s2} = \dfrac{100}{\%Z} I_{n2} = \dfrac{100}{3} \times 288.7 = 9,623\,[\text{A}]$

39 변압기의 임피던스 전압이란?

① 정격 전류시 2차측 단자 전압
② 변압기의 1차를 단락, 1차에 1차 정격 전류와 같은 전류를 흐르게 하는데 필요한 1차 전압
③ 변압기 누설 임피던스와 정격 전류와의 곱인 내부 전압 강하
④ 변압기의 2차를 단락, 2차에 2차 정격 전류와 같은 전류를 흐르게 하는데 필요한 2차 전압

[해설] 임피던스 전압(V_s)

임피던스 전압(V_s)이란 변압기 2차측을 단락한 상태에서 변압기 1차측에 정격전류가 흐를 수 있도록 인가한 변압기 1차측 전압으로 $V_s = I_1 Z_{12}$ [V]이다. 또한 변압기 누설임피던스(Z_{12})와 정격전류(I_1)의 곱에 의한 변압기 내부 전압 강하로 표현할 수도 있다. 임피던스 전압(V_s)은 %임피던스 강하(z)를 계산하는 경우에도 필요한 값으로서 정격전압(V_1)과의 비로서 정의된다.

$$z = \frac{I_1 Z_2}{V_2} \times 100 = \frac{I_1 Z_{12}}{V_1} \times 100 = \frac{V_s}{V_1} \times 100 \, [\%]$$

40 50[kVA], 전부하 동손 1,200[W], 무부하손 800[W]인 단상 변압기의 부하 역률 80[%]에 대한 전부하 효율[%]은?

① 95.24   ② 96.15
③ 96.65   ④ 97.53

[해설] 변압기 전부하효율(η)

$P_n = 50$ [kVA], $P_c = 1,200$ [W], $P_i = 800$ [W], $\cos\theta = 0.8$ 이므로 ($P = P_n \cos\theta$)

$$\therefore \eta = \frac{P}{P + P_i + P_c} \times 100$$

$$= \frac{P_n \cos\theta}{P_n \cos\theta + P_i + P_c} \times 100$$

$$= \frac{50 \times 10^3 \times 0.8}{50 \times 10^3 \times 0.8 + 800 + 1,200} \times 100$$

$$= 95.24 \, [\%]$$

41 3,150/210[V], 5[kVA]의 단상 변압기가 있다. 2차를 개방하고 정격 1차 전압을 가할 때의 입력은 60[W], 2차를 단락하고 여기에 정격 2차 전류가 흐르도록 1차측에 저전압을 가했을 때의 입력은 120[W]이었다. 역률 100[%]에서의 전부하 효율[%]은?

① 약 96.5   ② 약 96
③ 약 95.5   ④ 약 95

[해설] 변압기 전부하효율(η)

권수비 $a = \dfrac{V_1}{V_2} = \dfrac{3,150}{210}$, $P_n = 5$ [kVA],

$P_i = 60$ [W], $P_c = 120$ [W], $\cos\theta = 1$ 이므로
($P = P_n \cos\theta$)

$$\therefore \eta = \frac{P}{P + P_i + P_c} \times 100$$

$$= \frac{P_n \cos\theta}{P_n \cos\theta + P_i + P_c} \times 100$$

$$= \frac{5 \times 10^3}{5 \times 10^3 + 60 + 120} \times 100 = 96.5 \, [\%]$$

[참고] 2차를 개방하고 정격 1차 전압을 가할 때의 입력은 무부하손(철손) P_i이며, 2차를 단락하고 2차 정격전류가 흐르도록 1차측에 전압을 가했을 때의 입력은 부하손(동손) P_c이다.

42 용량 10[kVA], 철손 120[W], 전부하 동손 200[W]인 단상 변압기 2대를 V결선하여 부하를 걸었을 때, 전부하 효율은 몇 [%]인가? (단, 부하의 역률은 $\sqrt{3}/2$이라 한다.)

① 98.3   ② 97.9
③ 97.2   ④ 96.0

[해설] 변압기 전부하효율(η)

$P_n = 10$ [kVA], $P_i = 120$ [W], $P_c = 200$ [W],

$\cos\theta = \dfrac{\sqrt{3}}{2}$ 인 V결선이므로 ($P = \sqrt{3} P_n \cos\theta$)

$P = \sqrt{3} P_n \cos\theta = \sqrt{3} \times 10 \times 10^3 \times \dfrac{\sqrt{3}}{2}$

$= 15,000$ [W]

$$\therefore \eta = \frac{P}{P + P_i + P_c} \times 100$$

$$= \frac{15,000}{15,000 + 120 \times 2 + 200 \times 2} \times 100$$

$$= 96.0 \, [\%]$$

정답 39 ③ 40 ① 41 ① 42 ④

43
용량 100[kVA]인 단상 변압기가 역률 80[%]에서 전부하 효율이 95[%]라면 역률 0.5인 경우 전부하에서의 효율[%]은?

① 85 ② 92
③ 98 ④ 105

해설 변압기 전부하효율(η)
$P_n = 100\,[\text{kVA}]$, $\cos\theta = 80\,[\%]$, $\eta = 95\,[\%]$, $\cos\theta' = 0.5$ 일 때 η' 는

$\eta = \dfrac{P_n \cos\theta}{P_n \cos\theta + P_i + P_c} \times 100\,[\%]$ 식에서

전손실($P_i + P_c$) 값을 구할 수 있다.

$P_i + P_c = \left(\dfrac{100}{\eta} - 1\right) P_n \cos\theta$

$= \left(\dfrac{100}{95} - 1\right) \times 100 \times 10^3 \times 0.8$

$= 4,210.5\,[\text{W}]$ 이므로

$\therefore \eta' = \dfrac{P_n \cos\theta'}{P_n \cos\theta' + P_i + P_c} \times 100$

$= \dfrac{100 \times 10^3 \times 0.5}{100 \times 10^3 \times 0.5 + 4,210.5} \times 100 = 92\,[\%]$

44
변압기의 철손이 P_i[kW], 전부하 동손이 P_c[kW]인 때 정격 출력의 $\dfrac{1}{m}$인 부하를 걸었을 때, 전손실[kW]은 얼마인가?

① $(P_i + P_c)\left(\dfrac{1}{m}\right)^2$
② $P_i \left(\dfrac{1}{m}\right)^2 + P_c$
③ $P_i + P_c \left(\dfrac{1}{m}\right)^2$
④ $P_i + P_c \left(\dfrac{1}{m}\right)$

해설 변압기 $\dfrac{1}{m}$ 부하인 경우 효율 ($\eta_{\frac{1}{m}}$)

$\eta_{\frac{1}{m}} = \dfrac{\dfrac{1}{m}P}{\dfrac{1}{m}P + P_i + \left(\dfrac{1}{m}\right)^2 P_c} \times 100\,[\%]$ 이므로

$\therefore$ 전손실$= P_i + \left(\dfrac{1}{m}\right)^2 P_c$ [W]이다.

45
5[kVA] 단상 변압기의 무유도 전부하에 있어서 동손은 120[W], 철손은 80[W]이다. 전부하의 $\dfrac{1}{2}$ 되는 무유도 부하에서의 효율[%]은?

① 98.3 ② 97.0
③ 95.8 ④ 93.6

해설 변압기 $\dfrac{1}{m}$ 부하인 경우 효율($\eta_{\frac{1}{m}}$)

$P_n = 5\,[\text{kVA}]$, $P_c = 120\,[\text{W}]$, $P_i = 80\,[\text{W}]$,

$\cos\theta = 1$, $\dfrac{1}{m} = \dfrac{1}{2}$ 이므로

$\therefore \eta_{\frac{1}{m}} = \dfrac{\dfrac{1}{m} P_n \cos\theta}{\dfrac{1}{m} P_n \cos\theta + P_i + \left(\dfrac{1}{m}\right)^2 P_c} \times 100$

$= \dfrac{\dfrac{1}{2} \times 5 \times 10^3}{\dfrac{1}{2} \times 5 \times 10^3 + 80 + \left(\dfrac{1}{2}\right)^2 \times 120} \times 100$

$= 95.8\,[\%]$

46
전부하에서 동손 100[W], 철손 50[W]인 변압기가 최대 효율[%]을 나타내는 부하는?

① 50 ② 67
③ 70 ④ 86

해설 최대효율조건
(1) 전부하시: $P_i = P_c$
(2) $\dfrac{1}{m}$ 부하시: $P_i = \left(\dfrac{1}{m}\right)^2 P_c$ 이므로
(여기서, P_i는 철손, P_c는 동손이다.)
$P_c = 100\,[\text{W}]$, $P_i = 50\,[\text{W}]$일 때

$\therefore \dfrac{1}{m} = \sqrt{\dfrac{P_i}{P_c}} \times 100 = \sqrt{\dfrac{50}{100}} \times 100 = 70\,[\%]$

정답 43 ② 44 ③ 45 ③ 46 ③

47 200[kVA]인 단상 변압기가 있다. 철손 1.6[kW], 전부하 동손 3.2[kW]이다. 이 변압기의 최고 효율은 몇 배의 전부하에서 생기는가?

① $\dfrac{1}{2}$ ② $\dfrac{1}{4}$

③ $\dfrac{1}{\sqrt{2}}$ ④ 1

[해설] 최대효율조건
$P_i = 1.6 \text{ [kW]}, \ P_c = 3.2 \text{ [kW]}$ 이므로
$\therefore \dfrac{1}{m} = \sqrt{\dfrac{P_i}{P_c}} \times 100 = \sqrt{\dfrac{1.6 \times 10^3}{3.2 \times 10^3}} = \dfrac{1}{\sqrt{2}}$

48 전부하에 있어 철손과 동손의 비율이 1 : 2인 변압기의 효율이 최대인 부하는 전부하의 대략 몇 [%]인가?

① 50 ② 60
③ 70 ④ 80

[해설] 최대효율조건
$P_i : P_c = 1 : 2$ 이므로
$\therefore \dfrac{1}{m} = \sqrt{\dfrac{P_i}{P_c}} \times 100 = \sqrt{\dfrac{1}{2}} \times 100 = 70 \text{ [\%]}$

49 변압기 운전에 있어 효율이 최고가 되는 부하는 전부하의 70[%]였다고 하면 전부하에 있어 이 변압기의 철손과 동손의 비율은?

① 1 : 1 ② 1 : 2
③ 1 : 3 ④ 1 : 5

[해설] 최대효율조건
$\dfrac{1}{m} = 70 \text{ [\%]} = 0.7 \text{ [p.u]}$ 이므로
$P_i = \left(\dfrac{1}{m}\right)^2 P_c = 0.7^2 P_c = \dfrac{1}{2} P_c$
$\therefore P_i : P_c = 1 : 2$

50 3/4 부하에서 효율이 최대인 주상 변압기는 전부하시에 있어서의 철손과 동손의 비는?

① 3 : 4 ② 4 : 3
③ 9 : 16 ④ 16 : 9

[해설] 최대효율조건
$\dfrac{1}{m} = \dfrac{3}{4}$ 부하이므로
$P_i = \left(\dfrac{1}{m}\right)^2 P_c = \left(\dfrac{3}{4}\right)^2 P_c = \dfrac{9}{16} P_c$
$\therefore P_i : P_c = 9 : 16$

51 150[kVA]인 단상 변압기의 철손이 1[kW], 전부하 동손이 4[kW]이다. 이 변압기의 최대 효율은 몇 [kVA]의 부하에서 나타나는가?

① 25 ② 75
③ 100 ④ 132

[해설] 최대효율조건
$P_i = 1 \text{ [kW]}, \ P_c = 4 \text{ [kW]}$ 일 때
$\dfrac{1}{m} = \sqrt{\dfrac{P_i}{P_c}} = \sqrt{\dfrac{1 \times 10^3}{4 \times 10^3}} = \dfrac{1}{2}$ 이다.
$\therefore P_{\frac{1}{m}} = \dfrac{1}{m} P_n = \dfrac{1}{2} \times 150 = 75 \text{ [kVA]}$

52 정격 150[kVA], 철손 1[kW], 전부하 동손이 4[kW]인 단상 변압기의 최대 효율[%]과 최대 효율시의 부하[kVA]를 구하면?

① 96.8, 125 ② 97.4, 75
③ 97, 50 ④ 97.2, 100

[해설] 최대효율조건
$P_n = 150 \text{ [kVA]}, \ P_i = 1 \text{ [kW]}, \ P_c = 4 \text{ [kW]},$
$\cos\theta = 1$ 일 때
$\dfrac{1}{m} = \sqrt{\dfrac{P_i}{P_c}} = \sqrt{\dfrac{1 \times 10^3}{4 \times 10^3}} = \dfrac{1}{2}$ 이므로

$$\therefore \eta_{\frac{1}{m}} = \frac{\frac{1}{m}P_n \cos\theta}{\frac{1}{m}P_n \cos\theta + P_i + \left(\frac{1}{m}\right)^2 P_c} \times 100$$

$$= \frac{\frac{1}{2} \times 150 \times 10^3}{\frac{1}{2} \times 150 \times 10^3 + 1 \times 10^3 + \left(\frac{1}{2}\right)^2 \times 4 \times 10^3} \times 100$$

$$= 97.4 [\%]$$

$$\therefore P_{\frac{1}{m}} = \frac{1}{m}P_n = \frac{1}{2} \times 150 = 75 [kVA]$$

★★
53 단상 변압기의 3상 Y-Y결선에서 잘못된 것은?

① 3조파 전류가 흐르며 유도 장해를 일으킨다.
② V결선이 가능하다.
③ 권선 전압이 선간 전압의 $1/\sqrt{3}$ 배이므로 절연이 용이하다.
④ 중성점 접지가 된다.

해설 변압기 Y-Y결선의 특징
(1) 1차, 2차 전압 및 1차, 2차 전류 간에 위상차가 없다.
(2) 상전압이 선간전압의 $\frac{1}{\sqrt{3}}$ 배이므로 절연에 용이하며 고전압 송전에 용이하다.
(3) 중성점을 접지할 수 있으므로 이상전압으로부터 변압기를 보호할 수 있다.
(4) 제3고조파 순환 통로가 없으므로 선로에 제3고조파가 유입되어 인접 통신선에 유도장해를 일으킨다.
(5) 3차 권선을 Δ결선하여 $Y-Y-\Delta$결선인 3권선 변압기를 채용하면 제3고조파를 Δ결선 내부에 순환시켜 2차측 선로에 제3고조파를 제거할 수 있다.

★★★
54 변압기 결선에서 부하 단자에 제3고조파 전압이 발생하는 것은?

① $\Delta-\Delta$ ② $\Delta-Y$
③ $Y-Y$ ④ $Y-\Delta$

해설 변압기 Y-Y결선의 특징
제3고조파 순환 통로가 없으므로 선로에 제3고조파가 유입되어 인접 통신선에 유도장해를 일으킨다.

★★★
55 "절연이 용이하지만 제3고조파의 영향으로 통신 장해를 일으키므로 3권선 변압기를 설치할 수 있다." 라는 설명은 변압기 3상 결선법의 어느 것을 말하는가?

① $\Delta-\Delta$
② $Y-\Delta$ 또는 $\Delta-Y$
③ $Y-Y$
④ V결선

해설 변압기 Y-Y결선의 특징
3차 권선을 Δ결선하여 $Y-Y-\Delta$결선인 3권선 변압기를 채용하면 제3고조파를 제거할 수 있다.

★
56 권수비 $a:1$인 3개의 단상 변압기를 $\Delta-Y$로 하고 1차 단자 전압 V_1, 1차 전류 I_1이라 하면 2차의 단자 전압 V_2 및 2차 전류 I_2값은?
(단, 저항, 리액턴스 및 여자 전류는 무시한다.)

① $V_2 = \sqrt{3}\frac{V_1}{a}$, $I_1 = I_2$

② $V_2 = V_1$, $I_2 = I_1\frac{a}{\sqrt{3}}$

③ $V_2 = \sqrt{3}\frac{V_1}{a}$, $I_2 = I_1\frac{a}{\sqrt{3}}$

④ $V_2 = \sqrt{3}\frac{V_1}{a}$, $I_2 = \sqrt{3}aI_2$

해설 변압기 $\Delta-Y$결선의 1, 2차 전압, 전류 관계
권수비(a)는 상전압, 상전류비로서 1, 2차 상전압을 E_1, E_2, 1, 2차 상전류를 I_1', I_2'라 하면
$a = \frac{E_1}{E_2} = \frac{I_2'}{I_1'} = \frac{a}{1} = a$, 1차 선간전압 V_1, 1차 선전류 I_1, 2차 선간전압 V_2, 2차 선전류 I_2일 때
$V_2 = \sqrt{3} \cdot \frac{E_1}{a} = \sqrt{3} \cdot \frac{V_1}{a}$ [V],
$I_2 = aI_1' = a \cdot \frac{I_1}{\sqrt{3}}$ [A]이다.

57 변압비 30 : 1의 단상 변압기 3대를 1차 Δ, 2차 Y로 결선하고 1차에 선간 전압 3,300[V]를 가했을 때의 무부하 2차 선간 전압[V]은?

① 250
② 220
③ 210
④ 190

[해설] 변압기 Δ-Y결선의 1, 2차 전압, 전류 관계

$a = \dfrac{E_1}{E_2} = \dfrac{I_2{'}}{I_1{'}} = \dfrac{30}{1} = 30$ 이므로

$V_2 = \sqrt{3} \cdot \dfrac{E_1}{a} = \sqrt{3} \cdot \dfrac{V_1}{a}$ [V] 식에서

$\therefore V_2 = \sqrt{3} \cdot \dfrac{V_1}{a} = \sqrt{3} \times \dfrac{3300}{30} = 190$ [V]

58 권수비 10 : 1인 동일 정격의 단상 변압기 3대를 Y-Δ로 결선하여 2차 단자에 200[V], 75[kVA]의 평형 부하를 걸었을 때, 각 변압기의 1차 권선 전류[A] 및 1차 선간 전압[V]을 구하면? (단, 여자 전류와 임피던스는 무시한다.)

① 21.5, 2,000
② 12.5, 2,000
③ 21.5, 3,464
④ 12.5, 3,464

[해설] 변압기 Y-Δ결선의 1, 2차 전압, 전류 관계

권수비(a)는 상전압, 상전류비로서 1, 2차 상전압을 E_1, E_2, 1, 2차 상전류를 $I_1{'}$, $I_2{'}$라 하면

$a = \dfrac{E_1}{E_2} = \dfrac{I_2{'}}{I_1{'}} = \dfrac{10}{1} = 10$, 1차, 2차 선간전압 V_1, V_2, 1, 2차 선전류 I_1, I_2일 때

$V_1 = \sqrt{3}\, aE_2 = \sqrt{3}\, aV_2$ [V],

$I_1 = \dfrac{I_2{'}}{a} = \dfrac{I_2}{\sqrt{3}\, a}$ [A]이다.

$V_2 = 200$ [V], $P_n = 75$ [kVA]이므로

$I_2 = \dfrac{P_n}{\sqrt{3}\, V_2} = \dfrac{75 \times 10^3}{\sqrt{3} \times 200} = 216.5$ [A]

$\therefore I_1 = \dfrac{I_2}{\sqrt{3}\, a} = \dfrac{216.5}{\sqrt{3} \times 10} = 12.5$ [A]

$\therefore V_1 = \sqrt{3}\, aV_2 = \sqrt{3} \times 10 \times 200 = 3,464$ [V]

59 Δ-Y결선을 한 특성이 같은 변압기에 의하여 2,300[V] 3상에서 3상 6,600[V], 400[kW], 역률 0.7(뒤짐)의 부하에 전력을 공급할 때, 이 변압기의 용량[kVA]은?

① 약 150
② 약 160
③ 약 180
④ 약 190

[해설] 변압기 용량

3상 부하의 전체 총전력 $P = 400$ [kW]이며 부하역률이 0.7이므로 3상 변압기의 합계용량(P_n)은

$P_n = \dfrac{P}{\cos\theta} = \dfrac{400}{0.7} = 571.4$ [kVA]이다.

따라서 변압기 1대 용량($P_n{'}$)은

$\therefore P_n{'} = \dfrac{P_n}{3} = \dfrac{571.4}{3} = 190$ [kVA]

60 용량 P [kVA]인 동일 정격의 단상 변압기 4대로 낼 수 있는 3상 최대출력 용량[kVA]은?

① $2\sqrt{3}\, P$
② $\sqrt{3}\, P$
③ $4P$
④ $3P$

[해설] 변압기 V결선의 출력
(1) 변압기 2대로 1Bank 운전시 :
$P_v = \sqrt{3} \times$ 변압기 1대 용량
(2) 변압기 4대로 2Bank 운전시 :
$P_v = 2\sqrt{3} \times$ 변압기 1대 용량
$\therefore P_v = 2\sqrt{3} \times$ 변압기 1대 용량 $= 2\sqrt{3}\, P$ [kVA]

61 Δ결선 변압기의 한 대가 고장으로 제거되어 V 결선으로 공급할 때, 공급할 수 있는 전력은 고장 전 전력에 대하여 몇 [%]인가?

① 86.6
② 75.0
③ 66.7
④ 57.7

[해설] 변압기 V결선의 출력비와 이용률

(1) 출력비 $= \dfrac{V결선의\ 출력}{\Delta결선의\ 출력} = \dfrac{\sqrt{3}\, TR}{3TR} = \dfrac{1}{\sqrt{3}}$
$= 0.577 = 57.7$ [%]

(2) 이용률 $= \dfrac{\sqrt{3}\, TR}{2TR} = \dfrac{\sqrt{3}}{2} = 0.866 = 86.6$ [%]

$\therefore$ 출력비 $= 57.7$ [%]

정답 57 ④ 58 ④ 59 ④ 60 ① 61 ④

62 2대의 변압기로 V결선하여 3상 변압하는 경우, 변압기 이용률[%]은?

① 57.8　　　② 66.6
③ 86.6　　　④ 100

해설 변압기 V결선의 출력비와 이용률
∴ 이용률 = 86.6[%]

63 3상 배전선에 접속된 V결선의 변압기에 전부하 시의 출력을 P[kVA]라 하면 같은 변압기 한 대를 증설하여 △결선하였을 때의 정격 출력[kVA]은?

① $\frac{1}{4}P$　　　② $\frac{2}{\sqrt{3}}P$
③ $\sqrt{3}P$　　　④ $2P$

해설 변압기 V결선의 출력비와 이용률
∴ △결선의 출력 = $\sqrt{3}$ × V결선의 출력
　　　　　　　= $\sqrt{3}P$[kVA]

64 30[kW]인 유도 전동기의 전력을 공급할 때, 2대의 단상 변압기를 사용하는 경우에 변압기의 표준 용량[kVA]은? (단, 전동기의 역률과 효율은 각각 84[%]와 86[%]라 한다.)

① 21　　　② 24
③ 25　　　④ 30

해설 변압기 V결선의 출력(P_v)
$P_v = \sqrt{3}\,VI\cos\theta\,\eta$ [kW]에서 변압기 1대 용량은 VI[VA] 값이며
$P_v = 30$[kW], $\cos\theta = 0.84$, $\eta = 0.86$이므로
∴ $VI = \dfrac{P_v}{\sqrt{3}\cos\theta\,\eta} = \dfrac{30}{\sqrt{3}\times 0.84 \times 0.86}$
　　　= 24[kVA]

65 변압기의 병렬운전시에 필요한 조건은?

A : 극성을 고려하여 접속할 것
B : 권수비가 상등하며 1차, 2차의 정격 전압이 상등할 것
C : 용량이 꼭 상등할 것
D : 퍼센트 임피던스 강하가 같을 것
E : 권선의 저항과 누설 리액턴스의 비가 상등할 것

① A, B, C, D
② B, C, D, E
③ A, C, D, E
④ A, B, D, E

해설 변압기 병렬운전 조건
(1) 극성이 일치할 것
(2) 권수비 및 1차, 2차 정격전압이 같을 것
(3) 각 변압기의 저항과 리액턴스비가 일치할 것
(4) %저항 강하 및 %리액턴스 강하가 일치할 것. 또는 %임피던스 강하가 일치할 것
(5) 각 변위가 일치할 것(3상 결선일 때)
(6) 상회전 방향이 일치할 것(3상 결선일 때)
∴ 용량에 관계없음

66 변압기의 병렬운전 조건이 아닌 것은?

① 상회전 방향과 각변위가 같을 것
② %저항 강하 및 리액턴스 강하가 같을 것
③ 각 군의 임피던스가 용량에 비례할 것
④ 정격 전압, 권수비가 같을 것

해설 변압기 병렬운전 조건
∴ 변압기 용량에 관계없음

67 변압기의 병렬 운전에 있어서 각 변압기가 그 용량에 비례해서 전류를 분담하고 상호간에 순환 전류가 흐르지 않게 하기 위한 다음 조건 중 틀린 것은?

① 1, 2차의 정격 전압이 같을 것
② 권수비가 같을 것
③ 3상식에서는 상회전 방향 및 위상 변위가 같을 것
④ %저항 강하 및 %리액턴스 강하가 용량에 반비례할 것

[해설] 변압기 병렬운전조건
변압기 용량에 관계없음

68 두 대 이상의 변압기를 이상적으로 병렬운전하려고 할 때 필요 없는 것은?

① 각 변압기의 손실비가 같을 것
② 무부하에서 순환 전류가 흐르지 않을 것
③ 각 변압기의 부하 전류가 같은 위상이 될 것
④ 부하 전류가 용량에 비례해서 각 변압기에 흐를 것

[해설] 변압기의 이상적인 병렬운전조건
(1) 용량에 비례해서 전류가 분배되어야 한다.
(2) 변압기 상호간에 순환전류가 흐르지 않아야 한다.
(3) 각 변압기의 전류의 대수합이 전부하전류와 같아야 한다.
(4) 각 변압기의 부하전류가 같은 위상이 되도록 할 것

69 단상변압기를 병렬운전하는 경우, 부하 전류의 분담은 무엇에 관계되는가?

① 누설 리액턴스에 비례한다.
② 누설 리액턴스 제곱에 반비례한다.
③ 누설 임피던스에 비례한다.
④ 누설 임피던스에 반비례한다.

[해설] 변압기 병렬운전시 부하 분담
변압기 2대가 병렬운전하는 경우 부하 분담은 용량에 비례하고 %임피던스 강하에 반비례하며 변압기 용량을 초과하지 않아야 한다.

70 2차로 환산한 임피던스가 각각 $0.03+j0.02[\Omega]$, $0.02+j0.03[\Omega]$인 단상 변압기 2대를 병렬로 운전시킬 때, 분담 전류는?

① 크기는 같으나 위상이 다르다.
② 크기와 위상이 같다.
③ 크기는 다르나 위상이 같다.
④ 크기와 위상이 다르다.

[해설] 변압기 병렬운전
변압기 2대의 각각의 임피던스가 $Z_1 = 0.03 + j0.02[\Omega]$, $Z_2 = 0.02 + j0.03[\Omega]$일 때
$Z_1 = 0.03 + j0.02 = 0.036 \angle 33.6°[\Omega]$,
$Z_2 = 0.02 + j0.03 = 0.036 \angle 56.3°[\Omega]$이므로
∴ 분담전류는 크기는 같으나 위상이 다르게 된다.
(병렬운전 불가능)

71 3,300/110[V] 주상 변압기를 극성 시험을 하기 위하여 그림과 같이 접속하고 1차측에 120[V]의 전압을 가하였다. 이 변압기가 감극성이라면 전압계 지시[V]는?

① 116
② 152
③ 212
④ 242

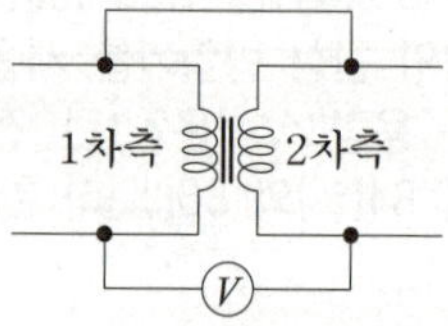

[해설] 변압기의 극성 판별
변압기의 내부 극성이 감극성일 때 1, 2차 전압이 V_1, V_2라면 전압계의 지시값은 Ⓥ = $V_1 - V_2$[V]를 가리키게 된다.
$a = \dfrac{V_1}{V_2} = \dfrac{3,300}{110} = 30$, $V_1 = 120$[V]이므로
$V_2 = \dfrac{V_1}{a} = \dfrac{120}{30} = 4$[V]이다.
∴ Ⓥ = $V_1 - V_2 = 120 - 4 = 116$[V]

정답 67 ④ 68 ① 69 ④ 70 ① 71 ①

72 정격이 같은 2대의 단상 변압기 1,000[kVA]가 임피던스 전압은 각각 8[%]와 7[%]이다. 이것을 병렬로 하면 몇 [kVA]의 부하를 걸 수가 있는가?

① 1,865
② 1,870
③ 1,875
④ 1,880

[해설] 변압기 병렬운전시 부하분담

각 변압기 용량을 P_A, P_B라 놓고 %임피던스 강하를 $\%Z_a$, $\%Z_b$라 놓으면 부하분담은 용량에 비례하며 %임피던스에 반비례하므로 P_A, P_B 중 큰 용량을 기준으로 잡는다. (또는 %임피던스가 작은 값이 기준이 된다.)

P_A변압기가 부담해야 할 용량을 P_a라 가정하여 계산하면 $P_a = \dfrac{\%Z_b}{\%Z_a} P_A$이므로 합성용량은 $P_a + P_b$가 된다.

$P_A = P_B = 1,000$ [kVA], $\%Z_a = 8$ [%], $\%Z_b = 7$ [%]이므로

$P_b = P_B = 1,000$ [kVA]

$P_a = \dfrac{\%Z_b}{\%Z_a} P_A = \dfrac{7}{8} \times 1,000 = 875$ [kVA]

∴ $P_a + P_b = 875 + 1,000 = 1,875$ [kVA]

73 변압기를 병렬운전하는 경우에 불가능한 조합은?

① $\Delta-\Delta$와 Y-Y
② Δ-Y와 Y-Δ
③ Δ-Y와 Δ-Y
④ Δ-Y와 Δ-Δ

[해설] 변압기 병렬운전의 가능 여부

가능	불가능
$\Delta-\Delta$와 $\Delta-\Delta$	$\Delta-\Delta$와 Δ-Y
$\Delta-\Delta$와 Y-Y	$\Delta-\Delta$와 Y-Δ
Y-Y와 Y-Y	Y-Y와 Δ-Y
Y-Δ와 Y-Δ	Y-Y와 Y-Δ

74 3상 전원에서 2상 전원을 얻기 위한 변압기의 결선 방법은?

① Δ
② T
③ Y
④ V

[해설] 상수변환

3상 전원을 2상 전원으로 변환하는 결선은 다음과 같다.
(1) 스코트 결선(T결선)

　・T좌 변압기의 탭 위치 : $\dfrac{\sqrt{3}}{2}$ 지점

　・M좌 변압기의 탭 위치 : $\dfrac{1}{2}$ 지점

(2) 메이어 결선
(3) 우드브리지 결선

75 권수가 같은 A, B 두 대의 단상 변압기로서 그림과 같이 스코트 결선을 할 때, P가 A의 중점이면 Q가 B권선의 어디에 위치하는가?

① $\dfrac{\sqrt{3}}{2}$ 점
② $\dfrac{1}{2}$ 점
③ $\dfrac{2}{\sqrt{3}}$ 점
④ $\dfrac{1}{\sqrt{2}}$ 점

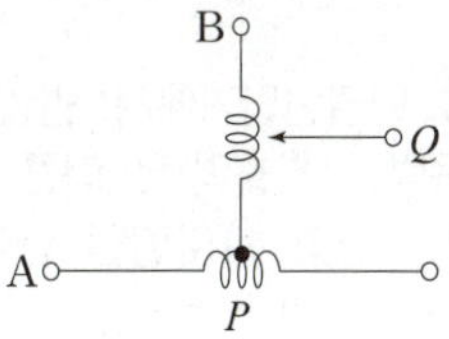

[해설] 상수변환

스코트 결선(T결선)

・T좌 변압기의 탭 위치 : $\dfrac{\sqrt{3}}{2}$ 지점

・M좌 변압기의 탭 위치 : $\dfrac{1}{2}$ 지점

정답 72 ③ 73 ④ 74 ② 75 ①

76 변압기의 결선 중에서 6상측의 부하가 수은 정류기일 때, 주로 사용되는 결선은?

① 포크결선(Fork connection)
② 환상결선(ring connection)
③ 2중 삼각결선(double delta connection)
④ 대각결선(diagonal connection)

[해설] 상수변환
3상 전원을 6상 전원으로 변환하는 결선은 다음과 같다.
(1) 포크결선 : 6상측 부하를 수은정류기 사용
(2) 환상결선
(3) 대각결선
(4) 2차 2중 Y결선 및 Δ결선

77 단권변압기에서 고압측을 V_h, 저압측을 V_l, 2차 출력을 P, 단권변압기의 용량을 P_{1n}이라 하면 P_{1n}/P는?

① $\dfrac{V_l+V_h}{V_h}$ ② $\dfrac{V_l-V_h}{V_h}$
③ $\dfrac{V_l+V_h}{V_l}$ ④ $\dfrac{V_h-V_l}{V_h}$

[해설] 단권변압기 용량(자기용량)
$$\therefore \frac{자기용량}{부하용량} = \frac{단권변압기 용량(P_{1n})}{2차 출력(P)}$$
$$= \frac{V_h - V_l}{V_h}$$

78 단권변압기에서 변압기 용량(등가용량)과 부하용량(2차 출력)은 다른 값이다. 1차 전압 100[V], 2차 전압 110[V]인 단상 단권변압기의 용량과 부하 용량의 비는?

① $\dfrac{1}{10}$ ② $\dfrac{1}{11}$
③ 10 ④ 11

[해설] 단권변압기 용량(자기용량)
$V_h = 110$ [V], $V_l = 100$ [V]이므로
$$\therefore \frac{자기용량}{부하용량} = \frac{V_h-V_l}{V_h} = \frac{110-100}{110} = \frac{1}{11}$$

79 100[V]의 전압을 120[V]로 승압하는 단권변압기의 자기용량(등가용량)[kVA]은? (단, 부하용량은 6[kVA]이다.)

① 10 ② 5
③ 3.3 ④ 1.0

[해설] 단권변압기 용량(자기용량)
$V_h = 120$ [V], $V_l = 100$ [V], 부하용량 = 6 [kVA]이므로
$$\frac{자기용량}{부하용량} = \frac{V_h-V_l}{V_h}\ 식에서$$
$$\therefore 자기용량 = \frac{V_h-V_l}{V_h} \times 부하용량 = \frac{120-100}{120} \times 6$$
$$= 1 \text{ [kVA]}$$

80 용량 1[kVA], 3,000/200[V]의 단상변압기를 단권변압기로 결선해서 3,000/3,200[V]의 승압기로 사용할 때, 그 부하용량[kVA]은?

① 16 ② 15
③ 1 ④ $\dfrac{1}{16}$

[해설] 단권변압기 용량(자기용량)
$V_h = 3{,}200$ [V], $V_l = 3{,}000$ [V],
자기용량 = 1 [kVA]이므로
$$\therefore 부하용량 = \frac{V_h}{V_h-V_l} \times 자기용량$$
$$= \frac{3{,}200}{3{,}200-3{,}000} \times 1 = 16 \text{ [kVA]}$$

81 용량 10[kVA]의 단권변압기를 그림과 같이 접속하면 역률 80[%]의 부하에 몇 [kW]의 전력을 공급할 수 있는가?

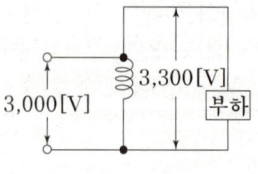

① 55 ② 66
③ 77 ④ 88

정답 76 ① 77 ④ 78 ② 79 ④ 80 ① 81 ④

[해설] 단권변압기 용량(자기용량)
$V_h = 3,300 \text{[V]}, \ V_l = 3,000 \text{[V]}$,
자기용량= 10 [kVA], $\cos\theta = 0.8$ 이므로
∴ 부하용량 $= \dfrac{V_h}{V_h - V_l} \times$ 자기용량 $\times \cos\theta$
$= \dfrac{3,300}{3,300-3,000} \times 10 \times 0.8 = 88 \text{[kW]}$

★
82 자기용량 20[kVA]인 단권변압기를 사용하여 배전 전압 6,000[V]를 6,600[V]로 승압할 때, 역률 80[%]의 부하를 몇 [kW]까지 걸 수 있는가?

① 770   ② 196
③ 176   ④ 156

[해설] 단권변압기 용량(자기용량)
$V_h = 6,600 \text{[V]}, \ V_l = 6,000 \text{[V]}$,
자기용량= 20 [kVA], $\cos\theta = 0.8$ 이므로
∴ 부하용량 $= \dfrac{V_h}{V_h - V_l} \times$ 자기용량 $\times \cos\theta$
$= \dfrac{6,600}{6,600-6,000} \times 20 \times 0.8$
$= 176 \text{[kW]}$

★★
83 1차 전압 V_1, 2차 전압 V_2인 단권변압기를 Y결선했을 때, 등가용량과 부하용량의 비는?

① $\dfrac{V_1 - V_2}{\sqrt{3}\,V_1}$ ② $\dfrac{V_1 - V_2}{V_1}$

③ $\dfrac{\sqrt{3}\,(V_1 - V_2)}{2\,V_2}$ ④ $\dfrac{V_1^2 - V_2^2}{\sqrt{3}\,V_1 V_2}$

[해설] Y결선 단권변압기 용량(자기용량)
$\dfrac{\text{자기용량}}{\text{부하용량}} = \dfrac{V_h - V_l}{V_h} = \dfrac{V_1 - V_2}{V_1}$

★
84 그림과 같이 1차 전압 V_1, 2차 전압 V_2인 단권변압기를 V결선했을 때, 변압기의 등가용량과 부하용량과의 비를 나타내는 식은? (단, 손실은 무시한다.)

① $\dfrac{2}{\sqrt{3}} \cdot \dfrac{V_1 - V_2}{V_1}$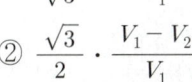

② $\dfrac{\sqrt{3}}{2} \cdot \dfrac{V_1 - V_2}{V_1}$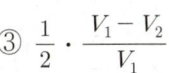

③ $\dfrac{1}{2} \cdot \dfrac{V_1 - V_2}{V_1}$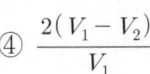

④ $\dfrac{2(V_1 - V_2)}{V_1}$

[해설] V결선 단권변압기 용량(자기용량)
∴ $\dfrac{\text{자기용량}}{\text{부하용량}} = \dfrac{2}{\sqrt{3}} \cdot \dfrac{V_h - V_l}{V_h}$
$= \dfrac{2}{\sqrt{3}} \cdot \dfrac{V_1 - V_2}{V_1}$

★★★
85 정격이 300[kVA], 6,600/2,200[V]인 단권변압기 2대를 V결선으로 해서 1차에 6,600[V]를 가하고, 전부하를 걸었을 때의 2차측 출력[kVA]은? (단, 손실은 무시한다.)

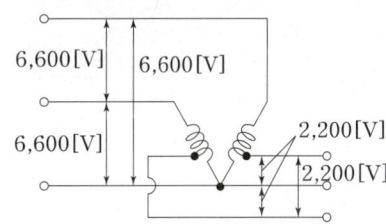

① 약 519   ② 약 487
③ 약 425   ④ 약 390

[해설] V결선 단권변압기 용량(자기용량)
자기용량= 300 [kVA], $V_h = 6,600 \text{[V]}$,
$V_l = 2,200 \text{[V]}$ 일 때
$\dfrac{\text{자기용량}}{\text{부하용량}} = \dfrac{2}{\sqrt{3}} \cdot \dfrac{V_h - V_l}{V_h}$ 식에서
∴ 부하용량 $= \dfrac{\sqrt{3}}{2} \cdot \dfrac{V_h}{V_h - V_l} \cdot$ 자기용량
$= \dfrac{\sqrt{3}}{2} \times \dfrac{6,600}{6,600-2,200} \times 300$
$= 390 \text{[kVA]}$

정답 82 ③ 83 ② 84 ① 85 ④

86 단권변압기 2대를 V결선하여 회로전압 3,000[V]에서 3,300[V]로 승압하고 300[kVA]의 부하에 전력을 공급하려고 한다. 단권변압기의 용량[kVA]을 얼마로 하면 되는가?

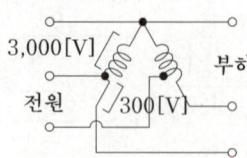

① 13.72 ② 14.72
③ 15.72 ④ 16.72

[해설] V결선 단권변압기 용량(자기용량)
$V_h = 3,300$ [V], $V_l = 3,000$ [V],
부하용량 = 300 [kVA]일 때

$$자기용량 = \frac{2}{\sqrt{3}} \cdot \frac{V_h - V_l}{V_h} \cdot 부하용량$$

$$= \frac{2}{\sqrt{3}} \times \frac{3,300 - 3,000}{3,300} \times 300$$

$$= 31.49 \text{ [kVA]}$$

∴ 단권변압기 1대 용량 = $\frac{31.49}{2} = 15.72$ [kVA]

87 단권변압기의 3상 결선에서 △결선인 경우, 1차측 선간 전압 V_1, 2차측 선간 전압 V_2일 때 단권변압기 용량/부하용량은?(단, $V_1 > V_2$인 경우이다.)

① $\dfrac{V_1 - V_2}{V_1}$ ② $\dfrac{V_1^2 - V_2^2}{\sqrt{3}\, V_1 V_2}$

③ $\dfrac{\sqrt{3}\,(V_1^2 - V_2^2)}{V_1 V_2}$ ④ $\dfrac{V_1 - V_2}{\sqrt{3}\, V_1}$

[해설] △결선 단권변압기 용량(자기용량)

$$\therefore \frac{자기용량}{부하용량} = \frac{V_h^2 - V_l^2}{\sqrt{3}\, V_h V_l} = \frac{V_1^2 - V_2^2}{\sqrt{3}\, V_1 V_2}$$

88 자기누설(磁氣漏洩) 변압기의 특징은?

① 단락전류가 크다.
② 전압변동률이 크다.
③ 역률이 좋다.
④ 표유부하손이 작다.

[해설] 자기누설 변압기
부하전류(I_2)가 증가하면 철심 내부의 누설 자속이 증가하여 누설 리액턴스에 의한 전압 강하가 임계점에서 급격히 증가하게 되는데 이 때문에 부하단자전압(V_2)은 수하특성을 갖게 되며 부하전류의 증가가 멈추게 된다. - 일정한 정전류 유지(수하특성)
(1) 용도 : 용접용 변압기, 네온관용 변압기
(2) 특징 : 전압변동률이 크고 역률과 효율이 나쁘다.

89 네온관용 변압기는?

① 단상 변압기 ② 3상 변압기
③ 정전압 변압기 ④ 자기누설 변압기

[해설] 자기누설 변압기
(1) 용도 : 용접용 변압기, 네온관용 변압기
(2) 특징 : 전압변동률이 크고 역률과 효율이 나쁘다.

90 아크 용접용 변압기가 전력용 일반 변압기보다 다른 점이 있다면?

① 권선의 저항이 크다.
② 누설 리액턴스가 크다.
③ 효율이 높다.
④ 역률이 좋다.

[해설] 자기누설 변압기
(1) 용도 : 용접용 변압기, 네온관용 변압기
(2) 특징 : 전압변동률이 크고 역률과 효율이 나쁘다.

정답 86 ③ 87 ② 88 ② 89 ④ 90 ②

91 부흐홀츠계전기로 보호되는 기기는?

① 변압기 ② 발전기
③ 동기전동기 ④ 회전변류기

해설 변압기 내부고장에 대한 보호계전기
(1) 비율차동계전기(차동계전기) : 변압기 상간 단락에 의해 1, 2차간 전류 위상각 변위가 발생하면 동작하는 계전기
(2) 부흐홀츠 계전기 : 수은 접점을 사용하여 아크 방전 사고를 검출한다.
(3) 가스검출 계전기
(4) 압력 계전기

92 수은 접점 2개를 사용하여 아크 방전 등의 사고를 검출하는 계전기는?

① 과전류계전기 ② 가스검출계전기
③ 부흐홀츠계전기 ④ 차동계전기

해설 변압기 내부고장에 대한 보호계전기
부흐홀츠 계전기 : 수은 접점을 사용하여 아크 방전 사고를 검출한다.

93 발전기 또는 주변압기의 내부고장 보호용으로 가장 널리 쓰이는 계전기는?

① 거리계전기 ② 비율차동계전기
③ 과전류계전기 ④ 방향단락계전기

해설 변압기 내부고장에 대한 보호계전기
비율차동계전기(차동계전기) : 변압기 상간 단락에 의해 1, 2차간 전류 위상각 변위가 발생하면 동작하는 계전기

94 변압기의 보호 방식 중 비율차동계전기를 사용하는 경우는?

① 변압기의 포화 억제
② 고조파 발생 억제
③ 여자돌입전류 보호
④ 변압기의 상간 단락 보호

해설 변압기 내부고장에 대한 보호계전기
비율차동계전기(차동계전기) : 변압기 상간 단락에 의해 1, 2차간 전류 위상각 변위가 발생하면 동작하는 계전기

95 아래 계전기 중 변압기의 보호에 사용되지 않는 계전기는?

① 비율차동계전기 ② 차동전류계전기
③ 부흐홀츠계전기 ④ 임피던스계전기

해설 변압기 내부고장에 대한 보호계전기
(1) 비율차동계전기(차동계전기) : 변압기 상간 단락에 의해 1, 2차간 전류 위상각 변위가 발생하면 동작하는 계전기
(2) 부흐홀츠 계전기 : 수은 접점을 사용하여 아크 방전 사고를 검출한다.
(3) 가스검출 계전기
(4) 압력 계전기

정답 91 ① 92 ③ 93 ② 94 ④ 95 ④

04 유도기

1 회전자계에 따른 토크 발생

3상 유도전동기는 고정자 권선이 전기적으로 120° 간격으로 배치되어 있으므로 3상 교류전원을 정현파로 인가한 경우 시간에 따라 자계가 회전함을 알 수 있다. 고정자에서 발생한 회전자계는 회전자에 와전류를 발생시키며 플레밍의 왼손법칙에 의하여 전자력에 따른 토크를 발생시킨다. 따라서 회전자에 의한 회전자계도 고정자에 의한 회전자계와 방향이 같으며 또한 위상도 서로 같게 된다.

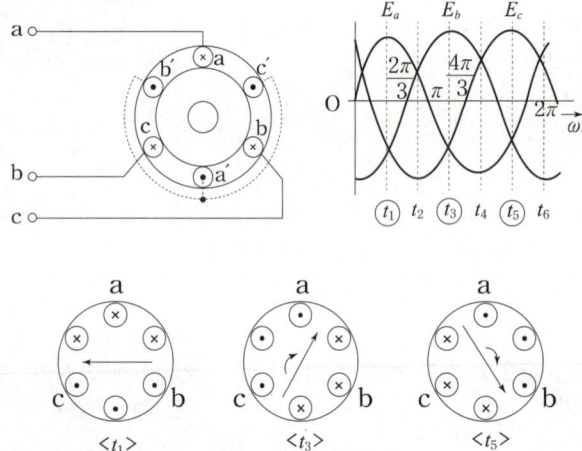

확인문제

01 3상 유도전동기의 회전 방향은 이 전동기에서 발생하는 회전 자계의 회전 방향과 어떤 관계에 있는가?

① 아무 관계도 아니다.
② 회전 자계의 회전 방향으로 회전한다.
③ 회전 자계의 반대 방향으로 회전한다.
④ 부하 조건에 따라 정해진다.

[해설] 3상 유도전동기는 고정자 권선이 전기적으로 120° 간격으로 배치되어 있으므로 3상 교류전원을 정현파로 인가한 경우 시간에 따라 자계가 회전함을 알 수 있다. 고정자에서 발생한 회전자계는 회전자에 와전류를 발생시키며 플레밍의 왼손법칙에 의하여 전자력에 따른 토크를 발생시킨다. 따라서 회전자에 의한 회전자계도 고정자에 의한 회전자계와 방향이 같으며 또한 위상도 서로 같게 된다.

답 : ②

02 유도 전동기에서 공간적으로 본 고정자에 의한 회전 자계와 회전자에 의한 회전 자계는?

① 슬립만큼의 위상각을 가지고 회전한다.
② 항상 동상으로 회전한다.
③ 역류각만큼의 위상각을 가지고 회전한다.
④ 항상 180°만큼의 위상각을 가지고 회전한다.

[해설] 회전자에 의한 회전자계도 고정자에 의한 회전자계와 방향이 같으며 또한 위상도 서로 같게 된다.

답 : ②

2 유도전동기의 종류

1. 농형 유도전동기

원형 또는 정사각형으로 된 슬롯에 동 또는 알루미늄 막대를 넣고 철심의 양 끝을 같은 재질의 고리(단락환)로 단락하여 용접한 농형 회전자를 이용하는 유도 전동기로 권선형에 비해 구조가 간단하고 튼튼하며 취급이 쉽고 효율이 좋다. 보통 소형이나 중형의 전동기도 널리 사용되고 있으며 부하의 변화에도 거의 정속도 특성을 지니고 있다.

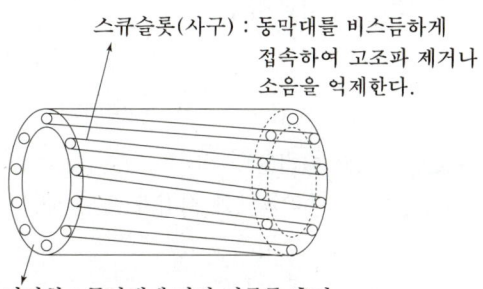

스큐슬롯(사구) : 동막대를 비스듬하게 접속하여 고조파 제거나 소음을 억제한다.

단락환 : 동막대에 단락 전류를 흘려 기동시 큰 토크를 얻는다.

2. 권선형 유도전동기

회전자 슬롯에 동선을 삽입하여 3상으로 결선하며 고압용은 보통 Y결선, 저압용은 Y 또는 Δ결선으로 하고 슬립링을 거쳐 외부의 저항기와 접속한다. 권선형 유도전동기는 큰 기동 토크를 얻을 수 있기 때문에 중형과 대형에서 사용되며 외부 기동 저항기로 속도조정을 자유로이 할 수 있다.

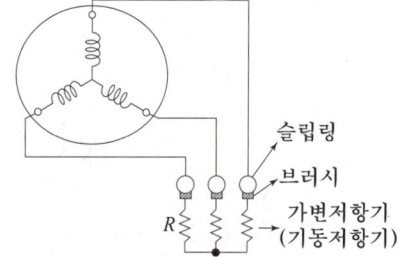

슬립링
브러시
가변저항기(기동저항기)

확인문제

03 유도전동기가 다른 어떤 전동기보다 넓게 보급되는 이유로 적당한 것은?

① 구조가 복잡하고 가격이 비싸다.
② 취급이 어려워 전문가가 조작해야 한다.
③ 부하변화에 대하여 속도변화가 심하다.
④ 3상 교류에 의하여 회전자계를 쉽게 얻을 수 있다.

[해설] 유도전동기의 특징
(1) 전원을 간단히 얻을 수 있고, 3상 교류에 의하여 회전자계를 쉽게 얻을 수 있다.
(2) 구조가 간단하고 견고하며 가격이 싸다.
(3) 취급이 간단하며 전기적 지식이 없는 사람도 쉽게 운전할 수 있다.
(4) 정속도전동기로, 부하의 변화에 대하여 속도의 변화가 적다.

답 : ④

04 유도전동기의 특징 중 해당되지 않는 것은?

① 기동토크의 크기에 제한이 없다.
② 기동전류가 작다.
③ 원통형 회전자이므로 고속기의 제작이 쉽지 않다.
④ 기동시의 온도상승이 작다.

[해설] 유도전동기는 원통형 회전자를 사용하기 때문에 고속기로 제작이 되며 소형화 제작이 용이하다.

답 : ③

3 유도전동기의 이론

1. 회전수와 슬립

(1) 회전수(N_s, N)
  ① 고정자 : 회전자계에 의한 동기속도(N_s) 발생
  ② 회전자 : 유기기전력에 의한 회전자 속도(N) 발생

(2) 슬립(s)
동기속도와 회전자 속도 사이의 차에 의한 유도 전동기 속도 상수
$$s = \frac{N_s - N}{N_s}$$

(3) 슬립의 범위
  ① 정상회전시 슬립의 범위 : 정지시 $N=0$, 운전시 $N=N_s$이므로 슬립 공식에 대입하면
    ∴ $0 < s < 1$
  ② 역회전시 또는 제동시 슬립의 범위 : 정지시 $N=0$, 역회전시 $N=-N_s$이므로
    ∴ $1 < s < 2$

(4) 회전자 속도
$$N = N_s - sN_s = (1-s)N_s = (1-s)\frac{120f}{P} \text{ [rpm]}$$

(5) 상대속도
유도 전동기의 운전이 시작되면 슬립에 따라 회전자 속도가 변해가며 이 경우 동기속도와 회전자 속도 사이에 속도차가 발생되는데 이 속도차를 상대속도라 한다.
$$sN_s = N_s - N$$
여기서, N_s : 동기속도, N : 회전자 속도, s : 슬립, f : 주파수, P : 극수

확인문제

05 60[Hz], 8극인 3상 유도 전동기의 전부하에서 회전수가 855[rpm]이다. 이때 슬립[%]은?

① 4 ② 5
③ 6 ④ 7

[해설] 동기속도(N_s)와 슬립(s)
$f=60$ [Hz], 극수 $P=8$, $N=855$ [rpm]이므로
$N_s = \frac{120f}{P} = \frac{120 \times 60}{8} = 900$ [rpm]
∴ $s = \frac{N_s - N}{N_s} \times 100 = \frac{900 - 855}{900} \times 100$
$= 5$ [%]

답 : ②

06 유도 전동기의 동작 특성에서 제동기로 쓰이는 슬립의 영역은?

① 1~2 ② 0~1
③ 0~-1 ④ -1~-2

[해설] 슬립의 범위
(1) 정상회전시 슬립의 범위
  정지시 $N=0$, 운전시 $N=N_s$이므로 슬립 공식에 대입하면
  ∴ $0 < s < 1$
(2) 역회전시 또는 제동시 슬립의 범위
  정지시 $N=0$, 역회전시 $N=-N_s$이므로
  ∴ $1 < s < 2$

답 : ①

2. 유기기전력(E), 주파수(f), 권수비(α)

고정자 권선(1차 권선)에 전압을 인가하면 유기기전력 E_1이 발생하여 전자유도에 의하여 회전자 권선(2차 권선)에 유기기전력 E_2가 발생한다.

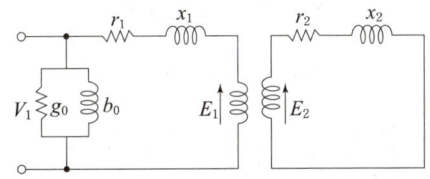

(1) 정지시($s=1$) 회전자권선(2차 권선)의 유기기전력과 주파수 및 권수비

$E_1 = 4.44 f_1 \phi N_1 k_{w1}$ [V], $E_2 = 4.44 f_2 \phi N_2 k_{w2}$ [V]

① $f_1 = f_2$

② $\alpha = \dfrac{E_1}{E_2} = \dfrac{N_1 k_{w1}}{N_2 k_{w2}}$

(2) 운전시 유기기전력과 주파수 및 권수비

$E_1 = 4.44 f_1 \phi N_1 k_{w1}$ [V], $E_{2s} = 4.44 f_{2s} \phi N_2 k_{w2}$ [V]

① $f_{2s} = s f_1$

② $E_{2s} = s E_2$

③ $\alpha' = \dfrac{E_1}{E_{2s}} = \dfrac{E_1}{sE_2} = \dfrac{N_1 k_{w1}}{s N_2 k_{w2}} = \dfrac{\alpha}{s}$

여기서, E : 유기기전력, f : 주파수, α : 권수비, α' : 운전시 권수비, ϕ : 자속, N : 코일 권수, k_w : 권선계수, E_{2s} : 슬립유도기전력(운전시 회전자 유기기전력), f_{2s} : 슬립주파수(운전시 회전자 주파수), s : 슬립

확인문제

07 1차 권수 N_1, 2차 권수 N_2, 1차 권선 계수 k_{w1}, 2차 권선 계수 k_{w2}인 유도전동기가 슬립 s로 운전하는 경우 전압비는?

① $\dfrac{k_{w1} N_1}{k_{w2} N_2}$ ② $\dfrac{k_{w2} N_2}{k_{w1} N_1}$

③ $\dfrac{k_{w1} N_1}{s k_{w2} N_2}$ ④ $\dfrac{s k_{w1} N_2}{k_{w1} N_1}$

[해설] 유도전동기의 권수비(α)
(1) 정지시($s=1$) 주파수 및 권수비
  ㉠ $f_2 = f_1$
  ㉡ $\alpha = \dfrac{E_1}{E_2} = \dfrac{N_1 k_{w1}}{N_2 k_{w2}}$
(2) 운전시 주파수 및 권수비
  ㉠ $f_{2s} = s f_1$
  ㉡ $\alpha' = \dfrac{E_1}{E_{2s}} = \dfrac{N_1 k_{w1}}{s N_2 k_{w2}} = \dfrac{\alpha}{s}$

답 : ③

08 회전자가 슬립 s로 회전하고 있을 때 고정자, 회전자의 실효 권수비를 α라 하면 고정자 기전력 E_1과 회전자 기전력 E_{2s}와의 비는?

① $\dfrac{\alpha}{s}$ ② $s\alpha$

③ $(1-s)\alpha$ ④ $\dfrac{\alpha}{1-s}$

[해설] 유도전동기의 권수비(α)
(1) 정지시($s=1$) 주파수 및 권수비
  ㉠ $f_2 = f_1$
  ㉡ $\alpha = \dfrac{E_1}{E_2} = \dfrac{N_1 k_{w1}}{N_2 k_{w2}}$
(2) 운전시 주파수 및 권수비
  ㉠ $f_{2s} = s f_1$
  ㉡ $\alpha' = \dfrac{E_1}{E_{2s}} = \dfrac{N_1 k_{w1}}{s N_2 k_{w2}} = \dfrac{\alpha}{s}$

답 : ①

3. 유도 전동기의 전력변환

<정지시>　<운전시>　<등가회로>

(1) 정지시 2차 전류(I_2)

$$I_2 = \frac{E_2}{\sqrt{r_2^2 + x_2^2}} \text{ [A]}$$

(2) 운전시 2차 전류(I_2')

$$I_2' = \frac{sE_2}{\sqrt{r_2^2 + (sx_2)^2}} = \frac{E_2}{\sqrt{\left(\frac{r_2}{s}\right)^2 + x_2^2}} \text{ [A]}$$

$$I_2' = \frac{E_2}{\sqrt{\left(\frac{r_2}{s} - r_2 + r_2\right)^2 + x_2^2}} = \frac{E_2}{\sqrt{(R+r_2)^2 + x_2^2}} \text{ [A]}$$

$$R = \frac{r_2}{s} - r_2 = \left(\frac{1}{s} - 1\right)r_2 \text{ [Ω]}$$

여기서 R은 기계적인 출력을 발생시키는데 필요한 등가부하저항으로서 전부하토크와 같은 토크로 기동하기 위한 외부저항이기도 하다.

여기서, E_2 : 유기기전력, r_2 : 2차 저항, x_2 : 2차 리액턴스, s : 슬립, R : 등가부하저항

확인문제

09 단상 유도전동기의 등가 회로에서 기계적 출력을 나타내는 상수는?

① $\dfrac{r_2'}{s}$　　② $(1-s)r_2'$

③ $\dfrac{s-1}{s}r_2'$　　④ $\left(\dfrac{1}{s}-1\right)r_2'$

[해설] 유도전동기의 운전시 2차 전류(I_2')와 등가부하저항(R)

$$I_2' = \frac{sE_2}{\sqrt{r_2 + (sx_2)^2}} = \frac{E_2}{\sqrt{\left(\frac{r_2}{s}\right)^2 + x_2^2}}$$

$$= \frac{E_2}{\sqrt{\left(\frac{r_2}{s} - r_2 + r_2\right)^2 + x_2^2}}$$

$$= \frac{E_2}{\sqrt{(R+r_2)^2 + x_2^2}} \text{ [A]}$$

$$\therefore R = \frac{r_2}{s} - r_2 = \left(\frac{1}{s} - 1\right)r_2 \text{ [Ω]}$$

답 : ④

10 슬립 5[%]인 유도 전동기의 등가 부하 저항은 2차 저항의 몇 배인가?

① 19　　② 20
③ 29　　④ 40

[해설] 유도전동기의 등가부하저항(R)
$s = 5\,[\%]$, 2차 저항 r_2일 때

$$R = \frac{r_2}{s} - r_2 = \left(\frac{1}{s} - 1\right)r_2 \text{이므로}$$

$$\therefore R = \left(\frac{1}{s} - 1\right)r_2 = \left(\frac{1}{0.05} - 1\right)r_2 = 19r_2$$

답 : ①

(3) 역률($\cos\theta$)

$$\cos\theta = \frac{r_2}{\sqrt{r_2^2+(sx_2)^2}} = \frac{\dfrac{r_2}{s}}{\sqrt{\left(\dfrac{r_2}{s}\right)^2+x_2^2}}$$

(4) 2차 입력(P_2)

$$P_2 = P_0 + P_l + P_{c2} = E_2 I_2' \cos\theta = \frac{E_2^2}{\left(\dfrac{r_2}{s}\right)^2+x_2^2} \cdot \frac{r_2}{s} = (I_2')^2 \cdot \frac{r_2}{s} = \frac{P_{c2}}{s} \, [\text{W}]$$

(5) 2차 동손(P_{c2})

$$P_{c2} = (I_2')^2 r_2 = s P_2 \, [\text{W}]$$

(6) 기계적 출력(P_0)

$$P_0 \fallingdotseq P_2 - P_{c2} = P_2 - s P_2 = (1-s) P_2 \, [\text{W}]$$

종합표

구분	$\times P_2$	$\times P_{c2}$	$\times P_0$
$P_2 =$	1	$\dfrac{1}{s}$	$\dfrac{1}{1-s}$
$P_{c2} =$	s	1	$\dfrac{s}{1-s}$
$P_0 =$	$1-s$	$\dfrac{1-s}{s}$	1

여기서, s : 슬립, r_2 : 2차 저항, x_2 : 2차 리액턴스, P_0 : 기계적 출력, P_l : 기계손, P_{c2} : 2차 동손(부하손), E_2 : 유기기전력, I_2' : 운전시 2차 전류, $\cos\theta$: 역률, P_2 : 2차 입력,

확인문제

11 유도전동기의 2차 동손을 P_c라 하고 2차 입력을 P_2라 하며 슬립을 s라 할 때, 이들 사이의 관계는?

① $s = \dfrac{P_c}{P_2}$ ② $s = \dfrac{P_2}{P_c}$
③ $s = P_2 P_c$ ④ $1 = s \cdot P_2 P_c$

[해설] 종합표

구분	$\times P_2$	$\times P_{c2}$	$\times P_0$
$P_2 =$	1	$\dfrac{1}{s}$	$\dfrac{1}{1-s}$
$P_{c2} =$	s	1	$\dfrac{s}{1-s}$
$P_0 =$	$1-s$	$\dfrac{1-s}{s}$	1

$P_c = s P_2 = \dfrac{s}{1-s} P_0$ 이므로 $\therefore s = \dfrac{P_c}{P_2}$

답 : ①

12 3상 유도전동기의 출력이 10[kW], 슬립이 4.8[%]일 때의 2차 동손[kW]은?

① 0.4 ② 0.45
③ 0.5 ④ 0.55

[해설] 종합표

구분	$\times P_2$	$\times P_{c2}$	$\times P_0$
$P_2 =$	1	$\dfrac{1}{s}$	$\dfrac{1}{1-s}$
$P_{c2} =$	s	1	$\dfrac{s}{1-s}$
$P_0 =$	$1-s$	$\dfrac{1-s}{s}$	1

$P_0 = 10 \, [\text{kW}]$, $s = 4.8 \, [\%]$ 이므로

$P_{c2} = s P_2 = \dfrac{s}{1-s} P_0 \, [\text{kW}]$ 식에서

$\therefore P_{c2} = \dfrac{s}{1-s} P_0 = \dfrac{0.048}{1-0.048} \times 10 = 0.5 \, [\text{kW}]$

답 : ③

(7) 2차 효율(η_2)

$$\eta_2 = \frac{P_0}{P_2} = 1 - s = \frac{N}{N_s}$$

여기서, P_0 : 기계적 출력, P_2 : 2차 입력, s : 슬립, N : 회전자 속도, N_s : 동기속도

4. 토크와 공급전압 및 슬립과의 관계

(1) 유도전동기의 토크(τ)

$$\tau = \frac{P}{\omega} = \frac{P}{2\pi\frac{N}{60}} = 9.55\frac{P}{N} [\text{N}\cdot\text{m}] = 0.975\frac{P}{N} [\text{kg}\cdot\text{m}] \text{ 식에서}$$

① 기계적 출력(P_0)과 회전자 속도(N)에 의한 토크

$$\tau = 9.55\frac{P_o}{N} [\text{N}\cdot\text{m}] = 0.975\frac{P_0}{N} [\text{kg}\cdot\text{m}]$$

② 2차 입력(P_2)과 동기속도(N_s)에 의한 토크

$$\tau = 9.55\frac{P_2}{N_s} [\text{N}\cdot\text{m}] = 0.975\frac{P_2}{N_s} [\text{kg}\cdot\text{m}]$$

③ 동기와트(P_2)

$$P_2 = \frac{1}{0.975} N_s \tau = 1.026 N_s \tau [\text{W}]$$

$$P_2 = E_2 I_2' \cos\theta = \frac{E_2^2}{\left(\frac{r_2}{s}\right)^2 + x_2^2} \cdot \frac{r_2}{s} [\text{W}]$$

$$\therefore P_2 \propto \tau \propto E_2^2$$

(2) 공급전압(V)과 전부하슬립(s)과의 관계

$$s \propto \frac{1}{V^2}$$

확인문제

13 P[kW], N[rpm]인 전동기의 토크[kg·m]는?

① $0.01625\frac{P}{N}$ ② $716\frac{P}{N}$

③ $956\frac{P}{N}$ ④ $975\frac{P}{N}$

해설 유도전동기의 토크(τ)
출력 P[W], 회전수 N[rpm], 각속도 ω일 때

$$\tau = \frac{P}{\omega} = \frac{P}{2\pi\frac{N}{60}} = 9.55\frac{P}{N} [\text{N}\cdot\text{m}]$$

$$= 0.975\frac{P}{N} [\text{kg}\cdot\text{m}]$$

여기서 출력 P[kW]인 경우

$$\therefore \tau = 975\frac{P}{N} [\text{kg}\cdot\text{m}]$$

답 : ④

14 220[V], 3상 유도전동기의 전부하 슬립이 4[%]이다. 공급 전압이 10[%] 저하된 경우의 전부하 슬립[%]은?

① 4   ② 5
③ 6   ④ 7

해설 공급전압(V)과 전부하슬립(s)과의 관계

$$s \propto \frac{1}{V^2} \text{이므로}$$

$s = 4[\%]$, $V' = 0.9V$[V]일 때

$$\therefore s' = \left(\frac{V}{V'}\right)^2 s = \left(\frac{1}{0.9}\right)^2 \times 4 = 5[\%]$$

답 : ②

(3) 최대토크(τ_m)

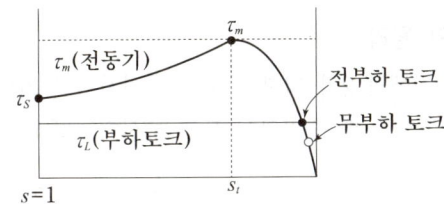

$P_2 = \dfrac{E_2^2}{\left(\dfrac{r_2}{s}\right)^2 + x_2^2} \cdot \dfrac{r_2}{s}$ [W]식에서 2차 입력이 최대인 점에서 최대토크가 발생하므로

$\dfrac{r_2}{s} = x_2$ 인 조건을 만족해야 하며 이때 최대토크를 구하면

$\tau_m = 0.975 \dfrac{P_{2m}}{N_s} = k \dfrac{E_2^2}{2x_2^2} \cdot x_2 = k \dfrac{E_2^2}{2x_2} = k \dfrac{V_1^2}{2x_2}$

따라서 최대토크는 2차 리액턴스와 전압과 관계 있으며 2차 저항과 슬립과는 무관하다.

(4) 최대토크가 발생할 때의 슬립(s_t)

$\dfrac{r_2}{s_2} = x_2$ 일 때 최대토크가 발생하므로 이 조건을 만족하는 슬립은 $s_t = \dfrac{r_2}{x_2} \propto r_2$

따라서 최대토크가 발생할 때의 슬립(S_t)은 2차 저항에 비례한다.

확인문제

15 권선형 3상 유도전동기에서 2차 저항을 변화시켜 속도를 제어하는 경우, 최대토크는?

① 최대토크가 생기는 점의 슬립에 비례한다.
② 최대토크가 생기는 점의 슬립에 반비례한다.
③ 2차 저항에만 비례한다.
④ 항상 일정하다.

[해설] 최대토크(τ_m)
최대토크의 공식은 공급전압을 V_1, 2차 리액턴스를 x_2라 할 때 $\tau_m = k\dfrac{V_1^2}{2x_2}$ 이므로

∴ 최대토크는 2차 리액턴스와 전압과 관계있으며 2차 저항과 슬립과는 무관하여 2차 저항 변화에 관계없이 항상 일정하다.

답 : ④

16 유도전동기의 1차 상수는 무시하고 2차 상수 $Z_2 = 0.2 + j0.4$[Ω]이라면 이 전동기가 최대토크를 발생할 때의 슬립은?

① 0.05 ② 0.15
③ 0.35 ④ 0.5

[해설] 최대토크가 발생할 때의 슬립(s_t)

최대토크는 $\dfrac{r_2}{s_t} = x_2$ 일 때 발생하므로 이 조건을 만족하는 슬립은 $s_t = \dfrac{r_2}{x_2}$ 이다.

$Z_2 = r_2 + jx_2 = 0.2 + j0.4$[Ω]이므로
$r_2 = 0.2$[Ω], $x_2 = 0.4$[Ω]일 때

∴ $s_t = \dfrac{r_2}{x_2} = \dfrac{0.2}{0.4} = 0.5$

답 : ④

2. 원선도를 그리는데 필요한 시험

(1) 무부하시험

철손, 무부하 전류, 여자 어드미턴스 측정

(2) 구속시험

동손, 동기 임피던스, 단락비 측정

(3) 권선저항측정

3. 원선도의 지름

$$I_1 = \frac{E_1}{Z_1} = \frac{E_1}{X_1 + X_2'} \sin\theta$$

$$\therefore I_1 = \frac{E}{X} [A]$$

여기서, I_1 : 1차 전류, Z_1 : 1차 임피던스, E_1 : 유기기전력, X : 리액턴스

6 유도전동기의 기동법

1. 농형 유도전동기

① 전전압 기동법 : 5.5[kW] 이하에 적용
② Y-Δ 기동법 : 5.5[kW]~15[kW] 범위에 적용
③ 리액터 기동법 : 감전압 기동법으로 15[kW] 넘는 경우에 적용
④ 기동보상기법 : 단권 변압기를 이용하는 방법으로 15[kW] 넘는 경우에 적용

확인문제

21 농형 유도전동기의 기동법이 아닌 것은?

① 전전압 기동
② Y-Δ 기동
③ 기동보상기에 의한 기동
④ 2차 저항에 의한 기동

[해설] 농형 유도전동기의 기동법
(1) 전전압 기동법 : 5.5[kW] 이하에 적용
(2) Y-Δ 기동법 : 5.5[kW]~15[kW] 범위에 적용
(3) 리액터 기동법 : 감전압 기동법으로 15[kW] 넘는 경우에 적용
(4) 기동보상기법 : 단권 변압기를 이용하는 방법으로 15[kW] 넘는 경우에 적용
∴ 2차 저항에 의한 기동은 권선형 유도전동기의 기동법에 해당한다.

답 : ④

22 10[kW] 정도의 농형 유도전동기 기동에 가장 적당한 방법은?

① 기동보상기에 의한 기동
② Y-Δ 기동
③ 저항 기동
④ 직접 기동

[해설] 농형 유도전동기의 기동법
(1) 전전압 기동법 : 5.5[kW] 이하에 적용
(2) Y-Δ 기동법 : 5.5[kW]~15[kW] 범위에 적용
(3) 리액터 기동법 : 감전압 기동법으로 15[kW] 넘는 경우에 적용
(4) 기동보상기법 : 단권 변압기를 이용하는 방법으로 15[kW] 넘는 경우에 적용

답 : ②

2. 권선형 유도전동기
① 2차 저항 기동법(기동저항기법) : 비례추이 원리 적용
② 게르게스법

7 유도전동기의 속도제어

1. 농형 유도전동기
극수 변화법, 주파수 변환법, 전압 제어법

> |참고|
> - 주파수 변환법은 선박의 추진용 모터나 인견공장의 포트 모터에 이용하고 있다.
> - 최근 이용되고 있는 반도체 사이리스터에 의한 속도제어는 전압, 위상, 주파수에 따라 제어하며 주로 위상각 제어를 이용한다.

2. 권선형 유도전동기
2차 저항 제어법, 2차 여자법(슬립 제어), 종속접속법(직렬종속법, 차동종속법)

8 유도전동기의 제동법

1. 역상제동(플러깅 제동)
3상 유도전동기의 3선 중 2선을 바꾸어 연결하면 회전자계의 방향이 반대로 바뀌어 큰 제동토크가 발생하며 급속히 정지한다.

확인문제

23 유도전동기의 속도 제어법이 아닌 것은?
① 2차 저항법　② 2차 여자법
③ 1차 저항법　④ 주파수 제어법

[해설] 유도전동기의 속도제어법
(1) 농형 유도전동기
　극수 변화법, 주파수 변환법, 전압 제어법
(2) 권선형 유도전동기
　2차 저항 제어법, 2차 여자법(슬립 제어), 종속접속법(직렬종속법, 차동종속법)

답 : ③

24 유도전동기의 제동 방법 중 슬립의 범위를 1~2 사이로 하여 3선 중 2선의 접속을 바꾸어 제동하는 방법은?
① 역상 제동　② 직류 제동
③ 단상 제동　④ 회생 제동

[해설] 유도전동기의 제동법
(1) 역상제동(플러깅 제동)
　3상 유도전동기의 3선 중 2선을 바꾸어 연결하면 회전자계의 방향이 반대로 바뀌어 큰 제동토크가 발생하며 급속히 정지한다.
(2) 회생제동
　케이블카, 권상기, 기중기로 물건을 내리는 경우 강하 중량의 위치에너지를 원동력으로 하여 유도전동기를 전원에 연결한 채 동기속도보다 빨리 회전시켜 유도발전기로 동작하게 하여 발생전력을 전원으로 반환하면서 제동하는 방식

답 : ①

2. 회생제동

케이블카, 권상기, 기중기로 물건을 내리는 경우 강하 중량의 위치에너지를 원동력으로 하여 유도전동기를 전원에 연결한 채 동기속도보다 빨리 회전시켜 유도발전기로 동작하게 하여 발생 전력을 전원으로 반환하면서 제동하는 방식

9 유도전동기의 이상현상

1. 클로우링 현상

전동기 속도가 정격속도 이전의 낮은 속도에서 안정이 되어 더 이상 속도 상승이 되지 않는 현상

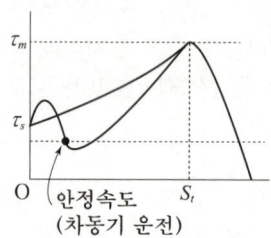

(1) 발생원인
  ① 공극의 불균일
  ② 기본파와 상회전이 반대인 고조파가 유입된 경우

(2) 방지대책
  ① 공극을 균일하게 한다.
  ② 스큐 슬롯(사구)을 채용한다.

확인문제

25 소형 유도전동기의 슬롯을 사구(skew slot)로 하는 이유는?

① 토크 증가
② 게르게스 현상의 방지
③ 클로우링 현상의 방지
④ 제동 토크의 증가

[해설] **클로우링 현상**
전동기 속도가 정격속도 이전의 낮은 속도에서 안정이 되어 더 이상 속도 상승이 되지 않는 현상
(1) 발생원인
  ㉠ 공극의 불균일
  ㉡ 기본파와 상회전이 반대인 고조파가 유입된 경우
(2) 방지대책
  ㉠ 공극을 균일하게 한다.
  ㉡ 스큐 슬롯(사구)을 채용한다.

답 : ③

26 3상 유도전동기가 75[%]의 부하를 가지고 운전하고 있던 중 1선이 개방되면 어떻게 되는가?

① 즉시 정지한다.
② 계속 운전하며 전동기에 큰 지장이 없다.
③ 역방향으로 회전한다.
④ 계속 회전하나 소손될 위험이 따른다.

[해설] **게르게스 현상**
3상 유도전동기의 한 상이 결상시 2상 전원으로 정속도의 $\frac{1}{2}$ 배 정도에서 지속적인 회전을 하는 현상으로 전동기 과여자를 초래하여 권선이 소손되는 사태가 발생한다.

답 : ④

2. 게르게스 현상

한상 결상시 2상 전원으로 정속도의 $\frac{1}{2}$배 정도에서 지속적인 회전을 하는 현상으로 전동기 과여자를 초래하여 권선이 소손되는 사태가 발생한다.

10 고조파의 특성 비교

1. 기본파와 상회전이 같은 고조파

$h = 2nm + 1$: 7고조파, 13고조파, …

<예> 7고조파는 기본파와 상회전이 같은 고조파 성분으로 속도는 기본파의 $\frac{1}{7}$배의 속도로 진행한다.

2. 기본파와 상회전이 반대인 고조파

$h = 2nm - 1$: 5고조파, 11고조파, …

<예> 5고조파는 기본파와 상회전이 반대인 고조파 성분으로 속도는 기본파의 $\frac{1}{5}$배의 속도로 진행한다.

3. 회전자계가 없는 고조파

$h = 2nm$: 3고조파, 6고조파, 9고조파, …

확인문제

27 3상 유도전동기에서 제5고조파에 의한 기자력의 회전 방향 및 속도가 기본파 회전 자계에 대한 관계는?

① 기본파와 같은 방향이고 5배의 속도
② 기본파와 역방향이고 5배의 속도
③ 기본파와 같은 방향이고 1/5배의 속도
④ 기본파와 역방향이고 1/5배의 속도

해설 고조파 특성 비교
(1) 기본파와 상회전이 같은 고조파
  $h = 2nm + 1$: 7고조파, 13고조파, …
  <예> 7고조파는 기본파와 상회전이 같은 고조파 성분으로 속도는 기본파의 $\frac{1}{7}$배의 속도로 진행한다.
(2) 기본파와 상회전이 반대인 고조파
  $h = 2nm - 1$: 5고조파, 11고조파, …
  <예> 5고조파는 기본파와 상회전이 반대인 고조파 성분으로 속도는 기본파의 $\frac{1}{5}$배의 속도로 진행한다.

답 : ④

28 3상 유도기에서 제7차 고조파에 의한 기자력의 회전 방향 및 속도가 기본파 회전 자계에 대한 관계는?

① 기본파와 같은 방향이고 7배의 속도
② 기본파와 같은 방향이고 1/7배의 속도
③ 기본파와 역방향이고 7배의 속도
④ 기본파와 역방향이고 1/7배의 속노

해설 고조파 특성 비교
(1) 기본파와 상회전이 같은 고조파
  $h = 2nm + 1$: 7고조파, 13고조파, …
  <예> 7고조파는 기본파와 상회전이 같은 고조파 성분으로 속도는 기본파의 $\frac{1}{7}$배의 속도로 진행한다.
(2) 기본파와 상회전이 반대인 고조파
  $h = 2nm - 1$: 5고조파, 11고조파, …
  <예> 5고조파는 기본파와 상회전이 반대인 고조파 성분으로 속도는 기본파의 $\frac{1}{5}$배의 속도로 진행한다.

답 : ②

11 단상 유도전동기의 기동법(기동토크 순서)

반발 기동형 > 반발 유도형 > 콘덴서 기동형 > 분상 기동형 > 셰이딩 코일형

12 유도전압조정기

1. 원리
① 단상 유도전압조정기 : 단권 변압기의 원리
② 3상 유도전압조정기 : 3상 유도전동기의 원리

2. 전압 조정범위
① 단상 유도전압조정기 : $V_1 + E_2\cos\alpha = V_1 + E_2 \sim V_1 - E_2$
② 3상 유도전압조정기 : $\sqrt{3}(V_1 + E_2\cos\alpha)$

3. 조정용량
① 단상 유도전압조정기 : $E_2 I_2 \times 10^{-3}$ [kVA]
② 3상 유도전압조정기 : $\sqrt{3} E_2 I_2 \times 10^{-3}$ [kVA]

4. 단상 유도전압조정기에 사용되는 권선
분로권선, 직렬권선, 단락권선이 사용되며 단락권선은 전압강하를 경감시키기 위해 사용한다.

확인문제

29 단상 유도전동기를 기동토크가 큰 순서로 배열한 것은?

① 반발 유도형, 반발 기동형, 콘덴서 기동형, 분상 기동형
② 반발 기동형, 반발 유도형, 콘덴서 기동형, 셰이딩 코일형
③ 반발 기동형, 콘덴서 기동형, 셰이딩 코일형, 분상 기동형
④ 반발 유도형, 모노사이클릭형, 셰이딩 코일형, 콘덴서 기동형

[해설] 단상유도전동기의 기동법(기동토크 순서)
반발 기동형 > 반발 유도형 > 콘덴서 기동형 > 분상 기동형 > 셰이딩 코일형

답 : ②

30 단상 유도전압 조정기에 단락 권선을 1차 권선과 수직으로 놓는 이유는?

① 2차 권선의 누설 리액턴스 강하를 방지하기 위해서
② 2차 권선의 주파수를 변환시키기 위해서
③ 2차의 단자 전압과 1차의 위상을 같게 하기 위해서
④ 부하시의 전압 조정을 용이하게 하기 위해서

[해설] 단상 유도전압 조정기에 사용되는 권선
분로권선, 직렬권선, 단락권선이 사용되며 단락권선은 전압강하를 경감시키기 위해 사용한다.

답 : ①

예제 1   유도전동기의 운전 중 2차 유기기전력(E_{2s})과 주파수(f_{2s}) ★☆☆

3상 6극 50[Hz] 유도 전동기가 있다. 전부하에서 960[rpm]으로 회전할 때, 슬립[%]과 2차 유기 기전력의 주파수[Hz]는?

① 4, 2
② 4, 4
③ 6, 2
④ 6, 4

풀이전략

(1) 동기속도(N_s)를 먼저 계산한다.
(2) 동기속도(N_s)와 회전자속도(N)를 이용해서 슬립(s)을 계산한다.
(3) 유도전동기의 운전 중 2차 유기기전력(E_{2s})과 주파수(f_{2s})식에 대입하여 구한다.

풀 이

극수 $p=6$, $f_1=50\,[\text{Hz}]$, $N=960\,[\text{rpm}]$이므로

$$N_s = \frac{120f}{p} = \frac{120 \times 50}{6} = 1{,}000\,[\text{rpm}]$$

$$\therefore s = \frac{N_s - N}{N_s} \times 100 = \frac{1{,}000 - 960}{1{,}000} \times 100 = 4\,[\%]$$

$$\therefore f_{2s} = sf_1 = 0.04 \times 50 = 2\,[\text{Hz}]$$

정답 ①

유사문제

01 6극 3상 유도전동기가 있다. 회전자도 3상이면 회전자 정지시의 1상 전압은 200[V]이다. 전부하시의 속도가 1,152[rpm]이면 2차 1상의 전압은 몇 [V]인가? (단, 1차 주파수는 60[Hz]이다.)

① 8.0
② 8.3
③ 11.5
④ 23.0

해설 유도전동기의 운전 중 2차 유기기전력(E_{2s})

극수 $p=6$, $E_1=200\,[\text{V}]$, $N=1{,}152\,[\text{rpm}]$, $f_1=60\,[\text{Hz}]$이므로

$$N_s = \frac{120f_1}{p} = \frac{120 \times 60}{6} = 1{,}200\,[\text{rpm}]$$

$$s = \frac{N_s - N}{N_s} = \frac{1{,}200 - 1{,}152}{1{,}200} = 0.04$$

$$\therefore E_{2s} = sE_1 = 0.04 \times 200 = 8\,[\text{V}]$$

답 : ①

02 4극, 50[Hz]의 3상 유도전동기가 1,410[rpm]으로 회전하고 있을 때, 회전자 전류의 주파수[Hz]는?

① 50
② 25
③ 10
④ 3

해설 유도전동기의 운전 중 2차 주파수(f_{2s})

극수 $p=4$, $f_1=50\,[\text{Hz}]$, $N=1{,}410\,[\text{rpm}]$이므로

$$N_s = \frac{120f}{p} = \frac{120 \times 50}{4} = 1{,}500\,[\text{rpm}]$$

$$s = \frac{N_s - N}{N_s} = \frac{1{,}500 - 1{,}410}{1{,}500} = 0.06$$

$$\therefore f_{2s} = sf_1 = 0.06 \times 50 = 3\,[\text{Hz}]$$

답 : ④

예제 2 — 권선형 유도전동기의 2차 외부삽입저항(R) ★★★

4극, 50[Hz]인 권선형 3상 유도전동기가 있다. 전부하에서 슬립이 4[%]이다. 전부하 토크를 내고 1,200[rpm]으로 회전시키려면 2차 회로에 몇 [Ω]의 저항을 넣어야 하는가? (단, 2차 회로는 성형으로 접속하고 매상의 저항은 0.35[Ω]이다.)

① 1.2
② 1.4
③ 0.2
④ 0.4

풀이전략

(1) 동기속도(N_s)를 구하여 전부하 회전자속도(N)일 때의 슬립(s)을 계산한다. (슬립(s)이 주어지는 경우도 있음)

(2) 2차 외부삽입저항(R)을 삽입했을 때의 회전자 속도(N')일 때의 슬립(s')을 구하거나 또는 슬립(s')이 주어졌을 때 회전자 속도(N')를 계산한다.

(3) $R = \left(\dfrac{s'}{s} - 1\right) r_2$ [Ω] 식에서 2차 외부삽입저항(R) 또는 2차 권선저항(r_2)을 계산한다. 단, 저항은 모두 1상을 기준으로 한다.

풀 이

극수 $p=4$, $f=50$[Hz], $s=4$[%], $N'=1,200$[rpm], $r_2=0.35$[Ω]이므로

$$N_s = \frac{120f}{p} = \frac{120 \times 50}{4} = 1,500 \text{[rpm]}, \quad s' = \frac{N_s - N'}{N_s} = \frac{1,500 - 1,200}{1,500} = 0.2$$

$$\therefore R = \left(\frac{s'}{s} - 1\right) r_2 = \left(\frac{0.2}{0.04} - 1\right) \times 0.35 = 1.4 \text{ [Ω]}$$

정답 ②

유사문제

03 60[Hz], 6극, 권선형 3상 유도전동기의 전부하시 회전수는 1,152[rpm]이다. 지금 회전수 900[rpm]에서 전부하 토크를 발생하려면 회전자에 투입해야 할 외부 저항[Ω]은 얼마인가? (단, 회전자는 Y결선이고 각 상 저항 $r_2 = 0.03$[Ω]이다.)

① 0.1275
② 0.1375
③ 0.1475
④ 0.1575

[해설] $f = 60$[Hz], 극수 $p = 6$, $N = 1,152$[rpm], $N' = 900$[rpm], $r_2 = 0.03$[Ω]이므로

$$N_s = \frac{120f}{p} = \frac{120 \times 60}{6} = 1,200 \text{[rpm]}$$

$$s = \frac{N_s - N}{N_s} = \frac{1,200 - 1,152}{1,200} = 0.04$$

$$s' = \frac{N_s - N'}{N_s} = \frac{1,200 - 900}{1,200} = 0.25$$

$$\therefore R = \left(\frac{s'}{s} - 1\right) r_2 = \left(\frac{0.25}{0.04} - 1\right) \times 0.03 = 0.1575 \text{[Ω]}$$

답 : ④

04 4극, 60[Hz]인 3상 유도전동기에 어떤 부하를 걸었을 때의 슬립이 3[%]이었다. 같은 부하 토크로 여기에 1.2[Ω]의 저항 3개를 Y로 접속하여 2차에 삽입하니 1,530[rpm]이 되었다. 2차 권선의 저항[Ω]은?

① 0.3
② 0.7
③ 0.9
④ 1.2

[해설] 극수 $p = 4$, $f = 60$[Hz], $s = 3$[%], $R = 1.2$[Ω], $N' = 1,530$[rpm]이므로

$$N_s = \frac{120f}{p} = \frac{120 \times 60}{4} = 1,800 \text{[rpm]}$$

$$s' = \frac{N_s - N'}{N_s} = \frac{1,800 - 1,530}{1,800} = 0.15$$

$$R = \left(\frac{s'}{s} - 1\right) r_2 \text{[Ω] 식에서}$$

$$\therefore r_2 = \frac{R}{\dfrac{s'}{s} - 1} = \frac{1.2}{\dfrac{0.15}{0.03} - 1} = 0.3 \text{[Ω]}$$

답 : ①

예제 3 권선형 유도전동기의 "기동토크=전부하토크"를 만족하는 외부저항(R)

60[Hz]의 6극 3상 권선형 유도전동기가 있다. 이 전동기의 정격시 회전수는 1,140[rpm]이다. 이 전동기를 같은 공급 전압에서 전부하 토크로 기동하려면 외부 저항을 몇 [Ω] 가하면 되는가? (단, 회전자 권선은 Y결선이며 두 단자 간의 저항은 0.1[Ω]이다.)

① 0.5 ② 0.7
③ 0.85 ④ 0.95

풀이전략

(1) 동기속도(N_s)를 구하여 전부하 회전자속도(N)일 때의 슬립(s)을 계산한다. (전부하 슬립(s)이 주어지는 경우도 있음)

(2) 전부하토크와 같은 크기로 기동시키기 위한 외부삽입저항(R)은 $s'=1$(기동시)일 때의 저항값이다.

(3) $R=\left(\dfrac{s'}{s}-1\right)r_2\,[\Omega]$ 식에서 $s'=1$이므로 $R=\left(\dfrac{1}{s}-1\right)r_2\,[\Omega]$ 식을 이용하여 외부삽입저항(R)이나 2차 권선저항(r_2)을 계산한다. 단, 저항은 모두 1상을 기준으로 한다.

풀 이

$f=60\,[\text{Hz}]$, 극수 $p=6$, $N=1,140\,[\text{rpm}]$, $r_2=\dfrac{0.1}{2}=0.05\,[\Omega]$ (2차 권선저항(r_2)은 0.1[Ω]이 두 단자 사이의 저항값이므로 1상으로 계산하면 2로 나눈 값이어야 한다.)

$$N_s=\frac{120f}{p}=\frac{120\times 60}{6}=1,200\,[\text{rpm}]$$

$$s=\frac{N_s-N}{N_s}=\frac{1,200-1,140}{1,200}=0.05$$

$$\therefore R=\left(\frac{1}{s}-1\right)r_2=\left(\frac{1}{0.05}-1\right)\times 0.05=0.95\,[\Omega]$$

정답 ④

유사문제

05 3상 권선형 유도전동기(60[Hz], 4극)의 전부하 회전수가 1,746[rpm]일 때, 전부하 토크와 같은 크기로 기동시키려면 회전자 회로의 각 상에 삽입할 저항 [Ω]의 크기는? (단, 회전자 1상의 저항은 0.06[Ω]이다.)

① 2.42 ② 1.94
③ 0.94 ④ 1.46

[해설] $f=60\,[\text{Hz}]$, 극수 $p=4$, $N=1,746\,[\text{rpm}]$, $r_2=0.06\,[\Omega]$이므로

$$N_s=\frac{120f}{p}=\frac{120\times 60}{4}=1,800\,[\text{rpm}]$$

$$s=\frac{N_s-N}{N_s}=\frac{1,800-1,746}{1,800}=0.03$$

$$\therefore R=\left(\frac{1}{s}-1\right)r_2=\left(\frac{1}{0.03}-1\right)\times 0.06=1.94\,[\Omega]$$

답 : ②

06 3상 권선형 유도전동기의 전부하 슬립이 5[%], 2차 1상의 저항 0.5[Ω]이다. 이 전동기의 기동 토크를 전부하 토크와 같도록 하려면 외부에서 2차에 삽입할 저항은 몇 [Ω]인가?

① 10 ② 9.5
③ 9 ④ 8.5

[해설] $s=5\,[\%]$, $r_2=0.5\,[\Omega]$이므로

$$\therefore R=\left(\frac{1}{s}-1\right)r_2=\left(\frac{1}{0.05}-1\right)\times 0.5=9.5\,[\Omega]$$

답 : ②

예제 4   3상 유도전압 조정기의 정격용량 ★★☆

선로 용량 6,600[kVA]의 회로에 사용하는 6,600±660[V] 3상 유도전압 조정기의 정격용량은 몇 [kVA]인가?

① 6,000
② 3,000
③ 1,500
④ 600

풀이전략
(1) 먼저 조정전압 E_2[V]를 정해준다.
(2) 선로용량 P_L[VA]와 선로전압 E_1+E_2[V]를 이용하여 직렬권선전류 I_2[A]를 계산한다.

$$I_2 = \frac{P_L}{\sqrt{3}\,(E_1+E_2)}\,[\text{A}]$$

(3) 3상 유도전압 조정기의 정격용량 $P=\sqrt{3}\,E_2\,I_2\times 10^{-3}$[kVA]식으로 답을 얻는다.

풀 이
$P_L = 6,600\,[\text{kVA}]$, $E_1 \pm E_2 = 6,600 \pm 660\,[\text{V}]$이므로 $E_2 = 660\,[\text{V}]$

$$I_2 = \frac{P_L}{\sqrt{3}\,(E_1+E_2)} = \frac{6,600\times 10^3}{\sqrt{3}\,(6,600+660)} = 524.86\,[\text{A}]$$

$$\therefore\ P = \sqrt{3}\,E_2\,I_2 \times 10^{-3} = \sqrt{3}\times 660\times 524.86\times 10^{-3} = 600\,[\text{kVA}]$$

정답 ④

유사문제

07 선로용량 6,600[kVA]의 회로에 사용하는 3,300±330[V]인 3상 유도전압 조정기의 정격용량은 몇 [kVA]인가?

① 6,000
② 3,000
③ 1,500
④ 600

[해설] $P_L = 6,600\,[\text{kVA}]$,
$E_1 \pm E_2 = 3,300 \pm 330\,[\text{V}]$이므로
$E_2 = 330\,[\text{V}]$

$$I_2 = \frac{P_L}{\sqrt{3}\,(E_1+E_2)} = \frac{6,600\times 10^3}{\sqrt{3}\,(3,300+330)}$$
$$= 1,049.73\,[\text{A}]$$
$$\therefore\ P = \sqrt{3}\,E_2\,I_2\times 10^{-3}$$
$$= \sqrt{3}\times 330\times 1,049.73\times 10^{-3}$$
$$= 600\,[\text{kVA}]$$

답 : ④

08 220±100[V], 5[kVA]의 3상 유도전압 조정기의 정격 2차 전류는 몇 [A]인가?

① 13.1
② 22.7
③ 28.8
④ 50

[해설] $E_1 \pm E_2 = 220 \pm 100\,[\text{V}]$, $P = 5\,[\text{kVA}]$일 때
$E_2 = 100\,[\text{V}]$이므로
$P = \sqrt{3}\,E_2\,I_2\,[\text{VA}]$ 식에서

$$\therefore\ I_2 = \frac{P}{\sqrt{3}\,E_2} = \frac{5\times 10^3}{\sqrt{3}\times 100} = 28.8\,[\text{A}]$$

답 : ③

04 출제예상문제

★★★
01 유도전동기의 슬립(slip) s의 범위는?

① $1 > s > 0$ ② $0 > s > -1$
③ $0 > s > 1$ ④ $-1 < s < 1$

[해설] 유도전동기의 슬립의 범위
(1) 정상회전시 슬립의 범위
정지시 $N=0$, 운전시 $N=N_s$이므로 슬립 공식에 대입하면
∴ $0 < s < 1$
(2) 역회전시 또는 제동시 슬립의 범위
정지시 $N=0$, 역회전시 $N=-N_s$이므로
∴ $1 < s < 2$

★★
02 4극, 60[Hz]인 3상 유도전동기가 1,750[rpm]으로 회전하고 있을 때, 전원의 b상, c상을 바꾸면 이때의 슬립은?

① 2.03 ② 1.97
③ 0.029 ④ 0.028

[해설] 유도전동기의 슬립(s)
극수 $p=4$, $f=60$[Hz], $N=1,750$[rpm]이며 전원의 두 상을 교체하면 전동기는 역회전하게 되므로
$N_s = \dfrac{120f}{p} = \dfrac{120 \times 60}{4} = 1,800$ [rpm]
∴ $s = \dfrac{N_s + N}{N_s} = \dfrac{1,800 + 1,750}{1,800} = 1.97$

★
03 50[Hz], 4극인 유도전동기의 슬립이 4[%]일 때 회전수[rpm]는?

① 1,410 ② 1,440
③ 1,470 ④ 1,500

[해설] 회전자 속도(N)
$f=50$[Hz], 극수 $p=4$, $s=4$[%]이므로
∴ $N = (1-s)N_s = (1-s)\dfrac{120f}{p}$
$= (1-0.04) \times \dfrac{120 \times 50}{4} = 1,440$ [rpm]

★
04 60[Hz], 슬립 3[%], 회전수 1,164[rpm]인 유도전동기의 극수는?

① 4 ② 6
③ 8 ④ 10

[해설] 회전자 속도(N)
$f=60$[Hz], $s=3$[%], $N=1,164$[rpm], 극수 p이므로
∴ $p = (1-s)\dfrac{120f}{N} = (1-0.03) \times \dfrac{120 \times 60}{1,164}$
$= 6$극

★★
05 유도전동기의 회전자 슬립이 s로 회전할 때 2차 주파수를 f_2[Hz], 2차측 유기전압을 $E_2{'}$ [V]라 하면 이들과 슬립 s와의 관계는? (단, 1차 주파수를 f라고 한다.)

① $E_2{'} \propto s$, $f_2 \propto (1-s)$
② $E_2{'} \propto s$, $f_2 \propto \dfrac{1}{s}$
③ $E_2{'} \propto s$, $f_2 \propto \dfrac{f}{s}$
④ $E_2{'} \propto s$, $f_2 \propto sf$

[해설] 유도전동기의 운전시 회전자 유기기전력($E_2{'}$)과 회전자 주파수(f_2)
(1) 정지시
$E_2 = 4.44 f \phi N_2 k_{w2}$ [V]
(2) 운전시
$E_2{'} = 4.44 f_2 \phi N_2 k_{w2} = 4.44 s f \phi N_2 k_{w2}$ [V]
이므로
∴ $E_2{'} = sE_2 \propto s$
∴ $f_2 = sf \propto sf$

[정답] 01 ① 02 ② 03 ② 04 ② 05 ④

06 슬립 4[%]인 유도전동기의 정지시 2차 1상 전압이 150[V]이면 운전시 2차 1상 전압[V]은?

① 9   ② 8
③ 7   ④ 6

[해설] 유도전동기의 운전시 회전자 유기기전력(E_{2s})
$E_{2s} = sE_2$ [V], $f_{2s} = sf_1$ [Hz]이므로
$s = 4$ [%], $E_2 = 150$ [V]일 때
∴ $E_{2s} = sE_2 = 0.04 \times 150 = 6$ [V]

07 10극, 50[Hz], 3상 유도전동기가 있다. 회전도 3상이고 회전자가 정지할 때, 2차 1상간의 전압이 150[V]이다. 이것을 회전자계와 같은 방향으로 400[rpm]으로 회전시킬 때, 2차 전압[V]은 얼마인가?

① 150   ② 100
③ 75   ④ 50

[해설] 유도전동기의 운전시 회전자 유기기전력(E_{2s})
$E_{2s} = sE_2$ [V], $f_{2s} = sf_1$ [Hz]이므로
극수 $p = 10$, $f_1 = 50$ [Hz], $E_2 = 150$ [V], $N = 400$ [rpm]일 때
$N_s = \dfrac{120 f_1}{p} = \dfrac{120 \times 50}{10} = 600$ [rpm]
$s = \dfrac{N_s - N}{N_s} = \dfrac{600 - 400}{600} = \dfrac{1}{3}$
∴ $E_{2s} = sE_2 = \dfrac{1}{3} \times 150 = 50$ [V]

08 6극, 200[V], 60[Hz], 7.5[kW]의 3상 유도전동기가 960[rpm]으로 회전하고 있을 때, 회전자 전류의 주파수[Hz]는?

① 8   ② 10
③ 12   ④ 14

[해설] 유도전동기의 운전시 회전자 주파수(f_{2s})
$E_{2s} = sE_2$ [V], $f_{2s} = sf_1$ [Hz]이므로
극수 $p = 6$, $E_2 = 200$ [V], $f_1 = 60$ [Hz],
출력 $P_0 = 7.5$ [kW], $N = 960$ [rpm]일 때
$N_s = \dfrac{120 f_1}{p} = \dfrac{120 \times 60}{6} = 1,200$ [rpm]
$s = \dfrac{N_s - N}{N_s} = \dfrac{1,200 - 960}{1,200} = 0.2$
∴ $f_{2s} = sf_1 = 0.2 \times 60 = 12$ [Hz]

09 그림에서 고정자가 매초 50회전하고, 회전자가 45회전하고 있을 때, 회전자의 도체에 유기되는 기전력의 주파수[Hz]는 얼마인가?

① 45
② 95
③ 5
④ 50

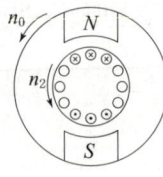

[해설] 유도전동기의 운전시 회전자 유기기전력(E_{2s})과 회전자 주파수(f_{2s})
$E_{2s} = sE_2$ [V], $f_{2s} = sf_1$ [Hz]이므로
고정자의 매 초당 회전수는 $n_0 = 50$ [rps], 또는 $f_1 = 50$ [Hz]이고 회전자의 매 초당 회전수는 $n_2 = 45$ [rps], 또는 $f_2 = 45$ [Hz]일 때
$s = \dfrac{n_0 - n_2}{n_0} = \dfrac{50 - 45}{50} = 0.1$
∴ $f_{2s} = sf_1 = 0.1 \times 50 = 5$ [Hz]

정답 06 ④   07 ④   08 ③   09 ③

10 3상 60[Hz], 4극 유도전동기가 어떤 회전 속도로 회전하고 있다. 회전자 주파수가 3[Hz]일 때, 이 전동기의 회전자 속도[rpm]는?

① 1,800
② 1,710
③ 1,720
④ 1,750

[해설] $f_1 = 60$ [Hz], 극수 $p = 4$, $f_{2s} = 3$ [Hz]이므로
$f_{2s} = sf_1$ [Hz]
$N = (1-s)N_s = (1-s)\dfrac{120f_1}{p}$ [rpm] 식에서
$s = \dfrac{f_{2s}}{f_1} = \dfrac{3}{60} = 0.05$
∴ $N = (1-s)\dfrac{120f_1}{p} = (1-0.05) \times \dfrac{120 \times 60}{4}$
$= 1,710$ [rpm]

12 220[V], 6극, 60[Hz], 10[kW]인 3상 유도전동기의 회전자 1상의 저항은 0.1[Ω], 리액턴스는 0.5[Ω]이다. 정격 전압을 가했을 때, 슬립이 4[%]이었다. 회전자 전류[A]는 얼마인가? (단, 고정자의 회전자는 3각 결선으로 각각 권수는 300회와 150회이며 각 권선 계수는 같다.)

① 27
② 36
③ 43
④ 52

[해설] 유도전동기의 운전시 2차 전류(I_2')
$V_1 = 220$ [V], 극수 $p = 6$, $f_1 = 60$ [Hz],
출력 $P_0 = 10$ [kW], $r_2 = 0.1$ [Ω], $x_2 = 0.5$ [Ω],
$s = 4$ [%], $N_1 = 300$, $N_2 = 150$, Δ결선이므로
권수비 $a = \dfrac{V_1}{V_2} = \dfrac{E_1}{E_2} = \dfrac{N_1}{N_2} = \dfrac{300}{150} = 2$
$E_2 = \dfrac{E_1}{a} = \dfrac{V_1}{a} = \dfrac{220}{2} = 110$ [V]
∴ $I_2' = \dfrac{E_2}{\sqrt{\left(\dfrac{r_2}{s}\right)^2 + x_2^2}} = \dfrac{110}{\sqrt{\left(\dfrac{0.1}{0.04}\right)^2 + 0.5^2}}$
$= 43$ [A]

11 권선형 유도전동기의 슬립 s에 있어서의 2차 전류[A]는? (단, E_2, X_2는 전동기 정지시의 2차 유기 전압과 2차 리액턴스로 하고 R_2는 2차 저항으로 한다.)

① $\dfrac{E_2}{\sqrt{\left(\dfrac{R_2}{s}\right)^2 + X_2^2}}$
② $\dfrac{sE^2}{\sqrt{R_2^2 + \dfrac{X_2^2}{s}}}$
③ $\dfrac{E_2}{\sqrt{\left(\dfrac{R_2}{1-s}\right)^2 + X_2}}$
④ $\dfrac{E_2}{\sqrt{(sR_2)^2 + X_2^2}}$

[해설] 유도전동기의 운전시 2차 전류(I_2')
$I_2' = \dfrac{sE_2}{\sqrt{R_2^2 + (sX_2)^2}} = \dfrac{E_2}{\sqrt{\left(\dfrac{R_2}{s}\right)^2 + X_2^2}}$ [A]

13 슬립 4[%]인 유도전동기의 등가부하저항은 2차 저항의 몇 배인가?

① $32\,r_2'$
② $24\,r_2'$
③ $12\,r_2'$
④ $4\,r_2'$

[해설] 유도전동기의 등가부하저항(R)
$I_2' = \dfrac{E_2}{\sqrt{\left(\dfrac{r_2}{s}\right)^2 + x_2^2}} = \dfrac{E_2}{\sqrt{\left(\dfrac{r_2}{s} - r_2 + r_2\right)^2 + x_2^2}}$
$= \dfrac{E_2}{\sqrt{(R+r_2)^2 + x_2^2}}$ [A]
여기서 R은 기계적인 출력을 발생시키는데 필요한 등가부하저항으로 $R = \dfrac{r_2}{s} - r_2 = \left(\dfrac{1}{s} - 1\right)r_2$ [Ω]이 된다.
$s = 4$ [%]이므로
∴ $R = \left(\dfrac{1}{s} - 1\right)r_2 = \left(\dfrac{1}{0.04} - 1\right)r_2 = 24\,r_2$ [Ω]

14 유도전동기의 2차 동손, 2차 입력, 슬립을 각각 P_c, P_2, s라 하면 관계식은?

① $P_2 \cdot P_c \cdot s = 1$
② $s = P_2 \cdot P_c$
③ $s = \dfrac{P_2}{P_c}$
④ $P_c = sP_2$

[해설] 2차 입력(P_2), 2차 동손(P_{c2}), 기계적 출력(P_0) 관계

구분	$\times P_2$	$\times P_{c2}$	$\times P_0$
$P_2 =$	1	$\dfrac{1}{s}$	$\dfrac{1}{1-s}$
$P_{c2} =$	s	1	$\dfrac{s}{1-s}$
$P_0 =$	$1-s$	$\dfrac{1-s}{s}$	1

$P_2 = \dfrac{P_{c2}}{s} = \dfrac{P_0}{1-s}$ [W]

$P_{c2} = sP_2 = \dfrac{s}{1-s}P_0$ [W]

$P_0 = (1-s)P_2 = \dfrac{1-s}{s}P_{c2}$ [W]

15 3상 유도전동기의 회전자 입력 P_2, 슬립 s이면 2차 동손은?

① $(1-s)P_2$
② $\dfrac{P_2}{s}$
③ $\dfrac{(1-s)P_2}{s}$
④ sP_2

[해설] 2차 입력(P_2), 2차 동손(P_{c2}), 기계적 출력(P_0) 관계

∴ $P_{c2} = sP_2 = \dfrac{s}{1-s}P_0$ [W]

16 15[kW], 60[Hz], 4극의 3상 유도전동기가 있다. 전부하가 걸렸을 때의 슬립이 4[%]라면 이때의 2차(회전자)측 동손[kW] 및 2차 입력[kW]은?

① 0.4, 136
② 0.625, 15.6
③ 0.06, 156
④ 0.8, 13.6

[해설] 2차 입력(P_2), 2차 동손(P_{c2}), 기계적 출력(P_0) 관계
$P_0 = 15$ [kW], $f = 60$ [Hz], 극수 $p = 4$, $s = 4$ [%]이므로

∴ $P_{c2} = \dfrac{s}{1-s}P_0 = \dfrac{0.04}{1-0.04} \times 15 = 0.625$ [kW]

∴ $P_2 = \dfrac{P_0}{1-s} = \dfrac{15}{1-0.04} = 15.6$ [kW]

17 15[kW]인 3상 유도전동기의 기계손이 350[W], 전부하시의 슬립이 3[%]이다. 전부하시의 2차 동손[W]은?

① 395
② 411
③ 475
④ 524

[해설] 2차 입력(P_2), 2차 동손(P_{c2}), 기계적 출력(P_0) 관계
$P_0 = 15$ [kW], 기계손 $P_l = 350$ [W], $s = 3$ [%]일 때 기계손은 기계적 출력에 포함시켜야 하므로

∴ $P_{c2} = \dfrac{s}{1-s}(P_0 + P_l)$

$= \dfrac{0.03}{1-0.03} \times (15 \times 10^3 + 350) = 475$ [W]

18 200[V], 50[Hz], 8극, 15[kW]인 3상 유도전동기의 전부하 회전수가 720[rpm]이면 이 전동기의 2차 동손[W]은?

① 590
② 600
③ 625
④ 720

[해설] 2차 입력(P_2), 2차 동손(P_{c2}), 기계적 출력(P_0) 관계
$V = 200$ [V], $f = 50$ [Hz], 극수 $p = 8$,
$P_0 = 15$ [kW], $N = 720$ [rpm]이므로

$N_s = \dfrac{120f}{p} = \dfrac{120 \times 50}{8} = 750$ [rpm]

$s = \dfrac{N_s - N}{N_s} = \dfrac{750 - 720}{750} = 0.04$

∴ $P_{c2} = \dfrac{s}{1-s}P_0 = \dfrac{0.04}{1-0.04} \times 15 \times 10^3 = 625$ [W]

정답 14 ④ 15 ④ 16 ② 17 ③ 18 ③

19
정격출력이 7.5[kW]인 3상 유도전동기가 전부하 운전시 2차 저항손이 300[W]이다. 슬립은 몇 [%]인가?

① 18.9 ② 4.85
③ 23.6 ④ 3.85

해설 2차 입력(P_2), 2차 동손(P_{c2}), 기계적 출력(P_0) 관계
$P_0 = 7.5$ [kW], $P_{c2} = 300$ [W]이므로
$P_{c2} = \dfrac{s}{1-s} P_0$ [W] 식에 대입하여 풀면
$300 = \dfrac{s}{1-s} \times 7.5 \times 10^3$
∴ $s = 0.0385$ [p.u] $= 3.85$ [%]

20
4극, 7.5[kW], 220[V], 60[Hz]인 3상 유도전동기가 있다. 전부하에서의 2차 입력이 7,950[W]이다. 이 경우의 슬립을 구하면? (단, 기계손은 130 [W]이다.)

① 0.04 ② 0.05
③ 0.06 ④ 0.07

해설 2차 입력(P_2), 2차 동손(P_{c2}), 기계적 출력(P_0) 관계
극수 $p=4$, $P_0 = 7.5$ [kW], $V = 220$ [V], $f = 60$ [Hz], $P_2 = 7,950$ [W], 기계손 $P_l = 130$ [W]일 때
기계손은 기계적 출력에 포함시켜야 하므로
$P_0 + P_l = (1-s) P_2$ 식에 대입하여 풀면
$7.5 \times 10^3 + 130 = (1-s) \times 7,950$
∴ $s = 0.04$

21
60[Hz], 220[V], 7.5[kW]인 3상 유도전동기의 전부하시 회전자 동손이 0.485[kW], 기계손이 0.404 [kW]일 때, 슬립은 몇 [%]인가?

① 6.2 ② 5.8
③ 5.5 ④ 4.9

해설 2차 입력(P_2), 2차 동손(P_{c2}), 기계적 출력(P_0) 관계
$f = 60$ [Hz], $V = 220$ [V], $P_0 = 7.5$ [kW], $P_{c2} = 0.485$ [kW], 기계손 $P_l = 0.404$ [kW]일 때
기계손은 기계적 출력에 포함시켜야 하므로
$P_{c2} = \dfrac{s}{1-s}(P_0 + P_l)$ 식에 대입하여 풀면
$0.485 = \dfrac{s}{1-s} \times (7.5 + 0.404)$
∴ $s = 0.058 = 5.8$ [%]

22
3상 유도전동기가 있다. 슬립 s일 때, 2차 효율은 얼마인가?

① $1-s$ ② $2-s$
③ $3-s$ ④ $4-s$

해설 유도전동기의 2차 효율(η_2)
기계적 출력 P_0, 2차 입력 P_2, 슬립 s, 회전자 속도 N, 동기속도(고정자 속도) N_s라 할 때
∴ $\eta_2 = \dfrac{P_0}{P_2} = 1-s = \dfrac{N}{N_s}$

23
동기 각속도 ω_0, 회전자 각속도 ω인 유도전동기의 2차 효율은?

① $\dfrac{\omega_0 - \omega}{\omega}$ ② $\dfrac{\omega_0 - \omega}{\omega_0}$

③ $\dfrac{\omega_0}{\omega}$ ④ $\dfrac{\omega}{\omega_0}$

해설 유도전동기의 2차 효율(η_2)
$N = \omega$, $N_s = \omega_0$이므로
∴ $\eta_2 = \dfrac{P_0}{P_2} = 1-s = \dfrac{N}{N_s} = \dfrac{\omega}{\omega_0}$

24
슬립 6[%]인 유도전동기의 2차측 효율[%]은?

① 94 ② 84
③ 90 ④ 88

해설 유도전동기의 2차 효율(η_2)
$s = 6$ [%]이므로
∴ $\eta_2 = 1-s = (1-0.06) \times 100 = 94$ [%]

★★
35 60[Hz], 6극, 10[kW]인 유도전동기가 슬립 5[%]로 운전할 때, 2차의 동손이 500[W]이다. 이 전동기의 전부하시 토크[kg·m]는?

① 약 4.3　　② 약 8.5
③ 약 41.8　　④ 약 83.5

해설 유도전동기의 토크(τ)
$f = 60$ [Hz], 극수 $p = 6$, $P_0 = 10$ [kW],
$s = 5$ [%], $P_{c2} = 500$ [W]일 때
$N = (1-s)N_s = (1-s)\dfrac{120f}{p}$
$= (1-0.05) \times \dfrac{120 \times 60}{6} = 1,140$ [rpm]
$\therefore \tau = 975\dfrac{P_0}{N} = 975 \times \dfrac{10}{1,140} = 8.5$ [kg·m]

★★★
36 6극, 60[Hz]인 3상 유도전동기가 95.5[N·m]의 토크를 내고 운전하고 있다. 동기 와트[W]를 구하면?

① 약 10×10^3　　② 약 12×10^3
③ 약 14×10^3　　④ 약 16×10^3

해설 동기와트(P_2)
극수 $p = 6$, $f = 60$ [Hz], $\tau = 95.5$ [N·m]이므로
$\therefore P_2 = \dfrac{1}{9.55} N_s \tau = \dfrac{1}{9.55} \cdot \dfrac{120f}{p} \cdot \tau$
$= \dfrac{1}{9.55} \times \dfrac{120 \times 60}{6} \times 95.5 = 12 \times 10^3$ [W]

★★★
37 3상 유도전동기에서 동기와트로 표시되는 것은?

① 토크　　② 동기 각속도
③ 1차 입력　　④ 2차 출력

해설 동기와트(P_2)
$\tau = 0.975\dfrac{P_0}{N}$ [kg·m] $= 0.975\dfrac{P_2}{N_s}$ [kg·m] 식에서 토크(τ)는 2차 입력(P_2)에 비례하고 동기속도(N_s)에 반비례한다.
이때 $N_s = \dfrac{120f}{p}$ [rpm]이므로 극수(p), 주파수(f)가 일정하면 동기속도(N_s)는 일정하므로 토크(τ)는 2차 입력(P_2)에 비례하게 된다. 따라서 2차 입력(P_2)을 토크(τ)로 표시하고 이것을 동기와트(P_2)라 한다.

★
38 유도전동기의 회전력을 τ라 하고 전동기에 가해지는 단자전압을 V_1[V]라고 할 때, τ와 V_1과의 관계는?

① $\tau \propto V_1$　　② $\tau \propto V_1^2$
③ $\tau \propto \dfrac{1}{2}V_1$　　④ $\tau \propto 2V_1$

해설 동기와트(P_2)와 토크(τ)
$P_2 = \dfrac{1}{0.975} N_s \tau = 1.026 N_s \tau$ [W]
$P_2 = E_2 I_2' \cos\theta = \dfrac{E_2^2}{\left(\dfrac{r_2}{s}\right)^2 + x_2^2} \cdot \dfrac{r_2}{s}$ [W]이므로
$\therefore P_2 \propto \tau \propto E_2^2 \propto V_1^2$

★★
39 유도전동기의 토크(회전력)는?

① 단자전압과 무관
② 단자전압에 비례
③ 단자전압의 제곱에 비례
④ 단자전압의 3승에 비례

해설 동기와트(P_2)와 토크(τ)
$P_2 \propto \tau \propto E_2^2 \propto V_1^2$이므로
$\therefore$ 토크(τ)는 단자전압(V_1)의 제곱에 비례한다.

★★
40 일정 주파수의 전원에서 운전 중인 3상 유도전동기의 전원 전압이 80[%]가 되었다고 하면 부하의 토크는 약 몇 [%]가 되는가?

① 55　　② 64
③ 80　　④ 90

해설 토크(τ)와 공급전압(V)과의 관계
토크(τ)는 공급전압(V)의 제곱에 비례하므로
$V' = 0.8V$ [V]이면
$\tau' = \left(\dfrac{V'}{V}\right)^2 \tau = \left(\dfrac{0.8V}{V}\right)^2 \tau = 0.64\tau$
$\therefore 64$ [%]

정답　35 ②　36 ②　37 ①　38 ②　39 ③　40 ②

41
3상 유도전동기의 전압이 15[%] 저하하면 기동 토크의 감소율[%]은 대략 얼마인가?

① 15.0　　② 72.3
③ 85.0　　④ 27.8

해설 토크(τ)와 공급전압(V)과의 관계
$V' = (1-0.15)V = 0.85V$ [V]이면
$\tau' = \left(\dfrac{V'}{V}\right)^2 \tau = \left(\dfrac{0.85V}{V}\right)^2 \tau = 0.7225\tau$
∴ $(1-0.7225) \times 100 = 27.8$ [%]

42
3상 농형 유도전동기를 전전압 기동할 때의 토크는 전부하시의 $\dfrac{1}{\sqrt{2}}$배이다. 기동보상기로 전전압의 $\dfrac{1}{\sqrt{3}}$배로 기동하면 전부하 토크의 몇 배로 기동하게 되는가?

① $\dfrac{\sqrt{3}}{2}$배　　② $\dfrac{1}{\sqrt{3}}$배
③ $\dfrac{2}{\sqrt{3}}$배　　④ $\dfrac{1}{3\sqrt{2}}$배

해설 토크(τ)와 공급전압(V)과의 관계
토크(τ)는 전부하 토크의 $\dfrac{1}{\sqrt{2}}$배이며 공급전압(V)의 제곱에 비례하므로
$V' = \dfrac{1}{\sqrt{3}}V$ [V]이면
$\tau' = \left(\dfrac{V'}{V}\right)^2 \cdot \dfrac{1}{\sqrt{2}}\tau = \left(\dfrac{\frac{1}{\sqrt{3}}V}{V}\right)^2 \cdot \dfrac{1}{\sqrt{2}}\tau$
$= \dfrac{1}{3\sqrt{2}}\tau$
∴ $\dfrac{1}{3\sqrt{2}}$ 배이다.

43
200[V], 7.5[kW], 6극, 3상 유도전동기가 있다. 정격 전압으로 기동할 때 기동 전류는 정격 전류의 615[%], 기동 토크는 전부하 토크의 225[%]이다. 지금 기동 토크를 전부하 토크의 1.5배로 하려면 기동 전압[V]은 얼마로 하면 되는가?

① 약 163　　② 약 182
③ 약 193　　④ 약 202

해설 토크(τ)와 공급전압(V)과의 관계
$\tau = 225$ [%], $V = 200$ [V], $\tau' = 1.5$ 배이므로
∴ $V' = \sqrt{\dfrac{\tau'}{\tau}} = V = \sqrt{\dfrac{1.5}{2.25}} \times 200 = 163$ [V]

44
220[V]인 3상 유도전동기의 전부하 슬립이 4[%]이다. 공급 전압이 10[%] 저하할 때, 전부하 슬립은? (단, V_1'은 180[V]이다.)

① 0.02　　② 0.03
③ 0.05　　④ 0.06

해설 공급전압(V)과 전부하슬립(s)과의 관계
전부하슬립(s)은 공급전압(V)의 제곱에 반비례 관계에 있으므로
$V = 220$ [V], $s = 4$ [%], $V' = 180$ [V]일 때
∴ $s' = \left(\dfrac{V}{V'}\right)^2 s = \left(\dfrac{220}{180}\right)^2 \times 0.04 = 0.06$

45
220[V], 3상, 4극, 60[Hz]인 3상 유도전동기가 정격 전압 주파수에서 최대 회전력을 내는 슬립은 16[%]이다. 지금 200[V], 50[Hz]로 사용할 때의 최대 회전력 발생 슬립은 몇 [%]가 되는가?

① 16　　② 18
③ 19.4　　④ 21.3

해설 공급전압(V)과 전부하슬립(s)과의 관계
$V = 220$ [V], $s = 16$ [%], $V' = 200$ [V]일 때
∴ $s' = \left(\dfrac{V}{V'}\right)^2 s = \left(\dfrac{220}{200}\right)^2 \times 16 = 19.4$ [%]

정답 41 ④　42 ④　43 ①　44 ④　45 ③

46 3상 유도전동기의 최대토크 T_m, 최대토크를 발생시키는 슬립 s_t, 2차 저항 r_2'와의 관계는?

① $T_m \propto r_2'$, $s_t =$ 일정
② $T_m \propto r_2'$, $s_t \propto r_2'$
③ $T_m =$ 일정, $s_t \propto r_2'$
④ $T_m \propto \dfrac{1}{r_2'}$, $s_t \propto r_2'$

[해설] 최대토크(τ_m)와 최대토크가 발생할 때의 슬립(s_t)

$$\tau_m = 0.975 \frac{P_2}{N_s} = k\frac{E_2^{\,2}}{2x_2} = k\frac{V_1^{\,2}}{2x_2} \text{ [kg·m]}$$

$s_t = \dfrac{r_2}{x_2}$ 이므로

최대토크는 2차 리액턴스와 전압과 관계가 있으며 2차 저항과는 무관하고 최대토크가 발생할 때의 슬립은 2차 저항에 비례한다.
∴ $T_m =$ 일정, $S_t \propto r_2'$

47 3상 유도전동기에서 2차측 저항을 2배로 하면 그 최대토크는 몇 배로 되는가?

① 2배
② $\sqrt{3}$ 배
③ 1.2배
④ 변하지 않는다.

[해설] 최대토크(τ_m)와 최대토크가 발생할 때의 슬립(s_t)
최대토크는 2차 리액턴스와 전압과 관계가 있으며 2차 저항과는 무관하고 최대토크가 발생할 때의 슬립은 2차 저항에 비례한다.

48 유도전동기의 최대토크를 발생시키는 슬립을 s_t, 최대출력을 발생시키는 슬립을 s_p라 하면 대소 관계는?

① $s_p = s_t$
② $s_p > s_t$
③ $s_p < s_t$
④ 일정하지 않다.

[해설] 최대토크를 발생하는 슬립(s_t), 최대출력을 발생하는 슬립(s_p)

$s_t = \dfrac{r_2}{x_2}$

$s_p = \dfrac{r_2}{r_2 + Z} = \dfrac{r_2}{r_2 + \sqrt{(r_1+r_2)^2 + (x_1+x_2)^2}}$ 에서

$x_2 < r_2 + Z$ 이므로
∴ $s_t > s_p$

49 3상 유도전동기의 2차 저항을 2배로 하면 2배가 되는 것은?

① 토크
② 전류
③ 역률
④ 슬립

[해설] 최대토크(τ_m)와 최대토크가 발생할 때의 슬립(s_t)
최대토크는 2차 리액턴스와 전압과 관계가 있으며 2차 저항과는 무관하고 최대토크가 발생할 때의 슬립은 2차 저항에 비례한다.

50 3상 권선형 12극, 60[Hz], 150[kW]의 유도전동기가 있다. 슬립링을 단락하고 운전하여 전부하 출력 150[kW]를 낼 때의 속도는 582[rpm]이다. 이를 2차 삽입 저항을 넣어 510[rpm]까지 낮추고 같은 토크를 내게 하는 2차 삽입 저항(1상당)[Ω]은? (단, 2차 권선의 저항은 슬립링간에 측정하여 0.02[Ω]이었다.)

① 0.013
② 0.033
③ 0.040
④ 0.050

[해설] 권선형 유도전동기의 2차 외부삽입저항(R)
극수 $p = 12$, $f = 60$ [Hz], $N = 582$ [rpm],
$N' = 510$ [rpm], $r_2 = \dfrac{0.02}{2} = 0.01$ [Ω]

(2차 권선저항(r_2)은 슬립링 간에 측정한 저항치가 0.02 [Ω]이므로 1상으로 계산하면 2로 나눈 값이어야 한다.)

$N_s = \dfrac{120f}{p} = \dfrac{120 \times 60}{12} = 600$ [rpm]

$s = \dfrac{N_s - N}{N_s} = \dfrac{600 - 582}{600} = 0.03$

$s' = \dfrac{N_s - N'}{N_s} = \dfrac{600 - 510}{600} = 0.15$

∴ $R = \left(\dfrac{s'}{s} - 1\right)r_2 = \left(\dfrac{0.15}{0.03} - 1\right) \times 0.01 = 0.04$ [Ω]

51
4극 60[Hz], 3상 권선형 유도전동기에서 전부하 회전수는 1,600[rpm]이다. 지금 동일 토크의 1,200[rpm]으로 하려면 2차 회로에 몇 [Ω]의 외부 저항을 삽입하면 되는가? (단, 2차 회로는 Y결선이고, 각 상의 저항은 r_2이다.)

① r_2
② $2r_2$
③ $3r_2$
④ $4r_2$

[해설] 권선형 유도전동기의 2차 외부삽입저항(R)

극수 $p=4$, $f=60$ [Hz], $N=1,600$ [rpm],
$N'=1,200$ [rpm], 2차 권선저항 r_2

$$N_s = \frac{120f}{p} = \frac{120 \times 60}{4} = 1,800 \text{ [rpm]}$$

$$s = \frac{N_s - N}{N_s} = \frac{1,800 - 1,600}{1,800} = 0.11$$

$$s' = \frac{N_s - N'}{N_s} = \frac{1,800 - 1,200}{1,800} = 0.33$$

$$\therefore R = \left(\frac{s'}{s} - 1\right)r_2 = \left(\frac{0.33}{0.11} - 1\right)r_2 = 2r_2 \text{ [Ω]}$$

52
8극, 50[kW], 3,000[V], 50[Hz] 3상 유도전동기의 전부하 슬립이 4[%]라고 한다. 이 슬립링 사이에 0.16[Ω]의 저항 3개를 Y로 삽입하면 전부하 토크를 발생할 때의 회전수[rpm]는? (단, 2차 각 상의 저항은 0.04[Ω]이고, Y접속이다.)

① 600
② 700
③ 750
④ 800

[해설] 권선형 유도전동기의 2차 외부삽입저항(R)

극수 $p=8$, 출력 $P=50$ [kW], $V=3,000$ [V],
$f=50$ [Hz], $s=4$ [%], $R=0.16$ [Ω],
$r_2=0.04$ [Ω]이므로

$R = \left(\frac{s'}{s} - 1\right)r_2$ 식에 대입하여 s'를 구하면

$0.16 = \left(\frac{s'}{0.04} - 1\right) \times 0.04$ 식에 의하여 $s' = 0.2$이다.

$$\therefore N' = (1-s')N_s = (1-s')\frac{120f}{p}$$
$$= (1-0.2) \times \frac{120 \times 50}{8} = 600 \text{ [rpm]}$$

53
전부하로 운전하고 있는 60[Hz], 4극 권선형 유도 전동기의 전부하 속도 1,720[rpm], 2차 1상 저항 0.02[Ω]이다. 2차 회로의 저항을 3배로 할 때, 회전수[rpm]는?

① 1,264
② 1,356
③ 1,562
④ 1,765

[해설] 권선형 유도전동기의 2차 외부삽입저항(R)

권선형 유도전동기의 2차 외부에 저항을 삽입하면 2차 저항의 합은 2차 권선저항 r_2와 2차 외부삽입저항 R의 합이 된다. 이때 $r_2 + R = 3r_2$로 하기 위함이므로 $R = 2r_2$임을 알 수 있다.

$f=60$ [Hz], 극수 $p=4$, $N=1,720$ [rpm],
$r_2 = 0.02$이므로

$$N_s = \frac{120f}{p} = \frac{120 \times 60}{4} = 1,800 \text{ [rpm]}$$

$$s = \frac{N_s - N}{N_s} = \frac{1,800 - 1,720}{1,800} = 0.044$$

$R = \left(\frac{s'}{s} - 1\right)r_2$ 식에 대입하여 s'를 구하면

$2r_2 = \left(\frac{s'}{0.044} - 1\right)r_2$ 식에 의해서 $s' = 0.132$이다.

$$\therefore N' = (1-s')N_s = (1-0.132) \times 1,800$$
$$= 1,562 \text{ [rpm]}$$

54
전부하 슬립 2[%], 1상의 저항이 0.1[Ω]인 3상 권선형 유도전동기의 슬립링을 거쳐서 2차의 외부에 저항을 삽입하여 그 기동 토크를 전부하 토크와 같게 하고자 한다. 이 저항값[Ω]은?

① 5.0
② 4.9
③ 4.8
④ 4.7

[해설] 권선형 유도전동기의 "기동토크=전부하토크"를 만족하는 외부저항(R)

$R = \left(\frac{s'}{s} - 1\right)r_2$ [Ω] 식에서 기동시에는 $s' = 1$이므로 $R = \left(\frac{1}{s} - 1\right)r_2$ [Ω] 식을 이용하여 해결한다.

$s = 2$ [%], $r_2 = 0.1$ [Ω]이므로

$$\therefore R = \left(\frac{1}{s} - 1\right)r_2 = \left(\frac{1}{0.02} - 1\right) \times 0.1 = 4.9 \text{ [Ω]}$$

정답 51 ② 52 ① 53 ③ 54 ②

55 3상 권선형 유도전동기의 2차 회로에 저항을 삽입하는 목적이 아닌 것은?

① 속도는 줄어들지만 최대토크를 크게 하기 위하여
② 속도제어를 하기 위하여
③ 기동토크를 크게 하기 위하여
④ 기동전류를 줄이기 위하여

[해설] 비례추이의 특징
(1) 최대토크는 변하지 않고 기동 토크가 증가하며 반면 기동 전류는 감소한다.
(2) 최대토크를 발생시키는 슬립이 증가한다.
(3) 기동 역률이 좋아진다.
(4) 전부하 효율이 저하되고 속도가 감소한다.

56 3상 유도전동기의 특성에서 비례추이가 되지 않는 것은?

① 2차 전류 ② 1차 전류
③ 역률 ④ 출력

[해설] 비례추이를 할 수 있는 제량
(1) 비례추이가 가능한 특성
  토크, 1차 입력, 2차 입력(=동기와트), 1차 전류, 2차 전류, 역률
(2) 비례추이가 되지 않는 특성
  출력, 효율, 2차 동손, 동기속도

57 유도전동기의 원선도 작성시 필요하지 않은 시험은?

① 무부하 시험 ② 슬립 측정
③ 구속 시험 ④ 저항 측정

[해설] 원선도를 그리는데 필요한 시험
(1) 무부하시험
  철손, 무부하전류, 여자어드미턴스 측정
(2) 구속시험
  동손, 동기 임피던스, 단락비 측정
(3) 권선저항 측정

58 유도전동기 원선도에서 원의 지름은? (단, E를 1차 전압, r은 1차로 환산한 저항, x를 1차로 환산한 누설 리액턴스라 한다.)

① rE에 비례 ② rxE에 비례
③ $\dfrac{E}{r}$에 비례 ④ $\dfrac{E}{x}$에 비례

[해설] 원선도의 지름

$$I_1 = \frac{E_1}{Z_1} = \frac{E_1}{X_1 + X_2'}\sin\theta[A]$$ 식에서

∴ $\dfrac{E_1}{X_1 + X_2'}$ 이므로 $\dfrac{E}{x}$에 비례한다.

59 3상 유도전동기의 기동법으로 옳지 않은 것은?

① Y-Δ 기동법
② 기동 보상기법
③ 1차 저항 조정에 의한 기동법
④ 전전압 기동법

[해설] 유도전동기의 기동법
(1) 농형 유도전동기
  ㉠ 전전압 기동법 : 5.5[kW] 이하에 적용
  ㉡ Y-Δ 기동법 : 5.5[kW]~15[kW] 범위에 적용
  ㉢ 리액터 기동법 : 감전압 기동법으로 15[kW] 넘는 경우에 적용
  ㉣ 기동보상기법 : 단권변압기를 이용하는 방법으로 15[kW] 넘는 경우에 적용
(2) 권선형 유도전동기
  ㉠ 2차 저항 기동법(기동저항기법) : 비례추이원리 적용
  ㉡ 게르게스법

60 농형 유도전동기의 기동법이 아닌 것은?

① 전전압 기동법
② 기동보상기법
③ 콘도르파법
④ 기동 저항기법

[해설] 유도전동기의 기동법
기동저항기법은 비례추이원리를 이용한 2차 저항기동법으로 권선형 유도전동기를 기동하기 위한 방법이다.

정답 55 ① 56 ④ 57 ② 58 ④ 59 ③ 60 ④

61 유도전동기의 기동에서 Y-Δ 기동은 몇 [kW] 범위의 전동기에서 이용되는가?

① 5[kW] 이하
② 5~15[kW]
③ 15[kW] 이상
④ 용량에 관계없이 이용이 가능하다.

[해설] 유도전동기의 기동법
Y-Δ 기동법 : 5.5[kW]~15[kW] 범위에 적용

62 30[kW]인 농형 유도전동기의 기동에 가장 적당한 방법은?

① 기동보상기에 의한 기동
② Δ-Y 기동
③ 저항 기동
④ 직접 기동

[해설] 유도전동기의 기동법
(1) 리액터 기동법 : 감전압 기동법으로 15[kW] 넘는 경우에 적용
(2) 기동보상기법 : 단권변압기를 이용하는 방법으로 15[kW] 넘는 경우에 적용

63 유도전동기를 기동하기 위하여 Δ를 Y로 전환했을 때, 토크는 몇 배가 되는가?

① $\frac{1}{3}$ 배
② $\frac{1}{\sqrt{3}}$ 배
③ $\sqrt{3}$ 배
④ 3배

[해설] 유도전동기의 Y-Δ 기동법
유도전동기의 권선이 Δ결선일 때는 선간전압이 권선에 모두 걸리므로 전전압 기동이 되지만 Y결선일 때는 선간전압의 $\frac{1}{\sqrt{3}}$ 배로 감소된 상전압이 권선에 걸리게 된다. 이때 토크의 변화는

$P_2 = \frac{1}{0.975} N_s \tau = 1.026 N_s \tau$ [W]

$P_2 = \frac{E_2^{\,2}}{\left(\frac{r_2}{s}\right)^2 + x_2^{\,2}} \cdot \frac{r_2}{s}$ [W] 식에 의하여

$P_2 \propto \tau \propto E^2$ 이므로

$\therefore \tau' = \left(\frac{1}{\sqrt{3}}\right)^2 \tau = \frac{1}{3} \tau$

64 유도전동기의 기동 방식 중 권선형에만 사용할 수 있는 방식은?

① 리액터 기동
② Y-Δ 기동
③ 2차 회로의 저항 삽입
④ 기동 보상기

[해설] 유도전동기의 기동법
권선형 유도전동기
(1) 2차 저항 기동법(기동저항기법) : 비례추이원리 적용
(2) 게르게스법

65 3상 권선형 유도전동기의 기동법은?

① 변연장 Δ결선법
② 콘도르파법
③ 게르게스법
④ 기동 보상기법

[해설] 유도전동기의 기동법
권선형 유도전동기
(1) 2차 저항 기동법(기동저항기법) : 비례추이원리 적용
(2) 게르게스법

66 다음 중 농형 유도전동기에 주로 사용되는 속도 제어법은?

① 저항 제어법
② 2차 여자법
③ 종속 접속법
④ 극수 변환법

[해설] 유도전동기의 속도제어
(1) 농형 유도전동기
극수 변환법, 주파수 변환법, 전압제어법
(2) 권선형 유도전동기
2차 저항 제어법, 2차 여자법(슬립 제어), 종속접속법(직렬종속법, 차동종속법)

정답 61 ② 62 ① 63 ① 64 ③ 65 ③ 66 ④

67 3상 유도전동기의 속도를 제어시키고자 한다. 적합하지 않은 방법은?

① 주파수 변환법
② 종속법
③ 2차 여자법
④ 전전압법

[해설] 유도전동기의 속도제어
전전압법은 농형 유도전동기의 기동법 중의 하나이다.

68 유도전동기의 속도 제어법 중 저항제어와 무관한 것은?

① 농형 유도 전동기
② 비례 추이
③ 속도제어가 간단하고 원활
④ 작은 속도 조정 범위

[해설] 유도전동기의 속도제어
(1) 농형 유도전동기
극수 변환법, 주파수 변환법, 전압제어법
(2) 권선형 유도전동기
2차 저항 제어법, 2차 여자법(슬립 제어), 종속접속법(직렬종속법, 차동종속법)

69 유도전동기의 회전자에 슬립 주파수의 전압을 공급하여 속도 제어를 하는 방법은?

① 2차 저항법
② 직류 여자법
③ 주파수 변환법
④ 2차 여자법

[해설] 유도전동기의 속도제어
권선형 유도전동기
2차 저항 제어법, 2차 여자법(슬립 제어), 종속접속법(직렬종속법, 차동종속법)

70 선박 전기 추진용 전동기의 속도 제어에 가장 알맞은 것은?

① 주파수 변화에 의한 제어
② 극수 변환에 의한 제어
③ 1차 저항에 의한 제어
④ 2차 저항에 의한 제어

[해설] 유도전동기의 속도제어
농형 유도전동기
극수 변환법, 주파수 변환법, 전압제어법. 특히 주파수 변환법은 선박의 추진용 모터나 인견공장의 포트 모터에 이용하고 있다.

71 인견공업에 사용되는 포트모터의 속도제어는 다음 설명 중에 어떤 것에 따르는가?

① 극수 변환에 의한 제어
② 주파수 변환에 의한 제어
③ 저항에 의한 제어
④ 2차 여자에 의한 제어

[해설] 유도전동기의 속도제어
주파수 변환법은 선박의 추진용 모터나 인견공장의 포트 모터에 이용하고 있다.

72 유도전동기의 1차 전압 변화에 의한 속도 제어 시 SCR을 사용하여 변화시키는 것은?

① 주파수
② 토크
③ 전류
④ 위상각

[해설] 유도전동기의 속도제어
반도체 사이리스터(SCR)에 의한 속도제어는 전압, 위상, 주파수에 따라 제어하며 주로 위상각 제어를 이용한다.

정답 67 ④ 68 ① 69 ④ 70 ① 71 ② 72 ④

제4장 _ 유도기

73 반도체 사이리스터에 의한 속도 제어에서 제어되지 않는 것은?

① 토크　　② 위상
③ 전압　　④ 주파수

[해설] 유도전동기의 속도제어
　최근 이용되고 있는 반도체 사이리스터(SCR)에 의한 속도제어는 전압, 위상, 주파수에 따라 제어하며 주로 위상각 제어를 이용한다.

74 횡축에 속도 n을, 종축에 토크 T를 취하여 전동기 및 부하의 속도 토크 특성 곡선을 그릴 때, 그 교점이 안정 운전점인 경우에 성립하는 관계식은? (단, 전동기의 발생 토크를 T_M, 부하의 반항 토크를 T_L이라 한다.)

① $\dfrac{dT_M}{dn} > \dfrac{dT_L}{dn}$

② $\dfrac{dT_M}{dn} = \dfrac{dT_L}{dn} = 0$

③ $\dfrac{dT_M}{dn} = \dfrac{dT_L}{dn}$

④ $\dfrac{dT_M}{dn} < \dfrac{dT_L}{dn}$

[해설] 전동기 및 부하의 속도-토크 특성 곡선
　전동기의 발생토크(T_M)와 부하의 반항토크(T_L)가 만나는 교점이 안정운전점인 경우 그 이전의 특성은 기동특성으로서 전동기의 발생토크가 부하의 반항토크보다 커야 하며 교점을 기준으로 하여 그 이후에는 전동기의 발생토크가 부하의 반항토크보다 작아야 한다. 이러한 조건을 만족할 때 전동기의 운전이 안정되게 된다. 따라서 토크곡선은 전동기 발생토크가 하향곡선이며 부하의 반항토크는 상향곡선이 됨을 알 수 있다.

$$\therefore \dfrac{dT_M}{dn} < \dfrac{dT_L}{dn}$$

75 권선형 유도전동기와 직류 분권전동기와의 유사한 점 두 가지는?

① 정류자가 있다. 저항으로 속도 조정이 된다.
② 속도 변동률이 작다. 저항으로 속도 조정이 된다.
③ 속도 변동률이 작다. 토크가 전류에 비례한다.
④ 속도가 가변. 기동 토크가 기동 전류에 비례한다.

[해설] 권선형 유도전동기와 직류 분권전동기와의 유사점
　권선형 유도전동기는 비례추이의 원리를 이용하여 기동하는데 전동기 2차측에 저항을 접속하여 이 저항값을 가변함으로서 속도를 제어하기 때문에 저항을 이용해서 속도를 제어한다는 공통점을 갖고 있다. 또한 부하에 대한 속도변동률은 그리 크지 않기 때문에 이 두 가지가 직류 분권전동기와 가장 비슷한 특징이라 하겠다.

76 클로우링 현상은 어느 것에 일어나는가?

① 농형 유도전동기
② 직류 직권전동기
③ 수은 정류기
④ 3상 변압기

[해설] 클로우링 현상
　농형유도전동기 속도가 정격속도 이전의 낮은 속도에서 안정이 되어 더 이상 속도 상승이 되지 않는 현상
(1) 발생원인
　㉠ 공극의 불균일
　㉡ 기본파와 상회전이 반대인 고조파가 유입된 경우
(2) 방지대책
　㉠ 공극을 균일하게 한다.
　㉡ 스큐 슬롯(사구)을 채용한다.

정답 73 ① 74 ④ 75 ② 76 ①

77 3상 유도전동기가 경부하로 운전 중 1선의 퓨즈가 끊어지면 어떻게 되는가?

① 속도가 증가하여 다른 퓨즈도 녹아 떨어진다.
② 속도가 낮아지고 다른 퓨즈도 녹아 떨어진다.
③ 전류가 감소한 상태에서 회전이 계속된다.
④ 전류가 증가한 상태에서 회전이 계속된다.

[해설] 게르게스 현상
3상 유도전동기의 한 상이 결상시 2상 전원으로 정속도의 $\frac{1}{2}$배 정도에서 지속적인 회전을 하는 현상으로 전동기 과여자를 초래하여 권선이 소손되는 사태가 발생한다.

78 교류전동기에서 기본파 회전자계와 같은 방향으로 회전하는 공간 고조파 회전자계의 고조파 차수 h를 구하면? (단, m은 상수, n은 정의 정수이다.)

① $h = nm$
② $h = 2nm$
③ $h = 2nm + 1$
④ $h = 2nm - 1$

[해설] 고조파의 특성비교
(1) 기본파와 상회전이 같은 고조파
  $h = 2nm + 1$: 7고조파, 13고조파, …
  <예> 7고조파는 기본파와 상회전이 같은 고조파 성분으로 속도는 기본파의 $\frac{1}{7}$배의 속도로 진행한다.
(2) 기본파와 상회전이 반대인 고조파
  $h = 2nm - 1$: 5고조파, 11고조파, …
  <예> 5고조파는 기본파와 상회전이 반대인 고조파 성분으로 속도는 기본파의 $\frac{1}{5}$배의 속도로 진행한다.
(3) 회전자계가 없는 고조파
  $h = 2nm$: 3고조파, 6고조파, 9고조파, …

79 교류전동기에서 기본파 회전자계와 역방향으로 회전하는 공간 고조파 회전자계의 고조파 차수 h를 구하면?

① $h = nm$
② $h = 2nm$
③ $h = 2nm - 1$
④ $h = 2nm + 1$

[해설] 고조파의 특성비교
기본파와 상회전이 반대인 고조파
$h = 2nm - 1$: 5고조파, 11고조파, …
<예> 5고조파는 기본파와 상회전이 반대인 고조파 성분으로 속도는 기본파의 $\frac{1}{5}$배의 속도로 진행한다.

80 9차 고조파에 의한 기자력의 회전방향 및 속도는 기본파 회전자계와 비교할 때, 다음 중 적당한 것은?

① 기본파와 역방향이고 9배의 속도
② 기본파와 역방향이고 1/9배의 속도
③ 기본파와 동방향이고 9배의 속도
④ 회전 자계를 발생하지 않는다.

[해설] 고조파의 특성비교
회전자계가 없는 고조파
$h = 2nm$: 3고조파, 6고조파, 9고조파, …

81 단상 유도전동기의 기동방법 중 기동토크가 큰 것은?

① 분상 기동형
② 반발 기동형
③ 반발 유도형
④ 콘덴서 기동형

[해설] 단상 유도전동기의 기동법(기동토크 순서)
반발기동형 > 반발유도형 > 콘덴서 기동형 > 분상기동형 > 셰이딩 코일형

정답 77 ④ 78 ③ 79 ③ 80 ④ 81 ②

82 단상 유도전동기의 기동 방법 중 가장 기동 토크가 작은 것은?

① 반발 기동형
② 반발 유도형
③ 콘덴서 분상형
④ 분상 기동형

[해설] 단상 유도전동기의 기동법(기동토크 순서)
반발기동형 > 반발유도형 > 콘덴서 기동형 > 분상기동형 > 셰이딩 코일형

83 단상 유도전동기 중 기동 토크가 작은 것은?

① 콘덴서 기동형
② 반발 기동형
③ 콘덴서 전동기
④ 셰이딩 코일형

[해설] 단상 유도전동기의 기동법(기동토크 순서)
반발기동형 > 반발유도형 > 콘덴서 기동형 > 분상기동형 > 셰이딩 코일형

84 3상 전압조정기의 원리는 어느 것을 응용한 것인가?

① 3상 동기발전기
② 3상 변압기
③ 3상 유도전동기
④ 3상 정류자전동기

[해설] 유도전압 조정기의 원리
(1) 단상 유도전압조정기 : 단권변압기의 원리
(2) 3상 유도전압조정기 : 3상 유도전동기의 원리

85 3상 유도전압조정기의 동작 원리는?

① 회전자계에 의한 유도작용을 이용하여 2차 전압의 위상전압조정에 따라 변화한다.
② 교번자계의 전자유도작용을 이용한다.
③ 충전된 두 물체 사이에 작용하는 힘을 이용한다.
④ 두 전류 사이에 작용하는 힘을 이용한다.

[해설] 3상 유도전압조정기의 동작원리
3상 유도전압조정기는 3상 유도전동기의 원리를 응용하여 회전자계에 의한 유도작용을 이용하는 방법으로 회전자에 유도된 2차 전압의 위상조정에 따라 전압이 조정된다. 전압의 조정범위는 $\sqrt{3}(V_1 + E_2 \cos \alpha)$ 이다.

86 단상 유도전압조정기의 1차 권선과 2차 권선의 축 사이 각도를 α라 하고, 두 권선의 축이 일치할 때 2차 권선의 유기 전압을 E_2, 전원 전압을 V_1, 부하측의 전압을 V_2라고 하면 임의의 각 α일 때의 V_2를 나타내는 식은?

① $V_2 = V_1 + E_2 \cos \alpha$
② $V_2 = V_1 - E_2 \cos \alpha$
③ $V_2 = E_2 + V_1 \cos \alpha$
④ $V_2 = E_2 - V_1 \cos \alpha$

[해설] 단상 유도전압조정기
단상 유도전압조정기는 단권변압기의 원리를 응용하여 교번자계에 의한 전자유도작용을 이용하는 방법으로 회전자에 유도된 2차 전압의 위상 조정에 따라 전압이 조정된다.
전압의 조정범위는
$V_1 + E_2 \cos \alpha = V_1 + E_2 \sim V_1 - E_2$ 이다.

[정답] 82 ④ 83 ④ 84 ③ 85 ① 86 ①

87 단상 유도전압조정기에서 1차 전원전압을 V_1이라 하고 2차의 유도 전압을 E_2라고 할 때, 부하 단자 전압을 연속적으로 가변할 수 있는 조정 범위는?

① $0 \sim V_1$까지
② $V_1 + E_2$까지
③ $V_1 - E_2$까지
④ $V_1 + E_2$에서 $V_1 - E_2$까지

[해설] 단상 유도전압조정기의 전압 조정범위
$V_1 + E_2 \cos \alpha = V_1 + E_2 \sim V_1 - E_2$이다.

88 유도전압조정기에서 2차 회로의 전압을 V_2, 조정전압을 E_2, 직렬권선 전류를 I_2라 하면 3상 유도 전압 조정기의 정격출력[kVA]은?

① $\sqrt{3} V_2 I_2 \times 10^{-3}$
② $3 V_2 I_2 \times 10^{-3}$
③ $\sqrt{3} E_2 I_2 \times 10^{-3}$
④ $E_2 I_2 \times 10^{-3}$

[해설] 유도전압조정기의 조정용량
(1) 단상 유도전압조정기 : $E_2 I_2 \times 10^{-3}$ [kVA]
(2) 3상 유도전압조정기 : $\sqrt{3} E_2 I_2 \times 10^{-3}$ [kVA]

89 분로권선 및 직렬권선 1상에 유도되는 기전력을 각각 E_1, E_2[V]라 할 때, 회전자를 0°에서 180°까지 돌릴 때 3상 유도전압조정기 출력측 선간 전압의 조정 범위는?

① $\dfrac{(E_1 \pm E_2)}{\sqrt{3}}$
② $\sqrt{3}(E_1 \pm E_2)$
③ $\sqrt{3}(E_1 - E_2)$
④ $\sqrt{3}(E_1 + E_2)$

[해설] 3상 유도전압조정기의 전압 조정범위
$\sqrt{3}(E_1 + E_2 \cos \alpha)$ 이므로
$\therefore \sqrt{3}(E_1 + E_2) \sim \sqrt{3}(E_1 - E_2)$
$= \sqrt{3}(E_1 \pm E_2)$

90 유도전압조정기의 1차 전압 110[V], 2차 전압 160[V]일 때, 2차 전류는 50[A]이다. 이 유도전압조정기의 정격 용량[kVA]은?

① 약 2.5
② 약 5.5
③ 약 8
④ 약 7.6

[해설] 단상 유도전압조정기의 조정용량
$V_1 = 110$ [V], $E_2 = 160$ [V], $I_2 = 50$ [A]이므로
$\therefore P = E_2 I_2 \times 10^{-3} = 160 \times 50 \times 10^{-3} = 8$ [kVA]

91 10[kVA], 조정전압 200[V]인 3상 유도전압조정기의 2차측 정격전류[A]는 약 얼마인가?

① 50
② 29
③ 25
④ 17

[해설] 3상 유도전압조정기의 조정용량
$P = 10$ [kVA], $E_2 = 200$ [V]이므로
$P = \sqrt{3} E_2 I_2 \times 10^{-3}$ [kVA] 식에서
$\therefore I_2 = \dfrac{P}{\sqrt{3} E_2 \times 10^{-3}} = \dfrac{10}{\sqrt{3} \times 200 \times 10^{-3}}$
$= 29$ [A]

92 단상 유도전압조정기에 대한 설명 중 옳지 않은 것은?

① 교번 자계의 전자 유도 작용을 이용한다.
② 회전 자계에 의한 유도 작용을 한다.
③ 무단으로 스무스(smooth)하게 전압의 조정이 된다.
④ 전압, 위상의 변화가 없다.

[해설] 단상 유도전압조정기
회전자계에 의한 유도작용을 이용하는 것은 3상 유도전압조정기의 동작원리에 속한다.

정답 87 ④ 88 ③ 89 ② 90 ③ 91 ② 92 ②

93 단상 유도전압조정기에서 단락권선의 역할은?

① 철손 경감
② 전압강하 경감
③ 절연 보호
④ 전압조정 용이

[해설] 단상 유도전압조정기에 사용되는 권선
분로권선, 직렬권선, 단락권선이 사용되며 단락권선은 전압강하를 경감시키기 위해 사용한다.

95 1차 100[V], 2차 최대 130[V], 2차 정격 50[A]인 단상 유도전압조정기의 정격[kVA]은?

① 5.5   ② 5.0
③ 3.5   ④ 1.5

[해설] 단상 유도전압조정기의 조정용량
$V_1 = 100\,[\text{V}]$, $E_1 \pm E_2 = 100 \pm 30\,[\text{V}]$,
$I_2 = 50\,[\text{A}]$이므로
$\therefore P = E_2 I_2 \times 10^{-3} = 30 \times 50 \times 10^{-3} = 1.5\,[\text{kVA}]$

94 단상 유도전압조정기의 권선이 아닌 것은?

① 분로 권선
② 직렬 권선
③ 단락 권선
④ 유도 권선

[해설] 단상 유도전압조정기에 사용되는 권선
분로권선, 직렬권선, 단락권선이 사용되며 단락권선은 전압강하를 경감시키기 위해 사용한다.

96 200±200[V], 자기용량 3[kVA]인 단상 유도전압조정기가 있다. 선로출력[kVA]은?

① 2   ② 6
③ 4   ④ 8

[해설] 단상 유도전압조정기의 선로출력
$E_1 \pm E_2 = 200 \pm 200$, 조정용량 $= 3\,[\text{kVA}]$이므로
조정용량 $= E_2 I_2 \times 10^{-3}\,[\text{kVA}]$ 식에서
$I_2 = \dfrac{\text{조정용량}}{E_2 \times 10^{-3}} = \dfrac{3}{200 \times 10^{-3}} = 15\,[\text{A}]$

$\therefore$ 선로출력 $= (E_1 + E_2) I_2 \times 10^{-3}$
$= (200 + 200) \times 15 \times 10^{-3}$
$= 6\,[\text{kVA}]$

05 교류정류자기

1 교류 단상 직권정류자 전동기(=단상 직권정류자 전동기)

1. 특징
① 교류 및 직류 양용으로 만능전동기라 칭한다.
② 와전류를 적게 하기 위하여 고정자 및 회전자 철심을 전부 성층 철심으로 한다.
③ 효율이 높고 연속적인 속도 제어가 가능하다.
④ 회전자는 정류자를 갖고 고정자는 집중분포 권선으로 한다.
⑤ 기동 브러시를 이동하면 기동 토크를 크게 할 수 있다.

2. 역률 개선 방법
① 전기자 권선수를 계자 권선수보다 많게 한다.(약계자, 강전기자) → 주자속이 감소하면 직권계자 권선의 인덕턴스가 감소되어 역률이 좋아진다.
② 회전속도를 증가시킨다. → 속도 기전력이 증가되어 전류와 동위상이 되면 역률이 좋아진다.
③ 보상권선을 설치하여 전기자 기자력을 상쇄시켜 전기자 반작용을 억제하고 누설 리액턴스를 감소시켜 변압기 기전력을 적게 하여 역률을 좋게 한다.

| 참고 |
변압기 기전력(e_t)은 $4.44f\phi N$[V]이므로 직권 특성에서 $\phi \propto I$가 성립하여 $e_t \propto I$임을 알 수 있다.

확인문제

01 단상 직권 정류자 전동기는 그 전기자 권선의 권선수를 계자 권수에 비해서 특히 많게 하고 있다. 다음은 그 이유를 설명한 것이다. 옳지 않은 것은?

① 주자속을 작게 하기 위하여
② 속도 기전력을 크게 하기 위하여
③ 변압기 기전력을 크게 하기 위하여
④ 역률 저하를 방지하기 위하여

[해설] 단상 직권정류자전동기의 역률개선방법
(1) 전기자 권선수를 계자 권선수보다 많게 한다.(약계자, 강전기자) → 주자속이 감소하면 직권계자 권선의 인덕턴스가 감소되어 역률이 좋아진다.
(2) 회전속도를 증가시킨다. → 속도 기전력이 증가되어 전류와 동위상이 되면 역률이 좋아진다.
(3) 보상 권선을 설치하여 전기자 기자력을 상쇄시켜 전기자 반작용을 억제하고 누설 리액턴스를 감소시켜 변압기 기전력을 적게 하여 역률을 좋게 한다.

답 : ③

02 단상 직권정류자전동기의 속도를 높이는 이유는?

① 정류를 좋게 하려고
② 역률을 좋게 하려고
③ 변압기 기전력을 적게 하려고
④ 토크를 증가시키려고

[해설] 단상 직권정류자전동기의 역률개선방법
속도 기전력이 증가되어 전류와 동위상이 되면 역률이 좋아진다.

답 : ②

3. 정류개선 방법

① 보상권선과 보극 설치
② 탄소 브러시 채용
③ 고저항 리드선(저항 도선) 설치 → 단락전류를 줄인다.

4. 속도 기전력(E)

$$E = \frac{pZ\phi N}{60a} = \frac{1}{\sqrt{2}} \cdot \frac{pZ\phi_m N}{60a} \text{ [V]}$$

여기서, p : 극수, Z : 도체 수, ϕ : 자속의 실효값, ϕ_m : 자속의 최대값, N : 회전자 속도, a : 병렬회로수

2 반발전동기

1. 특징

① 회전자 권선을 브러시로 단락하고 고정자 권선을 전원에 접속하여 회전자에 유도 전류를 공급하는 직권형 교류정류자 전동기이다.
② 기동 토크가 매우 크다.
③ 브러시를 이동하여 연속적인 속도 제어가 가능하다.

2. 종류

① 애트킨슨 반발 전동기
② 톰슨 반발 전동기
③ 데리 반발 전동기
④ 보상 반발 전동기

확인문제

03 단상 정류자전동기에 보상권선을 사용하는 가장 큰 이유는?

① 정류 개선
② 기동 토크 조절
③ 속도 제어
④ 역률 개선

[해설] 단상 정류자전동기의 정류개선방법
(1) 보상 권선과 보극 설치
(2) 탄소 브러시 채용
(3) 고저항 리드선(저항 도선) 설치 → 단락 전류를 줄인다.
※ 역률개선은 간접적인 영향이므로 보상권선의 주 사용목적인 정류개선을 답으로 선택하여야 함

답 : ①

04 단상 정류자전동기의 일종인 단상 반발전동기에 해당되는 것은?

① 시라게 전동기
② 애트킨슨형 전동기
③ 단상 직권 정류자 전동기
④ 반발 유도 전동기

[해설] 단상 반발전동기의 종류
(1) 애트킨슨 반발 전동기
(2) 톰슨 반발 전동기
(3) 데리 반발 전동기
(4) 보상 반발 전동기

답 : ②

3 3상 직권 정류자 전동기

① 고정자 권선에 직렬 변압기(중간 변압기)를 접속시켜 실효 권수비를 조정하여 전동기의 특성을 조정하고, 정류전압 조정 및 전부하 때 속도의 이상 상승을 방지한다.
② 브러시의 이동으로 속도 제어를 할 수 있다.
③ 변속도 전동기로 기동 토크가 매우 크지만 저속에서는 효율과 역률이 좋지 않다.

4 3상 분권 정류자 전동기

① 3상 분권 정류자 전동기로 시라게 전동기를 가장 많이 사용한다.
② 시라게 전동기는 직류 분권 전동기와 특성이 비슷하여 정속도 및 가변속도 전동기로 브러시 이동에 의하여 속도제어와 역률 개선을 할 수 있다.

05 출제예상문제

★★
01 만능전동기는?
① 차동 복권전동기
② 발전동기(dynamotor)
③ 3상 유도전동기
④ 단상 직권전동기

해설 단상 직권정류자전동기의 특징
(1) 교류 및 직류 양용으로 만능 전동기라 칭한다.
(2) 와전류를 적게 하기 위하여 고정자 및 회전자 철심을 전부 성층 철심으로 한다.
(3) 효율이 높고 연속적인 속도 제어가 가능하다.
(4) 회전자는 정류자를 갖고 고정자는 집중분포 권선으로 한다.
(5) 기동 브러시를 이동하면 기동 토크를 크게 할 수 있다.

★★★
02 교류 단상 직권전동기의 구조를 설명한 것 중 옳은 것은?
① 역률 개선을 위해 고정자와 회전자의 자로를 성층 철심으로 한다.
② 정류 개선을 위해 강계자 약전기자형으로 한다.
③ 전기자 반작용을 줄이기 위해 약계자 강전기자형으로 한다.
④ 역률 및 정류 개선을 위해 약계자 강전기자형으로 한다.

해설 교류 단상 직권정류자전동기의 역률 개선 방법
(1) 역률 및 정류개선을 위해 약계자 강전기자형으로 한다. 여기서 약계자 강전기자형이란 전기자 권선수를 계자권선수보다 더 많이 감는다는 뜻이며 주자속을 감소하면 직권계자권선의 인덕턴스가 감소하여 역률이 좋아진다.
(2) 회전속도를 증가시킨다. - 속도기전력이 증가되어 전류와 동위상이 되면 역률이 좋아진다.
(3) 보상권선을 설치하여 전기자기자력을 상쇄시켜 전기자반작용 억제하고 누설리액턴스를 감소시켜 변압기 기전력을 적게 하여 역률을 좋게 한다.

★★★
03 단상 정류자전동기에서 전기자 권선수를 계자 권선수에 비하여 특히 크게 하는 이유는?
① 전기자 반작용을 작게 하기 위하여
② 리액턴스 전압을 작게 하기 위하여
③ 토크를 크게 하기 위하여
④ 역률을 좋게 하기 위하여

해설 교류 단상 직권정류자전동기의 역률 개선 방법
역률 및 정류개선을 위해 약계자 강전기자형으로 한다. 여기서 약계자 강전기자형이란 전기자 권선수를 계자권선수보다 더 많이 감는다는 뜻이며 주자속을 감소하면 직권계자권선의 인덕턴스가 감소하여 역률이 좋아진다.

★
04 교류 정류자전동기에 대한 설명 중 틀린 것은?
① 높은 효율과 연속적인 속도 제어가 가능하다.
② 회전자는 정류자를 갖고 고정자는 집중 분포 권선이다.
③ 기동 브러시 이동만으로 큰 기동 토크를 얻는다.
④ 정류 작용은 직류기와 같이 간단히 해결된다.

해설 단상 직권정류자전동기의 특징
역률 및 정류개선을 위해 약계자 강전기자형으로 한다. 여기서 약계자 강전기자형이란 전기자 권선수를 계자권선수보다 더 많이 감는다는 뜻이며 주자속을 감소하면 직권계자권선의 인덕턴스가 감소하여 역률이 좋아진다.

★★
05 단상 직권정류자전동기의 회전속도를 높이는 이유는?
① 리액턴스 강하를 크게 한다.
② 전기자에 유도되는 역기전력을 적게 한다.
③ 역률을 개선한다.
④ 토크를 증가시킨다.

해설 교류 단상직권정류자전동기의 역률 개선 방법
회전속도를 증가시킨다. - 속도기전력이 증가되어 전류와 동위상이 되면 역률이 좋아진다.

정답 01 ④ 02 ④ 03 ④ 04 ④ 05 ③

06 다음은 직권 정류자전동기의 브러시에 의하여 단락되는 코일 내의 변압기 전압(e_t)과 리액턴스 전압(e_r)의 크기가 부하 전류의 변화에 따라 어떻게 변화하는가를 설명한 것이다. 옳은 것은?

① e_t는 I가 증가하면 감소한다.
② e_t는 I가 증가하면 증가한다.
③ e_r는 I가 증가하면 감소한다.
④ e_r는 I가 증가하면 증가한다.

[해설] 변압기 기전력(e_t)
변압기 기전력(e_t)은 $4.44 f \phi N$[V]이므로 직권특성에서 $\phi \propto I$가 성립하여 $e_t \propto I$임을 알 수 있다. 따라서 e_t는 I가 증가하면 함께 증가한다.

07 분권 정류자전동기의 전압 정류 개선법에 도움이 되지 않는 것은?

① 보상권선　② 보극 설치
③ 저저항 리드　④ 저항 브러시

[해설] 정류자전동기의 정류개선방법
(1) 보상권선과 보극 설치
(2) 탄소브러시 채용
(3) 고저항 리드선(저항도선)설치 – 단락전류를 줄인다.

08 다음 각 항은 단상 직권정류자전동기의 전기자 권선과 계자 권선에 대한 설명이다. 틀린 것은?

① 계자 권선의 권수를 적게 한다.
② 전기자 권선의 권수를 크게 한다.
③ 변압기 기전력을 적게 하여 역률 저하를 방지한다.
④ 브러시로 단락되는 코일 중의 단락 전류를 많게 한다.

[해설] 교류 단상 직권정류자전동기의 정류 개선 방법
정류개선을 위하여 고저항 리드선(저항도선)을 설치하면 단락전류를 줄일 수 있다.

09 다음은 단상 정류자전동기에서 보상권선과 저항도선의 작용을 설명한 것이다. 옳지 않은 것은?

① 저항도선은 변압기 기전력에 의한 단락전류를 작게 한다.
② 변압기 기전력을 크게 한다.
③ 역률을 좋게 한다.
④ 전기자 반작용을 제거해준다.

[해설] 보상권선과 저항도선의 작용
(1) 보상권선을 설치하여 전기자 기자력을 상쇄시켜 전기자 반작용을 억제하고 누설리액턴스를 감소시켜 변압기 기전력을 적게 하여 역률을 좋게 한다.
(2) 저항도선을 설치하여 단락전류를 줄인다.

10 단상 직권정류자전동기에 있어서 보상권선의 효과가 다음과 같다. 이 중 틀린 것은?

① 전동기의 역률을 개선하기 위한 것이다.
② 전기자(電機子) 기자력을 상쇄시킨다.
③ 누설(leakage) 리액턴스가 적어진다.
④ 제동 효과가 있다.

[해설] 단상 직권정류자전동기의 보상권선의 효과
보상권선을 설치하여 전기자 기자력을 상쇄시켜 전기자 반작용을 억제하고 누설리액턴스를 감소시켜 변압기 기전력을 적게 하여 역률을 좋게 한다.

11 도체수 Z, 내부 회로 대수 a인 교류 정류자 전동기의 1내부 회로의 유효 권수 w_e는? (단, 분포권 계수는 $2/\pi$라고 한다.)

① $w_e = \dfrac{Z}{2a\pi}$　② $w_e = \dfrac{Z}{4a\pi}$
③ $w_e = \dfrac{Z}{2a}$　④ $w_e = \dfrac{aZ}{2}$

[해설] 교류 정류자전동기의 유효권수(w_e)
내부회로의 권수는 $\dfrac{Z}{2a} \times \dfrac{1}{2} = \dfrac{Z}{4a}$이므로
∴ $w_e = \dfrac{2}{\pi} \cdot \dfrac{Z}{4a} = \dfrac{Z}{2\pi a}$

정답 06 ② 07 ③ 08 ④ 09 ② 10 ④ 11 ①

제5장 _ 교류정류자기

★★★
12 단상 직류정류자전동기에서 주자속의 최대값을 ϕ_m, 쌍극수를 p, 회전자의 병렬회로수를 $2a$, 회전자의 전 도체수를 Z, 회전자의 속도를 n[rpm]이라 하면 속도 기전력의 실효값 E_r[V]는? (단, 주자속은 정현파 변화를 한다.)

① $E_r = \dfrac{1}{\sqrt{2}} \dfrac{p}{a} Z \dfrac{n}{60} \phi_m$

② $E_r = \sqrt{2} \dfrac{p}{a} Z \dfrac{n}{60} \phi_m$

③ $E_r = \dfrac{1}{\sqrt{2}} \dfrac{p}{a} Zn \phi_m$

④ $E_r = \dfrac{p}{a} Zn \phi_m$

[해설] 속도기전력(E)
$$E = \dfrac{pZ\phi N}{60a} = \dfrac{1}{\sqrt{2}} \cdot \dfrac{pZ\phi_m N}{60a} [V]$$

★★★
13 교류 정류자기의 전기자 기전력의 회전으로 발생하는 기전력으로서 속도 기전력이라고도 하는데 그 식은 다음 중 어느 것인가?

① $E = \dfrac{a}{p} Z \dfrac{N}{60} \phi$

② $E = \dfrac{1}{a} Z \dfrac{N}{60} \phi$

③ $E = \dfrac{p}{a} Z \dfrac{N}{60} \phi$

④ $E = \dfrac{p}{a} \times \dfrac{N}{60Z} \phi$

[해설] 속도기전력(E)
$$E = \dfrac{pZ\phi N}{60a} = \dfrac{1}{\sqrt{2}} \cdot \dfrac{pZ\phi_m N}{60a} [V]$$

★★
14 교류 정류자기에서 갭의 자속 분포가 정현파로 $\phi_m = 0.14$[Wb], $p=2$, $a=1$, $Z=200$, $n=20$[rps]일 때 브러시 축이 자극 축과 30°일 때의 속도 기전력 E_s[V]는?

① 약 200
② 약 400
③ 약 600
④ 약 800

[해설] 속도기전력(E)
$$E = \dfrac{pZ\phi N}{60a} = \dfrac{1}{\sqrt{2}} \cdot \dfrac{pZ\phi_m N}{60a} [V]$$이므로

$$\therefore E = \dfrac{1}{\sqrt{2}} \cdot \dfrac{2 \times 200 \times 0.14 \times 20 \times 60}{60 \times 1} \sin 30°$$
$$= 400 [V]$$

★★
15 전부하시에 전류가 0.88[A], 역률이 89[%], 속도 7,000[rpm], 60[Hz], 115[V]인 2극 단상 직권 전동기가 있다. 회전자와 직권 계자 권선의 실효 저항의 합은 58[Ω]이다. 이 전동기의 기계손을 10[W]라고 하면 전부하시의 부하에 전달되는 토크는? (단, 여기서 계자의 자속은 정현파 변화를 한다고 하고 브러시는 중성축에 놓여있다.)

① 49[g·m]
② 4.9[g·m]
③ 48[N·m]
④ 4.8[N·m]

[해설] 단상 직권전동기의 토크(τ)
단상 직권전동기 출력 P[W], $I=0.88$[A], $\cos\theta = 0.89$, $N=7,000$[rpm], $f=60$[Hz], $V=115$[V], $r_a + r_f = 58$[W], 기계손 $P_l = 10$[W]이므로

$$P = VI\cos\theta - I^2(r_a + r_f) - P_l$$
$$= 115 \times 0.88 \times 0.89 - 0.88^2 \times 58 - 10$$
$$= 35.15 [W]$$

$\tau = 9.55\dfrac{P}{N}$[N·m] $= 975\dfrac{P}{N}$[g·m] 식에서

$$\tau = 9.55 \times \dfrac{35.15}{7,000} = 0.048 [N·m]$$

$$\tau = 975 \times \dfrac{35.15}{7,000} = 4.9 [g·m]$$

$\therefore 4.9$[g·m]

★
16 전부하시에 있어서의 전류가 0.88[A], 역률이 89[%], 속도가 7,000[rpm]의 60[Hz], 115[V]인 2극 단상 직권 전동기가 있다. 회전자와 직권 계자 권선과의 실효 저항의 합은 58[Ω]이다. 전부하시에 있어서의 속도 기전력[V]을 구하면? (단, 계자의 자속은 정현파 변화를 하고 브러시는 중성축에 놓여있다.)

① 41.5
② 51.4
③ 14.5
④ 45.1

[해설] 속도기전력(E)
단상 직권전동기 출력 P[W], $I=0.88$[A], $\cos\theta = 0.89$, $N=7,000$[rpm] $f=60$[Hz], $V=115$[V], $r_a + r_f = 58$[Ω]이므로

$$P = EI = VI\cos\theta - I^2(r_a + r_f)$$
$$= 115 \times 0.88 \times 0.89 - 0.88^2 \times 58 = 45.15 [W]$$

$$\therefore E = \dfrac{P}{I} = \dfrac{45.15}{0.88} = 51.4 [V]$$

정답 12 ① 13 ③ 14 ② 15 ② 16 ②

핵심 _ 전기기기

17 다음은 직류 직권전동기를 단상 정류자전동기로 사용하기 위하여 교류를 가했을 때 발생하는 문제점을 열거한 것이다. 옳지 않은 것은?

① 철손이 크다.
② 역률이 나쁘다.
③ 계자 권선이 필요없다.
④ 정류가 불량하다.

[해설] 직류 직권전동기를 단상 정류자전동기로 사용하기 위하여 교류를 가하게 되면 주파수의 영향으로 철손이 증가하게 되고 계자 및 전기자 권선의 리액턴스 증가로 효율과 역률이 모두 나빠진다. 또한 브러시에 의해 단락된 전기자 권선에 단락전류가 흐르게 되어 정류불량의 원인이 된다.

18 단상 정류자전동기의 일종인 단상 반발전동기에 해당되지 않는 것은?

① 아트킨슨 전동기   ② 시라게 전동기
③ 데리 전동기   ④ 톰슨 전동기

[해설] 단상 반발전동기의 종류
  (1) 애트킨슨 반발 전동기
  (2) 톰슨 반발 전동기
  (3) 데리 반발 전동기
  (4) 보상 반발 전동기

19 브러시를 이동하여 회전 속도를 제어하는 전동기는?

① 직류 직권전동기
② 단상 직권전동기
③ 반발 전동기
④ 반발 기동형 단상 유도전동기

[해설] 반발전동기의 특징
  (1) 회전자 권선을 브러시로 단락하고 고정자 권선을 전원에 접속하여 회전자에 유도 전류를 공급하는 직권형 교류정류자 전동기이다.
  (2) 기동 토크가 매우 크다.
  (3) 브러시를 이동하여 연속적인 속도 제어가 가능하다.

20 3상 직권 정류자전동기의 중간변압기의 사용 목적은?

① 실효 권수비의 조정
② 역회전을 위하여
③ 직권 특성을 얻기 위하여
④ 역회전의 방지

[해설] 3상 직권정류자전동기
  (1) 고정자 권선에 직렬 변압기(중간 변압기)를 접속시켜 실효 권수비를 조정하여 전동기의 특성을 조정하고, 정류전압 조정 및 전부하 때 속도의 이상 상승을 방지한다.
  (2) 브러시의 이동으로 속도 제어를 할 수 있다.
  (3) 변속도 전동기로 기동 토크가 매우 크지만 저속에서는 효율과 역률이 좋지 않다.

21 3상 직권정류자 전동기에 중간(직입) 변압기가 쓰이고 있는 이유가 아닌 것은?

① 정류자 전압의 조정
② 회전자 상수의 감소
③ 전부하 때 속도의 이상 상승 방지
④ 실효 권수비 산정 조정

[해설] 3상 직권정류자전동기
  고정자 권선에 직렬 변압기(중간 변압기)를 접속시켜 실효 권수비를 조정하여 전동기의 특성을 조정하고, 정류전압 조정 및 전부하 때 속도의 이상 상승을 방지한다.

22 속도 변화에 편리한 교류 전동기는?

① 농형 전동기
② 2중 농형 전동기
③ 동기 전동기
④ 시라게 전동기

[해설] 3상 분권정류자전동기
  (1) 3상 분권 정류자 전동기로 시라게 전동기를 가장 많이 사용한다.
  (2) 시라게 전동기는 직류 분권 전동기와 특성이 비슷하여 정속도 및 가변속도 전동기로 브러시 이동에 의하여 속도제어와 역률 개선을 할 수 있다.

정답 17 ③ 18 ② 19 ③ 20 ① 21 ② 22 ④

23 시라게(Schrage)전동기의 특성과 가장 비슷한 것은?

① 분권전동기
② 직권전동기
③ 차동 복권전동기
④ 가동 복권전동기

해설 3상 분권정류자전동기
시라게 전동기는 직류 분권 전동기와 특성이 비슷하여 정속도 및 가변속도 전동기로 브러시 이동에 의하여 속도제어와 역률 개선을 할 수 있다.

24 교류 분권정류자전동기는 다음 중 어느 때에 가작 적당한 특성을 가지는가?

① 속도의 연속 가감과 정속도 운전을 함께 요하는 경우
② 속도를 여러 단으로 변화시킬 수 있고 각 단에서 정속도 운전을 요하는 경우
③ 부하 토크에 관계없이 완전 일정 속도를 요하는 경우
④ 무부하와 전부하의 속도 변화가 적고 거의 일정 속도를 요하는 경우

해설 3상 분권정류자전동기
시라게 전동기는 직류 분권 전동기와 특성이 비슷하여 정속도 및 가변속도 전동기로 브러시 이동에 의하여 속도제어와 역률 개선을 할 수 있다.

06 정류기

1 회전 변류기

1. 교류와 직류의 전압비

$\dfrac{E_a}{E_d} = \dfrac{1}{\sqrt{2}} \sin \dfrac{\pi}{m}$ 식에 의하여 다음과 같이 정해진다.

상수	단상($m=2$)	3상($m=3$)	4상($m=4$)	6상($m=6$)	12상($m=12$)
$\dfrac{E_a}{E_d}$	0.707	0.612	0.5	0.354	0.185

예. ① 단상인 경우 $\dfrac{E_a}{E_d} = \dfrac{1}{\sqrt{2}} \sin \dfrac{\pi}{2} = \dfrac{1}{\sqrt{2}} = 0.707$

② 3상인 경우 $\dfrac{E_a}{E_d} = \dfrac{1}{\sqrt{2}} \sin \dfrac{\pi}{3} = \dfrac{\sqrt{3}}{2\sqrt{2}} = 0.612$

여기서, E_a : 교류전압, E_d : 직류전압, m : 상수

2. 교류와 직류의 전류비

$\dfrac{I_a}{I_d} = \dfrac{2\sqrt{2}}{m\cos\theta} \fallingdotseq \dfrac{2\sqrt{2}}{m}$ 식에 의하여 다음과 같이 정해진다.

또한 회전변류기는 여자전류를 조정하여 역률($\cos\theta$)을 1로 할 수 있다.

상수	단상($m=2$)	3상($m=3$)	4상($m=4$)	6상($m=6$)	12상($m=12$)
$\dfrac{I_a}{I_d}$	1.414	0.943	0.707	0.471	0.236

여기서, I_a : 교류전류, I_d : 직류전류, m : 상수

확인문제

01 정격 전압 250[V], 1,000[kW]인 6상 회전 변류기의 교류측에 250[V]의 전압을 가할 때, 직류측의 유도기전력은 몇 [V]인가? (단, 교류측 역률은 100[%]이고 손실은 무시한다.)

① 약 815   ② 약 747
③ 약 707   ④ 약 684

[해설] 6상 회전변류기

$\dfrac{E_a}{E_d} = \dfrac{1}{\sqrt{2}} \sin \dfrac{\pi}{m}$ 식에서 $m=6$인 경우

$\dfrac{E_a}{E_d} = \dfrac{1}{\sqrt{2}} \sin \dfrac{\pi}{6} = \dfrac{1}{2\sqrt{2}}$ 이므로

$\therefore E_d = 2\sqrt{2} E_a = 2\sqrt{2} \times 250 = 707$ [V]

답 : ③

02 6상 회전 변류기의 직류측 선전류가 600[A]일 때, 교류측 선전류의 크기[A]는? (단, 역률 및 효율은 100 [%]이다.)

① $300\sqrt{2}$ ② $200\sqrt{2}$
③ $150\sqrt{2}$ ④ $100\sqrt{2}$

[해설] 6상 회전변류기

$\dfrac{I_a}{I_d} = \dfrac{2\sqrt{2}}{m\cos\theta} = \dfrac{2\sqrt{2}}{m}$ 식에서 $m=6$인 경우

$\dfrac{I_a}{I_d} = \dfrac{2\sqrt{2}}{6} = \dfrac{\sqrt{2}}{3}$ 이므로

$\therefore I_a = \dfrac{\sqrt{2}}{3} I_d = \dfrac{\sqrt{2}}{3} \times 600 = 200\sqrt{2}$ [A]

답 : ②

3. 직류측 전압 조정방법

① 직렬 리액턴스에 의한 방법
② 유도 전압 조정기를 사용하는 방법
③ 부하시 전압 조정 변압기를 사용하는 방법
④ 동기 승압기에 의한 방법

4. 회전 변류기의 난조

(1) 정의
회전 변류기의 전동기측은 동기 전동기이므로 운전중 부하가 급격히 변화하면 난조가 생기고 난조에 의해 흐르는 동기화 전류 때문에 교류, 직류의 전류 상쇄작용이 없어져서 정류 불량의 원인이 된다.

(2) 난조의 원인
① 브러시의 위치가 중성축보다 늦은 위치에 있을 때
② 직류측 부하가 급격히 변하는 경우
③ 교류측 주파수가 주기적으로 변동하는 경우
④ 역률이 나쁜 경우
⑤ 전기자회로의 저항이 리액턴스보다 큰 경우

(3) 난조의 방지대책
① 제동 권선을 설치한다.
② 전기자 회로의 리액턴스를 저항보다 크게 한다.
③ 자극 수를 작게 하고 기하학적 각도와 전기 각도의 차이를 작게 한다.
④ 역률을 개선시켜 준다.

확인문제

03 회전 변류기의 직류측 전압을 조정하려는 방법이 아닌 것은?

① 직렬 리액턴스에 의한 방법
② 유도 전압 조정기를 사용하는 방법
③ 여자 전류를 조정하는 방법
④ 동기 승압기에 의한 방법

[해설] 회전변류기의 직류측 전압조정방법
(1) 직렬 리액턴스에 의한 방법
(2) 유도 전압 조정기를 사용하는 방법
(3) 부하시 전압 조정 변압기를 사용하는 방법
(4) 동기 승압기에 의한 방법

답 : ③

04 회전변류기의 난조방지대책으로 적당하지 않은 것은?

① 제동권선을 설치한다.
② 전기자회로의 리액턴스를 저항보다 작게 한다.
③ 자극수를 작게 한다.
④ 역률을 개선한다.

[해설] 회전변류기의 난조방지대책
(1) 제동 권선을 설치한다.
(2) 전기자 회로의 리액턴스를 저항보다 크게 한다.
(3) 자극 수를 작게 하고 기하학적 각도와 전기 각도의 차이를 작게 한다.
(4) 역률을 개선시켜 준다.

답 : ②

2 수은 정류기

1. 직류와 교류의 전압비

$\dfrac{E_d}{E_a} = \dfrac{\sqrt{2}\sin\dfrac{\pi}{m}}{\dfrac{\pi}{m}}$ 식에 의하여 다음과 같이 정해진다.

상수	단상($m=2$)	3상($m=3$)	4상($m=4$)	6상($m=6$)	12상($m=12$)
$\dfrac{E_d}{E_a}$	0.9	1.17	1.274	1.35	1.398

예. ① 단상인 경우

$\dfrac{E_d}{E_a} = \dfrac{\sqrt{2}\sin\dfrac{\pi}{2}}{\dfrac{\pi}{2}} = \dfrac{2\sqrt{2}}{\pi} = 0.9$

② 3상인 경우

$\dfrac{E_d}{E_a} = \dfrac{\sqrt{2}\sin\dfrac{\pi}{3}}{\dfrac{\pi}{3}} = \dfrac{3\sqrt{3}}{\sqrt{2}\,\pi} = 1.17$

여기서, E_d : 직류전압, E_a : 교류전압, m : 상수

2. 직류와 교류의 전류비

$\dfrac{I_d}{I_a} = \sqrt{m}$ 식에 의하여 다음과 같이 정해진다.

상수	단상($m=2$)	3상($m=3$)	4상($m=4$)	6상($m=6$)	12상($m=12$)
$\dfrac{I_d}{I_a}$	1.414	1.732	2	2.449	3.464

여기서, I_d : 직류전류, I_a : 교류전류, m : 상수

확인문제

05 3상 수은 정류기의 직류측 전압 E_d와 교류측 전압 E의 비 $\dfrac{E_d}{E}$는?

① 0.855 ② 1.02
③ 1.17   ④ 1.86

해설 3상 수은 정류기

$\dfrac{E_d}{E_a} = \dfrac{\sqrt{2}\sin\dfrac{\pi}{m}}{\dfrac{\pi}{m}}$ 식에서 $m=3$이므로

$\therefore \dfrac{E_d}{E_a} = \dfrac{\sqrt{2}\sin\dfrac{\pi}{3}}{\dfrac{\pi}{3}} = \dfrac{3\sqrt{3}}{\pi\sqrt{2}} = 1.17$

답 : ③

06 6상 수은 정류기의 직류측 전압이 100[V]였다. 이때 교류측 전압은 얼마를 공급하고 있는가?

① 64.5   ② 74.1
③ 80   ④ 83.6

해설 6상 수은 정류기

$\dfrac{E_d}{E_a} = \dfrac{\sqrt{2}\sin\dfrac{\pi}{m}}{\dfrac{\pi}{m}}$ 식에서 $m=6$이므로

$\dfrac{E_d}{E_a} = \dfrac{\sqrt{2}\sin\dfrac{\pi}{6}}{\dfrac{\pi}{6}} = \dfrac{3\sqrt{2}}{\pi} = 1.35$

$\therefore E_a = \dfrac{E_d}{1.35} = \dfrac{100}{1.35} = 74.1\,[\text{V}]$

답 : ②

3. 수은 정류기의 역호 현상

(1) 정의

운전 중에는 양극이 음극에 대하여 부전위로 되기 때문에 아크가 발생하지 않지만 어떤 원인으로 양극에 음극점이 생기게 되면 순간 전자가 방출되어 정류기의 밸브작용을 상실하게 되고 양극에서 아크가 일어나게 된다. 이러한 현상을 역호라 한다.

(2) 역호의 원인
① 내부 잔존 가스 압력의 상승
② 양극에 수은 방울이 부착되거나 불순물이 부착된 경우
③ 양극 재료의 불량이나 양극의 과열
④ 전압, 전류의 과대
⑤ 증기 밀도의 과대

(3) 역호의 방지대책
① 정류기가 과부하되지 않도록 할 것
② 냉각장치에 주의하여 과열, 과냉을 피할 것
③ 진공도를 충분히 높일 것
④ 양극에 수은 증기가 부착하지 않도록 할 것
⑤ 양극 앞에 그리드를 설치할 것

확인문제

07 다음에서 수은 정류기의 역호 발생 원인이 아닌 것은?

① 양극의 수은 부착
② 내부 잔존 가스 압력의 상승
③ 전압의 과대
④ 주파수 상승

[해설] **역호의 원인**
(1) 내부 잔존 가스 압력의 상승
(2) 양극에 수은 방울이 부착되거나 불순물이 부착된 경우
(3) 양극 재료의 불량이나 양극의 과열
(4) 전압, 전류의 과대
(5) 증기 밀도의 과대

답 : ④

08 수은 정류기의 역호 방지법에 대해 옳은 것은?

① 정류기에 어느 정도 과부되도록 할 것
② 냉각장치에 주의하여 과냉각하지 말 것
③ 진공도를 적당히 할 것
④ 양극 부분은 항상 열을 가할 것

[해설] **역호의 방지대책**
(1) 정류기가 과부하되지 않도록 할 것
(2) 냉각장치에 주의하여 과열, 과냉을 피할 것
(3) 진공도를 충분히 높일 것
(4) 양극에 수은 증기가 부착하지 않도록 할 것
(5) 양극 앞에 그리드를 설치할 것

답 : ②

3 반도체 정류기(실리콘 정류기 : SCR)

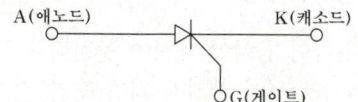

1. 특징

① 대전류 제어 정류용으로 이용된다.
② 정류효율 및 역내전압은 크고 도통시 양극 전압 강하는 작다. → 정류 효율 : 99.6[%] 정도, 역내전압 : 500~1000[V], 전압 강하 : 1[V] 정도
③ 교류, 직류 전압을 모두 제어한다.
④ 아크가 생기지 않으므로 열의 발생이 적다.
⑤ 게이트 전류의 위상각으로 통전 전류의 평균값을 제어할 수 있다.
⑥ 턴-온 및 턴-오프 시간이 짧다.
⑦ 이온이 소멸되는 시간이 짧다.

2. SCR을 턴오프(비도통 상태)시키는 방법

① 유지전류 이하의 전류를 인가한다.
② 역바이어스 전압을 인가한다. → 애노드에 (0) 또는 (−) 전압을 인가한다.

4 다이오드를 사용한 정류회로

1. 맥동률(ν)

$$\nu = \frac{교류분}{직류분} \times 100[\%]$$

확인문제

09 다음은 SCR에 관한 설명이다. 적당하지 않은 것은?

① 3단자 소자이다.
② 적은 게이트 신호로 대전력을 제어한다.
③ 직류 전압만을 제어한다.
④ 도통 상태에서 전류가 유지 전류 이하가 되면 비도통 상태가 된다.

[해설] SCR의 특징
교류, 직류 전압을 모두 제어한다.

답 : ③

10 도통(on) 상태에 있는 SCR을 차단(off) 상태로 만들기 위해서는?

① 전원 전압이 부(−)가 되도록 한다.
② 게이트 전압이 부(−)가 되도록 한다.
③ 게이트 전류를 증가시킨다.
④ 게이트 펄스 전압을 가한다.

[해설] SCR을 턴오프시키는 방법
 (1) 유지전류 이하의 전류를 인가한다.
 (2) 역바이어스 전압을 인가한다. → 애노드에 (0) 또는 (−) 전압을 인가한다.

답 : ①

2. 단상 반파 정류회로

(1) 위상제어가 되는 경우 직류전압(E_d)

$$E_d = \frac{\sqrt{2}\,E}{\pi}\left(\frac{1+\cos\alpha}{2}\right)[\text{V}]$$

[실기출제] (2) 위상제어가 되지 않는 경우 직류전압(E_d)

$$E_d = \frac{\sqrt{2}\,E}{\pi} = 0.45E[\text{V}]$$

(3) 최대역전압(PIV)

$$\text{PIV} = \sqrt{2}\,E = \sqrt{2}\times\frac{\pi}{\sqrt{2}}E_d = \pi E_d[\text{V}]$$

<반파정류>

3. 단상 전파 정류회로

(1) 위상제어가 되는 경우 직류전압(E_d)

$$E_d = \frac{2\sqrt{2}\,E}{\pi}\cos\alpha = 0.9E\cos\alpha\,[\text{V}]$$

[실기출제] (2) 위상제어가 되지 않는 경우 직류전압(E_d)

$$E_d = \frac{2\sqrt{2}}{\pi}E = 0.9E[\text{V}]$$

(3) 최대역전압(PIV)

$$\text{PIV} = 2\sqrt{2}\,E = 2\sqrt{2}\times\frac{\pi}{2\sqrt{2}}E_d = \pi E_d[\text{V}]$$

<전파정류>

4. 6상 반파 정류회로

$$E = \frac{\dfrac{\pi}{m}}{\sqrt{2}\sin\dfrac{\pi}{m}}E_d = \frac{\dfrac{\pi}{6}}{\sqrt{2}\sin\dfrac{\pi}{6}}E_d = \frac{\pi}{3\sqrt{2}}E_d[\text{V}]$$

여기서, m : 상수($m=6$), E_d : 직류전압, E : 변압기 직류권선전압

확인문제

11 단상 반파 정류로 직류 전압 150[V]를 얻으려고 한다. 최대 역전압 몇 [V] 이상의 다이오드를 사용해야 하는가? (단, 정류 회로 및 변압기의 전압 강하는 무시한다.)

① 약 150　　② 약 166
③ 약 333　　④ 약 470

[해설] 단상 반파 정류회로의 최대역전압(PIV)
교류전압 E, 직류전압 E_d인 경우
$\text{PIV} = \sqrt{2}\,E = \pi E_d[\text{V}]$이다.
∴ $\text{PIV} = \pi E_d = \pi \times 150 = 470[\text{V}]$

답 : ④

12 단상 전파 정류로 직류 450[V]를 얻는데 필요한 변압기 2차 권선의 전압은 몇 [V]인가?

① 525　　② 500
③ 475　　④ 465

[해설] 단상 전파 정류회로의 직류전압(E_d)
교류측 전압을 E라 하면
$E_d = \dfrac{2\sqrt{2}}{\pi}E = 0.9E[\text{V}]$이므로
∴ $E = \dfrac{E_d}{0.9} = \dfrac{450}{0.9} = 500[\text{V}]$

답 : ②

06 출제예상문제

01 회전 변류기에서 직류측의 전압 E_d[V]와 교류측 전압의 실효값을 E_a[V]라 하면 교류, 직류의 전압비 $\dfrac{E_a}{E_d}$는?

① 1
② $\sqrt{2}$
③ $\dfrac{1}{\sqrt{2}}$
④ $\dfrac{\sqrt{3}}{2}$

[해설] 회전변류기의 교류와 직류의 전압비

$\dfrac{E_a}{E_d} = \dfrac{1}{\sqrt{2}} \sin \dfrac{\pi}{m}$ 식에서 $m=2$(단상)인 경우

$\therefore \dfrac{E_a}{E_d} = \dfrac{1}{\sqrt{2}} \sin \dfrac{\pi}{2} = \dfrac{1}{\sqrt{2}}$

02 6상 회전 변류기의 직류측 전압 E_d와 교류측 전압 E_a의 실효값과 비 $\dfrac{E_d}{E_a}$는?

① $\dfrac{\sqrt{2}}{2}$
② $\sqrt{2}$
③ $\sqrt{3}$
④ $2\sqrt{2}$

[해설] 회전변류기의 교류와 직류의 전압비

$\dfrac{E_a}{E_d} = \dfrac{1}{\sqrt{2}} \sin \dfrac{\pi}{m}$ 식에서 $m=6$이므로

$\dfrac{E_a}{E_d} = \dfrac{1}{\sqrt{2}} \sin \dfrac{\pi}{6} = \dfrac{1}{2\sqrt{2}}$이다.

$\therefore \dfrac{E_d}{E_a} = 2\sqrt{2}$

03 단중 중권 6상 회전 변류기의 직류측 전압 E_d와 교류측 슬립링 간의 기전력 E_a에 대해 옳은 식은?

① $E_a = \dfrac{1}{2\sqrt{2}} E_d$
② $E_a = 2\sqrt{2} E_d$
③ $E_a = \dfrac{3}{2\sqrt{2}} E_d$
④ $E_a = \dfrac{1}{\sqrt{2}} E_d$

[해설] 회전변류기의 교류와 직류의 전압비

$\therefore E_a = \dfrac{1}{2\sqrt{2}} E_d$

04 6상 회전 변류기에서 직류 600[V]를 얻으려면 슬립링 사이의 교류 전압을 몇 [V]로 해야 하는가?

① 약 212
② 약 300
③ 약 424
④ 약 8484

[해설] 회전변류기의 교류와 직류의 변압기

$E_d = 600$[V]이므로

$\therefore E_a = \dfrac{1}{2\sqrt{2}} E_d = \dfrac{1}{2\sqrt{2}} \times 600 = 212$[V]

05 회전 변류기의 직류측 선로 전류와 교류측 선로 전류의 실효값과의 비는 다음 중 어느 것인가? (단, m은 상수이다.)

① $\dfrac{2\sqrt{2}}{m \sin \theta}$
② $\dfrac{m \cos \theta}{2\sqrt{2}}$
③ $\dfrac{2\sqrt{2} \sin \theta}{m}$
④ $\dfrac{2\sqrt{2}}{m \cos \theta}$

[해설] 회전변류기의 교류와 직류의 전류비

$\dfrac{I_a}{I_d} = \dfrac{2\sqrt{2}}{m \cos \theta} \fallingdotseq \dfrac{2\sqrt{2}}{m}$ 이므로

$\therefore \dfrac{I_d}{I_a} = \dfrac{m \cos \theta}{2\sqrt{2}}$

정답 01 ③ 02 ④ 03 ① 04 ① 05 ②

06 회전 변류기의 교류측 선로 전류와 직류측 선로 전류의 실효치와의 비는 다음 중 어느 것인가? (단, m은 상수이다.)

① $\dfrac{2\sqrt{2}}{m\sin\theta}$ ② $\dfrac{m\cos\theta}{2\sqrt{2}}$
③ $\dfrac{2\sqrt{2}\sin\theta}{m}$ ④ $\dfrac{2\sqrt{2}}{m\cos\theta}$

해설 회전변류기의 교류와 직류의 전류비
$$\dfrac{I_a}{I_d} = \dfrac{2\sqrt{2}}{m\cos\theta} \fallingdotseq \dfrac{2\sqrt{2}}{m}$$

07 회전 변류기의 교류측 선전류를 I_a, 직류측 선전류를 I_d라 하면 $\dfrac{I_a}{I_d}$의 전류비는? (단, 손실은 없고, 역률은 1이고, m은 상수이다.)

① $\dfrac{2\sqrt{2}}{m}$ ② $2\sqrt{2}$
③ $\dfrac{2\sqrt{2}}{3m}$ ④ $\dfrac{m}{2\sqrt{2}}$

해설 회전변류기의 교류와 직류의 전류비
$$\dfrac{I_a}{I_d} = \dfrac{2\sqrt{2}}{m\cos\theta} \fallingdotseq \dfrac{2\sqrt{2}}{m}$$

08 회전 변류기의 교류측 선전류를 I_a, 직류측 선전류를 I_d라 하면 $\dfrac{I_d}{I_a}$의 전류비는? (단, 손실은 없고, 역률은 1이고, m은 상수이다.)

① $\dfrac{2\sqrt{2}}{m}$ ② $2\sqrt{2}$
③ $\dfrac{2\sqrt{2}}{3m}$ ④ $\dfrac{m}{2\sqrt{2}}$

해설 회전변류기의 교류와 직류의 전류비
$$\dfrac{I_d}{I_a} = \dfrac{m\cos\theta}{2\sqrt{2}} = \dfrac{m}{2\sqrt{2}}$$

09 6상 회전 변류기의 정격 출력이 1,000[kW], 직류측 정격 전압이 600[V]인 경우, 교류측의 입력 전류[A]를 구하면? (단, 역률 및 효율은 100[%]로 한다.)

① 약 393 ② 약 556
③ 약 786 ④ 약 872.3

해설 회전변류기의 교류와 직류의 전류비
$P = 1,000$ [kW], $E_d = 600$ [V], $\cos\theta = 1$, $\eta = 1$이므로
직류측 전류 $I_d = \dfrac{P}{E_d} = \dfrac{1,000\times 10^3}{600} = 1,666.67$ [A]
$\dfrac{I_a}{I_d} = \dfrac{2\sqrt{2}}{m}$ 식에서 $m = 6$이므로 교류측 전류 I_a는
$\therefore I_a = \dfrac{2\sqrt{2}}{6} I_d = \dfrac{2\sqrt{2}}{6} \times 1666.67 = 786$ [A]

10 회전 변류기의 교류측 전압조정방법에 속하지 않는 것은?

① 변압기의 탭 변환법
② 유도 전압 조정기의 사용
③ 저항 조정
④ 부하시 전압 조정 변압기 사용

해설 회전변류기의 직류측 전압조정방법
회전변류기는 직류측 전압을 조정하기 위해서 교류측 전압을 조정해야 하므로 교류측 전압조정방법과 직류측 전압조정방법이 서로 같다.
(1) 직렬 리액턴스에 의한 방법
(2) 유도 전압 조정기를 사용하는 방법
(3) 부하시 전압 조정 변압기를 사용하는 방법
(4) 동기 승압기에 의한 방법

11 회전 변류기의 전압 제어에 쓰이지 않는 것은?

① 유도 전압 조정기 ② 직렬 리액턴스
③ 변압기 탭 변환   ④ 계자 저항기

해설 회전변류기의 직류측 전압조정방법
(1) 직렬 리액턴스에 의한 방법
(2) 유도 전압 조정기를 사용하는 방법
(3) 부하시 전압 조정 변압기를 사용하는 방법
(4) 동기 승압기에 의한 방법

핵심 _ 전기기기

★★
12 회전 변류기의 난조의 원인이 아닌 것은?

① 직류측 부하의 급격한 변화
② 역률이 매우 나쁠 때
③ 교류측 전원의 주파수의 주기적 변화
④ 브러시 위치가 전기적 중성축보다 앞설 때

[해설] 회전변류기의 난조의 원인
(1) 브러시의 위치가 중성축보다 늦은 위치에 있을 때
(2) 직류측 부하가 급격히 변하는 경우
(3) 교류측 주파수가 주기적으로 변동하는 경우
(4) 역률이 나쁜 경우
(5) 전기자회로의 저항이 리액턴스보다 큰 경우

★★
13 6상식 수은 정류기의 무부하시에 있어서 직류측 전압[V]은 얼마인가? (단, 교류측 전압은 E[V], 격자 제어 위상각 및 아크 전압 강하는 무시한다.)

① $\dfrac{3\sqrt{2}\,E}{\pi}$ ② $\dfrac{6\sqrt{2}-1\,E}{\pi}$
③ $\dfrac{\sqrt{2}\,\pi E}{\pi}$ ④ $\dfrac{3\sqrt{6}\,E}{\pi}$

[해설] 6상 수은 정류기의 직류와 교류의 전압비

$$\dfrac{E_d}{E_a} = \dfrac{\sqrt{2}\sin\dfrac{\pi}{m}}{\dfrac{\pi}{m}}$$ 식에서 $m=6$이므로

$$\therefore E_d = \dfrac{\sqrt{2}\sin\dfrac{\pi}{6}}{\dfrac{\pi}{6}}E_a = \dfrac{3\sqrt{2}}{\pi}E_a[V]$$

★
14 수은 정류기의 전압과 효율과의 관계는?

① 전압이 높아짐에 따라 효율은 떨어진다.
② 전압이 높아짐에 따라 효율은 좋아진다.
③ 전압과 효율은 무관하다.
④ 어느 전압 이하에서는 전압에 관계없이 일정하다.

[해설] 수은 정류기의 효율(η)
직류측 전압 E_d, 아크전압 E_a라 하면

$$\eta = \dfrac{출력}{입력}\times 100 = \dfrac{출력}{출력+손실}\times 100$$

$$= \dfrac{E_d}{E_d+E_a}\times 100 = \dfrac{1}{1+\dfrac{E_a}{E_d}}\times 100\,[\%]$$이므로

아크전압이 일정할 때 직류측 전압에 비례하는 성질을 갖게 된다.
∴ 전압이 높아질수록 효율이 좋아진다.

★
15 일반적으로 전철이나 화학용과 같이 비교적 용량이 큰 수은 정류기용 변압기의 2차측 결선 방식으로 쓰이는 것은?

① 6상 2중 성형 ② 3상 반파
③ 3상 전파   ④ 3상 크로스파

[해설] 수은 정류기의 구조
수은 정류기는 직류측 전압이 맥동이 있어 불안정한 특성을 갖기 때문에 상수를 많게 하여 이를 줄이고 있다. 보통은 6상식과 12상식을 쓰고 있으며 대용량인 경우에는 주로 6상식이 쓰인다.

★★★
16 수은 정류기에 있어서 정류기의 밸브 작용이 상실되는 현상을 무엇이라고 하는가?

① 점호(ignition)   ② 역호(back firing)
③ 실호(misfiring)   ④ 통호(arc-through)

[해설] 수은 정류기의 역호 현상
운전 중에는 양극이 음극에 대하여 부전위로 되기 때문에 아크가 발생하지 않지만 어떤 원인으로 양극에 음극점이 생기게 되면 순간 전자가 방출되어 정류기의 밸브작용을 상실하게 되고 양극에서 아크가 일어나게 된다. 이러한 현상을 역호라 한다.

정답 12 ④ 13 ① 14 ② 15 ① 16 ②

17 수은 정류기의 역호 발생의 큰 원인은?

① 내부 저항의 저하
② 전원 주파수의 저하
③ 전원 전압의 상승
④ 과부하 전류

[해설] 수은정류기의 역호의 원인
(1) 내부 잔존 가스 압력의 상승
(2) 양극에 수은 방울이 부착되거나 불순물이 부착된 경우
(3) 양극 재료의 불량이나 양극의 과열
(4) 전압, 전류의 과대
(5) 증기 밀도의 과대

18 수은 정류기의 역호를 방지하기 위해 운전상 주의할 사항으로 맞지 않은 것은?

① 과도한 부하 전류를 피할 것
② 진공도를 항상 양호하게 유지할 것
③ 철제 수은 정류기에서는 양극 바로 앞에 그리드를 설치할 것
④ 냉각 장치에 유의하고 과열되면 급히 냉각시킬 것

[해설] 수은정류기의 역호의 방지대책
(1) 정류기가 과부하되지 않도록 할 것
(2) 냉각장치에 주의하여 과열, 과냉을 피할 것
(3) 진공도를 충분히 높일 것
(4) 양극에 수은 증기가 부착하지 않도록 할 것
(5) 양극 앞에 그리드를 설치할 것

19 수은 정류기 이상 현상 또는 전기적 고장이 아닌 것은?

① 역호   ② 이상 전압
③ 점호   ④ 통호

[해설] 수은 정류기의 점호
수은 정류기의 수은 음극에 음극점이 생겨 안전하게 동작하는 현상을 점호라 한다. 이때 양극은 상수만큼 두고 음극(점호극)은 1개만 설치하게 된다.

20 6상 수은 정류기의 점호극의 수는?

① 1   ② 3
③ 6   ④ 12

[해설] 수은 정류기의 점호
수은 정류기의 수은 음극에 음극점이 생겨 안전하게 동작하는 현상을 점호라 한다. 이때 양극은 상수만큼 두고 음극(점호극)은 1개만 설치하게 된다.

21 고정자에 3상 권선을 시행하여 회전 자계가 발생하고 있을 때, 6개의 브러시를 등간격으로 배치한 정류자를 가진 회전자를 놓았다. 브러시 사이에 유기되는 전압의 상수는?

① 3상
② 6상
③ 4상
④ 1, 2차가 맞지 않으므로 불가

[해설] 고정자에 3상 전원을 공급하고 6개의 브러시를 배치하게 되면 정류자를 통해 나오는 유기기전력은 각 브러시에 나타나게 되고 결국 출력 전압은 6상 전압이 유기된다.

22 다음 중 교류를 직류로 변환하는 전기 기기가 아닌 것은?

① 전동 발전기
② 회전 변류기
③ 단극 발전기
④ 수은 정류기

[해설] 교류를 직류로 변환하는 정류기기의 종류로는 반도체 정류기, 회전 변류기, 수은 정류기, 전동발전기 등이 있으며 이 모두는 정류작용을 한다. 단극 발전기는 직류발전기이다.

정답 17 ④ 18 ④ 19 ③ 20 ① 21 ② 22 ③

23 유리제 단상 수은 정류기용 변압기 2차측의 각 상기전력을 100[V], 전압 강하를 10[V]라고 한다. 내부 저항 0.004[Ω], 2[V]의 축전지 50개를 부하로 하여 외부 저항 0.5[Ω]과 직렬 접속한다. 변압기 임피던스를 무시할 때, 부하 전류의 최대 순시값[A]은?

① 약 44.9   ② 약 44
③ 약 43   ④ 약 47.5

해설 수은 정류기의 부하전류
$E = 100$ [V], $e_b = 10$ [V], $r_c = 0.004$ [Ω],
$R_L = 0.5$ [Ω], 축전지 전압 e_c라 할 때
$E_m = \sqrt{2} E = 100\sqrt{2}$ [V]
$e_c = 2 \times 50 = 100$ [V]
$R_c = nr_c = 50 \times 0.004 = 0.2$ [Ω]
$\therefore I_n = \dfrac{E_m - e_b - e_c}{R_c + R_L} = \dfrac{100\sqrt{2} - 10 - 100}{0.2 + 0.5}$
$= 44.9$ [A]

24 다음과 같은 반도체 정류기 중에서 역방향 내전압이 가장 큰 것은?

① 실리콘 정류기
② 게르마늄 정류기
③ 셀렌 정류기
④ 아산화동 정류기

해설 반도체 정류기(실리콘 정류기 : SCR)의 특징
(1) 대전류 제어 정류용으로 이용된다.
(2) 정류효율 및 역내전압은 크고 도통시 양극 전압강하는 작다. → 정류 효율 : 99.6[%] 정도, 역내전압 : 500~1,000[V], 전압강하 : 1[V] 정도
(3) 교류, 직류 전압을 모두 제어한다.
(4) 아크가 생기지 않으므로 열의 발생이 적다.
(5) 게이트 전류의 위상각으로 통전 전류의 평균값을 제어할 수 있다.
(6) 게이트에 신호를 인가할 때부터 도통할 때까지의 시간이 짧다.
(7) 이온이 소멸되는 시간이 짧다.

25 실리콘 다이오드의 특성에서 잘못된 것은?

① 전압 강하가 크다.
② 정류비가 크다.
③ 허용 온도가 높다.
④ 역내전압이 크다.

해설 반도체 정류기(실리콘 정류기 : SCR)의 특징
정류효율 및 역내전압은 크고 도통시 양극 전압강하는 작다. → 정류 효율 : 99.6[%] 정도, 역내전압 : 500~1,000[V], 전압강하 : 1[V] 정도

26 SCR(실리콘 정류 소자)의 특징이 아닌 것은?

① 아크가 생기지 않으므로 열의 발생이 적다.
② 과전압에 약하다.
③ 게이트에 신호를 인가할 때부터 도통할 때까지의 시간이 짧다.
④ 전류가 흐르고 있을 때의 양극 전압 강하가 크다.

해설 반도체 정류기(실리콘 정류기 : SCR)의 특징
정류효율 및 역내전압은 크고 도통시 양극 전압강하는 작다. → 정류 효율 : 99.6[%] 정도, 역내전압 : 500~1,000[V], 전압강하 : 1[V] 정도

27 SCR의 설명 중 옳지 않은 것은?

① 전류 제어 장치이다.
② 이온이 소멸되는 시간이 길다.
③ 통과시키는데 게이트가 큰 역할을 한다.
④ 사이러트론(thyratron)과 기능이 닮았다.

해설 반도체 정류기(실리콘 정류기 : SCR)의 특징
턴-온 및 턴-오프 시간이 짧다.(-이온소멸 시간이 짧다.)

정답 23 ① 24 ① 25 ① 26 ④ 27 ②

28 다음 중 SCR의 기호가 맞는 것은? (단, A는 anode의 약자, K는 cathode의 약자이며 G는 gate의 약자이다.)

①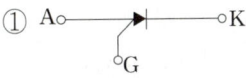
②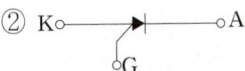
③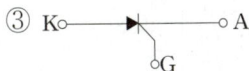
④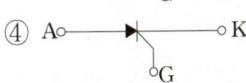

해설 SCR의 단자 명칭
SCR은 양극(전원)을 애노드(A)라 하며 음극(부하)을 캐소드(K)라 한다. 그 사이에 양극과 음극을 도통시켜 주는 단자를 게이트(G)라 하여 게이트의 위치에 따라 P게이트 SCR과 N게이트 SCR로 구분된다.

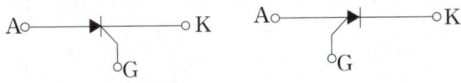

<P 게이트 SCR>   <N 게이트 SCR>

∴ 현재는 P 게이트 SCR이 사용되고 있다.

29 SCR의 설명으로 적당하지 않은 것은?

① 게이트 전류(I_G)로 통전 전압을 가변시킨다.
② 주전류를 차단하려면 게이트 전압을 (0) 또는 (-)로 해야 한다.
③ 게이트 전류의 위상각으로 통전 전류의 평균값을 제어할 수 있다.
④ 대전류 제어 정류용으로 이용된다.

해설 SCR을 턴오프(비도통상태)시키는 방법
(1) 유지전류 이하의 전류를 인가한다.
(2) 역바이어스 전압을 인가한다. → 애노드에 (0) 또는 (-) 전압을 인가한다.

30 SCR을 OFF상태에서 ON상태가 되게 하는 방법으로 잘못된 것은?

① 게이트 전류를 흘린다.
② 온도를 높인다.
③ 애노드에 (+)의 전압을 내압까지 인가한다.
④ 애노드에 인가하는 전압 상승률을 작게 잡는다.

해설 SCR을 턴온시키는 방법
SCR을 턴온시키기 위해서는 애노드에 (+) 전압을 내압까지 인가한 상태에서 게이트에 전류를 흘려야 하며 이때 애노드에 인가하는 전압은 전압상승률을 작게 해주어야 한다.

31 다이오드를 사용한 정류 회로에서 과대한 부하 전류에 의해 다이오드가 파손될 우려가 있을 때의 조치로서 적당한 것은?

① 다이오드 양단에 적당한 값의 콘덴서를 추가한다.
② 다이오드 양단에 적당한 값의 저항을 추가한다.
③ 다이오드를 직렬로 추가한다.
④ 다이오드를 병렬로 추가한다.

해설 다이오드를 사용한 정류회로에서 과전류로부터 다이오드가 파손될 우려가 있을 때는 다이오드를 병렬로 추가하여 접속하면 전류가 분배되어 과전류를 낮출 수 있다.

32 다이오드를 사용한 정류 회로에서 여러 개를 직렬로 연결하여 사용할 경우 얻는 효과는?

① 다이오드를 과전류로부터 보호
② 다이오드를 과전압으로부터 보호
③ 부하 출력의 맥동률 감소
④ 전력 공급의 증대

해설 다이오드를 사용한 정류회로에서 과전압으로부터 다이오드가 파손될 우려가 있을 때는 다이오드를 직렬로 추가하여 접속하면 전압이 분배되어 과전압을 낮출 수 있다.

33 어떤 정류기의 부하 전압이 2,000[V]이고 맥동률이 3[%]이면 교류분은 몇 [V] 포함되어 있는가?

① 20 ② 30
③ 50 ④ 60

[해설] 맥동률(ν)

$\nu = \dfrac{\text{교류분}}{\text{직류분}} \times 100\,[\%]$ 식에서

직류분 전압이 2,000[V], $\nu = 3[\%]$이므로

∴ 교류분 전압 $= \dfrac{\nu \times \text{직류분 전압}}{100} = \dfrac{3 \times 2,000}{100}$
$= 60\,[\text{V}]$

34 어떤 정류 회로의 부하 전압이 200[V]이고 맥동률 4[%]이면 교류분은 몇 [V] 포함되어 있는가?

① 18 ② 12
③ 8   ④ 4

[해설] 맥동률(ν)

직류분 전압이 200[V], $\nu = 4[\%]$이므로

∴ 교류분 전압 $= \dfrac{\nu \times \text{직류분 전압}}{100} = \dfrac{4 \times 200}{100}$
$= 8\,[\text{V}]$

35 그림의 단상 반파 정류에서 얻을 수 있는 직류 전압 e_d의 평균값[V]은? (단, $v = \sqrt{2}\,V\sin\omega t$이며 정류기 내의 전압 강하는 무시한다.)

① V
② $0.65\,V$
③ $0.5\,V$
④ $0.45\,V$

[해설] 단상 반파정류회로
(1) 위상제어가 되는 경우의 직류전압(E_d)

$E_d = \dfrac{\sqrt{2}\,E}{\pi}\left(\dfrac{1+\cos\alpha}{2}\right)\,[\text{V}]$

(2) 위상제어가 되지 않는 경우의 직류전압(E_d)

$E_d = \dfrac{\sqrt{2}\,E}{\pi} = 0.45E\,[\text{V}]$

(3) 최대역전압(PIV)

$PIV = \sqrt{2}\,E = \sqrt{2} \times \dfrac{\pi}{\sqrt{2}}\,E_d = \pi E_d\,[\text{V}]$

36 $e = \sqrt{2}\,V\sin\theta$[V]의 단상 전압을 SCR 한 개로 반파 정류하여 부하에 전력을 공급하는 경우 $\alpha = 60°$에서 점호하면 직류분 전압[V]은?

① 0.338V ② 0.395V
③ 0.627V ④ 0.785V

[해설] 단상 반파정류회로
위상제어가 되는 경우의 직류전압은 $\alpha = 60°$일 때

∴ $E_d = \dfrac{\sqrt{2}\,V}{\pi}\left(\dfrac{1+\cos 60°}{2}\right) = 0.338\,V\,[\text{V}]$

37 단상 200[V]의 교류 전원을 점호각 60°로 반파 정류를 하여 이 저항 부하에 공급할 때의 직류 전압[V]은?

① 97.5 ② 86.4
③ 75.5 ④ 67.5

[해설] 단상 반파정류회로
위상제어가 되는 경우의 직류전압은 $E = 200\,[\text{V}]$, $\alpha = 60°$일 때

∴ $E_d = \dfrac{\sqrt{2} \times 200}{\pi}\left(\dfrac{1+\cos 60°}{2}\right) = 67.5\,[\text{V}]$

38 단상 반파정류회로에서 입력에 교류 실효값 100[V]를 정류하면 직류 평균전압은 몇 [V]인가? (단, 정류기 전압 강하는 무시한다.)

① 45   ② 90
③ 144 ④ 282

[해설] 단상 반파정류회로
위상제어가 되지 않는 경우의 직류전압은
$E_d = 0.45E\,[\text{V}]$이므로 $E = 100\,[\text{V}]$일 때

∴ $E_d = 0.45E = 0.45 \times 100 = 45\,[\text{V}]$

정답 33 ④ 34 ③ 35 ④ 36 ① 37 ④ 38 ①

39 그림은 일반적인 반파정류회로이다. 변압기 2차 전압의 실효값을 E[V]라 할 때, 직류전류 평균값 [A]은? (단, 정류기의 전압강하는 무시한다.)

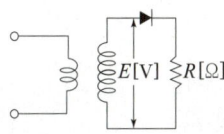

① $\dfrac{E}{R}$ ② $\dfrac{E}{2R}$

③ $\dfrac{2\sqrt{2}\,E}{\pi R}$ ④ $\dfrac{\sqrt{2}\,E}{\pi R}$

해설 단상 반파정류회로
위상제어가 되지 않는 경우의 직류전압은
$E_d = \dfrac{\sqrt{2}\,E}{\pi}$ [V]이므로 직류전류 I_d는
$\therefore I_d = \dfrac{E_d}{R} = \dfrac{\sqrt{2}\,E}{\pi R}$ [A]

40 그림의 단상 반파정류회로에서 R에 흐르는 직류 전류[A]는? (단, $V = 100$[V], $R = 10\sqrt{2}$ [Ω]이다.)

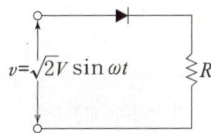

① 2.28   ② 3.2
③ 4.5   ④ 7.07

해설 단상 반파정류회로
$E = V = 100$ [V], $R = 10\sqrt{2}$ [Ω]일 때
$\therefore I_d = \dfrac{\sqrt{2}\,E}{\pi R} = \dfrac{\sqrt{2} \times 100}{\pi \times 10\sqrt{2}} = 3.2$ [A]

41 단상 반파정류로 직류전압 150[V]를 얻으려면 변압기 2차 권선의 상전압 E_s를 몇 [V]로 결정하면 되는가? (단, 부하는 무유도 저항이고 정류 회로 및 변압기 내의 전압강하는 무시한다.)

① 약 150   ② 약 200
③ 약 333   ④ 약 472

해설 단상 반파정류회로
위상제어가 되지 않는 경우의 직류전압은
$E_d = \dfrac{\sqrt{2}\,E}{\pi}$ [V]이므로 $E_d = 150$ [V]일 때
$\therefore E = \dfrac{\pi E_d}{\sqrt{2}} = \dfrac{\pi \times 150}{\sqrt{2}} = 333$ [V]

42 반파정류회로에서 직류전압 200[V]를 얻는데 필요한 변압기 2차 상전압[V]을 구하면? (단, 부하는 순저항, 변압기 내의 전압강하를 무시하고 정류기 내의 전압강하는 50[V]로 한다.)

① 68   ② 113
③ 333   ④ 555

해설 단상 반파정류회로
정류기의 전압강하가 e [V]라면
직류전압은 $E_d{'} = E_d - e$ [V]가 된다.
$E_d{'} = E_d - e = \dfrac{\sqrt{2}\,E}{\pi} - e$ [V] 식에서
$E_d{'} = 200$ [V], $e = 50$ [V]이므로
$\therefore E = \dfrac{\pi}{\sqrt{2}}(E_d{'} + e) = \dfrac{\pi}{\sqrt{2}}(200 + 50)$
$= 555$ [V]

정답 39 ④   40 ②   41 ③   42 ④

43 단상 반파정류회로에서 변압기 2차 전압의 실효값을 E[V]라 할 때, 직류전류 평균값[A]은 얼마인가? (단, 정류기의 전압강하는 e[V]이다.)

① $\dfrac{\left(\dfrac{\sqrt{2}}{\pi}E-e\right)}{R}$ ② $\dfrac{1}{2}\cdot\dfrac{E-e}{R}$

③ $\dfrac{2\sqrt{2}}{\pi}\cdot\dfrac{E}{R}$ ④ $\dfrac{\sqrt{2}}{\pi}\cdot\dfrac{E-e}{R}$

해설 단상 반파정류회로
직류전류 I_d는

$$\therefore I_d = \frac{E_d'}{R} = \frac{E_d - e}{R} = \frac{\dfrac{\sqrt{2}}{\pi}E - e}{R}\ [A]$$

44 반파정류회로의 직류전압이 220[V]일 때 정류기의 역방향 첨두 전압[V]은?

① 691 ② 628
③ 536 ④ 314

해설 단상 반파정류회로
역방향 첨두전압(PIV) = $\sqrt{2}\,E = \pi E_d$[V]이므로
$E_d = 220$ [V]일 때
$\therefore PIV = \pi E_d = \pi \times 220 = 691$ [V]

45 순저항 부하 단상 반파정류회로에서 V_1은 교류 100[V]이면 부하 R단에서 얻는 평균 직류전압은 몇 [V]이며, 다이오드 D_1의 PIV(첨두 역전압)는 몇 [V]인가? (단, D_1의 전압강하는 무시한다.)

① 45, 141
② 50, 100
③ 45, 100
④ 50, 282

해설 단상 반파정류회로
위상제어가 되지 않는 경우의 직류전압은
$E_d = 0.45E$[V]이며 첨두역전압은
$PIV = \sqrt{2}\,E = \pi E_d$[V] 이므로 $E = 100$ [V]일 때
$\therefore E_d = 0.45E = 0.45 \times 100 = 45$ [V]
$\therefore PIV = \sqrt{2}\,E = \sqrt{2} \times 100 = 141$ [V]

46 단상 전파정류에서 공급 전압이 E일 때, 무부하 직류전압의 평균값[V]은?

① $0.90E$ ② $0.45E$
③ $0.75E$ ④ $1.17E$

해설 단상 전파정류회로
(1) 직류전압(E_d)

$$E_d = \frac{2\sqrt{2}}{\pi}E = 0.9E\ [V]$$

(2) 최대역전압(PIV)

$$PIV = 2\sqrt{2}\,E = 2\sqrt{2} \times \frac{\pi}{2\sqrt{2}}E_d = \pi E_d\ [V]$$

47 권수비가 1 : 2인 변압기(이상적인 변압기)를 사용하여 교류 100[V]의 입력을 가했을 때, 전파정류하면 출력 전압의 평균값[V]은?

① $\dfrac{400\sqrt{2}}{\pi}$ ② $\dfrac{300\sqrt{2}}{\pi}$

③ $\dfrac{600\sqrt{2}}{\pi}$ ④ $\dfrac{200\sqrt{2}}{\pi}$

해설 단상 전파정류회로
권수비가 1:2인 변압기를 사용하여 입력 100[V]를 인가하면 변압기 2차측 교류분은

$N = \dfrac{N_1}{N_2} = \dfrac{E_1}{E_2}$ 식에서

$E_2 = \dfrac{N_2}{N_1}E_1 = \dfrac{2}{1} \times 100 = 200$ [V]이다.

$\therefore$ 직류전압 $E_d = \dfrac{2\sqrt{2}}{\pi}E_2 = \dfrac{2\sqrt{2}}{\pi} \times 200$
$\qquad\qquad\qquad = \dfrac{400\sqrt{2}}{\pi}$ [V]

정답 43 ① 44 ① 45 ① 46 ① 47 ①

48 그림과 같은 정류 회로에서 I_s(실효값)의 값은?

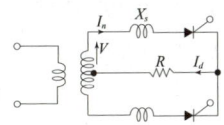

① $1.11I_d$ ② $0.707I_d$
③ I_d ④ $\sqrt{\dfrac{\pi-a}{\pi}} \cdot I_d$

[해설] 단상 전파정류회로
$I_d = \dfrac{2\sqrt{2}}{\pi}I_s = 0.9I_s$ [A] 식에서
I_s는 교류분, I_d는 직류분이므로
∴ $I_s = \dfrac{1}{0.9}I_d = 1.11I_d$ [A]

49 1,000[V]의 단상 교류를 전파정류해서 150[A]의 직류를 얻는 정류기의 교류측 전류는 몇 [A]인가?

① 125 ② 116
③ 166 ④ 86.6

[해설] 단상 전파정류회로
$I_d = 150$ [A]일 때
∴ $I = \dfrac{1}{0.9}I_d = 1.11 I_d = 1.11 \times 150 = 166$ [A]

50 단상 브리지 전파정류회로에 있어서 저항 부하의 전압이 100[V]일 때, 전원 전압[V]은?

① 약 141 ② 약 111
③ 약 100 ④ 약 90

[해설] 단상 전파정류회로
$E_d = 100$ [V]이므로
∴ $E = \dfrac{E_d}{0.9} = \dfrac{100}{0.9} = 111$ [V]

51 단상 정류로 직류전압 100[V]를 얻으려면 반파 및 전파정류인 경우, 각 권선 상전압 E_s[V]는 약 얼마로 해야 하는가?

① 222, 314 ② 314, 222
③ 111, 222 ④ 222, 111

[해설] 단상 반파정류회로와 단상 전파정류회로
(1) 단상 반파정류회로의 직류전압(E_d)
  $E_d = 0.45E_s$ [V]
(2) 단상 전파정류회로의 직류전압(E_d')
  $E_d' = 0.9E_s'$ [V]
∴ $E_s = \dfrac{E_d}{0.45} = \dfrac{100}{0.45} = 222$ [V]
∴ $E_s' = \dfrac{E_d'}{0.9} = \dfrac{100}{0.9} = 111$ [V]

52 그림과 같은 단상 전파정류에서 직류전압 100[V]를 얻는데 필요한 변압기 2차 1상의 전압[V]은 약 얼마인가? (단, 부하는 순저항으로 하고 변압기 내의 전압강하는 무시하고 정류기의 전압강하는 10[V]로 한다.)

① 156
② 144
③ 122
④ 100

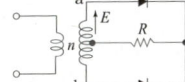

[해설] 단상 전파정류회로
$E_d = \dfrac{2\sqrt{2}}{\pi}E$ [V]이므로 전압강하가 e [V]이라면 직류전압 $E_d' = E_d - e$ [V]가 된다.
$E_d' = E_d - e = \dfrac{2\sqrt{2}}{\pi}E - e$ [V] 식에서
$E_d' = 100$ [V], $e = 10$ [V]이므로
∴ $E = \dfrac{\pi}{2\sqrt{2}}(E_d' + e) = \dfrac{\pi}{2\sqrt{2}}(100+10)$
  $= 122$ [V]

53 2개의 사이리스터를 이용한 단상 전파정류회로에서 직류전압 150[V]를 얻는데 필요한 1차측 교류전압과 이 회로에 사용되는 다이오드의 첨두 역전압(PIV)은 각각 얼마인가?

① 235.5[V], PIV-323[V]
② 235.5[V], PIV-471[V]
③ 166.6[V], PIV-235.5[V]
④ 166.6[V], PIV-471[V]

[해설] 단상 전파정류회로
직류전압 E_d, 첨두역전압 PIV는
$$E_d = \frac{2\sqrt{2}}{\pi}E = 0.9E[V]$$
$PIV = 2\sqrt{2}\,E = \pi E_d[V]$이므로 $E_d = 150[V]$일 때
$$\therefore E = \frac{E_d}{0.9} = \frac{150}{0.9} = 166.6[V]$$
$$\therefore PIV = \pi E_d = \pi \times 150 = 471[V]$$

54 사이리스터 2개를 사용한 단상 전파정류회로에서 직류전압 100[V]를 얻으려면 1차에 약 111[V]의 교류전압이 필요하다. 이때, PIV가 몇 [V]인 다이오드를 사용하면 되는가?

① 111   ② 141
③ 222   ④ 314

[해설] 단상 전파정류회로
$PIV = 2\sqrt{2}\,E = \pi E_d[V]$이므로
$E_d = 100[V]$, $E = 111[V]$일 때
$$\therefore PIV = 2\sqrt{2} \times 111 = \pi \times 100 = 314[V]$$

55 중간 탭 변압기의 두 개의 정류기를 그림과 같이 사용하여 전파정류를 한다. 변압기 출력 파형은 실효값 100[V]의 정현파이며, 부하는 저항 부하이다. 정류기에 가해지는 역전압 첨두치[V]는 얼마인가? (단, 정류기의 내부 전압강하는 10[V]이다.)

① 141.4
② 272.8
③ 282.8
④ 335.6

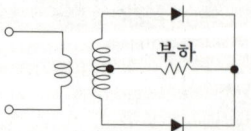

[해설] 단상 전파정류회로
$PIV = 2\sqrt{2}\,E - e\,[V]$이므로
$E = 100[V]$, $e = 10[V]$일 때
$$\therefore PIV = 2\sqrt{2} \times 100 - 10 = 272.8[V]$$

56 그림과 같이 SCR을 이용하여 교류 전력을 제어할 때, 전압 제어가 가능한 범위는? (단, α는 부하시의 제어각, γ는 부하 임피던스각이다.)

① $\alpha > \gamma$
② $\alpha = \gamma$
③ $\alpha < \gamma$
④ α, γ에 관계없이 가능하다.

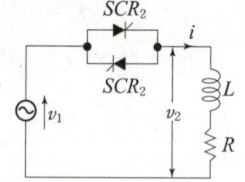

[해설] 단상 전파정류회로
단상 전파정류회로의 전압제어가 가능한 범위는 부하시 제어각 α가 부하임피던스각 γ보다 커야 한다.
$$\therefore \alpha > \gamma$$

57 그림과 같은 단상 전파제어회로의 전원 전압의 최대값이 2,300[Ω]이다. 저항 3[Ω], 유도 리액턴스가 2.3[Ω]인 부하에 전력을 공급하고자 한다. 제어 범위는?

① $\frac{\pi}{4} \leq \alpha \leq \pi$
② $\frac{\pi}{2} \leq \alpha \leq \pi$
③ $0 \leq \alpha \leq \pi$
④ $0 \leq \alpha \leq \frac{\pi}{2}$

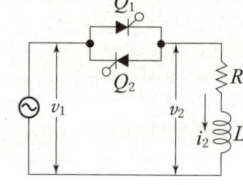

[해설] 단상 전파정류회로
단상 전파정류회로의 전압제어가 가능한 범위는 부하시 제어각 α가 부하임피던스각 γ보다 커야 하므로 $R = 3[\Omega]$, $X_L = 2.3[\Omega]$일 때
$$\gamma = \tan^{-1}\left(\frac{X_L}{R}\right) = \tan^{-1}\left(\frac{2.3}{3}\right) = 37°\text{이다.}$$
$\therefore \gamma < \alpha \leq \pi$이므로 $\frac{\pi}{4} \leq \alpha \leq \pi$이다.

58
그림과 같은 단상 전파 회로에서 부하의 역률각 ϕ가 60°의 유도 부하일 때, 제어각 α를 0°에서 180°까지 제어하는 경우에 전압 제어가 불가능한 범위는?

① $\alpha \leq 30°$
② $\alpha \leq 60°$
③ $\alpha \leq 90°$
④ $\alpha \leq 120°$

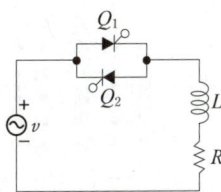

[해설] 단상 전파정류회로
  단상 전파정류회로의 전압제어가 가능한 범위는 부하 시 제어각 α가 부하임피던스각 γ보다 커야 한다. 따라서 부하의 역률각이 60°이므로 제어각 α가 60°보다 작은 범위에 있으면 제어가 불가능해진다.
  ∴ $\alpha \leq 60°$일 때 제어가 불가능하다.

59
단상 전파정류회로에서 교류전압 $v = \sqrt{2}\,V\sin\theta$ [V]인 정현파 전압에 대하여 직류전압 e_d의 평균값 E_{d0}[V]는 얼마인가?

① $E_{d0} = 0.45\,V$
② $E_{d0} = 0.90\,V$
③ $E_{d0} = 1.17\,V$
④ $E_{d0} = 1.35\,V$

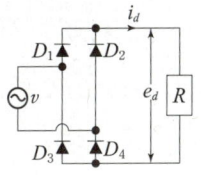

[해설] 단상 전파정류회로
$E_{do} = \dfrac{2\sqrt{2}}{\pi}V = 0.9\,V$ [V]이다.

60
다음 회로에서 직류전압의 평균값[V]은?

① 49.4
② 49.5
③ 70
④ 99

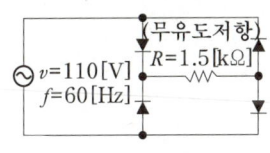

[해설] 단상 전파정류회로
$E_d = \dfrac{2\sqrt{2}}{\pi}V = 0.9\,V$ [V]이므로 $V = 110$ [V]일 때
∴ $E_d = 0.9\,V = 0.9 \times 110 = 99$ [V]

61
그림의 단상 전파정류회로에서 교류측 공급 전압 $628\sin 314t$ [V], 직류측 부하 저항 20[Ω]일 때, 직류측 부하 전류의 평균값 I_d[A] 및 직류측 부하 전압의 평균값 E_d[V]는?

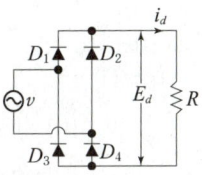

① $I_d = 20$, $E_d = 400$
② $I_d = 10$, $E_d = 200$
③ $I_d = 11.1$, $E_d = 282$
④ $I_d = 28.2$, $E_d = 565$

[해설] 단상 전파정류회로
$v(t) = \sqrt{2}\,V\sin\omega t = 628\sin 377t$ [V]이므로
$V = \dfrac{628}{\sqrt{2}} = 444$ [V], $R = 20$ [Ω]일 때
∴ $I_d = \dfrac{E_d}{R} = \dfrac{2\sqrt{2}\,V}{\pi R} = \dfrac{2\sqrt{2}\times 444}{\pi \times 20} = 20$ [A]
∴ $E_d = \dfrac{2\sqrt{2}\,V}{\pi} = \dfrac{2\sqrt{2}\times 444}{\pi} = 400$ [V]

62
그림과 같은 정류 회로에 정현파 교류 전원을 가할 때, 가동 코일형 전류계의 지시(평균값)[A]는? (단, 전원 전류의 최대값은 I_m이다.)

① $\dfrac{I_m}{\sqrt{2}}$
② $\dfrac{2}{\pi}I_m$
③ $\dfrac{I_m}{\pi}$
④ $\dfrac{I_m}{2\sqrt{2}}$

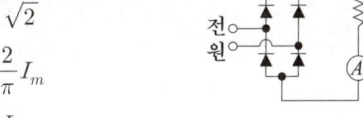

[해설] 단상 전파정류회로
$I_d = \dfrac{2\sqrt{2}\,I}{\pi}$ [A], $I = \dfrac{I_m}{\sqrt{2}}$ [A]이므로
∴ $I_d = \dfrac{2\sqrt{2}}{\pi} \times \dfrac{I_m}{\sqrt{2}} = \dfrac{2I_m}{\pi}$ [A]

63 그림과 같은 정류기 회로에서 전류계(가동 코일형)는 얼마인가? (단, 정류기의 내부 저항은 무시하는 것으로 한다.)

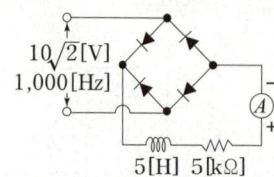

① 1.80　　② 2.05
③ 2.55　　④ 3.03

[해설] 단상 전파정류회로

$E_d = \dfrac{2\sqrt{2}\,E}{\pi}$ [V], $I_d = \dfrac{E_d}{R}$ [A]이므로

$E = 10\sqrt{2}$ [V], $L = 5$ [H], $R = 5$ [kΩ]일 때 직류에서는 L은 단락된다.

$\therefore I_d = \dfrac{E_d}{R} = \dfrac{2\sqrt{2}\,E}{\pi R} = \dfrac{2\sqrt{2} \times 10\sqrt{2}}{\pi \times 5}$
　　　$= 2.55$ [mA]

64 그림과 같이 6상 반파정류회로에서 450[V]의 직류전압을 얻는데 필요한 변압기의 직류권선 전압[V]은 몇 [V]인가?

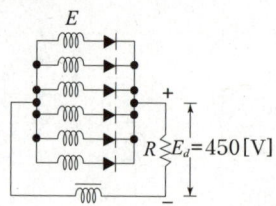

① 333　　② 348
③ 356　　④ 375

[해설] 6상 반파정류회로

$E = \dfrac{\dfrac{\pi}{m}}{\sqrt{2}\sin\dfrac{\pi}{m}} E_d$ [V] 식에서

$m = 6$이고 $E_d = 450$ [V]이므로

$\therefore E = \dfrac{\dfrac{\pi}{6}}{\sqrt{2}\sin\dfrac{\pi}{6}} E_d = \dfrac{\pi}{3\sqrt{2}} E_d$

　　　$= \dfrac{\pi}{3\sqrt{2}} \times 450 = 333$ [V]

전기산업기사 5주완성 ❶

저 자 전기산업기사수험연구회
발행인 이 종 권

2018年 1月   9日 초 판 발 행
2018年 10月   4日 2차개정발행
2019年 11月 12日 3차개정발행
2021年   1月 12日 4차개정발행
2022年   1月 10日 5차개정발행
2023年   1月 17日 6차개정발행
2023年   9月 26日 7차개정발행
2025年   1月 10日 8차개정발행
2026年   1月   6日 9차개정발행

發行處 (주) 한솔아카데미

(우)06775 서울시 서초구 마방로10길 25 트윈타워 A동 2002호
TEL : (02)575-6144/5   FAX : (02)529-1130
〈1998. 2. 19 登錄 第16-1608號〉

※ 본 교재의 내용 중에서 오타, 오류 등은 발견되는 대로 한솔아카데미 인터넷 홈페이지를 통해 공지하여 드리며 보다 완벽한 교재를 위해 끊임없이 최선의 노력을 다하겠습니다.
※ 파본은 구입하신 서점에서 교환해 드립니다.
www.inup.co.kr / www.bestbook.co.kr

ISBN 979-11-6654-737-9 14560
ISBN 979-11-6654-736-2 (세트)